# 建筑工程定额预算与工程量清单计价对照应用实例详解

（第二版）

肖桃李 主编

中国建筑工业出版社

图书在版编目（CIP）数据

建筑工程定额预算与工程量清单计价对照应用实例详解/肖桃李主编．—2版．—北京：中国建筑工业出版社，2008
ISBN 978-7-112-09968-9

Ⅰ．建… Ⅱ．肖… Ⅲ．①建筑预算定额—基本知识②建筑工程—工程造价—基本知识 Ⅳ．TU723.3

中国版本图书馆CIP数据核字（2008）第027427号

本书是根据新颁《建设工程工程量清单计价规范》及《全国建设工程统一定额》编写的案例集。本书以案例的形式将建设工程定额预算与工程量清单计价进行对照，旨在为工程造价人员解决工作中经常遇到的问题，使读者对建设工程定额预算与工程量清单计价有更明晰的掌握。本书对实际案例作了全面系统地阐述，详细地注释解说，是工程造价人员的一本理想实用的参考书。

\* \* \*

责任编辑：时咏梅　周世明
责任设计：董建平
责任校对：兰曼利　王金珠

# 建筑工程定额预算与工程量清单
## 计价对照应用实例详解
（第二版）

肖桃李　主编

\*

中国建筑工业出版社出版、发行（北京西郊百万庄）
各地新华书店、建筑书店经销
北京红光制版公司制版
北京富生印刷厂印刷

\*

开本：787×1092毫米　1/16　印张：41¼　字数：1002千字
2008年6月第二版　　2011年9月第七次印刷
印数：15501－17000册　定价：85.00元
ISBN 978-7-112-09968-9
（16771）

版权所有　翻印必究
如有印装质量问题，可寄本社退换
（邮政编码　100037）

# 编委会成员

**主　编**　肖桃李

**参　编**　王宇君　袁泽玉　侯　静　孙长菊　李翠花
　　　　　孙　丽　李富强　朱凤霞　张华春　刘季红
　　　　　陶芳芳　胡汝晓　郑迎春　薛利红　郑宝芬
　　　　　胡　丹　苑海青　杨小工　黄　强　彭时青
　　　　　蔡红建　王燕军　李　伟　许志兰　文学红
　　　　　向露霞　刘　美　贺玉霞　武翠丽　宁占国
　　　　　张　明　张路平　李雪敏　韩　静　饶青华

# 第 二 版 前 言

为了帮助工程造价工作者更好地理解和掌握工程量清单计价和定额计价两种计价模式，熟悉它们之间的区别和联系，正确运用工程量清单计价，我们特编写了此书。

本书共设十二个大例题，每个例题均从编制工程概（预）算需要的各种基础资料到工程量分别作了计算，从预算定额（单位估价表）的套用到间接费的计算、计取等均作了系统的、深入浅出的阐述，特别对工程量计算公式及计算结果作了简要说明，使读者明白工程量计算方式方法及由来。在编写工程量清单计价时对传统的预（结）算表与工程量清单进行对照，用预算定额对工程量清单计价进行综合单价分析，投标人按招标人提供的清单项目及工程数量，结合项目特征和工程内容，按定额计算出每条清单项目下应产生的定额条目和定额工程量，再将每条清单下的定额条目用定额单价进行分析，将该条清单项目下的若干条定额单价合计除以本条清单工程量所得的金额即为清单综合单价。通过本书，读者可以比较快速地了解定额预算表、工程量清单表、综合单价分析表的编制及应用。

本书例题较全面、系统地汇集了建筑工程概（预）算工作各有关常用数据及计算公式、主要材料损耗率、调整系数的计算方法。为了使计算工作更简便，数字更准确，书中将需要计算的数据列成表格形式，解释说明工程预算书中工程量计算式的由来及计算过程。书中的工程量清单部分项目编码、项目名称及计量单位均参照规范《建设工程工程量清单计价规范》GB 50500—2003。

由于本书编写时间较紧，加之编者水平有限，经验不足，必然存在着不足之处，衷心希望广大读者批评指正，以便修订完善。

此外，对参与本书编写和提供资料、意见的专家、学者，一并表示感谢。

编者
2008 年 2 月

# 目 录

## 上篇 土建与装饰工程

- 例1 某住宅楼工程定额预算及工程量清单计价对照 …………………………………… 1
- 例2 某机修厂工程定额预算与工程量清单计价对照 ………………………………… 87
- 例3 某小学教学楼工程定额预算与工程量清单计价对照 …………………………… 143
- 例4 某三层办公楼工程定额预算与工程量清单计价对照 …………………………… 221
- 例5 装饰工程定额预算与工程量清单计价对照 ……………………………………… 287
  - 5-1 某小康住宅客厅装饰工程 ……………………………………………………… 287
  - 5-2 某宾馆套间客房装饰工程 ……………………………………………………… 296
  - 5-3 某招待所餐厅装饰工程 ………………………………………………………… 304
- 例6 某小百货楼工程定额预算及工程量清单计价对照 ……………………………… 331

## 下篇 安装工程

- 例1 通风空调工程定额预算与工程量清单计价对照 ………………………………… 396
  - 1-1 高层建筑（21层）空调工程 …………………………………………………… 396
  - 1-2 某车间通风工程 ………………………………………………………………… 410
- 例2 电气安装工程定额预算与工程量清单计价对照 ………………………………… 440
- 例3 住宅电气照明工程定额预算及工程量清单计价对照 …………………………… 459
- 例4 给水排水工程定额预算及工程量清单计价对照 ………………………………… 479
- 例5 采暖、给水排水、燃气安装工程定额预算及工程量清单计价对照 …………… 499
  - 5-1 采暖工程 ………………………………………………………………………… 499
  - 5-2 给水排水工程 …………………………………………………………………… 504
  - 5-3 燃气安装工程 …………………………………………………………………… 509
- 例6 某小学建筑安装工程定额预算及工程量清单计价对照 ………………………… 531

# 上篇 土建与装饰工程

# 例1 某住宅楼工程定额预算及工程量清单计价对照

## 一、工程概况

(1) 建筑面积 1974m$^2$,室内设计标高 ±0.000,相当于绝对标高 +49.20m,室外标高 −0.60m,相当于绝对标高 +48.60m。

(2) 基础为 C15 钢筋混凝土条形基础,M5 水泥砂浆砖基础,C15 钢筋混凝土地梁。

(3) 现浇钢筋混凝土构件除注明者外,均为 C20 混凝土。其他构件的混凝土强度等级为:预制构件 C20 混凝土;预应力构件 C30 混凝土。图中Φ表示 HPB235 级钢筋(Ⅰ级钢),Ⅱ表示 HRB335 级钢筋(Ⅱ级钢)。

(4) M5 混合砂浆砌筑内外墙,M7.5 混合砂浆砌筑女儿墙,M7.5 水泥砂浆砌筑半砖内墙。防潮层为 1:3 防水砂浆。

(5) 屋面、台阶、散水及各房间内外墙、顶棚、楼地面的做法,详见表 1-1-1、表 1-1-2 房间做法表、材料做法表。

房 间 做 法 表　　　　　　　　　表 1-1-1

| 房间名称 | 楼、地面 | 墙 面 | 顶 棚 | 踢 脚 | 屋 面 |
|---|---|---|---|---|---|
| 门 厅 | 地5 | 内墙3 | 棚2 | 踢2 | |
| 宿 舍 | 地5、楼4 | 内墙3 | 棚2 | 踢2 | 屋3 |
| 会议室 | 地5、楼4 | 内墙3 | 棚2 | 踢2 | 屋3 |
| 走 道 | 地5、楼4 | 内墙3 | 棚2 | 踢2 | 屋3 |
| 厕 所 | 地6、楼2 | 内墙3 | 棚2 | | 屋3 |
| 盥洗间 | 地6、楼2 | 内墙3 | 棚2 | | 屋3 |
| 楼梯间 | 地5 | 内墙3 | 棚2 | 踢2 | 屋3 |

材 料 做 法 表　　　　　　　　　表 1-1-2

| | |
|---|---|
| 外墙1<br>(砖墙勾缝) | 1. 清水砖墙 1:1 水泥砂浆勾凹缝。<br>2. 喷刷红土浆。 |
| 外墙6<br>(水刷石墙面) | 1. 12mm 厚 1:3 水泥砂浆打底扫毛或划出纹道。<br>2. 刷素水泥浆一道(内掺水重 3%~5% 的 108 胶)。<br>3. 8mm 厚 1:1.5 水泥石子(小八厘)罩面 |
| 外墙9<br>(干粘石墙面) | 1. 12mm 厚 1:3 水泥砂浆打底扫毛或划出纹道。<br>2. 6mm 厚 1:3 水泥砂浆。<br>3. 刮 1mm 厚 108 胶素水泥浆粘结层,干粘石面拍平压实 |
| 内墙3<br>(墙面抹白灰) | 1. 9mm 厚 1:3 白灰膏砂浆打底。<br>2. 7mm 厚 1:3 白灰膏砂浆。<br>3. 2mm 厚纸筋灰罩面。<br>4. 喷大白浆。 |

续表

| | |
|---|---|
| 棚 2<br>(预制板勾缝抹平) | 1. 钢筋混凝土预制板抹缝。<br>2. 板底腻子刮平。<br>3. 喷大白浆 |
| 屋 3<br>(油毡上人屋面) | 1. 钢筋混凝土预制板（平放）。<br>2. 1:6 水泥焦渣最低处 30mm 厚找 2%坡度。<br>3. 平铺 C15～C20 加气混凝土块保温层。<br>4. 20mm 厚 1:3 水泥砂浆找平层。<br>5. 二毡三油防水层。<br>6. 20mm 厚粗砂铺卧 200mm×200mm×25mm 水泥砖，留缝隙 5mm，用砂填满扫净 |
| 地 5<br>(水泥地面) | 1. 素土夯实。<br>2. 100mm 厚 3:7 灰土。<br>3. 50mm 厚 C10 混凝土。<br>4. 素水泥浆结合层一道。<br>5. 20mm 厚 1:2.5 水泥砂浆压实赶光 |
| 地 6<br>(水泥地面) | 1. 素土夯实。<br>2. 100mm 厚 3:7 灰土。<br>3. 50mm 厚（最高处）1:2:4 豆石混凝土从门口处向地漏找 0.5%泛水，最低处不小于 30mm 厚。<br>4. 素水泥浆结合层一道。<br>5. 20mm 厚 1:2.5 水泥砂浆压实赶光 |
| 楼 4<br>(水泥楼面) | 1. 钢筋混凝土楼板。<br>2. 70mm 厚 1:6 水泥焦渣垫层。<br>3. 素水泥浆结合层一道。<br>4. 20mm 厚 1:2.5 水泥砂浆压实赶光 |
| 楼 2<br>(豆石混凝土楼面) | 1. 钢筋混凝土楼板。<br>2. 素水泥浆结合层一道。<br>3. 20mm 厚 1:3 水泥砂浆找平层。<br>4. 一毡二油防水层四周卷起 150mm 高。<br>5. 50mm 厚（最高处）1:2:3 豆石混凝土坡向地漏，找 0.5%泛水，最低处不小于 30mm 厚，上撒 1:1 水泥砂子压实赶光 |
| 踢 2<br>(水泥踢脚) | 1. 13mm 厚 1:3 水泥砂浆打底扫毛或划出纹道。<br>2. 7mm 厚 1:2.5 水泥砂浆罩面、压实赶光 |
| 台 2<br>(水泥台阶) | 1. 素土夯实（坡度按单项设计）。<br>2. 300mm 厚 3:7 灰土。<br>3. 60mm 厚 C15 混凝土（厚度不包括踏步三角部分）。<br>4. 素水泥浆结合层一道。<br>5. 20mm 厚 1:2.5 水泥砂浆抹面压实赶光 |
| 散 2<br>(混凝土散水) | 1. 素土夯实。<br>2. 100～130mm 厚 3:7 灰土。<br>3. 50mm 厚 C15 混凝土，上撒 1:1 水泥砂子压实赶光 |

注：此表摘自北京市建筑设计院编制的《材料做法》京 J12。
　　表中尺寸单位为 mm。

(6) 本工程采用北京市结构构件通用图集、门窗标准图集。本工程门窗明细表,详见表 1-1-3。

门窗明细表　　　　　　　　　　　　表 1-1-3

| 编号 | 洞口尺寸(mm) | 一层 | 二层 | 三层 | 四层 | 五层 | 总计 | 编号 | 洞口尺寸(mm) | 一层 | 二层 | 三层 | 四层 | 五层 | 总计 |
|---|---|---|---|---|---|---|---|---|---|---|---|---|---|---|---|
| 19M1 | 1000×2700 | 13 | | | | | 13 | 66C | 1800×1800 | 17 | | | | | 17 |
| 39M1 | 900×2700 | 2 | | | | | 2 | 42C1 | 1200×600 | 1 | 1 | 1 | 1 | 1 | 5 |
| 59M2 | 1500×2700 | 2 | | | | | 2 | 65C | 1800×1500 | | 18 | 18 | 18 | 18 | 72 |
| 18M1 | 1000×2400 | | 14 | 14 | 14 | 14 | 56 | 55C | 1500×1500 | 1 | 2 | 2 | 2 | 2 | 9 |
| 38M1 | 900×2400 | | 2 | 2 | 2 | 2 | 8 | | | | | | | | |

(7) 门刷铁红色调合漆,窗刷草绿色调合漆。做法是刮腻子、磨光、底油、二遍调合漆。

(8) 腰线抹水泥砂浆,面刷白水泥浆。外窗台抹水泥砂浆。厕所、盥洗室墙裙高 1.2m,抹水泥砂浆。楼梯抹水泥砂浆。

鉴于本工程的地区性特点,本实例没有绘制某些工程细部大样图,如楼梯休息平台、护窗栏杆、屋面出入口等。施工图预算实例中也没有计算这些细部子目。

某住宅楼工程绘制如下施工图:
图 1-1-1　建施 1　　首层平面图
图 1-1-2　建施 2　　标准层平面图
图 1-1-3　建施 3　　北立面图
图 1-1-4　建施 4　　南立面图
图 1-1-5　建施 5　　西立面图及剖面图
图 1-1-6　建施 6　　楼梯平、剖面图
图 1-1-7　建施 7　　外墙、雨篷、台阶、厕所、盥洗室大样图
图 1-1-8　建施 8　　女儿墙平面图
图 1-1-9　结施 1　　基础平面图
图 1-1-10　结施 2　　首层顶板结构平面图
图 1-1-11　结施 3　　标准层顶板结构平面图
图 1-1-12　结施 4　　屋顶顶板结构平面图
图 1-1-13　结施 5　　楼梯配筋图
图 1-1-14　结施 6　　构造柱配筋图
图 1-1-15　结施 7　　梁、雨篷、基础大样图

## 二、施工图预算编制

**(一)工程施工图预算组成**

(1) 工程预算书封面;
(2) 编制说明;
(3) 工程预算费用计算程序表(表 1-1-4);
(4) 工程直接费汇总表(表 1-1-5);
(5) 工程预算书(表 1-1-6);

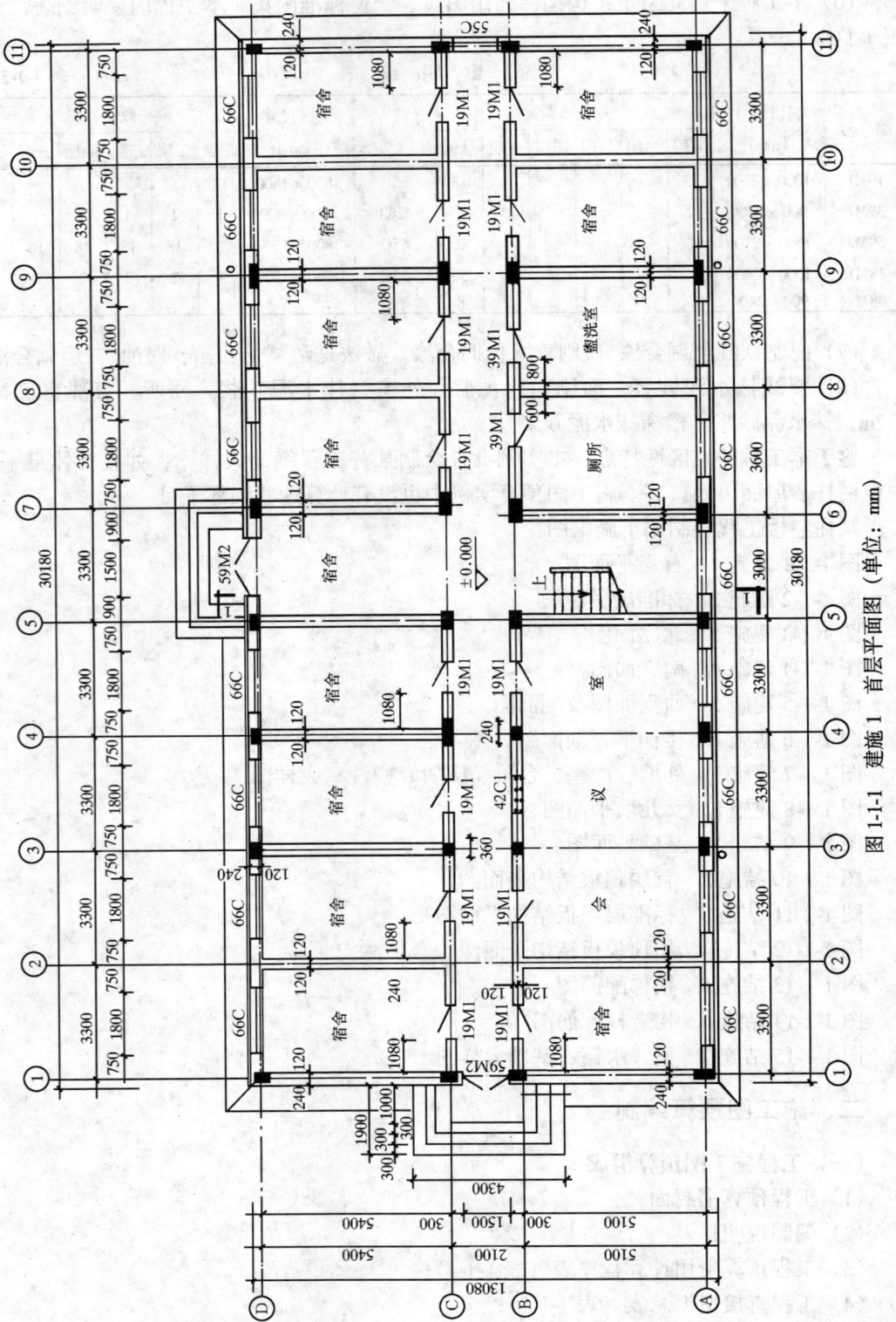

图1-1-1 建施1 首层平面图（单位：mm）

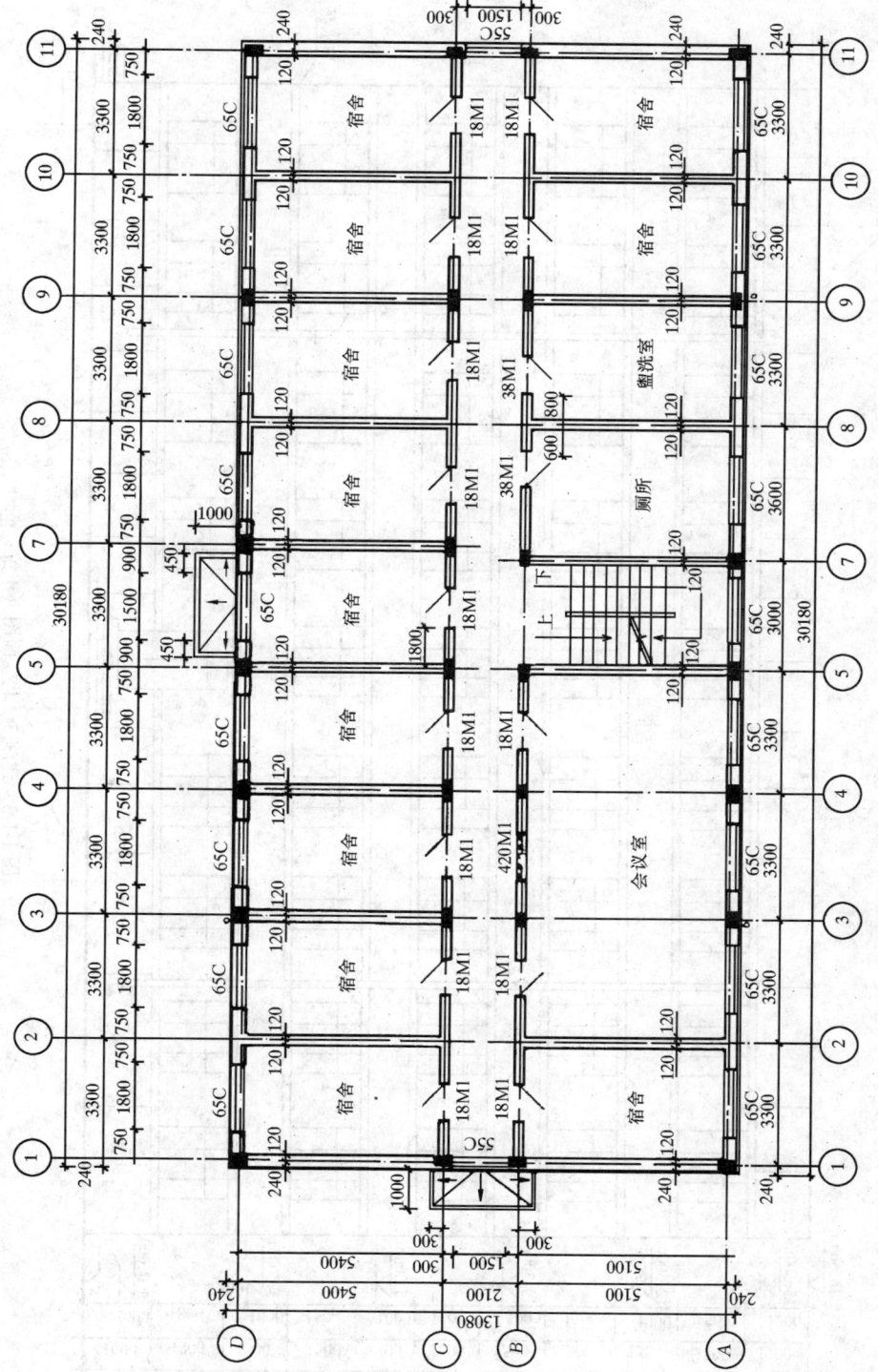

图 1-1-2 建施 2 标准层平面图（单位：mm）

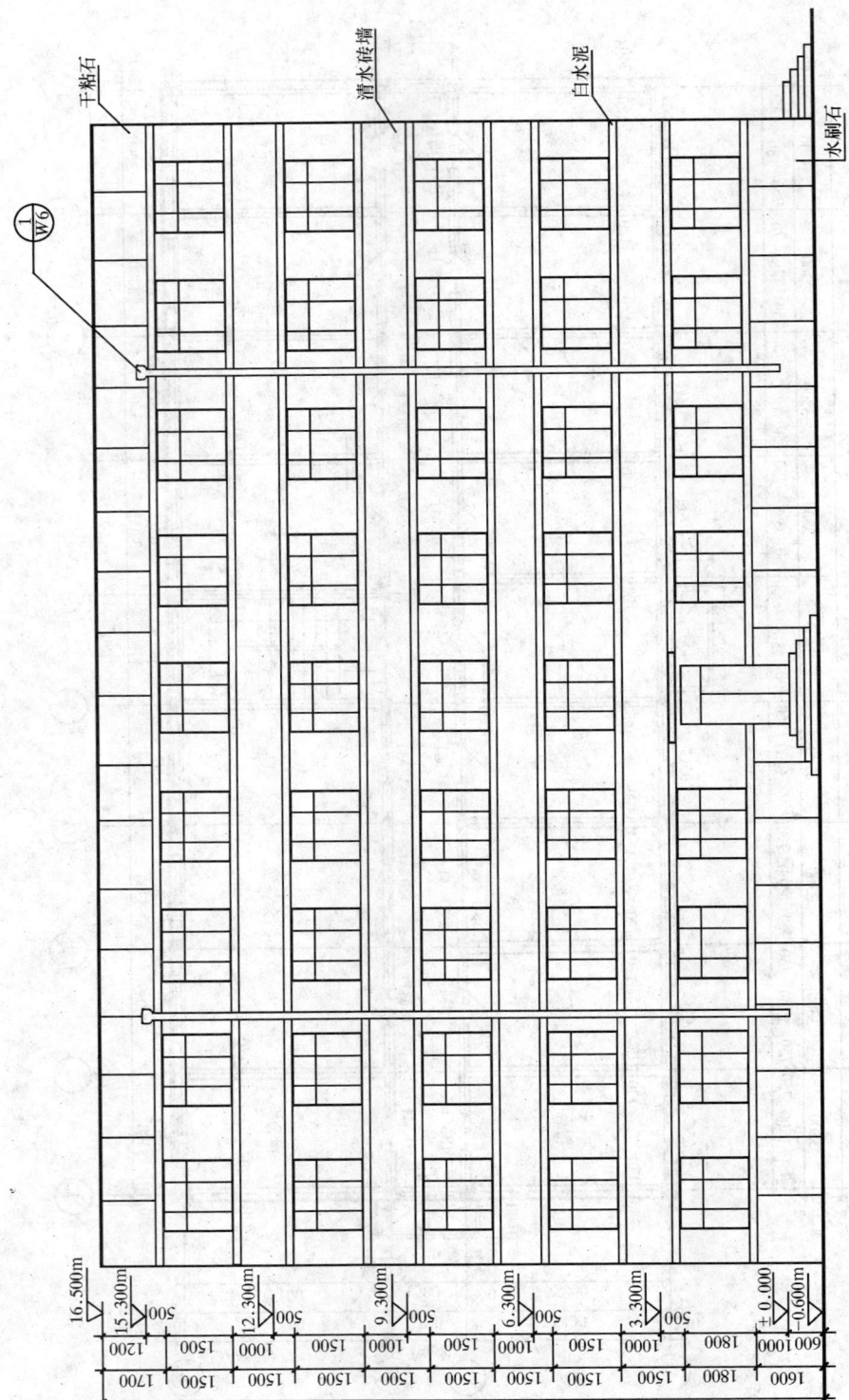

图 1-1-3 建施 3 北立面图（单位：mm）

图 1-1-4 建施 4 南立面图（单位：mm）

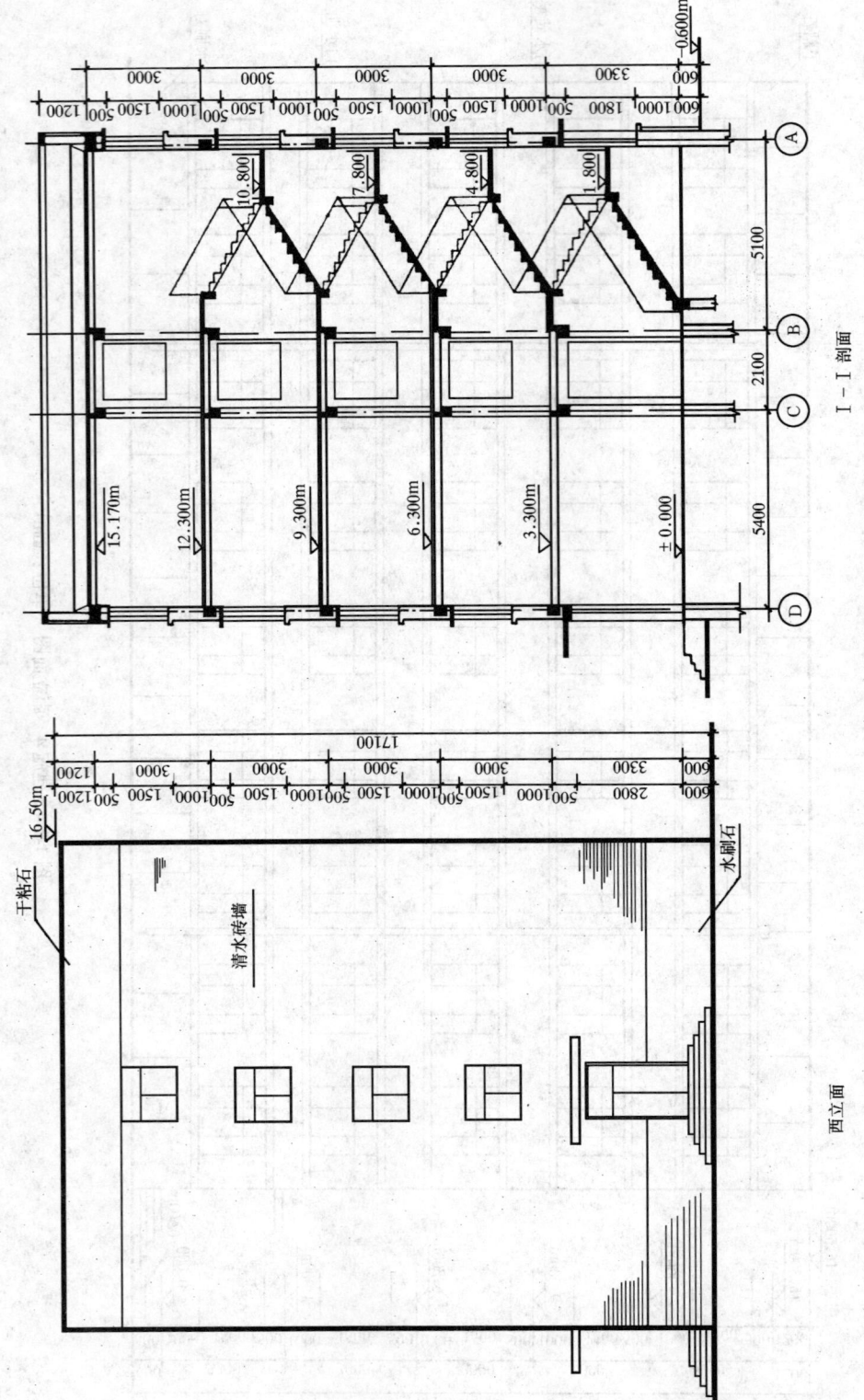

图 1-1-5 建施 5 西立面图及剖面图（单位：mm）

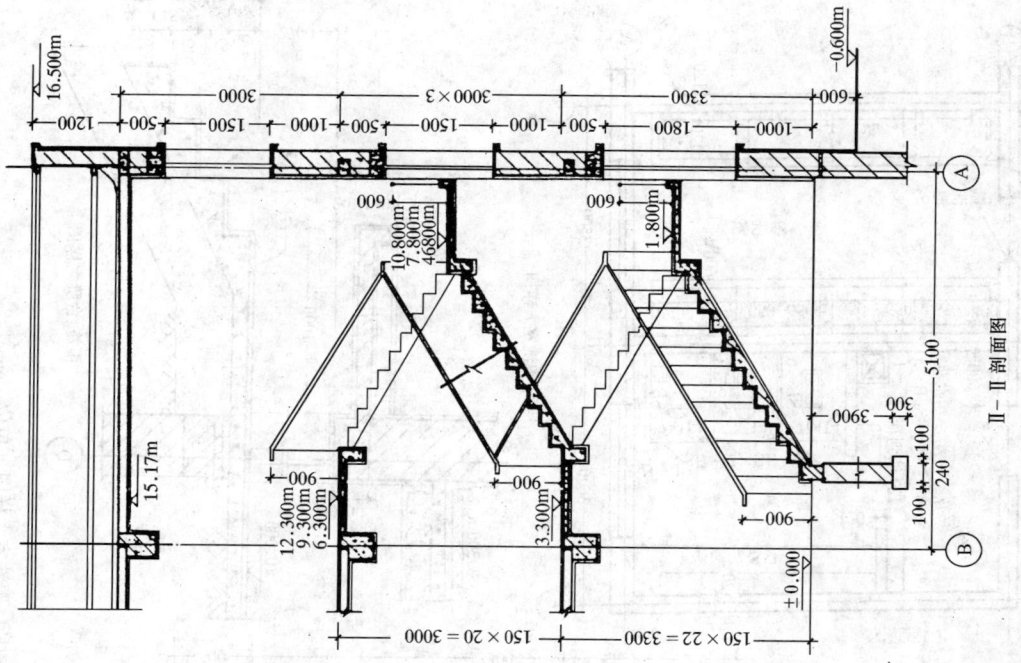

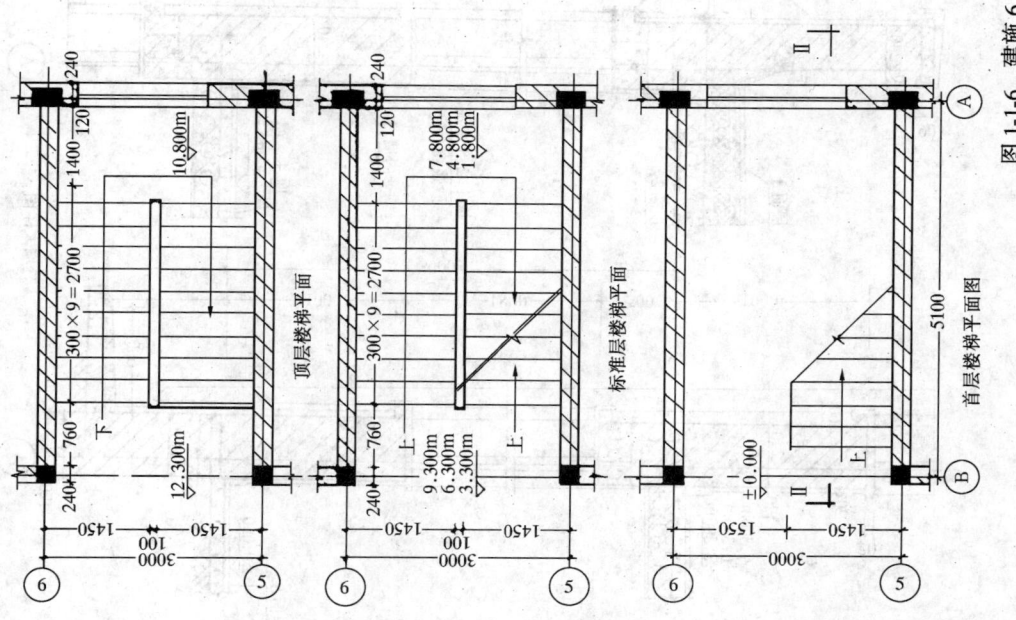

图 1-1-6 建施 6 楼梯平、剖面图（单位：mm）

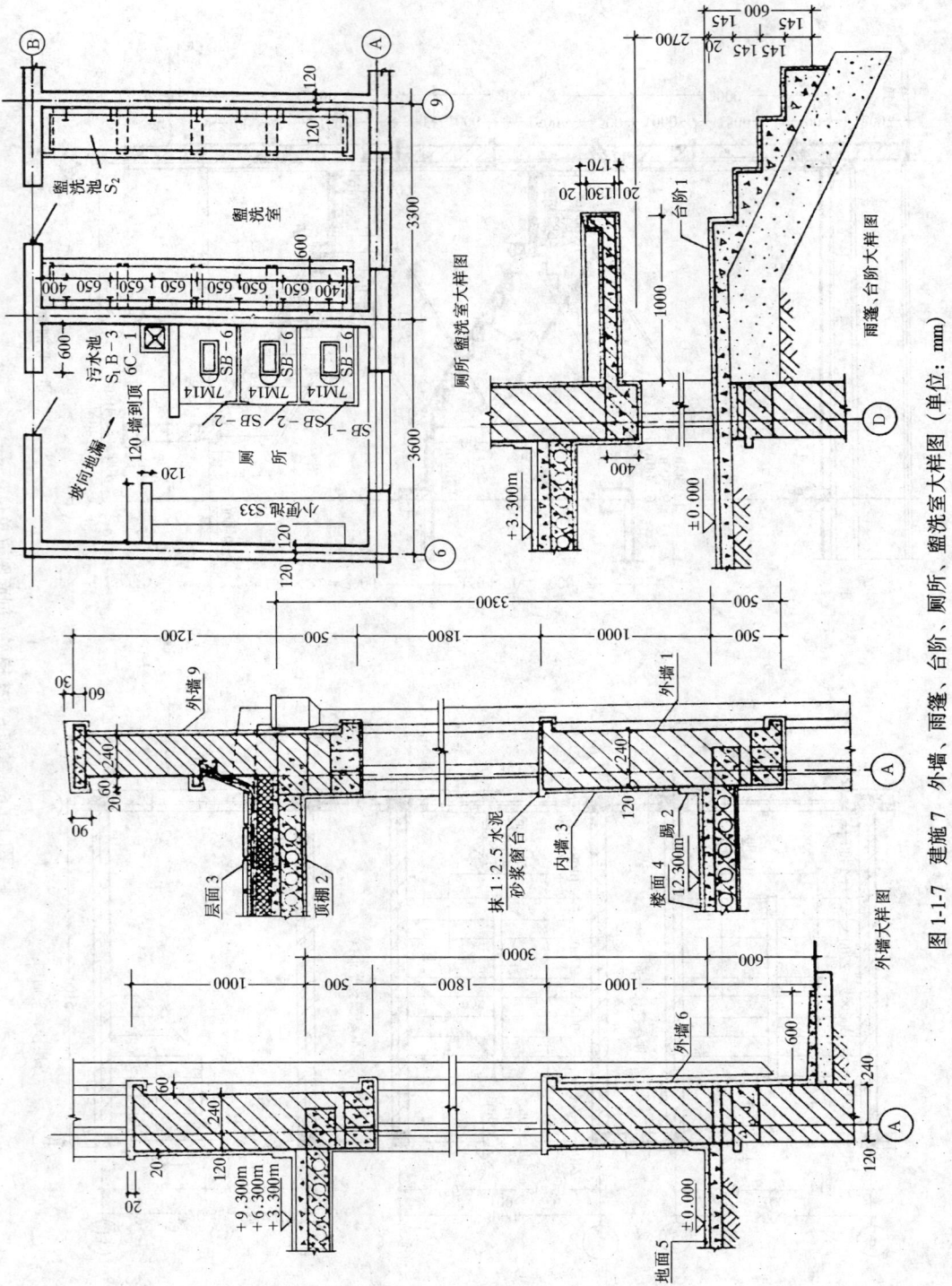

图 1-1-7 建施 7 外墙、雨篷、台阶、厕所、盥洗室大样图（单位：mm）

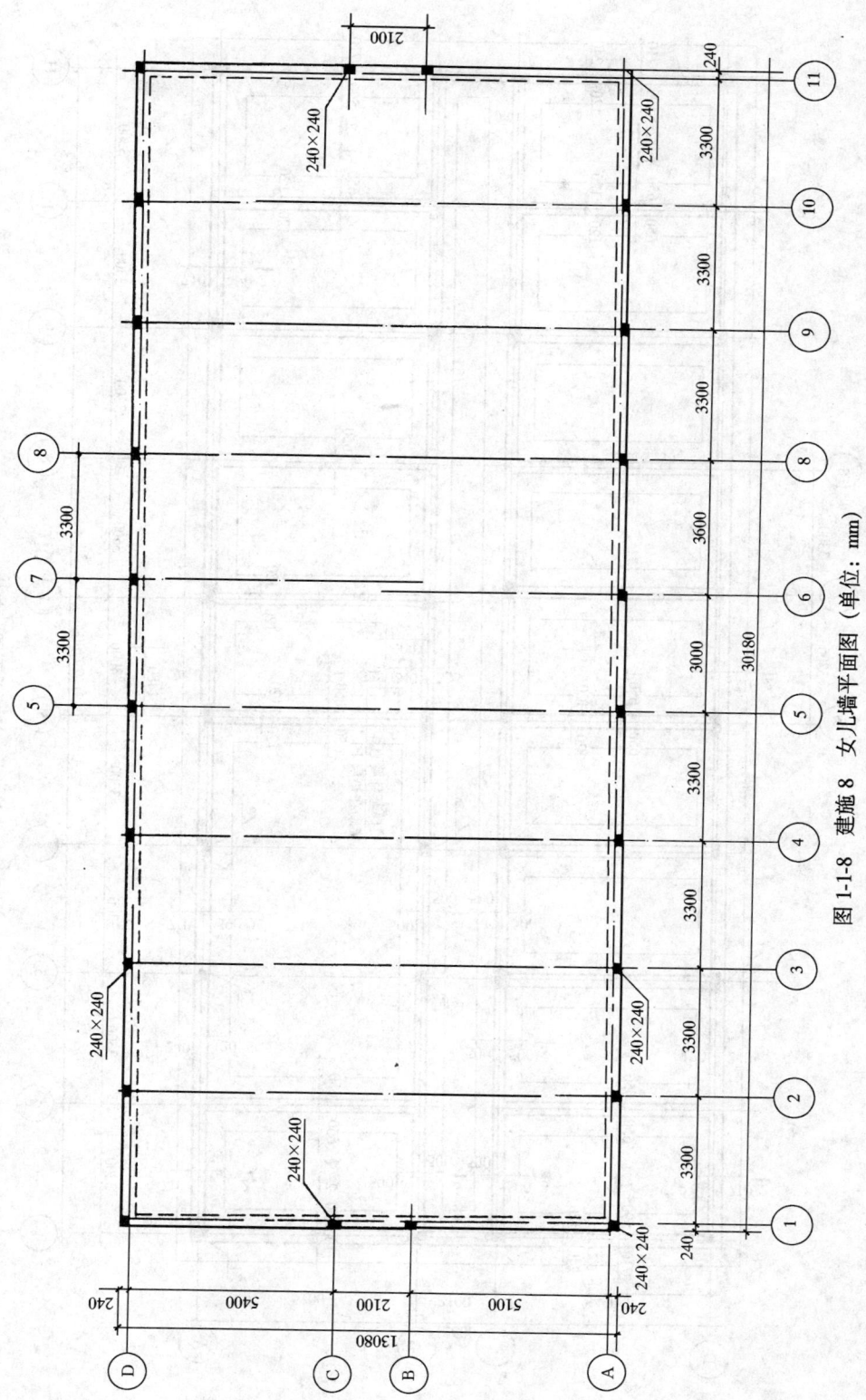

图 1-1-8 建施 8 女儿墙平面图（单位：mm）

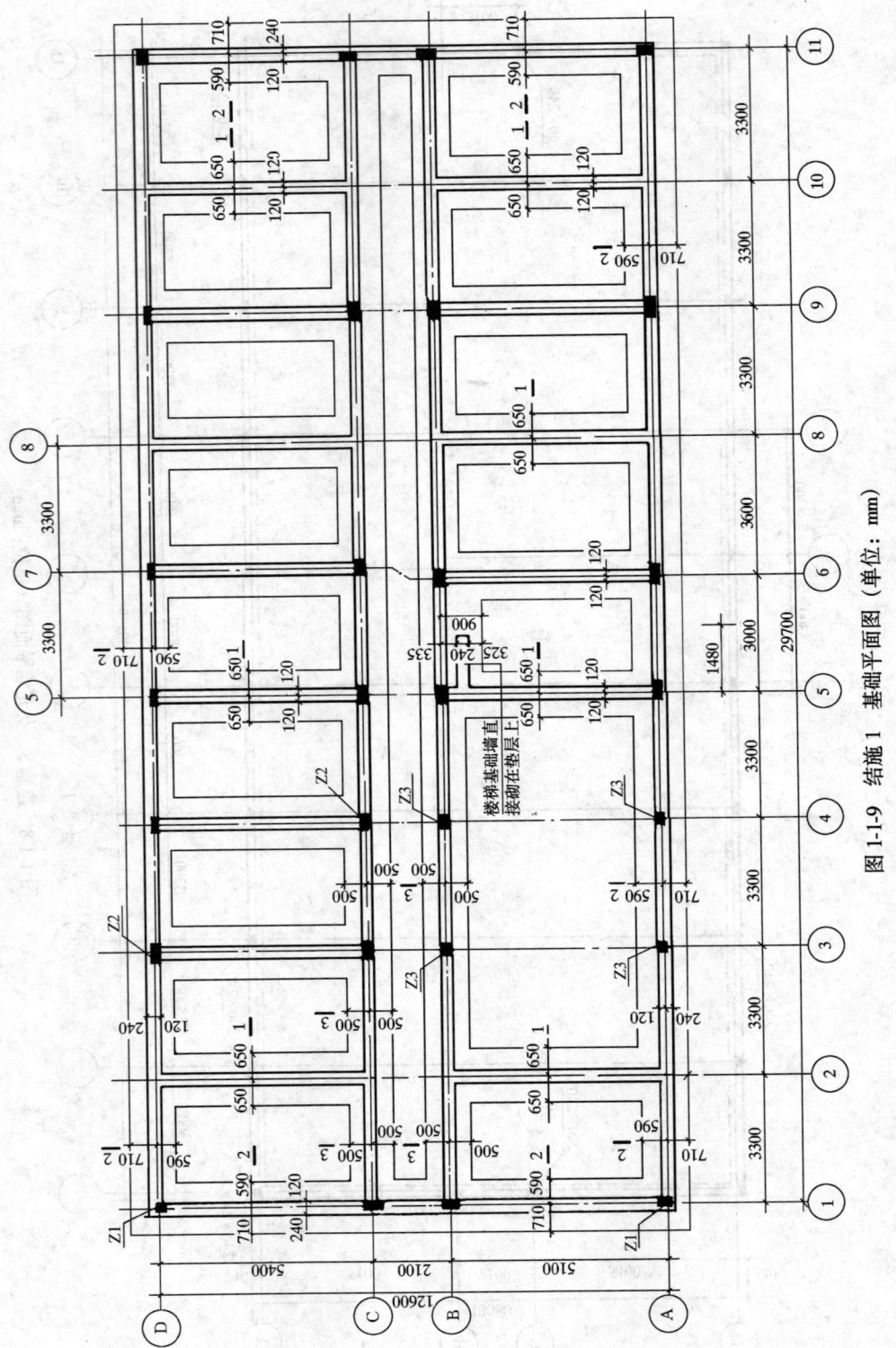

图 1-1-9 结施 1 基础平面图（单位：mm）

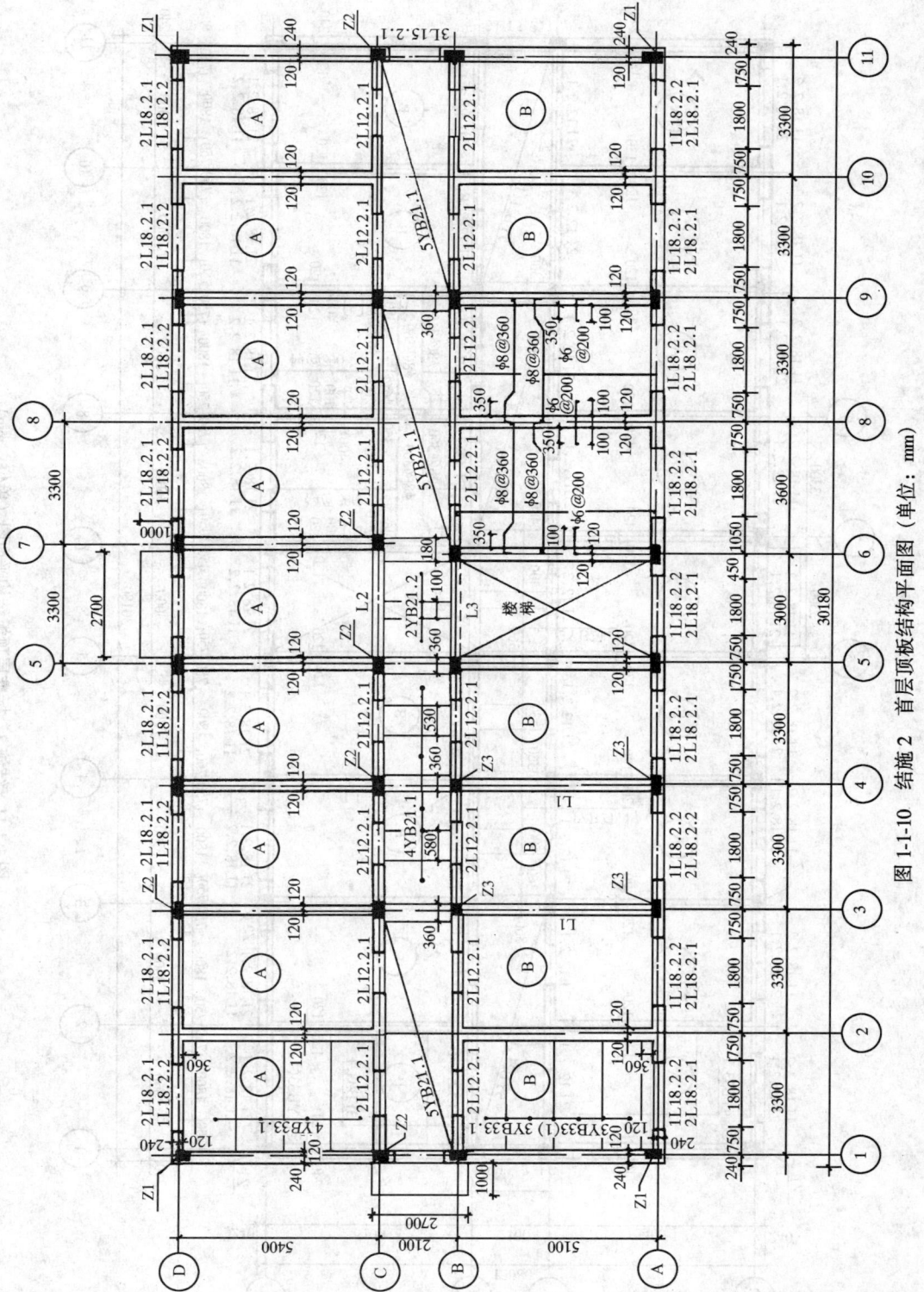

图 1-1-10 结施 2 首层顶板结构平面图（单位：mm）

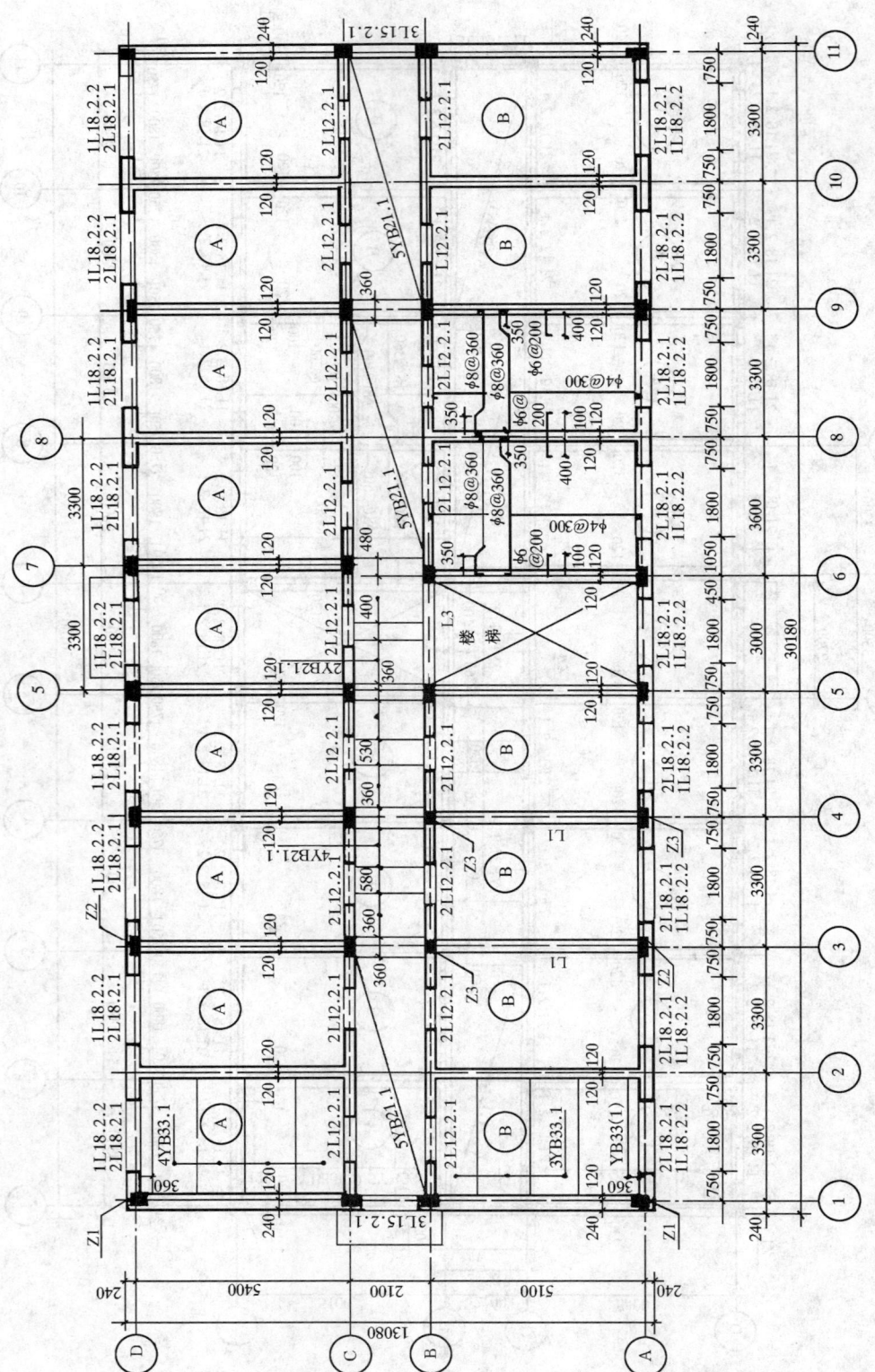

图 1-1-11 结施 3 标准层顶板结构平面图（单位：mm）

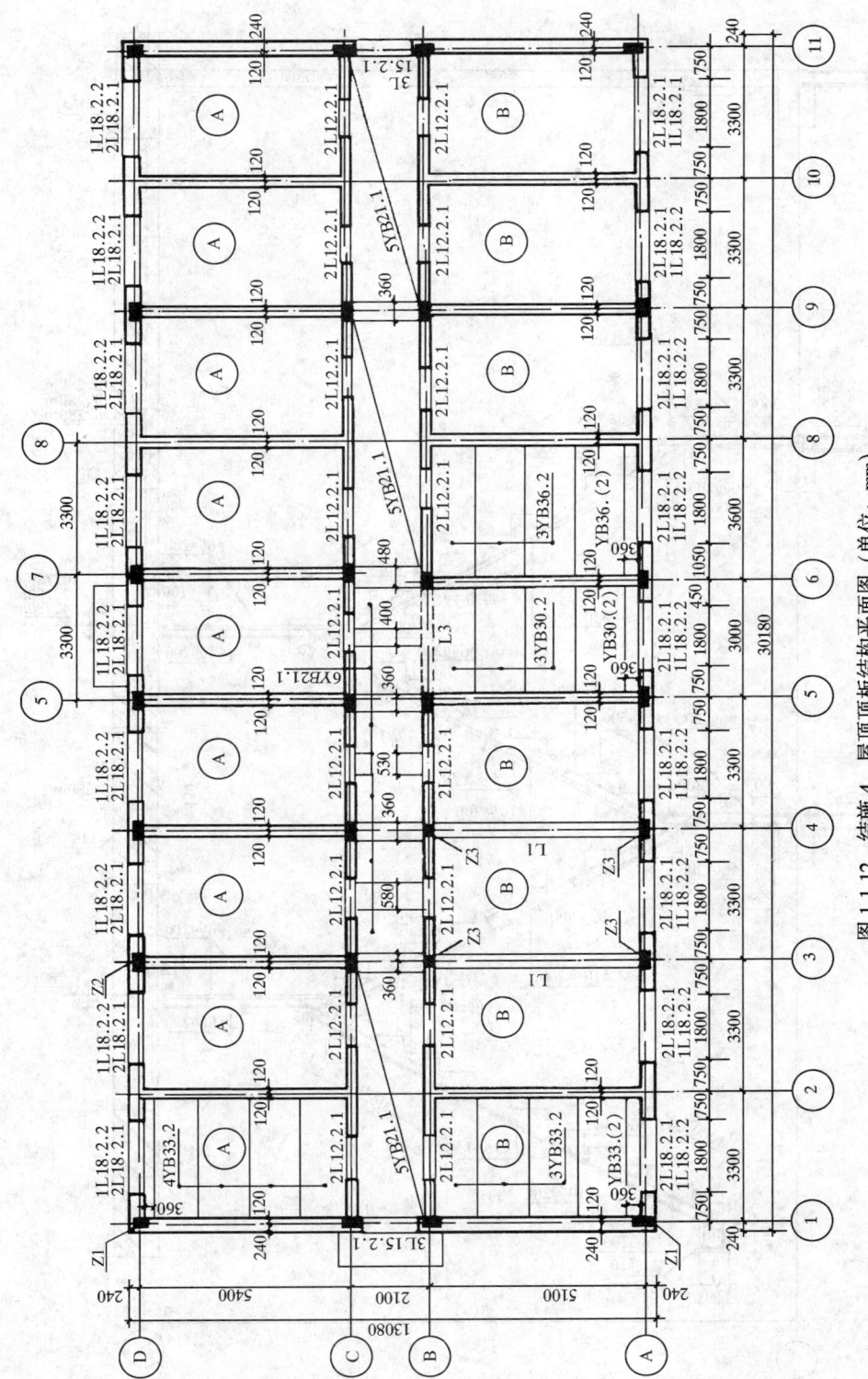

图 1-1-12 结施 4 屋顶顶板结构平面图（单位：mm）

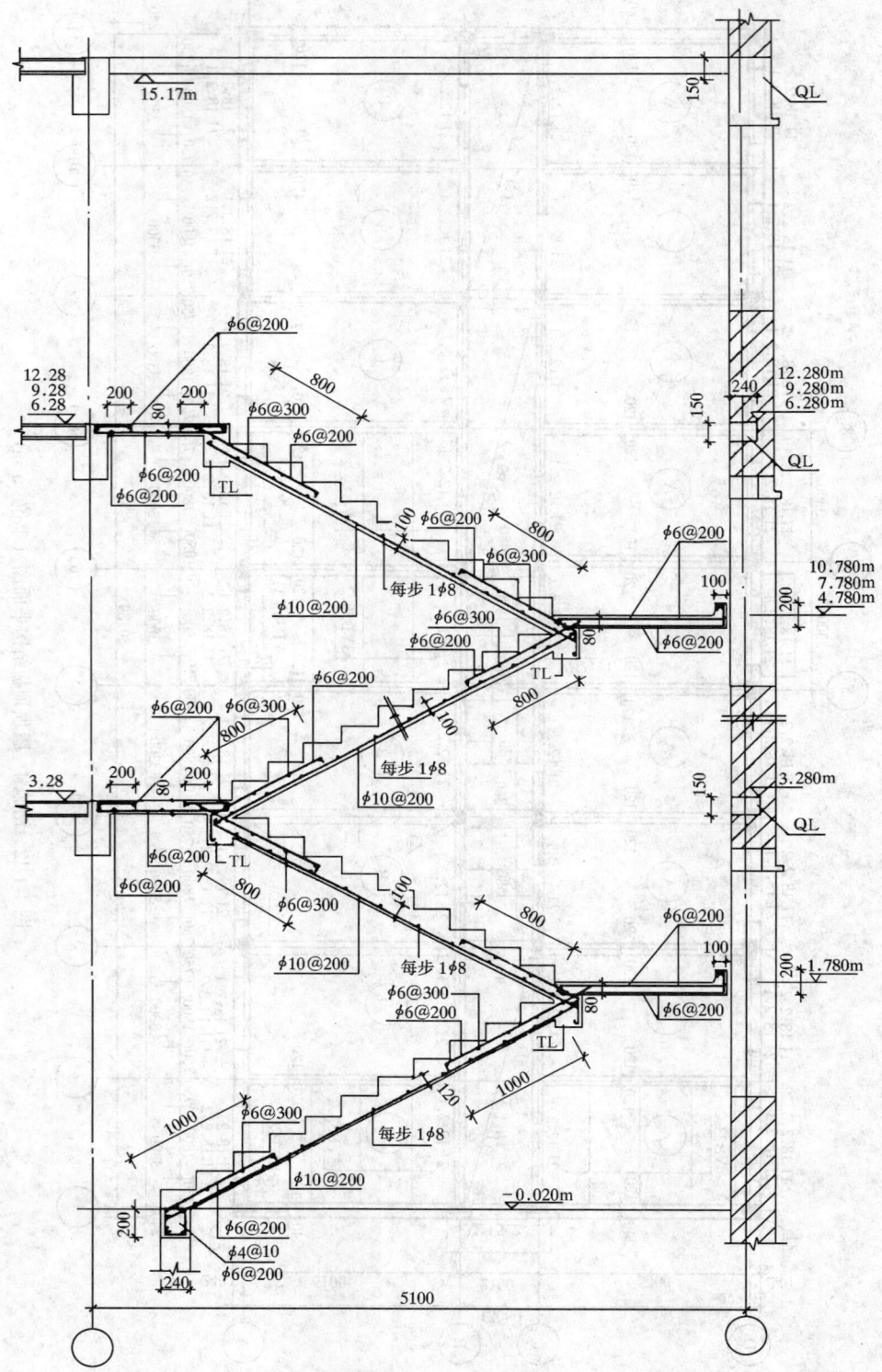

图 1-1-13 结施 5 楼梯配筋图（单位：mm）

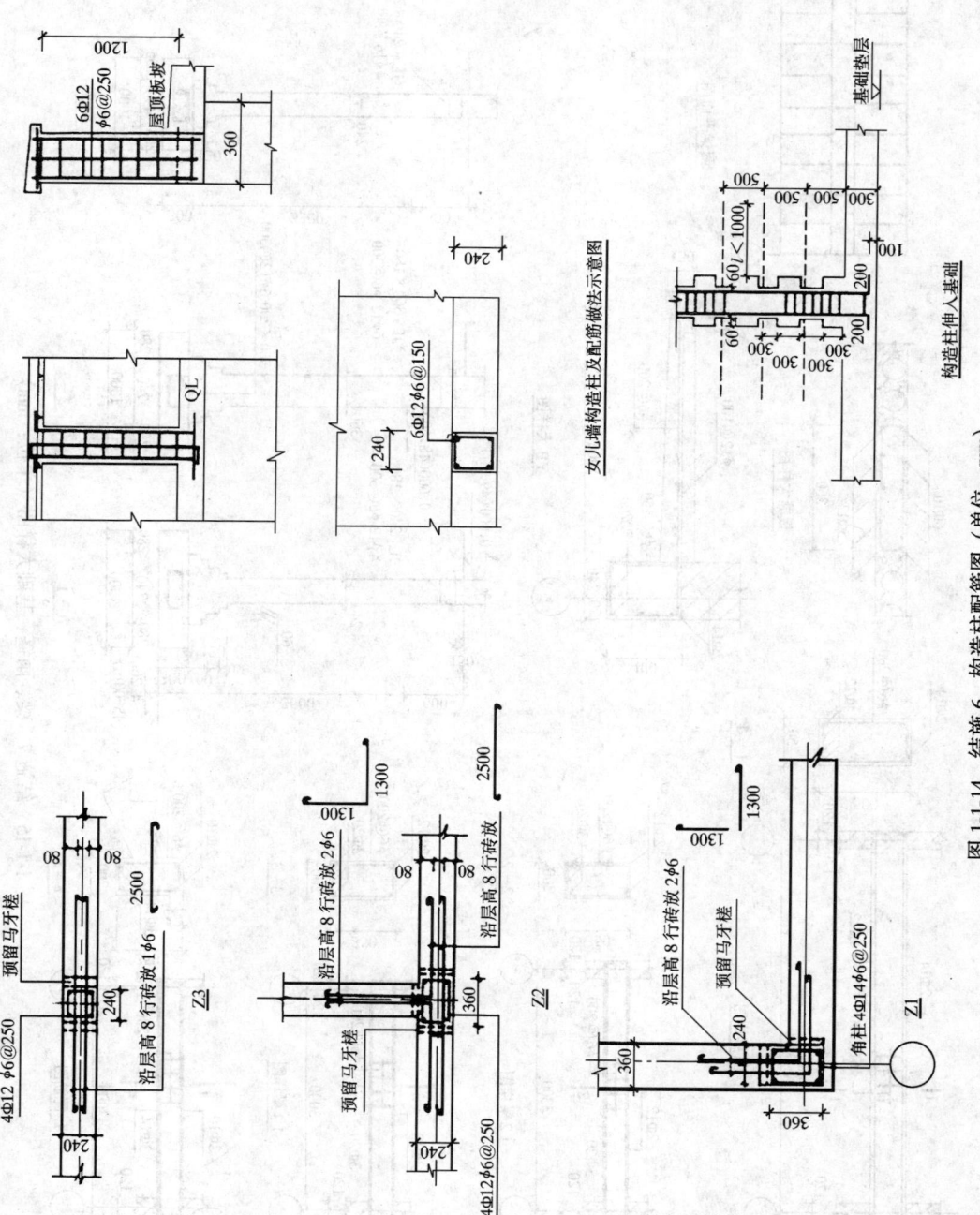

图 1-1-14 结施 6 构造柱配筋图（单位：mm）

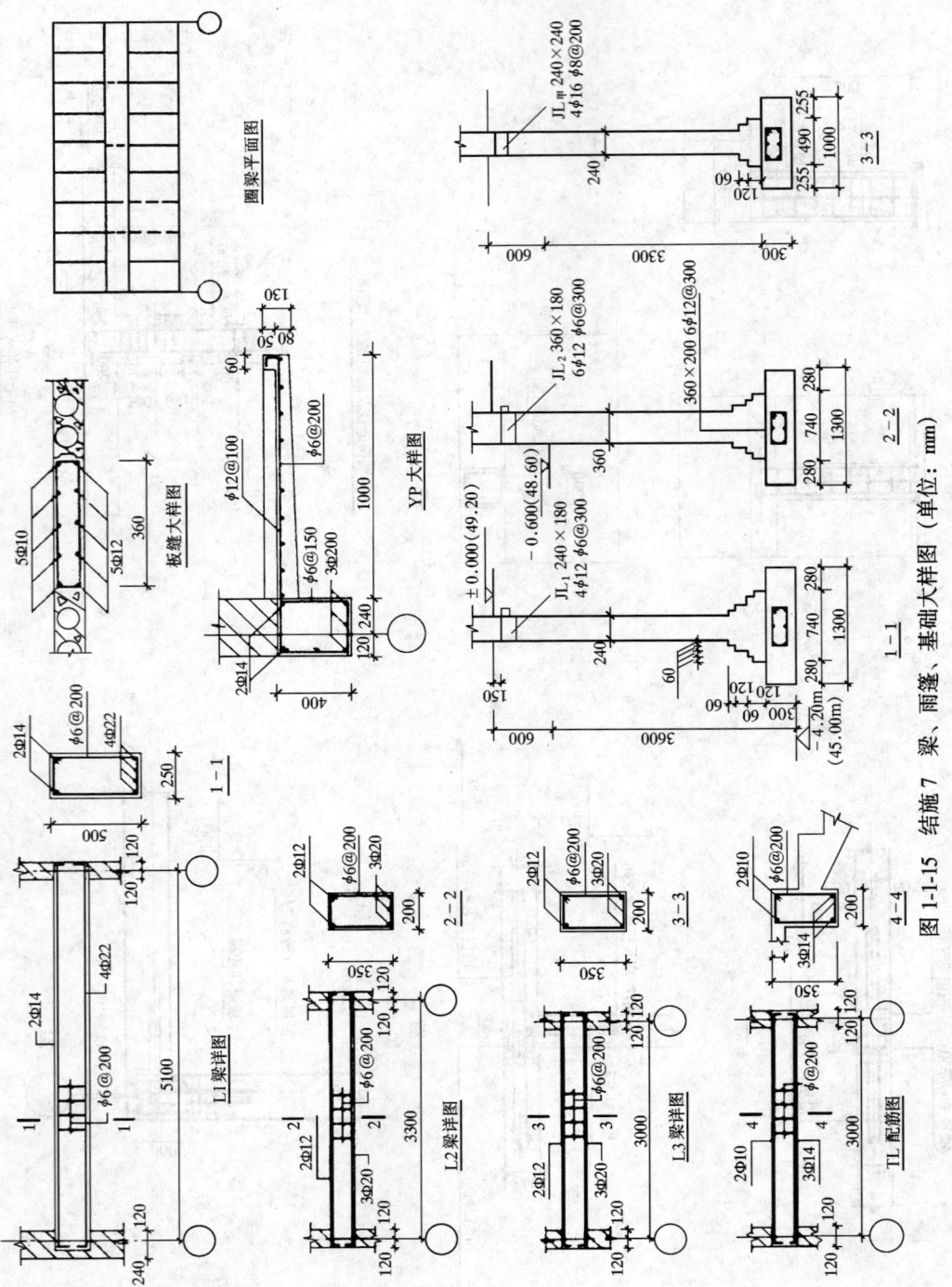

图 1-1-15 结施 7 梁、雨篷、基础大样图（单位：mm）

(6) 门窗洞口面积计算表（表 1-1-7）；
(7) 墙体埋件体积计算表（表 1-1-8）；
(8) 钢筋、预埋件计算表（从略）；
(9) 工程量计算表（表 1-1-9）；
(10) 工料分析表（从略）；
(11) 主要材料汇总表（从略）。

**（二）工程施工图预算书**

### （某住宅楼）工程预算书

建设单位：__××公司__
施工单位：__××建筑工程公司__
工程名称：__某住宅楼工程__
建筑面积：__1974 m²__　　　　工程结构：__混合结构__
檐　　高：__17.10 m__　　　　工程地处：__(近) 郊区__
（预算）总价：__285952.37 元__　　单方造价：__144.86 元/m²__

建设单位　　　　　　　　施工单位
（公章）：　　　　　　　（公章）：

负责人：_____　审核人：_____
经手人：_____　编制人：_____
开户银行：_____　开户银行：_____

**1. 预算定额计价编制说明**

（1）工程概况。本工程为砖混结构五层楼房，建筑面积为 1974m²。基础为钢筋混凝土条形基础，每层设置钢筋混凝土圈梁。采用现浇整体式钢筋混凝土楼梯和预应力圆孔板。木门窗。屋面采用二毡三油一砂防水做法。外墙除女儿墙为干粘石、外墙裙为水刷石，其余均为清水墙勾缝。内墙面装修为白灰砂浆抹灰（中级），楼地面均为水泥砂浆抹面。

（2）本工程施工图预算是根据××设计院设计的某住宅楼工程施工图编制的。门窗、工程建筑配件、钢筋混凝土结构构件均采用北京市通用标准图集。材料做法采用京 J12 标准做法。

（3）定额采用 1984 年颁布的《北京市建筑安装工程预算定额》土建工程分册（上、下册）、《北京市建筑安装工程管理费及其他费用定额》、《北京市基本建设材料预算价格》等。

（4）由于设计未定，本预算未包括门锁、大拉手等材料预算价格。工程结算时，按实际价格列入工程造价。

（5）本预算在计算工程量时，有些细部尺寸或做法不详的，均按照习惯做法计算。

（6）本预算为一般土建工程施工图预算。电照、给水排水及采暖工程预算，另行编制。

**2. 工程预算费用计算程序表**（表 1-1-4～表 1-1-9）。

工程预算费用计算程序表　　　　表 1-1-4

| 序号 | 费用项目 | 计算方法 | 金额（元） |
|---|---|---|---|
| (1) | 工程直接费（含其他直接费） | 按定额规定计算 | 176713.93 |
| (2) | 施工管理费 | (1)×12.4% | 21912.53 |

续表

| 序号 | 费用项目 | 计算方法 | 金额（元） |
|---|---|---|---|
| (3) | 小　计 | (3) = (1) + (2) | 198626.46 |
| (4) | 临时设施费 | (1) ×2.5% | 4417.85 |
| (5) | 冬雨期施工费 | (1) ×1.8% | 3180.85 |
| (6) | 施工增加费 | (1) ×1.4% | 2474.00 |
| (7) | 材料调价费 | 按有关规定调价 | 44555.98 |
| (8) | 小　计 | (8) = (3) + (5) + (6) + (7) | 248837.29 |
| (9) | 计划利润 | (8) ×7% | 17418.61 |
| (10) | 劳保支出 | (8) ×2% | 4976.75 |
| (11) | 资金利息 | (8) ×0.8% | 1990.70 |
| (12) | 营业税 | (8) ×3.34% | 8311.17 |
| (13) | 工程造价 | (13) = (4) + (8) + (9) + (10) + (11) + (12) | 285952.37 |

### 工程直接费汇总表　　　　　　　　　表1-1-5

| 序号 | 工程项目 | 直接费合计（元） | 其中 人工费（元） | 材料费（元） |
|---|---|---|---|---|
| 1 | 土方工程 | 3349.85 | 2265.37 | |
| 2 | 脚手架工程 | 3209.72 | 667.21 | |
| 3 | 砖石工程 | 49602.50 | 3641.96 | |
| 4 | 现浇钢筋混凝土工程 | 33869.41 | 2469.98 | |
| 5 | 预制钢筋混凝土工程 | 26475.59 | 1649.88 | |
| 6 | 木结构及木装修工程 | 17419.35 | 2263.30 | |
| 7 | 屋面工程 | 11528.49 | 608.04 | |
| 8 | 楼地面工程 | 7706.56 | 1135.11 | |
| 9 | 装修工程 | 8806.11 | 2850.38 | |
| 10 | 其他项目 | 1476.35 | 1735.15 | |
| | 合　计 | 176713.93 | 19286.38 | |

### 工程预算书　　　　　　　　　表1-1-6

工程名称：某住宅楼工程　　　　　　　　　第1页 共 页

| 顺序号 | 定额编号 | 工程项目 | 单位 | 数量 | 预算（元）单价 | 预算（元）合价 | 其中：人工（元）单价 | 其中：人工（元）合价 |
|---|---|---|---|---|---|---|---|---|
| | | 建筑面积 | m² | 1974 | | | | |
| | | 一、土方工程 | | | | | | |
| 1 | 一-1-1 | 平整场地 | 10m² | 55.264 | 1.24 | 68.53 | 1.24 | 68.53 |
| 2 | 一1-6 | 槽沟挖土 | 10m³ | 119.647 | 11.52 | 1378.33 | 11.52 | 1378.33 |
| 3 | 一-1-10 | 基槽回填土 | 10m³ | 89.405 | 6.17 | 551.63 | 6.17 | 551.63 |
| 4 | 一-1-11 | 房心回填土 | 10m³ | 14.290 | 8.71 | 124.47 | 8.71 | 124.47 |
| 5 | 一-1-15 | 余土外运 | 10m³ | 12.961 | 48.36 | 626.79 | 5.20 | 67.40 |
| 6 | 一-1-12 | 渣土外运 | 10m³ | 197.400 | 3.04 | 600.10 | 0.38 | 75.01 |
| | | 小　计 | | | | 3349.85 | | 2265.37 |
| | | 二、脚手架工程 | | | | | | |
| 7 | 四-1-2 | 综合脚手架 | 10m² | 197.400 | 16.26 | 3209.72 | 3.38 | 667.21 |
| | | 小　计 | | | | 3209.72 | | 667.21 |

续表

| 顺序号 | 定额编号 | 工程项目 | 单位 | 数量 | 预算（元） | | 其中：人工（元） | |
|---|---|---|---|---|---|---|---|---|
| | | | | | 单价 | 合价 | 单价 | 合价 |
| | | 三、砖石工程 | | | | | | |
| 8 | 五-1-1 换 | M5 水泥砂浆砖基础 | 10m³ | 23.782 | 482.55 | 11476.00 | 29.58 | 703.47 |
| 9 | 五-1-2 换 | M5 混合砂浆砖外墙 | 10m³ | 31.380 | 529.32 | 16610.06 | 39.45 | 1237.94 |
| 10 | 五-1-2 换 | M7.5 混合砂浆女儿墙 | 10m³ | 2.298 | 536.14 | 1232.05 | 39.45 | 90.66 |
| 11 | 五-1-3 换 | M5 混合砂浆砖内墙 | 10m³ | 35.130 | 524.28 | 18417.96 | 36.13 | 1269.25 |
| 12 | 五-1-5 换 | M7.5 水泥砂浆半砖内墙 | 10m³ | 0.262 | 570.09 | 149.36 | 54.45 | 14.27 |
| 13 | 五-1-5 换 | M7.5 混合砂浆水池砖垛 | 10m³ | 0.18 | 568.66 | 102.36 | 54.45 | 9.80 |
| 14 | 五-1-25 | 外砖墙勾缝 | 10m² | 119.398 | 4.18 | 499.08 | 2.35 | 280.59 |
| 15 | 五-1-24 | 砖砌体内钢筋加固 | t | 1.390 | 714.53 | 993.20 | 15.65 | 21.75 |
| 16 | 九-2-21 | 基础防潮层（1:3 防水砂浆） | 10m² | 6.243 | 19.61 | 122.43 | 2.28 | 14.23 |
| | | 小 计 | | | | 49602.50 | | 3641.96 |
| | | 四、钢筋混凝土工程 | | | | | | |
| | | 现浇部分 | | | | | | |
| 17 | 六-1-4 换 | C15 钢筋混凝土垫层 | 10m³ | 7.851 | 971.44 | 7626.78 | 43.43 | 340.97 |
| 18 | 六-3-37 换 | C20 钢筋混凝土地梁 | 10m³ | 1.194 | 1735.85 | 2072.60 | 109.01 | 130.16 |
| 19 | 六-3-33 换 | C20 钢筋混凝土构造柱 | 10m³ | 5.858 | 1279.41 | 7494.78 | 119.53 | 700.21 |
| 20 | 六-3-38 换 | C20 钢筋混凝土圈梁 | 10m³ | 3.902 | 1731.44 | 6756.08 | 131.91 | 514.71 |
| 21 | 六-6-74 换 | 女儿墙 C15 混凝土压顶 | 10m³ | 0.185 | 1597.88 | 295.61 | 258.48 | 47.82 |
| 22 | 六-3-41 换 | C20 钢筋混凝土单梁 | 10m³ | 0.905 | 2251.14 | 2037.28 | 142.66 | 129.11 |
| 23 | 六-3-40 换 | C20 钢筋混凝土雨篷梁 | 10m³ | 0.078 | 2088.73 | 162.92 | 215.64 | 16.82 |
| 24 | 六-6-71 换 | C20 钢筋混凝土雨篷板 | 10m³ | 0.54 | 284.78 | 153.78 | 46.02 | 24.85 |
| 25 | 六-3-47 换 | C20 钢筋混凝土平板 | 10m³ | 3.597 | 1563.97 | 5625.60 | 80.94 | 291.14 |
| 26 | 六-6-69 换 | C20 钢筋混凝土楼梯 | 10m³ | 4.747 | 346.32 | 1643.98 | 57.76 | 274.19 |
| | | 小 计 | | | | 33869.41 | | 2469.98 |
| | | 预制部分 | | | | | | |
| 27 | 六-8-106 换 | C20 钢筋混凝土过梁制作 | 10m³ | 1.757 | 1527.75 | 2684.26 | 94.98 | 166.88 |
| 28 | 七-4-85 | 钢筋混凝土过梁运输 | 10m³ | 1.757 | 201.70 | 354.39 | 5.01 | 8.80 |
| 29 | 七-1-29 | 钢筋混凝土过梁安装 | 10m³ | 1.757 | 150.61 | 264.62 | 48.72 | 85.60 |
| 30 | 六-10-补 | C30 预应力圆孔板制作 | 10m³ | 10.515 | 1429.28 | 15028.88 | 4.15 | 43.64 |
| 31 | 七-4-85 | 预应力圆孔板运输 | 10m³ | 10.515 | 201.70 | 2120.88 | 5.01 | 52.68 |
| 32 | 六-7-92 | 预应力圆孔板堵孔 | 10m³ | 10.515 | 34.57 | 363.50 | 7.23 | 76.02 |
| 33 | 七-1-32 | 预应力圆孔板吊装 | 10m³ | 10.515 | 43.77 | 460.24 | 11.56 | 121.55 |
| 34 | 六-7-88 换 | 预应力圆孔板接头灌缝 | 10m³ | 10.515 | 70.46 | 740.89 | 6.68 | 70.24 |
| 35 | 八-12-270 | 水磨石厕所隔断安装 | 10m² | 3.400 | 326.66 | 1110.64 | 11.42 | 38.83 |

续表

| 顺序号 | 定额编号 | 工程项目 | 单位 | 数量 | 预算（元） 单价 | 预算（元） 合价 | 其中：人工（元） 单价 | 其中：人工（元） 合价 |
|---|---|---|---|---|---|---|---|---|
| 36 | 八-12-138 | 双面水磨石盥洗池 S23 安装 | m | 47 | 47.27 | 2221.69 | 17.47 | 821.09 |
| 37 | 八-12-140 | 瓷砖小便池 S33 安装 | 个 | 5 | 200.17 | 1000.85 | 31.39 | 156.95 |
| 38 | 八-12-123 | 水磨石污水池 S18 安装 | 个 | 5 | 24.95 | 124.75 | 1.52 | 7.60 |
| | | 小 计 | | | | 26475.59 | | 1649.88 |
| | | 五、木结构及木装修工程 | | | | | | |
| 39 | 八-1-20 | 有亮木板门制作 | 10m² | 0.796 | 176.86 | 140.78 | 18.83 | 14.59 |
| 40 | 八-1-24 | 有亮纤维板门制作 | 10m² | 18.69 | 201.60 | 3767.90 | 18.63 | 348.19 |
| 41 | 八-1-4 | 一玻一纱带亮木窗制作 | 10m² | 26.636 | 199.22 | 5306.42 | 34.10 | 908.29 |
| 42 | 八-1-26 | 厕所隔断木门制作 | 10m² | 1.073 | 150.84 | 161.85 | 25.88 | 27.77 |
| 43 | 八-6-123 | 楼梯扶手栏杆制作 | 10m | 3.191 | 226.19 | 721.77 | 12.93 | 41.26 |
| 44 | 八-6-113 | 窗帘盒制作 | 10m | 15.984 | 103.29 | 1650.99 | 2.84 | 45.39 |
| 45 | 八-2-46 | 有亮木板门安装 | 10m² | 0.796 | 17.72 | 14.11 | 5.35 | 4.26 |
| 46 | 八-2-48 | 有亮纤维板门安装 | 10m² | 18.69 | 26.82 | 501.27 | 5.96 | 111.39 |
| 47 | 八-2-31 | 一玻一纱带亮木窗安装 | 10m² | 26.636 | 53.73 | 1431.15 | 12.94 | 344.67 |
| 48 | 八-2-58 | 厕所隔断木门安装 | 10m² | 1.073 | 23.15 | 24.84 | 5.99 | 6.43 |
| 49 | 十一-16-560 | 木门窗安玻璃（3mm） | 10m² | 31.055 | 65.12 | 2022.30 | 1.25 | 38.22 |
| 50 | 十一-10-199 | 有亮木板（纤维板）门油漆 | 10m² | 19.486 | 29.80 | 580.68 | 4.95 | 96.46 |
| 51 | 十一-10-200 | 一玻一纱带亮木窗油漆 | 10m² | 26.636 | 31.56 | 840.63 | 7.90 | 210.42 |
| 52 | 十一-10-210 | 厕所隔断木门油漆 | 10m² | 1.073 | 26.45 | 28.38 | 3.95 | 4.24 |
| 53 | 十一-11-435 | 楼梯栏杆油漆 | 10m² | 2.619 | 14.05 | 36.78 | 2.60 | 6.81 |
| 54 | 十一-11-237 | 楼梯木扶手油漆 | 10m | 3.191 | 9.18 | 29.29 | 2.23 | 7.12 |
| 55 | 十一-10-236 | 窗帘盒油漆 | 10m | 15.984 | 8.52 | 136.18 | 1.45 | 23.18 |
| 56 | 八-13-278 | 木门锁安装 | 10个 | 7.90 | 2.62 | 20.70 | 2.62 | 20.70 |
| 57 | 八-13-280 | 特殊暗锁安装 | 10个 | 0.20 | 5.52 | 1.10 | 5.52 | 1.10 |
| 58 | 八-13-285 | 大拉手安装 | 10个 | 0.80 | 2.76 | 2.21 | 2.76 | 2.21 |
| | | 小 计 | | | | 17419.35 | | 2263.30 |
| | | 六、屋面工程 | | | | | | |
| 59 | 九-1-13换 | 1:6水泥焦渣垫层 | 10m³ | 5.838 | 367.37 | 2144.71 | 23.00 | 134.27 |
| 60 | 十-1-2 | 干铺加气块保温层 | 10m³ | 7.484 | 570.35 | 4268.50 | 11.63 | 87.04 |
| 61 | 九-4-86换 | 1:3水泥砂浆找平层 | 10m² | 39.960 | 15.86 | 633.77 | 1.83 | 73.13 |
| 62 | 十-3-22 | 二毡三油防水层 | 10m² | 42.287 | 38.24 | 1617.05 | 2.10 | 88.80 |
| 63 | 九-6-139 | 水泥砖面 | 10m² | 37.422 | 68.34 | 2557.42 | 5.55 | 207.69 |
| 64 | 十-4-35 | 镀锌薄钢板排水管 | 10m² | 1.997 | 82.45 | 164.65 | 6.79 | 13.56 |
| 65 | 十-4-38 | 铸铁下水口 | 10套 | 0.4 | 335.98 | 142.39 | 8.88 | 3.55 |
| | | 小 计 | | | | 11528.49 | | 608.04 |

续表

| 顺序号 | 定额编号 | 工程项目 | 单位 | 数量 | 预算（元） 单价 | 预算（元） 合价 | 其中：人工（元） 单价 | 其中：人工（元） 合价 |
|---|---|---|---|---|---|---|---|---|
| | | 七、楼地面工程 | | | | | | |
| 66 | 九-1-1 | 地面 3:7 灰土垫层 | 10m³ | 3.323 | 83.15 | 276.31 | 24.93 | 82.84 |
| 67 | 九-1-18 换 | C10 混凝土垫层 | 10m³ | 1.506 | 423.35 | 637.57 | 29.63 | 44.62 |
| 68 | 九-4-88 | 1:2:4 豆石混凝土垫层（50mm 厚） | 10m² | 3.127 | 26.48 | 82.80 | 2.17 | 6.79 |
| 69 | 九-1-13 | 1:6 水泥焦渣垫层 | 10m³ | 8.949 | 326.91 | 2925.52 | 18.30 | 163.77 |
| 70 | 九-4-85 | 水泥砂浆找平层（20mm 厚） | 10m² | 12.506 | 11.08 | 138.57 | 1.73 | 21.64 |
| 71 | 九-5-113 | 50mm 厚 1:2:3 豆石混凝土楼面 | 10m² | 12.506 | 32.00 | 400.19 | 3.99 | 49.90 |
| 72 | 九-2-27 | 地面一毡二油防潮层 | 10m² | 3.127 | 31.90 | 99.75 | 1.08 | 3.38 |
| 73 | 九-8-177 | 厕所蹲台抹水泥 | 10m² | 1.620 | 27.25 | 44.15 | 9.08 | 14.71 |
| 74 | 九-5-93 | 20mm 厚 1:2.5 水泥砂浆楼地面 | 10m² | 150.560 | 14.17 | 2133.44 | 2.53 | 380.92 |
| 75 | 九-5-95 | 水泥砂浆踢脚线 | 10m | 139.726 | 2.59 | 361.89 | 1.38 | 192.82 |
| 76 | 九-5-97 | 楼梯面层抹水泥砂浆 | 10m² | 4.747 | 47.04 | 223.30 | 19.43 | 92.23 |
| 77 | 九-1-1 | 台阶 3:7 灰土垫层 | 10m³ | 0.490 | 83.15 | 40.74 | 24.93 | 12.22 |
| 78 | 九-1-18 换 | 台阶 C15 混凝土 | 10m³ | 0.197 | 443.95 | 87.46 | 29.63 | 5.84 |
| 79 | 九-8-177 | 台阶抹水泥砂浆 | 10m² | 1.634 | 27.25 | 44.53 | 9.08 | 14.84 |
| 80 | 一-1-6 | 散水挖土方 | 10m³ | 1.017 | 11.52 | 11.72 | 11.52 | 11.72 |
| 81 | 九-1-1 | 散水 3:7 灰土垫层 | 10m³ | 0.735 | 83.15 | 61.12 | 24.93 | 18.32 |
| 82 | 九-8-197 | 散水 C15 混凝土 | 10m² | 4.819 | 28.46 | 137.5 | 3.85 | 18.55 |
| | | 小　计 | | | | 7706.56 | | 1135.11 |
| | | 八、装饰工程 | | | | | | |
| 83 | 十一-2-42 | 室内水泥墙裙 | 10m² | 19.368 | 13.42 | 259.92 | 3.80 | 73.60 |
| 84 | 十一-1-11 | 内墙抹白灰砂浆 | 10m² | 388.131 | 8.66 | 3361.21 | 3.58 | 1389.51 |
| 85 | 十一-2-30 | 顶板现浇板抹水泥砂浆 | 10m² | 24.880 | 10.72 | 26.67 | 3.65 | 9.08 |
| 86 | 九-2-28 | 内墙一毡二油防潮层 | 10m² | 19.368 | 33.89 | 656.38 | 2.45 | 47.45 |
| 87 | 十一-2-57 | 现浇梁抹水泥砂浆 | 10m² | 8.694 | 15.92 | 138.41 | 5.78 | 50.25 |
| 88 | 十一-2-33 | 预制板勾缝抹平 | 10m² | 135.745 | 1.31 | 177.83 | 0.85 | 115.38 |
| 89 | 十一-2-73 | 门窗后塞口堵缝 | 10m² | 47.307 | 1.43 | 67.65 | 0.68 | 32.17 |
| 90 | 十一-2-76 | 零星砖墙抹水泥砂浆 | 10m² | 8.111 | 18.09 | 146.73 | 7.13 | 57.83 |
| 91 | 十一-8-161 | 厕所贴白瓷砖 | 10m² | 1.800 | 133.04 | 239.47 | 15.65 | 28.17 |
| 92 | 十一-2-65 | 内窗台抹水泥砂浆 | 10m² | 2.084 | 23.20 | 48.35 | 9.73 | 20.28 |
| 93 | 十一-2-66 | 外窗台抹水泥砂浆 | 10m² | 4.169 | 48.18 | 200.86 | 22.40 | 93.39 |
| 94 | 十一-3-78 | 外墙裙水刷石 | 10m² | 13.324 | 32.65 | 435.03 | 9.16 | 122.05 |
| 95 | 十一-4-96 | 外墙干粘石 | 10m² | 14.189 | 25.56 | 362.67 | 7.81 | 110.82 |
| 96 | 十一-3-87 | 雨篷水刷石 | 10m² | 0.54 | 44.49 | 24.02 | 19.68 | 10.63 |

续表

| 顺序号 | 定额编号 | 工程项目 | 单位 | 数量 | 预算（元） | | 其中：人工（元） | |
|---|---|---|---|---|---|---|---|---|
| | | | | | 单价 | 合价 | 单价 | 合价 |
| 97 | 十一-2-70 | 腰线抹水泥砂浆 | 10m² | 10.865 | 27.16 | 295.09 | 15.50 | 168.41 |
| 98 | 十一-14-538 | 腰线刷白水泥浆 | 10m² | 10.865 | 5.94 | 64.54 | 0.41 | 4.45 |
| 99 | 十一-2-69 | 女儿墙压顶抹水泥砂浆 | 10m² | 5.134 | 23.70 | 121.68 | 12.15 | 62.38 |
| 100 | 十一-14-536 | 预制板顶棚喷大白 | 10m² | 160.625 | 3.34 | 536.49 | 0.80 | 128.50 |
| 101 | 十一-14-532 | 抹灰面喷大白 | 10m² | 402.233 | 2.50 | 1005.58 | 0.58 | 233.30 |
| 102 | 十一-14-539 | 踢脚线刷水泥浆 | 10m² | 139.726 | 0.55 | 76.85 | 0.19 | 26.55 |
| 103 | 十一-14-536 | 砖墙面喷刷红土浆 | 10m² | 91.915 | 6.10 | 560.68 | 0.72 | 66.18 |
| | | 小 计 | | | | 8806.11 | | 2850.38 |
| | | 九、其他项目 | | | | | | |
| 104 | 十五-1-1 | 中小型机械费 | 10m² | 197.4 | 15.57 | 3073.52 | 2.02 | 398.75 |
| 105 | 十五-2-12 | 二次搬运费 | 10m² | 197.4 | 18.78 | 3707.17 | 6.77 | 1336.40 |
| 106 | 十五-3-33 | 工程水电费 | 10m² | 197.4 | 5.55 | 1095.57 | | |
| 107 | 十五-4-48 | 大型机械进出场费 | 栋 | 1 | 3688.00 | 3688.00 | | |
| 108 | 十五-6-67 | 生产工具使用费 | 10m² | 197.4 | 14.52 | 2866.25 | | |
| 109 | 十五-7-76 | 检验试验费 | 10m² | 197.4 | 1.60 | 315.84 | | |
| | | 小 计 | | | | 14746.35 | | 1735.15 |
| (1) | | 直接费合计 | | | | 176713.93 | | 19286.38 |
| (2) | | 施工管理费 | | | (1)×12.4% | 21912.53 | | |
| (3) | | 小 计 | | | (3)=(1)+(2) | 198626.46 | | |
| (4) | | 临时设施费 | | | (1)×2.5% | 4417.85 | | |
| (5) | | 冬雨期施工费 | | | (1)×1.8% | 3180.85 | | |
| (6) | | 远郊施工增加费 | | | (1)×1.4% | 2474.00 | | |
| (7) | | 材料调价费 | | | 调价汇总表从略 | 44555.98 | | |
| (8) | | 小 计 | | | (8)=(3)+(5)+(6)+(7) | 248837.29 | | |
| (9) | | 计划利润 | | | (8)×7% | 17418.61 | | |
| (10) | | 劳保支出 | | | (8)×2% | 4976.75 | | |
| (11) | | 资金利息 | | | (8)×0.8% | 1990.70 | | |
| (12) | | 营业税 | | | (8)×3.34% | 8311.17 | | |
| (13) | | 工程造价 | | | (13)=(4)+(8)+(9)+(10)+(11)+(12) | 285952.37 | | |

工程名称：某住宅楼工程

门 窗 洞 口 面 积 计 算 表

表 1-1-7

| 序号 | 图号 | 门窗(孔洞)名称代号 | 洞口尺寸 宽(m) | 洞口尺寸 高(m) | 每樘 面积(m²) | 每樘 外围面积(m²) | 总樘数 | 合计 面积(m²) | 合计 外围面积(m²) | 洞口所在部位(层线墙) 首层外墙 | 首层内墙 | 二至五层外墙 | 二至五层内墙 | 备注 |
|---|---|---|---|---|---|---|---|---|---|---|---|---|---|---|
| | | 59M2 | 1.5 | 2.7 | 3.98 | 4.05 | 2 | 7.96 | 8.10 | 2 / 8.10 | | | | |
| | | 19M1 | 1.0 | 2.7 | 2.64 | 2.70 | 13 | 34.32 | 25.10 | | 13 / 35.10 | | | |
| | | 18M1 | 1.0 | 2.4 | 2.34 | 2.40 | 56 | 131.04 | 134.40 | | | | 56 / 134.40 | |
| | | 39M1 | 0.9 | 2.7 | 2.37 | 2.43 | 2 | 4.74 | 4.86 | | 2 / 4.86 | | | |
| | | 38M1 | 0.9 | 2.4 | 2.10 | 2.16 | 8 | 16.80 | 17.28 | | | | 8 / 17.28 | |
| | | 66C | 1.8 | 1.8 | 3.17 | 3.24 | 17 | 53.89 | 55.08 | 17 / 55.08 | | | | |
| | | 65C | 1.8 | 1.5 | 2.63 | 2.70 | 72 | 189.36 | 194.40 | | | 72 / 194.40 | | |
| | | 42C1 | 1.2 | 0.6 | 0.68 | 0.72 | 5 | 3.40 | 3.60 | | 1 / 0.72 | | 4 / 2.88 | |
| | | 55C | 1.5 | 1.5 | 2.19 | 2.25 | 9 | 19.71 | 20.25 | 1 / 2.25 | | 8 / 18.00 | | |
| 合 计 | | | | | | | | | | 65.43 | 40.68 | 212.40 | 154.56 | |

说明：1. 本表除填写门窗面积外，凡对每个面积在 0.3m² 以上的孔洞均应填入本表；2. 本表"洞口所在部位"栏内，横虚线上面填写在该部位的门窗樘数或洞口个数，横虚线下面填写与相应的计算面积；3. 需分层填写时，可另续附页，可另分层书写；4. 门窗特殊五金如门锁、弹簧铰链、管子拉手等，可记在"备注"栏内。

25

工程名称：某住宅楼工程　　　　　　　　　　　　　墙体埋件体积计算表　　　　　　　　　　　　　表1-1-8

| 序号 | 构件名称 | 代号图号 | 构件尺寸(m) 宽 | 高 | 长 | 每根体积/m³ | 总根数 | 总体积(m³) | 构件所在部位 首层 外墙 | 首层 内墙 | 二至五层 外墙 | 二至五层 内墙 | 备注 |
|---|---|---|---|---|---|---|---|---|---|---|---|---|---|
| | 圈梁 QL1 | | 0.36 | 0.15 | | | 85.08 | 4.59 | | | 85.08 / 4.59 | | |
| | 圈梁 QL2 | | 0.24 | 0.15 | | | 956.10 | 34.43 | 84.60 / 3.05 | 123.54 / 4.45 | 253.80 / 9.14 | 494.16 / 17.79 | |
| | 小　计 | | | | | | | | 3.05 | 4.45 | 13.73 | 17.79 | |
| | 构造柱 Z1 | | 0.39 | 0.27 | | 0.0471 | 61.2 | 6.44 | 13.20 / 1.39 | | 48.00 / 5.05 | | |
| | 构造柱 Z2 | | 0.42 | 0.27 | | 0.0471 | 306 | 34.45 | 39.60 / 4.49 | 26.4 / 2.94 | 144 / 16.33 | 96 / 10.69 | |
| | 构造柱 Z3 | | 0.30 | 0.24 | | 0.0409 | 61.20 | 4.42 | 6.60 / 0.48 | 6.6 / 0.48 | 24.00 / 1.73 | 24.00 / 1.73 | |
| | 小　计 | | | | | | | | 6.36 | 3.42 | 23.11 | 12.42 | |
| | 预制过梁 L18.2.1 | | | | | 0.0471 | 178 | 8.38 | 34 / 1.60 | | 144 / 6.78 | | |
| | 预制过梁 L18.2.2 | | | | | 0.0471 | 89 | 4.19 | 17 / 0.80 | | 72 / 3.39 | | |
| | 预制过梁 L15.2.1 | | | | | 0.0409 | 27 | 1.10 | 3 / 0.12 | | 24 / 0.98 | | |
| | 预制过梁 L12.2.1 | | | | | 0.0232 | 168 | 3.90 | | 32 / 0.74 | | 136 / 3.16 | |
| | 小　计 | | | | | | | | 2.52 | 0.74 | 11.15 | 3.16 | |
| | 女儿墙构造柱 | | 0.24 | 0.24 | | | 28.80 | 1.66 | | | | | 小挑口总体积0.56m³ |
| | 合　计 | | | | | | | | | | | | |

说明：1. 各种墙体埋件除圈梁按长度"m"计列外，其他均按"根"数计列；2. 本表"构件所在部位"栏内，横虚线上面填写在该部位的圈梁长度"m"数或其他作的"件"数，横虚线下面填写相应的计算体积；3. 需分层填写时可另续附页；4. 部分埋入墙内的构件如挑梁、其伸出墙外部分的体积可记在"备注"栏内，以便计算整个构件。

工程名称：某住宅楼工程

# 工 程 量 计 算 表

表 1-1-9　　年　月　日　第 1 页

| 序号 | 工程项目 | 单位 | 数量 | 计　算　式 |
|---|---|---|---|---|
| 一、 | 常用计算基数 建筑面积 | m² | 1974 | $(29.70+0.48)\times(12.60+0.48)\times 5=1974$<br>[说明]<br>①建筑面积亦称"建筑展开面积"，它是指房屋建筑各层面积的总和。建筑面积是计算平方米指标（即每平方米建筑面积的技术经济指标）和脚手架等工程量的重要依据。<br>②29.70＝3.30×9<br>12.60＝5.10+2.10+5.40<br>0.48＝0.24+0.24<br>29.70——住宅楼长度（不加外墙厚度），是指长度范围内外墙轴线之间的距离。由图1-1-1可知：3.30×9＝29.70，单位是米。<br>12.60——住宅楼宽度范围内外墙轴线之间的距离（不加外墙厚度）。由图1-1-1可知：12.60＝5.10+2.10+5.40，单位是米。<br>0.48——外墙轴线到外墙边的墙体厚度（外墙为二七墙）。由图1-1-1可知：0.48＝0.24×2。<br>5——五层楼房总的建筑面积的系数。<br><br>图 1　外墙体中心线分析图<br><br>有关数据按图纸建施1。实际上在图纸建施1上可直接查出长×宽＝30.180×13.080<br>③雨篷建筑面积的计算规则：<br>有柱雨篷按柱外围水平面积的水平投影面积计算建筑面积；<br>独立柱的雨篷按顶盖的水平投影面积的一半计算建筑面积；<br>无柱雨篷不计算建筑面积。<br>室外楼梯按每层水平投影面积计算建筑面积；室外楼梯作为主要通道和用于疏散的均按每层水平投影面积计算建筑面积；室内有楼梯者，室外楼梯按其水平投影面积的一半计算建筑面积。 |

27

续表

年 月 日 第 2 页

| 序号 | 工程项目 | 单位 | 数量 | 计 算 式 |
|---|---|---|---|---|
| | 外墙2-2剖面中心线长 | m | 85.08 | $(29.70+0.12) \times 2 + (12.60+0.12) \times 2 = 85.08$<br>[说明]<br>外墙——坡屋面无檐口顶棚者，算至屋面板底，有檐口顶棚者，算至屋架下弦底另加20cm；平屋面算至钢筋混凝土顶板底面。<br>$29.70 = 3.30 \times 9$<br>$12.60 = 5.1 + 2.10 + 5.40$<br>$0.12 = 0.06 + 0.06 = \left(\dfrac{0.240+0.120}{2} - 0.12\right) + \left(\dfrac{0.240+0.120}{2} - 0.12\right)$<br>0.12——偏心计算系数。此建筑物外墙是七墙，它的中心线与轴线不重合，偏差为0.06，$\left(\dfrac{0.240+0.120}{2} - 0.12\right)$；两边都的偏差为0.06，则总的偏差为$0.06 \times 2 = 0.12$。<br>2——外墙的长度计算时的系数，是2倍的关系。 |
| | 内横墙1-1剖面净长线长 | m | 70.44 | $(5.4-0.24) \times 8 + (5.1-0.24) \times 6 = 70.44$<br>[说明]<br>① 内墙——位于屋架下者，其高度算至屋架底，位于屋架之间，而与顶棚衔接者，算至顶棚底再加10cm，钢筋混凝土楼隔层者，应算至楼板面。<br>② $(5.40-0.24)$——北边内横墙的净长线长。<br>8——共八堵横墙。<br>$(5.10-0.24)$——南边内横墙的净长线长。<br>6——共六堵横墙。<br>0.24——外墙缝内的宽度，是按$0.12 \times 2 = 0.24$。 |
| | 首层内纵墙3-3剖面净长线长 | m | 53.10 | $(29.70-0.24) \times 2 - 3.06 - 2.76 = 53.10$<br>[说明]<br>$29.70 = 3.30 \times 9$<br>$3.06 = 3.30 - 0.12 \times 2$（门厅部位）<br>$2.76 = 3.00 - 0.12 \times 2$（楼梯部位）<br>3.06——门厅部位无纵墙的长度，即$3.30-0.12 \times 2 = 3.06$，单位是米。<br>2.76——楼梯部位无纵墙的长度，即$3.00-0.12 \times 2$，单位是米。<br>29.70——同建筑面积中的解释 |

续表
第 3 页
年 月 日

| 序号 | 工程项目 | 计 算 式 | 数量 | 单位 |
|---|---|---|---|---|
| | 二至五层内纵墙 3-3 剖面净长线长 | 53.10 + 3.06 = 56.16<br>或 (29.70 − 0.24) × 2 − 2.76 = 56.16 | 56.16 | m |
| | 外墙外边线 | ![图2]<br><br>[说明]<br>53.10 为首层内纵墙 3-3 剖面净长线长。<br>3.06 = 3.30 − 0.12 × 2<br>(29.70 + 0.48) × 2 + (12.60 + 0.48) × 2 = 86.52<br>[说明]<br>29.70 = 3.30 × 9<br>0.48 = 0.24 + 0.24<br>12.60 = 5.4 + 1.5 + 5.1 | 86.52 | m |
| | 首层建筑面积 | (29.70 + 0.48) × (12.60 + 0.48) = 394.75<br>[说明]<br>底层建筑面积 = 长 × 宽 (查图纸建施 1) | 394.75 | m² |

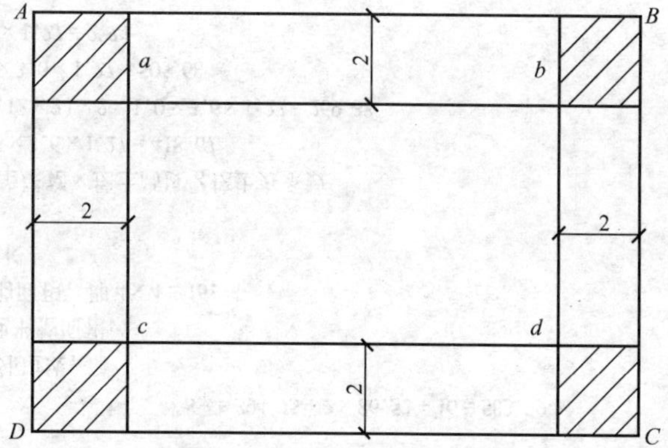

图 2

29

续表
第 4 页
年 月 日

| 序号 | 工程项目 | 单位 | 数量 | 计 算 式 |
|---|---|---|---|---|
| | 二、土方工程 | | | |
| 1 | 平整场地 | m² | 552.64 | 首层建筑面积 × 1.4<br>394.75 × 1.4 = 552.65<br>[说明]<br>平整场地工程量有两种计算方法：<br>①以建筑物(或构筑物)底面积的外边线每边加2m按面积以平方米计算。计算公式为：<br>$S_W = S_底 + 2L_外 + 16$<br>$S_W$——平整场地工程量；<br>$L_外$——外墙外边线长；<br>$S_底$——底层面积。<br>②平整场地其工程量，建筑物按首层建筑面积乘以系数1.4，构筑物按其底面积乘以系数2，以平方米计算。<br>按方法①计算可知：<br>$S_W = 394.75 + 2 × 86.52 + 16 = 583.79$<br>其中：a b c d 为外墙外边线；<br>A B C D 为场地平整面积；<br>16——挡图中4个角的面积，即 4×4 = 16；<br>86.52——外墙外边线长；<br>2——外边线外2m长。 |
| 2 | 槽沟挖土 | m³ | 1196.47 | 挖土体积 = 基槽计算长度 × 垫层宽 × 挖土高度 × 挖土方系数<br>内横墙1-1剖面：70.44 × 1.3 × 3.6 × 1.27 = 418.67<br>内纵墙3-3剖面：(29.70 − 0.12×2) × 2 × 1.0 × 3.6 × 1.27 = 269.38<br>外墙2-2剖面：85.08 × 1.30 × 3.6 × 1.27 = 505.68<br>楼梯基础：1.36 × 0.44 × 3.6 × 1.27 = 2.74<br>小计　　　　　　　　　　　　1196.47<br>[说明]<br>70.44——内横墙净长长<br>85.08——外墙中心线长<br>1.30——内纵墙与外墙的垫层宽度(详见结施7)；<br>3.60——挖土高度，即垫层底至室外自然地坪的距离 |

30

续表

年 月 日   第 5 页

| 序号 | 工程项目 | 单位 | 数量 | 计 算 式 |
|---|---|---|---|---|
| 2 | 槽沟挖土 | m³ | 1196.47 | (29.70−0.12×2)×2——内纵墙的净长线长；<br>0.12——外墙内的0.12厚度，应除去；<br>1.0——内纵墙的垫层宽度（见结施7）； |

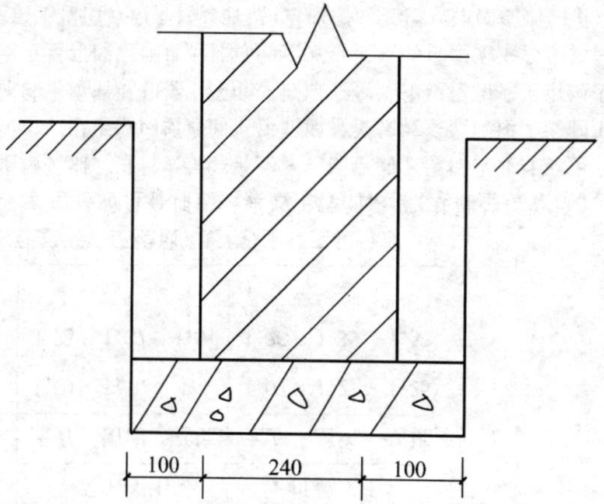

图 3 基础

1.27——工程量增量及放坡系数，查表可知：挖土深度在1.40m～5m以内；人工挖槽沟的 $K$ 为1.27。
1.36＝1.48−0.12，由结构施工图1可知，1.36为楼梯基础的净长线长度；
0.44＝0.24＋0.10＋0.10，由建筑施工图6可知，0.24为楼梯基础的宽度，0.10为两边的安全宽度
挖槽沟是槽底宽3m以内，且槽长大于槽宽3倍以上的沟槽挖土。（不含加宽工作面。）其工程量计算规则如下：
(1) 挖槽沟的宽度按设计垫层外皮尺寸计算；挖槽沟长度：外墙按中心线长，内墙按净长线长，突出部分如基础、检查井等并入槽沟工程量。
(2) 挖槽沟深度按垫层底至室外平均标高距离计算

31

续表
年 月 日  第6页

| 序号 | 工程项目 | 单位 | 数量 | 计　　算　　式 |
|------|---------|------|------|----------------|
| 2 | 槽沟挖土 | m³ | 1196.47 | 挖槽沟工程量计算式可用下式表示：<br>$$V = L \times a \times H \times K$$<br>$V$——槽沟挖土量，m³；<br>$L$——槽沟计算长度，外墙按外墙中心线长，内墙按内墙净长线长，m；<br>$a$——垫层外皮尺寸；<br>$H$——垫层底至室外平均标高距离；<br>$K$——工作面增量及放坡系数，$K$值详见下表。<br><br>工作面增量及放坡系数 $K$ 值<br><br>| 挖土深度 | 人工挖土 | | | 机械挖土 | | |<br>|---|---|---|---|---|---|---|<br>| | 土方 | 槽沟 | 基坑 | 土方 | 槽沟 | 基坑 |<br>| 1.4m 以内 | 1.09 | 1.16 | 1.4 | 1.07 | 1.23 | 1.25 |<br>| 1.4m～5m 以内 | 1.23 | 1.27 | 1.64 | 1.25 | 1.35 | 1.57 |<br>| 5m 以外 | | | | | 1.36 | |<br><br>注：摘自1984年《北京市建筑安装工程预算定额》土建工程分册。<br>①工作面增量及放坡系数 $K$ 值是通过合理选择典型工程的槽宽（基础垫层宽度）、坑底面积（地下室垫层面积）、挖土深度以及不同的土壤类别，进行大量综合测算后确定的。这样，在计算工程预算仅作为编制工程预算计算土方量简便，不但计算简便，而且减少了各方面不必要的纠纷。但定额内所列的工作面增量及放坡系数仅作为编制工程预算时使用。安装施工时，应根据具体的土质情况和挖土深度，按照安全操作规程和施工组织设计的要求无论多少，都不得在预算中调整。<br>1981年国家编制的《建筑工程预算定额》按定额规定计算的土方量与发生的土方量差无论多少，都不得在预算中调整。<br>实际施工并挖土时按定额《修改槽沟对挖槽沟工程量计算规则如下：<br>不放坡，不支挡工作面，不支挡土板，预留工作面：$V = L \times (a + 2c) \times H$<br>放坡，不支挡土板，预留工作面：$V = L \times (a + 2c + pH) \times H$<br>$V$——挖土体积，m³；<br>$L$——基础的计算长度，外墙按中心线长，内墙按地槽净长线；<br>$c$——预留工作面宽；<br>$a$——基础垫层外皮尺寸 |

续表
第 7 页
年 月 日

| 序号 | 工程项目 | 单位 | 数量 | 计 算 式 |
|---|---|---|---|---|
| 2 | 槽沟挖土 | m³ | 1196.47 | ②70.44——内横墙1-1剖面净长线长;<br>3.6——挖土高度,即垫层底至室外自然地坪的距离(查看图纸结施7)。<br>③室外自然地坪标高和室外设计地坪标高并不一定相等。室外设计地坪是指工程竣工以后形成的地坪,而自然地坪是指工程开工前的原有地坪,两者是有区别的。在计算槽沟深度时要首先弄清楚两者是否合一,有的工程两者是一致的,有的则不然。在本例中两者是合一的。<br>④29.70 = 3.30 × 9<br>85.08——外墙2-2剖面中线长<br>1.36 = 1.48 − 0.12 (查看图纸结施1)<br>0.44 = 0.24 + 0.1 + 0.1 (查看图纸建施6) |
| 3 | 钢筋混凝土垫层 | m³ | 78.51 | 体积 = Σ(垫层计算长度 × 垫层宽 × 垫层高)<br>内横墙1-1剖面: 70.44 × 1.30 × 0.30 = 27.47<br>内纵墙3-3剖面: (29.70 − 0.24) × 2 × 1.0 × 0.30 = 17.68<br>外墙2-2剖面: 85.08 × 1.30 × 0.30 = 33.18<br>楼梯基础剖面: 1.36 × 0.44 × 0.30 = 0.18<br>小 计　　　　　　　　　　　　78.51<br>[说明]<br>70.44——内横墙1-1剖面净长线长;<br>29.70 = 3.30 × 9<br>85.08——外墙2-2剖面中心线长;<br>(29.70 − 0.24) × 2——内纵墙净长线长;<br>1.36 = 1.48 − 0.12,楼梯基础的净长线长(详见结施1);<br>1.30——内横墙与外墙的垫层净宽(详见结施1),1.30 = 0.28 × 2 + 0.74<br>1.0——内纵墙的垫层净宽;1.0 = 0.255 × 2 + 0.49(详见结施7);<br>0.30——垫层的高度(包括内、外墙及楼梯基础)。 |
| 4 | C20钢筋混凝土地梁 | m³ | 11.94 | 体积 = Σ(地梁断面积 × 地梁计算长度)<br>JL₁　　0.24 × 0.18 × 70.44 = 3.04<br>JL甲　　0.24 × 0.24 × (29.70 − 0.24) × 2 = 3.39<br>JL₂　　0.36 × 0.18 × 85.08 = 5.51<br>小计　　　　　　　　　　　　11.94 |

33

续表
年 月 日  第 8 页

| 序号 | 工程项目 | 单位 | 数量 | 计 算 式 |
|---|---|---|---|---|
| 4 | C20钢筋混凝土地梁 | $m^3$ | 11.94 | [说明]<br>查看图纸结施7<br>$0.24 \times 0.18$——内横墙中地梁的断面积;<br>$0.24 \times 0.24$——内纵墙中地梁的断面积;<br>$0.36 \times 0.18$——外墙中地梁的断面积;<br>70.44——内横墙的地梁计算长度;<br>85.05——内纵墙的地梁计算长度;<br>$(29.70-0.24) \times 2$——外墙的地梁计算长度。 |
| 5 | C20钢筋混凝土构造柱 | $m^3$ | 11.61 | 体积 = $\Sigma$(构造柱断面积 × 基础构造柱高)<br>Z1  $(0.36+0.03) \times 0.27 \times (3.3+0.6) \times 4 = 1.64$<br>Z2  $(0.36+0.06) \times (0.24+0.03) \times 3.90 \times 20 = 8.85$<br>Z3  $(0.24+0.06) \times 0.24 \times 3.90 \times 4 = 1.12$<br>小计   11.61<br>[说明]<br>$0.39 = 0.36 + \dfrac{0.06}{2}$<br>$0.27 = 0.24 + \dfrac{0.06}{2}$ ⎫<br>$0.42 = 0.36 + \dfrac{0.06}{2} \times 2$ ⎬ 查看图纸结施6<br>$0.30 = 0.24 + \dfrac{0.06}{2} \times 2$ ⎭<br>式中为 Z1、Z2、Z3 的断面积;<br>$3.90 = 3.30 + 0.6$——建筑物四角的构造柱,共4根;<br>$0.39 \times 0.27$——构造柱 $Z_1$ 的断面积;<br>$0.42 \times 0.27$——构造柱 $Z_2$ 的断面积;<br>$0.30 \times 0.24$——构造柱 $Z_3$ 的断面积;<br>其中: $Z_1$:建筑物四角的构造柱, 共 4 根;<br>$Z_2$:会议厅四角的构造柱, 共 4 根;<br>$Z_3$:其他的构造柱, 共 20 根。 |
| 6 | M5水泥砂浆砌砖基础 | $m^3$ | 237.82 | 体积 = $\Sigma$[基础计算长度 × 墙厚 × (基础高 + 折加高度)]<br>内横墙 1-1剖面  $70.44 \times 0.24 \times (3.9 + 0.525) = 74.81$<br>内纵墙 3-3剖面  $(29.70 - 0.24) \times 2 \times 0.24 \times (3.9 + 0.164) = 57.47$<br>外墙 2-2剖面  $85.08 \times 0.365 \times (3.9 + 0.216) = 127.82$ |

续表 年 月 日 第 9 页

| 序号 | 工程项目 | 单位 | 数量 | 计 算 式 |
|---|---|---|---|---|
| 6 | M5水泥砂浆砌砖基础 | $m^3$ | 237.82 | 楼梯基础剖面　$1.36 \times 0.24 \times 3.90 = 1.27$<br>小计　261.37<br>实际基础砖砌体 = 基础体积 − 地梁体积 − 构造柱体积<br>　　　　　　　　= 261.37 − 11.94 − 11.61 = 237.82<br>[说明]<br>① 基础工程量计算规则：<br>建筑物基础与墙身的分界线，以室内设计地面为分界线。如墙身与基础分为两种不同材料时，以材料为分界线。<br>砖石基础工程量计算可用下式公式：<br>　　外墙条形基础体积 = $L_{中}$ × 基础断面积 − 组合柱及地梁体积<br>　　内墙条形基础体积 = $L_{内}$ × 基础断面积 − 组合柱及地梁体积<br>式中<br>　　$L_{中}$ ——外墙中心线长<br>　　$L_{内}$ ——内墙净长线长<br>带形砖基础，通常采用等高式和不等高式两种大放脚砌筑法。采用大放脚砌筑法时，砖基础面积通常按下述两种方法确定。<br>a. 采用折加高度<br>　　基础断面积 = 基础墙宽度 × (基础高度 + 折加高度)<br>式中　基础高度——一垫层上表面至室内地面(或室内地面)的高度。<br>b. 采用增加断面积计算<br>　　基础断面积 = 基础墙宽度 × 宽度 + 大放脚增加断面积<br>为了计算方便，将砖基础大放脚的折加高度及大放脚增加断面积编制成表格，计算基础工程量时，可直接查折加高度和大放脚增加断面积，详见下表 |

续表
年 月 日 第10页

| 序号 | 工程项目 | 单位 | 数量 | 计 算 式 |
|---|---|---|---|---|
| | | | | 等高、不等高砖墙基大放脚折加高度和大放脚增加断面积表 |

| 放脚层高 | 折加高度 | | | | | | | | 增加断面 m² | | | | | |
|---|---|---|---|---|---|---|---|---|---|---|---|---|---|---|
| | 1/2砖 (0.115) | | 1砖 (0.24) | | 1 1/2砖 (0.365) | | 2砖 (0.49) | | 2 1/2砖 (0.615) | | 3砖 (0.74) | | 等高 | 不等高 |
| | 等高 | 不等高 | 等高 | 不等高 | 等高 | 不等高 | 等高 | 不等高 | 等高 | 不等高 | 等高 | 不等高 | | |
| 一 | 0.137 | 0.137 | 0.066 | 0.066 | 0.043 | 0.043 | 0.032 | 0.032 | 0.026 | 0.026 | 0.021 | 0.021 | 0.01575 | 0.01575 |
| 二 | 0.411 | 0.342 | 0.197 | 0.164 | 0.129 | 0.108 | 0.096 | 0.08 | 0.077 | 0.064 | 0.064 | 0.053 | 0.04725 | 0.03938 |
| 三 | | | 0.394 | 0.328 | 0.259 | 0.216 | 0.193 | 0.161 | 0.154 | 0.128 | 0.128 | 0.106 | 0.0945 | 0.07875 |
| 四 | | | 0.656 | 0.525 | 0.432 | 0.345 | 0.321 | 0.253 | 0.256 | 0.205 | 0.213 | 0.17 | 0.1575 | 0.126 |
| 五 | | | 0.984 | 0.788 | 0.647 | 0.518 | 0.482 | 0.38 | 0.384 | 0.307 | 0.319 | 0.255 | 0.2363 | 0.189 |
| 六 | | | 1.378 | 1.083 | 0.906 | 0.712 | 0.672 | 0.53 | 0.538 | 0.419 | 0.447 | 0.351 | 0.3308 | 0.2599 |
| 七 | | | 1.838 | 1.444 | 1.208 | 0.949 | 0.90 | 0.707 | 0.717 | 0.563 | 0.596 | 0.468 | 0.441 | 0.3465 |
| 八 | | | 2.363 | 1.838 | 1.553 | 1.208 | 1.157 | 0.90 | 0.922 | 0.717 | 0.766 | 0.596 | 0.567 | 0.4411 |
| 九 | | | 2.953 | 2.297 | 1.942 | 1.51 | 1.447 | 1.125 | 1.153 | 0.896 | 0.958 | 0.745 | 0.7088 | 0.5513 |
| 十 | | | 3.61 | 2.789 | 2.372 | 1.834 | 1.768 | 1.366 | 1.409 | 1.088 | 1.171 | 0.905 | 0.8663 | 0.6694 |

②0.525、0.164、0.216通过查上表得到
70.44——内横墙17剖面净长线长；
29.70=3.30×9
85.08——外墙2-2剖面中线长。
1.36=1.48-0.12

面积=Σ（基础墙计算长×墙厚）
内横墙1-1剖面  70.44×0.24=16.91
内纵墙3-3剖面  (29.70-0.24)×2×0.24=14.14
外墙2-2剖面    85.08×0.365=31.05
楼梯基础剖面   1.36×0.24=0.33
小计                          62.43
[说明]
外墙2-2剖面砖墙的厚度实际上应为0.365m厚，而图纸上标的却是0.360m厚

| 7 | 防潮层(1:3防水砂浆) | m² | 62.43 | |

续表
年 月 日 第 11 页

| 序号 | 工程项目 | 单位 | 数量 | 计 算 式 |
|---|---|---|---|---|
| 8 | 基础回填土 | m³ | 894.05 | 基础回填土体积＝挖土体积－垫层体积－室外地坪以下基础体积<br>1196.47－78.51－(261.37－62.43×0.60)＝894.05<br>[说明]<br>62.43 为防潮层的面积即高出室外地坪基础以上基础的面积(数据抄自序号 7)，<br>62.43×0.60 为高出室外地坪以上基础体积，单位为 m³；<br>1196.47——来自序号 2，槽沟人工挖土的体积，单位为 m³；其中：<br>261.37＝11.94＋11.61＋237.82<br>11.94——来自序号 4，为 C20 钢筋混凝土地圈梁的体积；<br>11.61——来自序号 5，为 C20 钢筋混凝土构造柱的体积；<br>237.82——来自序号 6，为 M5 水泥砂浆砌砖基础以上基础的体积；<br>0.60——为高出室外地坪的高度<br>261.37－62.43×0.60——为室外地坪以下基础的体积，单位为 m³，来自序号 3。<br>78.51——为钢筋混凝土垫层的体积 |
| 9 | 房心回填土 | m³ | 142.90 | 房心回填土＝地面面积×回填高度<br>(394.75－62.43)×(0.60－0.17)＝142.90<br>[说明]<br>394.75——首层建筑面积；<br>62.43——防潮层的面积，也是首层地面地基的面积，单位为 m²；<br>(394.75－62.43)——首层地面房屋的净空间的面积，单位为 m²；<br>0.60——地面的高度，详见建施图 7 的做法<br>0.17＝0.1＋0.05＋0.02——查看图纸建施 7 及材料做法表地 5(水泥地面)<br>0.10——3:7 灰土的厚度；<br>0.05——C10 混凝土的厚度；<br>0.02——压实赶光的 1:2.5 的水泥砂浆的厚度； |
| 10 | 余(亏)土运输 | m³ | 129.61 | 余(亏)土体积＝挖土体积－基槽回填土体积－房心回填土体积－0.9 灰土体积(数据详见前述水泥地面 5 的做法)<br>1196.47－894.05－142.90×0.9＋(394.75－62.43)×0.10＝129.61<br>[说明]<br>1196.47——横沟挖土的体积，数据来自序号 2，单位为 m³；<br>894.05——基础回填土的体积，数据来自序号 8，单位为 m³ |

续表
第 12 页
年　月　日

| 序号 | 工程项目 | 单位 | 数量 | 计　算　式 |
|---|---|---|---|---|
| 10 | 余（亏）土运输 | m³ | 129.61 | 142.90——房心回填土的体积，数据来自序号 9，单位为 m³；<br>0.9——压实系数，一般场地平整，其压实系数为 0.9 左右；<br>0.10——为 3:7 灰土的虚松系数，所以要作自然密实体积换算；<br>394.75——为首层地面建筑面积；<br>62.42——查看图纸建施 7 及材料做法表 5（水泥地面）的面积，数据来自序号 7，单位为 m³。<br>①0.9 为底层基础的底土及虚填平整，其压实系数为 0.9 左右<br>②0.9 为压实系数，一般场地平整，其压实量均按自然密度（即按设计图纸计算的体积）计算，不能按虚松体积计算。0.100m<br>土方的挖、填、运自然密度与虚松密度换算。<br>③灰土垫层是用消石灰、黏质粉土（或黏质粉土、黏质亚黏土）的拌合料铺设而成，应铺设在不受地下水浸湿的基土上。 |
| 11 | 三、脚手架工程 | m² | 1974 | 建筑面积。 |
| 12 | 综合脚手架 | m² | 1974 | 建筑面积<br>[说明]<br>综合脚手架适用于一般工业与民用建筑工程，多层建筑物六层以内总高不超过 20m；单层建筑物层高（6m 以上至 20m 以内按每增 1m 计算），总高不超过 20m，以建筑面积计算。凡超过 20m 的多层或高层建筑物，按其超过部分的建筑面积计算综合脚手架和高层建筑超高部分增加费。<br>综合脚手架是为了简化编预算的计算工作，而特定制定的一种脚手架工程项目。它综合了建筑物中，砌筑内外墙所需用的砌墙脚手架、运输斜道、上料平台、金属卷扬机架，并综合考虑了木制脚手架和钢管脚手架，单排脚手架与双排脚手架等因素，来用何种铺设方法，均按该项定额执行，不予换算。<br>综合脚手架是工业和民用建筑物砌砖墙（包括外粉），外墙粉刷脚手架砌的砖墙内外墙和架，因此在实际工程中，不论使用何种材料，所使用的一种脚手架。 |
| 13 | 四、砖石工程<br>M5 水泥砂浆砌砖基础 | m³ | 237.82 | 抄自序号 6 |
| 14 | M5 混合砂浆砌外墙 | m³ | 313.80 | 体积 =（外墙中心线长 × 高度 − 外门窗面积）× 墙厚 − 嵌入外墙梁柱体积<br>门窗洞口面积　65.43 + 212.40 = 277.83　（抄自门窗面积）<br>混凝土圈梁　3.05 + 13.73 = 16.78　（抄自墙体埋体积计算表）<br>混凝土构造柱　6.36 + 23.11 = 29.47　（抄自墙体埋体积计算表）<br>门窗过梁　2.52 + 11.15 = 13.67　（抄自墙体埋体积计算表）<br>实际砖砌体积　(85.08 × 15.30 − 277.83) × 0.365 − 16.78 − 29.47 − 13.67 = 313.80 |

续表
第 13 页
年 月 日

| 序号 | 工程项目 | 单位 | 数量 | 计 算 式 |
|---|---|---|---|---|
| 14 | M5混合砂浆砌外墙 | m³ | 313.80 | [说明]<br>① 65.43——外墙首层洞口面积；<br>212.40——二至五层外墙洞口面积，数据来自表1-1-7；<br>② 3.05——外墙首层混凝土圈梁的体积；<br>13.73——二至五层外墙混凝土圈梁的体积，数据来自表1-1-8；<br>③ 6.36——外墙首层混凝土构造柱的体积；<br>23.11——二至五层外墙混凝土构造柱的体积，数据来自表1-1-8；<br>④ 2.52——首层外墙门窗过梁的体积；<br>11.15——二至五层外墙门窗过梁的体积；<br>⑤ 15.30 = 3.30 + 3.0×4，为外墙2-2剖面中线长；<br>85.08——为墙体的总高。其中：3.30为首层高度；3.0为二至五层的每层楼的高度，单位为米。<br>⑥ 墙体理件体积计算表中<br>$L_2$总根数(m)956.10 = 5×内横墙1-1剖面净长线长 + 首层内纵横墙3-3剖面净长线长 + 二至五层内纵横墙3-3剖面净长线长之和<br>构造柱Z1 61.2 = (3.30 + 3.0×4)×4(4为构造柱Z1的根数)<br>0.39 = 0.36 + 0.03<br>0.27 = 0.24 + $\frac{0.06}{2}$<br>构造柱Z2 0.42 = 0.36 + $\frac{0.06}{2}$ × 2<br>0.27 = 0.24 + $\frac{0.06}{2}$<br>306 = 15.30×20(20为构造柱Z2的根数)<br>0.30 = 0.24 + $\frac{0.06}{2}$ × 2<br>61.20 = 15.30×4(4为构造柱Z3的根数) |

续表
年 月 日 第14页

| 序号 | 工程项目 | 单位 | 数量 | 计 算 式 |
|---|---|---|---|---|
| 15 | M7.5混合砂浆砌女儿墙 | m³ | 22.98 | 计算公式同外墙<br>女儿墙构造柱 1.66(抄自墙体理件体积计算表)<br>女儿墙实际砖砌体积<br>(29.94+12.84)×2×0.24×1.20－1.66<br>=22.98<br>[说明]<br>29.94=30.180－0.24<br>12.84=13.080－0.24<br>(数据查看图纸建施2)<br>0.24 为女儿墙厚；<br>1.20 为女儿墙高；<br>(数据查看图纸建施7)<br>29.94——建筑的总长度；<br>12.84——该建筑构造柱的总宽度；}详见图纸建施，见表1-1-8<br>1.66——女儿墙构造柱的总体积；<br>0.24——女儿墙的厚度；}详见图纸建施－7<br>1.20——女儿墙的高度； |
| 16 | M5混合砂浆砌内墙 | m³ | 351.30 | 体积＝(内墙净长线长×墙高－内门窗洞口面积)×墙厚－嵌入内墙梁柱体积<br>首层内墙体积：<br>1-1剖面 70.44×0.24×(3.3－0.22)=52.07<br>3-3剖面 53.10×0.24×(3.3－0.22)=39.25<br>小计 91.32<br>其中扣除 内门窗洞口面积 35.10+0.72+4.86=40.68<br>    (抄自门窗洞口计算表)<br>  圈 梁 4.45<br>    (抄自墙体理件体积计算表)<br>  门窗过梁 0.74<br>    (抄自墙体理件体积计算表)<br>  构造柱 3.42<br>    (抄自墙体理件体积计算表) |

续表  第15页  
年 月 日

| 序号 | 工程项目 | 单位 | 数量 | 计算式 |
|---|---|---|---|---|
|  |  |  |  | 首层实际砌砖体积<br>91.32 - 40.68 × 0.24 - (4.45 + 0.74 + 3.42) = 72.95<br>二至五层内墙体积<br>1-1剖面 70.44 × 0.24 × (3 - 0.13) × 4 = 194.08<br>3-3剖面 56.16 × 0.24 × (3 - 0.13) × 4 = 154.73<br>小计 348.81<br>其中扣除内门窗洞口面积 134.40 + 2.88 + 17.28 = 154.56(抄自门窗洞口计算表)<br>圈梁 17.79(抄自墙体埋件体积计算表)<br>过梁 3.16(抄自墙体埋件体积计算表)<br>构造柱 12.42(抄自墙预制过梁构造柱体积计算表)<br>实际砌砖体积<br>348.81 - 154.56 × 0.24 - 17.79 - 3.16 - 12.42 = 278.35<br>一至五层内墙砌体合计 72.95 + 278.35 = 351.30<br>[说明]<br>70.44——内横墙1-1剖面净长线长;<br>53.10——首层内纵墙3-3剖面净长线长;<br>0.24——内墙的厚度;<br>3.3——首层楼层的高度,单位为米;<br>35.10——首层内墙19M1的门洞口面积;<br>0.72——首层内墙42C1的窗的洞口面积;<br>4.86——首层内墙39M1的门的洞口面积;<br>4.45——首层内墙圈梁QL2的体积;<br>0.74——首层内墙预制过梁的体积;<br>3.42——首层内墙构造柱的体积;<br>3.0——二至五层楼层的每层高度。 |
| 17 | M7.5水泥砂浆砌半砖内墙 | m³ | 2.62 | 首层 1.5 × 0.12 × 3.08 = 0.55<br>二至五层 1.5 × 0.12 × 2.87 × 4 = 2.07<br>小计 2.62<br>[说明]<br>查看图纸建施7 |
| 18 | M7.5混合砂浆水池砖砌 | m³ | 1.80 | 半砖内墙体积 = 长 × 宽 × 高<br>0.5 × 0.6 × 0.12 × 10 × 5 = 1.80<br>[说明]<br>查看图纸建施7 |

续表
第 16 页

| 序号 | 工程项目 | 单位 | 数量 | 计 算 式 |
|---|---|---|---|---|
| 19 | 外砖墙勾缝 | m² | 1193.98 | 86.52 × 13.80 = 1193.98<br>[说明]<br>①勾缝按墙面垂直投影面积计算，应扣除墙裙和墙面抹灰面积，不扣除门窗套和墙面腰线等零星抹灰及门窗洞口所占的面积，但梁和门窗洞口侧面的勾缝面积亦不增加。独立柱、房上烟囱勾缝，按图示外形尺寸以平方米计算。<br>②查看图纸建施 3<br>13.80 = 17.10 − 1.7 − 1.6<br>86.52——外墙外线边 |
| 20 | 砖墙面刷红土浆 | m² | 919.15 | 1193.98 − 274.83 = 919.15<br>[说明]<br>1193.18——外砖墙的垂直投影面积　抄自序号 19(不包括女儿墙及刷水刷石部分垂直投影面积)<br>274.83 = 65.43 + 212.40　(抄自门窗洞口面积计算表) |
| 21 | 砖砌体内钢筋加固 | t | 1.390 | 构造柱 Z1　2.60 × 2 × 32 × 4 = 665.6m<br>构造柱 Z2　(2.6 × 2 + 2.5) × 32 × 20 = 4928m<br>构造柱 Z3　2.6 × 2 × 32 × 4 = 665.6m<br>小计　　　　　　　　　　　　　　6259.2m<br>0.222 × 6259.2 = 1389.54kg = 1.390t<br>[说明]<br>查看图纸结施 6<br>0.222 = 0.006165 × 6²<br>(钢筋每米重量查表可得，也可由公式 $w = 0.006165 d^2$ 由计算得出，$d$ 为钢筋直径，单位为 mm) |
| | 五、钢筋混凝土工程<br>现浇部分 | | | |
| 22 | C15 钢筋混凝土垫层 | m³ | 78.51 | 抄自序号 3 |
| 23 | C20 钢筋混凝土地梁 | m³ | 11.94 | 抄自序号 4 |
| 24 | C20 钢筋混凝土构造柱 | m³ | 58.58 | 6.44 + 34.45 + 4.42 + 11.61 + 1.66 = 58.58<br>(抄自墙体埋件计算表)<br>6.44——构造柱 Z1 的总体积，单位为 m³；<br>1.66——女儿墙构造柱的总体积，单位为 m³；<br>34.45——构造柱 Z2 的总体积，单位为 m³；<br>4.42——构造柱 Z3 的总体积，单位为 m³；<br>11.61——基础构造柱的总体积，单位为 m³。 |

年　月　日

续表
年 月 日 第 17 页

| 序号 | 工程项目 | 单位 | 数量 | 计 算 式 |
|---|---|---|---|---|
| 25 | C15 钢筋混凝土压顶 | m³ | 1.85 | $(29.94+12.84)\times 2\times(0.24+0.06\times 2)\times 0.06=1.85$<br>查看图纸建施 7 |
| 26 | C20 钢筋混凝土单梁 | m³ | 9.05 | 体积 = 梁长 × 梁宽 × 梁高<br>$L_1$  $5.34\times 0.5\times 0.25\times 2\times 5=6.68$<br>$L_2$  $0.35\times 0.20\times 3.54\times 5=1.24$<br>$L_3$  $0.35\times 0.20\times 3.24\times 5=1.13$<br>小计   9.05<br>[说明]<br>查看图纸结施 7，结施 2，结施 3，结施 4<br>$5.34=5.1+0.12+0.12$<br>$3.54=3.30+0.120+0.120$<br>$3.24=3.00+0.120+0.120$ |
| 27 | C20 钢筋混凝土雨篷梁 | m³ | 0.78 | $0.36\times 0.4\times 2.7\times 2=0.78$<br>[说明]<br>雨罩即我们通常所说的雨篷。<br>雨篷是建筑物入口处用的遮挡雨水，保护外门上部用的遮挡雨水，保护外门免受雨水侵害的水平构件。多采用现浇钢筋混凝土悬臂板，其伸臂长度一般为 1.0~1.5m。也可采用其他结构形式，如扭壳等，其伸出宽度可以更大。<br>查看图纸结施 7 建施 2<br>$2.7=1.5+0.60+0.60$<br>数据来自建施工中<br>2.7——雨篷的长度 |

43

续表
年 月 日 第18页

| 序号 | 工程项目 | 单位 | 数量 | 计 算 式 |
|---|---|---|---|---|
| 28 | C20钢筋混凝土雨篷板 | m³ | 5.40 | $1.0 \times 2.7 \times 2 = 5.40$<br>[说明]查看图纸结施7、建施2<br>$2.7 = 1.5 + 0.60 + 0.60$<br>① 2.7——为雨篷的长度；<br>1.0——雨篷板的宽度。<br>② 阳台、雨篷、遮阳板均按伸出墙外墙的水平投影面积计算，伸出墙外的牛腿已包括在定额内，不另计算，但嵌墙内的梁按相应定额另行计算。 |
| 29 | C20钢筋混凝土平板 | m³ | 35.97 | 体积 = 板长 × 板厚 × 板宽<br>厕所　　$3.60 \times 5.10 \times 0.13 \times 4 = 9.55$<br>盥洗室　$3.30 \times 5.10 \times 0.13 \times 4 = 8.75$<br>楼梯间　$3.0 \times 0.60 \times 0.13 \times 4 = 0.94$<br>楼板面带　$0.36 \times 29.70 \times 0.13 \times 5 + 0.36 \times 3.3 \times 0.13 \times 6 \times 4 + 0.36 \times 29.70 \times 0.13 = 12.05$<br>　　　　　$(0.36 \times 4 + 0.58 + 0.53 + 0.4 + 0.48) \times 2.1 \times 0.13 \times 5 = 4.68$<br>小计　　　　　　　　　　　　　　　　　　　35.97<br>[说明]<br>① 厕所上铺设的板规格为 $3.6 \times 5.1 \times 0.13$<br>② 盥洗室上方铺设的板的规格为 $3.3 \times 5.1 \times 0.13$（查看图纸结施2）<br>　　$0.36 + 0.24 = 0.60$（查看图纸结施3）<br>　　$0.36 \times 29.70 \times 0.13 \times 5 + 0.36 \times 3.3 \times 0.13 \times 6 \times 4 + 0.36 \times 29.70 \times 0.13 = 12.05$ 和 $(0.36 \times 4 + 0.58 + 0.53 + 0.4 + 0.48) \times$ 查看图纸结施3<br>　　$2.1 \times 0.13 \times 5 = 4.68$<br>　　两式中 0.36m 为板缝宽，查看图纸结施7，数据 29.70m、3.3m、0.36m、0.58m、0.53m、0.4m、0.48m查看图纸结<br>　　施3、0.36m、0.58m、0.4m、0.48m、0.53m 宽度的楼梯缝宽<br>　　0.53m 宽度也为楼梯的楼井面积 |
| 30 | C20钢筋混凝土楼梯 | m² | 47.47 | 面积 = 楼梯进深 × 楼梯间净宽 − 大于 0.5m 宽的楼井<br>$(2.7 + 1.4 + 0.2) \times 2.76 \times 4 = 47.47$<br>[说明]<br>① 整体楼梯包括休息平台板、梯井斜梁、楼梯斜梁、楼梯板及支承楼井斜梁的梯口梁和平台梁，按水平投影面积计算。不扣除宽度小于0.5m的楼梯井（指混凝土结构水平投影）伸入墙内的板头，梁头也不增加。当梯井宽度大于0.5m或无梯井时，则按整体混凝土结构楼梯混凝土结构净水平投影面积乘以1.08系数计算。<br>$2.76 = 3.0 − 0.24$ |

续表 第19页 年 月 日

| 序号 | 工程项目 | 单位 | 数量 | 计算式 |
|---|---|---|---|---|
| | 预制部分 | | | |
| 31 | C20 钢筋混凝土过梁制作 | m³ | 17.57 | $3.9 + 1.1 + 4.19 + 8.38 = 17.57$<br>(抄自墙体埋件体积计算表)<br>[说明]<br>3.90——预制过梁 L12.2.1 的总体积，单位为 m³；<br>1.10——预制过梁 L15.2.1 的总体积，单位为 m³；<br>4.19——预制过梁 L18.2.2 的总体积，单位为 m³；<br>8.38——预制过梁 L18.2.1 的总体积，单位为 m³。<br>具体数据查看墙体埋件体积计算表。 |
| 32 | C20 钢筋混凝土过梁运输 | m³ | 17.57 | $3.9 + 1.1 + 4.19 + 8.38 = 17.57$<br>(抄自墙体埋件体积计算表)<br>[说明]<br>同 C20 钢筋混凝土过梁的制作。 |
| 33 | C20 钢筋混凝土过梁吊装 | m³ | 17.57 | 同上<br>[说明]<br>①预制构件又称装配式构件，是指预制钢筋混凝土预制构件的制作，再从加工厂将构件运输到工程现场，进行装配、安装和接头灌浆，最后进行装配式预应混凝土预制构件的制作、运输、安装工程中所采用的建筑构件中设有考虑这部分损耗，由于本例中定额所采用的预算定额中以费用形式在定额中各类钢筋混凝土预制构件的制作、运输、安装工程不应计损耗。有些地区编制的预算定额中以工程量计算时，除从图示尺寸计算体积外，还应计算接头灌浆、接头灌浆工程量时，要不乘以相应的损耗系数要根据使用定额来决定。定<br>②本例中各类钢筋混凝土预制构件的制作、运输、安装工程量中都有说明。<br>③计算预制构件制作、安装、运输工程量时，要不乘以相应的损耗系数要根据使用定额来决定。定额中钢筋混凝土及金属构件中都有说明。 |
| 34 | C30 预应力圆孔板制作 | m³ | 105.15 | $0.284 \times (216+57) + 0.219 \times (24+7) + 0.310 \times 3 + 0.239 \times 0.257 \times 3 + 0.198 + 0.178 \times 105 = 105.15$<br>[说明]<br>①预应力构件按实体积计算，其穿孔所预留孔洞的体积不扣除。<br>②0.284、0.219、0.310、0.239、0.257、0.198、0.178 分别为各种预应力圆孔板的每块体积(m³/块)。<br>(216+57)、(24+7)、3、1、3、1、105 分别为各种预应力圆孔板的总块数(查看图纸结施 2、3、4)。<br>预应力圆孔板的 7 种型号分别为 YB33.2、YB21.1、YB33.(2)、YB36.2、YB30.(2)、YB36.(2)。 |

45

续表
年 月 日 第 20 页

| 序号 | 工程项目 | 单位 | 数量 | 计算式 |
|---|---|---|---|---|
| 35 | C30预应力圆孔板运输 | m³ | 105.15 | 同上 |
| 36 | C30预应力圆孔板堵孔 | m³ | 105.15 | 同上 |
| 37 | 预应力圆孔板接头灌浆 | m³ | 105.15 | 同上 |
| 38 | 盥洗池S23安装 | m | 47.00 | $4.7 \times 2 \times 5 = 47$<br>[说明]<br>$4.70 = 0.4 \times 2 + 0.65 \times 6$，即为一排盥洗池的长度，单位是米；<br>其中：0.65——中间盥洗池一个的长度；<br>0.40——两头盥洗池一个的长度；<br>2、6——不同盥洗池的数量；<br>2——层楼层一共两排盥洗池；<br>5——共五层楼房。 |
| 39 | 瓷砖小便池S33安装 | 个 | 5 | 查看图纸建施7。 |
| 40 | 磨石厕所隔断安装 | m² | 34.00 | $(1.15 \times 1.60 \times 3 + 0.3 \times 1.60 \times 2 + 0.2 \times 1.60) \times 5 = 34.00$<br>[说明]<br>查看图纸建施7。 |
| 41 | 磨石污水池S18安装 | 个 | 5 | 查看图纸建施7。 |
| | 六、木结构与木装修工程 | | | |
| 42 | 有亮木板门制作 | m² | 7.96 | 7.96（抄自门窗洞口计算表）。 |
| 43 | 有亮纤维板门制作 | m² | 186.90 | $34.32 + 131.04 + 4.74 + 16.80 = 186.90$<br>（抄自门窗洞口计算表） |

46

续表
年 月 日 第 21 页

| 序号 | 工程项目 | 单位 | 数量 | 计算式 |
|---|---|---|---|---|
| 44 | 一玻一纱带亮木窗制作 | m² | 266.36 | 53.89+189.36+3.40+19.71=266.36<br>(抄自门窗洞口计算表) |
| 45 | 厕所隔断木门制作 | m² | 10.73 | 1.2×0.596×15=10.73<br>[说明]<br>1.20×0.596——一个厕所隔断木门的面积;15=3×5,即总的厕所隔断木门的数量。<br>其中:3——一层有三个厕所隔断木门;<br>5——该建筑物共有五层。 |
| 46 | 楼梯栏杆扶手制作 | m | 31.91 | 3.3×8×1.15+1.55=31.91<br>[说明]<br>①栏板、扶手按延长米计算,包括伸入墙内部分。楼梯的栏板和扶手长度,如图集无规定时,按水平长度乘以1.15系数计算。<br>②查看图纸建施6,其中首层楼梯平面,标准层楼梯平面,顶层楼梯平面中栏杆扶手图画得有误<br>1.55=1.45+0.1<br>3.3×8×1.15=0.3×11×2×4×1.15 (为第五层的横栏杆扶手)<br>其中式中 0.3为每级楼梯台阶面的宽;<br>4表示有4层;<br>2表示有2排;<br>1.15为定额中规定的系数。 |
| 47 | 窗帘盒制作 | m | 159.84 | (15×5-1)×(1.8+0.36)=159.84<br>[说明]<br>①15为标准层每层共设置的窗帘盒。<br>5表示有5层,1表示底层入口处没有设窗;<br>楼梯间、厕所、盥洗室不设置窗帘。<br>②窗帘盒和窗帘杆按图示尺寸以延长米计算,如设计无规定时,可按窗框的外围宽度两边共加36cm计算。 |
| 48 | 有亮木板门安装 | m² | 7.96 | 木门窗一般是在加工厂制作,运到工地后进行安装,最后形成工程实体,所以要计算其制作、运输、安装和油漆四项工程量。 |

续表
第22页

| 序号 | 工程项目 | 单位 | 数量 | 计 算 式 |
|------|---------|------|------|---------|
| | | | | 木门窗制作、运输和安装工程量均按框外围面积计算（有的地区规定按洞口面积计算，无框者按扇的外围面积计算。若同一樘窗上部为半圆窗，下部分为矩形窗时，其工程量以横档上表面为分界线分别计算工程量。木门窗油漆定额是按普通木门窗工程量乘以油漆展开面积系数 × K 木门窗油漆工程量=木门窗框外围面积×油漆展开面积系数，不同的地区有不同的规定。单层木门窗的油漆展开面积系数 K=1.00。 |
| 49 | 有亮纤维板门安装 | m² | 186.90 | 式中 K——油漆展开面积系数。抄自序号43。 |
| 50 | 一玻一纱带亮木窗安装 | m² | 266.36 | 抄自序号44。 |
| 51 | 厕所隔断木门安装 | m² | 10.73 | 抄自序号45。 |
| 52 | 木门窗安玻璃(3mm) | m² | 44.19 | 1.825×1.48×2+0.645×0.98×13+0.475×0.98×56+0.645×0.88×2+0.475×0.88×8=44.19 [说明] 查看门窗洞口面积计算表 式中 2、13、56、2、8分别为59M1、19M1、18M1、39M1、38M1 的总樘数 |
| 53 | 有亮木板(纤维板)门油漆 | m² | 194.86 | 194.86=186.90+7.96 [说明] 186.90抄自序号52，7.96抄自序号51。 |
| 54 | 木门窗安玻璃(3mm) | m² | 266.36 | 抄自序号44。 |
| 55 | 一玻一纱带亮木窗油漆 | m² | 266.36 | 抄自序号44。 |
| 56 | 厕所隔断木门油漆 | m² | 10.73 | 抄自序号45。 |
| 57 | 楼梯栏杆油漆 | m² | 26.19 | 3×0.9×1.15×8+1.5×0.9=26.19 [说明] 1.15——油漆展开面积系数； 0.9——楼梯栏杆的高度，是按相关楼梯规范规定的值取的值，单位为米； 1.5——第五层的栏杆扶手长度，以延长米计算； 3.0——至四层的栏杆扶手长度，以延长米计算； 8——至四层的总栏杆的数量 |

续表
第 23 页
年 月 日

| 序号 | 工程项目 | 单位 | 数量 | 计 算 式 |
|---|---|---|---|---|
| 58 | 楼梯扶手油漆 | m² | 31.91 | 抄自序号 46 |
| 59 | 窗帘盒油漆 | m | 159.84 | 抄自序号 47 |
| 60 | 木门锁制作安装 | 个 | 79 | 79 为木门锁的个数 |
| 61 | 特殊暗锁制作安装 | 个 | 2 | 2 为特殊暗锁的个数 |
| 62 | 大拉手制作安装 | 个 | 8 | 8 为大拉手的个数 |
| | 七、屋面工程 | | | |
| 63 | 1:6 水泥焦渣找坡层 | m³ | 58.38 | $12.60 \times 29.70 \times \left(0.03 + \dfrac{12.6 \times 2\%}{2}\right) = 58.38$<br>[说明]<br>查看材料做法表，图纸建施 8<br>29.70 = 30.18 − 0.24 − 0.24，即为找坡层的层面的长度，单位为米；<br>12.60 = 13.08 − 0.24 − 0.24，即为找坡层的宽度，单位为米；<br>0.24——墙的厚度；<br>0.03——1:6 水泥焦渣最低处的厚度，单位为米；<br>(12.6 × 2%)/2——1:6 水泥焦渣范围内的水平厚度；<br>[0.03 + (12.6 × 2%)/2]——1:6 水泥焦渣的总的水平厚度，以延长米计算；<br>2% 为水泥焦渣坡度。 |
| 64 | 干铺加气块保温层 | m³ | 74.84 | $12.60 \times 29.70 \times 0.20 = 74.84$<br>[说明]<br>查看材料做法表 3<br>12.60 = 13.08 − 0.24 − 0.24，即屋面干铺加气块的宽度，以延长米计算；<br>29.70 = 30.18 − 0.24 − 0.24，即为屋面干铺加气块的长度，以延长米计算；<br>0.20——屋面的干铺加气块的厚度，以延长米进行计算。 |
| 65 | 1:3 水泥砂浆找平层 | m² | 399.60 | $12.60 \times 29.70 + (29.70 + 12.60) \times 2 \times 0.3 = 399.60$<br>[说明]<br>查看材料做法表<br>12.60 = 13.08 − 0.24 − 0.24<br>29.70 = 30.18 − 0.24 − 0.24 |

续表
第 24 页

| 序号 | 工程项目 | 单位 | 数量 | 计 算 式 |
|---|---|---|---|---|
| 66 | 二毡三油一砂防水层 | m² | 422.87 | 12.60×29.70×1.13=422.87<br>[说明]<br>查看材料做法表<br>12.60=13.08-0.24-0.24<br>29.70=30.18-0.24-0.24<br>平屋顶卷面按挑檐外皮尺寸(无挑檐时按外墙外皮外边线)的水平投影面积,乘以工程量系数1.13以平方米计算。<br>这里工程量是用外墙内边线的水平投影面积乘以工程量系数1.13。 |
| 67 | 水泥砖面 | m³ | 374.22 | 12.60×29.70=374.22<br>[说明]<br>12.60=13.08-0.24-0.24<br>29.70=30.18-0.24-0.24 |
| 68 | 薄钢板排水管 | m² | 19.97 | 0.1×3.14×15.9×4=19.97<br>[说明]<br>薄钢板排水管的面积=πd×H<br>π=3.14<br>0.1——薄钢板排水管的直径;<br>15.9——薄钢板排水管的高度;<br>4——薄钢板排水管的根数。 |
| 69 | 铸铁下水口 | 套 | 4 | 4——铸铁下水口的套数。 |
| 70 | 八、楼地面工程<br>地面 3:7 灰土垫层 | m³ | 33.23 | 垫层体积=地面面积×垫层厚度<br>(394.75-62.43)×0.1=33.23<br>[说明]<br>394.75——首层建筑面积;<br>62.43——墙体横截面面积;<br>0.1——垫层厚度(查看材料做法表) |

年　月　日

续表
年 月 日 第 25 页

| 序号 | 工程项目 | 单位 | 数量 | 计 算 式 |
|------|---------|------|------|---------|
| 71 | 地面 C10 号混凝土垫层 | m³ | 15.06 | [394.75−62.43−(3.36+3.06)×4.86]×0.05=15.06<br>[说明]<br>394.75——首层建筑面积；<br>62.43——墙体横截面面积；<br>(3.36+3.06)×4.86——地面 50mm 厚 1:2:4 豆石混凝土垫层面积；<br>0.05——C10 混凝土垫层厚（查看材料做法表）。 |
| 72 | 地面 50mm 厚 1:2:4 豆石混凝土垫层 | m² | 31.27 | 厕所、盥洗间 (3.36+3.06)×4.87=31.27<br>[说明]<br>3.36=3.6−0.24——厕所的净长线长；<br>3.06=3.3−0.24——盥洗室的净长线长；<br>4.87——厕所、盥洗室的净宽的厚度<br>其中：0.24 指内纵墙的厚度 |
| 73 | 楼面 1:6 水泥、焦渣垫层 | m³ | 89.49 | 楼面焦渣垫层 (394.75−62.43−31.20)×0.07×4=84.31<br>厕所蹲合焦渣垫层 1.2×2.7×(0.15+0.17)×5=5.18<br>小计 89.49<br>[说明]<br>394.75——首层建筑面积；<br>62.43——墙体横截面面积；<br>31.20——抄自序号 75；<br>0.07——水泥焦渣垫层厚度（查看材料做法表）。<br>4.87——厕所、盥洗室的净宽度，由"5.10−0.24"得出，具体数据由图纸结施 3 得到。 |
| 74 | 水泥砂浆找平层 | m² | 125.06 | 查看图纸结施 3<br>(3.36+3.06)×4.87×4=125.06<br>[说明]<br>3.36=3.6−0.24——厕所的净长线长；<br>3.06=3.3−0.24——盥洗室的净长线长；<br>4.87=5.1−0.24——厕所、盥洗室的净宽长；<br>其中：0.24 为内纵墙的厚度 |

续表

年 月 日 第 26 页

| 序号 | 工程项目 | 单位 | 数量 | 计 算 式 |
|---|---|---|---|---|
| 75 | 50mm厚1:2:3豆石混凝土楼面 | m² | 125.06 | 同序号74 |
| 76 | 厕所蹲台抹水泥 | m² | 16.20 | 2.7×1.2×5=16.20<br>[说明]<br>查看图纸建施7 |
| 77 | 20mm厚1:2.5水泥砂浆抹面 | m² | 1505.60 | 首层 394.75−62.43−31.20=301.12<br>二至五层 301.12×4=1204.48<br>小计 1505.60<br>[说明]<br>301.13为每一层20mm厚1:2水泥砂浆抹面的总面积。 |
| 78 | 一毡二油防潮层楼面 | m² | 31.27 | 同序号72 |
| 79 | 1:2.5水泥砂浆踢脚线 | m | 1397.26 | 首层(5.16+3.06)×2×8+(4.87+3.06)×2×3=179.10<br>会议室(9.66+4.87)×2=29.06<br>走廊 13.20×2+13.50+13.20+5.4×2=63.90<br>楼梯间 4.86×2+2.76=12.48<br>小计 284.54<br>二至五层(首层踢脚长−首层楼梯间踢脚长+3.06×2)×4<br>(284.54−12.48+3.06×2)×4=1112.72<br>合计 284.54+1112.72=1397.26<br>[说明]<br>水泥踢脚线，按净空周长以延长米计算。不扣除门洞口所占长度，但门及墙垛侧边亦不增加。<br>3.06=3.3−0.24<br>5.16=5.4−0.24<br>4.87=5.1−0.24<br>9.66=3.3×3−0.24 |
| 80 | 楼梯面层水泥砂浆 | m² | 47.47 | 同序号30 |

52

续表 第 27 页 年 月 日

| 序号 | 工程项目 | 单位 | 数量 | 计 算 式 |
|------|---------|------|------|---------|
| 81 | 台阶 3:7 灰土垫层 | m³ | 4.90 | $4.3 \times 1.9 \times 0.3 \times 2 = 4.90$<br>[说明]<br>查看图纸建施 1 及材料做法表<br>4.30——台阶的长度，单位为米；<br>1.90——台阶的宽度，单位为米；<br>0.30——3:7 灰土垫层的厚度，具体数据查看台阶材料做法，单位为米；<br>2——台阶的总个数。 |
| 82 | 台阶 C15 混凝土 | m³ | 1.97 | $(4.3 \times 1.9 \times 0.06 + 0.145 \times 0.3 \times \frac{1}{2} \times 22.7) \times 2 = 1.97$<br>[说明]<br>查看图纸建施 1 及材料做法表<br>4.30——台阶的长度，单位为米；<br>1.90——台阶的宽度，单位为米；<br>0.06——台阶 C15 混凝土的厚度，具体数据查看台阶材料做法，单位为米。<br>2——台阶的个数。 |
| 83 | 台阶抹水泥砂浆 | m² | 16.34 | $4.3 \times 1.9 \times 2 = 16.34$<br>[说明]<br>查看图纸建施 1 及材料做法表<br>4.30——台阶的长度，以延长米计算；<br>1.90——台阶的宽度，以延长米计算；<br>2——台阶的个数。 |
| 84 | 散水挖土方 | m³ | 10.17 | $(86.52 + 4 \times 0.7 - 4.3 \times 2) \times 0.7 \times 0.18 = 10.17$<br>[说明]<br>86.52——为外墙外边线长，以延长米计算；<br>0.7——散水的宽度；<br>$4 \times 0.70$——该建筑 4 个多角出的散水长度，以延长米计算；<br>4.30——台阶的长度，以延长米计算；<br>2——共有两个台阶，即台阶的数据；<br>0.180——散水中 3:7 灰土厚度加 C15 混凝土的厚度，即散水挖土方的高度 |

53

续表
第 28 页
年 月 日

| 序号 | 工程项目 | 单位 | 数量 | 计算式 |
|---|---|---|---|---|
| 85 | 散水 3:7 灰土垫层 | m³ | 7.35 | $(86.52+4\times0.7-4.3\times2)\times0.7\times0.13=7.35$<br>[说明]<br>86.52——为外墙外边线长，同散水挖土方，以延长米计算；<br>0.70——散水的宽度；<br>4——该建筑物的 4 个角的个数；<br>$4\times0.70$——该建筑 4 个角散水的长度，以延长米计算；<br>4.30——台阶的长度，以延长米计算；<br>2——台阶的个数，即共有两个台阶；<br>$(86.52+4\times0.7-4.30\times2)$——散水的总长度，以延长米计算；<br>0.130——散水中 3:7 灰土的厚度。 |
| 86 | 散水 C15 号混凝土 50mm 厚 | m² | 48.19 | $(86.52+4\times0.6-4.3\times2)\times0.6=48.19$<br>[说明]<br>86.52、0.7、4.30、4、2——均同序号 85 的解释；<br>0.60——散水中 C15 混凝土的厚度。 |
| 87 | 九、装饰工程<br>室内水泥墙裙 | m² | 193.68 | 厕所 $(3.36+4.86)\times2\times1.2\times5=98.64$<br>盥洗间 $(3.06+4.86)\times2\times1.2\times5=95.04$<br>小计 193.68<br>[说明]<br>墙裙的高为1.2，这一点在工程概况中有说明<br>$3.36=3.6-0.24$ 厕所的净宽度，其中，0.24 为墙的厚度；<br>$4.86=5.1-0.24$ 为厕所的净长度，即由 $5.10-0.24$ 得到，具体数据查看建施图一1；<br>$(3.36+4.86)\times2$——墙裙的内净长线，以延长米计算；<br>1.20——墙裙的高度，由工程概况中得到；<br>5——该楼层的层数，即该建筑为五层楼。 | 查看图纸建施 1 |
| 88 | 墙面一毡二油防潮层 | m² | 193.68 | 同序号 87 |

续表
第 29 页
年 月 日

| 序号 | 工程项目 | 单位 | 数量 | 计 算 式 |
|---|---|---|---|---|
| 89 | 墙面抹白灰砂浆 | m² | 3881.31 | 抹灰面积＝主墙间结构净长×抹灰高度－门窗洞口面积<br>首层 宿舍 $(3.06+5.16)\times 2\times 3.08\times 8+(3.06+4.86)\times 2\times 3.08\times 3 = 551.44$<br>会议室 $(9.66+4.86)\times 2\times 3.08 = 89.44$<br>门厅 $5.4\times 2\times 3.08 = 33.26$<br>走廊 $53.10\times 3.08 = 163.55$<br>楼梯间 $(5.1\times 2+2.76)\times 3.08 = 39.92$<br>厕所 $(3.36+4.86)\times 2\times(3.08-1.2) = 30.91$<br>盥洗间 $(3.06+4.86)\times 2\times(3.08-1.2) = 29.78$<br>小计 938.30<br>其中扣除：外门窗面积 $8.1+55.08+2.25 = 65.43$<br>（抄自门窗洞口面积计算表）<br>内门窗面积 $(35.10+4.86+0.72)\times 2 = 81.36$<br>（抄自门窗洞口面积计算表）<br>首层实际抹灰面积<br>$938.30-65.43-81.36 = 791.51$<br>二至五层<br>宿舍 $[(3.06+5.16)\times 2\times 2.87\times 9+(3.06+4.86)\times 2\times 2.87\times 3]\times 4 = 2244.11$<br>会议室 $(9.66+4.86)\times 2\times 2.87\times 4 = 333.38$<br>走廊 $(53.10+3.06+1.86\times 2)\times 2.87\times 4 = 687.42$<br>楼梯间 $(5.10\times 2+2.76)\times 2.87\times 4 = 148.78$<br>厕所 $(4.86+3.36)\times 2\times(2.87-1.2)\times 4 = 109.82$<br>盥洗间 $(3.06+4.86)\times 2\times(2.87-1.2)\times 4 = 105.81$<br>小计 3629.32<br>其中扣除：<br>外窗面积 $194.40+18.00 = 212.40$ （抄自门窗洞口面积计算表）<br>内门窗面积 $(134.40+17.28+2.88)\times 2+18 = 327.12$（抄自门窗洞口面积计算表）<br>二至五层实际抹灰<br>$3629.32-212.40-327.12 = 3089.80$<br>合计 $791.51+3089.80 = 3881.31$ |

续表
第 30 页
年 月 日

| 序号 | 工程项目 | 单位 | 数量 | 计 算 式 |
|---|---|---|---|---|
| 90 | 顶棚现浇板抹水泥砂浆 | m² | 248.80 | [说明]<br>3.06 = 3.30 − 0.24<br>5.16 = 5.40 − 0.24 }查看图纸建施1<br>4.86 = 5.10 − 0.24<br>3.08——首层的墙面抹白灰砂浆的高度，以延长米计算，具体数据查看工程概况；<br>1.30——室内水泥墙裙的高度，单位为米；<br>53.10——首层内纵墙 3-3 剖面净长线长<br>9.66 = 3.30 × 3 − 0.24，即会议室两横墙之间的净距，单位是米；<br>2.87——二至五层墙面抹白灰砂浆的高度，单位是米；<br>8、3——分别是每层(3.06×5.16)与(3.06×4.86)两种宿舍的个数；<br>4——分别是二至五层的楼层数。<br>盥洗间，厕所 (3.06+3.36)×4.86×4=124.80<br>房间板带 3.06×0.36×9×5+3.06×0.36×6×4+(3.06×7+3.36+2.76)×0.36=85.92<br>走廊板带 (0.36×4+0.58+0.53+0.48+0.40)×3.06=31.90<br>楼梯间平板 2.76×0.56×4=6.18<br>小计 248.80 |
| 91 | 现浇钢筋混凝土梁抹灰 | m² | 86.94 | [说明]<br>L1 (0.5×2+0.25)×4.86×10=60.75<br>L2 (0.35×2+0.20)×3.06×5=13.77<br>L3 (0.35×2+0.20)×2.76×5=12.42<br>小计 86.94<br>[说明]<br>10、5、5——分别为 $L_1$、$L_2$、$L_3$ 梁的数量；<br>4.86=5.10−0.24 }具体数据查图纸建施1<br>3.06=3.30−0.24<br>2.76=3.00−0.24 |

续表
年 月 日 第31页

| 序号 | 工程项目 | 单位 | 数量 | 计　算　式 |
|---|---|---|---|---|
| 92 | 预制板勾缝抹平 | m² | 1357.45 | 宿舍　　3.06×5.16×9×5+3.06×4.86×3×5=933.61<br>会议室　9.18×4.86×5=223.07<br>走廊　　29.46×1.86×5=273.98<br>现浇楼面同房间顶层预制板(2.76+3.36+3.06)×4.86=44.61<br>小计　　　　　　　　　　　　　　　　　　1475.27<br>其中扣除：房同板带抹灰面积　85.92<br>　　　　　走廊板带抹灰面积　31.90<br>实际勾缝抹平面积　1475.27−85.92−31.90=1357.45<br>[说明]<br>2.76=3.00−0.24<br>3.06=3.30−0.24<br>4.86=5.10−0.24<br>5.16=5.40−0.24<br>9.18=3.30×3−0.24×3<br>1.86=2.10−0.24<br>3.36=3.60−0.24<br>5——该住宅楼的楼层数量；具体数据查看图纸建施图1<br>29.46=30.18−0.36×2，是为走廊的净长度（除去两端端墙厚）。 |
| 93 | 门窗后塞口堵缝 | m² | 473.07 | 抄自门窗洞口面积计算表 |
| 94 | 厕所贴白瓷砖 | m² | 18.00 | 3.0×1.2×5=18.00<br>[说明]<br>1.20——同室内水泥粗墙裙高度，为厕所贴白瓷砖的高度，单位是米<br>5——该住宅楼的楼层数量。 |
| 95 | 内窗台抹灰 | m² | 20.84 | 1.8×0.12×(17+72)+1.5×0.12×9=20.84<br>[说明]<br>0.12——半砖长，即为内窗台抹灰的宽度<br>1.80，1.50——内窗台抹灰的长度。 |
| 96 | 外窗台抹灰 | m² | 41.69 | 1.8×0.24×(17+72)+1.5×0.24×9=41.69<br>[说明]<br>0.24——砖长，即为外窗台抹灰的宽度；<br>1.80，1.50——即为两种不同类型窗台的抹灰的长度，单位是米 |

续表
年 月 日 第 32 页

| 序号 | 工程项目 | 单位 | 数量 | 计 算 式 |
|---|---|---|---|---|
| 97 | 厕所隔墙抹水泥 | m² | 45.43 | (1.5×2+0.12)×(3.08+2.87×4)=45.43 |
| 98 | 水池砖碳抹水泥 | m² | 33.60 | (0.5×2+0.12)×0.6×10×5=33.60 |
| 99 | 外墙裙水刷石 | m² | 133.24 | 外边线长×高度<br>86.52×1.54=133.24<br>[说明]<br>86.52——为外墙外边线长；<br>1.54——为外墙裙水刷石墙面的高度。 |
| 100 | 墙面干粘石 | m² | 141.89 | 86.52×1.64=141.89<br>[说明]<br>查看图纸建施3；<br>86.52为外墙外边线长；<br>1.64为刷干粘石墙面的高度。 |
| 101 | 雨篷水刷石 | m² | 5.40 | 2.7×1×2=5.40<br>[说明]<br>2.40=1.50+0.45+0.45, 2.70=2.1+0.3+0.3, 具体数据查看结施7图纸，即为雨篷的长度；<br>1.00——雨篷的宽度。 |
| 102 | 腰线抹水泥 | m² | 108.65 | 0.06×3×(29.70+0.48)×10×2=108.65<br>[说明]<br>29.70=3.30×9, 具体数据查看图纸建施1；<br>0.24×2=0.48——两边的墙厚 |
| 103 | 腰线刷白水泥 | m² | 108.65 | 同上 |
| 104 | 女儿墙压顶抹水泥 | m² | 51.34 | (0.36+0.06×2+0.06×2)×(29.94+12.84)×2=51.34<br>[说明]<br>查看图纸建施7建施8<br>①女儿墙即为外墙伸出屋顶的部分，即为外墙(女儿墙)的厚度。<br>②0.36=0.24+0.12, 具体数据查图纸建施1<br>29.94=30.18−0.24<br>12.84=13.08−0.24 |

续表
年 月 日 第 33 页

| 序号 | 工程项目 | 单位 | 数量 | 计 算 式 |
|---|---|---|---|---|
| 105 | 预制板顶棚喷大白 | m² | 1606.25 | 248.80 + 1357.45 = 1606.25(抄自序号 90.92) |
| 106 | 抹灰面喷大白 | m² | 4022.33 | 室内抹白砂浆 3381.31(抄自序号 89)<br>现浇梁抹水泥 86.94(抄自序号 91)<br>楼梯底面 2.7×(2.76−0.1)×1.56×4+1.4×2.76<br>　　　　　　　= 48.68<br>雨篷底面 2.7×1.0×2 = 5.4<br>　　　　（查看图纸结施 2、结施 7）<br>小计　　　　　　　4022.33<br>[说明]<br>2.76 = 3.00 − 0.24<br>1.56 = 1.80 − 0.24　　　　具体数据查看建施 1<br>2.40 = 1.50 + 0.45 + 0.45<br>2.70 = 1.50 + 0.60 + 0.60　雨篷的宽度，单位为米。<br>1.00 —— 雨篷的宽度，单位为米。 |
| 107 | 踢脚线刷水泥浆 | m | 1397.26 | 抄自序号 79。 |
| | 十、其他项目 | | | |
| 108 | 中小型机械费 | m² | 1974 | 按建筑面积以 m² 计。 |
| 109 | 二次搬运费 | m² | 1974 | 按建筑面积以 m² 计。 |
| 110 | 工程水电费 | m² | 1974 | 按建筑面积以 m² 计。 |
| 111 | 大型机械进出场 | | 1 | [说明]<br>1——大型机械进出的楼房栋数。 |
| 112 | 生产工具使用费 | m² | 1974 | 按建筑面积以 m² 计。 |
| 113 | 检验试验费 | m² | 1974 | 按建筑面积以 m² 计。 |

59

## 三、工程量清单计价编制说明

### (一) 工程量清单

(某住宅楼) 工程工程量清单

    招 标 人：_____×××_____（单位签字盖章）

    法定代表人：_____×××_____（签字盖章）

    中介机构
    法定代表人：_____×××_____（签字盖章）

    造价工程师
    及注册证号：_____×××_____（签字盖执业专业章）

    编制时间：__××年××月××日__

填 表 须 知

1. 工程量清单及其计价格式中所有要求签字、盖章的地方，必须由规定的单位和人员签字、盖章。
2. 工程量清单及其计价格式中的任何内容不得随意删除或涂改。
3. 工程量清单计价格式中列明的所有需要填报的单价和合价。投标人均应填报，未填报的单价和合价，视为此项费用已包含在工程量清单的其他单价和合价中。
4. 金额（价格）均应以____币表示。

总 说 明

工程名称：某住宅楼工程　　　　　　　　　　　　　　　　第　页共　页

1. 工程概况
2. 招标范围
3. 工程质量要求
4. 工程量清单编制依据

## 定额预（结）算表（直接费部分）与清单项目之间关系分析对照表

表 1-1-10

工程名称：某住宅楼工程　　　　　　　　　　　　　　　　　　　　第　页共　页

| 序号 | 项目编码 | 项目名称 | 清单主项在预（结）算表中的顺序号 | 清单综合的工程内容在预（结）算表中的序号 |
|---|---|---|---|---|
| | | A.1 土（石）方工程 | | |
| 1 | 010101001001 | 平整场地 | 1 | 6 |
| 2 | 010101003001 | 挖基础土方，1-1剖面，垫层底宽1.3m，挖土深度3.6m | 2 | 5 |
| 3 | 010101003002 | 挖基础土方，2-2剖面，垫层底宽1.3m，挖土深度3.6m | 2 | 5 |
| 4 | 010101003003 | 挖基础土方，3-3剖面，垫层底宽1.0m，挖土深度3.6m | 2 | 5 |
| 5 | 010101003004 | 挖基础土方，楼梯基础，垫层底宽0.44m，挖土深度3.6m | 2 | 5 |
| 6 | 010103001001 | 房心回填土，原土回填，压实系数为0.9 | 4 | 无 |
| 7 | 010103001002 | 基槽回填土，原土回填，压实系数为0.9 | 3 | 无 |
| | | A.3 砌筑工程 | | |
| 8 | 010301001001 | 砖基础，C15钢筋混凝土垫层，300mm厚，带形基础，3900mm高，M5水泥砂浆 | 8 | 16 + 17 |
| 9 | 010302001001 | 实心砖墙，一层一砖半外墙，M5混合砂浆，$H=3.3$m | 9 | 无 |
| 10 | 010302001002 | 实心砖墙，二、三、四五层一砖半外墙，M5混合砂浆，$H=3.0$m | 9 | 无 |
| 11 | 010302001003 | 砖砌女儿墙，一砖，M7.5混合砂浆，$H=1.20$m | 10 | 无 |
| 12 | 010302001004 | 实心砖墙，一层一砖内墙，M5混合砂浆，$H=3.3$m | 11 | 无 |
| 13 | 010302001005 | 实心砖墙，二、三、四、五层一砖内墙，M5混合砂浆，$H=3.0$m | 11 | 无 |
| 14 | 010302001006 | 实心砖墙，一层半砖内墙，M7.5水泥砂浆，$H=3.3$m | 12 | 无 |
| 15 | 010302001007 | 实心砖墙，二、三、四、五层半砖内墙，M7.5水泥泵浆，$H=3.0$m | 12 | 无 |
| 16 | 010302001008 | M7.5混合砂浆水池砖 | 13 | 无 |
| | | A.4 混凝土及钢筋混凝土工程 | | |
| 17 | 010403001001 | 基础梁JL1，截面尺寸0.24m×0.18m，梁底平均标高$-0.33$m，C20混凝土 | 18 | 无 |
| 18 | 010403001002 | 基础梁JL2，截面尺寸0.36m×0.18m，梁底平均标高$-0.33$m，C20混凝土 | 18 | 无 |
| 19 | 010403001003 | 基础梁JL3，截面尺寸0.24m×0.24m，梁底平均标高$-0.39$m，C20混凝土 | 18 | 无 |
| 20 | 010402001001 | 女儿墙构造柱，截面尺寸0.24m×0.24m，C20混凝土 | 19 | 无 |
| 21 | 010402001002 | 构造柱Z1，截面尺寸0.36m×0.24m，两面有墙，C20混凝土 | 19 | 无 |
| 22 | 010402001003 | 构造柱Z2，截面尺寸0.36m×0.24m，三面有墙，C20混凝土 | 19 | 无 |
| 23 | 010402001004 | 构造柱Z3，截面尺寸0.24m×0.24m，两面有墙，C20混凝土 | 19 | 无 |
| 24 | 010403004001 | 圈梁QL1，截面尺寸0.36m×0.15m，二至五层外墙，C20混凝土 | 20 | 无 |

续表

第 页共 页

| 序号 | 项目编码 | 项目名称 | 清单主项在预（结）算表中的顺序号 | 清单综合的工程内容在预（结）算表中的序号 |
|---|---|---|---|---|
| | | A.4 混凝土及钢筋混凝土工程 | | |
| 25 | 010403004002 | 圈梁 QL2，截面尺寸 0.24m×0.15m，一至五层内外墙，C20 混凝土 | 20 | 无 |
| 26 | 010407001001 | 女儿墙 C15 钢筋混凝土压顶 | 21 | 无 |
| 27 | 010403002001 | C20 钢筋混凝土单梁 L1，截面尺寸 0.5m×0.25m | 22 | 无 |
| 28 | 010403002002 | C20 钢筋混凝土单梁 L2，截面尺寸 0.35m×0.20m | 22 | 无 |
| 29 | 010403002003 | C20 钢筋混凝土单梁 L3，截面尺寸 0.35m×0.20m | 22 | 无 |
| 30 | 010403005001 | C20 钢筋混凝土雨篷梁，截面尺寸 0.36m×0.4m | 23 | 无 |
| 31 | 010405008001 | C20 钢筋混凝土雨篷 | 24 | 无 |
| 32 | 010405003001 | 平板，C20 钢筋混凝土，板厚 130mm | 25 | 无 |
| 33 | 010406001001 | 直形楼梯，C20 钢筋混凝土 | 26 | 无 |
| 34 | 010407001002 | C15 混凝土台阶，60mm 厚，3:7 灰土垫层 300mm 厚 | 78 | 77 |
| 35 | 010407002001 | C15 混凝土散水，50mm 厚，3:7 灰土垫层，130mm 厚 | 82 | 80+81 |
| 36 | 010410003001 | 预制过梁 L 18.2.1，单件体积 0.0471m³，C30 混凝土 | 27+29 | 28 |
| 37 | 010410003002 | 预制过梁 L 18.2.2.2，单件年体积 0.0471m³ C30 混凝土 | 27+29 | 28 |
| 38 | 010410003003 | 预制过梁 L 15.2.1，单件体积 0.0409m³ C30 混凝土 | 27+29 | 28 |
| 39 | 010410003004 | 预制过梁 L 12.2.1，单件体积 0.0232m³，C30 混凝土 | 27+29 | 28 |
| 40 | 010412002001 | 预应力圆孔板 YB33.2，单件体积 0.284m³，C30 混凝土 | 30+33 | 31+32+34 |
| 41 | 010412002002 | 预应力圆孔板 YB21.1，单件体积 0.219m³，C30 混凝土 | 30+33 | 31+32+34 |
| 42 | 010412002003 | 预应力圆孔板 YB33.（2），单件体积 0.310m³，C30 混凝土 | 30+33 | 31+32+34 |
| 43 | 010412002004 | 预应力圆孔板 YB36.2，单体积 0.239m³，C30 混凝土 | 30+33 | 31+32+34 |
| 44 | 010412002005 | 预应力圆孔板 YB30.2，单体积 0.257m³，C30 混凝土 | 30+33 | 31+32+34 |
| 45 | 010412002006 | 预应力圆孔板 YB30.（2），单体件积 0.198m³，C30 混凝土 | 30+33 | 31+32+34 |
| 46 | 010412002007 | 预应力圆孔板 YB36.（2），单件体积 0.178m³，C30 混凝土 | 30+33 | 31+32+34 |
| 47 | 010414002001 | 双面水磨石盥洗池安装，S23 | 36 | 无 |
| 48 | 010414002002 | 瓷砖小便池安装，S33 | 37 | 无 |
| 49 | 010414002003 | 水磨石污水池安装，S18 | 38 | 无 |
| 50 | 010417002001 | 预埋铁件，砌体内钢筋加固 | 15 | 无 |

续表

第 页共 页

| 序号 | 项目编码 | 项 目 名 称 | 清单主项在预（结）算表中的顺序号 | 清单综合的工程内容在预（结）算表中的序号 |
|---|---|---|---|---|
| | | A.7 屋面及防水工程 | | |
| 51 | 010702001001 | 油毡上人屋面，二毡三油防水层，20mm厚粗砂铺卧200mm×200mm×25mm水泥砖 | 62 | 61 + 63 |
| 52 | 010702004001 | 屋面薄钢板排水管，铸铁下水口 | 64 | 65 |
| | | A.8 防腐、隔热、保温工程 | | |
| 53 | 010803001001 | 加气温凝土块屋面保温，平铺，C15～C20混凝土 | 60 | 59 |
| | | B.1 楼地面工程 | | |
| 54 | 020101001001 | 20mm厚1:2.5水泥砂浆地面，100mm厚3:7灰土垫层，50mm厚C10混凝土垫层 | 74 | 66 + 67 |
| 55 | 020101001002 | 20mm厚1:2.5水泥砂浆地面，100mm厚3:7灰土垫层，50mm厚1:2:4豆石混凝土垫层 | 74 | 66 + 68 |
| 56 | 020101001003 | 20mm厚1:2.5水泥砂浆楼面，70mm厚1:6水泥焦渣垫层 | 74 | 69 |
| 57 | 020101003001 | 50mm厚1:2:3豆石混凝土楼面，20mm厚1:3水泥砂浆找平，一毡二油防水层 | 71 | 70 + 72 |
| 58 | 020101001004 | 厕所蹲台抹水泥，1:6水泥焦渣垫层 | 73 | 69 |
| 59 | 020105001001 | 7mm厚1:2.5水泥砂浆踢脚线，高120mm，13mm厚1:3水泥砂浆打底 | 75 | 102 |
| 60 | 020106003001 | 水泥砂浆楼梯面 | 76 | 无 |
| 61 | 020108003001 | 水泥砂浆台阶面 | 79 | 无 |
| 62 | 020107002001 | 楼梯栏杆扶手制作安装，刷调合漆 | 43 | 53 + 54 |
| | | B.2 墙、柱面工程 | | |
| 63 | 020201003001 | 清水砖墙1:1水泥砂浆勾凹缝，喷刷红土浆 | 14 | 103 |
| 64 | 020201002001 | 8mm厚1:1.5水刷石外墙，12mm厚1:3水泥砂浆打底 | 94 | 14 |
| 65 | 020201002002 | 干粘石外墙面，1mm厚108胶素水泥浆粘结层，6mm厚1:3水泥砂浆 | 95 | 14 |
| 66 | 020201001001 | 腰线刷白水泥浆，水泥砂浆打底 | 98 | 97 |
| 67 | 020201001002 | 室内水泥墙裙，1.2m高，一毡二油防潮层 | 83 | 86 |
| 68 | 020201001003 | 女儿墙压顶抹水泥 | 99 | 无 |
| 69 | 020201001004 | 内墙抹白灰砂浆 | 84 | 无 |
| 70 | 020201003001 | 零星砖墙抹水泥砂浆 | 90 | 无 |
| 71 | 020201002003 | 雨篷水刷石 | 96 | 无 |
| 72 | 020204003001 | 厕所贴白瓷砖 | 91 | 无 |
| 73 | 020209001001 | 水磨石厕所隔断，带木门，刷油漆 | 35 | 42 + 48 + 52 |
| | | B.3 顶棚工程 | | |
| 74 | 020301001001 | 顶板现浇板抹水泥砂浆 | 85 | 无 |
| 75 | 020301001002 | 现浇梁抹水泥砂浆 | 87 | 无 |

续表

第 页共 页

| 序号 | 项目编码 | 项目名称 | 清单主项在预（结）算表中的顺序号 | 清单综合的工程内容在预（结）算表中的序号 |
|---|---|---|---|---|
| | | B.4 门窗工程 | | |
| 76 | 020401002001 | 有亮木板门制作安装，编号59M2，尺寸为1.5m×2.7m | 39＋45 | 50＋49＋57＋89 |
| 77 | 020401004001 | 有亮纤维板门制作安装，编号19M1，尺寸为1.0m×2.7m | 40＋46 | 50＋49＋56＋89 |
| 78 | 020401004002 | 有亮纤维板门制作安装，编号18M1，尺寸为1.0m×2.4m | 40＋46 | 50＋49＋56＋89 |
| 79 | 020401004003 | 有亮纤维板门制作安装，编号39M1，尺寸为0.9m×2.7m | 40＋46 | 50＋49＋56＋89 |
| 80 | 020401004004 | 有亮纤维板门制作安装，编号38M1，尺寸为0.9m×2.4m | 40＋46 | 50＋49＋58＋56＋89 |
| 81 | 020405002001 | 一玻一纱带亮木窗制作安装，编号66C，尺寸为1.8m×1.8m | 41＋47 | 51＋49＋89＋92＋93 |
| 82 | 020405002002 | 一玻一纱带亮木窗制作安装，编号65C，尺寸为1.8m×1.5m | 41＋47 | 51＋49＋89＋92＋93 |
| 83 | 020405002003 | 一玻一纱带亮木窗制作安装，编号42C1，尺寸为1.2m×0.6m | 41＋47 | 51＋49＋89 |
| 84 | 020405002004 | 一玻一纱带亮木窗制作安装，编号55C，尺寸为1.5m×1.5m | 41＋47 | 51＋49＋89＋92＋93 |
| 85 | 020408001001 | 窗帘盒制作，刷调合漆 | 44 | 45 |
| | | B.5 油漆、涂料、裱糊工程 | | |
| 86 | 020507001001 | 预制板勾缝抹平，喷大白浆，现浇板顶棚喷大白浆 | 100 | 88 |
| 87 | 020507001002 | 抹灰面喷大白浆 | 101 | 无 |

## 措施项目清单

表 1-1-11

工程名称：某住宅楼工程　　　　　　　　　　　　　　　　　　　第　页共　页

| 序号 | 项目名称 | 备注 |
|---|---|---|
| 1 | 环境保护 | |
| 2 | 文明施工 | |
| 3 | 安全施工 | |
| 4 | 临时设施 | |
| 5 | 夜间施工增加费 | |
| 6 | 赶工措施费 | |
| 7 | 二次搬运 | |
| 8 | 混凝土、钢筋混凝土模板及支架 | |
| 9 | 脚手架 | |
| 10 | 垂直运输机械 | |
| 11 | 大型机械设备进出场及安拆 | |
| 12 | 施工排水、降水 | |
| 13 | 其他 | |
| 14 | 措施项目费合计 | 1+2+…+14+15 |

## 零星工作项目表

表 1-1-12

工程名称：某住宅楼工程　　　　　　　　　　　　　　　　　　　第　页共　页

| 序号 | 名称 | 计量单位 | 数量 |
|---|---|---|---|
| 1 | 人工费 | 元 | 1.00 |
| 2 | 材料费 | 元 | 1.00 |
| 3 | 机械费 | 元 | 1.00 |

### （二）工程量清单报价表

### （某住宅楼）工程工程量清单报价表

招 标 人：_____×××_____（单位签字盖章）

法定代表人：_____×××_____（签字盖章）

造价工程师
及注册证号：_____×××_____（签字盖执业专业章）

编制时间：_____××年××月××日_____

65

## 投 标 总 价

建设单位：_____×××_____

工程名称：_某住宅楼工程_

投标总价(小写)：_____×××_____

　　　　(大写)：_____×××_____

投 标 人：_____×××_____（单位签字盖章）

法定代表人：_____×××_____（签字盖章）

编 制 时 间：__××年××月××日__

## 总 说 明

工程名称：某住宅楼工程　　　　　　　　　　　　　　　　第 页 共 页

1. 工程概况
2. 招标范围
3. 工程质量要求
4. 工程量清单编制依据
5. 工程量清单计费列表

　注：本例管理费及利润以定额直接费为取费基数，其中管理费费率为34%，利润率为8%

单位工程费汇总表　　　　表 1-1-13

工程名称：某住宅楼土建工程　　　　第　页共　页

| 序号 | 项 目 名 称 | 金 额/元 |
|---|---|---|
| 1 | 分部分项工程量清单计价合计 | |
| 2 | 措施项目清单计价合计 | |
| 3 | 其他项目清单计价合计 | |
| 4 | 规费 | |
| 5 | 税金 | |
| | 合　计 | |

## 分部分项工程量清单计价表

表 1-1-14

工程名称：某住宅楼土建工程　　　　　　　　　　　　　　　　　　　　第　页共　页

| 序号 | 项目编码 | 项 目 名 称 | 计量单位 | 工程数量 | 金额（元） 综合单价 | 合　价 |
|---|---|---|---|---|---|---|
| | | A.1. 土（石）方工程 | | | | |
| 1 | 010101001001 | 平整场地 | m² | 394.75 | 2.33 | 920.27 |
| 2 | 010101003001 | 挖基础土方，1-1 剖面，垫层底宽 1.3m，挖土深度 3.6m | m³ | 329.66 | 3.06 | 1009.07 |
| 3 | 010101003002 | 挖基础土方，2-2 剖面，垫层底宽 1.3m，挖土深度 3.6m | m³ | 212.11 | 2.97 | 630.23 |
| 4 | 010101003003 | 挖基础土方，3-3 剖面，垫层底宽 1.0m，挖土深度 3.6m | m³ | 398.17 | 3.00 | 1194.68 |
| 5 | 010101003004 | 挖基础土方，楼梯基础，垫层底宽 0.44m，挖土深度 3.6m | m³ | 2.15 | 6.24 | 13.41 |
| 6 | 010103001001 | 房心回填土，原土回填，压实系数为 0.9 | m³ | 142.9 | 1.24 | 176.77 |
| 7 | 010103001002 | 基槽回填土，原土回填，压实系数为 0.9 | m³ | 639.62 | 1.22 | 783.19 |
| | | A.3 砌筑工程 | | | | |
| 8 | 010301001001 | 砖基础，C15 钢筋混凝土垫层，300mm 厚，带形基础，3900mm 高，M5 水泥砂浆 | m³ | 237.82 | 114.79 | 27299.83 |
| 9 | 010302001001 | 实心砖墙，一层一砖半外墙，M5 混合砂浆，$H=3.3m$ | m³ | 66.67 | 4.46 | 297.08 |
| 10 | 010302001002 | 实心砖墙，二、三、四、五层一砖半外墙，M5 混合砂浆，$H=3.0m$ | m³ | 247.13 | 4.46 | 1101.21 |
| 11 | 010302001003 | 砖砌女儿墙，一砖，M7.5 混合砂浆，$H=1.20m$ | m³ | 22.98 | 76.13 | 1749.51 |
| 12 | 010302001004 | 实心砖墙，一层一砖内墙，M5 混合砂浆，$H=3.3m$ | m³ | 72.95 | 74.45 | 5430.98 |
| 13 | 010302001005 | 实心砖墙，二、三、四、五层一砖内墙，M5 混合砂浆，$H=3.0m$ | m³ | 278.35 | 74.45 | 20722.60 |
| 14 | 010302001006 | 实心砖墙，一层半砖内墙，M7.5 水泥砂浆，$H=3.3m$ | m³ | 0.55 | 80.95 | 44.52 |
| 15 | 010302001007 | 实心砖墙，二、三、四、五层半砖内墙，M7.5 水泥砂浆，$H=3.0m$ | m³ | 2.07 | 80.95 | 167.57 |
| 16 | 010302001008 | M7.5 混合砂浆水池砖 | m³ | 1.8 | 80.75 | 145.35 |
| | | A.4 混凝土及钢筋混凝土工程 | | | | |
| 17 | 0104403001001 | 基础梁 JL1，截面尺寸 0.24m×0.18m，梁底平均标高 −0.33m，C20 混凝土 | m³ | 3.04 | 246.49 | 749.33 |
| 18 | 0104403001002 | 基础梁 JL2，截面尺寸 0.36m×0.18m，梁底平均标高 −0.33m，C20 混凝土 | m³ | 5.51 | 246.49 | 1358.17 |
| 19 | 0104403001003 | 基础梁 JL3，截面尺寸 0.24m×0.24m，梁底平均标高 −0.39m，C20 混凝土 | m³ | 3.39 | 246.49 | 835.60 |
| 20 | 010402001001 | 女儿墙构造柱，截面尺寸 0.24m×0.24m，C20 混凝土 | m³ | 1.66 | 181.68 | 301.58 |
| 21 | 010402001002 | 构造柱 Z1，截面尺寸 0.36m×0.24m，两面有墙，C20 混凝土 | m³ | 6.44 | 181.68 | 1169.99 |
| 22 | 010402001003 | 构造柱 Z2，截面尺寸 0.36m×0.24m，三面有墙，C20 混凝土 | m³ | 34.45 | 181.68 | 6258.74 |

续表

| 序号 | 项目编码 | 项目名称 | 计量单位 | 工程数量 | 综合单价 | 合价 |
|---|---|---|---|---|---|---|
| | | A.4 混凝土及钢筋混凝土工程 | | | | |
| 23 | 010402001004 | 构造柱 Z3，截面尺寸 0.24m×0.24m，两面有墙，C20 混凝土 | m³ | 4.42 | 181.68 | 803.01 |
| 24 | 010403004001 | 圈梁 QL1，截面尺寸 0.36m×0.15m，二至五层外墙，C20 混凝土 | m³ | 4.59 | 245.87 | 1128.52 |
| 25 | 010403004002 | 圈梁 QL2，截面尺寸 0.24m×0.15m，一至五层内外墙，C20 混凝土 | m³ | 34.43 | 245.87 | 8465.13 |
| 26 | 010407001001 | 女儿墙 C15 钢筋混凝土压顶 | m | 85.56 | 4.91 | 419.76 |
| 27 | 010403002001 | C20 钢筋混凝土单梁 L1，截面尺寸 0.5m×0.25m | m³ | 6.68 | 319.66 | 2135.34 |
| 28 | 010403002002 | C20 钢筋混凝土单梁 L2，截面尺寸 0.35m×0.20m | m³ | 1.24 | 319.66 | 396.38 |
| 29 | 010403002003 | C20 钢筋混凝土单梁 L3，截面尺寸 0.35m×0.20m | m³ | 1.13 | 319.66 | 361.22 |
| 30 | 010403005001 | C20 钢筋混凝土雨篷梁，截面尺寸 0.36m×0.4m | m³ | 0.78 | 29.66 | 231.35 |
| 31 | 010405008001 | C20 钢筋混凝土雨篷 | m³ | 5.4 | 40.44 | 218.37 |
| 32 | 010405003001 | 平板，C20 钢筋混凝土，板厚 130mm | m³ | 35.97 | 222.08 | 7988.36 |
| 33 | 010406001001 | 直形楼梯，C20 钢筋混凝土 | m³ | 47.47 | 49.18 | 2334.48 |
| 34 | 010407001002 | C15 混凝土台阶，3:7 灰土垫土垫层 | m² | 16.34 | 11.14 | 182.05 |
| 35 | 010407002001 | C15 混凝土散水，50mm 厚，3:7 灰土垫层，130mm 厚 | m² | 48.19 | 6.22 | 299.68 |
| 36 | 010410003001 | 预制过梁 L18.2.1，单件体积 0.0471m³，C20 混凝土 | m³ | 8.38 | 266.97 | 2237.21 |
| 37 | 010410003002 | 预制过梁 L18.2.2，单件体积 0.0471m³，C20 混凝土 | m³ | 4.19 | 266.97 | 1118.60 |
| 38 | 010410003003 | 预制过梁 L15.2.1，单件体积 0.0409m³，C20 混凝土 | m³ | 1.10 | 266.97 | 293.68 |
| 39 | 01041003004 | 预制过梁 L12.2.1，单件体积 0.0232m³，C20 混凝土 | m³ | 3.90 | 266.97 | 1041.18 |
| 40 | 010412002001 | 预应力圆孔板 YB33.2，单件体积 0.284m³，C30 混凝土 | m³ | 77.53 | 252.73 | 19594.16 |
| 41 | 010412002002 | 预应力圆孔板 YB21.1，单件体积 0.219m³，C30 混凝土 | m³ | 6.79 | 252.73 | 1716.04 |
| 42 | 010412002003 | 预应力圆孔板 YB33.（2），单件体积 0.310m³，C30 混凝土 | m³ | 0.93 | 252.73 | 235.04 |
| 43 | 010412002004 | 预应力圆孔板 YB36.2，单件体积 0.239m³，C30 混凝土 | m³ | 0.24 | 252.73 | 60.66 |
| 44 | 010412002006 | 预应力圆孔板 YB30.（2），单件体积 0.198m³，C30 混凝土 | m³ | 0.20 | 252.73 | 50.55 |
| 45 | 010412002007 | 预应力圆孔板 YB36.（2）单件体积 0.178m³，C30 混凝土 | m³ | 18.69 | 252.73 | 4723.52 |
| 46 | 010414002001 | 双面水磨石盥洗池安装，S23 | 个 | 略 | | |
| 47 | 010414002002 | 瓷砖小便池安装，S33 | 个 | 略 | | |
| 48 | 010414002003 | 水磨石污水池安装，S18 | 个 | 略 | | |
| 49 | 010417002001 | 预埋铁件，砌体内钢筋加固 | t | 1.390 | 1014.63 | 1410.34 |

续表

第 页共 页

| 序号 | 项目编码 | 项目名称 | 计量单位 | 工程数量 | 金额（元） | |
|---|---|---|---|---|---|---|
| | | | | | 综合单价 | 合价 |
| | | A.7 屋面及防水工程 | | | | |
| 50 | 010702001001 | 油毡上人屋面，二毡三油防水层，20mm厚粗砂铺卧200mm×200mm×25mm水泥砖 | m² | 422.87 | 16.15 | 6827.89 |
| 51 | 010702004001 | 屋面薄钢板排水管，铸铁下水口 | m | 63.6 | 6.68 | 424.64 |
| | | A.8 防腐、隔热、保温工程 | | | | |
| 52 | 010803001001 | 加气混凝土块屋面保温，平铺，C15~C20混凝土 | m² | 374.22 | 24.34 | 9106.8 |
| | | B.1 楼地面工程 | | | | |
| 53 | 020101001001 | 20mm厚1:2.5水泥砂浆地面，100mm厚3:7灰土垫层，50mm厚C10混凝土垫层 | m² | 301.12 | 6.32 | 1903.55 |
| 54 | 020101001002 | 20mm厚1:2.5水泥砂浆地面，100mm厚3:7灰土垫层，50mm厚1:2:4豆石混凝土垫层 | m² | 31.27 | 18.32 | 572.84 |
| 55 | 020101001003 | 20mm厚1:2.5水泥砂浆楼面，70mm厚1:6水泥焦渣垫层 | m² | 1204.48 | 5.26 | 6337.17 |
| 56 | 020101003001 | 50mm厚1:2:3豆石混凝土楼面，20mm厚1:3水泥砂浆找平，一毡二油防水层 | m² | 125.06 | 10.65 | 1331.64 |
| 57 | 020101001004 | 厕所蹲台抹水泥，1:6水泥焦渣垫层 | m² | 16.2 | 18.71 | 305.15 |
| 58 | 020105001001 | 7mm厚1:2.5水泥砂浆踢脚线，高120mm，13mm厚1:3水泥砂浆打底 | m² | 167.67 | 3.72 | 623.18 |
| 59 | 020106003001 | 水泥砂浆楼梯面 | m² | 47.47 | 6.68 | 317.05 |
| 60 | 020108003001 | 水泥砂浆台阶面 | m² | 16.34 | 3.87 | 63.24 |
| 61 | 020107002001 | 楼梯栏杆扶手制作安装，刷调合漆 | m | 31.91 | 35.06 | 1118.75 |
| | | B.2 墙、柱面工程 | | | | |
| 62 | 020201003001 | 清水砖墙1:1水泥砂浆勾凹缝，喷刷红土浆 | m² | 919.15 | 1.46 | 1341.04 |
| 63 | 020201002001 | 8mm厚1:1.5水刷石外墙，12mm厚1:3水泥砂浆打底 | m² | 133.24 | 5.23 | 696.71 |
| 64 | 020201002002 | 干粘石外墙面，1mm厚108胶素水泥浆粘结层，6mm厚1:3水泥砂浆 | m² | 141.89 | 4.22 | 599.06 |
| 65 | 020201001007 | 腰线刷白水泥浆，水泥砂浆打底 | m² | 108.65 | 4.7 | 510.66 |
| 66 | 020201001002 | 室内水泥墙裙，1.2m高，一毡二油防潮层 | m² | 193.68 | 6.72 | 1300.95 |
| 67 | 020201001003 | 女儿墙压顶抹水泥 | m² | 51.34 | 3.37 | 172.81 |
| 68 | 020201001004 | 内墙抹白灰砂浆 | m² | 3881.31 | 1.23 | 4770.13 |
| 69 | 020201003001 | 零星砖墙抹水泥砂浆 | m² | 81.11 | 2.57 | 208.37 |
| 70 | 020201002003 | 雨篷水刷石 | m² | 5.4 | 6.32 | 34.12 |
| 71 | 020204003001 | 厕所贴白瓷砖 | m² | 18 | 18.89 | 340.04 |
| 72 | 020209001001 | 水磨石厕所隔断，带木门，刷油漆 | 3m² | 34 | 55.37 | 1882.50 |

续表

| 序号 | 项目编码 | 项目名称 | 计量单位 | 工程数量 | 金额（元） | |
|---|---|---|---|---|---|---|
| | | | | | 综合单价 | 合价 |
| | | B.3 顶棚工程 | | | | |
| 73 | 020301001001 | 顶板现浇板抹水泥浆 | m² | 248.8 | 1.52 | 378.67 |
| 74 | 020301001002 | 现浇梁抹水泥砂浆 | m² | 86.94 | 2.26 | 196.48 |
| | | B.4 门窗工程 | | | | |
| 75 | 020401002001 | 有亮木板门制作安装，编号59M2，尺寸为1.5m×2.7m | 樘 | 2 | 153.37 | 306.73 |
| 76 | 020401004001 | 有亮纤维板门制作安装，编号19M1，尺寸为1.0m×2.7m | 樘 | 13 | 103.56 | 1346.22 |
| 77 | 020401004002 | 有亮纤维板门制作安装，编号18M1，尺寸为1.0m×2.4m | 樘 | 56 | 90.95 | 5093.35 |
| 78 | 020401004003 | 有亮纤维板门制作安装，编号39M1，尺寸为0.9m×2.7m | 樘 | 2 | 93.02 | 186.05 |
| 79 | 020401004004 | 有亮纤维让制作安装，编号38M1，尺寸为0.9m×2.4m | 樘 | 8 | 82.05 | 656.41 |
| 80 | 020405002001 | 一玻一纱带亮木窗制作安装，编号66C，尺寸为1.8m×1.8m | 樘 | 17 | 161.69 | 2748.72 |
| 81 | 020405002002 | 一玻一纱带亮木窗制作安装，编号65C，尺寸为1.8m×1.5m | 樘 | 72 | 134.77 | 9703.59 |
| 82 | 020405002003 | 一玻一纱带亮木窗制作安装，编号42C1，尺寸为1.2m×0.6m | 樘 | 5 | 33.90 | 169.49 |
| 83 | 020405002004 | 一玻一纱带亮木窗制作安装，编号55C，尺寸为1.5m×1.5m | 樘 | 9 | 112.23 | 1010.05 |
| 84 | 020408001001 | 窗帘盒制作，刷调合漆 | m | 159.84 | 15.88 | 2537.78 |
| | | B.5 油漆、涂料、裱糊工程 | | | | |
| 85 | 020507001001 | 预制板勾缝抹平，喷大白浆 | m² | 1605.77 | 0.63 | 1015.14 |
| 86 | 020507001002 | 抹灰面喷大白浆 | m² | 4012.55 | 0.36 | 1424.46 |

## 措施项目清单计价表

表 1-1-15

工程名称：某住宅楼土建工程　　　　　　　　　　　　　　　　第 页共 页

| 序号 | 项 目 名 称 | 金 额（元） |
|---|---|---|
| 1 | 环境保护 | |
| 2 | 文明施工 | 227.87 |
| 3 | 安全施工 | 683.61 |
| 4 | 临时设施 | 1367.22 |
| 5 | 夜间施工增加费 | |
| 6 | 赶工措施费 | |
| 7 | 二次搬运 | |
| 8 | 混凝土、钢筋混凝土模板及支架 | |
| 9 | 脚手架 | |
| 10 | 垂直运输机械 | |
| 11 | 大型机械设备进出场及安拆 | |
| 12 | 施工排水、降水 | |
| 13 | 其他 | |
| 14 | 措施项目费合计 | 2278.71 |

## 其他项目清单计价表

表 1-1-16

工程名称：某住宅楼土建工程　　　　　　　　　　　　　　　　第 页共 页

| 序号 | 项 目 名 称 | 金 额（元） |
|---|---|---|
| 1 | 招标人部分 | |
| | 不可预见费 | |
| | 工程分包和材料购置费 | |
| | 其他 | |
| 2 | 投标人部分 | |
| | 总承包服务费 | |
| | 零星工作项目费 | |
| | 其他 | |
| | 合计 | |

## 零星工作项目表

表 1-1-17

工程名称：某住宅楼土建工程　　　　　　　　　　　　　　　　第 页共 页

| 序号 | 名 称 | 计量单位 | 数量 | 金额（元） 综合单价 | 合 价 |
|---|---|---|---|---|---|
| 1 | 人工费 | | | | |
| | | 元 | | | |
| 2 | 材料费 | | | | |
| | | 元 | | | |
| 3 | 机械费 | | | | |
| | | 元 | | | |
| | 合计 | | | | |

## 分部分项工程量清单综合单价分析表

表 1-1-18

工程名称：某住宅楼土建工程　　　　　　　　　　　　　　　　　　　第　页共　页

| 序号 | 项目编码 | 项目名称 | 定额编号 | 工程内容 | 单位 | 数量 | 综合单价组成（元） 人工费+材料费+机械费 | 管理费 | 利润 | 综合单价（元） | 合价（元） |
|---|---|---|---|---|---|---|---|---|---|---|---|
| 1 | 010101001001 | 平整场地 | | | $m^2$ | 394.75 | | | | 2.33 | 920.27 |
| | | | 1-1 | 平整场地 | $10m^2$ | 39.475 | 1.24 | 0.42 | 0.1 | | 1.76×39.42 |
| | | | 1-12 | 渣土外运 | $10m^3$ | 197.4 | 3.04 | 1.03 | 0.24 | | 4.31×197.4 |
| 2 | 010101003001 | 挖基础土方 | | | $m^3$ | 329.66 | | | | 3.06 | 1009.7 |
| | | | 1-6 | 槽沟挖土 1-1剖面 | $10m^3$ | 41.867 | 11.52 | 3.92 | 0.92 | | 16.36×41.867 |
| | | | 1-15 | 余土外运 | $10m^3$ | 4.72 | 48.36 | 16.44 | 3.87 | | 68.67×4.72 |
| 3 | 010101003002 | 挖基础土方 | | | $m^3$ | 212.11 | | | | 2.97 | 630.23 |
| | | | 1-6 | 槽沟挖土 3-3剖面 | $10m^3$ | 26.938 | 11.52 | 3.92 | 0.92 | | 16.36×26.938 |
| | | | 1-15 | 余土外运 | $10m^3$ | 2.76 | 48.36 | 16.44 | 3.87 | | 68.67×2.76 |
| 4 | 010101003002 | 挖基础土方 | | | $m^3$ | 398.17 | | | | 3.00 | 1194.68 |
| | | | 1-6 | 槽沟挖土 2-2剖面 | $10m^3$ | 50.568 | 11.52 | 3.92 | 0.92 | | 16.36×50.568 |
| | | | 1-15 | 余土外运 | $10m^3$ | 5.35 | 48.36 | 16.44 | 3.87 | | 68.67×5.35 |
| 5 | 010101003004 | 挖基础土方 | | | $m^3$ | 2.15 | | | | 6.24 | 13.41 |
| | | | 1-6 | 楼梯基础挖方 | $10m^3$ | 0.274 | 11.52 | 3.92 | 0.92 | | 16.36×0.274 |
| | | | 1-15 | 余土外运 | $10m^3$ | 0.13 | 48.36 | 16.44 | 3.87 | | 68.67×0.13 |
| 6 | 010103001001 | 房心回填土 | | | $m^3$ | 142.9 | | | | 1.24 | 176.77 |
| | | | 1-11 | 房心回填土 | $10m^3$ | 14.29 | 8.71 | 2.96 | 0.70 | | 12.37×14.29 |
| 7 | 010103001002 | 基槽回填土 | | | $m^3$ | 639.62 | | | | 1.22 | 783.19 |
| | | | 1-10 | 基槽回填土 | $10m^3$ | 89.405 | 6.17 | 2.10 | 0.49 | | 8.76×89.405 |
| 8 | 010301001001 | 砖基础 | | | $m^3$ | 237.82 | | | | 114.79 | 27299.83 |
| | | | 1-1换 | M5水泥砂浆砖基础 | $10m^3$ | 23.782 | 482.55 | 164.07 | 38.60 | | 685.22×23.782 |
| | | | 1-4换 | C15钢筋混凝土垫层 | $10m^3$ | 7.851 | 971.44 | 330.29 | 77.72 | | 1379.45×7.851 |
| | | | 2-21 | 基础防潮层 | $10m^2$ | 6.243 | 19.61 | 6.67 | 1.57 | | 27.85×6.243 |

续表

第　页共　页

| 序号 | 项目编码 | 项目名称 | 定额编号 | 工程内容 | 单位 | 数量 | 综合单价组成（元） 人工费+材料费+机械费 | 管理费 | 利润 | 综合单价（元） | 合价（元） |
|---|---|---|---|---|---|---|---|---|---|---|---|
| 9 | 010302001001 | 实心砖墙（一砖半） | | | m³ | 66.67 | | | | 4.46 | 297.08 |
| | | | 1-2换 | M5混合砂浆砖外墙（一层） | 10m³ | 6.667 | 31.38 | 10.67 | 2.51 | | 44.56×6.667 |
| 10 | 010302001002 | 实心砖墙（一砖半） | | | m³ | 247.13 | | | | 4.46 | 1101.21 |
| | | | 1-2换 | M5混合砂浆砖外墙（二至五层） | 10m³ | 24.713 | 31.38 | 10.67 | 2.51 | | 44.56×24.713 |
| 11 | 010302001003 | 砖砌女儿墙（一砖） | | | m³ | 22.98 | | | | 76.13 | 1749.51 |
| | | | 1-2换 | M7.5混合砂浆女儿墙 | 10m³ | 2.298 | 536.14 | 182.29 | 42.89 | | 761.32×2.298 |
| 12 | 010302001004 | 实心砖墙（一砖内墙） | | | m³ | 72.95 | | | | 74.45 | 5430.98 |
| | | | 1-3换 | M5混合砂浆内墙（一层） | 10m³ | 7.295 | 524.28 | 178.26 | 41.94 | | 744.48×7.295 |
| 13 | 010302001005 | 实心砖墙（一砖内墙） | | | m³ | 278.35 | | | | 74.45 | 20722.60 |
| | | | 1-3换 | M5混合砂浆内墙（二至五层） | 10m³ | 27.835 | 524.28 | 178.26 | 41.94 | | 744.48×27.835 |
| 14 | 010302001006 | 实心砖墙（半砖内墙） | | | m³ | 0.55 | | | | 80.95 | 44.52 |
| | | | 1-5换 | M7.5混合砂浆半砖内墙（一层） | 10m³ | 0.055 | 570.09 | 193.83 | 45.61 | | 809.53×0.055 |
| 15 | 010302001007 | 实心砖墙（半砖内墙） | | | m³ | 2.07 | | | | 80.95 | 167.57 |
| | | | 1-5换 | M7.5混合砂浆半砖内墙（二至五层） | 10m³ | 0.207 | 570.09 | 193.83 | 45.61 | | 809.53×0.207 |
| 16 | 010302001008 | 水池砖 | | | m³ | 1.8 | | | | 80.75 | 145.35 |
| | | | 1-5换 | M7.5混合砂浆水池砖 | 10m³ | 0.18 | 568.66 | 193.34 | 45.49 | | 807.49×0.18 |
| 17 | 010403001001 | 基础梁JL1 | | | m³ | 3.04 | | | | 246.49 | 749.33 |
| | | | 3-37换 | C20钢筋混凝土基础梁JL1 | 10m³ | 0.304 | 1735.85 | 590.19 | 138.87 | | 2464.91×0.304 |

续表

| 序号 | 项目编码 | 项目名称 | 定额编号 | 工程内容 | 单位 | 数量 | 综合单价组成（元） 人工费+材料费+机械费 | 管理费 | 利润 | 综合单价（元） | 合价（元） |
|---|---|---|---|---|---|---|---|---|---|---|---|
| 18 | 010403001002 | 基础梁 JL2 | | | m³ | 5.51 | | | | 246.49 | 1358.17 |
| | | | 3-37换 | C20 钢筋混凝土基础梁 JL2 | 10m³ | 0.551 | 1735.85 | 590.19 | 138.87 | | 2464.91×0.551 |
| 19 | 010403001003 | 基础梁 JL3 | | | m³ | 3.39 | | | | 246.49 | 835.60 |
| | | | 3-37换 | C20 钢筋混凝土基础梁 JL3 | 10m³ | 0.339 | 1735.85 | 590.19 | 138.87 | | 2464.91×0.339 |
| 20 | 010402001001 | 女儿墙构造柱 | | | m³ | 1.66 | | | | 181.68 | 301.58 |
| | | | 3-33换 | C20 钢筋混凝土女儿墙构造柱 | 10m³ | 0.166 | 1279.41 | 435 | 102.35 | | 1816.76×0.166 |
| 21 | 010402001002 | 构造柱 Z1 | | | m³ | 6.44 | | | | 181.68 | 1169.99 |
| | | | 3-33换 | C20 钢筋混凝土构造柱 Z1 | 10m³ | 0.644 | 1279.41 | 435 | 102.35 | | 1816.76×0.644 |
| 22 | 010402001003 | 构造柱 Z2 | | | m³ | 34.45 | | | | 181.68 | 6258.74 |
| | | | 3-33换 | C20 钢筋混凝土构造柱 Z2 | 10m³ | 3.445 | 1279.41 | 435 | 102.35 | | 1816.76×3.445 |
| 23 | 010402001004 | 构造柱 Z3 | | | m³ | 4.42 | | | | 181.68 | 803.01 |
| | | | 3-33换 | C20 钢筋混凝土构造柱 Z3 | 10m³ | 0.442 | 1279.41 | 435 | 102.35 | | 1816.76×0.442 |
| 24 | 010403004001 | 圈梁 QL1 | | | m³ | 4.59 | | | | 245.87 | 1128.52 |
| | | | 3-38换 | C20 钢筋混凝土圈梁 QL1 | 10m³ | 0.459 | 1731.44 | 588.69 | 138.52 | | 2458.65×0.459 |
| 25 | 010403004002 | 圈梁 QL2 | | | m³ | 34.43 | | | | 245.87 | 8465.13 |
| | | | 3-38换 | C20 钢筋混凝土圈梁 QL2 | 10m³ | 3.443 | 1731.44 | 588.69 | 138.52 | | 2458.65×3.443 |
| 26 | 010407001001 | 女儿墙压顶 | | | m | 85.56 | | | | 4.91 | 419.76 |
| | | | 6-74换 | 女儿墙 C15 混凝土压顶 | 10m³ | 0.185 | 1597.88 | 543.28 | 127.83 | | 2268.99×0.185 |

续表

第 页共 页

| 序号 | 项目编码 | 项目名称 | 定额编号 | 工程内容 | 单位 | 数量 | 综合单价组成（元） | | | 综合单价（元） | 合价（元） |
|---|---|---|---|---|---|---|---|---|---|---|---|
| | | | | | | | 人工费+材料费+机械费 | 管理费 | 利润 | | |
| 27 | 010403002001 | 单梁L1 | | | m³ | 6.68 | | | | 319.66 | 2135.34 |
| | | | 3-41 | C20钢筋混凝土单梁L1 | 10m³ | 0.668 | 2251.14 | 765.39 | 180.09 | | 3196.62×0.668 |
| 28 | 010403002002 | 单梁L2 | | | m³ | 1.24 | | | | 319.66 | 396.38 |
| | | | 3-41换 | C20钢筋混凝土单梁L2 | 10m³ | 0.124 | 2251.14 | 765.39 | 180.09 | | 3196.62×0.124 |
| 29 | 010403002003 | 单梁L3 | | | m³ | 1.13 | | | | 319.66 | 361.22 |
| | | | 3-41换 | C20钢筋混凝土单梁L3 | 10m³ | 0.113 | 2251.14 | 765.39 | 180.09 | | 3196.62×0.113 |
| 30 | 010403005001 | 雨篷梁 | | | m³ | 0.78 | | | | 296.6 | 231.35 |
| | | | 3-40换 | C20钢筋混凝土雨篷梁 | 10m³ | 0.078 | 2088.73 | 710.17 | 167.10 | | 2966×0.078 |
| 31 | 010405008001 | 雨篷 | | | m³ | 5.4 | | | | 40.44 | 218.37 |
| | | | 6-71换 | C20钢筋混凝土雨篷板 | 10m³ | 0.54 | 284.78 | 96.83 | 22.78 | | 404.39×0.54 |
| 32 | 010405003001 | 现浇平板 | | | m³ | 35.97 | | | | 222.08 | 7988.36 |
| | | | 3-47换 | C20现浇钢筋混凝土平板 | 10m³ | 3.597 | 1563.97 | 531.75 | 125.12 | | 2220.84×3.597 |
| 33 | 010406001001 | 现浇直形楼梯 | | | m³ | 47.47 | | | | 49.18 | 2334.48 |
| | | | 6-69换 | C20钢筋混凝土楼梯 | 10m³ | 4.747 | 346.32 | 117.75 | 27.71 | | 491.78×4.747 |
| 34 | 010407001002 | 混凝土台阶 | | | m² | 16.34 | | | | 11.14 | 182.05 |
| | | | 1-18换 | C15混凝土台阶 | 10m³ | 0.197 | 443.95 | 150.94 | 35.52 | | 630.41×0.197 |
| | | | 1-1 | 台阶3:7灰土垫层 | 10m² | 0.49 | 83.15 | 28.27 | 6.65 | | 118.07×0.49 |
| 35 | 010407002001 | 混凝土散水 | | | m² | 48.19 | | | | 6.22 | 299.68 |
| | | | 8-197 | C15混凝土散水 | 10m² | 4.819 | 28.46 | 9.68 | 2.28 | | 40.42×4.819 |
| | | | 1-1 | 散水3:7灰土垫层 | 10m³ | 0.735 | 83.15 | 28.27 | 6.65 | | 118.07×0.735 |
| | | | 1-6 | 散水挖土方 | 10m³ | 1.107 | 11.52 | 3.92 | 0.92 | | 16.36×1.107 |

续表

第 页共 页

| 序号 | 项目编码 | 项目名称 | 定额编号 | 工程内容 | 单位 | 数量 | 综合单价组成（元） | | | 综合单价（元） | 合价（元） |
|---|---|---|---|---|---|---|---|---|---|---|---|
| | | | | | | | 人工费+材料费+机械费 | 管理费 | 利润 | | |
| 36 | 010410003001 | 预制过梁 L18.2.1 | | | m³ | 8.38 | | | | 266.97 | 2237.21 |
| | | | 8-106换 | 过梁 L18.2.1 制作 | 10m³ | 0.838 | 1527.75 | 519.44 | 122.22 | | 2169.41×0.838 |
| | | | 4-85 | 过梁 L18.2.1 运输 | 10m³ | 0.838 | 201.7 | 68.58 | 16.14 | | 286.42×0.838 |
| | | | 1-29 | 过梁 L18.2.1 安装 | 10m³ | 0.838 | 150.61 | 51.21 | 12.05 | | 213.87×0.838 |
| 37 | 010410003002 | 预制过梁 L18.2.2 | | | m³ | 4.19 | | | | 266.97 | 1118.60 |
| | | | 8-106换 | 过梁 L18.2.2 制作 | 10m³ | 0.419 | 1527.75 | 519.44 | 122.22 | | 2169.41×0.419 |
| | | | 4-85 | 过梁 L18.2.2 运输 | 10m³ | 0.419 | 201.7 | 68.58 | 16.14 | | 286.42×0.419 |
| | | | 1-29 | 过梁 L18.2.2 安装 | 10m³ | 0.419 | 150.61 | 51.21 | 12.05 | | 213.87×0.419 |
| 38 | 010410003003 | 预制过梁 L15.2.1 | | | m³ | 1.10 | | | | 266.97 | 293.68 |
| | | | 8-106换 | 过梁 L15.2.1 制作 | 10m³ | 0.11 | 1527.75 | 519.44 | 122.22 | | 2169.41×0.11 |
| | | | 4-85 | 过梁 L15.2.1 运输 | 10m³ | 0.11 | 201.7 | 68.58 | 16.14 | | 286.42×0.11 |
| | | | 1-29 | 过梁 L15.2.1 安装 | 10m³ | 0.11 | 150.61 | 51.21 | 12.05 | | 213.87×0.11 |
| 39 | 010410003004 | 预制过梁 L12.2.1 | | | m³ | 3.9 | | | | 266.97 | 1041.18 |
| | | | 8-106换 | 过梁 L12.2.1 制作 | 10m³ | 0.39 | 1527.75 | 519.44 | 122.22 | | 2169.41×0.39 |
| | | | 4-85 | 过梁 L12.2.1 运输 | 10m³ | 0.39 | 201.7 | 68.58 | 16.14 | | 286.42×0.39 |
| | | | 1-29 | 过梁 L12.2.1 安装 | 10m³ | 0.39 | 150.61 | 51.21 | 12.05 | | 213.87×0.39 |
| 40 | 010412002001 | 预应力圆孔板 YB33.2 | | | m³ | 77.53 | | | | 252.73 | 19594.16 |
| | | | 10-补 | YB33.2 制作 | 10m³ | 7.753 | 1429.28 | 485.96 | 114.34 | | 2029.58×7.753 |
| | | | 1-32 | YB33.2 吊装 | 10m³ | 7.753 | 43.77 | 14.88 | 3.50 | | 62.15×7.753 |
| | | | 4-85 | YB33.2 运输 | 10m³ | 7.753 | 201.70 | 68.58 | 16.14 | | 286.42×7.753 |
| | | | 7-92 | YB33.2 堵孔 | 10m³ | 7.753 | 34.57 | 11.75 | 2.77 | | 49.09×7.753 |
| | | | 7-88换 | YB33.2 接头灌缝 | 10m³ | 7.753 | 70.46 | 23.96 | 5.64 | | 100.06×7.753 |

续表

第　页共　页

| 序号 | 项目编码 | 项目名称 | 定额编号 | 工程内容 | 单位 | 数量 | 综合单价组成(元) 人工费+材料费+机械费 | 管理费 | 利润 | 综合单价(元) | 合价(元) |
|---|---|---|---|---|---|---|---|---|---|---|---|
| 41 | 010412002002 | 预应力圆孔板 YB21.1 | | | m³ | 6.79 | | | | 252.73 | 1716.04 |
| | | | 10-补 | YB21.1 制作 | 10m³ | 0.679 | 1429.28 | 485.96 | 114.34 | | 2029.58×0.679 |
| | | | 1-32 | YB21.1 吊装 | 10m³ | 0.679 | 43.77 | 14.88 | 3.50 | | 62.15×0.679 |
| | | | 4-85 | YB21.1 运输 | 10m³ | 0.679 | 201.70 | 68.58 | 16.14 | | 286.42×0.679 |
| | | | 7-92 | YB21.1 堵孔 | 10m³ | 0.679 | 34.57 | 11.75 | 2.77 | | 49.09×0.679 |
| | | | 7-88换 | YB21.1 接头灌缝 | 10m³ | 0.679 | 70.46 | 23.96 | 5.64 | | 100.06×0.679 |
| 42 | 010412002003 | 预应力圆孔板 YB33.(2) | | | m³ | 0.93 | | | | 252.73 | 235.04 |
| | | | 10-补 | YB33.(2)制作 | 10m³ | 0.093 | 1429.28 | 485.96 | 114.34 | | 2029.58×0.093 |
| | | | 1-32 | YB33.(2)吊装 | 10m³ | 0.093 | 43.77 | 14.88 | 3.50 | | 62.15×0.093 |
| | | | 4-85 | YB33.(2)运输 | 10m³ | 0.093 | 201.70 | 68.58 | 16.14 | | 286.42×0.093 |
| | | | 7-92 | YB33.(2)堵孔 | 10m³ | 0.093 | 34.57 | 11.75 | 2.77 | | 49.09×0.093 |
| | | | 7-88换 | YB33.(2)接头灌缝 | 10m³ | 0.093 | 70.46 | 23.96 | 5.64 | | 100.06×0.093 |
| 43 | 010412002004 | 预应力圆孔板 YB36.2 | | | m³ | 0.24 | | | | 252.73 | 60.66 |
| | | | 10-补 | YB36.2 制作 | 10m³ | 0.024 | 1429.28 | 485.96 | 114.34 | | 2029.58×0.024 |
| | | | 1-32 | YB36.2 吊装 | 10m³ | 0.024 | 43.77 | 14.88 | 3.50 | | 62.15×0.024 |
| | | | 4-85 | YB36.2 运输 | 10m³ | 0.024 | 201.70 | 68.58 | 16.14 | | 286.42×0.024 |
| | | | 7-92 | YB36.2 堵孔 | 10m³ | 0.024 | 34.57 | 11.75 | 2.77 | | 49.09×0.024 |
| | | | 7-88换 | YB36.2 接头灌缝 | 10m³ | 0.024 | 70.46 | 23.96 | 5.64 | | 100.06×0.024 |
| 44 | 010412002005 | 预应力圆孔板 YB30.2 | | | m³ | 0.77 | | | | 252.73 | 194.60 |
| | | | 10-补 | YB30.2 制作 | 10m³ | 0.077 | 1429.28 | 485.96 | 114.34 | | 2029.58×0.077 |
| | | | 1-32 | YB30.2 吊装 | 10m³ | 0.077 | 43.77 | 14.88 | 3.50 | | 62.15×0.077 |
| | | | 4-85 | YB30.2 运输 | 10m³ | 0.077 | 201.70 | 68.58 | 16.14 | | 286.42×0.077 |
| | | | 7-92 | YB30.2 堵孔 | 10m³ | 0.077 | 34.57 | 11.75 | 2.77 | | 49.09×0.077 |
| | | | 7-88换 | YB30.2 接头灌缝 | 10m³ | 0.077 | 70.46 | 23.96 | 5.64 | | 100.06×0.077 |

续表
第　页共　页

| 序号 | 项目编码 | 项目名称 | 定额编号 | 工程内容 | 单位 | 数量 | 综合单价组成(元) 人工费+材料费+机械费 | 管理费 | 利润 | 综合单价(元) | 合价(元) |
|---|---|---|---|---|---|---|---|---|---|---|---|
| 45 | 010412002006 | 预应力圆孔板 YB36.(2) | | | m³ | 0.20 | | | | 252.73 | 570.55 |
| | | | 10-补 | YB30.(2)制作 | 10m³ | 0.02 | 1429.28 | 485.96 | 114.34 | | 2029.58×0.02 |
| | | | 1-32 | YB30.(2)吊装 | 10m³ | 0.02 | 43.77 | 14.88 | 3.50 | | 62.15×0.02 |
| | | | 4-85 | YB30.(2)运输 | 10m³ | 0.02 | 201.70 | 68.58 | 16.14 | | 286.42×0.02 |
| | | | 7-92 | YB30.(2)堵孔 | 10m³ | 0.02 | 34.57 | 11.75 | 2.77 | | 49.09×0.02 |
| | | | 7-88换 | YB30.2(2)接头灌缝 | 10m³ | 0.02 | 70.46 | 23.96 | 5.64 | | 100.06×0.02 |
| 46 | 010412002007 | 预应力圆孔板 YB36.(2) | | | m³ | 18.69 | | | | 252.73 | 4723.52 |
| | | | 10-补 | YB36.(2)制作 | 10m³ | 1.869 | 1429.28 | 485.96 | 114.34 | | 2029.58×1.869 |
| | | | 1-32 | YB36.(2)吊装 | 10m³ | 1.869 | 43.77 | 14.88 | 3.50 | | 62.15×1.869 |
| | | | 4-85 | YB36.(2)运输 | 10m³ | 1.869 | 201.70 | 68.58 | 16.14 | | 286.42×1.869 |
| | | | 7-92 | YB36.(2)堵孔 | 10m³ | 1.869 | 34.57 | 11.75 | 2.77 | | 49.09×1.869 |
| | | | 7-88换 | YB36.(2)接头灌缝 | 10m³ | 1.869 | 70.46 | 23.96 | 5.64 | | 100.06×1.869 |
| 47 | 010417002001 | 预埋铁件 | | | t | 1.390 | | | | 1014.63 | 1410.34 |
| | | | 1-24 | 砖砌体内钢筋加固 | t | 1.390 | 714.53 | 242.94 | 57.16 | | 1014.63×1.348 |
| 48 | 010702001001 | 油毡上人屋面 | | | m² | 422.87 | | | | 16.15 | 6827.89 |
| | | | 3-22 | 二毡三油防水层 | 10m² | 42.287 | 38.24 | 13 | 3.06 | | 54.3×42.287 |
| | | | 4-86换 | 1:3水泥砂浆找平层 | 10m² | 39.96 | 15.86 | 5.39 | 1.27 | | 22.52×39.96 |
| | | | 6-139 | 水泥砖面 | 10m² | 37.422 | 68.34 | 23.24 | 5.47 | | 97.05×37.422 |
| 49 | 010702004001 | 屋面镀锌薄钢板排水管 | | | m | 63.6 | | | | 6.68 | 424.64 |
| | | | 4-35 | 镀锌薄钢板排水管 | 10m² | 1.997 | 82.45 | 28.03 | 6.60 | | 117.08×1.997 |
| | | | 4-38 | 铸铁下水口 | 10套 | 0.4 | 335.98 | 114.23 | 26.88 | | 477.09×0.4 |
| 50 | 010803001001 | 加气混凝土块层面保温 | | | m² | 374.22 | | | | 24.34 | 9106.8 |
| | | | 1-2 | 干铺加气块保温层 | 10m³ | 7.484 | 570.35 | 193.92 | 45.63 | | 809.9×7.484 |
| | | | 1-13换 | 1:6水泥焦渣垫层 | 10m³ | 5.838 | 367.37 | 124.91 | 29.39 | | 521.67×5.838 |
| 51 | 020101001001 | 20mm厚1:2.5水泥砂浆地面 | | | m² | 301.12 | | | | 6.32 | 1903.55 |
| | | | 5-93 | 水泥砂浆地面 | 10m² | 30.112 | 14.17 | 4.82 | 1.13 | | 20.12×30.112 |

续表
第 页共 页

| 序号 | 项目编码 | 项目名称 | 定额编号 | 工程内容 | 单位 | 数量 | 综合单价组成（元） 人工费+材料费+机械费 | 管理费 | 利润 | 综合单价（元） | 合价（元） |
|---|---|---|---|---|---|---|---|---|---|---|---|
|  |  |  | 1-1 | 地面3:7灰土垫层 | 10m³ | 3.323 | 83.15 | 28.27 | 6.65 |  | 118.07×3.323 |
|  |  |  | 1-18换 | C10混凝土垫层 | 10m³ | 1.506 | 423.35 | 143.94 | 33.87 |  | 601.16×1.506 |
| 52 | 020101001002 | 20mm厚1:2.5水泥砂浆地面 |  |  | m² | 31.27 |  |  |  | 18.32 | 572.84 |
|  |  |  | 5-93 | 水泥砂浆地面 | 10m² | 3.127 | 14.17 | 4.82 | 1.13 |  | 20.12×3.127 |
|  |  |  | 1-1 | 地面3:7灰土垫层 | 10m³ | 3.323 | 83.15 | 28.27 | 6.65 |  | 118.07×3.323 |
|  |  |  | 4-88 | 1:2:4豆石混凝土垫层 | 10m² | 3.127 | 26.48 | 9 | 2.12 |  | 37.6×3.127 |
| 53 | 020101001003 | 20mm厚1:2.5水泥砂浆楼面 |  |  | m² | 1204.48 |  |  |  | 5.26 | 6337.17 |
|  |  |  | 5-93 | 水泥砂浆地面 | 10m² | 120.448 | 14.17 | 4.82 | 1.13 |  | 20.12×120.448 |
|  |  |  | 1-13 | 1:6水泥焦渣垫层 | 10m³ | 8.431 | 326.91 | 111.15 | 26.15 |  | 464.21×8.431 |
| 54 | 0201003001 | 50mm厚1:2:3豆石混凝土楼面 |  |  | m² | 125.06 |  |  |  | 10.65 | 1331.64 |
|  |  |  | 5-113 | 豆石混凝土楼面 | 10m² | 12.506 | 32 | 10.88 | 2.56 |  | 45.44×12.506 |
|  |  |  | 4-85 | 20mm厚水泥砂浆找平层 | 10m² | 12.506 | 11.08 | 3.77 | 0.89 |  | 15.74×12.506 |
|  |  |  | 2-27 | 地面一毡二油防潮层 | 10m² | 12.506 | 31.9 | 10.85 | 2.55 |  | 45.3×12.506 |
| 55 | 020101001004 | 厕所蹲台抹水泥 |  |  | m² | 16.2 |  |  |  | 18.71 | 305.15 |
|  |  |  | 8-177 | 厕所蹲台抹水泥 | 10m² | 1.62 | 27.25 | 9.27 | 2.18 |  | 38.7×1.62 |
|  |  |  | 1-13 | 1:6水泥焦渣垫层 | 10m³ | 0.518 | 326.91 | 111.15 | 26.15 |  | 464.21×0.518 |
| 56 | 020105001001 | 1:2.5水泥砂浆踢脚线 |  |  | m² | 167.67 |  |  |  | 3.72 | 623.18 |
|  |  |  | 5-95 | 水泥砂浆踢脚线 | 10m | 139.726 | 2.59 | 0.88 | 0.21 |  | 3.68×139.726 |
|  |  |  | 14-539 | 踢脚线刷水泥浆 | 10m | 139.726 | 0.55 | 0.19 | 0.04 |  | 0.78×139.726 |
| 57 | 020106003001 | 水泥砂浆楼梯面 |  |  | m² | 47.47 |  |  |  | 6.68 | 317.05 |
|  |  |  | 5-97 | 水泥砂浆楼梯面 | 10m² | 4.747 | 47.04 | 15.99 | 3.76 |  | 66.79×4.747 |

续表

第　页共　页

| 序号 | 项目编码 | 项目名称 | 定额编号 | 工程内容 | 单位 | 数量 | 综合单价组成(元) | | | 综合单价(元) | 合价(元) |
|---|---|---|---|---|---|---|---|---|---|---|---|
| | | | | | | | 人工费+材料费+机械费 | 管理费 | 利润 | | |
| 58 | 020108003001 | 水泥砂浆台阳面 | | | m² | 16.34 | | | | 3.87 | 63.24 |
| | | | 8-177 | 台阶抹水泥砂浆 | 10m² | 1.634 | 27.25 | 9.27 | 2.18 | | 38.7×1.634 |
| 59 | 020107002001 | 楼梯栏杆扶手 | | | m | 31.91 | | | | 35.06 | 1118.75 |
| | | | 6-123 | 楼梯扶手栏杆制作 | 10m | 3.191 | 226.19 | 76.90 | 18.10 | | 321.19×3.191 |
| | | | 11-435 | 楼梯栏杆油漆 | 10m² | 2.619 | 14.05 | 4.78 | 1.12 | | 19.95×2.619 |
| | | | 11-237 | 楼梯木扶手油漆 | 10m | 3.191 | 9.18 | 3.12 | 0.73 | | 13.03×3.191 |
| 60 | 020201003001 | 清水砖墙勾凹缝 | | | m² | 919.15 | | | | 1.46 | 1341.04 |
| | | | 1-25 | 砖墙勾凹缝 | 10m² | 91.915 | 4.18 | 1.42 | 0.33 | | 5.93×91.915 |
| | | | 14-536 | 砖墙面喷刷红土浆 | 10m² | 91.915 | 6.1 | 2.07 | 0.49 | | 8.66×91.915 |
| 61 | 020201002001 | 8mm厚1:1.5水刷石外墙裙 | | | m² | 133.24 | | | | 5.23 | 696.71 |
| | | | 3-78 | 外墙裙水刷石 | 10m² | 13.324 | 32.65 | 11.10 | 2.61 | | 46.36×13.324 |
| | | | 1-25 | 砖墙勾缝 | 10m² | 13.324 | 4.18 | 1.42 | 0.33 | | 5.93×13.324 |
| 62 | 020201002002 | 干粘石外墙 | | | m² | 141.89 | | | | 4.22 | 599.06 |
| | | | 4-96 | 外墙干粘石 | 10m² | 14.189 | 25.56 | 8.69 | 2.04 | | 36.29×14.189 |
| | | | 1-25 | 砖墙勾缝 | 10m² | 14.189 | 4.18 | 1.42 | 0.33 | | 5.93×14.189 |
| 63 | 020201001001 | 腰线刷白水泥浆 | | | m² | 108.65 | | | | 4.7 | 510.66 |
| | | | 14-538 | 腰线刷白水泥浆 | 10m² | 10.865 | 5.94 | 2.02 | 0.48 | | 8.44×10.865 |
| | | | 2-70 | 腰线抹水泥砂浆 | 10m² | 10.865 | 27.16 | 9.23 | 2.17 | | 38.56×10.865 |
| 64 | 020201001002 | 室内水泥墙裙 | | | m² | 193.68 | | | | 6.72 | 1300.95 |
| | | | 2-42 | 室内水泥墙裙 | 10m² | 19.368 | 13.42 | 4.56 | 1.07 | | 19.05×19.368 |
| | | | 2-28 | 内墙一毡二油防潮层 | 10m² | 19.368 | 33.89 | 11.52 | 2.71 | | 48.12×19.368 |
| 65 | 020201001003 | 女儿墙压顶抹水泥 | | | m² | 51.34 | | | | 3.37 | 172.81 |
| | | | 2-69 | 女儿墙压顶抹水泥砂浆 | 10m² | 5.134 | 23.7 | 8.06 | 1.90 | | 33.66×5.134 |

续表

第　页共　页

| 序号 | 项目编码 | 项目名称 | 定额编号 | 工程内容 | 单位 | 数量 | 人工费+材料费+机械费 | 管理费 | 利润 | 综合单价(元) | 合价(元) |
|---|---|---|---|---|---|---|---|---|---|---|---|
| | | | | | | | 综合单价组成(元) | | | | |
| 66 | 020201001004 | 内墙抹白灰砂浆 | | | $m^2$ | 3881.31 | | | | 1.23 | 4770.13 |
| | | | 1-11 | 内墙抹白灰砂浆 | $10m^2$ | 388.131 | 8.66 | 2.94 | 0.69 | | 12.29×388.13 |
| 67 | 020201003001 | 零星砖墙抹水泥砂浆 | | | $m^2$ | 81.11 | | | | 2.57 | 208.37 |
| | | | 2-76 | 零星砖墙抹水泥砂浆 | $10m^2$ | 8.111 | 18.09 | 6.15 | 1.45 | | 25.69×8.111 |
| 68 | 020201002003 | 雨篷水刷石 | | | $m^2$ | 5.4 | | | | 6.32 | 34.12 |
| | | | 3-87 | 雨篷水刷石 | $10m^2$ | 0.54 | 44.49 | 15.13 | 3.56 | | 63.18×0.54 |
| 69 | 020204003001 | 厕所贴白瓷砖 | | | $m^2$ | 18 | | | | 18.89 | 340.04 |
| | | | 8-161 | 厕所贴白瓷砖 | $10m^2$ | 1.8 | 133.04 | 45.23 | 10.64 | | 188.91×1.8 |
| 70 | 020209001001 | 水磨石厕所隔断 | | | $m^2$ | 34 | | | | 55.37 | 1882.50 |
| | | | 12-270 | 水磨石隔断安装 | $10m^2$ | 3.4 | 326.66 | 111.06 | 26.13 | | 463.85×3.4 |
| | | | 1-26 | 厕所隔断木门制作 | $10m^2$ | 1.073 | 150.84 | 51.29 | 12.07 | | 214.2×1.073 |
| | | | 2-58 | 厕所隔断木门安装 | $10m^2$ | 1.073 | 23.15 | 7.87 | 1.85 | | 32.87×1.073 |
| | | | 10-210 | 厕所隔断木门油漆 | $10m^2$ | 1.073 | 26.45 | 8.99 | 2.12 | | 37.56×1.073 |
| 71 | 020301001001 | 现浇板抹水泥砂浆 | | | $m^2$ | 248.80 | | | | 1.52 | 378.67 |
| | | | 2-30 | 现浇板抹水泥砂浆 | $10m^2$ | 24.88 | 10.72 | 3.64 | 0.86 | | 15.22×24.88 |
| 72 | 020301001002 | 现浇梁抹水泥砂浆 | | | $m^2$ | 86.94 | | | | 2.26 | 196.48 |
| | | | 2-57 | 现浇梁抹水泥砂浆 | $10m^2$ | 8.694 | 15.92 | 5.41 | 1.27 | | 22.6×8.694 |
| 73 | 020401002001 | 有亮木板门59M2制作安装 | | | 樘 | 2 | | | | 153.37 | 306.73 |
| | | | 1-20 | 门59M2制作 | $10m^2$ | 0.796 | 176.86 | 60.13 | 14.15 | | 251.14×0.796 |
| | | | 2-46 | 门59M2安装 | $10m^2$ | 0.796 | 17.72 | 6.02 | 1.42 | | 25.16×0.796 |
| | | | 16-560 | 门59M2安玻璃 | $10m^2$ | 0.54 | 65.12 | 22.14 | 5.21 | | 92.47×0.54 |
| | | | 10-199 | 门59M2油漆 | $10m^2$ | 0.796 | 29.80 | 10.13 | 2.38 | | 42.31×0.796 |

续表

第 页共 页

| 序号 | 项目编码 | 项目名称 | 定额编号 | 工程内容 | 单位 | 数量 | 综合单价组成(元) | | | 综合单价(元) | 合价(元) |
|---|---|---|---|---|---|---|---|---|---|---|---|
| | | | | | | | 人工费+材料费+机械费 | 管理费 | 利润 | | |
| | | | 13-280 | 特殊暗锁安装 | 10个 | 0.2 | 5.52 | 1.88 | 0.44 | | 7.84×0.2 |
| | | | 2-73 | 门59M2背后塞口堵缝 | 10m² | 0.796 | 1.43 | 0.49 | 0.11 | | 2.03×0.796 |
| 74 | 020401004001 | 有亮纤维板门19M1制作安装 | | | 樘 | 13 | | | | 103.56 | 1346.22 |
| | | | 1-24 | 门19M1制作 | 10m² | 3.432 | 201.60 | 68.54 | 16.13 | | 286.27×3.432 |
| | | | 2-48 | 门19M1安装 | 10m² | 3.432 | 26.82 | 9.12 | 2.15 | | 38.09×3.432 |
| | | | 16-560 | 门19M1安玻璃 | 10m² | 0.822 | 65.12 | 22.14 | 5.21 | | 92.47×0.822 |
| | | | 10-199 | 门19M1油漆 | 10m² | 3.432 | 29.80 | 10.13 | 2.38 | | 42.31×3.432 |
| | | | 13-278 | 木门锁安装 | 10个 | 1.3 | 2.62 | 0.89 | 0.21 | | 3.72×1.3 |
| | | | 2-73 | 门19M1背后塞口堵缝 | 10m² | 3.432 | 1.43 | 0.49 | 0.11 | | 2.03×3.432 |
| 75 | 020401004002 | 有亮纤维板门18M1制作安装 | | | 樘 | 56 | | | | 90.95 | 5093.35 |
| | | | 1-24 | 门18M1制作 | 10m² | 13.104 | 201.60 | 68.54 | 16.13 | | 286.27×13.104 |
| | | | 2-48 | 门18M1安装 | 10m² | 13.104 | 26.82 | 9.12 | 2.15 | | 38.09×13.104 |
| | | | 16-560 | 门18M1安玻璃 | 10m² | 2.607 | 65.12 | 22.14 | 5.21 | | 92.47×2.607 |
| | | | 10-199 | 门18M1油漆 | 10m² | 13.104 | 29.80 | 10.13 | 2.38 | | 42.31×13.104 |
| | | | 13-278 | 木门锁安装 | 10个 | 5.6 | 2.62 | 0.89 | 0.21 | | 3.72×5.6 |
| | | | 2-73 | 门18M1背后塞口堵缝 | 10m² | 13.104 | 1.43 | 0.49 | 0.11 | | 2.03×13.104 |
| 76 | 020401004003 | 有亮纤维板门39M1制作安装 | | | 樘 | 2 | | | | 93.02 | 186.05 |
| | | | 1-24 | 门39M1制作 | 10m² | 0.474 | 201.60 | 68.54 | 16.13 | | 286.27×0.474 |
| | | | 2-48 | 门39M1安装 | 10m² | 0.474 | 26.82 | 9.12 | 2.15 | | 38.09×0.474 |
| | | | 16-560 | 门39M1安玻璃 | 10m² | 0.114 | 65.12 | 22.14 | 5.21 | | 92.47×0.114 |

83

续表

第 页共 页

| 序号 | 项目编码 | 项目名称 | 定额编号 | 工程内容 | 单位 | 数量 | 综合单价组成(元) 人工费+材料费+机械费 | 管理费 | 利润 | 综合单价(元) | 合价(元) |
|---|---|---|---|---|---|---|---|---|---|---|---|
| | | | 10-199 | 门39M1油漆 | 10m² | 0.474 | 29.80 | 10.13 | 2.38 | | 42.31×0.474 |
| | | | 13-278 | 木门锁安装 | 10个 | 0.2 | 2.62 | 0.89 | 0.21 | | 3.72×0.2 |
| | | | 2-73 | 门39M1背后塞口堵缝 | 10m² | 0.474 | 1.43 | 0.49 | 0.11 | | 2.03×0.474 |
| 77 | 020401004004 | 有亮纤维板门38M1制作安装 | | | 樘 | 8 | | | | 82.05 | 656.41 |
| | | | 1-24 | 门38M1制作 | 10m² | 1.68 | 201.60 | 68.54 | 16.13 | | 286.27×1.68 |
| | | | 2-48 | 门38M1安装 | 10m² | 1.68 | 26.82 | 9.12 | 2.15 | | 38.09×1.68 |
| | | | 16-560 | 门38M1安玻璃 | 10m² | 0.334 | 65.12 | 22.14 | 5.21 | | 92.47×0.334 |
| | | | 10-199 | 门38M1油漆 | 10m² | 1.68 | 29.80 | 10.13 | 2.38 | | 42.31×1.68 |
| | | | 13-278 | 木门锁安装 | 10个 | 0.8 | 2.62 | 0.89 | 0.21 | | 3.72×0.8 |
| | | | 13-285 | 大拉手安装 | 10个 | 0.8 | 2.76 | 0.94 | 0.22 | | 3.92×0.8 |
| | | | 2-73 | 门38M1背后塞口堵缝 | 10m² | 1.68 | 1.43 | 0.49 | 0.11 | | 2.03×1.68 |
| 78 | 020405002001 | 一玻一纱带亮木窗66C制作安装 | | | 樘 | 17 | | | | 161.69 | 2748.72 |
| | | | 1-4 | 木窗66C制作 | 10m² | 5.389 | 199.22 | 67.73 | 15.94 | | 282.89×5.389 |
| | | | 2-31 | 木窗66C安装 | 10m² | 5.389 | 53.73 | 18.27 | 4.30 | | 76.3×5.389 |
| | | | 16-560 | 木窗66C安玻璃 | 10m² | 5.389 | 65.12 | 22.14 | 5.21 | | 92.47×5.389 |
| | | | 10-200 | 木窗66C油漆 | 10m² | 5.389 | 31.56 | 10.73 | 2.52 | | 44.81×5.389 |
| | | | 2-73 | 木窗66C塞口堵缝 | 10m² | 5.389 | 1.43 | 0.49 | 0.11 | | 2.03×5.389 |
| | | | 2-65 | 内窗台抹灰 | 10m² | 0.367 | 23.2 | 7.89 | 1.86 | | 32.95×0.367 |
| | | | 2-66 | 外窗台抹灰 | 10m² | 0.734 | 48.18 | 16.38 | 3.85 | | 68.41×0.734 |
| 79 | 020405002002 | 一玻一纱带亮木窗65C制作安装 | | | 樘 | 72 | | | | 134.77 | 9703.59 |
| | | | 1-4 | 木窗65C制作 | 10m² | 18.936 | 199.22 | 67.73 | 15.94 | | 282.89×18.936 |

续表

第 页共 页

| 序号 | 项目编码 | 项目名称 | 定额编号 | 工程内容 | 单位 | 数量 | 综合单价组成(元) | | | 综合单价(元) | 合价(元) |
|---|---|---|---|---|---|---|---|---|---|---|---|
| | | | | | | | 人工费+材料费+机械费 | 管理费 | 利润 | | |
| | | | 2-31 | 木窗 65C 安装 | 10m² | 18.936 | 53.73 | 18.27 | 4.3 | | 76.3×18.936 |
| | | | 16-560 | 木窗 65C 安玻璃 | 10m² | 18.936 | 65.12 | 22.14 | 5.21 | | 92.47×18.936 |
| | | | 10-200 | 木窗 65C 油漆 | 10m² | 18.936 | 31.56 | 10.73 | 2.52 | | 44.81×18.936 |
| | | | 2-73 | 木窗 65C 塞口堵缝 | 10m² | 18.936 | 1.43 | 0.49 | 0.11 | | 2.03×18.936 |
| | | | 2-65 | 内窗台抹灰 | 10m² | 1.555 | 23.2 | 7.89 | 1.86 | | 32.95×1.555 |
| | | | 2-66 | 外窗台抹灰 | 10m² | 3.11 | 48.18 | 16.38 | 3.85 | | 68.41×3.11 |
| 80 | 020405002003 | 一玻一纱带亮木窗 42C1 制作安装 | | | 樘 | 5 | | | | 33.90 | 169.49 |
| | | | 1-4 | 木窗 42C1 制作 | 10m² | 0.34 | 199.2 | 67.73 | 15.94 | | 282.89×0.34 |
| | | | 2-31 | 木窗 42C1 安装 | 10m² | 0.34 | 53.73 | 18.27 | 4.3 | | 76.3×0.34 |
| | | | 16-560 | 木窗 42C1 安玻璃 | 10m² | 0.34 | 65.12 | 22.14 | 5.21 | | 92.47×0.34 |
| | | | 10-200 | 木窗 42C1 油漆 | 10m² | 0.34 | 31.56 | 10.73 | 2.52 | | 44.81×0.34 |
| | | | 2-73 | 木窗 42C1 塞口堵缝 | 10m² | 0.34 | 1.43 | 0.49 | 0.11 | | 2.03×0.34 |
| 81 | 020405002004 | 一玻一纱带亮木窗 55C 制作安装 | | | 樘 | 9 | | | | 112.23 | 1010.05 |
| | | | 1-4 | 木窗 55C 制作 | 10m² | 1.971 | 199.22 | 67.73 | 15.94 | | 282.89×1.971 |
| | | | 2-31 | 木窗 55C 安装 | 10m² | 1.971 | 53.73 | 18.27 | 4.3 | | 76.3×1.971 |
| | | | 16-560 | 木窗 55C 安玻璃 | 10m² | 1.971 | 65.12 | 22.14 | 5.21 | | 92.47×1.971 |
| | | | 10-200 | 木窗 55C 油漆 | 10m² | 1.971 | 31.56 | 10.73 | 2.52 | | 44.81×1.971 |
| | | | 2-73 | 木窗 55C 塞口堵缝 | 10m² | 1.971 | 1.43 | 0.49 | 0.11 | | 2.03×1.971 |
| | | | 2-65 | 内窗台抹灰 | 10m² | 0.162 | 23.2 | 7.89 | 1.86 | | 32.95×0.162 |
| | | | 2-66 | 外窗台抹灰 | 10m² | 0.324 | 48.18 | 16.38 | 3.85 | | 68.41×0.324 |
| 82 | 0204088001001 | 窗帘盒制作 | | | m | 159.84 | | | | 15.88 | 2537.78 |
| | | | 6-113 | 窗帘盒制作 | 10m | 15.984 | 103.29 | 35.12 | 8.26 | | 146.67×15.984 |

续表

第 页共 页

| 序号 | 项目编码 | 项目名称 | 定额编号 | 工程内容 | 单位 | 数量 | 综合单价组成(元) 人工费+材料费+机械费 | 管理费 | 利润 | 综合单价(元) | 合价(元) |
|---|---|---|---|---|---|---|---|---|---|---|---|
|  |  |  | 10-236 | 窗帘盒油漆 | 10m | 15.984 | 8.52 | 2.90 | 0.68 |  | 12.1×15.984 |
| 83 | 020507001001 | 顶棚喷大白浆 |  |  | m² | 1605.77 |  |  |  | 0.63 | 1015.14 |
|  |  |  | 14-536 | 顶棚喷大白浆 | 10m² | 160.577 | 3.34 | 1.14 | 0.27 |  | 4.75×160.577 |
|  |  |  | 2-33 | 预制板勾缝抹平 | 10m² | 135.697 | 1.31 | 0.45 | 0.10 |  | 1.86×35.697 |
| 84 | 020507001002 | 抹灰面喷大白浆 |  |  | m² | 4012.55 |  |  |  | 0.36 | 1424.46 |
|  |  |  | 14-532 | 抹灰面喷大白浆 | 10m² | 401.255 | 2.5 | 0.85 | 0.2 |  | 3.55×401.255 |

## 措施项目费分析表

表 1-1-19

工程名称:某住宅楼土建工程　　　　　　　　　　　　　　　　　　第 页共 页

| 序号 | 措施项目名称 | 单位 | 数量 | 金额(元) | | | | | |
|---|---|---|---|---|---|---|---|---|---|
|  |  |  |  | 人工费 | 材料费 | 机械使用费 | 管理费 | 利润 | 小计 |
| 1 | 环境保护费 |  |  |  |  |  |  |  |  |
| 2 | 文明施工费 |  |  |  |  |  |  |  |  |
| 3 | 安全施工费 |  |  |  |  |  |  |  |  |
| 4 | 临时设施费 |  |  |  |  |  |  |  |  |
| 5 | 夜间施工增加费 |  |  |  |  |  |  |  |  |
| 6 | 赶工措施费 |  |  |  |  |  |  |  |  |
| 7 | 二次搬运费 |  |  |  |  |  |  |  |  |
| 8 | 混凝土、钢筋混凝土模板及支架 |  |  |  |  |  |  |  |  |
| 9 | 脚手架搭拆费 |  |  |  |  |  |  |  |  |
| 10 | 垂直运输机械使用费 |  |  |  |  |  |  |  |  |
| 11 | 大型机械设备进出场及安拆 |  |  |  |  |  |  |  |  |
| 12 | 施工排水、降水 |  |  |  |  |  |  |  |  |
| 13 | 其他 |  |  |  |  |  |  |  |  |
|  | 措施项目费合计 |  |  |  |  |  |  |  |  |

## 主要材料价格表

表 1-1-20

工程名称:某住宅楼土建工程　　　　　　　　　　　　　　　　　　第 页共 页

| 序号 | 材料编码 | 材料名称 | 规格、型号等特殊要求 | 单位 | 单价(元) |
|---|---|---|---|---|---|
|  |  |  |  |  |  |
|  |  |  |  |  |  |
|  |  |  |  |  |  |
|  |  |  |  |  |  |
|  |  |  |  |  |  |

# 例2 某机修厂工程定额预算与工程量清单计价对照

## 一、工程概况

### （一）设计说明

本工程为重庆市九龙坡区某机修厂，单层砖混结构，建筑用料如下：

1. 砖基础：MU10 普通砖，M5 水泥砂浆砌筑，独立柱基础垫层 C15 混凝土，基槽垫层 C15 混凝土；
2. 砖墙：MU7.5 普通砖，M5 混合砂浆砌筑；
3. 混凝土构件：现浇和现场预制构件均采用 C20 混凝土；
4. 散水：C15 混凝土，宽度为 1m；厚度为 80mm；
5. 地面：60mm 厚 C10 混凝土垫层，20mm 厚 1:2 水泥砂浆面层；
6. 室外台阶：同地面做法；
7. 内墙面：中等石灰砂浆，纸筋灰罩面两遍，106 涂料两遍；
8. 外墙面：普通水泥白石子水刷石；
9. 外墙裙：普通水泥豆石水刷石；
10. 门窗：均为木门窗，C-1 为一玻一纱窗，C-2 为单层玻璃窗，M-1 为平开单层镶板门，M-2 为半玻镶板门；
11. 屋面：
    (1) 结构层；
    (2) 1:2 水泥砂浆找平层；
    (3) 现浇珍珠岩找坡保温层；
    (4) 填充料上 1:2 水泥砂浆找平层；
    (5) 三毡四油一砂防水层；
    (6) 四角设水斗、水口、$\phi$100mm 铸铁水落管；
12. 顶棚：混合砂浆底，纸筋灰浆面层。

### （二）施工方案规定

1. 预制预应力空心板由某国营构件厂加工，离现场 15km；
2. 不考虑地下水，土质为Ⅲ类，余土外运按 1km 考虑。

### （三）合同规定

建设单位不提供"三材"，"三材"均按市场价格计算价差。"三材"市场信息价为：
水泥、木材、钢筋被称为三材

1. 22.5 级水泥❶：255 元/t；32.5 级水泥：345 元/t；42.5 级水泥：375 元/t。

---

❶ 原 325 号水泥，此种水泥现已停止生产。他处解释同此。

2. 木材原木价：850 元/m³。
3. 钢筋：2880 元/t。

## 二、施工图

图纸目录：
1. 建筑施工图（一）：平面图，如图 2-1-1；
2. 建筑施工图（二）：A—A 剖面图及南立面图，如图 2-1-2；
3. 结构施工图（一）：结构平面图，如图 2-1-3；
4. 结构施工图（二）：矩形梁 L-1 和 L-2 结构图，如图 2-1-4；
5. 结构施工图（三）：基础平面及剖面图，如图 2-1-5；
6. 结构施工图（四）：独立柱、构造柱、雨篷和过梁，如图 2-1-6；
7. 结构施工图（五）：圈梁，如图 2-1-7；挑檐图，如图 2-1-8。

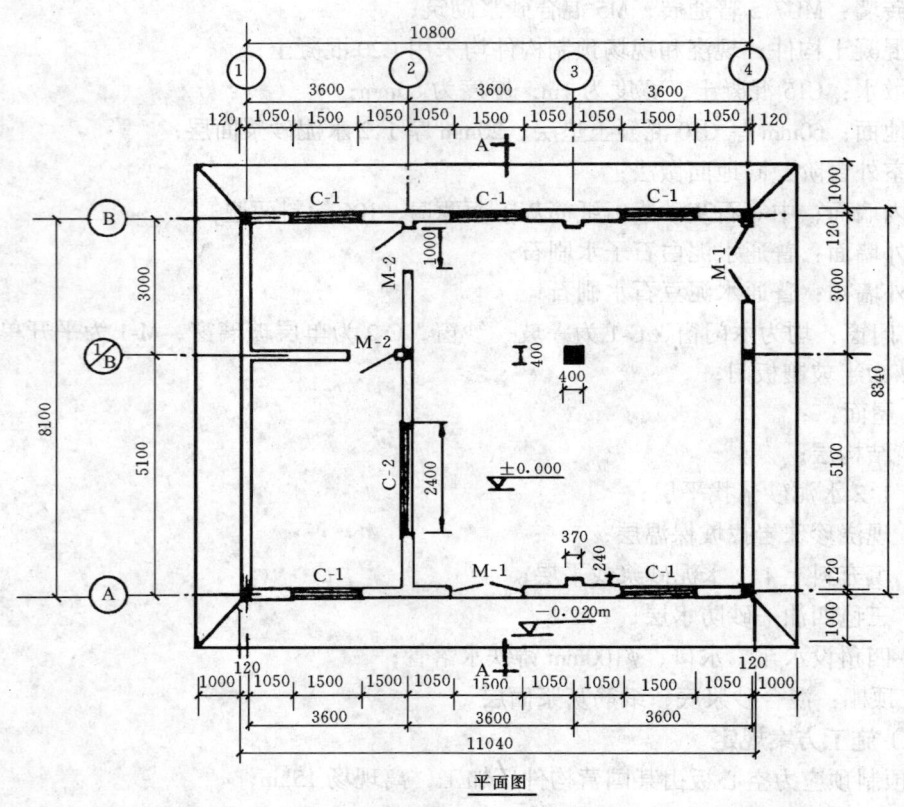

图 2-1-1　建施图（一）　单位：mm

## 三、工程量计算

本工程实例的工程量计算，按《四川省建筑工程计价定额》SGD 1-95 规定和本章第二节介绍的顺序及方法进行。

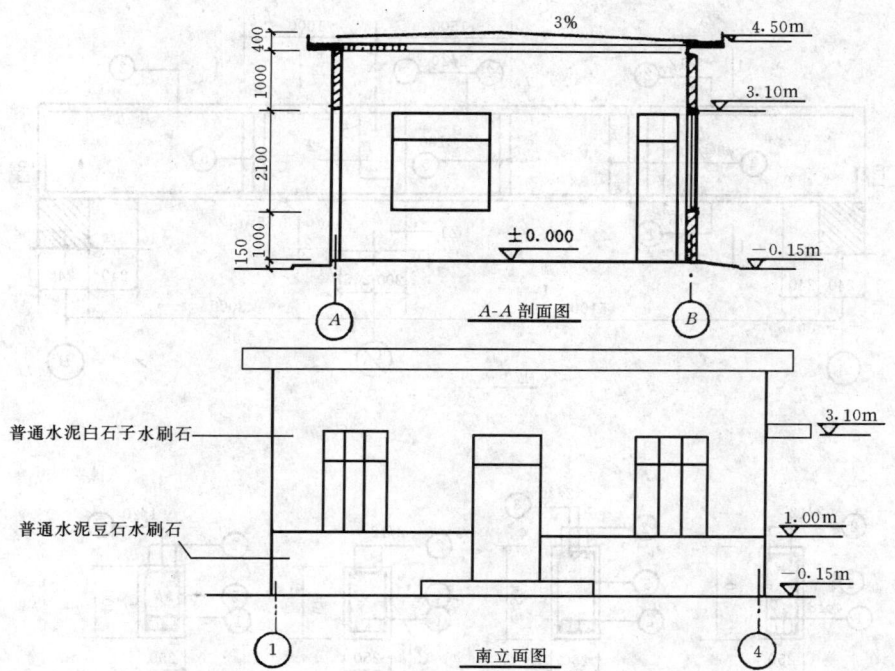

图 2-1-2 建施图（二） 单位：mm

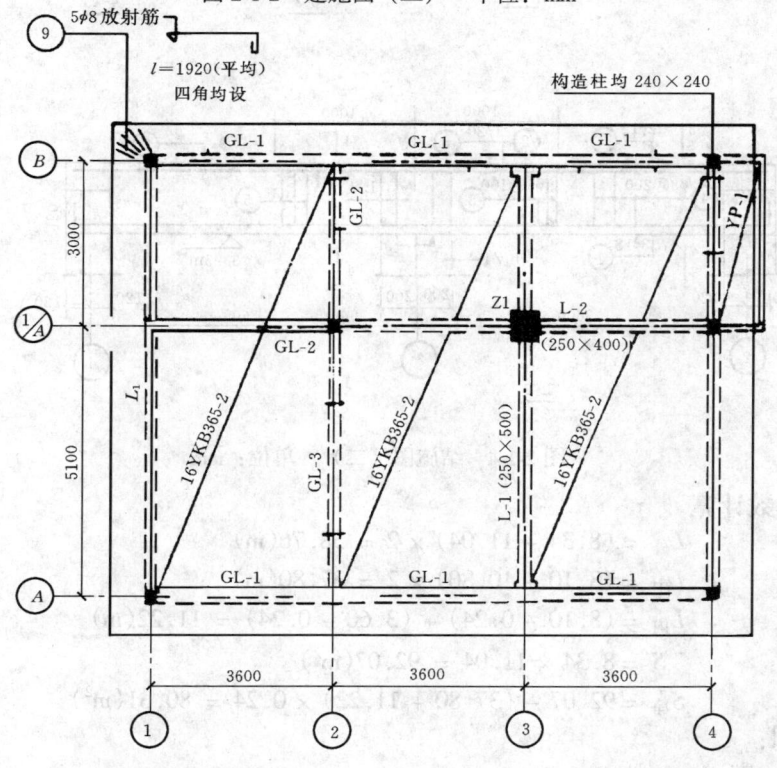

图 2-1-3 结施图（一） 单位：mm
屋面预应力空心板选用"川 92G402"图集 C30 混凝土

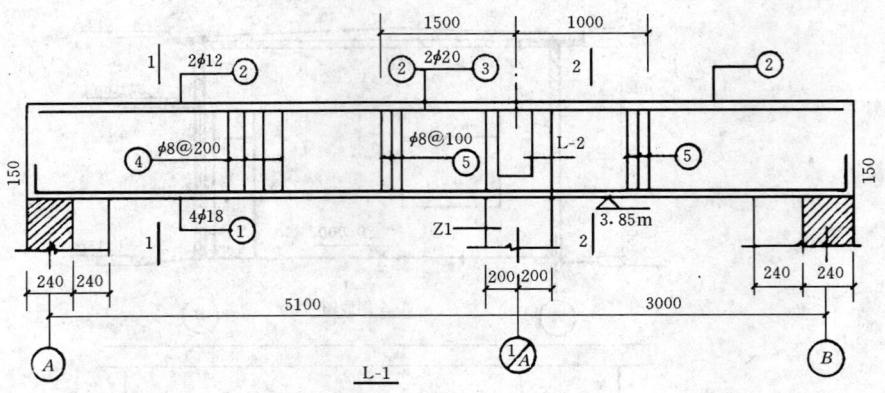

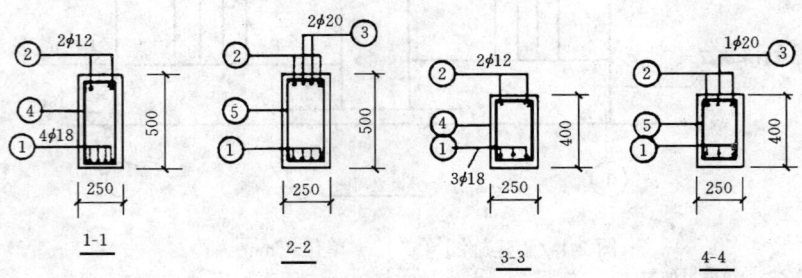

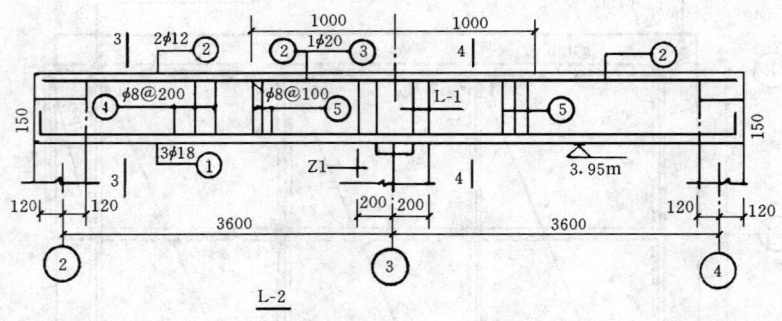

图 2-1-4 结施图（二） 单位：mm

## （一）基数计算

$$L_{外} = (8.34 + 11.04) \times 2 = 38.76(\text{m})$$
$$L_{中} = (8.10 + 10.80) \times 2 = 37.80(\text{m})$$
$$L_{内} = (8.10 - 0.24) + (3.60 - 0.24) = 11.22(\text{m})$$
$$S = 8.34 \times 11.04 = 92.07(\text{m}^2)$$
$$S_{净} = 92.07 - (37.80 + 11.22) \times 0.24 = 80.31(\text{m}^2)$$

[说明]：

查看建施图（一）

$L_{外}$——外墙外边线长；

$L_{中}$——外墙中心线长；
$L_{内}$——内墙净长线长；
$S$——底层建筑面积。

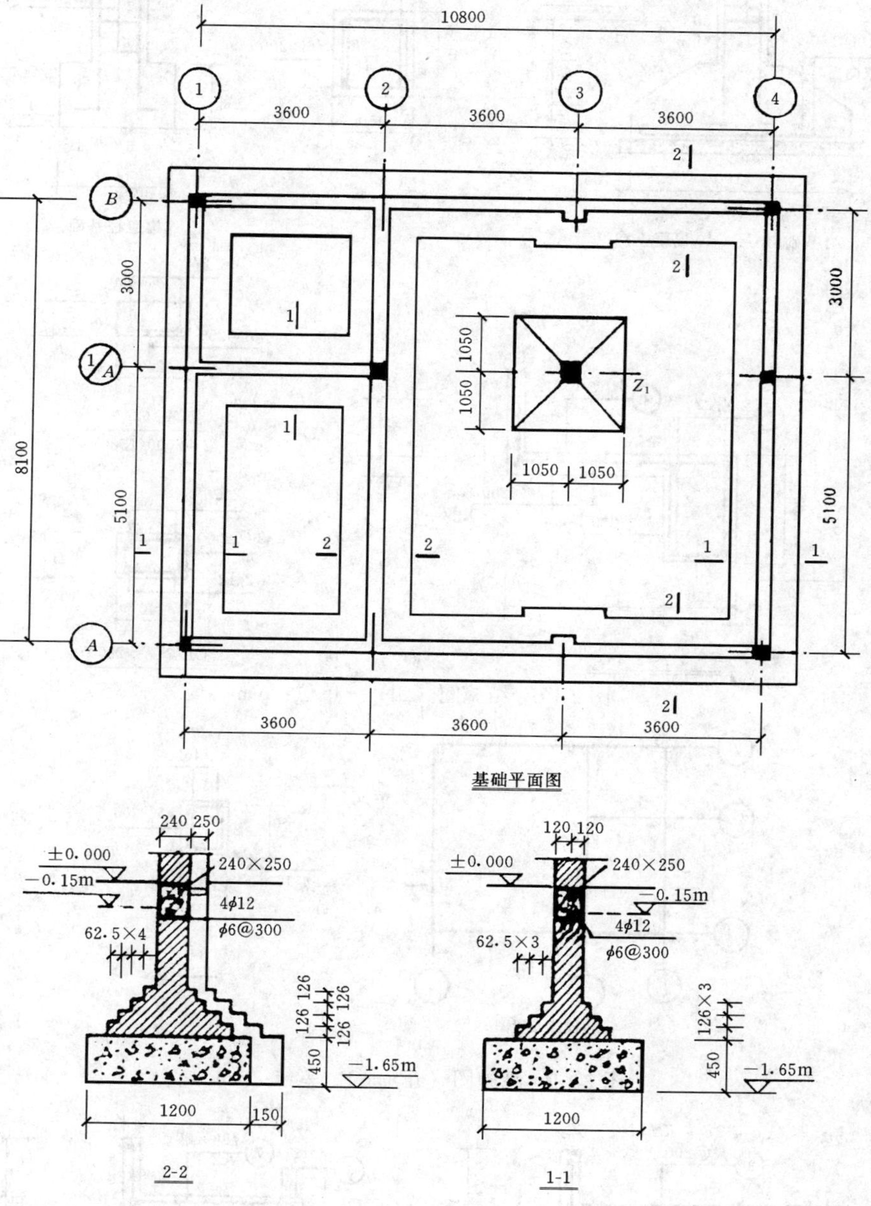

图 2-1-5 结施图（三）　单位：mm

所谓基数就是"三线一面"，即建筑平面上所标出的外墙中心线 $L_{中}$，外墙外边线 $L_{外}$，内墙净长线 $L_{内}$ 和底层建筑面积，它是许多分项工程量计算的依据。门窗表，如表2-1-1。

**（二）工程量计算**

1. 本预算未包括内墙、顶棚抹灰面刷 106 涂料两遍以及木门窗油漆装饰工程内容。
2. 本工程不计木门窗运输和蒸汽干燥费。

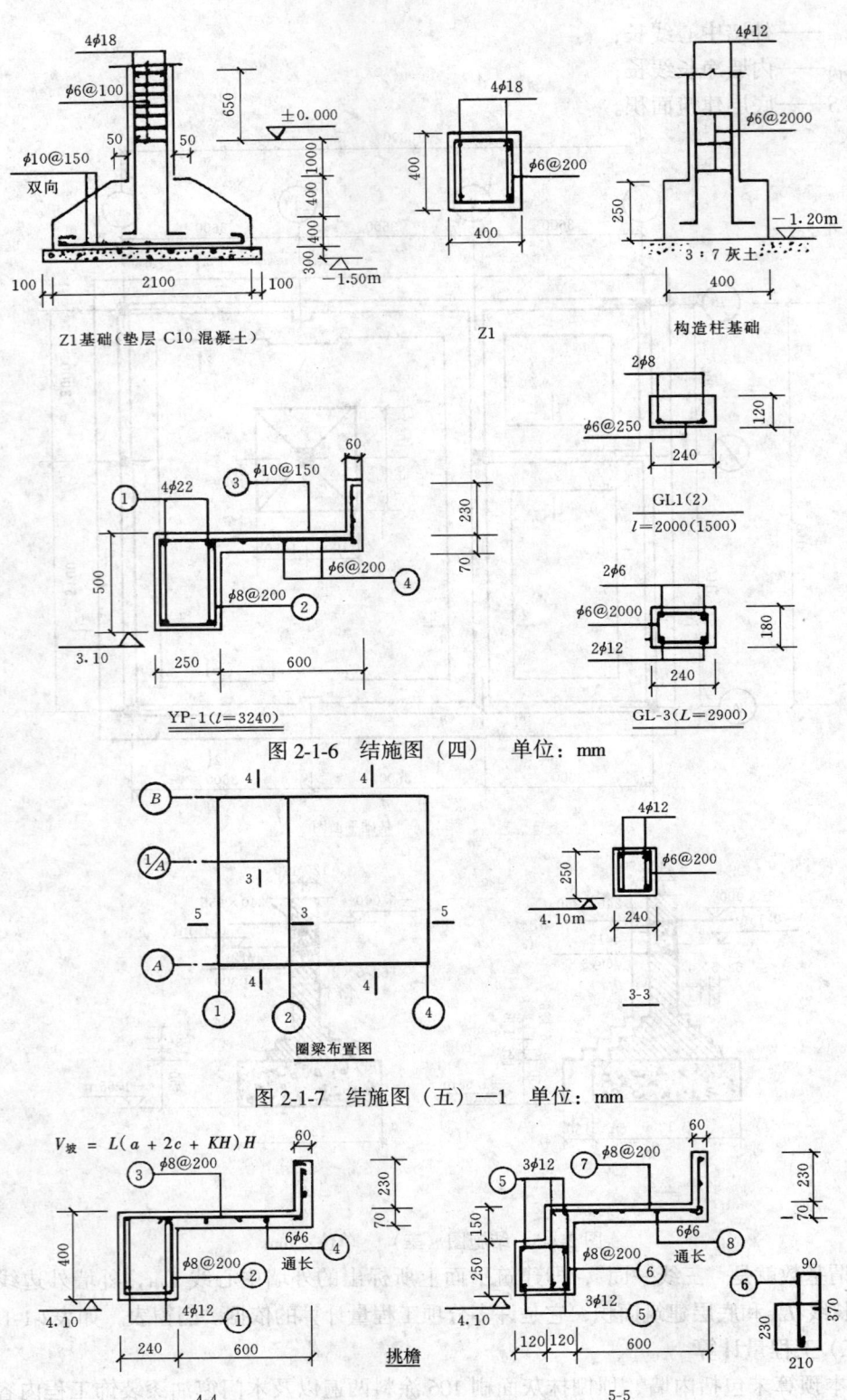

图 2-1-6 结施图（四） 单位：mm

图 2-1-7 结施图（五）—1 单位：mm

图 2-1-8 结施图（五）—2 单位：mm

门 窗 表　　　　　表2-1-1

| 名　　称 | 门窗编号 | 断面框/扇 (cm²) | 洞口 宽(m) | 洞口 高(m) | 每樘面积 (m²) | 外墙 樘数 | 外墙 面积 (m²) | 内墙 樘数 | 内墙 面积 (m²) | 合计面积 (m²) |
|---|---|---|---|---|---|---|---|---|---|---|
| 平开单层镶板门 | M-1 | 66/60.50 | 1.5 | 3.1 | 4.65 | 2 | 9.30 | | | 9.30 |
| 半玻璃镶板门 | M-2 | 48/45 | 1.0 | 3.1 | 3.10 | | | 2 | 6.20 | 6.20 |
| 一玻一纱窗 | C-1 | 60/27 | 1.5 | 2.1 | 3.15 | 5 | 15.75 | | | 15.75 |
| 单层玻璃窗 | C-2 | 48/27 | 2.4 | 2.1 | 5.04 | | | 1 | 5.04 | 5.04 |
| 应扣洞口面积 (m²) | | | | | | | 25.05 | | 11.24 | 36.29 |
| 门窗贴脸 | | | | | | | m | | | 67.6m |

注：表中门窗贴脸工程量 67.6m = [(1.59 + 3.19 × 2) × 2 + (1.09 + 3.19 × 2) × 2 + (1.59 + 2.19 × 2) × 5 + (2.49 + 2.19 × 2) × 1]m，在计算门窗贴脸时，应按洞口尺寸另加 0.09m 计算。

工程量计算，如表2-1-2。现浇混凝土构件钢筋用量，如表2-1-3。工程量汇总，如表2-1-4。工程造价计算的编制说明，如表2-1-5。费用计算，如表2-1-6。三材汇总，如表2-1-7。三材价差调整，如表2-1-8。分区材料价差调整，如表2-1-9。省市材料价差调整，如表2-1-10。定额直接费及主要材料汇总，如表2-1-11。工程计价及材料分析，如表2-1-12。

工 程 量 计 算 表　　　　　表2-1-2

| 名　　称 | 单位 | 工程量 | 计　算　式 |
|---|---|---|---|
| （一）基础工程 | | | |
| 1.平整场地 | m² | 185.59 | $S = S_{底} + 2L_{外} + 16 = 11.04 × 8.34 + 2 × 38.76 + 16 = 185.59$ |

[说明]

平整场地是指厚度在 ±300mm 以内的就地挖、填找平，其工程量按建筑物（或构筑物）底面积的外边线每边各加 2m 计算。

对于不规则及规则图形的工程量，均可按下列公式计算：

$$S_{场} = S_{底} + 2L_{外} + 16$$

式中　$S_{场}$——场地平整工程量；

$L_{外}$——外墙外边线长；

$S_{底}$——底层建筑面积。

建筑场地原土碾压以平方米计算，填土碾压按图示填土厚度以立方米计算。

式中 $L_{外}$ 为建筑物外墙长度之和。$L_{外}$ 为从①轴到④轴上下两边，因是外墙外边线，故左右两边各加 120mm，故上下两边总长为 (10.8 + 0.24) × 2 = 22.08m；从 A 轴到 B 轴左右两边各加 120mm，故左右两边总长为：(8.1 + 0.24) × 2 = 16.68m，故外墙外边线为：

$$L_{外} = 22.08 + 16.68 = 38.76m$$

$S_{底}$ 为底层建筑面积。该工程为单层砖混结构，单层建筑物不论其高度如何，均按一层计算建筑面积。其建筑面积按建筑物外墙勒脚以上结构的外围水平面积计算。单层建筑物内设有部分楼层者，首层建筑面积已包括在单层建筑物内，二层及二层以上应计算建筑面积。高低联跨的单层建筑物，需分别计算建筑面积时，应以结构外边线为界分别计算。该工程为单层建筑物，内部没有设置部分楼层，其 $S_{底}$ 为：

$$S_{底} = 11.04 × 8.34 = 92.07m²$$

故　　$S = S_{底} + 2L_{外} + 16$
　　　　　$= 92.07 + 2 × 38.76 + 16$
　　　　　$= 185.59m²$

续表

| 名 称 | 单位 | 工程量 | 计 算 式 |
|---|---|---|---|
| 2. 挖基槽（三类土） | m³ | 100.358 | $V = [1.2 \times 0.45 + (1.2 + 1.05 \times 0.3) \times 1.05]$ $\times (18.6 + 27.76 + 0.74)$ $= 100.358$ <br> [说明] <br> ①凡槽长大于3倍槽宽，槽底宽在3m（不包括加宽工作面）以内者，按沟槽计算。<br>外墙沟槽及管道沟槽按槽底中心线长度计算，内墙沟槽按槽底净长度计算，其突出部分体积，应并入沟槽工程量内计算。<br>挖槽沟工程量计算公式用下式表示：<br>不放坡：$V_{无坡} = L(a+2c)H$；若不放坡，但支挡土板则 $V_{无坡} = [(a+2c+0.1\times2)]H$<br>放坡：$V_{坡} = L(a+2C+kH)H$；若放坡也支挡土板则 $V_{坡} = L(a+2c+0.1\times2+kH)H$。<br>式中 $V$——挖土体积（工程量），m³；<br>$L$——槽底长；<br>$a$——基础垫层外皮尺寸；<br>$C$——工作面宽度，见下表；<br>$H$——槽深；<br>$k$——放坡系数，见下表；<br>0.1——挡土板的宽度。 |

**基础工程施工中需增加的工作面宽** 单位：mm

表 2-1-2-1

| 基础材料 | 砖 | 浆砌毛石、条石 | 混凝土基础或垫层需支模者 | 使用卷材或防水砂浆做垂直防潮层 |
|---|---|---|---|---|
| 每边各增加工作面地槽、地坑 | 200 | 150 | 300 | 800 |

注：原槽做基础垫层时，基础工作面应自垫层的上表面开始计算。

**地槽、地坑放坡系数及起点深度表** 表 2-1-2-2

| 人工挖土 | 机械挖土 | | 放坡起点深度（m） |
|---|---|---|---|
| | 在槽、坑底 | 在槽、坑边 | |
| 1:0.30 | 1:0.25 | 1:0.67 | 1.50 |

注：a. 计算土方放坡时，在交接处所产生的重复工程量不予扣除。
b. 原槽做基础垫层时，放坡应自垫层上表面开始计算。

②本例是自垫层上开始放坡
$1.05 = 1.65 - 0.15 - 0.45$
0.3——放坡系数

放坡系数 $K$，应根据施工组织设计规定计算，若施工组织设计无规定时，可按预算定额中工程量计算规则规定的放坡系数计算。

工作面增量及放坡系数 $K$ 值是通过合理选择典型工程的槽宽（基础垫层宽度），坑底面积（地下室垫层面积），挖土深度以及不同的土壤类别，进行大量综合测算后确定的。这样，在计算土方量时，不但计算简便，而且减少了各方面不必要的纠纷。但定额内所列的工作面增量及放坡系数仅作为编制工程预算计算土方量时使用。实际施工时，应根据具体土质情况和挖土深度，按照安全操作规范和施工组织设计的要求放坡，以确保施工安全。实际施工开挖的土方量与按定额规定计算的土方量发生的量差无论多少，都不得在预算中调整

续表

| 名 称 | 单位 | 工程量 | 计 算 式 |
|---|---|---|---|
| 2. 挖基槽（三类土） | $m^3$ | 100.358 | ③室外自然地坪标高和室外设计地坪标高并不一定相等。室外设计地坪是指工程竣工以后形成的地坪，而自然地坪是指工程开工前的原有地坪，两者是有区别的。在计算槽坑深度时，要首先弄清楚两者是否合一，以免出错。有的工程两者是一致的，有的则不然。<br>④槽深，即基础底面至自然地坪的垂直距离。<br>⑤槽底长度的计算公式也可表示为：<br>$$L_{槽} = L_{中} + L_{内} - \sum \left( n \times \frac{槽底宽 - 墙厚}{2} \right)$$<br>$L_{中}$——外墙中心线长；$L_{内}$——内墙中心线净长；<br>$n$——T形接个数。<br>⑥沟槽、坑坑划分：<br>凡图示沟槽底宽在3m以内，且槽长大于槽宽三倍以上的，为沟槽。<br>凡图示沟槽底宽3m以外，坑底面积20$m^2$以外，平整场地挖土方厚度在30cm以外，均按挖土方计算 |
| 3. 挖独立柱地坑（三类土） | $m^3$ | 19.153 | $$V = abH + kH^2\left(a + b + \frac{4}{3}kH\right)$$<br>$V = 2.9 \times 2.9 \times 1.65 + 0.3 \times 1.65^2$<br>$\quad \times (2.9 + 2.9 + \frac{4}{3} \times 0.3 \times 1.65)$<br>$\quad = 19.153$<br><br>[说明]<br>①凡坑底面积在20$m^2$（不包括加宽工作面）以内，按基坑计算；<br>挖基坑土方工程量可用下式表示：<br>不放坡：$V = abH$<br>放坡：$V = abH + kH^2\left(a + b + \frac{4}{3}kH\right)$<br>式中 $a$——坑底长；<br>$\quad\quad b$——坑底宽；<br>$\quad\quad k$——放坡系数；<br>$\quad\quad H$——坑深。<br>②查看结施图（五）—1。<br>$\quad\quad 2.9 = 2.1 + 0.1 + 0.1 + 0.3 + 0.3$<br>式中，0.3为混凝土基础或垫层需支模者每边各增加的工作面。<br>③0.3——放坡系数；<br>$\quad$ 1.65——构造柱在室内地坪以下的长度 |
| 4. 构造柱基础 | $m^3$ | 0.516 | $V = [0.4 \times 0.4 \times 0.25 + 0.24 \times 0.24 \times (1.65 - 0.45 - 0.126 \times 3)] \times 6$<br>$\quad = 0.524$<br>[说明]<br>查看"结施图（五）—1"及"结施图（三）"。<br>式中，0.8 = 1.20 - 0.45。<br>$\quad$ 6为构造柱的数量。<br>$\quad$ 基础构造柱高 $h = (1.65 - 0.45 - 0.126 \times 3)$<br>$\quad\quad = 0.822m$ |

续表

| 名 称 | 单位 | 工程量 | 计 算 式 |
|---|---|---|---|
| 5. C20混凝土地圈梁 | $m^3$ | 2.94 | $V = [(8.1 \times 2 + 8.1 - 0.24) + 10.8 \times 2 + (3.6 - 0.24)]$<br>$\quad \times 0.24 \times 0.25$<br>$\quad = 2.94$<br>[说明]<br>　　查看图纸"结施图（三）"<br>　　地圈梁体积 = 地圈梁截面积 × 地圈梁长<br>　　式中，(8.1 - 0.24)——内纵墙的净长；<br>　　　　　(3.6 - 0.24)——内横墙的净长 |
| 6. 砖基础 | $m^3$ | 17.474 | $V = (1.65 - 0.45 + 0.394) \times 0.24$<br>$\quad \times (16.2 + 3.36) + (1.65 - 0.45 + 0.656) \times 0.24$<br>$\quad \times (21.6 + 7.86 + 0.74) - 0.516 - 2.94$<br>$\quad = 17.474$<br>[说明]<br>①砖石基础以图示尺寸按立方米计算。<br>砖基础长度：外墙墙基按外墙中心线长度计算；<br>　　　　　　内墙墙基按内墙净长计算。<br>嵌入砖基础的钢筋、铁件、管子、基础防潮层、单个面积在 $0.3m^2$ 以内的孔洞以及砖石基础大放脚的T形接头重复部均不扣除。但靠墙暖气沟的挑砖、基础洞口上的砖平碹亦不计算。<br>外墙条形基础体积 = $L_{中}$ × 基础断面积—面积在 $0.3m^2$ 以上的孔洞等体积；<br>内墙条形基础体积 = $L_{内}$ × 基础断面积—面积在 $0.3m^2$ 以上的孔洞等体积。<br>基础的大放脚通常采用等高式和不等高式两种砌筑法。<br>采用大放脚砌筑法时，砖基础断面积通常按下述两种方法计算。<br>a. 采用折加高度计算<br>　　基础断面积 = 基础宽度 ×（折加高度 + 基础高度）<br>b. 采用增加断面积计算<br>　　基础断面积 = 基础宽 × 基础高度 + 大放脚增加断面积<br>为了计算方便，将砖基础大放脚的折加高度及大放脚增加断面积编制成表格，计算基础工程量时，可直接查表格。<br>②查看结施图（三）<br>0.394、0.656分别为H剖面、2-2剖面的砖基础的折加高度<br>（通过查编制的等高、不等高砖墙基础大放脚折加高度和大放脚增加断面积表得到）<br>　　　　(16.2 + 3.36) = (8.1 + 8.1) + (3.6 - 0.24)<br>(21.6 + 7.86 + 0.74) = (10.8 + 10.8) + (8.1 - 0.24) + (0.37 + 0.37)<br>　　　　(0.37 + 0.37)——两墙垛的长；<br>0.516——构造柱基础体积，抄自序号（一）4；<br>2.94——C20混凝土地圈梁的体积，抄自序号（一）5。<br>砖基础与砖墙身的划分是以设计室内地坪为界。设计室内地坪以下为基础，以上为墙身。毛石基础与墙身的划分，内墙以设计室内地坪为界，外墙以设计室外地坪为界，分界线以下为基础，分界线以上为墙身。砖石围墙以设计室外地坪为分界线。<br>砖墙基础不分厚度和深度，均以图示尺寸按立方米计算。外墙长度按中心线（$L_{中}$），内墙长度按净长线（$L_{内}$）计算。计算公式为：<br>基础工程量 = $L_{中}$ × 基础断面积 + $L_{内}$ × 基础断面积<br>砖基础断面积 = 基础墙宽度 × 基础高度 + 大放脚增加断面面积（$m^2$）<br>或砖基础断面积 = 基础墙宽度 ×（基础高度 + 折加高度）<br>折加高度 = $\dfrac{大放脚增加断面积}{基础墙宽度}$ （m）<br>等高式、不等高式砖墙基础大放脚折加高度和增加断面面积见表 2-1-2-3 和 2-1-2-4 |

续表

| 名称 | 单位 | 工程量 | 计算式 |
|------|------|--------|--------|
| 6. 砖基础 | m³ | 17.474 | 见下表 |

**等高式砖基础大放脚折加高度计算表**　　　表 2-1-2-3

| 墙厚 | 大放脚层数 | | | | | | |
|------|---|---|---|---|---|---|---|
| | 一 | 二 | 三 | 四 | 五 | 六 | 七 |
| | 折加高度/m | | | | | | |
| $\frac{1}{2}$ 砖 | 0.137 | 0.411 | 0.822 | 1.369 | 2.054 | 2.876 | 3.835 |
| 1 砖 | 0.066 | 0.197 | 0.394 | 0.656 | 0.984 | 1.378 | 1.838 |
| $1\frac{1}{2}$ 砖 | 0.043 | 0.129 | 0.259 | 0.432 | 0.647 | 0.906 | 1.208 |
| 2 砖 | 0.032 | 0.096 | 0.193 | 0.321 | 0.482 | 0.675 | 0.900 |
| $2\frac{1}{2}$ 砖 | 0.026 | 0.077 | 0.154 | 0.256 | 0.384 | 0.538 | 0.717 |
| 3 砖 | 0.021 | 0.064 | 0.128 | 0.213 | 0.319 | 0.447 | 0.596 |
| 大放脚增加断面积(m²) | 0.01575 | 0.04725 | 0.0945 | 0.1575 | 0.2363 | 0.3308 | 0.441 |

注：本表是按双面放脚每层等高 12.6cm，砌出 6.25cm，灰缝均按 1.0cm 计算的。

**不等高式砖基础大放脚折加高度计算表**　　　表 2-1-2-4

| 墙厚 | 大放脚错台层数 | | | | | | | | |
|------|---|---|---|---|---|---|---|---|---|
| | 一 | 二 | 三 | 四 | 五 | 六 | 七 | 八 | 九 |
| | 折加高度/m | | | | | | | | |
| $\frac{1}{2}$ 砖 | 0.137 | 0.342 | 0.685 | 1.096 | 1.643 | 2.260 | 3.013 | 3.835 | 4.794 |
| 1 砖 | 0.066 | 0.164 | 0.328 | 0.525 | 0.788 | 1.083 | 1.444 | 1.838 | 2.297 |
| $1\frac{1}{2}$ 砖 | 0.043 | 0.108 | 0.216 | 0.345 | 0.518 | 0.712 | 0.949 | 1.208 | 1.510 |
| $2\frac{1}{2}$ 砖 | 0.026 | 0.064 | 0.128 | 0.205 | 0.307 | 0.419 | 0.563 | 0.717 | 0.896 |
| 3 砖 | 0.021 | 0.053 | 0.106 | 0.170 | 0.255 | 0.351 | 0.468 | 0.596 | 0.745 |
| 大放脚增加断面积(m²) | 0.0158 | 0.0394 | 0.0788 | 0.1260 | 0.1890 | 0.2599 | 0.3464 | 0.4410 | 0.5513 |

注：本表高的一层按 12.6cm，低的一层按 6.3cm，间隔砌出 6.25cm，而且以最下一层高度为 12.6cm 计算的。

计算基础工程量时，基础大放脚的 T 形接头处的重叠部分，嵌入基础的钢筋、铁件、管子、基础防潮层等所占的体积不予扣除，靠墙供暖沟的挑砖亦不增加，通过墙基的孔洞，其洞口面积每个在 0.3m² 以内者不予扣除，超过 0.3m² 以上的洞口应予扣除，其洞口上的混凝土过梁应列项目计算

续表

| 名称 | 单位 | 工程量 | 计 算 式 |
|---|---|---|---|
| 7. 基槽下 C15 混凝土垫层（450mm 厚） | m³ | 26.87 | $V = 1.2 \times 0.45 \times [37.8 + (8.1 - 0.24) + (3.6 - 0.24) + 0.74]$<br>$= 26.87$<br>[说明]<br>　　查看结施图（三）<br>　　　　　1.2——C15 混凝土垫层宽；<br>　　　　　0.45——C15 混凝土垫层高；<br>　　　　　37.80——外墙中心线长；<br>　　　　　(8.1 - 0.24)——内纵墙下 C15 混凝土垫层的净长；<br>　　　　　(3.6 - 0.24)——内横墙下 C15 混凝土垫层的净长。<br>　　　　　0.74 = 0.37 + 0.37 |
| 8. 独立柱基础 | m³ | 2.083 | $V_{四棱台} = [AB + ab + (A+a)(B+b)] \times \dfrac{4}{6}$<br>　　　$= [2.1 \times 2.1 + 0.5 \times 0.5 + 2.6 \times 2.6] \times \dfrac{0.4}{6} m^3$<br>　　　$= 0.76 m^3$<br>　　$V = (2.1 \times 2.1 \times 0.3 + 0.76) m^3 = 2.083 m^3$<br>[说明]：<br>　　查看"结施图（五）—1"。<br>　　独立柱基础体积为上边四棱台的体积加上下边长方体体积。A 为 2.1 为独立柱基础长 |
| 9. 独立柱基础垫层 | m³ | 0.53 | $2.3 \times 2.3 \times 0.1 m^3 = 0.53 \ m^3$<br>[说明]<br>　　查看"结施图（五）—1"。<br>　　2.3 = 2.1 + 0.1 + 0.1，为垫层的长、宽尺寸。<br>　　0.1 为混凝土的保护层厚度，故两边各加 0.1 |
| 10. 基础回填土 | m³ | 71.7 | $V = [100.358 + 19.153 - (0.516 + 17.474 + 26.87$<br>　　　$+ 2.083 + 0.4^2 \times 0.85 + 0.53)] m^3$<br>　　$= 71.7 m^3$<br>[说明]<br>　　基础回填土 = 挖土体积 - 室外地坪以下埋设体积<br>　　100.358—挖基槽的体积，抄自序号（一）.2。<br>　　19.153—挖独立柱地坑的体积，抄自序号（一）.3。<br>　　0.516—抄自序号（一），4。<br>　　17.474—抄自序号（一）.6。<br>　　26.87—抄自序号（一）.7。<br>　　2.083—抄自序号（一）.8。<br>　　0.53—抄自序号（一）.9。<br>　　$2.083 + 0.4^2 \times 0.85 + 0.53$——室外地坪以下独立柱基础的埋设总体积。<br>　　0.85 = 1.50 - 0.15 - 0.1 - 0.3 - 0.1<br>　　1.5 为基础深，0.15 为室内外高差，0.3 为垫层厚，0.1 为混凝土保护层厚度 |

续表

| 名　称 | 单位 | 工程量 | 计　算　式 |
|---|---|---|---|
| 10.基础回填土 | m³ | 71.7 | 人工回填土可分为松填和夯填两种，均以立方米（m³）为单位计算。回填土体积等于挖土体积减去室外地坪设计标高以下被埋设的砌筑量，该砌筑量可包括：基础垫层、墙基础、柱基础、管道基础等砌筑工程体积。沟槽、基坑回填土体积以挖方体积减去设计室外地坪以下埋设砌筑物（包括：基础垫层、基础等）体积计算。管道沟槽回填，以挖方体积减去管径所占体积计算。管径在 500mm 以下的不扣除管道所占体积；管径超过 500mm 以上时按规定扣除管道所占体积计算。房心回填土 = 地面面积×回填高度。房心回填土，按主墙之间的面积乘以回填土厚度计算。余土体积 = 挖土体积 – 基槽回填土体积 – 房心回填土体积 – 0.9 灰土体积。0.9 为压实系数，一般场地平整，其压实系数为 0.9 左右。土方的挖埴、运土工程量均按自然密实体积计算，不能按虚松体积计算。0.1 是虚松厚度，要作换算自然密实体积。灰土垫层是用消石灰、黏土（或粉质黏土、黏质粉土）的拌合料铺设而成，应铺设在不受地下水浸湿的基土上。<br>土方运输，按下列规定计算：<br>①推土机推土运距：按挖方区重心至回填区重心之间的直线距离计算。<br>②铲运机运土运距：按挖方区重心至卸土区重心加转向距离 45m 计算。<br>③自卸汽车运土运距：按挖方区重心至填土区（或堆放地点）重心的最短距离计算 |
| （二）混凝土工程 | | | |
| 1.外加工构件制作 | | | |
| 预应力空心板混凝土 | m³ | 6.139 | 0.126m³/块×48块 ×1.015 = 6.048×1.015m³ = 6.139m³ |
| 预应力空心板钢筋 | kg | 559.79 | 11.49kg/块×48块×1.015 = 551.52×1.015 = 559.79kg<br>[说明]<br>查看图纸结施图（一）<br>$$48 = 16 + 16 + 16$$<br>6.048 为预应力空心板的净体积。<br>1.015 为制作损耗系数，通过查当地的预制构件制作、运输、安装工程量系数表得到，不同地区有不同的规定。<br>预应力构件按实体积计算，其穿孔所预留孔洞的体积不扣除。<br>①预制构件制作工程量 = 构件净体积×制作损耗系数。<br>②预制构件：预制构件又称装配式构件，是指预先在预制构件加工厂制作好，再从加工厂将构件运输到工程现场，进行装配，最后进行接头灌浆，才能形成工程实体的构件。所以预制构件要计算制作、运输、安装和接头灌浆四种工程量。<br>由于预制构件在制作成型后可能出现废品，在运输、堆放放以及安装过程中可能产生构件的损坏，而造成构件的损耗。如某地对该损耗的规定见下表 2-1-2-5。对于这些损耗，有的地区已纳入相应的定额中，有的地区未纳入定额，未纳入定额的就要在计算工程量时加入工程量，即用构件的净量乘以大于 1 的构件工程量系数，见下表 2-1-2-6。<br>**预制构件制作、运输、安装各阶段损耗率　表 2-1-2-5**<br><br>\| 构件类别 \| 制作废品率（%） \| 运输堆放损耗率 \| 安装（打桩）损耗率（%） \|<br>\|---\|---\|---\|---\|<br>\| 各类预制构件 \| 0.2 \| 0.8 \| 0.5 \|<br>\| 预制桩 \| 0.1 \| 0.4 \| 1.5 \|<br>\| 预制水磨、窗台、隔断 \| 0.4 \| 1.6 \| 1.0 \|<br><br>注：1.预制梁、桩（不含过梁、围墙柱）不计表中损耗。<br>　　2.现场预制件不计运输、堆放损耗 |

续表

| 名称 | 单位 | 工程量 | 计 算 式 |
|---|---|---|---|
| 预应力空心板钢筋 | kg | 559.79 | **预制构件制作、运输、安装工程量系数**     表 2-1-2-6 |

| 构件类别 | 制作工程量 | 运输工程量 | 安装工程量 |
|---|---|---|---|
| 各类预制构件 | 1.015 | 1.013 | 1.005 |
| 预制桩 | 1.02 | 1.019 | 1.015 |
| 预制水磨石、窗台板隔断 | 1.03 | 1.026 | 1.01 |

注：1. 预制梁、柱（不含过梁、围墙柱）不乘表中系数。
    2. 本表系数是按构件在预制构件加工厂制作考虑的，设构件净体积为1，则各种工程量系数计算如下：
制作工程量系数 = 1 + 制作废品率 + 运输堆放损耗率 + 安装（打桩）损耗率。
运输工程量系数 = 1 + 运输堆放损耗率 + 安装（打桩）损耗率。
运输工程量系数 = 1 + 运输堆放损耗率 + 安装（打桩）损耗率。
安装（打桩）工程量系数 = 1 + 安装（打桩）损耗率。
    3. 若为现场预制构件时，各种工程量系数计算如下：制作工程量系数 = 1 + 制作废品率 + 安装（打桩）损耗率。
安装（打桩）工程量系数 = 1 + 安装（打桩）损耗率。

计算预制构件制作、安装、运输、接头灌浆的工程量时，要不要乘以相应的损耗系数要根据使用定额来决定。定额中钢筋混凝土及金属构件运输、安装工程中都有说明

| 2. 现场预制构件制作过梁<br>GL-1<br>GL-2<br>GL-3 | m³ | 0.569 | $V_1 = 0.24 \times 0.12 \times 2 \times 6 m^3 = 0.35 m^3$<br>$V_2 = 0.24 \times 0.12 \times 1.5 \times 2 m^3 = 0.086 m^3$<br>$V_3 = 0.24 \times 0.12 \times 2.9 \times 1 m^3 = 0.125 m^3$<br>$V = V_1 + V_2 + V_3 = 0.561 m^3$<br>$V_{制} = 0.561 \times 1.015 m^3 = 0.569 m^3$<br><br>[说明]<br>查看结施图（一），结施图（五）—1。<br>6、2、1 分别为 GL-1、GL-2、GL-3 的根数。<br>1.015 为制作损耗系数，通过查当地的预制构件制作、运输、安装工程量系数表得到，不同地区有不同地区的规定。<br>①～④轴之间的上下两外墙上的6个 C-1 窗上有6个 GL-1。两个 M-2 上有2个 GL-2。1个 C-1 窗上有1个 GL-3。6、2、1 分别为 GL-1，GL-2，GL-3 的根数。1.007 为制作损耗系数，通过查当地的预制构件制作、运输、安装工程量系数表得到，不同地区有不同地区的规定。过梁只在门窗洞口有，其工程量用体积表示，单位为 m³。式中求 $V_1$ 时 $V_1 = 0.24 \times 0.12 \times 2 \times 6$。0.24 为 GL-1 的宽，也为 GL-2 的宽，0.12 为 GL-1、GL-2 的高，0.24 为 GL-3 的宽，0.18 为 GL-3 的高，2 = 1.5 + 0.5，式中 1.5 为 C-1 的宽，1.5 = 1 + 0.5，式中 1 为 M-2 的宽，2.9 = 2.4 + 0.5，式中 2.4 为单层玻璃窗 C-2 的宽。式中 0.5m 的来历：根据工程量计算规则可知：圈梁与过梁连接时，分别套用圈梁、过梁定额，其过梁长度按门、窗洞口外围宽度两端各加 250mm 计算 |

续表

| 名　称 | 单位 | 工程量 | 计　算　式 |
|---|---|---|---|
| 3. 现浇构件<br>（1）构造柱 | m³ | 1.42 | $V_内 = 0.24 \times 0.24 \times 4.1 m^3 = 0.236 m^3$——内墙上<br>$V_外 = 0.24 \times 0.24 \times 4.1 \times 5 m^3 = 1.18 m^3$——外墙上<br>$V = V_内 + V_外 = (0.236 + 1.18) m^3 = 1.42 m^3$<br>[说明]<br>　　查看"结施图（四）"，"建施图（二）"。<br>　　4.1 = 1.0 + 2.10 + 1.0，为室内地坪以上构造柱的高。<br>　　5 为构造柱外墙上的数量。<br>　　看"建施图（二）"A-A 剖面图，柱高为 4.1。内墙上②轴上有 1 个构造柱。外墙上 4 个角落各 1 个构造柱，Ⓐ轴与④轴交叉点上 1 个构造柱，所以外墙上共有 5 个构造柱，柱的工程量按柱断面面积乘以柱高（从柱基或楼板上表面算至柱顶面），以 m³ 计算。构造柱的工程量自柱基础（或地梁）上表面算到柱顶面，以 m³ 计算。<br>　　在砖混结构工程中，如设计有构造柱，应另列项计算。构造柱计算时，不分断面尺寸，不分构造柱位于基础，墙体或女儿墙部分，均套一个定额子目。由于在计算墙体工程量时，未扣除构造柱所占体积，因此，定额构造柱子目中将构造柱所占砖砌体的相应价值扣除。柱高具体算法按下列规定确定：<br>　　（1）有梁板的柱高，应自柱基上表面（或楼板上表面）至上一层楼板上表面之间的高度计算。<br>　　（2）无梁板的柱高，应自柱基上表面（或楼板上表面）至柱帽下表面之间的高度计算。<br>　　（3）框架柱的柱高应自柱基上表面至柱顶高度计算。<br>　　（4）构造柱按全高计算，与砖墙嵌接部分的体积并入柱身体积内计算。<br>　　（5）依附柱上的牛腿，并入柱身体积内计算 |
| （2）圈梁 | m³ | 4.01 | $V_外 = [0.24 \times 0.4 \times 21.6 + (0.24 \times 0.4 - 0.12 \times 0.25) \times 16.2] m^3$<br>　　　$= 3.34 m^3$——外墙上<br>$V_内 = 0.24 \times 0.25 \times 11.22 m^3$<br>　　　$= 0.67 m^3$——内墙上<br>$V = V_内 + V_外$<br>　　$= (0.67 + 3.34) m^3$<br>　　$= 4.01 m^3$<br>[说明]<br>　　查看"结施图五"、"建施图（一）"。<br>　　11.22 = (8.10 - 0.24) + (3.60 - 0.24) 为内墙上圈梁的长。<br>　　0.24 × 0.25，0.24 × 0.40 为圈梁的断面积。<br>　　21.6 = 10.8 + 10.8<br>　　16.2 = 8.1 + 8.1<br>　　钢筋混凝土圈梁的工程量以体积计算，单位为立方米（m³），圈梁体积 = 梁断面积 × 梁长度 |
| （3）雨篷<br>雨篷过梁<br>C20 混凝土雨篷 | m³<br>m² | 0.405<br>1.944 | $V = 3.24 \times 0.5 \times 0.25 = 0.405$——外墙上<br>$3.24 \times 0.6 m^3 = 1.944 m^2$<br>[说明]<br>　　①阳台、雨篷、遮阳板均按伸出墙外的水平投影面积计算，伸出墙外的牛腿已包括在定额内，不另计算。但嵌入墙内的梁按相应定额另行计算。<br>　　②查看"结施图（四）"。雨篷是建筑物入口处位于外门上部用以遮挡雨水，保护外门免受雨水侵害的水平构件。多采用现浇钢筋混凝土悬臂板，其臂长度一般为 1.0 m ~ 1.5 m。也可采用其他结构形式，如扭壳等。其伸出宽度可以更大 |

续表

| 名　称 | 单位 | 工程量 | 计　算　式 |
|---|---|---|---|
| | | | 雨篷工程量计算，伸出墙外的宽度在1.5m以内的雨篷，按伸出墙外的水平投影面积（包括牛腿和反边）以平方米计算，执行雨篷定额；伸出墙外的宽度在1.5m以上的雨篷，按体积（包括牛腿和反边）以立方米计算，执行有梁板定额。雨篷嵌入墙内部分（如雨篷梁），另行计算，执行相应的定额。<br>有的地区对伸出墙外宽厚在1.5m以内的雨篷的工程量计算还作了如下的规定：伸出墙外宽厚在1.5m以内的雨篷，其平均厚度在6cm以内，且反边高度在12cm～30cm时，执行现浇雨篷定额；其厚度在9cm以上且无反边及挑梁者，执行平板定额；厚度在9cm以上，且反边在30cm以内（或有挑梁）者，执行有梁板定额；反边高度大于30cm者，执行现浇墙的相应定额。雨篷在结施图（一）中在最右边，其长为（3＋0.24）m＝3.24m。$3.24 \times 0.6^2 = 1.944 m^2$ 为伸出外墙的水平投影面积。0.6m 为伸出外墙的宽。<br>同理阳台、雨篷、遮阳板均按伸出墙外的水平投影面积计算，伸出墙外的牛腿已包括在定额内，不另计算。但伸嵌入墙内的梁按相应定额另行计算 |
| (4) 挑檐 | $m^3$ | 2.55 | $V = (L_外 \times 挑廊宽 + 4 \times 挑檐宽 \times 挑檐宽) \times 平均厚度$<br>$= [38.7 \times (0.6+0.3) + 4 \times (0.6+0.3)^2]$<br>$\times \left(\dfrac{0.6 \times 0.07 + 0.23 \times 0.06}{0.6+0.23}\right) m^3$<br>$= 2.55 m^3$<br>[说明]<br>查看结施（五）<br>$0.6+0.3=0.9$ 为挑檐宽，$\dfrac{0.6 \times 0.07 + 0.23 \times 0.06}{0.6+0.23}$ 为平均厚度。<br>$L_外 = 38.7 = 10.8 \times 2 + 8.1 \times 2 + 0.24 \times 4$ |
| (5) 独立柱 | $m^3$ | 0.816 | $V = 0.4 \times 0.4 \times 5.10 m^3$<br>$= 0.816 m^3$<br>[说明]<br>查看结施图（四）<br>$5.10 = 1.0 + 2.10 + 1.0 + 1.0$<br>柱的工程量是按柱断面面积乘以柱高（从柱基或楼板上表面算至柱顶面），以 $m^3$ 计算。<br>构造柱的工程量自基础（或地梁）上表面算到柱顶面，以延长米计算。<br>在砖混结构工程中，如设计有构造柱，应另列项计算。构造柱计算时，不分断面尺寸，不分构造柱位于基础，墙体或女儿墙部分，均套一个定额子目 $0.4 \times 0.4$ 为独立柱断面面积。$5.1 = 1.0 + 2.10 + 1.0 + 1.0$，为柱高 |
| (6) 矩形梁 | $m^3$ | 1.7 | $V_{L1} = 0.25 \times 0.5 \times (8.34 - 0.4) m^3 = 0.993 m^3$<br>$V_{L2} = 0.25 \times 0.4 \times (7.44 - 0.4) m^3 = 0.704 m^3$<br>$V_{合计} = 0.993 + 0.704 = 1.7 (m^3)$<br>[说明]<br>①主、次梁与柱连接时，梁长算至柱侧面；次梁与柱或主梁连接时，次梁长度算至柱侧面或主梁侧面；伸入墙内的梁头，应计算在梁长度内。梁头有捣制梁垫者，其体积并入梁内计算。<br>梁的高度为梁底至梁顶全高 |

续表

| 名称 | 单位 | 工程量 | 计 算 式 |
|---|---|---|---|
| (6) 矩形梁 | m³ | 1.7 | ②查看"结施图（二）"<br>$8.34 = 8.1 + 0.24$<br>$7.44 = 3.6 + 3.6 + 0.24$<br>$8.34 = 8.1 + 0.24$ 为梁长。$7.44 = 3.6 + 3.6 + 0.24$ 为 L-2 的长。$0.25 \times 0.5$ 为 L-1 的断面积，$0.25 \times 0.4$ 为 L-2 的断面积。单梁、板底梁、框架梁等的工程量以体积表示，单位为 m³。工程量＝梁的轴线长度×梁的断面面积。梁长按下列规定确定：<br>(1) 梁与柱连接时，梁长算至柱侧面。<br>(2) 主梁与次梁连接时，次梁长算至主梁侧面。伸入墙内梁头，梁垫体积并入梁体积内计算。还有另一种说法为：<br>参照以上，故式中 $(8.34-0.4)$，$(7.44-0.4)$ 即为梁高 |
| (三) 构件运输与安装 | | | [说明]<br>预制构件又称装配式构件，是指先在预制构件加工厂制作好，再从加工厂将构件运输到工程现场，进行装配，最后进行接头灌浆，才能形成工程实体的构件。所以预制构件要计算制作、运输、安装和接头灌浆四种工程量。<br>由于预制构件在制作成型后可能出现废品，在运输、堆放以及安装过程中可能产生构件的损坏，而造成构件的损耗。某些地区已把该损耗列成表。对于这些损耗，有的地区已纳入相应的定额中，有的地未纳入定额，未纳入定额的就要在计算工程量时加入工程量，即用构件净体积乘以大于 1 的构件工程量系数。<br>预制构件制作工程量＝构件净体积×制作工程量系数<br>预制构件运输工程量＝构件净体积×运输工程量系数<br>预制构件安装工程量＝构件净体积×安装工程系数<br>预制构件接头灌浆工程量＝构件净体积<br>板按图示面积乘以板厚以立方米计算。其中：<br>(1) 有梁板包括主、次梁与板，按梁、板体积之和计算。<br>(2) 无梁板按板和柱帽体积之和计算。<br>(3) 平板按板实体体积计算。<br>(4) 现浇挑檐天沟与板（包括屋面板、楼板）连接时，以外墙为分界线，与圈梁（包括其他梁）连接时，预制混凝土构件运输及安装均按构件图示尺寸以实体积计算；钢构件按构件设计图示尺寸以吨计算，所需螺栓、电焊条等重量不另计算。木门窗以外框面积以平方米计算。<br>预制混凝土构件运输及安装损耗率，按下表规定计算后并入构件工程量内。其中预制混凝土屋架、桁架、托架长度在 9m 以上的梁、板、柱不计算损耗率。<br>**预制钢筋混凝土构件制作、运输、安装损耗率表**<br>表 2-1-2-7<br><br>\| 名称 \| 制作废品率 \| 运输堆放损耗 \| 安装损耗 \|<br>\|---\|---\|---\|---\|<br>\| 各类预制构件 \| 0.2% \| 0.8% \| 0.5% \|<br>\| 预制钢筋混凝土桩 \| 0.1% \| 0.4% \| 1.5% \|<br><br>构件运输：<br>1. 预制混凝土构件运输的最大运输距离取 50km 以内；钢构件和木门窗的最大运输距离 20km 以内；超过时另行补充。<br>2. 加气混凝土板（块）、硅酸盐块运输每立方米折合钢筋混凝土构件体积 0.4m³ 按Ⅰ类构件运输计算。<br>预制混凝土构件安装：<br>1. 焊接形成的预制钢筋混凝土框架结构，其柱安装按框架柱计算，梁安装按框架梁计算；节点浇筑成型的框架，按连体框架梁、柱计算。<br>2. 预制钢筋混凝土工字形柱、矩形柱、空腹柱、双肢柱、空心柱、管道支架等安装，均按柱安装计算。<br>3. 组合屋架安装，以混凝土部分实体体积计算，钢杆件部分不另计算。<br>4. 预制钢筋混凝土多层柱安装，首层柱按柱安装计算，二层及二层以上按柱接柱计算 |

续表

| 名 称 | 单位 | 工程量 | 计 算 式 |
|---|---|---|---|
| 1. 预应力空心板运输 | m³ | 6.127 | $6.048 \times 1.013 = 6.127$<br>[说明]<br>①6.048 为预应力空心板的净体积，查看"（二）1"。<br>②由于本例所采用的建筑工程预算定额中构件运输定额中未考虑运输支架的摊销费用，所以用乘以运输工程量系数 |
| 2. 预应力空心板安装 | m³ | 6.078 | $6.048 \times 1.005 = 6.078$<br>[说明]<br>同上 |
| 3. 过梁安装 | m³ | 0.564 | $0.561 \times 1.005 = 0.564$<br>[说明]<br>① 0.561 为过梁的净体积。<br>②由于本例所采用的建筑工程预算定额中构件安装定额中未考虑安装损耗费用，所以用乘以安装工程量系数 |
| （四）砖石工程 | | | |
| 1. 一砖外墙 | m³ | 29.269 | （$L_{中}$ × 墙高 − 外墙门窗洞面积）× 墙厚 − 嵌入外墙身构件体积<br>$[(37.8 \times 4.1 - 25.05) \times 0.24 - 1.18 - 0.24 \times 6 \times 0.12 \times 2 - 3.24 \times 0.5 \times 0.24]$ m³ $= 29.269$m³<br>[说明]<br>查看建施图（一）。<br>37.8——外墙中心线长。<br>25.05——查看门窗表。<br>1.18——嵌入外墙内构造柱的体积，抄自序号（二）.3.（1）。<br>$0.24 \times 0.12 \times 2 \times 6$——嵌入外墙内门窗过梁的体积。<br>$3.24 \times 0.5 \times 0.24$——嵌入外墙内雨篷过梁的体积。<br>砖砌工程量一般规则：<br>①计算墙体时，应扣除门窗洞口、过人洞、空圈、嵌入墙身的钢筋混凝土柱、梁（包括过梁、圈梁、挑梁）、砖平碹，平砌砖过梁和暖气包壁龛及内墙板头的体积，不扣除梁头、外墙板头、檩头、垫木、木楞头、沿椽木、木砖、门窗走头、砖墙内的加固钢筋、木筋、铁件、钢管及每个面积在 0.3m² 以下的孔洞等所占的体积，突出墙面的窗台虎头砖、压顶线、山墙泛水、烟囱根、门窗套及三皮砖以内的腰线和挑檐等体积亦不增加。<br>②砖垛、三皮砖以上的腰线和挑檐等体积，并入墙身体积内计算。<br>③附墙烟囱（包括附墙通风道、垃圾道）按其外形体积计算。并入所依附的墙体积内，不扣除每一个孔洞横截面在 0.1m² 以下的体积，但孔洞内的抹灰工程量亦不增加。<br>④女儿墙高度，自外墙顶面至图示女儿墙顶面高度，分别不同墙厚并入外墙计算。<br>⑤砖平碹平砌砖过梁按图示尺寸以立方米计算。如设计无规定时，砖平碹按门窗洞口宽度两端共加 100mm，乘以高度（门窗洞口宽小于 1500mm 时，高度为 240mm，大于 1500mm 时，高度为 365mm）计算；平砌砖过梁按门窗洞口宽度两端共加 500mm，高度按 440mm 计算。<br>砌体厚度，按如下规定计算：<br>①标准砖以 240mm × 115mm × 53mm 为准，其砌体计算厚度，按表 2-1-2-8 计算 |

续表

| 名 称 | 单位 | 工程量 | 计 算 式 |
|---|---|---|---|
| 1. 一砖外墙 | m³ | 29.269 | 标准砖砌体计算厚度表　　表 2-1-2-8<br><br>\| 砖数（厚度） \| 1/4 \| 1/2 \| 3/4 \| 1 \| 1.5 \| 2 \| 2.5 \| 3 \|<br>\|---\|---\|---\|---\|---\|---\|---\|---\|---\|<br>\| 计算厚度（mm） \| 53 \| 115 \| 180 \| 240 \| 365 \| 490 \| 615 \| 740 \|<br><br>②使用非标准砖时，其砌体厚度应按砖实际规格和设计厚度计算。<br>基础长度：外墙墙基按外墙中心线长度计算；内墙基按内墙净长计算。基础大放脚 T 形接头处的重叠部分以及嵌入基础的钢筋、铁件、管道、基础防潮层及单个面积在 0.3m² 以内孔洞所占体积不予扣除，但靠墙供暖沟的挑檐亦不增加。附墙垛基础宽出部分体积应并入基础工程量内。<br>砖砌挖孔桩护壁工程量按实砌体积计算。<br>墙的长度：外墙长度按外墙中心线长度计算，内墙长度按内墙净长线计算。<br>墙身高度按下列规定计算：<br>①外墙墙身高度：斜（坡）屋面无檐口顶棚者算至屋面板底；有屋架，且室内外均有顶棚者，算至屋架下弦底面另加 200mm；无顶棚者算至屋架下弦底加 300mm，出檐宽度超过 600mm 时，应按实际高度计算；平屋面算至钢筋混凝土板底。<br>②内墙墙身高度：位于屋架下弦者，其高度算至屋架底，无屋架者算至顶棚底另加 100mm；有钢筋混凝土楼板隔层者算至板底；有框架梁时算至梁底面。<br>③内、外山墙，墙身高度：按其平均高度计算。<br>框架间砌体，分别内外墙以框架间的净空面积乘以墙厚计算，框架外表镶贴部分亦并入框架间砌体工程量内计算。<br>空花墙按空花部分外形体积以立方米计算，空花部分不予扣除，其中实体部分以立方米另行计算。<br>空斗墙按外形尺寸以立方米计算，墙角、内外墙交接处，门窗洞口立边、窗台砖及屋檐处的实砌部分已包括在定额内，不另行计算。但窗间墙、窗台下、楼板下、梁头下等实砌部分，应另行计算，套零星砌体定额项目。<br>多孔砖、空心砖按图示厚度以立方米计算不扣除其孔、空心部分体积。<br>填充墙按外形尺寸以立方米计算，其中实砌部分已包括在定额内，不另计算。<br>加气混凝土墙、硅酸盐砌块墙，小型空心砌块墙，按图示尺寸以立方米计算，按设计规定需要镶嵌砖砌体部分已包括在定额内，不另计算其他砖砌体：<br>①砖砌锅台、炉灶，不分大小，均按图示外形尺寸以立方米计算，不扣除各种空洞的体积。<br>②砖砌台阶（不包括梯带）按水平投影面积以平方米计算。<br>③厕所蹲台、水槽腿、灯箱、垃圾箱、台阶挡墙或梯带、花台、花池、地垄墙及支撑地楞的砖墩，房上烟囱、屋面架空隔热层砖墩及毛石墙的门窗立边、窗台虎头砖等实砌体积，以立方米计算，套用零星砌体定额项目。<br>④检查井及化粪池不分壁厚均以立方米计算，洞口上的砖平拱碹等并入砌体体积内计算。<br>⑤砖砌地沟不分墙基，墙身合并以立方米计算。石砌地沟其中心线长度以延长米计算 |

续表

| 名　　称 | 单位 | 工程量 | 计　算　式 |
|---|---|---|---|
| 2. 附墙垛 | m³ | 0.684 | $0.37 \times 0.24 \times 3.85 \times 4 \text{m}^3$<br>$= 0.684 \text{m}^3$<br>［说明］<br>　　查看"建施图（一）"、"结施图（二）"<br>　　增加墙垛用墙垛体积计算工程量，单位为立方米（m³），从建施图（一）上可以找到增加的墙垛在Ⓐ轴、Ⓑ轴、②轴、⑯轴上，墙垛的截面尺寸为0.37m×0.24m。查看结施图（二），墙垛高为3.85 |
| 3. 一砖内墙 | m³ | 7.896 | （$L_\text{内}$×内墙高－内门窗洞面积）×墙厚－嵌入内墙身构件体积<br>［$(11.22 \times 4.1 - 11.24) \times 0.24 - (0.211 + 0.236)$］m³<br>$= 7.89 \text{m}^3$<br>［说明］<br>　　11.22 =（3.6－0.24）+（8.1－0.24）－内墙净长线，4.1为内墙高，应该扣减门窗洞口面积，加减两个M－2，一个C－2窗，查看门窗表，扣减面积为6.20+5.04=11.24，0.211，0.236为嵌入内墙身构件体积。内墙的工程量用内墙的体积计算，单位为：m³。<br>　　内墙的体积＝内边线长×楼层高×墙厚－内墙上所有圈梁的体积 |
| （五）抹灰工程 | | | |
| 1. 内墙面抹灰（石灰砂浆、纸筋） | m² | 206.52 | ［$32.9 \times 2 + 121.93 + (37.8 + 11.22 \times 2) \times 0.25$］m²<br>$= 202.79 \text{m}^2$<br>嵌入内墙构件双面 $= \left(\dfrac{0.211 + 0.236}{0.24}\right) \times 2 \text{m}^2$<br>$\qquad\qquad\qquad\qquad = 3.73 \text{m}^2$<br>内墙面抹灰总计 $=(202.79 + 3.73)\text{m}^2$<br>$\qquad\qquad\qquad\quad = 206.52 \text{m}^2$<br>［说明］<br>　　查看"建施图（一）"。<br>　　$S$＝内墙面净长×墙净高－墙裙－门窗面积＋附墙柱侧面积。<br>　　内墙抹灰工程量按以下规定计算：<br>　　1. 内墙抹灰面积，应扣除门窗洞口和空圈所占的面积，不扣除踢脚板、挂镜线，0.3m²以内的孔洞和墙与构件交接处的面积，洞口侧壁和顶面亦不增加。墙垛和附墙烟囱侧壁面积与内墙抹灰工程量合并计算。<br>　　2. 内墙面抹灰的长度，以主墙间的图示净长尺寸计算，其高度确定如下：<br>　　（1）无墙裙的，其高度按室内地面或楼面至顶棚底面之间距离计算。<br>　　（2）有墙裙的，其高度按墙裙顶至顶棚底面之间距离计算。<br>　　（3）钉板条顶棚的内墙面抹灰，其高度按室内地面或楼面至顶棚底面另加100mm计算。<br>　　3. 内墙裙抹灰面积按内墙净长乘以高度计算。应扣除门窗洞口和空圈所占的面积，门窗洞口和空圈的侧壁面积不另增加，墙垛、附墙烟囱侧壁面积并入墙裙抹灰面积内计算。32.9为内墙面抹灰，两面故为32.9×2。121.93为外墙内墙面抹灰 |

续表

| 名　　称 | 单位 | 工程量 | 计　算　式 |
|---|---|---|---|
| 2. 独立柱抹灰 | $m^2$ | 6.16 | $A = 4 \times 0.4 \times 3.85 = 6.16$<br>[说明]<br>　　查看"结施图（二）"<br>　　3.85 = 4.1 − 0.25，减去圈梁高。<br>　　独立柱：①一般抹灰、装饰抹灰、镶贴块料按结构断面周长乘以柱的高度以平方米计算。<br>　　②柱面装饰按柱外围饰面尺寸乘以柱的高以平方米计算，所以 4m × 0.4m 为结构断面周长 |
| 3. 顶棚抹灰 | | | |
| （1）预制板底 | $m^2$ | 85.78 | 石灰砂浆，纸筋灰，106 涂料两遍<br>　　　$A = S_{净} = 80.31 + 6.96 \times 7.86 \times 0.1 = 85.78$ |
| （2）现浇板底 | $m^2$ | 26.64 | $\begin{cases}挑檐底 = [(11.04 + 8.34) \times 0.6 \times 2 + 0.6^2 \times 4] m^2 = 24.70 m^2 \\ 雨篷底 = 1.944 m^2\end{cases}$<br>[说明]<br>　　（11.04 + 8.34） × 2 = [（11.80 + 0.24） + （8.10 + 0.24）] × 2 为外墙外边线长。<br>　　0.6 为挑檐的宽<br>　　雨篷面积 1.944m² 抄自序号（二）、3、（3）。<br>　　顶棚抹灰工程量按以下规定计算：<br>　　①顶棚抹灰面积，按主墙间的净面积计算，不扣除间壁墙、垛、柱、附墙烟囱、检查口和管道所占的面积。带梁顶棚、梁两侧抹灰面积，并入顶棚抹灰工程量内计算。<br>　　②密肋梁和井字梁顶棚抹灰面积，按展开面积计算。<br>　　③顶棚抹灰如带有装饰线时，区别按三道线以内或五道线以内按延长米计算，线角的道数以一个突出的棱角为一道线。<br>　　④檐口顶棚的抹灰面积，并入相同的顶棚抹灰工程量内计算。<br>　　⑤顶棚中的折线、灯槽线、圆弧形线、拱形线等艺术形式的抹灰，按展开面积计算。<br>　　各种吊顶顶棚龙骨按主墙间净空面积计算，不扣除间壁墙、检查口、附墙烟囱、柱、垛和管道所占面积。但顶棚中的折线、跌落等圆弧形、高低吊灯槽等面积也不展开计算。<br>　　顶棚面装饰工程量按以下规定计算：<br>　　①顶棚装饰面积，按主墙间实铺面积以平方米计算，不扣除间壁墙、检查口、附墙烟囱、附墙垛和管道所占面积，应扣除独立柱及与顶棚相连的窗帘盒所占的面积。<br>　　②顶棚中的折线：跌落等圆弧形、拱形、高低灯槽及其他艺术形式顶棚面层均按展开面积计算 |
| 4. 外墙面抹灰 | | | |
| （1）豆石水刷石墙裙 | $m^2$ | 41.57 | $L_{外} \times$（墙裙高 + 室内外高差）− 外墙门窗洞面积<br>　　[38.76 × （1 + 0.15） − 1.5 × 1 × 2] m² = 41.57 m²<br>[说明]<br>　　查看建施图（二）<br>　　1.5 × 1 × 2 为两扇门在相对标高 1.00m 以下的面积。 |
| （2）外墙水刷石 | $m^2$ | 110.9 | $L_{外} \times$ 外墙高 − 门窗洞 − 外墙裙面积<br>　　[38.76 × （4.5 + 0.15 − 0.07） − 25.05 − 41.57] m² = 110.9 m²<br>[说明]<br>　　0.07——雨篷立面的高度；<br>　　38.76——外墙外边线；<br>　　25.05——外门窗洞的总面积，抄自门窗表 |

续表

| 名　　称 | 单位 | 工程量 | 计　算　式 |
|---|---|---|---|
| （3）零星水刷石 | $m^2$ | 18.398 | 挑檐立面 $=(10.8+1.44+8.1+1.44)\times 2\times 0.3m^2=13.068m^2$<br>雨篷立面 $=(3.24+0.6\times 2)\times 0.3m^2=1.33m^2$<br>窗台线 $=(1.7\times 5+2.6)\times 0.36m^2=4.0m^2$<br>零星水刷石合计 $=(13.068+1.33+4.0)m^2=18.398m^2$<br>[说明]<br>　　查看"结施图（四）"、"结施图（五）"。<br>$1.44=\left(0.600+\dfrac{240}{2}\right)\times 2$<br>　　外墙抹灰工程量按以下规定计算：<br>　①外墙抹灰面积，按外墙面的垂直投影面积以平方米计算。应扣除门窗洞口。外墙裙和大于 $0.3m^2$ 孔洞所占面积，洞口侧壁面积不另增加。附墙垛、梁、柱侧面抹灰面积并入外墙面抹灰工程量内计算。栏板、栏杆、窗台线、门窗套、扶手、压顶、挑檐、遮阳板、突出墙外的腰线等，另按相应规定计算。<br>　②外墙裙抹灰面积按其长度乘高度计算，扣除门窗洞口和大于 $0.3m^2$ 孔洞所占的面积，门窗洞口及孔洞的侧壁抹灰面积不增加。<br>　③窗台线、门窗套、挑檐、腰线、遮阳板等展开宽度在 300mm 以内者，按装饰线以延长米计算，如展开宽度超过 300mm 以上时，按图示尺寸以展开面积计算，套零星抹灰定额项目。<br>　④栏板、栏杆（包括立柱、扶手或压顶等）抹灰按立面垂直投影面积乘以系数 2.2 以平方米计算。<br>　⑤阳台底面抹灰按水平投影面积以平方米计算，并入相应顶棚抹灰面积内。阳台如带悬臂梁者，其工程量乘系数 1.30。<br>　⑥雨篷底面或顶面抹灰分别按水平投影面积以平方米计算，并入相应顶棚抹灰面积内。雨篷顶面带反沿或反梁者，其工程量乘系数 1.20，底面带悬臂梁者，其工程量乘以系数 1.20。雨篷外边线按相应装饰或零星项目执行。<br>　⑦墙面勾缝按垂直投影面积计算，应扣除墙裙和墙面抹灰的面积，不扣除门窗洞口、门窗套、腰线等零星抹灰所占的面积，附墙柱和门窗洞口侧面的勾缝面积亦不增加。独立柱、房上烟囱勾缝，按图示尺寸以平方米计算。<br>　　外墙装饰抹灰工程量按以下规定计算：<br>　①外墙各种装饰抹灰均按图示尺寸以实抹面积计算。应扣除门窗洞口空圈的面积，其侧壁面积不另增加。<br>　②挑檐、天沟、腰线、栏杆、栏板、门窗套、窗台线、压顶等均按图示尺寸展开面积以平方米计算，并入相应的外墙面积内。<br>　　块料面层工程量按以下规定计算：<br>　①墙面贴块料面层均按图示尺寸以实贴面积计算。<br>　②墙裙以高度在 1500mm 以内为准，超过 1500mm 时按墙面计算，高度低于 300mm 以内时，按踢脚板计算 |
| （六）楼地面<br>　1. 地面 | $m^2$ | 82.83 | 混凝土垫层，1:2 水泥砂浆面层。<br>$S_{净}$ + 台阶平台部分<br>$=80.31+0.7\times 3.6$<br>$=82.83$<br>60mm 厚 C10 混凝土垫层。<br>$82.83\times 0.06m^2=4.97m^3$<br>[说明]<br>　①注意混凝土台阶的平台和面层的区别。<br>台阶面层包括踏步及最上一层踏步沿 300mm，剩下的部分为平台。<br>　②查看建施图（一）、（二）和台阶尺寸为 $3.60m\times 1.0m$<br>$0.7=1.0-0.3$ |

续表

| 名称 | 单位 | 工程量 | 计 算 式 |
|------|------|--------|----------|
| （六）楼地面 | | | |
| 1.地面 | m² | 82.83 | $S_{净} = \{8.34 \times 11.04 - [(8.10+10.80) \times 2 + (8.10-0.24) + (3.6-0.24)] \times 0.24\}$ m² $= 80.31$m²<br>地面垫层按室内主墙间净空面积乘以设计厚度，以立方米计算。应扣除凸出地面的构筑物、设备基础、室内管道、地沟等所占体积，不扣除柱、垛、间壁墙、附墙烟囱及面积在 0.3m² 以内孔洞所占体积。<br>整体面层、找平层均按主墙间净空面积以平方米计算。应扣除凸出地面构筑物，设备基础、室内管道、地沟等所占面积，不扣除柱、垛、间壁墙、附墙烟囱及面积在 0.3m² 以内的孔洞所占面积，但门洞、空圈、供暖包槽、壁龛的开口部分亦不增加 |
| 2.台阶 | m² | 1.08 | $3.60 \times 0.3$m² $= 1.08$m² |
| 3.散水 | m² | 39.16 | $1.08 \times 0.06$m² $= 0.06$m³<br>（$L_{外}$ – 台阶长）× 散水宽 + 4 × 散水宽 × 散水宽<br>[(38.76 – 3.6) × 1 + 4 × 1 × 1] m²<br>= 39.16m²<br>[说明]<br>散水按外墙轴线以延长米计算。<br>楼地面工程量计算还有其他一些规定：<br>①踢脚板按延长米计算，洞口、空圈长度不予扣除，洞口、空圈、垛、附墙烟囱等侧壁长度亦不增加。<br>②散水、防滑坡道按图示尺寸以平方米计算。<br>③栏杆、扶手包括弯头长度按延长米计算。<br>④防滑条按楼梯踏步两端距离减 300mm 以延长米计算。<br>⑤明沟按图示尺寸以延长米计算 |
| （七）屋面工程 | | | |
| 1.保温找坡屋面 | m² | 11.677 | 平均厚度 = $[\frac{1}{2} \times (8.34 + 1.2) \times 3\% + \frac{1}{2} \times 0.03$（最薄处厚度）] m²<br>= 0.101 ≈ 10（cm）<br>保温找坡层面积 = (8.34 + 1.2) × (11.04 + 1.2) m² = 116.77m²<br>116.77 × 0.1m³ = 11.677m³<br>[说明]<br>查看施施图（二）。屋面找平层以屋面的面积计算工程量，单位为 m²，式中（8.34 + 1.2）为屋面宽，（11.04 + 1.2）为屋面长。 |
| 2.找平层 | m² | 114.17 | (10.8 + 0.24 + 1.2 – 0.12) × (8.1 + 0.24 + 1.2 – 0.12) m² = 114.17m² |
| 3.三毡四油一砂 | m² | 127.66 | 防水层面积 = (116.77 + 19.54 × 2 + 12.24 × 2) × 0.25m² = 127.66m²<br>[说明]<br>防水层的工程量用面积表示，单位为 m²。卷材屋面按图示尺寸的水平投影面积乘屋面坡度系数，以平方米计算。但不扣除房上的烟囱、风帽底座、风道、斜沟等所占面积，其弯起部分和天窗出檐部分重叠的面积，应按图示尺寸另算。如平屋面的女儿墙和天窗等弯起部分，无图规定时，伸缩缝、女儿墙可按 25cm，天窗部分可按 50cm，均应并入相应屋面工程量内计算。而各部位的附加物已包括在定额内，不得另计。式中 116.77m² 为屋面投影面积，0.25m 为女儿墙弯起部分高，（19.54 + 12.24）× 2 为女儿墙周长。<br>卷材屋面工程量按以下规定计算：<br>①卷材屋面按图示尺寸的水平投影面积乘以规定的坡度系数以平方米计算。但不扣除房上的烟囱、风帽底座、风道、屋面小气窗和斜沟等所占的面积，屋面的女儿墙、伸缩缝和天窗等处的弯起部分，按图示尺寸并入屋面工程量计算。如图纸无规定时，伸缩缝、女儿墙的弯起部分可按 250mm 计算，天窗弯起部分可按 500mm 计算。<br>②卷材屋面的附加层，接缝、收头、找平层的嵌缝、冷底子油已计入定额内，不另计算 |

续表

| 名 称 | 单位 | 工程量 | 计 算 式 |
|---|---|---|---|
| 4. DN100 铸铁水落管 | m | 16.88 | 水落管长度 = (4.17+0.15-0.1)×4m = 16.88m<br>[说明]<br>　　查看"建施图（二）"。 |
| （八）脚手架工程 | m² | 92.07 | 按建筑面积92.07m²。<br><br>[说明]<br>$$S = 8.34 \times 11.04 m^2 = 92.07 m^2$$<br>脚手架工程量计算一般规则：<br>①建筑物外墙脚手架，凡设计室外地坪至檐口（或女儿墙上表面）的砌筑高度在15m以上的按单排脚手架计算；砌筑高度在15m以上的或砌筑高度虽不足15m，但外墙门窗及装饰面积超过外墙表面积60%以上时，均按双排脚手架计算。采用竹制脚手架时，按双排计算。<br>②建筑物内墙脚手架，凡设计室内地坪至顶板下表面（或山墙高度的1/2处）的砌筑高度在3.6m以下的，按里脚手架计算；砌筑高度超过3.6m以上时，按单排脚手架计算。<br>③石砌墙体，凡砌筑高度超过1.0m以上时，按外脚手架计算。<br>④计算内、外墙脚手架时，均不扣除门、窗洞口、空圈洞口等所占的面积。<br>⑤同一建筑物高度不同时，应按不同高度分别计算。<br>⑥现浇钢筋混凝土框架柱、梁按双排脚手架计算。<br>⑦围墙脚手架，凡室外自然地坪至围墙顶面的砌筑高度在3.6m以下的，按里脚手架计算；砌筑高度超过3.6m以上时，按单排脚手架计算。<br>⑧室内顶棚装饰面距设计室内地坪在3.6m以上时，应计算满堂脚手架，计算满堂脚手架后，墙面装饰工程则不再计算脚手架。<br>⑨滑升模板施工的钢筋混凝土烟囱、筒仓，不另计算脚手架。<br>⑩砌筑贮仓，按双排外脚手架计算。<br>⑪贮水（油）池，大型设备基础，凡距地坪高度超过1.2m以上的，均按双排脚手架计算。<br>⑫整体满堂钢筋混凝土基础，凡其宽度超过3m以上时，按其底板面积计算满堂脚手架。<br>砌筑脚手架工程量计算：<br>①外脚手架按外墙外边线长度，乘以外墙砌筑高度以平方米计算，突出墙外宽度在24cm以内的墙垛，附着烟囱等不计算脚手架，宽度超过24cm以外时按图示尺寸展开计算，并入外脚手架工程量之内。<br>②里脚手架按墙面垂直投影面积计算。<br>③独立柱按图示柱结构外围周长另加3.6m，乘以砌筑高度以平方米计算，套用相应外脚手架定额。<br>现浇钢筋混凝土框架脚手架工程量计算：<br>①现浇钢筋混凝土柱，按柱图示周长尺寸另加3.6m，乘以柱高以平方米计算，套用相应外脚手架定额。<br>②现浇钢筋混凝土梁、墙，按设计室外地坪或楼板上表面至楼板底之间的高度，乘以梁、墙净长以平方米计算，套用相应双排外脚手架定额。<br>装饰工程脚手架工程量计算：<br>①满堂脚手架，按室内净面积计算，其高度在3.6m～5.2m之间时，计算基本层，超过5.2m时，每增加1.2m按增加一层计算，不足0.6m的不计。以算式表示如下：<br>$$满堂脚手架增加层 = \frac{室内净高度-5.2 (m)}{1.2 (m)}$$<br>②挑脚手架，按搭设长度和层数，以延长米计算 |

续表

| 名称 | 单位 | 工程量 | 计算式 |
|---|---|---|---|
| （八）脚手架工程 | m² | 92.07 | ③悬空脚手架，按搭设水平投影面积以平方米计算。<br>④高度超过3.6m墙面装饰不能利用原砌筑脚手架时，可以计算装饰脚手架。装饰脚手架按双排脚手架乘以0.3计算。<br>其他脚手架工程量计算：<br>①水平防护架，按实际铺板的水平投影面积，以平方米计算。<br>②垂直防护架，按自然地坪至最上一层横杆之间的搭设高度，乘以实际搭设长度，以平方米计算。<br>③架空运输脚手架，按搭设长度以延长米计算。<br>④烟囱、水塔脚手架，区别不同搭设高度，以座计算。<br>⑤电梯井脚手架，按单孔以座计算。<br>⑥斜道，区别不同高度以座计算。<br>⑦砌筑贮仓脚手架，不分单筒或贮仓组均按单筒外边线周长，乘以设计室外地坪至贮仓上口之间高度，以平方米计算。<br>⑧贮水（油）池脚手架，按外壁周长乘以室外地坪至池壁顶面之间高度，以平方米计算。<br>⑨大型设备基础脚手架，按其外形周长乘以地坪至外形顶面边线之间高度，以平方米计算。<br>⑩建筑物垂直封闭工程量按封闭面的垂直投影面积计算 |

混凝土构件钢筋用量表　　　　表2-1-3

| 构件名称 | | 构 造 柱 | 内 圈 梁 | 外 圈 梁 及 挑 檐 | 合计（m） |
|---|---|---|---|---|---|
| 钢筋长度/m | φ12 | $l_d = 0.42$<br>$(4.1 + 1.2 - 0.06 + 3 \times 0.012)$<br>$\times 4 \times 6\text{m} = 126.62\text{m}$<br>[说明]<br>①$l_d$——搭接长度；<br>$b$——构造柱的根数。<br>$4.1 + 1.2 - 0.06 + 3 \times 0.012$<br>= 构造柱总长 - 保护层厚度 + $3d$<br>（$3d$为弯钩增加长度）。<br>②一般螺纹钢筋，焊接网片及焊接骨架可不必弯钩。对于光圆钢筋为了提高钢筋与混凝土的粘结力，两端要弯钩。其弯钩形式有半圆弯钩、直弯钩、斜弯钩三种，其弯钩增长值分别为6.25$d$、3$d$、49$d$。<br>注：考虑到操作要求长度，φ6箍筋的弯钩长度单头按40mm计算，双尖按80mm计算；φ8箍筋的弯钩长度单头按50mm计算、双头按100mm计算 | $(11.22 + 0.42 + 0.42 \times 4) \times 4\text{m} = 53.28\text{m}$<br>[说明]<br>$11.22 = (8.1 - 0.24) + (3.6 - 0.24)$ 为内圈梁净长<br>$0.42 \times 4 \times 4$ 为内圈梁的总锚固长度 | ①$[2 \times (10.8 + 0.42) + 0.42 \times 4] \times 4\text{m} = 96.48\text{m}$<br>[说明]<br>$10.8 \times 2$——4-4剖面外圈梁的净长；<br>$2 \times 0.42$——4-4剖面外圈梁的搭接长度。<br>②$[(8.1 + 0.42) \times 2 + 0.42 \times 4] \times 6\text{m} = 112.32\text{m}$<br>[说明]<br>$8.1 \times 2$——5-5剖面外圈梁的净长；<br>$0.42 \times 2$——5-5剖面外圈梁的搭接长度 | 388.7 |

续表

| 构件名称 | | 构造柱 | 内圈梁 | 外圈梁及挑檐 | 合计(m) |
|---|---|---|---|---|---|
| 钢筋长度/m | φ8 | | | ③ $[2 \times (0.21+0.37)+0.08] \times \left(\dfrac{10.8}{0.2}+1\right) \times 2\text{m} = 136.4\text{m}$<br>[说明]:<br>　　查看结施（五）<br>$\left(\dfrac{10.8}{0.2}+1\right) \times 2$ 为 φ8@200 的箍筋根数。<br>$2 \times (0.21+0.37)+0.08$——一个箍筋的长度。<br>④ $[(0.84-0.045+0.3-0.03)+(0.1+3.0\times0.008)] \times \left(\dfrac{10.8}{0.2}+1\right) \times 2\text{m} = 130.79\text{m}$<br>[说明]<br>$\left(\dfrac{10.8}{0.2}+1\right) \times 2$——φ8@200 的总根数。<br>$0.84 = 0.60+0.24$<br>$0.045$、$0.03$——两端保护层的厚度。<br>$3 \times 0.008 = 3d$——末端弯钩增长值。<br>⑤ $[(0.37+0.21) \times 2+0.23+0.09+0.1] \times \left(\dfrac{8.1}{0.2}+1\right) \times 2\text{m} = 131.14\text{m}$<br>[说明]<br>　　a. 考虑到操作要求长度，φ8 箍筋的弯钩长度单头按 0.05 计算，双头按 0.1m 计算，这就是式中 0.1 的来历。<br>　　b. $(0.37+0.21) \times 2+0.23+0.09+0.1$ 为一个 φ8@200 箍筋的长。<br>　　c. $\left(\dfrac{8.1}{0.2}+1\right) \times 2$ 为 φ8@200 箍筋的总根数。<br>⑥ $(0.37+0.72+0.3-0.045-0.03+0.1+3\times0.008) \times \left(\dfrac{8.1}{0.2}+1\right) \times 2\text{m} = 118.77\text{m}$<br>[说明]<br>$\left(\dfrac{8.1}{0.2}+1\right) \times 2$ 为总个数。<br>$0.72 = 0.60+0.12$<br>$3 \times 0.008 = 3d$——末端弯钩增长值。<br>$0.045$、$0.03$——保护层厚度。<br>⑦ $1.95 \times 5 \times 4\text{m} = 38.4\text{m}$ | 555.5 |

续表

| 构件名称 | | 构造柱 | 内圈梁 | 外圈梁及挑檐 | 合计(m) |
|---|---|---|---|---|---|
| 钢筋长度/m | $\phi 6$ | $[(0.24-0.03)\times 4+0.08]$ $\times\left(\dfrac{5.3-0.25}{0.2}+1\right)\times 6\mathrm{m}$ $=144.9\mathrm{m}$ [说明] ①考虑到操作要求长度，$\phi 6$箍筋的弯钩长度单头按40mm计算，双头按80mm计算；这就是式中0.08的来历。 ②0.03—保护层厚度 $[(0.24-0.03)\times 4+0.08]$ ——一个箍筋的长度。 $\left(\dfrac{5.3-0.25}{0.2}+1\right)\times 6$——箍筋的总个数 | $[2\times(0.25+0.24)+0.08-0.12]\times$ $\left(\dfrac{11.22}{0.2}+1\right)$ $=53.67$（m） [说明] ① $11.22=(8.1-0.24)+(3.6-0.24)$ $\dfrac{11.22}{0.2}+1$——箍筋的个数。 ②钢筋长=箍筋个数×1个箍筋的长=箍筋个数×（梁截面周长-保护层厚度+弯钩增加值）。 0.08为弯钩增加值 | ⑧$(14.24-0.03+0.075+0.210)\times 6\times 2\mathrm{m}=149.94\mathrm{m}$ $14.24=10.8+0.24+0.6+0.6$ ⑨$(9.54-0.03+0.075+0.210)\times 6\times 2\mathrm{m}=117.54\mathrm{m}$ $9.54=8.1+0.24+0.6+0.6$ | 466.05 |

| 构件名称 | | 矩形梁 L-1 | 矩形梁 L-2 | 独立柱 2 | 合计(m) |
|---|---|---|---|---|---|
| 钢筋长度/m | $\phi 20$ | ② $2.5\times 2\mathrm{m}=5\mathrm{m}$ | ③ $2\times 1=2$（m） | | 7 |
| | $\phi 18$ | $l_d=0.63$ ① $(8.34-0.05+0.3\times 2+0.63)\times 4=36.88$ [说明] $8.34=8.10+0.24$ 0.05—保护层厚度 $0.3\times 2$——根$\phi 18$的钢筋两端直弯钩增加长度 | ① $(7.44-0.05+0.3\times 2)\times 3=23.07$（m） [说明] $7.44=3.6+3.6+0.24$ 0.05—保护层厚度 $0.3\times 2$——根$\phi 8$的钢筋两端直弯钩增加长度 | $(5.8+0.7-0.06+3.0\times 0.018)\times 4\mathrm{m}=25.98\mathrm{m}$ [说明] $3\times 0.018=3d$——为末端弯90°的弯钩增加长度 | 85.93 |
| | $\phi 12$ | $l_d=0.42$ ② $(8.34-0.05+0.42)\times 2\mathrm{m}=17.42\mathrm{m}$ [说明] 查看结施图（二） | ② $(7.44-0.05)\times 2=14.78$ | | 32.2 |
| | $\phi 8$ | ④ $[2\times(0.47+0.22)+0.08]$ $\times\left(\dfrac{8.24-2.5}{0.2}\right)\mathrm{m}=42.63\mathrm{m}$ [说明] $8.34=8.1+0.24$ $0.47=0.50-0.03$（0.03为上下两层保护层的厚度） $0.22=0.250-0.03$（0.03为上下两层保护层的厚度） 0.08——箍筋末端弯钩增加长度 | ④ $[2\times(0.37+0.22)+0.08]\times\left(\dfrac{5.44}{0.2}+\dfrac{2}{0.1}+1\right)\mathrm{m}$ $=60.73\mathrm{m}$ [说明] 查看结施图（二） $[2\times(0.37+0.22)+0.08]$——一个箍筋的长度。 $\left(\dfrac{5.44}{0.2}+\dfrac{2}{0.1}+1\right)$——箍筋的总个数 | | 141.32 |
| | $\phi 6$ | | | $(0.37\times 4+0.08)\times$ $\left(\dfrac{0.65}{0.1}+\dfrac{5.1-0.65}{0.2}+1\right)\mathrm{m}$ $=46.41\mathrm{m}$ [说明] $0.37=0.40-0.03$（0.03为保护层的厚度）。 $(0.37\times 4+0.08)$——一个箍筋的长 $\left(\dfrac{0.65}{0.1}+\dfrac{5.1-0.65}{0.2}+1\right)$——箍筋的总个数 | 46.41 |

续表

| 构件名称 | | 雨　　篷 | C20 地圈梁 | 合计(m) |
|---|---|---|---|---|
| 钢筋长度/m | $\phi 22$ | ① $(3.24-0.05)\times 4 = 12.76$<br>[说明]<br>　0.05——保护层厚度。<br>　$(3.24-0.05)$——一根 $\phi 22$ 钢筋的净长 | | 12.76 |
| | $\phi 10$ | ③ $(0.45+0.85-0.045+0.3+0.125-0.03+3.0\times 0.01)\times\left(\dfrac{3.24}{0.15}+1\right)=37.97$<br>[说明]<br>　$0.85=0.25+0.60$<br>　$0.3=0.07+0.23$<br>　$3\times 0.01=3d$<br>　$\left(\dfrac{3.24}{0.15}+1\right)$——$\phi 10$ 钢筋的根数 | | 37.97 |
| | $\phi 6$ | ② $(3.24-0.03+0.27\times 2+12.5\times 0.006)\times\left(\dfrac{0.6}{0.2}+1\right)+(3.24-0.03+0.58\times 2+12.5\times 0.006)\times\left(\dfrac{0.3}{0.2}+1\right)$ m<br>$=26.41$m | $\left(\dfrac{49.5}{0.2}+1\right)\times[(0.22+0.21)\times 2+0.08]$ m<br>$=233.59$m<br>[说明]<br>　查看"结施图（三）"。<br>　$(0.22+0.21)\times 2+0.08$——一根箍筋的净长。<br>　$0.22=0.25-0.03$<br>　$0.21=0.24-0.03$ | 260.0 |
| | $\phi 8$ | ② $[(0.47+0.22)\times 2+0.08]\times\left(\dfrac{3.24}{0.2}+1\right)$<br>$=25.11$<br>[说明]<br>　$\dfrac{3.24}{0.2}+1$——箍筋的根数。<br>　$(0.47+0.22)\times 2+0.08$<br>$=[(0.50-0.03)+(0.25-0.03)]\times 2+0.08$<br>　0.08——箍筋末端弯钩增加长 | | 25.11 |
| | $\phi 12$ | | 地圈梁总长度 49.5m,<br>①$4\phi 12$: $[49.5+(0.42\times 6)]\times 4=208.08$<br>[说明]<br>　0.42——搭接长度 | 208.08 |

续表

预制过梁钢筋表

| 构件及编号 | 钢筋长度 | | |
|---|---|---|---|
| | $\phi 12$ | $\phi 8$ | $\phi 6$ |
| GL-1 6根 | | $(2-0.03+12.5\times 0.008)\times 2 \times 6m=24.84m$ [说明] 6——过梁的数量。 $12.5\times 0.008=12.5d$——末端弯180°时弯钩增长值。 2——过梁1的长。 0.03——保护层厚度 | $(0.24-0.03)\times\left(\dfrac{2}{0.25}+1\right)\times 6m=11.34m$ [说明] $(0.24-0.03)$——一根 $\phi 6@250$ 筋的净长 |
| GL-2 2根 | | $(1.5-0.03+12.5\times 0.008)\times 2\times 2m=6.28m$ | $(0.24-0.03)\times\left(\dfrac{1.5}{0.25}+1\right)\times 2m=2.94m$ |
| GL-3 1根 | $(2.9-0.03+12.5\times 0.012)\times 2\times 1m=6.04m$ | | $(2.9-0.03+12.5\times 0.006)\times 2m=5.89m$ [$2\times(0.24+0.18)-0.04$]$\times\left(\dfrac{2.9}{0.2}+1\right)m=12.4m$ |
| 过梁合计 [说明] 1.007—预制构件制件工程量系数 | $6.04\times 1.007m=6.08m$ | $31.12\times 1.007m=31.34m$ | $32.57\times 1.007m=32.8m$ |
| 过梁钢筋重量 | $(6.09\times 0.888+31.34\times 0.395+32.8\times 0.222)kg=25.1kg$ | | |

工程量汇总表　　　　　　　　　　　　　　　表 2-1-4

| 序号 | 分项工程名称 | 单位 | 工程量 |
|---|---|---|---|
| 一、 | 钢筋重量汇总（现浇部分） | | |
| | $\phi 6$：$(260+46.41+466.05)\times 0.222=772.46\times 0.222$ | kg | 171.49 |
| | $\phi 8$：$(555.5+141.32+25.11)\times 0.395=721.93\times 0.395$ | kg | 285.16 |
| | $\phi 10$：$37.97\times 0.617$ | kg | 23.43 |
| | $\phi 12$：$(208.08+388.7+32.2)\times 0.888=628.98\times 0.888$ | kg | 558.53 |
| | $\phi 18$：$85.93\times 1.999$ | kg | 171.77 |
| | $\phi 20$：$7\times 2.466$ | kg | 17.26 |
| | $\phi 22$：$12.76\times 2.984$ | kg | 38.08 |
| | 合计 | kg | 1265.74 |
| 二、 | 土石方工程 | | |
| 1 | 人工挖沟槽（三、四类土） | m³ | 100.358 |
| 2 | 人工挖地坑（三、四类土） | m³ | 19.153 |
| 3 | 基础回填土 | m³ | 71.7 |
| 4 | 室内回填土 | m³ | 5.62 |
| 5 | 平整场地 | m² | 185.59 |
| 6 | C20 地圈梁 | m³ | 2.94 |
| 7 | 余土外运 1km | m³ | 53.48 |

续表

| 序 号 | | 分项工程名称 | 单 位 | 工程量 |
|---|---|---|---|---|
| 三、 | | 砖石工程 | | |
| | 1 | 砖基础 | m³ | 17.474 |
| | 2 | 砖砌内墙 | m³ | 8.58 |
| | 3 | 砖砌外墙 | m³ | 29.269 |
| 四、 | | 混凝土及钢筋混凝土工程 | | |
| | 1 | 独立柱基础 | m³ | 2.083 |
| | 2 | 独立柱（断面周长小于1800mm） | m³ | 0.816 |
| | 3 | 构造柱 | m³ | 1.42 |
| | 4 | 圈梁 | m³ | 4.01 |
| | 5 | 矩形梁 | m³ | 1.70 |
| | 6 | 现浇挑檐 | m³ | 2.55 |
| | 7 | 现浇雨篷 | m² | 1.944 |
| | 8 | C20现浇雨篷过梁 | m³ | 0.405 |
| | 9 | 预制过梁 | m³ | 0.569 |
| | 10 | 预制构件钢筋 | t | 0.0251 |
| | 11 | 预应力空心板制作 | m³ | 6.139 |
| | 12 | （预应力空心板）钢筋 | t | 0.5598 |
| 五、 | | 构件运输与安装 | | |
| | 1 | Ⅱ类构件15km运输（预应力空心板） | m³ | 6.127 |
| | 2 | 预应力空心板安装 | m³ | 6.078 |
| | 3 | 过梁安装 | m³ | 0.564 |
| 六、 | | 木作工程 | | |
| | 1 | 单层玻璃窗 | m² | 5.04 |
| | 2 | 一玻一纱窗 | m² | 15.75 |
| | 3 | 半坡镶板门 | m² | 6.2 |
| | 4 | 平开单层镶板门 | m² | 9.3 |
| | 5 | 门窗贴脸制安 | m | 67.6 |
| 七、 | | 楼地面工程 | | |
| | 1 | 450mm厚C15垫层 | m³ | 26.87 |
| | 2 | 独立柱C10混凝土垫层 | m³ | 0.53 |
| | 3 | 混凝土垫层水泥砂浆地面（1:2） | m² | 82.83 |
| | 4 | 混凝土台阶 | m² | 1.08 |
| | 5 | 200mm厚C15散水 | m² | 39.16 |
| 八、 | | 屋面工程 | | |
| | 1 | 结构层上找平层 | m² | 114.17 |
| | 2 | 珍珠岩保温找坡层（10cm） | m³ | 11.677 |
| | 3 | 填充料上找平层 | m² | 114.17 |
| | 4 | 二毡三油一砂卷材防水层 | m² | 127.66 |
| | 5 | 增加一毡一油卷材防水层 | m² | 127.66 |
| | 6 | DN100铸铁水落管 | m | 16.88 |
| 九、 | | 抹灰工程 | | |
| | 1 | 内墙面石灰砂浆、纸筋灰两遍 | m² | 206.52 |
| | 2 | 混凝土柱石灰、纸筋灰砂浆两遍 | m² | 6.16 |
| | 3 | 石灰、纸筋灰砂浆抹预制板顶棚 | m² | 85.78 |
| | 4 | 石灰、纸筋灰砂浆抹现浇板顶棚 | m² | 26.64 |
| | 5 | 豆石水刷石外墙裙 | m² | 41.57 |
| | 6 | 普通水泥白石子水刷石外墙 | m² | 110.90 |
| | 7 | 普通水泥白石子水刷石零星项目 | m² | 18.398 |
| 十、 | | 脚手架工程 | m² | 92.07 |

## 编 制 说 明

表 2-1-5

| 编制说明 | 施工图号 | 建施图（一）、（二），结施图（一）、（二）、（三）、（四）、（五） |
|---|---|---|
| | 合　　同 | 1996-4-015 号 |
| | 使用定额 | 全国统一基础定额 |
| | 材料价格 | 重庆市 1996 年 5 月指导价、重庆市 1995 年《建筑安装工程材料预算价格》 |
| | 其　　他 | 施工企业为一级取费证，本工程为五类建筑工程，本工程不含远地施工增加费和施工队伍迁移费 |

说明：1. 本预算中有关费率为：财务费 1.24%，劳动保险费为 4.2%，计划利润 10%；其他直接费率 3.46%，临时设施费率 2.2%，现场管理费率 2.39%；企业管理费率 4.55%，定额管理费 1.8‰（定额管理费 1.3‰加劳动定额测定费 0.5‰）。

2. 材料价差按重建委［1995］323 号文件规定调整；分区价差按重庆市 1995 年《建筑安装材料预算价格》规定调整；三材价差按 1996 年 5 月份重庆市建委颁发的"指导结算价"调整，即按重建委发［1996］153 号文规定调整。钢材统一按综合指导价计算。

3. 本预算不含墙体抗震加固费用；本预算余土外运只考虑了现场范围内 1km 以内费用，未包括场外运输及弃土费用；过桥费、过路费、超标排污费等允许按实计算费用未列入；本预算只含土建部分，未计装饰、水电安装的工程内容。

4. 本预算仅作教学实例，有争议时，以工程造价管理部门解释为准。

5. 本预算未包括部分，发生时按规定在结算时计取。

## 工 程 费 用 表

表 2-1-6

| 序　号 | 费 用 名 称 | 计 算 式 | 金　额（元） |
|---|---|---|---|
| A11 | 定额直接费 | | 43022 |
| A12 | 定额人工费 | | 7623 |
| A13 | 定额材料费 | | 31507 |
| A14 | 定额机械费 | | 3891 |
| A121 | 地区工资类别调整 | $A12 \times 0.127$ | 968 |
| A15 | 定额直接费小计 | $A11 + A121$ | 43990 |
| A16 | 其他直接费 | $A15 \times 3.46\%$ | 1522 |
| A17 | 临时设施费 | $A15 \times 2.20\%$ | 968 |
| A18 | 现场管理费 | $A15 \times 2.39\%$ | 1051 |
| A1 | 直接工程费 | $A15 + A16 + A17 + A18$ | 47531 |
| A21 | 分区材料价差 | | -544 |
| A22 | 成渝材料价差 | | 6431 |
| A23 | 单项材料价差 | | 3838 |
| A24 | 施工图预算包干费 | $A15 \times 1.50\%$ | 660 |
| A2 | 其他直接工程费 | $A21 + A22 + A23 + A24$ | 10385 |
| A | 直接费 | $A1 + A2$ | 57916 |
| B1 | 企业管理费 | $A1 \times 4.55\%$ | 2163 |
| B2 | 财务费用 | $A1 \times 1.24\%$ | 589 |
| B3 | 劳动保险费 | $A1 \times 4.20\%$ | 1996 |
| B4 | 远地施工增加费 | $A1 \times 0$ | 0 |
| B5 | 施工队伍迁移费 | $A1 \times 0$ | 0 |
| B | 间接费 | $B1 + B2 + B3 + B4 + B5$ | 4748 |
| C | 计划利润 | $(A1 + B) \times 10\%$ | 5228 |
| D | 按规定允许按实计算的费用 | | 0 |
| E | 定额管理费 | $(A + B + C + D) \times 1.80‰$ | 122 |
| F1 | 钢筋混凝土预制构件增值税 | 预制构件制作费 $\times 10.00\%$ | 384 |
| F2 | 金属构件增值税 | 金属构件制安费 $\times 7.50\%$ | 0 |
| F3 | 木构件增值税 | 木门窗制作费 $\times 8.50\%$ | 157 |
| F4 | 构件增值税合计 | $F1 + F2 + F3$ | 541 |
| F5 | 营业税 | $(A + B + C + D + E) \times 3.56\%$ | 2421 |
| F | 税金 | $F4 + F5$ | 2963 |
| G | 工图资料整理费 | $(A + B + C + E + F) \times 0$ | 0 |
| H | 工程造价 | $A + B + C + D + E + F + G$ | 70977 |

三 材 汇 总 表　　　　　表2-1-7

| 材料名称 | 单位 | 工程直接耗用量 | 工程摊销用量 ||||| 合计 | 单位用量 | 工程特征说明 |
|---|---|---|---|---|---|---|---|---|---|---|
| | | | 脚手架摊销量 | 模板摊销量 金额(万元) 0.1789 || 临设摊销量 金额(万元) 0.0968 || | | |
| | | | | 每万元摊销量 | 小计 | 每万元摊销量 | 小计 | | | |
| 钢材 | t | 1.951 | 0.047 | 1.5 | 0.268 | 0.7 | 0.068 | 2.334 | 0.025350 | |
| 原木 | m³ | 0.14000 | | 6.79 | 1.21450 | 1.4 | 0.13550 | 1.49000 | 0.01618334 | |
| 锯材 | m³ | 2.29500 | | | | | | 2.29500 | 0.02492669 | |
| 水泥 | t | 33.444 | | | | 2.5 | 0.242 | 33.686 | 0.36587 | |

单 项 材 料 价 差　　　　　表2-1-8

| 编号 | 工料名称 | 单位 | 数量 | 基价(元) | 调整价(元) | 单价差(元) | 复价差(元) | 备注 |
|---|---|---|---|---|---|---|---|---|
| 2 | 水泥（22.5级） | t | 23.972 | 300.000 | 255.000 | 20.439 | 489.964 | |
| 3 | 水泥（32.5级）（含摊销水泥） | t | 9.710 | 300.000 | 345.000 | 113.611 | 1103.163 | |
| 4 | 水泥（42.5级） | t | 0.004 | 300.000 | 375.000 | 144.669 | 0.579 | |
| 6 | 钢筋（光圆、螺纹） | t | 1.935 | 0.000 | 2880.000 | 200.544 | 388.053 | |
| 7 | 型钢（角、槽、板等） | t | 0.016 | 0.000 | 2880.000 | 200.544 | 3.209 | |
| 8 | 脚手架钢材 | t | 0.047 | 3800.000 | 2880.000 | 200.544 | 9.426 | |
| 9 | 模板摊销钢材 | t | 0.268 | 3800.000 | 2880.000 | 200.544 | 53.746 | |
| 10 | 临设摊销钢材 | t | 0.068 | 2800.000 | 2880.000 | 200.544 | 13.637 | |
| 11 | 原木（含摊销材） | m³ | 5.133 | 500.000 | 800.000 | 345.989 | 1775.962 | |
| | 合　计 | | | | | | 3837.739 | |

分 区 材 料 价 差　　　　　表2-1-9

| 编号 | 工料名称 | 单位 | 数量 | 基价(元) | 单价差(元) | 采管费系数 | 复价差(元) | 备注 |
|---|---|---|---|---|---|---|---|---|
| 1 | 页岩砖 | 千匹 | 29.046 | 0.000 | -15.790 | 1.030 | -472.395 | 含采管费3% |
| 6 | 坚碎石（综合） | t | 9.330 | 0.000 | -2.570 | 1.030 | -24.697 | 含采管费3% |
| 8 | 卵石（0.5cm~1cm,0.5cm~2cm） | t | 10.543 | 0.000 | 2.300 | 1.030 | 24.976 | 含采管费3% |
| 9 | 卵石（0.5cm~4cm） | t | 49.518 | 0.000 | -2.010 | 1.030 | -102.517 | 含采管费3% |
| 10 | 水泥（含摊销材） | t | 33.686 | 300.000 | 1.300 | 1.025 | 44.887 | 含采管费2.5% |
| 11 | 成材（含摊销材） | m³ | 3.234 | 800.000 | -1.540 | 1.025 | -5.105 | 含采管费2.5% |
| 12 | 圆钢、小型型钢（包括摊销材） | t | 2.334 | 2800.000 | -3.750 | 1.025 | -8.971 | 含采管费2.5% |
| | 合　计 | | | | | | -543.822 | |

成 渝 材 料 价 差　　　　　表2-1-10

| 编号 | 工料名称 | 单位 | 数量 | 基价(元) | 调整价(元) | 单价差(元) | 复价差(元) | 备注 |
|---|---|---|---|---|---|---|---|---|
| 1 | 页岩砖 | 千匹 | 29.046 | 140.000 | 0.000 | 113.800 | 3305.435 | |
| 6 | 生石灰 | t | 0.014 | 0.000 | 0.000 | 4.820 | 0.067 | |
| 7 | 石灰膏 | m³ | 3.899 | 90.000 | 0.000 | -19.910 | -77.629 | |
| 8 | 特细砂 | t | 58.656 | 0.000 | 0.000 | 6.680 | 391.822 | |

续表

| 编号 | 工料名称 | 单位 | 数量 | 基价（元） | 调整价（元） | 单价差（元） | 复价差（元） | 备注 |
|---|---|---|---|---|---|---|---|---|
| 9 | 细砂模数 $\mu_f=0.9\sim1.5$ | t | 0.225 | 0.000 | 0.000 | 36.980 | 8.320 | |
| 10 | 粗砂（中砂）德阳砂 | t | 0.744 | 0.000 | 0.000 | 71.720 | 53.360 | |
| 12 | 绿豆砂（0.2～0.5cm） | t | 0.944 | 0.000 | 0.000 | 24.670 | 23.288 | |
| 13 | 卵石（0.5～1cm） | t | 1.068 | 0.000 | 0.000 | 26.520 | 28.323 | |
| 14 | 卵石（0.5～2cm） | t | 9.475 | 0.000 | 0.000 | 27.520 | 260.752 | |
| 15 | 卵石（0.5～4cm） | t | 49.518 | 0.000 | 0.000 | 18.690 | 925.491 | |
| 16 | 卵石（2～8cm） | t | 16.318 | 0.000 | 0.000 | 17.740 | 289.481 | |
| 18 | 碎石（0.5～1cm） | t | 8.501 | 0.000 | 0.000 | 12.090 | 102.777 | |
| 20 | 碎石（0.5～4cm） | t | 0.829 | 0.000 | 0.000 | 12.370 | 10.255 | |
| 25 | 白石子（二、三、四粗） | t | 2.036 | 0.000 | 0.000 | 35.700 | 72.685 | |
| 29 | 铸铁水落管 $DN100$ 长 1500mm 内 | m | 18.062 | 15.000 | 0.000 | 21.680 | 391.584 | |
| 34 | 电焊条 | t | 0.006 | 0.000 | 0.000 | −0.458 | −0.003 | |
| 39 | 其他材料费（价差） | 元 | 43021.540 | 0.000 | 0.000 | 0.015 | 645.323 | |
| | 合　计 | | | | | | 6431.331 | |

定额直接费及主要材料汇总表　　表 2-1-11

| 编号 | 工料名称 | 单位 | 数量 | 编号 | 工料名称 | 单位 | 数量 |
|---|---|---|---|---|---|---|---|
| 1 | 定额直接费 | 元 | 43964.65 | 19 | 卵石（0.5cm～1cm） | t | 1.068 |
| 2 | 定额人工费 | 元 | 7734.73 | 20 | 卵石（0.5cm～2cm） | t | 9.475 |
| 3 | 定额材料费 | 元 | 31507.050 | 21 | 卵石（2cm～8cm） | t | 16.318 |
| 4 | 定额机械费 | 元 | 3921.89 | 23 | 碎石（0.5cm～1cm） | t | 8.501 |
| 5 | 白石子（二、三、四粗） | t | 2.036 | 25 | 碎石（0.5cm～4cm） | t | 0.829 |
| 6 | 生石灰 | t | 0.014 | 29 | 其他材料费（价差） | 元 | 43021.540 |
| 7 | 建筑面积 | m² | 92.070 | 30 | 电焊条 | t | 0.006 |
| 8 | 卵石（0.5～1cm，0.5～2cm） | t | 10.543 | 31 | 钢筋 | t | 1.935 |
| 9 | 卵石（0.5～4cm） | t | 49.518 | 32 | 脚手架钢材 | t | 0.047 |
| 10 | 水泥 | t | 33.444 | 33 | 模板摊销钢材 | t | 0.268 |
| 11 | 成材 | m³ | 2.295 | 34 | 工程原木 | m³ | 0.140 |
| 12 | 页岩砖 | 千匹 | 29.046 | 35 | 水泥（22.5级） | t | 23.972 |
| 14 | 特细砂 | t | 58.656 | 36 | 水泥（32.5级）（含摊销水泥） | t | 9.710 |
| 15 | 坚碎石（综合） | t | 9.330 | 37 | 水泥（42.5级） | t | 0.004 |
| 16 | 细砂(吨)模数 $\mu_f=0.9\sim1.5$ | t | 0.225 | 40 | 预制构件制作费 | 元 | 3838.193 |
| 17 | 粗砂（中砂）德阳砂 | t | 0.744 | 42 | 木门窗制作费 | 元 | 1851.971 |
| 18 | 绿豆砂（0.2～0.5cm） | t | 0.944 | 43 | 型钢（角、槽、板等） | t | 0.016 |

表 2-1-12

## 工程计价及材料分析表

| 序号 | 定额编号 | 项目名称 | 单位 | 工程量 | 定额基价 元 | 其中:人工费 元 | 其中:机械费 元 | 柴油 kg | | | |
|---|---|---|---|---|---|---|---|---|---|---|---|
| | | 工石方部分 | | | | | | | | | |
| 1 | 1A0003 | 人工挖沟槽、基坑(深度2m以内) | 100m³ | 1.1951 | 771.94 | 771.94 | | | | | |
| | | | | | 922.55 | 922.55 | | | | | |
| 2 | 1A0025 | 人工回填土(夯填) | 100m³ | 0.7732 | 413.72 | 192.28 | 220.82 | | | | |
| | | | | | 319.89 | 148.67 | 170.74 | | | | |
| 3 | 1A0027 | 人工平整场地 | 100m² | 1.8559 | 34.34 | 34.34 | | | | | |
| | | | | | 63.73 | 63.73 | | | | | |
| 4 | 1A0042 | 机械挖运土方运距1000m以内(运程500m以上) | 1000m³ | 0.0535 | 11146.92 | 483.93 | 10659.63 | 1026.037 | | | |
| | | | | | 596.36 | 25.89 | 570.29 | 54.893 | | | |
| | | 分部小计 | | | 1902.53 | 1160.84 | 741.03 | 54.89 | | | |

| 序号 | 定额编号 | 项目名称 | 单位 | 工程量 | 定额基价 元 | 其中:人工费 元 | 其中:机械费 元 | 红(青)砖 千匹 | 水泥32.5级 kg | 特细砂 m³ | |
|---|---|---|---|---|---|---|---|---|---|---|---|
| | | 砌体部分 | | | | | | | | | |
| 5 | 1C0008 | 砖基础水泥砂浆M5 | 10m³ | 1.7470 | 1191.53 | 148.24 | 4.78 | 5.230 | 797.680 | 2.640 | |
| | | | | | 2081.60 | 258.98 | 8.35 | 9.137 | 1393.547 | 4.612 | |
| 6 | 1C0018 | 一般砖墙混合砂浆(特细砂)M5 | 10m³ | 3.7850 | 1285.14 | 191.84 | 100.71 | 5.260 | 539.840 | 2.330 | |
| | | | | | 4864.25 | 726.11 | 381.19 | 19.909 | 2043.294 | 8.819 | |
| | | 分部小计 | | | 6945.85 | 985.09 | 389.54 | 29.05 | 3436.84 | 13.43 | |

| 序号 | 定额编号 | 项目名称 | 单位 | 工程量 | 定额基价 元 | 其中:人工费 元 | 其中:机械费 元 | | | | |
|---|---|---|---|---|---|---|---|---|---|---|---|
| | | 脚手架部分 | | | | | | | | | |
| 7 | 1D0001 | 综合脚手架单层建筑(檐口高度6m以内) | 100m² | 0.9207 | 262.90 | 40.33 | 21.47 | | | | |
| | | | | | 242.05 | 37.13 | 19.77 | | | | |
| | | 分部小计 | | | 242.05 | 37.13 | 19.77 | | | | |

120

续表

| 序号 | 定额编号 | 项目名称 | 单位 | 工程量 | 定额基价 元 | 其中:人工费 元 | 其中:机械费 元 | 水泥(22.5级) kg | 特细砂 m³ | 砾石(5~40mm) m³ | 砾石(20~80mm) m³ | 水泥(32.5级) kg | 砾石(5~20mm) m³ | 碎石(5~40mm) m³ | 碎石(5~10mm) m³ | 柴油 kg | 水泥(42.5级) kg | 中砂 m³ | 砾石(5~10mm) m³ |
|---|---|---|---|---|---|---|---|---|---|---|---|---|---|---|---|---|---|---|---|
| | | 混凝土及钢筋混凝土部分 | | | | | | | | | | | | | | | | | |
| 8 | 1E0007 | 基础C15垫层 | 10m³ | 2.687 | 2148.08 | 243.94 | 131.50 | 3565.000 | 3.360 | 6.620 | 3.620 | | | | | | | | |
| | | | | | 5771.89 | 655.47 | 353.34 | 9579.16 | 9.028 | 17.788 | 9.727 | | | | | | | | |
| 9 | 1E0008 | 基础C20 | 10m³ | 0.2083 | 2113.35 | 243.93 | 131.49 | | 3.471 | 6.620 | 3.620 | 3440.00 | | | | | | | |
| | | | | | 440.21 | 50.81 | 27.39 | | 0.723 | 1.379 | 0.754 | 716.552 | | | | | | | |
| 10 | 1E0057 | 现浇矩形柱C20 | 10m³ | 0.0816 | 3031.37 | 562.01 | 393.87 | | 3.260 | 10.184 | | 3593.002 | | | | | | | |
| | | | | | 247.36 | 45.86 | 32.14 | | 0.266 | 0.831 | | 293.189 | | | | | | | |
| 11 | 1E0082 | 现浇圈梁C20 | 10m³ | 0.6950 | 3309.63 | 647.78 | 395.44 | | 3.260 | 10.180 | | 3593.00 | | | | | | | |
| | | | | | 2300.19 | 450.21 | 274.83 | | 2.266 | 7.075 | | 2497.135 | | | | | | | |
| 12 | 1E0071 | 现浇构造柱C20 | 10m³ | 0.1420 | 3886.69 | 944.08 | 446.13 | | 3.261 | 10.183 | | 3593.00 | | | | | | | |
| | | | | | 551.91 | 134.06 | 63.35 | | 0.463 | 1.446 | | 510.206 | | | | | | | |
| 13 | 1E0089 | 现浇梁C20 | 10m³ | 0.1700 | 3998.41 | 679.82 | 399.71 | | 3.259 | 10.182 | | 3593.00 | | | | | | | |
| | | | | | 679.73 | 115.57 | 67.95 | | 0.554 | 1.731 | | 610.810 | | | | | | | |
| 14 | 1E0150 | 现浇挑檐板C20 | 10m² | 0.2550 | 4199.61 | 882.67 | 650.00 | | 3.071 | | | 3816.000 | 10.020 | | | | | | |
| | | | | | 1070.90 | 225.08 | 165.75 | | 0.783 | | | 973.080 | 2.555 | | | | | | |
| 15 | 1E0159 | 现浇雨蓬C20 | 10m³ | 0.1944 | 440.59 | 106.07 | 62.45 | | 0.231 | | | 282.001 | 0.741 | | | | | | |
| | | | | | 85.65 | 20.62 | 12.14 | | 0.045 | | | 54.821 | 0.144 | | | | | | |
| 16 | 1E0082 | 现浇雨蓬过梁C20 | 10m³ | 0.0405 | 3309.63 | 647.90 | 395.56 | | 3.259 | 10.173 | | 3592.988 | | | | | | | |
| | | | | | 134.04 | 26.24 | 16.02 | | 0.132 | 0.412 | | 145.516 | | | | | | | |

续表

| 序号 | 定额编号 | 项目名称 | 单位 | 工程量 | 定额基价 元 | 其中:人工费 元 | 其中:机械费 kg | 水泥(22.5级) m³ | 特细砂 m³ | 砾石(5~40mm) m³ | 砾石(20~80mm) kg | 水泥(32.5级) m³ | 砾石(5~20mm) m³ | 碎石(5~40mm) m³ | 碎石(5~10mm) kg | 柴油 kg | 水泥(42.5级) m³ | 中砂 m³ | 砾石(5~10mm) |
|---|---|---|---|---|---|---|---|---|---|---|---|---|---|---|---|---|---|---|---|
| 17 | 1D0329 | 现浇构件钢筋制作安装 | t | 1.2657 | 3072.85 | 114.45 | 44.94 | | | | | | | | | | | | |
| 18 | 1D0205 | 预制梁 C20 | 10m³ | 0.0569 | 3889.31 | 144.86 | 56.88 | | | | | | | | | | | | |
| | | | | | 2457.52 | 345.31 | 147.43 | | 4.602 | | | 3420.991 | | 10.124 | | | | | |
| | | | | | 139.83 | 19.65 | 8.39 | | 0.262 | | | 194.65 | | 0.576 | | | | | |
| 19 | 1D0305 | 先张法预应力空心板 C30 | 10m³ | 0.6139 | 2693.81 | 306.08 | 182.07 | | 3.610 | | | 4994.001 | | | 9.550 | | | | |
| | | | | | 1653.73 | 187.90 | 111.77 | | 2.216 | | | 3065.817 | | | 5.863 | | | | |
| 20 | 1D0353 | 预制梁安装、接头灌浆 | 10m³ | 0.0564 | 830.30 | 121.75 | 530.30 | | | | | | | | | 25.080 | 69.002 | 0.071 | 0.143 |
| | | | | | 46.83 | 6.87 | 29.91 | | | | | | | | | 1.415 | 3.892 | 0.004 | 0.008 |
| 21 | 1D0360 | 预制空心板安装、接头灌浆 | 10m³ | 0.6127 | 1184.72 | 256.91 | 542.16 | | | | | 562.001 | | | | 26.430 | | 0.860 | 1.080 |
| | | | | | 725.88 | 157.41 | 332.18 | | | | | 344.338 | | | | 16.194 | | 0.527 | 0.662 |
| 22 | 1D0341 | I类构件运输1km以内 | 10m³ | 0.6078 | 462.43 | 37.62 | 402.35 | | | | | | | | | 29.960 | | | |
| | | | | | 281.06 | 22.87 | 244.55 | | | | | | | | | 18.210 | | | |
| 23 | 1D0342 *3 | I类构件运输30km以内每增加5km | 10m³ | 0.6078 | 556.56 | 49.06 | 507.51 | | | | | | | | | 38.160 | | | |
| | | | | | 338.28 | 29.82 | 308.46 | | | | | | | | | 23.194 | | | |
| 24 | 1D0331 | 先张法预应力钢筋制作安装 | t | 0.5598 | 3510.52 | 257.13 | 216.42 | | | | | | | | | | | | |
| | | | | | 1965.19 | 143.94 | 121.15 | | | | | | | | | | | | |
| 25 | 1D0330 | 预制构件钢筋制作安装 | t | 0.0251 | 3163.35 | 126.69 | 79.28 | | | | | | | | | | | | |
| | | | | | 79.40 | 3.18 | 1.99 | | | | | | | | | | | | |
| 分部小计 | | | | | 20401.39 | 2440.42 | 2228.19 | 9579.16 | 16.738 | 30.662 | 10.481 | 9406.114 | 2.699 | 0.576 | 5.863 | 59.013 | 3.892 | 0.531 | 0.670 |

续表

| 序号 | 定额编号 | 项目名称 | 单位 | 工程量 | 定额基价 元 | 其中:人工费 元 | 其中:机械费 元 | 塑料纱 m² |
|---|---|---|---|---|---|---|---|---|
| | | 单位 | | | | | | |
| | | 门窗部分 | | | | | | |
| 26 | 1G0004 | 一玻一纱窗制作 | 100m² | 0.1575 | 5571.94 | 403.30 | 260.95 | |
| | | | | | 877.58 | 63.52 | 41.10 | |
| 27 | 1G0015 | 一玻一纱窗安装 | 100m² | 0.1575 | 2680.44 | 675.81 | 87.43 | 90.00 |
| | | | | | 422.17 | 106.44 | 13.77 | 14.175 |
| 28 | 1G0001 | 单层玻璃窗制作(框面52cm²以内) | 100m² | 0.0504 | 4044.44 | 277.98 | 183.73 | |
| | | | | | 203.84 | 14.01 | 9.26 | |
| 29 | 1G0013 | 单层玻璃窗安装 | 100m² | 0.0504 | 2002.38 | 408.73 | 53.17 | |
| | | | | | 100.92 | 20.60 | 2.68 | |
| 30 | 1G0036 | 镶板半截玻璃门制作(框断面52cm²以内) | 100m² | 0.0620 | 4018.23 | 288.87 | 138.23 | |
| | | | | | 249.13 | 17.91 | 8.57 | |
| 31 | 1G0086 | 半玻璃板、镶合板门安装 | 100m² | 0.0620 | 1396.45 | 239.84 | 45.65 | |
| | | | | | 86.58 | 14.87 | 2.83 | |
| 32 | 1G0027 | 单层镶板门制作(框断面72cm²以内) | 100m² | 0.0930 | 5606.67 | 408.71 | 163.76 | |
| | | | | | 521.42 | 38.01 | 15.23 | |
| 33 | 1G0080 | 镶板、镶合板门安装 | 100m² | 0.0930 | 938.71 | 279.03 | 46.02 | |
| | | | | | 87.30 | 25.95 | 4.28 | |
| 34 | 1G0146 | 门窗钉贴脸 | 10m | 0.6760 | 149.93 | 15.04 | 8.80 | |
| | | | | | 101.35 | 10.17 | 5.95 | |
| | | 分部小计 | | | 2650.29 | 311.48 | 103.67 | 14.18 |

123

续表

| 序号 | 定额编号 | 项目名称 | 单位 | 工程量 | 定额基价 元 | 其中：人工费 元 | 其中：机械费 元 | 水泥(22.5级) kg | 特细砂 m³ | 砾石(5~40mm) m³ | 砾石(5~20mm) m³ | 水泥(32.5级) kg | 细砂 m³ | 砾石(20~50mm) m³ |
|---|---|---|---|---|---|---|---|---|---|---|---|---|---|---|
| | | 楼地面部分 | | | | | | | | | | | | |
| 35 | 1H0029 | 混凝土垫层（特细砂）C10 | 10m³ | 0.497 | 1616.42 | 163.02 | 38.30 | 3040.000 | 3.679 | 10.132 | | | | |
| | | | | | 803.36 | 81.02 | 19.03 | 1510.82 | 1.83 | 5.04 | | | | |
| 36 | 1H0086 | 楼（地）面水泥砂浆（特细砂）1:2 | 100m² | 0.8283 | 714.23 | 196.85 | 24.51 | 1437.000 | 2.110 | | | | | |
| | | | | | 591.60 | 163.05 | 20.30 | 1190.267 | 1.748 | | | | | |
| 37 | 1H0198 | 墙面排水坡（特细砂）混凝土面厚80mm | 100m² | 0.3916 | 1837.33 | 251.89 | 39.68 | 3520.000 | 2.919 | | 8.090 | | | |
| | | | | | 719.50 | 98.64 | 15.54 | 1378.432 | 1.143 | | 3.168 | | | |
| 38 | 1M0047 | 混凝土台阶踏步（水泥砂浆面） | m² | 1.0800 | 57.34 | 9.83 | 6.19 | 21.740 | | 0.140 | | 43.200 | 0.160 | 0.090 |
| | | | | | 61.93 | 10.62 | 6.69 | 23.479 | | 0.151 | | 46.656 | 0.173 | 0.097 |
| | | 分部小计 | | | 2176.39 | 353.33 | 61.56 | 4103.00 | 4.72 | 5.19 | 3.17 | 46.66 | 0.17 | 0.01 |
| 序号 | 定额编号 | 项目名称 | 单位 | 工程量 | 定额基价 元 | 其中：人工费 元 | 其中：机械费 元 | 水泥(32.5级) kg | 特细砂 m³ | 石油沥青玛碲脂 m³ | | | | |
| | | 屋面部分 | | | | | | | | | | | | |
| 39 | 1H0064 | 水泥砂浆找平层（特细砂）1:2厚度20mm | 100m² | 1.1417 | 602.45 | 141.48 | 22.99 | 1283.000 | 2.110 | | | | | |
| | | | | | 687.82 | 161.53 | 26.25 | 1464.801 | 2.409 | | | | | |
| 40 | 1H0062 | 水泥砂浆找平层（特细砂）1:2厚度20mm | 100m² | 1.1417 | 708.48 | 130.80 | 29.43 | 1607.000 | 2.640 | | | | | |
| | | | | | 808.87 | 149.33 | 33.60 | 1834.712 | 3.014 | | | | | |
| 41 | 1I0080 | 现浇水泥珍珠岩保温层 | 10m³ | 1.1677 | 1276.58 | 125.13 | 38.02 | 1275.000 | | | | | | |
| | | | | | 1490.66 | 146.11 | 44.40 | 1488.817 | | | | | | |

续表

| 序号 | 定额编号 | 项目名称 | 单位 | 工程量 | 定额基价 元 | 其中:人工费 元 | 其中:机械费 元 | 水泥(22.5级) kg | 特细砂 m³ | 石油沥青玛琋脂 m³ | 水泥(32.5级) m³ | kg |
|---|---|---|---|---|---|---|---|---|---|---|---|---|
| 42 | 1I0012 | 柔性屋面三毡三油一砂 | 100m² | 1.2766 | 1330.77 | 95.48 | 39.00 | | | 0.660 | | |
| | | 柔性屋面每增一毡一油 | 100m² | 1.2766 | 1698.86 | 121.89 | 49.79 | | | 0.843 | | |
| 43 | 1I0013 | | 100m² | | 417.37 | 33.25 | 15.97 | | | 0.180 | | |
| | | | 100m² | | 532.81 | 42.45 | 20.39 | | | 0.230 | | |
| 44 | 1I0098 | 屋面铸铁水落管(落水口φ100mm) | 10m | 1.6880 | 273.26 | 48.07 | | | | | 12.620 | |
| | | | | | 461.26 | 81.14 | | | | | 21.303 | |
| | | 分部小计 | | | 5680.28 | 702.45 | 174.43 | 4788.33 | 5.42 | 1.07 | 21.303 | |

| 序号 | 定额编号 | 项目名称 | 单位 | 工程量 | 定额基价 元 | 其中:人工费 元 | 其中:机械费 元 | 水泥(22.5级) kg | 特细砂 m³ | | | |
|---|---|---|---|---|---|---|---|---|---|---|---|---|
| | | 抹灰部分 | | | | | | | | | | |
| 45 | 1K0006 | (特细砂)石灰砂浆抹灰(砖墙) | 100m² | 2.0652 | 405.79 | 220.62 | 37.81 | 13.950 | 2.100 | | | |
| | | | | | 838.04 | 455.62 | 78.09 | 28.810 | 4.377 | | | |
| 46 | 1K0014 | (特细砂)石灰浆抹灰(独立梁柱) | 100m² | 0.0616 | 656.98 | 279.55 | 37.66 | 827.695 | 2.175 | | | |
| | | | | | 40.47 | 17.22 | 2.32 | 50.986 | 0.134 | | | |

续表

| 序号 | 定额编号 | 项目名称 | 单位 | 工程量 | 定额基价 元 | 其中:人工费 元 | 其中:A机械费 元 | 水泥(22.5级) kg | 特细砂 m³ |
|---|---|---|---|---|---|---|---|---|---|
| 47 | 1K0107 | 水刷白石子面(砖墙面) | 100m² | 1.1090 | 1453.59 | 554.16 | 50.84 | 1763.790 | 2.110 |
| | | | | | 1612.03 | 614.56 | 56.38 | 1956.043 | 2.340 |
| 48 | 1K0116 | 水刷豆石墙面墙裙 | 100m² | 0.4157 | 1202.00 | 546.74 | 52.08 | 1597.640 | 1.980 |
| | | | | | 499.67 | 227.28 | 21.65 | 664.139 | 0.823 |
| 49 | 1K0110 | 水刷石(零星项目) | 100m² | 0.1840 | 1976.09 | 1111.58 | 51.14 | 1693.022 | 2.033 |
| | | | | | 363.60 | 204.53 | 9.41 | 311.516 | 0.374 |
| 50 | 1K0089 | 预制混凝土顶棚抹灰筋纸筋灰浆面(特细砂) | 100m² | 0.8578 | 561.63 | 190.10 | 33.14 | 711.650 | 1.630 |
| | | | | | 481.77 | 163.07 | 28.43 | 610.453 | 1.398 |
| 51 | 1K0078 | 现浇混凝土顶棚抹灰筋(特细砂)纸筋灰浆面 | 100m² | 0.2664 | 489.08 | 167.00 | 27.85 | 613.378 | 1.299 |
| | | | | | 130.29 | 44.49 | 7.42 | 163.404 | 0.346 |
| | | 分部小计 | | | 3965.87 | 1726.77 | 203.70 | 3785.35 | 9.75 |
| | | 总计 | | | 43964.65 | 7734.73 | 3921.89 | | |

## 四、工程量清单计价编制说明

### （一）（某机修厂工程）工程量清单

招　标　人：_____（单位签字盖章）

法定代表人：_____（签字盖章）

中介机构
法定代表人：_____（签字盖章）

造价工程师
及注册证号：_____（签字盖执业专用章）

编制时间：_____

## 填　表　须　知

1. 工程量清单及其计价格式中所有要求签字、盖章的地方，必须由规定的单位和人员签字、盖章。
2. 工程量清单及其计价格式中的任何内容不得随意删除或涂改。
3. 工程量清单计价格式中列明的所有需要填报的单价和合价。投标人均应填报，未填报的单价和合价，视为此项费用已包含在工程量清单的其他单价和合价中。
4. 金额（价格）均应以_____币表示。

## 总　说　明

工程名称：某机修厂工程　　　　　　　　　　　　　　第　页　共　页

1. 工程概况
2. 招标范围
3. 工程质量要求
4. 工程量清单编制依据

## 定额预（结）算表（直接费部分）与清单项目之间关系分析对照表  表 2-1-13

工程名称：某机修厂工程　　　　　　　　　　　　　　　　　　　　　第　页共　页

| 序号 | 项目编码 | 项目名称 | 清单主项在预（结）算表中的序号 | 清单综合的工程内容在预（结）算表中的序号 |
|---|---|---|---|---|
| | | A.1　土（石）方工程 | | |
| 1 | 010101001001 | 平整场地，三类土 | 3 | 无 |
| 2 | 010101003001 | 人工挖基槽带形基础，挖土深度1.65m，垫层底宽1.2m，三类土 | 1 | 无 |
| 3 | 010101003002 | 人工挖独立柱地坑，挖土深度1.65m，垫层底宽2.3m，三类土 | 1 | 无 |
| 4 | 010201003003 | 余土外运，运距1km | 4 | 无 |
| 5 | 010103001001 | 基础回填土夯填 | 2 | 无 |
| 6 | 010103001002 | 室内回填土，夯填 | 2 | 无 |
| | | A.3　砌筑工程 | | |
| 7 | 010301001001 | M5水泥砂浆砌砖基础，C15混凝土垫层厚450m，带形基础，$H=1.2m$ | 5 | 8 |
| 8 | 010302001001 | M5混合砂浆砌-砖外墙，$H=4.1m$ | 6 | 无 |
| 9 | 010302001002 | M5混合砂浆砌-砖内墙，$H=4.1m$ | 6 | 无 |
| | | A.4　混凝土及钢筋混凝土工程 | | |
| 10 | 01040100209 | C20钢筋混凝土独立柱基础，C15混凝土垫层厚100mm | 9 | 8 |
| 11 | 010402001001 | 现浇C20混凝土矩形独立柱，截面尺寸为0.4m×0.4m，$H=5.1m$ | 10 | 无 |
| 12 | 010403004001 | 现浇C20混凝土地圈梁，截面尺寸为0.24m×0.25m | 11 | 无 |
| 13 | 010403004002 | 现浇C20混凝土圈梁，截面尺寸为0.24m×0.4m，外墙 | 11 | 无 |
| 14 | 010403004003 | 现浇C20混凝土圈梁，截面尺寸为0.24m×0.25m，内墙 | 11 | 无 |
| 15 | 010403002001 | 现浇C20混凝土矩形梁，截面尺寸为0.25m×0.5m | 13 | 无 |
| 16 | 010403002002 | 现浇C20混凝土矩形梁，截面尺寸为0.25m×0.4m | 13 | 无 |
| 17 | 010402001002 | 现浇C20混凝土构造柱，截面尺寸为0.24m×0.24m | 12 | 无 |
| 18 | 010405007001 | 现浇C20混凝土挑檐板 | 14 | 无 |
| 19 | 010403004004 | 现浇C20混凝土雨篷过梁，截面尺寸为0.5m×0.25m | 16 | 无 |
| 20 | 010403008001 | 现浇C20混凝土雨篷 | 15 | 无 |
| 21 | 010412002001 | 先张法预应力空心板，0.126m³/块，C20混凝土，运距15km | 21 | 19+22+23 |
| 22 | 010410003001 | 预制过梁GL-1制作安装，单件体积0.0576m³，C20混凝土 | 20 | 18 |

128

续表

| 序号 | 项目编码 | 项目名称 | 清单主项在预(结)算表中的序号 | 清单综合的工程内容在预(结)算表中的序号 |
|---|---|---|---|---|
| 23 | 010410003002 | 预制过梁 GL-2 制作安装,单件体积 0.0432m$^3$,C20 混凝土 | 20 | 18 |
| 24 | 010410003003 | 预制过梁 GL-3 制作安装,单件体积 0.125m$^3$,C20 混凝土 | 20 | 18 |
| 25 | 010416001001 | 现浇混凝土构件钢筋制作安装 | 17 | 无 |
| 26 | 010416002001 | 预制过梁钢筋制作安装 | 25 | 无 |
| 27 | 010416005001 | 先张法预应力构件钢筋制作安装 | 24 | 无 |
| 28 | 010407002001 | C15 混凝土散水,宽 1m,厚度为 80mm | 37 | 无 |
| | | A.7 屋面及防水工程 | | |
| 29 | 010702001001 | 屋面三毡四油-砂防水层,1:2 水泥砂浆找平层 | 42 + 43 | 40 |
| 30 | 010702004001 | 屋面排水管,铸铁,管径 DN100 | 44 | 无 |
| | | A.8 防腐、隔热、保温工程 | | |
| 31 | 010803001001 | 保温隔热屋面,现浇水泥珍珠岩保温,1:2 水泥砂浆找平 | 41 | 39 |
| | | B.1 楼地面工程 | | |
| 32 | 020101001001 | 1:2 水泥砂浆地面,60mm 厚 C10 混凝土垫层,面层厚 20mm | 36 | 35 |
| 33 | 020108003001 | 20mm 厚 1:2 水泥砂浆台阶面,60mm 厚 C10 混凝土垫层 | 38 | 35 |
| | | B.2 墙、柱面工程 | | |
| 34 | 020201001001 | 砖墙面抹中等石灰砂浆,纸筋灰罩面两遍,106 涂料两遍 | 45 | 无 |
| 35 | 020201002001 | 砖墙面普通水泥白石子水刷石 | 47 | 无 |
| 36 | 020201002002 | 外墙裙普通水泥豆石水刷石 | 48 | 无 |
| 37 | 020203002001 | 零星项目水刷石 | 49 | 无 |
| 38 | 020202001001 | 独立混凝土柱抹石灰砂浆 | 46 | 无 |
| | | B.3 顶棚工程 | | |
| 39 | 020301001001 | 顶棚抹灰,纸筋灰浆面层 | 50 + 51 | 无 |
| | | B.4 门窗工程 | | |
| 40 | 020401001001 | 平开单层镶板门 M-1,框截面尺寸为 1.5m×3.1m | 33 | 32 |
| 41 | 020401001002 | 半玻璃镶板门 M-2,框截面尺寸为 1.0m×3.1m | 31 | 30 |
| 42 | 020405001001 | 木质一玻一纱平开窗 C-1 制作安装,框截面尺寸为 1.5m×2.1m | 27 | 26 |
| 43 | 020405001002 | 木质单层玻璃窗 C-2 制作安装,框截面尺寸为 2.4m×2.1m | 29 | 28 |
| 44 | 020407004001 | 门窗木贴脸 | 34 | 无 |

## 措施项目清单

表 2-1-14

工程名称：某机修厂工程　　　　　　　　　　　　　　　第　页共　页

| 序号 | 项目名称 | 金额（元） |
|---|---|---|
| 1 | 环境保护 | |
| 2 | 文明施工 | |
| 3 | 安全施工 | |
| 4 | 临时设施 | |
| 5 | 夜间施工增加费 | |
| 6 | 赶工措施费 | |
| 7 | 二次搬运 | |
| 8 | 混凝土、钢筋混凝土模板及支架 | |
| 9 | 脚手架 | |
| 10 | 垂直运输机械 | |
| 11 | 大型机械设备进出场及安拆 | |
| 12 | 施工排水、降水 | |
| 13 | 其他 | |
| 14 | 措施项目费合计 | 1+2+…+14+15 |

## 零星工作项目表

表 2-1-15

工程名称：某机修厂工程　　　　　　　　　　　　　　　第　页共　页

| 序号 | 名称 | 计量单位 | 数量 |
|---|---|---|---|
| 1 | 人工费 | | |
| | | 元 | 1.00 |
| 2 | 材料费 | | |
| | | 元 | 1.00 |
| 3 | 机械费 | | |
| | | 元 | 1.00 |

## 某机修厂工程工程量清单报价表

投　标　人：_____（单位签字盖章）

法定代表人：_____（签字盖章）

造价工程师
及注册证号：_____（签字盖执业专用章）

编制时间：_____

## 投 标 总 价

建设单位：＿＿＿＿＿＿＿＿＿

工程名称：<u>某机修厂工程</u>

投标总价（小写）：＿＿＿＿＿＿＿＿

（大写）：＿＿＿＿＿＿＿＿

投标人：＿＿＿＿＿＿＿＿（单位签字盖章）

法定代表人：＿＿＿＿＿＿＿＿（签字盖章）

编制时间：＿＿＿＿＿＿＿＿

## 总 说 明

工程名称：某机修厂工程　　　　　　　　　　　　　第　页共　页

1. 工程概况

2. 招标范围

3. 工程质量要求

4. 工程量清单编制依据

5. 工程量清单计费列表

注：本例管理费及利润以定额直接费为取费基数，其中管理费费率为34%，利润率为8%

## 单位工程费汇总表

表 2-1-16

工程名称：某机修厂工程　　　　　　　　　　　　　　　　　　　　　　第　页共　页

| 序号 | 项 目 名 称 | 金额（元） |
|---|---|---|
| 1 | 分部分项工程量清单计价合计 |  |
| 2 | 措施项目清单计价合计 |  |
| 3 | 其他项目清单计价合计 |  |
| 4 | 规费 |  |
| 5 | 税金 |  |
|  | 合计 |  |

## 分部分项工程量清单计价表

表 2-1-17

工程名称：某机修厂工程　　　　　　　　　　　　　　　　　　　　　　第　页共　页

| 序号 | 项目编码 | 项 目 名 称 | 计量单位 | 工程数量 | 金额（元） 综合单价 | 合价 |
|---|---|---|---|---|---|---|
|  |  | A.1 土（石）方工程 |  |  |  |  |
| 1 | 010101001001 | 平整场地，三类土 | m² | 92.07 | 10.49 | 44.90 |
| 2 | 010101003001 | 人工挖基槽，带形基础，挖土深度1.65m，垫层底宽1.2m，三类土 | m³ | 93.26 | 11.80 | 1100.49 |
| 3 | 010101003002 | 人工挖独立柱地坑，挖土深度1.65m，垫层底宽2.3m，三类土 | m³ | 8.73 | 24.05 | 209.96 |
| 4 | 010101003003 | 余土外运，运距1km | m³ | 53.48 | 15.83 | 846.83 |
| 5 | 010103001001 | 基础回填土，夯填 | m³ | 71.7 | 5.87 | 421.22 |
| 6 | 010103001002 | 室内回填土，夯填 | m³ | 5.62 | 5.87 | 33.02 |

续表

| 序号 | 项目编码 | 项 目 名 称 | 计量单位 | 工程数量 | 金额（元） | |
|---|---|---|---|---|---|---|
| | | | | | 综合单价 | 合价 |
| | | A.3　砌筑工程 | | | | |
| 7 | 010301001001 | M5 水泥砂浆砌-砖基础，C15 混凝土垫层厚 450mm，带形基础，$H=1.2$m | m³ | 17.47 | 638.35 | 11151.97 |
| 8 | 010302001001 | M5 混合砂浆砌-砖外墙，$H=4.1$m | m³ | 8.58 | 182.49 | 1565.76 |
| 9 | 010302001002 | M5 混合砂浆砌-砖内墙，$H=4.1$m | m³ | 29.27 | 182.49 | 5341.48 |
| | | A.4　混凝土及钢筋混凝土工程 | | | | |
| 10 | 010401002001 | C20 钢筋混凝土独立柱基础，C15 混凝土垫层厚 100mm | m³ | 2.083 | 377.28 | 785.86 |
| 11 | 010402001001 | 现浇 C20 混凝土矩形独立柱，截面尺寸为 0.4m×0.4m，$H=5.1$m | m³ | 0.816 | 430.48 | 351.27 |
| 12 | 010403004001 | 现浇 C20 混凝土地圈梁，截面尺寸为 0.24m×0.25m | m³ | 2.94 | 469.97 | 1381.70 |
| 13 | 010403004002 | 现浇 C20 混凝土圈梁，截面尺寸为 0.24m×0.4m，外墙 | m³ | 3.34 | 469.97 | 1569.69 |
| 14 | 010403004003 | 现浇 C20 混凝土圈梁，截面尺寸为 0.24m×0.25m，内墙 | m³ | 0.67 | 469.97 | 314.88 |
| 15 | 010403002001 | 现浇 C20 混凝土矩形梁，截面尺寸为 0.25m×0.5m | m³ | 0.993 | 567.77 | 562.10 |
| 16 | 010403002002 | 现浇 C20 混凝土矩形梁，截面尺寸为 0.25m×0.4m | m³ | 0.704 | 567.77 | 397.44 |
| 17 | 010402001002 | 现浇 C20 混凝土构造柱，截面尺寸为 0.24m×0.24m | m³ | 1.42 | 551.91 | 783.71 |
| 18 | 010405007001 | 现浇 C20 混凝土挑檐板 | m³ | 2.55 | 596.35 | 1520.68 |
| 19 | 010403004004 | 现浇 C20 混凝土雨篷过梁，截面尺寸为 0.5m×0.25m | m³ | 0.405 | 469.97 | 190.34 |
| 20 | 010403008001 | 现浇 C20 混凝土雨篷 | m² | 1.944 | 62.56 | 121.37 |
| 21 | 010412002001 | 先张法预应力空心板，0.126m³/块，C20 混凝土，运距 15km | m³ | 6.048 | 701.34 | 4243.10 |
| 22 | 010410003001 | 预制过梁 GL-1 制作安装，单件体积 0.0576m³，C20 混凝土 | m³ | 0.35 | 466.87 | 163.40 |
| 23 | 010410003002 | 预制过梁 GL-2 制作安装，单件体积 0.0432m³，C20 混凝土 | m³ | 0.086 | 466.87 | 42.02 |
| 24 | 010410003003 | 预制过梁 GL-3 制作安装，单件体积 0.125m³，C20 混凝土 | m³ | 0.125 | 466.87 | 60.69 |
| 25 | 010416001001 | 现浇混凝土构件钢筋制作安装 | t | 1.266 | 4363.45 | 5524.13 |
| 26 | 010416002001 | 预制过梁钢筋制作安装 | t | 0.025 | 4491.96 | 112.30 |
| 27 | 010416005001 | 先张法预应力构件钢筋制作安装 | t | 0.5598 | 4984.94 | 2791.57 |
| 28 | 010407002001 | C15 混凝土散水，宽 1m，厚度为 80mm | m² | 39.16 | 26.09 | 1021.69 |
| | | A.7　屋面及防水工程 | | | | |
| 29 | 010702001001 | 屋面三毡四油-屋面防水层，1:2 水泥砂浆找平层 | m² | 127.66 | 33.82 | 4317.58 |
| 30 | 010702004001 | 屋面排水管，铸铁，管径 $DN$100 | m | 16.88 | 38.80 | 654.99 |

续表

| 序号 | 项目编码 | 项 目 名 称 | 计量单位 | 工程数量 | 金额（元） | |
|---|---|---|---|---|---|---|
| | | | | | 综合单价 | 合价 |
| | | A.8 防腐，隔热，保温工程 | | | | |
| 31 | 010803001001 | 保温隔热屋面，现浇水泥珍珠岩保温，1:2水泥砂浆找平 | m² | 11.677 | 181.28 | 2116.75 |
| | | B.1 楼地面工程 | | | | |
| 32 | 020101001001 | 1:2水泥砂浆地面，60mm厚C10混凝土垫层，面层厚20mm | m² | 82.83 | 23.91 | 1980.84 |
| 33 | 020108003001 | 20mm厚1:2水泥砂浆台阶面，60mm厚C10混凝土垫层 | m² | 1.08 | 94.18 | 101.72 |
| | | B.2 墙、柱面工程 | | | | |
| 34 | 020201001001 | 砖墙面抹中等石灰砂浆，纸筋灰罩面两遍，106涂料两遍 | m² | 206.52 | 5.76 | 1190.01 |
| 35 | 020201002001 | 砖墙面普通水泥白石子水刷石 | m² | 110.9 | 20.64 | 2289.09 |
| 36 | 020201002002 | 外墙裙普通水泥豆石水刷石 | m² | 41.57 | 17.07 | 709.53 |
| 37 | 020203002001 | 零星项目水刷石 | m² | 18.40 | 28.06 | 516.31 |
| 38 | 020202001001 | 独立混凝土柱抹石灰砂浆 | m² | 6.16 | 9.33 | 57.47 |
| | | B.3 顶棚工程 | | | | |
| 39 | 020301001001 | 顶棚抹灰，纸筋灰浆面层 | m² | 112.42 | 7.73 | 869.12 |
| | | B.4 门窗工程 | | | | |
| 40 | 020401001001 | 平开单层镶板门M-1，框截面尺寸为1.5m×3.1m | 樘 | 2 | 432.19 | 864.38 |
| 41 | 020401001002 | 半玻璃镶板门M-2，框截面尺寸为1.0m×3.1m | 樘 | 2 | 238.35 | 476.71 |
| 42 | 020405001001 | 木质一玻一纱平开窗C-1制作安装，框截面尺寸为1.5m×2.1m | 樘 | 5 | 369.13 | 1845.65 |
| 43 | 020405001002 | 木质单层玻璃窗C-2制作安装，框截面尺寸为2.4m×2.1m | 樘 | 1 | 432.76 | 432.76 |
| 44 | 020407004001 | 门窗木贴脸 | m² | 2.43 | 59.23 | 143.92 |

**措施项目清单计价表**

表 2-1-18

工程名称：某机修厂工程　　　　　　　　　　　　　　　　　　　　第　页共　页

| 序号 | 项 目 名 称 | 金额（元） |
|---|---|---|
| 1 | 环境保护 | |
| 2 | 文明施工 | 227.87 |
| 3 | 安全施工 | 683.61 |
| 4 | 临时设施 | 1367.22 |
| 5 | 夜间施工增加费 | |
| 6 | 赶工措施费 | |
| 7 | 二次搬运 | |
| 8 | 混凝土、钢筋混凝土模板及支架 | |
| 9 | 脚手架 | |
| 10 | 垂直运输机械 | |
| 11 | 大型机械设备进出场及安拆 | |
| 12 | 施工排水、降水 | |
| 13 | 其他 | |
| 14 | 措施项目费合计 | 2278.71 |

## 其他项目清单计价表

表 2-1-19

工程名称：某机修厂工程　　　　　　　　　　　　　　　　　　第　页共　页

| 序号 | 项　目　名　称 | 金额（元） |
|---|---|---|
| 1 | 招标人部分 | |
| | 不可预见费 | |
| | 工程分包和材料购置费 | |
| | 其他 | |
| 2 | 投标人部分 | |
| | 总承包服务费 | |
| | 零星工作项目费 | |
| | 其他 | |
| | 合计 | |

## 零星工作项目表

表 2-1-20

工程名称：某机修厂工程　　　　　　　　　　　　　　　　　　第　页共　页

| 序号 | 名　称 | 计量单位 | 数量 | 金额（元） | |
|---|---|---|---|---|---|
| | | | | 综合单价 | 合　价 |
| 1 | 人工费 | | | | |
| | | 元 | | | |
| 2 | 材料费 | | | | |
| | | 元 | | | |
| 3 | 机械费 | | | | |
| | | 元 | | | |
| | 合计 | | | | 0.00 |

## 分部分项工程量清单综合单价分析表

表 2-1-21

工程名称：某机修厂工程　　　　　　　　　　　　　　　　　　第　页共　页

| 序号 | 项目编码 | 项目名称 | 定额编号 | 工程内容 | 单位 | 数量 | 其中：（元） | | | | | 综合单价（元） | 合价（元） |
|---|---|---|---|---|---|---|---|---|---|---|---|---|---|
| | | | | | | | 人工费 | 材料费 | 机械费 | 管理费 | 利润 | | |
| 1 | 010101001001 | 人工平整场地 | | | m² | 92.07 | | | | | | 1.49 | 44.90 |
| | | | 1A0027 | 人工平整场地 | 100 m² | 0.9207 | 34.34 | — | | 11.68 | 2.75 | 48.77×0.9207 | |
| 2 | 010101003001 | 人工挖基槽 | | | m³ | 93.26 | | | | | | 11.80 | 1100.11 |
| | | | 1A003 | 人工挖基槽 | 100 m³ | 1.0036 | 771.94 | — | | 262.46 | 61.76 | 1096.16×1.0036 | |
| 3 | 010101003002 | 人工挖独立柱地坑 | | | m³ | 8.73 | | | | | | 24605 | 209.95 |
| | | | 1A003 | 人工挖基坑 | 100 m³ | 0.19153 | 771.94 | — | | 262.46 | 61.76 | 1096.16×0.19153 | |
| 4 | 010101003003 | 余土外运 | | | m³ | 53.48 | | | | | | 15.83 | 846.83 |
| | | | 1A0042 | 机械挖运土方 | 1000 m³ | 0.0535 | 483.93 | 10659.63 | | 3789.95 | 891.75 | 15828.62×0.0535 | |
| 5 | 010103001001 | 基础回填土 | | | m³ | 71.7 | | | | | | 5.87 | 421.22 |
| | | | 1A0025 | 人工回填土（夯填） | 100 m³ | 0.717 | 192.28 | 220.82 | — | 140.66 | 33.10 | 587.48×0.717 | |

续表

| 序号 | 项目编码 | 项目名称 | 定额编号 | 工程内容 | 单位 | 数量 | 人工费 | 材料费 | 机械费 | 管理费 | 利润 | 综合单价(元) | 合价(元) |
|---|---|---|---|---|---|---|---|---|---|---|---|---|---|
| 6 | 010103001002 | 室内回填土 | | | m³ | 5.62 | | | | | | 5.87 | 33.02 |
| | | | 1A0025 | 人工回填土（夯填） | 100 m³ | 0.0562 | 192.28 | 220.82 | — | 140.66 | 33.10 | | 587.48 ×0.0562 |
| 7 | 010301001001 | M5 水泥砂浆砌砖基础 | | | m³ | 17.47 | | | | | | 638.35 | 11151.97 |
| | | | 1C0008 | M5 水泥砂浆砌砖基础 | 10m³ | 1.747 | 148.24 | 1038.51 | 4.78 | 405.12 | 95.32 | | 1691.97 ×1.747 |
| | | | 1E0007 | C15 混凝土垫层 | 10 m³ | 2.687 | 243.94 | 1772.64 | 131.50 | 730.35 | 171.85 | | 3050.28 ×2.687 |
| 8 | 010302001001 | M5 混合砂浆砌砖内墙 | | | m³ | 8.58 | | | | | | 182.49 | 1565.76 |
| | | | 1C0008 | 砖内墙 | 10 m³ | 0.858 | 191.84 | 992.59 | 100.71 | 436.95 | 102.81 | | 1824.9 ×0.858 |
| 9 | 010302001002 | M5 混合砂浆砌砖外墙 | | | m³ | 29.27 | | | | | | 182.49 | 5341.48 |
| | | | 1C0008 | 砖外墙 | 10 m³ | 2.927 | 191.84 | 992.59 | 100.71 | 436.95 | 102.81 | | 1824.9 ×2.927 |
| 10 | 010401002001 | C20 钢筋混凝土独立柱基础 | | | m³ | 2.083 | | | | | | 377.28 | 785.86 |
| | | | 1E0008 | 独立柱基础 | 10 m³ | 0.208 | 243.93 | 1737.93 | 131.49 | 718.54 | 169.07 | | 3000.96 ×0.208 |
| | | | 1E0007 | C10 混凝土垫层 | 10 m³ | 0.053 | 243.94 | 1772.64 | 131.50 | 730.35 | 171.85 | | 3050.28 ×0.053 |
| 11 | 010402001001 | 现浇 C20 混凝土矩形独立柱 | | | m³ | 0.816 | | | | | | 430.48 | 351.27 |
| | | | 1E0057 | 现浇矩形柱 C20 | 10 m³ | 0.0816 | 562.01 | 2075.49 | 393.87 | 1030.67 | 242.51 | | 4304.75 ×0.0816 |
| 12 | 010403004001 | 现浇 C20 混凝土地圈梁 | | | m³ | 2.94 | | | | | | 469.97 | 1381.70 |
| | | | 1E0082 | 现浇地圈梁 | 10 m³ | 0.294 | 647.78 | 2266.41 | 395.44 | 1125.27 | 264.77 | | 4699.67 ×0.294 |
| 13 | 010403004002 | 现浇 C20 混凝土圈梁（外墙） | | | m³ | 3.34 | | | | | | 469.97 | 1569.69 |
| | | | 1E0082 | 现浇圈梁 | 10 m³ | 0.334 | 647.78 | 2266.41 | 395.44 | 1125.27 | 264.77 | | 4699.67 ×0.334 |

续表

| 序号 | 项目编码 | 项目名称 | 定额编号 | 工程内容 | 单位 | 数量 | 其中：(元) | | | | | 综合单价(元) | 合价(元) |
|---|---|---|---|---|---|---|---|---|---|---|---|---|---|
| | | | | | | | 人工费 | 材料费 | 机械费 | 管理费 | 利润 | | |
| 14 | 010403004003 | 现浇C20混凝土圈梁（内墙） | | | m³ | 0.67 | | | | | | 469.97 | 314.88 |
| | | | 1E0082 | 现浇圈梁 | 10m³ | 0.067 | 647.78 | 2266.41 | 395.44 | 1125.27 | 264.77 | | 4699.67×0.067 |
| 15 | 010403002001 | 现浇C20混凝土矩形梁（0.25m×0.5m） | | | m³ | 0.993 | | | | | | 567.77 | 562.10 |
| | | | 1E0089 | 现浇梁C20 | 10m³ | 0.099 | 679.82 | 2918.88 | 399.71 | 1359.46 | 319.87 | | 5677.74×0.099 |
| 16 | 010403002001 | 现浇C20混凝土矩形梁（0.25m×0.4m） | | | m³ | 0.704 | | | | | | 567.77 | 397.44 |
| | | | 1E0089 | 现浇梁C20 | 10m³ | 0.07 | 679.82 | 2918.88 | 399.71 | 1359.46 | 319.87 | | 5677.74×0.07 |
| 17 | 010402001002 | 现浇C20混凝土构造柱 | | | m³ | 1.42 | | | | | | 551.91 | 783.71 |
| | | | 1E0071 | 现浇构造柱C20 | 10m³ | 0.142 | 944.08 | 2496.48 | 446.13 | 1321.47 | 310.94 | | 5519.1×0.142 |
| 18 | 010405007001 | 现浇C20混凝土挑檐板 | | | m³ | 2.55 | | | | | | 596.35 | 1520.68 |
| | | | 1E0150 | 现浇挑檐板C20 | 10m³ | 0.255 | 882.67 | 2666.94 | 650 | 1427.87 | 335.97 | | 5963.45×0.255 |
| 19 | 010403004004 | 现浇C20混凝土雨篷过梁 | | | m³ | 0.405 | | | | | | 469.97 | 190.34 |
| | | | 1E0082 | 现浇雨篷过梁C20 | 10m³ | 0.0405 | 647.90 | 2266.17 | 395.56 | 1125.27 | 264.77 | | 4699.67×0.0405 |
| 20 | 010403008001 | 现浇C20混凝土雨篷 | | | m² | 1.944 | | | | | | 62.56 | 121.37 |
| | | | 1E0159 | 现浇雨篷C20 | 10m³ | 0.194 | 106.07 | 272.07 | 62.45 | 149.80 | 35.25 | | 625.64×0.194 |
| 21 | 010412002001 | 先张法预应力空心板 | | | m³ | 6.05 | | | | | | 701.34 | 4243.10 |
| | | | 1E0360 | 预应力空心板安装 | 10m³ | 0.608 | 256.91 | 385.65 | 542.16 | 402.80 | 94.78 | | 1682.3×0.608 |

续表

| 序号 | 项目编码 | 项目名称 | 定额编号 | 工程内容 | 单位 | 数量 | 其中：(元) | | | | | 综合单价(元) | 合价(元) |
|---|---|---|---|---|---|---|---|---|---|---|---|---|---|
| | | | | | | | 人工费 | 材料费 | 机械费 | 管理费 | 利润 | | |
| | | | 1E0305 | 预应力空心板制作 | 10 m³ | 0.613 | 306.08 | 2205.66 | 182.07 | 915.90 | 215.50 | | 3825.21 ×0.613 |
| | | | 1E0341 | Ⅰ类构件运输1km以内 | 10 m³ | 0.605 | 37.62 | 22.46 | 402.35 | 157.23 | 36.99 | | 656.65 ×0.605 |
| | | | 1E0342 ×3 | 构件运输(30km以内每增加5km) | 10 m³ | 0.605 | 49.06 | — | 507.51 | 189.23 | 44.52 | | 790.31 ×0.605 |
| 22 | 010410003001 | 预制过梁GL-1制作安装 | | | m³ | 0.35 | | | | | | 466.87 | 163.40 |
| | | | 1E0353 | 过梁GL-1安装 | 10 m³ | 0.035 | 121.75 | 178.25 | 530.30 | 282.30 | 66.42 | | 1179.02 ×0.035 |
| | | | 1E0205 | 过梁GL-1制作 | 10 m³ | 0.035 | 345.31 | 1964.78 | 147.43 | 835.56 | 196.60 | | 3489.68 ×0.035 |
| 23 | 010410003002 | 预制过梁GL-2制作安装 | | | m³ | 0.086 | | | | | | 466.87 | 42.02 |
| | | | 1E0353 | 过梁GL-2安装 | 10 m³ | 0.009 | 121.75 | 178.25 | 530.30 | 282.30 | 66.42 | | 1179.02 ×0.009 |
| | | | 1E0205 | 过梁GL-2制作 | 10 m³ | 0.009 | 345.31 | 1964.78 | 147.43 | 835.56 | 196.60 | | 3489.68 ×0.009 |
| 24 | 010410003003 | 预制过梁GL-3制作安装 | | | m³ | 0.125 | | | | | | 466.87 | 60.69 |
| | | | 1E0353 | 过梁GL-3安装 | 10 m³ | 0.013 | 121.75 | 178.25 | 530.30 | 282.30 | 66.42 | | 1179.02 ×0.013 |
| | | | 1E0205 | 过梁GL-3制作 | 10 m³ | 0.013 | 345.31 | 1964.78 | 147.43 | 835.56 | 196.60 | | 3489.68 ×0.013 |
| 25 | 010416001001 | 现浇混凝土构件制作安装 | | | t | 1.266 | | | | | | 4363.45 | 5524.13 |
| | | | 1E0329 | 现浇构件钢筋制安 | t | 1.266 | 114.45 | 2913.46 | 44.94 | 1044.77 | 245.83 | | 4363.45 ×1.266 |
| 26 | 010416002001 | 预制过梁钢筋制作安装 | | | t | 0.025 | | | | | | 4491.96 | 112.30 |
| | | | 1E0330 | 预制构件钢筋制安 | t | 0.025 | 126.69 | 2957.38 | 79.28 | 1075.54 | 253.07 | | 4491.96 ×0.025 |

续表

| 序号 | 项目编码 | 项目名称 | 定额编号 | 工程内容 | 单位 | 数量 | 其中：(元) | | | | | 综合单价(元) | 合价(元) |
|---|---|---|---|---|---|---|---|---|---|---|---|---|---|
| | | | | | | | 人工费 | 材料费 | 机械费 | 管理费 | 利润 | | |
| 27 | 010416005001 | 先张法预应力构件钢筋制作安装 | | | t | 0.5598 | | | | | | 4984.94 | 2791.57 |
| | | | 1E0331 | 预应力构件钢筋制安 | t | 0.560 | 257.13 | 3036.97 | 216.42 | 1193.58 | 280.84 | 4984.94 ×0.56 | |
| 28 | 010407002001 | C15混凝土散水 | | | m² | 39.16 | | | | | | 26.09 | 1021.69 |
| | | | 1H0198 | C15混凝土散水 | 100m² | 0.3916 | 251.89 | 1545.76 | 39.68 | 624.69 | 146.99 | 2609.01 ×0.3916 | |
| 29 | 010702001001 | 屋面三毡四油-砂防水层 | | | m² | 127.66 | | | | | | 33.82 | 4317.58 |
| | | | 1I0012 | 柔性屋面二毡三油-砂 | 100m² | 1.2766 | 95.48 | 1196.29 | 39 | 452.46 | 106.46 | 1889.69 ×1.2766 | |
| | | | 1I0013 | 柔性屋面每增-毡-油 | 100m² | 1.2766 | 33.25 | 368.15 | 15.97 | 141.91 | 33.39 | 592.67 ×1.2766 | |
| | | | 1H0062 | 水泥砂浆找平层 | 100m² | 1.1417 | 130.80 | 548.25 | 29.43 | 240.88 | 56.68 | 1006.04 ×1.1417 | |
| 30 | 010702004001 | 屋面铸铁排水管 | | | m | 16.88 | | | | | | 38.80 | 654.99 |
| | | | 1I0098 | 屋面铸铁水落管 | 10m | 1.688 | 48.07 | 225.19 | — | 92.91 | 21.86 | 388.03 ×1.688 | |
| 31 | 010803001001 | 保温隔热屋面 | | | m² | 11.677 | | | | | | 181.28 | 2116.75 |
| | | | 1I0080 | 现浇水泥珍珠岩保温层 | 10m² | 1.1677 | 125.13 | 1113.43 | 38.02 | 434.04 | 102.13 | 1812.75 ×1.1677 | |
| 32 | 020101001001 | 1:2水泥砂浆地面 | | | m² | 82.83 | | | | | | 23.91 | 1980.84 |
| | | | 1H0086 | 1:2水泥砂浆地面 | 100m² | 0.8283 | 196.85 | 492.87 | 24.51 | 242.84 | 57.14 | 1014.21 ×0.8283 | |
| | | | 1H0029 | C10混凝土垫层 | 10m³ | 0.497 | 163.02 | 1415.1 | 38.30 | 549.58 | 129.31 | 2295.31 ×0.497 | |
| 33 | 020108003001 | 1:2水泥砂浆台阶面 | | | m² | 1.08 | | | | | | 94.18 | 101.72 |

续表

| 序号 | 项目编码 | 项目名称 | 定额编号 | 工程内容 | 单位 | 数量 | 人工费 | 材料费 | 机械费 | 管理费 | 利润 | 综合单价(元) | 合价(元) |
|---|---|---|---|---|---|---|---|---|---|---|---|---|---|
| | | | 1M0047 | 混凝土台阶踏步 | m² | 1.08 | 9.83 | 41.32 | 6.19 | 19.50 | 4.59 | | 81.43×1.08 |
| | | | 1H0029 | C10混凝土垫层 | 10m³ | 0.006 | 163.02 | 1415.1 | 38.30 | 549.58 | 129.31 | | 2295.31×0.006 |
| 34 | 020201001001 | 砖墙面抹石灰砂浆 | | | m² | 206.52 | | | | | | 5.76 | 190.01 |
| | | | 1K0006 | 石灰砂浆抹灰 | 100m² | 2.0652 | 220.62 | 147.36 | 37.81 | 137.97 | 32.46 | | 576.22×2.0652 |
| 35 | 020201002001 | 砖墙面普通水泥白石子水刷石 | | | m² | 110.9 | | | | | | 20.64 | 2289.09 |
| | | | 1K0107 | 砖墙面水刷白石子面 | 100m² | 1.109 | 554.16 | 848.59 | 50.84 | 494.22 | 116.29 | | 2064.1×1.109 |
| 36 | 020201002002 | 外墙裙水泥豆石水刷石 | | | m² | 41.57 | | | | | | 17.07 | 709.53 |
| | | | 1K0116 | 水刷豆石墙裙 | 100m² | 0.4157 | 546.74 | 603.18 | 52.08 | 408.68 | 96.16 | | 1706.84×0.4157 |
| 37 | 020203002001 | 零星项目水刷石 | | | m² | 18.40 | | | | | | 28.06 | 516.31 |
| | | | 1K0110 | 零星项目水刷石 | 100m² | 0.1840 | 1111.58 | 813.37 | 51.14 | 671.87 | 158.09 | | 2806.05×0.1840 |
| 38 | 020202001001 | 独立混凝土柱抹石灰砂浆 | | | m² | 6.16 | | | | | | 9.33 | 57.47 |
| | | | 1K0014 | 独立柱抹石灰砂浆 | 100m² | 0.0616 | 279.55 | 339.77 | 37.66 | 223.37 | 52.56 | | 932.91×0.0616 |
| 39 | 020301001001 | 顶棚抹灰 | | | m² | 112.42 | | | | | | 7.73 | 869.12 |
| | | | 1K0089 | 预制混凝土顶棚纸筋灰浆面 | 100m² | 0.8578 | 190.10 | 338.39 | 33.14 | 190.95 | 44.93 | | 797.51×0.8578 |
| | | | 1K0078 | 现浇混凝土顶棚纸筋灰浆面 | 100m² | 0.2664 | 167.00 | 294.23 | 27.85 | 166.29 | 39.13 | | 694.5×0.2664 |
| 40 | 020401001001 | 平开单层镶板门M-1 | | | 樘 | 2 | | | | | | 432.19 | 864.38 |
| | | | 1G0080 | 镶板门M-1安装 | 100m² | 0.093 | 279.03 | 613.66 | 46.02 | 319.16 | 75.10 | | 1332.97×0.093 |

续表

| 序号 | 项目编码 | 项目名称 | 定额编号 | 工程内容 | 单位 | 数量 | 人工费 | 材料费 | 机械费 | 管理费 | 利润 | 综合单价(元) | 合价(元) |
|---|---|---|---|---|---|---|---|---|---|---|---|---|---|
| | | | 1G0027 | 镶板门M-1制作 | 100m² | 0.093 | 408.71 | 5034.2 | 163.76 | 1906.27 | 448.53 | | 7961.47×0.093 |
| 41 | 020401001002 | 半玻璃镶板门M-2 | | | 樘 | 2 | | | | | | 238.35 | 476.71 |
| | | | 1G0086 | 镶板门M-2安装 | 100m² | 0.062 | 239.84 | 1110.96 | 45.65 | 474.79 | 111.72 | | 1982.96×0.062 |
| | | | 1G0036 | 镶板门M-2制作 | 100m² | 0.062 | 288.87 | 3591.13 | 138.23 | 1366.20 | 321.46 | | 5705.89×0.062 |
| 42 | 020405001001 | 木质-玻-纱平开窗G1 | | | 樘 | 5 | | | | | | 369.13 | 1845.65 |
| | | | 1G0015 | 窗C-1安装 | 100m² | 0.1575 | 675.81 | 1917.2 | 87.43 | 911.35 | 214.44 | | 3806.23×0.1575 |
| | | | 1G0004 | 窗C-2安装 | 100m² | 0.1575 | 403.30 | 4907.69 | 260.95 | 1894.46 | 445.76 | | 7912.16×0.1575 |
| 43 | 020405001002 | 木质单层玻璃窗C-2 | | | 樘 | 1 | | | | | | 432.76 | 432.76 |
| | | | 1G0013 | 窗C-2安装 | 100m² | 0.0504 | 408.73 | 1540.48 | 53.17 | 680.81 | 160.19 | | 2843.38×0.0504 |
| | | | 1G0001 | 窗C-2制作 | 100m² | 0.0504 | 277.98 | 3582.73 | 183.73 | 1375.11 | 323.56 | | 5743.11×0.0504 |
| 44 | 020407004001 | 门窗木贴脸 | | | m² | 2.43 | | | | | | 59.23 | 143.92 |
| | | | 1G0146 | 门窗钉贴脸 | 10m | 0.6760 | 15.04 | 126.09 | 8.8 | 50.98 | 11.99 | | 212.9×0.6760 |

**措施项目费分析表**   表 2-1-22

工程名称：某机修厂工程　　　　　　　　　　　　　　　　　　　　第　　页　共　　页

| 序号 | 措施项目名称 | 单位 | 数量 | 人工费 | 材料费 | 机械使用费 | 管理费 | 利润 | 小计 |
|---|---|---|---|---|---|---|---|---|---|
| 1 | 环境保护费 | | | | | | | | |
| 2 | 文明施工费 | | | | | | | | |
| 3 | 安全施工费 | | | | | | | | |
| 4 | 临时设施费 | | | | | | | | |
| 5 | 夜间施工增加费 | | | | | | | | |
| 6 | 赶工措施费 | | | | | | | | |
| 7 | 二次搬运费 | | | | | | | | |
| 8 | 混凝土、钢筋混凝土模板及支架 | | | | | | | | |
| 9 | 脚手架搭拆面 | | | | | | | | |
| 10 | 垂直运输机械使用费 | | | | | | | | |
| 11 | 大型机械设备进出场及安拆 | | | | | | | | |
| 12 | 施工排水、降水 | | | | | | | | |
| 13 | 其他 | | | | | | | | |
| | 措施项目费合计 | | | | | | | | |

主要材料价格表　　　　表 2-1-23

工程名称：某机修厂工程　　　　　　　　　　　　　　　第　页共　页

| 序　号 | 材料编码 | 材料名称 | 规格、型号等特殊要求 | 单　位 | 单价（元） |
|---|---|---|---|---|---|
|  |  |  |  |  |  |
|  |  |  |  |  |  |
|  |  |  |  |  |  |
|  |  |  |  |  |  |
|  |  |  |  |  |  |
|  |  |  |  |  |  |
|  |  |  |  |  |  |
|  |  |  |  |  |  |

# 例3 某小学教学楼工程定额预算与工程量清单计价对照

## 一、施工图预算编制

**编制说明:**

(1) 本预算根据某小学教学楼工程施工图及有关通用图、1995年1月《湖北省建筑工程预算定额武汉市统一基价表》编制。

(2) 本预算按集体施工企业四类工程取费。

(3) 本预算未列入花台、讲桌、清洁柜等项目,施工发生后在办理工程结算时调整。

(4) 参见图3-1-1~图3-1-5(建施1、建施2、结施1、结施2、结施3)。

工程名称:教学楼　　　　　　建筑工程预算表　　　　　　表 3-1-1

| 序号 | 分项工程名称 | 规格 | 单位 | 数量 | 预算造价 单价 | 金额(元) |
|---|---|---|---|---|---|---|
| 一 | 定额基价 | | | | | 143880.23 |
| 二 | 其他直接费 | | | | 2.2% | |
| 三 | 施工图预算包干费 | | | | 4% ×(一) | 24315.75 |
| 四 | 施工管理费 | | | | 8.7% | |
| 五 | 临设、劳保费 | | | | 2.0% | |
| 六 | 技术装备费 | | | 1.2%×[(一)+(二)+…+(五)] | | 2018.35 |
| 七 | 材料价差调整 | | | | | 9752.81 |
| 八 | 价差管理费 | | | 5%×(七) | | 487.64 |
| 九 | 税金 | | | 3.5%×[(一)+(二)+(三)+(四)+(七)+(八)] | | 6144.56 |
| 十 | 工程造价 | | | | | 186599.34 |
| | 本 页 小 计 | | | | | |

### 主要材料价差调整(单位:元)

| | | |
|---|---|---|
| 22.5级水泥 | $53.03 \times (295 - 271.46)$ | = 1248.33 |
| 32.5级水泥 | $33.56 \times (340 - 288.48)$ | = 1729.01 |
| 钢管 | $0.14 \times (3500 - 3650)$ | = -21 |
| 木模板材 | $5.68 \times 1.7 \times (900 - 955)$ | = -531.08 |
| 木材 | $(1.68 + 3.75 + 0.34) \times 1.7 \times (1350 - 769)$ | = 5699.03 |
| $\phi 4$ 钢筋 | $0.01 \times (3000 - 2824)$ | = 1.76 |

| | | | | | |
|---|---|---|---|---|---|
| $\phi 6$ 钢筋 | | $0.81\times(3000-2561)$ | | | $=355.59$ |
| $\phi 8\sim\phi 22$ 钢筋 | | $(0.24+0.23+1.28+0.15+0.3+0.03+0.22+1.36)$ $\times(3000-2683)$ | | | $=1207.77$ |
| $\phi 25$ 钢筋 | | $0.2\times(3000-2683)$ | | | $=63.4$ |
| 合 计 | | | | | 9752.81 |

建筑工程土建预算表　　　　　　　表 3-1-2

工程名称：教学楼

| 序号 | 定额编号 | 分项工程名称 | 规格 | 单位 | 数量 | 预算造价（元） | |
|---|---|---|---|---|---|---|---|
| | | | | | | 单　价 | 金　额 |
| | | 一 | 土石方工程 | | | | |
| 1 | 1—56 | 人工平整场地 | | 100m² | 3.66 | 85.54 | 313.08 |
| 2 | 1—16 | 人工挖基槽 | 2m内 | 100m³ | 0.85 | 329.13 | 279.76 |
| 3 | 1—59 | 人工回填土 | 夯填 | 100m³ | 1.46 | 270.38 | 394.75 |
| 4 | 1—1 | 人工挖土方 | | 100m³ | 0.61 | 241.13 | 147.09 |
| 5 | 1—50 | 人工运土方 | | 100m³ | 0.61 | 370.42 | 225.96 |
| | | 小　计 | | | | | 1360.64 |
| | | 二 | 砖石工程 | | | | |
| 6 | 3—1 | M5 水泥砂浆砖基础 | | 10m³ | 3.00 | 1489.11 | 4467.33 |
| 7 | 3—24 | M5 混合砂浆一砖外墙 | | 10m³ | 7.75 | 1596.81 | 12375.28 |
| 8 | 3—12 | M5 混合砂浆一砖内墙 | | 10m³ | 2.65 | 1571.91 | 4165.56 |
| 9 | 3—71 | M5 混合砂浆零星砌体 | | 10m³ | 0.92 | 1680.97 | 1546.49 |
| | | 小　计 | | | | | 22554.66 |
| | | 三 | 脚手架工程 | | | | 23915.30 |
| 10 | 4—1 | 综合脚手架 | | 100m² | 4.31 | 330.22 | 1423.25 |
| | | 四 | 混凝土及钢筋混凝土工程 | | | | 20338.55 |
| 11 | 5—1 | C10 毛石混凝土基础垫层 | | 10m³ | 3.83 | 2068.15 | 7921.01 |
| 12 | 5—30 | 地圈梁 | | 10m³ | 0.57 | 3335.10 | 1901.01 |
| 13 | 5—34（卷） | 挑　梁 | | 10m³ | 0.32 | 5408.53 | 1730.73 |
| 14 | 5—34（卷） | 过　梁 | | 10m³ | 0.51 | 5408.53 | 2758.35 |
| 15 | 5—33（卷） | 圈　梁 | | 10m³ | 0.78 | 3303.36 | 2576.62 |
| 16 | 5—31（卷） | 单　梁 | | 10m³ | 0.76 | 3937.00 | 2992.12 |
| 17 | 5—31（卷） | 连系梁 | | 10m³ | 0.48 | 3937.00 | 1889.76 |
| 18 | 5—48（卷） | 整体楼梯 | | 10m² | 1.30 | 1073.99 | 1396.19 |
| 19 | 5—58（卷） | 檐　沟 | | 10m³ | 0.41 | 8280.21 | 3394.89 |
| 20 | 5—53（卷） | 栏　板 | | 10m | 3.26 | 454.50 | 1481.67 |
| 21 | 5—54（卷） | 扶　手 | | 10m | 3.26 | 235.48 | 767.66 |
| 22 | 5—55（卷） | 栏板立柱 | | 10m | 0.09 | 2443.25 | 219.89 |
| 23 | 5—47（卷） | 现浇板 WB | 10cm 以外 | 10m³ | 0.009 | 3518.10 | 31.66 |
| 24 | 5—109（卷） | 预制花格 | 简　单 | 10m² | 0.91 | 137.58 | 125.20 |
| 25 | 5—91（卷） | 预制空心板 | 4m内 | 10m³ | 3.16 | 2842.67 | 8982.84 |

续表

| 序号 | 定额编号 | 分项工程名称 | 规格 | 单位 | 数量 | 预算造价（元） | |
|---|---|---|---|---|---|---|---|
| | | | | | | 单价 | 金额 |
| 26 | 钢补5—47(卷) | 现浇板WB | | 10m³ | 0.009 | 1954.41 | 17.59 |
| 27 | 钢补5—91 | 空心板 | | 10m³ | 3.16 | 1776.65 | 5614.21 |
| 28 | 钢补5—109 | 花格 | 简单 | 10m² | 0.91 | 97.75 | 88.95 |
| 29 | 钢补9—15 | 刚性屋面 | | 100m² | 2.46 | 371.50 | 913.89 |
| 30 | 5—122（卷） | 构件钢筋 | φ4 | t | 0.01 | 3376.88 | 33.77 |
| 31 | 5—123（卷） | 构件钢筋 | φ6 | t | 0.81 | 2953.31 | 2392.18 |
| 32 | 5—124（卷） | 构件钢筋 | φ8 | t | 0.24 | 2951.42 | 708.34 |
| 33 | 5—125（卷） | 构件钢筋 | φ10 | t | 0.23 | 2979.71 | 685.33 |
| 34 | 5—126（卷） | 构件钢筋 | φ12 | t | 1.28 | 2926.19 | 3745.52 |
| 35 | 5—127（卷） | 构件钢筋 | φ14 | t | 0.15 | 2884.39 | 432.66 |
| 36 | 5—127（卷） | 构件钢筋 | φ16 | t | 0.30 | 2884.39 | 865.32 |
| 37 | 5—128（卷） | 构件钢筋 | φ20 | t | 0.22 | 2849.11 | 626.80 |
| 38 | 5—129（卷） | 构件钢筋 | φ22 | t | 1.36 | 2830.96 | 3850.11 |
| 39 | 5—129（卷） | 构件钢筋 | φ25 | t | 0.20 | 2830.96 | 566.19 |
| | | 小计 | | | | | 58710.46 |
| | 五 | 钢筋混凝土及构件运输安装工程 | | | | | |
| 40 | 6—9 | 空心板花格运输 | 10km以内 | 10m³ | 3.43 | 750.06 | 2572.17 |
| 41 | 6—78 | 空心板安装 | | 10m³ | 3.18 | 243.19 | 773.34 |
| 42 | 6—85 | 花格安装 | | 10m³ | 0.22 | 144.86 | 31.87 |
| 43 | 6—124 | 空心板接头灌缝 | | 10m³ | 3.16 | 538.40 | 1701.34 |
| | | 小计 | | | | | 5079.26 |
| | 六 | 木结构工程 | | | | | |
| 44 | 7—1（卷） | 单层玻璃窗 | 五料以内 | 100m² | 0.63 | 8551.07 | 5387.17 |
| 45 | 7—21（卷） | 单扇带亮镶板门 | 无纱 | 100m² | 0.36 | 8835.78 | 3180.88 |
| 46 | 7—142 | 钢窗栅 | | 100m² | 0.42 | 2351.73 | 987.73 |
| 47 | 7—85（卷） | 木门窗贴脸 | | 100m | 2.42 | 173.35 | 419.51 |
| 48 | 7—87（卷） | 玻璃黑板 | | 100m² | 2.87 | 794.75 | 2280.93 |
| 49 | 7—143 | 木门单层运输 | | 100m² | 0.36 | 167.69 | 60.37 |
| 50 | 7—146 | 木窗单层运输 | | 100m² | 0.63 | 151.72 | 95.58 |
| | | 小计 | | | | | 12412.17 |
| | 七 | 楼地面工程 | | | | | |
| 51 | 8—19 | 基础防潮层 | | 100m² | 0.31 | 638.79 | 198.02 |

续表

| 序号 | 定额编号 | 分项工程名称 | 规格 | 单位 | 数量 | 预算造价（元） | |
|---|---|---|---|---|---|---|---|
| | | | | | | 单价 | 金额 |
| | | 八 | 屋面工程 | | | | |
| 52 | 9-23+9-25 | 卷材屋面三毡四油 | | 100m² | 2.72 | 2271.52 | 6178.53 |
| 53 | 9—15 | 刚性屋面 | | 100m² | 2.46 | 1202.50 | 2958.15 |
| 54 | 9—14 | 架空隔热层 | | 100m² | 1.79 | 1712.18 | 3064.80 |
| 55 | 9—40 | 铸铁落水管 | DN100 | 10m | 3 | 307.24 | 921.72 |
| 56 | 9—42 | 铸铁落水口 | DN100 | 10个 | 0.4 | 281.16 | 112.46 |
| 57 | 9—44 | 铸铁水斗 | DN100 | 10个 | 0.4 | 668.31 | 267.32 |
| | | | 小 计 | | | | 13502.98 |
| | | 九 | 装饰工程 | | | | |
| 58 | 1001 | 1:2水泥砂浆地面找平层 | | 100m² | 2.08 | 674.22 | 1402.38 |
| 59 | 1005 | 1:2水泥砂浆楼面找平层 | | 100m² | 4.43 | 618.24 | 2738.80 |
| 60 | 1018 | 楼地面面层 | | 100m² | 6.40 | 776.28 | 4968.19 |
| 61 | 2001 | 内墙粉石灰砂浆 | | 100m² | 3.98 | 432.45 | 1721.15 |
| 62 | 2076换 | 外墙水刷石 | | 100m² | 3.76 | 1888.29 | 7099.97 |
| 63 | 3003 | 顶棚水泥砂浆 | | 100m² | 3.63 | 635.55 | 2307.05 |
| 64 | 2072 | 外墙勒脚 | | 100m² | 0.25 | 1367.76 | 341.94 |
| 65 | 2025 | 内墙裙1:3水泥砂浆 | | 100m² | 1.78 | 671.42 | 1195.13 |
| 66 | 1019 | 楼梯面层 | | 100m² | 0.13 | 1418.42 | 184.39 |
| 67 | 3003 | 楼梯底面水泥砂浆 | | 100m² | 0.17 | 635.55 | 108.04 |
| 68 | 2031 | 楼梯侧面抹灰 | | 100m | 0.15 | 312.09 | 46.81 |
| 69 | 2030 | 檐沟水泥砂浆 | | 100m² | 1.06 | 1378.81 | 1461.54 |
| 70 | 2041 | 檐沟底抹混合砂浆 | | 100m² | 0.25 | 1246.32 | 311.68 |
| 71 | 2030 | 水泥砂浆窗台线 | | 100m² | 0.14 | 1378.81 | 193.03 |
| 72 | 2031 | 窗框线 | | 100m | 0.34 | 312.09 | 106.11 |
| 73 | 2031 | 门窗套 | | 100m | 0.9 | 312.09 | 280.88 |
| 74 | 2075 | 扶手栏杆洗绿豆砂 | | 100m² | 0.69 | 2033.34 | 1403.00 |
| 75 | 1020 | 台阶面层 | | 100m² | 0.27 | 1205.98 | 325.61 |
| 76 | 1018 | 1:2水泥砂浆讲台面层 | | 100m² | 0.28 | 776.28 | 217.36 |
| 77 | 1125 | 楼梯栏杆扶手 | | 10m | 0.57 | 553.20 | 315.32 |
| 78 | 5001 | 单层木门油漆 | | 100m² | 0.36 | 883.09 | 317.92 |
| 79 | 5002 | 单层木窗油漆 | | 100m² | 0.63 | 777.75 | 489.98 |

续表

| 序号 | 定额编号 | 分项工程名称 | 规格 | 单位 | 数量 | 预算造价（元） 单价 | 预算造价（元） 金额 |
|---|---|---|---|---|---|---|---|
| 80 | 5003 | 黑板边框油漆 | | 100m | 0.10 | 122.36 | 12.24 |
| 81 | 5167 | 楼梯栏杆扶手油漆 | | t | 0.13 | 92.14 | 11.98 |
| 82 | 5167 | 钢窗栅油漆 | | t | 0.55 | 92.14 | 50.68 |
| 83 | 5231 换 | 内墙裙 106 涂料 | | 100m² | 1.78 | 184.76 | 328.87 |
| 84 | 2030 | 水泥黑板 | | 100m² | 0.29 | 1378.81 | 399.85 |
| 85 | 2075 | 挑檐正面抹灰 | | 100m² | 0.12 | 2033.34 | 244.00 |
| 86 | | φ25 排水管 | 250mm | 根 | 11 | 5 | 55 |
| | | 小　计 | | | | | 28638.79 |
| | | 总　计 | | | | | 143880.23 |

工程名称：教学楼　　　　土建工程量计算表　　　　表 3-1-3

| 序号 | 分项工程名称 | 单位 | 数量 | 计　算　式 |
|---|---|---|---|---|
| | 一、基数计算 | | | |
| | 外墙中心线 | m | 65.94 | $L_{外中} = [(28.5+6) \times 2 - 3.3 + 0.24]m = 65.94m$<br>〔说明〕$L_{外中}$表示外墙中心线总长度，由建施 2 的平面尺寸可知：28.5m 为外墙中心线长的尺寸；6m 为外墙中心线宽的尺寸；2 表示两面外墙；3.3m 是轴线②与轴线③之间的距离，它是楼梯内进出走廊的出入口，属于门窗洞口之类，不计入墙体，应该减去；0.24m 表示一砖的长度，因为 3.3m 表示的是两墙中心线长度，而外墙中心线长度只减去洞口净长度，所以还应加上一砖的长度 0.24m，便可得到 $L_{外中} = 65.94m$。即：外墙中心线总长度 =（外墙中心线长 + 外墙中心线宽）× 2 - 门窗洞口净长 |
| | 外墙外边线 | m | 66.9 | $L_{外边} = [(28.5+0.24+6+0.24) \times 2 - 3.3 + 0.24]m = 66.9m$<br>〔说明〕$L_{外边}$表示外墙外边线，总长 = 建筑物平面图的外周围尺寸之和。由建施 2 的平面尺寸可知：28.5m 为外墙中心线的尺寸；0.24m 为一砖长；(28.5+0.24)m 则表示外墙外边长，6m 为外墙中心线宽；(6+0.24)m 表示外墙外边线宽；又因为外墙有一面墙如建施 2 图所示的轴线②与轴线③之间是楼梯间出入洞口应该减去，3.3m 为轴线②~③之间的长度，因为应该减去洞口的净长，故应再加上一砖长 0.24m，即 (3.3+0.24)m 为出入楼梯口的净长。所以 $L_{外边} = 66.9m = [(28.5+0.24+6+0.24) \times 2 - 3.3 + 0.24]m$ |
| | 内墙内边线 | m | 17.28 | $L_{内边} = (6-0.24) \times 3 = 17.28$<br>〔说明〕$L_{内边}$——内墙内边线总长度 = 建筑平面图所有内墙内边线长度之和。由建施 2 的平面尺寸可知：(6-0.24)m 为内墙净长线长度，内墙有 3 面，因此乘以 3 便可得 $L_{内边} = 17.28m$<br>　　还应说明：建筑图上的标尺不作特殊说明一般以 mm 为单位，但标高以 m 为单位，工程量计算中一般以 m 为单位 |

续表

| 序号 | 分项工程名称 | 单位 | 数量 | 计算式 |
|---|---|---|---|---|
| | 室内净长线 | m | 98.58 | $L_{内净} = [(6-0.24+8.4-0.24) \times 2 \times 3 + 6 \times 2 + 3.3 - 0.24]m$<br>$= 98.58m$<br>[说明] $L_{内净}$为内墙净长线总长度，等于建筑物平面图内所有内墙长度之和。由图建施2可知：6m为内墙中心线宽的尺寸；0.24m为一砖长；式中(6-2.4)m为教室内净线宽度尺寸；8.4m为教室内墙中心线长的尺寸；式中(8.4-0.24)m为教室内墙净长尺寸；(6-0.24+8.4-0.24)×2×3表示教室内净长线；(6-0.24+8.4-0.24)×2为一个教室内净长线；6×2为轴线②与轴线③两面墙即楼梯间两面纵墙净线长；3.3m为轴线②与轴线③之间的横墙中心线长；(3.3-0.24)m为轴线②与轴线③之间的横墙净线长。所以[(6-0.24+8.4-0.24)×2×3+6×2+3.3-0.24]便得到内墙净长线总长度 $L_{内边} = 98.58m$ |
| | 底层建筑面积 | m² | 203.48 | $S_{底} = [(6+0.24) \times (28.5+0.24) + (1.8-0.12)$<br>$\times (28.5+0.24) \times 1/2]m^2$<br>$= 203.48m^2$<br>[说明] $S_{底}$表示建筑物底层建筑面积；等于建筑物底层勒脚以上外墙外围水平投影面积。由图建施2可知：6m表示教室外墙中心线宽；0.24m为一砖长；(6+0.24)m为教室外边线宽；28.5m为教室外墙中心线长的尺寸；(28.5+0.24)m表示教室外边线长；(6+0.24)×(28.5+0.24)为教室底面总使用面积(包括楼梯间)；1.8m为教室外墙中心线到走廊宽度边沿的距离；0.12为半砖之长；(1.8-0.12)m为走廊净宽；(28.5+0.24)m为走廊净长；(1.8-0.12)×(28.5+0.24)×1/2为走廊计算的面积。所以(6+0.24)×(28.5+0.24)+(1.8-0.12)×(28.5+0.24)×1/2便可以得到 $S_{底} = 203.48m^2$。<br>注意：由建施2可知，本建筑物的走廊为无柱走廊。在计算建筑物底层建筑面积中，当计算走廊的建筑面积时，若建筑物墙外有顶盖和柱的走廊、檐廊，按柱的外边长水平面积计算建筑面积，若无柱的走廊、檐廊按其投影面积的一半计算建筑面积。因此在此图计算建筑面积时只取其投影面积的一半 |
| | 二、基础工程 | | | |
| 1 | 人工平整场地 | m² | 366.12 | $[203.48 + (6+0.12+1.8+28.5+0.24) \times 2 \times 2 + 16]m^2$<br>$= 366.12m^2$<br>[说明]在土方开挖前，须对施工现场高低不平的部位进行平整，以便进行房屋的定位放线。平整场地指土层标高在±30cm以内的挖填找平的土方工程。其工程量应按建筑物(或构筑物)外形每边各加宽2m后计算面积。以矩形建筑物为例，如图所示，其平整场地工程量为：<br>$S_P = ab + 4(a+b) + 16$<br>式中 $S_P$——平整场地工程量($m^2$)；<br>　　　$a$——建筑物底面长度(m)；<br>　　　$b$——建筑物底面宽度(m)。<br>(2) $S_{底} = 203.48m^2$(折算面积，不一定等于$ab$)，$b = 6+0.12+1.8$，$a = 28.5+0.24$代入公式 $S_P = ab+4(a+b)+16$即得平整场地面积366.12$m^2$ |

续表

| 序号 | 分项工程名称 | 单位 | 数量 | 计 算 式 |
|---|---|---|---|---|
| | | | | 平整场地示意图 |
| 2 | 人工挖基槽 | $m^3$ | $\Sigma 88.05$ | $(1)[(6-0.65-0.5)\times 2+28.5+3.3-0.24]m=41.26m$ |
| | （不加工作面） | | | $41.26\times 1.3\times(1.45-0.6)m^3=45.59m^3$ |
| | | | | $(2)6\times 2+6-0.5-0.65m=16.85m$ |
| | | | | $16.85\times 1.2\times(1.45-0.6)m^3=17.19m^3$ |
| | | | | $(3)28.5\times 1.0\times(1.45-0.6)m^3=24.23m^3$ |
| | | | | $(4)(3.3-0.24)\times\dfrac{1}{2}\times 0.8\times(1.45-0.6)m^3=1.04m^3$ |
| | | | | [说明]根据《全国统一建筑工程量计算规则》第3.1.4条第5项规定：挖沟槽长度，外墙按图示中心线长度计算；内墙按图示基础底面之间净长线长度计算；内外突出部分（垛、附墙烟囱等）体积并入沟槽土方工程量内计算。由图结施1基础结构可知：①标有基础⊖的沟槽一共有3条，2条内墙基槽，1条外墙基，因此基础⊖沟槽长为：$(6-0.65-0.5)\times 2+(28.5-3.3+0.24)m=41.26m$。式中6m表示教室外墙中心线宽；0.65m为外墙横墙C10毛石混凝土基础的厚度；0.5m为内墙纵墙的C10毛石混凝土基础的长度；$(6-0.65-0.5)\times 2$为内墙基槽长；28.5m为建筑物外墙中心线长；3.3m为图建施2中轴线②与轴线③之间的横墙中心线长；$(3.3-0.24)m$为轴线②与轴线③之间的横墙净长；$[28.5-(3.3-0.24)]$，即$(28.5-3.3+0.24)m$为外墙基槽长。由图结施1的基础详图可知基础⊖宽1.3m（0.65m+0.65m），基础底面到室外地坪的高度（即基槽深度）为$(1.45-0.6)m$，因此基础⊖的体积由长×宽×高得到，即$V_{基⊖}=41.26\times 1.3\times(1.45-0.6)m^3=45.59m^3$。②标有基础⊖沟槽有3条，2条外墙基槽，其长为$6\times 2=12m$；6m为教室外墙中心线宽的尺寸；1条内墙基槽，其长为$(6-0.5-0.65)m$，式中6m表示教室外墙中心线宽，0.65m为外墙横墙C10毛石混凝土基础的宽度；0.5m为外墙纵墙C10毛石混凝土基础的长度；因此基础⊖沟槽总长为$(6\times 2+6-0.5-0.65)m=16.85m$。由结施1的基础详图可知，基槽⊖宽1.2m$=(0.6m+0.6m)$；基槽深$(1.45-0.6)m$。因此基槽⊖的体积为$V_{基⊖}=16.85\times 1.2\times(1.45-0.6)m^3=17.19m^3$ |

续表

| 序号 | 分项工程名称 | 单位 | 数量 | 计 算 式 |
|---|---|---|---|---|
| | | | | ③标有基础⊜沟槽有1条外墙基槽，其长为外墙中心线长28.5m；由图结施1的基础详图可知，基础⊜宽为1.0(0.5+0.5)m；基槽深为(1.45-0.6)m。因此基槽⊜的体积为 $V_{基⊜} = 28.5 \times 1.0 \times (1.45-0.6)m^3 = 24.23m^3$。④计算式(4)是计算楼梯间的基槽，因底层楼梯只有开间的一半，因此要乘以1/2。由图结施2，A—A剖面图可知其槽宽为0.8m。3.3m表示轴线②与轴线③之间的距离，它是楼梯内进出走廊的出入口；0.24m是一砖长；(3.3-0.24)m为两墙洞口净长；基槽深为(1.45-0.6)m。因此楼梯间的基槽的体积为 $V_{基梯} = (3.3-0.24) \times \frac{1}{2} \times 0.8 \times (1.45-0.6)m^3 = 1.04m^3$。所以人工挖基槽(不加工作面)为：$(45.59+17.19+24.23+1.04)m^3 = 88.05m^3$ |
| 3 | C10 毛石混凝土基础垫层 | $m^3$ | 41.43 | $[41.26 \times 1.3 + 16.85 \times 1.2 + 28.5 \times 1.0 + (3.3-0.24) \times \frac{1}{2} \times 0.8] \times 0.4m^3 = 41.43m^3$<br>[说明]垫层工程量用体积表示。单位为$m^3$。$V = S_{垫底} \times 高$；基础⊖的垫层底面积为$(41.26 \times 1.3)m^2$，其中基础⊖沟槽长为内墙基槽长+外墙基槽长，即$[(6-0.65-0.5) \times 2 + 28.5 - 3.3 + 0.24]m = 41.26m$，基础⊖的沟槽宽由图结施1的基础详图可知：$(0.65m+0.65m) = 1.3m$；基础(二)的垫层底面积为：$(16.85 \times 1.2)m^2$，其中基础⊜的沟槽长为2条外墙基槽长加上1条内墙基槽长，即$6 \times 2 + 6 - 0.5 - 0.65 = 16.85m$；基础⊜的宽由图结施1的基础详图可知为$(0.6m+0.6m) = 1.2m$；基础⊜的垫层底面积为$(28.5 \times 1.0)m^2$，其中基础⊜的沟槽长为1条外墙基槽，长为28.5m，基础⊜的宽由图结施1的基础详图可知为$(0.5+0.5)m = 1.0m$；楼梯间垫层底面积为$(3.3-0.24) \times \frac{1}{2} \times 0.8m^2$，其中楼梯间洞口的净长就是楼梯间垫层底面的长为$(3.3-0.24)m$，楼梯间垫层底面宽由结施2，A—A剖面图可知为$(0.585+0.215)m = 0.8m$，又因底层楼梯只有开间的一半，因此要乘以$\frac{1}{2}$；四项相加即得垫层底面积，垫层高为0.4m，底面积×高，即得垫层体积为：$[41.26 \times 1.3 + 16.85 \times 1.2 + 28.5 \times 1.0 + (3.3-0.24) \times \frac{1}{2} \times 0.8] \times 0.4m^3 = 41.43m^3$ |
| 4 | 地圈梁 | $m^3$ | 5.73 | $[65.94 + (6-0.37) \times 3] \times 0.37 \times 0.18 + (3.3-0.24) \times \frac{1}{2} \times 0.37 \times 0.37m^3 = 5.73m^3$<br>[说明]地圈梁的工程量用体积表示，单位为$m^3$。65.94m为外中线长，$(6-0.37) \times 3$为3个内墙净线长，由结施1基础⊖的详图可知墙基处的地圈梁高为0.18m，宽为0.37m，由结施2，A—A剖面图可知楼梯间的地圈梁宽、高均为0.37m，各处的长、宽、高之积的总和即得到地圈梁的工程总量 |
| 5 | M5 水泥砂浆基础 | $m^3$ | 31.00 | $\{[65.94 + (6-0.37) \times 3] \times 0.37 \times (1.45-0.4+0.129-0.18) + 3.06 \times \frac{1}{2} \times 0.37 \times (1.45-0.4-0.37)\}m^2 = 31.00m^2$<br>[说明]水泥砂浆基础的工程量以体积表示，单位为$m^3$ |

续表

| 序号 | 分项工程名称 | 单位 | 数量 | 计 算 式 |
|---|---|---|---|---|
| | | | | 砖基础与砖墙身的划分是以设计室内地坪为界。设计室内地坪以下为基础,以上为墙身。毛石基础与墙身的划分,内墙以设计室内地坪为界,外墙以设计室外地坪为界,分界线以下为基础,分界线以上为墙身。砖石围墙以设计室外地坪为分界线。<br>砖墙基础不分厚度和深度,均以图示尺寸按立方米计算。外墙长度按中心线($L_{中}$)、内墙长度按净长线($L_{内}$)计算。计算公式为:<br>基础工程量 = $L_{中}$ × 基础断面积 + $L_{内}$ × 基础断面积  ($m^3$)<br>砖基础断面积 = 基础墙宽度 × 基础高度 + 大放脚增加断面面积 ($m^2$)<br>或  砖基础断面积 = 基础墙宽度 ×(基础高度 + 折加高度) ($m^2$)<br>折加高度 = $\dfrac{大放脚增加断面面积}{基础墙宽度}$ (m)<br>等高式、不等高式砖墙基础大放脚折加高度和增加断面面积见表 3-1-3-1 和表 3-1-3-2。 |

**等高式砖基础大放脚折加高度计算表**    表 3-1-3-1

| 墙 厚 | 大 放 脚 层 数 | | | |
|---|---|---|---|---|
| | 一 | 二 | 三 | 四 |
| | 折 加 高 度/m | | | |
| $\frac{1}{2}$ 砖 | 0.137 | 0.411 | 0.822 | 1.369 |
| 1 砖 | 0.066 | 0.197 | 0.394 | 0.656 |
| $1\frac{1}{2}$ 砖 | 0.043 | 0.129 | 0.259 | 0.432 |
| 2 砖 | 0.032 | 0.096 | 0.193 | 0.321 |
| $2\frac{1}{2}$ 砖 | 0.026 | 0.077 | 0.154 | 0.256 |
| 3 砖 | 0.021 | 0.064 | 0.128 | 0.213 |
| 大放脚增加断面积($m^2$) | 0.01575 | 0.04725 | 0.0945 | 0.1575 |

| 墙 厚 | 大 放 脚 层 数 | | |
|---|---|---|---|
| | 五 | 六 | 七 |
| | 折 加 高 度/m | | |
| $\frac{1}{2}$ 砖 | 2.054 | 2.876 | 3.835 |
| 1 砖 | 0.984 | 1.378 | 1.838 |
| $1\frac{1}{2}$ 砖 | 0.647 | 0.906 | 1.208 |
| 2 砖 | 0.482 | 0.675 | 0.900 |
| $2\frac{1}{2}$ 砖 | 0.384 | 0.538 | 0.717 |
| 3 砖 | 0.319 | 0.447 | 0.596 |
| 大放脚增加断面积($m^2$) | 0.2363 | 0.3308 | 0.441 |

注:本表是按双面放脚每层等高 12.6cm,砌出 6.25cm,灰缝均按 1.0cm 计算的

续表

| 序号 | 分项工程名称 | 单位 | 数量 | 计 算 式 |
|---|---|---|---|---|

**不等高式砖基础大放脚折加高度计算表**　　　表 3-1-3-2

| 墙　厚 | 大　放　脚　错　台　层　数 | | | | |
|---|---|---|---|---|---|
| | 一 | 二 | 三 | 四 | 五 |
| | 折　加　高　度/m | | | | |
| $\frac{1}{2}$ 砖 | 0.137 | 0.342 | 0.685 | 1.096 | 1.643 |
| 1 砖 | 0.066 | 0.164 | 0.328 | 0.525 | 0.788 |
| $1\frac{1}{2}$ 砖 | 0.043 | 0.108 | 0.216 | 0.345 | 0.518 |
| 2 砖 | 0.032 | 0.080 | 0.161 | 0.257 | 0.386 |
| $2\frac{1}{2}$ 砖 | 0.026 | 0.064 | 0.128 | 0.205 | 0.307 |
| 3 砖 | 0.021 | 0.053 | 0.106 | 0.170 | 0.255 |
| 大放脚增加断面积(m²) | 0.0158 | 0.0394 | 0.0788 | 0.1260 | 0.1890 |

| 墙　厚 | 大　放　脚　错　台　层　数 | | | |
|---|---|---|---|---|
| | 六 | 七 | 八 | 九 |
| | 折　加　高　度/m | | | |
| $\frac{1}{2}$ 砖 | 2.260 | 3.013 | 3.835 | 4.794 |
| 1 砖 | 1.083 | 1.444 | 1.838 | 2.297 |
| $1\frac{1}{2}$ 砖 | 0.712 | 0.949 | 1.208 | 1.510 |
| 2 砖 | 0.530 | 0.707 | 0.900 | 1.125 |
| $2\frac{1}{2}$ 砖 | 0.419 | 0.563 | 0.717 | 0.896 |
| 3 砖 | 0.351 | 0.468 | 0.596 | 0.745 |
| 大放脚增加断面积(m²) | 0.2599 | 0.3464 | 0.4410 | 0.5513 |

注：本表高的一层按 12.6cm，低的一层按 6.3cm，间隔砌出 6.25cm，而且以最下一层高度为 12.6cm 计算的。

计算基础工程量时，基础大放脚的 T 形接头处的重叠部分，嵌入基础的钢筋、铁件、管子、基础防潮层等所占的体积不予扣除，靠墙供暖沟的挑砖亦不增加。通过墙基的孔洞，其洞口面积每个在 0.3m² 以内者不予扣除，超过 0.3m² 以上的洞口应予扣除，其洞口上的混凝土过梁应列项目计算。

由结施一的基础详图可知，基础①②③为大放脚基础，因此计算基础深度应考虑折加高度。

由以上基础工程的计算规则可知，[65.94+(6-0.37)×3]为 ($L_{外中}+L_{内净}$)；0.37m 是基础墙宽；(1.45-0.4+0.129-0.18)m 是基础高，其中 1.45m 为设计室内地坪以下(即基础总深)，0.4m 为垫厚深度，0.129m 为等高式砖基础大放脚折加高度，由上表可查出；0.18m 为地圈梁深。因此 0.37×(1.45-0.4+0.129-0.18)为基础断面积，[65.94+(6-0.37)×3]×0.37×(1.45-0.4+0.129-0.18)为基础①、②、③的体积

续表

| 序号 | 分项工程名称 | 单位 | 数量 | 计 算 式 |
|---|---|---|---|---|
| | | | | 由"结施二"的 A—A 剖面图可知,楼梯间的基础为不放脚基础,基础深为 $(1.45-0.4-0.37)$m(其中 0.37m 为地圈梁高), $3.06 \times \frac{1}{2} \times 0.37$(其中 $3.06 \times \frac{1}{2}$ 为楼梯间基础净长),0.37m 为基础宽。$3.06 \times \frac{1}{2} \times 0.37 \times (1.45-0.4-0.37)$ 即为楼梯间基础体积。上述两项体积相加,即为 M5 水泥砂浆基础体积 |
| 6 | 基础防潮层 | m² | 31.21 | $[65.94+(6-0.37)\times 3+3.06 \times \frac{1}{2}]\times 0.37$m² $= 31.21$m²<br>[说明]基础防潮层的工程量用面积计算,单位为 m²。$[65.94+(6-0.37)\times 3+3.06 \times \frac{1}{2}]$m 为基础长,其中 65.94m 为教室外墙外中心线长;$(6-0.37)\times 3$ 为教室内墙内中心线净长,6m 为教室内墙内中心线宽,0.37 为基础宽,3 表示 3 面内墙;$3.06 \times \frac{1}{2}$ 为楼梯间基础长,单位均为 m,0.37m 为基础防潮层宽,基础防潮层长乘宽即得基础防潮层的工程量,即:$[65.94+(6-0.37)\times 3+3.06 \times \frac{1}{2}]\times 0.37$m² $=31.21$m² |
| | 三、脚手架工程 | | | |
| 7 | 综合脚手架 | m² | 431.10 | $203.48+(1.8+0.12+6)\times(28.5+0.24)$m² $=431.1$m²<br>[说明]为了简化计算,凡能按"建筑面积计算规则"计算建筑面积的工程的要执行综合脚手架定额;凡不能按"建筑面积计算规则"计算建筑面积的工程,则执行单项脚手架定额。本工程能计算建筑面积,203.48m² 为第一层水平投影面积,即底面积,203.48m² 是折算面积,不一定等于 $ab$,其中 $a$ 表示建筑物底面长度(m);$b$ 为建筑物底面宽度(m);$(1.8+0.12+6)\times(28.5+0.24)$ 为第二层建筑物面积,单位为 m²,其中 $(1.8+0.12)$m 为挑廊宽,6m 为教室宽,28.5m 为教室外墙外中心线总长,0.24m 为一砖长,$(28.5+0.24)$m 为教室外墙总长度,所以长×宽即 $(28.5+0.24)\times(1.8+0.12+6)$ 即得第二层建筑物面积,$203.48+(1.8+0.12\times 6)\times(28.5+0.24)$m² $=431.1$m² 即为综合脚手架定额工程量 |
| | 四、混凝土及钢筋混凝土工程 | | | |
| 8 | 挑梁:XL101、WXL101 | m³ | 1.73 | $(6+6)\times(0.25+0.45)\times(2.23-0.12-0.05)\times \frac{1}{2} \times 0.2$m³<br>$=1.73$m³<br>[说明]挑梁工程量用体积计算,单位为 m³。由结施 1 中的二层结构平面图和屋顶结构平面图可知 XL101 挑梁有 6 根,WXL101 挑梁有 6 根,因此计算式中 $(6+6)$ 为挑梁的根数;挑梁的宽度为一定值 0.2m,其侧面为一直角梯形,0.25m 为梯形的上底长,0.45m 为梯形的下底长;$(2.23-0.12-0.15)$m 为挑梁长,也就是梯形的高,其中 2.23m 为教室内墙到面梁的距离,0.12m 为半墙厚,0.05m 为单梁挑出去长,$(0.25+0.45)\times(2.23-0.12-0.05)\times \frac{1}{2}$ 为梯形面积,则侧面积长×宽即 $(6+6)\times(0.25+0.45)\times(2.23-0.12-0.05)\times \frac{1}{2} \times 0.2$m³ $=1.73$m³ 为挑梁体积 |

续表

| 序号 | 分项工程名称 | 单位 | 数量 | 计 算 式 |
|---|---|---|---|---|
| | XL103、WXL103 | $m^3$ | 1.15 | $(2.23-0.12-0.05)\times(0.25+0.45)\times\frac{1}{2}\times0.2\times(5+3)m^3$ $=1.15m^3$ [说明]$(2.33-0.12-0.05)\times(0.25+0.45)\times\frac{1}{2}\times0.2$ 为挑梁体积，其中$(2.23-0.12-0.05)$为挑梁长，也就是梯形的高，2.23m 为教室内墙到面梁的距离，0.12m 为半墙厚，0.05m 为单梁挑出去长；$(0.25+0.45)$为梯形的上底和下底，0.2m 为挑梁的宽度。用结施 1 中二层结构平面图和屋顶结构平面图可数出 XL103 挑梁有 5 根，WXL103 有 3 根，因此 XL103 与 WXL103 总体积还应乘以$(5+3)$，即$(2.23-0.12-0.05)\times(0.25+0.45)\times\frac{1}{2}\times0.2\times(5+3)m^3=1.15m^3$ |
| | WXL102A | $m^3$ | 0.35 | $[(0.25+0.45)\times(2.23-0.12-0.05)\times\frac{1}{2}\times0.2+0.12\times0.12\times2.06]\times2m^3=0.35m^3$ [说明]挑梁的侧面为一直角梯形，0.25m，0.45m 分别为梯形的上底宽，下底宽，$(2.23-0.12-0.05)$为梯形的高（即挑梁长），单位为 m，2.23m 为教室内墙到面梁的距离，0.12m 为半墙厚度，0.05m 为单梁挑出去的长度，$(0.45+0.25)\times(2.23-0.12-0.05)\times\frac{1}{2}$为梯形的面积。0.2m 为挑梁的高度；$(0.45+0.25)\times(2.23-0.12-0.05)\times\frac{1}{2}\times0.2$为挑梁体积；由结施 1 屋顶结构平面图可知 WXL102A 有 2 根，由结施 3XTG 第 3 个详图可知 WXL102A 由 2 部分组成：挑梁和牛腿柱。牛腿体积为 $0.12\times0.12\times2.06$，单位为 $m^3$。所以 WXL102A 的体积为挑梁体积+牛腿体积，即$[(0.25+0.45)\times(2.23-0.12-0.05)\times\frac{1}{2}\times0.2+0.12\times0.12\times2.06]\times2m^3=0.35m^3$ |
| 9 | 单梁 XL101、WXL101 | $m^3$ | 7.57 | $[(6+0.24+0.05)\times0.45\times0.2+(0.7+0.8)\times0.24\times0.18]\times(6+6)m^3=7.57m^3$ [说明]单梁工程量以体积计算，单位为 $m^3$。由结施 1 二层结构平面和屋顶结构平面图可数出单梁 XL101 有 6 根，单梁 WXL101 有 6 根，式中$(6+0.24+0.05)\times0.45\times0.2$为单梁纵向体积，其中 6m 为教室外墙中心线长度，0.24m 为两个半砖长，0.05m 为单梁挑出去长度，0.45m 为单梁截面高，0.2m 为单梁截面宽，$(0.7+0.8)\times0.24\times0.18$为窗洞间过梁体积，其中$(0.7+0.8)$为墙梁长，0.24m 为墙梁宽，0.18m 为墙梁高。所以单梁工程量为$[(6+0.24+0.05)\times0.45\times0.2+(0.7+0.8)\times0.24\times0.18]\times(6+6)m^3=7.51m^3$，即单梁纵向总体积与窗间墙梁体积之和 |

续表

| 序号 | 分项工程名称 | 单位 | 数量 | 计算式 |
|---|---|---|---|---|
| 10 | 过梁 一层 | m³ | 1.39 | $[(1.5+0.5)\times 9+(1.2+0.5)\times 3+(1.0+0.5)\times 6]\times 0.18\times 0.24 \text{m}^3$<br>$=1.39\text{m}^3$<br>[说明]过梁只在门窗洞口有，其工程量用体积表示，单位为 m³。<br>　　式中1.5m为窗宽，1.2m为小窗宽，1.0m为门宽，由建施2建筑物正立图与背立图可数出大窗9扇，小窗3扇，门6扇；0.18m为过梁高，0.24m为过梁宽。<br>　　式中0.5m的来历：(根据工程量计算规则第五条第2)项可知，圈梁与过梁连接时，分别套用圈梁、过梁定额，其过梁长度按门、窗洞口外围宽度两端共加50cm计算 |
|  | 二层 | m³ | 3.74 | $\{(1.5+0.5)\times 9\times 0.6\times 0.24+[(1.2+0.5)\times 3+(1.0+0.5)\times 6]\times 0.25\times 0.24+(1.6+0.5)\times 0.6\times 0.24\}\text{m}^3$<br>$=3.74\text{m}^3$<br>[说明]式中1.5m为窗宽，1.2m为小窗宽，1.0m为门宽，由建施2建筑物正立图与背立图可数出大窗9扇，小窗3扇，门为6扇，0.6×0.24为大窗过梁截面面积，单位为 m²；0.25×0.24为小窗与门过梁截面面积，单位为 m²；过梁截面面积为0.6×0.24m，0.24m为过梁宽，1.6m为楼梯间窗宽，0.5m的来由：根据工程量计算规则第五条第21项可知，圈梁与过梁连接时，分别套用圈梁、过梁定额，其过梁长度按门、窗洞口外围宽度两端共加50cm即以0.5m计算。所以二层过梁工程量为$\{(1.5+0.5)\times 9\times 0.6\times 0.24+[(1.2+0.5)\times 3+(1.0+0.5)\times 6]\times 0.25\times 0.24+(1.6+0.5)\times 0.6\times 0.24\}\text{m}^3=3.74\text{m}^3$ |
| 11 | 圈梁 一层 | m³ | 2.68 | $\{(3+0.12+0.05)\times 0.45\times 0.24\times 5+[65.94+17.28-(3+0.12)\times 5-(0.9+1.0)\times 6-1.6]\times 0.24\times 0.18-1.39\}\text{m}^3$<br>$=2.68\text{m}^3$<br>[说明]圈梁工程量用体积表示，单位为 m³。要说明的是，圈梁的截面积各处不尽相同，内墙上的圈梁有一半截面积为0.45m×0.24m，一半截面积为0.24m×0.18m。式中(3+0.12+0.05)×0.45×0.24×5为与挑梁连接的那部分纵墙上圈梁体积，其中3m为纵墙的一半，0.12m为中心线外半墙长，0.05m为圈梁挑出去与挑梁相连部分，0.45m×0.24m为圈梁截面尺寸，5为5面纵墙；[65.94+17.28-(3+0.12)×5-(0.9+1.0)×6-1.6]×0.24×0.18为内外墙截面为0.24m×0.18m的圈梁体积，包括过梁体积，65.94为外中线长，17.28m为内边线长，65.94m+17.28m为内外边线总长，因纵墙有一半截面不为0.24m×0.18m，因此应减去(3+0.12)×5，因第一层楼梯间窗不做圈梁，因此从总长中还应减去1.6m；计算式1.39m³ 为第一层过梁体积，在过梁中计算过，则在圈梁中应减去那一部分，式中(0.9+1.0)×6为梁垫体积 |

*155*

续表

| 序号 | 分项工程名称 | 单位 | 数量 | 计 算 式 |
|---|---|---|---|---|
| | 圈梁 二层 | $m^3$ | 5.07 | $(28.5-0.24)\times0.6\times0.24+(6+0.24+0.05)\times(0.45\times0.24+0.12\times0.12)\times2+(3+0.12+0.05)\times3\times0.45\times0.24+[28.5-0.24+17.28-(3+0.12)\times3]\times0.24\times0.25-3.74=5.07$<br>[说明]二层圈梁有4个不同的截面尺寸。<br>　　$(28.5-0.24)\times0.6\times0.24$ 为与天沟板相连的圈梁体积，$(28.5-0.24)$m 为横墙长减去两端面纵墙重复的部分0.24m，$0.6m\times0.24m$ 为圈梁截面积。<br>　　$(6+0.24+0.05)\times(0.45\times0.24+0.12\times0.12)\times2$ 为与WXL102A挑梁相连的2个纵墙上圈梁体积，$(6+0.24)$m 为中心线长加2个半砖墙，即纵墙外边线长，0.05m 为梁挑出去部分与挑梁连接，由结施图3第三个XTG详图可以看出此圈梁截面由2部分组成，上部截面积为 $0.12m\times0.12m$，下部截面积为 $0.45m\times0.24m$，式中的2为2个这样的圈梁。<br>　　$(3+0.12+0.05)\times3\times0.45\times0.24$ 为内纵墙上截面为 $0.45m\times0.24m$ 的圈梁体积，$(3+0.12+0.05)$为其长度，乘以3为其纵墙个数。<br>　　$[28.5-0.24+17.28-(3+0.12)\times3]\times0.24\times0.25$ 为前一面横墙与纵墙截面为 $0.24m\times0.25m$ 的圈梁体积<br>　　$3.74m^3$ 为二层过梁体积，用圈梁代过梁时，过梁中计算过，圈梁就不计算了，应减去 |
| 12 | 连系梁 | $m^3$ | 4.83 | $(28.5+0.24)\times(0.37+0.05)\times0.2\times2=4.83$<br>[说明]连系梁在本例中指的是走廊的2个面梁。式中$(28.5+0.24)$m 为横墙长加上2个半砖长即横墙外边线长；$(0.37+0.05)$m 指连系梁截面高，0.37m 由结施2，A—A剖面图可知为圈梁高，0.05m 为圈梁挑出去与挑梁相连部分；0.2m 为截面宽。所以连系梁工程量为：横墙外边线长×连系梁截面高×连系梁截面宽，即$(28.5+0.24)\times(0.37+0.05)\times0.2\times2=4.83m^3$ |
| 13 | 檐沟 | $m^3$ | 4.06 | $\{(0.53\times0.07)\times[28.5+0.24+(6+0.12+2.23)\times2+0.53\times2]+(0.7\times0.07)\times[28.5+0.24+(6+0.12+2.23)\times2+0.53\times2\times2]\}m^3=4.06m^3$<br>[说明]檐沟的工程量以体积计算，单位用 $m^3$ 表示。由结施3现浇天沟板详图可知，0.53m 为水平板宽，0.07m 为水平板厚；0.7m 为竖直板高，0.07m 为其厚。式中$(0.53\times0.07)\times[28.5+0.24+(6+0.12+2.23)\times2+0.53\times2]$为水平板体积，其中$(0.53\times0.07)m^2$ 为水平截面面积，$(28.5+0.24)$m 为横墙外边线长，$(6+0.12+2.23)$为外纵墙到面梁的长，$0.53\times2$ 为两转角处的面积，$(0.7\times0.07)\times[28.5+0.24+(6+0.12+2.23)\times2+0.53\times2\times2]$为竖直板体积，其中 $0.7\times0.07$ 为竖直板截面积，$0.53\times2\times2$ 为两转角处面积，因竖直板在转角处有2个面，因此要乘以4 |
| 14 | 栏板 | m | 32.58 | $28.5+1.8\times2+0.24\times2=32.58$<br>[说明]栏板工程量用长度计算，单位为m。式中栏板指阳台栏板，并非楼梯栏板。28.5m 为栏板外中线长，$1.8m\times2$ 为栏板两头宽，因28.5m，1.8m 均为中心线间距离，因此计算栏板还应加4个转角处的长度，也就是式中的$0.24\times2$ |

续表

| 序号 | 分项工程名称 | 单位 | 数量 | 计　算　式 |
|---|---|---|---|---|
| 15 | 栏板立柱 | m³ | 0.09 | $0.07 \times 0.12 \times (0.6 + 0.18 + 0.18 + 0.02) \times \frac{32.58}{2.88 + 0.12} m^3 = 0.09 m^3$<br>[说明]此栏板为空心栏板，中间用立柱支撑，栏板立柱工程量以体积计算，单位为 m³。$0.07 \times 0.12$ 为立柱截面积，0.07m 为立柱的长度，0.12m 为立柱的宽，$(0.6+0.18+0.18+0.02)$ 为立柱的高，每 $(2.88+0.12)$m 有一根立柱，$\frac{32.58}{2.88+0.12}$ 为立柱根数。所以栏板立柱工程量等于立柱的长×宽×高×立柱的根数，即 $0.07 \times 0.12 \times (0.6+0.18+0.18 \times 0.02) \times \frac{32.58}{2.88+0.12} m^3 = 0.09 m^3$ |
| 16 | 扶手 | m | 32.58 | $28.5 + 1.8 \times 2 + 0.24 \times 2 = 32.58$<br>[说明]扶手的工程量以长度计算，单位为 m，28.5m 表示扶手外中心线长，$1.8 \times 2$ 表示扶手两头宽，又因 28.5m，1.8m 均为中心线间的距离，所以计算扶手工程量时还应加上 4 个转角处的长度，也就是式中的 $2 \times 0.24$ |
| 17 | 漏花空间格 | m² | 9.12 | $1.6 \times 5.7 = 9.12 m^2$<br>[说明]漏花空间格在楼梯间，由建施 2 中背立面图和楼梯剖面图可知，漏花空间格总宽 1.6m，长 5.7m，其工程量用面积表示，单位为 m² |
| 18 | 预制空心板 KB5274 | m³ | 16.28 | $(10 \times 6 + 1 \times 6 + 16 \times 6) \times 0.1005 m^3 = 16.28 m^3$<br>[说明]预制空心板的体积用来表示其工程量，单位为 m³，由结施 1 中的二层结构平面和屋顶结构平面可知预制空心板 KB-5274 的块数，如图上，标有㈠的共有 6 个，每个铺 10 块，共铺 $6 \times 10$ 块，标有㈢的共有 6 个，每个铺一块，共 $1 \times 6$ 块，标有㈤的有 6 个，每个铺 16 块，共 $16 \times 6$ 块，式中 $0.1005 m^3$ 为每块 YKB-5274 的体积，它在标准图基上可以查到 |
| | 预制空心板 KB7274 | m³ | 2.48 | $(2 \times 6 + 1 \times 6) \times 0.1379 m^3 = 2.48 m^3$<br>[说明]由结施 1 上的平面图可知标㈢的有 6 个，每个铺 2 块 YKB7274，共有 $2 \times 6$ 块，标㈠的有 6 个，每个铺一块，共有 $1 \times 6$ 块，$0.1379 m^3$ 为每块 YKB7274 的体积，在标准图基上查到 |
| | 预制空心板 KB7304 | m³ | 1.38 | $(1 \times 3 + 2 \times 3) \times 0.1533 m^3 = 1.38 m^3$<br>[说明]在结施 1 中二层结构平面图上可查出预制空心板 KB7304 的块数，如图上，标有㈠的共有 1 个，每个铺 3 块，共铺 $1 \times 3$ 块；标有㈣中共有 2 个，每个铺 3 块，共铺 $2 \times 3$ 块；$0.1533 m^3$ 表示单块预制空心板 KB7304 的体积，在标准图集上可以查到 |
| | 预制空心板 KB5304 | m³ | 9.05 | $[(10+1) \times 3 + 16 \times 3] \times 0.1117 m^3 = 9.05 m^3$<br>[说明]在结施 1 中的二层结构平面和屋顶结构平面上可查出预制空心板 KB5304 的块数，如图上，标㈠的有 10 个，每个铺 3 块，共铺 $10 \times 3$ 块，标㈣的有 1 个，每个铺 3 块，共铺 $1 \times 3$ 块，所以二层结构平面中标㈠和标㈣的共有 $(10 \times 3 + 1 \times 3)$ 块，即 $(10+1) \times 3$ 块，在屋顶结构平面上，预制空心板 KB5304 铺在标㈥上，共有 $16 \times 3$ 块，式中 $0.1117 m^3$ 为每块预制空心板的体积，在标准的图集上可以查到 |

续表

| 序号 | 分项工程名称 | 单位 | 数量 | 计 算 式 |
|---|---|---|---|---|
| | 预制空心板 KB5334 | m³ | 1.60 | $(3+10) \times 0.123 m^3 = 1.60 m^3$<br>[说明]由结施1中的二层结构平面图可知：预制空心板 KB5334 在楼梯平台上铺有3块，从看屋顶结构平面图可知，预制空心板 KB5334 在屋顶(楼梯间上方)上铺10块，所以共铺设(10+3)块，$0.123 m^3$ 为每块 YKB5334 的体积，在标准图集上可以找到 |
| | 预制空心板 KB7334 | m³ | 0.84 | $(2+1+2) \times 0.1687 m^3 = 0.84 m^3$<br>[说明]在结施1的二层结构平面图上，预制空心板 KB7334 在楼梯平台上铺有2块，从屋顶结构平面图上可知，预制空心板 KB7334 在房间(楼梯间上方)上铺有1块，在遮阳板处铺有2块，所以预制空心板 KB7334 共铺(2+1+2)块，式中 $0.1687 m^3$ 为单块预制空心板 KB7334 的体积，在标准图集上可以查到 |
| | Σ = | m³ | 31.63 | |
| 19 | 现浇板 WB | m³ | 0.093 | $[(2.1-0.2-0.12-2 \times 0.7) \times 3.3 \times 0.12 - 0.8 \times 0.6 \times 0.12] m^3 = 0.093 m^3$<br>[说明]现浇板的工程量用体积表示，单位为 $m^3$，现浇板 WB 在结施1中屋顶结构平面上，下面对应的是楼梯间，板中间开天窗。<br>$(2.1-0.2-0.12-2 \times 0.7) \times 3.3 \times 0.12$，式中 2.1m 为遮阳板中心线距离，0.2m 为面梁厚，0.12m 为中心线到外墙距离(即半砖墙厚)$0.7m \times 2$ 为两块 YKB7334 的宽，$(2.1-0.2-0.12-2 \times 0.7)$ 为 WB 净宽，3.3m 为 WB 板长，0.12m 为板厚。<br>$0.8m \times 0.6m \times 0.12m$ 为板中开天窗的体积，0.8m 为天窗长，0.6m 为天窗宽 0.12m 为板厚 |
| 20 | 钢筋 XL101： $\phi$12 | m | 76.08 | $(6+0.24-0.025 \times 2+6.25 \times 0.012 \times 2) \times 2 \times 6m = 76.08m$<br>[说明]钢筋的工程量以钢筋的重量计算，单位为 t，但首先要计算钢筋的长度，再查单位长度钢筋的重量，即可得到钢筋的总重。<br>单根钢筋长度 = 构件长度 - 2×保护层厚度 + 双弯钩尺寸。本实例中的钢筋长度计算就采用这种方法。式中 $(6+0.24)m$ 为 XL101 构件长度，0.025m 为保护层厚度，$(6.25 \times 0.012 \times 2)$ 为双弯钩尺寸，另外每根单梁用2根 $\phi$12，有6根 XL101，因此还应乘以 $2 \times 6$，即 $(6+0.24-0.025 \times 2+6.25 \times 0.012 \times 2) \times 2 \times 6m = 76.08m$ |
| | $\phi$22 | m | 197.7 | $[(1.7+0.4+0.05+0.12+2.23-0.025 \times 0.25-0.05+2 \times 6.25 \times 0.022) \times 2+6+0.12+2.23+(0.45-0.025 \times 2)-0.025 \times 2+2 \times 6.25 \times 0.022+0.17 \times 2+(6+0.24-0.025 \times 2+0.2 \times 2+6.25 \times 0.022 \times 2) \times 2] \times 6m = 197.7m$<br>[说明]该构件中 $\phi$22 的钢筋布置较为复杂，挑梁中也有 $\phi$22 筋，且单梁中有弯起筋，弯起筋的长度 = 构件高 - (2×保护层厚度)。式中 $[(1.7+0.4+0.05+0.12+2.23-0.025 \times 0.25-0.05+2 \times 6.25 \times 0.022)]$ 为挑梁中 $\phi$22 筋的配置，其中 $2 \times 6.25 \times 0.022$ 表示端部弯钢增加值，0.025 表示保护层厚度，$1.7+0.4+0.05+0.12+2.23$ 表示 $\phi$22 筋的构件长度；式中 $6+0.12+2.23+(0.45-0.025 \times 2)-0.025 \times 2+6.25 \times 2 \times 0.22+0.17 \times 2$ 表示 $\phi$22 筋在挑 |

续表

| 序号 | 分项工程名称 | 单位 | 数量 | 计 算 式 |
|---|---|---|---|---|
| | | | | 梁中配筋的长度，其中(6+0.12+2.23)m 表示 XL101 构件长度，(0.45-0.025×2)m 为构件高-(2×保护层厚)即弯起筋的长度，(2×6.25×0.22)为双弯钩尺寸；式中(6+0.24-0.025×2+6.25×0.022×2)表示单根钢筋长度，其中(6+0.24)m 为 XL101 构件长度，0.2 为箍筋间距，每根单梁用 2 根 $\phi$22 的钢筋，所以乘以2。又一共有 6 根 XL101，因此还乘以 6 |
| | | $\phi$16 | m | 20.16 | $[(0.4+0.05+0.12)\times2+2\times6.25\times0.016+0.17\times2]\times2\times6m=20.16m$ <br> [说明]该构件是 $\phi$16 筋在 XL101 构件中间的配置，因此不必考虑保护层厚度。式中(0.4+0.05+0.12)×2m 为 XL101 构件长度，(2×6.25×0.016)m 为双弯钩尺寸，0.17×2 表示两端箍筋直径长 |
| | | $\phi$10 | m | 29.10 | $(2.23+0.12-0.025\times2+2\times6.25\times0.01)\times2\times6=29.10m$ <br> [说明]$\phi$10 筋在挑梁 XL101 中配置，式中(2.23+0.12)为构件长，0.025m 为保护层厚，2×6.25×0.01 为双弯增加值；2 为每个梁配筋根数，6 为梁的数量 |
| | | $\phi$6 | m | 323.28 | $\{[(6+0.24+0.05-0.025)/0.2+1]\times[(0.2+0.45)\times2-0.01]+[(2.23-0.12-0.05-0.025)/0.2+1]\times[(\frac{0.45+0.25}{2}+0.2)\times2-0.01]\}\times6m=323.28m$ <br> [说明]$\phi$6 筋在梁中一般用作箍筋，计算箍筋的长度时需要用到箍筋的根数，箍筋根数计算方法为：箍筋根数=(构件长度-混凝土保护层厚度)÷箍筋间距+1。<br> 每个箍筋的长即为箍筋的周长，应用梁截面周长减去四周混凝土保护层厚度，式中[(6+0.24+0.05-0.025)/0.2+1]×[(0.2+0.45)×2-0.01]×6 为单梁上箍筋的长，其中(6+0.24+0.05)为 XL101 单梁长，0.025m 为混凝土保护层厚度，0.2m 为箍筋间距；(0.2+0.45)×2 为矩形单梁的周长，四周保护层厚度为 0.025×4m=0.01m，把有关数字代入计算方法中，即可得到单梁箍筋总长；式中[(2.23-0.12-0.05-0.025)/0.2+1]×$[(\frac{0.45+0.25}{2}+0.2)\times2-0.01]$×6 为 XL101 挑梁中箍筋长，其中(2.23-0.12-0.05)m 为挑梁长，0.025m 为保护层厚度，0.2m 为箍筋间距，挑梁侧面为梯形，其高应用平均高度 $\frac{0.45+0.25}{2}$m，截面宽为 0.2m，因此截面周长为 $(\frac{0.45+0.25}{2}+0.2)\times2$，0.01m 为四周保护层厚度 4×0.025 所得，(2.23-0.12-0.05-0.025)/0.2+1 为 XL101 挑梁中箍筋的个数，$[(\frac{0.45+0.25}{2}+0.2)\times2-0.01]$ 为箍筋的周长 |
| | WXL101： $\phi$6 | m | 76.08 | 同 XL101 的 $\phi$12 <br> [说明]单根钢筋长度=构件长度-2×保护层厚度+双弯钩尺寸。式中(6+0.24)m 为 WXL101 的构件长度，0.025m 为保护层厚度，(6.25×0.012×2)为双弯钩尺寸，每根单梁用 2 根 $\phi$12 钢筋，有 6 根 WXL101，因此还应乘以 2×6 |

续表

| 序号 | 分项工程名称 | 单位 | 数量 | 计 算 式 |
|---|---|---|---|---|
|  | φ22 | m | 100.53 | $[6+0.12+2.23+(0.45-0.025\times2)-0.025\times2+2\times6.25\times0.022+0.1]\times2+[(6+0.24-0.025\times2+0.2\times2+6.25\times0.022\times2)\times2]\times6=100.53$m<br>[说明]φ22钢筋中间有弯起筋,式中$(6+0.12+2.23)$m为钢筋水平长度,$(0.45-0.025\times2)$为弯起筋长度,0.025m为混凝土保护层厚,$6.25\times0.022\times2$为箍筋的双弯钩尺寸,0.1m为四周保护层厚度$0.025\times4$,式中$(6+0.24-0.025\times2+0.2\times2+6.25\times0.022\times2)$表示单梁箍筋总长,其中$(6+0.24)$m表示WXL101单梁长,0.2m为箍筋间距,$6.25\times0.022\times2$为φ22筋双弯钩尺寸,2表示每个单梁用2根φ22钢筋,共有6根WXL101,因此要乘以6 |
|  | φ20 | m | 62.1 | $[1.7+0.4+0.12+0.05+2.23-0.025+0.5-0.025\times2+2\times6.25\times0.02]\times2\times6$m$=62.1$m<br>[说明]φ20筋在挑筋中配置,式中$(1.7+0.4+0.05+0.12+2.23)$m表示钢筋水平长度;0.025m表示保护层厚,0.25m为WXL101构件高,$(0.25-0.025\times2)$m表示WXL101构件弯起筋的长度;$6.25\times0.02\times2$m表示φ20筋双弯钩尺寸,每根单梁用2根φ20钢筋,有6根WXL101,因此还应乘以$2\times6$ |
|  | φ16 | m | 20.16 | 同XL101的φ16<br>[说明]该构件是φ16筋在WXL101构件中间配置,因此不必考虑保护层厚度。式中$(0.4\times0.05+0.12)\times2$m为WXL101构件长度,$(2\times6.25\times0.016)$m为双弯钩长度,$0.17\times2$表示两端箍筋直径长,每根构件用2根φ16钢筋,有6根WXL101,因此还应乘以$2\times6$ |
|  | φ10 | m | 29.10 | 同XL101的φ10<br>[说明]φ10筋在挑梁WXL101中配置,式中$(2.23+0.12)$为构件长,0.025m为保护层厚,$2\times6.25\times0.01$为φ10筋的双弯钩增加值;2表示每个梁的配筋数,6为梁的个数,所以要乘以$2\times6$ |
|  | φ6 | m | 323.28 | 同XL101的φ6<br>[说明]φ6筋在梁中一般用作箍筋,计算箍筋的长度时需要用到箍筋的根数。箍筋根数计算方法为:箍筋根数=(构件长度-混凝土保护层厚度)/箍筋间距+1。<br>每个箍筋的长即为箍筋的周长,应用梁截面周长减去四周混凝土保护层厚度。式中$[(6+0.24+0.05-0.025)/0.2+1]\times[(0.2+0.45)\times2-0.01]\times6$为单梁长,其中$(6+0.24+0.05)$为WXL101单梁长,0.025m为混凝土保护层厚度,0.2m为箍筋间距,$(0.2+0.45)\times2$为矩形单梁的周长,0.2m为矩形单梁的宽,0.45m表示矩形单梁的长,0.01m为四周保护层厚度为$0.025\times4$,把各个有关数字代入计算方法中,即可得到单梁箍筋总长;式中$[(2.23-0.12-0.05-0.025)/0.2+1]\times\left[\left(\dfrac{0.45+0.25}{2}+0.2\right)\times2-0.01\right]\times6$为WXL101挑梁中箍筋总长,其中$(2.23-0.12-0.05)$m为挑梁长,0.025m为保护层厚度,0.2m为箍筋间距,挑梁侧面为梯形形状,其高应采用平均高度$\dfrac{0.45+0.25}{2}$m,截面宽为0.2m,因此$\left(\dfrac{0.45+0.25}{2}+0.2\right)\times2$为梯 |

续表

| 序号 | 分项工程名称 | 单位 | 数量 | 计 算 式 |
|---|---|---|---|---|
| | | | | 形截面周长，0.01m 为四周保护层厚度 $4 \times 0.025$ 所得，$[(2.23 - 0.12 - 0.05 - 0.025)/0.2 + 1]$ 为 WXL101 挑梁构件中箍筋的根数，$\left[\left(\dfrac{0.45 + 0.25}{2} + 0.2\right) \times 2 - 0.01\right]$ 为箍筋的周长 |
| | XL103 $\phi22$ | m | 84.83 | $(3 + 2.23 - 0.025 \times 2 + 0.25 - 0.025 \times 2 + 2 \times 6.25 \times 0.022) \times 3 \times 5m = 84.83m$<br>[说明]在 XL103 墙梁中，有两个不同的截面，一半是圈梁，另一半是与挑梁相连的截面$(3 + 2.23)$m 为单梁一半长 3m 加上挑梁长 2.23m，$(0.25 - 0.025 \times 2)$ 为弯起筋长，0.25 为构件高，0.025m 为保护层厚度，$2 \times 6.25 \times 0.022$ 为 $\phi22$ 筋端部弯钩增加值，每个 XL103 墙梁有 3 根 $\phi22$ 钢筋，共有 5 根 XL103，因此还应乘以 $3 \times 5$ |
| | $\phi16$ | m | 16.80 | $[(0.4 + 0.05 + 0.12) \times 2 + 2 \times 6.25 \times 0.016 + 0.17 \times 2] \times 2 \times 5 = 16.80m$<br>[说明]$\phi16$ 在 XL103 构件中间配置，因此不必考虑保护层厚度。式中$(0.4 + 0.05 + 0.12) \times 2m$ 为 XL103 构件长度，$(2 \times 6.25 \times 0.016)$ 为 $\phi16$ 筋在 XL103 构件中两端双弯钩增加值，$0.17 \times 2m$ 为 $\phi16$ 箍筋的调整值的内包尺寸直径，每个 XL103 构件中有 2 根 $\phi16$ 筋，共有 5 根 XL103，因此应乘以 $2 \times 5$ |
| | $\phi10$ | m | 53.05 | $(3 + 2.23 - 0.025 \times 2 + 2 \times 6.25 \times 0.01) \times 2 \times 5 = 53.05m$<br>[说明]在 XL103 墙梁中，有两个不同截面，一半是圈梁，另一半是与挑梁相连的截面。$(3 + 2.23)$ 为单梁一半长 3m 加上挑梁长 2.23m，0.025m 为保护层厚度，$(2 \times 6.25 \times 0.01)$m 为 $\phi10$ 筋的双弯钩增加值，每个 XL103 构件中共有 2 根 $\phi10$ 筋，共有 5 根 XL103 构件，所以还应乘以 $2 \times 5$。 |
| | $\phi6$ | m | 174.61 | $\{[(3 + 0.12 + 0.05 - 0.025 \times 2)/0.2 + 1] \times [(0.24 + 0.45) \times 2 - 0.01] + [(2.23 - 0.12 - 0.05 - 0.025)/0.2 + 1] \times \left[\left(\dfrac{0.45 + 0.25}{2} + 0.2\right) \times 2 - 0.01\right]\} \times 5 = 174.61$<br>[说明]$\phi6$ 筋在梁中一般用作箍筋，式中$[(3 + 0.12 + 0.05 - 0.025 \times 2)/0.2 + 1]$ 为 $\phi6$ 筋的根数，其中 3m 为单梁长一半，$(3 + 0.12 + 0.05)$m 为构件 XL103 长度，$0.025 \times 2$ 为两端保护层厚度，0.2m 表示箍筋间距；式中$[(0.24 + 0.45) \times 2 - 0.01]$ 为每个箍筋的长度，0.24m 为矩形单梁的宽，0.45m 为矩形单梁的长，$(0.24 + 0.45) \times 2$ 为矩形单梁的周长，0.01 为四周保护层厚度 $0.025 \times 4 = 0.01m$；则$[(3 + 0.12 + 0.05 - 0.025 \times 2)/0.2 + 1] \times [(0.24 + 0.45) \times 2 - 0.01]$ 为与挑梁相连的单梁的箍筋总长；式中$[(2.23 - 0.12 - 0.05 - 0.025)/0.2 + 1]$ 表示挑梁中 $\phi6$ 箍筋的根数，其中$(2.23 - 0.12 - 0.05)$m 为挑梁长，0.025m 为保护层厚度，0.2m 为 $\phi6$ 箍筋间距；式中 $\left[\left(\dfrac{0.45 + 0.25}{2} + 0.2\right) \times 2 - 0.01\right]$ 表示梯形截面箍筋的总长，其中 0.45 为梯形截面的上底，0.25m 为梯形截面的下底，0.2m 为梯形截面的宽，则 $\left(\dfrac{0.45 + 0.25}{2} + 0.2\right) \times 2$ 为梯形截面的周长，0.01m 为四周保护层厚度 $0.025 \times 4$ 所得，所以 $[(2.23 - 0.12 - 0.65 - 0.025)/0.2 + 1] \times \left[\left(\dfrac{0.45 + 0.25}{2} + 0.2\right) \times 2 - 0.01\right]$ 为挑梁中 $\phi6$ 箍筋的总长，单梁中 $\phi6$ 箍筋总长 + 挑梁中 $\phi6$ 箍筋总长即为 XL103 构件中 $\phi6$ 箍筋总长，共有 5 根 XL103 构件，因此还应乘以 5 |

续表

| 序号 | 分项工程名称 | 单位 | 数量 | 计 算 式 |
|---|---|---|---|---|
| | WXL103 $\phi 22$ | m | 33.93 | $(3 + 2.23 - 0.025 \times 2 + 0.25 - 0.025 \times 2 + 2 \times 6.25 \times 0.022) \times 2 \times 3\text{m}$ $= 33.93\text{m}$<br>[说明]在 XL103 圈梁中,有两个不同截面,一半为圈梁,另一半是与挑梁相连的截面。$(3 + 2.23)\text{m}$ 为单梁一半 3m 加上挑梁长 2.23m,$0.025\text{m} \times 2$ 为两端保护层厚;$(0.25 - 0.025 \times 2)\text{m}$ 为弯起筋长,$2 \times 6.25 \times 0.022\text{m}$ 为 $\phi 22$ 筋端部弯钩增加值,每根 WXL103 构件中有 1 根 $\phi 22$ 箍筋,共有 3 根 WXL103 构件,因此还应乘以 $1 \times 3$ |
| | $\phi 20$ | m | 16.89 | $[(3 + 2.23 - 0.025 \times 2 + 0.25 - 0.025 \times 2 + 2 \times 6.25 \times 0.02) \times 1 \times 3]$ m $= 16.89$m<br>[说明]式中 $(3 + 2.23)$m 为单梁一半长 3m 加上挑梁长 2.23m,$0.025 \times 2$ 为两端保护层厚度,$(0.25 - 0.025 \times 2)$m 为 $\phi 20$ 箍筋的弯起筋长,$2 \times 6.25 \times 0.02$ 为 $\phi 20$ 箍筋的端部弯钩增加值,每根 WXL103 中有 1 根 $\phi 20$ 箍筋,共有 3 根 WXL103 构件,所以不应乘以 $1 \times 3$ |
| | $\phi 16$ | m | 10.08 | XL103 的 $\phi 16$ 之长 $\times 3/5 = 16.8 \times 3/5$m $= 10.08$m<br>[说明]$\phi 16$ 筋在 XL103 构件中间配置,因此不必考虑保护层厚度。式中 $(0.4 + 0.05 + 0.12) \times 2$m 为 XL103 构件长度,$(2 \times 6.25 \times 0.016)$ 为 $\phi 16$ 筋在 XL103 构件中两端双弯钩增值,$0.17 \times 2$m 为 $\phi 16$ 箍筋的调整值的内包尺寸直径,每个 XL103 构件中有 2 根 $\phi 16$ 筋,共有 5 根 XL103,因此应乘以 $2 \times 5$。但 $\phi 16$ 钢筋在屋顶遮阳板中没有配置,因此计算 WXL103 中 $\phi 16$ 钢筋长度应等于 XL103 长的 $\frac{3}{5}$ |
| | $\phi 10$ | m | 31.83 | XL103 的 $\phi 10$ 之长 $\times 3/5 = 53.05 \times 3/5$m $= 31.83$m<br>[说明]在 XL103 墙梁中,有两个不同截面,一半是圈梁,另一半是与挑梁相连的截面 $(3 + 2.23)$m 为单梁一半长 3m 加上挑梁长 2.23m,$2 \times 0.025$m 为两端保护层厚度,$(2 \times 6.25 \times 0.01)$m 为 $\phi 10$ 筋的双弯钩增加值,每个 XL103 构件中共有 2 根 $\phi 10$ 筋,共有 5 根 XL103 构件,所以还应乘以 $2 \times 5$,$\phi 10$ 钢筋在屋顶遮阳板中没配置,因此 WXL103 中 $\phi 10$ 筋的长度等于 XL103 长的 $\frac{3}{5}$ |
| | $\phi 6$ | m | 104.77 | XL103 的 $\phi 6$ 之长 $\times 3/5 = 174.61 \times 3/5$m $= 104.77$m<br>[说明]$\phi 6$ 筋在梁中一般用作箍筋,式中 $[(3 + 0.12 + 0.05 - 0.025 \times 2)/0.2 + 1]$ 为 $\phi 6$ 筋的个数,其中 3m 为单梁长一半,$(3 + 0.12 + 0.05)$m 为构件 XL103 长度,$0.025 \times 2$ 为两端保护层厚度,$0.2$m 表示箍筋间距;式中 $[(0.25 + 0.45) \times 2 - 0.01]$ 为每个箍筋的周长,$0.24$m 为矩形单梁的宽,$0.45$m 为矩形单梁的长,$(0.24 + 0.45) \times 2$ 为矩形单梁的周长,$0.01$m 为四周保护区层厚度 $0.025 \times 4$ 所得到,则 $[(3 + 0.12 + 0.05 - 0.025 \times 2)/0.2 + 1] \times [(0.24 + 0.45) \times 2 - 0.01]$ 为与挑梁相连的单梁的箍筋总长;式中 $[(2.23 - 0.12 - 0.05 - 0.025)/0.2 + 1]$ 表示挑梁中 $\phi 6$ 箍筋的根数,其中 $(2.23 - 0.12 - 0.05)$m 为挑梁长,$0.025$m 为保护层厚度 |

续表

| 序号 | 分项工程名称 | 单位 | 数量 | 计　算　式 |
|---|---|---|---|---|
| | | | | 0.2m 为 $\phi 6$ 箍筋间距；式中 $\left[\left(\frac{0.45+0.25}{2}+0.2\right)\times 2-0.01\right]$ 表示梯形截面中箍筋的总长，其中 0.45m 为梯形截面的上底，0.25m 为梯形截面的下底，0.2m 为梯形截面的宽，则 $\left(\frac{0.45+0.25}{2}+0.2\right)\times 2$ 为梯形截面的周长，0.01m 为四周保护层厚度 $0.025\times 4$ 所得，所以 $[2.23-0.12-0.05-0.025)/0.2+1]\times\left[\left(\frac{0.45+0.25}{2}+0.2\right)\times 2-0.01\right]$ 为挑梁中 $\phi 6$ 箍筋的总长，单梁中 $\phi 6$ 箍筋总长 + 挑梁中 $\phi 6$ 箍筋总长，即为 XL103 构件中 $\phi 6$ 箍筋总长共有 5 根 XL103 构件，因此还应乘以 5，但 $\phi 6$ 箍筋在屋顶遮阳板中没配置，因此 WXL103 中 $\phi 6$ 筋的长度等于 XL103 长的 $\frac{3}{5}$ |
| | 梁垫 | $\phi 10$ | m | 73.80 | $(0.9-0.025\times 2+6.25\times 2\times 0.01+1.0-0.025\times 2+6.25\times 2\times 0.01)\times 3\times 12\mathrm{m}=73.8\mathrm{m}$<br>[说明]该实例中梁垫构件长为 0.9m，式中 0.9m 为梁垫构件长，$0.025\times 2$ 为两端保护层厚度，$6.25\times 2\times 0.01\mathrm{m}$ 为 $\phi 10$ 钢筋的两端弯钩增加值，1.0m 为梁垫构件长，所以式中 $(0.9-0.025\times 2+6.25\times 2\times 0.01)$ 为梁垫构件长为 0.9m 的 $\phi 10$ 筋的总长度，$(1.0-0.025\times 2+6.25\times 2\times 0.01)$ 为梁垫构件长为 1.0m 的 $\phi 10$ 钢筋的总长度，每个梁垫构件中有 3 根 $\phi 10$ 钢筋，共有 5 个梁垫构件，所以还应乘以 $3\times 5$ |
| | | $\phi 8$ | m | 48.00 | $[(0.9-0.025\times 2+6.25\times 2\times 0.008+1.0-0.025\times 2+6.25\times 2\times 0.008)\times 2\times 12]\mathrm{m}=48.00\mathrm{m}$<br>[说明] 0.9m 为梁垫构件长，$2\times 0.025$ 为两端保护层厚度，$6.25\times 2\times 0.008\mathrm{m}$ 为 $\phi 8$ 筋的两端部弯钩增加值，则式 $(0.9-0.025\times 2+6.25\times 2\times 2\times 0.008)\mathrm{m}$ 为梁垫构件长为 0.9m 中 $\phi 8$ 筋的总长度；1.0m 表示梁垫构件长为 1.0m，则 $(1.0-0.025\times 2+6.25\times 2\times 0.008)\mathrm{m}$ 为梁垫构件长为 1.0m 中 $\phi 8$ 筋的总长度。每个梁垫构件中有 3 根 $\phi 10$ 钢筋，共有 5 个梁垫构件，所以还应乘以 $3\times 5$ |
| | | $\phi 6$ | m | 91.63 | $[(0.9-0.025\times 2)/0.25+1+(1.0-0.025\times 2)/0.25+1]\times[(0.18+0.24)\times 2-0.01]\times 12\mathrm{m}=91.63\mathrm{m}$<br>[说明] 0.9m 为梁垫构件长度，$0.025\mathrm{m}\times 2$ 为两端保护层厚度，$(0.9-0.025\times 2)\mathrm{m}$ 为梁垫构件中 $\phi 6$ 箍筋长，0.25m 为 $\phi 6$ 箍筋间距，式 $[(0.9-0.025\times 2)/0.25+1]$ 为梁垫构件长度为 0.9m 时 $\phi 6$ 箍筋的根数，1.0m 为梁垫构件长度，式 $[(1.0-0.025\times 2)/0.25+1]$ 为梁垫构件长度为 1.0m 时 $\phi 6$ 箍筋的根数，式 $[(0.9-0.025\times 2)/0.25+1+(1.0-0.025\times 2)/0.25+1]$ 为梁垫构件中 $\phi 6$ 箍筋的根数，式 $[(0.18+0.24)\times 2-0.01]\mathrm{m}$ 为 $\phi 6$ 箍筋的长度，其中 0.24m 为矩形梁垫构件的高，0.18m 为矩形梁垫构件的周长宽，$(0.18+0.24)\times 2$ 为矩形梁垫构件的周长，宽 $(0.18+0.04)\times 2$ 为矩形梁垫构件的周长，0.01m 为四周保护层厚度 $0.025\mathrm{m}\times 4$ 得到。梁垫构件中共有 12 根 $\phi 10$ 箍筋，所以还应乘以 12 |

续表

| 序号 | 分项工程名称 | 单位 | 数量 | 计　算　式 |
|---|---|---|---|---|
| | WXL102A $\phi10$ | m | 67.4 | $(6+0.12+2.23-0.025\times2+6.25\times2\times0.01)\times4\times2m=67.40m$<br>[说明]WXL102A屋面梁由屋顶结构平面图可知共有2根，其通长为$(6+0.12+2.23)m$，由结施3第3个详图可看出有4根$\phi10$，$0.025m\times2$为两端保护层厚度，$6.25\times2\times0.01m$为$\phi10$筋的两端部弯钩增加值，则$(6+0.12+2.23-0.025\times2+6.25\times2\times0.01)m$为单根钢筋$\phi10$的长度，再乘以根数$2\times4$ |
| | $\phi12$ | m | 33.80 | $(6+0.12+2.23-0.025\times2+6.25\times2\times0.012)\times2\times2=33.80$<br>[说明]式中$(6+0.12+2.23)m$由屋面梁由屋顶结构平面图可知为WXL102A通长，$2\times0.025m$为两端保护层厚度，$6.25\times2\times0.012m$为$\phi12$筋的两端部弯钩增加值。由屋面梁由屋顶结构平面图可知WXL102A有2根，又由结施3第3个详图可看出有2根$\phi12$箍筋，所以应乘以$2\times2$。 |
| | $\phi25$ | m | 51.68 | $(6+0.12+2.23-0.025\times2+6.25\times2\times0.025)\times3\times2=51.68$<br>[说明]式中$(6+0.12+2.23)m$为WXL102A的通长，$2\times0.025m$为两端保护层厚度，$6.25\times2\times0.025m$为$\phi25$筋的双弯钩增加值，屋面梁由屋顶结构平面图可知WXL102A有2根，由结施3第3个详图可看出有3个$\phi25$钢筋，所以还应乘以$3\times2$ |
| | $\phi6$ | m | 182.83 | $2\times\{[(6+0.24+0.05-0.025\times2)/0.15+1]\times[(0.24-0.05)\times2+0.45-0.05+0.57-0.05+0.12-0.05+0.11+0.12-0.025+6.25\times2\times0.006]+[(2.23-0.12-0.05-0.025)/0.15+1]\times\{[(0.25+0.45)/2-0.05]\times2+(0.24-0.05)\times2+0.12+(0.12-0.05)+6.25\times2\times0.006+0.11+0.12-0.025\}\}\times2m=182.83m$<br>[说明]$\phi6$为箍筋，0.15m为箍筋的间距。箍筋的长＝箍筋的个数×每个箍筋的周长；箍筋的个数＝（构件长度－混凝土保护层厚度）÷箍筋间距＋1；每个箍筋周长＝构件截面周长－各边保护厚度。<br>式中$[(6+0.24+0.05-0.025\times2)/0.15+1]$为$\phi6$箍筋的个数，其中$(6+0.24+0.05)m$表示$\phi6$箍筋构件的长度，$2\times0.025m$为两端保护层厚度，0.15m为$\phi6$箍筋的间距，式中$[(0.24-0.05)\times2+0.45-0.05+0.57-0.05+0.12-0.05+0.11+0.12-0.025+6.25\times2\times0.06]$为挑梁中弯起筋构件的长度，其中$(0.24-0.05)\times2$表示$\phi6$箍筋两端伸入墙体的长度，$(0.45-0.05)m$为一端构件高减去量外包尺寸调整值0.05m；$(0.57-0.05)m$表示另一端构件弯起筋长度减去量外包尺寸调整值0.05m，$(0.12-0.05)m$为$\phi6$箍筋中调整值量内包尺寸减量外包尺寸所得，0.11m为单梁中箍筋水平长度，0.12m为一端量外包尺寸调整值，0.025m为一端保护层厚度，$6.25\times2\times0.06$表示$\phi6$箍筋的双弯钩增加值；$6.25\times0.06m$表示钢筋半圆弯钩量度差值，$d$为钢筋半径。式中$[(2.23-0.12-0.05-0.025)/0.15+1]$为挑梁中$\phi6$箍筋的根数，2.23m为挑梁长度，0.12m为箍筋量外包尺寸调整值，0.05m为箍筋量内包尺寸调整值，0.025m为混凝土保护层厚度，$(2.23-0.12-0.05-0.025)m$为挑梁中箍筋长度，0.15m为箍筋间距，$\{[(0.25+0.45)/2-0.05]\times2+(0.24-0.05)\times2+0.12+(0.12-0.05)+6.25\times2\times0.006+0.11+0.12-0.025\}$为挑梁中一根箍筋的长度，其中$[(0.25+0.45)/2-0.05]\times2m$为箍筋水平长度，$(0.25+0.45)/2$表示平均水平长，0.05m为外量包尺寸调整值，$(0.24-0.05)\times2$为箍筋弯起筋长度，$(0.12-0.05)m$为箍筋量内包尺寸减去量外包尺寸所得调整值，$6.25\times2\times0.006$为$\phi6$箍筋两端部弯钩增加值，0.11m为与梁相连处长度，0.025m为一端保护层厚 |

续表

| 序号 | 分项工程名称 | 单位 | 数量 | 计 算 式 |
|---|---|---|---|---|
| | 圈梁 一层 $\phi12$ | m | 54.62 | $[65.94+17.28-(3+0.12)\times5-(0.9+1.0)\times6-1.6]$m$=54.62$m<br>[说明]式中 65.94m 为结构外边中心线长，17.28m 为内边中线长，$(3+0.12)\times5$ 为纵墙与挑梁连接的那一半墙梁长，不应计算在圈梁内，0.9m 和 1.0m 为两种梁垫长，不计入圈梁内，1.6m 为楼梯间花格网宽，此处无圈梁 |
| | | m | 248.34 | $54.62\times1.0638\times4+(0.18-0.025+6.25\times0.012)\times2\times2+(0.18-0.025+0.18-0.025+6.25\times0.012)\times2\times2\times6+(0.18-0.025\times2+0.18-0.025+6.25\times0.012)\times2\times2\times4=248.34$<br>[说明]圈梁中配筋，要考虑钢筋的接头问题。钢筋的接头问题计算，各地规定不同，有按实际接头长度计算和按综合系数计算两种处理方式：<br>第一种：按实际接头长度计算：钢筋的接头形式很多，需要消耗钢筋长度的有绑扎接头，对焊接头，错焊接头、绑焊接头几种。其接头长度按设计规定计算。其接头个数，有的地区统一规定 $\phi25$ 以内的条圆钢每 8m 长计算一个接头，$\phi25$ 以上的条圆钢每 6m 计算一个接头。钢筋接头长度可采用综合计算，在计算钢筋接头长度时用钢筋的图示长度以钢筋接头系数。<br>$$钢筋的接头系数=\frac{8m(6m)+接头长度}{8m(6m)}$$<br>第二种：综合系数计算：为了简化钢筋接头的计算，不论采用何种接头形式，钢筋接头均规定按综合系数计算。如某地区就规定钢筋接头量为钢筋图净量的 5%，式中 54.62m 表示圈梁长度，1.0638 即为 $\phi12$ 钢筋的接头系数，4 表示圈梁中配筋的根数，$[(0.18-0.025+6.25\times0.012)\times2\times2+(0.18-0.025+0.18-0.025+6.25\times0.012)\times2\times2]$ 表示 $\phi12$ 筋的弯起筋的长度，其中 0.18m 表示构件高度，0.025m 表示保护层厚度，$(0.18-0.25)$m 表示一端弯起筋长度，$6.25\times0.012$ 表示 $\phi12$ 筋端部弯钩增值，2 表示两端部，第二个 2 表示两根这样的 $\phi12$ 筋，式中 $(0.18-0.025+6.25\times0.012)\times2\times2\times4$ 表示 $\phi12$ 钢筋弯起筋的长度 |
| | $\phi6$ | m | 227.50 | $(54.62/0.2+1)\times[(0.18+0.24)\times2-0.01]=227.50$<br>[说明]54.62m 为圈梁长度，0.2m 表示 $\phi6$ 箍筋的间距（$\phi6$ 筋一般用作箍筋），$(54.62/0.2+1)$ 表示圈梁中 $\phi6$ 箍筋的根数，式中 $[(0.18+0.24)\times2-0.01]$ 表示单个箍筋的长度，其中 0.24m 表示矩形截面的长，0.18m 表示矩形截面的宽，$(0.18+0.24)\times2$ 表示矩形截面的周长，0.01m 表示四周保护层厚度（$0.025\times4$） |
| | 圈梁 二层 $\phi12$ | m | 87.24 | $\{[28.5-0.24+17.28-(3+0.12)\times3]\times1.0638\times2+[(0.18-0.025+6.25\times0.012)\times2+(0.18-0.025+0.18-0.025+6.25\times0.012)\times2]\times6+(0.18-0.025\times2+0.18-0.025+6.25\times0.012)\times2\times4\}$m$=87.24$m<br>[说明]式中$[28.5-0.24+17.28-(3+0.12)\times3]\times1.0683\times2$表示 $\phi12$ 钢筋的平直长度，其中 28.5m 表示结构外墙中心线长，0.24m 表示两个半墙厚，17.28m 表示内边中线长，$(3+0.12)\times3$ 为纵墙与挑梁连接的那一半墙梁长，3m 为纵墙长的一半，0.12m 表示半砖长，1.0638 表示 $\phi12$ 钢筋的接头系数，2 表示 2 根 $\phi12$ 钢筋的平直长度；式中$[(0.18-0.025+6.25\times0.016)\times2+(0.18-0.025+0.18-0.025+6.25\times0.012)\times2]\times6$表示弯起钢筋的长度，其中 $(0.18-0.025)$m 表示一端弯起筋的长度，0.18m 表示构件高度，0.025m 表示保护层厚度，$6.25\times0.012$m 表示 $\phi12$ 钢筋端部弯钩增加值，2 表示两端部；式中 $(0.18-0.025\times2+0.18-0.025+6.25\times0.012)\times2\times4$ 表示 $\phi12$ 钢筋的弯起筋长度，2 表示 2 段，4 表示 4 根 $\phi12$ 钢筋的弯起筋长度 |

续表

| 序号 | 分项工程名称 | 单位 | 数量 | 计　算　式 |
|---|---|---|---|---|
| | $\phi 16$ | m | 89.57 | $\{2\times[28.5-0.24+17.28-(3+0.12)\times3]\times1.085+[(0.18-0.025+6.25\times0.016)\times2+(0.18-0.025+0.18-0.025+6.25\times0.016)\times2]\times6+[0.18-0.025\times2+0.18-0.025+6.25\times0.016]\times2\times4\}$ m = 89.57m<br>[说明]$\phi$16筋在二层圈筋中的配置，式中[28.5-0.24+17.28-(3+0.16)×3]×1.085表示$\phi$16钢筋的平直长度，其中28.5m表示结构外边线长，0.24m表示两个半墙厚，17.28m表示内边中线长，(3+0.12)×3为纵墙与挑梁连接的那一半墙梁长，3m为纵墙长的一半，0.12m表示半砖长，1.085表示$\phi$16钢筋的接头系数，2表示2根$\phi$16钢筋的平直长度；式中[(0.18-0.025+6.25×0.016)×2+(0.18-0.025+0.18-0.025+6.25×0.016)×2]×6表示$\phi$16钢筋弯起筋的长度，其中(0.18-0.25)m表示一端弯起筋的长度，0.18m表示构件高度，0.025m表示保护层厚度，6.25×0.016m表示$\phi$16钢筋端部弯钩增值，2表示两个端部；(0.18-0.025+0.18-0.025)m表示两端弯起筋长度；式中(0.18-0.025×2+0.18-0.025+6.25×0.016)×2×4表示$\phi$16钢筋的弯起钢筋的长度，其中(0.18-0.025×2)m表示构件中弯起钢筋的长度 |
| | $\phi 6$ | m | 176.44 | $\{[28.5-0.24+17.28-(3+0.12)\times3]/0.2+1\}\times[(0.25+0.24)\times2-0.01]=176.44$<br>[说明]$\phi$6筋在二层圈梁中作箍筋，式中$\{[28.5-0.24+17.28-(3+0.12)\times3]/0.2+1\}$表示二层圈梁中$\phi$6箍筋的根数，其中28.5m表示外墙中心线长，(28.5-0.24)m表示外墙之间的净距离，即圈梁长。17.28m表示内边中线，(3+0.12)×3表示纵墙与挑梁连接的那一半墙梁长，不应计算在圈梁内，所以应减去，0.2m表示$\phi$6箍筋间距，式中[(0.25+0.24)×2-0.01]表示单个箍筋的长度，其中0.25m表示矩形截面的长，0.24m表示矩形截面的宽，(0.25+0.24)×2m表示矩形截面的周长，0.01m表示四周保护层厚度(0.025×4) |
| | XTG 圈梁 $\phi 12$ | m | 60.13 | $(28.5-0.24)\times1.0638\times2m=60.13m$<br>[说明]28.5m表示外墙中心线长，0.24m表示两个半墙厚，(28.5-0.24)m表示 XTG 圈梁长，1.0683表示$\phi$12钢筋的接头系数，由结施图3，XTG 圈梁详图可知圈梁配有2根$\phi$12钢筋，所以要乘以2 |
| | $\phi 14$ | m | 121.45 | $(28.5-0.24)\times1.0744\times4m=121.45m$<br>[说明]式中28.5m表示外墙中心线长，0.24m表示两个半墙厚，(28.5-0.24)m表示 XTG 圈梁长，1.0744表示$\phi$14钢筋的接头系数，由结施图3，XTG 圈梁详图可知圈梁配有2根$\phi$14钢筋，所以乘以2 |

续表

| 序号 | 分项工程名称 | 单位 | 数量 | 计 算 式 |
|---|---|---|---|---|
| | 加筋　　$\phi16$ | m | 22.10 | $[(1.5+0.5+2\times6.25\times0.016)\times9+(1.6+0.5+2\times6.25\times0.016)]$m = 22.1m<br>[说明]$\phi16$筋是加在XTG圈梁窗洞口，楼梯漏花空间网格洞口上的，用来作过梁的那一部分，又因钢筋两端入墙500mm，故应在洞口尺寸1.5m，1.6m分别加上0.5m，因共有9扇洞口，1个漏花风格洞口，故要分别乘以9，乘以1，式中$(2\times6.25\times0.016)$m为两端部弯钩增加值，即$(1.5+0.5+2\times6.25\times0.016)\times9$表示9个扇洞口上XTG圈梁中$\phi16$筋的总长；$(1.6+0.5+2\times6.25\times0.016)$，1m表示1个漏花空间网格洞口上XTG圈梁中$\phi16$筋的总长 |
| | $\phi6$ | m | 316.30 | $[(28.5-0.24)/0.15+1]\times[(0.6+0.24)\times2-0.01]$m = 316.30m<br>[说明]$\phi6$钢筋在XTG圈梁中作箍筋，式中28.5m表示外墙中心线长，0.24m表示两个半墙厚，$(28.5-0.24)$m表示XTG圈梁长，0.15m表示$\phi6$箍筋的间距则$[(28.5-0.24)/0.15+1]$表示$\phi6$箍筋的根数，0.24m表示矩形截面的长，0.6m表示矩形截面的宽，$(0.6+0.24)\times2$m表示矩形截面的周长，0.1m表示四周保护层厚度0.1，则$[(0.6+0.24)\times2-0.01]$表示单根$\phi6$箍筋的长度，箍筋的长=箍筋的箍数×每箍箍筋的周长 |
| | ①⑤轴 XTG加筋 $\phi8$ | m | 24.80 | $(0.25+0.5+6.25\times0.008+3.5\times0.008)\times(16-1)\times2=12.40\times2=24.80$<br>[说明]式中0.25m为$\phi8$筋高，0.5m表示$\phi8$筋宽，$6.25\times0.008$为$\phi8$筋180°端部弯钩长，$3.5\times0.008$为端部平直弯钩长，则$(0.25+0.5+0.25\times0.008+3.5\times0.008)$m表示每个$\phi8$筋的长，因每缝中加1根$\phi8$，用于①⑤轴XTG长为$(2.23-0.12-0.05-0.025)$m，这卡可加$\phi6@150$箍筋根数为：$(2.23-0.12-0.05-0.025)/0.15+1=8$个，①⑤轴共16根，则加$\phi8$筋根数为$(16-1)$个，因每个$\phi8$加密箍筋是由2个图示筋组成，因此要乘以2 |
| | $\phi6$ | m | 370.97 | $[(0.24+0.53+0.63-0.015-0.025)/0.2+1]\times[(28.5+0.24+(6+0.12+2.23)\times2+0.53\times2\times2]$m = 370.97m<br>[说明]$\phi6$筋为板中配筋，$(0.24+0.53+0.63-0.015-0.015-0.025)$为板截面配筋长，其中$(0.24+0.53+0.63)$m表示板宽，0.015m为板保护层厚，0.025m为梁保护厚；式中$[0.24+0.53+0.63-0.015-0.025)/0.2+1]$为配$\phi6$筋的个数，0.2m表示$\phi6$筋间距，$[(28.5+0.24)+(6+0.12+2.23)\times2+0.53\times2\times2]$为板的总长，其中28.5m表示外墙中心线长，0.24m表示两个半墙厚，$(28.5+0.24)$m表示外墙外边线长，即构件长，6m表示单梁长，2.23m表示挑梁长，$2\times(6+0.12+2.23)$m表示模板及挑梁的总长，0.53m表示板宽，$2\times2$表示四个角重合部分。<br>　附：钢筋弯钢的增加长度计算值为：半圆弯钩$6.25d$；直弯钩$3.5d$，斜弯钩$4.9d$（$d$为钢筋直径） |

续表

| 序号 | 分项工程名称 | | 单位 | 数量 | 计 算 式 |
|---|---|---|---|---|---|
| | 连续梁 | $\phi 12$ | m | 244.16 | $(28.5+0.24-0.025\times 2)\times 1.0638\times 4\times 2m=244.16m$<br>[说明]式中 28.5m 表示外墙中心线长，0.24m 表示两个半墙厚，$(28.5+0.24)$m 表示外墙外边线长，即构件长度，$0.025\times 2$ 表示保护层厚，$(28.5+0.24-0.025\times 2)$m 表示单根钢筋长度，1.0638 表示 $\phi 12$ 钢筋的接头系数。4 为配筋根数，2 为上、下两层连续梁个数 |
| | | $\phi 6$ | m | 355.35 | $[(28.5+0.24-0.025\times 2)/0.2+1]\times [(0.2+0.42)\times 2-0.01]\times 2m=355.35m$<br>[说明]$\phi 6$ 筋用作箍筋，28.5m 表示外墙中心线长，0.24m 表示两个半墙厚，$(28.5+0.24)$m 表示外墙外边线长，即构件长度，$2\times 0.025$m 表示保护层厚，$(28.5+0.24-0.025\times 2)$m 表示(构件长度-保护层厚)，0.2m 表示 $\phi 6$ 箍筋间距，则$[(28.5+0.24-0.025\times 2)/0.2+1]$ 表示 $\phi 6$ 箍筋的根数；0.2m 为梁宽，0.42m 为梁高，$(0.2+0.42)\times 2$ 表示梁的周长，0.1m 为四周保护层厚度 0.1，$[(0.2+0.42)\times 2-0.01]$表示单根 $\phi 6$ 箍筋的长度，2 表示上、下两层连续梁根数 |
| | 扶手 | $\phi 10$ | m | 68.61 | $32.58\times 1.053\times 2=68.61m$<br>[说明]式中 32.58m 表示扶手长，1.053 表示 $\phi 10$ 筋的接头系数，2 表示两根 $\phi 10$ 钢筋 |
| | | $\phi 12$ | m | 69.32 | $32.58\times 1.0638\times 2=69.32m$<br>[说明]式中 32.58m 表示扶手长，1.0638 表示 $\phi 12$ 筋的接头系数，2 表示 2 根 $\phi 12$ 钢筋 |
| | | $\phi 6$ | m | 80.19 | $[(32.58-0.05)/0.2+1]\times [(0.18+0.07)\times 2-0.01]=80.19$<br>[说明]式中 $\phi 6$ 筋作为箍筋，32.58m 表示扶手长，0.05m 表示扶手保护层厚（即 $0.025m\times 2$），0.2m 表示 $\phi 6$ 箍筋的间距，则 $[(32.58-0.05)/0.2+1]$ 表示 $\phi 6$ 箍筋的根数；0.18m 表示扶手宽，0.07m 表示扶手高，$(0.18+0.07)\times 2$ 表示扶手矩形截面的周长，0.01m 表示四周保护层厚 0.1，则 $[(0.18+0.07)\times 2-0.01]$ 表示单根箍筋的长。箍筋长 = 箍筋的根数 × 箍筋的长 |
| | 基础圈梁 | $\phi 12$ | m | 371.96 | $[(65.94+(6-0.37)\times 3]\times 1.0638\times 4+12.3+7.2=371.96m$<br>式中 65.94m 表示外边中线长，$(6-0.37)\times 3m$ 表示内净线长，其中 6m 表示内墙长，0.37m 表示地圈梁的宽度，3 表示 3 面内墙，$(6-0.37)$m 表示一面内墙净长，则$[65.94+(6-0.37)\times 3]$ 表示基础长，1.0638 为 $\phi 12$ 钢筋的接头系数，4 表示 4 根配筋。12.3m 表示外横墙中 $\phi 12$ 钢筋长 |
| | | $\phi 6$ | m | 452.51 | $\{[65.94+(6-0.37)\times 3]/0.2+1\}\times [(0.37+0.18)\times 2-0.01]m=452.51m$<br>[说明]$\phi 16$ 钢筋用作箍筋，式中 65.94m 表示外边中线长，$(6-0.37)\times 3m$ 表示内净线长，其中 6m 表示内墙长，0.37m 表示地圈梁宽，$(6-0.37)$m 表示一面内净长，3 表示 3 面内墙，则$[65.94+(6-0.37)\times 3]$ 表示基础长，0.2m 表示 $\phi 6$ 箍筋间距，所以式 $\{[65.94-(6-0.37)\times 3]/0.2+1\}$ 为 $\phi 6$ 箍筋的个数，0.37m 表示地圈梁宽，0.18m 表示地圈梁高，$(0.37+0.18)\times 2$ 表示地圈梁截面的周长，0.01m 表示四周保护层厚（$0.025m\times 4$），则$[(0.37+0.18)\times 2-0.01]$ 表示 $\phi 6$ 箍筋长，又箍筋周长 = 箍筋的根数 × 每根箍筋长 |

续表

| 序号 | 分项工程名称 | 单位 | 数量 | 计 算 式 |
|---|---|---|---|---|
| | φ16 | m | 6.82 | $[(3.3-0.24)\times\frac{1}{2}-0.025+6.25\times2\times0.016]\times4m=6.82m$<br>[说明]φ16筋配置在楼梯间的基础圈梁中,由楼梯详图可以看出,此处圈梁中配有4根φ16钢筋,因楼梯间只一半需设圈梁,因此圈梁长度为$(3.3-0.24)\times\frac{1}{2}$,其中3.3m表示楼梯内进出走廊的出入口宽度,0.24m是一砖长,因3.3m是两墙中心线距离,则(3.3-0.24)m为楼梯出入口的净长,0.025m为保护层厚度,6.25×2×0.016表示φ16钢筋的端部双弯钩的增加值 |
| | φ6 | m | 12.53 | $\{[(3.3-0.24)\times\frac{1}{2}-0.025]/0.2+1\}\times(0.37\times4-0.01)m=12.53m$<br>[说明]φ6钢筋用作箍筋。楼梯间只需设一半圈梁,式中3.3m表示楼梯内进出走廊的出入口宽度,0.24m表示一砖长,(3.3-0.24)m表示楼梯内进出走廊的出入口净长,0.025m表示保护层厚度,$[(3.3-0.24)\times\frac{1}{2}-0.025]$表示构件净长,0.2m表示φ6箍筋间距,则$\{[(3.3-0.24)\times\frac{1}{2}-0.025]/0.2+1\}$表示φ6箍筋的根数;0.37m表示地圈梁的高(同时也是宽),0.37m×4表示地圈梁截面的周长,0.1m表示四周保护层厚度(0.025m×4=0.1),(0.37×4-0.01)m表示每个φ6箍筋的长度,箍筋的周长=箍筋的根数×每根箍筋的长度 |
| 楼梯TL1 | φ10 | m | 7.23 | $(3.3+0.24-0.025\times2+6.25\times2\times0.01)\times2m=7.23m$<br>[说明]由结施2楼梯截面详图可知,TL1梁长(3.3+0.24)m,0.025×2为两端保护厚度,6.25×2×0.01为双弯钩增加值,由1—1截面图可看出,TL1梁截面上部配有2根φ10筋,因此还应乘以2 |
| | φ20 | m | 7.48 | $(3.3+0.24-0.025\times2+6.25\times2\times0.02)\times2m=7.48m$<br>[说明]由结施2楼梯截面详图可知,TL1梁长(3.3+0.24)m,0.025×2为两端保护厚度,3.3m表示轴线②至轴线③之间的距离,表示楼梯内进出走廊的出入口的宽度,0.24m表示一砖长,(3.3+0.24)m表示楼梯外线总长,6.25×2×0.02m表示φ20钢筋端部双弯钩增加值,则(3.3+0.24-0.025×2+6.25×2×0.02)m表示TL1梁中φ20钢筋长,由1-1截面图可看出,TL1梁截面下部配有2根φ20筋,因此还应乘以2 |
| | φ6 | m | 20.11 | $[(3.3+0.24-0.025\times2)/0.2+1]\times[(0.2+0.35)\times2-0.01]m=20.11m$<br>[说明]φ6钢筋用作箍筋,3.3m表示楼梯内进出走廊的出入口宽度,0.24m表示一砖长,(3.3+0.24)m表示TL1梁长,0.025m×2表示两端保护层厚,$[(3.3+0.24-0.025\times2)/0.2+1]$表示φ6筋的个数,其中0.2m表示φ6箍筋间距;0.2m表示楼梯梁宽,0.35m表示楼梯梁高,(0.2+0.35)×2表示楼梯梁截面的周长,0.01m表示四周保护层厚(0.025×4),则$[(0.2+0.35)\times2-0.01]$表示每根φ6箍筋长,所以箍筋的周长=箍筋的根数×每根箍筋长 |

续表

| 序号 | 分项工程名称 | 单位 | 数量 | 计 算 式 |
|---|---|---|---|---|
| | 楼梯 TL2  $\phi10$ | m | 7.35 | $(3.3-0.05+0.15\times2+6.25\times2\times0.01)\times2m=7.35m$<br>[说明]由结施 2 楼梯梁 TL2 的结构详图可知，梯梁截面 2—2 图可看出 2 根 $\phi10$ 筋与 TL1 梁 $\phi10$ 筋配置并不完全相同，$(3.3-0.025\times2)m$ 为楼梯梁 TL2 的长度，3.3m 表示楼梯内走廊进出口的宽度，0.025m×2 表示两端保护层厚度，0.15m 表示平直长度，即 0.15m×2 为两端平直长度，$(6.25\times2\times0.01)$ 为端部双弯钩增加值，由楼梯梁截面 2—2 图可看出有 2 根 $\phi10$ 筋 |
| | $\phi20$ | m | 7.48 | $(3.3+0.24-0.025\times2+6.25\times2\times0.02)\times2m=7.48m$<br>[说明]由结施 2 楼梯梁 TL2 的结构详图可知，TL2 梁长为 $(3.3+0.24)m$，其中 3.3m 表示楼梯内进出走廊的出入口宽度，0.24m 表示一砖长，0.025m×2 表示两端保护层厚度，6.25×0.02×2 表示 $\phi20$ 筋的端部双弯钩增加值，则 $(3.3+0.24-0.025\times2+6.25\times2\times0.02)m$ 表示 TL2 梁中 $\phi20$ 钢筋长，由 2—2 截面图可看出，TL2 梁截面下部配有 2 根 $\phi20$ 筋，所以还应乘以 2 |
| | $\phi6$ | m | 20.11 | $[(3.3+0.24-0.025\times2)/0.2+1]\times[(0.2+0.35)\times2-0.01]m=20.11m$<br>[说明]$\phi6$ 钢筋用作箍筋，3.3m 表示楼梯内进出走廊的出入口宽度，0.24m 表示一砖长，$(3.3+0.24)m$ 表示 TL2 梁长，0.025m×2 表示两端保护层厚，$[(3.3-0.24-0.025\times2)/2+1]$ 表示 $\phi6$ 箍筋的个数，其中 0.2m 表示 $\phi6$ 箍筋间距；0.2m 表示楼梯梁宽，0.35m 表示梁高，$(0.2+0.35)\times2$ 表示楼梯梁截面的周长，0.1m 表示四周保护层厚$(0.025m\times4)$，则 $[(0.2+0.35)\times2-0.01]$ 表示每根 $\phi6$ 箍筋长，箍筋的周长 = 箍筋的根数×每根箍筋长 |
| | TB1<br>上  $\phi12$ | m | 79.68 | $\{[\sqrt{(1.8+0.07)^2+(2.8+0.4)^2}+6.25\times2\times0.012-0.025\times2]\times[(1.48+0.24-0.015\times2)/0.15+1]+(\sqrt{(0.75+0.2)^2+(0.114\times4)^2}-0.025+0.2+6.25\times0.012+3.5\times0.012)\times2\times[(1.48+0.24-0.015\times2)/0.15+1]\}m=79.68m$<br>[说明]$\phi12$ 钢筋为 TB1 上的斜拉筋，计算式前半部分为 $\phi12$ 筋通长，后半部分为楼梯板两端加强筋计算式。两部分的长均应用直角三角形的斜边长表示。结施 2 中的 A—A 剖面图为一般楼梯通用图，图中尺寸标注可知，楼梯板 TB1 垂直投影长为 $(1.8+0.07)m$，1.8m 为中间平台到楼层平台之间的距离，0.07m 为中间平台厚，$(2.8+0.4)m$ 为其水平投影长，式中 2.8m 楼梯段的水平长度，0.4m 为 2 倍楼梯梁宽；$(0.75+0.2)m$ 为端部加强筋水平投影长，0.114×4 为垂直投影长，0.2m 为加强筋平直长度，$[(1.48+0.24-0.015\times2)/0.15+1]$ 为板铺筋根数，其中 $(1.48+0.24)m$ 为板宽，0.015×2 为板保护层厚，0.15m 为 $\phi12$ 钢筋间距。<br>附：求给定宽度的板或梁的配筋数(配 - 排)方法：一排根数 =(构件长度 - 混凝土保护层厚)/间距 + 1 |

续表

| 序号 | 分项工程名称 | 单位 | 数量 | 计 算 式 |
|---|---|---|---|---|
| | $\phi 6$ | m | 23.39 | $[(\sqrt{(1.8+0.07)^2+(2.8+0.4)^2}-0.025\times 2)/0.3+1]\times(1.48+0.05+0.24-0.025\times 2+6.25\times 2\times 0.006)\text{m}$<br>$=23.39\text{m}$<br>[说明]$\phi 6$钢筋用作箍筋。式中$[(\sqrt{(1.8+0.07)^2+(2.8+0.4)^2}-0.025\times 2)/0.3+1]$表示箍筋根数，$(1.8+0.07)$m为楼梯板TB1垂直投影长，其中1.8m为中间平台到楼层平台之间的距离，0.07m为中间平台厚，$(2.8+0.4)$m为其楼梯板TB1水平投影长，2.8m楼梯段的水平长度，0.4m为2倍楼梯梁宽，$0.025\text{m}\times 2$表示两端保护层厚，0.3m表示$\phi 6$箍筋的间距；式中$(1.48+0.05+0.24-0.025\times 2+6.25\times 2\times 0.006)$表示单根$\phi 6$箍筋长，$(1.48+0.24)$m为板宽，0.24m为两个半砖长，0.05m为量外包尺寸直径（箍筋调整值），$0.025\times 2$表示两端保护层厚，$6.25\times 2\times 0.006$表示$\phi 6$筋双弯钩端部增加值 |
| 下 | $\phi 12$ | m | 81.07 | $\{[\sqrt{1.8^2+(2.8+0.2)^2}+6.25\times 2\times 0.012-0.025\times 2+(\sqrt{(0.75+0.2)^2+(0.164\times 4)^2}-0.025\times 2+0.2+6.25\times 0.012+3.5\times 0.012)\times 2]\}\times[(1.48+0.05+0.24-0.015\times 2)/0.15+1]\text{m}$<br>$=81.07\text{m}$<br>[说明]$\phi 12$钢筋为TB1下的斜拉筋，前半部分$[\sqrt{1.8^2+(2.8+0.2)^2}+6.25\times 2\times 0.012-0.025\times 2]$为单根$\phi 12$筋通长，后半部分$(\sqrt{(0.75+0.2)^2+(0.164\times 4)^2}-0.025\times 2+0.2+6.25\times 0.012+3.5\times 0.012)$为楼梯板两端加强筋计算式。两部分的长均应用直角三角形的表示。施工2中的A—A剖面面图为一般楼梯通用图，由图中尺寸标注可知，楼梯板TB1垂直投影长为1.8m，1.8m为中间平台到楼层平台之间的距离，$(2.8+0.2)$m为楼梯板TB1水平投影长，2.8m为楼梯段的水平长度，0.2m为楼梯梁宽，$2\times 0.025$m表示两端保护层厚，$6.25\times 2\times 0.012$表示$\phi 12$钢筋的端部双弯钩增加值，$6.25d$为半圆弯钩量度差值，$(0.75+0.2)$m为端部加强筋水平投影长，$0.164\times 4$为端部加强筋垂直投影的长，0.2m为加强平长度，$3.5d$为直弯钩的量度差值，$3.5\times 0.012$表示$\phi 12$钢筋一端弯钩增加值，$6.25\times 0.012$表示$\phi 12$钢筋一端部弯钩增加值，式$[(1.48+0.05+0.24-0.015\times 2)/0.15+1]$为板中铺$\phi 12$筋的根数，其中$(1.48+0.24)$m为板宽，$0.015\times 2$为板保护层厚，0.15m为$\phi 12$钢筋间距 |
| | $\phi 6$ | m | 18.96 | $[(\sqrt{1.8^2+(2.8+0.2)^2}-0.025\times 2)/0.3+1]\times[1.48+0.05\times 0.24-0.025\times 2+6.25\times 2\times 0.006]\text{m}=18.96\text{m}$<br>[说明]$\phi 6$钢筋作用箍筋。式中$(\sqrt{1.8^2+(2.8+0.2)^2}-0.025\times 2)/0.3+1]$表示$\phi 6$箍筋的根数，1.8m表示中间平台到楼层平台之间的距离，$(2.8+0.2)$m为楼梯板TB1水平投影长，2.8m楼梯段的水平长度，0.2m为楼梯梁宽，$0.025\times 2$为两端保护层厚，0.3m表示$\phi 6$箍筋间距，式中$[1.48+0.05+0.24-0.025\times 2+6.25\times 2\times 0.006]$表示单根$\phi 6$箍筋长，其中$(1.48+0.24)$m为板宽，0.24m为两个半砖长，0.05m为箍筋调整值中量外包尺寸，$6.25\times 2\times 0.006$为$\phi 6$箍筋两端部双弯钩增加值，$6.25d$为半圆弯钩量度差值，$d$为箍筋直径 |

续表

| 序号 | 分项工程名称 | 单位 | 数量 | 计 算 式 |
|---|---|---|---|---|
| | TB2 $\phi 8$ | m | 45.67 | $[(1.36+0.12+0.2-0.015\times 2+6.25\times 2\times 0.008)+(0.3+3.5\times 0.008\times 2)\times 2]\times[(3.3+0.24-0.015\times 2)/0.2+1]m=45.67m$<br>[说明]由结施2楼梯平面图上所标尺寸可以看出,$(1.36+0.12+0.2)m$为中间平台宽,其中1.36m为露出的平台宽,0.12m为半墙厚,0.2m表示楼梯梁宽,0.015×2为板两端保护层厚,6.25×2×0.008为$\phi 8$筋的两端部半圆弯钩增加值,$6.25d$表示钢筋半圆弯钩量度差值($d$为钢筋直径),0.3m表示钢筋平直长度,3.5×0.008×2表示$\phi 8$筋两端部直钩增加值,$3.5d$为钢筋直钩量度差值($d$为钢筋半径),则$[(1.36+0.12+0.2-0.015\times 2+6.25\times 2\times 0.008)+(0.3+3.5\times 0.008\times 2)\times 2]$为$\phi 8$单根长度,式中$[(3.3+0.24-0.015\times 2)/0.2+1]$为一排配置根数,其中3.3m表示楼梯两侧中心线间的距离,0.24m表示两半墙厚,(3.3+0.24)m表示中间平台长,0.015×2表示板两端保护层厚,0.2m表示$\phi 8$筋间距 |
| | $\phi 6$ | m | 6.33 | $[(1.36+0.12+0.2-0.015\times 2)/0.2+1]\times[0.3+3.5\times 0.006\times 2]\times 2m=6.33m$<br>[说明]式中$[(1.36+0.12+0.2-0.015\times 2)/0.2+1]$为铺$\phi 6$筋的根数,其中1.36m表示中间平台在墙边与楼梯梁上端的距离,0.12m为半墙厚,0.2m表示平台梁厚,0.015m×2为板两端保护层厚,0.2m表示$\phi 6$筋间距;式$[(0.3+3.5\times 0.006\times 2)\times 2]$表示$\phi 6$筋单根长度,其中0.3m表示$\phi 6$钢筋平直长度,3.5×0.006×2表示$\phi 6$钢筋两端部直弯钩增加值,$3.5d$表示$\phi 6$钢筋直弯钩的量度差值,$d$表示钢筋直径 |
| | 栏板 $\phi 4$ | m | 96.70 | $(0.6-0.015\times 2-0.015\times 2+6.25\times 2\times 0.004)\times(32.58/0.2+1)=96.70$<br>[说明]式中$(0.6-0.015\times 2-0.015\times 2+6.25\times 2\times 0.004)$为$\phi 4$筋长,其中0.6m表示$\phi 4$筋的平直长度,0.015×2表示$\phi 4$筋一端板保护层厚,6.25×2×0.004表示$\phi 4$筋的两端弯钩增加值,$6.25d$表示半圆弯钩钢筋的量度差值($d$为钢筋直径);式中$(32.58/0.2+1)$为$\phi 4$筋的铺设根数,32.58m为栏板长度,0.2m表示$\phi 4$筋间距 |
| | $\phi 6$ | m | 66.63 | $(32.58+\dfrac{32.58}{8}\times 30\times 0.006)\times 2m=66.63m$<br>[说明]式中32.58m为栏板总长,$32.58\times\dfrac{30}{8}\times 0.006$为接头长。(附:钢筋的接头数在$\phi 25$以内的是每8m长计算一个接头),其中$\dfrac{30}{8}$表示32.58m中的接头个数,2表示$\phi 6$筋的根数 |
| | $\phi 12$ | m | 69.32 | $32.58\times 1.0638\times 2m=69.32m$<br>[说明]32.58m表示栏板总长,1.0638表示$\phi 12$筋的接头系数,2表示有2根$\phi 12$筋 |

续表

| 序号 | 分项工程名称 | 单位 | 数量 | 计 算 式 |
|---|---|---|---|---|
| | $\phi16$ | m | 2.57 | $(1.1-0.015+6.25\times2\times0.016)\times 2m=2.57m$<br>[说明]$\phi16$ 在栏板中作弯起筋，1.1m 为栏板高，0.015m 为栏板保护层厚度，$6.25\times2\times0.016$ 表示 $\phi16$ 两端部弯钩增加值，$6.25d$ 表示钢筋的半圆弯钩的量度差值（$d$ 为钢筋直径），2 表示 $\phi16$ 钢筋的根数。<br>附：弯起钢筋的长 $L=$ 构件长 $-$ 保护层 $+$ 弯钩长 $+$ 弯起增加值（$\Delta L$）；弯起钢筋高 $H=$ 构件高 $-$（$2\times$保护厚度） |
| | 栏板立柱 $\phi12$ | m | 65.16 | $(0.37+1.1-0.07-0.025\times2+6.25\times2\times0.012)]\times4\times\dfrac{32.58}{2.88+0.12}$ m $=65.16$m<br>[说明]$(0.37+1.1-0.07-0.025\times2+6.25\times2\times0.012)\times4$ 表示栏板立柱中单根 $\phi12$ 筋的长度，其中 0.37m 表示栏板中立柱的宽，1.1m 表示栏板高，0.07m 表示立柱入栏板厚度，$6.25\times2\times0.012$ 表示 $\phi12$ 筋的两端部弯钩增加值，$6.25d$ 表示钢筋半圆弯钩的量度差值（d 为钢筋直径），$0.025m\times2$ 为两端保护层厚，4 表示每根立柱中 $\phi12$ 筋的个数，$\dfrac{32.58}{2.88+0.02}$ 为立柱根数，32.58m 为栏板总长，2.88m 表示两立柱相近边缘距离，0.12 表示立柱的长，（$2.88+0.12$）m 表示两个立柱中心线之间的距离 |
| | $\phi6$ | m | 25.72 | $(0.37+1.1-0.07-0.025\times2)/0.25+1]\times[(0.12+0.07)\times2-0.01]\times\dfrac{32.58}{3}=25.72$<br>[说明]式中 $[0.37+1.1-0.07-0.025\times2)/0.25+1]$ 表示 $\phi6$ 钢筋的根数，其中 0.37m 表示栏板中立柱的宽，1.1m 表示栏板高，0.07m 表示立柱入栏板厚，$0.025\times2$ 表示两端保护层厚，0.25m 表示 $\phi6$ 筋间距，式中 $[(0.12+0.07)\times2-0.01]$ 表示单个 $\phi6$ 筋长，其中 0.12m 表示矩形截面的长，0.07m 表示矩形截面的宽，$(0.12+0.07)m\times2$ 表示矩形截面的周长，0.1m 表示四周保护层厚 0.1m，$\dfrac{32.58}{3}$ 表示立柱根数，32.58m 表示栏板总长，$3m=2.88m+0.12m$，为两立柱中心线间距 |
| | 钢筋重量计算 $\phi4$ | t | 0.010 | $96.7\times0.099\times1/1000=0.010t$<br>[说明]钢筋的工程量以钢筋的重量计算，单位为吨，即 t。钢筋理论重量 $=$ 钢筋长度 $\times$ 该钢筋每米重量。式中 90.9m 表示 $\phi4$ 筋总长，0.099kg/m 表示 $\phi4$ 筋每米重量，1/1000 为把千克转化为吨，即重量单位之间的转化 |
| | $\phi6$ | t | 0.81 | $3640.39\times0.222\times1/1000=0.81t$<br>[说明]钢筋的工程量以钢筋的重量计算，单位为吨，即 t。钢筋理论重量 $=$ 钢筋长度 $\times$ 该钢筋每米重量，则式中 3640.39m 表示 $\phi6$ 钢筋的总长，0.222kg/m 表示 $\phi6$ 筋每米重量，1/1000 为把千克转化为吨，即重量单位之间的转化 |
| | $\phi8$ | t | 0.24 | $611.44\times0.395\times1/1000=0.24t$<br>[说明]钢筋的工程量以钢筋的重量计算，单位为吨，即 t。又钢筋理论重量 $=$ 钢筋长度 $\times$ 该钢筋每米重量，则式中 611.44 表示 $\phi8$ 钢筋的总长，单位为米（m）；0.395 表示 $\phi8$ 钢筋每米重量，单位为 kg/m；1/1000 表示把千克转化为吨，即重量单位之间的转化 |

续表

| 序号 | 分项工程名称 | 单位 | 数量 | 计算式 |
|---|---|---|---|---|
| | $\phi 10$ | t | 0.23 | $367.47 \times 0.617 \times 1/1000 = 0.23t$<br>[说明]钢筋的工程量以钢筋的重量计算,单位为吨,即 t,又钢筋理论重量 = 钢筋长度×该钢筋每米重量,则式中 367.47 表示 $\phi 10$ 钢筋的总长,单位为 m;0.617 表示 $\phi 10$ 钢筋每米重量,单位为 kg/m;1/1000 表示把千克转化为吨,即重量单位之间的转化 |
| | $\phi 12$ | t | 1.28 | $1446.08 \times 0.888 \times 1/1000 = 1.28t$<br>[说明]钢筋的工程量以钢筋的重量计算,单位为吨,即 t,又钢筋理论重量 = 钢筋长度×该钢筋每米重量,则式中 1446.08 表示 $\phi 12$ 钢筋的总长,单位为 m;0.888 表示 $\phi 12$ 钢筋每米重量,单位为 kg/m;1/1000 表示把千克转化为吨,即重量单位之间的转化 |
| | $\phi 14$ | t | 0.15 | $121.45 \times 1.21 \times 1/1000 = 0.15t$<br>[说明]钢筋的工程量以钢筋的重量计算,单位为吨,即 t,又钢筋理论重量 = 钢筋长度×该钢筋每米重量,则式中 121.45 表示 $\phi 14$ 钢筋的总长,单位为 m;1.21 表示 $\phi 14$ 钢筋每米重量,单位为 kg/m;1/1000 为把千克转化为吨,即重量单位之间的转化 |
| | $\phi 16$ | t | 0.30 | $188.22 \times 1.58 \times 1/1000 = 0.30t$<br>[说明]钢筋的工程量以钢筋的重量计算,单位为吨,即 t,又钢筋理论重量 = 钢筋长度×该钢筋每米重量,则式中 188.22 表示 $\phi 16$ 钢筋的总长,单位为 m;1.58 表示 $\phi 16$ 钢筋每米重量,单位为 kg/m;1/1000 表示把千克转化为吨,即重量单位之间的转化 |
| | $\phi 20$ | t | 0.22 | $90.95 \times 2.47 \times 1/1000 = 0.22t$<br>[说明]钢筋的工程量以钢筋的重量计算,单位为吨,即 t,又钢筋理论重量 = 钢筋长度×该钢筋每米重量,则式中 90.95 表示 $\phi 20$ 钢筋的总长,单位为 m;2.47 表示 $\phi 20$ 钢筋每米重量,单位为 kg/m;1/1000 表示把千克转化为吨,即重量单位之间的转化 |
| | $\phi 22$ | t | 1.36 | $454.76 \times 2.98 \times 1/1000 = 1.36t$<br>[说明]钢筋的工程量以钢筋的重量计算,单位为吨,即 t,又钢筋理论重量 = 钢筋长度×该钢筋每米重量,则式中 454.76 表示 $\phi 22$ 钢筋的总长,单位为 m;2.98 表示 $\phi 22$ 钢筋每米重量,单位为 kg/m;1/1000 表示把千克转化为吨,即重量单位之间的转化 |
| | $\phi 25$ | t | 0.20 | $51.68 \times 3.85 \times 1/1000 = 0.20t$<br>[说明]钢筋的工程量以钢筋的重量计算,单位为吨,即 t,又钢筋理论重量 = 钢筋长度×该钢筋每米重量,则式中 51.68 表示 $\phi 25$ 钢筋的总长,单位为 m;3.85 表示 $\phi 25$ 钢筋的每米重量,单位为 kg/m;1/1000 表示把千克转化为吨,即重量单位之间的转化 |
| | 五、木结构工程 | | | |
| 21 | 单层木玻璃窗 | m² | 65.34 | $(1.5 \times 2.1 \times 9 + 1.2 \times 1.2 \times 3) \times 2m^2 = 65.34m^2$<br>[说明]单层木玻璃窗的工程量用窗的洞口面积来计算,单位为 m²,式中1.5m 为大窗宽,2.1m 为窗高,1.2m×1.2m 为小窗面积,大窗有9扇,小窗有3扇,所以$(1.5 \times 2.1 \times 9)$表示大窗总面积,$(1.2 \times 1.2 \times 3)$表示小窗总面积,共有2层,故应乘以2 |

续表

| 序号 | 分项工程名称 | 单位 | 数量 | 计算式 |
|---|---|---|---|---|
| 22 | 单扇带镶板门 | $m^2$ | 36.00 | $1.0 \times 3.0 \times 6 \times 2 m^2 = 36 m^2$<br>[说明]单扇带镶板门的工程量以洞口面积计算，单位为 $m^2$。式中1.0m为门宽，3.0m表示门高，一层有6扇门，共有2层，所以还应乘以 $6 \times 2$ |
| 23 | 钢窗栅 | $m^2$ | 44.19 | $[65.34 - 1.5 \times 2.1 \times 9 + 0.6 \times 1.0 \times 6 \times 2] m^2 = 44.19 m^2$<br>[说明]钢窗栅的工程量以洞口面积计算，单位为 $m^2$。第二层教室后窗无钢窗栅，故式中 $(63.34 - 1.5 \times 2.1 \times 9)$ 为除第二层教室后窗外所有的窗扇上的钢窗栅，其中 $63.34 m^2$ 表示单层木玻璃窗的总面积，$1.5 \times 2.1 \times 9$ 表示第二层教室后窗外所有的玻璃窗9扇的总面积，1.5m为大窗宽，2.1m为窗高，$1.5 \times 2.1$ 表示大窗面积，式中 $0.6 \times 1.0 \times 6 \times 2$ 为教室门上部玻璃窗上钢窗栅，其中0.6m表示教室门上部玻璃窗钢窗栅的宽，1.0m表示教室门上部玻璃窗的钢窗栅的长，6表示一层中的门扇数，共有2层，所以还应乘以 $6 \times 2$ |
| 24 | 贴脸 | m | 242.40 | $[(1.5 + 2.1) \times 2 \times 18 + (1.2 + 1.2) \times 2 \times 6 + (1.0 + 3.0 \times 2) \times 12] m = 242.40 m$<br>[说明]门窗贴脸的长度，按门、窗框的外围以延长米计算；双面钉贴脸者其工程量乘以2。式中 $(1.5 + 2.1) \times 2 \times 18$ 为后窗周边贴脸，其中 $(1.5 + 2.1) \times 2$ 为后窗周边贴脸周长，1.5m表示大窗宽，2.1m表示为窗高，18为窗扇数，等于 $9 \times 2$，9为一层大窗扇数，2表示教室层数；$(1.2 + 1.2) \times 2 \times 6$ 为前窗周边贴脸，其中1.2m表示小窗的长和宽，$(1.2 + 1.2) \times 2$ 表示小窗周边总长，6为窗扇数，等于 $3 \times 2$，3为一层小窗扇数，2表示教室层数；所以还应乘以6；$(1.0 + 3.0 \times 2) \times 12$ 为门三边贴脸，其中1.0m为门上边宽，$3.0 \times 2$ 为门两竖边，所以 $(1.0 + 3.0 \times 2)$ 表示一扇门的三边贴脸，12表示上下两层共有12扇门，一层6扇 |
| 25 | 玻璃黑板 | $m^2$ | 28.67 | $1.295 \times 3.69 \times 6 m^2 = 28.67 m^2$<br>[说明]玻璃黑板按边框外围尺寸以垂直投影面积计算，式中1.295m为玻璃黑板宽，3.69m为玻璃黑板长，6表示6间教室 |
| 26 | 木门单层运输 | $m^2$ | 36.00 | $1.0 \times 3.0 \times 6 \times 2 m^2 = 36.00 m^2$<br>[说明]木门单层运输按木门面积计算工程量。其中1.0m为门宽，3.0m为门高，$1.0 \times 3.0 m^2$ 表示单扇木门的面积，6表示一层教室的木门扇数，2表示共有两层教室 |
| 27 | 木窗单层运输 | $m^2$ | 65.34 | $(1.5 \times 2.1 \times 9 + 1.2 \times 1.2 \times 3) \times 2 m^2 = 65.34 m^2$<br>[说明]木窗单层运输工程量按木窗面积计算，单位为 $m^2$。其中1.5m为大窗宽，2.1m为窗高，$1.2m \times 1.2m$ 为小窗面积，1.2m为小窗的宽和高，$1.5m \times 2.1m$ 为大窗面积，大窗有9扇，小窗有3扇，所以 $(1.5 \times 2.1 \times 9) m^2$ 表示大窗总面积，$(1.2 \times 1.2 \times 3) m^2$ 表示小窗总面积，共有2层，所以还应乘以2 |

续表

| 序号 | 分项工程名称 | 单位 | 数量 | 计算式 |
|---|---|---|---|---|
| | 六、钢筋混凝土及构件运输 | | | |
| 28 | 空心板运输 | m³ | 32.04 | $31.63 \times 1.013 m^3 = 32.04 m^3$<br>[说明]空心板为预制构件，空心板的工程量以体积计算，空心板的运输＝空心板的净体积×制作工程量损耗系数。式中31.63为空心板体积，单位为 m³，$31.63 m^3$ ＝预制空心板 KB5274 体积 $16.28 m^3$ ＋预制空心板 KB7274 体积 $2.48 m^3$ ＋预制空心板 KB7304 体积 $1.38 m^3$ ＋预制空心板 KB5304 体积 $9.05 m^3$ ＋预制空心板 KB5334 体积 $1.60 m^3$ ＋预制空心板 KB7334 体积 $0.84 m^3$，1.013为制作工程量损耗系数 |
| 29 | 花格运输 | m³ | 2.22 | $9.12 \times 0.24 \times 1.013 m^3 = 2.22 m^3$<br>[说明]花格运输按体积计算工程量。$9.12 m^2$ 为花格的净面积，$9.12 m^2 = 1.6 m \times 5.7 m$，其中 1.6m 为花格总宽，5.7m 为花格总长，0.24m 为花格厚，则 $9.12 \times 0.24$ 为花格体积，1.013 为运输工程量系数 |
| 30 | 空心板安装 | m² | 31.79 | $31.63 \times 1.005 m^3 = 31.79 m^3$<br>[说明]空心板安装以体积计算工程量，式中 $31.63 m^3$ 为空心板的体积，$31.63 m^3$ ＝预制空心板 KB5274 体积 $16.28 m^3$ ＋预制空心板 KB7274 体积 $2.48 m^3$ ＋预制空心板 KB7304 体积 $1.38 m^3$ ＋预制空心板 KB5304 体积 $9.05 m^3$ ＋预制空心板 KB5334 体积 $1.60 m^3$ ＋预制空心板 KB7334 体积 $0.84 m^3$，1.005 为安装工程量系数 |
| 31 | 花格安装 | m³ | 2.20 | $9.12 \times 0.24 \times 1.005 m^3 = 2.20 m^3$<br>[说明]花格安装按体积计算工程量。$9.12 m^2$ 为花格的净面积，$9.12 m^2 = 1.6 m \times 5.7 m$，其中 1.6m 为花格总宽，5.7m 为花格总长，0.24m 为花格厚，则 $9.12 \times 0.24 m^3$ 为花格体积，1.005 为花格安装工程量系数 |
| 32 | 空心板接头灌缝 | m³ | 31.63 | [说明]空心板接头灌缝＝空心板构件净体积＝$31.63 m^3$。$31.63 m^3$ ＝预制空心板 KB5274 体积 $16.28 m^3$ ＋预制空心板 KB7274 体积 $2.48 m^3$ ＋预制空心板 KB7304 体积 $1.38 m^3$ ＋预制空心板 KB5304 体积 $9.05 m^3$ ＋预制空心板 KB5334 体积 $1.60 m^3$ ＋预制空心板 KB7334 体积 $0.84 m^3$ |
| | 七、砖石工程 | | | |
| 33 | M5 混合砂浆砌外墙 | m³ | 43.31 | $[(65.94 \times 7.2 - 65.34 - 36 - 9.12) \times 0.24 - 2.68 - 1.39 + (3 + 0.12) \times 0.45 \times 0.24 \times 3 - (0.9 + 1.0) \times 6 \times 0.18 \times 0.24 - 37.4 - 5.07 + (3 + 0.12) \times 0.45 \times 0.24 \times 3 + (6 - 3 - 0.12) \times 0.18 \times 0.24 \times 3 + (6 - 3 - 0.12) \times 0.25 \times 0.24 \times 3] m^3 = 43.31 m^3$<br>[说明]砌筑外墙工程量用外墙的体积表示，单位为 m³。外墙的体积＝楼层外墙中线长×楼高×墙厚－所有外墙门窗洞口体积－所有外墙圈梁、过梁、梁垫体积。式中 65.94m 为外墙外中心线长，7.2m 为楼层高，0.24m 为墙厚。则 $65.94 m \times 7.2 m \times 0.24 m$ 表示外墙毛体积，$63.34 m^2 \times 0.24 m$ 为窗洞口体积，$63.34 m^2$ 为单层木玻璃窗体积，$63.34 m^2 = (1.5 \times 2.1 \times 9 + 1.2 \times 1.2 \times 3) \times 2 m^2$， |

续表

| 序号 | 分项工程名称 | 单位 | 数量 | 计 算 式 |
|---|---|---|---|---|
| | | | | 式中 1.5m 为大窗的宽，2.1m 为大窗高，1.5m×2.1m 为大窗体积，1.2m 为小窗的宽，也是小窗的高，1.2m×1.2m 为小窗的面积，大窗有 9 扇，小窗有 3 扇，共有 2 层；36×0.24 为门洞口体积，$36m^2$ 表示单扇带镶板门的面积，$36m^2=1.0×3.0×6×2$，其中 1.0m 为门宽，3.0m 为门高，上下两层共 12 扇门；9.12×0.24 为花格网体积，$9.12m^2$ 为花格的净面积，$9.12m^2=1.6m×5.7m$，其中 1.6m 为花格总宽，5.7m 为花格总长，0.24m 为花格厚，$[2.68-(3+0.12)×0.45×0.24×3-(6-3-0.12)×0.18×0.24×3]$ 为第一层所有外墙上圈梁体积，$2.68m^3$ 为第一层圈梁的体积，$1.39m^3$ 为第一层过梁体积，$(3+0.12)×0.45×0.24×3$ 为与挑梁连接的那部分纵墙上圈梁体积，其中 3m 为纵墙的一半，0.12m 为中心线外半墙长，0.45m×0.24m 为圈梁截面积尺寸，3 表示 3 面纵墙，$(0.9+1.0)×6×0.18×0.24$ 为垫梁体积，0.9m、1.0m 分别为梁垫构件的两种长，0.18m 为矩形梁垫构件的宽，0.24m 为梁垫构件的高，$3.74m^3$ 为第二层过梁体积，$[5.07-(3+0.12)×0.45×0.24×3-(6-3-0.12)×0.25×0.24×3]$ 为第二层所有外墙上圈梁体积，$5.07m^3$ 为第二层圈梁体积，$(3+0.12)×0.45×0.24×3$ 为与挑梁连接的那部分纵墙上圈梁体积，$(6-3-0.12)×0.25×0.24×3$ 表示一层前一面横墙与纵墙截面的圈梁体积，6m 表示纵墙宽，3m 表示纵墙一半，0.12m 表示中心线外半墙长，0.25m 表示纵墙截面高，0.24m 表示纵墙截面厚，0.25m×0.24m 表示纵墙截面积，3 表示 3 面纵墙$[(6-3-0.12)×0.18×0.24×3]$ 表示一层前一面横墙与纵墙截面的圈梁体积，6m 表示纵墙宽，3m 表示纵墙一半，0.12m 表示中心线外半墙长，0.18m 表示纵墙截面高，0.24m 表示纵墙截面厚，0.18m×0.24m 表示纵墙截面积，3 表示 3 面纵墙 |
| 34 | M5 混合砂浆砌内墙 | $m^3$ | 26.45 | $[0.24×17.28×(7.2-0.12)-(3+0.12)×0.45×0.24×3×2-(6-3-0.12)×(0.18×0.24+0.25×0.24)×3]m^3$<br>$=26.45m^3$<br>[说明]内墙的工程量用内墙的体积计算：单位为 $m^3$。内墙的体积＝内边线长×楼层高×墙厚－内墙上所有圈梁的体积。式中 17.28 为内边线长，0.24m 为墙厚，7.2m 表示楼高，0.12m 表示中心线半墙长，(7.2-0.12)m 为楼层高，不包括楼顶板，0.24×17.28×(7.2-0.12) 表示内边线长×楼层高×墙厚，$(3+0.12)×0.45×0.24×3×2$ 为两层楼内层圈梁，3m 表示纵墙的一半，0.12m 为中心线外半墙长，0.45m×0.24m 为圈梁截面尺寸，3 表示 3 面纵墙，2 表示两层教室，$(6-3-0.12)×(0.18×0.24+0.25×0.24)×3$ 为截面积分别为 0.18×0.24 和 0.24×0.25 的圈梁体积，6m 表示纵墙宽，3m 表示纵墙一半 |

续表

| 序号 | 分项工程名称 | 单位 | 数量 | 计算式 |
|---|---|---|---|---|
| 35 | M5混合砂浆砌讲台 | m³ | 2.39 | $[(0.77-0.04)\times0.19-0.12\times0.115-(0.24-0.053)\times0.115\times2]\times(6-0.24-0.9)\times6m^3=2.39m^3$<br>[说明]讲台的砌筑工程量用体积表示，单位为 $m^3$。式中 $(0.77-0.04)m$ 为讲台的宽，0.77m为讲台的宽边缘到墙中心线的距离，0.19m为讲台的高，式中 $0.12\times0.115$ 为讲道讲台二阶台阶一部分的截面积，0.115m为讲台二阶台阶的高，0.12m为讲台一、二两阶讲台宽的边缘的差，$(0.24-0.053)\times0.115\times2$ 为讲台二阶台阶两端的截面面积，其中0.24m为二阶台阶的宽，0.053m为讲台与墙面相连接处的宽，$(0.24-0.053)m$ 为二阶台阶的净宽，0.115m为讲道讲台二阶的高，2表示讲台两侧，$(6-0.24-0.9)m$ 为讲台的长，其中6m为讲台长边缘到墙中心线的距离，0.24m为两个半墙厚，0.9m为讲台上留置的讲桌的长，$(6-0.24-0.9)m$ 为讲台的长 |
| 36 | M5混合砂浆砌台阶 | m³ | 6.78 | $0.3\times5\times0.15\times4/2\times15.07m^3=6.78m^3$<br>[说明]花池、花台、台阶、拦土墙、煤墙、水槽脚、小便槽、厕所蹲台、房子烟囱及毛石墙的门窗立边、窗台虎头砖等实砌体，以立方米计算，套用零星砌体定额。式中 $0.3\times5$ 为台阶水平投影宽，0.3m为台阶宽，$0.15\times4$ 为台阶竖直投影高，0.15m为台阶高，$0.3\times5\times0.15\times4/2$ 为台阶竖直投影高，15.07m为台阶长 |
| | 八、楼地面工程 | | | |
| 37 | 回填土 | m³ | 145.19 | $(0.6-0.04)\times[203.48+(1.8-0.12)\times(28.5+0.24)\times1/2-(65.94+17.28)\times0.24]-84.71-38.25-5.73-31+[65.94+(6-0.37)\times3+(3.06-0.1)\times1.2]\times0.37\times0.6m^3=145.19m^3$<br>[说明]回填土按夯填和松填分别以体积计算工程量，单位为 $m^3$。<br>①槽、坑回填土工程量<br>$V_{填}=V_{挖}-$ 设计室外标高以下埋设的基础及垫层等体积 ($m^3$)。其中：设计室外标高以下埋设的基础及垫层等体积 = 垫层体积 + 基础体积 - 高出室外地坪基础体积。<br>②室内回填土工程量<br>$V_{填}=$ 墙与墙间的净面积×填土厚度，单位为 $m^3$。回填土厚度 = 室内外高差 - 垫层、找平层、面层等厚度，单位为 m。<br>式中 $(0.6-0.04)\times[203.48+(1.8-0.12)\times(28.5+0.24)\times\frac{1}{2}-(65.94+17.28)\times0.24]$ 为室内回填土工程量，0.6m为室内外高差，0.04m为垫层、找平层、面层厚度，$(0.6-0.04)m$ 为回填土厚，$203.48m^2$ 为底层建筑面积，1.8m表示内墙中心线到走廊边缘的距离，0.12m表示内墙的一半厚度，$(1.8m-0.12m)$ 表示走廊的净宽，28.5m表示外墙中心线长的尺寸，0.24m表示两个外墙的一半墙厚，$(28.5m+0.24m)$ 表示走廊的总长，则 $(1.8-0.12)\times(28.5+0.24)\times\frac{1}{2}$ 表示走廊面积的一半，又因底层建筑面积只包括走廊计算面积，地坪总面积还应加上走廊面积的一半，即应加上 $(1.8-0.12)\times(28.5+0.24)\times\frac{1}{2}$；65.94m为外墙中心线总长度，17.28m表示内墙内边线总长度，0.24m表示纵墙 |

续表

| 序号 | 分项工程名称 | 单位 | 数量 | 计 算 式 |
|---|---|---|---|---|
| | | | | 的宽，(65.94 + 17.28)m 表示纵墙内外边线总长度，(65.94 + 17.28)×0.24 为墙的面积，所以 $[203.48+(1.8-0.12)\times(28.5+0.24)]\times\frac{1}{2}-(65.94+17.28)\times0.24$ 为墙与墙间的净面积。<br>$84.71-38.25-5.73-31+[65.94+(6-0.37)\times3+(3.06-0.1)\times1.2]\times0.37\times0.6$ 此式为计算槽、坑回填土工程量。其中 $84.71m^3$ 为挖槽体积，$38.25m^3$ 为基础垫层体积，$5.73m^3$ 为地圈梁体积，$31m^3$ 表示 M5 水泥砂浆基础体积。$[65.94+(6-0.37)\times3+(3.06-0.1)\times1.2]\times0.37\times0.6$ 为高出室外地坪基础体积，65.94m 为外中线长，6m 为内墙之长，0.37m 为基础墙宽，(6-0.37)m 表示内墙净线长，(6-0.37)×3 为 3 个内墙净线长，3.06m 为楼梯间基础长，(3.06-0.1)×1.2 表示楼梯间总基础长，0.6m 表示地坪基础厚 |
| 38 | 人工挖土方 | $m^3$ | 60.48 | $145.19-84.71=60.48m^3$<br>[说明]余土或取土工程量，可按下列公式计算：余土外运体积 = 挖土总体积 - 回填土总体积，式中计算结果为正值时为余土外运体积，负值时为须取土体积。计算式由回填土体积 - 挖基槽体积 $=61.00m^3$，即 $145.19m^3$ 为回填土体积；$84.71m^3$ 为挖基槽体积。说明挖基槽的土方体积不能满足回填土，还必须取土来填，因此此项人工挖土方为取土体积 |
| 39 | 人工运土方 | $m^3$ | 60.48 | [说明]人工运土方的工程量用人工挖土方的体积来计算，且数量相等。$60.48m^3=145.19-84.71$。式中 $145.19m^3$ 为回填土体积，$84.71m^3$ 为挖基槽体积 |
| | 九、屋面工程 | | | |
| 40 | 屋面找平层 | $m^2$ | 235.76 | $[(6+2.1+0.12)\times(28.5+0.24)-0.8\times0.6]m^2=235.76m^2$<br>[说明]屋顶找平层以屋面的面积计算工程量，单位为 $m^2$。式中 (6+2.1+0.12) 为屋面宽，其中 6m 为教室房间上方屋面的宽，2.1m 为教室走廊上方屋面的宽，0.12m 为外墙中心线到边缘的距离；(28.5+0.24)m 为教室屋面长，其中 28.5m 为外墙中心线长，0.24m 为两个半墙厚；$0.8\times0.6m^2$ 屋面洞口面积，其中 0.8m 表示屋面洞口的长，0.6m 表示屋面洞口的宽 |
| 41 | 三毡四油防水层 | $m^2$ | 272.46 | $[(6+2.1+0.12+0.23+0.53+0.025)\times[28.5+0.24+(0.23+0.53+0.025)\times2]-0.8\times0.6]m^2=272.46m^2$<br>[说明]防水层的工程量用面积计算，单位为 $m^2$，式中 (6+2.1+0.12) 为墙宽，其中 6m 为教室房间顶部墙宽，2.1m 为教室走廊顶部墙宽，0.12m 为外墙中心线到外边缘的距离，即半墙厚；式中 0.23m 为外墙顶到天沟板的长，0.53m 为天沟板宽，0.025m 为女儿墙厚。工程量计算规则中规定：如果平屋面的女儿墙和天窗等弯起部分，无图规定时，伸缩缝、女儿墙可按 25cm 计算，天窗部分可按 50cm 计算，均应并入相应屋面工程量内计算。式中 $[28.5+0.24+(0.23+0.53+0.25)\times2]$ 为墙长，其中 28.5m 为外墙中心线长，0.24m 为两个半墙厚（或一砖长），(0.23+0.53+0.25) 为外墙顶到天沟板的长 + 天沟板宽 + 女儿墙厚，2 表示两侧；式中 $0.8\times0.6m^2$ 为墙中洞口面积，其中 0.8m 为墙中洞口的长，0.6m 为墙中洞口的宽 |

续表

| 序号 | 分项工程名称 | 单位 | 数量 | 计 算 式 |
|---|---|---|---|---|
| 42 | 刚性屋面 | m² | 246.26 | $[(6+0.12+2.1+0.23)\times(28.5+0.24+0.23\times2)-0.8\times0.6]m^2 = 246.26m^2$<br>[说明]刚性屋面的工程量以面积计算,单位为 m²。式中(6+0.12+2.1+0.23)m 为刚性屋面的宽,其中6m 表示教室内纵墙(外横墙)的长,即为刚性屋面的宽,0.12m 为外墙中心线到边缘的距离(即半墙厚),2.1m 为教室走廊上房刚性屋面的宽,0.23m 为外墙顶到天沟板的长;式中(28.5+0.24+0.23×2)为刚性屋面的长,其中28.5m 为外纵横中心线长,0.24m 为两个半墙厚(即一砖长),0.23m×2 表示两侧的外墙顶到天沟板的长;0.8m×0.6m 为刚性屋面洞口面积,其中0.8m 为刚性屋面的长,0.6m 为刚性屋面的宽 |
| 43 | 屋面隔热层、架空层 | m² | 179.34 | $(6+0.24)\times(28.5+0.24)m^2 = 179.34m^2$<br>[说明]屋面隔热层、架空层用屋面的面积计算规则,单位为 m²。式中(6+0.24)m 为屋面宽,其中6m 表示外墙中心线宽,0.24m 为两个半墙厚(即一砖长);式中(28.5+0.24)m 为屋面长,其中28.5m 为外墙中心线长 |
| 44 | DN100 铸铁水落管 | m | 30.00 | $(7.2-0.3+0.6)\times4m = 30m$<br>[说明]DN100 铸铁水落管以铸铁管的长度计算,单位为 m。式中(7.2-0.3+0.6)m 为铸造铁管高,其中7.2m 为楼层高,即从设计室内地面到楼顶的高度,0.3m 为檐口高度,0.6m 为室内外地坪之间的高差,4 表示 DN100 铸造铁水落管个数 |
| 45 | 落水口 | 个 | 4 | [说明]落水口的工程量用落水口的个数表示,式中落水口一共有4个 |
| 46 | 水斗 | 个 | 4 | [说明]水斗的工程量用水斗的个数表示,式中水斗的个数一共有4个 |
| | 十、装饰工程 | | | |
| 47 | 顶棚抹灰水泥砂浆 | m² | 362.57 | $\{[(6-0.24)\times(8.4-0.24)+0.45\times(6-0.24)\times4]\times6+(3.3-0.24)\times6\}m^2 = 362.57m^2$<br>[说明]顶棚抹灰水泥砂浆工程量以面积计算,单位为 m²。式中(6-0.24)为室内净线长,其中6m 为外墙中心线长,0.24m 为两个半墙厚(即一砖长);式中(8.4-0.24)m 为一个教室室内净线长,其中8.4m 为外墙中心线长,0.24m 为一砖长,式中0.45×(6-0.24)×4 表示梁的总面积,其中0.45m 为梁的高,每个教室有两根梁,一根梁有两个面,因此乘以4,上、下两层有6个教室,所以还应乘以6;式中(3.3-0.24)×6 为楼梯顶棚面积,其中3.3m 为楼梯内进出走廊的出入口宽度,0.24m 为一砖长,因3.3m 为两墙中心线距离,则(3.3-0.24)m 表示楼梯出入口的净长,6 表示6段楼梯。附:工程量计算规则中有:顶棚抹灰面积及预制板勾缝面积,以主墙间的净空面积计算的,不扣除间壁墙、垛、柱、附墙烟囱、检查洞和管道所占面积。带有钢筋混凝土梁的顶棚,梁的两侧抹灰面积,应并入顶棚抹灰工程量内计算 |

续表

| 序号 | 分项工程名称 | 单位 | 数量 | 计　算　式 |
|---|---|---|---|---|
| 48 | 内墙抹石灰砂浆 | m² | 397.86 | $\{[(98.58 - 6 \times 2 - 3.3 + 0.24) \times (3.6 - 0.12 - 1.2) - (2.1 + 0.9 - 1.2) \times 1.5 \times 9 - 3 \times 1.2 \times 1.2 - 1.8 \times 1.0 \times 6] \times 2 + (6 \times 2 + 3.3 - 0.24) \times (7.2 - 0.12) - (0.164 + 0.12 \times 2) \times \sqrt{2.8^2 + 1.8^2} - (1.36 \times 0.07 + 0.2 \times 0.35) \times 2 - 9.12\}$m²<br>$= 397.86$m²<br>[说明]内墙抹石灰砂浆工程量以面积来计算，单位为m²。式中$[(98.58 - 6 \times 2 - 3.3 + 0.24) \times (3.6 - 0.12 - 1.2) - (2.1 + 0.9 - 1.2) \times 1.5 \times 9 - 3 \times 1.2 \times 1.2 - 1.8 \times 1.0 \times 67 \times 2]$为计算教室内墙面积，其中98.58为内墙净长线总长度，6m为楼梯间纵墙长，2表示2面纵墙，3.3m为楼梯内进出走廊的出入口宽度，0.24m为一砖长，因3.3是两墙中心线距离，所以应减去0.24m，则$(3.3 - 0.24)$m为楼梯间横墙内净长，所以$(98.58 - 6 \times 2 - 3.3 + 0.24)$为教室内净线长；$(3.6 - 0.12 - 1.2)$为室内抹灰高度，$(3.6 - 0.12)$m为楼层净空高，3.6m为楼层高度，0.12m为半墙厚，1.2m为墙裙高；后三项为门窗洞口面积。工程量计算规则中有：内墙面抹灰面积，应扣除门窗洞口（门窗框外围面积）和空圈所占有的面积，不扣除踢脚线、挂镜线、0.3m²以内的孔洞和墙与构件交接处的面积，洞口侧壁和顶面不增加。其高度确定如下：①无墙裙的，其高度按室内地坪或楼面至顶棚底面，②有墙裙的，其高度按墙裙顶点至顶棚底面。$(2.1 + 0.9 - 1.2) \times 1.5 \times 9$表示大窗的面积，2.1m为大窗的高，0.9m为亮子高，1.2m为墙裙高，$(2.1m + 0.9m - 1.2m)$为大窗的净高，1.5m为大窗的宽，9为大窗的扇数；$3 \times 1.2 \times 1.2m^2$为小窗的面积，1.2m为小窗的高、宽，3表示有3扇小窗；$1.8 \times 1.0 \times 6$表示门的总面积，1.8m为门高，1.0m为门宽，6表示门的扇数，2表示教室有2层。式中$(6 \times 2 + 3.3 - 0.24) \times (7.2 - 0.12) - (0.164 + 0.12 \times 2) \times \sqrt{2.8^2 + 1.8^2} - (1.36 \times 0.07 + 0.2 \times 0.35) \times 2 - 9.12$为计算楼梯间内墙抹灰面积，6m表示内纵墙宽，$6 \times 2$表示楼梯间两面纵墙长，3.3m为楼梯间进入走廊的出入口宽度，0.24为一砖长，$(3.3 - 0.24)$m为楼梯间横墙内净长，7.2m为楼层高，0.12m为半墙厚，$(7.2 - 0.12)$m为楼层净高，$(0.164 + 0.12 \times 2) \times \sqrt{2.8^2 + 1.8^2}$为楼梯镶入墙内那部分面积，0.164m为楼梯镶入墙内那部分的净宽，$0.12 \times 2$表示两个半墙厚，2.8m为楼梯段的水平长度，1.8m为中间平台到楼层平台之间的距离；$(1.36 \times 0.07 + 0.2 \times 0.35) \times 2$为楼梯板和楼梯梁与横墙重合两部分，1.36m为露出平台宽，0.07m为楼梯板厚，0.35m为楼梯梁与横墙重合部分的长，0.2m为楼梯梁与横墙重合部分的宽，2表示2层教室，这两部分面积均应减去。9.12m为楼梯间花格网的面积，也应减去 |
| 49 | 外墙水刷石 | m² | 376.00 | $\{[28.5 + 0.24 + (6 + 0.24) \times 2] \times (7.2 - 0.3) + (28.5 + 0.24) \times (3.6 - 0.12) \times 2 - 63.34 - 36 - 9.12\}$m² $= 376.00$m²<br>[说明]外墙水刷石工程量用外墙的面积表示，单位为m²。$[28.5 + 0.24 + (6 + 0.24) \times 2] \times (7.2 - 0.3)$为一横墙与两山墙的余面积，其中28.5为外墙中心线的尺寸，0.24m为两个半墙厚，6m为内纵墙中心线长，$(28.5 + 0.24)$m表示一横墙总长，$(6 + 0.24)$m |

续表

| 序号 | 分项工程名称 | 单位 | 数量 | 计　算　式 |
|---|---|---|---|---|
| | | | | 为内纵墙中线总长，$(6+0.24)\times 2$m 为 2 面内纵墙的总长，7.2m 为楼层高，0.3m 为檐口高度，$(7.2-0.3)$m 为楼层净高；式中 $(28.5+0.24)\times(3.6-0.12)\times 2$ 为前面纵墙的面积，$(28.5+0.24)$ 为外纵墙总长，3.6m 为单层楼层高，0.12m 为半砖长，$(3.6-0.12)$m 为楼层净空高，2 表示上下两层教室；式中 63.34m² 为单层木玻璃窗总面积，36m² 为单扇带镶板门的总面积；9.12m² 为花格的面积，即洞口面积，这些门、窗洞口的面积都减去，便得到外墙的全面积 |
| 50 | 挑檐正面抹灰 | m² | 12.07 | $(28.5+0.24)\times 0.42$m² = 12.07m²<br>[说明]挑檐正面抹灰的工程量以挑檐正面面积计算，单位为 m²。式中 $(28.5+0.24)$m 为挑檐长，28.5m 为外横墙中心线长，0.24m 为两个半墙厚，0.42m 为挑檐高 |
| 51 | 外墙勒脚 | m² | 24.73 | $0.6\times[28.5+0.24+(6+0.24)\times 2]$m² = 24.73m²<br>[说明]外墙勒脚工程量用勒脚的面积表示，单位为 m²。式中 0.6 为外墙勒脚高，式中 $[28.5+0.24+(6+0.24)\times 2]$ 为一横墙与两山墙的总长，其中 28.5m 为外墙中心线长，0.24m 为两个半墙厚，6m 为山墙中心线长，$(28.5+0.24m)$ 表示一面横墙总长，$(6m+0.24m)$ 为内纵墙中线总长，$(6+0.24)\times 2$m 为 2 面山墙的总长 |
| 52 | 内墙裙 | m² | 177.95 | $[1.2\times(8.4-0.24+6-0.24)\times 2-1.2\times 1.0\times 2-0.3\times 1.5\times 3]\times 6$m² = 177.95m²<br>[说明]内墙裙工程量以内墙裙的面积计算，单位为 m²。式中 1.2m 为墙裙高，8.4m 为一个教室横墙长，6m 为一个教室纵墙宽，$(6-0.24)$m 为室内净线宽，$(8.4-0.24)$m 为一个教室室内净线长，$(8.4-0.24+6-0.24)\times 2$m 为一个教室室内净线周长，$1.2\times(8.4-0.24+6-0.24)\times 2$ 为一个教室内墙裙面积，$1.2\times 1.0\times 2$ 为与墙裙平齐的门洞面积，1.2m 为门的高，1.0m 为门宽，2 表示一个教室的前后两个门，$0.3\times 1.5\times 3$ 表示墙裙下部分窗的面积，1.5m 为该部分大窗的宽，0.3m 为墙裙下部分窗高，3 表示一个教室的三扇窗，6 表示上下两层共有 6 个教室 |
| 53 | 窗台线 | m² | 14.04 | $(1.5+0.2)\times 0.36\times 9\times 2+(1.2+0.2)\times 0.36\times 3\times 2$m² = 14.04m²<br>[说明]窗台线工程量以面积计算，单位为 m²。式中 1.5m 为大窗的宽，0.2m 为窗台两边各伸出 0.1m，$(1.5+0.2)$m 为大窗窗台线长，0.36m 为窗台线宽，9 表示一层有 9 扇大窗，2 表示上下两层，1.2m 为小窗的宽，3 表示一层有 3 扇大窗 |
| 54 | 门窗套 | m | 90.00 | $[2.1\times 2\times 9\times 2+1.2\times 2\times 3\times 2]$m = 90m<br>[说明]门窗套工程量以长度计算，单位为 m。式中 2.1m 为门窗高，2 表示门窗的两侧，$2.1\times 2$ 为每扇大窗套长，1.2m 为小门窗高，$1.2m\times 2$ 为每扇小窗套长，9 表示一层有 9 扇大窗，3 表示一层有 3 扇小窗，2 表示上下共 2 层教室 |

续表

| 序号 | 分项工程名称 | 单位 | 数量 | 计 算 式 |
|---|---|---|---|---|
| 55 | 窗框线 | m | 34.20 | $[1.5 \times 9 \times 2 + 1.2 \times 3 \times 2]m = 34.2m$<br>[说明]窗框线工程量以长度计算,单位为 m。式中 1.5m 为大窗宽,1.2m 为小窗宽,9 表示一层有 9 扇大窗,3 表示一层有 3 扇小窗,2 表示教室有上下两层 |
| 56 | 楼梯面层抹灰 | $m^2$ | 13.01 | $(3.3 - 0.24 - 0.3) \times (0.2 + 2.8 + 0.2 + 1.36)m^2 = 13.01m^2$<br>[说明]楼梯面层抹灰按水平投影面积计算,单位为 $m^2$,但楼梯井宽超过 30cm 时应予扣除。式中 3.3m 为楼梯内进出走廊的出入口宽度,0.24m 为两个半墙厚,0.3m 为当楼梯井宽超过 30cm 时应予扣除,则(3.3 - 0.24 - 0.3)m 楼梯的水平投影的宽,0.2m 表示楼梯梁宽,1.36m 为露出平台宽,2.8m 为一段楼梯的垂直高度,$(0.2 + 0.8 + 0.2 + 1.36)m$ 为楼梯水平投影的长 |
| 57 | 楼梯底面抹灰 | $m^2$ | 16.9 | $13.01 \times 1.30 m^2 = 16.9 m^2$<br>[说明]楼梯底面抹灰按其面积计算工程量,单位为 $m^2$,式中 $13.01 m^2$ 为楼梯水平投影面积,1.30 为斜面系数 |
| 58 | 楼梯侧边抹灰 | m | 15.46 | $(\sqrt{2.8^2 + 1.8^2} \times 2 \times 2.1 + 1.48)m = 15.46m$<br>[说明]一般抹灰工程装饰线条以图示延长长度计算工程量,单位为 m。式中 $\sqrt{2.8^2 + 1.8^2}$ 为楼梯侧边长,2.8m 为楼梯段的水平长度,1.8m 为中间平台到楼层平台之间的距离,2.1 为系数(楼梯侧面抹灰按长度乘以 2.1 系数计算),1.48m 为平台一半宽 |
| 59 | 挑檐廊底面抹灰 | $m^2$ | 161.29 | $\{[(2.23 - 0.12) \times (28.5 + 0.24) + (2.23 - 0.12 - 0.2) \times (0.45 + 0.25) \times 1/2 \times 2 \times 10 + (28.5 + 0.24 - 11 \times 0.2) \times 0.25] \times 2 - 0.6 \times 0.8\}m^2 = 161.29 m^2$<br>[说明]式中(2.23 - 0.12)m 为挑檐宽,2.23m 为挑梁长,0.12m 为半墙厚,式中(28.5 + 0.24)m 为外墙长,其中 28.5m 为外墙中心线长,0.24m 为两个半墙厚,$(2.23 - 0.12 - 0.2) \times (0.45 + 0.25) \times \frac{1}{2} \times 2 \times 10 m^2$ 为挑梁两侧面面积,其中(2.23 - 0.12 - 0.2)m 为挑梁一侧侧面长,0.2m 为梯形截面的宽,$(0.45 + 0.25) \times \frac{1}{2}$ 为挑梁一侧侧面平均宽,2 表示挑梁的两侧,10 表示这样的挑梁的个数,$(28.5 + 0.24 - 11 \times 0.2) \times 0.25 m^2$ 为面梁抹灰面积,其中 28.5m 为外墙中心线长,11m 为挑梁端面个数,0.2m 为挑梁端面的宽,0.25m 为挑梁端面的上底,$(11 \times 0.2 \times 0.25)m^2$ 为挑梁端面面积,$0.6 \times 0.8 m^2$ 为洞口的面积,2 表示上下两层教室 |
| 60 | 楼地面找平层 | $m^2$ | 415.30 | $[(28.5 + 0.24) \times (6 + 0.12 + 1.8) - (65.94 + 17.28) \times 0.24] \times 2 m^2 = 415.30 m^2$<br>[说明]楼地面找平层工程量以面积计算,单位为 $m^2$。式中$(28.5 + 0.24) \times (6 + 0.12 + 1.8) m^2$ 为整个建筑面积,其中 28.5m 为外墙中心线长,0.24m 为两个半墙厚,(28.5 + 0.24)m 为外墙总长,6m 为外墙中心线宽,0.12m 为半个砖长,1.8m 为教室外墙中心线到走廊宽度边沿的距离,(6 + 0.12 + 1.8)m 为整个建筑面的宽,$(65.94 + 17.28) \times 0.24 m^2$ 为墙的建筑面积,其中 65.94m 为外墙中心线总长度,17.28m 为内墙内边线总长度,(65.94 + 17.28)m 为所有墙体的总长度,0.24m 为墙厚,2 表示两层教室 |

续表

| 序号 | 分项工程名称 | 单位 | 数量 | 计 算 式 |
|---|---|---|---|---|
| 61 | 楼地面水泥砂浆面层 | $m^2$ | 394.01 | $[415.30-(0.77-0.04)\times(6-0.24-0.9)\times6]m^2=394.01m^2$<br>[说明]楼地面水泥砂浆面层工程量用面积来计算，单位为 $m^2$。式中415.26$m^2$为楼地面面积，$(0.71-0.04)\times(6-0.24-0.9)\times6m^2$为教室内讲台总面积，其中$(0.77-0.04)m$为讲台的宽，0.77m为讲台的宽边缘到墙中心线的距离，6m为讲台长边缘到墙中心线的距离，0.24m为两个半墙厚，0.9m为讲台上留置的讲桌的长，$(6-0.24-0.9)m$为讲台的长，楼地面水泥砂浆面层应用楼地面面积减去讲台面积 |
| 62 | 檐沟抹灰 | $m^2$ | 83.62 | $\{(0.7+0.07\times2+0.63+0.53-0.23)\times[28.5+0.24+0.53\times2+(6+0.12+2.23+0.53)\times2]-0.53\times0.53\times2\}m^2=83.62m^2$<br>[说明]檐沟抹灰的工程量以檐沟的面积计算，单位为 $m^2$。檐沟的面积用檐沟展开面积计算，式中$(0.7+0.07\times2+0.63+0.53-0.23)$为檐沟宽，其中 0.7m 为竖直板高，0.07m 为竖直板厚，0.53m 为水平板宽，$28.5+0.24+0.53\times2+(6+0.12+2.23+0.53)\times2m$ 为檐沟长。28.5m 为外墙中心线总长，0.24m 为一墙厚，6m 为外墙中心线总宽，0.12m 为半墙厚，2.23m 为挑梁长。$(6+0.12+2.23)m$ 为外纵墙到面梁的长 |
| 63 | 檐沟底抹混合砂浆 | $m^2$ | 24.65 | $[28.5+0.24+0.53\times2+(6+0.12+2.23)\times2]\times0.53m^2=24.65m^2$<br>[说明]檐沟底抹混合浆工程量以檐沟面积计算，单位为 $m^2$，式中$[28.5+0.24+0.53\times2+(6+0.12+2.23)\times2]$为檐沟长，其中 28.5m 为外墙中心线总宽，0.24m 为两个半墙厚，0.53 为水平板宽，$(6+0.12+2.23)m$ 为外纵墙到面梁的长，6m 为外纵墙中心线总宽，0.12m 为半墙厚，2.23m 为挑梁长，2 为两面外纵墙到面梁的长 |
| 64 | 1:2水泥砂浆粉讲台 | $m^2$ | 27.65 | $[(0.19+0.77-0.04)\times(6-0.24-0.9)+0.19\times(0.77-0.09)]\times6m^2=27.65m^2$<br>[说明]水泥砂浆粉讲台按讲台的水平投影面积计算，单位为 $m^2$。式中$(0.19+0.77-0.04)\times(6-0.24-0.9)m^2$为讲台的总面积，其中$(0.19+0.77-0.04)$为讲台的总宽，0.19m为讲台高，0.77m讲台的宽边缘到墙中心线的距离，$(6-0.24-0.09)m$为讲台的长，6m为外纵墙中心线长，0.24m为两个半墙厚，0.9m为讲台中讲桌的长，$(0.77-0.09)m$为讲台侧面的宽，0.19m为讲台的高，6表示6个教室中的6个讲台 |
| 65 | 扶手、栏杆、洗绿豆砂掺白矾石 | $m^2$ | 76.29 | $[(1.1+0.12+0.25)\times(32.58-0.48)-0.2\times2.88\times\dfrac{32.58}{3}\times2]\times2.20m^2=76.29m^2$<br>[说明]"零星项目"抹灰或贴块料面层均按设计图示尺寸以面积计算，其中栏板、栏杆(包括立柱、扶手或压顶、下坎)按立面垂直投影面积(扣除每单个大于 $0.3m^2$ 装饰孔洞所占的面积)乘以系数2.2计算。<br>式中$[(1.1+0.12+0.25)\times(32.58-0.48)-0.2\times2.88\times\dfrac{32.58}{3}\times2]$为立面垂直投影面积，其中$(1.1+0.12+0.25)\times(32.58-0.48)m^2$ 为栏板、栏杆的总立面垂直投影面积，1.1m 为栏杆高， |

续表

| 序号 | 分项工程名称 | 单位 | 数量 | 计 算 式 |
|---|---|---|---|---|
| | | | | 0.12m为半砖长,0.25m为栏杆高,32.58m为栏板总长,0.48为两端墙厚(0.24×2),式中$(0.2 \times 2.88 \times \frac{32.58}{3} \times 2)m^2$为装饰孔洞所占的总面积,0.2m为装饰孔洞的宽,2.88m为两装饰孔洞的长,$\frac{32.58}{3}$表示装饰孔洞的个数,3m表示两个相邻装饰孔洞的中心间距,2表示两侧栏板、栏直中的装饰孔洞 |
| 66 | 台阶抹灰 | $m^2$ | 27.13 | $(0.15 + 0.3) \times 4 \times 15.07 m^2 = 27.13 m^2$<br>[说明]台阶抹灰工程量以台阶展开面积计算,单位为$m^2$。式中$(0.15+0.3)$m为一个台阶展开后的宽,其中0.3m为台阶宽,0.15m为台阶高,15.07m为台阶长,4为台阶个数 |
| 67 | 楼梯栏杆扶手 | m | 8.04 | $(2.8 \times 2 \times 1.15 + 0.12 + 1.48)m = 8.04m$<br>[说明]栏杆和扶手以延长米计算(不包括伸入墙内部分的长度),其长度可按全部水平投影长度乘以1.15系数计算。式中2.8m为水平投影长度,2.8m×2表示全部水平投影长度,0.12m为楼梯井处长,1.48m为平台处护栏手 |
| 68 | 单层木门油漆 | $m^2$ | 36.00 | $1.0 \times 3.0 \times 6 \times 2 m^2 = 36.00 m^2$<br>[说明]单层木门油漆按木门面积计算工程量,单位为$m^2$。其中1.0m为木门的宽,3.0m为木门的高,6表示一层有6扇门,2表示上下共有两层 |
| 69 | 单层木窗油漆 | $m^2$ | 63.34 | $(1.5 \times 2.1 \times 9 + 1.2 \times 1.2 \times 3) \times 2 m^2 = 63.34 m^2$<br>[说明]单层木窗油漆以木窗面积来计算工程量,单位为$m^2$。其中1.5m为大窗宽,2.1m为窗高,1.5m×2.1m为大窗的面积,9为一层大窗的扇数,1.2m为小窗的宽和高,1.2m×1.2m为小窗的面积,3表示小窗的扇数,2表示上下两层 |
| 70 | 黑板框油漆 | m | 10.37 | $(3.69 + 1.295) \times 2 \times 0.52 \times 2 m = 10.37 m$<br>[说明]黑板框油漆工程量以黑板框长度表示,单位为m。式中$(3.69 + 1.295) \times 2$m为黑板框周长,其中3.69m为玻璃黑板的长,1.295m为玻璃黑板的宽,0.52为套用木扶手定额,2为黑板框两面,所以其工程量应乘以$0.52 \times 2$ |
| 71 | 楼梯栏杆油漆 | t | 0.13 | $(10.6 \times 3.84 + 52.44 + 33.08) \times 0.58 \times 1/1000 \times 1.71 = 0.13 t$<br>[说明]楼梯栏杆油漆的工程量以油漆的质量计算,单位为吨,式中10.60为每10m型钢栏杆中钢管$DN50$的长度,单位为m,3.84为$DN50$钢管每10m重量,单位为kg;52.44为$\phi 18$圆钢重量,单位为kg/10m;33.08为扁钢重量,单位为kg;0.58为栏杆以10m为单位的长,1/1000为kg化为吨单位换算,1.71为套用定额时乘以的系数 |

续表

| 序号 | 分项工程名称 | 单位 | 数量 | 计 算 式 |
|---|---|---|---|---|
| 72 | 钢窗栅油漆 | t | 0.55 | $0.42 \times (0.695 + 0.066) \times 1.71 = 0.55t$<br>[说明]钢窗栅油漆的工程量以油漆的重量计算,单位为吨。式中 0.42m 为长 10m 为单位的钢窗栅面积,0.695 为每 $10m^2$ 钢管重量,单位为 $kg/100m^2$,0.066 为每 $100m^2$ 钢管重量,单位为 $kg/100m^2$,1.71 为套用定额时乘以的系数 |
| 73 | 1:3 白水泥砂浆挑檐 | $m^2$ | 12.57 | $0.42 \times (28.5 + 0.24 + 0.6 \times 2)m^2 = 12.57m^2$<br>[说明]挑檐工程量以挑檐面积表示,单位为 $m^2$。式中 0.42m 为挑檐高,$(28.5 + 0.24 + 0.6 \times 2)m$ 为挑檐长,其中 28.5m 为外墙中心线长,0.24m 为两个半墙厚,0.6m 为挑檐一端伸出的长度,2 表示挑檐沟两端 |
| 74 | 内墙裙106涂料 | $m^2$ | 177.95 | $177.95m^2$<br>[说明]内墙裙 106 涂料工程量以内墙裙的面积计算,单位为 $m^2$。式中 $177.95m^2$ 为内墙裙的面积,$177.95m^2 = [1.2 \times (8.4 - 0.24 + 6 - 0.24) \times 2 - 1.2 \times 1.0 \times 2 - 0.3 \times 1.5 \times 3] \times 6m^2$,其中 1.2m 为墙裙高,8.4m 为一个教室横墙长,6m 为一个教室纵墙宽,$(6 - 0.24)m$ 为室内净宽,$(8.4 - 0.24)m$ 为一个教室室内线长,$(8.4 - 0.24 + 6 - 0.24) \times 2m$ 为一个教室室内净线周长,$1.2 \times (8.4 - 0.24 + 6 - 0.24) \times 2m^2$ 为一个教室内墙裙面积,$1.2 \times 1.0 \times 2m^2$ 为与墙裙平齐的门洞面积,$0.3 \times 1.5 \times 3$ 表示墙裙下部分窗的面积,6 表示上下两层教室的个数 |
| 75 | $\phi 25$ 排水管 | 根 | 11 | $(32.58 - 0.48)/3 = 11$ 根<br>[说明]排水管的工程量以排水管的根数表示。其中 32.58m 为栏板总长,0.48m 为两个墙厚,$(32.58 - 0.48)m$ 为栏板净长,3 表示排水管间距 |
| 76 | 水泥黑板 | $m^2$ | 28.67 | $1.295 \times 3.69 \times 6m^2 = 28.67m^2$<br>[说明]水泥黑板的工程量以黑板的面积计算,单位为 $m^2$,黑板的面积套用前面玻璃黑板的面积。其中 1.295m 为玻璃黑板的宽,3.69m 为玻璃黑板的长,6 表示上下两层共有 6 个教室 |

建筑工程工料汇总表    表 3-1-4

| 序 号 | 名 称 | 单 位 | 数 量 |
|---|---|---|---|
| 1 | 人工 | 工日 | 2090.26 |
| 2 | 标准砖 | 千块 | 78.79 |
| 3 | 22.5 级水泥 | t | 53.03 |
| 4 | 中粗砂 | $m^3$ | 180.00 |
| 5 | 32.5 级水泥 | t | 33.56 |

续表

| 序号 | 名称 | 单位 | 数量 |
|---|---|---|---|
| 6 | 石灰膏 | m³ | 4.89 |
| 7 | 钢管 | t | 0.135 |
| 8 | 毛石 | m³ | 10.42 |
| 9 | 木模板材 | m³ | 5.68 |
| 10 | 中方 | m³ | 1.68 |
| 11 | 小方 | m³ | 3.75 |
| 12 | 薄板 | m³ | 0.34 |
| 13 | 铁钉 | kg | 136.34 |
| 14 | 碎石(40mm) | m³ | 62.59 |
| 15 | 碎石(20mm) | m³ | 6.40 |
| 16 | 碎石(15mm) | m³ | 40.87 |
| 17 | 磨砂玻璃 | m² | 30.22 |
| 18 | 隔热板 | m³ | 5.32 |
| 19 | 绿豆砂 | m³ | 1.04 |
| 20 | 白矾石 | kg | 5141.24 |
| 21 | 颜料 | kg | 93.60 |
| 22 | 无光调合漆 | kg | 22.33 |
| 23 | 调合漆 | kg | 23.98 |
| 24 | 106涂料 | kg | 67.84 |
| 25 | 钢筋 $\phi 4$ | t | 0.01 |
| 26 | 钢筋 $\phi 6$ | t | 0.81 |
| 27 | 钢筋 $\phi 8$ | t | 0.24 |
| 28 | 钢筋 $\phi 10$ | t | 0.23 |
| 29 | 钢筋 $\phi 12$ | t | 1.28 |
| 30 | 钢筋 $\phi 14$ | t | 0.15 |
| 31 | 钢筋 $\phi 16$ | t | 0.30 |
| 32 | 钢筋 $\phi 18$ | t | 0.03 |
| 33 | 钢筋 $\phi 20$ | t | 0.22 |
| 34 | 钢筋 $\phi 22$ | t | 1.36 |
| 35 | 钢筋 $\phi 25$ | t | 0.20 |

## 工料统计表

工程名称：某小学教学楼

| 编号 | 工程类别 | 数量 | 单位 | 人工（工日） | | 标准砖（千块） | | 22.5级水泥（kg） | | 中粗砂（m³） | | 石灰膏（kg） | |
|---|---|---|---|---|---|---|---|---|---|---|---|---|---|
| | | | | 定额量 | 合计 | 定额量 | 合计 | 定额量 | 合计 | 定额量 | 合计 | 定额量 | 合计 |
| 1—56 | 人工平整场地 | 3.66 | 100m² | 6.96 | 25.47 | | | | | | | | |
| 1—16 | 人工挖基槽 | 0.88 | 100m³ | 26.78 | 23.57 | | | | | | | | |
| 1—59 | 人工回填土 | 1.45 | 100m³ | 22.00 | 31.90 | | | | | | | | |
| 1—1 | 人工挖土方 | 0.60 | 100m³ | 19.62 | 11.77 | | | | | | | | |
| 1—50 | 人工运土方 | 0.60 | 100m³ | 30.14 | 18.08 | | | | | | | | |
| 3—1 | M5水泥浆砖基础 | 3.10 | 10m³ | 12.55 | 38.91 | 5.22 | 16.18 | 493.24 | 1529.04 | 2.78 | 8.62 | | |
| 3—24 | M5混合砂浆一砖外墙 | 4.33 | 10m³ | 17.65 | 76.42 | 5.293 | 22.92 | 445.56 | 1929.27 | 2.80 | 12.12 | 0.19 | 0.82 |
| 3—12 | M5混合砂浆一砖内墙 | 2.65 | 10m³ | 16.30 | 43.20 | 5.283 | 14.00 | 438.04 | 1160.81 | 2.75 | 7.29 | 0.19 | 0.50 |
| 3—71 | M5混合砂浆零星砌体 | 0.92 | 10m³ | 23.29 | 21.43 | 5.46 | 5.02 | 396.68 | 364.95 | 2.50 | 2.3 | 0.17 | 0.16 |
| 4—1 | 综合脚手架 | 4.31 | 100m² | 9.53 | 41.07 | | | | | | | | |
| 5—1基 | C10毛石混凝土基础垫层 | 3.83 | 10m³ | 22.01 | 84.30 | | | 243.66 | 9320.92 | 5.35 | 20.49 | | |
| 5—30 | 地圈梁C20混凝土 | 0.57 | 10m³ | 38.86 | 22.15 | | | | | 5.18 | 2.95 | | |
| 5—34基 | 挑梁C20混凝土 | 0.32 | 10m³ | 103.69 | 33.18 | | | | | 5.18 | 1.66 | | |
| 5—34基 | 过梁C20混凝土 | 0.51 | 10m³ | 103.69 | 52.88 | | | | | 5.18 | 2.64 | | |
| 5—33基 | 圈梁C20混凝土 | 0.78 | 10m³ | 65.55 | 51.13 | | | | | 5.18 | 4.04 | | |
| 5—31 | 单梁、连续梁 | 1.24 | 10m³ | 62.26 | 77.2 | | | | | 5.18 | 6.42 | | |
| 5—48 | 整体楼梯 | 1.30 | 10m² | 19.62 | 25.51 | | | | | 1.24 | 1.61 | | |
| 5—58 | 檐沟 | 0.41 | 10m³ | 144.21 | 59.13 | | | | | 5.38 | 2.21 | | |
| 5—53 | 栏板 | 3.26 | 10m | 5.1 | 16.63 | | | | | 0.26 | 0.85 | | |
| 5—54 | 扶手 | 3.26 | 10m | 8.07 | 26.31 | | | | | 0.09 | 0.29 | | |
| 5—55 | 栏板立柱 | 0.09 | 10m³ | 49.8 | 4.48 | | | | | 5.38 | 0.48 | | |
| 5—47 | 现浇板WB | 0.009 | 10m³ | 57.74 | 0.52 | | | | | 5.38 | 0.05 | | |

表 3-1-5

| 钢管(kg) | | 毛石(m³) | | 木模板材(m³) | | 铁钉(kg) | | 碎石40mm(m³) | | 32.5级水泥(kg) | | 钢管脚手架(m²) | | 碎石20mm(m³) | |
|---|---|---|---|---|---|---|---|---|---|---|---|---|---|---|---|
| 定额量 | 合计 | 定额量 | 合计 | 定额量 | 合计 | 定额量 | 合计 | 定额量 | 合计 | 定额量 | 合计 | 定额量 | 合计 | 定额量 | 合计 |
| | | | | | | | | | | | | | | | |
| | | | | | | | | | | | | | | | |
| | | | | | | | | | | | | | | | |
| | | | | | | | | | | | | | | | |
| | | | | | | | | | | | | | | | |
| | | | | | | | | | | | | | | | |
| | | | | | | | | | | | | | | | |
| | | | | | | | | | | | | | | | |
| 25.97 | 111.93 | | | | | | | | | | | | | | |
| | | 2.72 | 10.12 | 0.126 | 0.48 | 5.34 | 20.51 | 7.34 | 28.11 | | | | | | |
| | | | | 0.35 | 0.20 | 6.94 | 3.96 | 9.24 | 5.27 | 349.16 | 1990.21 | | | | |
| | | | | 1.418 | 0.45 | 30.50 | 9.76 | 9.24 | 2.96 | 3491.6 | 1117.31 | | | | |
| | | | | 1.418 | 0.72 | 30.50 | 15.56 | 9.24 | 4.71 | 3491.6 | 1780.72 | | | | |
| | | | | 0.029 | 0.02 | 3.83 | 2.99 | 9.24 | 7.21 | 3491.6 | 2723.45 | | | | |
| | | | | 0.40 | 0.5 | 2.96 | 3.67 | 9.24 | 11.46 | 3491.6 | 4329.58 | | | | |
| | | | | 0.298 | 0.39 | 4.91 | 6.38 | 2.21 | 2.87 | 835.92 | 1086.70 | | | | |
| | | | | 3.812 | 1.56 | 90.75 | 37.21 | | | 3725.95 | 1552.24 | | | 8.93 | 3.66 |
| | | | | 0.261 | 0.85 | 5.66 | 18.45 | | | 182.77 | 595.83 | | | 0.43 | 1.40 |
| | | | | 0.079 | 0.26 | 1.87 | 6.10 | | | 60.80 | 198.21 | | | 0.14 | 0.46 |
| | | | | 1.274 | 0.11 | 67.72 | 6.09 | | | 3785.95 | 340.74 | | | 8.93 | 0.80 |
| | | | | 0.159 | 0.001 | 0.40 | 0.004 | | | 3785.95 | 34.07 | | | 8.93 | 0.08 |

| 编号 | 工程类别 | 数量 | | 人工（工日） | | 木模板材 m³ | | 铁钉（kg） | | 32.5级水泥 | | 中粗砂（m³） | |
|---|---|---|---|---|---|---|---|---|---|---|---|---|---|
| | | | | 定额量 | 合计 | 定额量 | 合计 | 定额量 | 合计 | 定额量 | 合计 | 定额量 | 合计 |
| 5—109基 | 预制花格 | 0.91 | 10m² | 2.97 | 2.70 | 0.036 | 0.03 | 1.13 | 1.03 | 61.29 | 55.77 | 0.09 | 0.08 |
| 5—91 | 预制空心板 | 3.16 | 10m³ | 38.89 | 122.89 | | | | | 3816.4 | 12059.8 | 5.58 | 17.63 |
| 6—9 | 空心板花格运输 | 3.43 | 10m³ | 4.86 | 16.67 | | | | | | | | |
| 6—78 | 空心板安装 | 3.18 | 10m³ | 12.51 | 39.78 | | | | | | | | |
| 6—85 | 花格安装 | 0.22 | 10m³ | 6.47 | 1.42 | | | | | | | | |
| 6—124 | 心板接头灌缝 | 3.16 | 10m³ | 12.48 | 39.44 | 0.036 | 0.11 | | | 509.64 | 1610.40 | 0.78 | 2.47 |
| 7—1 | 单层木玻璃窗 | 0.65 | 100m² | 58.92 | 38.30 | | | 1.55 | 1.01 | | | | |
| 7—21 | 单扇带亮镶板门 | 0.36 | 100m² | 60.89 | 21.92 | | | 4.95 | 1.78 | | | | |
| 7—142 | 钢窗栅 | 0.44 | 100m² | 14.39 | 6.33 | | | | | | | | |
| 7—85 | 木窗贴脸 | 2.42 | 100m | 1.31 | 3.17 | | | 0.64 | 1.55 | | | | |
| 7—87 | 玻璃黑板 | 2.87 | 10m² | 3.61 | 10.36 | | | 0.11 | 0.32 | | | | |
| 7—143 | 木门运输 | 0.36 | 100m² | 3.22 | 1.16 | | | | | | | | |
| 7—146 | 木窗运输 | 0.65 | 100m² | 2.92 | 1.90 | | | | | | | | |
| 8—19 | 基础防潮层 | 0.31 | 100m² | 9.49 | 2.94 | | | | | | | 2.20 | 0.68 |
| 9—25+9—23 | 三毡四油防水层 | 2.72 | 100m² | 9.95 | 27.06 | | | | | | | | |
| 9—15 | 刚性屋面 | 2.46 | 100m² | 16.99 | 41.80 | | | | | 1660.44 | 4084.68 | 0.52 | 1.28 |
| 9—14 | 架空隔热层 | 1.79 | 100m² | 19.16 | 34.30 | | | | | | | 0.60 | 1.07 |
| 9—40 | 铸铁落水管 | 3 | 10m | 3.64 | 10.92 | | | | | | | | |
| 9—42 | 铸铁落水器 | 0.4 | 10个 | 4.17 | 1.67 | | | | | | | | |
| 9—44 | 铸铁水斗 | 0.4 | 10个 | 3.50 | 1.4 | | | | | | | | |
| 1001 | 1:2水泥地面找平层 | 2.08 | 100m² | 10.82 | 22.51 | | | | | | | 2.76 | 5.74 |
| 1005 | 楼地面找平层 | 4.15 | 100m² | 11.8 | 48.97 | | | | | | | 2.20 | 9.13 |

续表

| 碎石15mm(cm³) | | 中枋(m³) | | 小枋(m³) | | 22.5级水泥(kg) | | 薄板(m³) | | 标准砖(千块) | | 磨砂玻璃5mm(kg) | | 隔热板(m³) | | 石灰膏(m³) | |
|---|---|---|---|---|---|---|---|---|---|---|---|---|---|---|---|---|---|
| 定额量 | 合计 | 定额量 | 合计 | 定额量 | 合计 | 定额量 | 合计 | 定额量 | 合计 | 定额量 | 合计 | 定额量 | 合计 | 定额量 | 合计 | 定额量 | 合计 |
| 0.15 | 0.14 | | | | | | | | | | | | | | | | |
| 9.03 | 28.53 | | | | | | | | | | | | | | | | |
| | | 0.056 | 0.19 | 0.006 | 0.02 | | | | | | | | | | | | |
| | | 0.04 | 0.13 | | | | | | | | | | | | | | |
| | | 0.023 | 0.005 | | | | | | | | | | | | | | |
| 1.00 | 3.44 | | | | | 60.5 | 191.18 | | | 0.234 | 0.74 | | | | | | |
| | | 0.596 | 0.39 | 3.67 | 2.39 | | | | | | | | | | | | |
| | | 2.24 | 0.81 | 2.25 | 0.81 | | | | | 0.937 | 0.34 | | | | | | |
| | | | | | | | | | | | | | | | | | |
| | | | | 0.109 | 0.26 | | | | | | | | | | | | |
| | | 0.035 | 0.10 | 0.122 | 0.35 | | | | | | | | | 10.53 | 30.22 | | |
| | | | | | | | | | | | | | | | | | |
| | | | | | | | | | | | | | | | | | |
| | | | | | | 1111 | 344.41 | | | | | | | | | | |
| | | 0.022 | 0.06 | | | | | | | | | | | | | | |
| 3.56 | 8.76 | | | | | 536.78 | 1320.48 | | | | | | | | | | |
| | | | | | | 96.07 | 171.97 | | | 1.312 | 2.35 | | | 2.97 | 5.32 | 0.04 | 0.07 |
| | | | | | | | | | | | | | | | | | |
| | | | | | | | | | | | | | | | | | |
| | | | | | | 1391.5 | 2894.32 | | | | | | | | | | |
| | | | | | | 1261.2 | 5233.98 | | | | | | | | | | |

| 编号 | 工程类别 | 数量 | | 人工（工日） | | 22.5级水泥（kg） | | 中粗砂（m³） | | 石灰膏（kg） | | 绿豆砂（m³） | |
|---|---|---|---|---|---|---|---|---|---|---|---|---|---|
| | | | | 定额量 | 合计 | 定额量 | 合计 | 定额量 | 合计 | 定额量 | 合计 | 定额量 | 合计 |
| 1018 | 楼地面面层 | 6.40 | 100m² | 16.42 | 105.09 | 1454.54 | 9309.06 | 2.61 | 16.7 | | | | |
| 2001 | 内墙粉石灰砂浆 | 3.98 | 100m² | 17.15 | 68.26 | 16.5 | 65.67 | 2.13 | 8.48 | 0.65 | 2.59 | | |
| 3003 | 顶棚水泥砂浆 | 3.63 | 100m² | 19.71 | 71.55 | 907.44 | 3294.01 | 2.04 | 7.41 | | | | |
| 2072 | 外墙勒脚 | 0.25 | 100m² | 42.91 | 10.73 | 2239.37 | 559.84 | 1.64 | 0.41 | | | 1.01 | 0.25 |
| 2025 | 内墙裙1:3水泥浆 | 1.78 | 100m² | 18.40 | 32.75 | 989.13 | 1760.65 | 2.73 | 4.86 | | | | |
| 1019 | 楼梯面层 | 0.13 | 100m² | 53.13 | 6.91 | 1933.76 | 251.39 | 3.47 | 0.45 | | | | |
| 3003 | 楼梯底面水泥浆 | 0.17 | 100m² | 19.71 | 3.35 | 907.44 | 154.76 | 2.04 | 0.35 | | | | |
| 2031 | 楼梯侧面抹灰 | 0.15 | 100m | 17.36 | 2.60 | 231.52 | 34.73 | 0.56 | 0.08 | | | | |
| 2030 | 檐沟水泥砂浆 | 1.06 | 100m² | 74.60 | 79.08 | 1101.35 | 1167.43 | 2.62 | 2.78 | | | | |
| 2041 | 檐沟抹混合砂浆 | 0.25 | 100m² | 74.86 | 18.72 | 497.56 | 124.39 | 2.56 | 0.64 | 0.41 | 0.10 | | |
| 2030 | 水泥砂浆窗台线 | 0.14 | 100m² | 74.60 | 10.44 | 1101.35 | 154.19 | 2.62 | 0.37 | | | | |
| 2031 | 窗框线 | 0.34 | 100m | 17.36 | 5.9 | 231.52 | 78.72 | 0.56 | 0.19 | | | | |
| 2031 | 门窗套 | 0.9 | 100m | 17.36 | 15.62 | 231.52 | 208.37 | 0.56 | 0.50 | | | | |
| 2076 | 外墙水刷石加颜料 | 3.76 | 100m² | 44.29 | 166.53 | 1779.03 | 6689.15 | 1.64 | 6.17 | | | | |
| 2075 | 扶手、栏杆、洗绿豆砂掺白矾石 | 0.76 | 100m² | 100.87 | 76.66 | 1998.99 | 1519.23 | 1.57 | 1.19 | | | 0.97 | 0.74 |
| 1020 | 台阶面层 | 0.27 | 100m² | 34.88 | 9.42 | 2018.3 | 544.94 | 3.55 | 0.96 | | | | |
| 1018 | 1:2水泥浆讲台面层 | 0.28 | 100m² | 16.42 | 4.60 | 1454.54 | 407.27 | 2.61 | 0.73 | | | | |
| 1125 | 楼梯栏杆扶手 | 0.80 | 10m | 3.33 | 2.66 | | | | | | | | |
| 5002 | 单层木窗油漆 | 0.63 | 100m² | 20.35 | 12.82 | | | | | | | | |
| 5001 | 单层木门油漆 | 0.36 | 100m² | 20.35 | 7.33 | | | | | | | | |
| 5003 | 黑板边框油漆 | 0.10 | 100m | 5.00 | 0.5 | | | | | | | | |
| 5167 | 钢窗棚油漆 | 0.55 | t | 2.07 | 1.14 | | | | | | | | |

续表

| 白矾石 (kg) | | 颜料 (kg) | | DN50 钢管 (m) | | φ18 圆钢 (kg) | | 无光调合漆 (kg) | | 调合漆 (kg) | |
|---|---|---|---|---|---|---|---|---|---|---|---|
| 定额量 | 合计 | 定额量 | 合计 | 定额量 | 合计 | 定额量 | 合计 | 定额量 | 合计 | 定额量 | 合计 |
| | | | | | | | | | | | |
| | | | | | | | | | | | |
| | | | | | | | | | | | |
| | | | | | | | | | | | |
| | | | | | | | | | | | |
| | | | | | | | | | | | |
| | | | | | | | | | | | |
| | | | | | | | | | | | |
| | | | | | | | | | | | |
| | | | | | | | | | | | |
| | | | | | | | | | | | |
| | | | | | | | | | | | |
| | | | | | | | | | | | |
| 1367.35 | 1039.19 | 23 | 17.48 | | | | | | | | |
| | | | | | | | | | | | |
| | | | | 10.6 | 8.48 | 52.44 | 41.95 | | | | |
| | | | | | | | | 20.8 | 13.10 | 18.34 | 11.55 |
| | | | | | | | | 24.96 | 8.99 | 22.01 | 7.92 |
| | | | | | | | | 2.39 | 0.24 | 2.11 | 0.21 |
| | | | | | | | | | | 6.32 | 3.48 |
| | | | | | | | | | | | |

| 编号 | 工程 类别 | 数量 | | 人工（工日） | | 106涂料（kg） | | 颜料（kg） | | 22.5级水泥（kg） | |
|---|---|---|---|---|---|---|---|---|---|---|---|
| | | | | 定额量 | 合计 | 定额量 | 合计 | 定额量 | 合计 | 定额量 | 合计 |
| 5231换 | 内墙裙106涂料 | 1.78 | 100m² | 4.38 | 7.80 | 38.11 | 67.84 | 4 | 7.12 | | |
| 2030 | 水泥黑板 | 0.29 | 100m² | 74.60 | 21.63 | | | | | 1101.35 | 319.39 |
| 2075 | 挑檐正面抹灰 | 0.12 | 100m² | 100.87 | 12.10 | | | | | 1998.99 | 239.88 |
| 5167 | 楼梯栏杆扶手油漆 | 0.13 | t | 2.07 | 0.27 | | | | | | |

续表

| 中粗砂<br>(m³) | | 绿豆砂<br>(kg) | | 调合漆<br>(kg) | | | | | | | | | | | | |
|---|---|---|---|---|---|---|---|---|---|---|---|---|---|---|---|---|
| 定额量 | 合计 | 定额量 | 合计 | 定额量 | 合计 | | | | | | | | | | | |
| | | | | | | | | | | | | | | | | |
| 2.62 | 0.76 | | | | | | | | | | | | | | | |
| 1.57 | 0.19 | 0.97 | 0.12 | | | | | | | | | | | | | |
| | | | | 6.32 | 0.82 | | | | | | | | | | | |

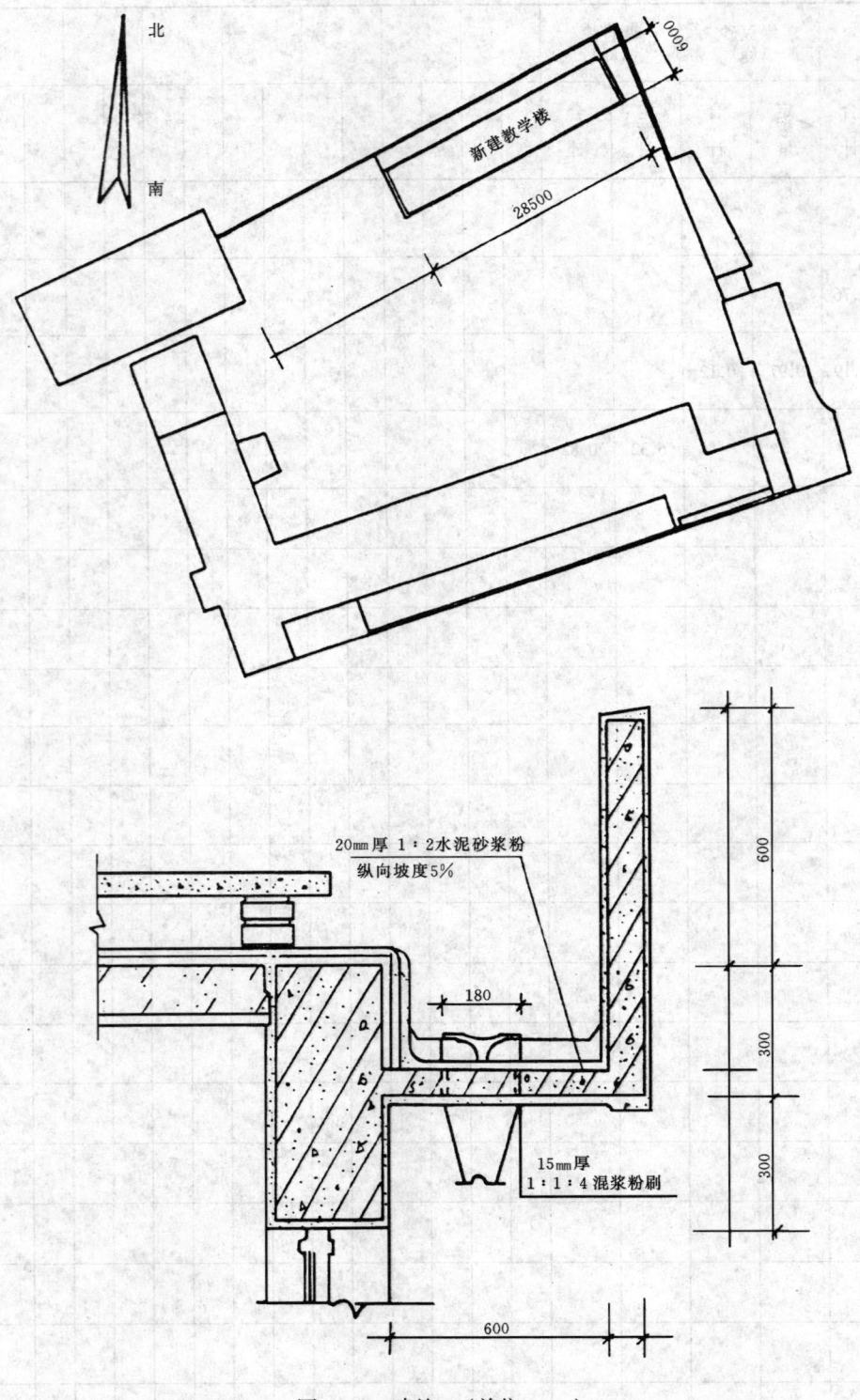

图 3-1-1　建施 1（单位：mm）

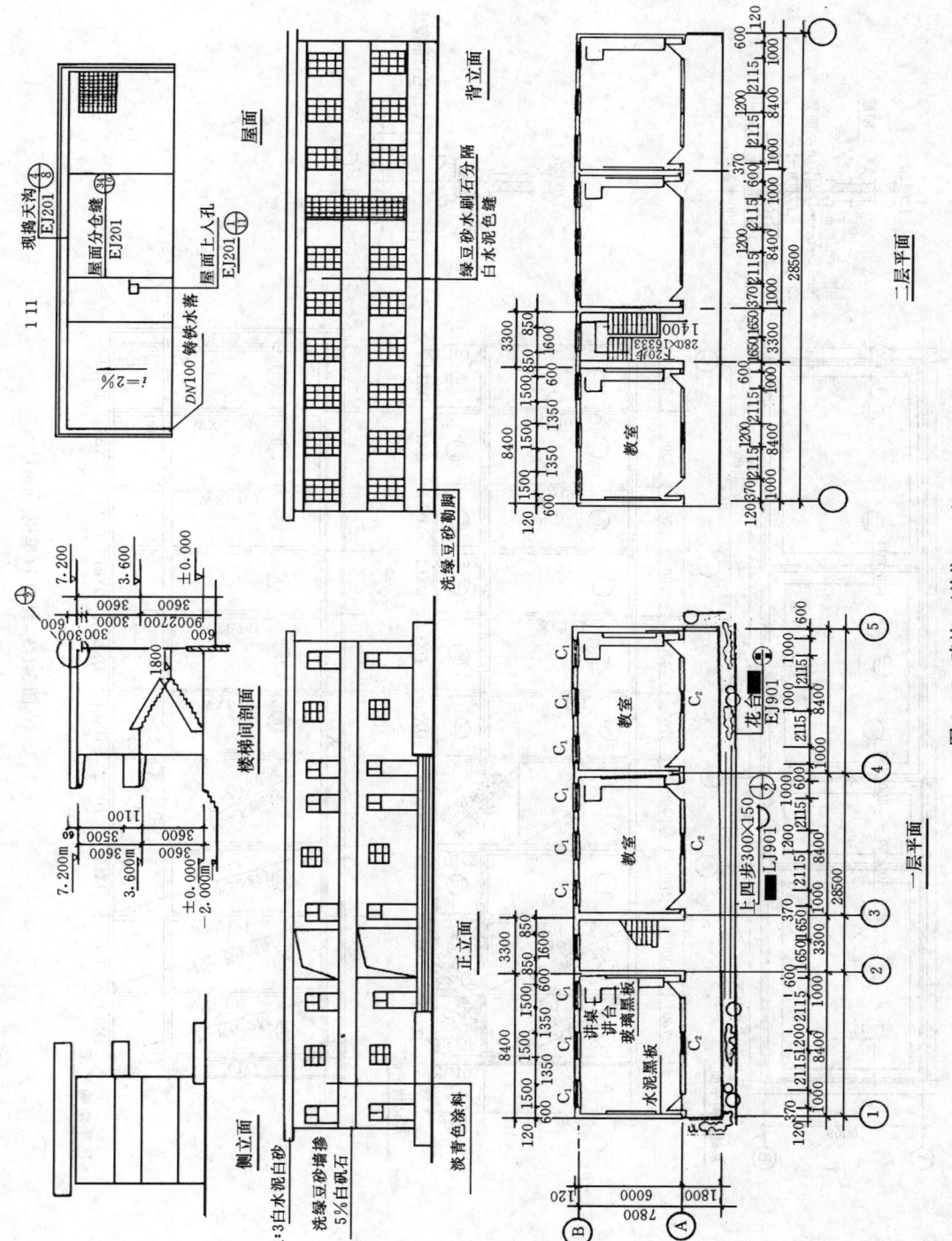

图 3-1-2 建施 2（单位：mm）

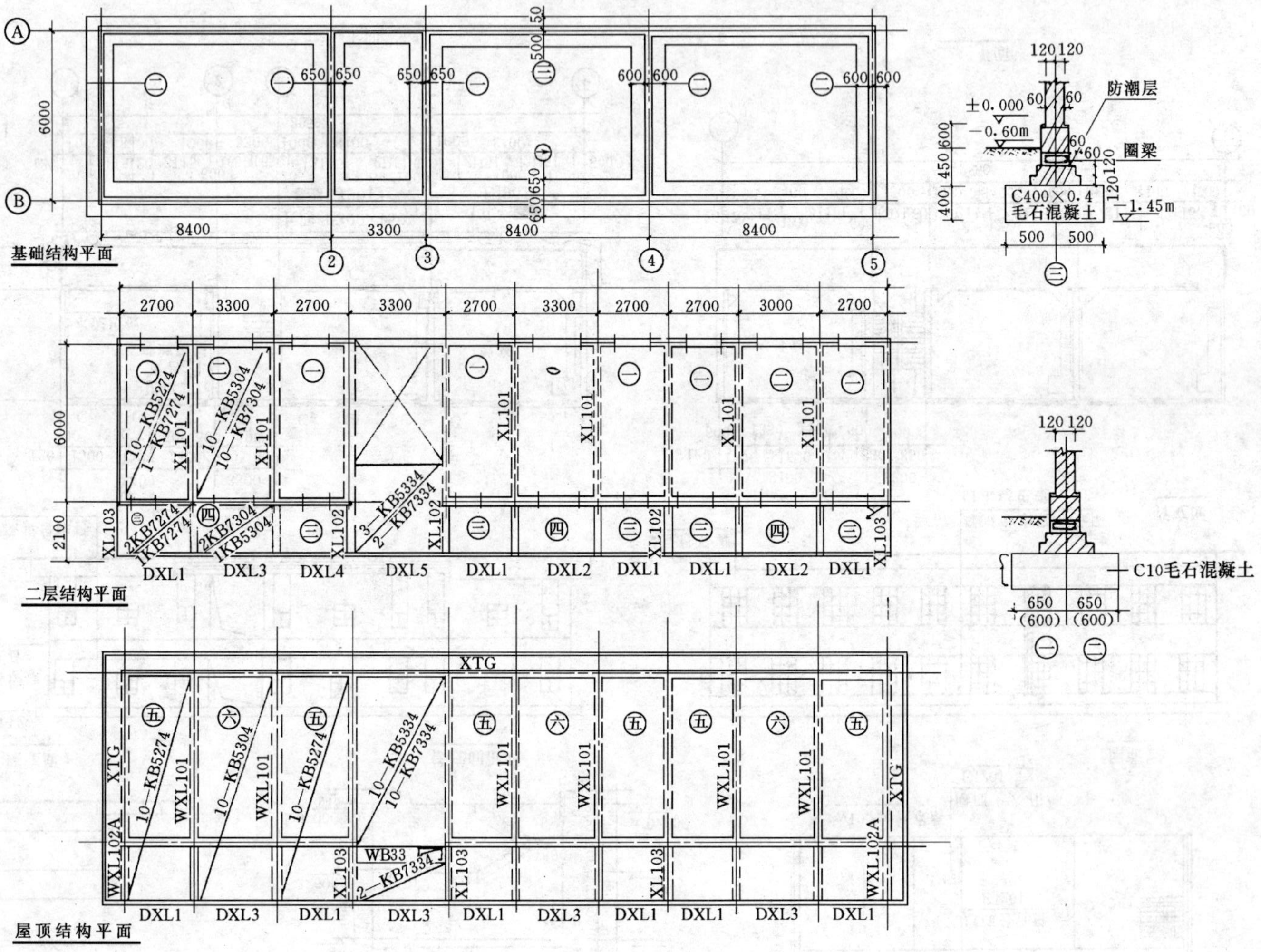

图 3-1-3 结施 1（单位：mm）

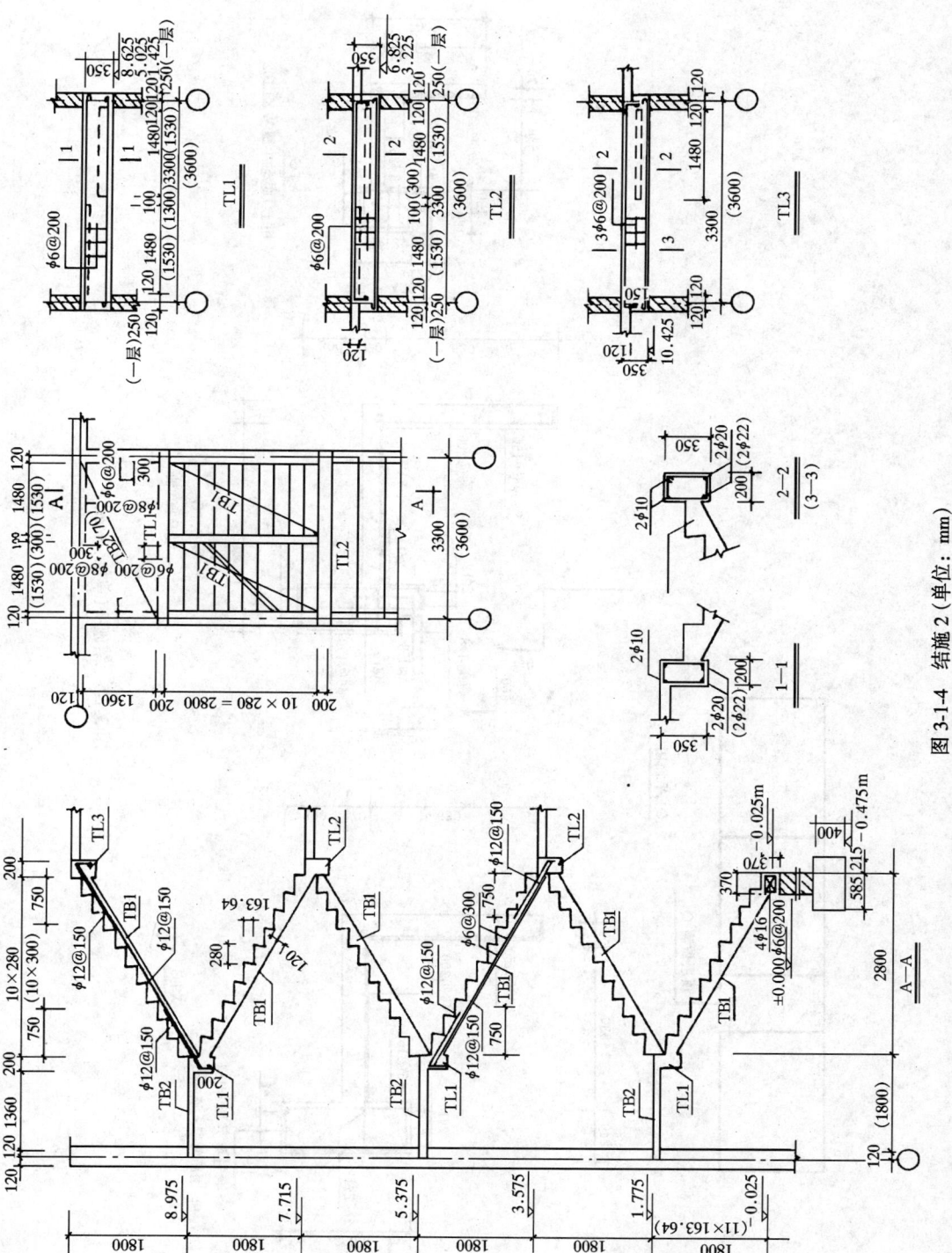

图 3-1-4 结施 2（单位：mm）

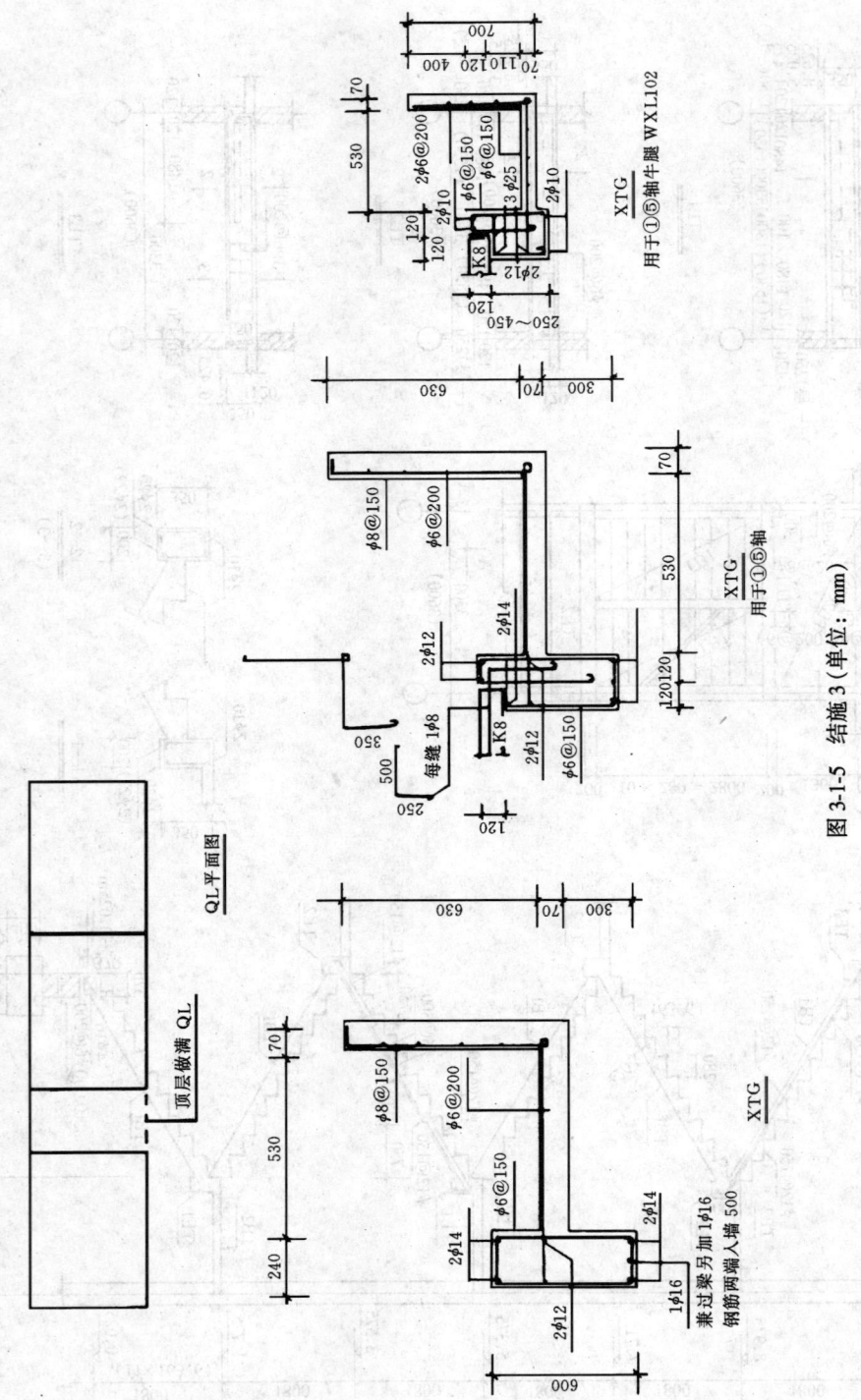

图 3-1-5 结施 3（单位：mm）

## 二、土建工程量计算说明

### （一）工程量的概念

工程量是把设计图纸的内容，转化为按定额的分项工程或按结构构件项目划分的以物理计量单位或自然计量单位表示的实物数量。

物理计量单位是以分项工程或结构构件的物理属性为计量单位，如长度、面积、体积和重量等。自然计量单位是以客观存在的自然实体为单位的计量单位，如套、个、组、台座等。

### （二）工程量计算的一般原则

1. 计算口径要一致

计算工程量时，根据施工图列出的分项工程的口径（指分项工程所包括的工作内容和范围），必须与定额中相应分项工程的口径一致。如楼地面分部卷材防潮层定额项目中，已包括刷冷底子油一遍附加层工料的消耗，所以在计算该分项工程时，不能再列刷冷底子油项目。又如钢筋砖过梁中的钢筋，定额中已综合考虑了，不能再计算钢筋消耗量。

2. 计算单位应与定额计量单位一致

按施工图纸计算工程量时，分项工程工程量的计量单位，必须与定额相应项目中的计量单位一致。如现浇钢筋混凝土柱、梁、板定额计量单位是立方米，工程量的计量单位应与其相同，又如现浇钢筋混凝土整体楼梯定额计量单位按水平投影面积计算，则工程量的计量单位也应按水平投影面积以平方米计算。

3. 必须按工程量计算规则计算

预（概）算定额各个分部都列有工程量计算规则，在计算工程量时，必须严格执行工程量计算规则，以免造成工程量计算中的混乱，使工程造价不正确。如在计算砖石工程时基础与墙身的划分，应以设计室内地坪为界，设计室内地坪以下为基础，以上为墙身。在砖墙工程量计算中，应扣除门窗洞、空圈、嵌入墙身的钢筋混凝土柱、梁、过梁、圈梁、钢筋砖过梁等所占的体积，而不扣除砖平拱、木砖、门窗走头、砖墙内的加固钢筋或木筋、铁件等所占的体积。嵌入墙身的钢筋混凝土梁、板头和凸出外墙面的窗台虎头砖、门窗套及三皮砖以下腰线等的增减均已在定额中考虑，计算工程量时不再计算。实砌内墙楼层间的梁板头已综合考虑，计算时不再扣除。

4. 必须与图纸设计的规定一致

工程量计算项目名称与图纸设计规定应保持一致，不得随便修改名称去高套定额。

5. 必须准确计算，不重算、不漏算

在计算工程量时，必须严格按照图示尺寸计算，不得任意加大或缩小。工程量数据的位数，钢材以吨为计量单位，木材以立方米为计量单位，均保留三位小数，其余项目一般都保留两位小数。土方汇总时取整数。工程量计算式必须部位清楚，或作简要文字注释，算式应按一定的格式排列。例如：面积为长×宽；体积为长×宽×高（厚）；计算梁、柱体积时则为截面面积×长（高）；计算钢筋、型钢重量时为长度×每米重量等。

## 三、工程量计算的一般方法

### （一）工程量计算的项目划分

编制单位工程概(预)算一般先划分成土建工程和安装工程两部分。每一单位工程又应根据概(预)算定额规定的项目按先分部工程后分项工程的顺序划分。分部工程的划分如：

土建工程以1994年颁发的《湖北省建筑工程预算定额统一基价表》为例。上册为土建工程，又分为土石方工程，打桩工程，砖石工程，脚手架工程，混凝土、钢筋及铁件工程，钢筋混凝土及金属结构构件运输、安装工程，木结构工程，楼地面工程等13个分部工程。下册为装饰工程，又分为楼地面工程，墙、柱面工程，顶棚工程，门窗工程，油漆、涂料工程，其他工程等6个分部工程。

如果概（预）算定额中没有相应的分项工程，则应注明，以便调整或编制补充定额。

列出分部分项工程时，其名称、先后顺序和采用的定额编号都必须与所选用的定额保持一致，以便套用和查找核对。

### （二）计算工程量的方法

计算工程量的方法实际上是计算顺序问题，通常采用两种方法：一种是工程量计算一般方法，即按施工顺序或按定额编排的顺序计算工程量；另一种方法是按统筹法计算工程量。

为了准确、快速，避免漏项、重复，必须按一定的顺序进行计算。通常采用以下四种不同的顺序。

**1. 按顺时针方向计算**

从平面图左上角开始，按顺时针方向逐步计算，绕一周后回到左上角，如图3-1-6（a）所示，此方法适宜于计算外墙、外墙基础、外墙地槽、楼地面、顶棚、室内装修等工程量。

**2. 按先横后竖、先上后下、先左后右的顺序计算**

以平面图上的横竖方向分别从左到右或从上到下逐步计算，如图3-1-6（b）所示。先计算横向，先上后下有①②③④⑤五道；后计算竖向，先左后右有⑥⑦⑧⑨⑩五道。此方法适用于计算内墙、内墙基础和各种间隔墙等工程量。

**3. 按轴线编号顺序计算工程量**

这种方法适用于计算内外墙挖地槽、内外墙基础、内外墙砌体、内外墙装饰等工程，如3-3-6（c）所示。

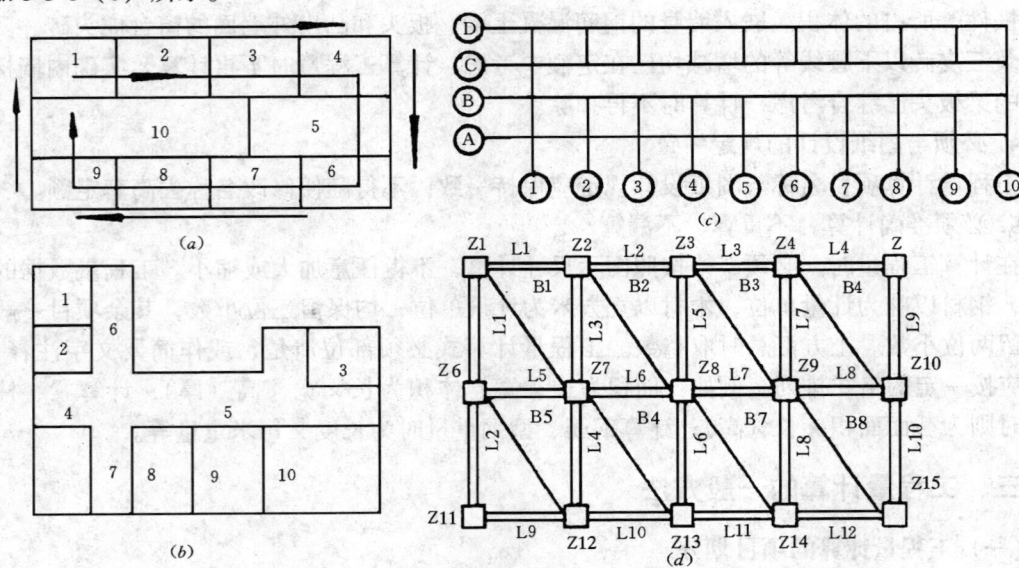

图 3-1-6 工程量计算顺序

4. 按图纸上的构、配件编号分类依次计算

这种方法是按照各类不同的构、配件如柱基、柱、梁、板、木门窗和金属构件等的自身编号分别依次计算。如 3-1-6（d）所示，顺序地按柱 Z1、Z2、Z3…，板 B1、B2、B3…，主梁 L1、L2、L3…，次梁 l1、l2、l3、…等构件编号分类依次计算。

### 四、工程量清单计价编制说明

#### （一）　__某小学教学楼__　工程工程量清单

招　标　人：_____×××_____（单位签字盖章）

法定代表人：_____×××_____（签字盖章）
中 介 机 构

法定代表人：_____×××_____（签字盖章）
造价工程师

及注册证号：_____×××_____（签字盖执业专用章）

编 制 时 间：___××年××月××日___

### 填 表 须 知

1. 工程量清单及其计价格式中所有要求签字、盖章的地方，必须由规定的单位和人员签字、盖章。
2. 工程量清单及其计价格式中的任何内容不得随意删除或涂改。
3. 工程量清单计价格式中列明的所有需要填报的单价和合价，投标人均应填报，未填报的单价和合价，视为此项费用已包含在工程量清单的其他单价和合价中。
4. 金额（价格）均应以____币表示。

### 总 说 明

工程名称：某小学教学楼工程　　　　　　　　　　　　　　第　页共　页

1. 工程概况
2. 招标范围
3. 工程质量要求
4. 工程量清单编制依据

定额预（结）算表（直接费部分）与清单项目之间关系分析对照表  表3-1-6

工程名称：某小学教学楼工程  第 页共 页

| 序号 | 项目编码 | 项 目 名 称 | 清单主项在预（结）算表中的序号 | 清单综合的工程内容在预（结）算表中的序号 |
|---|---|---|---|---|
| | | A.1 土（石）方工程 | | |
| 1 | 010101001001 | 平整场地 | 1 | 无 |
| 2 | 010101003001 | 人工挖沟槽，㊀沟槽，垫层底宽1.3m，挖土深度0.85m | 2 | 无 |
| 3 | 010101003002 | 人工挖沟槽，㊁沟槽，垫层底宽1.2m，挖土深度0.85m | 2 | 无 |
| 4 | 010101003003 | 人工挖沟槽，㊂沟槽，垫层底宽1.0m，挖土深度0.85m | 2 | 无 |
| 5 | 010401003004 | 人工挖沟槽，楼梯间沟槽，垫层底宽0.8m，挖土深度0.85m | 2 | 无 |
| 6 | 010103001001 | 基础回填土，人工回填，夯填 | 3 | 无 |
| 7 | 010103001002 | 室内回填土，人工回填，夯填，外借土方，人工运输 | 3 | 4＋5 |
| | | A.3 砌筑工程 | | |
| 8 | 010301001001 | M5水泥砂浆砖基础，C10毛石混凝土垫层，厚0.4m | 6 | 11＋51 |
| 9 | 010302001001 | M5混合砂浆砌一砖外墙 | 7 | 无 |
| 10 | 010302001002 | M5混合砂浆砌一砖内墙 | 8 | 无 |
| 11 | 010302006001 | 零星砌体，M5混合砂浆砌讲台 | 9 | 无 |
| 12 | 010302006002 | 零星砌体，M5混合砂浆砌台阶 | 9 | 无 |
| | | A.4 混凝土及钢筋混凝土工程 | | |
| 13 | 010403004001 | 地圈梁，截面尺寸为0.18m×0.37m | 12 | 无 |
| 14 | 010403004002 | 地圈梁，截面尺寸为0.37m×0.37m | 12 | 无 |
| 15 | 010403004003 | 现浇圈梁，一层，截面尺寸为0.45m×0.24m | 15 | 无 |
| 16 | 010403002004 | 现浇圈梁，一层，截面尺寸为0.24m×0.18m | 15 | 无 |
| 17 | 010403002005 | 现浇圈梁，二层，截面尺寸为0.6m×0.24m | 15 | 无 |
| 18 | 010403002006 | 现浇圈梁，二层，截面尺寸为0.45m×0.24m | 15 | 无 |
| 19 | 010403002007 | 现浇圈梁，二层，截面尺寸为0.12m×0.12m | 15 | 无 |
| 20 | 010403002008 | 现浇圈梁，二层，截面尺寸为0.24m×0.25m | 15 | 无 |
| 21 | 010403005001 | 现浇过梁，一层，截面尺寸为0.18m×0.24m | 14 | 无 |
| 22 | 010403005002 | 现浇圈梁，二层，截面尺寸为0.6m×0.24m | 14 | 无 |
| 23 | 010403005003 | 现浇圈梁，二层，截面尺寸为0.25m×0.24m | 14 | 无 |
| 24 | 010403005004 | 挑梁，侧面为直角梯形，上下底分别为0.25m，0.45m | 13 | 无 |
| 25 | 010403002001 | 单梁 XL101，截面尺寸为0.45m×0.2m | 16 | 无 |
| 26 | 010403002002 | 单梁 WXL101，截面尺寸为0.24m×0.18m | 16 | 无 |
| 27 | 010403002003 | 连系梁，截面尺寸为0.42m×0.2m | 17 | 无 |
| 28 | 010406001001 | 直形楼梯，现浇 | 18 | 无 |
| 29 | 010405007001 | 檐沟，现浇 | 19 | 无 |

续表

| 序号 | 项目编码 | 项目名称 | 清单主项在预(结)算表中的序号 | 清单综合的工程内容在预(结)算表中的序号 |
|---|---|---|---|---|
| 30 | 010407001001 | 阳台空心栏板,中间用立柱支撑 | 20+22+21 | 无 |
| 31 | 010405003001 | 现浇板WB,厚120mm | 23 | 无 |
| 32 | 010414002001 | 预制其他构件,漏花空格,宽1.6m,长5.7m | 42 | 24+40 |
| 33 | 010412002001 | 预制空心板,规格为KB5274,0.1005m³/块 | 41 | 25+40+43 |
| 34 | 010412002002 | 预制空心板,规格为KB7274,0.1379m³/块 | 41 | 25+40+43 |
| 35 | 010412002003 | 预制空心板,规格为KB7304,0.1533m³/块 | 41 | 25+40+43 |
| 36 | 010412002004 | 预制空心板,规格为KB5304,0.1117m³/块 | 41 | 25+40+43 |
| 37 | 010412002005 | 预制空心板,规格为KB5334,0.123m³/块 | 41 | 25+40+43 |
| 38 | 010412002006 | 预制空心板,规格为KB7334,0.1687m³/块 | 41 | 25+40+43 |
| 39 | 010416001001 | 现浇构件钢筋 | 30+31+32+33+34+35+36+37+38+39 | 无 |
| | | A.7 屋面及防水工程 | | |
| 40 | 010702001001 | 屋面卷材防水,三毡四油 | 52 | 无 |
| 41 | 010702003001 | 屋面刚性防水 | 53 | 无 |
| 42 | 010702004001 | 屋面铸铁水落管,$DN100$ | 55 | 56+57 |
| | | A.8 防腐、隔热、保温工程 | | |
| 43 | 010803001001 | 屋面保温隔热架空层 | 54 | 无 |
| | | B.1 楼地面工程 | | |
| 44 | 020101001001 | 水泥砂浆楼地面,1:2水泥砂浆找平层 | 60 | 58+59 |
| 45 | 020106003001 | 水泥砂浆楼梯面 | 66 | 无 |
| 46 | 020109004001 | 水泥砂浆零星项目,楼梯侧面抹水泥砂浆 | 68 | 无 |
| 47 | 020109004002 | 水泥砂浆零星项目,1:2水泥砂浆讲台面层 | 76 | 58 |
| 48 | 020108003001 | 水泥砂浆台阶面 | 75 | 无 |
| 49 | 020107001001 | 金属扶手带栏杆、栏板 | 77 | 81 |
| | | B.2 墙、柱面工程 | | |
| 50 | 020201001001 | 砖内墙粉石灰砂浆 | 61 | 无 |
| 51 | 020201002001 | 外墙水刷石,砖墙 | 62 | 无 |
| 52 | 020201001002 | 外墙勒脚,高600mm,砖墙 | 64 | 无 |
| 53 | 020201001003 | 内墙裙1:3水泥砂浆,砖墙,外刷106涂料 | 65 | 83 |
| 54 | 02020100202 | 阳台扶手栏杆洗绿豆砂 | 74 | 无 |
| | | B.3 顶棚工程 | | |
| 55 | 020301001001 | 顶棚抹水泥砂浆 | 63 | 无 |
| 56 | 020301001002 | 楼梯底面抹水泥砂浆 | 67 | 无 |
| 57 | 020301001003 | 檐沟水泥砂浆 | 69 | 无 |
| 58 | 020301001004 | 檐沟底抹混合砂浆 | 70 | 无 |
| 59 | 020301001005 | 挑檐正面抹灰 | 85 | 无 |

续表

| 序号 | 项目编码 | 项目名称 | 清单主项在预（结）算表中的序号 | 清单综合的工程内容在预（结）算表中的序号 |
|---|---|---|---|---|
| | | B.4 门窗工程 | | |
| 60 | 020401001001 | 单扇带亮镶板门，尺寸为 1.0m×3.0m | 45 | 49+78+46+82 |
| 61 | 020405001001 | 单层木玻璃窗，尺寸为 1.5m×2.1m | 44 | 50+78+46+82 |
| 62 | 020405001002 | 单层大玻璃窗，尺寸为 1.2m×1.2m | 44 | 50+79+46+82 |
| 63 | 020407004001 | 木门窗贴脸，宽 3cm | 47 | 无 |
| 64 | 020407001001 | 木门窗套，宽 3cm | 73 | 72+71 |
| | | B.5 油漆、涂料、裱糊工程 | | |
| 65 | 020503004001 | 黑板边框油漆 | 80 | 无 |
| | | B.6 其他工程 | | |
| 66 | 020603009001 | 玻璃黑板，尺寸为 1.295m×3.69m | 48 | 无 |
| 67 | 020603009002 | 水泥黑板，尺寸为 1.295m×3.69m | 84 | 无 |

措施项目清单  表 3-1-7

工程名称：某小学教学楼工程  第 页 共 页

| 序号 | 项目名称 | 备注 |
|---|---|---|
| 1 | 环境保护 | |
| 2 | 文明施工 | |
| 3 | 安全施工 | |
| 4 | 临时设施 | |
| 5 | 夜间施工增加费 | |
| 6 | 赶工措施费 | |
| 7 | 二次搬运 | |
| 8 | 混凝土、钢筋混凝土模板及支架 | |
| 9 | 脚手架 | |
| 10 | 垂直运输机械 | |
| 11 | 大型机械设备进出场及安拆 | |
| 12 | 施工排水、降水 | |
| 13 | 其他 | |
| 14 | 措施项目费合计 | 1+2+…+14+15 |

零星工作项目表  表 3-1-8

工程名称：某小学教学楼工程  第 页 共 页

| 序号 | 名称 | 计量单位 | 数量 |
|---|---|---|---|
| 1 | 人工费 | | |
| | | 元 | 1.00 |
| 2 | 材料费 | | |
| | | 元 | 1.00 |
| 3 | 机械费 | | |
| | | 元 | 1.00 |

# （二） 某小学教学楼 工程工程量清单报价表

招 标 人：＿＿×××＿＿（单位签字盖章）

法定代表人：＿＿×××＿＿（签字盖章）

造价工程师
及注册证号：＿＿×××＿＿（签字盖执业专业章）

编制时间：＿×× 年××月××日＿

## 投 标 总 价

建设单位：＿＿×××＿＿

工程名称：＿某小学教学楼工程＿

投标总价(小写)：＿＿×××＿＿

（大写）：＿＿×××＿＿

投 标 人：＿＿×××＿＿（单位签字盖章）

法定代表人：＿＿×××＿＿（签字盖章）

编制时间：＿×× 年××月××日＿

## 总 说 明

工程名称：某小学教学楼工程　　　　　　　　　　　　　　　　　第　页共　页

1. 工程概况
2. 招标范围
3. 工程质量要求
4. 工程量清单编制依据
5. 工程量清单计费列表

注：本例管理费及利润以定额直接费为取费基数，其中管理费费率为34%，利润率为8%

## 单位工程费汇总表

表 3-1-9

工程名称：某小学教学楼工程　　　　　　　　　　　　　第　页共　页

| 序号 | 项目名称 | 金额（元） |
|---|---|---|
| 1 | 分部分项工程量清单计价合计 |  |
| 2 | 措施项目清单计价合计 |  |
| 3 | 其他项目清单计价合计 |  |
| 4 | 规费 |  |
| 5 | 税金 |  |
|  | 合计 |  |

## 分部分项工程量清单计价表

表 3-1-10

工程名称：某小学教学楼工程　　　　　　　　　　　　　第　页共　页

| 序号 | 项目编码 | 项目名称 | 计量单位 | 工程数量 | 金额（元） | |
|---|---|---|---|---|---|---|
|  |  |  |  |  | 综合单价 | 合价 |
|  |  | A.1 土（石）方工程 |  |  |  |  |
| 1 | 010101001001 | 平整场地 | m² | 203.48 | 1.21 | 247.15 |
| 2 | 010101003001 | 人工挖沟槽，一沟槽，垫层底宽1.3m，挖土深度0.85m | m³ | 45.59 | 4.67 | 214.99 |
| 3 | 010101003002 | 人工挖沟槽，一沟槽，垫层底宽1.2m，挖土深度0.85m | m³ | 17.19 | 4.67 | 80.34 |
| 4 | 010101003003 | 人工挖沟槽，一沟槽，垫层底宽1.0m，挖土深度0.85m | m³ | 24.23 | 4.67 | 113.24 |
| 5 | 010101003004 | 人工挖沟槽，楼梯间沟槽，垫层底宽0.8m，挖土深度0.85m | m³ | 1.04 | 4.67 | 4.86 |
| 6 | 010103001001 | 基础回填土，人工回填，夯填 | m³ | 28.91 | 3.84 | 111.00 |
| 7 | 010103001002 | 室内回填土，人工回填，夯填，外借土方，人工运输 | m³ | 116.13 | 8.36 | 971.07 |

续表

| 序号 | 项目编码 | 项目名称 | 计量单位 | 工程数量 | 金额（元） | |
|---|---|---|---|---|---|---|
| | | | | | 综合单价 | 合价 |
| | | A.3 砌筑工程 | | | | |
| 8 | 010301001001 | M5 水泥砂浆砖基础，C10 毛石混凝土垫层，厚 0.4m | $m^3$ | 31.00 | 583.36 | 18084.10 |
| 9 | 010302001001 | M5 混合砂浆砌一砖外墙，一，二层，$H=3.6m$ | $m^3$ | 43.31 | 226.75 | 9820.41 |
| 10 | 010302001002 | M5 混合砂浆砌一砖内墙，一，二层，$H=3.6m$ | $m^3$ | 26.45 | 223.21 | 5903.93 |
| 11 | 010302006001 | 零星砌体，M5 混合砂浆砌讲台 | $m^3$ | 2.39 | 238.70 | 570.49 |
| 12 | 010302006002 | 零星砌体，M5 混合砂浆砌台阶 | $m^3$ | 6.78 | 238.70 | 1618.37 |
| | | A.4 混凝土及钢筋混凝土工程 | | | | |
| 13 | 010403004001 | 地圈梁，截面尺寸为 0.18m×0.37m | $m^3$ | 5.52 | 473.58 | 2614.18 |
| 14 | 010403004002 | 地圈梁，截面尺寸为 0.37m×0.37m | $m^3$ | 0.21 | 473.58 | 99.45 |
| 15 | 010403004003 | 现浇圈梁，一层，截面尺寸为 0.45m×0.24m | $m^3$ | 1.71 | 469.08 | 802.12 |
| 16 | 010403004004 | 现浇圈梁，一层，截面尺寸为 0.24m×0.18m | $m^3$ | 0.97 | 469.08 | 455.01 |
| 17 | 010403004005 | 现浇圈梁，二层，截面尺寸为 0.6m×0.24m | $m^3$ | 1.18 | 469.08 | 553.51 |
| 18 | 010403004006 | 现浇圈梁，二层，截面尺寸为 0.45m×0.24m | $m^3$ | 2.39 | 469.08 | 1121.10 |
| 19 | 010403004007 | 现浇圈梁，二层，截面尺寸为 0.12m×0.12m | $m^3$ | 0.18 | 469.08 | 84.43 |
| 20 | 010403002008 | 现浇圈梁，二层，截面尺寸为 0.24m×0.25m | $m^3$ | 1.33 | 469.08 | 623.88 |
| 21 | 010403005001 | 现浇过梁，一层，截面尺寸为 0.18m×0.24m | $m^3$ | 1.39 | 768.01 | 1067.53 |
| 22 | 010403005002 | 现浇过梁，二层，截面尺寸 0.6m×0.24m | $m^3$ | 2.89 | 768.01 | 2219.55 |
| 23 | 010403005003 | 现浇过梁，一层，截面尺寸 0.25m×0.24m | $m^3$ | 0.85 | 768.01 | 652.81 |
| 24 | 010403005004 | 挑梁，侧面为直角梯形，上下底分别为 0.25m，0.45m | $m^3$ | 3.23 | 768.01 | 2480.68 |
| 25 | 010403002001 | 单梁，截面尺寸为 0.45m×0.2m | $m^3$ | 6.79 | 559.05 | 3795.98 |
| 26 | 010403002002 | 单梁，截面尺寸为 0.24m×0.18m | $m^3$ | 0.78 | 559.05 | 436.06 |
| 27 | 010403002003 | 连系梁，截面尺寸为 0.42m×0.2m | $m^3$ | 4.83 | 559.05 | 2700.23 |
| 28 | 010406001001 | 直形楼梯，现浇 | $m^3$ | 13.01 | 152.51 | 1984.12 |
| 29 | 010405007001 | 檐沟，现浇 | $m^3$ | 4.06 | 1175.79 | 4773.71 |
| 30 | 010407001001 | 阳台空心栏板，中间用立柱支撑 | $m^3$ | 32.58 | 108.46 | 3533.46 |
| 31 | 010405003001 | 现浇板 WB，厚 120mm | $m^3$ | 0.09 | 499.57 | 44.96 |
| 32 | 010414002001 | 预制其他构件，漏花空格，宽 1.6m，长 5.7m | $m^3$ | 2.20 | 207.89 | 457.36 |
| 33 | 010412002001 | 预制空心板，规格为 KB5274，0.1005$m^3$/块 | $m^3$ | 16.28 | 622.70 | 10137.50 |

续表

| 序号 | 项目编码 | 项目名称 | 计量单位 | 工程数量 | 综合单价 | 合价 |
|---|---|---|---|---|---|---|
| 34 | 010412002002 | 预制空心板，规格为 KB7274，0.1379m³/块 | m³ | 2.48 | 622.58 | 1544 |
| 35 | 010412002003 | 预制空心板，规格为 KB7304，0.1533m³/块 | m³ | 1.38 | 622.95 | 859.67 |
| 36 | 010412002004 | 预制空心板，规格为 KB5304，0.1117m³/块 | m³ | 9.05 | 622.76 | 5635.94 |
| 37 | 010412002005 | 预制空心板，规格为 KB5334，0.123m³/块 | m³ | 1.6 | 622.70 | 996.32 |
| 38 | 010412002006 | 预制空心板，规格为 KB7334，0.1687m³/块 | m³ | 0.84 | 622.42 | 522.83 |
| 39 | 010416001001 | 现浇构件钢筋 | t | 4.8 | 4113.93 | 19746.85 |
| | | A.7 屋面及防水工程 | | | | |
| 40 | 010702001001 | 屋面卷材防水，三毡四油 | m² | 272.46 | 32.26 | 8788.36 |
| 41 | 010702003001 | 屋面刚性防水 | m² | 246.26 | 17.08 | 4205.01 |
| 42 | 010702004001 | 屋面铸铁水落管，DN100 | m | 30 | 61.6 | 1848.14 |
| | | A.8 防腐、隔热、保温工程 | | | | |
| 43 | 010803001001 | 屋面保温隔热架空层 | m² | 179.34 | 24.31 | 4360.28 |
| | | B.1 楼地面工程 | | | | |
| 44 | 020101001001 | 水泥砂浆楼地面，1:2 水泥砂浆找平层 | m² | 640 | 19.79 | 12667.25 |
| 45 | 020106003001 | 水泥砂浆楼梯面 | m² | 13.01 | 20.14 | 262.04 |
| 46 | 020109004001 | 水泥砂浆零星项目，楼梯侧面抹水泥砂浆 | m² | 9.2 | 7.23 | 66.48 |
| 47 | 020109004002 | 水泥砂浆零星项目，1:2 水泥砂浆讲台面层 | m² | 27.65 | 20.60 | 569.51 |
| 48 | 020108003001 | 水泥砂浆台阶面 | m² | 27.13 | 17.12 | 464.6 |
| 49 | 020107001001 | 金属扶手带栏杆，栏板 | m | 8.04 | 80.67 | 648.59 |
| | | B.2 墙、柱面工程 | | | | |
| 50 | 020201001001 | 砖内墙粉石灰砂浆 | m² | 397.86 | 6.14 | 2443.18 |
| 51 | 020201002001 | 外墙水刷石，砖墙 | m² | 376 | 26.81 | 10081.95 |
| 52 | 020201001002 | 外墙勒脚，高 600mm，砖墙 | m² | 24.73 | 19.42 | 480.31 |
| 53 | 020201001003 | 内墙裙 1:3 水泥砂浆，砖墙，外刷 106 涂料 | m² | 177.95 | 9.53 | 1696.59 |
| 54 | 020201002002 | 阳台扶手栏杆洗绿豆砂 | m² | 76.29 | 28.87 | 2202.76 |
| | | B.3 顶棚工程 | | | | |
| 55 | 020301001001 | 顶棚抹水泥砂浆 | m² | 362.57 | 9.02 | 3272.12 |
| 56 | 020301001002 | 楼梯底面抹水泥砂浆 | m² | 16.9 | 9.02 | 152.52 |
| 57 | 020301001003 | 檐沟水泥砂浆 | m² | 83.62 | 19.58 | 1637.20 |
| 58 | 020301001004 | 檐沟底抹混合砂浆 | m² | 24.65 | 17.70 | 436.25 |
| 59 | 020301001005 | 挑檐正面抹灰 | m² | 12.07 | 28.87 | 348.50 |
| | | B.4 门窗工程 | | | | |
| 60 | 020401001001 | 单扇带亮镶板门，尺寸为 1.0m×3.0m | 樘 | 12 | 442.19 | 5306.23 |

续表

| 序号 | 项目编码 | 项目名称 | 计量单位 | 工程数量 | 金额（元） | |
|---|---|---|---|---|---|---|
| | | | | | 综合单价 | 合 价 |
| 61 | 020405001001 | 单层木玻璃窗，尺寸为1.5m×2.1m | 樘 | 18 | 479.35 | 8628.31 |
| 62 | 020405001002 | 单层木玻璃窗，尺寸为1.2m×1.2m | 樘 | 6 | 254.64 | 1527.87 |
| 63 | 020407004001 | 木门窗贴脸，宽3cm | m² | 7.27 | 77.16 | 595.71 |
| 64 | 020407001001 | 木门窗套，宽3cm | m² | 2.7 | 305.05 | 823.64 |
| | | B.5 油漆、涂料、裱糊工程 | | | | |
| 65 | 020503004001 | 黑板边框油漆 | m | 10.37 | 17.38 | 180.18 |
| | | B.6 其他工程 | | | | |
| 66 | 020603009001 | 玻璃黑板，尺寸为1.295m×3.69m | m² | 28.67 | 11.29 | 323.56 |
| 67 | 020603009002 | 水泥黑板，尺寸为1.295m×3.69m | m² | 28.67 | 19.58 | 561.33 |

**措施项目清单计价表**

表 3-1-11

工程名称：某小学教学楼工程

第 页共 页

| 序 号 | 项 目 名 称 | 金 额（元） |
|---|---|---|
| 1 | 环境保护 | |
| 2 | 文明施工 | 227.87 |
| 3 | 安全施工 | 683.61 |
| 4 | 临时设施 | 1367.22 |
| 5 | 夜间施工增加费 | |
| 6 | 赶工措施费 | |
| 7 | 二次搬运 | |
| 8 | 混凝土、钢筋混凝土模板及支架 | |
| 9 | 脚手架 | |
| 10 | 垂直运输机械 | |
| 11 | 大型机械设备进出场及安拆 | |
| 12 | 施工排水、降水 | |
| 13 | 其他 | |
| 14 | 措施项目费合计 | 2278.71 |

**其他项目清单计价表**

表 3-1-12

工程名称：某小学教学楼工程

第 页共 页

| 序 号 | 项 目 名 称 | 金 额（元） |
|---|---|---|
| 1 | 招人部分 | |
| | 不可预见费 | |
| | 工程分包和材料购置费 | |
| | 其他 | |
| 2 | 投标人部分 | |
| | 总承包服务费 | |
| | 零星工作项目费 | |
| | 其他 | |
| | 合计 | 0.00 |

## 零星工作项目表

表 3-1-13

工程名称：某小学教学楼工程　　　　　　　　　　　　　　　　　第　页共　页

| 序号 | 名　　称 | 计量单位 | 数　量 | 金　额（元） | |
|---|---|---|---|---|---|
| | | | | 综合单价 | 合　价 |
| 1 | 人工费 | | | | |
| | | 元 | | | |
| 2 | 材料费 | | | | |
| | | 元 | | | |
| 3 | 机械费 | | | | |
| | | 元 | | | |
| | 合计 | | | | 0.00 |

## 分部分项工程量清单综合单价分析表

表 3-1-14

工程名称：某小学教学楼工程　　　　　　　　　　　　　　　　　第　页共　页

| 序号 | 项目编码 | 项目名称 | 定额编号 | 工程内容 | 单位 | 数量 | 综合单价组成（元） | | | 综合单价（元） | 合价（元） |
|---|---|---|---|---|---|---|---|---|---|---|---|
| | | | | | | | 人工费+材料费+机械费 | 管理费 | 利润 | | |
| 1 | 010101001001 | 人工平整场地 | | | m² | 203.48 | | | | 1.21 | 247.15 |
| | | | 1-2 | 人工平整场地 | 100m² | 2.0348 | 85.54 | 29.08 | 6.84 | | 121.46×2.0348 |
| 2 | 010101003001 | 人工挖沟槽（一） | | | m³ | 45.59 | | | | 4.67 | 214.99 |
| | | | 1-16 | 人工挖沟槽（一） | 100m³ | 0.46 | 329.13 | 111.9 | 26.33 | | 467.36×0.46 |
| 3 | 010101003002 | 人工挖沟槽（二） | | | m³ | 17.19 | | | | 4.67 | 80.34 |
| | | | 1-16 | 人工挖沟槽（二） | 100m³ | 0.1719 | 329.13 | 111.9 | 26.33 | | 467.36×0.1719 |
| 4 | 010101003003 | 人工挖沟槽（三） | | | m³ | 24.23 | | | | 4.67 | 113.24 |
| | | | 1-16 | 人工挖沟槽（三） | 100m³ | 0.2423 | 329.13 | 111.9 | 26.33 | | 467.36×0.2423 |
| 5 | 010101003004 | 人工挖楼梯间沟槽 | | | m³ | 1.04 | | | | 4.67 | 4.86 |
| | | | 1-16 | 人工挖楼梯间沟槽 | 100m³ | 0.0104 | 329.13 | 111.9 | 26.33 | | 467.36×0.0104 |
| 6 | 010103001001 | 基础回填土 | | | m³ | 28.91 | | | | 3.84 | 111.00 |
| | | | 1-59 | 人工回填土 | 100m³ | 0.2891 | 270.38 | 91.93 | 21.63 | | 383.94×0.2891 |
| 7 | 010103001001 | 室内回填土 | | | m³ | 116.13 | | | | 8.36 | 971.07 |
| | | | 1-59 | 人工回填土 | 100m³ | 1.1613 | 270.38 | 91.93 | 21.63 | | 383.94×1.1613 |
| | | | 1-1 | 人工挖土方 | 100m³ | 0.6048 | 241.13 | 81.98 | 19.29 | | 342.4×0.6048 |
| | | | 1-50 | 人工运土方 | 100m³ | 0.6048 | 370.42 | 125.94 | 29.63 | | 525.99×0.6048 |

续表

| 序号 | 项目编码 | 项目名称 | 定额编号 | 工程内容 | 单位 | 数量 | 综合单价组成（元） | | | 综合单价（元） | 合价（元） |
|---|---|---|---|---|---|---|---|---|---|---|---|
| | | | | | | | 人工费+材料费+机械费 | 管理费 | 利润 | | |
| 8 | 010301001001 | M5水泥砂浆砖基础 | | | m³ | 31.00 | | | | 583.36 | 18084.10 |
| | | | 3-1 | M5水泥砂浆砖基础 | 10m³ | 3.100 | 1489.11 | 506.30 | 119.13 | | 2114.54×3.100 |
| | | | 5-1 | C10毛石混凝土基础垫层 | 10m³ | 3.83 | 2068.15 | 703.17 | 165.45 | | 2936.77×3.83 |
| | | | 8-19 | 基础防潮层 | 100m³ | 0.31 | 638.79 | 217.19 | 51.10 | | 907.08×0.31 |
| 9 | 010302001001 | M5混合砂浆砌一砖外墙 | | | m³ | 43.31 | | | | 226.75 | 9820.41 |
| | | | 3-24 | M5混合砂浆一砖外墙 | 10m³ | 4.331 | 1596.81 | 542.92 | 127.74 | | 2267.47×4.331 |
| 10 | 010302001002 | M5混合砂浆砌一砖内墙 | | | m³ | 26.45 | | | | 223.21 | 5903.93 |
| | | | 3-12 | M5混合砂浆砌一砖内墙 | 10m³ | 2.645 | 1571.91 | 534.45 | 125.75 | | 2232.11×2.645 |
| 11 | 010302006001 | M5混合砂浆砌讲台 | | | m³ | 2.39 | | | | 238.70 | 570.49 |
| | | | 3-71 | M5混合砂浆砌讲台 | 10m³ | 0.239 | 1680.97 | 571.53 | 134.48 | | 2386.98×0.239 |
| 12 | 010302006002 | M5混合砂浆砌台阶 | | | m³ | 6.78 | | | | 238.70 | 1618.37 |
| | | | 3-71 | M5混合砂浆砌台阶 | 10m³ | 0.678 | 1680.97 | 571.53 | 134.48 | | 2386.98×0.678 |
| 13 | 010403004001 | 地圈梁（0.18m×0.37m） | | | m³ | 5.52 | | | | 473.58 | 2614.18 |
| | | | 5-30 | 地圈梁 | 10m³ | 0.552 | 3335.10 | 1133.93 | 266.81 | | 4735.84×0.552 |
| 14 | 010403004002 | 地圈梁（0.37m×0.37m） | | | m³ | 0.21 | | | | 473.58 | 99.45 |
| | | | 5-30 | 地圈梁 | 10m³ | 0.021 | 3335.10 | 1133.93 | 266.81 | | 4735.84×0.021 |
| 15 | 010403004003 | 现浇圈梁一层（0.45m×0.24m） | | | m³ | 1.71 | | | | 469.08 | 802.12 |
| | | | 5-33（卷） | 现浇圈梁 | 10m³ | 0.171 | 3303.36 | 1123.14 | 264.27 | | 4690.77×0.171 |
| 16 | 010403004004 | 现浇圈梁一层（0.24m×0.18m） | | | m³ | 0.97 | | | | 469.08 | 455.01 |
| | | | 5-33（卷） | 现浇圈梁 | 10m³ | 0.097 | 3303.36 | 1123.14 | 264.27 | | 4690.77×0.097 |
| 17 | 010403004005 | 现浇圈梁二层（0.6m×0.24m） | | | m³ | 1.18 | | | | 469.08 | 553.51 |
| | | | 5-33（卷） | 现浇圈梁 | 10m³ | 0.118 | 3303.36 | 1123.14 | 264.27 | | 4690.77×0.118 |
| 18 | 010403004006 | 现浇圈梁二层（0.45m×0.24m） | | | m³ | 2.39 | | | | 469.08 | 1121.10 |

续表

| 序号 | 项目编码 | 项目名称 | 定额编号 | 工程内容 | 单位 | 数量 | 人工费+材料费+机械费 | 管理费 | 利润 | 综合单价（元） | 合价（元） |
|---|---|---|---|---|---|---|---|---|---|---|---|
| | | | 5-33（卷） | 现浇圈梁 | 10m³ | 0.239 | 3303.36 | 1123.14 | 264.27 | | 4690.77×0.239 |
| 19 | 010403004007 | 现浇圈梁二层（0.12m×0.12m） | | | m³ | 0.18 | | | | 469.08 | 84.43 |
| | | | 5-33（卷） | 现浇圈梁 | 10m³ | 0.018 | 3303.36 | 1123.14 | 264.27 | | 4690.77×0.018 |
| 20 | 010403002008 | 现浇圈梁二层（0.24m×0.25m） | | | m³ | 1.33 | | | | 469.08 | 623.88 |
| | | | 5-33（卷） | 现浇圈梁 | 10m³ | 0.133 | 3303.36 | 1123.14 | 264.27 | | 4690.77×0.133 |
| 21 | 010403005001 | 现浇过梁一层（0.18m×0.24m） | | | m³ | 1.39 | | | | 768.01 | 1067.53 |
| | | | 5-34（卷） | 现浇过梁 | 10m³ | 0.139 | 5408.53 | 1838.9 | 432.68 | | 7680.11×0.139 |
| 22 | 010403005002 | 现浇过梁二层（0.6m×0.24m） | | | m³ | 2.89 | | | | 768.01 | 2219.55 |
| | | | 5-34（卷） | 现浇过梁 | 10m³ | 0.289 | 5408.53 | 1838.9 | 432.68 | | 7680.11×0.289 |
| 23 | 010403005003 | 现浇过梁二层（0.25m×0.24m） | | | m³ | 0.85 | | | | 768.01 | 652.81 |
| | | | 5-34（卷） | 现浇过梁 | 10m³ | 0.85 | 5408.53 | 1838.9 | 432.68 | | 7680.11×0.85 |
| 24 | 010403005004 | 现浇挑梁 | | | m³ | 3.23 | | | | 768.01 | 2480.68 |
| | | | 5-34（卷） | 现浇挑梁 | 10m³ | 0.323 | 5408.53 | 1838.9 | 432.68 | | 7680.11×0.323 |
| 25 | 010403002001 | 单梁（0.45m×0.2m） | | | m³ | 6.79 | | | | 559.05 | 3795.98 |
| | | | 5-31（卷） | 单梁 | 10m³ | 0.679 | 3937 | 1338.58 | 314.96 | | 5590.54×0.679 |
| 26 | 010403002002 | 单梁（0.24m×0.18m） | | | m³ | 0.78 | | | | 559.05 | 436.06 |
| | | | 5-31（卷） | 单梁 | 10m³ | 0.078 | 3937.00 | 1338.58 | 314.96 | | 5590.54×0.078 |
| 27 | 010403002003 | 连系梁（0.42m×0.2m） | | | m³ | 4.83 | | | | 559.05 | 2700.23 |
| | | | 5-31（卷） | 连系梁 | 10m³ | 0.483 | 3937.00 | 1338.58 | 314.96 | | 5590.54×0.483 |
| 28 | 010406001001 | 直形楼梯 | | | m² | 13.01 | | | | 152.51 | 1984.12 |
| | | | 5-48（卷） | 整体楼梯 | 10m² | 1.301 | 1073.99 | 365.16 | 85.92 | | 1525.07×1.301 |
| 29 | 010405007001 | 檐沟 | | | m³ | 4.06 | | | | 1175.79 | 4773.71 |
| | | | 5-58（卷） | 檐沟 | 10m³ | 0.406 | 8280.21 | 2815.27 | 662.42 | | 11757.9×0.406 |
| 30 | 010407001001 | 阳台空心栏板 | | | m | 32.58 | | | | 108.46 | 3533.66 |
| | | | 5-53（卷） | 阳台栏板 | 10m | 3.258 | 454.50 | 154.53 | 36.36 | | 654.39×3.258 |
| | | | 5-55（卷） | 栏板立柱 | 10m³ | 0.09 | 2443.25 | 830.71 | 195.46 | | 3469.42×0.09 |

续表

| 序号 | 项目编码 | 项目名称 | 定额编号 | 工程内容 | 单位 | 数量 | 综合单价组成（元） | | | 综合单价（元） | 合价（元） |
|---|---|---|---|---|---|---|---|---|---|---|---|
| | | | | | | | 人工费+材料费+机械费 | 管理费 | 利润 | | |
| | | | 5-54（卷） | 扶手 | 10m | 3.258 | 235.48 | 80.06 | 18.84 | | 334.38×3.258 |
| 31 | 010405003001 | 现浇板WB | | | m³ | 0.09 | | | | 499.57 | 44.96 |
| | | | 5-47（卷） | 现浇板WB | 10m³ | 0.009 | 3518.10 | 1196.15 | 281.45 | | 4995.7×0.009 |
| 32 | 010414002001 | 预制漏空花格 | | | m³ | 2.20 | | | | 207.89 | 457.36 |
| | | | 5-109（卷） | 预制花格 | 10m² | 0.91 | 137.58 | 46.78 | 11.01 | | 195.37×0.91 |
| | | | 6-9 | 花格运输 | 10m³ | 0.22 | 750.06 | 255.02 | 60 | | 1065.08×0.22 |
| | | | 6-85 | 花格安装 | 10m³ | 0.22 | 144.86 | 49.25 | 11.59 | | 205.7×0.22 |
| 33 | 010412002001 | 预制空心板KB5274 | | | m³ | 16.28 | | | | 622.70 | 10137.50 |
| | | | 5-91（卷） | 预制空心板KB5274 | 10³ | 1.628 | 2842.67 | 566.51 | 227.41 | | 4036.59×1.628 |
| | | | 6-9 | 空心板运输（10km以内） | 10m³ | 1.649 | 750.06 | 255.02 | 60 | | 1065.08×1.649 |
| | | | 6-78 | 空心板安装 | 10m³ | 1.636 | 243.19 | 82.68 | 19.46 | | 345.33×1.636 |
| | | | 6-124 | 空心板接头灌缝 | 10m³ | 1.628 | 538.40 | 183.06 | 43.07 | | 764.53×1.628 |
| 34 | 010412002002 | 预制空心板KB7274 | | | m³ | 2.48 | | | | 622.58 | 1544 |
| | | | 5-91（卷） | 预制空心板KB7274 | 10m³ | 0.248 | 2842.67 | 966.51 | 227.41 | | 4036.59×0.248 |
| | | | 6-9 | 空心板运输（10km以内） | 10m³ | 0.251 | 750.06 | 255.02 | 60 | | 1065.08×0.251 |
| | | | 6-78 | 空心板安装 | 10m³ | 0.249 | 243.19 | 82.68 | 19.46 | | 345.33×0.249 |
| | | | 6-124 | 空心板接头灌缝 | 10m³ | 0.248 | 538.40 | 183.06 | 43.07 | | 764.53×0.248 |
| 35 | 010412002003 | 预制空心板KB7304 | | | m³ | 1.38 | | | | 622.95 | 859.67 |
| | | | 5-91（卷） | 预制空心板KB7304 | 10m³ | 0.138 | 2842.67 | 966.51 | 227.41 | | 4036.59×0.138 |
| | | | 6-9 | 空心板运输（10km以内） | 10m³ | 0.140 | 750.06 | 255.02 | 60 | | 1065.08×0.140 |
| | | | 6-78 | 空心板安装 | 10m³ | 0.139 | 243.19 | 82.68 | 19.46 | | 345.33×0.139 |
| | | | 6-124 | 空心板接头灌缝 | 10m³ | 0.138 | 538.40 | 183.06 | 43.07 | | 764.53×0.138 |
| 36 | 010412002004 | 预制空心板KB5304 | | | m³ | 9.05 | | | | 622.76 | 5635.94 |
| | | | 5-91（卷） | 预制空心板KB5304 | 10m³ | 0.905 | 2842.67 | 966.51 | 227.41 | | 4036.59×0.905 |

续表

| 序号 | 项目编码 | 项目名称 | 定额编号 | 工程内容 | 单位 | 数量 | 综合单价组成（元） 人工费+材料费+机械费 | 管理费 | 利润 | 综合单价（元） | 合价（元） |
|---|---|---|---|---|---|---|---|---|---|---|---|
| | | | 6-9 | 空心板运输（10km以内） | 10m³ | 0.917 | 750.06 | 255.02 | 60 | | 1065.08×0.917 |
| | | | 6-78 | 空心板安装 | 10m³ | 0.910 | 243.19 | 82.68 | 19.46 | | 345.33×0.910 |
| | | | 6-124 | 空心板接头灌缝 | 10m³ | 0.905 | 538.40 | 183.06 | 43.07 | | 764.53×0.905 |
| 37 | 010412002005 | 预制空心板KB5334 | | | m³ | 1.6 | | | | 622.70 | 996.32 |
| | | | 5-91（卷） | 预制空心板KB5334 | 10m³ | 0.16 | 2842.67 | 966.51 | 227.41 | | 4036.59×0.16 |
| | | | 6-9 | 空心板运输（10km以内） | 10m³ | 0.162 | 750.06 | 255.02 | 60 | | 1065.08×0.162 |
| | | | 6-78 | 空心板安装 | 10m³ | 0.161 | 243.19 | 82.68 | 19.46 | | 345.33×0.161 |
| | | | 6-124 | 空心板接头灌缝 | 10m³ | 0.16 | 538.40 | 183.06 | 43.07 | | 764.53×0.16 |
| 38 | 010412002006 | 预制空心板KB7334 | | | m³ | 0.84 | | | | 622.42 | 522.83 |
| | | | 5-91（卷） | 预制空心板KB7334 | 10m³ | 0.084 | 2842.67 | 966.51 | 227.41 | | 4036.59×0.084 |
| | | | 6-9 | 空心板运输（10km以内） | 10m³ | 0.085 | 750.06 | 255.02 | 60 | | 1065.08×0.085 |
| | | | 6-78 | 空心板安装 | 10m³ | 0.084 | 243.19 | 82.68 | 19.46 | | 345.33×0.084 |
| | | | 6-124 | 空心板接头灌缝 | 10m³ | 0.084 | 538.40 | 183.06 | 43.07 | | 764.53×0.084 |
| 39 | 010416001001 | 现浇构件钢筋 | | | t | 4.8 | | | | 4113.93 | 19746.85 |
| | | | 5-122（卷） | 现浇构件钢筋 φ4 | t | 0.01 | 3376.88 | 1148.14 | 270.15 | | 4795.17×0.01 |
| | | | 5-123（卷） | 现浇构件钢筋 φ6 | t | 0.81 | 2953.31 | 1004.13 | 236.26 | | 4193.7×0.81 |
| | | | 5-124（卷） | 现浇构件钢筋 φ8 | t | 0.24 | 2951.42 | 1003.48 | 236.11 | | 4191.01×0.24 |
| | | | 5-125（卷） | 现浇构件钢筋 φ10 | t | 0.23 | 2979.71 | 1013.10 | 238.38 | | 4231.19×0.23 |
| | | | 5-126（卷） | 现浇构件钢筋 φ12 | t | 1.28 | 2926.19 | 994.90 | 234.10 | | 4155.19×1.28 |
| | | | 5-127（卷） | 现浇构件钢筋 φ14 | t | 0.15 | 2884.39 | 980.69 | 230.75 | | 4095.83×0.15 |
| | | | 5-127（卷） | 现浇构件钢筋 φ16 | t | 0.30 | 2884.39 | 2884.39 | 230.75 | | 4095.83×0.30 |
| | | | 5-128（卷） | 现浇构件钢筋 φ20 | t | 0.22 | 2849.11 | 968.70 | 227.93 | | 4045.74×0.22 |
| | | | 5-129（卷） | 现浇构件钢筋 φ22 | t | 1.36 | 2830.96 | 962.53 | 226.48 | | 4019.97×1.36 |
| | | | 5-129（卷） | 现浇构件钢筋 φ25 | t | 0.20 | 2830.96 | 962.53 | 226.48 | | 4019.97×0.20 |

续表

| 序号 | 项目编码 | 项目名称 | 定额编号 | 工程内容 | 单位 | 数量 | 综合单价组成（元） | | | 综合单价（元） | 合价（元） |
|---|---|---|---|---|---|---|---|---|---|---|---|
| | | | | | | | 人工费+材料费+机械费 | 管理费 | 利润 | | |
| 40 | 010702001001 | 屋面卷材防水 | | | m² | 272.46 | | | | 32.26 | 8788.36 |
| | | | 9-23 + 9-25 | 卷材屋面三毡四油 | 100m² | 2.7246 | 2271.52 | 772.32 | 181.72 | | 3225.56 ×2.7246 |
| 41 | 010702003001 | 屋面刚性防水 | | | m² | 246.26 | | | | 17.08 | 4205.01 |
| | | | 9-15 | 刚性屋面 | 100m² | 2.4626 | 1202.50 | 408.85 | 96.2 | | 1707.55 ×2.4626 |
| 42 | 010702004001 | 屋面铸铁水落管 DN100 | | | m | 30 | | | | 61.6 | 1848.14 |
| | | | 9-40 | 铸铁落水管 DN100 | 10m | 3 | 307.24 | 104.46 | 24.58 | | 436.28 ×3 |
| | | | 9-42 | 铸铁落水口 DN100 | 10个 | 0.4 | 281.16 | 95.59 | 22.49 | | 399.24 ×0.4 |
| | | | 9-44 | 铸铁水斗 DN100 | 10个 | 0.4 | 668.31 | 227.23 | 53.46 | | 949 ×0.4 |
| 43 | 010803001001 | 屋面保温隔热架空层 | | | m² | 179.34 | | | | 24.31 | 4360.28 |
| | | | 9-14 | 架空隔热层 | 100m² | 1.7934 | 1712.18 | 582.14 | 136.97 | | 2431.29 ×1.7934 |
| 44 | 020101001001 | 水泥砂浆楼地面 | | | m² | 640 | | | | 19.79 | 12667.25 |
| | | | 1018 | 楼地面面层 | 100m² | 6.4 | 776.28 | 263.94 | 62.10 | | 1102.32 ×6.4 |
| | | | 1001 | 1:2水泥砂浆地面找平层 | 100m² | 1.80 | 674.22 | 229.23 | 53.94 | | 957.39 ×1.80 |
| | | | 1005 | 1:2水泥砂浆楼面找平层 | 100m² | 4.43 | 618.24 | 210.20 | 49.46 | | 877.9 ×4.43 |
| 45 | 020106003001 | 水泥砂浆楼梯面 | | | m² | 13.01 | | | | 20.14 | 262.04 |
| | | | 1019 | 楼梯面层 | 100m² | 0.1301 | 1418.42 | 482.26 | 113.47 | | 2014.15 ×0.1301 |
| 46 | 020109004001 | 楼梯侧面抹水泥砂浆 | | | m² | 9.2 | | | | 7.23 | 66.48 |
| | | | 2031 | 楼梯侧面抹灰 | 100m | 0.15 | 312.09 | 106.11 | 24.97 | | 443.17 ×0.15 |
| 47 | 020109004002 | 1:2水泥砂浆讲台面层 | | | m² | 27.65 | | | | 20.60 | 569.51 |
| | | | 1018 | 讲台面层 | 100m² | 0.2765 | 776.26 | 263.94 | 62.10 | | 1102.32 ×0.2765 |
| | | | 1001 | 1:2水泥砂浆地面找平层 | 100m² | 0.2765 | 674.22 | 229.23 | 53.94 | | 957.39 ×0.2765 |
| 48 | 02010800301 | 水泥砂浆台阶面 | | | m² | 27.13 | | | | 17.12 | 464.60 |
| | | | 1020 | 台阶面层 | 100m² | 0.2713 | 1205.98 | 410.03 | 96.47 | | 1712.48 ×0.2713 |

续表

| 序号 | 项目编码 | 项目名称 | 定额编号 | 工程内容 | 单位 | 数量 | 人工费+材料费+机械费 | 管理费 | 利润 | 综合单价（元） | 合价（元） |
|---|---|---|---|---|---|---|---|---|---|---|---|
| 49 | 020107001001 | 金属扶手带栏杆，栏板 | | | m | 8.04 | | | | 80.67 | 648.59 |
| | | | 1125 | 楼梯栏杆扶手 | 10m | 0.804 | 553.20 | 188.09 | 44.26 | | 785.55×0.804 |
| | | | 5167 | 栏杆扶手油漆 | t | 0.13 | 92.14 | 31.33 | 7.37 | | 130.84×0.13 |
| 50 | 020201001002 | 砖内墙粉石灰砂浆 | | | m² | 397.86 | | | | 6.14 | 2443.18 |
| | | | 2001 | 内墙粉石灰砂浆 | 100m² | 3.9786 | 432.43 | 147.03 | 34.60 | | 614.08×3.9786 |
| 51 | 020201002001 | 砖外墙水刷石 | | | m² | 376 | | | | 26.81 | 10081.95 |
| | | | 2076换 | 外墙水刷石 | 100m² | 3.76 | 1888.29 | 642.02 | 151.06 | | 2681.37×3.76 |
| 52 | 020201001002 | 外墙勒脚 | | | m² | 24.73 | | | | 19.42 | 480.31 |
| | | | 2072 | 外墙勒脚 | 100m² | 0.2473 | 1367.76 | 465.04 | 109.42 | | 1942.22×0.2473 |
| 53 | 020201001003 | 内墙裙1:3水泥砂浆 | | | m² | 177.95 | | | | 9.53 | 1696.59 |
| | | | 2025 | 墙勒裙1:3水泥砂浆 | 100m² | 1.7795 | 671.42 | 228.28 | 53.71 | | 953.41×1.7795 |
| 54 | 020201002002 | 阳台扶手栏杆洗绿豆砂 | | | m² | 76.29 | | | | 28.87 | 2202.76 |
| | | | 2075 | 扶手栏杆洗绿豆砂 | 100m² | 0.7629 | 2033.34 | 691.34 | 162.67 | | 2887.35×0.7629 |
| 55 | 020301001001 | 顶棚抹水泥砂浆 | | | m² | 362.57 | | | | 9.02 | 3272.12 |
| | | | 3003 | 顶棚水泥砂浆 | 100m² | 3.6257 | 635.55 | 216.09 | 50.84 | | 902.48×3.6257 |
| 56 | 020301001003 | 楼梯底面抹水泥砂 | | | m² | 16.9 | | | | 9.02 | 152.52 |
| | | | 3003 | 楼梯底面抹水泥砂浆 | 100m² | 0.169 | 635.55 | 216.09 | 50.84 | | 902.48×0.169 |
| 57 | 020301001003 | 檐沟水泥砂浆 | | | m² | 83.62 | | | | 19.58 | 1637.20 |
| | | | 2030 | 檐沟水泥砂浆 | 100m² | 0.8362 | 1378.81 | 468.80 | 110.30 | | 1957.91×0.8362 |
| 58 | 020301001004 | 檐沟底抹混合砂浆 | | | m² | 24.65 | | | | 17.70 | 436.25 |
| | | | 2041 | 檐沟底抹混合砂浆 | 100m² | 0.2465 | 1246.32 | 423.75 | 99.71 | | 1769.78×0.2465 |
| 59 | 020301001005 | 挑檐正面抹灰 | | | m² | 12.07 | | | | 28.87 | 348.50 |
| | | | 2075 | 挑檐正面抹灰 | 100m² | 0.1207 | 2033.34 | 691.34 | 162.67 | | 2887.35×0.1207 |
| 60 | 020401001001 | 单扇带亮镶板门 | | | 樘 | 12 | | | | 442.19 | 5306.23 |
| | | | 7-21(卷) | 单扇带亮镶板门 | 100m² | 0.36 | 8835.78 | 3004.17 | 706.86 | | 12546.81×0.36 |

续表

| 序号 | 项目编码 | 项目名称 | 定额编号 | 工程内容 | 单位 | 数量 | 综合单价组成（元） | | | 综合单价（元） | 合价（元） |
|---|---|---|---|---|---|---|---|---|---|---|---|
| | | | | | | | 人工费+材料费+机械费 | 管理费 | 利润 | | |
| | | | 7-142 | 钢窗栅 | 100m² | 0.072 | 2351.73 | 799.59 | 188.14 | | 3339.46×0.072 |
| | | | 7-143 | 木门单层运输 | 100m² | 0.36 | 167.69 | 57.01 | 13.42 | | 238.12×0.36 |
| | | | 5001 | 单层木门油漆 | 100m² | 0.36 | 883.09 | 300.25 | 70.65 | | 1253.99×0.36 |
| | | | 5167 | 钢窗栅油漆 | t | 0.09 | 92.14 | 31.33 | 7.37 | | 130.84×0.09 |
| 61 | 020405001001 | 单层木玻璃窗（1.5m×2.1m） | | | 樘 | 18 | | | | 479.35 | 8628.31 |
| | | | 7-1（卷） | 单层玻璃窗 | 100m² | 0.567 | 8551.07 | 2907.36 | 684.09 | | 12142.52×0.567 |
| | | | 7-142 | 钢窗栅 | 100m² | 0.2835 | 2351.73 | 799.59 | 188.14 | | 3339.46×0.2835 |
| | | | 7-146 | 木窗单层运输 | 100m² | 0.567 | 151.72 | 51.58 | 12.14 | | 215.44×0.567 |
| | | | 5002 | 单层木窗油漆 | 100m² | 0.567 | 777.75 | 264.44 | 62.22 | | 1104.41×0.567 |
| | | | 5167 | 钢窗栅油漆 | t | 0.37 | 92.14 | 31.33 | 7.37 | | 130.84×0.37 |
| 62 | 020405001002 | 单层木玻璃窗（1.2m×1.2m） | | | 樘 | 6 | | | | 254.64 | 1527.87 |
| | | | 7-1（卷） | 单层玻璃窗 | 100m² | 0.09 | 8551.07 | 2907.36 | 684.09 | | 12142.52×0.09 |
| | | | 7-142 | 钢窗栅 | 100m² | 0.09 | 2351.73 | 799.59 | 188.14 | | 3339.46×0.09 |
| | | | 7-146 | 木窗单层运输 | 100m² | 0.09 | 151.72 | 51.58 | 12.14 | | 215.44×0.09 |
| | | | 5002 | 单层木窗油漆 | 100m² | 0.09 | 777.75 | 264.44 | 62.22 | | 1104.41×0.09 |
| | | | 5167 | 钢窗栅油漆 | t | 0.12 | 92.14 | 31.33 | 7.37 | | 130.84×0.12 |
| 63 | 020407004001 | 木门窗贴脸 | | | m² | 7.27 | | | | 77.16 | 595.71 |
| | | | 7-85（卷） | 木门窗贴脸 | 100m | 2.42 | 173.35 | 58.94 | 13.87 | | 246.16×2.42 |
| 64 | 020407001001 | 木门窗套 | | | m² | 2.7 | | | | 305.05 | 823.64 |
| | | | 2031 | 木窗套 | 100m | 0.9 | 312.09 | 106.11 | 24.97 | | 443.17×0.9 |
| | | | 2031 | 窗框线 | 100m | 0.34 | 312.09 | 106.11 | 24.97 | | 443.17×0.34 |
| | | | 2030 | 水泥砂浆窗台线 | 100m² | 0.14 | 1378.81 | 468.80 | 110.30 | | 1957.91×0.14 |
| 65 | 020503004001 | 黑板边框油漆 | | | m | 10.37 | | | | 17.38 | 180.18 |
| | | | 5003 | 黑板边框油漆 | 100m | 1.037 | 122.36 | 41.6 | 9.79 | | 173.75×1.037 |

续表

| 序号 | 项目编码 | 项目名称 | 定额编号 | 工程内容 | 单位 | 数量 | 综合单价组成（元） | | | 综合单价（元） | 合价（元） |
|---|---|---|---|---|---|---|---|---|---|---|---|
| | | | | | | | 人工费+材料费+机械费 | 管理费 | 利润 | | |
| 66 | 020603009001 | 玻璃黑板 | | | m² | 28.67 | | | | 11.29 | 323.56 |
| | | | 7-87(卷) | 玻璃黑板 | 100m² | 0.2867 | 794.75 | 270.22 | 63.58 | | 1128.55×0.2867 |
| 67 | 020603009002 | 水泥黑板 | | | m² | 28.67 | | | | 19.58 | 561.33 |
| | | | 2030 | 水泥黑板 | 100m² | 0.2867 | 1378.81 | 468.80 | 110.30 | | 1957.91×0.2867 |

措施项目费分析表　　　表 3-1-15

工程名称：某小学教学楼工程　　　　　　　　　　　　　　　　第　页共　页

| 序号 | 措施项目名称 | 单位 | 数量 | 金　额（元） | | | | | |
|---|---|---|---|---|---|---|---|---|---|
| | | | | 人工费 | 材料费 | 机械使用费 | 管理费 | 利润 | 小计 |
| 1 | 环境保护费 | | | | | | | | |
| 2 | 文明施工费 | | | | | | | | |
| 3 | 安全施工费 | | | | | | | | |
| 4 | 临时设施费 | | | | | | | | |
| 5 | 夜间施工增加费 | | | | | | | | |
| 6 | 赶工措施费 | | | | | | | | |
| 7 | 二次搬运费 | | | | | | | | |
| 8 | 混凝土、钢筋混凝土模板及支架 | | | | | | | | |
| 9 | 脚手架搭拆费 | | | | | | | | |
| 10 | 垂直运输机械使用费 | | | | | | | | |
| 11 | 大型机械设备进出场及安拆 | | | | | | | | |
| 12 | 施工排水、降水 | | | | | | | | |
| 13 | 其他 | | | | | | | | |
| | 措施项目费合计 | | | | | | | | |

主要材料价格表　　　表 3-1-16

工程名称：　　　　　　　　　　　　　　　　　　　　　　　　第　页共　页

| 序号 | 材料编码 | 材料名称 | 规格、型号等特殊要求 | 单位 | 单价（元） |
|---|---|---|---|---|---|
| | | | | | |
| | | | | | |
| | | | | | |
| | | | | | |
| | | | | | |

# 例4 某三层办公楼工程定额预算与工程量清单计价对照

## 一、工程名称及设计图纸

1. 工程名称

×××公司办公楼

2. 工程概况

本工程为一幢三层砖混结构办公楼工程。

(1) 本工程为×××公司办公楼,位于北京市西城区××小区内西侧,砖混结构。该楼为新建工程,按地上三层设计,耐火及耐久等级均为三级,防震设防为八度。

(2) 办公楼为一字形内廊式建筑,按规划要求,其总长为30.18m,总宽为12.48m,檐高9.45m,总建筑面积1129.95m²。相对标高±0.000,相当于绝对标高48.80m,室内外高差-0.45m。

(3) 基础采用带形砖基础,五层不等高大放脚,埋深-1.90m。

(4) 现浇钢筋混凝土构件除注明者外,均为C20混凝土,现浇板厚100mm。门窗为铝合金现制,5mm厚普通平板玻璃,门为平开门,窗为推拉窗。

(5) 办公室、会议室、打印室、医务室、财务室、计算机室均做松木窗帘盒,铝合金双轨窗帘轨,详见"88J$_4$(一)$\frac{1}{107}$"。内窗台全部采用预制水磨石窗台板。

(6) 屋面、台阶、散水、外墙装修、内墙装修、顶棚、楼地面的工程做法,详见工程做法表及图中材料做法表。

(7) 参考图集《建筑构造通用图集88J》。

3. 工程做法表

见表4-1-1。

4. 附图

见图4-1-1~图4-1-18。

工程做法表　　　　　　　　　　　　　　　　　　　表4-1-1

| 做法名称 | 做法层次 | 备注 |
|---|---|---|
| 屋37<br>[小石子或着色剂保护层屋面(不上人)] | ①防水层。<br>②20mm厚1:2.5水泥砂浆找平层。<br>③干铺加气混凝土保温层表面平整扫净。<br>④1:6水泥焦渣最低处30mm厚,找2%坡度,振捣密实,表面抹光。<br>⑤钢筋混凝土现制表面或预制板(平放) | ①选用小豆石保护层。<br>②选用SBS改性沥青、油毡(Ⅲ型)。<br>③保温选用25cm厚。<br>④无隔汽层,屋面保温层需加透汽孔 |

续表

| 做法名称 | 做法层次 | 备注 |
|---|---|---|
| 地 40-1<br>[铺地砖地面（勾缝）] | ①8mm～10mm 厚铺地砖地面干水泥擦缝。<br>②撒素水泥面（洒适量清水）。<br>③20mm 厚 1:4 干硬性水泥砂浆结合层。<br>④素水泥浆结合层一道。<br>⑤60mm 厚（最高处）1:2:4 细石混凝土从门口处向地漏找泛水，最低处不小于 30mm 厚。<br>⑥100mm 厚 3:7 灰土。<br>⑦素土夯实 | |
| 地 62-1<br>[花岗石地面] | ①20mm 厚花岗石铺面，灌稀水泥浆擦缝。<br>②撒素水泥面（洒适量清水）。<br>③30mm 厚 1:4 干硬性水泥砂浆结合层。<br>④素水泥浆结合层。<br>⑤50mm 厚 C10 混凝土。<br>⑥100mm 厚 3:7 灰土。<br>⑦素土夯实 | |
| 楼 23-1<br>[铺地砖楼面（勾缝）] | ①8mm～10mm 厚铺地砖楼面，干水泥擦缝。<br>②撒素水泥面（洒适量清水）。<br>③20mm 厚 1:4 干硬性水泥砂浆结合层。<br>④素水泥浆结合层一道。<br>⑤40mm～50mm 厚（最高处）1:2:4 细石混凝土从门口处向地漏找泛水，最低处不小于 30mm 厚。<br>⑥水乳型橡胶沥青防水涂料一布四涂（无纺布）防水层，四周卷起 150mm 高，外粘粗砂，门口处铺出 300mm 宽（JG-2）。<br>⑦20mm 厚 1:3 水泥砂浆找平层，四周抹小八字角。<br>⑧素水泥浆结合层一道。<br>⑨钢筋混凝土楼板 | |
| 楼 43-1<br>[花岗石楼面（磨光）] | ①铺 20mm 厚花岗石楼面，灌稀水泥浆擦缝。<br>②撒素水泥面（洒适量清水）。<br>③30mm 厚 1:4 干硬性水泥砂浆结合层。<br>④60mm 厚 1:6 水泥焦渣垫层。<br>⑤钢筋混凝土楼板 | |
| 踢 34-1<br>[花岗石板踢脚（磨光）] | ①稀水泥浆擦缝。<br>②安装 20mm 厚花岗石板。<br>③20mm 厚 1:2 水泥砂浆灌缝 | |
| 散 1<br>[细石混凝土散水] | ①40mm 厚 1:2:3 细石混凝土，撒 1:1 水泥砂子压实赶光。<br>②150mm 厚 3:7 灰土。<br>③素土夯实向外坡 4% | |

续表

| 做法名称 | 做法层次 | 备注 |
|---|---|---|
| 棚 2<br>[板底喷涂顶棚] | ①喷顶棚涂料。<br>②板底腻子刮平。<br>③钢筋混凝土预制板底抹缝（1:0.3:3 水泥石灰膏砂浆打底，纸筋灰略掺水泥罩面，浅缝一次成活） | 选用多彩花纹涂料 |
| 棚 10<br>[板底抹水泥砂浆顶棚] | ①喷顶棚涂料。<br>②5mm 厚 1:2.5 水泥砂浆罩面。<br>③5mm 厚 1:3 水泥砂浆打底扫毛。<br>④钢筋混凝土现制板底刷素水泥浆一道（内掺水重 3%～5% 的 108 胶） | ①楼道选用多彩花纹涂料。<br>②卫生间选用耐擦洗涂料。<br>③雨罩选用耐擦洗涂料 |
| 外墙 1<br>[清水砖墙面] | 清水砖墙 1:1 水泥砂浆勾凹缝 | |
| 外墙勒脚<br>[水刷石墙面] | ①8mm 厚 1:1.5 水泥石子（粒径约 4mm）或 10 厚 1:1.25 水泥石子（粒径约 6mm）罩面。<br>②刷素水泥浆一道（内掺水重 3%～5% 的 108 胶）。<br>③12mm 厚 1:3 水泥砂浆打底扫毛或划出纹道 | 本例为勒脚 |
| 内墙 5<br>[抹灰墙面] | ①喷内墙涂料。<br>②2mm 厚纸筋灰罩面。<br>③8mm 厚 1:3 石灰膏砂浆。<br>④13mm 厚 1:3 石灰膏砂浆打底 | 选用多彩花纹涂料 |
| 内墙 88<br>[瓷砖墙面] | ①白水泥擦缝。<br>②贴 5mm 厚釉面砖。<br>③8mm 厚 1:0.1:2.5 水泥石灰膏砂浆结合层。<br>④12mm 厚 1:3 水泥砂浆打底扫毛或划出纹道 | 选用带色瓷砖，规格 0.15m×0.20m |
| 台 17<br>[花岗石台阶] | ①花岗石条石规格 A×B 按工程设计，长条 1000mm～1500mm，表面剁平。<br>②30mm 厚 1:3 干硬性水泥砂浆结合层。<br>③素水泥浆结合层一道。<br>④100mm 厚 C15 现制钢筋混凝土 $\phi$6 150 双向配筋（厚度不包括踏步三角部分），台阶面向外坡 1%。<br>⑤150mm 厚 3:7 灰土。<br>⑥台阶横向两端 M2.5 砂浆砖砌 240mm 厚地垄墙，横向总长度大于 3m 时，每隔 3m 加一道 240mm 厚地垄墙，地垄墙埋深在冰冻线以下，基础垫层 600mm 宽、300mm 高，3:7 灰土或 C10 混凝土 | ①A 为花岗石条石长。<br>②B 为花岗石条石宽 |

注：工程做法表摘自《建筑构造通用图集》88J1 工程做法。

## 二、施工图概算编制

### （一）本施工图概算包括内容

（1）工程概预算书封面；

(2) 编制说明；
(3) 建筑工程概算费用计算程序表；
(4) 直接费汇总表；
(5) 分部分项工程造价表；
(6) 指导价材料汇总表；
(7) 分部分项工程指导价材料分析表；
(8) 工程量计算表。

**（二）工程概（预）算书封面**

见表 4-1-2。

**（三）编制说明**

本概算为×××公司办公楼土建工程施工图概算。

1. 工程概况

本工程为三层无地下室办公楼，砖混结构，一字形内廊式建筑。总长 30.18m，总宽 12.48m，总高 10.35m，总建筑面积 1129.95m，层高 3m，檐高 9.45m。

基础为有圈梁砖带形基础，五层不等高大放脚，C10 混凝土垫层，基础埋深 −1.90m。C20 现浇钢筋混凝土构造柱、圈梁、过梁、楼梯、雨罩。结构板：部分为 C20 现浇钢筋混凝土板，板厚 100mm；部分为预应力短向板。门窗均为铝合金现制。卫生间为地砖楼地面、瓷砖墙面、耐擦洗涂料顶棚；其余为花岗石楼地面、多彩花纹涂料墙面及顶棚。外墙清水砖墙勾缝，水刷石勒脚。花岗石台阶，细石混凝土散水，屋顶 SBS 改性沥青油毡Ⅲ型防水。

工程概（预）算书封面　表 4-1-2

| 北京市建筑安装工程 | |
|---|---|
| 承包工程工程（概）算书 | |
| 建设单位：×××公司 | |
| 施工单位：××××建筑工程公司 | |
| 工程名称：××××公司办公楼 | |
| 建筑面积：1129.95m² | 工程结构：砖混结构 |
| 檐　高：9.45m | 工程地点：城区、三环以内 |
| 预算总价：1421372元 | 单方造价：1257.91元/m² |
| 建设单位（公章） | 施工单位（公章）×××建筑工程公司 |
| 负责人： | 审核人： |
| 证　号： | 证　号： |
| 经手人： | 编制人： |
| 证　号： | 证　号： |
| 开户银行： | 开户银行： |
| 19　年　月　日 | 19　年　月　日 |

2. 编制依据

(1) 办公楼施工图纸；
(2) 北京市 1996 年建设工程概算定额、建设工程间接费及其他费用定额；
(3) 北京市建设工程造价管理处有关文件。

3. 其他有关说明

(1) 本概算未计算钢筋调整量，结算时应计算，检验是否需要调整；
(2) 预拌混凝土增加费，根据施工中预拌混凝土使用量及甲乙双方洽商在结算时计取；
(3) 本概算中的指导价材料，待结算时按有关规定计算价差；
(4) 因选型未定，本概算未计算门锁材料费，结算时按有关规定执行；
(5) 本概算未计取竣工调价，结算时按有关文件办理。

## （四）建筑工程概算费用计算程序表

见表4-1-3。

**建筑工程概算费用计算程序表**　　　　　　　　　　　　表4-1-3

工程名称：×××公司办公楼

| 序号 | 项目名称 | 计算公式 文字说明 | 计算公式 数字算式 | 金额（元） |
|---|---|---|---|---|
| 1 | 直接费 | 含其他直接费、现场管理费 | | 1105481 |
| 2 | 其中暂估价 | | | |
| 3 | 企业管理费 | （1）×相应工程类别费率 | 1105481×13.73% | 151783 |
| 4 | 利润 | （1）×相应工程类别费率 | 1105481×7% | 77384 |
| 5 | 税金 | （1）×相应工程类别费率 | 1105481×4.1% | 45325 |
| 6 | 工程造价 | （1）+（3）+（4）+（5） | 1105481+151783+77384+45325 | 1379973 |
| 7 | 建筑行业劳保统筹基金 | 工程造价×1% | 1379973×1% | 13800 |
| 8 | 建材发展补充基金 | 工程造价×2% | 1379973×2% | 27599 |
| 9 | 工程总价 | （6）+（7）+（8） | 1379973+13800+27599 | 1421372 |

## （五）直接费汇总表

见表4-1-4。

**直接费汇总表**　　　　　　　　　　　　表4-1-4

工程名称：×××公司办公楼

| 序号 | 工程项目 | 直接费（元） | 其中人工费（元） | 序号 | 工程项目 | 直接费（元） | 其中人工费（元） |
|---|---|---|---|---|---|---|---|
| | 直接费汇总 | 1105481 | 129911 | 七、 | 顶棚工程 | 19828 | 8581 |
| 一、 | 基础工程 | 85326 | 19496 | 八、 | 装修工程 | 68759 | 21329 |
| 二、 | 墙体工程 | 116278 | 18262 | 九、 | 建筑配件 | 9191 | 897 |
| 三、 | 混凝土工程 | 116252 | 12902 | 十、 | 其他直接费 | 90645 | 15480 |
| 四、 | 屋面工程 | 43099 | 2903 | 十一、 | 小计 | 1048160 | 129911 |
| 五、 | 门窗工程 | 103374 | 5690 | 十二、 | 现场管理费 | 57321 | |
| 六、 | 楼地面工程 | 395408 | 24371 | | | | |

## （六）分部分项工程造价表

见表4-1-5。

**分部分项工程造价表**　　　　　　　　　　　　表4-1-5

工程名称：×××公司办公楼　　　　　　　　　　　　第　页 共　页

| 顺序号 | 定额编号 | 工程项目 | 单位 | 数量 | 概算价（元） 单价 | 概算价（元） 合价 | 其中：人工（元） 单价 | 其中：人工（元） 合价 |
|---|---|---|---|---|---|---|---|---|
| | | 建筑面积 | m² | 1129.95 | | | | |
| | （一） | 基础工程 | | | | 85326.40 | | 19496.15 |
| 1 | 1-1 | 平整场地 | m² | 356.4 | 1.68 | 599 | 1.68 | 599 |
| 2 | 1-22 | 其他结构砖带基挖土方 | m³ | 161.86 | 61.93 | 10024 | 44.89 | 7266 |
| 3 | 1-68 | 带形基础灰土垫层 | m³ | 1.21 | 44.36 | 54 | 18.8 | 23 |
| 4 | 1-71 | 带形基础C10混凝土垫层 | m³ | 57.32 | 213.08 | 12214 | 32.72 | 1876 |
| 5 | 1-147 | 室内靠墙管沟1.0m×1.0m | m | 84.36 | 147.5 | 12443.1 | 35.5 | 2994.78 |

续表

| 顺序号 | 定额编号 | 工程项目 | 单位 | 数量 | 概算价（元） | | 其中：人工（元） | |
|---|---|---|---|---|---|---|---|---|
| | | | | | 单价 | 合价 | 单价 | 合价 |
| 6 | 1-182 | 室内管沟抹防水砂浆 | m² | 84.36 | 4.83 | 407.46 | 1.1 | 92.80 |
| 7 | 1-183 | 室内管沟混凝土垫层增加费 | m² | 84.36 | 12.99 | 1095.84 | 1.69 | 142.57 |
| 8 | 1-101 | 有圈梁砖带形基础 | m³ | 157.54 | 307.79 | 48489 | 41.27 | 6502 |
| | （二） | 墙体工程 | | | | 116278 | | 18262 |
| 9 | 2-2 | 365mm 砖外墙 | m² | 607.14 | 91.08 | 55298 | 14.24 | 8646 |
| 10 | 2-4 | 115mm 砖内墙 | m² | 24.3 | 23.92 | 581 | 5.12 | 124 |
| 11 | 2-5 | 240mm 砖内墙 | m² | 1052.27 | 53.04 | 55812 | 7.99 | 8408 |
| 12 | 2-7 | 240mm 砖女儿墙 | m² | 75.06 | 67.10 | 5037 | 14.44 | 1084 |
| | （三） | 混凝土工程 | | | | 116252 | | 12902 |
| 13 | 3-31 | C20 构造柱 | m | 360.4 | 63.12 | 22748 | 10.56 | 3806 |
| 14 | 3-43 | C20 矩形梁 | m³ | 7.47 | 1217.03 | 9091 | 136.67 | 1021 |
| 15 | 3-75 | C20 现浇平板 100mm 厚 | m² | 221.58 | 64.33 | 14254 | 8.73 | 1934 |
| 16 | 3-123 | C20 现浇楼梯 | m² | 73.44 | 148.83 | 10930 | 41.52 | 3049 |
| 17 | 3-141 | 现浇雨罩挑宽 2m 以内 | m² | 7.2 | 202.76 | 1460 | 46.61 | 336 |
| 18 | 3-201 | 预应力圆孔板 4.2m 内 | m² | 774.18 | 74.62 | 57769 | 3.56 | 2756 |
| | （四） | 屋面工程 | | | | 43099 | | 2903 |
| 19 | 6-1 | 豆石屋面加气混凝土块保温 | m² | 356.4 | 53.55 | 19085 | 4.07 | 1451 |
| 20 | 6-33 | 水泥焦渣找坡层 | m² | 356.4 | 12.89 | 4594 | 1.74 | 620 |
| 21 | 6-66 | SBS 改性沥青油毡防水层（Ⅲ型） | m² | 356.4 | 53.01 | 18893 | 2.05 | 731 |
| 22 | 6-87 | 镀锌薄钢板水落管 | m | 37.8 | 13.94 | 527 | 2.66 | 101 |
| | （五） | 门窗工程 | | | | 103374 | | 5690 |
| 23 | 8-76 | 铝合金平开门 | m² | 90.16 | 496.46 | 44761 | 20.11 | 1813 |
| 24 | 8-89 | 铝合金推拉窗 | m² | 137.73 | 337.54 | 46489 | 22.9 | 3154 |
| 25 | 8-115 | 松木窗帘盒 | m² | 92.32 | 70.14 | 6475 | 2.37 | 219 |
| 26 | 8-118 | 双轨铝合金窗帘轨 | m² | 92.32 | 30.79 | 2843 | 1.5 | 138 |
| 27 | 8-138 | 预制磨石窗台板（青水泥） | m² | 137.73 | 19.04 | 2622 | 1.32 | 182 |
| 28 | 8-148 | 门锁安装 | 个 | 41 | 4.49 | 184 | 4.49 | 184 |
| | （六） | 楼地面工程 | | | | 395408 | | 24371 |
| 29 | 9-1 | 房心回填土（室内外高差 45cm 以内） | m² | 356.4 | 2.89 | 1030 | 2.89 | 1030 |
| 30 | 9-32 | 现预制块料地面灰土、混凝土底层 | m² | 325.8 | 12.22 | 3981 | 3 | 977 |
| 31 | 9-33 | 现预制块料楼面 6cm 焦渣底层 | m² | 578.16 | 8 | 4625 | 0.83 | 480 |
| 32 | 9-77 | 磨光花岗石楼地面 | m² | 903.96 | 295.03 | 266695 | 10.66 | 9636 |
| 33 | 9-147 | 卫生间地面灰土、细石混凝土底层 | m² | 30.6 | 12.43 | 380 | 3.31 | 101 |
| 34 | 9-153 | 卫生间面砖地面面层勾缝 | m² | 30.6 | 61.78 | 1890 | 7.74 | 237 |
| 35 | 9-157 | 卫生间楼面细石混凝土底层 | m² | 61.2 | 39.95 | 2445 | 4.6 | 282 |
| 36 | 9-167 | 卫生间面砖楼面面层勾缝 | m² | 61.2 | 61.78 | 3781 | 7.74 | 474 |
| 37 | 9-173 | 卫生间楼面防水层 JG-2 一布四涂 | m² | 61.2 | 44.29 | 2711 | 6.05 | 370 |
| 38 | 9-180 | 厕所蹲台 | 间 | 18 | 91.93 | 1655 | 35.17 | 633 |
| 39 | 9-309 | 磨光花岗石踢脚 | m | 875.4 | 49.49 | 43324 | 5.65 | 4946 |
| 40 | 9-322 | 楼梯装饰磨光花岗石 | m² | 73.44 | 503.16 | 36952 | 26.25 | 1928 |
| 41 | 9-329 | 镀铬钢管栏杆硬木扶手 | m | 46.2 | 300.22 | 13870 | 28.24 | 1305 |

续表

| 顺序号 | 定额编号 | 工程项目 | 单位 | 数量 | 概算价（元） 单价 | 概算价（元） 合价 | 其中：人工（元） 单价 | 其中：人工（元） 合价 |
|---|---|---|---|---|---|---|---|---|
| 42 | 9-363 | 花岗石台阶面 | m² | 12.42 | 870.05 | 10806 | 119.93 | 1490 |
| 43 | 9-385 | 豆石混凝土散水 | m | 83.4 | 15.14 | 1263 | 5.77 | 481 |
|  | （七） | 顶棚工程 |  |  |  | 19828 |  | 8581 |
| 44 | 10-1 | 预制混凝土板底勾缝抹灰 | m² | 774.18 | 1.49 | 1154 | 0.99 | 766 |
| 45 | 10-2 | 现浇混凝土板底抹灰 | m² | 278.64 | 5.73 | 1597 | 2.94 | 819 |
| 46 | 10-40 | 卫生间顶棚面层喷耐擦洗涂料 | m² | 91.8 | 6.18 | 567 | 2.51 | 230 |
| 47 | 10-41 | 顶棚面层喷多彩花纹涂料 | m² | 961.02 | 17.18 | 16510 | 7.04 | 6766 |
|  | （八） | 装修工程 |  |  |  | 68759 |  | 21329 |
| 48 | 11-1 | 砖外墙面全部勾缝 | m² | 719.73 | 5.42 | 3901 | 3.5 | 2519 |
| 49 | 11-56 | 砖女儿墙内侧抹水泥砂浆 | m² | 75.06 | 17.17 | 1289 | 10.52 | 790 |
| 50 | 11-69 | 砖内墙抹混合砂浆底灰 | m² | 316.87 | 4.59 | 1454 | 2.79 | 884 |
| 51 | 11-82 | 砖内墙抹石灰砂浆底灰 | m² | 2243.42 | 4.38 | 9826 | 2.79 | 6259 |
| 52 | 11-86 | 砖内墙抹水泥拉毛底灰 | m² | 316.87 | 5.28 | 1673 | 2.83 | 897 |
| 53 | 11-97 | 内墙面喷多彩花纹涂料 | m² | 2243.42 | 16.24 | 36433 | 2.88 | 6461 |
| 54 | 11-132 | 内墙面贴彩色瓷砖 | m² | 316.87 | 44.4 | 14069 | 10.99 | 3482 |
| 55 | 11-342 | 雨罩装修现制宽度 2m 以内 | m² | 7.2 | 15.79 | 114 | 4.96 | 36 |
|  | （九） | 建筑配件 |  |  |  | 9191 |  | 897 |
| 56 | 12-26 | 预制水磨石污水池 | 组 | 6 | 90.21 | 541 | 13.2 | 79 |
| 57 | 12-46 | 厕所隔断 | 间 | 18 | 403.25 | 7259 | 31.07 | 559 |
| 58 | 12-74 | 房间铭牌 | 个 | 45 | 18.88 | 850 | 4.42 | 199 |
| 59 | 12-113 | 平屋顶出入孔（带小门） | 个 | 1 | 540.59 | 541 | 59.7 | 60 |
|  | （十） | 其他直接费 |  |  |  | 90645 |  | 15480 |
| 60 | 13-7 | 建筑面积综合脚手架费用 其他建筑檐高 25m 以下 | m² | 1129.95 | 5.01 | 5661 | 2.93 | 3311 |
| 61 | 13-30 | 大型垂直运输机械使用费 混合结构、檐高 25m 以下 | m² | 1129.95 | 23.14 | 26147 |  |  |
| 62 | 13-76 | 中小型机械使用 费混合结构、檐高 25m 以下 | m² | 1129.95 | 13.9 | 15706 |  |  |
| 63 | 13-95 | 工程水电费 混合结构、檐高 25m 以下 | m² | 1129.95 | 3.39 | 3831 |  |  |
| 64 | 13-110 | 二次搬运费 混合结构、三环路以内 | m² | 1129.95 | 14.29 | 16147 | 6.52 | 7367 |
| 65 | 13-137 | 冬雨期施工费 混合结构、檐高 25m 以下 | m² | 1129.95 | 10.21 | 11537 | 3.07 | 3469 |
| 66 | 13-158 | 生产工具使用费 混合结构、檐高 25m 以下 | m² | 1129.95 | 6.43 | 7266 |  |  |
| 67 | 13-177 | 检验试验费 混合结构、檐高 25m 以下 | m² | 1129.95 | 1.24 | 1401 |  |  |

续表

| 顺序号 | 定额编号 | 工程项目 | 单位 | 数量 | 概算价（元）单价 | 概算价（元）合价 | 其中：人工（元）单价 | 其中：人工（元）合价 |
|---|---|---|---|---|---|---|---|---|
| 68 | 13-196 | 工程定位复测点交及竣工清理费 混合结构、檐高25m以下 | m² | 1129.95 | 2.53 | 2859 | 1.18 | 1333 |
| 69 | 13-215 | 排污费 混合结构、檐高25m以下 | m² | 1129.95 | 0.08 | 90 | | |
| | | 直接费合计 | | | | 1048160.4 | | 129911.15 |
| | （十一） | 现场管理费 | | | | 57321 | | |
| 70 | 14-3 | 临时设施费 混合结构、三环路以内 | 元 | 1048160.4 | 2.35% | 24631.77 | | |
| 71 | 14-25 | 现场经费 混合结构、公共建筑 | 元 | 1048160.4 | 3.13% | 32807.42 | | |

### （七）指导价材料汇总表

见表4-1-6。

指导价材料汇总表　　　　表4-1-6

工程名称：×××公司办公楼

| 序号 | 材料代码 | 材料名称 | 数量 | 单位 | 序号 | 材料代码 | 材料名称 | 数量 | 单位 |
|---|---|---|---|---|---|---|---|---|---|
| 1 | 01001 | 钢筋 | 15284 | kg | 17 | 09040 | SBS改性沥青油毡Ⅲ型 | 517 | m² |
| 2 | 02001 | 水泥 | 157942 | kg | 18 | 09034 | 乳化橡胶沥青 | 132 | kg |
| 3 | 03002 | 模板 | 4.144 | m² | 19 | 04105 | 铝合金窗帘轨 | 152.3 | m |
| 4 | 03001 | 板方材 | 0.143 | m³ | 20 | 05068 | 铝合金平开门 | 90.2 | m² |
| 5 | 06003 | 过梁 | 11.06 | m³ | 21 | 05073 | 铝合金推拉窗 | 137.7 | m² |
| 6 | 0.6038 | 沟盖板 | 5 | m³ | 22 | 04052 | 松木窗帘盒 | 61 | m |
| 7 | 0.6018 | 圆孔板 | 51.1 | m³ | 23 | 04033 | 预制水磨石窗台板 | 22 | m² |
| 8 | 11009 | 铁件 | 534 | kg | 24 | 04015 | 磨光花岗石 | 1166 | m² |
| 9 | 02007 | 加气混凝土块 | 92.7 | m³ | 25 | 08170 | JG-2防水涂料 | 260 | kg |
| 10 | 01014 | 镀锌钢板 | 61 | kg | 26 | 04138 | 镀铬栏杆 | 391 | m |
| 11 | 04189 | 地面砖 | 83 | m² | 27 | 08154 | 耐擦洗涂料 | 48 | kg |
| 12 | 04203 | 彩色瓷砖 | 333 | m² | 28 | 08160 | 多彩花纹涂料 | 3307 | m² |
| 13 | 04059 | 硬木扶手 | 55 | m | 29 | 04035 | 磨石隔断板 | 50 | m² |
| 14 | 04135 | 法兰套 | 457 | 个 | 30 | 03024 | 出入孔盖板 | 1 | 套 |
| 15 | 02003 | 白水泥 | 130 | kg | 31 | 03025 | 出入孔下门 | 1 | 套 |
| 16 | 05016 | 厕浴大门 | 16 | m² | 32 | 04250 | 磨石拖布池 | 6 | 个 |

说明：本教学楼因工程量较小，故对部分同品名不同规格材料只作综合分析而未按不同材料编号分析。例如：04015中含04016、04017、04022；08154中含08153、08152；08160中含08159、08158；11009中含11008等。工程实际中应当严格按材料编号进行分析。

### （八）分部分项工程指导价材料分析表

见表4-1-7。

表 4-1-7 分部分项工程指导价材料分析表

工程名称：×××公司办公楼

| 定额编号 | 分项工程名称 | 单位 | 数量 | 钢筋 (kg) 单方 | 钢筋 (kg) 合计 | 水泥 (kg) 单方 | 水泥 (kg) 合计 | 模板 (m²) 单方 | 模板 (m²) 合计 | 板方材 (m³) 单方 | 板方材 (m³) 合计 | 过梁 (m³) 单方 | 过梁 (m³) 合计 | 沟盖板 (m³) 单方 | 沟盖板 (m³) 合计 |
|---|---|---|---|---|---|---|---|---|---|---|---|---|---|---|---|
| 一、 | 基础工程 | | | | 4569 | | 33335 | | 1.118 | | 0.143 | | 0.29 | | 5 |
| 1-71 | C10混凝土垫层 | m³ | 57.32 | | | 219 | 12553 | 0.014 | 0.803 | | | | | | |
| 1-147 | 室内靠墙管沟 | m | 71.4 | | | 25 | 1785 | | | | | 0.004 | 0.29 | 0.07 | 5 |
| 1-182 | 室内管沟抹防水砂浆 | m | 71.4 | | | 7 | 500 | | | 0.002 | 0.143 | | | | |
| 1-183 | 室内管沟混凝土垫层增加费 | m | 71.4 | | | 34 | 2428 | | | | | | | | |
| 1-101 | 有圈梁沟混砖带基 | m³ | 157.54 | 29 | 4569 | 102 | 16069 | 0.002 | 0.315 | | | | | | |
| 二、 | 墙体工程 | | | | 2483 | | 30444 | | 0.3 | | | | 10.77 | | |
| 2-2 | 365mm砖外墙 | m² | 607.14 | 3 | 1281 | 23 | 13964 | | | | | 0.009 | 5.46 | | |
| 2-4 | 115mm砖内墙 | m² | 24.3 | | | 4 | 97 | | | | | 0.002 | 0.05 | | |
| 2-5 | 240mm砖内墙 | m² | 1052.27 | 1 | 1052 | 14 | 14732 | | | | | 0.005 | 5.26 | | |
| 2-7 | 240mm砖女儿墙 | m² | 75.06 | 2 | 150 | 22 | 1651 | 0.004 | 0.3 | | | | | | |

| 定额编号 | 分项工程名称 | 单位 | 数量 | 钢筋 (kg) 单方 | 钢筋 (kg) 合计 | 水泥 (kg) 单方 | 水泥 (kg) 合计 | 模板 (m²) 单方 | 模板 (m²) 合计 | 铁件 (kg) 单方 | 铁件 (kg) 合计 | 圆孔板 (m³) 单方 | 圆孔板 (m³) 合计 |
|---|---|---|---|---|---|---|---|---|---|---|---|---|---|
| | | | | | 钢筋 (kg) | | 水泥 (kg) | | 模板 (m²) | | 铁件 (kg) | 圆孔板 (m³) | 51.1 |
| | | | | | 8232 | | 38684 | | 2.689 | | 80 | | |
| 三、 | 混凝土工程 | | | | 3964 | | 16939 | | 0.721 | | | | |
| 3-31 | C20构造柱 | m³ | 360.4 | 11 | | 47 | | 0.002 | | | | | |

| 定额编号 | 分项工程名称 | 单位 | 数量 | 钢筋 (kg) 单方 | 钢筋 (kg) 合计 | 水泥 (kg) 单方 | 水泥 (kg) 合计 | 模板 (m²) 单方 | 模板 (m²) 合计 | 铁件 (m³) 单方 | 铁件 (m³) 合计 | 圆孔板 (m³) 单方 | 圆孔板 (m³) 合计 |
|---|---|---|---|---|---|---|---|---|---|---|---|---|---|
| 3-43 | C20矩形梁 | m³ | 7.47 | 201 | 1051 | 396 | 2958 | 0.024 | 0.179 | 1 | 7 | | |
| 3-75 | C20现浇平板 | m² | 221.58 | 7 | 1551 | 31 | 6869 | 0.002 | 0.443 | | | | |

229

续表

| 定额编号 | 分项工程名称 | 单位 | 数量 | 钢筋(kg) 单方 | 合计 | 水泥(kg) 单方 | 合计 | 模板(m²) 单方 | 合计 | 铁件 单方 | 合计 | 圆孔板(m³) 单方 | 合计 |
|---|---|---|---|---|---|---|---|---|---|---|---|---|---|
| 3-123 | C20现浇楼梯 | m² | 73.44 | 10 | 734 | 71 | 5214 | 0.007 | 0.514 | 1 | 73 | | |
| 3-141 | 现浇雨罩 | m² | 7.2 | 22 | 158 | 71 | 511 | 0.008 | 0.058 | | | | |
| 3-201 | 预应力圆孔板 | m² | 774.18 | 1 | 774 | 8 | 6193 | 0.001 | 0.774 | | | 0.066 | 51.1 |

四、屋面工程

| 定额编号 | 分项工程名称 | 单位 | 数量 | 加气混凝土块(m³) 单方 | 合计 | 水泥(kg) 单方 | 合计 | SBSⅢ型(m²) 单方 | 合计 | 乳化橡胶沥青(kg) 单方 | 合计 | 铁件(kg) 单方 | 合计 | 镀锌钢板(kg) 单方 | 合计 |
|---|---|---|---|---|---|---|---|---|---|---|---|---|---|---|---|
| 6-1 | 豆石屋面加气混凝土保温 | m² | 356.4 | 0.26 | 92.7 | 12 | 4277 | | | | | | | | |
| 6-33 | 水泥焦渣找坡层 | m² | 356.4 | | | 21 | 7484 | | | | | | | | |
| 6-66 | SBSⅢ型防水层 | m² | 356.4 | | | | | 1.45 | 517 | 0.37 | 132 | 0.03 | 11 | | |
| 6-87 | 镀锌薄钢板水落管 | m | 37.8 | | | | | | | | | 0.24 | 9 | 1.43 | 54 |

五、门窗工程

| 定额编号 | 分项工程名称 | 单位 | 数量 | 水泥(kg) 单方 | 合计 | 铁件(kg) 单方 | 合计 | 平开门(m²) 单方 | 合计 | 推拉窗(m²) 单方 | 合计 | 窗帘轨(m) 单方 | 合计 | 窗帘盒(m) 单方 | 合计 | 窗台板(m²) 单方 | 合计 |
|---|---|---|---|---|---|---|---|---|---|---|---|---|---|---|---|---|---|
| 8-76 | 铝合金平开门 | m² | 90.16 | 90 | | 0.16 | 14 | 1 | 90.2 | | | | | | | | |
| 8-89 | 铝合金推拉窗 | m² | 137.73 | 138 | | 0.37 | 51 | | | 1 | 137.7 | | | 61 | | 22 | |

续表

| 定额编号 | 分项工程名称 | 单位 | 数量 | 水泥(kg) 单方 | 水泥(kg) 合计 | 铁件(kg) 单方 | 铁件(kg) 合计 | 窗帘轨(m) 单方 | 窗帘轨(m) 合计 | 平开门(m²) 单方 | 平开门(m²) 合计 | 推拉窗(m²) 单方 | 推拉窗(m²) 合计 | 窗帘盒(m) 单方 | 窗帘盒(m) 合计 | 窗台板(m²) 单方 | 窗台板(m²) 合计 | 法兰套(个) 单方 | 法兰套(个) 合计 | 镀铬栏杆(m) 单方 | 镀铬栏杆(m) 合计 |
|---|---|---|---|---|---|---|---|---|---|---|---|---|---|---|---|---|---|---|---|---|---|
| 8-115 | 松木窗帘盒 | m² | 92.32 | 1 | 92 | | | | | | | | | 0.66 | 61 | | | | | | |
| 8-118 | 双轨铝合金窗帘轨 | m² | 92.32 | | | 0.46 | 42 | 1.65 | 152.3 | | | | | | | | | | | | |
| 8-138 | 预制磨石窗台板 | m² | 137.73 | | | 0.91 | 125 | | | | | | | | | 0.16 | 22 | | | | |
| | | | | 水泥(kg) | 33920 | | | | | 防水涂料(kg) | 260 | | | 铁件(kg) | 178 | 硬木扶手(m) | 55 | 法兰套(个) | 457 | 镀铬栏杆(m) | 391 |

| 定额编号 | 分项工程名称 | 单位 | 数量 | 水泥(kg) 单方 | 水泥(kg) 合计 | 花岗石(m²) 单方 | 花岗石(m²) 合计 | 地面砖(m²) 单方 | 地面砖(m²) 合计 | 防水涂料(kg) 单方 | 防水涂料(kg) 合计 | 锦砖(m²) 单方 | 锦砖(m²) 合计 | 铁件(kg) 单方 | 铁件(kg) 合计 | 硬木扶手(m) 单方 | 硬木扶手(m) 合计 | 法兰套(个) 单方 | 法兰套(个) 合计 | 合计 (模板)(m²) |
|---|---|---|---|---|---|---|---|---|---|---|---|---|---|---|---|---|---|---|---|---|
| 六、 | 楼地面工程 | | | | | | | | | | | | | | | | | | | |
| 9-32 | 预制块料地面底层 | m² | 325.8 | 11 | 3584 | | | | | | | | | | | | | | | |
| 9-33 | 预制块料楼面底层 | m² | 578.16 | 13 | 7516 | | | | | | | | | | | | | | | |
| 9-77 | 磨光花岗石楼地面 | m² | 903.96 | 12 | 10848 | 0.94 | 850 | | | | | | | | | | | | | |
| 9-147 | 卫生间地面底层 | m² | 30.6 | 11 | 337 | | | | | | | | | | | | | | | |
| 9-153 | 卫生间地面面层 | m² | 30.6 | 10 | 306 | | | 0.9 | 28 | | | | | | | | | | | |
| 9-157 | 卫生间楼面底层 | m² | 61.2 | 21 | 1285 | | | | | | | | | | | | | | | |
| 9-167 | 卫生间楼面面层 | m² | 61.2 | 10 | 612 | | | 0.9 | 55 | | | | | | | | | | | |
| 9-173 | 卫生间楼面防水 | m² | 61.2 | 28 | 1714 | | | | | 2.12 | 130 | | | | | | | | | |
| 9-180 | 厕所蹲台 | 间 | 18 | 49 | 882 | | | | | | | 1.23 | 22 | | | | | | | |
| 9-309 | 磨光花岗石踢脚 | m | 875.4 | 3 | 2626 | 0.13 | 114 | | | | | | | | | | | | | 0.037 |
| 9-322 | 楼梯装饰磨光花岗石 | m² | 73.44 | 27 | 1983 | 2.27 | 167 | | | | | | | | | | | | | |

231

续表

| 定额编号 | 分项工程名称 | 单位 | 数量 | 水泥(kg) 单方 | 水泥(kg) 合计 | 花岗石(m²) 单方 | 花岗石(m²) 合计 | 地面砖(m²) 单方 | 地面砖(m²) 合计 | 防水涂料(kg) 单方 | 防水涂料(kg) 合计 | 锦砖(m²) 单方 | 锦砖(m²) 合计 | 铁件(kg) 单方 | 铁件(kg) 合计 | 硬木扶手(m) 单方 | 硬木扶手(m) 合计 | 法兰套(个) 单方 | 法兰套(个) 合计 | 镀铬栏杆(m) 单方 | 镀铬栏杆(m) 合计 (模板 m²) |
|---|---|---|---|---|---|---|---|---|---|---|---|---|---|---|---|---|---|---|---|---|---|
| 9-329 | 镀铬钢管栏杆硬木扶手 | m | 46.2 | 1 | 46 | | | | | | | | | 3.11 | 144 | 1.19 | 55 | 9.9 | 457 | 8.47 | 391 |
| 9-363 | 花岗石面台阶 | m² | 12.42 | 95 | 1180 | 1.98 | 25 | | | | | | | 0.22 | 3 | | | | | 0.003 | 0.037 |
| 9-385 | 豆石混凝土散水 | m² | 83.4 | 12 | 1001 | | | | | | | | | | | | | | | | |
| | | | | | 2446 | | | | | | | | | | | | | | | | |

| 定额编号 | 分项工程名称 | 单位 | 数量 | 水泥(kg) 单方 | 水泥(kg) 合计 | 耐擦洗涂料(kg) 单方 | 耐擦洗涂料(kg) 合计 | 多彩涂料(kg) 单方 | 多彩涂料(kg) 合计 |
|---|---|---|---|---|---|---|---|---|---|
| 七、 | 顶棚工程 | | | | | | | | |
| 10-1 | 预制混凝土板底勾缝抹灰 | m² | 774.18 | 1 | 774 | | | | |
| 10-2 | 现浇混凝土板底抹灰 | m² | 278.64 | 6 | 1672 | | | | |
| 10-40 | 卫生间同顶棚面层喷耐擦洗涂料 | m² | 91.8 | | | 0.46 | 42 | | |
| 10-41 | 顶棚喷多彩花纹涂料 | m² | 961.02 | | | | | 0.92 | 884 |

续表

| 定额编号 | 分项工程名称 | 单位 | 数量 | 水泥 (kg) 单方 | 水泥 (kg) 合计 | 白水泥 (kg) 单方 | 白水泥 (kg) 合计 | 多彩涂料 (kg) 单方 | 多彩涂料 (kg) 合计 | 彩色瓷砖 (m²) 单方 | 彩色瓷砖 (m²) 合计 | 耐擦洗涂料 (kg) 单方 | 耐擦洗涂料 (kg) 合计 | 出入孔盖板 (套) 单方 | 出入孔盖板 (套) 合计 | 出入孔下门 (套) 单方 | 出入孔下门 (套) 合计 |
|---|---|---|---|---|---|---|---|---|---|---|---|---|---|---|---|---|---|
| 八、 | 装修工程 | | | | 6935 | | 130 | | 2423 | | 311 | | 6 | | | | |
| 11-1 | 砖外墙全部勾缝 | m² | 719.73 | 4 | 2879 | 0.12 | 86 | | | | | | | | | | |
| 11-56 | 女儿墙内侧抹水泥砂浆 | m² | 75.06 | 15 | 1126 | | | | | | | | | | | | |
| 11-69 | 砖内墙抹混合砂浆底灰 | m² | 316.87 | 1 | 317 | | | | | | | | | | | | |
| 11-86 | 砖内墙抹水泥拉毛底灰 | m² | 316.87 | 4 | 1267 | | | | | | | | | | | | |
| 11-97 | 砖内墙喷多彩涂料 | m² | 2243.42 | | | | | 1.08 | 2423 | | | | | | | | |
| 11-132 | 内墙面面贴彩色瓷砖 | m² | 316.87 | 4 | 1267 | 0.14 | 44 | | | 0.98 | 311 | | | | | | |
| 11-342 | 雨罩装修 | m² | 7.2 | 11 | 79 | | | | | | | 0.84 | 6 | | | | |

| 定额编号 | 分项工程名称 | 单位 | 数量 | 水泥 (kg) 单方 | 水泥 (kg) 合计 | 铁件 (kg) 单方 | 铁件 (kg) 合计 | 磨石隔断板 (m²) 单方 | 磨石隔断板 (m²) 合计 | 厕浴大门 (m²) 单方 | 厕浴大门 (m²) 合计 | 镀锌钢板 (kg) 单方 | 镀锌钢板 (kg) 合计 | 出入孔盖板 (套) 单方 | 出入孔盖板 (套) 合计 | 出入孔下门 (套) 单方 | 出入孔下门 (套) 合计 |
|---|---|---|---|---|---|---|---|---|---|---|---|---|---|---|---|---|---|
| 九、 | 建筑配件 | | | | 97 | | 25 | | 50 | | 16 | | 7 | | 1 | | 1 |
| 12-26 | 预制水磨石污水池 | 组 | 6 | 8 | 48 | 0.32 | 6 | | | | | | | | | | |
| 12-46 | 厕所隔断 | 间 | 18 | 2 | 36 | | | 2.76 | 50 | | | | | | | | |
| 12-74 | 房间铭牌 | 个 | 45 | | | 0.32 | 14 | | | 0.89 | 16 | | | | | | |
| 12-113 | 平屋顶出入孔 | 个 | 1 | 13 | 13 | 4.19 | 4 | | | | | 7.29 | 7 | | 1 | | 1 |

233

## (九) 工程量计算表

见表4-1-8。

工程量计算表　　　　　　　　　　　　　表4-1-8

工程名称×××公司办公楼　　　　　　　　　　　　　年　月　日　共　页

| 序号 | 工程项目 | 单位 | 计算式 | 数量 |
|---|---|---|---|---|
|  | 建筑面积 | m² | 376.65 + 376.65 + 376.65 = 1129.95 | 1129.95 |
|  | 首层 |  | 30.18 × 12.48 = 376.65 |  |
|  | 二层 |  | 30.18 × 12.48 = 376.65 |  |
|  | 三层 |  | 30.18 × 12.48 = 376.65<br>[说明]建筑面积是指建筑物各层面积的总和，它包括使用面积、辅助面积和结构面积。式中30.18m为建筑总长，它等于轴线①至轴线⑩之间的距离与两个240墙厚之和；12.48m为建筑物总宽，它等于轴线Ⓐ至轴线Ⓓ之间的距离与两个240墙厚之和。因首层、二层、三层的面积均为30.18 × 12.48 = 376.65m²，故建筑面积为376.65 + 376.65 + 376.65 = 1129.95m² |  |
| (一) | 基础工程 |  |  |  |
| 1 | 平整场地 | m² | (3×2 + 3.6×2 + 3.3×5) × (5.1×2 + 1.8) = 356.4<br>[说明]场地平整是指室外设计地坪与自然地坪高差平均在±30cm以内的就地挖填土。工程量计算，按建筑物（或构筑物）底面积的外边线每边多增加2m，以平方米计算。由图5-1-1首层平面图可看出，轴线①与轴线②，轴线⑨与轴线⑩之间的距离均为3m，轴线②与轴线③，轴线⑧与轴线⑨之间的距离均为3.6m，轴线③与④、④与⑤、⑤与⑥、⑥与⑦、⑦与⑧之间的距离均为3.3m，故外墙轴线长为（3×2 + 3.6×2 + 3.3×5）m；轴线Ⓐ与轴线Ⓑ，轴线Ⓒ至Ⓓ之间的距离均为5.1m，轴线Ⓑ至轴线Ⓒ之间的距离为1.8m，故外墙轴线宽为（5.1×2 + 1.8）m | 356.4 |
| 2 | 其他结构砖带基挖土方 | m³ | 67.51 + 92.77 + 1.58 = 161.86<br>[说明]带形基础挖土方北京市1996年建筑工程概算定额规定应按基础断面面积乘以轴线长度，以立方米计算。<br>带形基础挖土方 = 基础断面面积 × 轴线长度。<br>砖基础断面面积的计算如下：<br>砖基础断面面积 = 基础墙高 × 基础墙厚 + 大放脚增加断面面积。<br>式中0.365m为基础墙厚，其中灰缝按0.01m计算，1.7m为基础墙高，是由垫层底面标高减去垫层厚得到的，0.189为大放脚增加断面面积，是由表中查到的，29.7m为外墙 | 161.86 |
|  | A-A剖 |  | (0.365 × 1.7 + 0.189) × (29.7×2 + 12×2) = 67.51<br>[说明]由A-A剖面图可知，垫层底面标高为 - 1.900，垫层厚为0.2m，因基础墙高 = 垫层底面标高 - 垫层厚，故基础墙高为1.7m；由于该基础是不等高式砖基础，大放脚错台层数为五层，在表中可查到：大放脚增加断面面积为0.189；式中29.7m为外墙轴线长，即轴线①与轴线⑩之间的距离 |  |

续表

| 序号 | 工程项目 | 单位 | 计 算 式 | 数量 |
|---|---|---|---|---|
| | B-B 剖 | | $(0.24 \times 1.7 + 0.189) \times (29.7 \times 2 + 12 \times 8) = 92.77$<br>［说明］B－B 剖面是内墙砖带基础，用基础截面面积与基槽长相乘得到工程量。式中给定的 29.7m、12m 分别为横墙线长与纵墙轴线长。1.7m 为基础墙高，0.189 为大放脚增加断面面积，0.24m 为内墙厚度，2，8 分别为内横墙与内纵墙数量。所以基础截面面积为 $(0.24 \times 1.7 + 0.189)$，基槽长为 $(29.7 \times 2 + 12 \times 8)$。<br>值得注意的是：通常计算挖土方工程量的方法，似乎与这里所给的计算方法不同，然而最后所得到的预算价格相差不多。<br>不放坡，不支挡土板的基槽工程量计算用其体积表示。基槽体积＝垫层宽×槽深×槽长，其中外墙槽长按外墙中心线长计算；内墙按图示基础底面之间净长线长度计算；内外突出部分（垛、附墙烟囱等）体积并入沟槽土方工程量内计算 | |
| | 楼梯基础 | | $(0.365 \times 1.2 \times 1.8) \times 2 m^3 = 1.58$<br>楼梯基础 计算式：$(0.365 \times 1.2 \times 1.8) \times 2 m^3 = 1.58 m^3$<br>［说明］0.365m 为基础墙厚，其中灰缝按 0.01m 计算，1.2m 为楼梯基础深，1.8m 为楼梯基础长。见图 4－1－10 | |
| 3 | 灰土垫层 | $m^3$ | $0.56 \times 0.3 \times 3.6 \times 2 = 1.21$<br>［说明］灰土垫层是楼梯基础处的垫层，垫层工程量用垫层的体积表示，单位为 $m^3$。<br>垫层的体积＝垫层宽×垫层长×垫层厚<br>由图 4-1-10 楼梯详图中可得到：$0.1 + 0.36 + 0.1 = 0.56m$ 为楼梯垫层宽，0.3m 为垫层厚，3.6m 为垫层长，2 为楼梯数 | 1.21 |
| 4 | C10 混凝土垫层 | $m^3$ | $20.02 + 37.3 = 57.32$ | 57.32 |
| | A-A 剖 | | $1.2 \times 0.2 \times (29.7 \times 2 + 12 \times 2) = 20.02$<br>［说明］由附图 4-1-12 基础详图及地圈梁平面图可以找到 A-A 剖。$0.66 + 0.54 = 1.2m$ 为基础垫层宽度，0.2m 为厚度；29.7m，12m 分别为横墙轴线长与纵墙轴线长，2，2 分别为外横墙与外纵墙数量。A－A 剖面基础垫层的做法是通常的做法 | |
| | B-B 剖 | | $1.2 \times 0.2 \times (29.7 \times 2 + 12 \times 8) = 37.3$<br>［说明］由附图 4-1-12 基础详图及地圈梁平面图可以找到 B－B 剖剖面图 $0.6 + 0.6 = 1.2m$ 为基础垫层宽，0.2m 为厚度；29.7m，12m 分别为横墙净长与纵墙净长，2，8 分别为内横墙与内纵墙数量。B－B 剖面基础垫层为内墙基础垫层，用式中的那种方法做后，还应减去楼梯间垫层体积纵横交叉处多加的体积。这里笼统地计算，显然工程量增加了，它可以弥补计算挖土方工程量的不足 | |
| 5 | 室内靠墙管沟 | m | $29.7 \times 2 + 12 = 71.4 \Rightarrow [(29.7 + 0.24) + (12 + 0.24)] \times 2 = 84.36$<br>［说明］室内管沟工程量计算按轴线长度以延长米计算，末端不到纵横轴线交点的部分，按图示长度计算 | 84.36 |

续表

| 序号 | 工程项目 | 单位 | 计　算　式 | 数量 |
|---|---|---|---|---|
| 6 | 室内管沟抹防水砂浆 | m² | $(29.7 \times 2 + 12) \times 1 = 71.4 \Rightarrow [(29.7 + 0.24) + (12 + 0.24)] \times 2 = 84.36$<br>［说明］室内管沟抹防水砂浆用管沟内壁面积表示工程量，单位为m²。式中$(29.94 + 12.24) \times 2m$为管沟长，1m为管沟深 | 84.36 |
| 7 | 室内管沟混凝土垫层增加费 | m² | $29.7 \times 2 + 12 = 71.4 \Rightarrow [(29.7 + 0.24) + (12 + 0.24)] \times 2 = 84.36$<br>［说明］室内管沟混凝土垫层增加费工程量用管沟长度表示，单位为m | 84.36 |
| 8 | 有圈梁砖带基 | m³ | $67.51 + 88.45 + 1.58 = 157.54$ | 157.54 |
|  | A-A 剖 |  | $(0.365 \times 1.7 + 0.189)(29.7 \times 2 + 12 \times 2) = 67.51$ |  |
|  | B-B 剖<br>楼梯基础 |  | $(0.24 \times 1.7 + 0.189)(29.7 \times 2 + 12 \times 8) - 1 \times 1 \times 0.24 \times 18 = 88.45$<br>$0.365 \times 1.2 \times 1.8 \times 2 = 1.58$<br>［说明］带形基础体积＝基础断面面积×轴线长度。砖基础断面面积的计算如下：砖基础断面面积＝基础墙高×基础墙厚＋大放脚增加断面面积。式中0.365m为基础墙厚，1.7m为基础墙高，是由垫层底面标高减去垫层厚得到的，0.189为大放脚增加断面面积，是由表中查到的，29.7m为外墙，详情请参看 A－A 剖面基槽挖土方，并结合图 4-1-12 基础详图及地圈梁平面图。<br>［说明］基础体积＝基础截面面积×基础长。式中$1 \times 1 \times 0.24 \times 18m³$为楼梯处沟槽体积。在计算 B－B 剖面基础时应减去。<br>［说明］0.365m为楼梯基础墙厚，1.2m为基础深，1.8m为楼梯宽，即基础长 |  |
| （二） | 门窗工程 |  |  |  |
| 1 | 铝合金平开门 | m² | $84.43 + 5.73 = 90.16$ | 90.16 |
|  | M1（内门） |  | $(1 - 0.05)(2 - 0.025) \times 45 = 84.43$　　　　　1.8763m²/樘 |  |
|  | M2（外门） |  | $(1.5 - 0.05)(2 - 0.025) \times 2 = 5.73$　　　　　2.864m²/樘<br>［说明］门窗工程量计算时是按框的外围面积计算，单位为m²。由表4-1-9可查到：铝合金平开门 M1，尺寸为 1.0m×2.0m。式中0.025m为门边框抹灰层厚度，故$(1 - 0.025 \times 2)m = (1 - 0.05)m$是 M1 的门框外围宽，$(2 - 0.025)m$是 M1 门框外围长。由图4-1-1首层平面图可知内门有 14 扇，由图4-1-2标准层平面图可知内门有 16 扇，由图4-1-3顶层平面图可知内门有 15 扇，故内门共有 45 扇。<br>$M_2$工程量＝$(1.5 - 0.05) \times (2 - 0.025) \times 2m² = 5.73m²$<br>［说明］该工程量计算同上例，式中1.5m，2m分别为M2的门洞宽与高，$(1.5 - 0.05)m$为 M2 门框外围宽，$(2 - 0.025)m$是 M2 门框外围长。由图4-1-1首层平面图可知外门有 2 扇 |  |

续表

| 序号 | 工程项目 | 单位 | 计算式 | 数量 |
|---|---|---|---|---|
| 2 | 铝合金推拉窗 | m² | 36.23 + 101.5 = 137.73 | 137.73 |
| | C1（外窗） | | (1.2 - 0.05)(1.8 - 0.05) × 18 = 36.23　　2.0125m²/樘 | |
| | C2（外窗） | | (1.5 - 0.05)(1.8 - 0.05) × 40 = 101.50　　2.5375m²/樘<br>［说明］窗的工程量计算同上例，式中 1.2m、1.8m、1.5m 分别为窗洞口尺寸。窗边框抹灰层厚度为 0.025m，因窗需四周抹灰，故（1.2 - 0.05）m 是 C1 的窗框的外围宽，(1.8 - 0.05) m 是 C1 的窗框外围长。(1.5 - 0.05) m 是 C2 的窗框外围宽，(1.8 - 0.05) m 是 C2 的窗框外围长。由 4-1-1、4-1-2、4-1-3 可知 C1、C2 窗扇数分别为 18、40 | |
| 3 | 松木窗帘盒 | m² | 6.04 + 86.28 = 92.32 | 92.32 |
| | C1 | | 2.0125 × 3 = 6.04　　　　　　　　　　打印室、医务室、财务室 | |
| | C2 | | 2.5375 × 34 = 86.28　　　　　　　　办公室、会议室、计算机室<br>［说明］门窗、窗防护栏杆罩、窗帘盒、窗帘轨、筒子板、门窗贴脸等按门窗框外围面积，以 m² 计算。式中，2.0125m² = (1.2 - 0.05)(1.8 - 0.05)m² 是每樘窗的面积，C1 窗安松木窗帘盒的有 3 个即打印室、医务室、财务室；2.5375m² = (1.5 - 0.05)(1.8 - 0.05)m² 为 C2 窗每樘的面积，因共有 C2 窗 40 樘，但楼梯间 C2 不安窗帘 40 - 2 × 3 = 34，因此还有 34 樘，可结合 4-1-1、4-1-2、4-1-3 参看 | |
| 4 | 双轨铝合金窗帘轨 | m² | 6.04 + 86.28 = 92.32<br>［说明］窗帘轨的工程量计算同上 | 92.32 |
| | C1 | | 2.0125 × 3 = 6.04 | |
| | C2 | | 2.5375 × 34 = 86.28 | |
| 5 | 预制水磨石窗台板 | m² | 36.23 + 101.5 = 137.73 | 137.73 |
| | C1 | | 2.0125 × 18 = 36.23 | |
| | C2 | | 2.5375 × 40 = 101.5<br>［说明］按全国工程量计算规定，窗台板的工程量应按轴线长度以延长米计算，这里用的是窗框外围面积。2.0125m² = (1.2 - 0.05)(1.8 - 0.05)m² 为 C1 窗框外围面积，2.5375m² = (1.5 - 0.05)(1.8 - 0.05)m² 为 C2 窗框外围面积。由图 4-1-1 首层平面图、4-1-2 标准层平面图、4-1-3 顶层平面图可知 C1、C2 窗数量分别为 18、40。故预制水磨石窗台板的工程量为 (2.0125 × 18 + 2.5375 × 40) m² = (36.23 + 101.5) m² = 137.73m² | |
| 6 | 门锁安装 | 个 | 2 + 45 - 6 = 41<br>［说明］门锁安装以锁的个数计算工程量，式中 2 为 M2 个数，45 为 M1 个数，但因 M1 中有 6 个厕所不必安锁，因此减 6。M1、M2 的数量可由图 4-1-1、4-1-2、4-1-3 中查出 | 41 |
| （三） | 墙体工程 | | | |

续表

| 序号 | 工程项目 | 单位 | 计 算 式 | 数量 |
|---|---|---|---|---|
| 1 | 365砖外墙 | m² | M1　C1 + C2<br>(29.7 + 12) × 2 × 9 − 5.73 − 137.73 = 607.14<br>　[说明] 墙体工程量以墙体面积表示，单位为 m²，墙体面积 = 轴线图示长度 × 墙体高度 − 门窗框外围面积 − 0.3m² 以上孔洞。<br>　式中，(29.7 + 12) × 2m 为外墙轴线长；9m 为外墙高，是由檐高 (9.45m) 减去室内外高差(0.45m)等于 9m 即到墙体高度，5.73m² = (1.5 − 0.05) × (2 − 0.025) × 2m² 为 M2 外门面积，137.73m² = (26.23 + 101.50) m² 为外窗面积，26.23m² 为外窗 C1 的总面积，101.50m² 为外窗 C2 的总面积 | 607.14 |
| 2 | 115砖内墙 | m² | 10.8 + 13.5 = 24.3 | 24.3 |
|  | 男卫生间内 |  | 1.2 × 3 × 3 = 10.8 |  |
|  | 女卫生间内 |  | 1.5 × 3 × 3 = 13.5<br>　[说明] 由图 4-1-9 卫生间详图可看出，120 墙到顶，因此 115 砖内墙高 3m，女卫生间墙长 1.5m，男卫生间墙长 1.2m 共有 3 男卫生间，3 女卫生间。故 115 砖内墙的工程量为 (10.8 + 13.5) = 24.3m² |  |
| 3 | 240砖内墙 | m² | 379.8 + 401.4 + 355.5 − 84.43 = 1052.27 | 1052.27 |
|  | 首层 |  | (29.7 × 2 − 3.6 × 4 + 5.1 × 16) × 3 = 379.8 |  |
|  | 二层 |  | (29.7 × 2 − 3.6 × 2 + 5.1 × 16) × 3 = 401.40 |  |
|  | 三层 |  | (29.7 × 2 − 3.6 × 2 + 5.1 × 13) × 3 = 355.5<br>　[说明] 240 砖内墙的工程量用其面积表示，单位为 m²。式中首层 (2.97 × 2 − 3.6 × 4) m 为内横墙长，两楼梯间无内墙，底层两过厅无内墙，因此要减去 3.6 × 4m，(5.1 × 16) m 为内纵墙长，3m 为每层楼高，二层 (29.7 × 2 − 3.6 × 2) m 为内横墙长，两楼梯间无内墙，因此要减去 3.6 × 2m，(5.1 × 16) m 为内纵墙长，同理三层减去两楼梯间的内墙，但内纵墙为 13 道 |  |
|  | 扣内门框外围面积 |  | 1.876 × 45 = 84.43<br>　[说明] 式中 1.876m² 为每樘门的面积，45 为门的个数。故 240 砖内墙的工程量为 379.8 + 401.4 + 355.5 − 84.43 = 1052.27m² |  |
| 4 | 240砖女儿墙 | m² | (29.7 + 12) × 2 × 0.9 = 75.06<br>　[说明] 女儿墙的面积用外墙轴线长 × 女儿墙高，式中 (29.7 + 12) × 2m 为外墙轴线长，0.9m 为女儿墙高 | 75.06 |
| (四) | 钢筋混凝土工程 |  |  |  |
| 1 | C20构造柱 | m | 54.4 + 288 + 18 = 360.4 | 360.4 |
|  | 基础中 |  | 1.7 × 32 = 54.4 |  |
|  | 结构墙体中 |  | 9 × 32 = 288 |  |

续表

| 序号 | 工程项目 | 单位 | 计 算 式 | 数量 |
|---|---|---|---|---|
| | 女儿墙中 | | $0.9 \times 20 = 18$<br>[说明] 柱的工程量按柱断面面积乘以柱高（从柱基或楼板上表面算至柱顶面），以 $m^3$ 计算。构造柱的工程量自基础（或地梁）上表面算到柱顶面，以延长米计算。<br>在砖混结构工程中，如设计有构造柱，应另列项计算。构造柱计算时，不分断面尺寸，不分构造柱位于基础，墙体或女儿墙部分，均套一个定额子目。由于在计算墙体工程量时，未扣除构造柱所占体积，因此，定额中构造柱子目中将构造柱所占砖砌体的相应价值扣除。由表 4-1-9 可查到基础构造柱高 1.7m，女儿墙中构造柱，高 $H = 0.9m$，由图 4-1-10 楼梯详图可知结构墙体中构造柱长为 9m。由图 4-1-11 基础平面图和图 4-1-4 女儿墙平面图可以数出基础构造柱、结构墙体中构造柱、女儿墙中构造柱根数分别为 32、32、20 根 | |
| 2 | C20 矩形梁 | $m^3$ | $0.63 + 0.63 + 0.72 + 0.63 + 0.63 + 0.72 + 0.63 + 0.63 + 0.72 + 1.53 = 7.47$ | 7.47 |
| | 首层：L1 | | $0.25 \times 0.35 \times 3.6 \times 2 = 0.63$ | |
| | L2 | | $0.25 \times 0.35 \times 3.6 \times 2 = 0.63$ | |
| | L3 | | $0.2 \times 0.25 \times 1.8 \times 8 = 0.72$<br>[说明] 单梁、板底梁、框架梁的工程量以体积表示，单位为 $m^3$。工程量 = 梁的图示长度×梁的断面面积，由图 4-1-13 首层结构平面图可以看出，两楼梯间有两根梁 L2，两过厅与走廊相连处有两根梁 L1，其梁的截面由表 4-1-9 可查到为 $0.25 \times 0.35$，走道处有 8 根长 1.8m 梁 L3，截面为 $0.2 \times 0.25$。L1、L2 的长均为 3.6m | |
| | 二层：L1 | | $0.25 \times 0.35 \times 3.6 \times 2 = 0.63$ | |
| | L2 | | $0.25 \times 0.35 \times 3.6 \times 2 = 0.63$ | |
| | L3 | | $0.2 \times 0.25 \times 1.8 \times 8 = 0.72$ | |
| | 三层：L1 | | $0.25 \times 0.35 \times 3.6 \times 2 = 0.63$ | |
| | L2 | | $0.25 \times 0.35 \times 3.6 \times 2 = 0.63$ | |
| | L3 | | $0.2 \times 0.25 \times 1.8 \times 8 = 0.72$ | |
| | L4 | | $0.2 \times 0.5 \times 5.1 \times 3 = 1.53$<br>[说明] 由图 4-1-14 标准层结构平面图，图 4-1-15 顶层结构平面图可以看到，二层、三层 L1、L2、L3 梁位置与一层相同，因此工程量计算方法相同，但三层会议室上面放 2 根 L4 梁，计算机室上面放 1 根 L4 梁，以便搁板，L4 的长为 5.1m。故 C20 矩形梁的工程量为：$(0.63 + 0.63 + 0.72 + 0.63 + 0.63 + 0.72 + 0.63 + 0.63 + 0.72 + 1.53) m^2 = 7.47 m^3$ | |
| 3 | C20 现浇平板 100mm 厚 | $m^2$ | $53.46 + 30.6 + 53.46 + 30.6 + 53.46 + 30.6 = 252.18$<br>[说明] 平板，有梁板等工程量按图示尺寸以 $m^2$ 计算。式中 29.7m 为轴线长。1.8m 为楼道宽，5.1m 为卫生间纵墙长，3m 为卫生间宽，2 为卫生间数目。故 $C_{20}$ 现浇平板 100mm 厚的工程量为 $(53.46 + 30.6 + 53.46 + 30.6 + 53.46 + 30.6) = 252.18 m^2$ | 221.58 |

续表

| 序号 | 工程项目 | | 单位 | 计 算 式 | 数量 |
|---|---|---|---|---|---|
| | 首层：楼道 | | | $29.7 \times 1.8 = 53.46$ | |
| | | 卫生间 | | $5.1 \times 3 \times 2 = 30.6$ | |
| | 二层：楼道 | | | $29.7 \times 1.8 = 53.46$ | |
| | | 卫生间 | | $5.1 \times 3 \times 2 = 30.6$ | |
| | 三层：楼道 | | | $29.7 \times 1.8 = 53.46$ | |
| 4 | C20 现浇楼梯 | | $m^2$ | $36.72 + 36.72 = 73.44$ | 73.44 |
| | 1~2 层 | | | $5.1 \times 3.6 \times 2 = 36.72$ | |
| | 2~3 层 | | | $5.1 \times 3.6 \times 2 = 36.72$<br>[说明] 楼梯工程量的计算：现浇、预制钢筋混凝土楼梯（含休息平台），应分层按楼梯间墙的轴线内包水平投影面积以 $m^2$ 计算，式中 5.1m 为楼梯间墙长，3.6m 为其宽，2 为楼梯间数目。故 C20 现浇楼梯的工程量为 $(36.72 + 36.72) m^2 = 73.44 m^2$ | |
| 5 | 现浇雨篷挑宽 2m 以内 | | $m^2$ | $2.5 \times (1.2 + 0.24) \times 2 = 7.2$<br>[说明] 雨篷工程量的计算：现浇、预制雨篷长度乘以外墙轴线至雨篷外皮的宽度，以 $m^2$ 计算。雨篷立板上下翻超过 50cm 时，按立板水平投影长度，以延长米计算工程量。执行立板高 1m 内，或 1m 外子目。<br>式中 2.5m 为雨篷长度，由图 4-1-2 标准层平面图可以看出。$(1.2 + 0.24) m$ 为外墙轴线至雨篷外皮的宽度，由图 4-1-8 外墙详图可知。2 为雨篷数量 | 7.2 |
| 6 | 预应力圆孔板 | | $m^2$ | $235.62 + 235.62 + 302.94 = 774.18$ | 774.18 |
| a | 首层：开间 3m | | | $5.1 \times 3 \times 2 = 30.6$　小计 235.62 | |
| | | 开间 3.3m | | $5.1 \times 3.3 \times 10 = 168.3$ | |
| | | 开间 3.6m | | $5.1 \times 3.6 \times 2 = 36.72$ | |
| b | 二层：开间 3m | | | $5.1 \times 3 \times 2 = 30.6$　小计 235.62 | |
| | | 开间 3.3m | | $5.1 \times 3.3 \times 10 = 168.3$ | |
| | | 开间 3.6m | | $5.1 \times 3.6 \times 2 = 36.72$ | |
| c | 三层：开间 3m | | | $5.1 \times 3 \times 4 = 61.2$　小计 302.94 | |
| | | 开间 3.3m | | $5.1 \times 3.3 \times 10 = 168.3$ | |
| | | 开间 3.6m | | $5.1 \times 3.6 \times 4 = 73.44$<br>[说明] 预应力圆孔板，加气混凝土复合保温屋面板按墙体轴线内仓水平投影面积以平方米计算。按全国工程量计算规则，预应力圆孔板按板的体积计算工程量，单位为 $m^3$。这里按北京地区的工程量计算规则，套用北京地区的定额同样可以得到造价，且两相比较相差不大。式中 5.1m、3m、3.3m、3.6m 分别为墙体轴线尺寸。在首层中，开间 3m 的式子中，2 指用于储藏室与打印室的预应力圆孔板数目；开间 3.3m 的式中，10 指用于 10 个办公室的预应力圆孔板数目；开间 3.6m 的式中，2 指用于 2 个门厅的数目。二层，开间 3m 的式子中，2 指用于储藏室与医务室。同理，可以解释其他数字 | |
| (五) | 屋面工程 | | | | |

续表

| 序号 | 工程项目 | 单位 | 计算式 | 数量 |
|---|---|---|---|---|
| 1 | 豆石屋面加气混凝土保温 | m² | 29.7×12=356.4 | 356.4 |
| 2 | 水泥焦渣找坡层 | m² | 29.7×12=356.4 | 356.4 |
| 3 | SBS改性沥青油毡Ⅲ型防水层 | m² | 29.7×12=356.4<br>[说明] 平屋面工程的列项，一般包括屋面、找坡层、隔气层、防水层等。这些项目的工程量均按外墙轴线内仓水平投影面积以 m² 计算，如电梯间、水箱间等的屋面防水做法与整体屋面不同时，应扣除该部分处墙轴线内仓水平投影面积，该项屋面另行计算，式中29.7m为外墙轴线长，12m为外墙轴线宽 | 356.4 |
| 4 | 镀锌薄钢板水落管 | m | (9+0.45)×4=37.8<br>[说明] 水落管从室外设计地坪至屋面结构层上皮，以延长米计算，排水水落管中，已综合水斗、出水口、排水弯头，不应另外列项计算。式中9m为室内地坪到屋面结构层上皮高，0.45m为室内外地坪高差。有4个水落管 | 37.8 |
| (六) | 楼地面工程 | | | |
| 1 | 房心回填土 | m² | 29.7×12=356.4<br>[说明] 房心回填土，楼地面底层及面层均按轴线内仓水平投影面积以 m² 计算，不扣除墙垛、柱及 0.3m² 以内的孔洞面积。式中29.7m为外墙轴线长，12m为外墙轴线宽 | 356.4 |
| 2 | 地面底层（灰土、混凝土） | m² | 73.44+53.46+168.3+30.6=325.8 | 325.8 |
| | 门厅、楼梯间 | | 5.1×3.6×4=73.44 | |
| | 楼道 | | 29.7×1.8=53.46 | |
| | 办公室 | | 5.1×3.3×10=168.3 | |
| | 打印室、储藏室 | | 5.1×3×2=30.6<br>式中5.1m、3.6m均为轴线尺寸，4指两个门厅、两个楼梯间。楼道：29.7×1.8=53.46m²。式中29.7m为外墙轴线长，1.8m为轴ⓒ至轴线ⓓ之间的距离。办公室：5.1×3.3×10=168.3m²，由图4-1-1首层平面图，可知10为办公室数目。打印室、储藏室：5.1×3×2=30.6m²，2指1个打印室和1个储藏室。<br>故地面底面的工程量为（73.44+53.46+168.3+30.6）m²=325.8m² | |
| 3 | 楼面底层（6cm焦渣） | m² | 289.08+289.08=578.16 | 578.16 |
| a | 二层：楼道 | | 29.7×1.8m²=53.46　小计：289.08 | |
| | 办公室 | | (5.1×3.3×10+5.1×3.6×2)m²=205.02 | |
| | 医务室、储藏室 | | 5.1×3×2=30.6 | |
| b | 三层：楼道 | | 29.7×1.8=53.46　小计：289.08 | |
| | 办公室 | | 5.1×3.3×10+5.1×3.6×2=205.02 | |
| | 财务室、储藏室 | | 5.1×3×2=30.6<br>3. 楼面底层（6cm焦渣）<br>二层：楼道：29.7×1.8m²=53.46m²<br>办公室：(5.1×3.3×10+5.1×3.6×2)m²=205.02m²<br>医务室、储藏室：5.1×3×2=30.6m²，由图4-1-2标准层平面图较容易得出。故二层楼面底层工程量为（53.46+205.02+30.6）m²=289.08m²。<br>三层：楼道：29.7×1.8m²=53.46m²<br>办公室：(5.1×3.3×10+5.1×3.6×2)m²=205.02m²<br>财务室、储藏室：5.1×3×2m²=30.6m² | |

续表

| 序号 | 工程项目 | 单位 | 计算式 | 数量 |
|---|---|---|---|---|
| 4 | 磨光花岗石楼地面 | m² | 325.8 + 289.08 + 289.08 = 903.96 | 903.96 |
| a | 首层：门厅、楼梯间 | | 5.1 × 3.6 × 4 = 73.44　小计：325.8 | |
| | 楼道 | | 29.7 × 1.8 = 53.46 | |
| | 办公室 | | 5.1 × 3.3 × 10 = 168.3 | |
| | 打印室、储藏室 | | 5.1 × 3 × 2 = 30.6 | |
| b | 二层：楼道 | | 29.7 × 1.8 = 53.46　小计：289.08 | |
| | 办公室 | | 5.1 × 3.3 × 10 + 5.1 × 3.6 × 2 = 205.02 | |
| | 财务室、储藏室 | | 5.1 × 3 × 2 = 30.6 | |
| c | 三层：楼道 | | 29.7 × 1.8 = 53.46　小计：289.08 | |
| | 机房、办公室、会议室 | | 5.1 × 3.3 × 5 + 5.1 × 6.6 + 5.1 × 9.9 + 5.1 × 3.6 × 2 = 205.02 | |
| | 财务室、储藏室 | | 5.1 × 3 × 2 = 30.6 | |
| 5 | 卫生间地面底层（灰土、混凝土） | m² | 5.1 × 3 × 2 = 30.6 | 30.6 |
| 6 | 卫生间面砖地面面层 | m² | 5.1 × 3 × 2 = 30.6 | 30.6 |
| 7 | 卫生间楼面底层 | m² | 30.6 + 30.6 = 61.2 | 61.2 |
| | 二层 | | 5.1 × 3 × 2 = 30.6 | |
| | 三层 | | 5.1 × 3 × 2 = 30.6 | |
| 8 | 卫生间面砖楼面面层 | m² | 30.6 + 30.6 = 61.2 | 61.2 |
| | 二层 | | 5.1 × 3 × 2 = 30.6 | |
| | 三层 | | 5.1 × 3 × 2 = 30.6<br>　4. 磨光花岗石楼地面；5. 卫生间地面底层（灰土、混凝土）；6. 卫生间面砖地面面层；7. 卫生间楼面底层；8. 卫生间面砖楼面面层。<br>　[说明] 以上几项工程量计算规则均同"房心回填土"说明 | |
| 9 | 卫生间楼面防水层 | m² | 30.6 + 30.6 = 61.2 | 61.2 |
| | 二层 | | 5.1 × 3 × 2 = 30.6 | |
| | 三层 | | 5.1 × 3 × 2 = 30.6<br>　[说明] 防水（潮）层工程量按轴线内仓水平投影面积，以 m² 计算。式中 5.1m 为卫生间轴线长，3m 为卫生间宽，2 为卫生间个数 | |
| 10 | 厕所蹲台 | 间 | 9 + 9 = 18 | 18 |
| | 男卫生间 | | 3 × 3 = 9 | |
| | 女卫生间 | | 3 × 3 = 9<br>　[说明] 厕所蹲台按间数计算工程量，再套相应的定额。因每层男、女卫生间的厕所蹲台均为 3 个，共 3 层，故得出上面两个式子 | |
| 11 | 磨光花岗石踢脚 | m | 318.6 + 298.2 + 267.6 = 875.4 | 875.4 |

续表

| 序号 | 工程项目 | 单位 | 计 算 式 | 数量 |
|---|---|---|---|---|
| a | 首层：楼道 | | $(29.7+1.8) \times 2 = 63$ 小计：318.6 | |
| | 办公室 | | $(5.1+3.3) \times 2 \times 10 = 168$ | |
| | 打印室、储藏室 | | $(5.1+3) \times 2 \times 2 = 32.4$ | |
| | 门厅、楼梯间 | | $(5.1 \times 2 + 3.6) \times 4 = 55.2$ | |
| b | 二层：楼道 | | $(29.7+1.8) \times 2 = 63$ 小计：298.2 | |
| | 办公室 | | $(5.1+3.3) \times 2 \times 10 + (5.1+3.6) \times 2 \times 2 = 202.8$ | |
| | 医务室、储藏室 | | $(5.1+3) \times 2 \times 2 = 32.4$ | |
| c | 三层：楼道 | | $(29.7+1.8) \times 2 = 63$ 小计：267.6 | |
| | 办公室 | | $(5.1+3.3) \times 2 \times 5 + (5.1+3.6) \times 2 \times 2 = 118.8$ | |
| | 计算机、会议室 | | $(5.1+6.6) \times 2 + (5.1+9.9) \times 2 = 53.4$<br>[说明] 按北京地区的工程量计算规则，踢脚线的工程量按中心水平投影长度，以延长米计算。单位为 m，式中 5.1m、3.3m、3m、3.6m 均为轴线尺寸，29.7m 为楼道轴线长，1.8m 为楼道宽。故磨光花岗石踢脚首层工程量为 $(63+168+32.4+55.2) = 318.6 m$。二层、三层同理 | |
| | 财务室、储藏室 | | $(5.1+3) \times 2 \times 2 = 32.4$ | |
| 12 | 楼梯装饰磨光花岗石 | m² | $36.72 + 36.72 = 73.44$ | 73.44 |
| | 1~2层 | | $5.1 \times 3.6 \times 2 = 36.72$ | |
| | 2~3层 | | $5.1 \times 3.6 \times 2 = 36.72$<br>[说明] 楼梯装饰按墙体轴线内包水平投影面积分层，以 m² 计算。楼梯装饰工程量同楼梯结构工程量的计算 | |
| 13 | 镀铬钢管栏杆硬木扶手 | m | $21.52 + 24.68 = 46.2$ | 46.2 |
| | 1~2层 | | $[(0.25+3+0.25) \times 2 + 0.2 \times 2 + (3.6-0.24)] \times 2 = 21.52$ | |
| | 2~3层 | | $[(0.25+3+0.25) \times 2 + 0.2 \times 2 + (1.7-0.12) + (3.6-0.24)] \times 2 = 24.68$<br>[说明] 楼梯栏杆（栏板）扶手按扶手的中心线水平投影长度，以延长米计算，由图 4-1-10 楼梯详图可以看出，扶手中心线水平投影尺寸由Ⅰ-Ⅰ剖面图可以看出，楼梯休息平台靠窗处均设有栏杆扶手，在第三层楼梯处设有楼梯栏板。1~2层计算式中 0.25m 为扶手转折处突出部分，3m 为楼梯段水平投影尺寸。0.2m 为梯井宽。(3.6-0.24)m 为休息平台处扶手长度。同理，2~3层计算式中 (1.7-0.12)m 为楼梯尽头栏板扶手长 | |
| 14 | 花岗石台阶 | m² | $(0.35 \times 2 + 1 + 0.24) \times (0.5 + 2.2 + 0.5) \times 2 = 12.42$<br>[说明] 台阶、平台、坡道均按图示水平投影面积，以 m² 计算。如图 4-1-1，首层平面图上尺寸可知：0.35m 为每个台阶宽，共有 2 个台阶，1m 为花台宽。0.24m 为外墙中心线到外墙距离，故 $(0.35 \times 2 + 1 + 0.24)m$ 为水平投影长，$(0.5+2.2+0.5)m$ 为水平投影宽 | 12.42 |

续表

| 序号 | 工程项目 | 单位 | 计 算 式 | 数量 |
|---|---|---|---|---|
| 15 | 豆石混凝土散水 | m | (29.7+12)×2=83.4<br>[说明] 散水按外墙轴线以延长米计算 | 83.4 |
| (七) | 顶棚工程 | | | |
| 1 | 预制混凝土板底勾缝抹灰 | $m^2$ | 235.62+235.62+302.94=774.18 | 774.18 |
| a | 首层：门厅 | | 5.1×3.2×2=36.72　小计：235.62 | |
| | 办公室 | | 5.1×3.3×10=168.3 | |
| | 医务室、储藏室 | | 5.1×3×2=30.6 | |
| b | 二层：办公室 | | 5.1×3.6×2+5.1×3.3×10=205.02　小计：235.62 | |
| | 医务室、储藏室 | | 5.1×3×2=30.6 | |
| c | 三层：卫生间 | | 5.1×3×2=30.6　小计：302.94 | |
| | 财务室、储藏室 | | 5.1×3×2=30.6 | |
| | 办公室、会议室、计算机室 | | 5.1×3.3×5+5.1×3.6×2+5.1×9.9+5.1×6.6=205.02 | |
| | 楼梯间 | | 5.1×3.6×2=36.72<br>[说明] 抹灰、吊顶龙骨、吊顶面层、吊顶面层装修、顶棚保温均按墙的轴线内包水平投影面积，以 $m^2$ 计算。式中3.6m、3.3m、3m均为开间尺寸，5.1m为轴线尺寸。故预制混凝土板底勾缝抹灰首层工程量为（36.72+168.3+30.6）$m^2$=235.62$m^2$，二层、三层工程量计算方法与首层相同，工程量分别为235.62$m^2$、302.94$m^2$，所以预制混凝土板底勾缝抹灰工程量为（235.62+235.62+221.85）$m^2$=693.09$m^2$ | |
| 2 | 现浇混凝土板抹灰 | $m^2$ | 101.34+96.3+86.328=283.968 | 278.64 |
| a | 首层：楼道 | | 29.7×1.8=53.46　小计：101.34 | |
| | 梁侧立面： | | 3.6×0.35×2×2+3.6×0.35×2×2+1.8×0.25×2×8=17.28 | |
| | 卫生间 | | 5.1×3×2=30.6 | |
| b | 二层：楼道 | | 29.7×1.8=53.46　小计：96.3 | |
| | 梁侧立面： | | 2L2　　8L3<br>3.6×0.35×2×2+1.8×0.25×2×8=12.24 | |
| | 卫生间 | | 5.1×3×2=30.6 | |
| c | 三层：楼道 | | 29.7×1.8=53.46　小计：86.328 | |
| | 梁侧立面： | | 　2L2　　8L3　　3L4<br>3.6×0.35×2×2+1.8×0.25×2×8+5.1×0.5×2×3=32.868<br>[说明] 现浇混凝土板抹灰按板的轴线内包水平投影面积，以 $m^2$ 计算。梁侧立面抹灰工程量以梁侧面面积计算，其工程量=梁的轴线长×梁高。梁L1、L2的轴线长均为3.6m，梁高均为0.35m，梁L3的轴线长为1.80m，梁高为0.25m，以上数据在图4-1-18，楼层节点详图及楼梁详图中均可查到。由图4-1-13首层结构平面图可以看出，两楼梯间有两根梁L2，两过厅与走廊相连处有两根梁L1，走廊处有8根梁L3，故3.6×0.35×2×2$m^2$+3.6×0.35×2×2$m^2$是L1和L2梁侧立面面积。1.8×0.25×2×8$m^2$是L3梁侧立面面积。二、三层现浇混凝土板抹灰工程量计算与一层相同 | |

续表

| 序号 | 工程项目 | 单位 | 计 算 式 | 数量 |
|---|---|---|---|---|
| 3 | 卫生间顶棚面层喷耐擦洗涂料 | m² | $5.1 \times 3 \times 2 \times 3 = 91.8$<br>[说明] 顶棚面层喷涂料按墙的轴线内包水平投影面积，以 m² 计算。式中5.1m为卫生间轴线长，3m为卫生间宽，每层有2个卫生间，共3层 | 91.8 |
| 4 | 顶棚面层喷多彩花纹涂料 | m² | $306.36 + 301.32 + 353.34 = 961.02$ | 961.02 |
| a | 首层：门厅 | | $5.1 \times 3.6 \times 2 = 36.72$    小计：306.36 | |
| | 楼道 | | $29.7 \times 1.8 = 53.46$ | |
| | 办公室 | | $5.1 \times 3.3 \times 10 = 168.3$ | |
| | 打印室、储藏室 | | $5.1 \times 3 \times 2 = 30.6$ | |
| | 梁侧立面： | |   2L2    2L3    8L3<br>$3.6 \times 0.35 \times 2 \times 2 + 3.6 \times 0.35 \times 2 \times 2 + 1.8 \times 0.25 \times 2 \times 8 = 17.28$ | |
| b | 二层：楼道 | | $29.7 \times 1.8 = 53.46$    小计：301.32 | |
| | 办公室 | | $5.1 \times 3.3 \times 10 + 5.1 \times 3.6 \times 2 = 205.02$ | |
| | 医务室、储藏室 | | $5.1 \times 3 \times 2 = 30.6$ | |
| | 梁侧立面： | |   2L2    8L3<br>$3.6 \times 0.35 \times 2 \times 2 + 1.8 \times 0.25 \times 2 \times 8 = 12.24$ | |
| c | 三层：楼道 | | $29.7 \times 1.8 = 53.46$    小计：353.34 | |
| | 办公室、楼梯间 | | $5.1 \times 3.3 \times 5 + 5.1 \times 3.6 \times 4 = 157.59$ | |
| | 会议室、计算机室 | | $5.1 \times 9.9 + 5.1 \times 6.6 = 84.15$ | |
| | 财务室、储藏室 | | $5.1 \times 3 \times 2 = 30.6$ | |
| | 梁侧立面： | |   2L2    8L3    3L4<br>$3.6 \times 0.35 \times 2 \times 2 + 1.8 \times 0.25 \times 2 \times 8 + 5.1 \times 0.5 \times 2 \times 3 = 27.54$<br>[说明] 其工程量计算方法与2相同，梁侧立面面积 = 梁轴线长 × 梁高 | |
| (八) | 装修工程 | | | |
| 1 | 砖外墙面全部勾缝 | m² | $624.73 + 256.68 - 143.46 = 737.95$ | 719.73 |
| | 南立面、北立面 | | $30.18 \times (0.45 + 9 + 0.9) \times 2 = 624.73$ | |
| | 东立面、西立面 | | $12.4 \times (0.45 + 9 + 0.9) \times 2 = 256.68$ | |
| | 扣外门窗框外围面积 | | $5.73 + 137.73 = 143.46$   (M2 + C1 + C2)<br>[说明] 砖外墙面全部勾缝，用墙面面积 - 门窗外围面积，以 m² 计算工程量。式中0.45m为室内外高差，9m为建筑物净高，0.9m为女儿墙高 | |
| 2 | 砖女儿墙内侧抹水泥砂浆 | m² | $(29.7 + 12) \times 0.9 = 75.06$<br>[说明] 女儿墙内侧抹水泥砂浆工程量用女儿墙内侧表面积计算。式中 (29.7 + 12) × 2为女儿墙水平投影轴线周长，0.9m为女儿墙高 | 75.06 |
| 3 | 砖内墙抹混合砂浆底灰 | m² | $167.4 + 172.8 - 23.33 = 316.87$ | 316.87 |
| | 男卫生间 | | $(5.1 + 3) \times 2 \times 3 \times 3 + 1.2 \times 3 \times 2 \times 3 = 167.4$ | |

续表

| 序号 | 工程项目 | 单位 | 计 算 式 | 数量 |
|---|---|---|---|---|
| | 女卫生间 | | $(5.1+3) \times 2 \times 3 \times 3 + 1.5 \times 3 \times 2 \times 3 = 172.8$ | |
| | 扣门窗框外围面积 | | 6C1　　6M1<br>$6 \times 2.0125 + 6 \times 1.8763 = 23.33$<br>［说明］卫生间内墙抹灰工程量用卫生间的四壁墙面积＋三面隔墙面积－门窗框外围面积，以 $m^2$ 表示。式中（5.1＋3）×2m 为墙面长，3m，3 分别为墙高和建筑物层数，男卫隔墙高1.2m，女卫隔墙高 1.5m。2.0125$m^2$ 为 C1 窗每樘的面积，1.8736$m^2$ 为 M1 门每樘的面积 | |
| 4 | 砖内墙抹石灰砂浆底灰 | $m^2$ | $77.07 + 233.18 + 268.27 + 1149.66 + 191.14 + 140.01 + 115.51 + 133.35 + 135.23 = 2443.42$<br>［说明］砖内墙抹石灰砂浆底灰的工程量用砖内墙面积－门窗框外围面积，用 $m^2$ 表示 | 2443.42 |
| | 门厅（2 间） | | 2M2<br>$(5.1 \times 2 + 3.6) \times 3 \times 2 - 2 \times 2.864 = 77.07$<br>［说明］5.1×2 为门厅过道处两墙面长，3.6m 为门厅宽，3m 为墙高。（5.1×2＋3.6）×3×2$m^2$ 为 2 间门厅的面积，包括门框外围面积。2×2.864$m^2$ 为门框外围面积。式中2.864 $m^2$/樘，为每樘门的面积 | |
| | 楼梯间（6 间） | | 6C2<br>$(5.1 \times 2 + 3.6) \times 3 \times 6 - 6 \times 2.5375 = 233.18$<br>［说明］式中 5.1m 为楼梯间进深，3.6m 楼梯开间，（5.1×2＋3.6）m 为楼梯间三面墙的长度，3m 为楼层高。（5.1×2＋3.6）×3×6$m^2$ 为楼梯间包括窗的面积。6×2.5375$m^2$ 为窗框外围面积，其中2.5375$m^2$ 为每樘窗的面积 | |
| | 5.1×3 房间（6 间） | | 6C1　　6M1<br>$(5.1+3) \times 2 \times 3 \times 6 - 6 \times (2.0125 + 1.8763) = 268.27$<br>［说明］式中（5.1＋3）×2 为房间周长，3m 为楼层高，6×（2.0125＋1.8763）为 6 个 C1 窗，6 个 M1 门的框外围面积，求内墙抹灰时应减去此面积 | |
| | 5.1m×3.3m 房间（25 间） | | 25C1　　25M1<br>$(5.1+3.3) \times 2 \times 3 \times 25 - 25 \times (2.5375 + 1.8763) = 1149.66$<br>［说明］有 25 个房间就有 25 个门，25 个窗，门窗框外围面积均应减去 | |
| | 5.1m×3.6m 房间（4 间） | | 4C2　　4M1<br>$(5.1+3.6) \times 2 \times 3 \times 4 - 4 \times (2.5375 + 1.8763) = 191.14$<br>［说明］5.1×3.6 房间的工程量计算方法与前面相同 | |

续表

| 序号 | 工程项目 | 单位 | 计 算 式 | 数量 |
|---|---|---|---|---|
| | 计算机室、会议室 | | 5C2　　4M1<br>(5.1+6.6)×2×3+(5.1+9.9)×2×3−5×2.5375−4×1.8763=140.01<br>[说明] 由图4-1-3顶层平面图可以看出，计算机室的水平投影轴线长3.3×2=6.6m，宽5.1m，(5.1+6.6)×2m为周长，3m为层高，计算机室内有2扇C2窗，2樘M1门，此门窗框外围面积均应减去，会议室同理 | |
| | 首层楼道 | | 2C1　　14M1<br>(29.7−2×3.6+1.8)×2×3−2×2.0125−14×1.8763=115.51<br>[说明] 29.7为楼道通长，2×3.6为两楼梯间或两门厅无墙处，1.8m为楼道宽，楼道处有2个C1窗，14个M1门，均应减去其框外围面积 | |
| | 二层楼道 | | 2C1　　16M1<br>(29.7−3.6+1.8)×2×3−2×2.0125−16×1.8763=133.35 | |
| | 三层楼道 | | 2C1　　15M1<br>(29.7−3.6+1.8)×2×3−2×2.0125−15×1.8763=135.23<br>[说明] 29.7m为楼道通长，3.6m为一楼梯间无墙处，1.8m为楼道宽，楼道处有2个C1窗，15个M1门，均应减去其框外围面积。<br>三层楼道计算方法同理 | |
| 5 | 砖内墙抹水泥拉毛底灰 | m² | 167.4+172.8−23.33=316.87 | 316.87 |
| | 男卫生间 | | (5.1+3)×2×3×3+1.2×3×2×3=167.4 | |
| | 女卫生间 | | (5.1+3)×2×3×3+1.5×3×2×3=172.8 | |
| | 扣门窗框外围面积 | | 6C1　　6M1<br>6×2.0125+6×1.8763=23.33<br>[说明] 卫生间内墙抹灰工程量用卫生间的四壁墙面积+三面隔墙面积−门窗框外围面积，用m²表示。式中(5.1+3)×2m为墙面长，3为墙高，男卫隔墙高1.2m，女卫隔墙高1.5m | |
| 6 | 内墙面喷多彩花纹涂料 | m² | 77.07+233.18+268.27+1149.66+191.14+140.01+115.51+133.35+135.23=2243.42<br>[说明] 内墙面喷多彩花纹涂料的工程量用砖内墙面积−门窗框外围面积，用m²表示。式中5.1×2m为门厅过道处两墙面长，3.6m为门厅宽，3m为墙高。(5.1×2+3.6)×3×2m为2间门厅的面积，包括门框外围面积。2×2.864m为门框外围面积。式中2.864m²/樘，为每樘门的面积 | 2443.42 |
| | 门厅（2间） | | 2M2<br>(5.1×2+3.6)×3×2−2×2.864=77.07 | |
| | 楼梯间（6间） | | 6C2<br>(5.1×2+3.6)×3×6−6×2.5375=233.18 | |

续表

| 序号 | 工程项目 | 单位 | 计算式 | 数量 |
|---|---|---|---|---|
| | 5.1×3 房间（6间） | | 6C1　　6M1<br>$(5.1+3) \times 2 \times 3 \times 6 - 6 \times (2.0125+1.8763) = 268.27$ | |
| | 5.1×3.3 房间（25间） | | 25C2　　25M1<br>$(5.1+3.3) \times 2 \times 3 \times 25 - 25 \times (2.5375+1.8763) = 1149.66$ | |
| | 5.1×3.6 房间（4间） | | 4C2　　4M1<br>$(5.1+3.6) \times 2 \times 3 \times 4 - 4 \times (2.5375+1.8763) = 191.14$ | |
| | 计算机室、会议室 | | 5C2　　4M1<br>$(5.1+6.6+5.1+9.9) \times 2 \times 3 - 5 \times 2.5375 - 4 \times 1.8763 = 140.01$ | |
| | 首层楼道 | | 2C1　　14M1<br>$(29.7-2 \times 3.6+1.8) \times 2 \times 3 - 2 \times 2.0125 - 14 \times 1.8763 = 115.51$ | |
| | 二层楼道 | | 2C1　　16M1<br>$(29.7-3.6+1.8) \times 2 \times 3 - 2 \times 2.0125 - 16 \times 1.8763 = 133.35$ | |
| | 三层楼道 | | 2C1　　15M1<br>$(29.7-3.6+1.8) \times 2 \times 3 - 2 \times 2.0125 - 15 \times 1.8763 = 135.23$ | |
| 7 | 内墙面贴彩色瓷砖 | m² | $167.4+172.8-23.33 = 316.87$<br>［说明］此项工程只在卫生间做，其工程量计算方法与序3相同 | 316.87 |
| | 男卫生间（3间） | | $(5.1+3) \times 2 \times 3 \times 3 + 1.2 \times 3 \times 2 \times 3 = 167.4$ | |
| | 女卫生间（3间） | | $(5.1+3) \times 2 \times 3 \times 3 + 1.5 \times 3 \times 2 \times 3 = 172.8$ | |
| | 扣门窗框外围面积 | | 6C1　　6M1<br>$6 \times 2.0125 + 6 \times 1.8763 = 23.33$ | |
| 8 | 雨罩装修 | m² | $2.5 \times (1.2+0.24) \times 2 = 7.2$<br>［说明］雨罩装修雨罩的面积计算工程量，式中 2.5m 为雨罩长，$(1.2+0.24)$ 为雨罩宽，2个 M2 门厅上安雨罩 | 7.2 |
| （九） | 建筑配件 | | | |
| 1 | 预制水磨石污水池 | 组 | $2 \times 3 = 6$ | 6 |
| 2 | 厕所隔断 | 间 | $3 \times 2 \times 3 = 18$ | 18 |
| 3 | 房间铭牌 | 个 | $14+16+15 = 45$ | 45 |
| 4 | 平屋顶出入孔 | 个 | 1 | 1 |
| （十） | 其他直接费 | | | |
| 1 | 脚手架使用费 | m² | $376.65 \times 3 = 1129.95$（同建筑面积） | 1129.95 |
| 2 | 大型垂直运输机械使用费 | m² | $376.65 \times 3 = 1129.95$（同建筑面积） | 1129.95 |
| 3 | 中小型机械使用费 | m² | $376.65 \times 3 = 1129.95$（同建筑面积） | 1129.95 |
| 4 | 工程水电费 | m² | $376.65 \times 3 = 1129.95$（同建筑面积） | 1129.95 |
| 5 | 二次搬运费 | m² | $376.65 \times 3 = 1129.95$（同建筑面积） | 1129.95 |
| 6 | 冬雨期施工费 | m² | $376.65 \times 3 = 1129.95$（同建筑面积） | 1129.95 |
| 7 | 生产工具使用费 | m² | $376.65 \times 3 = 1129.95$（同建筑面积） | 1129.95 |
| 8 | 检验试验费 | m² | $376.65 \times 3 = 1129.95$（同建筑面积） | 1129.95 |
| 9 | 工程定位复测点交及竣工清理费 | m² | $376.65 \times 3 = 1129.95$（同建筑面积） | 1129.95 |
| 10 | 排污费 | m² | $376.65 \times 3 = 1129.95$（同建筑面积） | 1129.95 |
| （十一） | 现场管理费 | | | |
| 1 | 临时设施费 | | 直接费 | |
| 2 | 现场经费 | | 直接费 | |

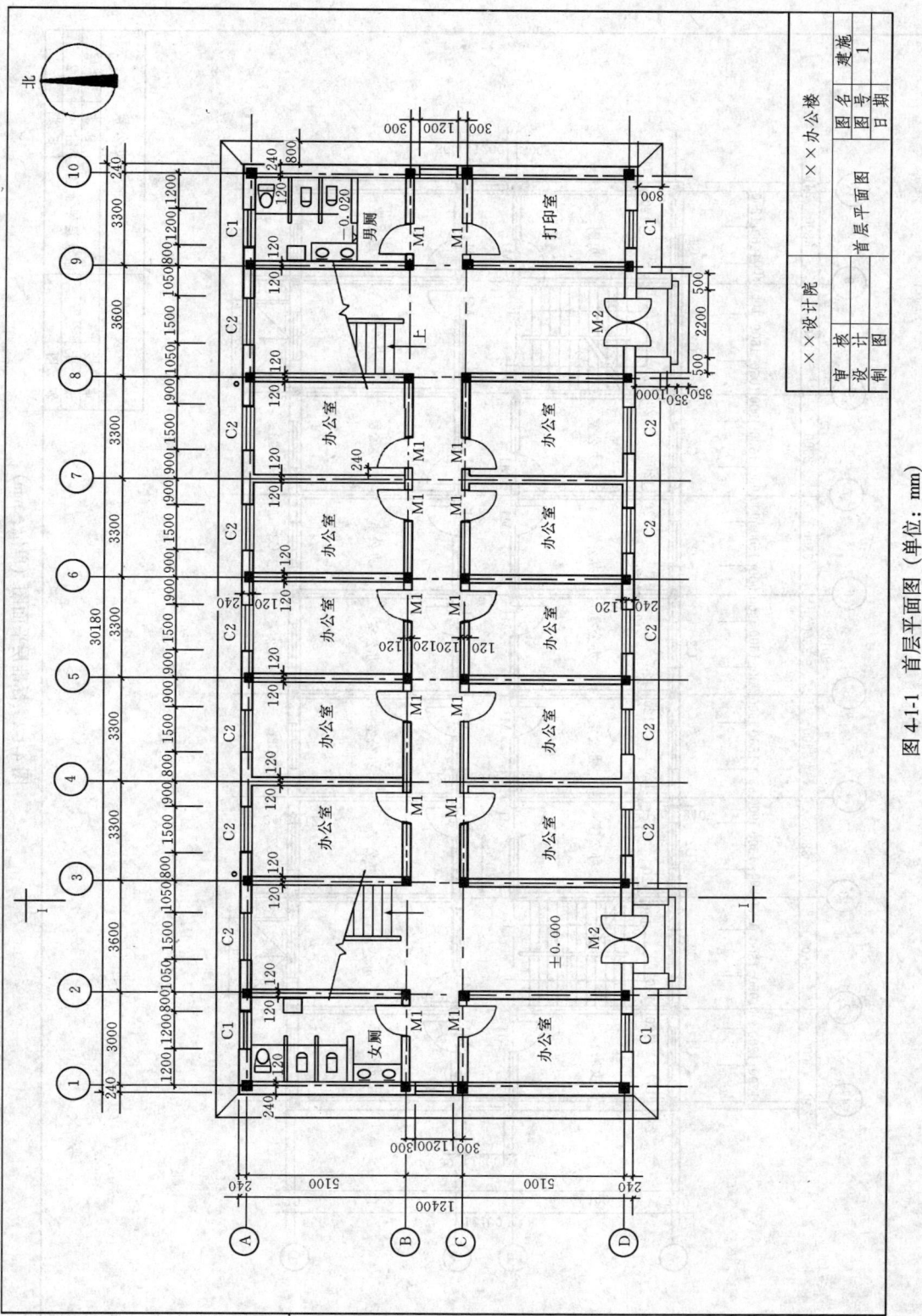

图 4-1-1 首层平面图（单位：mm）

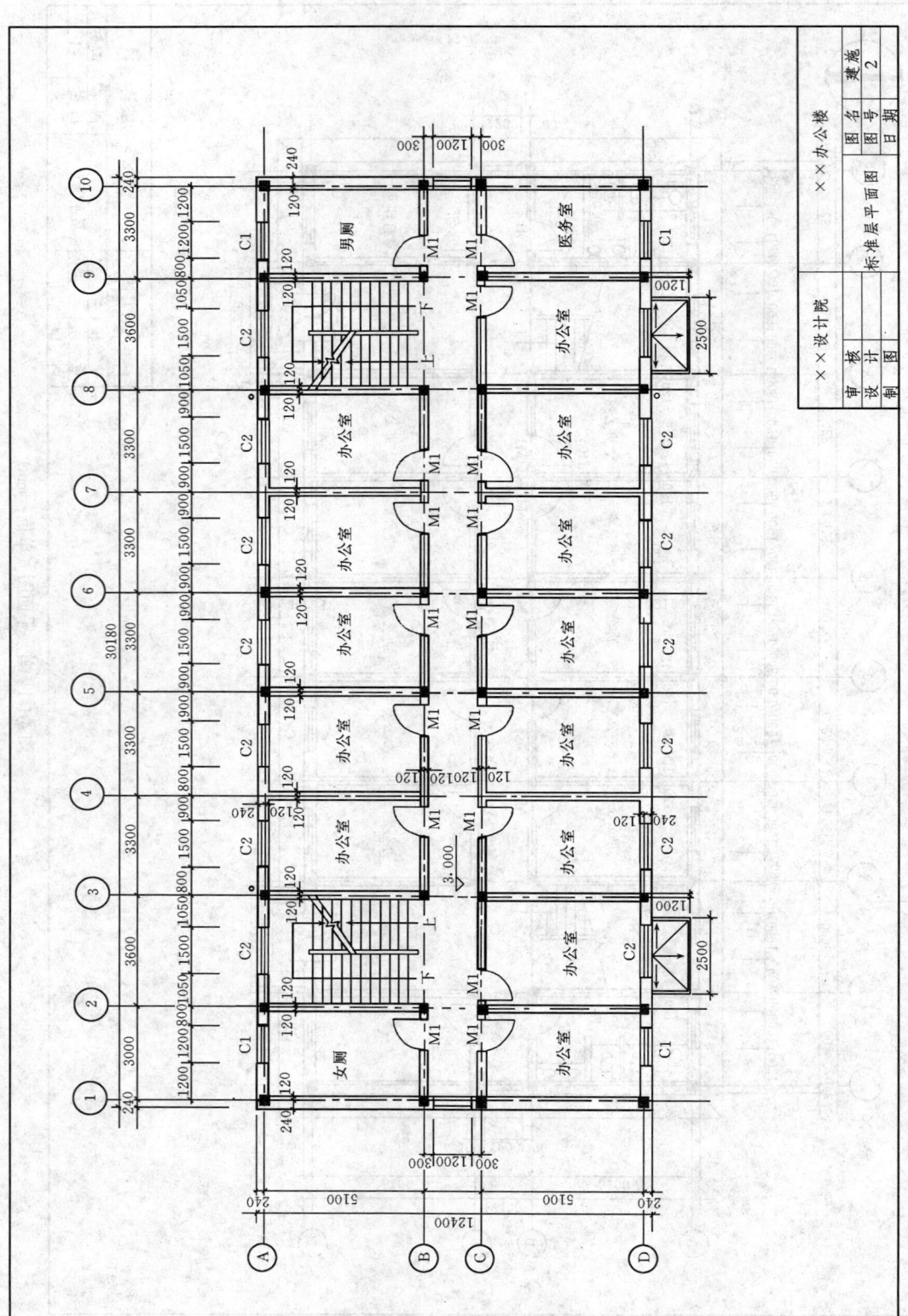

图 4-1-2 标准层平面图（单位：mm）

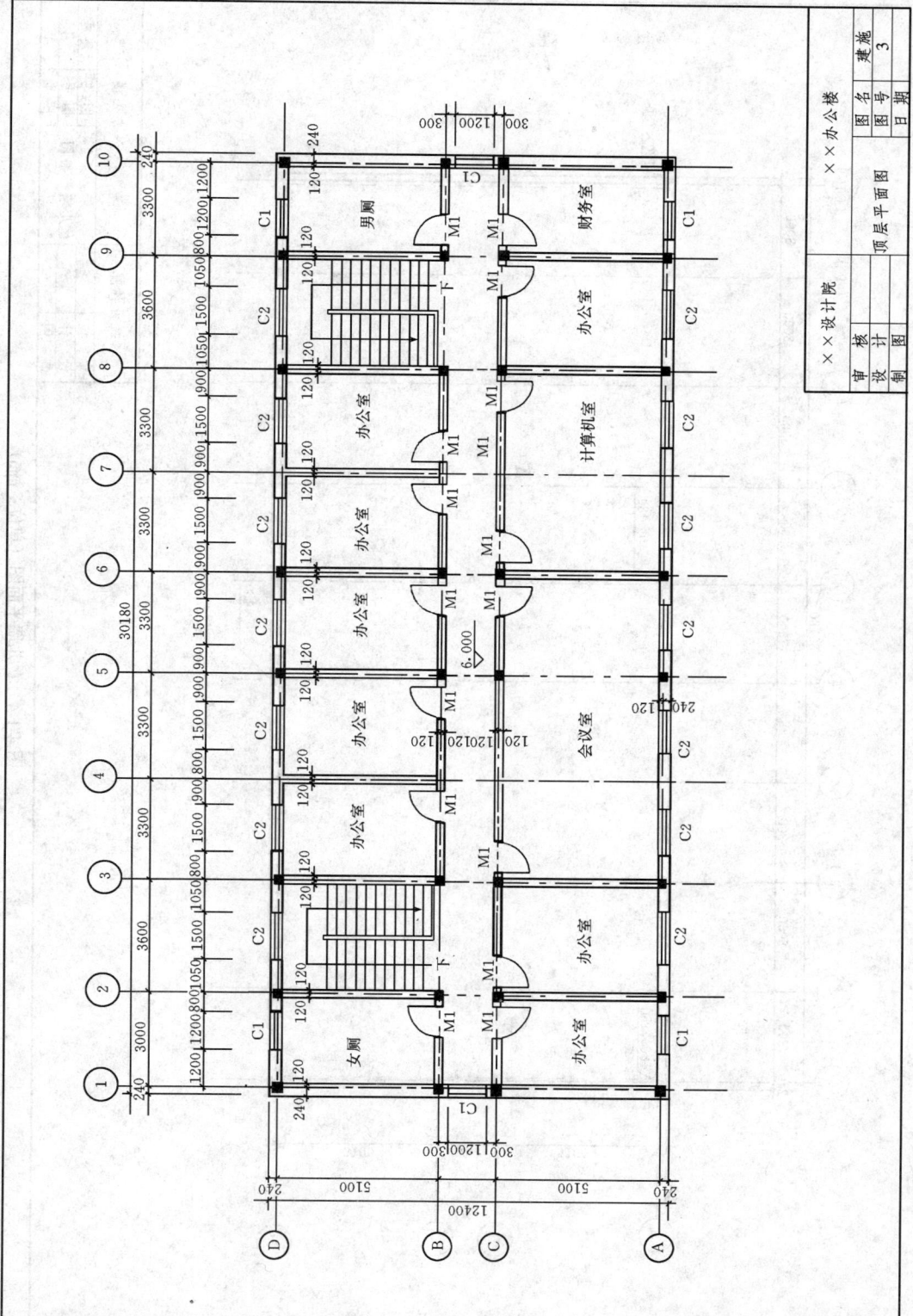

图 4-1-3 顶层平面图（单位：mm）

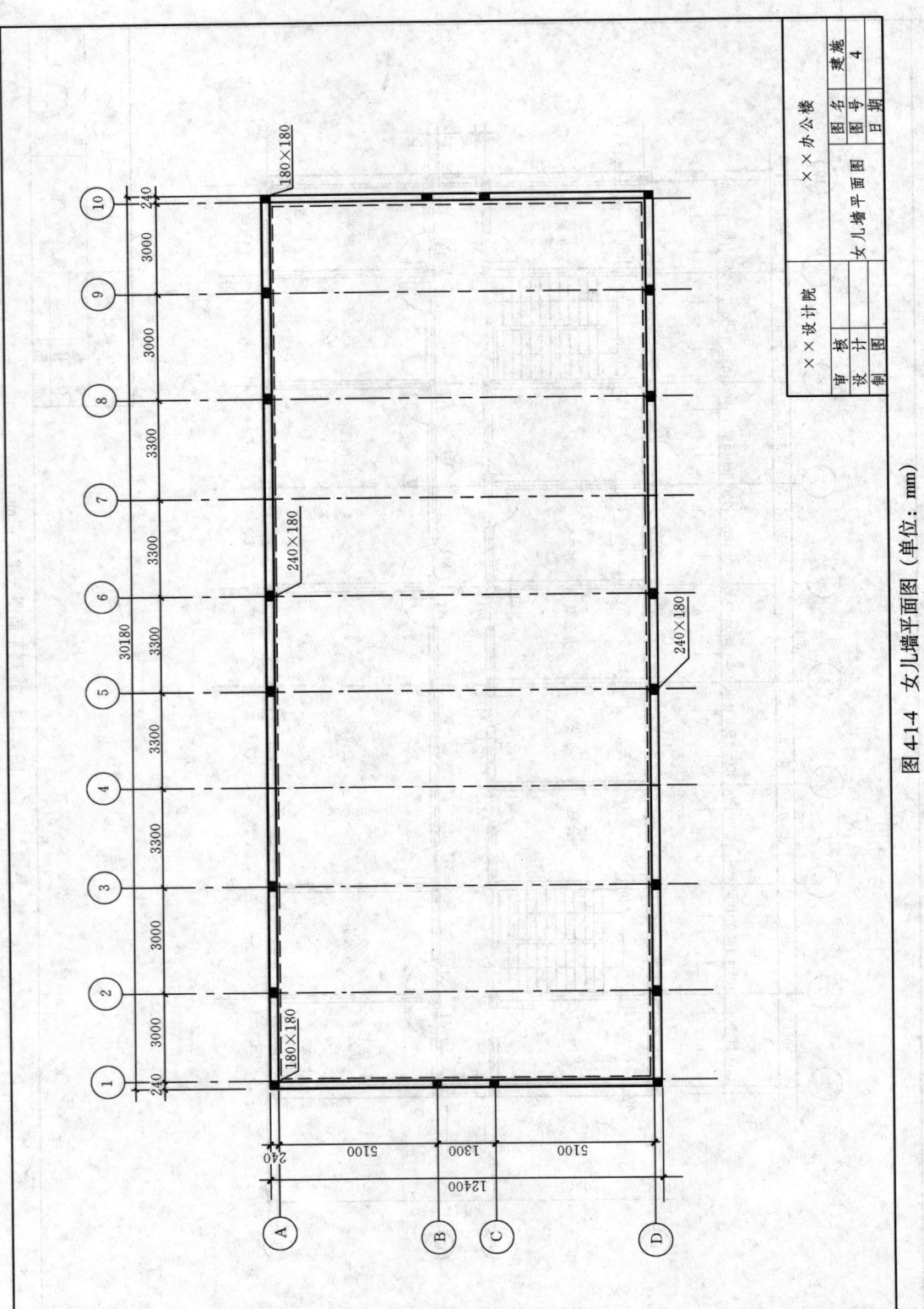

图 4-1.4 女儿墙平面图（单位：mm）

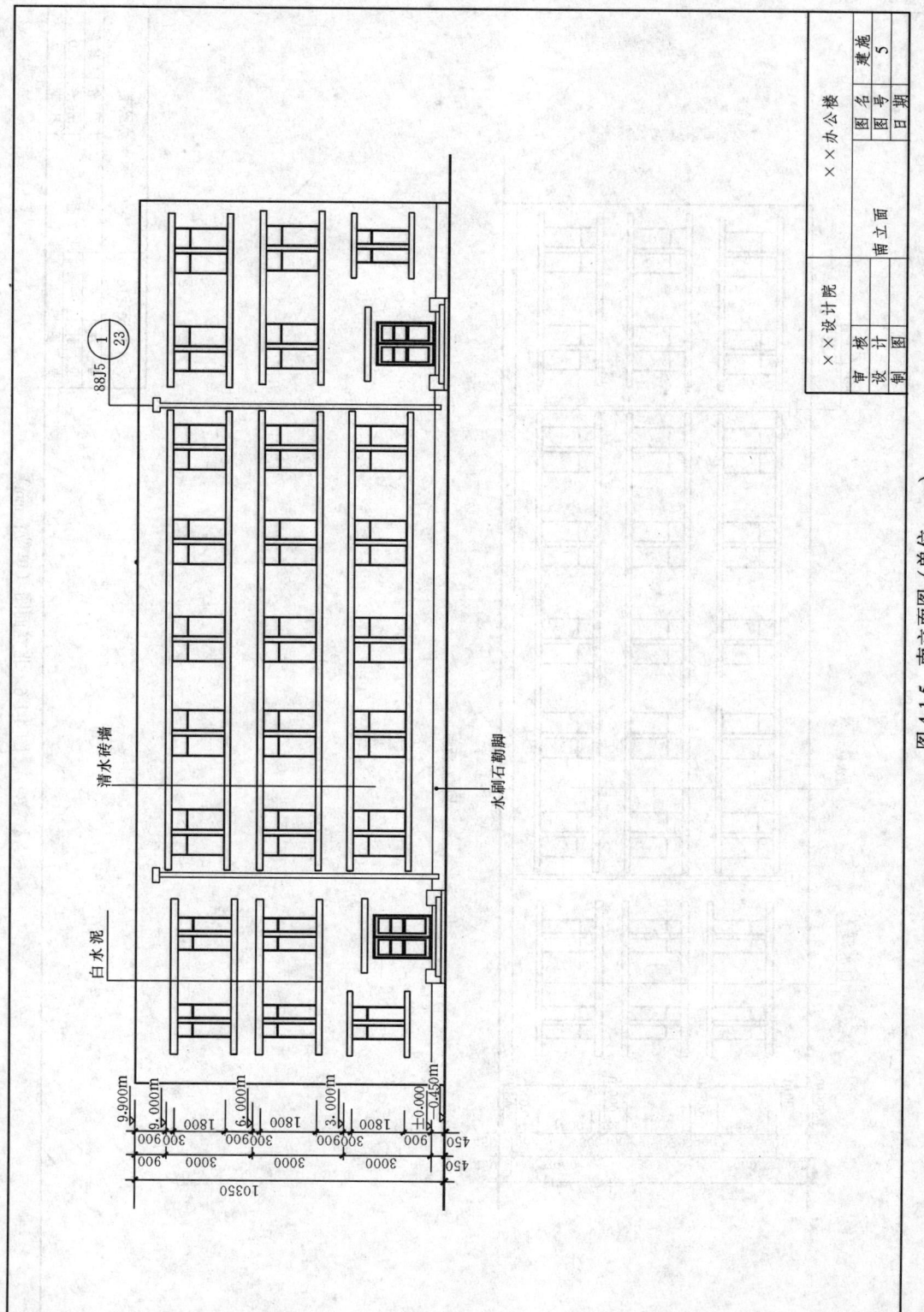

图 4-1-5 南立面图（单位：mm）

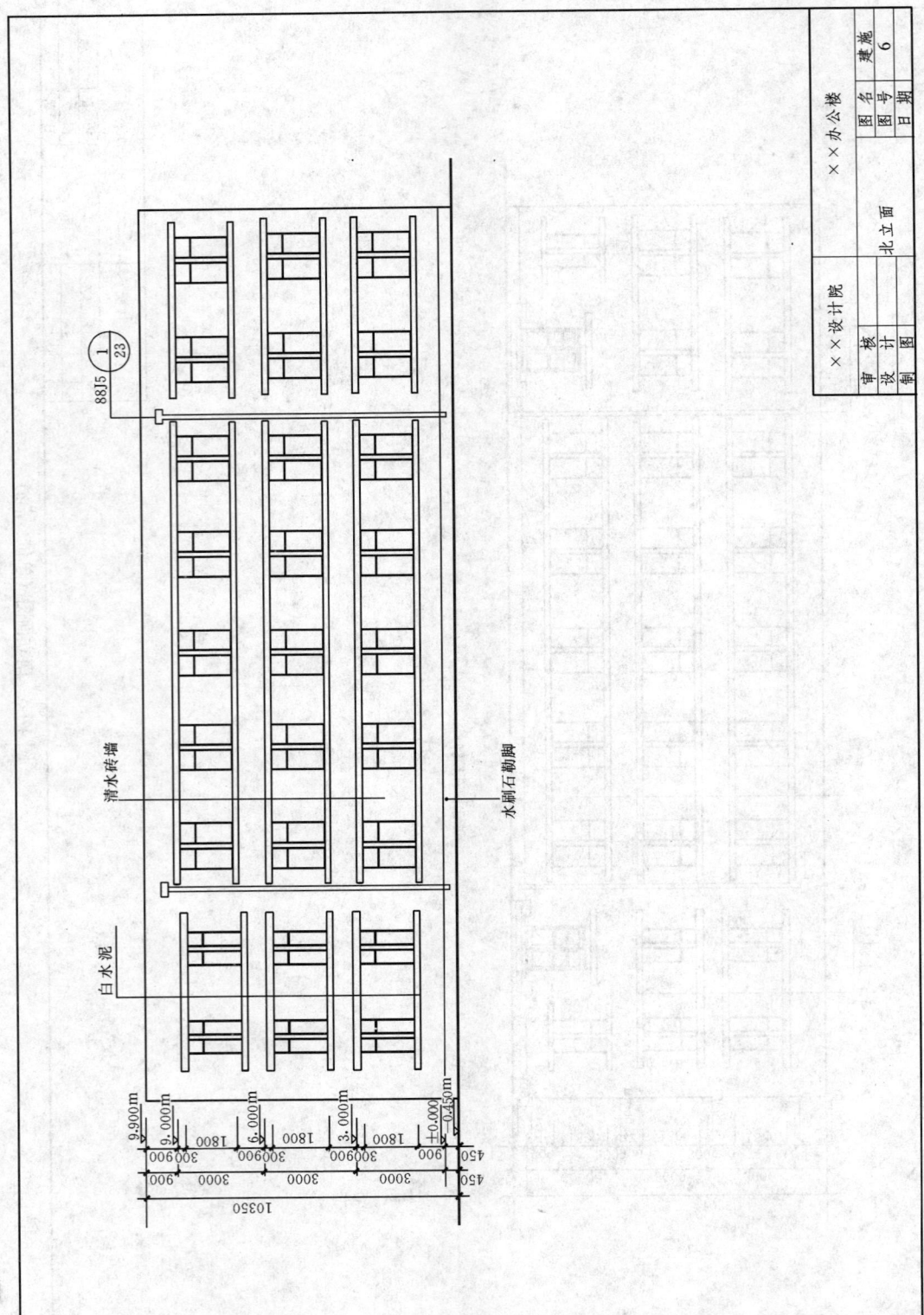

图 4-1-6 北立面图(单位:mm)

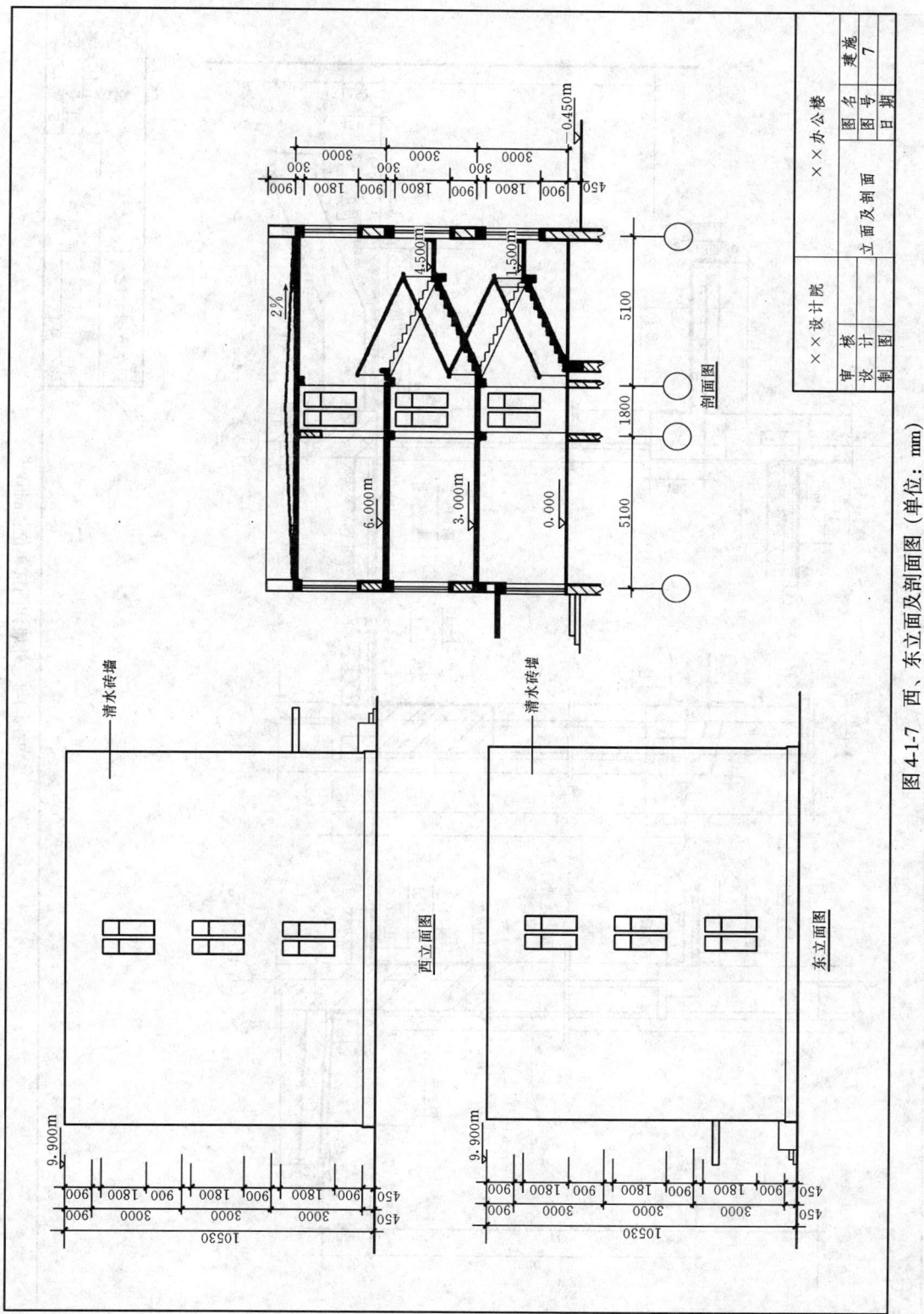

图 4-1-7 西、东立面及剖面图（单位：mm）

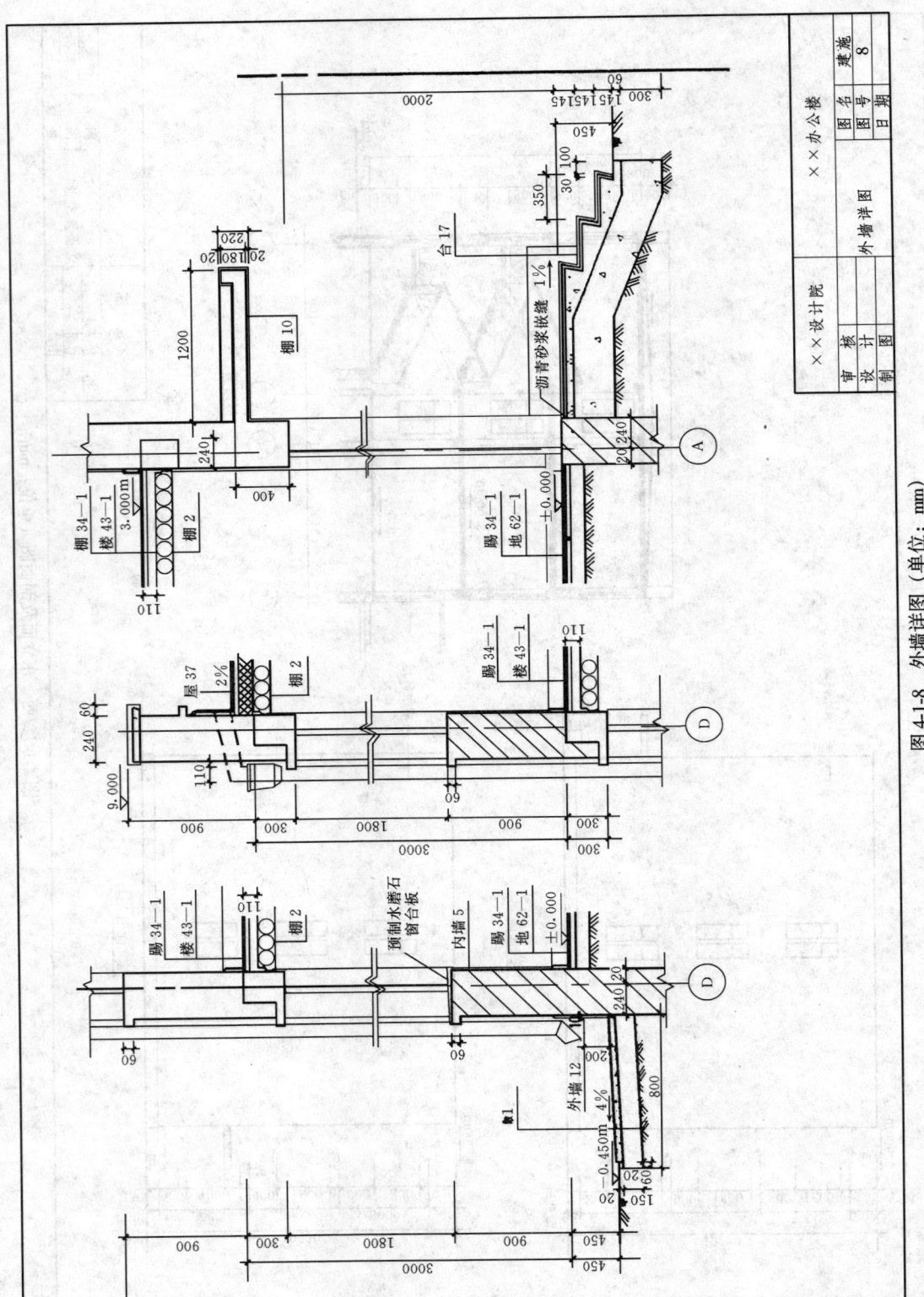

图 4-1-8 外墙详图（单位：mm）

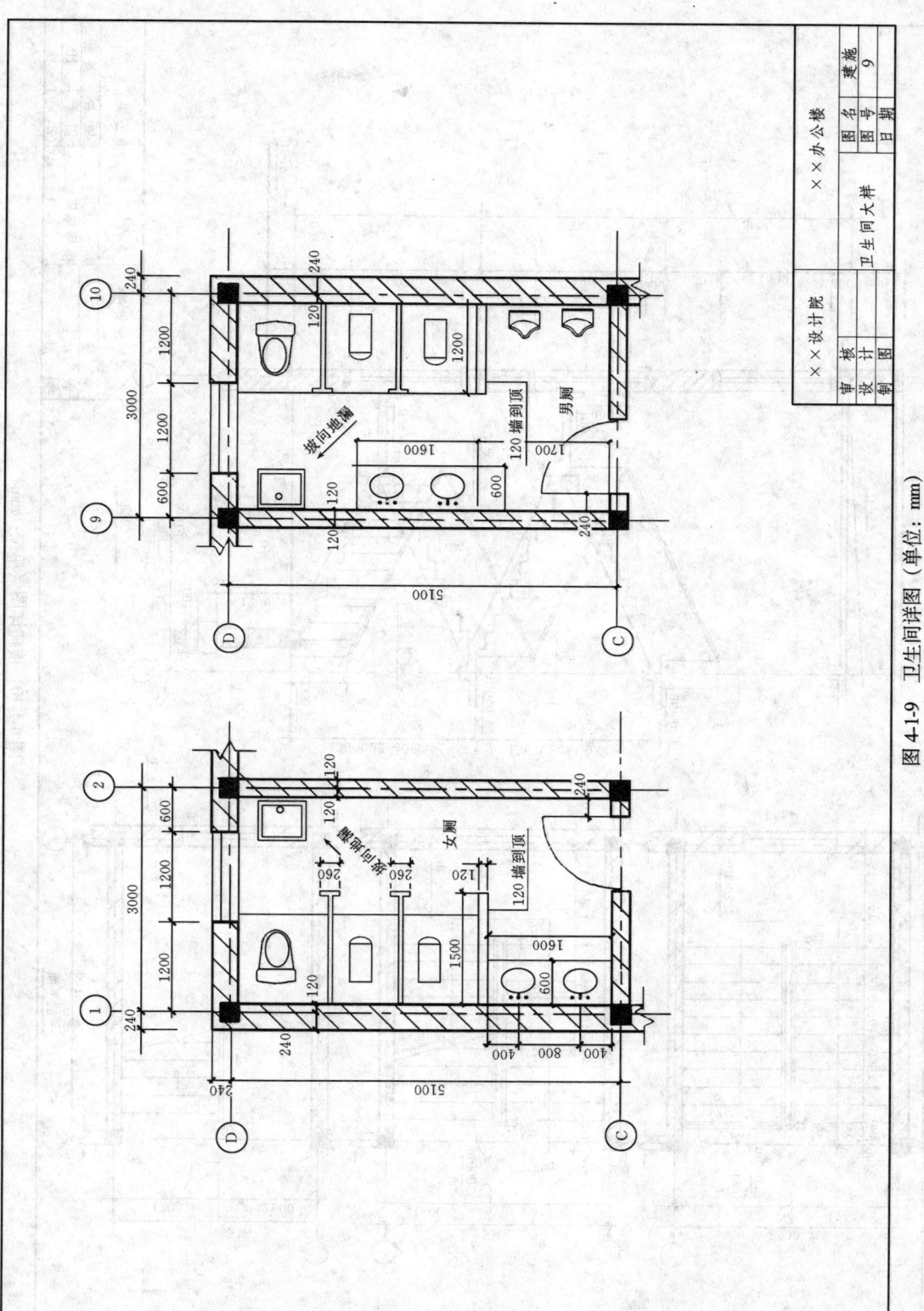

图 4-1-9 卫生间详图（单位：mm）

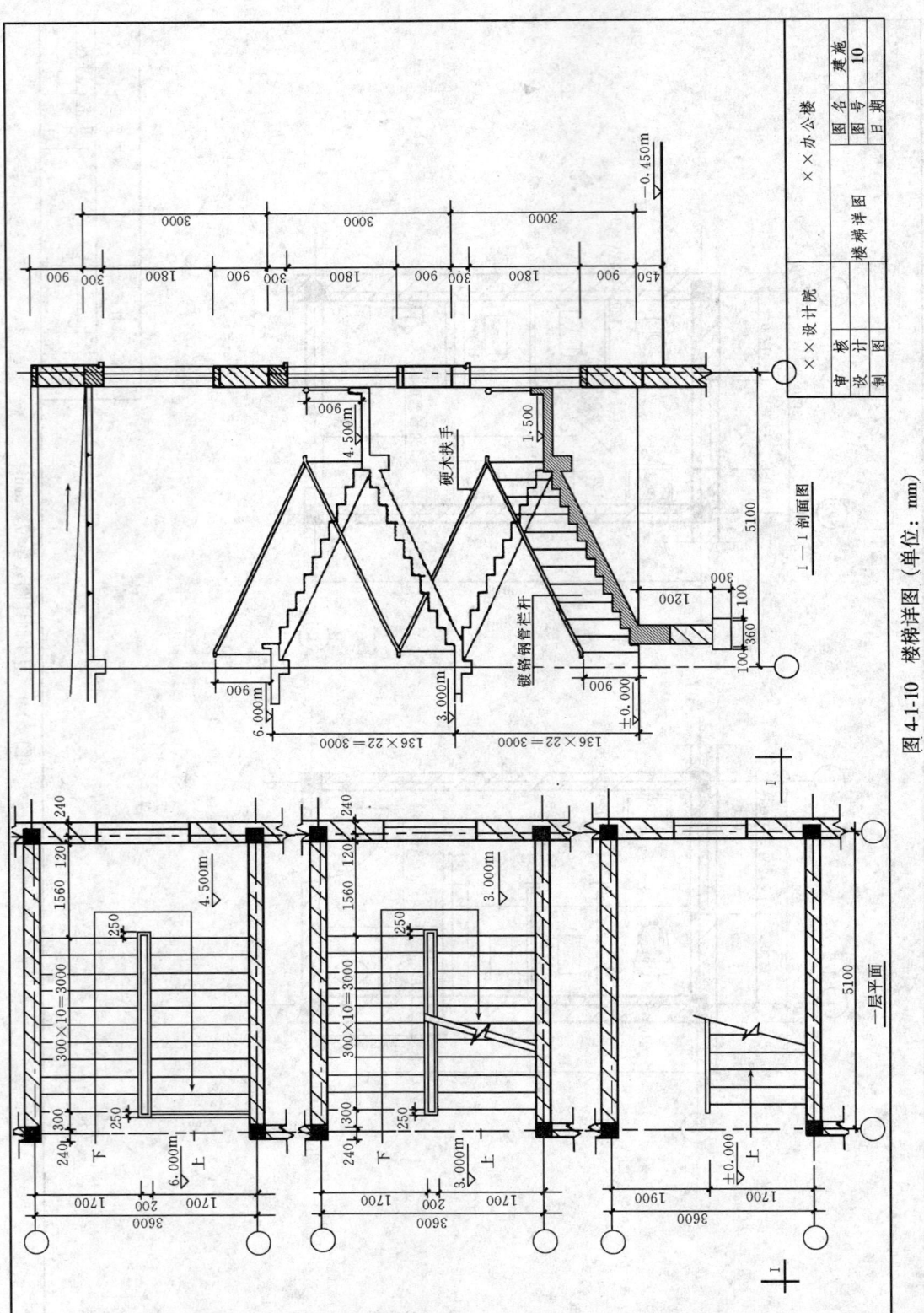

图 4-1-10 楼梯详图（单位：mm）

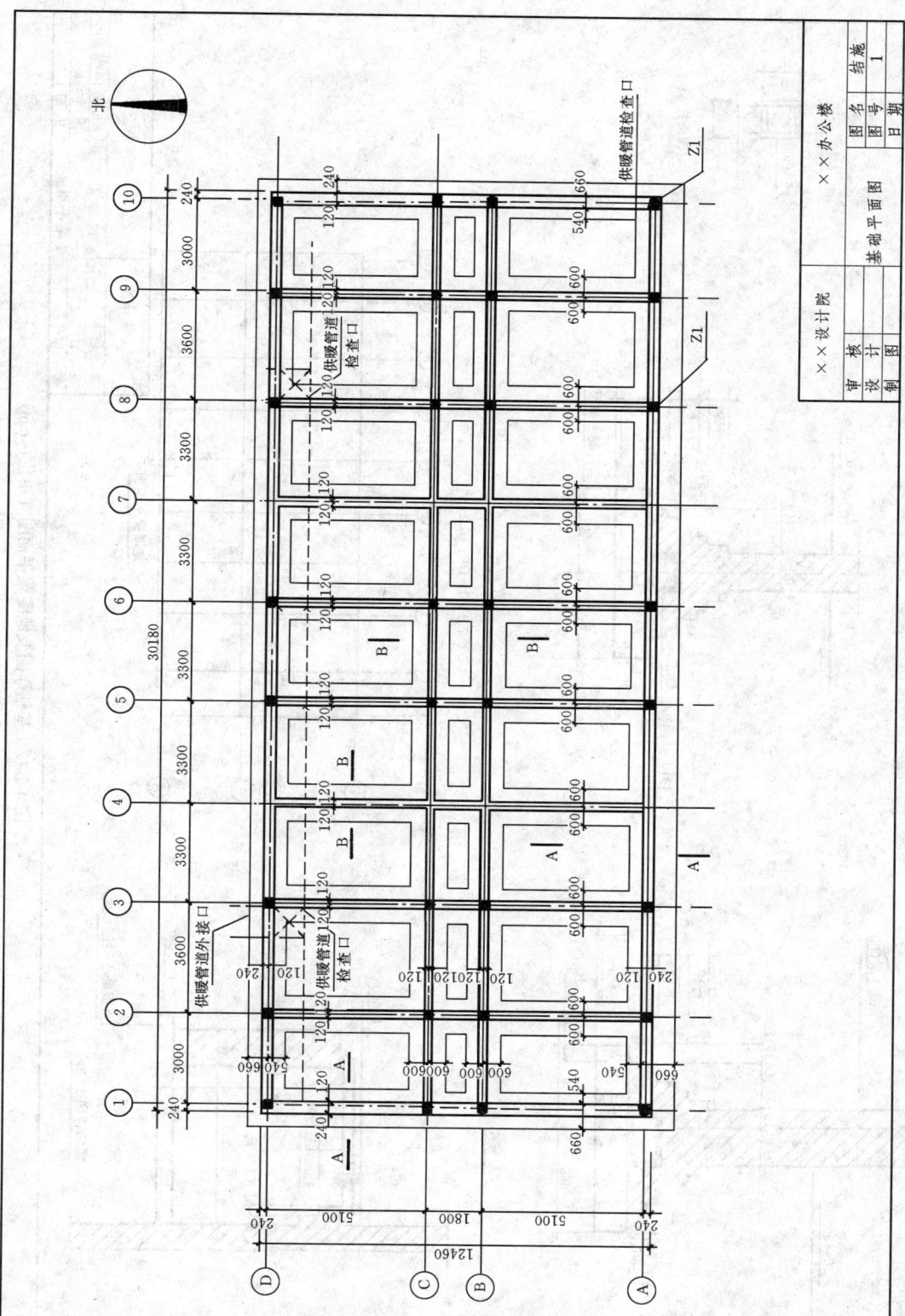

图 4-1-11 基础平面图（单位：mm）

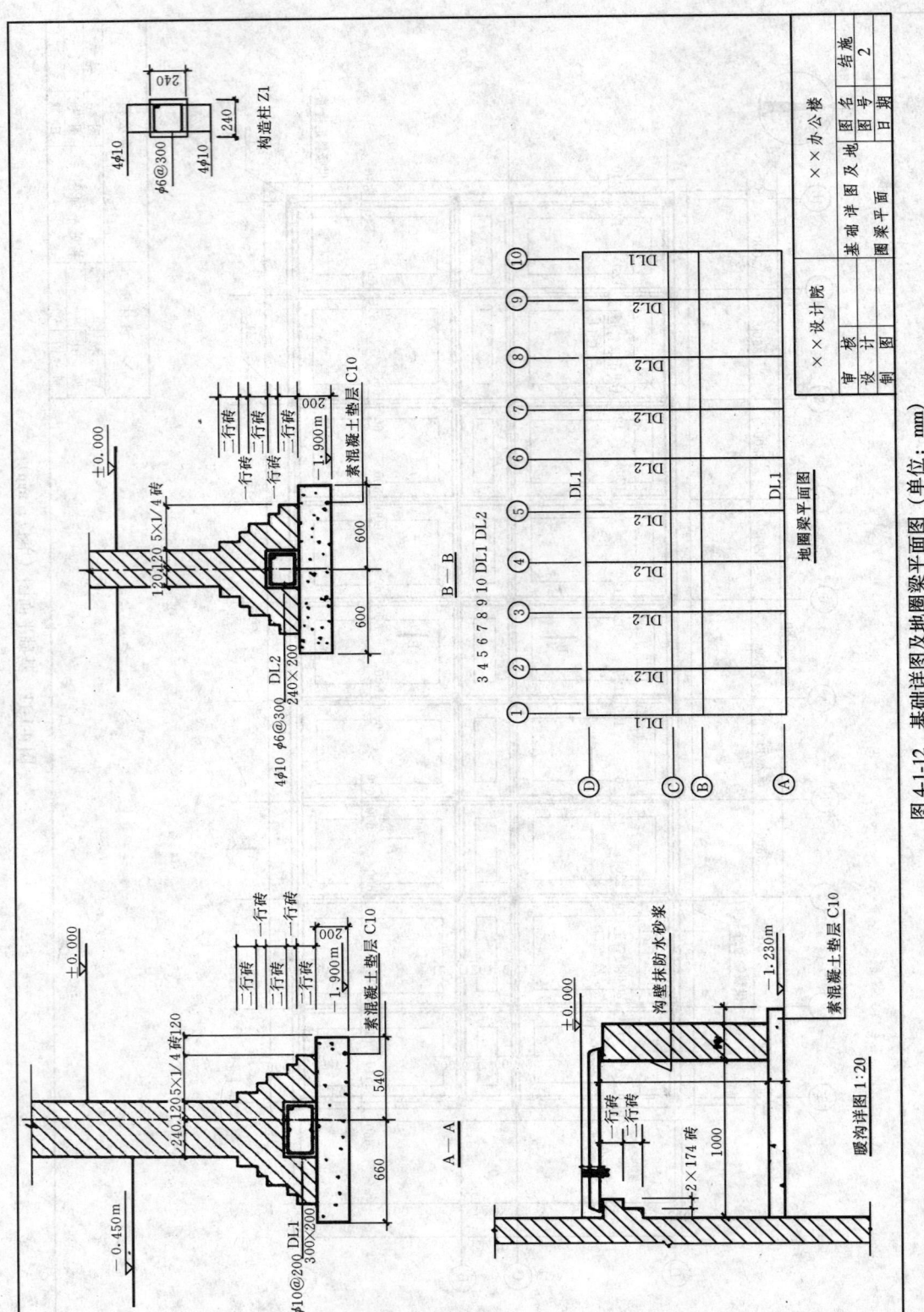

图 4-1-12 基础详图及地圈梁平面图（单位：mm）

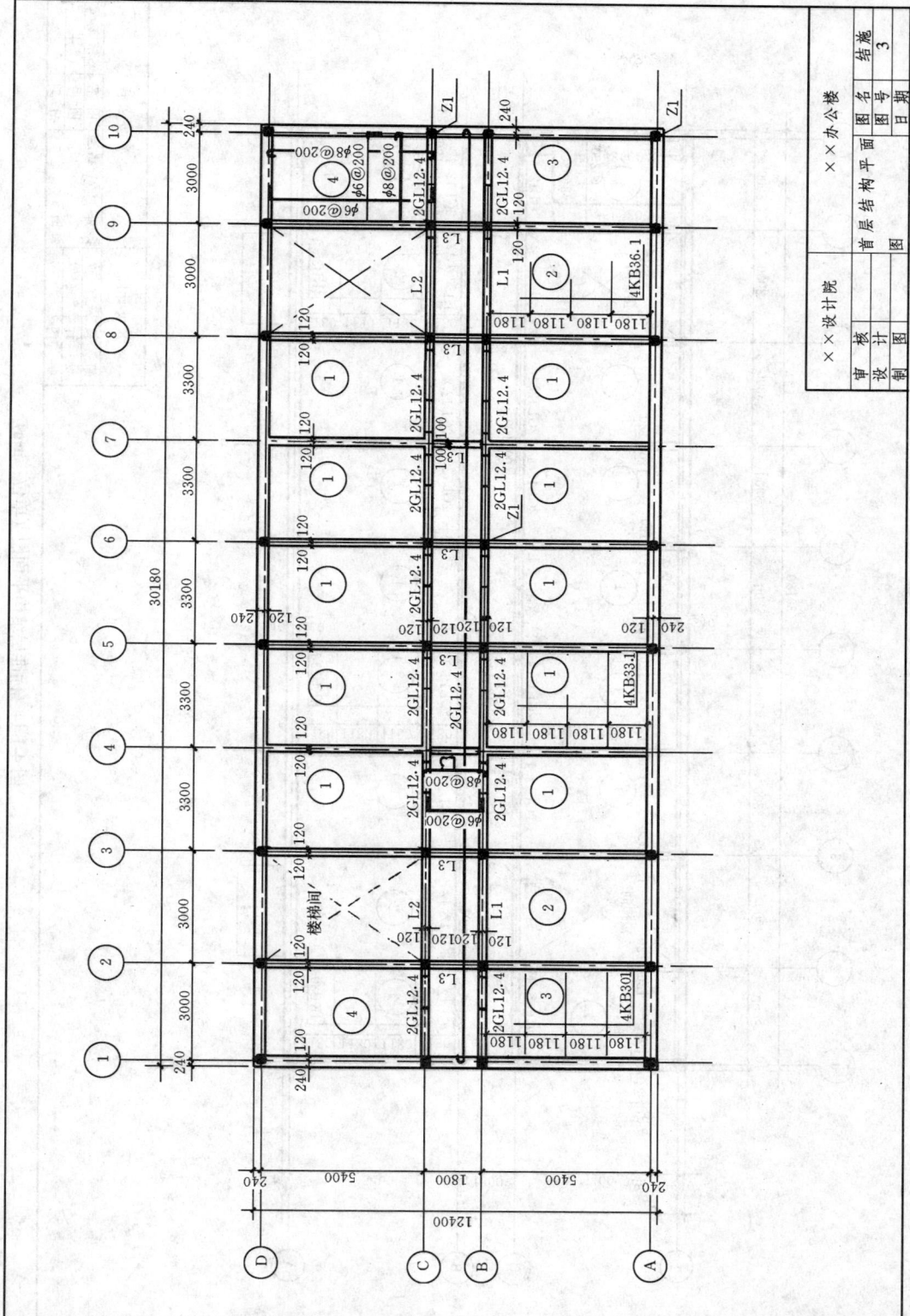

图 4-1-13 首层结构平面图（单位：mm）

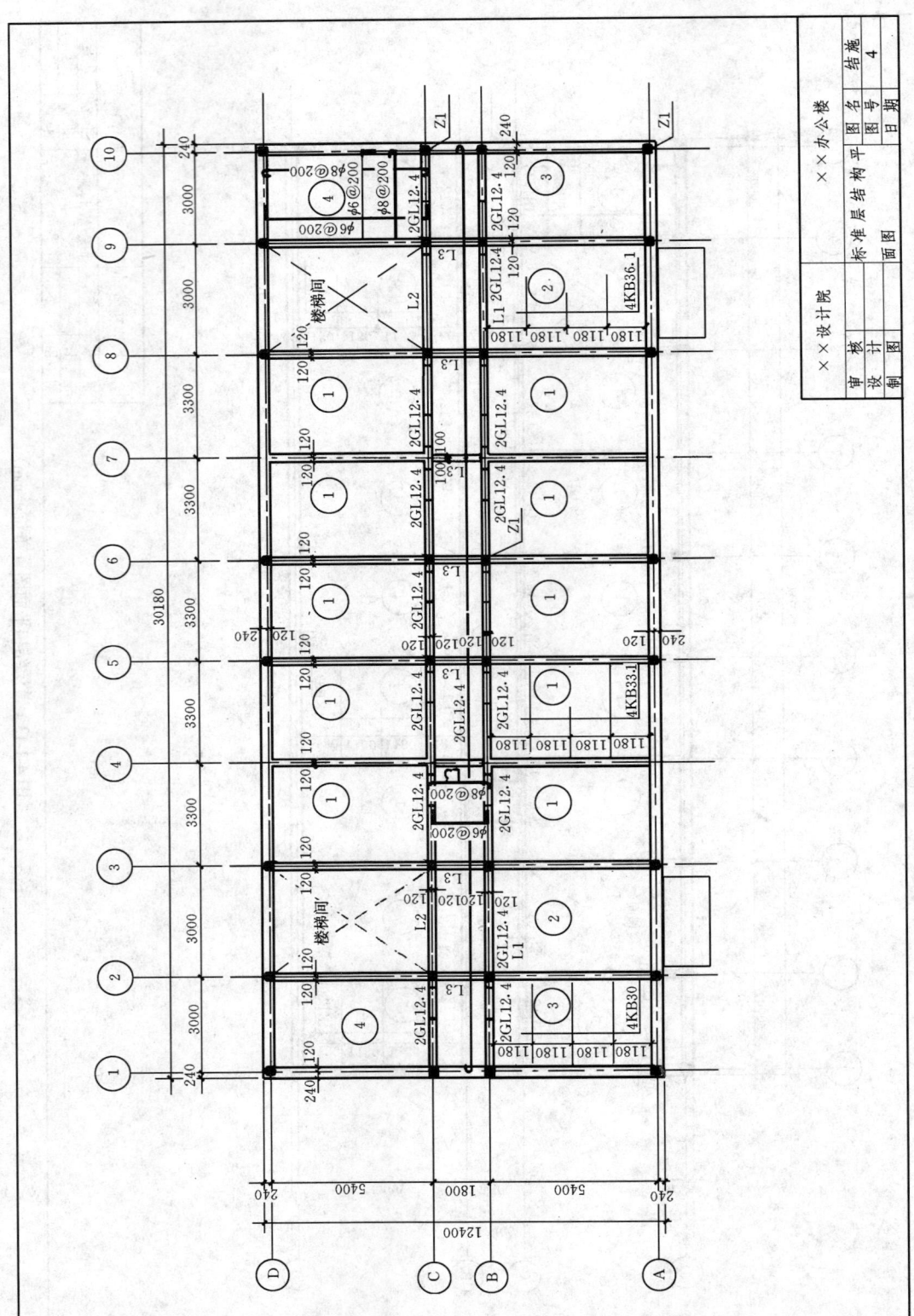

图 4-1-14 标准层结构平面图（单位：mm）

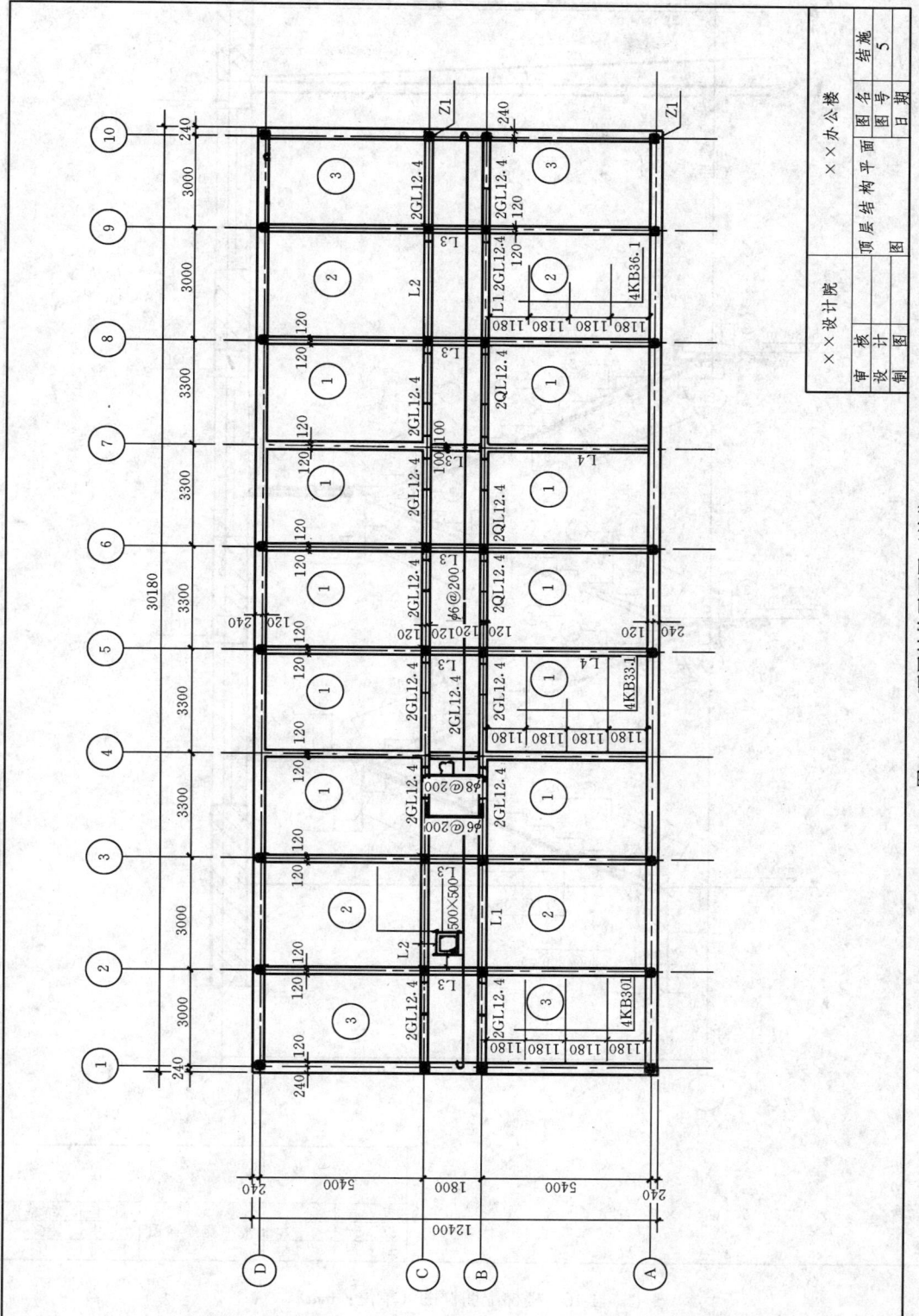

图 4-1-15 顶层结构平面图（单位：mm）

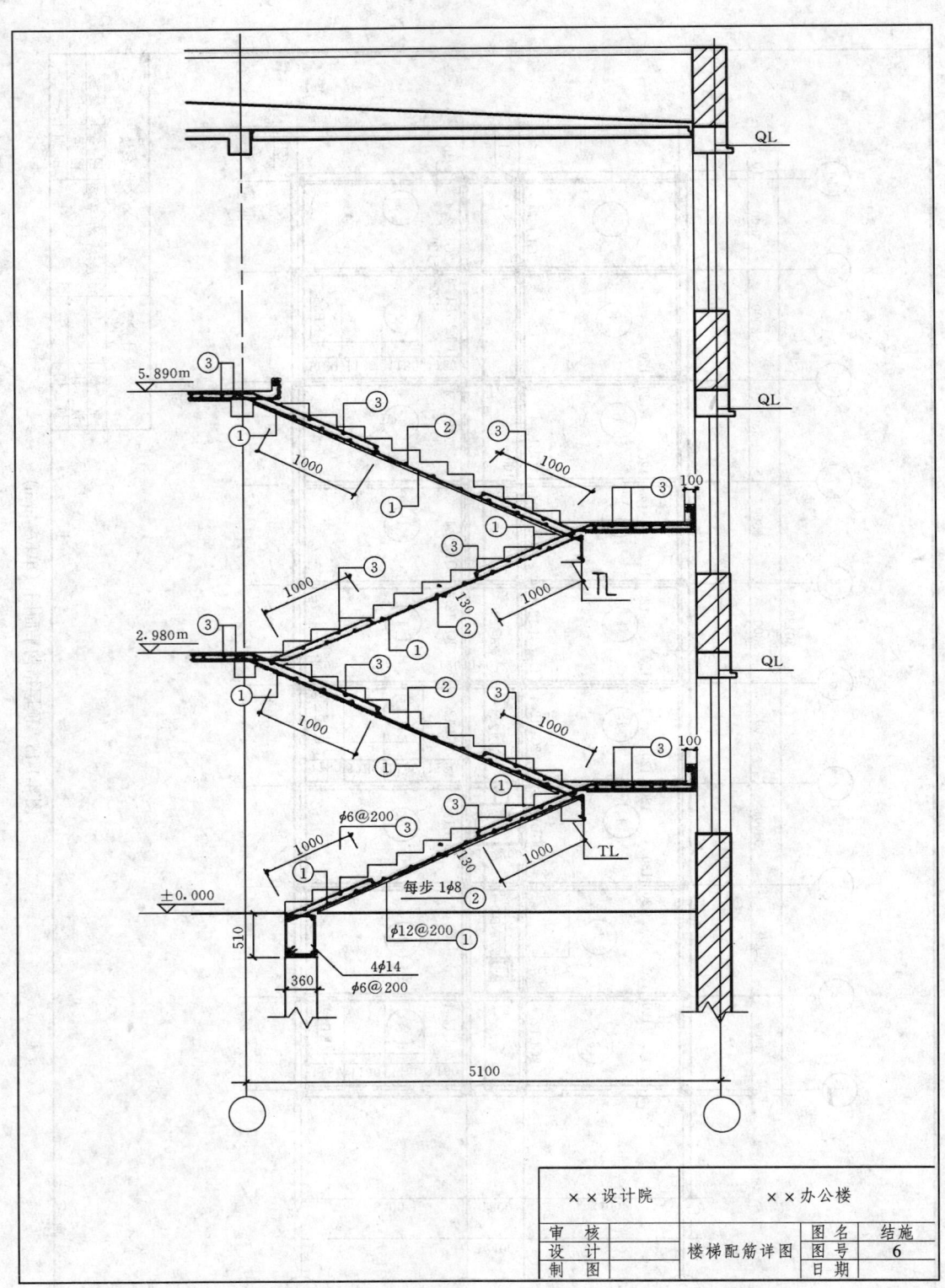

图 4-1-16 楼梯配筋详图（单位：mm）

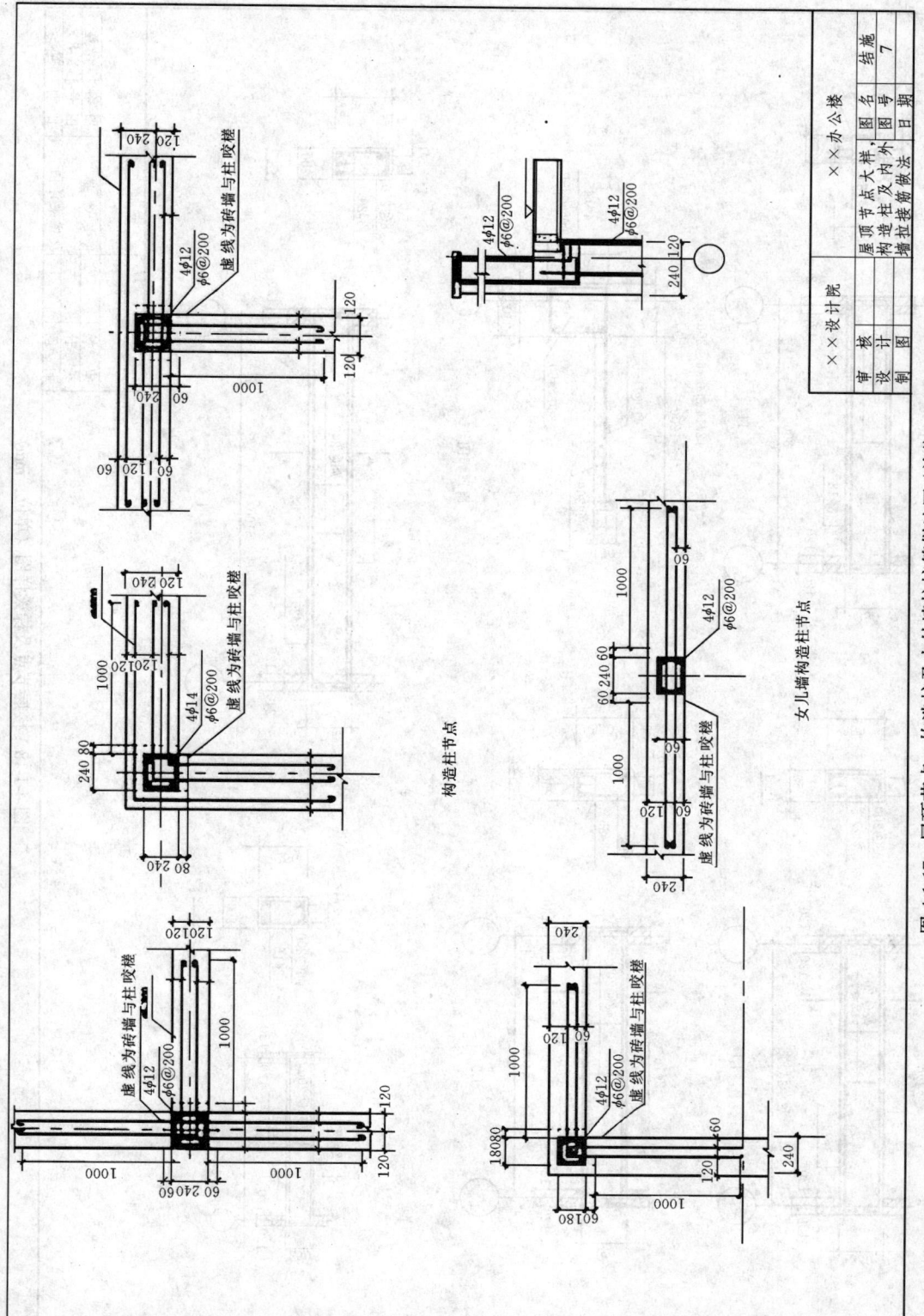

图 4-1-17 屋顶节点、构造柱及内外墙拉接筋做法图(单位:mm)

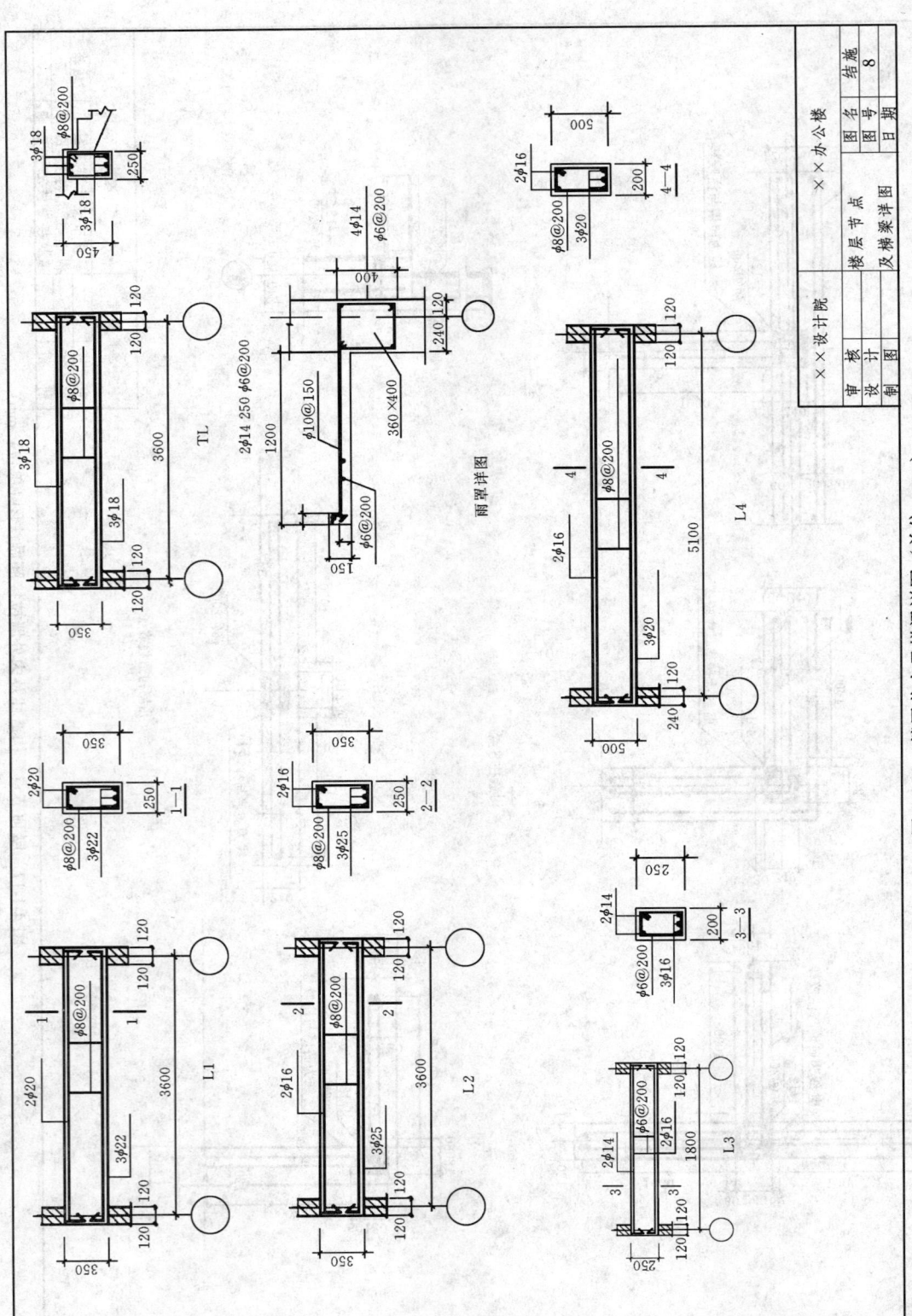

图 4-1-18 楼层节点及梯梁详图(单位: mm)

## 三、工程量计算说明

### （一）基础工程

**1. 平整场地**

计算式：$(3 \times 2 + 3.6 \times 2 + 3.3 \times 5) \times (5.1 \times 2 + 1.8) = 356.4 m^2$

［说明］场地平整是指室外设计地坪与自然地坪高差平均在±30cm以内的就地挖填土。工程量计算，按首层外墙轴线内包水平投影面积，以平方米计算。由图4-1-1首层平面图上可看出，$(3 \times 2 + 3.6 \times 2 + 3.3 \times 5)$ m 为外墙轴线长，$(5.1 \times 2 + 1.8)$ m 为外墙轴线宽。

**2. 其他结构砖带基挖土方**

（1）A-A 剖面

计算式：$(0.365 \times 1.7 + 0.189) \times (29.7 \times 2 + 12 \times 2) m^3 = 67.51 m^3$

（2）B-B 剖

计算式：$(0.24 \times 1.7 + 0.189) \times (29.7 \times 2 + 12 \times 8) m^3 = 92.77 m^3$

（3）楼梯基础

计算式：$(0.365 \times 1.2 \times 1.8) \times 2 m^3 = 1.58 m^3$

**3. 灰土垫层**

计算式：$0.56 \times 0.3 \times 3.6 \times 2 m^3 = 1.21 m^3$

［说明］式中0.56m为楼梯垫层宽，0.3m为垫层厚，3.6m为垫层长，2为楼梯数，这些数据在图4-1-10楼梯详图中可以找到。

**4. C10混凝土垫层**

（1）A-A 剖

计算式：$1.2 \times 0.2 \times (29.7 \times 2 + 12 \times 2) m^3 = 20.02 m^3$

（2）B-B 剖

计算式：$1.2 \times 0.2 \times (29.7 \times 2 + 12 \times 8) m^3 = 37.3 m^3$

**5. 室内靠墙管沟**

计算式：$(29.7 \times 2 + 12) m = 71.4 m$

［说明］

**6. 室内管沟抹防水砂浆**

计算式：$(29.7 \times 2 + 12) \times 1 m^2 = 71.4 m^2$

**7. 室内管沟混凝土垫层增加费**

计算式：$(29.7 \times 2 + 12) m^2 = 71.4 m^2$

**8. 有圈梁砖带基础**

（1）A-A 剖

计算式：$(0.365 \times 1.7 + 0.189) \times (29.7 \times 2 + 12 \times 2) m^3 = 67.51 m^3$

（2）B-B 剖

计算式：$[(0.24 \times 1.7 + 0.189) \times (29.7 \times 2 + 12 \times 8) - 1 \times 1 \times 0.24 \times 18] m^3 = 88.45 m^3$

（3）楼梯基础

计算式：$0.365 \times 1.2 \times 1.8 \times 2m^3 = 1.58m^3$

## （二）门窗工程

1. 铝合金平开门

（1）M1（内门）

计算式：$(1-0.05)(2-0.025) \times 45m^2 = 84.43m^2$

（2）M2（外门）

计算式：$(1.5-0.05)(2-0.025) \times 2m^2 = 5.73m^2$

2. 铝合金推拉窗

（1）C1（外窗）$(1.2-0.05)(1.8-0.05) \times 18m^2 = 36.23m^2$

（2）C2（外窗）$(1.5-0.05)(1.8-0.05) \times 40m^2 = 101.50m^2$

3. 松木窗帘盒

（1）C1　　$2.0125 \times 3m^2 = 6.04m^2$

（2）C2　　$2.5375 \times 34m^2 = 86.28m^2$

4. 双轨铝合金窗帘轨

（1）C1　　$2.0125 \times 3m^2 = 6.04m^2$

（2）C2　　$2.5375 \times 34m^2 = 86.28m^2$

5. 预制水磨石窗台板

（1）C1　　$2.0125 \times 18m^2 = 36.23m^2$

（2）C2　　$2.5375 \times 40m^2 = 101.5m^2$

6. 门锁安装

计算式：$(2+45-6)$ 个 $= 41$ 个

## （三）墙体工程

1. 365 砖外墙

计算式：$[(29.7+12) \times 2 \times 9 - 5.73 - 137.73]m^2 = 607.14m^2$

2. 115 砖内墙

（1）男卫生间内 $1.2 \times 3 \times 3m^2 = 10.8m^2$

（2）女卫生间内 $1.5 \times 3 \times 3m^2 = 13.5m^2$

3. 240 砖内墙，$(379.8+401.4+355.5-84.43)m^2 = 1052.27m^2$

（1）首层 $(29.7 \times 2 - 3.6 \times 4 + 5.1 \times 16) \times 3m^2 = 379.8m^2$

（2）二层 $(29.7 \times 2 - 3.6 \times 2 + 5.1 \times 16) \times 3m^2 = 401.40m^2$

（3）三层 $(29.7 \times 2 - 3.6 \times 2 + 5.1 \times 13) \times 3m^2 = 355.5m^2$

（4）扣除门框外围面积

计算式：$1.876 \times 45m^2 = 84.43m^2$。

4. 240 砖女儿墙

计算式：$(29.7+12) \times 2 \times 0.9m^2 = 75.06m^2$

## （四）钢筋混凝土工程

1. C20 构造柱

(1) 基础中 $1.7 \times 32m = 54.4m$

(2) 结构墙体中 $9 \times 32m = 288m$

(3) 女儿墙中 $0.9 \times 20m = 18m$

2. C20 矩形梁

(1) 首层：L1　$0.25 \times 0.35 \times 3.6 \times 2m^3 = 0.63m^3$
　　　　　L2　$0.25 \times 0.35 \times 3.6 \times 2m^3 = 0.63m^3$
　　　　　L3　$0.2 \times 0.25 \times 1.8 \times 8m^3 = 0.72m^3$

(2) 二层：L1　$0.25 \times 0.35 \times 3.6 \times 2m^3 = 0.63m^3$
　　　　　L2　$0.25 \times 0.35 \times 3.6 \times 2m^3 = 0.63m^3$
　　　　　L3　$0.2 \times 0.25 \times 1.8 \times 8m^3 = 0.72m^3$

(3) 三层：L1　$0.25 \times 0.35 \times 3.6 \times 2m^3 = 0.63m^3$
　　　　　L2　$0.25 \times 0.35 \times 3.6 \times 2m^3 = 0.63m^3$
　　　　　L3　$0.25 \times 0.25 \times 1.8 \times 8m^3 = 0.72m^3$
　　　　　L4　$0.2 \times 0.5 \times 5.1 \times 3 = 1.53m^3$

3. C20 现浇平板 100mm 厚

(1) 首层：楼道　$29.7 \times 1.8m^2 = 53.46m^2$
卫生间　$5.1 \times 3 \times 2m^2 = 30.6m^2$

(2) 二层：楼道　$29.7 \times 1.8m^2 = 53.46m^2$
卫生间　$5.1 \times 3 \times 2m^2 = 30.6m^2$

(3) 三层：楼道　$29.7 \times 1.8m^2 = 53.46m^2$

4. C20 现浇楼梯

(1) 1~2 层　$5.1 \times 3.6 \times 2m^2 = 36.72m^2$

(2) 2~3 层　$5.1 \times 3.6 \times 2m^2 = 36.72m^2$

5. 现浇雨罩挑宽 2m 以内。

计算式：$2.5 \times (1.2 + 0.24) \times 2m^2 = 7.2m$

6. 预应力圆孔板

(1) 首层：开间 3m　$5.1 \times 3 \times 2m^2 = 30.6m^2$

开间 3.3m　$5.1 \times 3.3 \times 10m^2 = 168.3m^2$

开间 3.6m　$5.1 \times 3.6 \times 2m^2 = 36.72m^2$

(2) 二层与首层同。

(3) 三层：开间 3m　$5.1 \times 3 \times 4m^2 = 61.2m^2$

开间 3.3m　$5.1 \times 3.3 \times 10m^2 = 168.3m^2$

开间 3.6m　$5.1 \times 3.6 \times 4m^2 = 73.44m^2$

**（五）屋面工程**

1. 豆石屋面加气混凝土保温　$29.7 \times 12m^2 = 356.4m^2$

2. 水泥焦渣找坡层　$29.7 \times 12m^2 = 356.4m^2$

3. SBS 改性沥清油毡Ⅲ型防水层　$29.7 \times 12m^2 = 356.4m^2$

4. 镀锌薄钢板水落管

计算式：$(9+0.45) \times 4m^2 = 37.8m$

### （六）楼地面工程

1. 房心回填土　$29.7 \times 12m^2 = 356.4m^2$

2. 地面底层（灰土、混凝土）

3. 楼面底层（6cm焦渣）

4. 卫生间楼面防水层

（1）二层　$5.1 \times 3 \times 2m^2 = 30.6m^2$

（2）三层　$5.1 \times 3 \times 2m^2 = 30.6m^2$

[说明] 防水（潮）层工程量按轴线内仓水平投影面积。以 $m^2$ 计算。式中5.1m为卫生间轴线长，3m为卫生间宽。

5. 厕所蹲台

（1）男卫生间　$3 \times 3 = 9$ 间

（2）女卫生间　$3 \times 3 = 9$ 间

6. 磨光花岗石踢脚

首层：楼道　　　　$(29.7+1.8) \times 2m^2 = 63m$

　　　办公室　　　$(5.1+3.3) \times 2 \times 10m^2 = 168m$

　　　打印室、储藏室　$(5.1+3) \times 2 \times 2m^2 = 32.4m$

　　　门厅、楼梯间　$(5.1 \times 2 + 3.6) \times 4m^2 = 55.2m$

7. 楼梯装饰磨光花岗石

1～2层　$5.1 \times 3.6 \times 2m^2 = 36.72m^2$

2～3层　$5.1 \times 3.6 \times 2m^2 = 36.72m^2$

8. 镀铬钢管栏杆硬木扶手

1～2层 $[(0.25+3+0.25) \times 2 + 0.2 \times 2 + (3.6-0.24)] \times 2m^2 = 21.52m$

2～3层 $[(0.25+3+0.25) \times 2 + 0.2 \times 2 + (1.7-0.12) + (3.6-0.24)] \times 2m^2 = 24.68m$

9. 花岗石台阶

计算式：$(0.35 \times 2 + 1 + 0.24) \times (0.5+2.2+0.5) \times 2m^2 = 12.42m^2$

10. 豆石混凝土散水　$(2.97+12) \times 2m^2 = 83.4m$

### （七）顶棚工程

1. 预制混凝土板底勾缝抹灰

首层：门厅　$5.1 \times 3.6 \times 2m^2 = 36.72m^2$

　　　办公室　$5.1 \times 3.3 \times 10m^2 = 168.3m^2$

　　　打印室、储藏室　$5.1 \times 3 \times 2m^2 = 30.6m^2$

2. 现浇混凝土板抹灰

首层：楼道　$29.7 \times 1.8m^2 = 53.46m^2$

　　　梁侧立面　$(3.6 \times 0.35 \times 2 \times 2 + 3.6 \times 0.35 \times 2 \times 2 + 1.8 \times 0.25 \times 2 \times 8)m^2 = 17.28m^2$

　　　卫生间　$5.1 \times 3 \times 2m^2 = 30.6m^2$

3. 卫生间顶棚面层喷耐擦洗涂料

计算式：$5.1 \times 3 \times 2 \times 3m^2 = 91.8m^2$

4. 顶棚面层喷多彩花纹涂料

### （八）装修工程

1. 砖外墙面全部勾缝　　$614.79 + 248.4 - 143.46 m^2 = 719.73 m^2$

南立面、北立面　$29.7 \times (0.45 + 9 + 0.9) \times 2 m^2 = 614.79 m^2$

东立面、西立面　$12 \times (0.45 + 9 + 0.9) \times 2 m^2 = 248.4 m^2$

扣外门窗框外围面积：$(5.73 + 137.73) m^2 = 143.46 m^2$（M2 + C1 + C2）

2. 砖女儿墙内侧抹水泥砖浆：$2 \times (29.7 + 12) \times 0.9 m^2 = 75.06 m^2$

3. 砖内墙抹混合砂浆底灰　$(167.4 + 172.8 - 23.33) m^2 = 316.87 m^2$

男卫生间 $[(5.1 + 3) \times 2 \times 3 \times 3 + 1.2 \times 3 \times 2 \times 3] m^2 = 167.4 m^2$

女卫生间 $[(5.1 + 3) \times 2 \times 3 \times 3 + 1.5 \times 3 \times 2 \times 3] m^2 = 172.8 m^2$

扣门窗框外围面积：$(6 \times 2.0125 + 6 \times 1.8763) m^2 = 23.33 m^2$

4. 砖内墙抹石灰砂浆底灰

（1）门厅（2间）

计算式：$[(5.1 \times 2 + 3.6) \times 3 \times 2 - 2 \times 2.864] m^2 = 77.07 m^2$

（2）楼梯间（6间）

计算式：$[(5.1 \times 2 + 3.6) \times 3 \times 6 - 6 \times 2.5375] m^2 = 233.18 m^2$

（3）$5.1 \times 3$ 房间（6间）

计算式：$[(5.1 + 3) \times 2 \times 3 \times 6 - 6 \times (2.0125 + 1.8763)] m^2 = 268.27 m^2$

（4）$5.1 \times 3.3$ 房间（25间）

计算式：$[(5.1 + 3.3) \times 2 \times 3 \times 25 - 25 \times (2.5375 + 1.8763)] m^2 = 1149.66 m^2$

（5）$5.1 \times 3.6$ 房间（4间）

计算式：$[(5.1 + 3.6) \times 2 \times 3 \times 4 - 4 \times (2.5375 + 1.8763)] m^2 = 191.14 m^2$

（6）计算机室、会议室

计算式：$[(5.1 + 6.6) \times 2 \times 3 + (5.1 + 9.9) \times 2 \times 3 - 5 \times 2.5375 - 4 \times 1.8763] m^2 = 140.01 m^2$

（7）首层楼道

计算式：$[(29.7 - 2 \times 3.6 + 1.8) \times 2 \times 3 - 2 \times 2.0125 - 14 \times 1.8763] m^2 = 115.51 m$。

5. 砖内墙抹水泥拉毛底灰

男卫生间
$$[(5.1 + 3) \times 2 \times 3 \times 3 + 1.2 \times 3 \times 2 \times 3] m^2 = 167.4 m^2$$

女卫生间
$$[(5.1 + 3) \times 2 \times 3 \times 3 + 1.5 \times 3 \times 2 \times 3] m^2 = 172.8 m^2$$

扣门窗框外围面积 $(6 \times 2.0125 + 6 \times 1.8763) m^2 = 23.33 m^2$

[说明] 此项工程量计算方法同序3砖内墙抹混合砂浆底灰。

6. 内墙面喷多彩花纹涂料

门厅（2间）

计算式：$[(5.1 \times 2 + 3.6) \times 3 \times 2 - 2 \times 2.864] m^2 = 77.07 m^2$

[说明] 此项工程量计算方法同序4砖内墙抹石灰砂浆底灰，且工程量相同。

7. 内墙面贴彩色瓷砖

8. 雨罩装修

计算式：$2.5 \times (1.2 + 0.24) \times 2 m^2 = 7.2 m^2$

## 四、工程量清单计价编制

### （一）某三层办公楼工程　工程量清单

招　标　人：＿＿×××＿＿（单位签字盖章）

法定代表人：＿＿×××＿＿（签字盖章）

中介机构
法定代表人：＿＿×××＿＿（签字盖章）

造价工程师
及注册证号：＿＿×××＿＿（签字盖执业专业章）

编制时间：＿＿××年××月××日＿＿

### 填 表 须 知

1. 工程量清单及其计价格式中所有要求签字、盖章的地方，必须由规定的单位和人员签字、盖章。

2. 工程量清单及其计价格式中的任何内容不得随意删除或涂改。

3. 工程量清单计价格式中列明的所有需要填报的单价和合价。投标人均应填报，未填报的单价和合价，视为此项费用已包含在工程量清单的其他单价和合价中。

4. 金额（价格）均应以＿＿币表示。

### 总 说 明

工程名称：某三层办公楼工程　　　　　　　　　　　　　第　页共　页

1. 工程概况

2. 招标范围

3. 工程质量要求

4. 工程量清单编制依据

**定额预（结）算表（直接费部分）与清单项目之间关系分析对照表**　　表 4-1-9

工程名称：某三层办公楼工程　　　　　　　　　　　　　　　　　　　第　页共　页

| 序号 | 项目编码 | 项 目 名 称 | 清单主项在预（结）算表中的序号 | 清单综合的工程内容在预（结）算表中的序号 |
|---|---|---|---|---|
|  |  | A.1　土（石）方工程 |  |  |
| 1 | 010101001001 | 平整场地 | 1 | 无 |
| 2 | 010101003001 | 挖砖砌带形基础土方，A-A剖面，垫层底宽1.2m，挖土深度1.45m | 2 | 无 |
| 3 | 010101003002 | 挖砖砌带形基础土方，B-B剖面，垫层底宽1.2m，挖土深度1.45m | 2 | 无 |
| 4 | 010101003003 | 挖楼梯基础，垫层底宽0.56m，挖土深度1.05m | 2 | 无 |
| 5 | 010101006001 | 室内靠墙管沟，挖土深度1.0m，挖土宽度1.0m，供暖沟 | 5 | 无 |
| 6 | 010103001001 | 房心回填土 | 29 | 无 |
|  |  | A.3　砌筑工程 |  |  |
| 7 | 010301001001 | 砖砌带形基础，A-A剖面一砖半宽，C10混凝土垫层，厚200mm | 8 | 4 |
| 8 | 010301001002 | 砖砌带形基础，B-B剖面，一砖宽，C10混凝土垫层，厚200mm | 8 | 4 |
| 9 | 010301001003 | 砖砌楼梯基础，一砖半宽，灰土垫层，厚300mm | 8 | 3 |
| 10 | 010302001001 | 砖砌外墙，一砖半厚，一、二、三层，$H=3m$ | 9 | 无 |
| 11 | 010302001002 | 砖砌内墙，一砖厚，一、二、三层，$H=3m$ | 11 | 无 |
| 12 | 010302001003 | 砖砌内墙，半砖厚，一、二、三层，$H=3m$ | 10 | 无 |
| 13 | 010302001004 | 砖砌女儿墙，一砖厚，$H=0.9m$ | 12 | 无 |
|  |  | A.4　混凝土及钢筋混凝土工程 |  |  |
| 14 | 010402001001 | 基础构造柱，高$H=1.7m$，截面尺寸0.24m×0.24m，C20混凝土 | 13 | 无 |
| 15 | 010402001002 | 女儿墙构造柱，高$H=0.9m$，截面尺寸0.24m×0.18m，C20混凝土 | 13 | 无 |

续表

| 序号 | 项目编码 | 项目名称 | 清单主项在预（结）算表中的序号 | 清单综合的工程内容在预（结）算表中的序号 |
|---|---|---|---|---|
| 16 | 010402001003 | 女儿墙构造柱，高 $H=0.9$m，截面尺寸 0.18m×0.18m，C20 混凝土 | 13 | 无 |
| 17 | 010402001004 | 构造柱，高 $H=3$m，截面尺寸 0.24m×0.24m，C20 混凝土 | 13 | 无 |
| 18 | 010403002001 | 矩形梁 L1，截面尺寸 0.25m×0.35m，一、二、三层 | 14 | 无 |
| 19 | 010403002002 | 矩形梁 L2，截面尺寸 0.25m×0.35m，一、二、三层 | 14 | 无 |
| 20 | 010403002003 | 矩形梁 L3，截面尺寸 0.20m×0.25m，一、二、三层 | 14 | 无 |
| 21 | 010403002004 | 矩形梁 L4，截面尺寸 0.20m×0.50m | 14 | 无 |
| 22 | 010405003001 | 现浇混凝土平板，100mm 厚，一、二、三层，C20 混凝土 | 15 | 无 |
| 23 | 010406001001 | 现浇混凝土楼梯，C20 混凝土 | 16 | 无 |
| 24 | 010405008001 | 现浇混凝土雨罩，C30 混凝土 | 17 | 无 |
| 25 | 010412002001 | 预应力圆孔板，KB30.1，一、二、三层，C20 混凝土 | 18 | 无 |
| 26 | 010412002002 | 预应力圆孔板长 KB33.1，一、二、三层，C20 混凝土 | 18 | 无 |
| 27 | 010412002003 | 预应力圆孔板 KB36.1，一、二、三层，C20 混凝土 | 18 | 无 |
| 28 | 010407002001 | 豆石混凝土散水，800mm 宽 | 43 | 无 |
| | | A.7 屋面及防水工程 | | |
| 29 | 010702001001 | 屋面卷材防水，选用 SBS 改性沥青油毡Ⅲ型 | 21 | 无 |
| 30 | 010702004001 | 屋面镀锌薄钢板水落管， | 22 | 无 |
| 31 | 010703003001 | 室内管沟抹防水砂浆 | 6 | 7 |
| | | A.8 防腐、隔热、保温工程 | | |
| 32 | 010803001001 | 豆石屋面加气混凝土块保温 1:6 水泥焦渣找平层 | 19 | 20 |

续表

| 序号 | 项目编码 | 项目名称 | 清单主项在预（结）算表中的序号 | 清单综合的工程内容在预（结）算表中的序号 |
|---|---|---|---|---|
| | | B.1 楼地面工程 | | |
| 33 | 020102001001 | 磨光花岗石地面，100mm厚3:7灰土，50mm厚C10混凝土，30mm厚1:4干硬性水泥砂浆结合层 | 32 | 30 |
| 34 | 020102002001 | 地砖地面，100mm厚3:7灰土，60mm厚1:2:4细石混凝土找坡，20mm厚1:4干硬性水泥砂浆结合层 | 34 | 33 |
| 35 | 020102001002 | 磨光花岗石楼面，60mm厚1:6水泥焦渣垫层，30mm厚1:4干硬性水泥砂浆结合层 | 32 | 31 |
| 36 | 020102002002 | 地砖楼面，1:2:4细石混凝土找坡，JG-2-布四涂防水层 | 36 | 35 + 37 |
| 37 | 020105002001 | 20mm厚磨光花岗石踢脚，20mm厚1:2水泥砂浆灌缝，150mm高 | 39 | 无 |
| 38 | 020106001001 | 磨光花岗石楼梯面 | 40 | 无 |
| 39 | 020107002001 | 镀铬钢管栏杆硬木扶手 | 41 | 无 |
| 40 | 020108001001 | 花岗石台阶，30mm厚1:3干硬性水泥砂浆结合层 | 42 | 无 |
| | | B.2 墙、柱面工程 | | |
| 41 | 020201003001 | 墙面勾缝，清水砖外墙1:1水泥砂浆勾凹缝 | 48 | 无 |
| 42 | 020201001001 | 砖女儿墙内侧抹水泥砂浆 | 49 | 无 |
| 43 | 02020403001 | 彩色瓷砖内墙面，规格为0.15m×0.20m，混合砂浆底灰，水泥砂浆打底 | 54 | 50 + 52 |
| 44 | 020201001002 | 砖内墙喷多彩花纹涂料，石灰砂浆打底 | 53 | 51 |
| 45 | 020203001001 | 雨罩装修，宽度2m以内，耐擦洗涂料 | 55 | 无 |
| | | B.3 顶棚工程 | | |
| 46 | 020301001001 | 顶棚抹灰（现浇板底），水泥砂浆打底，喷耐擦洗涂料 | 46 | 45 |
| 47 | 020301001002 | 顶棚抹灰（现浇板底），水泥砂浆打底，喷多彩花纹涂料 | 47 | 45 |

续表

| 序号 | 项目编码 | 项目名称 | 清单主项在预（结）算表中的序号 | 清单综合的工程内容在预（结）算表中的序号 |
|---|---|---|---|---|
| 48 | 020301001003 | 顶棚抹灰（预制板底），板底抹缝，喷多彩花纹涂料 | 47 | 44 |
|  |  | B.4 门窗工程 |  |  |
| 49 | 020402001001 | 铝合金平开门 M1，尺寸为 1.0m×2.0m，5mm厚普通平板玻璃 | 23 | 28 |
| 50 | 020402001002 | 铝合金平开门 M2，尺寸为 1.5m×2.0m，5mm厚普通平板玻璃 | 23 | 28 |
| 51 | 020406001001 | 铝合金推拉窗 C1，尺寸为 1.2m×1.8m，5mm厚普通平板玻璃 | 24 | 无 |
| 52 | 020406001002 | 铝合金推拉窗 C2，尺寸为 1.5m×1.8m，5mm厚普通平板玻璃 | 24 | 无 |
| 53 | 020408001001 | 松木窗帘盒 | 25 | 无 |
| 54 | 020408004001 | 双轨铝合金窗帘轨 | 26 | 无 |
| 55 | 020409003001 | 预制水磨石窗台板，青水泥 | 27 | 无 |

措施项目清单    表 4-1-10

工程名称：某三层办公楼工程    第 页共 页

| 序号 | 项目名称 | 备注 | 序号 | 项目名称 | 备注 |
|---|---|---|---|---|---|
| 1 | 环境保护 |  | 8 | 混凝土、钢筋混凝土模板及支架 |  |
| 2 | 文明施工 |  | 9 | 脚手架 |  |
| 3 | 安全施工 |  | 10 | 垂直运输机械 |  |
| 4 | 临时设施 |  | 11 | 大型机械设备进出场及安拆 |  |
| 5 | 夜间施工增加费 |  | 12 | 施工排水、降水 |  |
| 6 | 赶工措施费 |  | 13 | 其他 |  |
| 7 | 二次搬运 |  | 14 | 措施项目费合计 | 1+2+…+14+15 |

零星工作项目表    表 4-1-11

工程名称：某三层办公楼工程    第 页共 页

| 序号 | 名称 | 计量单位 | 数量 | 序号 | 名称 | 计量单位 | 数量 |
|---|---|---|---|---|---|---|---|
| 1 | 人工费 |  |  |  |  | 元 | 1.00 |
|  |  | 元 | 1.00 | 3 | 机械费 |  |  |
| 2 | 材料费 |  |  |  |  | 元 | 1.00 |

## (二) 某三层办公楼 工程 工程量清单报价表

投 标 人：___×××___（单位签字盖章）

法定代表人：___×××___（签字盖章）

造价工程师
及注册证号：___×××___（签字盖执业专用章）

编 制 时 间：___××年××月××日___

## 投 标 总 价

建设单位：___×××___

工程名称：___某三层办公楼工程___

投标总价(小写)：___×××___

(大写)：___×××___

投 标 人：___×××___（单位签字盖章）

法定代表人：___×××___（签字盖章）

编 制 时 间：___××年××月××日___

## 总 说 明

工程名称：某三层办公楼工程　　　　　　　　　　　　　　　　　　　第　页共　页

1. 工程概况

2. 招标范围

3. 工程质量要求

4. 工程量清单编制依据

5. 工程量清单计费列表

注：本例管理费及利润以定额直接费为取费基数，其中管理费费率为34%，利润率为8%

单位工程费汇总表　　　　　　　　　　　　　　　　　　　　　　　　表 4-1-12

工程名称：某三层办公楼工程　　　　　　　　　　　　　　　　　　　第　页共　页

| 序号 | 项 目 名 称 | 金额/元 |
|---|---|---|
| 1 | 分部分项工程量清单计价合计 | |
| 2 | 措施项目清单计价合计 | |
| 3 | 其他项目清单计价合计 | |
| 4 | 规费 | |
| 5 | 税金 | |
| | 合　计 | |

## 分部分项工程量清单计价表

表 4-1-13

工程名称：某三层办公楼工程

| 序号 | 项目编码 | 项目名称 | 计量单位 | 工程数量 | 综合单价 | 合价 |
|---|---|---|---|---|---|---|
| | | A6.1 土(石)方工程 | | | | |
| 1 | 010101001001 | 平整场地 | m² | 356.4 | 2.38 | 848.23 |
| 2 | 010101003001 | 挖砖砌带形基础土方，A-A 剖面，垫层底宽 1.2m，挖土深度 1.45m | m³ | 67.51 | 87.94 | 5936.83 |
| 3 | 010101003002 | 挖砖砌带形基础土方，B-B 剖面，垫层底宽 1.2m，挖土深度 1.45m | m³ | 92.77 | 87.94 | 8158.19 |
| 4 | 010101003003 | 挖楼梯基础，垫层底宽 0.56m，挖土深度 1.05m | m³ | 1.58 | 87.94 | 138.95 |
| 5 | 010101006001 | 室内靠墙管沟，挖土深度 1.0m，挖土宽度 1.0m，暖气沟 | m | 84.36 | 209.45 | 17669.20 |
| 6 | 010103001001 | 房心回填土 | m³ | 160.38 | 9.11 | 1461.24 |
| | | A.3 砌筑工程 | | | | |
| 7 | 010301001001 | 砖砌带形基础，A-A 剖面，一砖半宽，C10 混凝土垫层，厚 200mm | m³ | 67.51 | 526.79 | 35563.57 |
| 8 | 010301001002 | 砖砌带形基础，B-B 剖面，一砖宽，C10 混凝土垫层，厚 200mm | m³ | 88.45 | 564.66 | 49944.19 |
| 9 | 010301001003 | 砖砌楼梯基础，一砖半宽，灰土垫层，厚 300mm | m³ | 1.58 | 485.30 | 766.77 |
| 10 | 010302001001 | 砖砌外墙，一砖半厚，一、二、三层，H=3m | m³ | 221.61 | 354.35 | 78527.49 |
| 11 | 010302001002 | 砖砌内墙，一砖厚，一、二、三层，H=3m | m³ | 252.54 | 313.80 | 79246.45 |
| 12 | 010302001003 | 砖砌内墙，半砖厚，一、二、三层，H=3m | m³ | 2.79 | 295.78 | 825.23 |
| 13 | 010302001004 | 砖砌女儿墙，一砖厚，H=0.9m | m³ | 18.01 | 397.10 | 7151.72 |
| | | A.4 混凝土及钢筋混凝土工程 | | | | |
| 14 | 010402001001 | 基础构造柱，高 H=1.7m，截面尺寸 0.24m×0.24m，C20 混凝土 | m³ | 3.13 | 1557.79 | 4875.87 |
| 15 | 010402001002 | 女儿墙构造柱，高 H=0.9m，截面尺寸 0.24m×0.18m，C20 混凝土 | m³ | 0.62 | 2081.73 | 1290.67 |
| 16 | 010402001003 | 女儿墙构造柱，高 H=0.9m，截面尺寸 0.18m×0.18m，C20 混凝土 | m³ | 0.12 | 2688.9 | 322.67 |
| 17 | 010402001004 | 构造柱，高 H=3m，截面尺寸 0.24m×0.24m，C20 混凝土 | m³ | 16.59 | 1555.96 | 25813.44 |
| 18 | 010403002001 | 矩形梁 L1，截面尺寸 0.25m×0.35m，一、二、三层，C20 混凝土 | m³ | 1.89 | 1728.18 | 3266.26 |
| 19 | 010403002002 | 矩形梁 L2，截面尺寸 0.25m×0.35m，一、二、三层，C20 混凝土 | m³ | 1.89 | 1728.18 | 3266.26 |
| 20 | 010403002003 | 矩形梁 L3，截面尺寸 0.20m×0.25m，一、二、三层，C20 混凝土 | m³ | 2.16 | 1728.18 | 3732.87 |
| 21 | 010403002004 | 矩形梁 L4，截面尺寸 0.20m×0.50m，三层，C30 混凝土 | m³ | 1.53 | 1728.18 | 2644.12 |

续表

| 序号 | 项目编码 | 项目名称 | 计量单位 | 工程数量 | 综合单价 | 合价 |
|---|---|---|---|---|---|---|
| 22 | 010405003001 | 现浇混凝土平板,100mm厚,一、二、三层,C20混凝土 | m³ | 25.22 | 913.5 | 23036.64 |
| 23 | 010406001001 | 现浇混凝土楼梯,C20混凝土 | m² | 73.44 | 211.34 | 15520.81 |
| 24 | 010405008001 | 现浇混凝土雨篷,C20混凝土 | m³ | 0.58 | 3574.18 | 2073.02 |
| 25 | 010412002001 | 预应力圆孔板,KB30.1、一、二、三层,C20混凝土 | m³ | 12.24 | 1059.6 | 12969.5 |
| 26 | 010412002002 | 预应力圆孔板,KB33.1、一、二、三层,C20混凝土 | m³ | 50.49 | 1059.6 | 53499.20 |
| 27 | 010412002003 | 预应力圆孔板,KB36.1、一、二、三层,C20混凝土 | m³ | 14.69 | 1059.6 | 15565.52 |
| 28 | 010407002001 | 豆石混凝土散水,800mm宽 | m² | 35.54 | 50.45 | 1793.1 |
| | | A.7 屋面及防水工程 | | | | |
| 29 | 010702001001 | 屋面卷材防水,选用SBS改性沥青油毡Ⅲ型 | m² | 356.4 | 75.27 | 26826.23 |
| 30 | 010702004001 | 屋面镀锌薄钢板水落管 | m | 37.8 | 19.8 | 748.44 |
| 31 | 010703003001 | 室内管沟抹防水砂浆 | m² | 84.36 | 25.31 | 2135.15 |
| | | A.8 防腐、隔热、保温工程 | | | | |
| 32 | 010803001001 | 豆石屋面加气混凝土块保温,1:6水泥焦渣找平层 | m² | 356.4 | 94.34 | 33622.78 |
| | | B.1 楼地面工程 | | | | |
| 33 | 020102001001 | 磨光花岗石地面,100mm厚3:7灰土,50mm厚C10混凝土,30mm厚1:4干硬性水泥砂浆结合层 | m² | 325.8 | 436.29 | 142143.28 |
| 34 | 020102002001 | 地砖地面,100mm厚3:7灰土,60mm厚1:2:4细石混凝土找坡,20mm厚1:4干硬性水泥砂浆结合层 | m² | 30.6 | 105.38 | 3224.63 |
| 35 | 020102001002 | 磨光花岗石楼面,60mm厚1:6水泥焦渣垫层,30mm厚1:4干硬性水泥砂浆结合层 | m² | 578.16 | 430.3 | 248782.25 |
| 36 | 020102002002 | 地砖楼面,1:2:4细石混凝土找坡,JG-2一布四涂防水层 | m² | 61.2 | 207.35 | 12689.82 |
| 37 | 020105002001 | 20mm厚磨光花岗石踢脚,20mm厚1:2水泥砂浆灌缝,150mm高 | m² | 131.31 | 468.53 | 61523.11 |
| 38 | 020106001001 | 磨光花岗石楼梯面 | m² | 73.44 | 714.48 | 52471.41 |
| 39 | 020107002001 | 镀铬钢管栏杆硬木扶手 | m | 46.2 | 426.31 | 19695.52 |
| 40 | 020108001001 | 花岗石台阶,30mm厚1:3干硬性水泥砂浆结合层 | m² | 12.42 | 1235.47 | 15344.54 |
| | | B.2 墙、柱面工程 | | | | |
| 41 | 020201003001 | 墙面勾缝,清水砖外墙1:1水泥砂浆勾凹缝 | m² | 737.95 | 7.69 | 5674.84 |
| 42 | 020201001001 | 砖女儿墙内侧抹水泥砂浆 | m² | 75.06 | 24.38 | 1829.96 |
| 43 | 020204003001 | 彩色瓷砖内墙面,规格为0.15m×0.20m,混合砂浆底灰,水泥砂浆打底 | m² | 316.87 | 77.07 | 24421.17 |
| 44 | 020201001002 | 砖内墙喷多彩花纹涂料,石灰砂浆打底 | m² | 2243.42 | 29.28 | 65687.34 |
| 45 | 020203001001 | 雨罩装修,宽度2m以内,耐擦洗涂料 | m² | 7.2 | 22.42 | 161.42 |
| | | B.3 顶棚工程 | | | | |
| 46 | 020301001001 | 顶棚抹灰(现浇板底),水泥砂浆打底,喷耐擦洗涂料 | m² | 91.8 | 16.91 | 1552.34 |

续表

| 序号 | 项目编码 | 项目名称 | 计量单位 | 工程数量 | 金额(元) | |
|---|---|---|---|---|---|---|
| | | | | | 综合单价 | 合 价 |
| 47 | 020301001002 | 顶棚抹灰(现浇板底),水泥砂浆打底,喷多彩花纹涂料 | m² | 961.02 | 32.53 | 31261.98 |
| 48 | 020301001003 | 顶棚抹灰(预制板底),板底抹缝,喷多彩花纹涂料 | m² | 774.18 | 26.51 | 20523.51 |
| | | B.4 门窗工程 | | | | |
| 49 | 020402001001 | 铝合金平开门 M1,尺寸为 1.0m×2.0m,5mm 厚普通平板玻璃 | 樘 | 45 | 1328.23 | 59770.28 |
| 50 | 020402001002 | 铝合金平开门 M2,尺寸为 1.5m×2.0m,5m 厚普通平板玻璃 | 樘 | 2 | 2026.15 | 4052.30 |
| 51 | 020406001001 | 铝合金推拉窗 C1,尺寸为 1.2m×1.8m,5mm 厚普通平板玻璃 | 樘 | 18 | 964.72 | 17365.04 |
| 52 | 020406001002 | 铝合金推拉窗 C2,尺寸为 1.5m×1.8m,5mm 厚普通平板玻璃 | 樘 | 40 | 1216.22 | 48648.80 |
| 53 | 020408001001 | 松木窗帘盒 | m | 54.6 | 168.41 | 9195.67 |
| 54 | 020408004001 | 双轨铝合金窗帘轨 | m | 54.6 | 73.92 | 4036.23 |
| 55 | 020409003001 | 预制水磨石窗台板 | m | 81.6 | 45.62 | 3722.84 |

**措施项目清单计价表**

表 4-1-14

工程名称:某三层办公楼工程　　　　　　　　　　　　　第 页共 页

| 序号 | 项目名称 | 金额(元) | 序号 | 项目名称 | 金额(元) |
|---|---|---|---|---|---|
| 1 | 环境保护 | | 8 | 混凝土、钢筋混凝土模板及支架 | |
| 2 | 文明施工 | 227.87 | 9 | 脚手架 | |
| 3 | 安全施工 | 683.61 | 10 | 垂直运输机械 | |
| 4 | 临时设施 | 1367.22 | 11 | 大型机械设备进出场及安拆 | |
| 5 | 夜间施工增加费 | | 12 | 施工排水、降水 | |
| 6 | 赶工措施费 | | 13 | 其他 | |
| 7 | 二次搬运 | | 14 | 措施项目费合计 | 2278.71 |

**其他项目清单计价表**

表 4-1-15

工程名称:某三层办公楼工程　　　　　　　　　　　　　第 页共 页

| 序号 | 项目名称 | 金额(元) | 序号 | 项目名称 | 金额(元) |
|---|---|---|---|---|---|
| 1 | 招标人部分 | | 2 | 投标人部分 | |
| | 不可预见费 | | | 总承包服务费 | |
| | 工程分包和材料购置费 | | | 零星工作项目费 | |
| | 其他 | | | 其他 | |
| | | | | 合计 | |

**零星工作项目表**

表 4-1-16

工程名称:某三层办公楼工程　　　　　　　　　　　　　第 页共 页

| 序号 | 名称 | 计量单位 | 数量 | 金额(元) | |
|---|---|---|---|---|---|
| | | | | 综合单价 | 合 价 |
| 1 | 人工费 | | | | |
| | | 元 | | | |
| 2 | 材料费 | | | | |
| | | 元 | | | |
| 3 | 机械费 | | | | |
| | | 元 | | | |
| | 合计 | | | | 0.00 |

## 分部分项工程量清单综合单价分析表

表 4-1-17

工程名称：某三层办公楼工程　　　　　　　　　　　　　　　　　　第　页共　页

| 序号 | 项目编码 | 项目名称 | 定额编号 | 工程内容 | 单位 | 数量 | 综合单价组成 人工费+材料费+机械费 | 管理费 | 利润 | 综合单价（元） | 合价（元） |
|---|---|---|---|---|---|---|---|---|---|---|---|
| 1 | 010101001001 | 平整场地 | | | m² | 356.4 | | | | 2.38 | 848.23 |
| | | | 1-1 | 平整场地 | m² | 356.4 | 1.68 | 0.57 | 0.13 | | 2.38×356.4 |
| 2 | 010101003001 | 挖基础土方 A-A 剖面 | | | m³ | 67.51 | | | | 87.94 | 5936.83 |
| | | | 1-22 | 挖砖带形基础坑 | m³ | 67.51 | 61.93 | 21.06 | 4.95 | | 87.94×67.51 |
| 3 | 010101003002 | 挖基础土方 B-B 剖面 | | | m³ | 92.77 | | | | 87.94 | 8158.19 |
| | | | 1-22 | 挖砖带形基础坑 | m³ | 92.77 | 61.93 | 21.06 | 4.95 | | 87.94×92.77 |
| 4 | 010101003003 | 挖楼梯基础坑 | | | m³ | 1.58 | | | | 87.94 | 138.95 |
| | | | 1-22 | 挖楼梯基础坑 | m³ | 1.58 | 61.93 | 21.06 | 4.95 | | 87.94×1.58 |
| 5 | 010101006001 | 室内靠墙管沟土方 | | | m | 84.36 | | | | 209.45 | 17669.20 |
| | | | 1-147 | 室内靠墙管沟土方 | m | 84.36 | 147.5 | 50.15 | 11.8 | | 209.45×84.36 |
| 6 | 010103001001 | 房心回填土 | | | m³ | 160.38 | | | | 9.11 | 1461.24 |
| | | | 9-1 | 房心回填土 | m² | 356.4 | 2.89 | 0.98 | 0.23 | | 4.1×356.4 |
| 7 | 010301001001 | 砖砌带形基础 A-A 剖面 | | | m³ | 67.51 | | | | 526.79 | 35563.57 |
| | | | 1-101 | 有圈梁砖带形基础 | m³ | 67.51 | 307.79 | 104.65 | 24.62 | | 437.06×67.51 |
| | | | 1-71 | C10 混凝土垫层 | m³ | 20.02 | 213.08 | 72.45 | 17.05 | | 302.58×20.02 |
| 8 | 010301001002 | 砖砌带形基础 B-B 剖面 | | | m³ | 88.45 | | | | 564.66 | 49944.19 |
| | | | 1-101 | 有圈梁砖带形基础 | m³ | 88.45 | 307.79 | 104.65 | 24.62 | | 437.06×88.45 |
| | | | 1-71 | C10 混凝土垫层 | m³ | 37.3 | 213.08 | 72.45 | 17.05 | | 302.58×37.3 |
| 9 | 010301001003 | 砖砌楼梯基础 | | | m³ | 1.58 | | | | 485.30 | 766.77 |
| | | | 1-101 | 砖砌楼梯基础 | m³ | 1.58 | 307.79 | 104.65 | 24.62 | | 437.06×1.58 |
| | | | 1-68 | 3:7 灰土垫层 | m³ | 1.21 | 44.36 | 15.08 | 3.55 | | 62.99×1.21 |
| 10 | 010302001001 | 砖砌一砖半外墙 | | | m³ | 221.61 | | | | 354.35 | 78527.49 |
| | | | 2-2 | 365mm 砖外墙 | m² | 607.14 | 91.08 | 30.97 | 7.29 | | 129.34×607.14 |
| 11 | 010302001002 | 砖砌一砖厚内墙 | | | m³ | 252.54 | | | | 313.80 | 79246.45 |
| | | | 2-5 | 240mm 砖内墙 | m² | 1052.27 | 53.04 | 18.03 | 4.24 | | 75.31×1052.27 |
| 12 | 010302001003 | 砖砌半砖厚内墙 | | | m³ | 2.79 | | | | 295.78 | 825.23 |
| | | | 2-4 | 115mm 砖内墙 | m² | 24.3 | 23.92 | 8.13 | 1.91 | | 33.96×24.3 |
| 13 | 010302001004 | 砖砌一砖厚女儿墙 | | | m³ | 18.01 | | | | 397.10 | 7151.72 |
| | | | 2-7 | 240mm 砖女儿墙 | m² | 75.06 | 67.10 | 22.81 | 5.37 | | 95.28×75.06 |
| 14 | 010402001001 | 基础构造柱 | | | m³ | 3.13 | | | | 1557.79 | 4875.87 |
| | | | 3-31 | C20 基础构造柱 | m | 54.4 | 63.12 | 21.46 | 5.05 | | 89.63×54.4 |
| 15 | 010402001002 | 女儿墙构造柱 | | | m³ | 0.62 | | | | 2081.73 | 1290.67 |
| | | | 3-31 | C20 女儿墙构造柱 | m | 14.4 | 63.12 | 21.46 | 5.05 | | 89.63×14.4 |
| 16 | 010402001003 | 女儿墙构造柱 | | | m³ | 0.12 | | | | 2688.9 | 322.67 |
| | | | 3-31 | C20 女儿墙构造柱 | m | 3.6 | 63.12 | 21.46 | 5.05 | | 89.63×3.6 |

续表

| 序号 | 项目编码 | 项目名称 | 定额编号 | 工程内容 | 单位 | 数量 | 综合单价组成 人工费+材料费+机械费 | 管理费 | 利润 | 综合单价(元) | 合价(元) |
|---|---|---|---|---|---|---|---|---|---|---|---|
| 17 | 010402001004 | 构造柱 | | | m³ | 16.59 | | | | 1555.96 | 25813.44 |
| | | | 3-31 | 构造柱 | m | 288 | 63.12 | 21.46 | 5.05 | | 89.63×2.88 |
| 18 | 010403002001 | 矩形梁 L1 | | | m³ | 1.89 | | | | 1728.18 | 3266.26 |
| | | | 3-43 | C20 矩形梁 L1 | m³ | 1.89 | 1217.03 | 413.79 | 97.36 | | 1728.18×1.89 |
| 19 | 010403002002 | 矩形梁 L2 | | | m³ | 1.89 | | | | 1728.18 | 3266.26 |
| | | | 3-43 | C20 矩形梁 L2 | m³ | 1.89 | 1217.03 | 413.79 | 97.36 | | 1728.18×1.89 |
| 20 | 010403002003 | 矩形梁 L3 | | | m³ | 2.16 | | | | 1728.18 | 3732.87 |
| | | | 3-43 | C20 矩形梁 L3 | m³ | 2.16 | 1217.03 | 413.79 | 97.36 | | 1728.18×2.16 |
| 21 | 010403002004 | 矩形梁 L4 | | | m³ | 1.53 | | | | 1728.18 | 2644.12 |
| | | | 3-43 | C20 矩形梁 L4 | m³ | 1.53 | 1217.03 | 413.79 | 97.36 | | 1728.18×1.53 |
| 22 | 010405003001 | 现浇混凝土平板 | | | m³ | 25.22 | | | | 913.5 | 23036.64 |
| | | | 3-75 | C20 现浇平板 | m² | 252.18 | 64.33 | 21.87 | 5.15 | | 91.35×252.18 |
| 23 | 010406001001 | C20 现浇混凝土楼梯 | | | m² | 73.44 | | | | 211.34 | 15520.81 |
| | | | 3-123 | C20 现浇楼梯 | m² | 73.44 | 148.83 | 50.6 | 11.91 | | 211.34×73.44 |
| 24 | 010405008001 | C20 现浇混凝土雨篷 | | | m³ | 0.58 | | | | 3574.18 | 2073.02 |
| | | | 3-141 | 现浇雨篷 | m² | 7.2 | 202.76 | 68.94 | 16.22 | | 287.92×7.2 |
| 25 | 010412002001 | 预应力圆孔板 KB30.1 | | | m³ | 12.24 | | | | 1059.6 | 12969.5 |
| | | | 3-201 | 预应力圆孔板 | m² | 122.4 | 74.62 | 25.37 | 5.97 | | 105.96×122.4 |
| 26 | 010412002002 | 预应力圆孔板 KB33.1 | | | m³ | 50.49 | | | | 1059.6 | 53499.20 |
| | | | 3-201 | 预应力圆孔板 | m² | 504.9 | 74.62 | 25.37 | 5.97 | | 105.96×504.9 |
| 27 | 010412002003 | 预应力圆孔板 KB36.1 | | | m³ | 14.69 | | | | 1059.6 | 15565.52 |
| | | | 3-201 | 预应力圆孔板 | m² | 146.9 | 74.62 | 25.37 | 5.97 | | 105.96×146.9 |
| 28 | 010407002001 | 豆石混凝土散水 | | | m² | 35.54 | | | | 50.45 | 1793.1 |
| | | | 9-385 | 豆石混凝土散水 | m | 83.4 | 15.14 | 5.15 | 1.21 | | 21.5×83.4 |
| 29 | 010702001001 | 屋面卷材防水 | | | m² | 356.4 | | | | 75.27 | 26826.23 |
| | | | 6-66 | SBS 改性沥青油毡防水层（Ⅲ型） | m² | 356.4 | 53.01 | 18.02 | 4.24 | | 75.27×356.4 |
| 30 | 010702004001 | 屋面镀锌薄钢板水落管 | | | m | 37.8 | | | | 19.8 | 748.44 |
| | | | 6-87 | 镀锌薄钢板水落管 | m | 37.8 | 13.94 | 4.74 | 1.12 | | 19.8×37.8 |
| 31 | 010703003001 | 室内管沟抹防水砂浆 | | | m² | 84.36 | | | | 25.31 | 2135.15 |
| | | | 1-182 | 室内管沟抹防水砂浆 | m² | 84.36 | 4.83 | 1.64 | 0.39 | | 6.86×84.36 |
| | | | 1-183 | 室内管沟混凝土垫层增加费 | m² | 84.36 | 12.99 | 4.42 | 1.04 | | 18.45×84.36 |
| 32 | 010803001001 | 加气混凝土块保温 | | | m² | 356.4 | | | | 94.34 | 33622.78 |
| | | | 6-1 | 加气混凝土块保温 | m² | 356.4 | 53.55 | 18.21 | 4.28 | | 76.04×356.4 |

续表

| 序号 | 项目编码 | 项目名称 | 定额编号 | 工程内容 | 单位 | 数量 | 综合单价组成 人工费+材料费+机械费 | 管理费 | 利润 | 综合单价（元） | 合价（元） |
|---|---|---|---|---|---|---|---|---|---|---|---|
| | | | 6-33 | 水泥焦渣找坡层 | m² | 356.4 | 12.89 | 4.38 | 1.03 | | 18.3×356.4 |
| 33 | 020102001001 | 磨光花岗石地面 | | | m² | 325.8 | | | | 436.29 | 142143.28 |
| | | | 9-77 | 磨光花岗石地面 | m² | 325.8 | 295.03 | 100.31 | 23.6 | | 418.94×325.8 |
| | | | 9-32 | 地面灰土、混凝土底层 | m² | 325.8 | 12.22 | 4.15 | 0.98 | | 17.35×325.8 |
| 34 | 020102002001 | 地砖地面 | | | m² | 30.6 | | | | 105.38 | 3224.63 |
| | | | 9-153 | 面砖地面面层勾缝 | m² | 30.6 | 61.78 | 21.01 | 4.94 | | 87.73×30.6 |
| | | | 9-147 | 地面灰土、细石混凝土底层 | m² | 30.6 | 12.43 | 4.23 | 0.99 | | 17.65×30.6 |
| 35 | 020102001002 | 磨光花岗石楼面 | | | m² | 578.16 | | | | 43.03 | 248782.25 |
| | | | 9-77 | 磨光花岗石楼面 | m² | 578.16 | 295.03 | 100.31 | 23.6 | | 418.94×578.16 |
| | | | 9-33 | 楼面6cm焦渣底层 | m² | 578.16 | 8 | 2.72 | 0.64 | | 11.36×578.16 |
| 36 | 020102002002 | 地砖楼面 | | | m² | 61.2 | | | | 207.35 | 12689.82 |
| | | | 9-167 | 面砖楼面面层勾缝 | m² | 61.2 | 61.78 | 21.01 | 4.94 | | 87.73×61.2 |
| | | | 9-157 | 楼面细石混凝土底层 | m² | 61.2 | 39.95 | 13.58 | 3.20 | | 56.73×61.2 |
| | | | 9-173 | 布四涂防水层 | m² | 61.2 | 44.29 | 15.06 | 3.54 | | 62.89×61.2 |
| 37 | 020105002001 | 磨光花岗石踢脚 | | | m² | 131.31 | | | | 70.28 | 9228.47 |
| | | | 9-309 | 磨光花岗石踢脚 | m² | 131.31 | 49.49 | 16.83 | 3.96 | | 70.28×131.31 |
| 38 | 020106001001 | 磨光花岗石楼梯面 | | | m² | 73.44 | | | | 714.48 | 52471.41 |
| | | | 9-322 | 磨光花岗石楼梯面 | m² | 73.44 | 503.16 | 171.07 | 40.25 | | 714.48×73.44 |
| 39 | 020107002001 | 镀铬钢管栏杆硬木扶手 | | | m | 46.2 | | | | 426.31 | 19695.52 |
| | | | 9-329 | 镀铬钢管栏杆硬木扶手 | m | 46.2 | 300.22 | 102.07 | 24.02 | | 426.31×46.2 |
| 40 | 020108001001 | 花岗石台阶 | | | m² | 12.42 | | | | 1235.47 | 15344.54 |
| | | | 9-363 | 花岗石台阶 | m² | 12.42 | 870.05 | 295.82 | 69.60 | | 1235.47×12.42 |
| 41 | 020201003001 | 墙面勾缝 | | | m² | 737.95 | | | | 7.69 | 5674.84 |
| | | | 11-1 | 砖外墙面全部勾缝 | m² | 737.95 | 5.42 | 1.84 | 0.43 | | 7.69×737.95 |
| 42 | 020201001001 | 砖女儿墙内侧抹水泥砂浆 | | | m² | 75.06 | | | | 24.38 | 1829.96 |
| | | | 11-56 | 砖女儿墙内侧抹水泥砂浆 | m² | 75.06 | 17.17 | 5.84 | 1.37 | | 24.38×75.06 |
| 43 | 020204003001 | 彩色瓷砖内墙面 | | | m² | 316.87 | | | | 77.07 | 24421.17 |
| | | | 11-132 | 内墙面贴彩色瓷砖 | m² | 316.87 | 44.4 | 15.10 | 3.55 | | 63.05×316.87 |
| | | | 11-82 | 抹石灰砂浆底灰 | m² | 316.87 | 4.59 | 1.56 | 0.37 | | 6.52×316.87 |

续表

| 序号 | 项目编码 | 项目名称 | 定额编号 | 工程内容 | 单位 | 数量 | 综合单价组成 | | | 综合单价(元) | 合价(元) |
|---|---|---|---|---|---|---|---|---|---|---|---|
| | | | | | | | 人工费+材料费+机械费 | 管理费 | 利润 | | |
| | | | 11-86 | 抹水泥拉毛底灰 | m² | 316.87 | 5.28 | 1.80 | 0.42 | | 7.5×316.87 |
| 44 | 020201001002 | 砖内墙喷多彩花纹涂料 | | | m² | 2243.42 | | | | 29.28 | 65687.34 |
| | | | 11-97 | 内墙面喷多彩花纹涂料 | m² | 2243.42 | 16.24 | 5.52 | 1.30 | | 23.06×2243.42 |
| | | | 11-82 | 抹石灰砂浆底灰 | m² | 2243.42 | 4.38 | 1.49 | 0.35 | | 6.22×2243.42 |
| 45 | 020203001001 | 雨篷装修 | | | m² | 7.2 | | | | 22.42 | 161.42 |
| | | | 11-342 | 雨篷装修 | m² | 7.2 | 15.79 | 5.37 | 1.26 | | 22.42×7.2 |
| 46 | 020301001001 | 顶棚抹灰 | | | m² | 91.8 | | | | 16.91 | 1552.34 |
| | | | 10-2 | 现浇板底抹灰 | m² | 91.8 | 5.73 | 1.95 | 0.46 | | 8.14×91.8 |
| | | | 10-40 | 喷耐擦洗涂料 | m² | 91.8 | 6.18 | 2.10 | 0.49 | | 8.77×91.8 |
| 47 | 020301001002 | 顶棚抹灰 | | | m² | 961.02 | | | | 32.53 | 31261.98 |
| | | | 10-2 | 现浇板底抹灰 | m² | 961.02 | 5.73 | 1.95 | 0.46 | | 8.14×961.02 |
| | | | 10-41 | 喷多彩花纹涂料 | m² | 961.02 | 17.18 | 5.84 | 1.37 | | 24.39×961.02 |
| 48 | 020301001003 | 顶棚抹灰 | | | m² | 774.18 | | | | 26.51 | 20523.51 |
| | | | 10-1 | 预制混凝土板底勾缝抹灰 | m² | 774.18 | 1.49 | 0.51 | 0.12 | | 2.12×774.18 |
| | | | 10-41 | 喷多彩花纹涂料 | m² | 774.18 | 17.18 | 5.84 | 1.37 | | 24.39×774.18 |
| 49 | 020402001001 | 铝合金平开门 M1 | | | 樘 | 45 | | | | 1328.23 | 59770.28 |
| | | | 8-76 | 铝合金平开门 M1 | m² | 84.43 | 496.46 | 168.80 | 39.72 | | 704.98×84.43 |
| | | | 8-148 | 门锁安装 | 个 | 39 | 4.49 | 1.53 | 0.36 | | 6.38×39 |
| 50 | 020402001002 | 铝合金平开门 M2 | | | 樘 | 2 | | | | 2026.15 | 4052.30 |
| | | | 8-76 | 铝合金平开门 M2 | m² | 5.73 | 496.46 | 168.80 | 39.72 | | 704.98×5.73 |
| | | | 8-148 | 门锁安装 | 个 | 2 | 4.49 | 1.53 | 0.36 | | 6.38×2 |
| 51 | 020406001001 | 铝合金推拉窗 C1 | | | 樘 | 18 | | | | 964.72 | 17365.04 |
| | | | 8-89 | 铝合金推拉窗 C1 | m² | 36.23 | 337.54 | 114.76 | 27 | | 479.3×36.23 |
| 52 | 020406001002 | 铝合金推拉窗 C2 | | | 樘 | 40 | | | | 1216.22 | 48648.80 |
| | | | 8-89 | 铝合金推拉窗 C2 | m² | 101.50 | 337.54 | 114.76 | 27 | | 479.3×101.50 |
| 53 | 020408001001 | 松木窗帘盒 | | | m | 54.6 | | | | 168.41 | 9195.07 |
| | | | 8-115 | 松木窗帘盒 | m² | 92.32 | 70.14 | 23.85 | 5.61 | | 99.6×92.32 |
| 54 | 020408004001 | 双轨铝合金窗帘轨 | | | m | 54.6 | | | | 73.92 | 4036.23 |
| | | | 8-118 | 双轨铝合金窗帘轨 | m² | 92.32 | 30.79 | 10.47 | 2.46 | | 43.72×92.32 |
| 55 | 020409003001 | 预制水磨石窗台板 | | | m | 81.6 | | | | 45.62 | 3722.84 |
| | | | 8-138 | 预制水磨石窗台板 | m² | 137.73 | 19.04 | 6.47 | 1.52 | | 27.03×137.73 |

## 措施项目费分析表

表 4-1-18

工程名称：某三层办公楼工程　　　　　　　　　　　　　　　　　第　页共　页

| 序号 | 措施项目名称 | 单位 | 数量 | 金额（元） | | | | | |
|---|---|---|---|---|---|---|---|---|---|
| | | | | 人工费 | 材料费 | 机械使用费 | 管理费 | 利润 | 小计 |
| 1 | 环境保护费 | | | | | | | | |
| 2 | 文明施工费 | | | | | | | | |
| 3 | 安全施工费 | | | | | | | | |
| 4 | 临时设施费 | | | | | | | | |
| 5 | 夜间施工增加费 | | | | | | | | |
| 6 | 赶工措施费 | | | | | | | | |
| 7 | 二次搬运费 | | | | | | | | |
| 8 | 混凝土、钢筋混凝土模板及支架 | | | | | | | | |
| 9 | 脚手架搭拆费 | | | | | | | | |
| 10 | 垂直运输机械使用费 | | | | | | | | |
| 11 | 大型机械设备进出场及安拆 | | | | | | | | |
| 12 | 施工排水、降水 | | | | | | | | |
| 13 | 其　他 | | | | | | | | |
| | 措施项目费合计 | | | | | | | | |

## 主要材料价格表

表 4-1-19

工程名称：某三层办公楼工程　　　　　　　　　　　　　　　　　第　页共　页

| 序　号 | 材料编码 | 材料名称 | 规格、型号等特殊要求 | 单　位 | 单价（元） |
|---|---|---|---|---|---|
| | | | | | |
| | | | | | |
| | | | | | |
| | | | | | |
| | | | | | |
| | | | | | |
| | | | | | |

# 例 5  装饰工程定额预算与工程量清单计价对照

## 5-1  某小康住宅客厅装饰工程

### 一、工程说明

该预算为重庆某小康住宅客厅装饰，为简化计算项目，预算示例仅列示了所附装饰施工图中的楼地面、墙面、顶棚、门窗装饰、灯具安装等内容，房间内水电管线等其他建筑

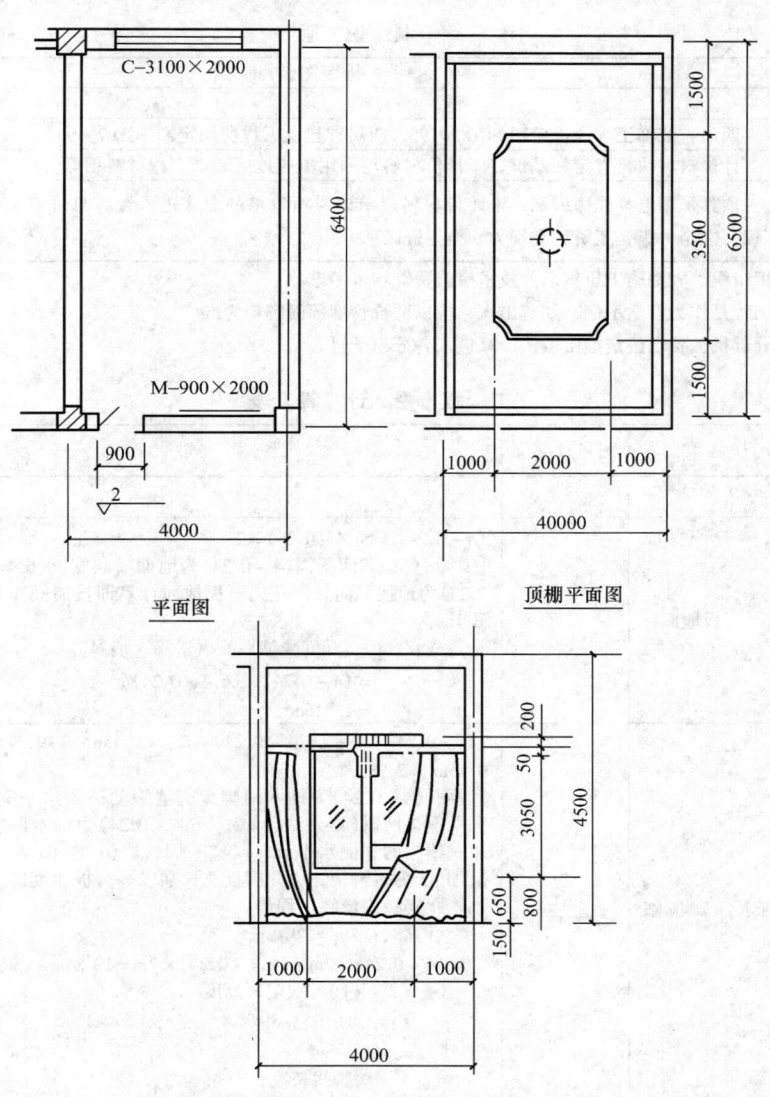

图 5-1-1  某住宅客厅装饰图（单位：mm）

配件均未纳入本预算。本工程施工图，如图 5-1-1 所示。

## 二、工程概况

重庆某小康住宅客厅装饰具体作法如下：

地面：客厅地面间采用普通花岗石板铺面，踢脚线为柚木板刷硝基清漆。

墙面：所有墙面贴壁纸，木窗帘盒带铝轨刷清漆，挂金丝绒窗帘。

顶棚：木龙骨吊顶层板面贴壁纸，顶棚硬木压条刷硝基清漆。

装饰灯具安装：方吸顶灯一盏，护套线敷设，双联开关，三孔插座安装。

## 三、预算定额计价编制说明

其他未列项目详见施工图。

本装饰工程施工图预算，编制说明见表 5-1-1，工程量计算见表 5-1-2，定额直接费计算见表 5-1-3，未计价材料费见表 5-1-4，工程费用计算见表 5-1-5，预算工料分析见表5-1-6。

编 制 说 明　　　　　　　　　　　　表 5-1-1

| 编制依据 | 施工图号 | 施工图 5-1-1 |
|---|---|---|
| | 合　同 | |
| | 使用定额 | 四川省装饰工程计价定额 SGD 2—95，四川省建设工程费用定额 SGD 7—95 |
| | 材料价格 | 计价材料执行省定额基价，未计价材料均采用重庆地区装饰工程材料预算价格 |
| | 其　他 | 预算采用电算程序编制，未计价材料以单调材料价格的形式进入预算总价，工程计费按二类工程，国企一级，工资区类别为6类工资区 |

说明：1. 施工组织、大型施工机械以及技术措施费等均未考虑。

2. 本工程是作为教学示例，如有出入，应以造价管理部门解释为准。

3. 各分部机械费已按定额由微机计算进入各分项子目。

工 程 量 计 算 表　　　　　　　　　　　　表 5-1-2

| 序号 | 项　目 | 图号及部位 | 计　算　式 | 单位 | 工程量 |
|---|---|---|---|---|---|
| 1 | 地面 | | | | |
| 1.1 | 花岗石板地面 | 客厅 | $(4-0.24) \times (6.4-0.24) = 23.16$<br>[说明]查看平面图，$(4-0.24)$为地面横向宽，$(6.4-0.24)$为地面纵向长，花岗石板地面计算即按墙间净面积计算。<br>计算式：$S_{地} = $(开间-墙厚)×(进深-墙厚)<br>$= (4-0.24) \times (6.4-0.24) m^2$<br>$= 23.16 m^2$ | $m^2$ | 23.16 |
| 1.2 | 柚木踢脚板刷清漆 | 客厅 | $[(4-0.24) \times 2 + (6.4-0.24) \times 2] \times 0.15 m^2 = 19.84 \times 0.15 m^2 = 2.98 m^2$<br>[说明]$(4-0.24)$为柚木踢脚板刷清漆的一侧水平宽，共两侧，所以$(4-0.24) \times 2$，$(6.4-0.24)$为柚木踢脚板刷清漆的邻侧水平长，同样一周，故$(6.4-0.24) \times 2$，0.15为踢脚板宽，踢脚板总长乘以踢脚板宽度即为柚木踢脚板刷清漆工程量。<br>计算式：$L_{踢} = $净墙长<br>$(4-0.24) \times 2m + (6.4-0.24) \times 2m = 19.84m$<br>$S_{踢} = L_{踢} \times$踢脚线定额高度<br>$= 19.84 \times 0.15 m^2$<br>$= 2.98 m^2$<br>$L_{踢}$——踢脚线长度；<br>$S_{踢}$——踢脚线工程量 | $m^2$ | 2.98 |

续表

| 序号 | 项目 | 图号及部位 | 计 算 式 | 单位 | 工程量 |
|---|---|---|---|---|---|
| 2 | 顶棚 | | | | |
| | 2.1 木龙骨三层胶合板面贴壁纸 | 客厅 | $(4-0.24)\text{m}^2 \times (6.4-0.24)\text{m}^2 + (2+3.5) \times 2 \times 0.2\text{m}^2 = 25.36$<br>[说明]$(4-0.24)$为墙体水平净长，$(6.4-0.24)$为纵向墙体净长，$(4-0.24) \times (6.4-0.24)$为顶棚面积，查看顶棚平面图，2为中部贴壁纸宽，3.5为其长，$(2+3.5) \times 2$为其周长。<br>计算式：$S$ = 顶棚面层 + 装饰条展开面积<br>$= [4(\text{开间}) - 0.24(\text{墙厚})] \times [6.4(\text{开间}) - 0.24(\text{墙厚})] + [2(\text{装饰长}) + 3.5(\text{装饰条长})] \times 2 \times 0.2(\text{装饰条宽})\text{m}^2$<br>$= 25.36\text{m}^2$ | m² | 28.36 |
| | 2.2 顶棚装饰条刷清漆 | 客厅 | $(4-0.24) \times 2 + (6.4-0.24) \times 2 + (2+3.5) \times 2\text{m} = 30.84\text{m}$<br>[说明]顶棚装饰条刷清漆按刷清漆长度计算，$(4-0.24) \times 2$为顶棚上水平的宽度，$(6.4-0.24)$为顶棚上水平的长度，查看顶棚平面图，2m为中部木龙骨吊顶层板面贴壁纸宽，3.5m为其长，$(2+3.5) \times 2$为中部顶棚装饰条刷清漆。计算结果为30.84m。 | m | 30.84 |
| | 2.3 木窗帘盒带铝轨 | | $(4-0.24\text{m}) = 3.76\text{m}$<br>[说明]$4-0.24$为顶棚水平净宽，其长度即为木窗帘盒带铝轨。 | m | 3.76 |
| | 2.4 木窗帘盒刷清漆 | | $(4-0.24) \times 2.04 = 3.76 \times 2.04 = 7.67$<br>[说明]$(4-0.24)$为木窗帘盒带铝轨长，木窗帘盒刷清漆的净长同木窗帘盒带铝轨长。2.04为窗帘盒工程量系数 | m | 7.67 |
| 3 | 墙面 | | | | |
| | 3.1 墙面贴壁纸 | 客厅 | $[(4-0.24)+(6.4-0.24)] \times 2 \times (3.85+0.05) - 0.9 \times 2 - 2 \times 3.1 = 69.38$<br>$[(0.9+2+2)] \times 0.12 + (2+3.1) \times 2 \times 0.12 = 1.812$<br>[说明]查看平面图，$(4-0.24)$为住宅客厅水平宽，$(6.4-0.24)$为住宅客厅墙体净长，$[(4-0.24)+(6.4-0.24)] \times 2$为住宅客厅墙体净长，$(3.85+0.05)$为装饰面高，即为墙面贴壁纸高，$[(4-0.24)+(6.4-0.24)] \times 2 \times (3.85+0.05)$为墙面毛面积，0.9为门宽，2m为门高，应该扣减门面积$0.9 \times 2$，3.1m为窗高宽，2m为窗，扣减$2 \times 3.1$即窗面积，扣减的门、窗洞口面积按周长乘以0.12算墙面贴壁纸面积，即为$[(0.9+2) \times 2 \times 0.12 + (2+3.1) \times 2] \times 0.12$<br>计算式：主墙饰面面积 $S$ = 总面积 - 门面积 - 窗面积<br>$= [(\overset{\text{开间}}{4} - \overset{\text{墙厚}}{2.24}) + (\overset{\text{进深}}{6.4})] - \overset{\text{墙厚}}{0.24}] \times 2 \times (\overset{\text{装饰面高度}}{3.85+0.05}) - \overset{\text{门宽}}{0.9} \times \overset{\text{门高}}{2} - 2 \times 3.1$<br>$= 69.38$<br>门、窗框饰面面积 = 门饰面面积 + 窗饰面面积<br>$= [(\overset{\text{门宽}}{0.9} + \overset{\text{门高}}{2} + \overset{\text{门高}}{2})] \times \overset{\text{半墙厚}}{0.12} + (\overset{\text{窗宽}}{2} + \overset{\text{窗高}}{3.1})$<br>$\times 2 \times 0.12\text{m}^2$<br>$= 1.812\text{m}^2$ | m² | 71.19 |

289

续表

| 序号 | 项目 | 图号及部位 | 计算式 | 单位 | 工程量 |
|---|---|---|---|---|---|
| 4 | 装饰灯具安装 4.1 方吸顶灯安装 | | [说明]方吸顶灯安装<br>计算规则说明：普通灯具安装的工程量应区别灯具的种类、型号、规格以"套"为计量单位。根据工程图示使用方吸顶灯一套。<br>无计算式 | 套 | 1 |
| | 4.2 护套线敷设 | | [说明]护套线敷设<br>计算规则说明：护套线敷设工程量，应区别导线截面、敷设位置（管内、砖混凝土结构、沿钢索），不分芯数，以单根线路"延长米"为计量单位进行计算。本装饰工程使用护套线20延长米。 | m | 20 |
| | 4.3 双联开关，三孔插座安装 | | [说明]双联开关、三孔插座安装<br>计算规则说明：按工程概况说明，各使用一套 | 套 | 各1 |

工 程 计 价 表       表 5-1-3

工程名称：某小康住宅客厅装饰　　　编制日期：1996 年 × 月 × 日

| 序号 | 定额号 | 分部分项工程名称 | 单位 | 工程量 | 单价/元 | | | | 合价(元) | | | |
|---|---|---|---|---|---|---|---|---|---|---|---|---|
| | | | | | 人工费 | 材料费 | 机械费 | 计 | 人工费 | 材料费 | 机械费 | 计 |
| | | 2A，楼地面装饰工程 | | | | | | | | | | |
| 1 | 2A0006 | 花岗石楼地面(客厅) | 100m² | 0.230 | 453.38 | 12.83 | 68.01 | 534.21 | 104.28 | 2.95 | 15.64 | 122.87 |
| 2 | 2A0048 | 木踢脚板 | 100m² | 0.030 | 660.88 | 77.15 | 99.13 | 837.16 | 19.83 | 2.31 | 2.97 | 25.11 |
| | | 小计 | | | | | | | 124.11 | 5.26 | 18.61 | 147.98 |
| | | 2C，顶棚工程 | | | | | | | | | | |
| 3 | 2C0009 | 顶棚方木楞骨架(混凝土板或梁下) | 100m² | 0.254 | 195.32 | 158.96 | 19.53 | 373.81 | 49.61 | 40.38 | 4.96 | 94.95 |
| 4 | 2C0063 | 胶合板顶棚面层 | 100m² | 0.254 | 115.99 | 37.53 | 11.60 | 165.12 | 29.46 | 9.53 | 2.95 | 41.94 |
| | | 小计 | | | | | | | 79.07 | 49.91 | 7.91 | 136.89 |
| | | 2E，油漆涂料工程 | | | | | | | | | | |
| 5 | 2E0233 | 墙面贴墙纸(对花) | 100m² | 0.712 | 269.49 | 191.50 | 0.00 | 460.99 | 191.87 | 36.35 | 0.00 | 328.22 |
| 6 | 2E0241 | 顶棚面贴墙纸(对花) | 100m² | 0.254 | 347.48 | 191.50 | 0.00 | 538.94 | 88.26 | 48.64 | 0.00 | 136.90 |
| 7 | 2E0069 | 硬木踢脚板硝基清漆，磨亮 | 100m² | 0.030 | 1335.29 | 285.35 | 0.00 | 1620.64 | 40.06 | 8.56 | 0.00 | 48.62 |
| 8 | 2E0068 | 木线条硝基清漆，磨亮 | 100m | 0.308 | 508.97 | 53.93 | 0.00 | 562.90 | 1156.76 | 16.61 | 0.00 | 173.37 |
| 9 | 2E0068 | 窗帘盒硝基清漆，磨亮 | 100m | 0.080 | 508.97 | 53.93 | 0.00 | 562.90 | 40.72 | 4.31 | 0.00 | 45.03 |
| | | 小计 | | | | | | | 517.67 | 214.47 | 0.00 | 732.14 |
| | | 2F，零星装饰工程 | | | | | | | | | | |
| 10 | 2F0045 | 木装饰条(三道内，宽25mm 上) | 100m | 0.308 | 37.52 | 11.22 | 5.63 | 54.37 | 11.56 | 3.46 | 1.73 | 16.75 |
| 11 | 2F0071 | 硬木窗帘盒(单轨) | 100m | 0.040 | 309.10 | 437.13 | 46.37 | 792.60 | 12.36 | 17.49 | 1.85 | 31.70 |
| | | 小计 | | | | | | | 29.92 | 20.95 | 3.58 | 48.45 |
| | | 2G，装饰灯具安装 | | | | | | | | | | |
| 12 | 2G0096 | 挂碗灯($L \leq 800mm$, $H \leq 500mm$) | 10 套 | 0.100 | 333.70 | 253.04 | 10.01 | 596.75 | 33.37 | 25.30 | 1.00 | 59.67 |
| | | 小计 | | | | | | | 33.37 | 25.30 | 1.00 | 59.67 |
| | | 合计 | | | | | | | 778.14 | 315.89 | 31.10 | 1125.13 |

## 未计价材料费预算表

表 5-1-4

| 序号 | 价格依据 | 装置材料名称及规格 | 单位 | 单价(元) | 设计用量 | 损耗率(%) | 计算用量 | 金额（元） |
|---|---|---|---|---|---|---|---|---|
| 1 | 1995 预算价 | 22.5 级水泥 | t | 286.3 | 0.45 | | 0.45 | 128.83 |
| 2 | 1995 预算价 | 白水泥 | t | 593.4 | 0.002 | | 0.002 | 1.19 |
| 3 | 1995 预算价 | 砂 | m³ | 27.35 | 0.72 | | 0.72 | 19.69 |
| 4 | 1995 预算价 | 石料切割锯片 | 片 | 26.53 | 0.08 | | 0.08 | 2.12 |
| 5 | 1995 预算价 | 花岗石板 | m² | 258.4 | 23.46 | | 23.46 | 6062.06 |
| 6 | 1995 预算价 | 预埋铁件 | kg | 4.6 | 30 | | 30 | 138.0 |
| 7 | 1995 预算价 | 一等硬木薄板 | m³ | 1626 | 0.03 | | 0.03 | 48.78 |
| 8 | 1995 预算价 | 一等锯材 | m³ | 985 | 0.53 | | 0.53 | 522.05 |
| 9 | 1995 预算价 | 二等衫枋 | m³ | 850 | 0.06 | | 0.06 | 51 |
| 10 | 1995 预算价 | 五合板 | m² | 28.82 | 26.25 | | 26.25 | 756.53 |
| 11 | 1995 预算价 | 防火漆 | kg | 20.47 | 2.91 | | 2.91 | 59.57 |
| 12 | 1995 预算价 | 酚醛清漆 | kg | 13.8 | 6.72 | | 6.72 | 92.74 |
| 13 | 1995 预算价 | 硝基清漆 | kg | 19.03 | 6.29 | | 6.29 | 119.70 |
| 14 | 1995 预算价 | 硝基稀释剂 | kg | 12.18 | 12.09 | | 12.09 | 147.26 |
| 15 | 1995 预算价 | 漆片 | kg | 15 | 0.012 | | 0.012 | 0.18 |
| 16 | 1995 预算价 | 墙纸 | m² | 35 | 114.63 | | 114.63 | 4012.06 |
| 17 | 1995 预算价 | 装饰木条 | m | 4.5 | 32.55 | | 32.55 | 146.48 |
| 18 | 1995 预算价 | 铝合金轨 | m | 6.74 | 4.88 | | 4.88 | 32.89 |
| 19 | 1995 预算价 | 成套灯具 | 套 | 350 | 1.01 | | 1.01 | 353.5 |
| | | 合 计 | | | | | | 12694.63 |

## 装饰工程费用计算表

表 5-1-5

| | 工程量:25.60m² | | 总造价:16839元 | | 技术经济指标:657.77元 | |
|---|---|---|---|---|---|---|
| 序号 | 工程费用名称 | | 建筑装饰工程取费计算公式 | 金额(元) | 取 费 说 明 | |
| 1 | **一、直接工程费** | | | | | |
| 2 | 1. 定额直接费 | | [2]=[人工费]×112.7%+[材料费]+[机械费] | 1224 | | |
| 3 | 2. 其他直接费 | | [3]=[人工费]×112.7%×38.18% | 335 | SGD 7—95 定额总说明 | |
| 4 | 3. 临时设施费 | | [4]=[人工费]×112.7%×19.90% | 175 | SGD 7—95 定额总说明 | |
| 5 | 4. 现场管理费 | | [5]=[人工费]×112.7%×25.14% | 220 | SGD 7—95 定额总说明 | |

续表

| 序号 | 工程量:25.60m² | 总造价:16839元 | 技术经济指标:657.77元 | |
|---|---|---|---|---|
| | 工程费用名称 | 建筑装饰工程取费计算公式 | 金额/元 | 取费说明 |
| 6 | 直接工程费小计 | [6] = [2] + [3] + [4] + [5] | 1954 | |
| 7 | 二、其他直接工程费 | | | |
| 8 | 1. 未计价材料费 | [8] = [主材费] | 12695 | 详见未计价材料费表 |
| 9 | 2. 计价材料调整 | | | 按地区规定计算 |
| 10 | 3. 预算包干费 | [10] = [人工费] × 112.7% × 15% | 132 | SGD 7—95 四川费用定额 |
| 11 | 其他直接工程小计 | [11] = [8] + [9] + [10] | 12827 | |
| 12 | 直接费合计 | [12] = [6] + [11] | 14781 | |
| 13 | 三、间接费 | | | |
| 14 | 1. 企业管理费 | [14] = [人工费] × 112.7 × 46.43% | 407 | SGD 7—95 四川费用定额 |
| 15 | 2. 财务费用 | [15] = [人工费] × 112.7% × 8.34% | 73 | SGD 7—95 四川费用定额 |
| 16 | 3. 劳动保险费 | [16] = [人工费] × 112.7% × 29.5% | 259 | SGD 7—95 四川费用定额 |
| 17 | 4. 远地施工增加费 | | | 费率 = 2% - 4%每25km |
| 18 | 5. 施工队伍迁移费 | | | 费率 = 4% - 6%每25km |
| 19 | 间接费合计 | [19] = [14] + [15] + [16] + [17] + [18] | 739 | |
| 20 | 四、计划利润 | [20] = [人工费] × 112.7% × 85% | 745 | SGD 7—95 费用定额规定 |
| 21 | 五、按实际计算费用 | | | 按实际发生数计人 |
| 22 | 六、定额管理费 | [22] = ([12] + [19] + [20] + [21]) × 0.18% | 29 | SGD 7—95 费用定额规定 |
| 23 | 七、税金 | | | |
| 24 | 综合税金 | [24] = ([12] + [19] + [20] + [21] + [22]) × 3.56% | 580 | SGD 7—95 费用定额规定 |
| 25 | 税金合计 | [25] = [24] | 580 | |
| 26 | 八、装饰工程总造价 | [26] = [12] + [19] + [20] + [21] + [22] + [25] | 16874 | |

## 单位工程预算及工料分析表

表 5-1-6

| 序号 | 定额号 | 分部分项名称 | 单位 | 数量 | 单价 | 合价(元) | 人工价 | 人工费 | 机械价 | 机械费 | 花岗石板(m²) 单位量 | 花岗石板(m²) 合计量 | 白水泥(t) 单位量 | 白水泥(t) 合计量 | 石料切割锯片(片) 单位量 | 石料切割锯片(片) 合计量 | 32.5级水泥(t) 单位量 | 32.5级水泥(t) 合计量 | 砂(m³) 单位量 | 砂(m³) 合计量 | 一等锯材(m³) 单位量 | 一等锯材(m³) 合计量 | 二等杉枋(m³) 单位量 | 二等杉枋(m³) 合计量 | 防火漆(kg) 单位量 | 防火漆(kg) 合计量 | 预埋铁件(kg) 单位量 | 预埋铁件(kg) 合计量 | 胶合板 5层(m²) 单位量 | 胶合板 5层(m²) 合计量 |
|---|---|---|---|---|---|---|---|---|---|---|---|---|---|---|---|---|---|---|---|---|---|---|---|---|---|---|---|---|---|---|
| 1 | | 2A,楼地面装饰工程 | | | | | | | | | | | | | | | | | | | | | | | | | | | | |
| 2 | 2A0006 | 花岗石楼地面(客厅) | 100m² | 0.23 | 534.2 | 123 | 453.3 | 104 | 68.01 | 16 | 102 | 23.46 | 0.002 | 0.01 | 0.35 | 0.08 | 1.95 | 14 | 3.14 | 0.722 | | | | | | | | | | |
| 3 | 2A0048 | 木踢脚板 | 100m² | 0.03 | 837.1 | 25 | 660.8 | 20 | 99.13 | 3 | | | | | | | | | | | 2.26 | 0.068 | 1.89 | 0.057 | | | | | | |
| 4 | | 小计 | | | | 148 | | 124 | | 19 | | | | | | | | | | | | | | | | | | | | |
| 5 | | 2C,顶棚工程 | | | | | | | | | | | | | | | | | | | | | | | | | | | | |
| 6 | 2C0009 | 顶棚方木楞骨架(混凝土板下或梁) | 100m² | 0.25 | 373.8 | 93.45 | 195.3 | 48.83 | 19.53 | 4.88 | | | | | | | | | | | 1.86 | 0.465 | | | 11.65 | 2.913 | 120 | 30 | | |
| 7 | 2C0063 | 胶合板顶棚面层 | 100m² | 0.25 | 165.1 | 41.28 | 115.9 | 28.98 | 11.6 | 2.9 | | | | | | | | | | | | | | | | | | | 105 | 26.25 |
| 8 | | 小计 | | | | 134.73 | | 77.81 | | 7.78 | | | | | | | | | | | | | | | | | | | | |
| 9 | | 2E,油漆涂料工程 | | | | | | | | | | | | | | | | | | | | | | | | | | | | |
| 10 | 2ED33 | 墙面面贴墙纸(对花) | 100m² | 0.71 | 460.9 | 327.24 | 269.4 | 191.27 | | | | | | | | | | | | | | | | | | | | | | |
| 11 | 2E0241 | 顶棚面贴墙纸(对花) | 100m² | 0.25 | 538.9 | 134.73 | 347.4 | 86.85 | | | | | | | | | | | | | | | | | | | | | | |
| 12 | 2E0069 | 硬木踢脚板硝基清漆,磨亮 | 100m² | 0.03 | 1620.0 | 48.6 | 1335.0 | 40.05 | | | | | | | | | | | | | | | | | | | | | | |
| 13 | 2E0068 | 木线条硝基清漆,磨亮 | 100m | 0.31 | 562.9 | 174.5 | 508.9 | 157.76 | | | | | | | | | | | | | | | | | | | | | | |
| 14 | 2E0068 | 窗帘盒硝基清漆,磨亮 | 100m² | 0.08 | 562.9 | 45 | 508.9 | 41 | | | | | | | | | | | | | | | | | | | | | | |
| 15 | | 小计 | | | | 730.07 | | 516.93 | | | | | | | | | | | | | | | | | | | | | | |
| 16 | | 2F,零星装饰工程 | | | | | | | | | | | | | | | | | | | | | | | | | | | | |

293

续表

| 序 | 定额号 | 分部分项名称 | 单位 | 数量 | 单价 | 合价(元) | 其中: 人工价 | 其中: 人工费 | 其中: 机械价 | 其中: 机械费 | 花岗石板(m³) 单位 合计量 | 白水泥(t) 单位 合计量 | 石料切割锯片(片) 单位 合计量 | 22.5级水泥(t) 单位 合计量 | 砂(m³) 单位 合计量 | 一等锯材(m³) 单位 合计量 | 二等杉枋(m³) 单位 合计量 | 防火漆(kg) 单位 合计量 | 预埋铁件(kg) 单位 合计量 | 胶合5层板(m²) 单位 合计量 |
|---|---|---|---|---|---|---|---|---|---|---|---|---|---|---|---|---|---|---|---|---|
| 17 | 2F0045 | 木装饰条(三道肉,宽25mm上) | 100m | 0.31 | 54.37 | 17 | 37.52 | 12 | 5.63 | 2 | | | | | | | | | | |
| 18 | 2F0071 | 硬木窗帘盒(单轨) | 100m | 0.04 | 792.6 | 32 | 309.1 | 12 | 46.37 | 2 | | | | | | | | | | |
| 19 | | 小计 | | | | 49 | | 24 | | 4 | | | | | | | | | | |
| 20 | | 2G,装饰灯具安装 | | | | | | | | | | | | | | | | | | |
| 21 | 2C0096 | 挂碗灯(L≤800mm,H≤500mm) | 10套 | 0.1 | 596.7 | 60 | 333.7 | 33 | 10.01 | 1 | | | | | | | | | | |
| | | 小计 | | | | 60 | | 33 | | 1 | | | | | | | | | | |
| | | 合计 | | | | 1121.8 | | 775.74 | | 31.78 | | | | | | | | | 成套灯具(套) | |

| 序 | 定额号 | 分部分项名称 | 单位 | 数量 | 单价 | 合价(元) | 人工价 | 人工费 | 机械价 | 机械费 | 墙纸(m²) 单位 合计量 | 酚醛清漆硝基清漆(kg) 单位 合计量 | 硝基稀释剂(kg) 单位 合计量 | 漆片(kg) 单位 合计量 | 装饰木条(m) 单位 合计量 | 一等硬木(m³) 单位 合计量 | 铝合金机(m) 单位 合计量 | 成套灯具(套) 单位 合计量 |
|---|---|---|---|---|---|---|---|---|---|---|---|---|---|---|---|---|---|---|
| 1 | | 2A,楼地面装饰工程 | | | | | | | | | | | | | | | | |
| 2 | 2A0006 | 花岗石楼地面(客厅) | 100m | 0.23 | 534.2 | 123 | 453.3 | 104 | 68.01 | 16 | | | | | | | | |
| 3 | 2A0048 | 木踢脚板 | 100m² | 0.03 | 837.1 | 25 | 660.8 | 20 | 99.13 | 3 | | | | | | | | |
| 4 | | 小计 | | | | 148 | | 124 | | 19 | | | | | | | | |
| 5 | | 2C,顶棚工程 | | | | | | | | | | | | | | | | |
| 6 | 2C0009 | 顶棚方木楞骨架(混凝土板下)或梁 | 100m² | 0.25 | 373.8 | 93.45 | 195.3 | 48.83 | 19.53 | 4.88 | | | | | | | | |

294

续表

| 序 | 定额号 | 分部分项名称 | 单位 | 数量 | 单价 | 合价(元) | 其中: 人工价 | 其中: 人工费 | 其中: 机械价 | 其中: 机械费 | 墙纸(m²) 单位量 | 墙纸(m²) 合计量 | 酚醛清漆(t) 单位量 | 酚醛清漆(t) 合计量 | 硝基清漆(kg) 单位量 | 硝基清漆(kg) 合计量 | 硝基稀释剂(kg) 单位量 | 硝基稀释剂(kg) 合计量 | 漆片(kg) 单位量 | 漆片(kg) 合计量 | 装饰木条(m) 单位量 | 装饰木条(m) 合计量 | 一等硬木(m³) 单位量 | 一等硬木(m³) 合计量 | 铝合金轨(m) 单位量 | 铝合金轨(m) 合计量 | 成套灯具(套) 单位量 | 成套灯具(套) 合计量 |
|---|---|---|---|---|---|---|---|---|---|---|---|---|---|---|---|---|---|---|---|---|---|---|---|---|---|---|---|---|
| 7 | 2C0063 | 胶合板顶棚面层 | 100m² | 0.25 | 165.1 | 41.28 | 115.9 | 28.98 | 11.6 | 2.9 | | | | | | | | | | | | | | | | | | |
| 8 | | 小计 | | | | 134.73 | | 77.81 | | 7.78 | | | | | | | | | | | | | | | | | | |
| 9 | | 2E、油漆涂料工程 | | | | | | | | | | | | | | | | | | | | | | | | | | |
| 10 | 2E0233 | 墙面贴墙纸 | 100m² | 0.71 | 460.9 | 327.24 | 269.4 | 191.27 | | | 115.79 | 82.211 | | | | | | | | | | | | | | | | |
| 11 | 2E0241 | 顶棚面贴墙纸(对花) | 100m² | 0.25 | 538.9 | 134.73 | 347.4 | 86.85 | | | 115.79 | 28.95 | | | | | | | | | | | | | | | | |
| 12 | 2E0069 | 硬木踢脚板硝基清漆,磨亮 | 100m | 0.03 | 16.20 | 48.6 | 1335.1 | 40.05 | | | | | | 4.97 | 60.35 | 1.81 | 120.18 | 3.16 | 0.005 | 0.000 | | | | | | | | |
| 13 | 2E0068 | 木线条硝基清漆,磨亮 | 100m | 0.31 | 562.9 | 174.5 | 508.9 | 157.76 | | | | | | 1.75 | 11.47 | 3.56 | 22.9 | 7.10 | 0.03 | 0.01 | | | | | | | | |
| 14 | 2E0068 | 窗帘盒硝基清漆,磨亮 | 100m | 0.08 | 562.9 | 45 | 508.9 | 41 | | | | | | | 11.47 | 0.918 | 22.9 | 1.832 | 0.03 | 0.002 | | | | | | | | |
| 15 | | 小计 | | | | 730.07 | | 516.93 | | | | | | | | | | | | | | | | | | | | |
| 16 | | 2F、零星装饰工程 | | | | | | | | | | | | | | | | | | | | | | | | | | |
| 17 | 2F0045 | 木装饰条(三道内,宽25mm上) | 100m | 0.31 | 54.37 | 17 | 37.52 | 12 | 5.63 | 2 | | | | | | | | | | | 105 | 32.55 | | | | | | |
| 18 | 2F0071 | 硬木窗帘盒(单轨) | 100m | 0.04 | 792.6 | 32 | 309.1 | 12 | 46.37 | 2 | | | | | | | | | | | | | 0.78 | 0.031 | 122 | 4.88 | | |
| 19 | | 小计 | | | | 49 | | 24 | | 4 | | | | | | | | | | | | | | | | | | |
| 20 | | 2G、装饰灯具安装 | | | | | | | | | | | | | | | | | | | | | | | | | | |
| 21 | 2C0096 | 挂碗灯 $L \leq 800mm$, $H \leq 500mm$ | 10套 | 0.1 | 596.7 | 60 | 333.7 | 33 | 10.01 | 1 | | | | | | | | | | | | | | | | | 10.11.01 | |
| | | 小计 | | | | 60 | | 33 | | 1 | | | | | | | | | | | | | | | | | | |
| | | 合计 | | | | 1121.8 | | 775.74 | | 31.78 | | | | | | | | | | | | | | | | | | |

295

## 5-2 某宾馆套间客房装饰工程

### 一、工程说明

该预算为某宾馆套间客房(样板间)装饰,为简化预算项目,预算示例仅列示了所附施工图说明的楼地面、墙面、顶棚和门窗装饰等,房间装饰等,房间内的水电管线、卫生洁具以及卫生间配件均未计算在内。该套间客房平面图如图 5-2-1 和图 5-2-2。

### 二、工程概况

某宾馆套间客房装饰具体作法如下:

地面:大、小房间均采用高级地砖铺面、卫生间为防滑地砖,踢脚线为胶合板贴柚木皮刷硝基清漆。

墙面:墙面贴壁纸、卫生间墙面砖到顶、墙面有胶合板贴柚木皮刷硝基清漆窗帘挡板及窗套、挂衣板。

顶棚:大小房间木龙骨吊顶三层胶合板面贴壁纸,卫生间木龙骨吊顶白色塑扣板面,走道木龙骨吊顶泰柚板面刷硝基清漆。

门窗:铝合金门窗及成品装饰门。

其他未列项目详见施工图。

### 三、预算定额计价编制说明

本工程施工图预算限于篇幅,只计算了定额直接费,其编制说明见表 5-2-1,工程量计算见表 5-2-2,定额直接费计算见表 5-2-3。

编 制 说 明　　　　　　　　　　　　　　　　　　　表 5-2-1

| 编制依据 | 施工图号 | 图 5-2-1、图 5-2-2 |
|---|---|---|
| | 合 同 | |
| | 使用定额 | 四川省装饰工程计价定额 SGD 2—95,四川省建设工程费用定额 SGD 7—95 |
| | 材料价格 | 计价材料执行省定额基价,未计价材料均采用重庆地区装饰工程材料预算价格 |
| | 其 他 | 预算采用电算程序编制,未计价材料以单调材料价格的形式进入预算总价,工程计费按二类工程,国企一级,工资区类别为 6 类工资区 |

说明:1. 施工组织、大型施工机械以及技术措施费等均未考虑。
2. 本工程是作为教学示例,如有出入,应以造价管理部门解释为准。
3. 各分部机械费已按定额由微机计算进入各分项子目。

工 程 量 计 算 表　　　　　　　　　　　　　　　　　表 5-2-2

| 序号 | 项　目 | 图号及部位 | 计　算　式 | 单位 | 工程量 |
|---|---|---|---|---|---|
| 1 | 地面 | | | | |
| 1.1 | 高级地砖地面 | 大、小房间 | $(3.3-0.12)\times5.57+3.5\times(3.3-0.12)+1.03\times1.95=30.85$<br>[说明]$(3.3-0.12)$m 为门所在墙体净长,查看图 5-2-1 某宾馆套间客房平面图,5.57 为套间客房纵向净长;$3.5m=(5.57-0.6-0.8-0.55-0.12)$m 为小房间墙体净长,$(3.3-0.12)$m 为该小房间墙体净宽,$3.5\times(3.3-0.12)$为小房间室内净面积。$1.03m=(3.3-2-0.15-0.12)$m 为镜相灯所在小房间墙体净宽,$1.95=(0.6+0.8+0.55)$m 为该小房间墙长,$1.03\times1.95m^2$ 为该小房间墙体间净面积,即为地砖地面的工程量 | m² | 30.85 |

续表

| 序号 | 项 目 | 图号及部位 | 计 算 式 | 单位 | 工程量 |
|---|---|---|---|---|---|
| 1.2 | 防滑地砖地面 | 卫生间 | $2.0 \times 1.95 - 0.55 \times 2.0 = 2.80$<br>[说明] 2.0为卫生间所在的小房间净宽，$1.95 = (0.6 + 0.8 + 0.55)$ m为该房间净长，$2.0 \times 1.95 m^2$为墙体间净面积，0.55m为浴盆宽，2.0m为浴盆长，卫生间防滑地砖地面面积应扣除浴池面积。<br>计算式：卫生间长×宽－浴缸长×宽＝2.0（长）×1.95（宽）－0.55（宽）×2.0（长）$m^2 = 2.80 m^2$ | $m^2$ | 2.80 |
| 2 | 顶棚 | | | | |
| 2.1 | 木龙骨三层胶合板面贴壁板 | 大间<br><br>小间 | $5.57$（净尺寸）$\times (3.30 - 0.12) + \{(3.5 - 0.5 \times 2) \times 2 + [(3.30 - 0.12) - 0.5 \times 2] \times 2\} \times 0.15 + (3.30 - 0.12) \times 0.20 = 19.76$<br>$3.50$（净尺寸）$\times 3.18$（净尺寸）$= 11.13$<br>[说明] 查看图5-2-1，5.57为大房间墙体净长，$(3.30 - 0.12)$m为大房间墙体净宽，$5.57 \times (3.30 - 0.12)$m为大房间板面贴壁纸大块面积。3.50m为小房间墙体净长，3.18m为小房间墙体净宽，$3.50 \times 3.18 = 11.13 m^2$为小房间板面贴壁板面积。<br>计算式：$P_1$、$P_2$、$P_3$，对应的顶棚如图5-2-1所示。<br>$P_1$：$[3.3$（开间）$- 0.12$（半墙厚）$] \times 1.95 m^2 = 6.2 m^2$<br>$P_3$：$3.5$（净尺寸）$\times [3.3$（开间）$+ 0.2$（墙厚）$] m^2 = 12.25 m^2$<br>由顶棚的纵剖面可以看出，$P_2$顶棚四周的标高比$P_1$顶棚四周低200mm，$P_2$顶棚四周的标高与$P_3$顶棚标高一致，$P_2$顶棚中央地区有一圆角矩形，其标高比四周高150mm。<br>$P_2$：顶棚：$3.5 \times (3.3 - 0.12) m^2 = 11.13 m^2$<br>圆角矩形与四周相接处：$(3.5 - 0.5 \times 2 + 3.3 - 0.12 - 0.5 \times 2) \times 2 \times 0.15 m^2 = 1.41 m^2$<br>顶棚$P_2$与顶棚$P_1$相接处：$(3.3 - 0.12) \times 0.2 m^2 = 0.64 m^2$<br>木龙骨三层胶合板面贴壁板总面积：$P_1 + P_2 + P_3 = (6.36 + 11.13 + 1.41 + 0.64 + 12.25) m^2 = 31.79 m^2$ | $m^2$ | 30.89 |
| 2.2 | 木龙骨白色塑扣板 | 卫生间 | $2.0$（净尺寸）$\times 1.95$（净尺寸）$= 3.90$<br>[说明] 2.0m为卫生间墙全净长，$1.95 = (0.6 + 0.8 + 0.55)$为卫生间墙体净宽，故卫生间木龙骨白色塑扣板的面积为$2.0 \times 1.95 m^2 = 3.90 m^2$。<br>计算式：$2.0$（净尺寸）$\times 1.95$（净尺寸）$m^2 = 3.90 m^2$<br>数据如套间顶棚图 | $m^2$ | 3.90 |
| 2.3 | 木龙骨泰柚板刷硝基清漆 | 过道 | $(1.15 - 0.12) \times 1.95$（净尺寸）$= 2.01$<br>[说明] $(1.15 - 0.12) = (3.3 - 2 - 0.15 - 0.12)$m为过道宽，查看套间顶棚图，$1.95 = (0.6 + 0.8 + 0.55)$m为过道长，过道木龙骨泰柚板刷硝基清漆以平方米计算，即为过道长×过道宽。<br>计算式：$(1.15 - 0.12) \times 1.95$（净尺寸）$m^2 = 2.01 m^2$<br>数据如套间顶棚图 | $m^2$ | 2.01 |

续表

| 序号 | 项 目 | 图号及部位 | 计 算 式 | 单位 | 工程量 |
|---|---|---|---|---|---|
| | 2.4 胶合板贴柚木皮刷硝基清漆窗帘挡板 | 铝合金窗 | $(3.30 \times 2 - 0.24) \times 0.25 = 1.59$<br>[说明] 铝合金窗刷硝基清漆窗帘挡板的工程量以铝合金窗长×宽。<br>计算式：$[3.30(开间) \times 2 - 0.24(中间隔墙厚)] \times 0.25 m^2 = 1.59 m^2$<br>数据如图 5-2-1 套间顶棚图 | $m^2$ | 1.59 |
| 3 | 墙面 | | | | |
| | 3.1 墙面贴面砖 | 卫生间 | $(2.0 \times 2 + 1.95 \times 2) \times 2.60(高) - (0.8 \times 2.0)(门洞) + 0.55 \times 2.0(浴盆) = 20.04 m^2$<br>[说明] 2.0 为卫生间墙体净长，$1.95 = (0.6 + 0.8 + 0.55)$ m 为卫生间墙体净宽，$(2.0 \times 2 + 1.95 \times 2)$ m 为卫生间墙体四周净长，2.60m 为卫生间墙体净高。0.8m 为门宽，2.0m 为门高，$0.8 \times 2.0 m^2$ 为门洞面积。$0.55 \times 2.0 m^2$ 为浴盆贴面砖面积。<br>计算式：$[2.0(卫生间长) \times 2 + 1.95(宽净尺寸) \times 2] \times 2.60(高净尺寸) - 0.8(门宽) \times 2.0(门高) + 0.55(浴盆宽) \times 2.0(浴盆长) m^2 = 20.04 m^2$<br>数据参看某宾馆套间客房平面图及 C 墙立面。 | $m^2$ | 20.04 |
| | 3.1.1 胶合板贴柚木皮刷硝基清漆踢脚 | A 墙面 | $(6.60 - 0.24) \times 0.15 m^2 = 0.95 m^2$<br>[说明] $(6.60 - 0.24)$ m 为 A 墙立面净长，0.15m 为胶合板贴柚木皮刷硝基清漆踢脚高。 | $m^2$ | 0.95 |
| | 3.1.2 墙面贴壁纸 | | $(6.60 - 0.24) \times (2.60 - 0.15) m^2 - 1.8 \times 1.8 \times 2 m^2(铝合金窗) = 9.10 m^2$<br>[说明] $(6.60 - 0.24) m^2$ 为 A 墙净长，2.6 为墙体净高，0.15 为踢脚高，$(2.6 - 0.15)$ m 为墙壁贴壁纸高，即总高度 2.6m 减去踢脚高。$(6.60 - 0.24) \times (2.6 - 0.15) m^2$ 为墙面可贴壁纸大块面积，应该扣减 $1.8 \times 1.8 m^2$ 即铝合金窗所占面积。<br>计算式：$[6.60(开间总长) - 0.24(间隔厚)] \times [2.60(顶棚标高) - 0.15(踢脚)] - 1.8(窗长) \times 1.8(窗高) \times 2 = 9.10 m^2$ | $m^2$ | 9.10 |
| | 3.1.3 铝合金窗制安 | | $1.80 \times 1.80 \times 2(个) m^2 = 6.48 m^2$<br>[说明] 在 A 墙面上共有 2 个铝合金窗，铝合金窗制作安装以平方米计算，故其面积为 $1.8 \times 1.8 \times 2 m^2$。 | $m^2$ | 6.48 |
| | 3.1.4 木龙骨泰柚板刷硝基清漆窗套 | | $(2.0 \times 2 + 2.0 \times 2)(斜角部分按最长边算) \times 0.2$<br>[说明] 铝合金窗长1.8m，宽1.8m，各外扩0.2m算窗套，铝合金窗套净长为 $(2.0 \times 2 + 2.0 \times 2)$ m，宽为 0.2m，故窗套面积为 $(2.0 \times 2 + 2.0 \times 2) \times 0.2 m^2$。<br>数据参考见 A 墙立面计算式：$[2.0(长) \times 2 + 2.0(高) \times 2] \times 0.2(宽) \times 2(个) = 3.2 m^2$。<br>(宽) $\times 2$ (个) = 3.20 | $m^2$ | 3.20 |

续表

| 序号 | 项 目 | 图号及部位 | 计 算 式 | 单位 | 工程量 |
|---|---|---|---|---|---|
| 3.2.1 胶合板贴柚木皮刷硝基清漆踢脚 | | B墙面 | (3.0+0.57+2.0)×0.15=0.84<br>[说明](3.0+0.57+2.0)m为B墙净长，查看B墙立面，0.15m为胶合板贴柚木皮刷硝基清漆踢脚高。 | m² | 0.84 |
| 3.2.2 墙面贴壁纸 | | | 3.57×(2.60-0.15)+2.0×0.40=9.55<br>[说明]3.57=(3.0+0.57)m为左墙面贴壁纸净长，2.60m为B立面墙体高，0.15m为踢脚，(2.60-0.15)为墙面贴壁纸净高，2.0m为右上角处墙面贴壁纸净长，0.40m为其净高，故其总面积为：3.57×(2.60-0.15)+2.0×0.4m²=9.55m²。<br>计算式：3.57（饰面宽）×[2.60（顶棚标高）-0.15（踢脚高）]+2.0（挂衣板宽）×0.4（板头贴纸）m²=9.55m²。数据参见B墙立面。 | m² | 9.55 |
| 3.2.3 胶合板贴柚木皮刷硝基清漆挂衣板 | | | 2.0×2.0=4.0<br>[说明]挂衣板长为2.0m，宽为2.0m，其面积为2.0×2.0m²，查看B墙立面图。<br>2.0（挂衣板高）×2.0（挂衣板宽）m²=4.0m² | m² | 4.0 |
| 3.3.1 胶合板贴柚木皮刷硝基清漆踢脚 | | C墙面 | (0.5+1.50+0.50+0.50+0.50)×0.15=0.53<br>[说明]查看C墙立面，其踢脚净长为（0.5+1.5+0.5+0.5+0.5)，不计算卫生间，踢脚净高为0.15m。<br>踢脚线长：[0.5（床头柜）+1.5（床宽）+0.5（床头柜）+0.5+0.5（柜宽）]m=3.5m<br>数据参见C墙立面。<br>踢脚工程量：3.5（踢脚线长）×0.15（定额高度）m²=0.53m² | m² | 0.53 |
| 3.3.2 墙面贴壁纸 | | | (0.5+1.50+0.50+0.50+0.50)×(2.60-0.15)m²=8.58m²<br>[说明](0.5+1.5+0.5+0.5+0.5)m为墙面贴壁纸的净长，2.60m为墙体净高，[2.60-0.15]m为贴壁纸的净高。0.15m为其下边的踢脚高。<br>计算式：[0.5（床头柜）+1.5（床）+0.5（床头柜）+0.5+0.5（柜宽）]×[2.60（顶棚）-0.15（踢脚高度）]m²=8.58m²<br>数据参看C墙立面 | m² | 8.58 |
| 3.4.1 胶合板贴柚木皮刷硝基清漆踢脚 | | D墙面 | (0.50+0.25+0.25+0.50)×0.15=0.23<br>[说明]查看D墙立面（0.5+0.25+0.25+0.50)为D墙立面下边刷硝基清漆踢脚长，0.15m为其净高。<br>计算：块料踢脚线定额高度为150mm<br>踢脚线长：（0.5+0.25+0.25+0.5)m=1.5m<br>数据参见D墙立面。<br>踢脚工程量：1.5（踢脚线长）×0.15（踢脚高）m²=0.23m² | m² | 0.23 |
| 3.4.2 墙面贴壁纸 | | | (0.50+0.50)×(2.60-0.15)+2.5×0.20=2.95<br>(0.50+0.50)m为装饰门两边的贴壁纸宽2.60为其墙体净高，0.15m为扣减的踢脚高。(2.60-0.15)m为贴壁纸高。2.5m为装饰门宽，0.20m为装饰门上部墙净高。 | m² | 2.95 |
| 3.4.3 成品装饰门 | | | 2.5×2.40=6.0<br>[说明]（1.8+0.1+0.25+0.1+0.25)=2.5为成品装饰门宽2.4m为成品装饰门高，2.5×2.4m²为其总面积 | m² | 6.0 |

## 工 程 计 价 表

表 5-2-3

| 序号 | 定额号 | 分部分项工程名称 | 单位 | 工程量 | 单 价（元） ||||  合 价（元） ||||
|---|---|---|---|---|---|---|---|---|---|---|---|---|
| | | | | | 人工费 | 材料费 | 机械费 | 计 | 人工费 | 材料费 | 机械费 | 计 |
| | | 2A，楼地面装饰工程 | | | | | | | | | | |
| 1 | 2A0015 | 房间高级地砖地面 | 100m² | 0.31 | 497.04 | 12.82 | 74.56 | 584.42 | 154.08 | 3.97 | 23.11 | 181.16 |
| 2 | 2A0015 | 卫生间防滑地砖地面 | 100m² | 0.030 | 497.04 | 12.82 | 74.56 | 584.42 | 14.91 | 0.38 | 2.24 | 17.53 |
| 3 | 2A0048 | 胶合板踢脚线 | 100m² | 0.030 | 660.88 | 77.15 | 99.13 | 837.16 | 19.83 | 2.31 | 2.97 | 25.11 |
| | | 小计 | | | | | | | 188.82 | 6.66 | 28.32 | 223.80 |
| | | 2B，墙柱面工程 | | | | | | | | | | |
| 4 | 2B0129 | 柚木皮贴踢脚板 | 100m² | 0.030 | 315.50 | 22.98 | 47.33 | 385.81 | 9.47 | 0.69 | 1.42 | 11.58 |
| 5 | 2B0048 | 墙面、墙裙贴面砖 | 100m² | 0.200 | 701.35 | 259.82 | 105.20 | 1066.37 | 140.27 | 51.96 | 21.04 | 213.27 |
| 6 | 2B0124 | 胶合板墙面挂衣板 | 100m² | 0.040 | 235.05 | 161.27 | 35.26 | 431.58 | 9.40 | 6.45 | 1.41 | 17.26 |
| 7 | 2B0129 | 墙面挂衣板面贴柚木皮 | 100m² | 0.040 | 315.50 | 22.98 | 47.33 | 385.81 | 12.62 | 0.92 | 1.89 | 15.43 |
| 8 | 2B0129 | 柚木皮贴窗帘挡板面 | 100m² | 0.020 | 315.50 | 22.98 | 47.33 | 385.81 | 6.31 | 0.46 | 0.95 | 7.72 |
| | | 小计 | | | | | | | 178.07 | 60.48 | 26.71 | 265.26 |
| | | 2C，顶棚工程 | | | | | | | | | | |
| 9 | 2C0009 | 顶棚方木龙骨 | 100m² | 0.370 | 195.32 | 158.96 | 19.53 | 373.81 | 72.27 | 58.82 | 7.23 | 138.32 |
| 10 | 2C0063 | 胶合板顶棚面 | 100m² | 0.31 | 115.99 | 37.53 | 11.60 | 165.2 | 35.96 | 11.63 | 3.60 | 51.19 |
| 11 | 2C0069 | 塑料扣板顶棚面（卫生间） | 100m² | 0.040 | 174.54 | 0.00 | 17.45 | 191.99 | 6.98 | 0.00 | 0.70 | 7.68 |
| 12 | 2C0087 | 柚木夹板顶棚面（过道） | 100m² | 0.020 | 409.34 | 16.20 | 40.93 | 466.47 | 8.19 | 0.32 | 0.82 | 9.33 |
| | | 小计 | | | | | | | 123.40 | 70.77 | 12.35 | 206.52 |

续表

| 序号 | 定额号 | 分部分项工程名称 | 单位 | 工程量 | 单 价（元） | | | | 合 价（元） | | | |
|---|---|---|---|---|---|---|---|---|---|---|---|---|
| | | | | | 人工费 | 材料费 | 机械费 | 计 | 人工费 | 材料费 | 机械费 | 计 |
| | | 2D，门窗工程 | | | | | | | | | | |
| 13 | 2D0020 | 铝合金推拉窗制作 | 100m² | 0.060 | 2137.62 | 5396.97 | 320.64 | 7855.23 | 128.26 | 323.82 | 19.24 | 471.31 |
| 14 | 2D0033 | 铝合金推拉窗安装 | 100m² | 0.060 | 1161.98 | 2923.49 | 174.30 | 4259.77 | 69.72 | 175.41 | 10.46 | 255.59 |
| 15 | 2D0028 | 柚木板包铝合金窗套（木龙骨） | 100m² | 0.030 | 918.93 | 875.58 | 137.84 | 1932.35 | 27.57 | 26.27 | 4.14 | 57.97 |
| 16 | 2D0030 调 | 装饰成品门安装 | 100m² | 0.060 | 2309.58 | 3332.52 | 1696.44 | 7338.54 | 138.57 | 199.95 | 101.79 | 440.31 |
| | | 小计 | | | | | | | 364.12 | 725.45 | 135.63 | 1225.20 |
| | | 2E，油漆涂料工程 | | | | | | | | | | |
| 17 | 2E0069 | 踢脚板刷硝基清漆 | 100m² | 0.030 | 1335.29 | 285.35 | 0.00 | 1620.64 | 40.06 | 8.56 | 0.00 | 48.62 |
| 18 | 2E0233 | 房间墙面贴墙纸 | 100m² | 0.300 | 269.49 | 191.50 | 0.00 | 460.99 | 80.85 | 57.45 | 0.00 | 138.30 |
| 19 | 2E0069 | 墙面挂衣板硝基清漆 | 100m² | 0.040 | 1335.29 | 285.35 | 0.00 | 1620.64 | 53.41 | 11.41 | 0.00 | 64.83 |
| 20 | 2E0241 | 顶棚面贴墙纸（对花） | 100m² | 0.31 | 347.48 | 191.50 | 0.00 | 538.98 | 107.72 | 59.37 | 0.00 | 167.09 |
| 21 | 2E0069 | 过道顶棚刷硝基清漆 | 100m² | 0.020 | 1335.29 | 285.35 | 0.00 | 1620.64 | 26.71 | 5.71 | 0.00 | 32.41 |
| 22 | 2E0069 | 柚木板窗套硝基清漆 | 100m² | 0.030 | 1335.29 | 285.35 | 0.00 | 1620.64 | 40.06 | 8.56 | 0.00 | 48.62 |
| 23 | 2E0069 | 窗帘挡板面硝基清漆 | 100m² | 0.020 | 1335.29 | 285.35 | 0.00 | 1620.64 | 26.71 | 5.71 | 0.00 | 32.41 |
| | | 小计 | | | | | | | 375.52 | 156.77 | 0.00 | 532.29 |
| | | 2F，零星装饰工程 | | | | | | | | | | |
| 24 | 2F0058 | 胶合板窗帘挡板 | 10m² | 0.160 | 70.73 | 50.40 | 10.61 | 131.74 | 11.32 | 8.06 | 1.70 | 21.08 |
| | | 小计 | | | | | | | 11.32 | 8.06 | 1.70 | 21.08 |
| | | 合计 | | | | | | | 1241.25 | 1028.19 | 204.71 | 2474.15 |

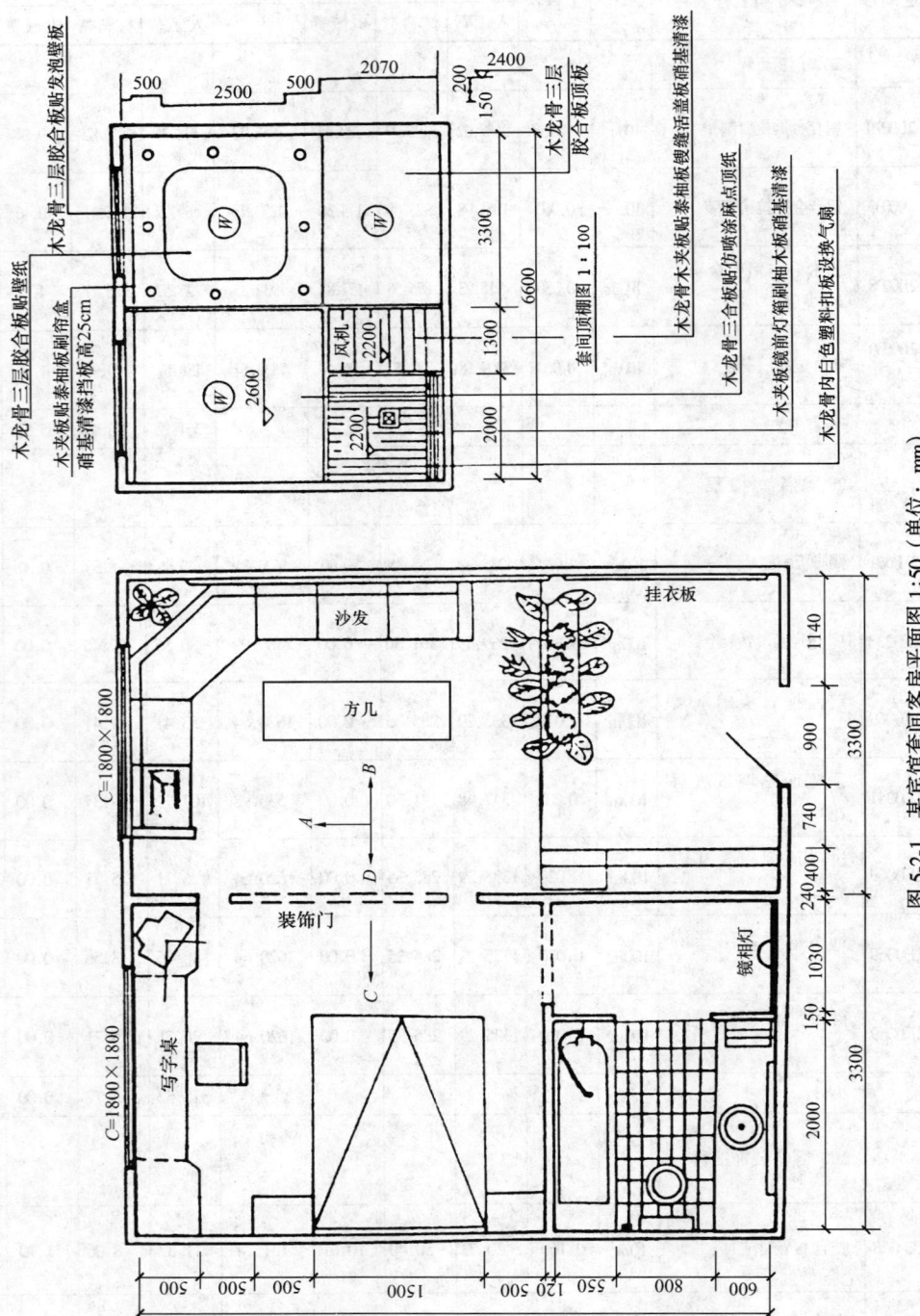

图 5-2-1 某宾馆套间客房平面图 1:50（单位：mm）

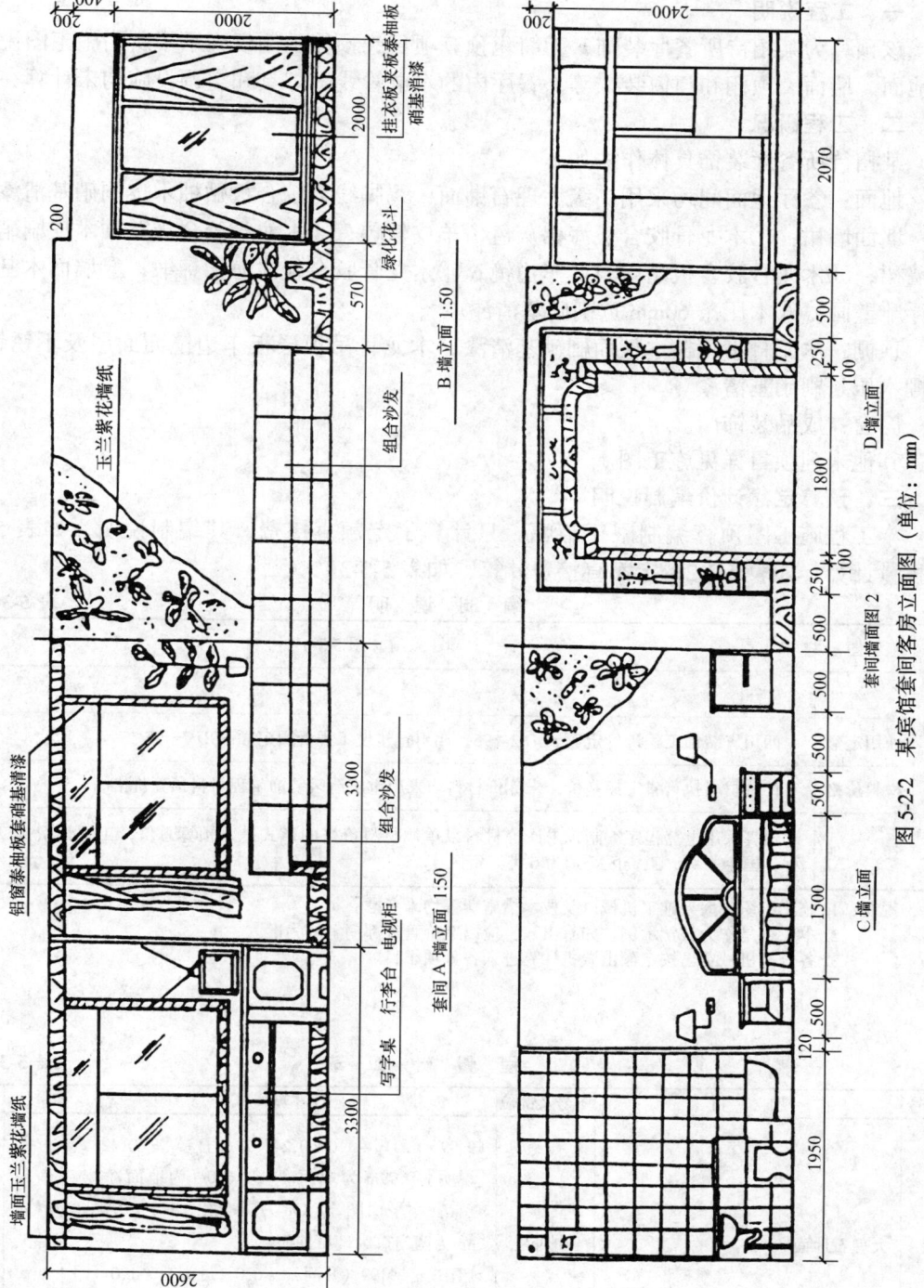

图 5-2-2 某宾馆套间客房立面图（单位：mm）

# 5-3 某招待所餐厅装饰工程

## 一、工程说明

该预算为某招待所餐厅装饰，为简化预算项目，预算示例仅列示了所附施工图说明的楼地面、墙面、顶棚和门窗装饰等，餐厅内的水电管线、灯具和空调设施均未计算在内。

## 二、工程概况

某招待所餐厅装饰具体作法如下

地面：餐厅地面间均采用高级大理石铺面，踢脚线为胶合板贴柚木皮刷硝基清漆。

墙面墙裙：①木龙骨胶合板海棉灰色仿羊皮软包；②木龙骨胶合板贴柚木皮刷硝基清漆墙裙；③木龙骨胶合板贴宝石蓝车边镜；④木龙骨胶合板浅海棉锦缎；⑤墙面木基胶合板浮雕壁画；⑥木压条 60mm 宽刷硝基清漆。

顶棚：木龙骨吊顶柚木板面刷硝基清漆，木龙骨吊顶层板车边镜面面层及不锈钢条。天棚木压条刷硝基清漆。

门窗：成品装饰门。

其他未列项目详见施工图。

## 三、预算定额计价编制说明

本工程施工图预算编制限于篇幅，只计算了定额直接费，其编制说明，如表 5-3-1；工程量计算，如表 5-3-2；定额直接费计算，如表 5-3-3。

编 制 说 明　　　　　　　　　表 5-3-1

| 编制依据 | 施工图号 | 图 5-3-1、图 5-3-4 |
|---|---|---|
| | 合　同 | |
| | 使用定额 | 四川省装饰工程计价定额 SGD 2—95，四川省建设工程费用定额 SGD 7—95 |
| | 材料价格 | 计价材料执行省定额基价，未计价材料均采用重庆地区装饰工程材料预算价格 |
| | 其他 | 预算采用电算程序编制，未计价材料以单调材料价格的形式进入预算总价，工程计费按二类工程，国企一级，工资区类别为 6 类工资区 |

说明：1. 施工组织、大型施工机械以及技术措施费等均未考虑。
2. 本工程是作为教学示例，如有出入，应以造价管理部门解释为准。
3. 各分部机械费已按定额由微机计算进入各分项子目。

工 程 量 计 算 表　　　　　　　　　表 5-3-2

| 序号 | 项　目 | 图号及部位 | 计　算　式 | 单位 | 工程量 |
|---|---|---|---|---|---|
| 1 | 大理石地面 | 地面 | (9.99×6.0)+1.0×0.24×2（门口）= 60.42<br>[说明] 9.99m 为地面净长，6.0m 为地面净宽，查看餐厅平面图，1.0m 为门净宽，1.0×0.24×2m² 为两门口大理石铺面。<br>计算式：[9.99（开间）×6.0（进深）+1.0（门宽）×0.24（门高）×2（个）] m² = 60.42m²<br>数据参见大厅平面图及大餐厅 C 墙面 | m² | 60.42 |

续表

| 序号 | 项目 | 图号及部位 | 计 算 式 | 单位 | 工程量 |
|---|---|---|---|---|---|
| 2 | 2.1 顶棚木龙骨 | 顶棚 | $1.5 \times 6.0 \times 2 + 0.25 \times 6 \times 2$（立面）$= 21.0$<br>[说明] 1.5m 为左右两边简易吸顶灯处的顶棚宽，6.0m 为其长，$1.5 \times 6.0 \times 2m^2$ 为两边顶棚木龙骨的面积。$0.25 \times 6 \times 2m^2$ 为立面图中简易吸顶灯处木龙骨工程量，其中 0.25 为宽，6 为长，2 是数量。 | $m^2$ | 21.00 |
| | 2.2 顶棚木压条 | | $6.0 \times 2 = 12.0$<br>[说明] 顶棚木压条按面积计算，总面积为 $6.0 \times 2 = 12.0$，6.0 为木压条净长。 | $m^2$ | 12.00 |
| | 2.3 柚木板顶棚面层 | | $(6.0 \times 2 + 2.85 \times 6 + 2.4 \times 6) \times 0.4 = 17.40$<br>[说明] $6.0 \times 2$ 为顶棚两边，$2.85m = (2.45 + 0.2 + 0.2)m$ 为其中一个大柚木板净长，共有 6 面，$2.4 = (2 + 0.2 + 0.2)$ 为大柚木板净宽。也为 6 面，故柚木板顶棚净长为：$6.0 \times 2 + 2.85 \times 6 + 2.4 \times 6$，0.4m 为其净深，故其顶棚面层以平方米计算。<br>计算式：$(6.0 \times 3 + 2.85 \times 6) \times 0.4 = 14.04m^2$<br>由顶棚图可知：柚木板顶棚面层竖向投影呈"田"字型，将其折为三竖"1"和六横"一"进行计算，6.0 为三竖的长度，2.85 为六横的长度。0.4 为柚木板顶棚面层的宽度。详细数据参见顶棚图。 | $m^2$ | 17.40 |
| | 2.4 不锈钢条车边镜面顶棚面层 | | $(2.85 \times 2 + 2.40 \times 2) \times 4 \times 1.44$（斜边）$\times 2.0 + 2.45 \times 2 \times 4$（中间）$= 31.48$<br>[说明] $2.85 = (2.45 + 0.2 + 0.2)$ 为其中一块大柚木板净长，$2.40 = (2 + 0.2 + 0.2)$ 为其净宽，$(2.85 \times 2 + 2.4 \times 2)$ 为其净周长，共有 4 个，故乘以 4，中间部分的净长为 2.45，净宽为 2，也共有 4 个。其顶棚面层面积为 $2.45 \times 2 \times 4$。<br>计算式：$(2.85 \times 2 + 2.40 \times 2) \times 4 \times 1.44 \times 0.2 + 2.45 \times 2 \times 4m^2 = 31.48m^2$<br>2.85 为"田"字型顶棚内侧饰面的长边。<br>2.4 为"田"字型顶棚内侧饰侧面的短边。<br>4 为 4 个同类型计算单元。<br>1.414 为 $\sqrt{2}$ 精确到千分位的数值。<br>0.2 为饰面的投影长度。<br>2.45 为"田"字型顶棚中四个矩形的长边。<br>2.0 为"田"字型顶棚中四个矩形的短边。<br>4 为四个矩形。 | $m^2$ | 31.48 |
| | 2.5 顶棚车边镜面四周不锈钢条 | | $(2.85 \times 2 + 2.40 \times 2) \times 4 = 42$<br>[说明] $2.85 = (2.45 + 0.2 + 0.2)$ 为一块净长，$2.85 \times 2$ 为两边净长，$2.40 = (2 + 0.2 + 0.2)$ 为净宽，其中一块不锈钢条净周长为 $(2.85 \times 2 + 2.40 \times 2)$，共有 4 块。<br>计算式：$(2.85 \times 2 + 2.40 \times 2) \times 4m = 42m$<br>2.85 为"田"字型顶棚内侧饰面镶边的长边。<br>2.4 为"田"字型顶棚内侧饰面镶边的短边。<br>2 为矩形的两边。<br>4 为四个矩形 | $m^2$ | 42.00 |

续表

| 序号 | 项目 | 图号及部位 | 计 算 式 | 单位 | 工程量 |
|---|---|---|---|---|---|
| 3 | 墙面 | | | | |
| | 3.1 | | $9.99 \times 0.15 = 1.50$<br>9.99为大餐厅A墙面净长，0.15m为其踢脚高，故胶合板贴柚木皮刷硝基漆踢脚面积为$9.99 \times 0.15$。 | | |
| | 3.1.1 胶合板贴柚木皮刷硝基清漆踢脚 | A墙面 | 计算式：$9.99 \times 0.15 m^2 = 1.50 m^2$<br>9.99为踢脚线长度，0.15为定额高度<br>数据详见大餐厅A墙面 | $m^2$ | 1.50 |
| | 3.1.2 木龙骨胶合板海绵灰色仿羊皮软包 | | $0.5 \times 0.55 \times 3 \times 2 + 0.91 \times 0.55 \times 2 \times 2 + 2.1 \times 0.55$<br>$= 4.81$<br>[说明] 查看大餐厅A墙立面，0.5为其墙体下边小仿羊皮软包宽，0.55为其长，共有3个，0.91为墙体下边稍大点的仿羊皮软包长，0.55为其宽，共有2个，2.1为左边那个仿羊皮软包长，0.55为其宽，该工程量以平方米计算。<br>0.5为软包的宽度<br>0.55为软包的高度<br>0.91为长软包的宽度<br>0.55为长软包的高度<br>2.1为左侧软包的宽度，0.55为其高度<br>数据详见大餐厅A墙面 | $m^2$ | 4.81 |
| | 3.1.3 木龙骨胶合板贴柚木皮刷硝基清漆墙裙 | | $9.99 \times 0.75 - 4.81$（海绵软体）$= 2.68$<br>[说明] 9.99为大餐厅净长，0.75为墙裙净高，算刷硝基清漆墙裙净面积应该扣减海绵软体的面积。<br>计算式：$(9.99 \times (0.1 + 0.55 + 0.1) - 4.81) m^2$<br>$= 2.68 m^2$<br>9.99为墙裙长度<br>$(0.1 + 0.55 + 0.1) = 0.75$为墙裙高度<br>4.81为海绵软包的面积 | $m^2$ | 2.68 |
| | 3.1.4 中密度板贴柚木皮浅灰色仿羊皮底衬20mm厚海绵 | | $1.05 \times 1.9 + 1.2 \times 1.9 = 4.2$<br>[说明] $1.9 = (1.6 + 0.1 + 0.1 + 0.1)$为大餐厅A墙面图中标④部分长。 | $m^2$ | 4.2 |
| | 3.1.5 立式百叶窗帘 | | $2.1 \times 1.9 \times 3 = 11.97$<br>[说明] 立式百叶窗帘长为2.1，宽为1.9，查看大餐厅A墙面图，共有3个，$1.9 = (1.6 + 0.1 + 0.1 + 0.1)$<br>计算式：$2.1 \times 1.9 \times 3 m = 11.97 m^2$<br>2.1为立式百叶窗帘的宽度<br>1.9为立式百叶窗帘的高度<br>3为三个立式百叶窗帘<br>详见大餐厅A墙面标注 | $m^2$ | 11.97 |
| | 3.1.6 木压条60mm宽刷硝基清漆 | | $1.9 \times 8 + 9.99 + 9.99 = 35.18$<br>[说明] $1.9 = (1.6 + 0.1 + 0.1 + 0.1)$，查看图中标有60mm宽刷硝基清漆，1.9m长的共有8条，还有两边9.99+9.99长的部分。<br>计算式：$(1.9 \times 8 + 9.99 + 9.99) m = 35.18 m$<br>1.9为压条的长度<br>两侧各一条，立式百叶窗两侧各一条共六条，总计8条<br>9.99分别为墙裙上压条和海绵软包及立式百叶窗上压条<br>数据详见大餐厅A墙面 | m | 35.18 |

续表

| 序号 | 项目 | 图号及部位 | 计 算 式 | 单位 | 工程量 |
|---|---|---|---|---|---|
| 3.1.7 | 中密度板贴柚木皮刷硝基清漆 | | $0.6 \times 1.9 \times 2 + 9.99 \times 0.2 = 4.28$<br>[说明] $0.6 = (0.5 + 0.1)$，$0.6 \times 2$ 为左右两边的刷硝基清漆宽，$1.9 = (1.6 + 0.1 + 0.1 + 0.1)$ 为其长，$9.99$ 为餐厅 A 墙面上部刷硝基清漆长，$0.2m$ 为其宽。$0.6$ 为两侧门状饰板宽度，$1.9$ 为其高度，$9.99$ 为房间总长度，$0.2$ 为沿房顶板的高度。 | m² | 4.28 |
| 3.2 | | | | | |
| 3.2.1 | 胶合板贴柚木皮刷硝基清漆踢脚 | | $(1.0 + 6.75) \times 0.15 = 0.16$<br>[说明] $(1.0 + 0.6 + 3.63 + 0.6 + 1.0 + 1.0) = 7.75$ 为大餐厅 C 立面下部刷硝基清漆踢脚长，踢脚高为 $0.15m$，故面积为 $7.75 \times 0.15m^2 = 0.16m^2$<br>$(1.0 + 1.0 + 0.06 + 3.630 + 0.06 + 1.0 + 1.0)$<br>$\times 0.15m^2 = 1.16m^2$<br>括号内为大餐厅 C 立面水平标注尺寸，扣除门及门框，$0.15$ 为踢脚定额高度。<br>数据详见大餐厅 C 立面。 | m² | 1.16 |
| 3.2.2 | 木龙骨胶合板海绵灰色仿羊皮软包 | C 墙面 | $0.8 \times 0.55 \times 5 + 0.5 \times 0.55 \times 4 = 3.30$<br>[说明] $0.8m$ 为其中仿羊皮软包长，$0.55$ 为其宽，共有 5 个。$0.5 \times 0.55$ 的小块状的仿羊皮软包共有 4 个。 | m² | 3.30 |
| 3.2.3 | 装饰艺术板门制作安装 | | $1.0 \times 2.7 \times 2 (个) = 5.40$<br>[说明] 查看大餐厅 C 立面图，装饰艺术板门宽为 $1.0m$，高为 $2.7m$，共有 2 扇门。<br>计算式：$1.0 \times 2.7 \times 2m^2 = 5.40m^2$<br>$1.0$ 门宽，$2.7$ 为门高 $(3-0.1-0.2)$，$2$ 为两扇门 | m² | 5.40 |
| 3.2.4 | 墙面木基胶合浮雕壁画 | | $3.63 \times 1.7 - 0.3 \times 0.1 \times 2 = 6.11$<br>[说明] $3.63$ 浮雕壁画长，$1.7 = (1.6 + 0.1)$ 为其净高，故其毛面积为 $3.63 \times 1.7$，应该扣减上部左右两个脚落的嵌缺部分，其面积为 $0.3 \times 0.1 \times 2$。<br>计算式：$[3.63 \times (1.6 + 0.1) - 0.3 \times 0.1 \times 2]$<br>$m^2 = 6.11m^2$<br>$3.63$ 为浮雕壁画长度，$(1.6 + 0.1)$ 为其高度，$0.3 \times 0.1 \times 2$ 为两边缺角的面积。 | m² | 6.11 |
| 3.2.5 | 墙面木基胶合板面浅灰色仿羊皮底衬20mm厚海绵 | | $9.99 \times 1.9 - 6.11$（浮雕壁画）$- 1.6 \times 1.0 \times 2.0$（门）$= 9.67$<br>[说明] $9.99$ 为其 C 墙面净长，$1.9 = (1.6 + 0.1 + 0.1 + 0.1)$ 为仿羊皮底衬 20mm 厚海绵的净高，$9.99 \times 1.9$ 为其毛面积，应该扣减中部浮雕壁画面积，再扣减 $1.6 \times 1.0 \times 2.0$ 的门面积。<br>计算式：$(9.99 \times 1.9 - 6.11 - 1.6 \times 1.0 \times 2.0) m^2$<br>$= 9.67m^2$<br>$9.99$ 为大餐厅开间，$1.9$ 为饰面高度；$6.11$ 为浮雕壁画占的面积，$1.6 \times 1.0 \times 2.0$ 为门所占去的饰面面积。<br>数据详细见大餐厅 C 立面图 | m² | 9.67 |

续表

| 序号 | 项 目 | 图号及部位 | 计 算 式 | 单位 | 工程量 |
|---|---|---|---|---|---|
| 3.2.6 | 中密度板贴柚木刷硝基清漆 | | $9.99 \times 1.2 = 12.0$<br>[说明]9.99为其C墙面净长,1.2=(0.15+0.1+0.55+0.1+0.1+0.2)为其刷硝基清漆净高,故面积为$9.99 \times 1.2$,以平方米来计算工程量。<br>计算式:$9.99 \times 1.2 = 12.0m^2$<br>9.99为大餐厅开间,1.2为饰面高度,具体为浮雕壁画至顶棚,和踢脚以上至浮雕壁画下沿。数据详见大餐厅C墙面。 | $m^2$ | 12.00 |
| 3.2.7 | 木压条60mm宽刷硝基清漆 | C墙面 | $9.99 + 9.99 - 1.0 \times 2.0$(门)$= 17.98$<br>[说明]$9.99 + 9.99$为上下两边刷硝基清漆长,应该扣两个门的宽度,即为$1.0 \times 2.0$。 | $m^2$ | 17.98 |
| 3.2.8 | 壁雕画线条 80mm×60mm×26mm | | $3.63 \times 2 + 1.70 \times 2 = 14.52$<br>[说明]3.63为中部浮雕壁画的长。上下两边其线条净长为$3.63 \times 2$,1.70=(1.6+0.1)为左右两边净长线,其壁雕画线条净长为$3.63 \times 2 + 1.70 \times 2$ | $m^2$ | 14.52 |
| 3.2.9 | 装饰艺术门刷硝基清漆 | | $1.0 \times 2.7 \times 2$(个)$= 5.40$<br>[说明]装饰艺术门宽1.0m,高为2.7m,共有2个,其刷硝基清漆的面积为$1.0 \times 2.7 \times 2m^2$ | $m^2$ | 5.40 |
| 3.3 | | | | | |
| 3.3.1 | 胶合板贴柚木皮刷硝基清漆踢脚 | B、D墙面 | $6.0 \times 0.15 \times 2 = 1.8$<br>[说明]查看大餐厅B、D墙立面图,6.0m为其墙体净长,0.15m为刷硝基清漆净高,B、D两墙体的胶合板贴柚木皮刷硝基清漆踢脚净面积为$6.0 \times 0.15 \times 2m^2 = 1.8m^2$。 | $m^2$ | 1.80 |
| 3.3.2 | 木龙骨胶合板海绵灰色仿羊皮软包 | | $(0.8 \times 0.55 \times 4 + 0.5 \times 0.55 \times 3) \times 2 = 2.59 \times 2$(面)$= 5.18$<br>[说明]0.8为其中较大一点的仿羊皮软包长,0.55为其宽,共有4块,0.5为其中小一点的仿羊皮软包宽,0.55m为其长,为3块,B、D墙立面图一样,故B仿羊皮软包面积应乘以2。 | $m^2$ | 11.81 |
| 3.3.3 | 木龙骨胶合板贴柚木皮刷硝基清漆墙裙 | | 墙裙高为0.5,1.7=(1.44+0.06+0.2)为左边部分刷硝基清漆墙裙长。<br>$0.5 \times 1.7 \times 4 - 0.1 \times 0.1 \times 8 = 3.32 \times 2$(面)$= 6.64$<br>$6.0 \times 0.75 - 2.59$(软包)$= 2.66 \times 2$(面)$= 5.32$<br>[说明]6.0为宝石蓝车边镜长。0.75为其镜宽,故面积为$6.0 \times 0.75$,再扣减软包面积,B、D墙面故应该乘以2,即为仿羊皮底衬20mm厚海绵毛面积。2.1为其净高,2.1=(0.15+0.1+0.55+0.1+0.1+1.6+0.1),应该扣减宝石蓝镜面积和软包墙面,考虑到B、D墙面做法一样。故应该再乘以2 | $m^2$ | 13.40 |

308

续表

| 序号 | 项 目 | 图号及部位 | 计 算 式 | 单位 | 工程量 |
|---|---|---|---|---|---|
| 3.3.4 | 木龙骨胶合板贴宝石蓝车边镜 | | $6.0 \times 2.1$（高）$-5.24$（宝石蓝镜）$-3.32$（软包墙面）$=4.04 \times 2$（面）$=8.08$<br>[说明] $3.12 = (3+0.6+0.6)$ 为宝石蓝车边镜净长，$1.7 = (1.6+0.1)$ 为其净高。$3.12 \times 1.7$ 为其毛面积，再扣减左右两角落处的嵌缺部分，其面积为 $0.3 \times 0.1 \times 2$。<br>$3.12 \times 1.7 - 0.3 \times 0.1 \times 2 = 5.24 \times 2$（面）$= 10.48$ | $m^2$ | 10.48 |
| 3.3.5 | 墙面木龙骨胶合板浅海绵锦缎 | B、D 墙面 | $2.4$（高）$\times 10.0 - 1.5 \times 1.8 \times 4$（铝合金钢）$-1.7$（软包墙面）$= 11.5 \times 2$（面）$= 23.0$<br>[说明] 2.4m 为浅海绵锦缎高，10.0m 为其净长，其毛面积为 $2.4 \times 10.0$，应该扣减 4 个铝合金钢，铝合金钢面积为 $1.5 \times 1.8$，其宽为 1.5，高为 1.8，也应该扣减 1.7 的软包墙面，B、D 墙面做法相同，故应该再乘以 2，以平方米计算工程量。 | $m^2$<br>$m^2$ | 3.20<br>23.0 |
| 3.3.6 | 木压条 60mm 宽刷硝基清漆 | | $(0.50+0.25+0.25+0.50) \times 0.15 = 0.23$<br>$(6.0+6.0)+10 \times 4 = 104 \times 2$（面）$= 208$ | $m^2$<br>m | 0.95<br>208 |

工程计价表

表 5-3-3

| 序号 | 定额号 | 分部分项工程名称 | 单位 | 工程量 | 单 价（元） | | | | 合 价（元） | | | |
|---|---|---|---|---|---|---|---|---|---|---|---|---|
| | | | | | 人工费 | 材料费 | 机械费 | 计 | 人工费 | 材料费 | 机械费 | 计 |
| | | 2A，楼地面装饰工程 | | | | | | | | | | |
| 1 | 2A0001 | 大理石楼地面 | $100m^2$ | 0.600 | 443.29 | 12.82 | 66.49 | 522.60 | 265.97 | 7.69 | 39.89 | 313.56 |
| 2 | 2A0048 调 | 胶合板踢脚线 | $100m^2$ | 0.040 | 660.88 | 1547.15 | 99.13 | 2307.16 | 26.44 | 61.89 | 3.97 | 92.29 |
| | | 小计 | | | | | | | 292.41 | 69.58 | 43.86 | 405.85 |
| | | 2B，墙柱面工程 | | | | | | | | | | |
| 3 | 2B0129 | 柚木皮贴踢脚线 | $100m^2$ | 0.040 | 315.50 | 22.98 | 47.33 | 385.81 | 12.62 | 0.92 | 1.89 | 1543 |
| 4 | 2B0075 | 木龙骨胶合板墙裙 | $100m^2$ | 0.160 | 692.98 | 198.31 | 103.95 | 995.24 | 110.88 | 31.73 | 16.63 | 159.24 |
| 5 | 2B0075 调 | 木龙骨中密板墙裙 | $100m^2$ | 0.060 | 692.98 | 198.31 | 103.95 | 995.24 | 41.58 | 11.90 | 6.24 | 59.71 |
| 6 | 2B0129 | 柚木皮贴墙裙 | $100m^2$ | 0.220 | 315.50 | 22.98 | 47.33 | 385.81 | 69.41 | 5.06 | 10.41 | 84.88 |
| 7 | 2B0072 | 木龙骨胶合板仿羊皮软包（墙面） | $100m^2$ | 0.200 | 1239.96 | 182.22 | 185.99 | 1608.17 | 247.99 | 36.44 | 37.20 | 321.63 |
| 8 | 2B0072 | 木龙骨中密板仿羊皮软包（墙面） | $100m^2$ | 0.040 | 1239.96 | 182.22 | 185.99 | 1608.17 | 49.60 | 7.29 | 7.44 | 64.33 |

续表

| 序号 | 定额号 | 分部分项工程名称 | 单位 | 工程量 | 单价(元) 人工费 | 材料费 | 机械费 | 计 | 合价(元) 人工费 | 材料费 | 机械费 | 计 |
|---|---|---|---|---|---|---|---|---|---|---|---|---|
| 9 | 2B0071 | 木龙骨胶合板锦缎面(墙面) | 100m² | 0.230 | 977.760 | 496.12 | 146.64 | 1620.36 | 224.85 | 114.11 | 33.73 | 372.68 |
| 10 | 2B0076 | 墙面镶宝石蓝车边镜面(木基层) | 100m² | 0.100 | 1057.19 | 406.01 | 158.58 | 1621.78 | 105.72 | 40.60 | 15.86 | 162.18 |
| 11 | 2B0076调 | 墙面镶浮雕壁画(木基层) | 100m² | 0.060 | 1057.19 | 406.01 | 158.58 | 1621.78 | 63.43 | 24.36 | 9.51 | 97.31 |
| | | 小计 | | | | | | | 926.08 | 272.41 | 138.91 | 1337.40 |
| | | 2C,顶棚工程 | | | | | | | | | | |
| 12 | 2C0009 | 顶棚方木楞骨架(混凝板或梁下) | 100m² | 0.380 | 195.32 | 158.96 | 19.53 | 373.81 | 74.22 | 60.40 | 7.42 | 142.05 |
| 13 | 2C0063 | 胶合板顶棚层 | 100m² | 0.210 | 115.99 | 37.53 | 11.60 | 165.12 | 24.36 | 7.88 | 2.44 | 34.68 |
| 14 | 2C0087 | 柚木夹板顶棚面 | 100m² | 0.170 | 409.34 | 16.20 | 40.93 | 466.47 | 69.59 | 2.75 | 6.96 | 79.30 |
| 15 | 2C0036 | 镜面玻璃顶棚 | 100m² | 0.310 | 338.00 | 16.20 | 33.80 | 388.00 | 104.78 | 5.02 | 10.48 | 120.28 |
| 16 | 2C0083 | 不锈钢板顶棚带 | 100m² | 0.020 | 434.07 | 25.92 | 43.41 | 503.40 | 8.68 | 0.52 | 0.87 | 10.07 |
| | | 小计 | | | | | | | 281.63 | 76.57 | 28.17 | 386.37 |
| | | 2D,门窗工程 | | | | | | | | | | |
| 17 | 2D0030调 | 装饰艺术门安装 | 100m² | 0.060 | 1309.58 | 2332.52 | 196.44 | 3838.54 | 78.57 | 139.95 | 11.79 | 230.31 |
| | | 小计 | | | | | | | 78.57 | 139.95 | 11.79 | 230.31 |
| | | 2E,油漆涂料工程 | | | | | | | | | | |
| 18 | 2E0069 | 踢脚线刷硝基清漆 | 100m² | 0.040 | 1335.29 | 285.35 | 0.00 | 1620.64 | 53.41 | 11.41 | 0.00 | 64.83 |
| 19 | 2E0069 | 墙裙木材面硝基清漆,磨亮 | 100m² | 0.220 | 1335.29 | 285.35 | 0.00 | 1620.64 | 293.76 | 62.78 | 0.00 | 356.54 |
| 20 | 2E0068 | 装饰线硝基清漆,磨亮 | 100m² | 0.700 | 508.97 | 53.93 | 0.00 | 562.90 | 356.28 | 37.75 | 0.00 | 394.03 |
| 21 | 2E0067 | 装饰木门窗硝基清漆,磨亮 | 100m² | 0.060 | 1849.18 | 532.22 | 0.00 | 2381.40 | 110.95 | 31.93 | 0.00 | 142.88 |
| 22 | 2E0241 | 顶棚面贴墙纸(对花) | 100m² | 0.210 | 347.48 | 191.50 | 0.00 | 538.98 | 72.97 | 40.22 | 0.00 | 113.19 |
| 23 | 2E0069 | 顶棚木材面硝基清漆,磨亮 | 100m² | 0.170 | 1335.29 | 285.35 | 0.00 | 1620.64 | 227.00 | 48.51 | 0.00 | 275.51 |
| 24 | 2E0069 | 装饰线条面硝基清漆,磨亮 | 100m² | 0.050 | 1335.29 | 285.35 | 0.00 | 1620.64 | 66.76 | 14.27 | 0.00 | 81.03 |
| | | 小计 | | | | | | | 1181.13 | 246.87 | 0.00 | 1428.00 |
| | | 2F,零星装饰工程 | | | | | | | | | | |
| 25 | 2F0048 | 木装饰大压角线(宽60mm内) | 100m | 2.610 | 39.11 | 27.42 | 5.87 | 72.40 | 102.08 | 71.57 | 15.32 | 188.96 |
| 26 | 2F0049 | 木装饰大压角线(宽60mm上)(壁面) | 100m | 0.150 | 39.11 | 30.10 | 5.87 | 75.08 | 5.87 | 4.52 | 0.88 | 11.26 |
| 27 | 2F0049 | 木装饰大压角线(宽60mm上)(顶棚) | 100m | 0.120 | 39.11 | 30.10 | 5.87 | 75.08 | 4.69 | 3.61 | 0.70 | 9.01 |
| | | 小计 | | | | | | | 112.64 | 79.70 | 16.90 | 209.24 |
| | | 合计 | | | | | | | 2872.46 | 885.08 | 239.63 | 3997.17 |

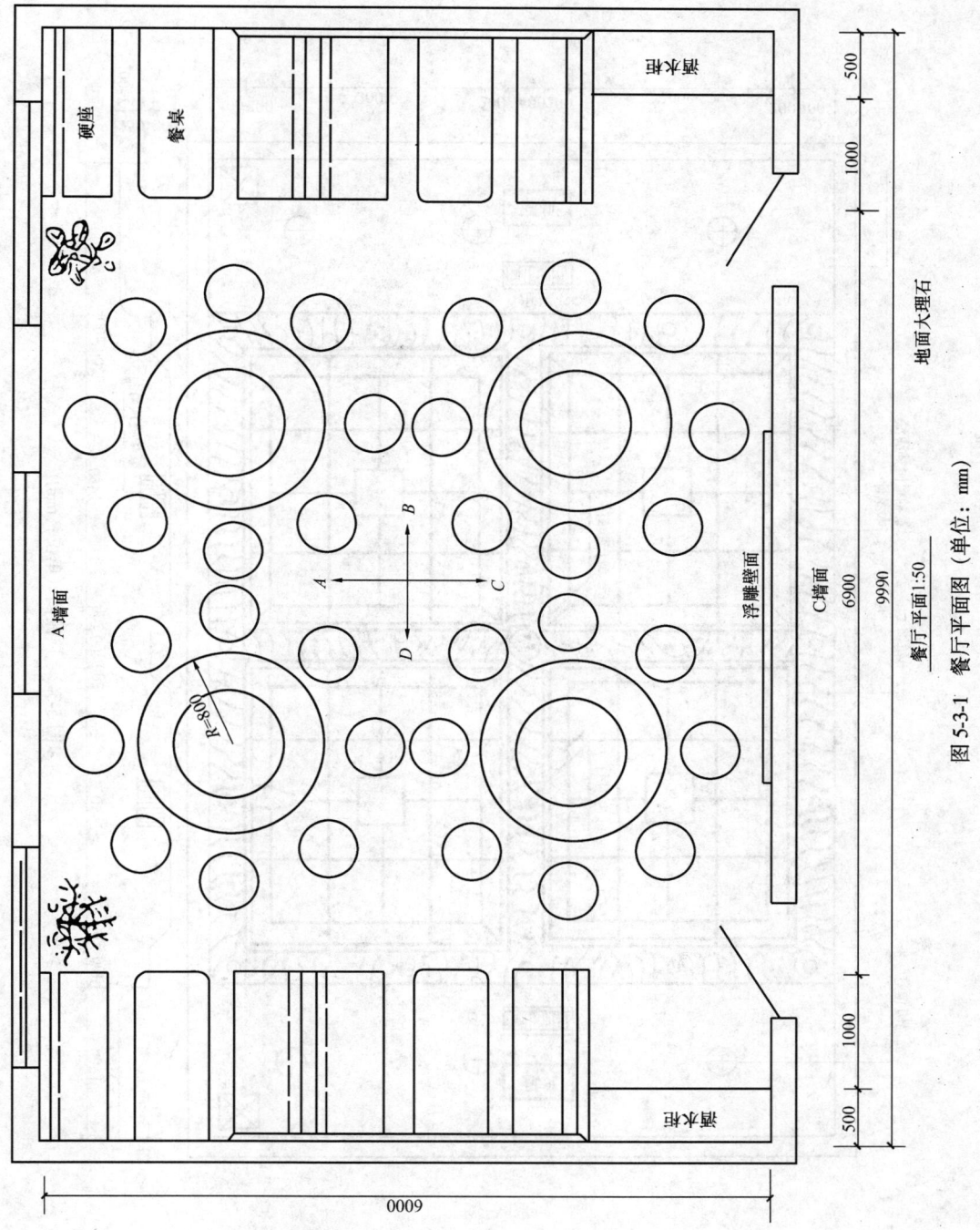

图 5-3-1 餐厅平面图（单位：mm）

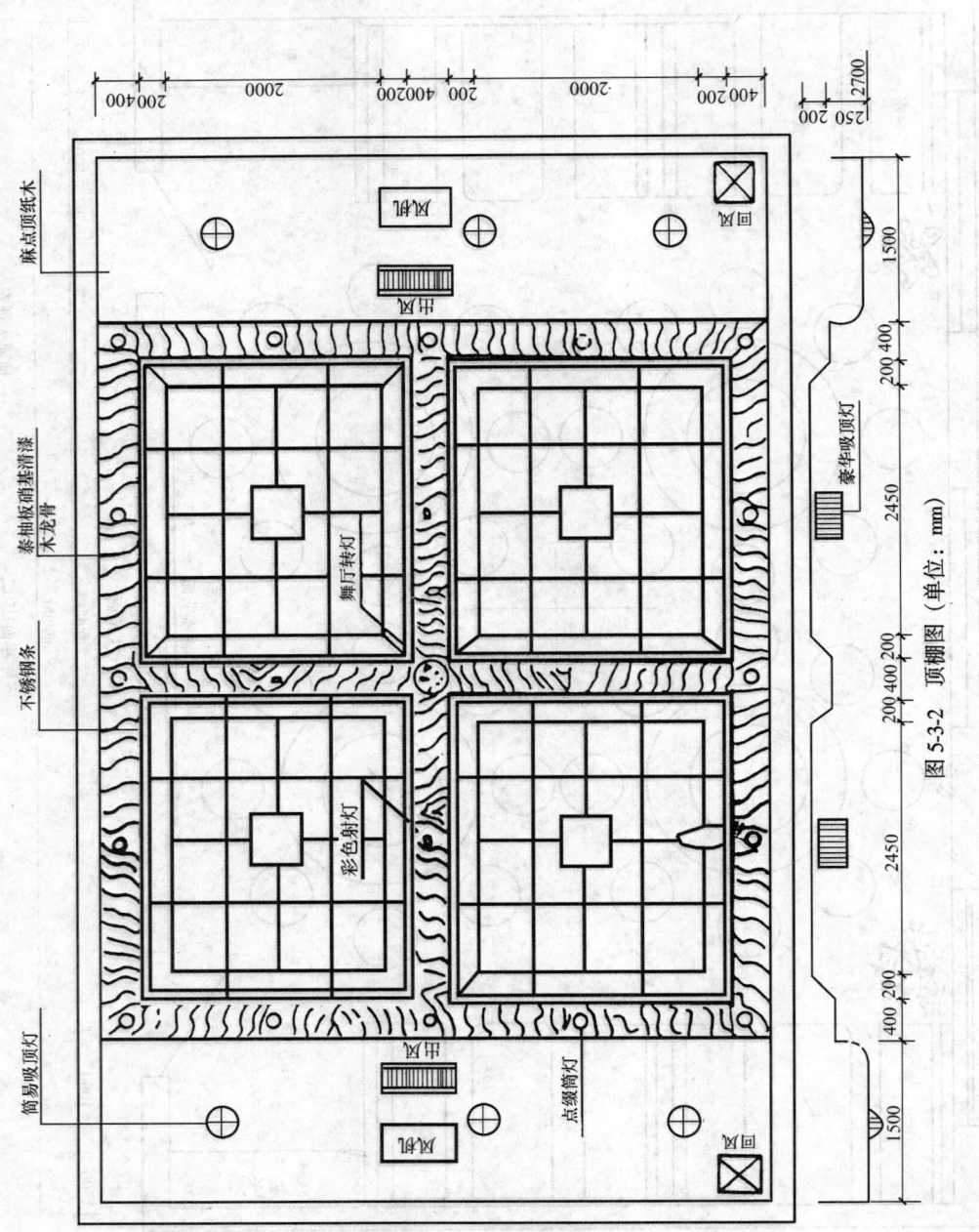

图 5-3-2 顶棚图（单位：mm）

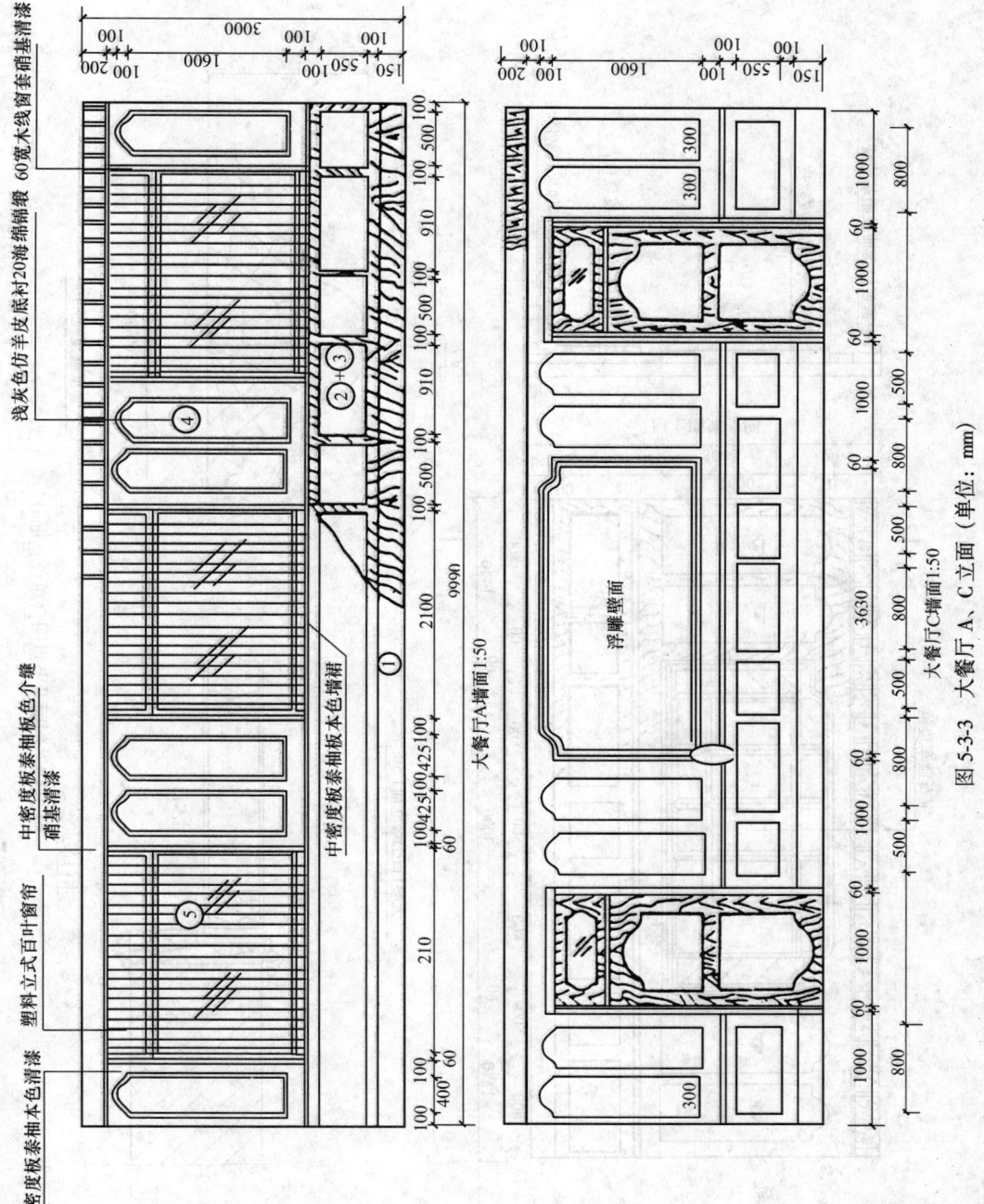

图 5-3-3 大餐厅 A、C 立面（单位：mm）

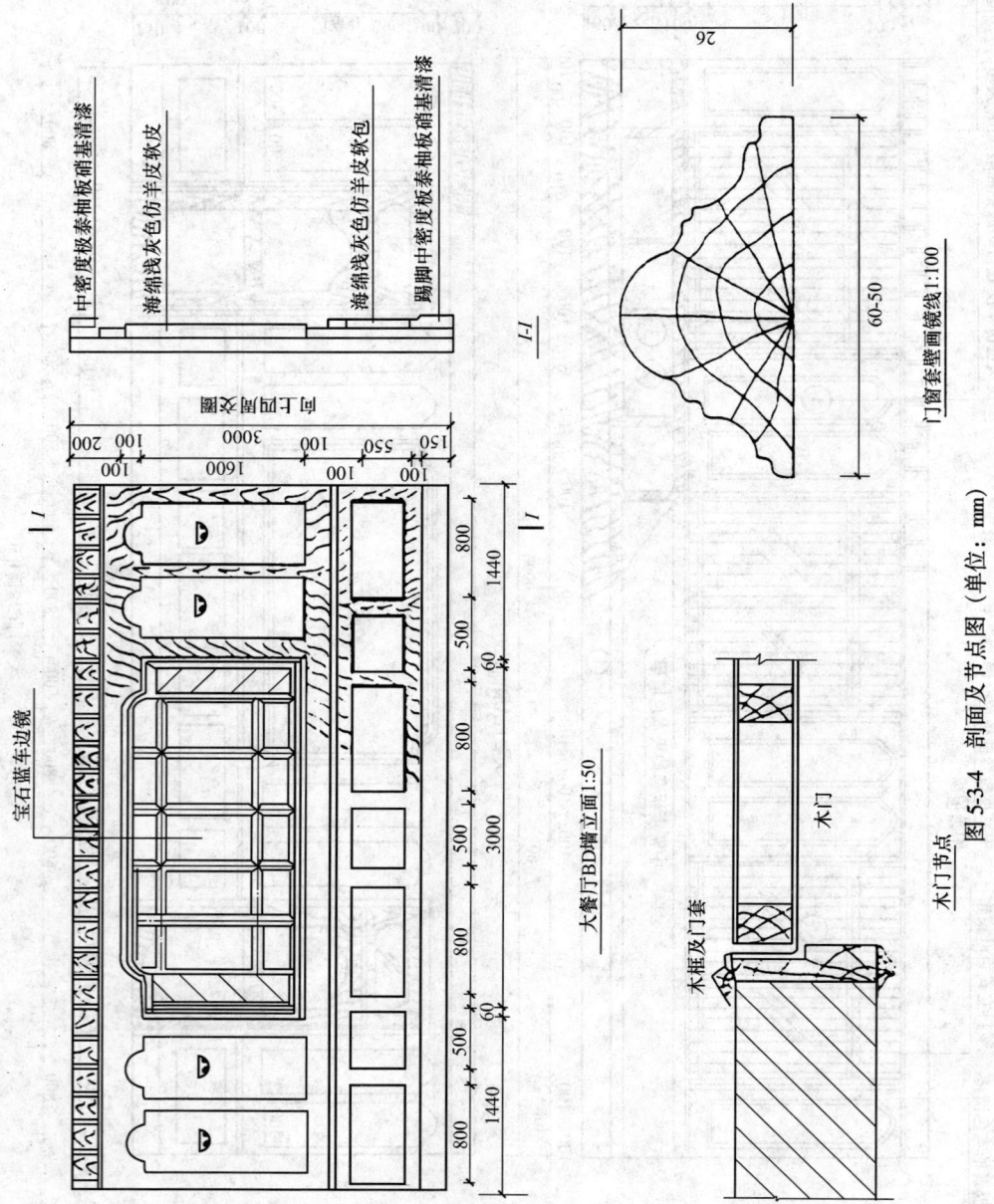

图 5-3-4 剖面及节点图（单位：mm）

### 四、工程量清单计价编制说明

(一) __装　饰__ 工程工程量清单

招 标 人：_____×××_____（单位签字盖章）

法定代表人：_____×××_____（签字盖章）

中介机构
法定代表人：_____×××_____（签字盖章）

造价工程师
及注册证号：_____×××_____（签字盖执业专用章）

编制时间：_____××年××月××日_____

## 填 表 须 知

1　工程量清单及其计价格式中所有要求签字、盖章的地方，必须由规定的单位和人员签字、盖章。

2　工程量清单及其计价格式中的任何内容不得随意删除或涂改。

3　工程量清单计价格式中列明的所有需要填报的单价和合价，投标人均应填报，未填报的单价和合价，视为此项费用已包含在工程量清单的其他单价和合价中。

4　金额（价格）均应以_____币表示。

## 总 说 明

工程名称：装饰工程　　　　　　　　　　　　　　　　第　页 共　页

| |
|---|
| 1. 工程概况<br>2. 招标范围<br>3. 工程质量要求<br>4. 工程量清单编制依据 |

315

**定额预（结）算表（直接费部分）与清单项目之间关系分析对照表**　　　表 5-3-4

工程名称：某小康住宅客厅装饰工程　　　　　　　　　　　　　　第　页共　页

| 序号 | 项目编码 | 项目名称 | 清单主项在预(结)算表中的序号 | 清单综合的工程内容在预(结)算表中的序号 |
|---|---|---|---|---|
| 1 | 020102001001 | 花岗石楼地面 | 1 | 无 |
| 2 | 020105006001 | 柚木踢脚板,刷硝基清漆,磨亮 | 2 | 7 |
| 3 | 020302001001 | 顶棚木龙骨吊顶,胶合板面层,硬木压条刷硝基清漆 | 3 | 4+10+8 |
| 4 | 030213001001 | 挂碗灯,$L \leqslant 800mm, H \leqslant 500mm$ | 12 | 无 |
| 5 | 020408001001 | 硬木窗帘盒,单轨,刷硝基清漆,磨亮 | 11 | 9 |
| 6 | 020509001001 | 墙面贴墙纸,对花 | 5 | 无 |
| 7 | 020509001002 | 顶棚面贴墙纸,对花 | 6 | 无 |

**措施项目清单**　　　表 5-3-5

工程名称：某小康住宅客厅装饰工程　　　　　　　　　　　　　　第　页共　页

| 序号 | 项目名称 | 备注 |
|---|---|---|
| 1 | 环境保护 | |
| 2 | 文明施工 | |
| 3 | 安全施工 | |
| 4 | 临时设施 | |
| 5 | 夜间施工增加费 | |
| 6 | 赶工措施费 | |
| 7 | 二次搬运 | |
| 8 | 混凝土、钢筋混凝土模板及支架 | |
| 9 | 脚手架 | |
| 10 | 垂直运输机械 | |
| 11 | 大型机械设备进出场及安拆 | |
| 12 | 施工排水、降水 | |
| 13 | 其他 | |
| 14 | 措施项目费合计 | 1+2+…+11+15 |

**零星工作项目表**　　　表 5-3-6

工程名称：某小康住宅客厅装饰工程　　　　　　　　　　　　　　第　页共　页

| 序号 | 名称 | 计量单位 | 数量 |
|---|---|---|---|
| 1 | 人工费 | | |
| | | 元 | 1.00 |
| 2 | 材料费 | | |
| | | 元 | 1.00 |
| 3 | 机械费 | | |
| | | 元 | 1.00 |

## 定额预(结)算表(直接费部分)与清单项目之间关系分析对照表

表 5-3-7

工程名称:某宾馆套间客房装饰工程　　　　　　　　　　　　　　　　　　　　　第　页共　页

| 序号 | 项目编码 | 项 目 名 称 | 清单主项在预(结)算表中的序号 | 清单综合的工程内容在预(结)算表中的序号 |
|---|---|---|---|---|
| 1 | 020102002001 | 块料楼地面,大小房间高级地砖铺面 | 1 | 无 |
| 2 | 020102002002 | 块料楼地面,卫生间防滑地砖铺面 | 2 | 无 |
| 3 | 020105006001 | 胶合板踢脚线 | 3 | 4＋17 |
| 4 | 020204003001 | 块料墙面,卫生间墙面贴面砖 | 5 | 无 |
| 5 | 020302002001 | 顶棚方木龙骨吊顶,胶合板顶棚面 | 9 | 10 |
| 6 | 020302002002 | 顶棚方木龙骨吊顶,塑料扣板顶棚面 | 9 | 11 |
| 7 | 020302002003 | 顶棚方木龙骨吊顶,柚木夹板顶棚面,外刷硝基清漆 | 9 | 12＋21 |
| 8 | 020406001001 | 铝合金推拉窗,尺寸为1.8m×1.8m | 14 | 13 |
| 9 | 020401005001 | 夹板装饰门,尺寸为2.3m×2.4m | 16 | 无 |
| 10 | 020407001001 | 柚木板包铝合金窗套,刷硝基清漆 | 15 | 22 |
| 11 | 020407006001 | 胶合板窗帘挡板,贴柚木皮,刷硝基清漆 | 24 | 8＋23 |
| 12 | 020407006002 | 墙面挂衣板,贴柚木皮,刷硝基清漆 | 6 | 7＋19 |
| 13 | 020509001001 | 房间墙面贴墙纸,不对花 | 18 | 无 |
| 14 | 020509001002 | 顶棚面贴墙纸,对花 | 20 | 无 |

## 措 施 项 目 清 单

表 5-3-8

工程名称:某宾馆套间客房装饰工程　　　　　　　　　　　　　　　　　　　　　第　页共　页

| 序　号 | 项 目 名 称 | 备　注 |
|---|---|---|
| 1 | 环境保护 | |
| 2 | 文明施工 | |
| 3 | 安全施工 | |
| 4 | 临时设施 | |
| 5 | 夜间施工增加费 | |
| 6 | 赶工措施费 | |
| 7 | 二次搬运 | |
| 8 | 混凝土、钢筋混凝土模板及支架 | |
| 9 | 脚手架 | |
| 10 | 垂直运输机械 | |
| 11 | 大型机械设备进出场及安拆 | |
| 12 | 施工排水、降水 | |
| 13 | 其他 | |
| 14 | 措施项目费合计 | 1＋2＋…＋11＋15 |

## 零星工作项目表

表 5-3-9

工程名称:某宾馆套间客房装饰工程　　　　　　　　　　　　　　　　　　　　　第　页共　页

| 序　号 | 名　　称 | 计 量 单 位 | 数　　量 |
|---|---|---|---|
| 1 | 人工费 | | |
| | | 元 | 1.00 |
| 2 | 材料费 | | |
| | | 元 | 1.00 |
| 3 | 机械费 | | |
| | | 元 | 1.00 |

### 定额预(结)算表(直接费部分)与清单项目之间关系分析对照表    表 5-3-10

工程名称:某招待所餐厅装饰工程                    第  页共  页

| 序号 | 项目编码 | 项 目 名 称 | 清单主项在预(结)算表中的序号 | 清单综合的工程内容在预(结)算表中的序号 |
|---|---|---|---|---|
| 1 | 020102001001 | 石材楼地面,餐厅大理石楼地面 | 1 | 无 |
| 2 | 020105006001 | 胶合板踢脚线,贴柚木皮,刷硝基清漆,150mm高 | 2 | 3 + 18 |
| 3 | 020207001001 | 木龙骨胶合板墙裙,贴柚木皮,刷硝基清漆 | 4 | 6 + 19 |
| 4 | 020702001002 | 木龙骨中密板墙裙,贴柚木皮,刷硝基清漆 | 5 | 6 + 19 |
| 5 | 020207001003 | 木龙骨胶合板墙面,海绵浅灰色仿羊皮软包 | 7 | 无 |
| 6 | 020207001004 | 木龙骨中密板墙面,仿羊皮软包,底衬20mm厚海绵 | 8 | 无 |
| 7 | 020207001005 | 木龙骨胶合板墙面,浅海绵锦缎 | 9 | 无 |
| 8 | 020207001006 | 木龙骨胶合板墙面,贴宝石蓝车边镜面 | 10 | 无 |
| 9 | 020207001007 | 墙面木基胶合板,贴浮雕壁画 | 11 | 无 |
| 10 | 020302001001 | 顶棚方木楞龙骨吊顶,胶合板面层,贴柚木夹板,硝基清漆 | 12 | 13 + 14 + 23 |
| 11 | 020302001002 | 顶棚木龙骨吊顶层车边镜面玻璃 | 15 | 无 |
| 12 | 020302001003 | 顶棚木龙骨吊顶层不锈钢板顶棚带 | 16 | 无 |
| 13 | 020401005001 | 成品装饰艺术门,尺寸为1.0m×2.7m | 17 | 21 |
| 14 | 020509001001 | 胶合板顶棚面贴墙纸,对花 | 22 | 无 |
| 15 | 020604002001 | 木装饰大压角线,宽60mm内,刷硝基清漆 | 25 | 20 |
| 16 | 020604002002 | 木装饰大压角线,宽60mm上,刷硝基清漆 | 26 + 27 | 24 |

### 措施项目清单    表 5-3-11

工程名称:某招待所餐厅装饰工程                    第  页共  页

| 序 号 | 项 目 名 称 | 备 注 |
|---|---|---|
| 1 | 环境保护 | |
| 2 | 文明施工 | |
| 3 | 安全施工 | |
| 4 | 临时设施 | |
| 5 | 夜间施工增加费 | |
| 6 | 赶工措施费 | |
| 7 | 二次搬运 | |
| 8 | 混凝土、钢筋混凝土模板及支架 | |
| 9 | 脚手架 | |
| 10 | 垂直运输机械 | |
| 11 | 大型机械设备进出场及安拆 | |
| 12 | 施工排水、降水 | |
| 13 | 其他 | |
| 14 | 措施项目费合计 | 1 + 2 + ⋯ + 14 + 15 |

### 零星工作项目表    表 5-3-12

工程名称:某招待所餐厅装饰工程                    第  页共  页

| 序 号 | 名 称 | 计 量 单 位 | 数 量 |
|---|---|---|---|
| 1 | 人工费 | 元 | 1.00 |
| 2 | 材料费 | 元 | 1.00 |
| 3 | 机械费 | 元 | 1.00 |

## （二） 装 饰 工程工程量清单报价表

招 标 人：_____×××_____（单位签字盖章）

法定代表人：_____×××_____（签字盖章）

造价工程师
及注册证号：_____×××_____（签字盖执业专用章）

编 制 时 间：__××年××月××日__

## 投 标 总 价

建设单位：_____×××_____

工程名称：_____装饰工程_____

投标总价（小写）：_____×××_____

　　　　（大写）：_____×××_____

招 标 人：_____×××_____（单位签字盖章）

法定代表人：_____×××_____（签字盖章）

编 制 时 间：__××年××月××日__

## 总 说 明

工程名称：管道安装工程　　　　　　　　　　　　　　　　　第 页 共 页

1. 工程概况
2. 招标范围
3. 工程质量要求
4. 工程量清单编制依据
5. 工程量清单计费列表

　　注：本例管道安装工程管理费及利润以定额人工费为取费基数，其中管理费费率为34%，利润率为8%。

### 工程项目总价表

表 5-3-13

工程名称：装饰工程　　　　　　　　　　　　　　　　　　　第 页 共 页

| 序　号 | 单项工程名称 | 金　额/元 |
|---|---|---|
| 1 | 某小康住宅客厅装饰工程 | |
| 2 | 某宾馆套间客房装饰工程 | |
| 3 | 某招待所餐厅装饰工程 | |
| | 合　　计 | |

### 单位工程费汇总表

表 5-3-14

工程名称：某小康住宅客厅装饰工程　　　　　　　　　　　　第 页 共 页

| 序　号 | 项　目　名　称 | 金　额（元） |
|---|---|---|
| 1 | 分部分项工程量清单计价合计 | |
| 2 | 措施项目清单计价合计 | |
| 3 | 其他项目清单计价合计 | |
| 4 | 规费 | |
| 5 | 税金 | |
| | 合　　计 | |

### 分部分项工程量清单计价表

表 5-3-15

工程名称：某小康住宅客厅装饰工程　　　　　　　　　　　　第 页 共 页

| 序号 | 项目编码 | 项　目　名　称 | 计量单位 | 工程数量 | 综合单价 | 合价 |
|---|---|---|---|---|---|---|
| 1 | 020102001001 | 花岗石楼地面 | m² | 23.16 | 10.39 | 240.70 |
| 2 | 020105006001 | 柚木踢脚板，刷硝基清漆，磨亮 | m² | 2.98 | 47.45 | 141.40 |
| 3 | 020302001001 | 顶棚木龙骨吊顶，胶合板面层，硬木压条刷硝基清漆 | m² | 25.36 | 23.92 | 606.56 |
| 4 | 030213001001 | 挂碗灯，$L \leqslant 800mm$，$H \leqslant 500mm$ | 套 | 1 | 97.38 | 97.38 |
| 5 | 020408001001 | 硬木窗帘盒，单轨，刷硝基清漆，磨亮 | m | 3.76 | 36.36 | 136.72 |
| 6 | 020509001001 | 墙面贴墙纸，对花 | m² | 71.19 | 7.63 | 543.51 |
| 7 | 020509001002 | 顶棚面贴墙纸，对花 | m² | 25.36 | 9.33 | 236.63 |

## 措 施 项 目 清 单 计 价 表

表 5-3-16

工程名称：某小康住宅客厅装饰工程　　　　　　　　　　　　　　　　第　页共　页

| 序号 | 项目名称 | 备注 |
|---|---|---|
| 1 | 环境保护 | |
| 2 | 文明施工 | 227.87 |
| 3 | 安全施工 | 683.61 |
| 4 | 临时设施 | 1367.22 |
| 5 | 夜间施工增加费 | |
| 6 | 赶工措施费 | |
| 7 | 二次搬运 | |
| 8 | 混凝土、钢筋混凝土模板及支架 | |
| 9 | 脚手架 | |
| 10 | 垂直运输机械 | |
| 11 | 大型机械设备进出场及安拆 | |
| 12 | 施工排水、降水 | |
| 13 | 其他 | |
| 14 | 措施项目费合计 | 2278.71 |

## 其 他 项 目 清 单 计 价 表

表 5-3-17

工程名称：某小康住宅客厅装饰工程　　　　　　　　　　　　　　　　第　页共　页

| 序号 | 项目名称 | 金额（元） |
|---|---|---|
| 1 | 招标人部分 | |
| | 不可预见费 | |
| | 工程分包和材料购置费 | |
| | 其他 | |
| 2 | 投标人部分 | |
| | 总承包服务费 | |
| | 零星工作项目费 | |
| | 其他 | |
| | 合计 | 0.00 |

## 零星工作项目表

表 5-3-18

工程名称：某小康住宅客厅装饰工程　　　　　　　　　　　　　　　　第　页共　页

| 序号 | 名称 | 计量单位 | 数量 | 金额（元） | |
|---|---|---|---|---|---|
| | | | | 综合单价 | 合价 |
| 1 | 人工费 | | | | |
| | | 元 | | | |
| 2 | 材料费 | | | | |
| | | 元 | | | |
| 3 | 机械费 | | | | |
| | | 元 | | | |
| | 合计 | | | | 0.00 |

## 分部分项工程量清单综合单价分析表

表 5-3-19

工程名称：某小康住宅客厅装饰工程　　　　　　　　　　　　　　　　　　　第　页共　页

| 序号 | 项目编码 | 项目名称 | 定额编号 | 工程内容 | 单位 | 数量 | 人工费 | 材料费 | 机械费 | 管理费 | 利润 | 综合单价 | 合价 |
|---|---|---|---|---|---|---|---|---|---|---|---|---|---|
| 1 | 020102001001 | 花岗石楼面 | | | m² | 23.16 | | | | | | 10.39 | 240.70 |
| | | | 2A0006 | 花岗石楼面 | 100m² | 0.23 | 453.38 | 12.83 | 68.01 | 281.10 | 231.22 | | 1046.54×0.23 |
| 2 | 020105006001 | 柚木踢脚板 | | | m² | 2.98 | | | | | | 47.45 | 141.40 |
| | | | 2A0048 | 柚木踢脚板 | 100m² | 0.03 | 660.88 | 77.15 | 99.13 | 409.75 | 337.05 | | 1583.96×0.03 |
| | | | 2E0069 | 踢脚板硝基清漆 | 100m² | 0.03 | 1335.29 | 285.35 | — | 827.88 | 681.00 | | 3129.52×0.03 |
| 3 | 020302001001 | 顶棚吊顶 | | | m² | 25.36 | | | | | | 23.92 | 606.56 |
| | | | 2C0009 | 顶棚方木楞骨架 | 100m² | 0.254 | 195.32 | 158.96 | 19.53 | 121.10 | 99.61 | | 594.52×0.254 |
| | | | 2C0063 | 胶合板顶棚面层 | 100m² | 0.254 | 115.99 | 37.53 | 11.60 | 71.91 | 59.15 | | 296.18×0.254 |
| | | | 2F0045 | 木装饰条 | 100m | 0.308 | 37.52 | 11.22 | 5.63 | 23.26 | 19.14 | | 96.77×0.308 |
| | | | 2E0068 | 木线条硝基清漆 | 100m² | 0.308 | 508.97 | 53.93 | — | 315.56 | 259.57 | | 1138.03×0.308 |
| 4 | 030213001001 | 普通吸顶灯 | | | 套 | 1 | | | | | | 97.38 | 97.38 |
| | | | 2G0096 | 挂碗灯 | 10套 | 0.1 | 333.7 | 253.04 | 10.01 | 206.89 | 170.19 | | 973.83×0.1 |
| 5 | 020408001001 | 硬木窗帘盒 | | | m | 3.76 | | | | | | 36.36 | 136.72 |
| | | | 2F0071 | 硬木窗帘盒(单轨) | 100m | 0.04 | 309.10 | 437.13 | 46.37 | 191.64 | 157.64 | | 1141.88×0.04 |
| | | | 2E0068 | 窗帘盒硝基清漆 | 100m² | 0.08 | 508.97 | 53.93 | — | 315.56 | 259.57 | | 1138.03×0.08 |
| 6 | 020509001001 | 墙面贴墙纸 | | | m² | 71.19 | | | | | | 7.63 | 543.51 |
| | | | 2E0233 | 墙面贴墙纸 | 100m² | 0.71 | 269.49 | 191.50 | — | 167.08 | 137.44 | | 765.51×0.71 |
| 7 | 020509001002 | 顶棚面贴墙纸 | | | m² | 25.36 | | | | | | 9.33 | 236.63 |
| | | | 2E0241 | 顶棚面贴墙纸 | 100m² | 0.254 | 347.48 | 191.50 | — | 251.44 | 177.21 | | 931.63×0.254 |

## 措施项目费分析表

表 5-3-20

工程名称：某小康住宅客厅装饰工程　　　　　　　　　　　　　　　　　　　第　页共　页

| 序号 | 措施项目名称 | 单位 | 数量 | 人工费 | 材料费 | 机械使用费 | 管理费 | 利润 | 小计 |
|---|---|---|---|---|---|---|---|---|---|
| 1 | 环境保护费 | | | | | | | | |
| 2 | 文明施工费 | | | | | | | | |
| 3 | 安全施工费 | | | | | | | | |
| 4 | 临时设施费 | | | | | | | | |
| 5 | 夜间施工增加费 | | | | | | | | |
| 6 | 赶工措施费 | | | | | | | | |
| 7 | 二次搬运费 | | | | | | | | |
| 8 | 混凝土、钢筋混凝土模板及支架 | | | | | | | | |
| 9 | 脚手架搭拆费 | | | | | | | | |
| 10 | 垂直运输机械使用费 | | | | | | | | |
| 11 | 大型机械设备进出场及安拆 | | | | | | | | |
| 12 | 施工排水、降水 | | | | | | | | |
| 13 | 其他 | | | | | | | | |
| | 措施项目费合计 | | | | | | | | |

## 主要材料价格表

表 5-3-21

工程名称：某小康住宅客厅装饰工程　　　　　　　　　　第　页共　页

| 序号 | 材料编码 | 材料名称 | 规格、型号等特殊要求 | 单位 | 单价（元） |
|---|---|---|---|---|---|
|  |  |  |  |  |  |
|  |  |  |  |  |  |
|  |  |  |  |  |  |
|  |  |  |  |  |  |
|  |  |  |  |  |  |
|  |  |  |  |  |  |

## 单位工程费汇总表

表 5-3-22

工程名称：某宾馆套间客房装饰工程　　　　　　　　　　第　页共　页

| 序号 | 项目名称 | 金额/元 |
|---|---|---|
| 1 | 分部分项工程量清单计价合计 |  |
| 2 | 措施项目清单计价合计 |  |
| 3 | 其他项目清单计价合计 |  |
| 4 | 规费 |  |
| 5 | 税金 |  |
|  | 合　　计 |  |

## 分部分项工程量清单计价表

表 5-3-23

工程名称：某宾馆套间客房装饰工程　　　　　　　　　　第　页共　页

| 序号 | 项目编码 | 项目名称 | 计量单位 | 工程数量 | 金额（元） | |
|---|---|---|---|---|---|---|
|  |  |  |  |  | 综合单价 | 合价 |
| 1 | 020102002001 | 块料楼地面，大小房间高级地砖铺面 | $m^2$ | 30.85 | 8.34 | 257.26 |
| 2 | 020102002002 | 块料楼地面，卫生间防滑地砖铺面 | $m^2$ | 2.80 | 8.89 | 24.90 |
| 3 | 020105006001 | 胶合板踢脚线，贴柚木皮，刷硝基清漆 | $m^2$ | 2.55 | 48.78 | 124.38 |
| 4 | 020204003001 | 块料墙面，卫生间墙面贴面砖 | $m^2$ | 20.04 | 15.11 | 302.85 |
| 5 | 020302002001 | 顶棚方木龙骨吊顶，胶合板顶棚面 | $m^2$ | 30.89 | 7.68 | 237.24 |
| 6 | 020302002002 | 顶棚方木龙骨吊顶，塑料扣板顶棚面 | $m^2$ | 3.9 | 8.24 | 32.14 |
| 7 | 020302002003 | 顶棚方木龙骨吊顶，柚木夹板顶棚面，外刷硝基清漆 | $m^2$ | 2.01 | 34.77 | 69.89 |
| 8 | 020406001001 | 铝合金推拉窗，尺寸为 1.8m×1.8m | 樘 | 2 | 516.10 | 1032.20 |
| 9 | 020401005001 | 夹板装饰门，尺寸为 2.3m×2.4m | 樘 | 1 | 625.24 | 625.24 |
| 10 | 020407001001 | 柚木板包铝合金窗套，刷硝基清漆 | $m^2$ | 3.2 | 47.30 | 151.36 |
| 11 | 020407006001 | 胶合板窗帘挡板，贴柚木皮，刷硝基清漆 | $m^2$ | 1.59 | 54.66 | 86.91 |
| 12 | 020407006002 | 墙面挂衣板，贴柚木皮，刷硝基清漆 | $m^2$ | 4.0 | 34.62 | 138.48 |
| 13 | 020509001001 | 房间墙面贴墙纸，不对花 | $m^2$ | 30.18 | 6.51 | 196.38 |
| 14 | 020509001002 | 顶棚面贴墙纸，对花 | $m^2$ | 30.89 | 7.68 | 237.26 |

## 措施项目清单计价表

表 5-3-24

工程名称：某宾馆套间客房装饰工程　　　　　　　　　　　　　　第　页共　页

| 序号 | 项目名称 | 金额（元） |
|---|---|---|
| 1 | 环境保护 |  |
| 2 | 文明施工 | 227.87 |
| 3 | 安全施工 | 683.61 |
| 4 | 临时设施 | 1367.22 |
| 5 | 夜间施工增加费 |  |
| 6 | 赶工措施费 |  |
| 7 | 二次搬运 |  |
| 8 | 混凝土、钢筋混凝土模板及支架 |  |
| 9 | 脚手架 |  |
| 10 | 垂直运输机械 |  |
| 11 | 大型机械设备进出场及安拆 |  |
| 12 | 施工排水、降水 |  |
| 13 | 其他 |  |
| 14 | 措施项目费合计 | 2278.71 |

## 其他项目清单计价表

表 5-3-25

工程名称：某宾馆套间客房装饰工程　　　　　　　　　　　　　　第　页共　页

| 序号 | 项目名称 | 金额（元） |
|---|---|---|
| 1 | 招标人部分 |  |
|  | 不可预见费 |  |
|  | 工程分包和材料购置费 |  |
|  | 其他 |  |
| 2 | 投标人部分 |  |
|  | 总承包服务费 |  |
|  | 零星工作项目费 |  |
|  | 其他 |  |
|  | 合计 | 0.00 |

## 零星工作项目表

表 5-3-26

工程名称：某宾馆套间客房装饰工程　　　　　　　　　　　　　　第　页共　页

| 序号 | 名称 | 计量单位 | 数量 | 金额（元） | |
|---|---|---|---|---|---|
|  |  |  |  | 综合单价 | 合价 |
| 1 | 人工费 |  |  |  |  |
|  |  | 元 |  |  |  |
| 2 | 材料费 |  |  |  |  |
|  |  | 元 |  |  |  |
| 3 | 机械费 |  |  |  |  |
|  |  | 元 |  |  |  |
|  | 合计 |  |  |  | 0.00 |

## 分部分项工程量清单综合单价分析表

表 5-3-27

工程名称：某宾馆套间客房装饰工程　　　　　　　　　　　　　　　　　　　　第　页共　页

| 序号 | 项目编码 | 项目名称 | 定额编号 | 工程内容 | 单位 | 数量 | 其中：（元） | | | | | 综合单价（元） | 合价（元） |
|---|---|---|---|---|---|---|---|---|---|---|---|---|---|
| | | | | | | | 人工费 | 材料费 | 机械费 | 管理费 | 利润 | | |
| 1 | 020102002001 | 块料楼地面 | | | m² | 30.85 | | | | | | 8.34 | 257.26 |
| | | | 2A0015 | 房间高级地砖地面 | 100m² | 0.32 | 497.04 | 12.82 | 74.56 | 198.70 | 46.75 | | 829.87×0.31 |
| 2 | 020102002001 | 块料楼地面 | | | m² | 2.8 | | | | | | 8.89 | 24.90 |
| | | | 2A0015 | 卫生间防滑地砖地面 | 100m² | 0.03 | 497.04 | 12.82 | 74.56 | 198.70 | 46.75 | | 829.87×0.03 |
| 3 | 020105006001 | 胶合板踢脚线 | | | m² | 2.55 | | | | | | 48.78 | 124.38 |
| | | | 2A0048 | 胶合板踢脚线 | 100m² | 0.03 | 660.88 | 77.15 | 99.13 | 284.63 | 66.97 | | 1188.76×0.03 |
| | | | 2B0129 | 柚木皮贴踢脚板 | 100m² | 0.03 | 315.5 | 22.98 | 47.33 | 239.20 | 30.86 | | 655.87×0.03 |
| | | | 2E0069 | 踢脚板刷硝基清漆 | 100m² | 0.03 | 1335.29 | 285.35 | — | 551.02 | 129.65 | | 2301.31×0.03 |
| 4 | 020204003001 | 块料墙面 | | | m² | 20.04 | | | | | | 15.11 | 302.85 |
| | | | 2B0048 | 墙裙面砖 | 100m² | 0.20 | 701.35 | 259.82 | 105.2 | 362.57 | 85.31 | | 1514.25×0.20 |
| 5 | 020302002001 | 顶棚吊顶 | | | m² | 30.89 | | | | | | 7.68 | 237.24 |
| | | | 2C0009 | 顶棚方木龙骨 | 100m² | 0.31 | 195.32 | 158.96 | 19.53 | 127.10 | 29.90 | | 530.81×0.31 |
| | | | 2C0063 | 胶合板顶棚面 | 100m² | 0.31 | 115.99 | 37.53 | 11.60 | 56.14 | 13.21 | | 234.47×0.31 |
| 6 | 020302002002 | 顶棚吊顶 | | | m² | 3.9 | | | | | | 8.24 | 32.14 |
| | | | 2C0009 | 顶棚方木龙骨 | 100m² | 0.04 | 195.32 | 158.96 | 19.53 | 127.10 | 29.90 | | 530.81×0.04 |
| | | | 2C0069 | 塑料扣板顶棚面 | 100m² | 0.04 | 174.54 | — | 17.45 | 65.28 | 15.36 | | 272.63×0.04 |
| 7 | 020302002003 | 顶棚吊顶 | | | m² | 2.01 | | | | | | 34.77 | 69.89 |
| | | | 2C0009 | 顶棚方木龙骨 | 100m² | 0.02 | 195.32 | 158.96 | 19.53 | 127.10 | 29.90 | | 530.81×0.02 |
| | | | 2C0087 | 柚木夹板顶棚面 | 100m² | 0.02 | 409.34 | 16.20 | 40.93 | 158.60 | 37.32 | | 662.39×0.02 |
| | | | 2E0069 | 刷硝基清漆 | 100m² | 0.02 | 1335.29 | 285.35 | — | 551.02 | 129.65 | | 2301.31×0.02 |
| 8 | 020406001001 | 铝合金推拉窗 | | | 樘 | 2 | | | | | | 516.10 | 1032.20 |
| | | | 2D0020 | 铝合金推拉窗制作 | 100m² | 0.06 | 2137.62 | 5396.97 | 320.64 | 2670.78 | 628.42 | | 11154.43×0.06 |
| | | | 2D0033 | 铝合金推拉窗安装 | 100m² | 0.06 | 1161.98 | 2923.49 | 174.3 | 1448.32 | 340.78 | | 6048.87×0.06 |
| 9 | 020401005001 | 夹板装饰门 | | | 樘 | 1 | | | | | | 625.24 | 625.24 |
| | | | 2D0030 | 装饰成品门安装 | 100m² | 0.06 | 2309.58 | 3332.52 | 1696.44 | 2495.10 | 587.08 | | 10420.72×0.06 |
| 10 | 020407001001 | 柚木板窗套 | | | m² | 3.2 | | | | | | 47.30 | 151.36 |
| | | | 2D0028 | 柚木板窗套 | 100m² | 0.03 | 918.93 | 875.58 | 137.84 | 657.00 | 154.59 | | 2743.94×0.03 |
| | | | 2E0069 | 硝基清漆 | 100m² | 0.03 | 1335.29 | 285.35 | | 551.02 | 129.65 | | 2301.31×0.03 |
| 11 | 020407006001 | 胶合板窗帘挡板 | | | m² | 1.59 | | | | | | 54.66 | 86.91 |
| | | | 2F0058 | 胶合板窗帘挡板 | 10m² | 0.16 | 70.73 | 50.40 | 10.61 | 44.79 | 10.54 | | 187.07×0.16 |
| | | | 2B0129 | 窗帘挡板贴柚木皮 | 100m² | 0.02 | 315.5 | 22.98 | 47.33 | 131.07 | 30.84 | | 547.42×0.02 |
| | | | 2E0069 | 硝基清漆 | 100m² | 0.02 | 1335.29 | 285.35 | — | 551.02 | 129.65 | | 2301.31×0.02 |
| 12 | 020407006001 | 墙面挂衣板 | | | m² | 4.0 | | | | | | 34.62 | 138.48 |
| | | | 2B0124 | 墙面挂衣板 | 100m² | 0.04 | 235.05 | 161.27 | 35.26 | 146.74 | 34.53 | | 612.85×0.04 |
| | | | 2B0129 | 挂衣板面贴柚木板 | 100m² | 0.04 | 315.5 | 22.98 | 47.33 | 131.18 | 30.86 | | 547.85×0.04 |
| | | | 2E0069 | 硝基清漆 | 100m² | 0.04 | 1335.29 | 285.35 | — | 551.02 | 129.65 | | 2301.31×0.04 |
| 13 | 020509001001 | 墙面贴墙纸 | | | m² | 30.18 | | | | | | 6.51 | 196.38 |
| | | | 2E0233 | 房间墙面贴墙纸 | 100m² | 0.30 | 269.49 | 191.50 | | 156.74 | 36.88 | | 654.61×0.30 |
| 14 | 020509001002 | 顶棚面贴墙纸 | | | m² | 30.89 | | | | | | 7.68 | 237.26 |
| | | | 2E0241 | 顶棚面贴墙纸 | 100m² | 0.31 | 347.48 | 191.50 | — | 183.25 | 43.12 | | 765.35×0.31 |

## 措施项目费分析表

表 5-3-28

工程名称：某宾馆套间客房装饰工程　　　　　　　　　　　　　　　　第　页共　页

| 序号 | 措施项目名称 | 单位 | 数量 | 金额（元） | | | | | |
|---|---|---|---|---|---|---|---|---|---|
| | | | | 人工费 | 材料费 | 机械使用费 | 管理费 | 利润 | 小计 |
| 1 | 环境保护费 | | | | | | | | |
| 2 | 文明施工费 | | | | | | | | |
| 3 | 安全施工费 | | | | | | | | |
| 4 | 临时设施费 | | | | | | | | |
| 5 | 夜间施工增加费 | | | | | | | | |
| 6 | 赶工措施费 | | | | | | | | |
| 7 | 二次搬运费 | | | | | | | | |
| 8 | 混凝土、钢筋混凝土模板及支架 | | | | | | | | |
| 9 | 脚手架搭拆费 | | | | | | | | |
| 10 | 垂直运输机械使用费 | | | | | | | | |
| 11 | 大型机械设备进出场及安拆 | | | | | | | | |
| 12 | 施工排水、降水 | | | | | | | | |
| 13 | 其他 | | | | | | | | |
| | 措施项目费合计 | | | | | | | | |

## 主要材料价格表

表 5-3-29

工程名称：某宾馆套间客房装饰工程　　　　　　　　　　　　　　　　第　页共　页

| 序　号 | 材料编码 | 材料名称 | 规格、型号等特殊要求 | 单　位 | 单价（元） |
|---|---|---|---|---|---|
| | | | | | |
| | | | | | |
| | | | | | |
| | | | | | |
| | | | | | |

## 单位工程费汇总表

表 5-3-30

工程名称：某招待所餐厅装饰工程　　　　　　　　　　　　　　　　第　页共　页

| 序　号 | 项　目　名　称 | 金　额（元） |
|---|---|---|
| 1 | 分部分项工程量清单计价合计 | |
| 2 | 措施项目清单计价合计 | |
| 3 | 其他项目清单计价合计 | |
| 4 | 规费 | |
| 5 | 税金 | |
| | 合　　　计 | |

## 分部分项工程量清单计价表

表 5-3-31

工程名称：某招待所餐厅装饰工程  第 页共 页

| 序号 | 项目编码 | 项目名称 | 计量单位 | 工程数量 | 金额（元） 综合单价 | 金额（元） 合价 |
|---|---|---|---|---|---|---|
| 1 | 020102001001 | 石材楼地面，餐厅大理石楼地面 | m² | 60.42 | 7.37 | 445.25 |
| 2 | 020105006001 | 胶合板踢脚线，贴柚木皮，刷硝基清漆，150mm高 | m² | 4.46 | 54.94 | 245.01 |
| 3 | 020207001001 | 木龙骨胶合板墙裙，贴柚木皮，刷硝基清漆 | m² | 16.08 | 42.41 | 681.98 |
| 4 | 020207001002 | 木龙骨中密板墙裙，贴柚木皮，刷硝基清漆 | m² | 6.64 | 38.52 | 255.74 |
| 5 | 020207001003 | 木龙骨胶合板墙面，海绵浅灰色仿羊皮软包 | m² | 19.92 | 22.93 | 456.72 |
| 6 | 020207001004 | 木龙骨中密板墙面，仿羊皮软包 | m² | 4.2 | 21.75 | 91.34 |
| 7 | 020207001005 | 木龙骨胶合板墙面，浅海绵锦缎 | m² | 23 | 23.01 | 529.26 |
| 8 | 020207001006 | 木龙骨胶合板墙面，贴宝石蓝车边镜面 | m² | 10.48 | 21.97 | 230.29 |
| 9 | 020207001007 | 墙面木基胶合板，贴浮雕壁画 | m² | 6.11 | 22.61 | 138.18 |
| 10 | 020302001001 | 顶棚方木楞龙骨吊顶，胶合板面层，贴柚木夹板，硝基清漆 | m² | 38.4 | 19.65 | 754.51 |
| 11 | 020302001002 | 顶棚木龙骨吊顶层车边镜面玻璃 | m² | 31.48 | 5.43 | 170.80 |
| 12 | 020302001003 | 顶棚木龙骨吊顶层不锈钢板顶棚带 | m² | 2.0 | 7.15 | 14.30 |
| 13 | 020401005001 | 成品装饰艺术门，尺寸为1.0m×2.7m | 樘 | 2 | 264.97 | 529.94 |
| 14 | 020509001001 | 胶合板顶棚面贴墙纸，对花 | m² | 21 | 7.65 | 160.72 |
| 15 | 020604002001 | 木装饰大压角线，宽60mm内，刷硝基清漆 | m | 261 | 3.17 | 827.86 |
| 16 | 020604002002 | 木装饰大压角线，宽60mm上，刷硝基清漆 | m | 27 | 5.29 | 142.82 |

## 措施项目清单计价表

表 5-3-32

工程名称：某招待所餐厅装饰工程  第 页共 页

| 序 号 | 项 目 名 称 | 金 额（元） |
|---|---|---|
| 1 | 环境保护 | |
| 2 | 文明施工 | 227.87 |
| 3 | 安全施工 | 683.61 |
| 4 | 临时设施 | 1367.22 |
| 5 | 夜间施工增加费 | |
| 6 | 赶工措施费 | |
| 7 | 二次搬运 | |
| 8 | 混凝土、钢筋混凝土模板及支架 | |
| 9 | 脚手架 | |
| 10 | 垂直运输机械 | |
| 11 | 大型机械设备进出场及安拆 | |
| 12 | 施工排水、降水 | |
| 13 | 其他 | |
| 14 | 措施项目费合计 | 2278.71 |

## 其他项目清单计价表

表 5-3-33

工程名称：某招待所餐厅装饰工程　　　　　　　　　　　第 页共 页

| 序号 | 项目名称 | 金额（元） |
|---|---|---|
| 1 | 招标人部分 | |
| | 不可预见费 | |
| | 工程分包和材料购置费 | |
| | 其他 | |
| 2 | 投标人部分 | |
| | 总承包服务费 | |
| | 零星工作项目费 | |
| | 其他 | |
| | 合计 | 0.00 |

## 零星工作项目表

表 5-3-34

工程名称：某招待所餐厅装饰工程　　　　　　　　　　　第 页共 页

| 序号 | 名称 | 计量单位 | 数量 | 金额（元） ||
|---|---|---|---|---|---|
| | | | | 综合单价 | 合价 |
| 1 | 人工费 | | | | |
| | | 元 | | | |
| 2 | 材料费 | | | | |
| | | 元 | | | |
| 3 | 机械费 | | | | |
| | | 元 | | | |
| | 合计 | | | | 0.00 |

## 分部分项工程量清单综合单价分析表

表 5-3-35

工程名称：某招待所餐厅装饰工程　　　　　　　　　　　第 页共 页

| 序号 | 项目编码 | 项目名称 | 定额编号 | 工程内容 | 单位 | 数量 | 其中：（元） | | | | | 综合单价（元） | 合价（元） |
|---|---|---|---|---|---|---|---|---|---|---|---|---|---|
| | | | | | | | 人工费 | 材料费 | 机械费 | 管理费 | 利润 | | |
| 1 | 020102001001 | 石材楼地面 | | | m² | 60.42 | | | | | | 7.37 | 445.25 |
| | | | 2A0001 | 大理石楼地面 | 100m² | 0.6 | 443.29 | 12.82 | 66.49 | 177.68 | 41.81 | | 742.09×0.6 |
| 2 | 020105006001 | 胶合板踢脚线 | | | m² | 4.46 | | | | | | 54.94 | 245.01 |
| | | | 3A0048（调） | 胶合板踢脚线 | 100m² | 0.04 | 660.88 | 1547.15 | 99.13 | 784.43 | 184.57 | | 3276.16×0.04 |
| | | | 2B0129 | 踢脚线贴柚木皮 | 100m² | 0.04 | 315.50 | 22.98 | 47.33 | 131.18 | 30.86 | | 547.85×0.04 |
| | | | 2E0069 | 刷硝基清漆 | 100m² | 0.04 | 1335.29 | 285.35 | — | 551.02 | 129.65 | | 2301.31×0.04 |
| 3 | 020207001001 | 木龙骨胶合板墙裙 | | | m² | 16.08 | | | | | | 42.41 | 681.98 |
| | | | 2B0075 | 木龙骨胶合板墙裙 | 100m² | 0.16 | 692.98 | 198.31 | 103.95 | 338.38 | 79.62 | | 1413.24×0.16 |
| | | | 2B0129 | 墙裙贴柚木皮 | 100m² | 0.16 | 315.50 | 22.98 | 47.33 | 131.18 | 30.86 | | 547.85×0.16 |
| | | | 2E0069 | 刷硝基清漆 | 100m² | 0.16 | 1335.29 | 285.35 | — | 551.02 | 129.65 | | 2301.31×0.16 |
| 4 | 020207001002 | 木龙骨中密板墙裙 | | | m² | 6.64 | | | | | | 38.52 | 255.74 |
| | | | 2B0075（调） | 木龙骨中密板墙裙 | 100m² | 0.06 | 692.98 | 198.31 | 103.95 | 338.38 | 79.62 | | 1413.24×0.06 |
| | | | 2B0129 | 墙裙贴柚木皮 | 100m² | 0.06 | 315.50 | 22.98 | 47.33 | 131.18 | 30.86 | | 547.85×0.06 |

续表

| 序号 | 项目编码 | 项目名称 | 定额编号 | 工程内容 | 单位 | 数量 | 其中：（元） | | | | | 综合单价（元） | 合价（元） |
|---|---|---|---|---|---|---|---|---|---|---|---|---|---|
| | | | | | | | 人工费 | 材料费 | 机械费 | 管理费 | 利润 | | |
| | | | 2E0069 | 刷硝基清漆 | 100m² | 0.06 | 1335.29 | 285.35 | — | 551.02 | 129.65 | | 2301.31×0.06 |
| 5 | 020207001003 | 木龙骨胶合板海绵浅灰色仿羊皮软包墙面 | | | m² | 19.92 | | | | | | 22.93 | 456.72 |
| | | | 2B0072 | 木龙骨胶合板仿羊皮软包墙面 | 100m² | 0.2 | 1239.96 | 182.22 | 185.99 | 546.78 | 128.65 | | 2283.6×0.2 |
| 6 | 020207001004 | 木龙骨中密板仿羊皮软包墙面 | | | m² | 4.2 | | | | | | 21.75 | 91.34 |
| | | | 2B0072 | 木龙骨中密板仿羊皮软包墙面 | 100m² | 0.04 | 1239.96 | 182.22 | 185.99 | 546.78 | 128.65 | | 2283.6×0.04 |
| 7 | 020207001005 | 木龙骨胶合板锦缎面 | | | m² | 23.00 | | | | | | 23.01 | 529.26 |
| | | | 2B0071 | 木龙骨胶合板锦缎面 | 100m² | 0.23 | 977.76 | 496.12 | 146.64 | 550.98 | 129.64 | | 2301.14×0.23 |
| 8 | 020207001006 | 墙面镶宝石蓝车边镜面 | | | m² | 10.48 | | | | | | 21.97 | 230.29 |
| | | | 2B0076 | 墙面镶宝石蓝车边镜面（木基层） | 100m² | 0.1 | 1057.19 | 406.01 | 158.58 | 551.41 | 129.74 | | 2302.93×0.1 |
| 9 | 020207001007 | 墙面镶浮雕壁画 | | | m² | 6.11 | | | | | | 22.61 | 138.18 |
| | | | 2B0076 | 墙面镶浮雕壁画 | 100m² | 0.06 | 1057.19 | 406.01 | 158.58 | 551.41 | 129.74 | | 2302.93×0.06 |
| 10 | 020302001001 | 顶棚吊顶 | | | m² | 38.4 | | | | | | 19.65 | 754.51 |
| | | | 2C0009 | 顶棚方木楞骨架 | 100m² | 0.38 | 195.32 | 158.96 | 19.53 | 127.10 | 29.90 | | 530.81×0.38 |
| | | | 2C0063 | 胶合板顶棚套 | 100m² | 0.21 | 115.09 | 37.53 | 17.60 | 55.83 | 13.14 | | 233.19×0.21 |
| | | | 2C0087 | 胶合板贴柚木夹板 | 100m² | 0.17 | 409.34 | 16.20 | 40.93 | 158.60 | 37.32 | | 662.39×0.17 |
| | | | 2E0069 | 刷硝基清漆 | 100m² | 0.17 | 1335.29 | 285.35 | — | 551.02 | 129.65 | | 2301.31×0.17 |
| 11 | 020302001002 | 顶棚吊顶 | | | m² | 31.48 | | | | | | 5.43 | 170.80 |
| | | | 2C0036 | 镜面玻璃顶棚 | 100m² | 0.31 | 338.00 | 16.20 | 33.80 | 131.92 | 31.04 | | 550.96×0.31 |
| 12 | 020302001003 | 顶棚吊顶 | | | m² | 2.0 | | | | | | 7.15 | 14.30 |
| | | | 2C0083 | 不锈钢顶棚带 | 100m² | 0.02 | 434.07 | 25.92 | 43.41 | 171.16 | 40.27 | | 714.83×0.02 |
| 13 | 020401005001 | 成品装饰艺术门 | | | 樘 | 2 | | | | | | 264.97 | 529.94 |
| | | | 2D0030（调） | 装饰艺术门安装 | 100m² | 0.06 | 1309.58 | 2332.52 | 196.44 | 1305.10 | 307.08 | | 5450.72×0.06 |
| | | | 2E0067 | 刷硝基清漆 | 100m² | 0.06 | 1849.18 | 532.22 | — | 809.68 | 190.51 | | 3381.59×0.06 |
| 14 | 020509001001 | 顶棚面贴墙纸 | | | m² | 21 | | | | | | 7.65 | 160.72 |
| | | | 2E0241 | 顶棚面贴墙纸 | 100m² | 0.21 | 347.48 | 191.50 | — | 183.25 | 43.12 | | 765.35×0.21 |
| 15 | 020604002001 | 木装饰压角线（宽60mm内） | | | m | 261 | | | | | | 3.17 | 827.86 |
| | | | 2F0048 | 木装饰压角线 | 100m | 2.61 | 39.11 | 27.42 | 5.87 | 24.62 | 5.79 | | 102.81×2.61 |
| | | | 2E0068 | 刷硝基清漆 | 100m² | 0.7 | 508.97 | 53.93 | — | 191.39 | 45.03 | | 799.32×0.7 |
| 16 | 020604002002 | 木装饰压角线（宽60mm上） | | | m | 27 | | | | | | 5.29 | 142.82 |
| | | | 2F0049 | 木装饰压角线 | 100m | 0.27 | 39.11 | 30.10 | 5.87 | 24.62 | 5.79 | | 102.81×0.27 |
| | | | 2E0069 | 刷硝基清漆 | 100m² | 0.05 | 1335.29 | 285.35 | — | 551.02 | 129.65 | | 2301.31×0.05 |

措施项目费分析表  表 5-3-36

工程名称：某招待所餐厅装饰工程　　　　　　　　　　　　　　　　　　第　页共　页

| 序号 | 措施项目名称 | 单位 | 数量 | 金额（元） ||||| |
|---|---|---|---|---|---|---|---|---|---|
| | | | | 人工费 | 材料费 | 机械使用费 | 管理费 | 利润 | 小计 |
| 1 | 环境保护费 | | | | | | | | |
| 2 | 文明施工费 | | | | | | | | |
| 3 | 安全施工费 | | | | | | | | |
| 4 | 临时设施费 | | | | | | | | |
| 5 | 夜间施工增加费 | | | | | | | | |
| 6 | 赶工措施费 | | | | | | | | |
| 7 | 二次搬运费 | | | | | | | | |
| 8 | 混凝土、钢筋混凝土模板及支架 | | | | | | | | |
| 9 | 脚手架搭拆费 | | | | | | | | |
| 10 | 垂直运输机械使用费 | | | | | | | | |
| 11 | 大型机械设备进出场及安拆 | | | | | | | | |
| 12 | 施工排水、降水 | | | | | | | | |
| 13 | 其他 | | | | | | | | |
| | 措施项目费合计 | | | | | | | | |

主要材料价格表  表 5-3-37

工程名称：某招待所餐厅装饰工程　　　　　　　　　　　　　　　　　　第　页共　页

| 序　号 | 材料编码 | 材料名称 | 规格、型号等特殊要求 | 单　位 | 单价（元） |
|---|---|---|---|---|---|
| | | | | | |
| | | | | | |
| | | | | | |
| | | | | | |
| | | | | | |
| | | | | | |

## 例6 某小百货楼工程定额预算及工程量清单计价对照

### 一、设计说明

(1) 本小百货楼为混合结构、外廊式的两层楼房,采用室外单跑式悬挑钢筋混凝土楼

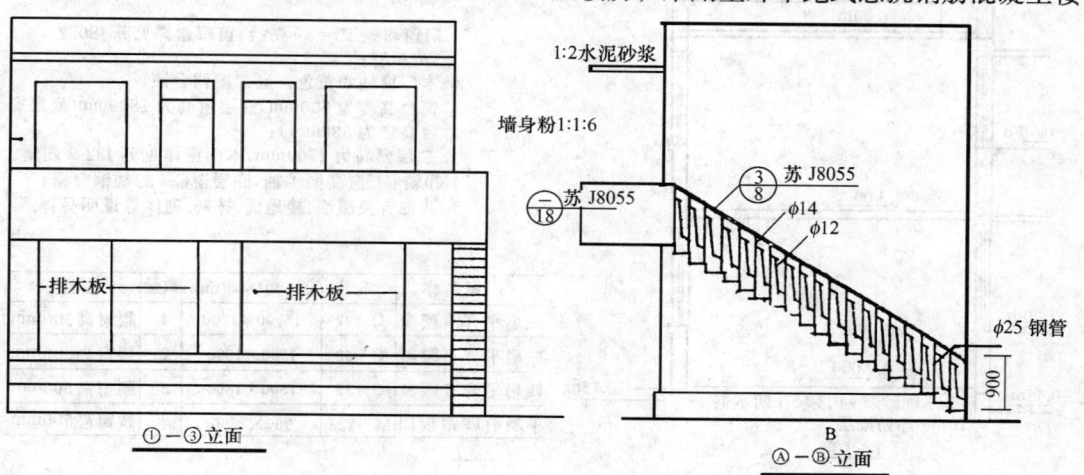

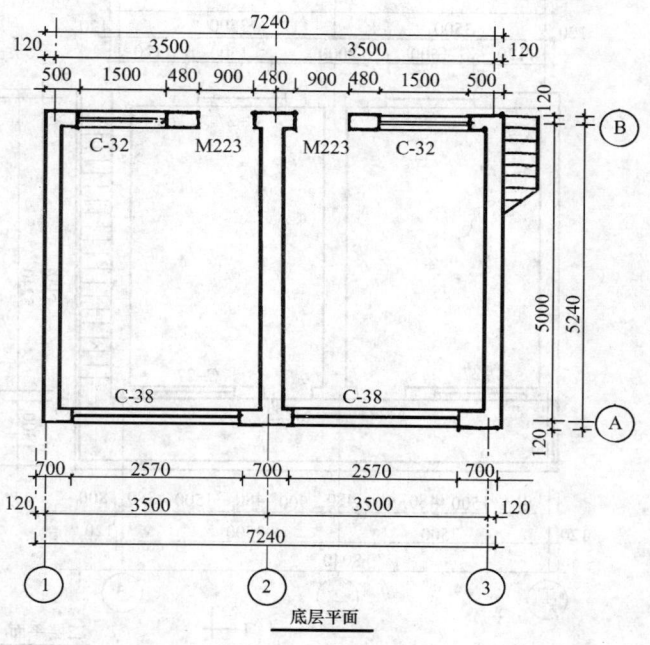

图 6-1-1 某小百货楼工程底层平面及立面图(单位:mm)

梯（图6-1-1～图6-1-4）。楼房南北长7.24m，东西宽5.24m，一、二层层高均为3m，平面呈一字形状，建筑面积为91m²。

（2）标高：底层室内设计标高±0.00相当于绝对标高15.10m，室内外高差为0.45m。

（3）基础：C10混凝土垫层，250mm高钢筋混凝土带形基础，M5水泥砂浆砌一砖厚基础墙，20mm厚1:2水泥砂浆掺5%防水剂墙基防潮层。

（4）墙身：内外墙均用MU10红砖、M5混合砂浆砌筑一砖厚墙。

（5）地面：素土夯实，70mm厚碎石夯实填层，50mm厚C10混凝土找平层，15mm厚1:2水泥砂浆面层，120mm高1:2.5水泥砂浆踢脚线。

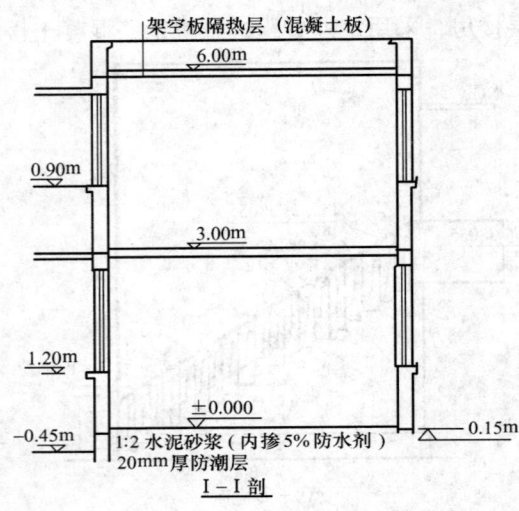

说明
1. 门窗均做15=40贴脸,窗帘盒详见苏J8057 1/2A型；
2. 木门窗油奶黄色一底二度调合漆；
3. 窗台高度为900mm,底层窗高为1800mm(底层窗台高度为800mm)；二层窗高为1700mm,木门窗详见苏J32-2图集。
4. ⑧轴底层窗高同④轴,底层窗C—32加钢窗栅；
5. 其他有关屋面、楼地面、抹灰、砌体等说明另详。

| 门窗名称 | 编号 | 宽(mm)×高(mm) | 数量 | 备注 |
|---|---|---|---|---|
| 三扇平开有腰窗 | C—27 | 15000×1700 | 4 | 腰窗高500mm |
| 三扇平开有腰窗 | C—32 | 1500×1800 | 2 | 腰窗高500mm |
| 四扇平开有腰窗 | C—38 | 1500×1800 | 2 | 腰窗高500mm |
| 单扇有腰镶板门 | M—223 | 900×2600 | 4 | 腰窗高500mm |

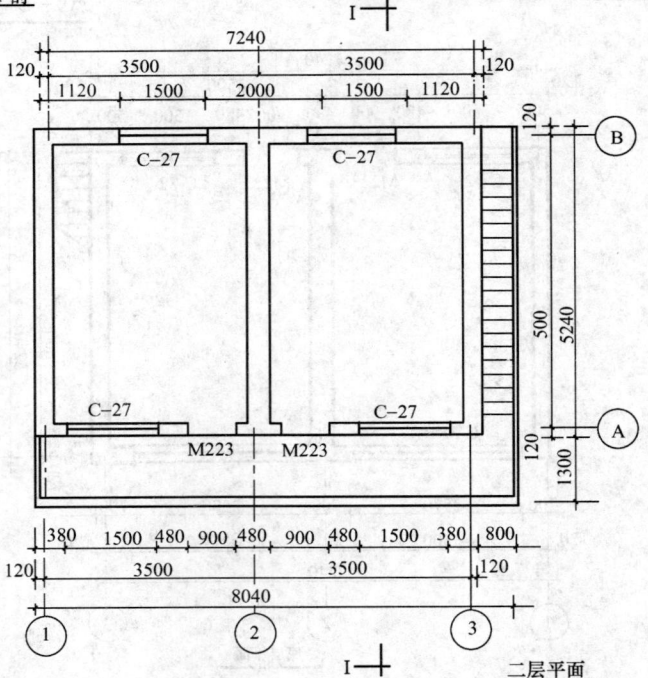

图6-1-2 某小百货楼工程二层平面及剖面图（单位：mm）

(6) 楼面：115mm 高 C30 预制应力钢筋混凝土空心板，30mm 厚 C20 细石混凝土找平层，15mm 厚 1:2 水泥砂浆面层。踢脚线做法同地面。

(7) 屋面：115mm 高 C30 预制预应力钢筋混凝土空心板，20mm 厚 1:3 水泥砂浆找平层，刷冷底子油一层，二毡三油防水层，撒绿豆砂一层，180mm 高半砖垫块架空（用 M2.5 砂浆砌 120mm×120mm 砖垫及板底座浆），30mm 厚预制 C30 细石钢筋混凝土架空板（用 1:3 水泥砂浆嵌缝）。

(8) 外墙抹灰：20mm 厚 1:1:6 混合砂浆打底和面层。

(9) 内墙抹灰：15mm 厚 1:3 石灰砂浆底，3mm 厚纸筋石灰浆面，刷 106 涂料二度。

(10) 平顶抹灰：1:1:6 水泥石灰低筋砂浆底，3mm 厚低筋石灰浆面，刷 106 涂料二度。

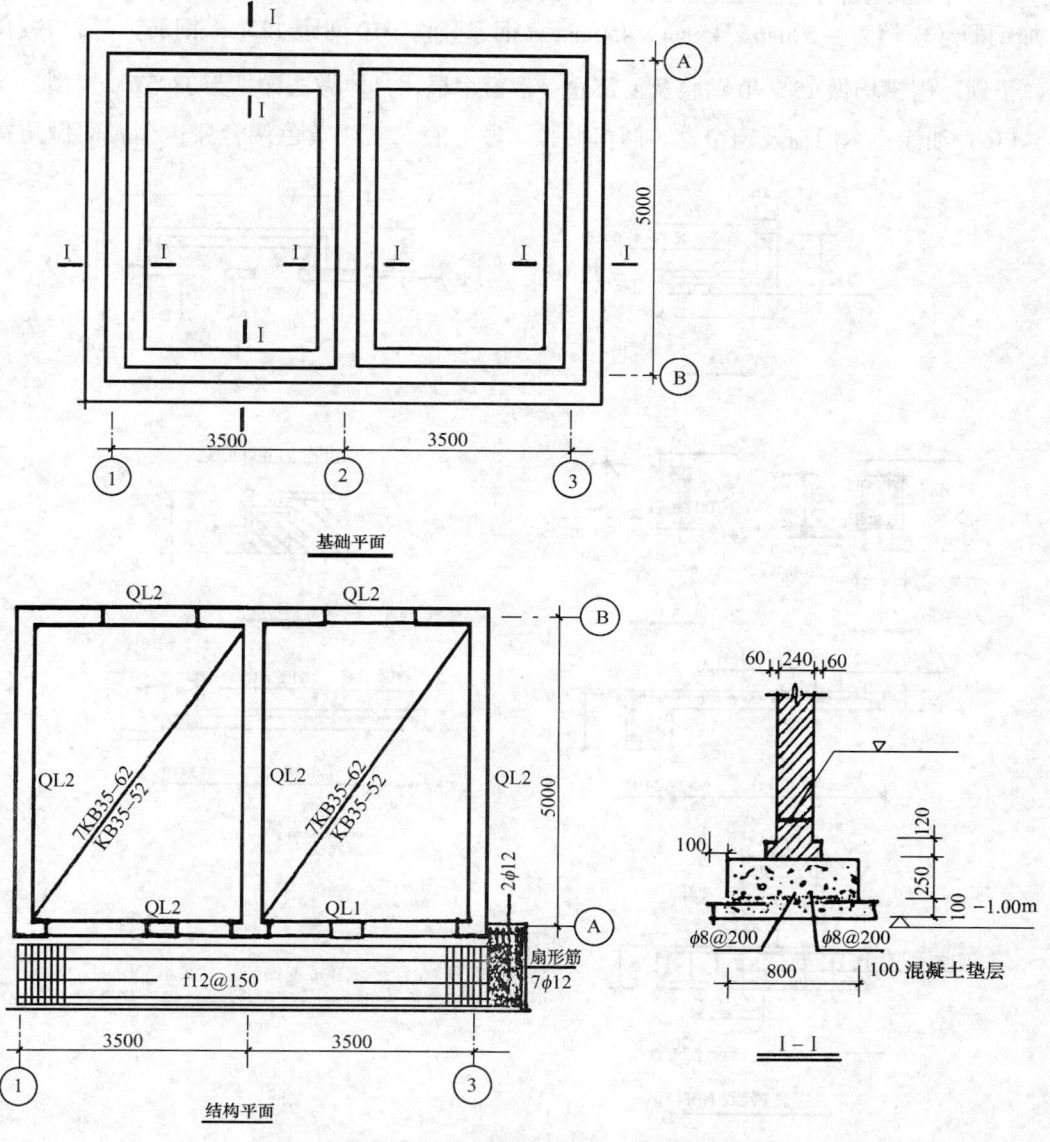

图 6-1-3　某小货楼工程基础结构图（单位：mm）

(11) 楼梯：C20 钢筋混凝土预制 L 型悬挑踏步板，表面用 20mm 厚 1:2.5 水泥砂浆抹面层。底面用 1:1:6 水泥低筋石灰砂浆打底，3mm 厚纸筋石灰浆抹面，刷石灰水二度。栏杆带木扶手（高 900mm）。踢脚线做法同楼地面。

(12) 雨篷、挑廊：70mm 厚 C20 钢筋混凝土现浇板，20mm 厚 1:2.5 水泥砂浆抹板顶及侧面。

(13) 女儿墙：M5 混合砂浆砌一砖（全高 5000mm），C20 细石钢筋混凝土现浇压顶（断面 300mm×60mm，配主筋 3φ6，分布筋 φ4@150），1:2.5 水泥砂浆抹内侧及压顶，外侧抹灰做法同外墙面。

(14) 屋面排水：排水坡度为 3%（沿短跨双向排水），镀锌薄钢板水落管 4 根（断面 83mm×60mm），镀锌薄钢板落水斗 4 个及铸铁弯头落水口 4 个（管皮面均刷绿色油漆）。

(15) 门窗：规格型号见施工图纸"木门窗一览表"，做法详见下页图集。底层窗 C—32 加钢栅（横档为 -30mm×45mm×450mm 扁钢，竖楞 φ10 间距 125mm 钢筋）。门均装普通弹子锁。门窗均做 15×40 贴脸及窗帘盒（带窗帘棍，具体做法详见苏 J8057 $\frac{1}{2}$ A 型）。

(16) 油漆：木门窗及窗帘盒、门窗贴脸，做一底二度奶黄色调合漆；金属面做防锈

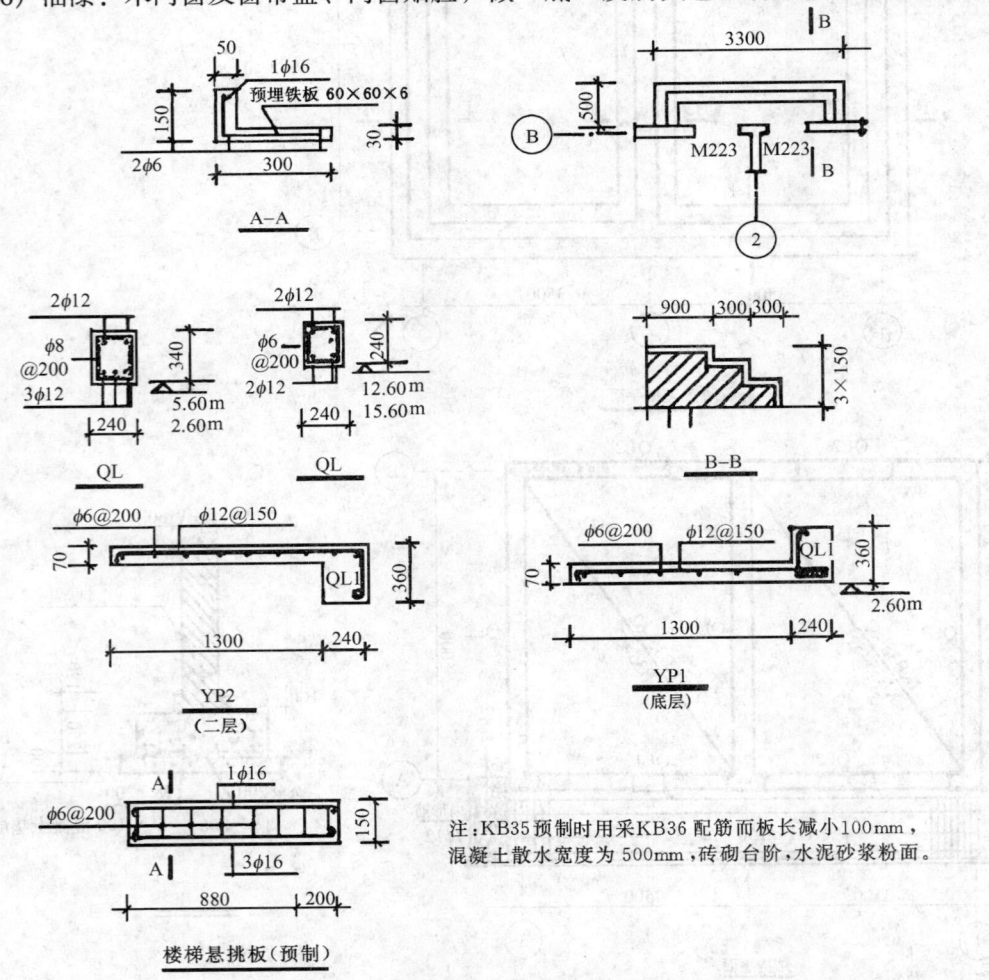

注：KB35 预制时用采 KB36 配筋而板长减小 100mm，混凝土散水宽度为 500mm，砖砌台阶，水泥砂浆粉面。

图 6-1-4 某小百货楼工程圈梁及雨篷详图（单位：mm）

漆一度，铅油二度；其他木构件均做栗壳色一底二度调合漆。

（17）散水：60mm厚C10混凝土垫层，20mm厚1:2.5水泥砂浆抹面。宽度500mm贯通。

（18）台阶：M2.5水泥砂浆砌砖，20mm厚1:2.5水泥砂浆抹面。尺寸见图示。

（19）挑廊栏板：80mm厚C20细石混凝土现浇板。（顶部配主筋2ϕ9通长，分布筋ϕ4@150，板高度900mm，内侧1:2.5水泥砂浆抹面，外侧干粘石抹面）

（20）其他：窗台用MU10红砖侧砌，挑出外墙面60mm，1:2.5水泥砂浆抹面。

## 二、施工现场情况及施工条件

（1）本工程建设地点在南京市区内，交通运输便利，有城市道路可供使用。施工中所用的主要建筑材料，混凝土构配件和木门窗等，均可直接运进工地。施工中所需用的电力、给水亦可直接从已有的电路和水网中引用。

（2）施工场地地形平坦，地基土质较好，经地质钻探查明土层结构为：表层为厚0.7m~1.30m的素填土层（夹少量三合土及碎砖不等），其下为厚度1.10m~7.80m的粉质黏土层和强风化残积层。设计可直接以素土层为持力层，场基容许承载力按[R]=10t/m²设计。常年地下水位在离地面1.50m以下，施工时可考虑为三类干土开挖。

（3）工程中使用的木门窗，钢筋混凝土空心板及架空板，楼梯栏杆等构配件，均在场外加工生产，由汽车运入工地安装，运距为10km。楼梯踏步板、成型钢筋及其他零星预制构配件，均在施工现场制作。

（4）本工程为某建设单位住宅区拆迁复建房的配套房。因用房急、工期短，要求在3个月内建成交付使用。为加快复建房的建设速度，缩短工期，确保质量，降低造价，故本配套房工程采用招标投标办法，中标后承包工程建设。

（5）中标施工单位为南京市某县属建筑公司。根据该建筑公司的施工技术设备条件和工地的情况，施工中土方工程采用人工开挖、机夯回填、人力车运土，其他工程为人力车水平运输，卷扬机井架垂直运输，场外建材及构配件汽车运输。

## 三、编制依据

（1）某小百货楼工程建筑和结构施工图一套（见上页附图）。

（2）《江苏省建筑工程单位估价表》（1990年江苏省建设委员会编制）。

（3）《江苏省建筑安装工程间接费定额》（1990年江苏省建设委员会编制）。

## 四、编制说明

（1）本工程预算只适用于专业分包工程或包工不包料工程，作为编制施工图预算办理竣工结算之用。

（2）本工程预算只计算单位土建工程造价，未包括室外工程和其他工程预算费用。

（3）本工程预算费用未计材料价差，如发生时应进行调整。

（4）木门窗的场外汽车运输单价，系根据1989年颁发《南京地区建筑工程单位估价表》中"木门窗、成型钢筋场外运输价格表"所列的运输单价，再乘以系数后取定的估价。

（5）木门窗的断面未按定额用量进行单价换算。

（6）工程的各分部分项工程项目名称，详见表6-1-1。

### 五、计算工程量

现根据本小百货楼单位工程施工图预算中所列的分部分项工程项目，按《江苏省建筑工程单位估价表》手册，对有关的分部分项工程的工程量按计算规则和定额规定要点进行计算，见表6-1-1。

### 六、编制预算表

当工程量计算完成和预算单位价值确定后，就可以按照《江苏省建筑工程估价表》手册中各分部分项工程的排列顺序，逐项填写各分部分项工程项目名称、定额编号、分项工程量及其相应的预算单价，然后进行逐项计算。

预算表详见表6-1-2。

工程量计算表（预算） 表6-1-1

| 序号 | 分部分项名称 | 部位与编号 | 单位 | 计 算 式 | 计算结果 |
|---|---|---|---|---|---|
| 1 | 建筑面积 | 底 层<br>二 层<br>室外楼梯<br>挑 廊 | m² | 按外墙外围面积计算。<br>墙长　墙宽<br>$7.24 \times 5.24 m^2 = 37.94 m^2$<br>$7.24 \times 5.24 m^2 = 37.94 m^2$<br>水平长度　宽度<br>　　$5.12 \times 0.80 = 4.10 m^2$<br>　　长度　　宽度　梯口处面积<br>$(7.24 + 0.80) \times 1.3 + (0.80 \times 0.12) = 10.55 m^2$<br>合计面积：$37.94 + 37.94 + 4.10 + 10.55 = 90.53 m^2$<br>[说明]建筑面积是指建筑物各层面积的总和，它包括使用面积、辅助面积和结构面积。式子中一个$37.94 m^2$为底层建筑面积，它是式子$(7.24 \times 5.24)$的结果。其中7.24m是建筑物的外边线长，从图6-1-1中可以看出7.24为轴线①～③之间的距离；5.24m即为建筑物的外边线宽，即为轴线Ⓐ～Ⓑ之间的距离；底层建筑面积是以外墙外围面积计算。第2个$37.94 m^2$为二层建筑面积，也是式子$(7.24 \times 5.24)$的结果，其与底层面积一样。$4.10 m^2$是室外楼梯的建筑面积，是式子$(5.12 \times 0.80)$的结果。5.12m是室外楼梯间的长度。由6-1-2的二层平面图中可知：$5.12m = (5.24 - 0.24 + 0.12)m$，即为Ⓐ～Ⓑ轴线间距，减去两中心轴线到墙的距离之后，Ⓑ端再算至外墙线范围加上0.12m。$10.55 m^2$是挑廊的建筑面积，是式子$(7.24 + 0.80) \times 1.3 + (0.80 \times 0.12)$的结果。其中7.24m为楼房南北长，0.80m为楼梯间宽度，$(7.24 + 0.80)$即为挑廊的总长度。1.3m为挑廊的宽度，从图6-1-2中可以看出为Ⓑ～Ⓐ轴线间Ⓐ端头下面的标注距离；$(7.24 + 0.80) \times 1.3$为挑廊挑出墙外的建筑面积；$(0.80 \times 0.12) m^2$是挑廊在楼梯间处应算入的一小部分建筑面积，其中0.80m为楼梯间宽，0.12m为其应算入面积的长，从图6-1-2中可看出0.80m即为轴③右端部分，0.12m即为Ⓐ端下部的标注距离。由此便得建筑面积总和为$90.53 m^2 = (37.94 + 37.94 + 4.10 + 10.55) m^2$ | 91 |
| | （一）人工土方及基础工程分部 | | | | |

续表

| 序号 | 分部分项名称 | 部位与编号 | 单位 | 计 算 式 | 计算结果 |
|---|---|---|---|---|---|
| 2 | 人工挖地槽（深1.5m以内三类干土） | 剖面1-1<br><br>②轴上<br>Ⓐ→Ⓑ<br><br>①、③轴上Ⓐ→Ⓑ<br>Ⓐ、Ⓑ轴上①→③ | $m^3$ | 按实挖体积以$m^3$计算。<br>由于墙基宽<3m，故按挖地槽计算。<br>　　地槽宽度：（因钢筋混凝土条形基础，考虑支模板需要，每边加宽工作面30cm）。<br>　　图示宽　两边加宽<br>　　$(0.80+0.30×2)m=1.40m$<br>　　地槽深度：（从室外地坪算至槽底的垂直高度）。<br>　　槽底标高　室内外高差<br>　　$(1.0-0.45)m=0.55m$<br>　　地槽断面：地槽宽度×地槽深度<br>　　$=1.40×0.55m^2=0.77m^2$<br>　　内墙地槽长度：按地槽净长计算<br>（即内墙中到中的轴线长度减外墙地槽宽度）<br>　　内墙中长—外墙槽宽<br>　　$5.0-(0.70×2)=3.60m$<br>　　内墙地槽体积：地槽断面×地槽长度<br>　　$=0.77×3.60m^3=2.77m^3$<br>　　外墙地槽总长度：（按各外墙地槽中线长度之和计算）<br>　　$5.0×2m=10.0m$<br>　　$7.0×2m=14.0m$<br>　　合计：$(10.0+14.0)m=24.0m$<br>　　外墙地槽体积：<br>　　$0.77×24.0m^3=18.48m^3$<br>　　地槽（挖土）总体积：<br>　　内墙地槽体积＋外墙地槽体积<br>　　$=(2.77+18.48)m^3=21.25m^3$<br>[说明]人工挖地槽按实挖体积以$m^3$计算。式子$(0.80+0.30×2)$即代表地槽宽度，其中0.80m为地槽图示宽度，即为图6-1-3中的Ⅰ-Ⅰ剖面；0.30m为固钢筋混凝土条形基础，考虑支模板需要，每边加宽的工作面，乘以2即为2边。式子$(1.0-0.45)m$即为地槽深度，其中1.0m即为槽底标高，可参见图Ⅰ-Ⅰ剖面图中标注，0.45则为室外地坪标高，二者相减即为从室外地坪算至槽底的垂直高度为地槽深度。由以上便可得出地槽宽1.40m和地槽深为0.55m。由于地槽断面＝地槽宽度×地槽深，即为$1.40×0.55m^2=0.77m^2$即为其断面积值。式子$[5.0-(0.70×2)]m^2=3.60m$为内墙地槽长度，其中5.0m即为轴线Ⓐ～Ⓑ之间的距离减去两轴线到内墙内边线之间的距离之和即$(0.12×2)m$得到的内墙净长度；0.7m为外墙槽宽，乘以2即为2边。这样即为内墙的中心轴线减去外墙地槽宽度为内墙地槽长度，由此便可得出内墙地槽体积：$0.77×3.60m^3=2.77m^3$，即地槽宽度1.40m，地槽深度0.55m。同理，要算①、③轴上Ⓐ→Ⓑ之间Ⓐ、Ⓑ轴上①→③之间的外墙体积；$0.77×24.0m^3=18.48m^3$。其中，$0.77m^2$为地槽断面积，24.0m为地槽总长度，即为$(10.0+14.0)$所代表。其中，10.0m即为按外墙地槽中线长度计算的两边宽度和，用式子$(5.0×2)m$表示；14.0m即为用外墙中线长度计算的两边长度之和。又5.0m为Ⓐ→Ⓑ之间间距；7.0m为①→③之间间距。由此便得出外墙总长度计算式$(10.0+14.0)m=24.0m$；外墙地槽体积：$0.77×24.0m^3=18.48m^3$；地槽总体积，即为内墙地槽体积$2.77m^3$与外墙地槽体积$18.48m^3$之和，即$21.25m^3$所代表的含义 | 21 |

续表

| 序号 | 分部分项名称 | 部位与编号 | 单位 | 计 算 式 | 计算结果 |
|---|---|---|---|---|---|
| 3 | 平整场地 | | $m^2$ | 按外墙外边线每边各增加2m后,所围成的水平面积计算。<br>纵外墙边线长加宽×横外墙边线长加宽<br>$= (7.24 + 4.0) \times (5.24 + 4.0) m^2$<br>$= 11.24 \times 9.24 m^2 = 103.86 m^2$<br>[说明]平整场地工程量是按建筑物或构筑物底面积的外边线,每边各增加20m,以平方米($m^2$)为单位计算。式子$(7.24 + 4.0) \times (5.24 + 4.0)$即可以表示。其中7.24m即为建筑物外边线长,是由轴线Ⓐ~Ⓑ之间的距离两端各加0.12得到,即 $7.24m = (0.12 \times 2 + 7)m$,即为每边各增加2,两边即增加为4。5.24m为建筑物外边宽,即为轴①~③之间距离再两边各加0.12得到,4.0m也是外墙外边线每边各增加2m后,两边的增量即为4得。11.24m即为建筑物场地平整时的总长,9.24m即为其总宽度,长×宽即可得其面积为103.86$m^2$ | 104 |
| 4 | 地槽原土打底夯 | | $m^2$ | 按地槽挖土底面积以$m^2$计算。<br>内墙地槽底面积:<br>内墙地槽长度×地槽底挖土宽度<br>$= 3.60 \times 1.40 m^2 = 5.04 m^2$<br>外墙地槽底面积:<br>外墙地槽长度×地槽底挖土宽度<br>$= 24.0 \times 1.40 m^2 = 33.60 m^2$<br>地槽底面积:<br>内墙地槽底面积 + 外墙地槽底面积<br>$= (5.04 + 33.60) m^2 = 38.64 m^2$<br>(内、外墙地槽长度和宽度见序号2之计算)。<br>[说明]地槽原土打底夯的工程量按地槽挖土面积以$m^2$计算,其中它包括内墙地槽底面积5.04$m^2$和外墙地槽底面积33.60$m^2$。可用式子$(3.60 \times 1.40) + (24.0 \times 1.40)$表示,式子中$(3.60 \times 1.40)$即为内墙地槽底面积,其中3.60m即为内墙地槽长度,可用式子$5.0 - (0.7 \times 2)$表示,这一式子在②中已说明,不再详细解释。1.40m即为地槽宽,是由式子$0.80 + 0.30 \times 2$得到的,也已在②中解释过。式子$(24.0 \times 1.40)$即为外墙地槽底面积,24.0m为外墙长度,已解释过 | 39 |
| 5 | C10混凝土基础垫层 | 1-1剖面<br>②轴上<br>Ⓐ→Ⓑ<br><br>①、③轴<br>上Ⓐ→Ⓑ<br>Ⓐ、Ⓑ轴<br>①→③ | $m^3$ | 按垫层图示尺寸的体积以$m^3$计算。<br>垫层断面:垫层宽度×垫层厚度<br>$= 1.0 \times 0.10 m^2 = 0.10 m^2$<br>内墙基垫层净长度:<br>内墙中长 垫层宽度<br>$[5.0 - (0.50 \times 2)]m = 4.0m$<br>内墙基垫层体积:<br>垫层断面×垫层净长度<br>$= 0.10 \times 4.0 m^3 = 0.40 m^3$<br>外墙基垫层总长度:<br>(即等于外墙地槽总长度)为24m。<br>外墙基垫层体积:热层断面×垫层长度<br>$= 0.10 \times 24.0 m^3 = 2.40 m^3$<br>垫层总体积:<br>内墙基垫层体积 + 外墙基垫层体积<br>$= (0.40 + 2.40) m^3 = 2.80 m^3$ | 2.80 |

续表

| 序号 | 分部分项名称 | 部位与编号 | 单位 | 计 算 式 | 计算结果 |
|---|---|---|---|---|---|
| 5 | C10混凝土基础垫层 | 1-1剖面<br>②轴上<br>Ⓐ→Ⓑ<br><br>①、③轴上Ⓐ→Ⓑ<br>Ⓐ、Ⓑ轴上①→③ | $m^3$ | [说明]C10混凝土基础垫层的工程量按垫层图示尺寸的体积计算,单位是 $m^3$。包括内墙基垫层体积和外墙基垫层体积。其中内墙基垫层体积=垫层断面×垫层长度,即: $0.10 \times 4.0 m^3 = 0.40 m^3$,式中 $0.10 m^2$ 为垫层断面面积,等于垫层宽度乘以垫层厚度,图示中垫层宽度为1.0m,垫层厚度为0.10m,4.0m表示内基垫层净长度,也是内墙中长垫层宽度,等于 $5.0-(0.50 \times 2)$,即4.0m。其中5.0m为轴线Ⓐ~Ⓑ之间的距离5.24m减去两轴线至内墙内边线之间的距离,即 $(0.12 \times 2)m$ 所得到的内墙净长度,0.50m为50cm厚的C10混凝土找平层,2表示两面内墙;外墙基垫层体积等于垫层断面乘以垫层长度,即 $0.10 \times 24.0 m^3 = 2.40 m^3$,式中24.0m为外墙基垫层总长度,也等于外墙地槽总长度(四面外墙地槽中线长度之和: $(5.0 \times 2 + 7.0 \times 2)m = 24.0 m$;垫层总体积等于内墙基垫层体积与外墙基垫层体积之和,即 $0.40 + 2.40 = 2.80 m^3$ | 2.80 |
| 6 | 现浇C20钢筋混凝土带形基础 | ②轴上<br>Ⓐ→Ⓑ<br><br>①、③轴上Ⓐ→Ⓑ<br>Ⓐ、Ⓑ轴上①→③ | $m^3$ | 按混凝土基础图示尺寸的体积以 $m^3$ 计算。<br>基础断面:基础宽度×基础高度<br>$= 0.80 \times 0.25 m^2 = 0.20 m^2$<br>内墙混凝土带形基础净长度:<br>内墙中长　基础宽<br>$[5.0-(0.4 \times 2)]m = 4.20 m$<br>内墙混凝土带形基体积:<br>基础断面积×内墙基净长度<br>$= 0.20 \times 4.20 m^3 = 0.84 m^3$<br>外墙混凝土带形基础总长度:<br>(即等于外墙地槽总长度)为24m<br>外墙混凝土带形基础体积:<br>基础断面积×外墙基总长度<br>$= 0.20 \times 24.0 m^3 = 4.80 m^3$<br>混凝土带形基础总体积:<br>内、外墙混凝土带形基础体积之和<br>$= (0.84 + 4.80) m^3 = 5.64 m^3$<br>[说明]现浇C10钢筋混凝土带形基层的工程量以混凝土基础图示尺寸的体积计算,单位为 $m^3$。包括内、外墙混凝土带形基础体积。其中内墙混凝土带形基础体积=基础断面积×内墙基净长度,即 $0.20 \times 4.20 m^3 = 0.84 m^3$,式中 $0.20 m$ 为基础断面, $0.20 m^2 = 0.80 \times 0.25 m^2$,其中 $0.80 m$ 为基础断面的宽度,0.25m为基础断面的高度,4.20m为内墙混凝土带形基础净长度,即 $4.20 = [5.0-(0.4 \times 2)]m$, 5.0m为轴线Ⓐ~Ⓑ两线之间的距离5.24m减去两个半墙厚 $(0.12 \times 2)$ 所得到的内墙净长度,0.4为基础断面宽度的一半,2表示2面内墙;外墙混凝土带形基础体积=基础断面积×外墙基总长度,即 $0.20 \times 24.0 m^3 = 4.80 m^3$,式中24.0m为外墙混凝土带形基础总长度,也等于外墙地槽总长度(四面外墙地槽中线长度之和): $[5.0 \times 2 + 7.0 \times 2]m = 24.0 m$;现浇C10钢筋混凝土带形基础总体积=内墙混凝土带形基础体积+外墙混凝土带形基础体积,即 $(0.84 + 4.80) m^3 = 5.64 m^3$ | 5.64 |

续表

| 序号 | 分部分项名称 | 部位与编号 | 单位 | 计 算 式 | 计算结果 |
|---|---|---|---|---|---|
| 7 | M5 水泥砂浆砌砖基础 | ②轴上 Ⓐ→Ⓑ<br><br>①、③轴上Ⓐ→Ⓑ<br>Ⓐ、Ⓑ轴上①→③ | m³ | 按砖基图示尺寸的体积以 m³ 计算。<br>砖基高度 = 基底标高 - (垫层厚度 + 混凝土基础高度)<br>= [1.0 - (0.10 + 0.25)]m = 0.65m<br>砖基宽度 = 0.24m<br>大放脚高度 = 0.126m<br>大放脚宽度 = 0.0625m<br>砖基断面：<br>(砖基宽度×砖基高度) + 砖基大方脚断面积<br>= {(2.40×0.65) + [(0.365×0.12) + (0.126×0.0625)]}<br>m² = (0.156 + 0.016)m² = 0.172m²<br>(注：也可以从"等高式砖基础断面面积"表中，根据埋置深度 H = 65cm，墙厚 B = 24cm，直接查得断面面积为 0.1718m²。这样就可不必计算砖基断面。)<br>内墙砖基净长度：<br>内墙中长  外墙厚度<br>[5.0 - (0.12×2)]m = 4.76m<br>内墙砖基体积：<br>砖基断面×内墙砖基净长度<br>= 0.172×4.76m³ = 0.82m³<br>外墙砖基总长度：(即等于外墙混凝土带形基总长度)为 24.0m<br>(外墙混凝土带形基础总长度见序号 6 之计算)<br>外墙砖基体积：<br>砖基断面×外墙砖基总长度<br>= 0.172×24.0 = 4.13m³<br>砖基总体积：内外墙砖基体积之和<br>= (0.82 + 4.13)m³ = 4.95m³<br>[说明] M5 水泥砂浆砌砖基础的工程量按砖基图示尺寸的体积计算，单位为 m³。包括内墙砖基体积和外墙砖基体积，其中内墙砖基体积 = 砖基断面×内墙砖基净长度，即 0.172×4.76m² = 0.82m³，式中 0.172 = (2.40×0.65) + [(0.365×0.12) + (0.126×0.0625)] = 0.156 + 0.016，(公式砖基断面 = (砖基宽度×砖基高度) + 砖基大放脚断面积)，2.40m 为砖基宽度，0.65m 为砖基高度，0.65m = 1.0 - (0.10 + 0.25) [砖基高度 = 基底标高 - (垫层厚度 + 混凝土基础高度)]，1.0m 为基底标高，0.10m 为垫层厚度，0.25m 为混凝土基础高度，0.126m 为大放脚高度，0.0625m 为大放脚宽度；4.76m 为内墙砖基净长度，4.76m = [5.0 - (0.12×2)]m，5.0m 为内墙中长，0.12 为半墙厚度，2 表示 2 面内墙；外墙砖基体积 = 砖基断面×外墙砖基总长度，即 0.172×24.0m³ = 4.13m³，24.0m 为外墙砖基总长度，也等于外墙地槽总长度(四面外墙地槽中线长度之和)，故砖基础 M5 水泥砂浆总体积 = 内墙砖基体积 + 外墙砖基体积，即 (0.82 + 4.13)m³ = 4.95m³。 | 4.95 |

续表

| 序号 | 分部分项名称 | 部位与编号 | 单位 | 计 算 式 | 计算结果 |
|---|---|---|---|---|---|
| 8 | 墙基(地槽)回填土 | | $m^3$ | 按实回填土方体积以 $m^3$ 计算。<br>标高 $-0.45m$ 至 $\pm 0.00m$ 间砖基体积<br>　＝墙厚×内外墙总长×室内外高差<br>　　　　内墙净长　外墙中长<br>　＝$0.24 \times (4.76 + 24) \times 0.45 m^3$<br>　＝$0.24 \times 0.45 \times 28.76 m^3 = 3.11 m^3$<br>(内墙净长和外墙中总长见序号7之计算)<br>墙基回填土体积＝地槽挖土体积－(墙基垫层体积＋混凝土基础体积＋砖基础体积－室外地坪以上砖基体积)<br>　＝$[21.25 - (2.80 + 5.64 + 4.95 - 3.13)] m^3$<br>　＝$(21.25 - 10.26) m^3 = 11 m^3$<br>[说明]墙基(地槽)回填土的工程量按实回填土方体积计算，单位为 $m^3$。墙基回填土体积＝地槽挖土体积－(墙基垫层体积＋混凝土基础体积＋砖基础体积－室外地坪以上砖基体积)＝$[21.25 - (2.80 + 5.64 + 4.95 - 3.11)] m^3$＝$(21.25 - 10.26) m^3 = 11 m^3$，其中 $21.25 m^3$ 为地槽挖土体积，$2.80 m^3$ 为墙基垫层体积，$5.64 m^3$ 为混凝土基础体积，$4.95 m^3$ 为砖基础体积，$3.11 m^3$ 为室外地坪以上砖基体积，$3.11 m^3 = 0.24 \times (4.76 + 24) \times 0.45 m^3 = 0.24 \times 0.45 \times 28.76 m^3$，$0.24 m$ 为墙厚，$4.76 m$ 为内墙总长$(5.0 - 0.12 \times 2) = 4.76 m$，$24 m$ 为外墙总长，$0.45 m$ 为室内外高差 (见Ⅰ-Ⅰ剖面) | 11 |
| 9 | 墙基1:3水泥砂浆防潮层 | | $m^2$ | 按基础顶面积以 $m^2$ 计算。<br>防潮层面积＝(外墙中长＋内墙净长)×墙厚<br>　　＝$(24 + 4.76) \times 0.24 m^2 = 6.90 m^2$<br>(内墙净长和外墙中长见序号7之计算)<br>[说明]墙基1:3水泥砂浆防潮层的工程量按基础顶面积计算，单位为 $m^2$。防潮层面积＝(外墙中长＋内墙净长)×墙厚＝$(24 + 4.76) \times 0.24 m^2 = 6.90 m^2$，$24 m$ 为外墙中长，$(5.0 \times 2 + 7.0 \times 2) m = 24 m$，$4.76 m$ 为内墙中长$(5.0 - 0.12 \times 2) m = 4.76 m$，$0.24 m$ 为墙厚 | 6.90 |
| 10 | 地坪(室内)回填土 | | $m^3$ | 按室内主墙间实填土方体积以 $m^3$ 计算。<br>室内地坪厚度＝碎石垫层厚度＋混凝土找平层厚度＋砂浆面层厚度<br>　　＝$(0.07 + 0.05 + 0.015) m \approx 0.14 m$<br>室内回填土体积：<br>地面主墙间净面积×回填土厚度<br>　＝(底层建筑面积－防潮层面积)<br>　　×(室内外高差－地坪厚度)<br>　＝$(37.94 - 6.9) \times (0.45 - 0.14) m^3$<br>　＝$31.04 \times 0.31 m^3 = 9.62 m^3$<br>(底层建筑面积及防潮层面积，见序号1及序号9之计算)<br>[说明]地坪(室内)回填土的工程量是按室内主墙间实填土方体积计算，单位为 $m^3$。室内回填土体积＝(底层建筑面积－防潮层面积)×(室内外高差－地坪厚度)，即 $(37.94 - 6.9) \times (0.45 - 0.14) m^3 = 31.04 \times 0.31 m^3 = 9.62 m^3$，其中 $37.94 m^2$ 为底层建筑面积，具体计算见序号1，$6.9 m^2$ 为防潮层面积，具体计算见序号9，$0.45 m$ 为室内外高差，见Ⅰ-Ⅰ剖面，$0.14 m$ 为地坪厚度，室内地坪厚度＝碎石垫层厚度＋混凝土找平层厚度＋砂浆面层厚度$(0.07 + 0.05 + 0.015) m \approx 0.14 m$，(因为室内地坪厚度＝碎石垫层厚度＋混凝土找平层厚度＋砂浆面层厚度)，$0.07 m$ 为碎石垫层厚度，$0.05 m$ 为混凝土找平层厚度，$0.015 m$ 为砂浆面层厚度，$(37.94 - 6.9) m^2$ 为地面主墙间净面积，$(0.45 - 0.14) m$ 为回填土厚度。因为室内回填土体积＝地面主墙净面积×回填土厚度，地面主墙间净面积＝底层建筑面积－防潮层面积，回填土厚度＝室内外高差－地坪厚度 | 10 |

续表

| 序号 | 分部分项名称 | 部位与编号 | 单位 | 计 算 式 | 计算结果 |
|---|---|---|---|---|---|
| 11 | 室内(地坪)原土打底夯 | | $m^2$ | 按室内主墙间净面积以 $m^2$ 计算。<br>室内原土底夯面积 = 室内地面主墙间净面积<br>= $31.04m^2$ (地面主墙间净面积见序号 10 之计算)。<br>[说明]室内(地坪)原土打底夯的工程量按室内主墙间净面积计算,单位为 $m^2$。室内原土打夯面积 = 室内地面主墙间净面积 = 底层建筑面积 − 防潮层面积 = 37.94 − 6.9 = $31.04m^2$,其中 $37.94m^2$ 为室内底层建筑面积,具体计算见序号 1,$6.9m^2$ 为防潮层面积,具体计算见序号 9 | 31 |
| 12 | 人力车运余土(外运 600m) | | $m^3$ | 余土体积 = 挖土体积 − 回填土体积<br>= 21 − (11 + 10) = 0<br>[说明]人力车运余土(外运 600m)的工程量按余土体积计算,单位是 $m^3$。余土体积 = 挖土体积 − 回填土体积 = 21.25 − (11 + 9.62) ≈ 0,式中 $21.25m^3$ 为挖土体积,具体计算见序号 2 的人工挖地槽体积,因为实挖土体积即为人工挖地槽体积,$11m^3$ 为墙基回填土,具体计算见序号 8,$9.62m^3$ 为地坪(室内)回填土体积,具体计算见序号 10,(11 + 9.62) = $20.62m^3$,为回填土体积,即回填土体积 = 墙基(地槽)回填土体积 + 地坪(室内)回填土体积 | 0 |
| | (二)混凝土及钢筋混凝土工程分部 | | | | |
| 13 | 现浇 C20 钢筋混凝土过梁 | Ⓐ轴上<br>①→③<br><br>C-27 窗<br>C-38 窗<br>M-223 门<br>QL1 过梁<br><br>Ⓑ轴上<br>①→③<br>C-27 窗<br>C-32 窗<br>M-223 门<br>QL2 过梁 | $m^3$ | 按断面乘长度以 $m^3$ 计算。<br>过梁断面 = 过梁宽度 × 过梁高度<br><br>过梁宽度:0.24m<br>过梁高度:0.36m<br>过梁断面 = $0.24 × 0.36m^2 = 0.086m^2$<br>过梁长度 = 门窗宽度 + 0.50m(加宽)<br>过梁长度 = (1.50 + 0.50) × 2(樘) = 4.00m<br>过梁长度 = (2.57 + 0.50) × 2(樘) = 6.14m<br>过梁长度 = (0.90 + 0.50) × 2(樘) = 2.80m<br>合计长度 = 4.0 + 2.80 + 6.14 = 12.94m<br>过梁体积 = 过梁断面 × 过梁长度<br>        = 0.086 × 12.94 = $1.11m^3$<br>过梁宽度:0.24m<br>过梁高度:0.24m<br>过梁断面 = $0.24 × 0.24 = 0.058m^2$<br>过梁长度 = (1.50 + 0.50) × 2(樘) = 4.0m<br>过梁长度 = (1.50 + 0.50) × 2(樘) = 4.0m<br>过梁长度 = (0.90 + 0.50) × 2(樘) = 2.80m<br>合计长度 = 4.0 + 4.0 + 2.80 = 10.80m<br>过梁体积 = 0.058 × 10.80 = $0.63m^3$<br>全部过梁总体积 = 1.11 + 0.63 = $1.74m^3$<br>[说明]现浇 C20 钢筋混凝土过梁的工程量按全部过梁体积计算,单位为 $m^3$。全部过梁总体积 = $(1.11 + 0.63)m^3$ = $1.74m^3$,其中 $1.11m^3$ 为 QL1 过梁体积,QL1 过梁体积 = QL1 过梁断面 × QL1 过梁长度 = $0.086 × 12.94m^3$ = $1.11m^3$,式中 $0.086m^2$ 为 QL1 过梁断面积,QL1 过梁断面积 = QL1 过梁宽度 × QL1 过梁高度,QL1 过梁宽度为 0.24m,QL1 过梁高度为 0.36m,详见 6-1-4 某小百货楼工程圈梁及雨篷详图 QL 与 YP2(二层),则 QL1 过梁断面面积 = $0.24 × 0.36 = 0.086m^2$;式中 12.94m 为 QL1 过梁总长度,QL1 过梁长度由底层平面图、二层平面图和结构平 | |

续表

| 序号 | 分部分项名称 | 部位与编号 | 单位 | 计算式 | 计算结果 |
|---|---|---|---|---|---|
| 13 | 现浇 C20 钢筋混凝土过梁 | | $m^3$ | 面图中 A 轴上①→③可知分为：QL1 过梁长度 = 门窗净长度 + 0.50m，0.50m 为窗头处加宽度长度，①C - 27 窗的过梁长度 = (1.50 + 0.50)×2m = 4.00m，1.50m 为 C - 27 窗的净长度，2 为 2 樘窗；②C - 38 窗的过梁长度 = (2.57 + 0.50)×2m = 6.14m，2.57m 为 C - 38 窗的净长度，2 为 2 樘窗；③M - 223 门的过梁长度 = (0.90 + 0.50)×2m = 2.80m，0.90m 为 M - 223 门的净长，2 表示 2 樘门则 QL1 过梁长度 = C - 27 窗过梁长度 + C - 38 窗过梁长度 + M - 223 门过梁长度 = (4.0 + 2.80 + 6.14)m = 12.94m；QL2 过梁的体积 = QL2 过梁长度×QL2 过梁断面面积 = 0.058×10.80 = 0.63$m^3$，式中 0.058$m^2$ 为 QL2 过梁断面面积，QL2 过梁断面面积 = QL2 过梁宽度×QL2 过梁高度，由某小百货楼工程圈梁及雨篷详图 QL 可知，QL2 过梁断面宽度为 0.24m，QL2 过梁断面高度为 0.24m，则 QL2 过梁断面面积 = 0.24×0.24 = 0.058$m^2$；式中 10.80m 为 QL2 过梁的总长度，QL2 过梁长度由底层平面图、二层平面图和结构平面图中 B 轴上①→③可知：QL2 过梁长度 = 门窗净长度 + 0.50m(加宽)，分为：①C - 27 窗过梁长度 = (1.50 + 0.50)×2(樘) = 4.00m；②C - 38 窗过梁长度 = (1.50 + 0.50)×2(樘) = 4.0m；③M - 223 门的过梁长度 = (0.90 + 0.50)×2(樘) = 2.80m，则 QL2 过梁总长度 = 4.0 + 4.0 + 2.80 = 10.80m。所以全部过梁总体积 = QL1 过梁总体积 + QL2 过梁总体积 = 1.11 + 0.63 = 1.74$m^3$ | 1.74 |
| 14 | 现浇 C20 钢筋混凝土圈梁 | Ⓐ轴上①→③<br><br>②轴上Ⓐ→Ⓑ<br><br>③、①轴上Ⓐ→Ⓑ<br>Ⓑ轴上①→③ | $m^3$ | 按圈过梁体积减去过梁体积计算。<br>①QL1 圈过梁：<br>圈过梁断面 = 圈过梁宽度×高度<br>　　　　　　= 0.24×0.36$m^2$ = 0.086$m^2$<br>圈过梁长度：7.0m<br>圈过梁体积 = 圈过梁断面×圈过梁长度<br>　　　　　　= 0.086×7.0$m^2$ = 0.61$m^2$<br>②QL2 圈过梁<br>圈过墙断面 = 0.24×0.24$m^3$ = 0.058$m^3$<br>内墙圈梁净长度：<br>内墙中长　墙厚<br>　[5.0 - (0.12×2)]m = 4.76m<br>外墙圈梁总长度：<br><br>5.0×2m = 10.0m<br><br>7.0m<br><br>合计长度：4.76 + 10 + 7.0 = 21.76m<br>圈过梁体积：圈过梁断面×圈过梁总长度<br>= 0.058×21.76$m^3$ = 1.26$m^3$<br>圈过梁总体积(共二道)：<br>　QL1　QL2　层数<br>(0.61 + 1.26)×2$m^3$ = 3.74$m^3$<br>圈梁体积 = 圈过梁体积 - 过梁体积<br>= (3.74 - 1.74)$m^3$ = 2.0$m^3$<br>(过梁体积见序号 13 之计算)<br>[说明]现浇 C20 钢筋混凝土圈梁按圈过梁净体积计算，单位为 $m^3$。现浇 C20 钢筋混凝土圈梁的净体积 = 圈过梁体积减去过梁体积，即(3.74 - 1.74)$m^3$ = 2.0$m^3$，式中 3.74$m^3$ 为一层、二层 QL1 与 QL2 的总圈过梁体积，即 3.74$m^3$ = (0.61 + 1.26)×2$m^3$，0.61$m^3$ 为一层 QL1 圈过梁体 | |

续表

| 序号 | 分部分项名称 | 部位与编号 | 单位 | 计 算 式 | 计算结果 |
|---|---|---|---|---|---|
| 14 | 现浇 C20 钢筋混凝土圈梁 | | m³ | 积，0.61m³ = 0.086m² × 7.0m，其中 0.086m² 为 QL1 圈过梁断面面积，等于圈过梁宽度 × 高度 = 0.24 × 0.36 = 0.086m²，详细说明见序号 13，圈过梁长度为 7.0m，圈过梁体积 = 圈过梁断面面积 × 圈过梁长度 = 0.086 × 7.0 = 0.61m³；1.26m³ 为 QL2 圈过梁的体积，由②轴Ⓐ→Ⓑ上可知，QL2 圈过梁断面面积 = 0.24 × 0.24 = 0.058m²，0.24m 为 QL2 圈过梁的宽度，0.24m 也为 QL2 圈过梁的高度，内墙圈梁净长度 = 内墙中长 − 墙厚 = [5.0 − (0.12 × 2)]m = 4.76m，5.0 为内墙中长，0.12 为墙厚度，2 表示两个半墙厚，外墙圈梁总长度由③、①轴Ⓐ→Ⓑ可知，5.0 × 2m = 10.0m，5.0 为外墙中长，2 表示两面外纵墙，由Ⓑ轴①→③可知，外横墙长为 7.0m，则 QL2 圈过梁总长度为：(4.76 + 10.0 + 7.0) = 21.76m，则 QL2 圈过梁断面面积 × QL2 圈过梁总长度 = 0.058 × 21.76m³ = 1.26m³，又圈过梁总体积（共二道），所以应等于圈过梁的体积与 QL2 圈过梁的体积之和再乘以 2，即(0.61 + 1.26) × 2m³ = 3.74m³，1.74m³ 为过梁体积，具体计算见序号 13 | 2.00 |
| 15 | 现浇 C20 钢筋混凝土雨篷(顶层) | | m² | 按伸出墙外水平投影面积计算。<br>雨篷水平投影面积 = 长度 × 宽度<br>　　长度　宽度　梯口处面积<br>= (0.84 × 1.3) + (0.80 × 0.12)m² = 10.55m²<br>[说明]现浇 C20 钢筋混凝土雨篷(顶层)的工程量按伸出墙外水平投影面积计算，单位为 m³。雨篷水平投影面积 = 长度 × 宽度 = [(7.24 × 0.80) × 1.3 + (0.80 × 0.12)]m² = 10.55m²，式中 8.04m 为雨篷水平投影的长度，8.04 = 7.24 + 0.80，7.24m 为楼墙外边线长，0.80m 为雨篷外伸长，即(0.4 × 2)，1.3m 为雨篷水平投影的宽度，8.04m × 1.3m 为雨篷水平投影的面积，0.80m 为梯口处雨篷水平投影的长，0.12m 为梯口处雨篷水平投影的宽，0.80m × 0.12m 为楼梯口处雨篷水平投影面积 | 10.60 |
| 16 | 现浇 C20 钢筋混凝土挑廊(阳台) | | m² | 按伸出墙外水平投影面积计算。<br>工程量同序号 15 之计算<br>[说明]现浇 C20 钢筋混凝土挑廊(阳台)的工程量，按伸出墙外水平投影面积计算，单位为 m²。挑廊水平投影面积 = 长度 × 宽度 = (8.04 × 1.3) + (0.80 × 0.12)m² = 10.55 m²，式中 8.04m 为挑廊水平投影的长度，8.04 = 7.24 + 0.80，其中 7.24m 为楼梯墙外边长，0.80m 为挑廊外伸长度，即(0.4 × 2)，1.3m 为挑廊水平投影的宽度，8.04 × 1.3 为挑廊水平投影的面积，0.80m 为梯口处挑廊水平投影的长度，0.12m 为梯口处挑廊水平投影的宽度，0.80 × 0.12 为梯口处挑廊水平投影面积 | 10.60 |
| 17 | 现浇 C20 混凝土挑廊栏板 | | m | 按图示尺对延长米计算<br>栏板厚度：0.08m<br>栏板外侧长度：<br>　正面长度　侧面长度<br>[(7.24 × 0.80) + (1.30 + 1.42)]m = 10.76m<br>栏板中心长度：外侧长度 − 板厚 × 2<br>= (10.76 − 0.08 × 2)m = 10.60m<br>[说明]现浇 C20 混凝土挑廊栏板的工程量按图示尺寸以延长米计算，单位为 m。由图示可知：栏板厚度为 0.08m，栏板外侧长度 = 正面长度 + 侧面长度 = [(7.24 × 0.80) + (1.30 + 1.42)]m = 10.76m，式中 7.24m = (7 + 0.24)m，7m 为挑廊栏板正面长，0.24m 为挑廊栏板正面伸入墙内的长，0.80m 为楼梯口处挑廊栏板的长，(7.24 + 0.80)m 为挑廊栏板正面长度，1.30m 为挑廊栏板的水平投影长，1.42m 等于 1.3m 加上 0.12m，1.30m 为挑廊栏板的另一侧的水平投影长，0.12m 为梯口处挑廊栏板的宽，(1.30 + 1.42) 为挑廊栏板的侧面长度。栏板中心长度 = 外侧长度 − 板厚 × 2 = (10.76 − 0.08 × 2)m = 10.6m，式中 10.76m 为外侧长度，0.08m 为栏板厚 | 10.60 |

续表

| 序号 | 分部分项名称 | 部位与编号 | 单位 | 计 算 式 | 计算结果 |
|---|---|---|---|---|---|
| 18 | 现浇 C20 钢筋混凝土压顶(女儿墙) | | $m^3$ | 按图示尺寸以 $m^3$ 计算。<br>压顶断面：压顶宽度×压顶厚度<br>$=0.30\times0.06m^2=0.018m^2$<br>压顶中心长度=女儿墙中心长度<br>$-8\times\dfrac{1}{2}\times$(压顶宽度-女儿墙宽度)<br>$=[24-8\times\dfrac{1}{2}\times(0.30-0.24)]m=23.76m$<br>(女儿墙中心长度=外墙中心长度。外墙中长见序号 6 之计算)<br>压顶体积=压顶断面×压顶中心长度<br>$=0.018\times23.76=0.43m^3$<br>[说明]现浇 C20 钢筋混凝土压顶(女儿墙)的工程量按图示尺寸以体积计算，单位是 $m^3$。压顶体积=压顶断面积×压顶中心长度$=0.018\times23.76=0.43m^3$，式中 $0.018m^2$ 为压顶断面积，压顶断面积=压顶宽度×压顶厚度=$0.30\times0.06=0.018m^3$，$0.30m$ 为压顶断面的宽度，$0.06m$ 为压顶断面的厚度；式中 23.76 为压顶中心长度，压顶中心长度=女儿墙中心长度$-8\times\dfrac{1}{2}\times$(压顶宽度-女儿墙宽度)$=[24-8\times\dfrac{1}{2}\times(0.30-0.24)]m=23.76m$，式中 $24m$ 为女儿墙中心长度，也等于外墙中心长度，外墙中心长度的具体计算见序号 6，$0.30m$ 为压顶宽度，$0.24m$ 为女儿墙宽度 | 0.43 |
| 19 | 预制 C20 钢筋混凝土 L 形楼梯踏步板 | | $m^3$ | 按图示尺寸以 $m^3$ 计算。<br>踏步板宽度：0.25m<br>踏步板长度：1.04m<br>踏步板块数：<br>楼梯水平投影长度/踏步板宽度<br>(或楼层高度/踏步板高度)<br>$=5.12/0.25=20$ 步<br>每块踏步板断面积：<br>　竖直部分断面　水平部分断面<br>$[(0.15\times0.05)+(0.25\times0.03)]m^2$<br>$=(0.0075+0.0075)m^2=0.015m^2$<br>每块踏步板体积：踏步板断面×踏步长度<br>$=0.015\times1.04m^3=0.016m^3$<br>全部踏步板合计体积：<br>每块踏步板体积×块数<br>$=0.016\times20m^3=0.32m^3$<br>[说明]预制 C20 钢筋混凝土 L 型楼梯踏步板的工程量按图示尺寸以体积计算，单位为 $m^3$。全部踏步板合计体积=每块踏步板体积×块数$=0.016\times20m^3=0.32m^3$，式中 $0.016m^3$ 为每块踏步板体积，每块踏步板体积=每块踏步板断面积×踏步长度$=0.015\times1.04=0.016m^3$，$0.015m^2$ 为每块踏步板断面积，每块踏步板断面积=竖直部分断面积+水平部分断面积$=[(0.15\times0.05)+(0.25\times0.03)]m^2=(0.0075+0.0075)m^2=0.015m^2$，其中 $(0.15\times0.05)$ 为竖直部分断面积，$0.15m$ 为竖直部分断面的宽，$0.05m$ 为竖直部分断面的高，$(0.25\times0.03)$ 为水平部分断面积，$0.25m$ 为水平部分断面宽，$0.03m$ 为水平部分断面高；$1.04m$ 为踏步板长度(由图示可知)。20 表示踏步块数，由图示可知：踏步板宽度为 $0.25m$，楼梯水平投影长度为 $5.12m$，则踏步板块数=楼梯水平投影长度/踏步板宽度$=5.12/0.25=20$ 步；另一种计算方法：踏步板高度为 $0.15m$，楼层高度为 $3m$，则踏步板块数=楼梯层高度/踏步板高度$=3/0.15=20$ 步 | 0.32 |

续表

| 序号 | 分部分项名称 | 部位与编号 | 单位 | 计 算 式 | 计算结果 |
|---|---|---|---|---|---|
| 20 | 预制 C20 钢筋混凝土屋面架空板 | | m³ | 按图示尺寸以 m³ 计算。<br>屋面长度 = 纵女儿墙中长 – 女儿墙厚度<br>= (7.0 – 0.24)m = 6.76m<br>屋面宽度 = 横女儿墙中长 – 女儿墙厚度<br>= (5.0 – 0.24)m = 4.76m<br>每块架空板平面尺寸(长×宽):<br>0.49 × 0.49m<br>屋面架空板块数:<br>[屋面长度/(板长 + 灌缝宽度)]×[屋面宽度/(板宽 + 灌缝宽度)]<br>= [6.76/(0.49 + 0.01)] × [4.76/(0.49 + 0.01)]<br>= 13.52 × 9.52 = 128.71 块<br>每块架空板体积: 长×宽×厚<br>= 0.49 × 0.49 × 0.03m³ = 0.0072m³<br>合计架空板总体积: 每块板体积×块数<br>= 0.0072 × 129m³ = 0.93m³<br>[说明]预制 C10 钢筋混凝土屋面架空板的工程量按图示尺寸计算体积,单位为 m³。屋面长度 = 纵女儿墙中长 – 女儿墙厚度 = (7.0 – 0.24)m = 6.76m,式中 7.0m 为纵女儿墙中心长度,0.24m 为 2 个半墙厚(2 × 0.12),屋面宽度 = 横女儿墙中长 – 女儿墙厚度 = (5.0 – 0.24)m = 4.76m,5.0m 为横女儿墙中心长度;每块架空板平面尺寸 = 长×宽 = 0.49 × 0.49,0.49m 为每块架空板平面的长与宽;屋面架空板块数 = [屋面长度/(板长 + 灌缝宽度)]×[屋面宽度/(板宽 + 灌缝宽度)] = [6.76/(0.49 + 0.01)]×[4.76/(0.49 + 0.01)] = 13.52 × 9.52 = 128.71 块,取整数为 129 块,0.01m 为灌缝宽度;每块架空板体积 = 长×宽×厚 = 0.49 × 0.49 × 0.03m³ = 0.0072m³,0.03m 为每块架空板的厚;所以合计架空板总体积为: 每块板体积×块数,即 0.0072 × 129m³ = 0.93m³ | 0.93 |
| 21 | 预制 C30 预应力钢筋混凝土空心板 | KB35-52<br><br>KB35-62 | m³ | 按扣除空腹后的实体积计算<br>空心板详见苏 G8007 图集<br>每块体积　块数<br>　　0.129 × 4m³ = 0.52m³<br>　　0.154 × 28m³ = 4.31m³<br>合计体积: (0.52 + 4.31)m³ = 4.83m³<br>[说明]预制 C30 预应力钢筋混凝土空心板的工程量按扣除空腹的空心板实体积计算,单位为 m³。空心板详见苏 G8007 图集, KB35 – 52 空心板的实体积为 0.129m³, KB35 – 62 空心板的实体积为 0.154m³, 由图 6-1-3 某小百货楼工程基础结构图中结构平面图可知, KB35 – 52 空心板一层 2 块,上下两层为 2 × 2 = 4 块, KB35 – 62 空心板一层(7 + 7) = 14 块,上下两层共 14 × 2 = 28 块,则 KB35 – 52 空心板总体积 = 每块体积×块数 = 0.129 × 4m² = 0.52m²; KB35 – 62 空心板总体积 = 每块体积×块数 = 0.154 × 28 = 4.31m³。则上下两层 KB35 – 52 空心板与 KB35 – 62 空心板的总体积之和即为合计预制 C30 预应力钢筋混凝土空心板的体积,即: (0.52 + 4.31)m³ = 4.83m³ | 4.83 |

续表

| 序号 | 分部分项名称 | 部位与编号 | 单位 | 计 算 式 | 计算结果 |
|---|---|---|---|---|---|
| 22 | 空心板混凝土堵头 | | $m^3$ | 按空心楼的混凝土体积计算<br>$(0.129 \times 4 + 0.154 \times 28)m^3 = 4.83m^3$<br>[说明]空心板混凝土堵头的工程量按空心楼的混凝土体积计算，单位为 $m^3$。即：$(0.129 \times 4 + 0.154 \times 28)m^3 = 4.83m^3$，式中 $0.129m^3$ 为 KB35-52 空心板扣除空腹后的实体积，4 为上下两层 KB35-52 空心板的块数，每层 2 块，共两层，$0.129 \times 4$ 为上下两层 KB35-52 空心板的总实体积；$0.154m^3$ 为 KB35-62 空心板扣除空腹后的实体积，28 为上下两层 KB35-62 空心板的块数，每层(7+7)=14 块，共两层，$0.154 \times 28$ 为上下两层 KB35-62 空心板的总实体积，又空心板的混凝土体积即为预制 C30 预制钢筋混凝土空心板的实体积，所以空心楼的混凝土体积为 $4.83m^3$ | 4.83 |
| 23 | 钢筋及铁件图纸加损耗用量<br>普通钢筋(1)带形基础 | | kg | 按重量以 kg 计算。<br>(注：钢筋长度计算时未考虑"量度差"值)<br>①主筋：$\phi8@200$<br>数量：带形基础长度/主筋间距 +1<br>　外墙基　内墙基<br>$= (24.0 + 4.0)/0.20 + 1 = 141$ 根<br>(内外墙带形墙基长度见序号 6 计算)<br>每根主筋长度 = 带基宽度 - 保护层厚<br>$= (0.80 - 0.025 \times 2)m = 0.75m$<br>重量 = 每根长度 × 数量 × 单位长度重量<br>$= 0.75 \times 141 \times 0.395kg = 41.77kg$<br>②分布筋：$\phi6@200$<br>数量：带形基础宽度/分布筋间距 +1<br>$= (0.80/0.20) + 1 = 5$ 根<br>每根分布筋长度(平均)：<br>$24 + 5 = 29m$(内外墙中长)<br>重量 $= 29 \times 5 \times 0.222kg = 32.19kg$<br>合计重量：$(41.77 + 32.19)kg = 73.96kg$<br>[说明]带形基础所损耗的普通钢筋的用量按重量计算，单位为 kg。(注：钢筋长度计算时未考虑"量度差"值)。①主筋：$\phi8@200$，数量：带形基础长度/主筋间距 +1 = $(24.0 + 4.0)/0.20 + 1 = 141$ 根，式中 24.0m 为外墙条形基础长度，4.0m 为内墙条形基础长度，则 $(24.0 + 4.0)m$ 为带形基础长度，0.20m 为 $\phi8$ 主筋间距；(内外墙带形墙基长度的具体计算见序号6)，每根主筋长度 = 带基宽度 - 保护层厚 = $(0.80 - 0.025 \times 2)m = 0.75m$，0.80m 为带基宽度，0.025 为保护层厚，2 表示两端；所以重量 = 每根长度 × 数量 × 单位长度重量 = $0.75 \times 141 \times 0.395kg = 41.77kg$，0.395 为 $\phi8$ 主筋的单位长度重量。单位为 kg/m；②分布筋：$\phi6@200$。数量：带形基础宽度/分布筋间距 +1 = $(0.80/0.20) + 1 = 5$ 根，0.20m 为 $\phi6$ 分布筋的间距；每根分布筋长度(平均)为：$(24 + 5) = 29m$，24m 为外墙中心长度，5m 为内墙中心长度；重量 = 每根长度 × 数量 × 单位长度重量 = $29 \times 5 \times 0.222kg = 32.19kg$，0.222 为 $\phi6$ 分布筋的单位长度重量，单位为 kg/m。所以带形基础的普通钢筋的总重量为：$(41.77 + 32.19)kg = 73.96kg$ | |

续表

| 序号 | 分部分项名称 | 部位与编号 | 单位 | 计 算 式 | 计算结果 |
|---|---|---|---|---|---|
| 23 | (2)圈过梁(共两道) | QL1<br>Ⓐ轴上<br>①→③<br><br><br><br><br><br><br>(QL1)<br>QL2<br>①、②、<br>③、<br>轴上<br>Ⓐ→Ⓑ | | ①主筋：$4\phi12+3\phi16$<br>$4\phi12$ 主筋：(数量 4 根)<br>每根长度：7.24m(按外墙边长计算)<br>重量：$7.24m \times 4 \times 0.888(kg/m) = 25.72kg$<br>$3\phi16$ 主筋：(数量 3 根)<br>每根长度：7.24m<br>重量：$7.24 \times 3 \times 1.58kg = 34.32kg$<br>②箍筋：$\phi8@200$<br>圈梁净长度：圈梁中长 − 墙厚<br>$= (7.0 - 0.24)m = 6.76m$<br>数量：圈梁净长/箍筋间距 + 1<br>$= (6.76/0.20) + 1 = 35$ 根<br>每根长度≈圈梁断面周长<br>$= (0.24 + 0.36) \times 2m = 1.20m$<br>重量：$1.20 \times 35 \times 0.395kg = 16.59kg$<br>合计重量：$(25.72 + 34.32 + 16.59)kg$<br>$= 76.83kg$<br>①主筋：$4\phi12$<br>圈梁中长 $= 5.0 \times 3(道) + 7.0 = 22m$<br>圈梁净长 $= [(5.0 - 0.24) \times 3 + (7.0 - 0.24)]m$<br>$= (4.76 \times 3 + 6.76)m = 21m$<br>每根长度：(每段圈梁中长 + 墙厚)<br>$= [(5.0 + 0.24) \times 3 + (7.0 + 0.24)]m = 22.96$<br>重量：$22.96 \times 4 \times 0.888kg = 81.55kg$<br>②箍筋：$\phi6@200$<br>数量：$[(4.76/0.20 + 1) \times 3(道)] + [6.76/0.20 + 1] = 25 \times 3 + 35 = 110$ 根<br>[说明]圈过梁(共两道)的普通钢筋的工程量按重量计算，单位为 kg。①QL1 主筋：$4\phi12+3\phi16$，$\phi12$ 主筋：每根长度为 7.24m，等于外墙外边长，具体计算由Ⓐ轴上①→③可知：$(7.0 + 0.24)m = 7.24m$，7.0m 为外墙中心长度，0.24m 为两个半墙厚；重量＝每根长度×数量×单位长度重量 $= 7.24 \times 4 \times 0.888kg = 25.72kg$，4 为 $\phi12$ 主筋的根数，0.888 为 $\phi12$ 主筋的单位长度重量，单位为 kg/m；$3\phi16$ 主筋：每根长度为 7.24m，重量＝每根长度×根数×单位长度重量 $= 7.24 \times 3 \times 1.58kg = 34.32kg$，3 为 $\phi16$ 主筋的根数，1.58 为 $\phi16$ 主筋的单位长度重量，单位为 kg/m。②箍筋：$\phi8@200$ 圈梁净长度＝圈梁中心长度−墙厚＝$7.0 - 0.24 = 6.76m$，7.0m 为圈梁中心长度，也等于外墙中心长度；数量＝圈梁净长/箍筋间距 + 1 $= (6.76/0.20) + 1 = 35$ 根，0.20m 为 $\phi8$ 箍筋间距；每根长度≈圈梁断面周长 $= (0.24 + 0.36) \times 2m = 1.20m$，0.24m 为圈梁断面宽，0.36m 为圈梁断面高，则重量＝每根长度×数量×单位长度重量 $= 1.20 \times 35 \times 0.395 = 16.59kg$，0.395 为 $\phi8$ 箍筋的单位长度重量，单位为 kg/m。所以 QL1 圈过梁的合计重量为：$(25.72 + 34.32 + 16.59)kg = 76.63kg$。QL2 圈过梁由①、②、③轴上Ⓐ→Ⓑ知：①主筋：$4\phi12$ 圈梁中心线长 $= 5.0 \times 3 + 7.0 = 22m$，5.0m 为外墙中心长度，3 表示 3 道墙，一道内墙和两道外纵墙，7.0m 为外横墙中心长度；圈梁净长 $= [(5.0 - 0.24) \times 3 + (7.0 + 0.24)]m = (4.76 \times 3 + 7.24)m = 21.52m$，0.24m 为两个半墙厚，每根长度＝每段圈梁中心线长 + 墙厚 $= (5.0 + 0.24) \times 3 + (7.0 + 2.4) = 22.96$，则重量＝每根长度×数量×单位长度重量 $= 22.96 \times 4 \times 0.888kg$ | 见表 |

续表

| 序号 | 分部分项名称 | 部位与编号 | 单位 | 计 算 式 | 计算结果 |
|---|---|---|---|---|---|
| 23 | (3)雨篷(YP2) | (QL2) | | = 81.55kg,4 表示 4 根 φ12,0.888 为 φ12 主筋的单位长度重量,单位为 kg/m。②箍筋:φ6@200 数量 = (4.76/0.20+1)×3+6.76/0.20+1 = 25×3+35 = 110 根,4.76 为外墙净长度,即(5.0-0.24)m = 4.76m,0.20m 为 φ6 箍筋的间距,3 表示有 3 道,6.76m 为外横墙净长度,即(7.0-0.24)m = 6.76m,(即:圈梁每段中长/间距+1),每根长度 ≈ 圈梁横截面周长 = (0.24+0.24)×2m = 0.96m,0.24m 为圈梁的宽和高,则 QL2 圈过梁重量 = 每根长度×数量×单位长度重量 = 0.96×110×0.222kg = 23.44kg,0.222 为 φ6 箍筋的单位长度重量,单位为 kg/m。QL2 圈过梁总重量 = (81.55+23.44)kg = 104.99kg。<br>所以圈梁钢筋总重量 = QL1 过梁总重量 + QL2 圈过梁总重量 = (76.63+104.99)×2kg = 363.24kg,2 表示有两道。<br>(即:圈梁每段中长/间距+1)<br>每根长度 ≈ 圈梁周长<br>= (0.24+0.24)×2m = 0.96m<br>重量:110×0.96m×0.222kg/m = 23.44kg<br>合计重量:(81.55+23.44)kg = 104.99kg<br>圈梁钢筋总重(QL1+QL2):<br>(76.63+104.99)×2(道) = 363.24kg<br>①主筋:φ12@150 另加 2φ12<br>φ12@150 筋:<br>雨篷长度:(7.0+0.24)m = 7.24m<br>数量:(雨篷长度/主筋间距+1)<br>= (7.24/0.15)+1 = 49 根<br>每根长度:弯曲长度+锚固长度+两端弯钩长-保护层厚<br>= [0.075+(1.49+0.31+0.075)]m = 1.974m<br>重量:1.974×49×0.888kg = 85.89kg<br>2φ12 加筋:<br>每根长度 = [0.075+(0.99+0.31)+0.075+0.024]m = 1.474m<br>重量 = 2×1.474×0.888 = 2.62kg<br>2 分布筋:φ6@200<br>雨篷宽度:1.30m<br>数量:雨篷宽度/筋距+1<br>= 1.30/0.20+1 = 8 根<br>每根长度 = (8.04-0.05)m ≈ 8.0m<br>重量 = 8×8.0×0.222kg = 14.21kg<br>③扇形筋:7φ12<br>平均每根长度:取上述两种筋的均长<br>= (1.974+1.474)/2m = 1.724m<br>重量 = 7×1.724×0.888kg = 10.72kg<br>合计总重量:(85.89+2.62+14.21+10.72)kg<br>= 113.44kg<br>[说明]雨篷(YP2)所损耗普通钢筋的工程量按重量计算,单位为 kg。①主筋:φ12@150 另加 2φ12,φ12@150 筋:雨篷长度 = (7.0+0.24)m = 7.24m,7.0m 为外墙中心长度,0.24m 为两个半墙厚,7.24m 为外墙总长度,等于雨篷长度;数量 = (雨篷长度/主筋间距)+1 = (7.24/0.15)+1 = 49 根,0.15m 为 φ12 主筋间距;每根长度 = 弯曲长度+锚固长度+两端弯钩长 = [0.075+(1.49+0.31 | 见表 |

续表

| 序号 | 分部分项名称 | 部位与编号 | 单位 | 计 算 式 | 计算结果 |
|---|---|---|---|---|---|
| 23 | (4) 挑廊(阳台)YP1 | | kg | +0.075)+0.024]m=1.974,式中0.075m为弯钩长度,(1.49+0.31)m为锚固长度,0.024m为弯曲长,则φ12主筋的重量=每根长度×数量×单位长度=1.974×49×0.888=85.89kg,0.888为φ12主筋的单位长度重量,单位为kg/m;2φ12加筋:每根长度=[0.075+(0.99+0.31)+0.075+0.024]=1.474m,0.075m为弯钩长度,(0.99+0.31)m为锚固长度,0.024m为弯曲长,则φ12加筋的重量=每根长度×数量×单位长度重量=1.474×2×0.888=2.62kg。②分布筋:φ6@200 雨篷宽度为1.30m,数量=雨篷宽度/筋距+1=1.3/0.20+1=8根,0.20m为φ6分布筋间距;每根长度=8.04-0.05≈8.0m,8.04为φ6分布筋长,0.05m为两端保护层厚(0.025×2),则φ6分布筋的重量=每根长度×数量×单位长度重量=8.0×8×0.222=14.21kg,0.222为φ6分布筋的单位长度重量,单位为kg/m。③扇形筋:7φ12 平均每根长度=取上述φ12与φ12筋的均长=(1.974+1.474)/2=1.724m,1.974m为φ12主筋的长度,1.474m为φ12分布筋的长度,则扇形筋φ8重量=单根长度×数量×单位长度重量=1.724×7×0.888=10.72kg,7为φ12筋的根数。所以雨篷(YP2)所损耗普通钢筋的总重量=85.89kg+2.62kg+14.21kg+10.72kg=113.44kg。<br>①主筋:φ12@150另加2φ12<br>φ12@150筋:<br>挑廊长度=(7.0+0.24)m=7.24m<br>数量:挑廊长度/筋距+1<br>=7.24/0.15+1=49根<br>每根长度=[0.075+(1.49+0.31+0.075)+0.024]m<br>=1.974m(同雨篷主筋)<br>重量=49×1.974×0.888kg=85.89kg<br>2φ12加筋:<br>重量=1.474×2×0.888=2.62kg(同雨篷加筋)<br>②分布筋:φ6@200<br>重量=14.21kg(同雨篷分布筋)<br>③扇形筋:7φ12<br>平均每根长度=(1.974+1.474)/2=1.724m(同雨篷扇筋)<br>重量=7×1.724×0.888kg=10.72kg<br>合计总重量:(85.89+2.62+14.21+10.72)kg=113.44kg<br>[说明]挑廊(阳台)YP1所损耗的普通钢筋用量的工程量按钢筋重量计算,单位为kg。①主筋:φ12@150加2φ12,φ12@150筋:挑廊长度=7.0+0.24=7.24m,7.0m为外墙中心长度,0.24m为两个半墙厚;数量=挑廊长度/筋距+1=7.24/0.15+1=49根,0.15m为φ12主筋间距;每根长度=弯曲长度+锚固长度+两端弯钩长=[0.075+(1.49+0.31+0.075)+0.024]m=1.974m,0.075m为弯钩长度,(1.49+0.31)m为锚固长度,0.024m为弯曲长,则φ12主筋重量=每根长度×数量×单位长度=1.974×49×0.888kg=85.89kg,0.888为φ12主筋的单位长度重量,单位为kg/m;2φ12加筋:每根长度=弯曲长度+锚固长度+两端弯钩长=[0.075+(0.99+0.31)+0.075+0.024]m=1.474m,0.075m为弯钩长度,(0.99+0.31)m为锚固长度,0.024m为弯曲长 | 见表 |

| 序号 | 分部分项名称 | 部位与编号 | 单位 | 计 算 式 | 计算结果 |
|---|---|---|---|---|---|
| 23 | (5)挑廊栏板(详苏J8055图集) | | kg | 则 $\phi12$ 加筋的重量 = 每根长度×数量×单位长度重量 = $1.474\times2\times0.888=2.62$kg,2 为两根 $\phi12$ 主筋的根数,0.888 为 $\phi12$ 的单位长度重量,单位为 kg/m;②分布筋:$\phi6@200$,挑廊宽度为 1.30m,数量 = 挑廊宽度÷筋距 + 1 = 1.3/0.20 + 1 = 8 根,0.20m 为 $\phi6$ 分布筋间距;每根长度 = 8.04 − 0.05 ≈ 8.0m,8.04m 为 $\phi6$ 分布筋长,0.05m 为两端保护层厚(0.025×2),则 $\phi6$ 分布筋的重量 = 每根长度×数量×单位长度重量 = $8.0\times8\times0.222=14.21$kg,0.222 为 $\phi6$ 分布筋的单位长度重量,单位为 kg/m;③扇形筋:$7\phi12$ 平均每根长度 = 取上述 $\phi12$ 主筋和加筋的平均长 = $(1.974+1.474)/2=1.724$,1.974m 为 $\phi12$ 主筋的长度,1.474m 为 $\phi12$ 加筋的长度,则扇形筋的重量 = 单根长度×数量×单位长度重量 = $1.724\times7\times0.888=10.72$kg,则挑廊(阳台)YP1 所损耗的普通钢筋的总重量 = $(85.89+2.62+14.21+10.72)$kg = 113.44kg。<br>①主筋:$2\phi8$(顶部扶手处)<br>栏板长度:(正面长度)+(侧面长度)<br>= $[(7.24+0.80)+(1.30+1.42)]$m = 10.76m<br>数量 = 2 根<br>重量 = $2\times10.76\times0.395=8.50$kg<br>②架主筋:$\phi4@200$ 扶手宽度:120mm<br>数量 = $(10.76/0.24)+1=55$ 根<br>重量 = $55\times0.07\times0.099$kg = 0.38kg<br>合计重量:$(8.50+0.38)$kg = 8.88kg<br>[说明]挑廊栏板(详见苏 J8055 图集)所损耗的普通钢筋的用量的工程量按普通钢筋的重量计算,单位为 kg。①主筋:$2\phi8$(顶部扶手处)栏板长度 = 正面长度 + 侧面长度 = $[(7.24+0.80)+(1.30+1.42)]$m = 10.76m,式中 7.24 = $(7+0.24)$m,7m 为挑廊栏板正面的长度,0.24m 为挑廊栏板正面伸入墙内的长,0.80m 为梯口处挑廊栏板的长,$(7.24+0.80)$m 为挑廊栏板正面长度,1.30m 为挑廊栏板的水平投影长,1.42m 等于 1.3m 加上 0.12m,1.30m 为挑廊栏板的另一侧的水平投影长,0.12m 为梯口处挑廊栏板的宽,$(1.30+1.42)$m 为挑廊栏板的侧面长度,数量 = 2 根,则 $\phi8$ 主筋的重量 = 每根长度×数量×单位长度重量 = $10.76\times2\times0.395$kg = 8.50kg,0.395 为 $\phi8$ 主筋的单位长度重量;②架主筋:$\phi4@200$ 扶手宽度为 120mm,数量 = 栏板长度/箍筋间距 + 1 = $(0.76/0.20)$ + 1 = 55 根,0.20m 为 $\phi4$ 筋间距,则 $\phi4$ 主筋的重量 = 每根长度×数量×单位长度重量 = $0.07\times55\times0.099$kg = 0.38kg,0.07m 为每根 $\phi4$ 筋长度,0.099 为 $\phi4$ 筋的单位长度重量,单位为 kg/m;则挑廊栏板所损耗的普通钢筋的用量为:$(8.50+0.38)$kg = 8.88kg | 见表 |

续表

| 序号 | 分部分项名称 | 部位与编号 | 单位 | 计算式 | 计算结果 |
|---|---|---|---|---|---|
| 23 | (6) 女儿墙压顶 | | kg | ①主筋：3$\phi$8<br>压顶长度 = 24.96m(见序号 18 之计算)<br>压顶宽度 = 0.30m<br>数量 = 3 根<br>每根长度 = 压顶长度 = 24.96m<br>重量 = 3 × 24.96 × 0.395 = 29.58kg<br>②架立筋：$\phi$6@150<br>每根长度 = 压顶宽度 − 保护层厚度<br> = 0.30 − 0.05 = 0.25m<br>数量：压顶长度/架筋距 + 1<br> = 24.96/0.15 + 1 = 168 根<br>重量 = 168 × 0.25 × 0.222 ≈ 9.32kg<br>合计重量：29.58 + 9.32 = 38.90<br>[说明]女儿墙压顶所损耗的普通钢筋的用量的工程量按普通筋的重量计算，单位为 kg。①主筋：3$\phi$8 压顶长度 = 女儿墙长度 = 外墙总长度 = (7.0 + 0.24) × 2 + (5.0 + 0.24) × 2 = 24.96m，7.0m 为外横墙中心长度，0.24m 为两个半墙厚，5.0m 为外纵墙中心长度，压顶宽度 = 0.30m，数量为 3 根，每根长度 = 压顶长度 = 24.96m，则 $\phi$8 主筋重量 = 每根长度 × 根数 × 单位长度重量 = 24.96 × 3 × 0.395 = 29.58kg；②架立筋：$\phi$6@150 每根长度 = 压顶宽度 − 保护层厚度 = 0.30 − 0.05 = 0.25m；数量 = 压顶长度/架筋距 + 1 = 24.96/0.15 + 1 = 168 根，0.15m 为 $\phi$6 筋间距；则 $\phi$6 架立筋的重量 = 每根长度 × 根数 × 单位长度重量 = 0.25 × 168 × 0.222 ≈ 9.32kg，0.222 为 $\phi$6 筋的单位长度重量，单位为 kg/m。所以女儿墙压顶所损耗的普通钢筋用量的重量 = 29.58 + 9.32 = 38.90kg。 | 见表 |
| | (7) L 形楼梯踏步板<br>Ⓐ钢筋： | A-A 剖面 | | 板数量：共 20 块(见序号 19 之计算)<br>踏步板长度：1.04m<br>踏步板宽度：0.30m<br>踏步板高度：0.15m<br>①主筋：1$\phi$16 + 3$\phi$6<br>1$\phi$16 筋<br>长度 = 外包尺寸 + 弯钩<br> = (板长 − 保护层厚) + 12.5d<br> = [(1.04 − 0.01 × 2) + (12.5 × 0.016)]m<br> = (1.02 + 0.20)m = 1.22m<br>重量 = 1 × 1.22 × 1.58kg = 1.93kg<br>3$\phi$16 筋<br>长度 = [1.02 + (12.5 × 0.006)]m = 1.10m<br>重量 = 3 × 1.10 × 0.222kg = 0.73kg<br>②架立筋：$\phi$6@200<br>长度 = [(0.15 − 0.02) + (0.30 − 0.02)]m<br> = (0.13 + 0.28)m = 0.41m<br>数量 = (板长/筋距) + 1 | |

续表

| 序号 | 分部分项名称 | 部位与编号 | 单位 | 计 算 式 | 计算结果 |
|---|---|---|---|---|---|
| 23 | Ⓐ钢筋：<br><br>Ⓑ预埋铁件<br><br><br><br><br><br><br><br><br><br><br><br><br><br><br><br><br><br><br><br><br><br><br><br><br><br><br>(8) 混凝土架空板 | A-A剖面 | kg | $= (1.04 \div 0.20) + 1 = 6$ 根<br>重量 $= 6 \times 0.41 \times 0.22 kg = 0.55 kg$<br>合计总重量<br>$(1.93 + 0.73 + 0.55) \times 20(块) = 64.2 kg$<br>预埋件规格：$-60 \times 60 \times 6 mm$<br>每块面积：$0.06 \times 0.06 m^2 = 0.0036 m^2$<br>重量：每块面积 × 数量 × 单位面积重量<br>$= 0.0036(m^2) \times 20(块) \times 47.10(kg/m^2)$<br>$= 3.39 kg$<br>[说明]"L"形楼梯踏步板所损耗的普通钢筋的用量按普通钢筋的重量计算，单位为 kg。Ⓐ轴钢筋：由 A-A 剖面可知：板数量 = 20 块，具体计算见前面序号 19；（踏步板长度 = 1.04m；踏步板的宽度 = 0.30m，踏步板高度 = 0.15m）；①主筋：$1\phi16 + 3\phi6$。$1\phi16$ 筋：每根长度 = 外包尺寸 + 弯钩 = （板长 − 保护层厚）+ $12.5d$ = $(1.04 - 0.01 \times 2) + (12.5 \times 0.016) = (1.02 + 0.20)m = 1.22m$，式中 0.01m 为保护层厚，$12.5d$ 为弯钩增值，12.5 为弯钩调整差值，$d$ 为钢筋的直径，（本题为 0.016m)，则 $\phi16$ 筋的重量 = 每根长度 × 根数 × 单位长度重量 = $1.22 \times 1 \times 1.58 = 1.93 kg$，1 为 $\phi16$ 筋根数，1.58 为 $\phi16$ 单位长度重量，单位为 kg/m；$3\phi6$：每根长度 = 外包尺寸 + 弯钩 = （板长 − 保护层厚）+ $12.5d$ = $(1.04 - 0.01 \times 2) + (12.5 \times 0.006) = (1.02 + 0.075)m \approx 1.10m$，$1.04 - 0.01 \times 2$ 为 $\phi6$ 筋外包尺寸，$12.5 \times 0.006$ 为 $\phi6$ 筋弯钩增值；$\phi6$ 筋的数量为 3 根；则 $\phi6$ 筋的重量 = 每根长度 × 数量 × 单位长度重量 = $1.10 \times 3 \times 0.222 kg = 0.73 kg$，0.222 为 $\phi6$ 筋的单位长度重量，单位为 kg/m；②架立筋：$\phi6@200$。每根长度 = 压顶宽度 − 保护层厚度 = $[(0.15 - 0.02) + (0.30 - 0.02)]m = (0.13 + 0.28)m = 0.41m$，$0.02 = 0.01 \times 2$，为保护层厚度；数量 = （板长/筋距）+ 1 = $(1.04/0.20) + 1 = 6$ 根，0.20m 为 $\phi6$ 筋间距，则 $\phi6$ 筋的重量 = 每根长度 × 根数 × 单位长度重量 = $0.41 \times 6 \times 0.222 kg = 0.55 kg$；所以Ⓐ钢筋的总重量 = $(1.93 + 0.73 + 0.55) \times 20$（块数）= $64.2 kg$。Ⓑ预埋铁件 预埋件规格 = $60 \times 60 \times 6$（单位为 mm），每块面积 = $0.06 \times 0.06 = 0.0036 m^2$；则Ⓑ预埋铁件的重量 = 每块面积 × 数量 × 单位面积重量 = $0.0036 \times 20 \times 47.10 = 3.39 kg$，47.10 为单位面积重量，单位为 $kg/m^2$。L 形楼梯踏步板所损耗的普通钢筋用量的总重量 = Ⓐ钢筋 + Ⓑ预埋铁件 = $64.20 + 3.39 = 67.59 kg$。<br>架空板规格：$0.49 \times 0.49 \times 0.03$<br>数量：129 块（见序号 20 之计算）<br>配筋：双向 $4\phi4$<br>每根筋长度 = 板长 − 保护层<br>$= (0.49 - 0.02)m = 0.47m$<br>数量：$4 \times 2 = 8$ 根<br>每块板钢筋重量：<br>$0.47 \times 8 \times 0.099 kg = 0.37 kg$<br>合计重量：$0.37 \times 129$（块）= $47.73 kg$ | 见表 |

续表

| 序号 | 分部分项名称 | 部位与编号 | 单位 | 计 算 式 | 计算结果 |
|---|---|---|---|---|---|
| 23 | (9)预应力空心板 | | kg | [说明]混凝土架空板所损耗的普通钢筋的用量按普通钢筋的重量计算,单位为kg。架空板规格=0.49×0.49×0.03,(单位:m);架空板数量=129块,具体计算见前面序号20;配筋:双向4$\phi$4:每根筋长度=板长-保护层=(0.49-0.02)m=0.47m,0.49m为架空板长,0.02=0.01×2为两端保护层厚;数量=4×2=8根,每块板钢筋的重量=每根长度×根数×单位长度重量=0.47×8×0.099=0.37kg,0.099为$\phi$4筋的单位长度重量,架空板损耗的普通钢筋用量的重量=每块板钢筋重量×块数=0.37×129(块数)=47.73kg。<br>①普通钢筋:<br>KB35-52板:(共4块)<br>1.35kg/块×4块=5.40kg<br>KB35-62板:(共28块)<br>1.58kg/块×28块=44.24kg<br>合计重量:(5.40+44.24)kg=49.64kg<br>②预应力钢筋:<br>KB35-52板:<br>4.0×4(块)=16.0kg<br>KB35-62板:<br>4.80×28(块)=134.40kg<br>合计重量:(16.0+134.40)kg=150.40kg<br>[说明]预应力空心板所损耗的钢筋的用量为工程量按普通钢筋的重量计算,单位为kg。①普通钢筋:KB35-52空心板共有4块,1.35×4=5.40kg,1.35为KB35-52空心板的单位块数的重量,单位为kg/块,KB35-62空心板共有28(7×4)块,详见6-1-3某小百货楼工程基础结构图中结构平面图可知,KB35-62空心板的重量=1.58×28=44.24kg,1.58为KB35-62空心板单块重量,单位为kg/块。则预应力空心板中普通钢筋的重量=5.40+44.24=49.64kg。②预应力钢筋:KB35-52板:重量=4.0×4=16.0kg,4.0为KB35-52空心板的单块重量,单位为kg/块,4表示KB35-52空心板的块数;KB35-62空心板:重量=4.80×28=134.40kg,4.80为KB35-62空心板的单块重量,28为KB35-62空心板的块数。则预应力空心板中预应力钢筋的总重量为16.0+134.40=150.40kg | 见表 |

| | 钢筋用量表 | 项 目 | 构件名称 | 图纸用量 | 损耗量 | 总重量 |
|---|---|---|---|---|---|---|
| | | 普通钢筋<br>(损耗3%) | (1)带形基础<br>(2)圈过梁<br>(3)雨篷板<br>(4)挑廊板<br>(5)栏 板<br>(6)压 顶<br>(7A)踏步板<br>(8)架空板<br>(9-1)空心板<br>合计重量 | 73.96kg<br>363.24kg<br>113.44kg<br>113.44kg<br>8.88kg<br>38.90kg<br>64.2kg<br>47.73kg<br>49.64kg<br>873.43kg | 26.20kg | 899.63kg |
| | | 预应力筋<br>(损耗10%) | (9-2)空心板 | 150.40kg | 15.04kg | 165.44kg |
| | | 铁 件<br>(损耗1%) | 7B踏 步 板 | 3.39kg | 0.03kg | 3.42kg |

续表

| 序号 | 分部分项名称 | 部位与编号 | 单位 | 计算式 | 计算结果 |
|---|---|---|---|---|---|
| 24 | 钢筋及铁件定额用量<br><br>(1)普通钢筋 | | | 定额钢筋用量＝分项工程混凝土工程量×相应分项工程定额用量<br>①带形基础：$5.64 \times 0.07t = 0.395t$<br>②圈梁：$2.0 \times 0.057t = 0.114t$<br>③过梁：$1.74 \times 0.106t = 0.184t$<br>④雨篷：$0.95 \times 0.065t = 0.062t$<br>⑤栏板：$1.08 \times 0.025t = 0.027t$<br>⑥挑廊：$0.95 \times 0.140t = 0.133t$<br>⑦压顶：$0.43 \times 0.057t = 0.025t$<br>⑧踏步板：$0.32 \times 0.055t = 0.018t$<br>⑨架空板：$0.93 \times 0.051t = 0.047t$<br>⑩空心板：$4.83 \times 0.015t = 0.072t$<br>合计重量：$(0.396 + 0.114 + 0.184 + 0.062 + 0.027 + 0.133 + 0.025 + 0.018 + 0.047 + 0.072)t = 1.077t = 1077kg$<br>[说明]普通钢筋定额＝定额含量×制作工程量，定额用量的工程量按定额钢筋用量计算，单位为 kg。定额钢筋用量＝分项工程混凝土的工程量×相应分项工程定额用量。①带形基础：$5.64 \times 0.07t = 0.395t$，5.64 为条形基础混凝土的工程量，单位为 $m^3$，0.07 为条形基础的工程量的定额用量，单位为 $t/m^3$。②圈梁：$2.0 \times 0.057t = 0.114t$，式中 2.0 为圈梁的混凝土工程量，单位为 $m^3$，0.057 为圈梁的定额用量，单位为 $t/m^3$；③过梁：$1.74 \times 0.106t = 0.184t$，式中 1.74 为过梁的混凝土工程量，单位为 $m^3$，0.106 为过梁的定额用量；单位为 $t/m^3$；④雨篷：$0.95 \times 0.065t = 0.062t$。式中 0.95 为雨篷混凝土工程量，单位为 $m^3$，0.065 为过梁的定额用量，单位为 $t/m^3$；⑤栏板：$1.08 \times 0.025t = 0.027t$。式中 1.08 为栏板的混凝土工程量，单位为 $m^3$，0.025 为栏板定额用量，单位为 $t/m^3$；⑥挑廊：$0.95 \times 0.140t = 0.133t$，式中 0.95 为挑廊的混凝土工程量，单位为 $m^3$，0.140 为挑廊的定额用量，单位为 $t/m^3$；⑦压顶：$0.43 \times 0.057t = 0.025t$。式中 0.43 为压顶的混凝土工程量，单位为 $m^3$，0.057 为压顶的定额用量，单位为 $t/m^3$；⑧踏步板：$0.32 \times 0.055t = 0.018t$。式中 0.32 为踏步板的混凝土工程量，单位为 $m^3$，0.055 为踏步板的定额用量，单位为 $t/m^3$；⑨架空板：$0.93 \times 0.051t = 0.047t$。式中 0.93 为架空板的混凝土工程量，单位为 $m^3$，0.051 为架空板的定额用量，单位为 $t/m^3$；⑩空心板：$4.83 \times 0.015t = 0.072t$。式中 4.83 为空心板的混凝土工程量，单位为 $m^3$，0.015 为空心板的定额用量，单位为 $t/m^3$。则普通钢筋的定额总用量＝$(0.395 + 0.114 + 0.184 + 0.062 + 0.027 + 0.133 + 0.025 + 0.018 + 0.047 + 0.072)t = 1.077t = 1077kg$。 | |
| | (2)预应力钢筋 | | | 空心板：$4.83 \times 0.034 \times 1000kg = 164kg$<br>[说明]预应力钢筋的定额用量工程量按定额钢筋用量计算，单位为 kg。定额钢筋用量＝分项工程混凝土工程量×相应分项工程定额用量。空心板：$4.83 \times 0.034 \times 1000 = 164kg$，式中 4.83 为空心板的混凝土工程量，单位为 $m^3$，0.034 为空心板的定额用量，单位为 $t/m^3$。由于无预埋铁件定额用量，故不予计算。 | |
| | (3)预埋铁件 | | | 无预埋铁件 | |

续表

| 序号 | 分部分项名称 | 部位与编号 | 单位 | 计 算 式 | 计算结果 |
|---|---|---|---|---|---|
| 25 | 钢筋及铁件用量调整<br>普通钢筋调减<br>预应力钢筋调平<br>铁件调增 | | kg<br>kg<br>kg | 调整用量 = 图纸用量(1 + 损耗率) − 定额用量<br>调整用量:(903.12 − 1073)kg = − 169.88kg<br>调整用量:165 − 164 = 1<br>调整用量:3 − 0 = 3kg<br>[说明]钢筋及铁件用量调整的工程量按实调整用量计算,单位为 kg。①普通钢筋调减的调整用量为:(903.12 − 1073)kg = − 169.88kg,式中 903.12 = 876.82 + 26.30, 876.82kg 为图纸用量,26.30kg 为损耗量,1073kg 为定额用量,(因为调整用量 = 图示净用量(1 + 损耗率) − 定额用量);②预应力钢筋的调整量 = 165 − 164 = 1,式中 165 = 150 + 15,150kg 为预应力钢筋的图示净用量,15 = 150 × 10%,10% 为预应力钢筋的损耗率,15 为预应力钢筋的损耗量,164kg 为预应力钢筋的定额用量;③铁件调增的调整量为:3 − 0 = 3kg,式中 3 ≈ 3.39 + 0.03,3.39kg 为铁件图纸用量,0.03kg = 3.39kg × 1%,1% 为铁件损耗率,则 0.03kg 为其损耗量,0 为铁件的定额用量 | − 169.88<br>1<br>3.0 |
| | (三)木结构分部 | | | | |
| 26 | 三扇平开有腰窗<br>(见苏 J73-2 图集) | C-27 窗<br><br>C-32 窗 | m² | 按窗框外围面积以 m² 计算。<br>窗面积:窗宽 × 窗高 × 数量<br>= (1.50 × 1.70) × 4<br>= 2.55 × 4m² = 10.20m²<br>窗面积:(1.50 × 1.80) × 2m²<br>= 2.70 × 2m² = 5.40m²<br>合计面积:(10.20 + 5.40)m² = 15.60m²<br>[说明]三扇平开有腰窗(见苏 J73 − 2 图集)的工程量,按窗框外围面积计算,单位为 m²。①C − 27 窗:窗面积 = (窗宽 × 窗高) × 数量 = (1.50 × 1.70) × 4m² = 2.55 × 4m² = 10.20m²,式中 1.50m 为 C − 27 窗的宽,1.70m 为 C − 27 窗的高,则窗宽 × 窗高(1.50 × 1.70)为 C − 27 每扇窗的面积,4 为 C − 27 窗的扇数,详见底层平面图及二层平面图;②C − 32 窗:窗面积 = (窗宽 × 窗高) × 数量 = (1.50 × 1.80) × 2m² = 2.70 × 2m² = 5.40m²,式中 1.50m 为 C − 32 窗的宽,1.80m 为 C − 32 窗的高,则 1.50 × 1.80 为 C − 32 窗每扇窗的面积,2 为 C − 32 窗的扇数,由底层平面详图可知;所以三窗平开有腰窗的总面积为:10.20 + 5.40 = 15.60m² | 15.60 |
| 27 | 四扇平开有腰窗 | C-38 窗 | m² | 窗面积:(2.57 × 1.80) × 2<br>= 4.63 × 2m² = 9.26m²<br>[说明]四扇平开有腰窗的工程量按窗框外围面积计算,单位为 m²。C − 38 窗:窗面积 = (窗宽 × 窗高) × 数量 = (2.57 × 1.80) × 2m² = 4.63 × 2m² = 9.26m²,式中 2.57m 为 C − 38 窗的宽(详见苏 J73 − 2 图集),1.80m 为 C − 38 窗的高,2.57 × 1.80 为单个 C − 38 窗的面积,2 为 C − 38 窗的数量,由底层平面图可知 | 9.26 |

续表

| 序号 | 分部分项名称 | 部位与编号 | 单位 | 计 算 式 | 计算结果 |
|---|---|---|---|---|---|
| 28 | 单扇有腰镶板门 | M-223 门 | $m^2$ | 按门框外围面积以 $m^2$ 计算。<br>门面积：（门宽×门高）×数量<br>$=(0.90×2.60)×4$<br>$=2.34×4=9.36m^2$<br>[说明]单扇有腰镶板门的工程量按门框外围面积以 $m^2$ 计算。M-223 门：门面积=（门宽×门高）×数量=$(0.90×2.60)×4=2.34×4=9.36m^2$，式中 0.90m 为 M-223 门的宽，2.60m 为 M-223 门的高，$(0.90×2.60)$ 为单个 M-223 门的面积，4 为 M-223 门的个数，由底层平面图和二层平面图可知 | 9.36 |
| 29 | 钢窗栅(底层 C-32 窗) | | $m^2$ | 按窗框外围面积以 $m^2$ 计算。<br>（注：考虑亮子部分也装钢栅较为安全）<br>C-32 窗面积：$5.40m^2$<br>（见序号 26 之计算）<br>[说明]钢窗栅(底层 C-32 窗)的工程量按窗框外围面积以 $m^2$ 计算，（注：考虑亮子部分也装铁栅较为安全）。C-32 窗：窗面积=（窗宽×窗高）×数量=$(1.50×1.80)×2=2.70×2=5.40m^2$，式中 1.50m 为 C-32 窗的宽，1.80m 为 C-32 窗的高，$1.50×1.80$ 为 C-32 窗的单个窗面积，2 为 C-32 窗的扇数，由底层平面图可知 | 5.40 |
| 30 | 窗帘盒(带木棍) | C-27 窗<br><br>C-38 窗<br><br>C-32 窗 | m | 按每樘门、窗净宽度加 30cm 以 m 计算。<br>窗帘盒长度=（每樘窗帘盒长度）×数量<br>$=(1.50+0.15×2)×4m$<br>$=1.80×4m=7.20m$<br>窗帘盒长度=$(2.57+0.15×2)×2m$<br>$=2.87×2m=5.74m$<br>窗帘盒长度=$(1.50+0.15×2)×2m$<br>$=1.80×2m=3.60m$<br>合计长度=$(7.20+5.74+3.60)m=16.54m$<br>[说明]窗帘盒一般为木制和塑料制作，木制窗帘盒在安装时分为明装和暗装。明装窗帘盒是成品在施工现场完成安装，暗装窗帘一般是在房间吊顶安装时，留出窗帘位置，并与吊顶一体完成。窗帘盒(带木棍)的工程量按每樘门、窗净宽度加 30cm 计算，单位为 m。C-27 窗：窗帘盒长度=（每樘窗帘盒长度）×数量=$(1.5+0.15×2)×4m=1.80×4m=7.20m$，其中 1.50m 为 C-27 窗的宽度，0.15m 为一侧外的余宽，2 表示两侧；C-32 窗：窗帘盒长度=（每樘窗帘盒长度）×数量=$(1.50+0.15×2)×2=1.80×2=3.60m$，其中 1.50m 为 C-32 窗的净宽；C-38 窗：窗帘盒长度=$(2.57+0.15×2)×2m=2.87×2m=5.74m$，式中 2.57m 为 C-38 窗的净宽。所以窗帘盒(带木棍)的工程量为：合计长度=$(7.20+5.74+3.60)m=16.54m$ | 16.54 |

续表

| 序号 | 分部分项名称 | 部位与编号 | 单位 | 计 算 式 | 计算结果 |
|---|---|---|---|---|---|
| 31 | 门窗贴脸 | C-27 窗<br><br>C-32 窗<br><br>C3-8 窗<br><br>M-223 门 | m | 按窗框外围或门框侧边与顶面之和的长度以 m 计算。<br>窗贴脸长度：<br>窗框周长　　数量<br>$[(1.50+1.70)\times 2]\times 4$m<br>$=6.40\times 4$m$=25.60$m<br>窗贴脸长度：$[(1.50+1.80)\times 2]\times 2$m<br>$=6.60\times 2$m$=13.20$m<br>窗贴脸长度：$[(2.57+1.80)\times 2]\times 2$m<br>$=8.74\times 2$m$=17.48$m<br>门贴脸长度：<br>门宽　门高×2 边　数量<br>$[(0.90+2.60\times 2)]\times 4$m<br>$=6.10\times 4$m$=24.40$m<br>合计长度：$(25.60+13.20+17.48+24.40)$m$=80.68$m<br>[说明]贴脸是指在门窗安装在内墙面齐平时与墙体抹灰面有一条缝口，为了遮盖此缝口而铺钉的木板盖缝条。其作用也是为美化门窗室内洞口，防止通风。<br>　　门窗贴脸的工程量按窗框外围或门框侧边与顶面之和的长度计算，单位为 m。C-27 窗：窗贴脸长度=窗框周长×数量=$[(1.50+1.70)\times 2]\times 4$m$=6.40\times 4$m$=25.60$m，式中 1.50m 为 C-27 窗的宽，1.70m 为 C-27 窗的高度，$[(1.50+1.70)\times 2]$为单位 C-27 窗框周长，4 表示上下两层 C-27 窗的数量，由二层平面图可知；C-32 窗：窗贴脸长度=窗框周长×数量=$[(1.50+1.80)\times 2]\times 2=6.60\times 2$m$=13.20$m，式中 1.50m 为 C-32 窗的宽度，1.80m 为 C-32 窗的高度，$[(1.5+1.80)\times 2]$为单位 C-32 窗的周长，2 为 C-32 窗的数量，由底层平面图可知；C-38 窗：窗贴脸长度=窗框周长×数量=$[(2.57+1.80)\times 2]\times 2=8.74\times 2$m$=17.48$m，式中 2.57m 为 C-38 窗的宽，1.80m 为 C-38 窗的高，$[(2.57+1.80)\times 2]$为单位 C-38 窗的周长，2 为 C-38 窗的数量，由底层平面图可知；M-223 门：门贴脸长度=门框周长×数量=$(0.90+2.60\times 2)\times 4=6.10\times 4$m$=24.40$m，式中 0.90m 为 M-223 门的宽度，2.60m 为 M-223 门的高度，0.90+2.60×2 为单个 M-223 门框周长，4 为上下两层 M-223 门的数量，由底层平面图和二层平面图可知；所以门窗贴脸的工程量为：合计长度=$25.60+13.20+17.48+24.40=80.68$m | 80.68 |
| 32 | 窗排木板(底层 C-38) | | m³ | 按排木板体积以 m³ 计算。<br>排木板面积：$4.63\times 2$m²$=9.26$m²<br>(每樘窗排木板面积见序号 13 之计算)<br>排木板厚度：25mm<br>排木板体积：排木板面积×板厚<br>$=9.26\times 0.025$m³$=0.232$m³<br>排木板油漆面积：排木板面积×系数<br>$=9.26\times 2(面)\times 1.00(系数)$m²$=18.52$m² | 0.232<br>18.52 |

续表

| 序号 | 分部分项名称 | 部位与编号 | 单位 | 计算式 | 计算结果 |
|---|---|---|---|---|---|
| 32 | 窗排木板(底层 C-38) | | $m^3$ | [说明]窗排木板(底层 C-38)的工程量按排木板体积计算，单位为 $m^3$。排木板面积 = $4.63 \times 2m^2 = 9.26m^2$，其中 $4.63m^2 = 2.57 \times 1.80m^2$，为单个 C-38 窗的面积，2.57m 为 C-38 窗的宽，1.80m 为 C-38 窗的高，2 为 C-38 窗的数量，由底层平面图可知：排木板厚度 = 0.025m，则排木板体积 = 排木板面积 × 板厚 = $9.26 \times 0.025m^3 = 0.232m^3$；排木板油漆面积 = 排木板面积 × 系数 = $9.26 \times 2 \times 1.00m^2 = 18.52m^2$，2 为排木板的2个面，1.00 为系数 | |
| 33 | 木门窗场外汽车运输(附门锁4把) | 门锁 | kg<br>把 | 按门窗每 $m^2$ 面积折算为 100kg 计算。<br>门窗总面积：$34.22m^2$(见序号 26～28 之计算)<br>门窗运输重量：$34.22 \times 100 = 3422$kg<br>共计门锁：4 把<br>[说明]木门窗场外汽车运输(附门锁4把)的工程量按门窗每平方米面积折算为 100kg 计算，单位 kg，另加 4 把门锁。由前面计算可知：C-27 窗的面积为：$(1.50 \times 1.70) \times 4m^2 = 2.55 \times 4m^2 = 10.20m^2$；C-32 的面积为：$(1.50 \times 1.80) \times 2 = 2.70 \times 2m^2 = 5.40m^2$；C-38 窗的面积为：$(2.57 \times 1.80) \times 2m^2 = 4.63 \times 2m^2 = 9.26m^2$；M-223 门的面积为：$(0.90 \times 2.60) \times 4m^2 = 2.34 \times 4m^2 = 9.36m^2$；所以门窗总面积为：$(10.20 + 5.40 + 9.26 + 9.36)m^2 = 34.22m^2$。门窗运输重量为：$34.22 \times 100$kg = 3422kg。共计门锁：4 把 | 3422<br><br>4 |
| 34 | 楼梯铁栏杆带木扶手<br><br>镀铬钢管栏杆重量 | | m<br><br>kg | 按木扶手长度以 m 计算。<br>栏杆木扶手长度：楼梯水平长度 × 1.10 系数<br>= $5.12 \times 1.10m \approx 6m$<br>按图示尺寸重量(不计焊条重量计算)<br>①立杆：1$\phi$25 及 19$\phi$14<br>1$\phi$25 钢管：(长度 0.90m)<br>重量 = 每根长度 × 根数 × 单位长重量<br>= $0.90 \times 1 \times 2.42$kg = 2.18kg<br>19$\phi$14 钢筋：(长度 0.90m)<br>重量：$0.90 \times 19 \times 1.21$kg = 20.69kg<br>②斜杆：20$\phi$12 钢筋<br>重量：$20 \times 1.10 \times 0.888$kg = 19.54kg<br>合计重量：$(2.18 + 20.69 + 19.54)$kg = 42.41kg<br>[说明](一)楼梯栏杆带木扶手按木扶手长度计算，单位为 m。栏杆木扶手长度 = 楼梯水平长度 × 1.10m = $5.12 \times 1.10m \approx 6m$，5.12m 为楼梯水平投影长度，1.10 为系数。(二)栏杆重量的工程量按图示尺寸以重量计算，单位为 kg。(注：不计焊条重量计算)。①立杆：1$\phi$25 及 19$\phi$14 1$\phi$25 钢管：(长度为 0.90m)，$\phi$25 钢管的重量 = 每根长度 × 根数 × 单位长度重量 = $0.90 \times 1 \times 2.42$kg = 2.18kg，1 为 $\phi$25 钢管的数量，2.42 为 $\phi$25 钢管的单位长度重量，单位为 kg/m；19$\phi$14 钢筋：(每根长度为 0.90m)，$\phi$14 钢管重量 = 每根长度 × 根数 × 单位长度重量 = $0.90 \times 19 \times 1.21$kg = 20.69kg。19 为 $\phi$14 钢管的数量，1.21 为 $\phi$14 钢管单位长度重量；②斜杆：20$\phi$12 钢筋，每根 $\phi$12 钢筋的长度为 1.10m，则 $\phi$12 钢筋的重量 = 每根长度 × 根数 × 单位长度重量 = $1.10 \times 20 \times 0.888$kg = 19.54kg，0.888 为 $\phi$12 钢管的单位长度重量；所以栏杆重量 = $(2.18 + 20.69 + 19.54)$kg = 42.41kg | 6.0<br><br>42.41 |

续表

| 序号 | 分部分项名称 | 部位与编号 | 单位 | 计 算 式 | 计算结果 |
|---|---|---|---|---|---|
| | (四)砖石结构工程分部 | | | | |
| 35 | M5混合砂浆砌一砖内墙 | ②轴上 Ⓐ→Ⓑ | $m^3$ | 按墙实砌体积以 $m^3$ 计算。<br>墙长：4.76m(按内墙净长计算，内墙净长见序号7之计算)<br>墙厚：0.24m<br>墙高：自室内±0.00算至屋面板底面(在外墙中心线处)<br>6.0(屋面标高) - 0.02(砂浆找平层) - 0.12(空心板高度)<br>= 5.87m<br>内墙找坡高度：<br> 内墙中长  坡度<br>$\left(\frac{1}{2} \times 5.0\right) \times 3\% m = 0.075m$<br>内墙虚体积：<br>(墙长×墙高×墙厚) + 山尖部分体积<br>$= [(4.76 \times 5.86 \times 0.24) + \frac{1}{2}(4.76 \times 0.075 \times 0.24)]m^3$<br>$= (6.69 + 0.04)m^3 = 6.73m^3$<br>应扣除体积部分包括：<br>(1)内墙②轴上的QL2：<br>圈梁体积 = $4.76 \times 0.24 \times 0.24 \times 2$(层)$m^3$<br>$= 0.55m^3$<br>(2)内墙②轴上的空心板板头：<br>板头体积 = $4.76 \times 0.24 \times 0.12 \times 1$(层)$m^3$<br>$= 0.14m^3$<br>内墙实体积：<br>内墙虚体积 - 圈梁体积 - 板头体积<br>$= (6.73 - 0.55 - 0.14)m^3 = 6.04m^3$<br>[说明]M5混合砂浆砌一砖内墙的工程量按墙实砌体积计算，单位为 $m^3$。由②轴上Ⓐ→Ⓑ可知：墙长 = 4.76m，4.76m为内墙净长，$4.76 = 5.0 - (0.12 \times 2)$，5.0m为内墙中心长度，0.12为半墙厚，2表示两个半墙；墙厚 = 0.24m；墙高 = (6.0 - 0.02 - 0.12) = 5.86m，自室内±0.000算起至屋面板底面(在外墙中心线处)，其中6.0m为屋面标高，0.02m为砂浆找平层，0.12m为空心板高度；内墙找坡高度 = $(\frac{1}{2} \times 5.0) \times 3\% m = 0.075m$，5.0m为内墙中心长度，3%为找坡的坡度；内墙虚体积 = (墙长×墙高×墙厚) + 山尖部分体积 = $[(4.76 \times 5.86 \times 0.24) + \frac{1}{2} \times (4.76 \times 0.075 \times 0.24)]m^3 = (6.69 + 0.04)m^3$ $= 6.73m^3$；应扣除体积部分包括：(1)内墙②轴上的QL2：圈梁体积 = 圈梁长度×圈梁断面面积 = $4.76 \times 0.24 \times 0.24 \times 2m^3 = 0.55m^3$，4.76m为圈梁长度，0.24m为圈梁断面的宽和高，2表示上下共2层；(2)内墙②轴上的空心板板头：板头体积 = 板头长度×板头断面面积 = $4.76 \times 0.24 \times 0.12 \times 1m^3 = 0.14m^3$，式中4.76m为板头长度，0.24m为板头断面的宽，0.12为板头断面的宽，1表示1层；内墙实体积 = 内墙虚体积 - 圈梁体积 - 板头体积 = $(6.73 - 0.55 - 0.14)m^3 = 6.04m^3$，即为M5混合砂浆砌一砖内墙的工程量 | 6.04 |

续表

| 序号 | 分部分项名称 | 部位与编号 | 单位 | 计 算 式 | 计算结果 |
|---|---|---|---|---|---|
| 36 | M5混合砂浆砌一砖外墙（包括女儿墙） | Ⓐ、Ⓑ轴上①→③ | m³ | 按实砌体积以 m³ 计算。<br>墙长：24.0m（按外墙中心线长度计算，外墙中长见序号6之计算）<br>墙厚：0.24m<br>墙高：自室内±0.00算至女儿墙压顶底面。<br>　　　　压顶标高　压顶高度<br>即：墙高 = (6.50 - 0.06)m = 6.44m<br>外墙虚体积：（墙长×墙高×墙厚）<br>= (24.0 × 6.44 × 0.24)m³ = 37.09m³<br>应扣除体积部分包括：<br>(1)外墙圈过梁：圈过梁体积 = 全部圈过梁体积 - 内墙部分圈梁体积<br>= (3.74 - 0.55)m³ = 3.19m³<br>（全部圈过梁及内墙圈梁体积见序号14及序号35之计算）<br>(2)门窗洞口：<br>门窗洞口体积 = 门窗面积×墙厚<br>= (15.60 + 9.26 × 9.36) × 0.24m³ = 8.21m³<br>（门窗面积见序号25~27之计算）<br>外墙实体积：<br>虚体积 - 圈过梁体积 - 门窗洞口体积<br>= (37.09 - 3.19 - 8.21)m³ = 25.69m³<br>[说明]M5混合砂浆砌-砖外墙（包括女儿墙）的工程量按实砌体积计算，单位为 m³。墙长为 24.0m，墙长为外墙中心线长度计算，24.0 = (5.0 + 7.0) × 2m，式中 5.0m 为外纵墙中心线长度，7.0m 为外横墙中心线长度；墙厚 = 0.24m，墙高 = (6.50 - 0.06)m = 6.44m，自室内±0.000算至女儿墙压顶底面，6.50m 为压顶标高，0.06m 为压顶高度；外墙虚体积 = 墙长×墙高×墙厚 = 24.0 × 6.44 × 0.24m³ = 37.09m³，应扣除体积部分包括：(1)外墙圈过梁：外墙圈过梁体积 = 全部圈过梁体积 - 内墙部分圈梁体积 = (3.74 - 0.55)m³ = 3.19m³，其中 3.74m³ 为全部圈过梁体积，其具体运算见前面序号14的有关计算，0.55m³ 为内墙部分圈梁体积，其具体运算见前面序号35的有关计算；(2)门窗洞口：由Ⓐ、Ⓑ轴上①→③可以看出：门窗洞口体积 = 门窗面积×墙厚 = (15.60 + 9.26 + 9.36) × 0.24m³ = 8.21m³，式中 15.60m² 为三扇平开有腰窗（包括 C-27 窗和 C-32 窗）的总面积，具体运算见前面序号26的有关计算，9.26m² 为四扇平开有腰窗（包括 C-38 窗）的面积，具体运算见前面序号27的有关计算，9.36m² 为单扇有腰镶板门（即为 M-223 门）的面积，具体运算见前面序号27的有关计算，0.24m 为墙厚度；则外墙实体积 = 虚体积 - 圈过梁体积 - 门窗洞口体积 = (37.09 - 3.19 - 8.21)m³ = 25.69m³，即为 M5 混合砂浆砌-砖外墙（包括女儿墙）的工程量 | 25.69 |

续表

| 序号 | 分部分项名称 | 部位与编号 | 单位 | 计 算 式 | 计算结果 |
|---|---|---|---|---|---|
| | (五)钢筋混凝土及金属结构构件运输安装工程分部 | | | | |
| 37 | 空心板运输 | | m³ | 同空心板制作体积(见序号21计算)<br>[说明]空心板运输的工程量按空心板的制作体积计算,空心板的体积包括 KB35-52 体积和 KB35-62 体积,即 $(0.129 \times 4 + 0.154 \times 28)\text{m}^3 = (0.52 + 4.31)\text{m}^3 = 4.83\text{m}^3$,其中 $0.129\text{m}^3$ 为单位 KB35-52 的体积,4 为其块数,$0.154\text{m}^3$ 为单位 KB35-62 的体积,28 为其块数,具体运算及说明见前面序号21的有关计算。所以空心板运输的工程量为 $4.83\text{m}^3$ | 4.83 |
| 38 | 架空板运输 | | m³ | 同架空板制作体积(见序号20计算)<br>[说明]架空板运输的工程量按架空板制作体积计算,单位为 m³。架空板的体积=每块板体积×块数=$0.0072 \times 129 = 0.93\text{m}^3$,其中 $0.0072\text{m}^3$ 为每块板体积,129 为架空板的块数,详细运算及说明见前面序号20的有关计算,所以架空板运输的工程量为 $0.93\text{m}^3$ | 0.93 |
| 39 | 镀铬钢管栏杆及钢窗栅运输 | | kg | 同栏杆及钢窗栅制作重量(见序号34及序号68之计算)<br>$(42.41+43.92)\text{kg} = 86.33\text{kg}$<br>[说明]镀铬钢管栏杆及钢窗栅运输的工程量按镀铬钢管栏杆及钢窗栅的制作重量计算,单位为 kg。即 $42.41+39.52=81.93\text{kg}$,式中 40.0kg 为镀铬钢管栏杆的制作重量,$42.41=2.18+20.69+19.54$,其中 2.18 为立杆 $\phi25$ 钢管的重量,20.69kg 为立杆 $\phi14$ 钢筋的重量,19.54 为斜杆中 $\phi12$ 钢筋的重量,具体运算及详细说明见前面序号34的有关计算;39.52kg 为钢窗栅的制作重量,$43.92=(7.54+14.44) \times 2 = 21.96 \times 2$,其中 7.54kg 为 30×4 角钢重量,即横档重量,14.44kg 为 $\phi10$ 钢筋重量,即窗栅重量,2 表示有 2 樘,具体运算及详细说明见后面序号68的有关计算。所以镀铬钢管栏杆及钢窗栅运输的工程量为 86.33kg | 86.33 |
| 40 | 空心板安装 | | m³ | 同空心板制作体积(见序号21计算)<br>[说明]空心板安装的工程量按空心板的制作体积计算,单位为 m³。空心板的体积包括 KB35-52 的体积和 KB35-62 的体积,即 $(0.129 \times 4 + 0.154 \times 28)\text{m}^3 = (0.52+4.31)\text{m}^3 = 4.83\text{m}^3$,其中 $0.129\text{m}^3$ 为单位 KB35-52 的体积,4 为 KB35-52 的块数,$0.154\text{m}^3$ 为单位 KB35-52 的体积,28 为 KB35-62 的块数,具体运算及详细说明见前面序号21的有关计算。所以空心装的运输的工程量为 $4.83\text{m}^3$ | 4.83 |

续表

| 序号 | 分部分项名称 | 部位与编号 | 单位 | 计 算 式 | 计算结果 |
|---|---|---|---|---|---|
| 41 | 楼梯踏步板及架空板安装 | | $m^3$ | 同踏步板及架空板制作体积<br>$(0.32+0.93)m^3 = 1.25m^3$<br>[说明]楼梯踏步板及架空板安装的工程量按踏步板及架空板的制作体积计算，单位为 $m^3$。即 $(0.32+0.93)m^3 = 1.25m^3$，其中 $0.32m^3$ 为楼梯踏步板的体积，$0.32 = 0.016 \times 20$，其中，$0.016m^3$ 为每块踏步板体积，20 为踏步板的数量，其具体运算和详细说明见前面序号 19 的有关计算；$0.93m^3$ 为屋面架空板的体积，$0.93 = 0.0072 \times 129$；其中 $0.0072m^3$ 为每块架空板的体积，129 为架空板的数量，其具体运算和详细说明见前面序号 20 的有关计算，所以楼梯踏步板及架空板安装的工程量为 $1.25m^3$ | 1.25 |
| | (六)楼地面工程 | | | | |
| 42 | 地面碎石垫层 | | $m^3$ | 按净面积乘厚度以 $m^3$ 计算。<br>地面主墙净面积：<br>底层建筑面积 - 墙基防潮层面积<br>$= (37.94 - 6.90)m^2 = 31.04m^2$<br>(底层建筑面积及墙基防潮层面积，见序号 1 及序号 9 之计算)<br>垫层体积：地面主墙间净面积 × 垫层厚度<br>$= 31.04 \times 0.07 m^3 = 2.173m^3$<br>[说明]地面碎石垫层的工程量按净面积乘以厚度所得到的体积计算，单位为 $m^3$。地面主墙净面积 = 底层建筑面积 - 墙基防潮层面积 = $(37.94 - 6.90)m^2 = 31.04m^2$，式中 $37.94m^2$ 为底层建筑面积，$37.94m^2$ 即为外墙外围面积，$37.94m^2 = 7.24 \times 5.24$，其中 $7.24m$ 是建筑物的外边线长，从图 6-1-1 中可以看出即为轴线①~③之间的距离；$5.24m$ 即为建筑物的外边线宽，即为轴线Ⓐ~Ⓑ之间的距离；$6.90m^2$ 为墙基防潮层面积，即为基础顶面积，$6.90m^2 = (24.0 + 4.76) \times 0.24m^2$ 所得，其中 $24.0m = (5.0 + 7.0) \times 2$，$5.0m$ 为建筑物的外边中心线宽，$7.0m$ 为建筑物的外边中心线长，$24.0m$ 为外墙中心线总长；$4.76m = (5.0 - 0.24)m$，$4.76m$ 为内墙净长度，$5.0m$ 为内墙中心线长，$0.24 = 0.12 \times 2$，为两个半墙厚，$0.24m$ 为墙厚；垫层体积 = 地面主墙间净面积 × 垫层厚度 = $31.04 \times 0.07$ = $2.173m^3$，式中 $0.07m$ 为垫层厚度 | 2.17 |
| 43 | 地面 C10 混凝土垫层(厚 50mm) | | $m^3$ | 按净面积乘厚度以 $m^3$ 计算。<br>垫层体积 = $31.04 \times 0.05m^3 = 1.55m^3$<br>[说明]地面 C10 混凝土垫层(厚 50mm)的工程量按净面积乘以厚度所得体积计算，单位为 $m^3$。垫层体积 = $31.04 \times 0.05m^3 = 1.55m^3$，式中 $31.04 = 37.94 - 6.90$，$37.94m^2$ 为底层建筑面积，$6.90m^2$ 为墙基防潮层面积，$31.04m^2$ 为地面主墙净面积，其具体运算和说明见前面序号 42 的有关计算，$0.05m$ 为垫层的厚度 | 1.55 |

续表

| 序号 | 分部分项名称 | 部位与编号 | 单位 | 计 算 式 | 计算结果 |
|---|---|---|---|---|---|
| 44 | 楼地面1:2水泥砂浆抹面层 | | m² | 楼地面面积：地面主墙间净面积×2层<br>= 31.04×2m² = 62.08m²<br>[说明]楼地面1:2水泥砂浆抹面层的工程量按面积计算，单位为 m²。楼地面面积＝地面主墙间净面积×2＝31.04×2m²＝62.08m²，式中31.04＝37.94－6.90，37.94m²为底层建筑面积，6.90m²为墙基防潮层面积，31.04m²为地面主墙净面积，其具体运算及详细说明见前面序号42的有关计算，2表示上下两层楼地面 | 62.08 |
| 45 | 楼面C20混凝土找平层（厚30mm） | | m² | 按主墙间净面积以 m² 计算。<br>找平层面积＝地面主墙间净面积＝31.04m²<br>[说明]楼面C20混凝土找平层（厚30mm）的工程量按面积计算，单位为 m²。按主墙间净面积计算，找平层面积＝地面主墙间净面积＝31.04m²，31.04＝37.94－6.90，37.94m²为底层建筑面积，6.90m²为墙基防潮层面积，31.04m²为地面主墙净面积，其具体运算及详细说明见前面序号42的有关计算 | 31.04 |
| 46 | 楼地面水泥砂浆踢脚线（高120mm） | ①、②、③轴上Ⓐ→Ⓑ<br>Ⓐ、Ⓑ轴上①→②<br>Ⓐ、Ⓑ轴上②→③ | m | 按内墙面净长度以 m 计算。<br>墙面净长＝墙中线长－墙厚度<br>　墙中长　墙厚　面<br>＝(5.0－0.24)×4)m＝19.04m<br>墙面净长＝(3.50－0.24)×2m＝6.50m<br>墙面净长＝(3.50－0.24)×2m＝6.50m<br>合计净长：(19.04＋6.50＋6.50)×2(层)m<br>＝64.08m<br>[说明]楼地面水泥砂浆踢脚线（高120mm）的工程量按内墙面净长度计算，单位为 m。由①、②、③轴上Ⓐ→Ⓑ和Ⓐ、Ⓑ轴上①→②及Ⓐ、Ⓑ轴上②→③可知：墙面净长＝墙中线长－墙厚度＝(5.0－0.24)×4m＝19.04m，5.0m为内墙中心线长，0.24m为两个半墙厚，即0.12×2，4表示内墙的4个面；纵墙面净长＝(3.50－0.24)×2m＝6.50m，3.50m为墙中心线长，2表示有2面墙面；横墙面净长＝(3.50－0.24)×2m＝6.50m，解释同上，所以楼地面水泥砂浆踢脚线的工程量为：合计净长＝(19.04＋6.50＋6.50)×2m＝64.08m，式中19.04＋6.50＋6.50为一层中内墙面净长度，2表示上下两层楼 | 64.08 |
| 47 | 楼梯水泥砂浆抹面 | | m² | 按楼梯水平投影面积计算。<br>抹面面积＝水平抹影面积＝水平长度×宽度<br>＝(5.12×0.80)＝4.1m²<br>[说明]楼梯水泥砂浆抹面的工程量按楼梯水平投影面积计算，单位为 m。抹面面积＝水平抹面投影面积＝水平长度×宽度＝(5.12×0.80)＝4.1m²，式中5.12为楼梯水平投影长度，5.0m为外墙中心线长，0.12m为半墙厚，0.80m为楼梯水平投影宽度 | 4.10 |

续表

| 序号 | 分部分项名称 | 部位与编号 | 单位 | 计 算 式 | 计算结果 |
|---|---|---|---|---|---|
| 48 | 屋面水泥砂浆找平层 | | m² | 按实抹面面积以 m² 计算。<br>找平层面积 = 屋面净面积 + 女儿墙泛水(弯起部分)面积<br>女儿墙泛水(弯起)高度 = 0.30m<br>女儿墙侧周长 = 女儿墙长 − 4 墙厚<br>    = [24.0 − 4 × 0.24]m = 23.04m<br>屋面净面积 = 底层建筑面积 − 女儿墙面积<br>    = 37.94 − (女儿墙中长 × 墙厚)<br>    = [37.94 − (24.0 × 0.24)]m² = 32.18m²<br>泛水(弯起部分)面积<br>    = 女儿墙内侧周长 × 弯起高度<br>    = 23.04 × 0.30m² = 6.91m²<br>合计面积：(32.18 + 6.91)m² = 39.09m²<br>[说明]屋面水泥砂浆找平层的工程量按实抹面面积计算，单位为 m²。找平层面积 = 屋面净面积 + 女儿墙泛水(弯起部分)面积；女儿墙泛水(弯起)高度 = 0.30m，女儿墙侧周长 = 女儿墙长 − 4 × 墙厚 = (24.0 − 4 × 0.24)m = 23.04m，式中 24.0m 为女儿墙长，即墙中心线总长，24.0m = (5.0 + 7.0) × 2 所得，5.0m 为外墙中心线宽，7.0m 为外墙中心线长，0.24m 为墙厚；屋面净面积 = 底层建筑面积 − 女儿墙面积 = 37.94 − (女儿墙中长 × 墙厚) = [37.94 − (24.0 × 0.24)]m² = 32.18m²，式中 37.94m² 为底层建筑面积，37.94 = 7.24 × 5.24，7.24 = (7.0 + 0.24) 为外边线长，5.24 = (5.0 + 0.24) 为外边线宽，女儿墙中长 × 墙厚为女儿墙面积，即(24.0 × 0.24)m²；泛水(弯起部分)面积 = 女儿墙内侧周长 × 弯起高度 = 23.04 × 0.30m² = 6.91m²，其中 23.04 为女儿墙内侧周长，23.04 = 24 − 0.24 × 4 所得，0.24m 为 4 面墙的墙厚，则屋面水泥砂浆找平层的工程量为：合计面积 = 32.18 + 6.91 = 39.09m² | 39.09 |
| 49 | 砖砌台阶 | | m² | 按台阶水平投影面积计算。<br>水平面积 = 3.30(长) × 1.50(宽)m² = 4.95m²<br>[说明]砖砌台阶的工程量按台阶水平投影面积计算，单位为 m²。水平面积 = 3.30 × 1.50m² = 4.95m²。式中 3.30m 为台阶水平投影的长；1.50m 为台阶水平投影的宽 | 5.00 |

续表

| 序号 | 分部分项名称 | 部位与编号 | 单位 | 计 算 式 | 计算结果 |
|---|---|---|---|---|---|
| 50 | 混凝土散水 | ①、③轴上Ⓐ→Ⓑ Ⓐ、Ⓑ轴上①→③ | m² | 按散水水平投影面积计算。<br>散水宽度：0.50m<br>外墙墙面周长：<br>5.24×2(面)m=10.48m<br>7.24×2(面)m=14.48m<br>合计周长：(10.48+14.48)m=24.96m<br>散水中线长度<br>＝外墙墙面周长＋(4×散水宽度)<br>(24.96+4×0.50)m=26.96m<br>散水投影面积＝散水中线长度×散水宽度<br>＝26.96×0.50m²=13.48m²<br>[说明]混凝土散水的工程量，散水水平面积投影计算，单位为m²。由①、②轴上Ⓐ、Ⓑ可知：散水宽度为0.50m；外墙墙面周长分为：(1)5.24×2m=10.48m，5.0m为外墙中心线宽，0.24m为墙厚，2表示2面墙；(2)7.24×2m=14.48m，7.0m为外墙中心线长，所以合计周长为：(10.48+14.48)m=24.96m；由Ⓐ、Ⓑ轴上①→③可知：散水中线长度＝外墙墙面周长＋(4×散水宽度)＝(24.96+4×0.50)m=26.96m，26.96m为外墙墙面周长，24.96m=(5.0+7.0)×2+4×0.24，4表示4面散水；散水投影面积＝散水中线长度×散水宽度＝26.96×0.50m²=13.48m²，即混凝土散水的工程量为13.48m² | 13.48 |
| | (七)防水及屋面工程分部 | | | | |
| 51 | 屋面二毡三油一砂 | | m² | 同屋面水泥砂浆找平层面积为39.09m²<br>(见序号48之计算)<br>[说明]屋面二毡三油一砂的工程量按屋面水泥砂浆找平层面积计算，单位为m²。屋面二毡三油一砂工程量＝找平层面积＝屋面净面积＋女儿墙泛水(弯起部分)面积<br>女儿墙泛水(弯起)高度＝0.30m，女儿墙侧周长＝女儿墙长－4×墙厚＝(24.0－4×0.24)m=23.04m，式中24.0m为女儿墙长，即墙中心线长，0.24m为墙厚；屋面净面积＝底层建筑面积－女儿墙面积＝37.94－(女儿墙中心线长×墙厚)＝[37.94－(24×0.24)]m²=32.18m²，式中37.94m²为底层建筑面积，37.94＝7.24×5.24，女儿墙中心线长×墙厚为女儿墙面积；泛水(弯起部分)面积＝女儿墙内侧周长×弯起高度＝23.04×0.30m²＝6.91m²，其中23.04m为女儿墙内侧周长，0.24m为4面墙的墙厚，则屋面水泥砂浆找平层的工程量为：合计面积＝(32.18+6.91)m²=39.09m² 故屋面二毡三油一砂的工程量为39.09m² | 39.09 |
| 52 | 屋面镀锌薄钢板水落管 | | m | 按屋面檐口滴水处至室外地坪高度以m计算。<br>纵外墙中线屋面处标高为：6.00m。<br>室内外高差为：0.45m | 25.80 |

续表

| 序号 | 分部分项名称 | 部位与编号 | 单位 | 计 算 式 | 计算结果 |
|---|---|---|---|---|---|
| 52 | 屋面镀锌薄钢板水落管 | | m | 每根水落管长度 = 纵外墙屋面处标高 + 室内外高差 = $(6.00+0.45)$m = 6.45m<br>水落管数量：4根<br>共计长度：$6.45 \times 4$m = 25.80m<br>[说明]屋面镀锌薄钢板水落管的工程量按屋面檐口滴水处至室外地坪高度计算，单位为m。由Ⅰ-Ⅰ剖面图可知：纵外墙中线屋面处标高为6.00m；室内外高差为0.45m；每根水落管长度 = 纵外墙屋面处标高 + 室内外高差 = $6.00+0.45$ = 6.45m，水落管数量为4根，则屋面镀锌薄钢板水落管的工程量为：共计长度 = $6.45 \times 4$m = 25.80m | |
| 53 | 屋面镀锌薄钢板水落斗 | | 个 | 4个<br>[说明]屋面镀锌薄钢板水落斗的工程量按水落斗的数量计算，单位为个。由本建筑物的附注说明可知：屋面镀锌薄钢板水落斗的数量为4个 | 4 |
| 54 | 女儿墙铸铁弯头落水口 | | 个 | 4个<br>[说明]女儿墙铸铁弯头落水12的工程量按落水口的数量计算，单位为个。由本建筑物的附注说明可知，女儿墙铸铁弯头落水口的数量为4个 | 4 |
| | (八)隔热工程分部 | | | | |
| 55 | 屋面架空隔热层混凝土板面层 | | m² | 按铺设架空隔热板水平面积计算。<br>架空隔热层面积：底层建筑面积 - 女儿墙面积<br>= $(37.94-5.76)$m² = 32.18m²<br>(底层建筑面积及女儿墙面积见序号1及序号47之计算)。<br>[说明]屋面架空隔热层混凝土板面层的工程量按铺设架空隔热板水平面积计算，单位为m²。架空隔热层面积 = 底层建筑面积 - 女儿墙面积 = $[37.94-(24.0 \times 0.24)]$m² = 32.18m²，式中37.94m²为底层建筑面积，37.94m² = $7.24 \times 5.24$，其中7.24 = $(7.0+0.24)$，7.0为外墙中心长度，0.24m为两个半墙厚，即$0.12 \times 2$，$(7.0+0.24)$m为外墙总长度，5.0m为外墙中心宽度，$(5+0.24)$m = 5.24m为外墙总宽度；24.0m为女儿墙总长度，也是外墙中心线总长度，0.24m为女儿墙厚度，$(24.0 \times 0.24)$m²为女儿墙面积，架空隔热层面积也即为屋面净面积 | 32.18 |
| | (九)装饰工程分部 | | | | |
| 56 | 混合砂浆抹平顶(包括楼梯底面) | | m² | 按图示尺寸以平方米计算。<br>(1)室内平顶：平顶面积 = 楼地面面积 = 62.08m²<br>(楼地面面积见序号43之计算)<br>(2)楼梯底面：楼梯底面面积 = 楼梯水平投影面积 × 1.50(系数) = $4.1 \times 1.50$m² = 6.2m²<br>(楼梯水平投影面积见序号46之计算)<br>合计面积：$(62.08+6.2)$m² = 68.28m² | |

续表

| 序号 | 分部分项名称 | 部位与编号 | 单位 | 计 算 式 | 计算结果 |
|---|---|---|---|---|---|
| 56 | 混合砂浆抹平顶(包括楼梯底面) | | m² | [说明]混合砂浆抹平顶(包括楼梯底面)的工程量按图示尺寸所得计算面积计算,单位为 m²。(1)室内平顶:平顶面积 = 楼地面面积 = 地面主墙净面积 × 2 = (底层建筑面积 − 墙基防潮层面积) × 2 = (37.94 − 6.90) × 2m² = 62.08m²,式中 37.94m² 为底层建筑面积,37.94m² 为外墙外围面积,37.94m² = 7.24 × 5.24m²,其中 7.24m 是建筑物的外边线长,5.24m 即为建筑物的外边线宽,6.90m² 为墙基防潮层面积,即为基础顶面积,6.90m² = (24.0 + 4.76) × 0.24m² 所得,其中 24.0m = (5.0 + 7.0) × 2m,5.0m 为建筑物的外边中心线宽,7.0m 为建筑物的外边中心线长,24.0m 为外墙中心线总长;4.76m = (5.0 − 0.24)m,4.76m 为内墙净长度,5.0m 为内墙中心线长,0.24m 为两个半墙厚,即 0.12 × 2,式中 0.24m 为墙厚;(24.0 + 4.76)m 为基础顶的总长;(2)楼梯底面:楼梯底面积 = 楼梯水平投影面积 × 1.50 = 4.0 × 1.50m² = 6.0m²,4.0m² 为楼梯水平投影面积,4.0m² ≈ (5.12 × 0.80)m²,其中 5.12m 为楼梯水平投影长度,0.80m 为楼梯水平投影宽度,1.50 为系数,则混合砂浆抹顶的合计面积 = (62.08 + 6.0)m² = 68.08m² | 68.28 |
| 57 | 石灰砂浆粉内墙面 | | m² | 按内墙面净面积以平方米计算。<br>内墙面毛面积 = 楼地面踢脚线长度 × 楼层净高度<br>= 踢脚线长 × (层高 − 板厚 − 找平层厚) = [64.08 × (3.0 − 0.12 − 0.03)]m² = 182.63m²<br>(踢脚线长度见序号 46 之计算)<br>内墙面净面积 = 内墙面毛面积 − 门窗洞口面积(见序号 26～28 计算) = (182.63 − 34.22)m² = 148.41m²<br>[说明]石灰砂浆粉内墙面的工程量按内墙面净面积计算,单位为 m²。内墙面毛面积 = 楼地面踢脚线长度 × 楼层净高度 = 踢脚线长 × (层高 − 板厚 − 找平层厚) = 64.08 × (3.0 − 0.12 − 0.03)m² = 182.63m²,式中 64.08 为踢脚线长,64.08m = (19.04 + 6.50 + 6.50) × 2m 所得,其中 19.04m 为①、②、③轴上Ⓐ→Ⓑ的墙面净长,具体计算及详细说明见前面序号 46 的有关内容,6.50m 为Ⓐ、Ⓑ轴上①→②的墙面净长,第二个 6.50m 为Ⓐ、Ⓑ轴上②→③的墙面净长,具体运算及详细说明见前面序号 46 的有关内容,3.0m 由 I − I 剖面图可知为楼层高,0.12m 为板厚,0.03m 为找平层厚度;内墙面净面积 = 内墙面毛面积 − 门窗洞口面积 = (182.63 − 34.22)m² = 148.41m²,式中 34.22m² 为门窗洞口的总面积,34.22m² = (10.20 + 5.40 + 9.26 + 9.36)m²,其中 10.20m² 为 C − 27 窗的面积,10.20m² = (1.50 × 1.70) × 4m²,具体说明及详细运算见前面序号 26 的有关内容,5.40m² 为 C − 32 窗的面积,5.40m² = (1.50 × 1.80) × 2,具体运算及详细说明见前面序号 26 的有关内容;9.26m² 为 C − 38 窗的面积,9.26m² = (2.57 × 1.80) × 2m²,具体运算及详细说明见前面序号 27 的有关计算,9.36m² 为 M − 223 门的面积,9.36m² = (0.90 × 2.60) × 4m²,具体运算及详细说明见前面序号 28 的有关内容 | 148.41 |

续表

| 序号 | 分部分项名称 | 部位与编号 | 单位 | 计 算 式 | 计算结果 |
|---|---|---|---|---|---|
| 58 | 水泥砂浆粉外墙勒脚（高500mm） | | m² | 按外墙面净面积以平方米计算。<br>外墙面周长 =(7.24+5.24)×2(侧)m=24.96m<br>勒脚毛面积 = 外墙面周长×勒脚高度 =24.96×0.50m²<br>=12.48m²<br>应扣除面积包括：<br>①门洞部分面积：<br>M-223 宽 勒脚高 数量<br>面积 =0.90×0.50×2m² =0.90m²<br>②台阶侧面积：侧面积 = 台阶平均长度×高度 =2.70<br>×0.45m² =1.22m²<br>勒脚净面积 = 勒脚毛面积 - 门洞部分面积 - 台阶侧面积 =(12.48-0.90-1.22)m² =10.36m²<br>（注：工程量计算中未另增洞口侧壁部分抹灰面积）。<br>[说明]水泥砂浆粉外墙勒脚(高为500mm)的工程量按外墙面净面积计算，单位为m²。外墙面周长 =(7.24+5.24)×2m=24.96m，7.24m为外墙外边线长，5.24m为外墙外边线宽，2表示两侧；勒脚毛面积 = 外墙面周长×勒脚高度 =24.96×0.50m² =12.48m²，0.50m为勒脚高度；应扣除的面积包括：①门洞部分面积：0.90×0.50×2m² =0.90m²，0.90m为M-223门的宽，0.50m为勒脚高度，2表示底层有两扇门；②台阶侧面积：侧面积 = 台阶平均长度×高度 =2.70×0.45 =1.22m²，式中2.70m为台阶平均长度，2.70m≈(3.3-0.24+0.02×2-0.12×2)m，其中3.3m见图示大样可知，0.24m为M2.5水泥砂浆砖长，0.02m为1:2.5水泥砂浆抹面厚度，由图Ⅰ-Ⅰ剖面可知，0.45为台阶的高度，所以勒脚净面积 = 勒脚毛面积 - 门洞部分面积 - 台阶侧面积 =(12.48-0.90-1.22)m² =10.36m²。（注：该工程量计算中未另增洞口侧壁部分抹灰面积） | 10.36 |
| 59 | 水泥砂浆粉女儿墙内侧面 | | m² | 按抹灰面积以平方米计算。<br>女儿墙内侧周长：23.04m<br>内侧抹灰净高度：<br>女儿墙高度 - 油毡泛水弯起高度 =(0.50-0.30)m =0.20m<br>内侧抹灰面积 = 内侧周长×净高度 =23.04×0.20m² =4.60m²<br>[说明]水泥砂浆粉女儿墙内侧面的工程量按抹灰面积计算，单位为m²。女儿墙内侧周长 =(24.0-0.24×4)m =23.04m，24.0m为女儿墙中心线长度，0.24m为两个半墙厚，即0.12×2，4表示共有4面女儿墙组成；内侧抹灰净高度 = 女儿墙高度 - 油毡泛水弯起高度 =(0.50-0.30)m =0.20m，0.50m为女儿墙高度(由本建筑物的附注说明可知)，0.30m为油毡泛水弯起的高度，所以水泥砂浆粉女儿墙内侧面抹灰面积 = 内侧周长×净高度 =23.04×0.20m²≈4.61m | 4.60 |

续表

| 序号 | 分部分项名称 | 部位与编号 | 单位 | 计 算 式 | 计算结果 |
|---|---|---|---|---|---|
| 60 | 混合砂浆粉外墙面 | | m² | 按外墙面净面积以平方米计算。<br>外墙面周长 = 24.96m(见序号 57 之计算)<br>外墙面高度 = 女儿墙顶面标高 + 室内外高差 = 6.50 + 0.45 = 6.95m<br>外墙面毛面积 = 外墙面周长 × 外墙面高度 = 24.96 × 6.95 = 173.47m²<br>应扣除面积包括:<br>①门窗洞口面积 = 34.22m²(见序号 25~27 之计算)。<br>②外墙勒脚面积 = 10.36m²(见序号 57 计算)。<br>③台阶侧面积 = 1.22m²(见序号 57 之计算)。<br>合扣面积 = 34.22 + 10.36 + 1.22 = 45.80m²<br>应增加面积包括:门窗洞口侧壁及顶面<br>①C-27 窗<br>  宽    高    侧壁厚  数量<br>(1.50 + 1.70 × 2) × 0.10 × 4m² = 1.96m²<br>②C-32 窗:<br>(1.50 + 1.80 × 2) × 0.10 × 2m² = 1.02m²<br>③C-38 窗<br>(2.57 + 1.8 × 2) × 0.10 × 2m² = 1.23m²<br>④M-223 门:<br>(0.90 + 2.60 × 2) × 0.10 × 4m² = 2.44m²<br>合增面积 = (1.96 + 1.02 + 1.23 + 2.44)m² = 6.65m²<br>(注:门侧壁抹灰面积中未扣除勒脚抹灰所占的面积)。<br>外墙面净面积 = 外墙面毛面积 - 应扣面积 + 应增面积<br>= 173.47 - 45.8 + 6.65 = 134.32m² ≈ 134.0m²<br>[说明]混合砂浆粉外墙面的工程量按外墙面净面积计算,单位为 m²。外墙面周长 = [(5.0 + 0.24) + (7.0 + 0.24) × 2]m = 24.96m,式中 5.0m 为外墙中心线宽,0.24m 为两个半墙厚,即 0.12 × 2,(5.0 + 0.24)m 为外墙外边线宽,7.0m 为外墙中心线长,(7.0 + 0.24) 为外墙外边线长,2 表示两个长与宽;外墙面高度 = 女儿墙顶面标高 + 室内外高差 = (6.50 + 0.45)m = 6.95m,由 1-1 剖面图可以看出,女儿墙顶面标高为 (6.00 + 0.50)m,6.00 为屋面顶标高,0.50m 为女儿墙高度,0.45 为室内外高差,外墙面毛面积 = 外墙面周长 × 外墙面高度 = 24.96 × 6.95m² = 173.47m²;应扣除面积包括:①门窗洞口面积 = 34.22m²,34.22m² = (10.20 + 5.40 + 9.26 + 9.36)m²,其中 10.20m² 为 C-27 窗的面积,10.20m² = (1.50 × 1.70) × 4m²,具体说明及详细运算见前面序号 26 的有关计算,5.40m² 为 C-32 窗的面积,5.42m² = (1.50 × 1.80) × 2m²,具体运算及详细说明见前面序号 26 的有关计算,9.26m² 为 C-38 窗的面积,9.26m² = (2.57 × 1.80) × 2m²,具体运算及详细说明见前面序号 27 的有关内容,9.36m² 为 M-223 门的面积,9.36m² = (0.09 × 2.60) × 4m²,具体运算及详细说 | 134.0 |

续表

| 序号 | 分部分项名称 | 部位与编号 | 单位 | 计 算 式 | 计算结果 |
|---|---|---|---|---|---|
| 60 | 混合砂浆粉外墙面 | | m² | 明见前面序号28的有关内容；②外墙勒脚面积 = $10.36m^2$，$10.36m^2 = (12.48 - 0.90 - 1.22)m^2$ 所得，其中 $12.48m^2$ 为勒脚毛面积，$0.90m^2$ 为门洞部门面积，$1.22m$ 为台阶侧面积，$12.48m^2$ 为勒脚净面积，其具体运算和详细说明见前面序号58的有关内容；③台阶侧面积 = $1.22m^2$，其具体运算和详细说明见前面序号58的有关内容，合扣除面积为：$(34.22 + 10.36 + 1.22)m^2 = 45.8m^2$；应增加面积包括：门窗洞口侧壁及顶面。①C-27窗：$(1.50 + 1.70 \times 2) \times 0.10 \times 4m^2 = 1.96m^2$，其中 $1.50m$ 为 C-27窗的宽，$1.70m$ 为 C-27窗的高，2 表示共2侧，$0.10m$ 为侧壁厚，4 表示共有4 C-27窗；②C-32窗：$(1.50 + 1.80 \times 2) \times 0.10 \times 2m^2 = 1.02m^2$，其中 $1.50m$ 为 C-32窗的宽，$1.80m$ 为 C-32窗的高，前2表示有两侧高，后2表示共有两扇 C-32窗；③C-38窗：$(2.57 + 1.8 \times 2) \times 0.10 \times 2m^2 = 1.23m^2$，式中 $2.57$ 为 C-38窗的宽，$1.8$ 为 C-38窗的高，前2表示2侧，后2表示共有两扇 C-38窗；④M-223门：$(0.90 + 2.60 \times 2) \times 0.10 \times 4m^2 = 2.44m^2$，其中 $0.90m$ 为 M-223门的宽，$2.60m$ 为 M-223门的高，2 表示 M-223门的两侧，4 表示 M-223门共有4扇，所以合增面积 = $(1.96 + 1.02 + 1.23 + 2.44)m^2 = 6.65m^2$（注：门侧壁抹灰面积中未扣除抹灰所占的面积）。外墙面净面积 = 外墙面毛面积 − 应扣面积 + 应增面积 = $(173.47 − 45.8 + 6.65)m^2 = 134.32m^2 \approx 134m^2$ | |
| 61 | 水泥砂浆粉窗台 | | m² | 按窗台抹灰面积 = （窗宽 + 0.20）×（墙厚 + 0.12）计算。<br>①C-27窗台面积：（共4樘）<br>抹灰面积 = $(1.50 + 0.20) \times (0.24 + 0.12) \times 4m^2 = 2.448m^2$<br>②C-32窗台面积：（共2樘）<br>抹灰面积 = $(1.50 + 0.20) \times (0.24 + 0.12) \times 2m^2 = 1.224m^2$<br>③C-38窗台面积：（共2樘）<br>抹灰面积 = $(2.57 + 0.20) \times (0.24 + 0.12) \times 2m^2 = 1.994m^2$<br>合计面积 = $(2.448 + 1.224 + 1.994)m^2 \approx 5.67m^2$<br>[说明]水泥砂浆粉窗台的工程量按窗台抹灰面积计算，单位为 m²。窗台抹灰面积 = （窗宽 + 0.20）×（墙厚 + 0.12）：①C-27窗台面积：抹灰面积 = $(1.50 + 0.20) \times (0.24 + 0.12) \times 4m^2 = 2.448m^2$，式中 $1.50m$ 为 C-27窗台的宽，$0.24m$ 为墙厚，4 表示有4樘 C-27窗。②C-32窗台面积：抹灰面积 = $(1.50 + 0.20) \times (0.24 + 0.12) \times 2m^2 = 1.224m^2$，式中 $1.50m$ 为 C-32窗台的宽，2 表示有2樘 C-32窗；③C-38窗台面积：抹灰面积 = $(2.57 + 0.20) \times (0.24 + 0.12) \times 2m^2 = 1.994m^2$，式中 $2.57m$ 为 C-38窗台的宽，2 表示有2樘 C-38窗；则水泥砂浆粉窗台的合计面积 = $(2.448 + 1.224 + 1.994)m^2 \approx 5.67m^2$ | 5.67 |

续表

| 序号 | 分部分项名称 | 部位与编号 | 单位 | 计 算 式 | 计算结果 |
|---|---|---|---|---|---|
| 62 | 水泥砂浆粉女儿墙压顶 | | m² | 按压顶展开面积以平方米计算。<br>女儿墙压顶中线长度 = 23.76m<br>(中线长度见序号 18 之计算)<br>压顶展开宽度 = 0.49m<br>压顶抹灰面积 = 压顶展开宽度 × 压顶中线长度 = 0.49 × 23.76m² = 11.64m² ≈ 12m²<br>[说明]水泥砂浆粉女儿墙压顶的工程量按压顶展开面积计算，单位为 m²。女儿墙压顶中线长度，女儿墙中心长度 $-8 \times \frac{1}{2} \times$ (压顶宽度 - 女儿墙宽度) = [24 $-8 \times \frac{1}{2} \times$ (0.30 - 0.24)]m = 23.76m，其中 24m 为女儿墙中心长度，即为外墙中心长度，24m = (5.0 + 7.0) × 2m，5.0m 为外墙中心线宽，7.0m 为外墙中心线长，0.30m 为压顶宽度，0.24m 为女儿墙宽度；压顶展开宽度 = 0.49m；所以压顶抹灰面积 = 压顶展开宽度 × 压顶中线度 = 0.49 × 23.76 = 11.64m² ≈ 12m² | 12.0 |
| 63 | 水泥砂浆雨篷及挑廊 | | m² | 按水平投影面积以平方米计算(定额内已包顶面、侧面及底面)。<br>雨篷、挑廊水平面积：<br>10.55 × 2m² = 21.10m²<br>(水平投影面见序号 15 及序号 16 之计算)。<br>[说明]水泥砂浆雨篷及挑廊的工程量按水平投影面积计算，(定额内已包顶面、侧面及底面)，单位为 m²。雨篷、挑廊水平面积为：(10.55 + 10.55)m² = 21.10m²，10.55m² = [(7.24 + 0.80) × 1.3 + (0.80 × 0.12)]m² 所得，式中 7.24m 为楼墙外边线长，0.80m 为雨篷外伸长度，(7.24 + 0.80)m 为雨篷水平投影的长度，1.3m 为雨篷水平投影的宽度，8.04 × 1.3 为雨篷水平投影的面积，0.80m 为楼梯口处雨篷水平投影的长，0.12m 为梯口处雨篷水平投影的宽，0.80 × 0.12 为梯口处雨篷水平投影面积，则第一个 10.55m² 为雨篷的水平投影面积；第二个 10.55m² = [(7.24 + 0.80) × 1.3 + (0.80 × 0.12)]m²，10.55m² 为挑廊水平投影面积，7.24m 为挑廊在外墙外边长上的部分，0.80m 为两端外伸的长度，即(0.4 × 2)，1.3m 为挑廊水平投影的宽度，(7.24 + 0.80) × 1.3 为挑廊水平投影的面积，0.80m 为梯口处挑廊水平投影的长度，0.12m 为梯口处挑廊水平投影的宽度，0.80 × 0.12 为梯口处挑廊水平投影面积。则雨篷水平投影面积 + 挑廊水平投影面积即为水泥砂浆雨篷及挑廊的工程量 | 21.10 |

续表

| 序号 | 分部分项名称 | 部位与编号 | 单位 | 计算式 | 计算结果 |
|---|---|---|---|---|---|
| 64 | 水泥砂浆粉挑廊栏板内侧及扶手 | | m² | 按实抹灰面积以平方米计算。<br>挑廊板厚度：80mm<br>内侧高度：$(0.90-0.08)m=0.82m$<br>扶手展开宽度：0.20m<br>栏板内侧长度=栏板外侧长度$-4\times$板厚=$(10.76-4\times0.08)m=10.44m$<br>（栏板外侧长度见序号17之计算）<br>栏板内侧面积=内侧长度×栏板内侧高度=$10.44\times0.82m^2=8.56m^2$<br>扶手展开面积=栏板外侧长度×展开宽度=$10.76\times0.20m^2=2.15m^2$<br>合计面积=$8.56+2.15=10.71m^2\approx11m^2$<br>[说明]水泥砂浆粉挑廊栏板内侧及扶手的工程量按实抹面积计算，单位为$m^2$。挑廊板厚度为0.80m；挑廊内侧高度为$0.90-0.08=0.82m$，0.90m为挑廊的高；扶手展开宽度为0.20m；栏板内侧长度=栏板外侧长度$-4\times$板厚=$[(7.24+0.80)+(1.30+1.42)-4\times0.08]m=10.44m$，式中7.24m=$(7.0+0.24)m$，7.0为挑廊栏板正面长，0.24m为挑廊正面两端在墙上的长，即$(0.12\times2)$，0.80m为梯口处挑廊栏板的长，$(7.24+0.80)m$为挑廊栏板的正面长度，1.30m为挑廊栏板的水平投影长，1.42m等于1.3m加上0.12m，1.30m为挑廊栏板的另一侧的水平投影长，0.12m为梯口处挑廊栏板的宽，$(1.30+1.42)m$为挑廊栏板的侧面长度，$(7.24+0.80)+(1.30+1.42)$为栏板外侧长度；栏板内侧面积=内侧长度×栏板内侧高度=$10.44\times0.82m^2=8.56m^2$；扶手展开面积=栏板外侧长度×展开宽度=$10.76\times0.20m^2=2.15m^2$；则水泥砂浆粉挑廊栏板内侧及扶手的工程量的合计面积=$(8.56+2.15)m^2=10.71m^2\approx11m^2$ | 11 |
| 65 | 挑廊栏板外侧粉干粘石 | | m² | 外侧面积=外侧面长度×栏板高度=$10.76\times0.90=9.68m^2$<br>（栏板外侧面长度见序号17计算）。<br>[说明]挑廊栏板外侧粉干粘石的工程量按挑廊栏板外侧面积计算，单位为$m^2$。外侧面积=栏板外侧面长度×栏板高度=$[(7.24+0.80)+(1.30+1.42)]\times0.90m^2=10.76\times0.90m^2=9.68m^2$，式中7.24m=$(7.0+0.24)m^2$，7.0m为栏板正面长，0.24m为栏板正面两端在墙上的长，即$(0.12\times2)$，0.80m为梯口外挑廊栏板的长，$(7.24+0.80)m$为挑廊栏板的正面长度，1.30m为挑廊栏板的水平投影长，1.42m等于1.3m加上0.12m，1.30m为挑廊栏板的另一侧的水平投影长，0.12m为梯口处挑廊栏板的宽，$(1.30+1.42)$为挑廊栏板的侧面长度，$[(7.24+0.80)+(1.30+1.42)]m$为栏板外侧长度，0.90m为栏板高度 | 9.68 |

续表

| 序号 | 分部分项名称 | 部位与编号 | 单位 | 计算式 | 计算结果 |
|---|---|---|---|---|---|
| 66 | 木门窗油漆 | | $m^2$ | 按门窗单面积以平方米计算。<br>油漆面积 = 15.60 + 9.26 + 9.36 = 34.22$m^2$<br>(门窗面积见序号 26~28 之计算)。<br>[说明]木门窗油漆的工程量按门窗面积计算，单位为$m^2$。单窗单面面积 =（10.20 + 5.40 + 9.26 + 9.36）$m^2$ = 34.22$m^2$，式中 10.20$m^2$ 为 C-27 窗的面积，具体计算及详细说明见前面序号 26 的有关内容；5.40$m^2$ 为 C-32 窗的面积，具体计算及详细说明见前面序号 26 的有关内容；9.26$m^2$ 为 C-38 窗的面积，具体计算及详细说明见前面序号 27 的有关内容；9.36$m^2$ 为 M-223 门的面积，具体计算及详细说明见前面序号 28 的有关内容，木门窗油漆面积 = 门窗单面积 | 34.22 |
| 67 | 楼梯木扶手、门窗贴脸及窗帘盒油漆 | | m | 按图示长度乘系数以米计算。<br>(1)木扶手：<br>木扶手长度 = 楼梯水平投影长度×1.15 系数 = 5.12×1.15 = 5.89m<br>木扶手油漆：木扶手长度×2.6 系数 = 5.89×2.6 = 15.31m<br>(2)门窗贴脸：<br>贴脸油漆：贴脸长度×1.00 系数 = 80.68×1.00 = 80.68m<br>(3)窗帘盒：<br>窗帘盒油漆：窗帘盒长度×2.00 系数 = 16.54×2.04 = 33.74m<br>合计油漆长度 = 15.31 + 80.68 + 33.74 = 129.73m<br>[说明]楼梯木扶手、门窗贴脸及窗帘盒油漆的工程量按图示长度乘以系数计算，单位为 m。(1)木扶手：木扶手长度 = 楼梯水平投影长度×1.15 = 5.12×1.15m = 5.89m，5.12m 为楼梯水平投影长度，1.15 为系数。木扶手油漆：木扶手长度×2.6 = 5.89×2.6m = 15.31m，式中 5.89 为木扶手长度，2.6 为系数；(2)门窗贴脸、贴脸油漆：贴脸长度×1.00 = 80.68×1.00m = 80.68m，式中 80.68 为门窗贴脸长度，80.68 =（25.60 + 13.20 + 17.48 + 24.40）m，其中 25.60m 为 C-27 窗贴脸长度，13.20m 为 C-32 窗贴脸长度，17.48m 为 C-38 窗贴脸长度，24.40m 为门贴脸长度，其具体运算与详细说明见前面序号 31 的有关内容，1.00 为系数；(3)窗帘盒：窗帘盒油漆：窗帘盒长度×2.04m = 16.54×2.04m = 33.74m，式中 16.54m 为窗帘盒长度，16.54m =（7.20 + 5.74 + 3.60）m，其中 7.20m 为 C-27 的窗帘盒长度，5.74m 为 C-32 的窗帘盒长度，3.60m 为 C-32 窗的窗帘盒长度，其具体运算及详细说明见前面序号 30 的有关内容，2.04 为系数。则油漆的合计长度 =（15.31 + 80.68 + 33.74）m = 129.73m | 129.73 |

续表

| 序号 | 分部分项名称 | 部位与编号 | 单位 | 计 算 式 | 计算结果 |
|---|---|---|---|---|---|
| 68 | 楼梯栏杆及钢窗栅油漆 | | kg | 按图示尺寸重量乘系数以公斤计算。<br>(1)栏杆:<br>图纸(设计)重量:42.41kg(见序号34之计算)。<br>(2)钢窗栅:底层 C-32 窗仅有。<br>采用:横档——30×4 角钢,间距 450;<br>　　　窗栅——$\phi$10 钢筋,间距 125。<br>重量计算如下:<br>①-30×4 扁钢重量:<br>总长度 = 1.60(每根长)×5(根)= 8.0m<br>重量 = 8.0×0.94(kg/m)= 7.52kg<br>②$\phi$10 钢筋重量:<br>总长度 = 1.80×13m = 23.4m<br>重量 = 23.4×0.617kg = 14.44kg<br>　　合计重量 =(7.52 + 14.44)×2(樘)= 21.96×2kg = 43.92kg<br>栏杆及窗栅油漆总重量:<br>(42.41 + 43.92)×1.71(系数)kg = 147.62kg<br>[说明]楼梯栏杆及钢窗栅油漆的工程量按图示尺寸重量乘系数计算,单位为 kg。(1)镀铬钢管栏杆:图纸(设计)重量:铁栏杆重量 = 2.18 + 20.69 + 19.54 = 42.41kg,式中 2.18 为 $\phi$25 立杆的重量,20.69kg 为 $\phi$14 钢筋的重量,19.54kg 为 $\phi$12 钢筋的重量,其具体运算及详细说明见前面序号 34 的有关内容;(2)钢窗栅:底层 C-32 窗反面。采用:横档——30×4 角钢、间距为 450mm;窗栅——$\phi$10 钢筋,间距为 125。重量计算如下:①30×4 扁钢重量:总长度 = 1.60(每根长)×5 = 8.0m,1.60m 为每根 30×4 扁钢的长度,5 表示 30×4 扁钢的根数,5 = 1.8÷0.45 + 1,其中 1.8m 为 C-32 窗的高,0.45m 表示 30×4 角钢的间距;则 30×4 扁钢重量 = 总长度×单位长度重量 = 8.0×0.94 = 7.52kg,0.94 为 30×4 扁钢单位长度重量,单位为 kg/m;②$\phi$10 钢筋重量:总长度 = 每根长度×数量 = 1.80m×13 = 23.4m,1.80m 为每根窗栅 $\phi$12 钢筋的长度,13 为窗栅 $\phi$12 钢筋的根数,13 = 1.80/0.125 - 1,其中 1.80m 为 C-32 窗的宽,0.125m 为 $\phi$10 钢筋的间距,减去 1 因为窗栅两侧为窗框,所以应减去 1,则 $\phi$12 钢筋的重量 = 23.4×0.617kg = 14.44kg,0.617 为 $\phi$12 钢筋的单位长度重量,单位为 kg/m。合计重量为:(7.52 + 14.44)×2 = 21.96×2kg = 43.92kg,2 表示两樘 C-32 窗。所以栏杆及窗栅油漆总重量为:(42.41 + 43.92)×1.71kg = 147.62kg = 0.14762t,式中 1.71 为系数 | 147.62 |
| 69 | 镀锌钢板落水管油漆 | | m² | 按展开表面积以平方米计算。<br>落水管截面:宽×高 = 83mm×60mm<br>落水管总长度 = 25.80m<br>(长度见序号 52 之计算)。<br>展开宽度(三面)=(83 + 60×2)mm = 203<br>　　　　　　　　　　　　长　宽<br>油漆面积 = 25.80×0.203m² = 5.24m²<br>[说明]镀锌钢板落水管油漆的工程量按展开表面积计算,单位为 m²。落水管截面面积 = 宽×高 = 0.083×0.06,式中 0.083m 为落水管截面的宽,0.06 为落水管截面的高,每根落水管长度 = 纵外墙屋面处标高 + 室内外高差 = 6.00 + 0.45 = 6.45m,由 I-I 剖面图可知:纵外墙中线屋面处标高为:6.00m,室内外高差为:0.45m,落水管的数量为 4 个,所以落水管长度 = 每根落水管长度×数量 = 6.45×4 = 25.80m;展开宽度(三面)=(83 + 60 + 60)mm = 203mm = 0.203m,0.083m 为长,0.60m 为宽,所以镀锌钢板落水管油漆面积 = 25.80×0.203m² = 5.24m² | 5.24 |

续表

| 序号 | 分部分项名称 | 部位与编号 | 单位 | 计 算 式 | 计算结果 |
|---|---|---|---|---|---|
| 70 | 镀锌钢板水落斗油漆 | | m² | 按每个水落斗展开面积为 0.56m² 计算。<br>油漆面积 = 0.56×4(个) = 2.24m²<br>[说明]镶锌钢板水落斗油漆按水落斗展开面积计算，单位为 m²。每个水落斗展开面积为 0.56m²，水落斗的数量为 4 个，所以水落斗油漆面积 = 0.56×4m² = 2.24m² | 2.24 |
| 71 | 平顶及内墙面刷 106 涂料 | | m² | 按实刷面积以平方米计算。<br>刷涂料面积 = 平顶抹灰面积 + 内墙面抹灰面积 = (62.08 + 148.41)m² = 210.49m²<br>(平顶及内墙面抹灰面积见序号 56 及序号 57 之计算)。<br>[说明]平顶及内墙面刷 106 涂料的工程量按实刷面积计算，单位为 m²。刷涂料面积 = 平顶抹灰面积 + 内墙面抹灰面积 = (62.08 + 148.41)m² = 210.49m²，式中 62.08m² 为平顶抹灰面积，平顶抹灰面积即为平顶面积，平顶面积 = 楼地面面积 = 地面主墙净面积×2 = (底层建筑面积 − 墙基防潮层面积)×2 = (37.94 − 6.90)×2m² = 62.08m²，式中 37.94m² 为底层建筑面积，也是外墙外围面积，37.94m² = 7.24×5.24m²，其中 7.24m 是建筑物的外边线长，5.24m 即为建筑物的外边线宽，6.90m² 为墙基防潮层面积，即为基础顶面积，6.90m² = (24.0 + 4.76)×0.24m² 所得，其中 24.0m = (5.0 + 7.0)×2m，5.0m 为建筑物的外边中心线宽，7.0m 为建筑物的外边中心线长，24.0m 为外墙中心线总长，4.76m = (5 − 0.24)m，4.76m 为内墙净长度，5.0m 为内墙中心线长，0.24m 为两个半墙厚，即 0.12×2，(24.0 + 4.76)m 为基础顶的总长，0.24m 为墙厚，2 表示上下两层；149.0m² 为内墙面抹灰面积，即为内墙净面积，内墙净面积 = 内墙面毛面积 − 门窗洞口面积 = (182.63 − 34.22)m² = 148.41m²，式中 182.63m² 为内墙面毛面积，182.63m² = 64.08×(3.0 − 0.12 − 0.03)m²，其中 64.08m 为楼地面踢脚线长度，具体运算及详细说明见前面序号 46 的有关内容，3.0m 由 I-I 剖面图可知为楼层高，0.12m 为楼层板厚，0.03m 为找平层厚度，34.22m² 为门窗洞的总面积，34.22m² = (10.20 + 5.40 + 9.26 + 9.36)m²，其中 10.20m² 为 C-27 窗的面积，10.20m² = (1.50×1.70)×4m²，具体运算及详细说明见前面序号 26 的有关内容，5.40m² 为 C-32 窗的面积，5.40m² = (1.50×1.80)×2m²，具体运算及详细说明见前面序号 26 的有关内容，9.26m² 为 C-38 窗的面积，9.26m² = (2.57×1.80)×2m²，具体运算及详细说明见前面序号 27 的有关内容，9.36m² 为 M-223 门的面积，9.36m² = (0.90×2.60)×4m²，具体运算及详细说明见前面序号 28 的有关内容 | 210.49 |

续表

| 序号 | 分部分项名称 | 部位与编号 | 单位 | 计 算 式 | 计算结果 |
|---|---|---|---|---|---|
| 72 | 雨篷、挑廊及楼梯底面刷石灰水二度 | | $m^2$ | 按实刷面积以平方米计算。<br>　　刷浆面积 = 雨篷面积 + 挑廊面积 + 楼梯底面积<br>　　= $(10.55 + 10.55 + 6.2)m^2 = 27.3m^2$<br>　　(雨篷、挑廊及楼梯底面积见序号 56 及序号 63 之计算)。<br>[说明]雨篷、挑廊及楼梯底面积刷石灰水二度的工程量按实刷面积计算,单位为 $m^2$。刷浆面积 = 雨篷面积 + 挑廊面积 + 楼梯底面积 = $(10.55 + 10.55 + 6.2)m^2 = 27.3m^2$,式中第一个 $10.55m^2$ 为雨篷面积,$10.55m^2 = [(7.24 + 0.80) \times 1.3 + (0.80 \times 0.12)]m^2$ 所得,式中 7.24m 为楼墙外边线长,0.80m 为雨篷外伸长度,$(7.24 + 0.80)m$ 为雨篷水平投影的长度,1.3m 为雨篷水平投影的宽度,$(8.24 + 0.80) \times 1.3$ 为雨篷水平投影的面积,0.80m 为梯口处雨篷水平投影的长,0.12 为梯口处雨篷水平投影的宽,$0.80 \times 0.12$ 为梯口处雨篷水平投影面积,则 $10.55m^2$ 为雨篷水平投影面积;第二个 $10.55m^2$ 为挑廊面积,即挑廊水平投影面积,$10.55m^2 = [(7.24 + 0.80) \times 1.3 + (0.80 \times 0.12)]m^2$,7.24m 为挑廊在外墙外边长上的部分,0.80m 为两端外伸的长度,即 $(0.4 \times 2)$,1.3m 为挑廊水平投影的宽度,$(7.24 + 0.80) \times 1.3$ 为挑廊水平投影的面积,0.12m 为梯口处挑廊水平投影的宽度,$0.80 \times 0.12$ 为梯口处挑廊水平投影面积;楼梯底面积为 $6.0m^2$,楼梯底面积 = 楼梯水平投影面积 $\times 1.50 = 4.1 \times 1.50m^2 = 6.2m^2$,其中 $4.1m^2$ 为楼梯水平投影面积,$4.1m^2 \approx 5.12 \times 0.80m^2$,5.12 为楼梯水平投影长度,0.80m 为楼梯水平投影宽度,1.50 为系数。所以雨篷、挑廊及楼梯底面石灰水二度的工程量为 $27.3m^2$ | 27.3 |
| | (十)脚手架分部 | | | | |
| 73 | 综合脚手架 | | $m^2$ | 按建筑面积以 $m^2$ 计算。<br>　　工程量为 $90.53 \approx 91m^2$<br>[说明]综合脚手架的工程量按建筑面积计算,单位为 $m^2$。建筑面积 = $(37.94 + 37.94 + 4.10 + 10.55)m^2 = 90.53m^2$,式中第一个 $37.94m^2$ 为底层外墙外围面积,$37.94m^2 = 7.24m \times 5.24m$,其中 7.24m 为外墙外边线长,5.24m 为外墙外边线宽;式中第二个 $37.94m^2$ 为二层外墙外围面积,$37.94m^2 = 7.24m \times 5.24m$,解释与上面一层相同,式中 $4.10m^2$ 为室外楼梯面积,$4.10m^2 = 5.12 \times 0.80m^2$ 所得,5.12 为室外楼梯间的长度,由 9-1-2 的二层平面图可知:$5.12m = (5.24 - 0.24 + 0.12)m$,即为Ⓐ~Ⓑ轴线间距,减去两中心轴线到墙的距离$(0.12 \times 2)$之后,Ⓑ端再算至外墙线范围加上 0.12m;$10.55m^2$ 是挑廊的建筑面积,是式子$(7.24 + 0.80) \times 1.3 + (0.80 \times 0.12)$ 的结果,其中 7.24m 为楼房外墙边线长,0.80m 为楼梯间的宽度,$(7.24 + 0.80)m$ 即为挑廊的总长度,1.3m 即为挑廊的宽度,从图 6-1-2 中可知:1.3m 即为Ⓑ~Ⓐ轴线间Ⓐ端头下面的标准距离;$(7.24 \times 0.80) \times 1.3m^2$ 即为挑廊出墙外的建筑面积,$(0.80 \times 0.12)m^2$ 是挑廊在楼梯间处应计入的一小部分建筑面积,其中 0.80m 为楼梯间宽,0.12m 为楼梯口处水平投影的长,从图 6-1-2 中可以看出 0.80m 即为轴③右端部分,0.12m 即为Ⓐ端下部的标注距离。所以综合脚手架的工程量为 $90.53m^2$,约为 $91m^2$ | 91.0 |

## 工 程 预 算 表

单位工程名称：小百货楼工程　　　　　　　　　　　　　　　　　　　　表 6-1-2

| 序号 | 定额编号 | 分项工程名称 | 单位 | 数量 | 单价 | 复价 | 备 注 |
|---|---|---|---|---|---|---|---|
|  |  | 建筑面积 | m² | 91 |  |  |  |
|  |  | 一、人工土方及基础垫层工程 |  |  |  |  |  |
| 1 | 1—15 | 人工挖地槽(深1.5m内三类干土) | m³ | 21 | 1.50 | 31.50 |  |
| 2 | 1—73+(补1—1)×11 | 余土外运(人力车运600m) | m³ | 0 | 2.16 | 0 | 单价:0.62+0.14×11=2.16 |
| 3 | 1—84 | 地坪原土打底夯 | 10m² | 3.10 | 0.57 | 1.77 |  |
| 4 | 1—85 | 地槽原土打底夯 | 10m² | 3.90 | 0.77 | 3.00 |  |
| 5 | 1—79 | 平整场地 | 10m² | 10.40 | 1.87 | 19.45 |  |
| 6 | 1—81 | 地坪回填土 | m³ | 10 | 1.03 | 10.30 |  |
| 7 | 1—83 | 墙基回填土 | m³ | 11 | 1.19 | 13.09 |  |
| 8 | 1—98 | C10混凝土基础垫层 | m³ | 2.80 | 72.36 | 202.61 |  |
|  |  | 小 计 | 元 |  |  | 281.72 | (占2.35%) |
|  |  | 二、砖石结构工程 |  |  |  |  |  |
| 9 | 4—1 | M5水泥砂浆砌砖基础 | m³ | 4.95 | 81.28 | 402.34 |  |
| 10 | 4—3 | M5混合砂浆砌一砖内墙 | m³ | 6.04 | 84.49 | 510.32 |  |
| 11 | 4—8 | M5混合砂浆砌一砖外墙 | m³ | 25.69 | 85.33 | 2192.13 |  |
| 12 | 4—33 | 墙基防水砂浆防潮层 | 10m² | 0.69 | 27.05 | 18.67 |  |
|  |  | 小 计 | 元 |  |  | 3104.79 | (占25.94%) |
|  |  | 三、混凝土及钢筋混凝土结构工程 |  |  |  |  |  |
| 13 | 5—4 | 现浇C20钢筋混凝土带形基础 | m³ | 5.64 | 149.52 | 843.29 |  |
| 14 | 5—47 | 现浇C20钢筋混凝土圈梁 | m³ | 2.00 | 190.83 | 381.66 |  |
| 15 | 5—49 | 现浇C20钢筋混凝土过梁 | m³ | 1.74 | 278.94 | 485.36 |  |
| 16 | 5—79 | 现浇C20钢筋混凝土雨篷 | 10m² | 1.06 | 240.76 | 255.21 |  |
| 17 | 5—83 | 现浇C20钢筋混凝土挑廊 | 10m² | 1.06 | 373.30 | 395.70 |  |
| 18 | 5—85 | 现浇C20钢筋混凝土挑廊栏板 | 10m | 1.06 | 206.28 | 218.66 |  |
| 19 | 5—94 | 现浇C20钢筋混凝土女儿墙压顶 | m³ | 0.43 | 228.94 | 98.44 |  |
| 20 | 5—146 | 预制C20钢筋混凝土楼梯踏步 | m³ | 0.32 | 182.23 | 58.31 |  |
| 21 | 5—147 | 预制C20钢筋混凝土屋面架空板 | m³ | 0.93 | 162.66 | 151.27 |  |
| 22 | 5—165 | 预制C30预应力混凝土空心板 | m³ | 4.83 | 175.78 | 849.02 |  |
| 23 | 5—165注 | 空心板混凝土堵头 | m³ | 4.83 | 3.54 | 17.10 |  |
| 24 | 5—174 | 普通钢筋调减 | t | -0.170 | 984.09 | -167.30 |  |
| 25 | 5—175 | 预应力钢筋调平 | t | 0.001 | 1260.51 | 1.26 |  |
| 26 | 5—176 | 铁件调增 | t | 0.003 | 1743.76 | 5.23 |  |
|  |  | 小计 | 元 |  |  | 3593.21 | (占30.01%) |

续表

| 序号 | 定额编号 | 分项工程名称 | 单位 | 数量 | 单价 | 复价 | 备注 |
|---|---|---|---|---|---|---|---|
| | | 四、钢筋混凝土及金属结构运输安装 | | | | | |
| 27 | 7—10 | 空心板运输(汽车运10km) | m³ | 4.83 | 31.00 | 149.42 | |
| 28 | 7—10 | 架空板运输(汽车运10km) | m³ | 0.93 | 30.88 | 28.72 | |
| 29 | 7—38 | 钢管栏杆及钢窗栅运输(运5km) | t | 0.086 | 23.57 | 2.03 | |
| 30 | 7—77 | 空心板安装 | m³ | 4.83 | 28.33 | 136.83 | |
| 31 | 7—91 | 踏步板、架空板安装 | m³ | 1.25 | 30.17 | 37.71 | |
| | | 小计 | 元 | | | 354.71 | (占2.96%) |
| | | 五、木结构 | | | | | |
| 32 | 8—7 | 三扇有腰平开窗 | 10m² | 1.56 | 330.11 | 514.97 | |
| 33 | 8—8 | 四扇有腰平开窗 | 10m² | 0.93 | 304.23 | 282.93 | |
| 34 | 8—38 | 单扇有腰镶板门(三冒头) | 10m² | 0.94 | 297.55 | 279.70 | |
| 35 | 8—104换 | 钢窗栅 | 10m² | 0.54 | 206.97 | 111.76 | 单价：(18/12.6)×144.88=206.97 |
| 36 | 8—107 | 窗帘盒 | 10m | 1.65 | 83.00 | 136.95 | 单价换算： |
| 37 | 8—111 | 门窗贴脸 | 10m | 8.07 | 6.38 | 51.49 | $273.63-\left[161.24-\left(\dfrac{7.1}{13.9}\times161.24\right)\right]=194.75$ |
| 38 | 8—191换 | 楼梯铁栏杆带木扶手 | 10m | 0.60 | 194.75 | 116.85 | |
| 39 | 说明8 | 门锁 | 把 | 4 | 7.92 | 31.68 | |
| 40 | 补1 | 排木板(底层仅C—38窗有) | 樘 | 2 | 73.87 | 147.74 | 单价编制另详附录 |
| 41 | 估1 | 木门窗场外汽车运输(运10km) | t | 3.422 | 11.45 | 39.18 | 单价:4.58×2.5=11.45 |
| | | 小计 | 元 | | | 1713.25 | (占14.32%) |
| | | 六、楼地面工程 | | | | | |
| 42 | 9—5 | 地面碎石垫层(厚70mm) | m³ | 2.17 | 24.20 | 52.51 | |
| 43 | 9—6 | 地面C10混凝土垫层(厚50mm) | m³ | 1.55 | 74.26 | 115.10 | |
| 44 | 9—26 | 屋面1:3水泥砂浆找平层(厚20mm) | 10m² | 3.91 | 20.26 | 79.22 | |
| 45 | 9—33换 | 1:2水泥砂浆楼地面面层(厚15mm) | 10m² | 6.21 | 20.07 | 124.63 | 单价：$24.69-18.65\times\dfrac{0.05}{0.202}=70.07$ |
| 46 | 9—30+30×2 | C20细石混凝土楼面找平层(厚30mm) | 10m² | 3.10 | 28.13 | 87.20 | 单价：37.09-4.48×2=28.13 |
| 47 | 9—35 | 楼地面水泥砂浆踢脚线 | 10m | 6.41 | 5.23 | 33.52 | |
| 48 | 9—36 | 楼梯水泥砂浆抹面 | 10m² | 0.41 | 62.96 | 25.81 | |
| 49 | 9—61 | 砖砌台阶水泥砂浆抹面 | 10m² | 0.50 | 479.57 | 239.79 | |
| 50 | 9—67 | C10混凝土散水 | 10m² | 1.35 | 88.03 | 118.84 | |
| | | 小计 | 元 | | | 876.62 | (占7.33%) |

续表

| 序号 | 定额编号 | 分项工程名称 | 单位 | 数量 | 单价 | 复价 | 备注 |
|---|---|---|---|---|---|---|---|
| | | 七、防水及屋面工程 | | | | | |
| 51 | 10—39 | 屋面二毡三油一砂 | 10m² | 3.91 | 57.7 | 225.61 | |
| 52 | 10—60 | 镀锌钢板水落管 | 10m | 2.58 | 27.49 | 70.92 | |
| 53 | 10—64 | 镀锌钢板水落斗 | 10个 | 0.4 | 72.24 | 28.90 | |
| 54 | 10—73 | 女儿墙铸铁弯头落水口 | 10个 | 0.4 | 297.65 | 119.06 | |
| | | 小计 | 元 | | | 444.49 | (占3.71%) |
| | | 八、隔热工程 | | | | | |
| 55 | 11—94 | 架空隔热混凝土板面层 | 10m² | 3.22 | 21.57 | 69.46 | |
| | | 小计 | 元 | | | 69.46 | (占0.58%) |
| | | 九、装饰工程 | | | | | |
| 56 | 12—1 | 水泥纸筋石灰砂浆粉平顶 | 10m² | 6.83 | 13.64 | 93.16 | |
| 57 | 12—18 | 1:3石灰砂浆粉内墙面 | 10m² | 14.84 | 19.02 | 282.26 | |
| 58 | 12—37 | 1:1:6混合砂浆粉外墙面 | 10m² | 13.4 | 22.73 | 304.58 | |
| 59 | 12—38注 | 1:2.5水泥砂浆粉女儿墙内侧 | 10m² | 0.46 | 26.58 | 12.23 | |
| 60 | 12—50 | 1:2.5水泥砂浆粉外墙勒脚 | 10m² | 1.04 | 26.67 | 27.74 | |
| 61 | 12—54 | 1:2.5水泥砂浆粉窗台、女儿墙压顶 | 10m² | 1.77 | 55.59 | 98.39 | |
| 62 | 12—55 | 1:2.5水泥砂浆粉雨篷及挑廊 | 10m² | 2.11 | 74.22 | 156.60 | |
| 63 | 12—56 | 1:2.5水泥砂浆粉挑廊栏板内侧 | 10m² | 1.10 | 32.20 | 35.42 | |
| 64 | 12—69 | 干粘石粉挑廊栏板外侧 | 10m² | 0.97 | 47.59 | 46.16 | |
| 65 | 12—103 | 窗帘盒、贴脸、木扶手油漆 | 10m | 12.97 | 4.12 | 53.44 | |
| 66 | 12—101注 | 木门窗油漆(奶油色) | 10m² | 3.42 | 36.73 | 125.62 | |
| 67 | 12—128 | 楼梯铁栏杆及钢窗栅油漆 | t | 0.148 | 46.52 | 6.88 | |
| 68 | 12—147 | 镀锌钢板水落管、水斗油漆 | 10m² | 0.75 | 23.21 | 17.41 | |
| 69 | 12—161 | 平顶及内墙面刷106涂料 | 10m² | 21.05 | 4.86 | 102.30 | |
| 70 | 12—174 | 雨篷、挑廊、楼梯底面刷石灰水 | 10m² | 2.73 | 0.72 | 1.97 | |
| | | 小计 | 元 | | | 1364.16 | (占11.39%) |
| | | 十、脚手架 | | | | | |
| 71 | 15—19 | 民用建筑综合脚手架 | m³ | 61.0 | 1.87 | 169.29 | |
| | | 小计 | 元 | | | 169.29 | (占1.41%) |
| | | 预算费用 | | | | | |
| | (一) | 定额直接费:Σ分部工程价值 | 元 | | | 11971.7 | |
| | (二) | 间接费:(一)×21.55% | 元 | | | 2579.90 | 县属建筑集体企业间接费率为21.55% |
| | (三) | 营业税:[(一)+(二)−(一)×(1.5%+2.18%)]×3.348% | | | | 472.44 | |

续表

| 序号 | 定额编号 | 分项工程名称 | 单位 | 数量 | 单价 | 复价 | 备注 |
|---|---|---|---|---|---|---|---|
| | (四) | 土建总造价:(一)+(二)+(三) | 元 | | | 15024.04 | |
| | (五) | 土建单方造价:土建总造价/建筑面积 | 元/m² | | | 165.10 | |
| | | 注:未考虑材料差价计算。 | | | | | |
| | | 附:补充定额(单价) | | | | | |
| 补1 | | 窗排木板(单价) | 樘 | (4.63m²/樘) | | | |
| 材价 | | 排木板制作 | m² | 0.116 | 486.37 | 56.42 | |
| | 12—104 | 排木板油漆 | 10m² | 0.945 | 14.17 | 13.39 | |
| 材价 | | 圆钉 | 10m² | 0.468 | 6.92 | 3.24 | |
| 估 | | 其他材料费 | 10m² | 0.463 | 1.86 | 0.86 | |
| | | 合计 | 元 | | | 73.91 | |

## 七、工程量清单计价编制说明

### (一) __某小百货楼__ 工程工程量清单

招 标 人：_____×××_____（单位签字盖章）

法定代表人：_____×××_____（签字盖章）

中 介 机 构
法定代表人：_____×××_____（签字盖章）

造价工程师
及注册证号：_____×××_____（签字盖执业专用章）

编 制 时 间：___××年××月××日___

### 填 表 须 知

1．工程量清单及其计价格式中所有要求签字、盖章的地方，必须由规定的单位和人员签字、盖章。

2．工程量清单及其计价格式中的任何内容不得随意删除或涂改。

3．工程量清单计价格式中列明的所有需要填报的单价和合价，投标人均应填报，未填报的单价和合价，视为此项费用已包含在工程量清单的其他单价和合价中。

4．金额（价格）均应以____币表示。

## 总 说 明

工程名称：某小百货楼工程　　　　　　　　　　　　　　　　第　页　共　页

1. 工程概况
2. 招标范围
3. 工程质量要求
4. 工程量清单编制依据

## 定额预（结）算表（直接费部分）与清单项目之间关系分析对照表

表 6-1-3

工程名称：某小百货楼工程    第　页共　页

| 序号 | 项目编码 | 项目名称 | 清单主项在预（结）算表中的序号 | 清单综合的工程内容在预(结)算表中的序号 |
|---|---|---|---|---|
| 1 | 010101001001 | 平整场地，人工，三类土 | 5 | 无 |
| 2 | 010101003001 | 人工挖地槽，三类干土，深0.55m，垫层底宽0.8m | 1 | 2 |
| 3 | 010103001001 | 地槽回填土，原土回填，夯填 | 7 | 4 |
| 4 | 010103001002 | 室内回填土，原土回填，夯填 | 6 | 3 |
| 5 | 010301001001 | M5水泥砂浆砌砖基础，MU10红砖，$H=0.65$m | 9 | 12 |
| 6 | 010302001001 | M5混合砂浆砌一砖内墙，一、二层，$H=3$m | 10 | 无 |
| 7 | 010302001002 | M5混合砂浆砌一砖外墙，一、二层，$H=3$m | 11 | 无 |
| 8 | 010401001001 | 现浇C20钢筋混凝土带形基础，$H=250$mm，C10混凝土垫层，100mm厚 | 13 | 8 |
| 9 | 010403005001 | 现浇C20钢筋混凝土过梁，截面尺寸0.24m×0.36m | 15 | 无 |
| 10 | 010403005002 | 现浇C20钢筋混凝土过梁，截面尺寸0.24m×0.24m | 15 | 无 |
| 11 | 010403004001 | 现浇C20钢筋混凝土圈梁，截面尺寸0.24m×0.36m | 14 | 无 |
| 12 | 010403004002 | 现浇C20钢筋混凝土圈梁，截面尺寸0.24m×0.24m | 14 | 无 |
| 13 | 010405008001 | 现浇C20钢筋混凝土雨篷，70mm厚 | 16 | 无 |
| 14 | 010405007001 | 现浇C20钢筋混凝土挑廊，70mm厚 | 17 | 无 |
| 15 | 010405006001 | 现浇C20钢筋混凝土挑廊栏板，80mm厚，900mm高 | 18 | 无 |
| 16 | 010407001001 | 现浇C20钢筋混凝土女儿墙压顶 | 19 | 无 |
| 17 | 010412001001 | 预制C20钢筋混凝土屋面架空板，构件尺寸0.49m×0.49m×0.03m | 31 | 28+21 |
| 18 | 010412002001 | 预制C30钢筋混凝土空心板KB35-52，单件体积0.129m$^3$ | 30 | 23+27+22 |
| 19 | 010412002002 | 预制C30钢筋混凝土空心板KB35-62，单件体积0.154m$^3$ | 30 | 23+27+22 |
| 20 | 010413001001 | 预制C20钢筋混凝土L型楼梯踏步板，单块体积0.016m$^3$ | 31 | 20 |
| 21 | 010416001001 | 现浇钢筋混凝土构件钢筋 | 24 | 无 |
| 22 | 010416002001 | 预制钢筋混凝土构件钢筋 | 24 | 无 |

续表

| 序号 | 项目编码 | 项 目 名 称 | 清单主项在预（结）算表中的序号 | 清单综合的工程内容在预(结)算表中的序号 |
|---|---|---|---|---|
| 23 | 010416004001 | 预应力钢筋 | 25 | 无 |
| 24 | 010417002001 | 预埋铁件 | 26 | 无 |
| 25 | 010702001001 | 屋面卷材防水，屋面二毡三油-砂防水，1:3 水泥砂浆找平 | 51 | 44 |
| 26 | 010702004001 | 屋面镀锌钢板水落管，镀锌钢板水落斗，铸铁弯头落水口，刷油漆 | 52 | 53 + 54 + 68 |
| 27 | 010803001001 | 屋面架空隔热层混凝土面层 | 55 | 无 |
| 28 | 020101001001 | 15mm 厚 1:2 水泥砂浆地面，70 厚碎石垫层，50mm 厚 C10 混凝土垫层 | 45 | 42 + 43 |
| 29 | 020101001002 | 15mm 厚 1:2 水泥砂浆楼面，30mm 厚 C20 混凝土找平层 | 45 | 46 |
| 30 | 020105001001 | 15mm 厚 1:2 水泥砂浆踢脚线，120mm 高 | 47 | 无 |
| 31 | 020106003001 | 20mm 厚 1:2.5 水泥砂浆楼梯面 | 48 | 无 |
| 32 | 020108003001 | 20 厚 1:2.5 水泥砂浆台阶面，M2.5 水泥砂浆砖砌台阶 | 49 | 无 |
| 33 | 010407002001 | 60mm 厚 C10 混凝土散水，20 厚 1:2.5 水泥砂浆抹面 | 50 | 无 |
| 34 | 020201001001 | 15mm 厚 1:3 石灰砂浆粉内墙面，3mm 厚纸筋石灰浆面，刷 106 涂料二度 | 57 | 69 |
| 35 | 020201001002 | 20mm 厚 1:1:6 混合砂浆粉外墙面 | 58 | 无 |
| 36 | 020201001003 | 1:2.5 水泥砂浆粉女儿墙内侧 | 59 | 无 |
| 37 | 020201001004 | 1:2.5 水泥砂浆粉外墙勒脚，500mm 高 | 60 | 无 |
| 38 | 020401001005 | 20mm 厚 1:2.5 水泥砂浆粉挑廊栏板内侧 | 63 | 无 |
| 39 | 020401002001 | 干粘石粉挑廊栏板外侧 | 64 | 无 |
| 40 | 020203001001 | 零星项目一般抹灰，1:2.5 水泥砂浆粉窗台，女儿墙压顶 | 61 | 无 |
| 41 | 020203001002 | 零星项目一般抹灰，1:2.5 水泥砂浆粉雨篷及挑廊，抹石灰水 | 62 | 70 |
| 42 | 020301001001 | 1:1:6 水泥石灰砂浆粉顶棚，刷 106 涂料，楼梯底面刷石灰水 | 56 | 69 + 70 |
| 43 | 020401001001 | 单扇有腰镶板门 M-223，截面尺寸为 900mm × 2600mm，腰窗高 500 (mm)，刷油漆 | 34 | 41 + 39 + 66 |
| 44 | 020405001001 | 三扇有腰平开窗 C-27，截面尺寸为 1500mm × 1700mm，腰窗高 500 (mm)，刷油漆 | 32 | 41 + 66 |
| 45 | 020405001002 | 三扇有腰平开窗 C-32，截耐尺寸为 1500mm × 1800mm，腰窗高 500 (mm)，刷油漆 | 32 | 35 + 29 + 41 + 67 + 66 |
| 46 | 020405001003 | 四扇有腰平开窗 C-38，截面尺寸为 1500mm × 1800mm，腰窗高 500 (mm)，刷油漆 | 33 | 40 + 41 + 66 |
| 47 | 020408001001 | 木窗帘盒，带木棍 | 36 | 65 |
| 48 | 020407004001 | 门窗木贴脸 | 37 | 65 |
| 49 | 020107002001 | 楼梯铁栏杆带木扶手 | 38 | 29 + 65 + 67 |

**措施项目清单**  表 6-1-4

工程名称：某小百货楼工程　　　　　　　　　　　　　　　　　　　第　页　共　页

| 序号 | 项 目 名 称 | 备 注 | 序号 | 项 目 名 称 | 备 注 |
|---|---|---|---|---|---|
| 1 | 环境保护 |  | 8 | 混凝土、钢筋混凝土模板及支架 |  |
| 2 | 文明施工 |  | 9 | 脚手架 |  |
| 3 | 安全施工 |  | 10 | 垂直运输机械 |  |
| 4 | 临时设施 |  | 11 | 大型机械设备进出场及安拆 |  |
| 5 | 夜间施工增加费 |  | 12 | 施工排水、降水 |  |
| 6 | 赶工措施费 |  | 13 | 其他 |  |
| 7 | 二次搬运 |  | 14 | 措施项目费合计 | 1＋2＋…＋14＋15 |

**零星工作项目表**  表 6-1-5

工程名称：某小百货楼工程　　　　　　　　　　　　　　　　　　　第　页　共　页

| 序号 | 名 称 | 计量单位 | 数 量 | 序号 | 名 称 | 计量单位 | 数 量 |
|---|---|---|---|---|---|---|---|
| 1 | 人工费 |  |  | 3 | 机械费 |  |  |
|  |  | 元 | 1.00 |  |  | 元 | 1.00 |
| 2 | 材料费 |  |  |  |  |  |  |
|  |  | 元 | 1.00 |  |  |  |  |

## （二）　某小百货楼　工程工程量清单报价表

投　标　人：＿＿＿＿＿×××＿＿＿＿＿（单位签字盖章）

法定代表人：＿＿＿＿＿×××＿＿＿＿＿（签字盖章）

造价工程师
及注册证号：＿＿＿＿＿×××＿＿＿＿＿（签字盖执业专用章）

编制时间：＿＿××年××月××日＿＿

## 投　标　总　价

建设单位：＿＿＿＿＿×××＿＿＿＿＿

工程名称：＿＿＿某小百货楼工程＿＿＿

投标总价（小写）：＿＿×××＿＿

　　　　（大写）：＿＿×××＿＿

投　标　人：＿＿＿＿＿×××＿＿＿＿＿（单位签字盖章）

法定代表人：＿＿＿＿＿×××＿＿＿＿＿（签字盖章）

编制时间：＿＿××年××月××日＿＿

## 总　说　明

工程名称：某小百货楼工程　　　　　　　　　　　　　　　　　　　第　页　共　页

1. 工程概况
2. 招标范围
3. 工程质量要求
4. 工程量清单编制依据
5. 工程量清单计费列表

　　注：本例土建工程管理费及利润以定额直接费为取费基数，其中管理费费率为34％，利润率为8％

## 单位工程费汇总表

表 6-1-6

工程名称：某小百货楼工程　　　　　　　　　　　　　　　　第　页共　页

| 序号 | 项　目　名　称 | 金额（元） |
|---|---|---|
| 1 | 分部分项工程量清单计价合计 | |
| 2 | 措施项目清单计价合计 | |
| 3 | 其他项目清单计价合计 | |
| 4 | 规费 | |
| 5 | 税金 | |
| | 合计 | |

## 分部分项工程量清单计价表

表 6-1-7

工程名称：某小百货楼工程　　　　　　　　　　　　　　　　第　页共　页

| 序号 | 项目编码 | 项　目　名　称 | 计量单位 | 工程数量 | 综合单价 | 合价 |
|---|---|---|---|---|---|---|
| 1 | 010101001001 | 平整场地，人工，三类土 | $m^2$ | 37.94 | 0.27 | 10.09 |
| 2 | 010101003001 | 人工挖地槽，三类干土，深 0.55m，垫层底宽 0.8m | $m^3$ | 12.14 | 3.68 | 44.73 |
| 3 | 010103001001 | 地槽回填土，原土回填，夯填 | $m^3$ | 1.88 | 12.15 | 22.84 |
| 4 | 010103001002 | 室内回填土，原土回填，夯填 | $m^3$ | 10 | 1.71 | 17.11 |
| 5 | 010301001001 | M5 水泥砂浆砌砖基础，MU10 红砖，$H=0.65m$ | $m^3$ | 4.95 | 120.77 | 597.83 |
| 6 | 010302001001 | M5 混合砂浆砌-砖内墙，一，二层，$H=3m$ | $m^3$ | 6.04 | 119.98 | 724.68 |
| 7 | 010302001002 | M5 混合砂浆砌-砖外墙，一，二层，$H=3m$ | $m^3$ | 25.69 | 121.17 | 3112.86 |
| 8 | 010401001001 | 现浇 C20 钢筋混凝土带形基础，$H=250mm$，C10 混凝土垫层，100mm 厚 | $m^3$ | 5.64 | 263.33 | 1485.18 |
| 9 | 010403005001 | 现浇 C20 钢筋混凝土过梁，截面尺寸 0.24m×0.36m | $m^3$ | 1.11 | 396.1 | 439.67 |
| 10 | 010403005002 | 现浇 C20 钢筋混凝土过梁，截面尺寸 0.24m×0.24m | $m^3$ | 0.63 | 396.1 | 249.54 |
| 11 | 010403004001 | 现浇 C20 钢筋混凝土圈梁，截面尺寸 0.24m×0.36m | $m^3$ | 0.61 | 270.98 | 165.30 |
| 12 | 010403004002 | 现浇 C20 钢筋混凝土圈梁，截面尺寸 0.24m×0.24m | $m^3$ | 1.26 | 270.98 | 341.43 |
| 13 | 010405008001 | 现浇 C20 钢筋混凝土雨篷，70mm 厚 | $m^3$ | 0.74 | 489.72 | 362.39 |
| 14 | 010405007001 | 现浇 C20 钢筋混凝土挑廊，70mm 厚 | $m^3$ | 0.74 | 759.30 | 561.88 |
| 15 | 010405006001 | 现浇 C20 钢筋混凝土挑廊栏板，80mm 厚，900mm 高 | $m^3$ | 0.76 | 408.55 | 310.50 |
| 16 | 010407001001 | 现浇 C20 钢筋混凝土女儿墙压顶 | $m^3$ | 0.43 | 325.1 | 139.79 |
| 17 | 010412001001 | 预制 C20 钢筋混凝土屋面架空板，构件尺寸 0.49m×0.49m×0.03m | $m^3$ | 0.93 | 317.66 | 295.42 |
| 18 | 010412002001 | 预制 C30 钢筋混凝土空心板 KB35-52，单件体积 $0.129m^3$ | $m^3$ | 0.52 | 338.88 | 176.22 |
| 19 | 010412002002 | 预制 C30 钢筋混凝土空心板 KB35-62，单件体积 $0.154m^3$ | $m^3$ | 4.31 | 338.88 | 1460.57 |
| 20 | 010413001001 | 预制 C20 钢筋混凝土 L 型楼梯踏步板，单块体积 $0.016m^3$ | $m^3$ | 0.32 | 301.61 | 96.52 |
| 21 | 010416001001 | 现浇钢筋混凝土构件钢筋 | t | 0.712 | 1397.41 | 994.96 |
| 22 | 010416002001 | 预制钢筋混凝土构件钢筋 | t | 0.162 | 1397.41 | 226.38 |
| 23 | 010416004001 | 预应力钢筋 | t | 0.15 | 1789.92 | 268.49 |

续表

| 序号 | 项目编码 | 项目名称 | 计量单位 | 工程数量 | 综合单价 | 合价 |
|---|---|---|---|---|---|---|
| 24 | 010417002001 | 预埋铁件 | t | 0.003 | 2476.14 | 7.43 |
| 25 | 010702001001 | 屋面卷材防水，屋面二毡三油一砂防水，1:3 水泥砂浆找平 | m² | 39.09 | 11.07 | 432.88 |
| 26 | 010702004001 | 屋面镀锌钢板水落管，镀锌钢板水落斗，铸铁弯头落水口，刷油漆 | m | 25.8 | 13.01 | 335.54 |
| 27 | 010803001001 | 屋面架空隔热层混凝土板面层 | m² | 32.18 | 3.06 | 98.57 |
| 28 | 020101001001 | 15mm 厚 1:2 水泥砂浆地面，70mm 厚碎石垫层，50mm 厚 C10 混凝土垫层 | m² | 31.04 | 12.36 | 383.79 |
| 29 | 020101001002 | 15mm 厚 1:2 水泥砂浆楼面，30mm 厚 C20 混凝土找平层 | m² | 31.04 | 6.85 | 212.50 |
| 30 | 020105001001 | 15mm 厚 1:2 水泥砂浆踢脚线，120mm 高 | m² | 7.69 | 6.19 | 47.63 |
| 31 | 020106003001 | 20mm 厚 1:2.5 水泥砂浆楼梯面 | m² | 4.10 | 8.94 | 36.66 |
| 32 | 020108003001 | 20mm 厚 1:2.5 水泥砂浆台阶面，M2.5 水泥砂浆砖砌台阶 | m² | 5 | 68.10 | 340.50 |
| 33 | 010407002001 | 60mm 厚 C10 混凝土散水，20 厚 1:2.5 水泥砂浆抹面 | m² | 13.48 | 12.5 | 168.75 |
| 34 | 020201001001 | 15mm 厚 1:3 石灰砂浆粉内墙面，3mm 厚纸筋灰浆面，刷 106 涂料二度 | m² | 148.41 | 3.39 | 503.22 |
| 35 | 020201001002 | 20mm 厚 1:1:6 混合砂浆粉外墙面 | m² | 134.32 | 3.23 | 433.52 |
| 36 | 020201001003 | 1:2.5 水泥砂浆粉女儿墙内侧 | m² | 4.6 | 3.78 | 17.37 |
| 37 | 020201001004 | 1:2.5 水泥砂浆粉外墙勒脚，500mm 高 | m² | 10.36 | 3.79 | 39.23 |
| 38 | 020401001005 | 20mm 厚 1:2.5 水泥砂浆粉挑廊栏板内侧 | m² | 11 | 4.57 | 50.3 |
| 39 | 020401002001 | 干粘石粉挑廊栏板外侧 | m² | 9.68 | 6.76 | 65.55 |
| 40 | 020203001001 | 零星项目一般抹灰，1:2.5 水泥砂浆粉窗台、女儿墙压顶 | m² | 17.31 | 7.89 | 136.57 |
| 41 | 020203001002 | 零星项目一般抹灰，1:2.5 水泥砂浆粉雨蓬及挑廊，抹石灰水 | m² | 21.10 | 10.64 | 224.53 |
| 42 | 020301001001 | 1:1:6 水泥石灰砂浆粉顶棚，刷 106 涂料，楼梯底面刷石灰水 | m² | 68.08 | 2.58 | 175.37 |
| 43 | 020401001001 | 单扇有腰镶板门 M-223，截面尺寸为 900mm×2600mm，腰窗高 500mm，刷油漆 | 樘 | 4 | 126.61 | 506.44 |
| 44 | 020405001001 | 三扇有腰平开窗 C-27，截面尺寸为 1500mm×1700mm，腰窗高 500mm，刷油漆 | 樘 | 4 | 136.98 | 547.92 |
| 45 | 020405001002 | 三扇有腰平开窗 C-32，截面尺寸为 1500mm×1800mm，腰窗高 500mm，刷油漆 | 樘 | 2 | 227.24 | 454.48 |
| 46 | 020405001003 | 四扇有腰平开窗 C-38，截面尺寸为 1500mm×1800mm，腰窗高 500mm，刷油漆 | 樘 | 2 | 340.1 | 680.2 |
| 47 | 020408001001 | 木窗帘盒，带木棍 | m | 16.54 | 12.37 | 204.62 |
| 48 | 020407004001 | 门窗木贴脸 | m² | 3.23 | 37.25 | 120.32 |
| 49 | 020107002001 | 楼梯钢管栏杆带木扶手 | m | 5.89 | 30.66 | 180.58 |

## 措施项目清单计价表

表 6-1-8

工程名称：某小百货楼工程　　　　　　　　　　　　　　　　　　　　　　第 页 共 页

| 序号 | 项 目 名 称 | 金额（元） | 序号 | 项 目 名 称 | 金额（元） |
|---|---|---|---|---|---|
| 1 | 环境保护 |  | 8 | 混凝土、钢筋混凝土模板及支架 |  |
| 2 | 文明施工 | 227.87 | 9 | 脚手架 |  |
| 3 | 安全施工 | 683.61 | 10 | 垂直运输机械 |  |
| 4 | 临时设施 | 1367.22 | 11 | 大型机械设备进出场及安拆 |  |
| 5 | 夜间施工增加费 |  | 12 | 施工排水、降水 |  |
| 6 | 赶工措施费 |  | 13 | 其他 |  |
| 7 | 二次搬运 |  | 14 | 措施项目费合计 | 2278.71 |

## 其他项目清单计价表

表 6-1-9

工程名称：某小百货楼工程　　　　　　　　　　　　　　　　　　　　　　第 页 共 页

| 序号 | 项 目 名 称 | 金额（元） | 序号 | 项 目 名 称 | 金额（元） |
|---|---|---|---|---|---|
| 1 | 招标人部分 |  | 2 | 投标人部分 |  |
|  | 不可预见费 |  |  | 总承包服务费 |  |
|  | 工程分包和材料购置费 |  |  | 零星工作项目费 |  |
|  | 其他 |  |  | 其他 |  |
|  |  |  |  | 合计 | 0.00 |

## 零星工作项目表

表 6-1-10

工程名称：某小百货楼工程　　　　　　　　　　　　　　　　　　　　　　第 页 共 页

| 序号 | 名 称 | 计量单位 | 数 量 | 金额（元） ||
|---|---|---|---|---|---|
|  |  |  |  | 综合单价 | 合 价 |
| 1 | 人工费 |  |  |  |  |
|  |  | 元 |  |  |  |
| 2 | 材料费 |  |  |  |  |
|  |  | 元 |  |  |  |
| 3 | 机械费 |  |  |  |  |
|  |  | 元 |  |  |  |
|  | 合计 |  |  |  | 0.00 |

## 分部分项工程量清单综合单价分析表

表 6-1-11

工程名称：某小百货楼工程　　　　　　　　　　　　　　　　　　第　页共　页

| 序号 | 项目编码 | 项目名称 | 定额编号 | 工程内容 | 单位 | 数量 | 人工费+材料费+机械费 | 管理费 | 利润 | 综合单价（元） | 合价（元） |
|---|---|---|---|---|---|---|---|---|---|---|---|
| 1 | 010101001001 | 平整场地 | | | m² | 37.94 | | | | 0.27 | 10.09 |
| | | | 1-79 | 人工平整场地 | 10m² | 3.794 | 1.87 | 0.64 | 0.15 | | 2.66×3.794 |
| 2 | 010101003001 | 人工挖地槽（三类土） | | | m³ | 12.14 | | | | 3.68 | 44.73 |
| | | | 1-15 | 人工挖地槽（三类土） | m³ | 21 | 1.5 | 0.51 | 0.12 | | 2.13×21 |
| | | | 1-73+（补1-1）×11 | 余土外运（人力车运600m） | m³ | 0 | 2.16 | 0 | 0 | | 0×0 |
| 3 | 010103001001 | 地槽回填土 | | | m³ | 1.88 | | | | 12.15 | 22.84 |
| | | | 1-83 | 墙基回填土 | m³ | 11 | 1.19 | 0.40 | 0.10 | | 1.69×11 |
| | | | 1-85 | 地槽原土打底夯 | 10m² | 3.9 | 0.77 | 0.26 | 0.06 | | 1.09×3.9 |
| 4 | 010103001002 | 室内回填土 | | | m³ | 10 | | | | 1.71 | 17.11 |
| | | | 1-81 | 地坪回填土 | m³ | 10 | 1.03 | 0.35 | 0.08 | | 1.46×10 |
| | | | 1-84 | 地坪原土打底夯 | 10m² | 3.1 | 0.57 | 0.19 | 0.05 | | 0.81×3.1 |
| 5 | 010301001001 | 带形砖基础 | | | m³ | 4.95 | | | | 120.77 | 597.83 |
| | | | 4-1 | M5水泥砂浆砌砖基础 | m³ | 4.95 | 81.28 | 27.64 | 6.50 | | 115.42×4.95 |
| | | | 4-33 | 墙基防水砂浆防潮层 | 10m² | 0.69 | 27.05 | 9.20 | 2.16 | | 38.41×0.69 |
| 6 | 010302001001 | 实心砖墙 | | | m³ | 6.04 | | | | 119.98 | 724.68 |
| | | | 4-3 | M5混合砂浆砌-砖内墙 | m³ | 6.04 | 84.49 | 28.73 | 6.76 | | 119.98×6.04 |
| 7 | 010302001001 | 实心砖墙 | | | m³ | 25.69 | | | | 121.17 | 3112.86 |
| | | | 4-8 | M5混合砂浆砌-砖外墙 | m³ | 25.69 | 85.33 | 29.01 | 6.83 | | 121.17×25.69 |
| 8 | 010401001001 | 钢筋混凝土带形基础 | | | m³ | 5.64 | | | | 263.33 | 1485.18 |
| | | | 5-4 | 钢筋混凝土带形基础 | m³ | 5.64 | 149.52 | 50.84 | 11.96 | | 212.32×5.64 |
| | | | 1-98 | C10混凝土基础垫层 | m³ | 2.80 | 72.36 | 24.60 | 5.79 | | 102.75×2.80 |
| 9 | 010403005001 | 钢筋混凝土过梁（0.24m×0.36m） | | | m³ | 1.11 | | | | 396.1 | 439.67 |

续表

| 序号 | 项目编码 | 项目名称 | 定额编号 | 工程内容 | 单位 | 数量 | 综合单价组成（元） | | | 综合单价（元） | 合价（元） |
|---|---|---|---|---|---|---|---|---|---|---|---|
| | | | | | | | 人工费+材料费+机械费 | 管理费 | 利润 | | |
| | | | 5-49 | 钢筋混凝土过梁 | m³ | 1.11 | 278.94 | 94.84 | 22.32 | | 396.1×1.11 |
| 10 | 010403005002 | 钢筋混凝土过梁（0.24m×0.24m) | | | m³ | 0.63 | | | | 396.1 | 249.54 |
| | | | 5-49 | 钢筋混凝土过梁 | m³ | 0.63 | 278.94 | 94.84 | 22.32 | | 396.1×0.63 |
| 11 | 010403004001 | 钢筋混凝土圈梁（0.24m×0.36m) | | | m³ | 0.61 | | | | 270.98 | 165.30 |
| | | | 5-47 | 钢筋混凝土圈梁 | m³ | 0.61 | 190.83 | 64.88 | 15.27 | | 270.98×0.61 |
| 12 | 010403004002 | 钢筋混凝土圈梁（0.24m×0.24m) | | | m³ | 1.26 | | | | 270.98 | 341.43 |
| | | | 5-47 | 钢筋混凝土圈梁 | m³ | 1.26 | 190.83 | 64.88 | 15.27 | | 270.98×1.26 |
| 13 | 010405008001 | 钢筋混凝土雨篷 | | | m³ | 0.74 | | | | 489.72 | 362.39 |
| | | | 5-79 | 钢筋混凝土雨篷 | 10m² | 1.06 | 240.76 | 81.86 | 19.26 | | 341.88×1.06 |
| 14 | 010405007001 | 钢筋混凝土挑廊 | | | m³ | 0.74 | | | | 759.30 | 561.88 |
| | | | 5-83 | 钢筋混凝土挑廊 | 10m² | 1.06 | 373.30 | 126.92 | 29.86 | | 530.08×1.06 |
| 15 | 010405006001 | 钢筋混凝土挑廊栏板 | | | m³ | 0.76 | | | | 408.55 | 310.50 |
| | | | 5-85 | 钢筋混凝土挑廊栏板 | 10m | 1.06 | 206.28 | 70.14 | 16.50 | | 292.92×1.06 |
| 16 | 010407001001 | 钢筋混凝土女儿墙压顶 | | | m³ | 0.43 | | | | 325.1 | 139.79 |
| | | | 5-94 | 钢筋混凝土女儿墙压顶 | m³ | 0.43 | 228.94 | 77.84 | 18.32 | | 325.1×0.43 |
| 17 | 010412001001 | 预制C20钢筋混凝土屋面架空板 | | | m³ | 0.93 | | | | 317.66 | 295.42 |
| | | | 7-91 | 架空板安装 | m³ | 0.93 | 30.17 | 10.26 | 2.41 | | 42.84×0.93 |
| | | | 7-10 | 架空板运输 | m³ | 0.93 | 30.88 | 10.50 | 2.47 | | 43.85×0.93 |
| | | | 5-147 | 预制架空板 | m³ | 0.93 | 162.66 | 55.30 | 13.01 | | 230.97×0.93 |
| 18 | 010412002001 | 预制C30钢筋混凝土空心板KB35-52 | | | m³ | 0.52 | | | | 338.88 | 176.22 |
| | | | 7-77 | 空心板安装 | m³ | 0.52 | 28.33 | 9.63 | 2.27 | | 40.23×0.52 |
| | | | 5-165 | 预制空心板 | m³ | 0.52 | 175.78 | 59.77 | 14.06 | | 249.61×0.52 |

续表

| 序号 | 项目编码 | 项目名称 | 定额编号 | 工程内容 | 单位 | 数量 | 综合单价组成（元） | | | 综合单价（元） | 合价（元） |
|---|---|---|---|---|---|---|---|---|---|---|---|
| | | | | | | | 人工费+材料费+机械费 | 管理费 | 利润 | | |
| | | | 5-165注 | 空心板混凝土堵头 | $m^3$ | 0.52 | 3.54 | 1.20 | 0.28 | | 5.02×0.52 |
| | | | 7-10 | 空心板运输 | $m^3$ | 0.52 | 31.00 | 10.54 | 2.48 | | 44.02×0.52 |
| 19 | 010412002002 | 预制C30钢筋混凝土空心板 KB35-62 | | | $m^3$ | 4.31 | | | | 338.88 | 1460.57 |
| | | | 7-77 | 空心板安装 | $m^3$ | 4.31 | 28.33 | 9.63 | 2.27 | | 40.23×4.31 |
| | | | 5-165 | 预制空心板 | $m^3$ | 4.31 | 175.78 | 59.77 | 14.06 | | 249.61×4.31 |
| | | | 5-165注 | 空心板混凝土堵头 | $m^3$ | 4.31 | 3.54 | 1.20 | 0.28 | | 5.02×4.31 |
| | | | 7-10 | 空心板运输 | $m^3$ | 4.31 | 31.00 | 10.54 | 2.48 | | 44.02×4.31 |
| 20 | 010413001001 | 预制C20钢筋混凝土L型楼梯踏步板 | | | $m^3$ | 0.32 | | | | 301.61 | 96.52 |
| | | | 7-91 | L型踏步板安装 | $m^3$ | 0.32 | 30.17 | 10.26 | 2.41 | | 42.84×0.32 |
| | | | 5-146 | 预制L型踏步板 | $m^3$ | 0.32 | 182.23 | 61.96 | 14.58 | | 258.77×0.32 |
| 21 | 010416001001 | 现浇钢筋混凝土构件钢筋 | | | t | 0.712 | | | | 1397.41 | 994.96 |
| | | | 5-174 | 现浇构件钢筋 | t | 0.712 | 984.09 | 334.59 | 78.73 | | 1397.41×0.712 |
| 22 | 010416002001 | 预制钢筋混凝土构件钢筋 | | | t | 0.162 | | | | 1397.41 | 226.38 |
| | | | 5-174 | 预制构件钢筋 | t | 0.162 | 984.09 | 334.59 | 78.73 | | 1397.41×0.162 |
| 23 | 010416004001 | 预应力钢筋 | | | t | 0.15 | | | | 1789.92 | 268.49 |
| | | | 5-175 | 预应力钢筋 | t | 0.15 | 1260.51 | 428.57 | 100.84 | | 1789.92×0.15 |
| 24 | 010417002001 | 预埋铁件 | | | t | 0.003 | | | | 2476.14 | 7.43 |
| | | | 5-176 | 预埋铁件 | t | 0.003 | 1743.76 | 592.88 | 139.50 | | 2476.14×0.003 |
| 25 | 010702001001 | 屋面卷材防水 | | | $m^2$ | 39.09 | | | | 11.07 | 432.88 |
| | | | 10-39 | 屋面二毡三油砂防水 | $10m^2$ | 3.91 | 57.7 | 19.62 | 4.62 | | 81.94×3.91 |
| | | | 9-26 | 屋面1:3水泥砂浆找平层 | $10m^2$ | 3.91 | 20.26 | 6.89 | 1.62 | | 28.77×3.91 |
| 26 | 010702004001 | 屋面镀锌钢板水落管 | | | m | 25.8 | | | | 13.01 | 335.54 |
| | | | 10-60 | 镀锌钢板水落管 | 10m | 2.58 | 27.49 | 9.35 | 2.20 | | 39.04×2.58 |

续表

| 序号 | 项目编码 | 项目名称 | 定额编号 | 工程内容 | 单位 | 数量 | 综合单价组成（元） | | | 综合单价（元） | 合价（元） |
|---|---|---|---|---|---|---|---|---|---|---|---|
| | | | | | | | 人工费+材料费+机械费 | 管理费 | 利润 | | |
| | | | 10-64 | 镀锌钢板水落斗 | 10个 | 0.4 | 72.24 | 24.56 | 5.78 | | 102.58×0.4 |
| | | | 10-73 | 女儿墙铸铁弯头落水口 | 10个 | 0.4 | 297.65 | 101.20 | 23.81 | | 422.66×0.4 |
| | | | 12-147 | 镀锌钢板水落管，水斗油漆 | 10m² | 0.75 | 23.21 | 7.89 | 1.86 | | 32.96×0.75 |
| 27 | 010803001001 | 屋面架空隔热层混凝土板面层 | | | m² | 32.18 | | | | 3.06 | 98.57 |
| | | | 11-94 | 架空隔热混凝土板面层 | 10m² | 3.218 | 21.57 | 7.33 | 1.73 | | 30.63×3.218 |
| 28 | 020101001001 | 1:2 水泥砂浆地面 | | | m² | 31.04 | | | | 12.36 | 383.79 |
| | | | 9-33 换 | 1:2 水泥砂浆地面面层 | 10m² | 3.104 | 20.07 | 20.07 | 6.82 | | 46.96×3.104 |
| | | | 9-5 | 地面碎石垫层（厚70mm） | m³ | 2.17 | 24.2 | 8.23 | 1.94 | | 34.37×2.17 |
| | | | 9-6 | 地面C10混凝土垫层（厚50mm） | m³ | 1.55 | 74.26 | 25.25 | 5.94 | | 105.45×1.55 |
| 29 | 020101001002 | 1:2 水泥砂浆楼面 | | | m² | 31.04 | | | | 6.85 | 212.50 |
| | | | 9-33 换 | 1:2 水泥砂浆楼面面层 | 10m² | 3.104 | 20.09 | 6.82 | 1.61 | | 28.52×3.104 |
| | | | 9-30+9-30×2 | C20 细石混凝土楼面找平层（厚30mm） | 10m² | 3.104 | 28.13 | 9.56 | 2.25 | | 39.94×3.104 |
| 30 | 020105001001 | 1:2 水泥砂浆踢脚线 | | | m² | 7.69 | | | | 6.19 | 47.63 |
| | | | 9-35 | 1:2 水泥砂浆踢脚线 | 10m | 6.41 | 5.23 | 1.78 | 0.42 | | 7.43×6.41 |
| 31 | 020106003001 | 1:2.5 水泥砂浆楼梯面 | | | m² | 4.1 | | | | 8.94 | 36.66 |
| | | | 9-36 | 楼梯水泥砂浆抹面 | 10m² | 0.41 | 62.96 | 21.41 | 5.04 | | 89.41×0.41 |
| 32 | 020108003001 | 1:2.5 水泥砂浆台阶面 | | | m² | 5 | | | | 68.10 | 340.50 |
| | | | 9-61 | 砖砌台阶水泥砂浆抹面 | 10m² | 0.5 | 479.57 | 163.05 | 38.37 | | 680.99×0.5 |
| 33 | 010407002001 | 混凝土散水 | | | m² | 13.48 | | | | 12.5 | 168.75 |
| | | | 9-67 | C10 混凝土散水 | 10m² | 1.35 | 88.03 | 29.93 | 7.04 | | 125×1.35 |
| 34 | 020201001001 | 1:3 石灰砂浆粉内墙面 | | | m² | 148.41 | | | | 3.39 | 503.22 |
| | | | 12-18 | 1:3 石灰砂浆粉内墙面 | 10m² | 14.84 | 19.02 | 6.47 | 1.52 | | 27.01×14.84 |
| | | | 12-161 | 内墙面刷106涂料 | 10m² | 14.84 | 4.86 | 1.65 | 0.39 | | 6.9×14.84 |

续表

| 序号 | 项目编码 | 项目名称 | 定额编号 | 工程内容 | 单位 | 数量 | 综合单价组成（元） | | | 综合单价（元） | 合价（元） |
|---|---|---|---|---|---|---|---|---|---|---|---|
| | | | | | | | 人工费+材料费+机械费 | 管理费 | 利润 | | |
| 35 | 020201001002 | 1:1:6 混合砂浆粉外墙面 | | | m² | 134.32 | | | | 3.23 | 433.52 |
| | | | 12-37 | 1:1:6 混合砂浆粉外墙面 | 10m² | 13.43 | 22.73 | 7.73 | 1.82 | | 32.28×13.43 |
| 36 | 020201001003 | 1:2.5 水泥砂浆粉女儿墙内侧 | | | m² | 4.6 | | | | 3.78 | 17.37 |
| | | | 12-38 注 | 1:2.5 水泥砂浆粉女儿墙内侧 | 10m² | 0.46 | 26.58 | 9.04 | 2.13 | | 37.75×0.46 |
| 37 | 020201001004 | 1:2.5 水泥砂浆粉外墙勒脚 | | | m² | 10.36 | | | | 3.79 | 39.23 |
| | | | 12-50 | 1:2.5 水泥砂浆粉外墙勒脚 | m² | 1.036 | 26.67 | 9.07 | 2.13 | | 37.87×1.036 |
| 38 | 020401001005 | 1:2.5 水泥砂浆粉挑廊栏板内侧 | | | m² | 11.00 | | | | 4.57 | 50.3 |
| | | | 12-56 | 1:2.5 水泥砂浆粉挑廊栏板内侧 | 10m² | 1.10 | 32.20 | 10.95 | 2.58 | | 45.73×1.10 |
| 39 | 020401002001 | 干粘石粉挑廊栏板外侧 | | | m² | 9.8 | | | | 6.76 | 65.55 |
| | | | 12-69 | 干粘石粉挑廊栏板外侧 | 10m² | 0.97 | 47.59 | 16.18 | 3.81 | | 67.58×0.97 |
| 40 | 020203001001 | 零星项目一般抹灰 | | | m² | 17.31 | | | | 7.89 | 136.57 |
| | | | 12-54 | 1:2.5 水泥砂浆粉窗台、女儿墙压顶 | 10m² | 1.73 | 55.59 | 18.9 | 4.45 | | 78.94×1.73 |
| 41 | 020203001002 | 零星项目一般抹灰 | | | m² | 21.10 | | | | 10.64 | 224.53 |
| | | | 12-55 | 1:2.5 水泥砂浆粉雨篷及挑廊 | 10m² | 2.11 | 74.22 | 25.23 | 5.94 | | 105.39×2.11 |
| | | | 12-174 | 雨篷、挑廊底面刷石灰水 | 10m² | 2.11 | 0.72 | 0.24 | 0.06 | | 1.02×2.11 |
| 42 | 020301001001 | 1:1:6 水泥石灰砂浆粉顶棚 | | | m² | 68.08 | | | | 2.58 | 175.37 |
| | | | 12-1 | 水泥纸筋石灰砂浆粉顶棚 | 10m² | 6.81 | 13.64 | 4.64 | 1.09 | | 19.37×6.81 |
| | | | 12-161 | 顶棚顶刷 106 涂料 | 10m² | 6.21 | 4.86 | 1.65 | 0.39 | | 6.9×6.21 |
| | | | 12-174 | 楼梯底面刷石灰水 | 10m² | 0.6 | 0.72 | 0.24 | 0.06 | | 1.02×0.6 |
| 43 | 020401001001 | 单扇有腰镶板门 M-223 | | | 樘 | 4 | | | | 126.61 | 506.44 |
| | | | 8-38 | 单扇有腰镶板门 | 10m² | 0.94 | 297.55 | 101.17 | 23.80 | | 422.52×0.94 |
| | | | 说明 8 | 门锁 | 把 | 4 | 7.92 | 2.69 | 0.63 | | 11.24×4 |

续表

| 序号 | 项目编码 | 项目名称 | 定额编号 | 工程内容 | 单位 | 数量 | 综合单价组成（元） | | | 综合单价（元） | 合价（元） |
|---|---|---|---|---|---|---|---|---|---|---|---|
| | | | | | | | 人工费+材料费+机械费 | 管理费 | 利润 | | |
| | | | 估1 | 木门场外运输(10km) | t | 0.94 | 11.45 | 3.89 | 0.92 | | 16.26×0.94 |
| | | | 12-101注 | 木门油漆（奶油色） | 10m² | 0.94 | 36.73 | 12.49 | 2.94 | | 52.16×0.94 |
| 44 | 020405001001 | 三扇有腰平开窗（-2） | | | 樘 | 4 | | | | 136.98 | 547.92 |
| | | | 8-7 | 三扇有腰平开窗 | 10m² | 1.02 | 330.11 | 112.24 | 26.41 | | 468.76×1.02 |
| | | | 估1 | 木窗场外运输(10km) | t | 1.02 | 11.45 | 3.89 | 0.92 | | 16.26×1.02 |
| | | | 12-101注 | 木窗油漆（奶油色） | 10m² | 1.02 | 36.73 | 12.49 | 2.94 | | 52.16×1.02 |
| 45 | 020405001002 | 三扇有腰平开窗（-32） | | | 樘 | 2 | | | | 227.24 | 454.48 |
| | | | 8-7 | 三扇有腰平开窗 | 10m² | 0.54 | 330.11 | 112.24 | 26.41 | | 468.76×0.54 |
| | | | 8-104换 | 钢窗栅 | 10m² | 0.54 | 206.97 | 70.37 | 16.56 | | 293.9×0.54 |
| | | | 7-38 | 钢窗栅运输(5km) | t | 0.036 | 23.57 | 8.01 | 1.89 | | 33.47×0.036 |
| | | | 估1 | 木窗场外运输(10km) | t | 0.54 | 11.45 | 3.89 | 0.92 | | 16.26×0.54 |
| | | | 12-128 | 钢窗栅油漆 | t | 0.068 | 46.52 | 15.82 | 3.72 | | 66.06×0.068 |
| | | | 12-101注 | 木窗油漆（奶油色） | 10m² | 0.54 | 36.73 | 12.49 | 2.94 | | 52.16×0.54 |
| 46 | 020405001003 | 四扇有腰平开窗 C-38 | | | 樘 | 2 | | | | 340.1 | 680.2 |
| | | | 8-8 | 四扇有腰平开窗 | 10m² | 0.94 | 304.23 | 103.44 | 24.34 | | 432.01×0.94 |
| | | | 补1 | 排木板 | 樘 | 2 | 73.87 | 25.12 | 5.91 | | 104.9×2 |
| | | | 估1 | 木窗场外运输(10km) | t | 0.94 | 11.45 | 3.89 | 0.92 | | 16.26×0.94 |
| | | | 12-101注 | 木窗油漆（奶油色） | 10m² | 0.94 | 36.73 | 12.49 | 2.94 | | 52.16×0.94 |
| 47 | 020407004001 | 木窗帘盒（带木棍） | | | m | 16.54 | | | | 12.37 | 204.62 |
| | | | 8-107 | 木窗帘盒 | 10m | 1.654 | 83.00 | 28.22 | 6.64 | | 117.86×1.654 |
| | | | 12-103 | 窗帘盒油漆 | 10m | 1.654 | 4.12 | 1.4 | 0.33 | | 5.85×1.654 |
| 48 | 020407004001 | 门窗木贴脸 | | | m² | 3.23 | | | | 37.25 | 120.32 |
| | | | 8-111 | 门窗贴脸 | 10m | 8.07 | 6.38 | 2.17 | 0.51 | | 9.06×8.07 |
| | | | 12-103 | 门窗贴脸 | 10m | 8.07 | 4.12 | 1.4 | 0.33 | | 5.85×8.07 |

续表

| 序号 | 项目编码 | 项目名称 | 定额编号 | 工程内容 | 单位 | 数量 | 综合单价组成（元） | | | 综合单价（元） | 合价（元） |
|---|---|---|---|---|---|---|---|---|---|---|---|
| | | | | | | | 人工费+材料费+机械费 | 管理费 | 利润 | | |
| 49 | 020107002001 | 楼梯铁栏杆带带木扶手 | | | m | 5.89 | | | | 30.66 | 180.58 |
| | | | 8-191换 | 楼梯钢管栏杆带木扶手 | 10m | 0.59 | 194.75 | 66.22 | 15.58 | | 276.55×0.6 |
| | | | 7-38 | 钢管栏杆运输（5km） | t | 0.036 | 23.57 | 8.01 | 1.89 | | 33.47×0.036 |
| | | | 12-103 | 木扶手油漆 | 10m | 1.53 | 4.12 | 1.4 | 0.33 | | 5.85×1.53 |
| | | | 12-128 | 楼梯钢管栏杆油漆 | t | 0.068 | 46.52 | 15.82 | 3.72 | | 66.06×0.068 |

**措施项目费分析表**

表 6-1-12

工程名称：某小百货楼工程　　　　　　　　　　　　第　页共　页

| 序号 | 措施项目名称 | 单位 | 数量 | 金额（元） | | | | | |
|---|---|---|---|---|---|---|---|---|---|
| | | | | 人工费 | 材料费 | 机械使用费 | 管理费 | 利润 | 小计 |
| 1 | 环境保护费 | | | | | | | | |
| 2 | 文明施工费 | | | | | | | | |
| 3 | 安全施工费 | | | | | | | | |
| 4 | 临时设施费 | | | | | | | | |
| 5 | 夜间施工增加费 | | | | | | | | |
| 6 | 赶工措施费 | | | | | | | | |
| 7 | 二次搬运费 | | | | | | | | |
| 8 | 混凝土、钢筋混凝土模板及支架 | | | | | | | | |
| 9 | 脚手架搭拆费 | | | | | | | | |
| 10 | 垂直运输机械使用费 | | | | | | | | |
| 11 | 大型机械设备进出场及安拆 | | | | | | | | |
| 12 | 施工排水、降水 | | | | | | | | |
| 13 | 其他 | | | | | | | | |
| | 措施项目费合计 | | | | | | | | |

**主要材料价格表**

表 6-1-13

工程名称：某小百货楼工程　　　　　　　　　　　　第　页共　页

| 序号 | 材料编码 | 材料名称 | 规格、型号等特殊要求 | 单位 | 单价/元 |
|---|---|---|---|---|---|
| | | | | | |
| | | | | | |
| | | | | | |
| | | | | | |
| | | | | | |
| | | | | | |

# 下篇 安 装 工 程

## 例1 通风空调工程定额预算与工程量清单计价对照

### 1-1 高层建筑（21层）空调工程

**一、预算定额计价编制说明**

图 1-1-1 至图 1-1-5 为某高层（21层）建筑内第九空调系统施工图。

该例按 1995 年《全国统一安装工程预算定额四川省估价表》SGD 5—95、1995 年《四川省建设工程费用定额》SGD 7—95、1995 年《重庆市建筑安装材料预算价格》等文件确定其工程造价。已知：该工程为一类工程；承包商的取费级别为一级，且差别利润率为Ⅰ级标准；工程在市区。

工程量计算表与汇总表、工程计价表、以定额人工费为取费基础的费用计算表见表 1-1-1 至表 1-1-4。封面、编制说明、工料分析表略。

**施工说明：**

1. 风管材料采用优质碳素钢镀锌钢板。其厚度：风管周长小于 2000mm 时，为 0.75mm；风管周长小于 4000mm 时，为 1mm；风管周长大于 4000mm 时，为 1.2mm。
2. 除新风口外，各风口材料均采用铝合金。静压箱采用厚为 1.5mm 的镀锌钢板制作。
3. 风管保温材料采用厚度 60mm 的玻璃棉毯，防潮层采用油毡纸，保护层采用玻璃布。
4. 安装施工时，按《通风与空调工程施工及验收规范》GBJ 243—82 执行。

工 程 量 计 算 表  表 1-1-1

| 序号 | 项目名称规格 | 单位 | 工程量 | 计 算 式 |
|---|---|---|---|---|
| 一 | 餐厅空调部分 | | | |
| (一) | 风管 | | | 风管长度按已知尺寸推算和按比例量取得到 |
| 1 (1) | 沿ⓒ轴敷设的风管干管 | | | |
| | 风管 500×400 | $m^2$ | 9.9 | 5.5(风管长度)×(0.5+0.4)×2(风管周长)$m^2$ = 9.9$m^2$<br>[说明](1)风管长度 5.5m 是从ⓒ轴与⑬轴的交叉处 500×400 风管，右边第一个支管的中心线处算起，沿ⓒ轴向西至风管变径处截止。<br>(2)计算风管周长：因为风管宽度为 0.5m，高度为 0.4m，所以周长为(0.5+0.4)×2=1.8m。从而得到风管展开面积为风管长度乘以风管周长。 |
| | 风管 1200×400 | $m^2$ | 43.01 | [(7.5−0.235−1.05)+1.875+3.75+1.600](风管长度)×(1.2+0.4)×2 (风管周长)$m^2$=13.44(风管总长)×3.2(风管周长)$m^2$ = 43.01$m^2$<br>[说明](1)7.5m 是⑬与⑭轴之间的距离；0.235m 是⑬轴墙内皮至⑬轴敷设的风管 1000×400 的左外表面之间的距离；1.05m 沿⑬轴敷设风管 1000×400 的宽度与ⓒ轴和⑬轴交角处风管与三通管之间的 0.05m 法兰间隙之和。1.875m 是沿ⓒ轴敷设的风管由左向右第二个支管中轴与⑭轴之间的距离；3.75m 是沿ⓒ轴敷设的风管由左向右数第二个与第二个支管中轴之间的距离；1.6m 是沿ⓒ轴敷设的风管由左向右数第三个支管中轴与风管变径处之间距离。<br>(2)计算风管周长：风管宽度为 1.2m，高度为 0.4m，故周长为(1.2+0.4)×2=3.2m。从而得到风管展开面积为风管总长乘风管周长。<br>补充：3.75m 是沿ⓒ轴敷设的风管由东向西倒数第二个支管和倒数第二个支管中心线的长度，1.6m 同上解释 |

续表

| 序号 | 项目名称规格 | 单位 | 工程量 | 计 算 式 |
|---|---|---|---|---|
| (2) | 支管 630×200 | m² | 9.88 | $[(0.45+0.6)(风管长度)\times3(支管数)+(0.45+1.2-0.25)(风管长度)\times2(支管数)]\times(0.63+0.2)\times2(风管周长)m^2=5.95\times1.66m^2=9.88m^2$ |
| | | | | [说明](1)沿ⓒ轴敷设的风管上的支管共5个,在风管1200×400上有3个较短的,在风管500×400上有2个较长的,支管出口与ⓒ轴平行。0.45m是较短支管出口处距风管1200×400外表面之间的距离;0.6m是风管外表面距风管中轴线之间的距离,即风管宽度的一半。因为有3个短支管所以乘以3。0.45m同上;1.2m是变径前干管宽度;0.25m是干管变径后宽度的一半。长支管长度是出口距风管500×400中轴线之间的距离。2是长支管的个数。<br>(2)风管周长:0.63m是风管630×200的宽度;0.2m是其高度。故5根支管的总展开面积是五根支管的总长乘以周长,即总长为5.95m,周长为1.66m,展开面积为9.88m² |
| 2 | 沿⑬与Ⓐ轴敷设的风管 | | | |
| (1) | 干管 | | | |
| | 风管1000×400 | m² | 54.04 | $[9.7(沿⑬轴敷设)+9.6(沿Ⓐ轴敷设)](风管总长)\times(1.0+0.4)\times2(风管周长)m^2=19.3\times2.8m^2=54.04m^2$ |
| | | | | [说明](1)9.7m是沿⑬轴敷设的风管在Ⓐ和ⓒ轴之间的长度;9.6m是沿Ⓐ轴敷设的干管从⑬轴交角处向右至变径处之间的长度。(2)风管周长:风管宽度为1.0m,高为0.4m。 |
| | 风管500×400 | m² | 10.8 | $6(风管长度)\times(0.5+0.4)\times2(风管周长)m^2=10.8m^2$ |
| | | | | [说明](1)风管长度是轴Ⓐ与轴⑮交角面干管右端面沿Ⓐ轴向左至变径处的长度为6m。<br>(2)风管周长:风管宽度为0.5m,高度为0.4m。 |
| (2) | 支管 630×200 | m² | 8.47 | $[(0.65+0.5)\times2(2个支管总长)+(0.65+1.0-0.25)\times2(另2个支管总长)]\times(0.63+0.2)\times2(风管周长)m^2=5.1\times1.66m^2=8.47m^2$ |
| | | | | [说明]在沿Ⓐ轴敷设的干管上总共有4支支管,其中较短的有2支,较长的有2支,4支支管口径相同。支管出口位置与Ⓐ轴平行。<br>(1)0.65m是较短支管出口与干管1000×400上外表面之间的距离。0.5m是干管宽度的一半,即干管上外表面与干管中轴线之间的距离。2表示两个支管。0.65m同上;1.0m表示干管变径前的宽度;0.25m表示干管变径后宽度的一半。(0.65+1.0-0.25)=0.5m表示长支管出口到干管轴线间的长度。2表示有两支长支管。<br>(2)支管周长:0.63m为支管宽度,0.2m为支管高度。 |
| (二) | 带调节板活动百叶铝风口 3.6kg/个 | 制作 kg | 32.4 | 风口数量从图2-15(21层餐厅空调系统平面图)上计算,显然可见沿Ⓐ轴敷设的干管上接出4个支管各带一个风口共4个;沿ⓒ轴敷设的干管上接出5个支管各带一个风口共5个。故风口数量共9个,工程量为3.6×9=32.4kg 单位重量通过查《全国统一安装工程预算定额》第九分册(通风空调工程)得到每个3.6kg。查《国标通风部件标准重量表》 |
| | | 安装 个 | 9 | |

续表

| 序号 | 项目名称规格 | 单位 | 工程量 | 计 算 式 |
|---|---|---|---|---|
| 二 | 空调机房部分 | | | 位于21层餐厅的ⓒ轴与⑬轴的交叉处。机房内设有两台空调机组,空气处理方式采用新风加回风混合后经过滤、降温、除湿后送入餐厅。新风由单设的新风管道引入,回风由设于机房与餐厅之间墙壁上的木百叶回风窗引入空调机房,再经回风管道至空调机组。送风管道是将两台空调机组送风管在ⓒ轴与⑬轴交叉处汇合后,沿⑬轴靠墙布置到餐厅后经三通管分成两支,分别布置于南墙和北墙顶部 |
| (一) | 风管 | | | 风管长度按已知尺寸推算和按比例量取 |
| 1 | 新风管道 | | | |
| (1) | 风管 800×400 | m² | 22.32 | [8.4(新风口至⑭轴墙外皮) + 0.9(⑭轴墙外皮至支管中心线交点)]×(0.8+0.4)×2(风管周长)m² = 22.32m² <br><br>[说明](1)风管长度:8.4m是ⓒ轴与⑮轴交叉处北侧的新风口至⑭轴墙外表面的距离。0.9m是⑭轴墙外表面至接到第一台空调机组上的新风支管中心线交点之间的距离。<br>(2)风管周长:风管宽度为0.8m,高为0.4m。 |
| (2) | 风管 400×400 | m² | 12.61 | 水平风管长度 = (3.4 + 0.8 + 0.8)m = 5m<br>立风管长度 = (1.85 - 阀长 - 软管长)×2(根数)<br>= (1.85 - 0.21 - 0.2)×2m = 2.88m<br>面积为:(5 + 2.88)×2×(0.4 + 0.4)m² = 12.61m²<br><br>[说明](1)风管总长度包括水平风管长度和竖直风管长度。3.4m表示从接到第一台空调机组上的新风支管中心线到接到第二台空调机机组的新风支管中心线之间的距离。0.8m表示第一个新风支管向南弯管长度与向下弯管长度之和,因为风管宽度和高度均为0.4m,故两个弯管在水平方向共长0.8m。下一个0.8m表示第二个新风支管弯管的水平长度。1.85m表示水平新风管的下表面至空调机组上表面之间的距离。0.21m表示在竖直新风管下端的密闭式对开多叶调节阀的长度。0.2m表示新风管与空调机组之间所接软管的长度。<br>(2)新风管道周长为2×(0.4 + 0.4)m = 1.6m |
| 2 | 回风管道 900×735 | m² | 8.68 | $\left\{\left[0.7 + \frac{1.75}{2}(中心线长) - 0.21(阀长)\right] + \left[0.6 + \frac{1.75}{2}(中心线长) - 0.21(阀长)\right]\right\}×(0.9 + 0.735)×2(风管周长)m² = 2.63×3.3m² = 8.68m²$<br><br>[说明]0.7m表示从回风口向北风管735×1750的南外表面之间的距离。(1.75/2)m表示风管1750×735宽度的一半。两个数据之和表示从回风口至空调中心线之间的距离。0.21m表示装在水平回风管口处的密闭式对开多叶调节阀的长度。<br>风管周长:风管宽度为0.9m,高度为0.735m。 |
| | 回风管 735×1750 | m² | 6.46 | $\left[\left(1.1 - \frac{0.9}{2}\right)×2(2个风管总长)\right]×(1.75 + 0.735)×2(风管周长)m² = 1.3×4.97m² = 6.46m²$<br><br>[说明]1.1m表示主回风管右端面至空调与其法兰接口之间的距离。(0.9/2)m表示风管900×735宽度的一半。2表示主回风管的数量 |

续表

| 序号 | 项目名称规格 | 单位 | 工程量 | 计　算　式 |
|---|---|---|---|---|
| 3 | 送风管道 | | | |
| (1) | 静压箱至餐厅一段:2100×400 | m² | 7.74 | [0.0972+0.5+0.2(隔墙厚)+0.75(ⓒ轴隔墙外皮距支管中心线交叉点)](风管总长)×2×(2.1+0.4)(风管周长)m² = 1.547×5m² = 7.74m²<br>[说明]0.095m 表示静压箱外表面与其下面的空调机组外表面的水平距离。0.5m 表示空调机组外表面与内墙之间的距离。0.2m 表示空调机房与餐厅之间的隔墙厚度。0.75m=0.15m+0.6m;0.15m 表示ⓒ轴隔墙外表面沿ⓒ轴敷设风管外表面的距离;0.6m 表示沿ⓒ轴敷设风管的宽度的一半 1200/2=600,0.75m 表示ⓒ轴隔墙外表面距ⓒ轴敷设的支管中心线之间的距离。风管宽 2.1m,高 0.4m。 |
| (2) | 空调器至静压箱一段 361×361,6根管 | m² | 2.60 | 靠⑭轴侧 3 根风管:[0.42(空调器与静压箱间距)-0.21(阀长)-0.2(软管长)](一根风管长度)×3m=0.01m×3=0.03m<br>另 3 根风管:[1.0(空调器与静压箱间距)-0.21(阀长)-0.2(软管长)]×3(3 根风管总长)m=1.77m<br>则面积为:(0.03+1.77)(风管总长)×(0.361×4)(风管周长)m² = 2.60m²<br>[说明](1)靠近⑭轴侧的 3 根送风管:0.42m 表示空调器上表面与静压箱下表面之间的距离。0.21m 表示装在竖直送风管下端的密闭式对开多叶调节阀的长度。0.2m 表示装在送风管下端与空调器对接的一段软管长度。3 表示数量。<br>(2)靠近⑬轴侧的 3 根送风管:1.0m 表示空调器上表面与静压箱下表面之间的距离。0.12m 表示装在送风管下端与空调器对接的一段软管长度;0.21m 表示装在竖直送风管下端的密闭式对开多叶调节阀的长度 |
| (二) | 静压箱,2个,尺寸分别为 2.0×0.9×1.5, 2.1×1.7×0.91(m) 板厚 1.5mm | kg | 310.52 | 一个静压箱面积:(2.0×0.9+2×1.5+0.9×1.5)×2m² = 12.3m²<br>另一个静压箱面积:(2.1×1.7+2.1×0.91+1.7×0.91)×2m² = 14.06m² 面积共为(12.3+14.06)m² = 26.36m²<br>则为 11.78×26.36kg = 310.52kg<br>[说明]静压箱是用优质碳素钢镀锌钢板制作的长方体密闭空箱。其作用是用来调节空调器送风风压和平衡送风系统风压波动,使送风风速更加稳定。静压箱工程量计算是求其表面积,即 6 个表面面积之和,因为互相平行的 2 个面积相等,所以只需计算 1 个角相邻的 3 个面积之和再乘以 2 即可。静压箱 2.0×0.9×1.5 的表面积为(2.0×0.9+2×1.5+0.9×1.5)×2=12.3m²,静压箱 2.1×1.7×0.91 的表面积计算方法同上 |
| (三) | 变风量空调器, $BFP_{12}$-L,制冷量 60.48kW,2 台 | 台 | 2 | [说明]变风量空调器是利用改变送入室内的送风量来实现对室内温度和湿度调节的 |
| (四) | 密闭式对开多叶调节阀<br>400×400<br>13.1kg/个<br>900×750<br>27.4kg/个<br>2100×400<br>65.4kg/个 | 个<br>个<br>个 | 8<br>2<br>1 | 104.8kg<br>54.8kg<br>65.4kg |

续表

| 序号 | 项目名称规格 | 单位 | 工程量 | 计算式 |
|---|---|---|---|---|
| (五) | 风口 | | | |
| 1 | 单层百叶铝回风口,900×735 | kg | 13.2 | 2个 |
| 2 | 网式新风口 800×400 | kg | 2.44 | 1个 |
| (六) | 帆布短管 | m² | 2.373 | (0.4×4)(周长)×0.2(短管长)×2(短管个数)m² = 0.64m²<br>(0.361×4)(周长)×0.2(短管长)×6(短管个数)m² = 1.7328m²<br>(0.64+1.7328)m² = 2.373m² |
| 三 | 风管绝热 | | | [说明]风管绝热是在风管外加一层绝热材料,起到阻热量传导的目的,防止冷气热量在风管内损失和防止风管表面结露 |
| (一) | 餐厅风管 500×400 | m³ | 1.41 | [(0.5+0.06)+(0.4+0.06)]×2×(5.5+6)(风管长度)×0.06m³ = 1.41m³<br>[说明]0.5m表示风管宽度;0.06m表示绝热材料厚度。(0.5+0.06)m表示加上绝热材料后风管的宽度。0.4m表示风管高度;0.06m表示绝热材料厚度;(0.5+0.06)m表示加上绝热材料后风管的高度。5.5m表示从ⓒ轴与⑯轴的交角沿ⓒ轴敷设的风管的顶端到风管变径处之间的长度;6m表示从轴Ⓐ与轴⑮交角处干管末端面沿Ⓐ轴向西至变径处之间的长度。0.06m表示保温层的厚度。 |
| | 风管 1200×400 | m³ | 2.77 | [(1.2+0.06)+(0.4+0.06)]×2×13.44×0.06m³ = 2.77m³<br>[说明]1.2m表示风管宽度。0.4m表示风管高度;0.06m表示保温材料的厚度。(1.2+0.06)m表示加上保温材料后风管外表面总宽度;(0.4+0.06)m表示加上保温材料后风管外表面总高度。13.44m表示风管总长:[(7.5-0.235-1.05)+1.875+3.75+1.6] = 13.44m,其中7.5m表示⑬轴与⑭轴之间的距离;0.235m表示⑬轴墙内与台沿⑬轴敷设的风管1000×400的外表面之间的距离;1.05m表示沿⑬轴敷设的风管1000×400的宽度与ⓒ轴和⑬轴交角处风管与三通管之间的法兰间隙0.05m之和。1.875m表示沿ⓒ轴敷设的风管由左向右第二个支管中心线与⑭轴之间的距离;3.75m表示沿ⓒ轴敷设的风管由左向右数第二个与第三个支管中心线之间的距离;1.6m表示沿ⓒ轴敷设的风管由左向右数第三个支管中心线与风管变径处之间的距离。0.06m表示保温材料的厚度。 |
| | 风管 1000×400 | m³ | 3.52 | [(1.0+0.06)+(0.4+0.06)]×2×19.3×0.06m³ = 3.52m³<br>[说明]1.0m表示风管宽度;0.4m表示风管高度;0.06m表示保温材料的厚度;(1.0+0.06)m表示加上保温材料后风管外表面总宽度;(0.4+0.06)m表示加上保温材料后风管外表面总高度。19.3m表示风管总长:(9.7+9.6)m。其中9.7m表示沿⑬轴敷设的风管在Ⓐ轴与ⓒ轴之间的长度;9.6m表示沿Ⓐ轴敷设的干管从Ⓐ轴与⑬轴交角处向右至风管变径处之间的长度。 |
| | 风管 630×200 | m³ | 1.26 | [(0.63+0.06)+(0.2+0.06)]×2×(5.93+5.1)×0.06m³ = 1.26m³<br>[说明]0.63m表示风管宽度;0.2m表示风管高度;0.06m表示保温材料的厚度。而(0.63+0.06)m表示加上保温材料后风管外表面的总高度。(0.2+0.06)m表示加上保温材料后风管外表面的总高度,宽5.93m表示沿ⓒ轴敷设的风管干管上所接5根支管的总长度:[(0.45+0.6)×3+(0.45+1.2-0.25)×2]m。其中0.45m表示较短支管出口处距风管1200×400南外表面之间的距离。0.6m表示风管外表面距风管中心线之间的距离,即风管宽度的一半;1.2m表示变径前干管的宽度;0.25m表示干管变径后宽度的一半。(0.45+0.6)m表示较短支管的长度;(0.45+1.2-0.25)m表示较长支管的长度。5.1m表示沿Ⓐ轴敷设的风管干管上所接的4根支管的总长度:[(0.65+0.5)×2+(0.65+1.0-0.25)×2] = 5.1m,0.65是较短支管出口与干管1000×400外表面之间的距离。0.5m是干管宽度的一半,即干管外表面与干管中心线之间的距离;1.0m表示干管变径前的宽度;0.25m表示干管变径后宽度的一半;2表示支管数量。0.06m意义同上 |

续表

| 序号 | 项目名称规格 | 单位 | 工程量 | 计 算 式 |
|------|------|------|------|------|
| (二) | 空调机房风管绝热 | | | |
| | 风管 800×400 | m³ | 1.41 | $8.9 \times [(0.8+0.06)+(0.4+0.06)] \times 2 \times 0.06 \text{m}^3 = 1.41 \text{m}^3$ |

[说明]8.9m 表示新风管道总长度:(8.0+0.9)m。其中 8.0m 表示 ⓒ轴与⑮轴交角处北侧的新风口至⑭轴墙外表面的距离;0.9m 表示⑭轴墙外表面至第一台空调机组上的新风支管中心线交点之间的距离。故 8.9m 表示 ⓒ轴与⑮轴交角处北侧的新风口至第一台空调机组上所接新风支管中心线之间的长度。0.8m 表示风管宽度;0.4m 表示风管高度;0.06m 表示保温材料厚度。(0.8+0.06)m 表示绝热风管总宽度;(0.4+0.06)m 表示绝热风管总高度。0.06m 表示绝热材料厚度。

| | 风管 400×400 | m³ | 0.87 | $[(0.4+0.06)+(0.4+0.06)] \times 2 \times (5+2.88) \times 0.06 \text{m}^3 = 0.87 \text{m}^3$ |

[说明]0.4m 表示风管宽度和高度;0.06m 表示绝热材料厚度。(0.4+0.06)m 表示绝热风管外径总宽度和总高度。风管总长度为 7.88m:即(5+2.88)m。其中 5m 表示水平风管长度;2.88m 表示立风管长度。5=3.4+0.8+0.8;2.88=(1.85-0.21-0.2)×2,3.4m 表示从第一台空调机组所接新风支管的中心线到第二台空调机组所接新风支管的中心线之间的距离;0.8m 表示第一个新风支管向南弯管长度与向下弯管长度之和;1.85m 表示水平新风管的下表面至空调机组上表面之间的距离;0.21m 表示在竖直新风管下端的密闭式对开多叶调节阀的长度;0.2m 表示新风管与空调机组之间所接软管的长度。2 表示有两根支管。

| | 风管 900×735 | m³ | 0.55 | $[(0.9+0.06)+(0.735+0.06)] \times 2 \times 2.63 \times 0.06 \text{m}^3 = 0.55 \text{m}^3$ |

[说明]0.9m 表示风管宽度;0.735m 表示风管高度;0.06m 表示绝热材料厚度。(0.9+0.06)m 表示绝热层外径总宽度;(0.735+0.06)m 表示绝热层外径总高度。2.63m 表示绝热风管的总长度:$[(0.7+\frac{1.75}{2}-0.21)+(0.6+\frac{1.75}{2}-0.21)]$m。其中 0.7m 表示靠近⑭轴空调器上所接回风口到风管 735×1750 的外表面之间的距离;$\frac{1.75}{2}$m 表示风管 735×1750 宽度的一半。两个数据之和表示从回风口至空调中心线之间的距离。0.21m 表示装在水平回风管管口处的密闭式对开多叶调节阀的长度。0.6m 表示靠近⑬轴空调器上所接回风口到风管 735×1750 的南外表面之间的距离;$\frac{17.5}{2}$和 0.21 同上。0.06m 表示绝热材料的厚度。

| | 风管 735×1750 | m³ | 0.41 | $[(0.735+0.06)+(1.75+0.06)] \times 2 \times 1.3 \times 0.06 \text{m}^3 = 0.41 \text{m}^3$ |

[说明]0.735m 表示风管高度;1.75m 表示风管宽度;0.06m 表示绝热材料厚度。(0.735+0.06)m 表示风管绝热层外径总高度;(1.75+0.06)m 表示风管绝热层外径总宽度。1.3m 表示主回风管总长度:$\left[(1.1-\frac{0.9}{2}) \times 2\right]$m,其中 1.1m 表示主回风管右端面至空调与其法兰接口处之间的距离。(0.9/2)m 表示风管 900×735 宽度的一半。2 表示有两根主回风管。

| | 风管 2100×400 | m³ | 0.48 | $[(2.1+0.06)+(0.4+0.06)] \times 2 \times 1.54 \times 0.06 \text{m}^3 = 0.48 \text{m}^3$ |

[说明]2.1m 表示风管宽度;0.4m 表示送风管高度;0.06m 表示绝热材料的厚度。(2.1+0.06)m 表示风管绝热层外径总宽度;(0.4+0.06)m 表示风管绝热层外径总高度。1.54m 表示风管总长度:(0.0972+0.5+0.2+0.75)m。其中 0.0972m 表示静压箱南外表面与其下面的空调机组南外表面的水平距离;0.5m 表示空调机组南外表面与南内墙之间的距离;0.2m 表示空调机房与餐厅之间的隔墙厚度;0.75m 表示ⓒ轴隔墙南外表面距设ⓒ轴敷设的支管中心线之间的距离

续表

| 序号 | 项目名称规格 | 单位 | 工程量 | 计算式 |
|---|---|---|---|---|
| | 风管 361×361 | m³ | 0.18 | $[(0.361+0.06)+(0.361+0.06)]\times 2\times(0.01+1.77)\times 0.06\text{m}^3=0.18\text{m}^3$ |
| | | | | [说明]此风管是空调器至静压箱一段的送风管道,共6根管。此风管为方风管,宽高均为0.361m,在其外包裹原为0.06m的绝热材料,绝热材料的宽、高均为(0.361+0.06)m。这6根风管的总长度为1.78m。其中接靠近⑭轴侧空调机组级上的3根风管总长为0.03m,接靠近⑬轴侧空调机组上的3根风管总长为1.77m |
| (三) | 风管绝热合计 | m³ | 12.86 | $(1.41+2.77+3.52+1.26+1.41+0.87+0.55+0.41+0.48+0.18)\text{m}^3=12.86\text{m}^3$ |
| | | | | [说明]餐厅风管和空调机房风管外绝热材料计算的工程量加在一起,得到总的绝热材料需要的工程量 |
| (四) | 绝热层外表缠油毡纸(防潮层) | | | |
| 1 | 餐厅风管 | | | |
| | 风管 500×400 | m² | 26.22 | $[(0.5+0.12)+(0.4+0.12)]\times 2\times(5.5+6)\text{m}^2=26.22\text{m}^2$ |
| | | | | [说明]防潮层的厚度为0.06m,加上绝热材料厚度0.06m,共计0.12m。也即是风管在包上绝热材料,缠上防潮层后在宽高方向上均增加0.12m,(0.5+0.12)m表示风管总宽度,(0.4+0.12)m表示风管总高度。(5.5+6)m表示沿ⓒ轴敷设的风管干管和沿Ⓐ轴敷设的风管的总长度。得到防潮层油毡纸的展开面积为26.22m²。 |
| | 风管 1200×400 | m² | 49.5 | $[(1.2+0.12)+(0.4+0.12)]\times 2\times 13.44\text{m}^2=49.5\text{m}^2$ |
| | | | | [说明](1.2+0.12)m表示风管防潮层的总宽度;(0.4+0.12)m表示风管防潮层的总高度。13.44m表示沿ⓒ轴敷设的风管干管总长度。从三通管中轴线到风管变径处之间的长度。 |
| | 风管 1000×400 | m² | 41.7 | $[(1.0+0.12)+(0.4+0.12)]\times 2\times 19.3\text{m}^2=41.7\text{m}^2$ |
| | 风管 632×200 | m² | 23.65 | $[(0.632+0.12)+(0.2+0.12)]\times 2\times 11.03\text{m}^2=23.65\text{m}^2$ |
| | | | | [说明](3)、(4)风管1000×400和风管632×200工程量计算同上,风管总长度计算方法同风管绝热总长度计算方法相同 |
| 2 | 空调机房风管 | | | |
| | 风管 800×400 | m² | 25.63 | $[(0.8+0.12)+(0.4+0.12)]\times 2\times 8.9\text{m}^2=25.63\text{m}^2$ |
| | 风管 400×400 | m² | 16.39 | $[(0.4+0.12)+(0.4+0.12)]\times 2\times 7.88\text{m}^2=16.39\text{m}^2$ |
| | 风管 900×735 | m² | 7.61 | $[(0.9+0.12)+(0.735+0.12)]\times 2\times 2.63\text{m}^2=7.61\text{m}^2$ |
| | 风管 735×1750 | m² | 7.09 | $[(0.735+0.12)+(1.750+0.12)]\times 2\times 1.3\text{m}^2=7.09\text{m}^2$ |
| | 风管 2100×400 | m² | 8.44 | $[(2.1+0.12)+(0.4+0.12)]\times 2\times 1.54\text{m}^2=8.44\text{m}^2$ |
| | 风管 361×361 | m² | 3.42 | $[(0.361+0.12)+(0.361+0.12)]\times 2\times 1.78\text{m}^2=3.42\text{m}^2$ |
| | | | | [说明]风管防潮层展开面积计算方法同上,风管总长度计算方法同风管绝热总长度计算 |
| 3 | 防潮层安装合计 | m² | 209.65 | $(26.22+49.5+41.7+23.65+25.63+16.39+7.61+7.09+8.44+3.42)\text{m}^2$ $=209.65\text{m}^2$ |
| (五) | 玻璃布保护层安装 | m² | 209.65 | 与防潮层面积相同 |

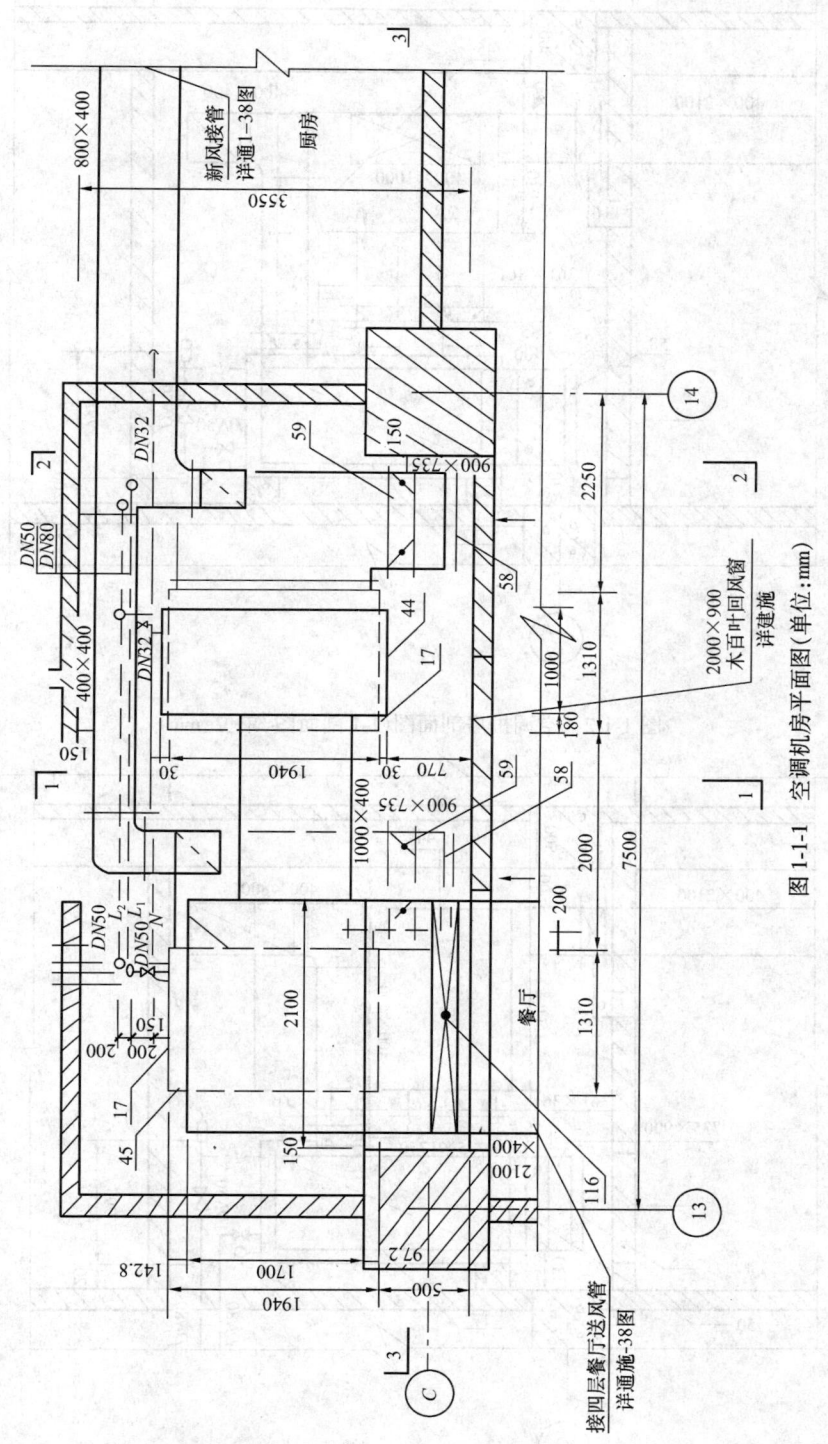

图1-1-1 空调机房平面图(单位:mm)

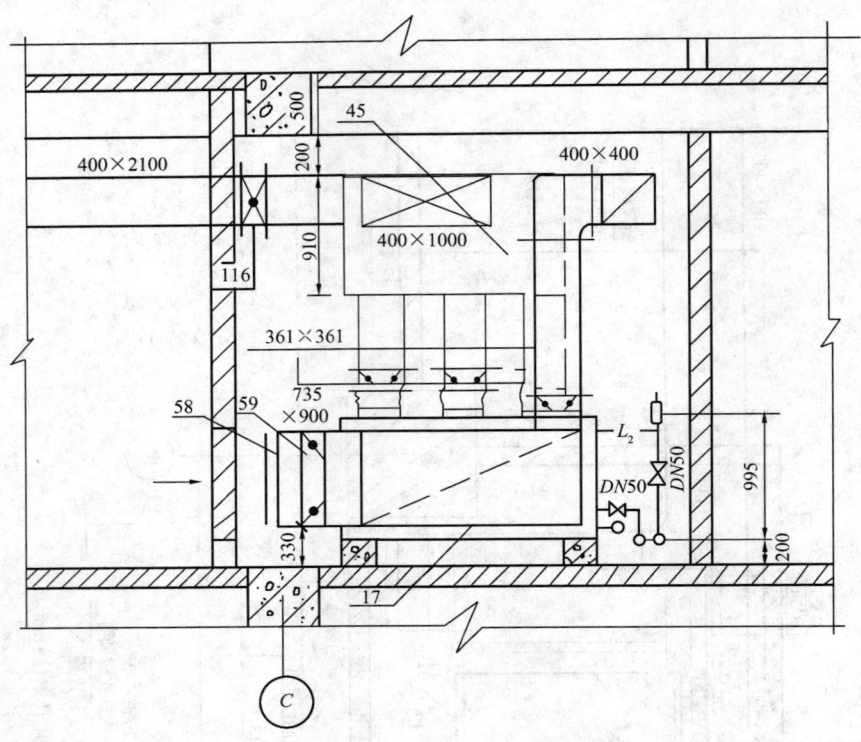

图 1-1-2 空调机房剖面图(1-1 剖面图,单位:mm)

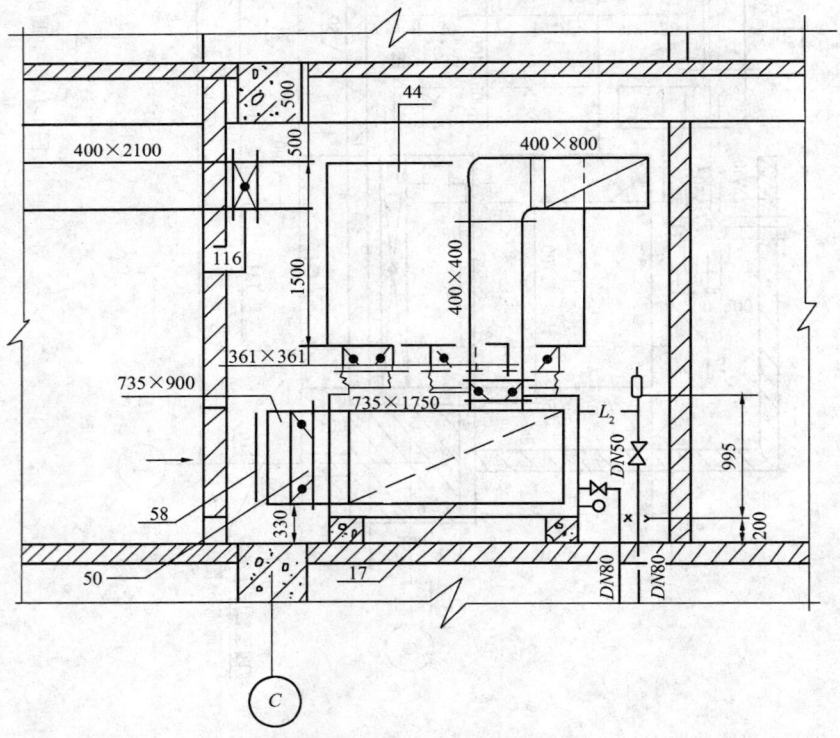

图 1-1-3 空调机房剖面图(2-2 剖面图,单位:mm)

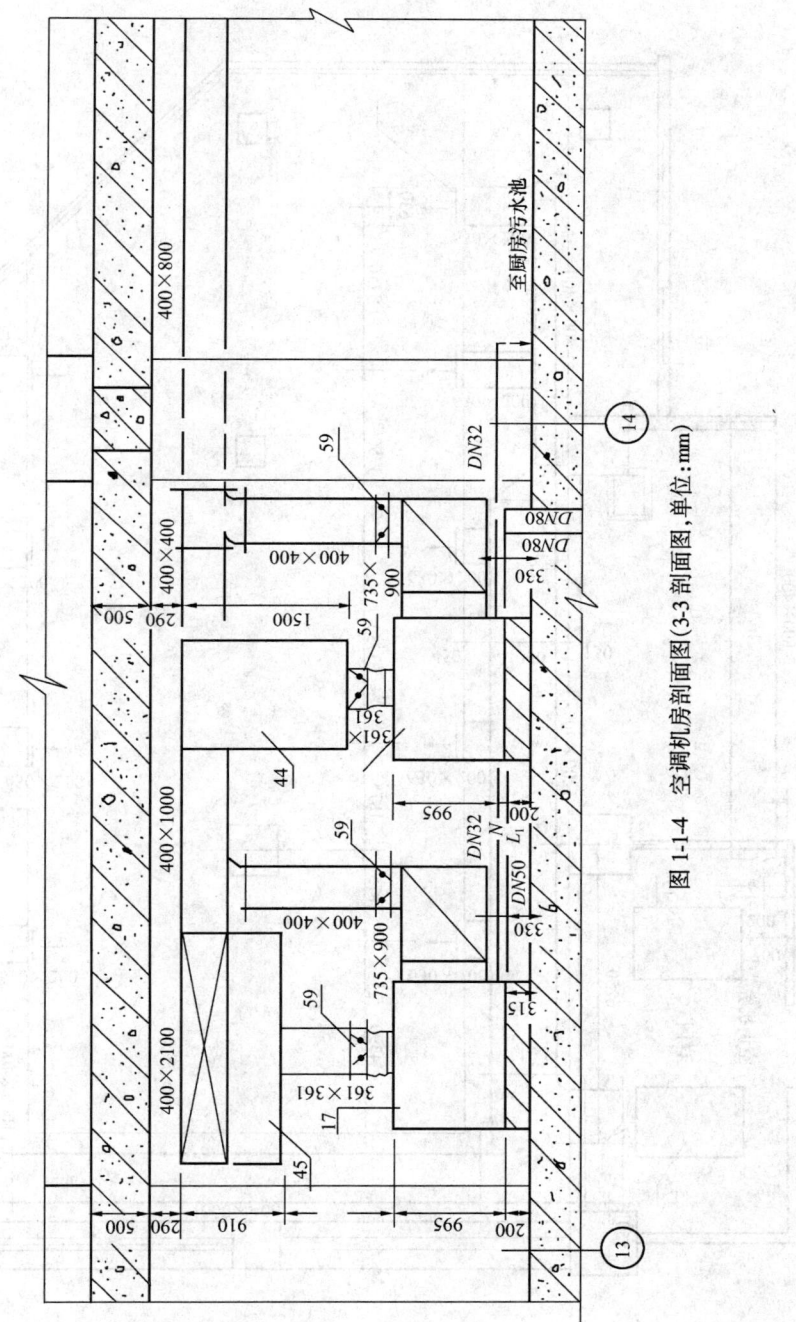

图 1-1-4 空调机房剖面图(3-3 剖面图,单位:mm)

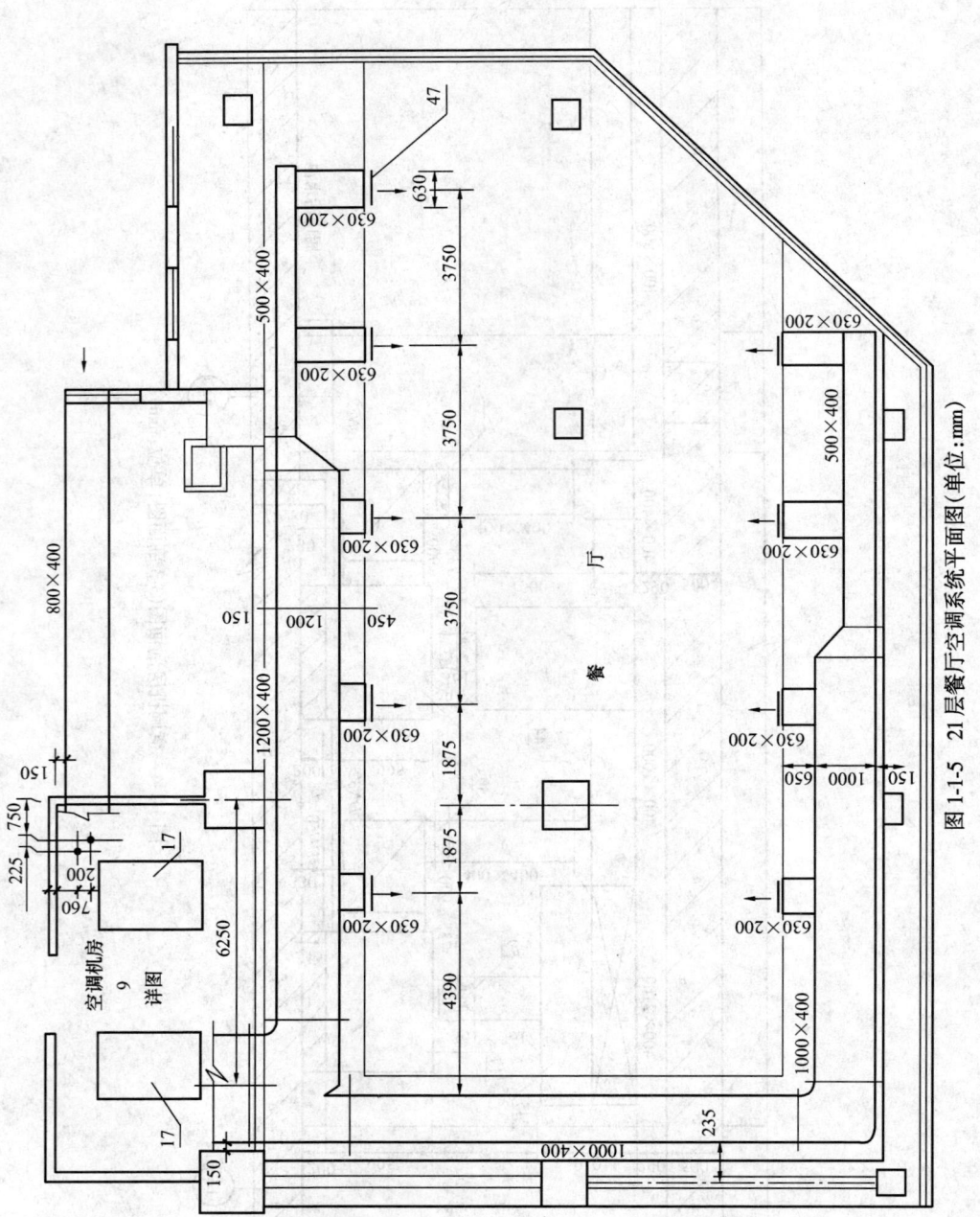

图 1-1-5 21层餐厅空调系统平面图(单位:mm)

工程量汇总表　　　　　　　　　　表 1-1-2

| 序号 | 项目名称规格 | 单位 | 工程量 | 备注 |
|---|---|---|---|---|
| 1 | 镀锌钢板矩形风管制安 周长 < 2000mm | m² | 54.23 | $[(9.88+8.47)(风管\,630\times200)+(9.9+10.8)(风管\,500\times400)+12.61(风管\,400\times400)+2.60(风管\,361\times361)]m^2=54.23m^2$ |
| 2 | 镀锌钢板矩形风管制安 周长 < 4000mm | m² | 128.05 | $[43.01(风管\,1200\times400)+54.04(风管\,1000\times400)+22.32(风管\,800\times400)+8.68(风管\,900\times735)]m^2=128.05m^2$ |
| 3 | 镀锌钢板矩形风管制安 周长 > 4000mm | m² | 14.2 | $[6.46(风管\,735\times1750)+7.74(风管\,2100\times400)]m^2=14.2m^2$ |
| 4 | 帆布短管 | m² | 2.373 | |
| 5 | 密闭式对开多叶调节阀 制作 < 30kg/个 | kg | 159.6 | $(13.1\times8+27.4\times2)kg=159.6kg$ |
| 6 | 密闭式对开多叶调节阀 安装 < 30kg/个 | 个 | 10 | |
| 7 | 密闭式对开多叶调节阀 制作 > 30kg/个 | kg | 65.4 | |
| 8 | 密闭式对开多叶调节阀 安装 > 30kg/个 | 个 | 1 | |
| 9 | 网式风口(>2kg/个) 制作 | kg | 2.44 | |
| 10 | 网式风口(>2kg/个) 安装 | 个 | 1 | |
| 11 | 变风量空调器安装，60.48kW(5.2 万 cal/h) | 台 | 2 | 60.48kW=5.2 万 cal/h，大卡(cal)为习惯用非国际标准计量单位 |
| 12 | 静压箱制作 | kg | 310.5 | |
| 13 | 静压箱安装 | kg | 310.5 | |
| 14 | 铝风口制作 | kg | 45.6 | 带调节板活动铝百叶风口 32.4kg，单层百叶铝风口 13.2kg |
| 15 | 带调节板活动铝百叶风口安装 | 个 | 9 | 3.6kg/个 |
| 16 | 单层百叶铝风口安装 | 个 | 2 | 6.6kg/个 |
| 17 | 通风管道玻璃棉毡安装 $\delta=60mm$ | m² | 12.86 | |
| 18 | 油毡纸防潮层安装 | m² | 209.7 | |
| 19 | 玻璃布保护层安装 | m² | 209.7 | |

以定额人工费为取费基础的费用计算表　　　　　　　　　　表 1-1-3

| 序号 | 费用名称 | 计算式 | 价值(元) | 备注 |
|---|---|---|---|---|
| 一 | 直接费 | | 927545.70 | |
| (一) | 直接工程费 | | 926499.49 | |
| 1 | 定额直接费 | | 919524.77 | |
| | 其中定额人工费 | | 6974.72 | |
| 2 | 其他直接费、临时设施费、现场管理费 | 定额人工费 ×89.85% | 6266.79 | 四川省估价表总说明规定费率 |
| (二) | 其他直接工程费 | | 1046.21 | |
| 1 | 材料价差调整 | | | |
| (1) | 计价材料综合调整价差 | | | |

续表

| 序号 | 费用名称 | 计算式 | 价值(元) | 备注 |
|---|---|---|---|---|
| (2) | 未计价材料价差 | | | |
| 2 | 施工图预算包干费 | 定额人工费×15% | 1046.21 | 按SGD 7—95规定费率取15% |
| 二 | 间接费 | | 6309.32 | |
| (一) | 企业管理费 | 定额人工费×50.62% | 3530.60 | SGD 7—95规定费率,一类工程 |
| (二) | 财务费用 | 定额人工费×8.34% | 581.69 | 取费证核定费率,一级取费 |
| (三) | 劳动保险费 | 定额人工费×29.5% | 2057.54 | 取费证核定费率,一级取费 |
| (四) | 远地施工增加费 | 定额人工费×2.0% | 139.49 | 承包合同确定费率 |
| (五) | 施工队伍迁移费 | 定额人工费×( )% | | 承包合同确定费率 |
| 三 | 计划利润 | 定额人工费×85% | 5928.51 | 取费证核定费率,等级1标准 |
| 四 | 按规定允许按实计算的费用 | | | |
| 五 | 定额管理费 | (一+二+三+四)×1.8‰ | 1691.61 | SGD 7—95规定,1.8‰ |
| 六 | 税金 | (一+二+三+四+五)×3.5% | 32951.63 | SGD 7—95规定费率,工程在市区 |
| 七 | 工程造价 | (一+二+三+四+五+六) | 974426.77 | |

工程计价表　　　　　　　　　　　　　　　　表1-1-4

| 序号 | 定额编号 | 工程项目名称规格 | 工程量单位 | 工程量数量 | 单价(元) 人工费 | 单价(元) 材料费 | 单价(元) 机械费 | 总价(元) 人工费 | 总价(元) 材料费 | 总价(元) 机械费 | 损耗(%) | 主材数量 | 主材单价(元) | 主材总价(元) |
|---|---|---|---|---|---|---|---|---|---|---|---|---|---|---|
| 1 | 5I0010 | 镀锌板矩形风管,周长<2000mm | 10m² | 5.42 | 101.45 | 69.22 | 19.89 | 549.86 | 375.17 | 107.80 | | | | |
| | | 未计价材料:镀锌钢板,δ=0.75mm | m² | | | | | | | | | 11.38×5.42 | 25.01 | 1542.61 |
| | | 角钢L60 | kg | | | | | | | | | 35.66×5.42 | 2.92 | 564.37 |
| 2 | 5I0011 | 镀锌板矩形风管,周长<4000mm | 10m² | 12.81 | 75.45 | 47.27 | 11.28 | 966.51 | 605.53 | 144.50 | | | | |
| | | 未计价材料:镀锌钢板,δ=1mm | m² | | | | | | | | | 11.38×12.81 | 32.66 | 4761.10 |
| | | 角钢L60 | kg | | | | | | | | | 35.04×12.81 | 2.92 | 1310.68 |
| 3 | 5I0012 | 镀锌板矩形风管,周长>4000mm | 10m² | 1.42 | 88.66 | 46.79 | 8.25 | 125.90 | 66.44 | 11.72 | | | | |
| | | 未计价材料:镀锌钢板,δ=1.2mm | m² | | | | | | | | | 11.38×1.42 | 38.22 | 617.62 |
| | | 角钢L60 | kg | | | | | | | | | 45.14×1.42 | 2.92 | 187.17 |
| 4 | 5I0034 | 帆布短管 | m² | 2.37 | 32.37 | 65.52 | 2.13 | 76.72 | 155.28 | 5.05 | | | | |
| | | 未计价材料:角钢L60 | kg | | | | | | | | | 18.33×2.37 | 2.92 | 126.85 |
| 5 | 5I0073 | 对开多叶调节阀制作,<30kg/个 | 100kg | 1.600 | 254.50 | 1136.00 | 274.98 | 407.2 | 1817.6 | 439.97 | | | | |

续表

| 序号 | 定额编号 | 工程项目名称规格 | 工程量单位 | 工程量数量 | 单价(元)人工费 | 单价(元)材料费 | 单价(元)机械费 | 总价(元)人工费 | 总价(元)材料费 | 总价(元)机械费 | 损耗(%) | 主材数量 | 主材单价(元) | 主材总价(元) |
|---|---|---|---|---|---|---|---|---|---|---|---|---|---|---|
| 6 | 5I0074 | 对开多叶调节阀安装,<30kg/个 | 个 | 10 | 10.99 | 5.63 | 0.63 | 109.90 | 56.30 | 6.30 | | | | |
| 7 | 5I0075 | 对开多叶调节阀制作,>30kg/个 | 100kg | 0.65 | 173.00 | 798.00 | 217.59 | 112.45 | 518.70 | 141.43 | | | | |
| 8 | 5I0076 | 对开多叶调节阀安装,>30kg/个 | 个 | 1 | 23.01 | 12.31 | 1.62 | 23.01 | 12.31 | 1.62 | | | | |
| 9 | 5I0137 | 网式风口制作,>2kg/个 | 100kg | 0.02 | 164.40 | 906.24 | 57.88 | 3.29 | 18.12 | 1.16 | | | | |
| 10 | 5I0138 | 网式风口安装,>2kg/个 | 个 | 1 | 3.15 | 2.05 | 0.06 | 3.15 | 2.05 | 0.06 | | | | |
| 11 | 5I0277 | 变风量空调器安装,60.48kW (5.2万 cal/h) | 台 | 2 | 480.94 | 3.24 | 17.06 | 961.88 | 6.48 | 34.12 | | 1×2 | | |
| 12 | 5I0290 | 静压箱制作 | 100kg | 3.11 | 93.84 | 63.11 | 19.07 | 291.84 | 196.27 | 59.31 | | | | |
| | | 未计价材料:镀锌钢板δ=1.5mm | m² | | | | | | | | | 12.23×3.11 | 47.79 | 1817.71 |
| | | 角钢 L60 | kg | | | | | | | | | 17.85×3.11 | 2.92 | 162.10 |
| 13 | 5I0291 | 静压箱安装 | 100kg | 3.11 | 62.58 | 49.72 | 1.00 | 194.62 | 154.63 | 3.11 | | | | |
| 14 | 5I0350 | 铝风口制作 | 100kg | 0.46 | 2184.12 | 1276.70 | 350.38 | 1004.70 | 587.28 | 161.17 | | 85.69×0.46 | 14.93 | 588.50 |
| 15 | 5I0351 | 带调节板活动百叶铝风口安装 | 个 | 9 | 13.51 | 3.33 | 0.05 | 121.59 | 29.97 | 0.45 | | | | |
| 16 | 5I0353 | 单层百叶铝风口安装 | 个 | 2 | 11.72 | 0.66 | 0.66 | 23.44 | 1.32 | 0.12 | | | | |
| 17 | 5M0376 | 风管玻璃棉毡保温δ=60mm | m³ | 12.86 | 23.12 | 32.18 | | 297.32 | 413.83 | | | 156×12.86 | 444.60 | 891938.74 |
| 18 | 5M0482 | 油毡纸防潮层安装 | 10m² | 20.97 | 5.90 | 37.34 | | 123.72 | 783.02 | | | | | |
| 19 | 5M0476 | 玻璃布保护层安装 | 10m² | 20.97 | 5.78 | 45.62 | | 121.21 | 956.65 | | | | | |
| | | 合 计 | | | | | | 5518.31 | 6756.95 | 1117.89 | | | | 903617.45 |

根据1995年《全国统一安装工程预算定额四川省估价表》第九册说明规定,下列费用可按系数分别计取:
1. 21层建筑的增加费占工程中全部人工费的12%,其中人工工资占61%。
   故该预算高层建筑增加费为:
                  5518.31×12%=662.20元。其中人工工资为:658.57×61%=403.94元

| | 合 计 | | | | | | | 5922.25 | 7015.21 | 1117.89 | | | | 903617.45 |

续表

| 序号 | 定额编号 | 工程项目名称规格 | 工程量单位 | 工程量数量 | 单价(元) 其中 人工费 | 单价(元) 其中 材料费 | 单价(元) 其中 机械费 | 总价(元) 其中 人工费 | 总价(元) 其中 材料费 | 总价(元) 其中 机械费 | 损耗(%) | 主材 数量 | 主材 单价(元) | 主材 总价(元) |
|---|---|---|---|---|---|---|---|---|---|---|---|---|---|---|
| | | 2. 脚手架搭拆费按定额人工费的5%,其中人工工资占25%。<br>故该预算脚手架搭拆费为:5922.25×5% = 296.11 元其中人工工资为:296.11×25% = 74.03 元<br>3. 系统调整费按系统工程定额人工费的13%,其中人工工资占25%。<br>故该预算系统调整费为:5922.25×13% = 769.89 元其中人工工资为:769.89×25% = 192.47 元 | | | | | | | | | | | | |
| | | 合 计 | | | | | | 6188.75 | 7814.71 | 1117.89 | | | | 903617.45 |
| | | 4. 根据1995年《全国统一安装工程预算定额四川省估价表》SGD 5—95 总说明,规定各类工资区及工资单价调整系数,重庆为六类工资区,其调整系数为1.127。故调整后的人工费为:6188.75×1.127 = 6974.72 元 | | | | | | | | | | | | |
| | | 合 计 | | | | | | 6974.72 | 7814.71 | 1117.89 | | | | 903617.45 |

注:据(SGD 5—95)定额解释(二),高层建筑增加费除人工工资外其余暂列机械费内,并构成直接费。

## 1-2 某车间通风工程

该工程地址在市区,为一类工程,承包企业的取费级别为一级,计划利润差别利润率为Ⅰ级标准。承包企业基地距工程地址的距离为10km。工程合同规定,劳动保险费按SGD 7—95 规定的低限计取。根据该车间通风工程施工图纸、1995年《全国统一安装工程预算定额四川省估价表》SGD 5—95、1995年《四川省建设工程费用定额》SGD 7—95、1995年《重庆市建筑安装材料预算价格》(重建委发[1995]252号发布)确定该通风工程造价。

### 一、预算定额计价编制说明

(一)工程施工图纸说明

(1)送风管道和排风管道材料采用镀锌钢板,咬口连接,板材厚度:矩形风管除送风机进口处天圆地方采用 $\delta = 1.2mm$ 外,其余均为 $\delta = 1mm$;圆形风管 $\delta = 0.75mm$。

(2)圆形钢制蝶阀、旋转吹风口、圆伞形风帽、风管检查孔、升降式排气罩均应符合国标图要求,其采用的国标图号分别为 T302-7,8号 T209-1,1号 T609,6号 T604,10号 T412,1号。

(3)墙上轴流风机安装标高9.80m。

(4)未说明者按《通风空调工程施工验收规范》GBJ 243—82 执行。

(二)编制过程

1. 图纸分析

由平面图看出,该通风工程分三部分:送风系统、排风系统、墙上轴流风机排风。

送风机采用 4-72-11N0.8 离心风机,装于④轴与②轴交角的室外处。风机中心离④轴墙外皮的距离为1.5m,风机出口标高至风机中心的高差为560mm,风机中心至风机出口间的水平距离仍为560mm。

送风机接出的矩形风管由室外穿④轴墙入室内后,转至向东,平行④轴,从②轴到⑦轴,其规格尺寸分别为:800mm×500mm、800mm×400mm、800mm×320mm,可见风管宽度不变,仅是高度逐渐降低(风管底部标高不变)。

矩形风管上由西向东依次接出2根长支管和4根短支管,管径均为ϕ250mm,6根支风管的垂直长度均相同,末端均装有钢制蝶阀和旋转吹风口。

车间内平行④轴且距ⓓ轴墙内皮2m处设置口径为ϕ250mm的圆形排风管,该排风

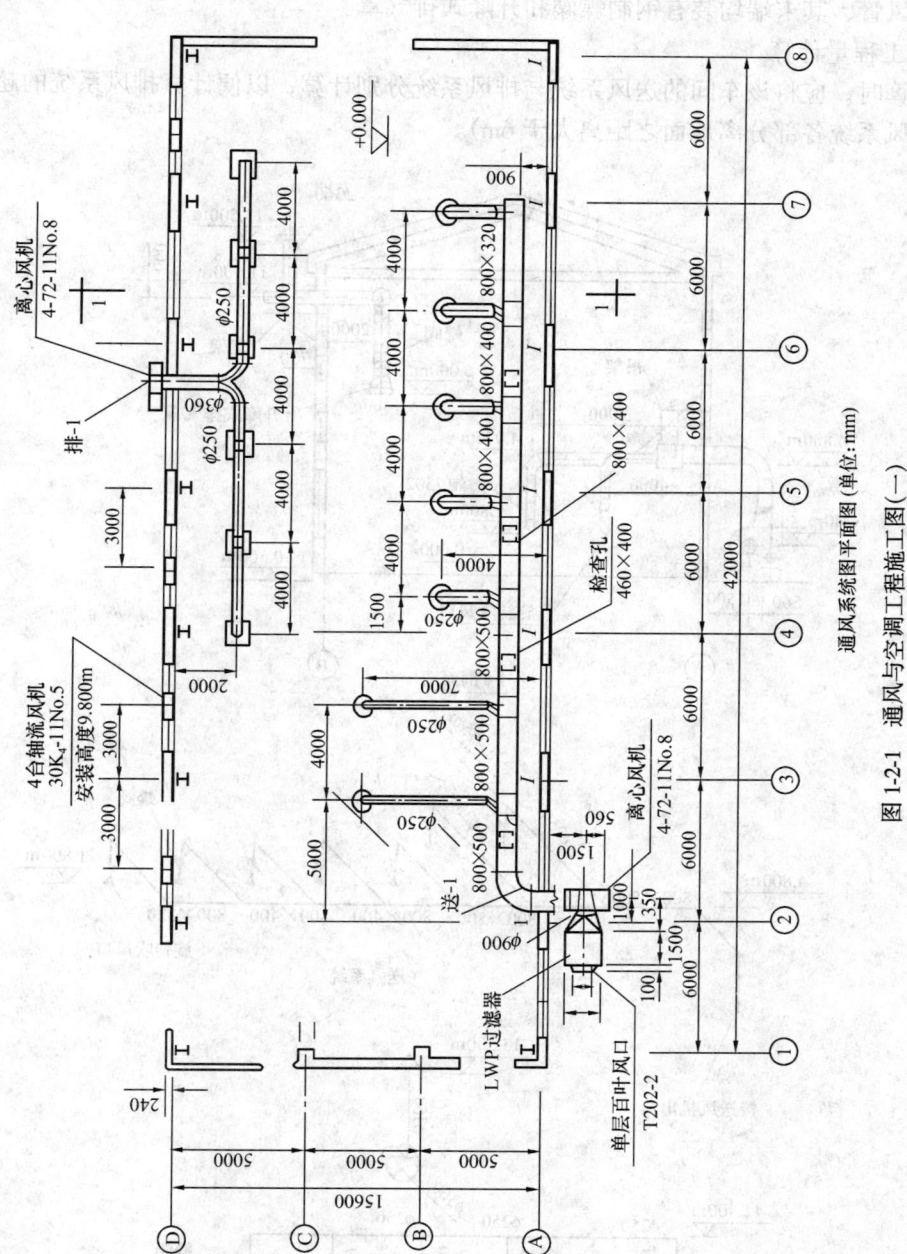

图 1-2-1 通风与空调工程施工图（一）

管在⑥轴左侧汇合后接至排风机（4-72-11No4）进口，风机进口风管规格为φ360mm。

由系统图、平面图及说明看出，墙上轴流风机和排风系统各部分标高均为6m以上（最低的升降式排气罩和口标高为6.00m），该系统属超高施工。水平排风管下面接有6根圆形支风管，其末端均装有钢制蝶阀和升降式排气罩。

2. 工程量计算

计算时，应将该车间的送风系统与排风系统分别计算，以便计算排风系统的超高增加费（排风系统各部分离地面之距离大于6m）。

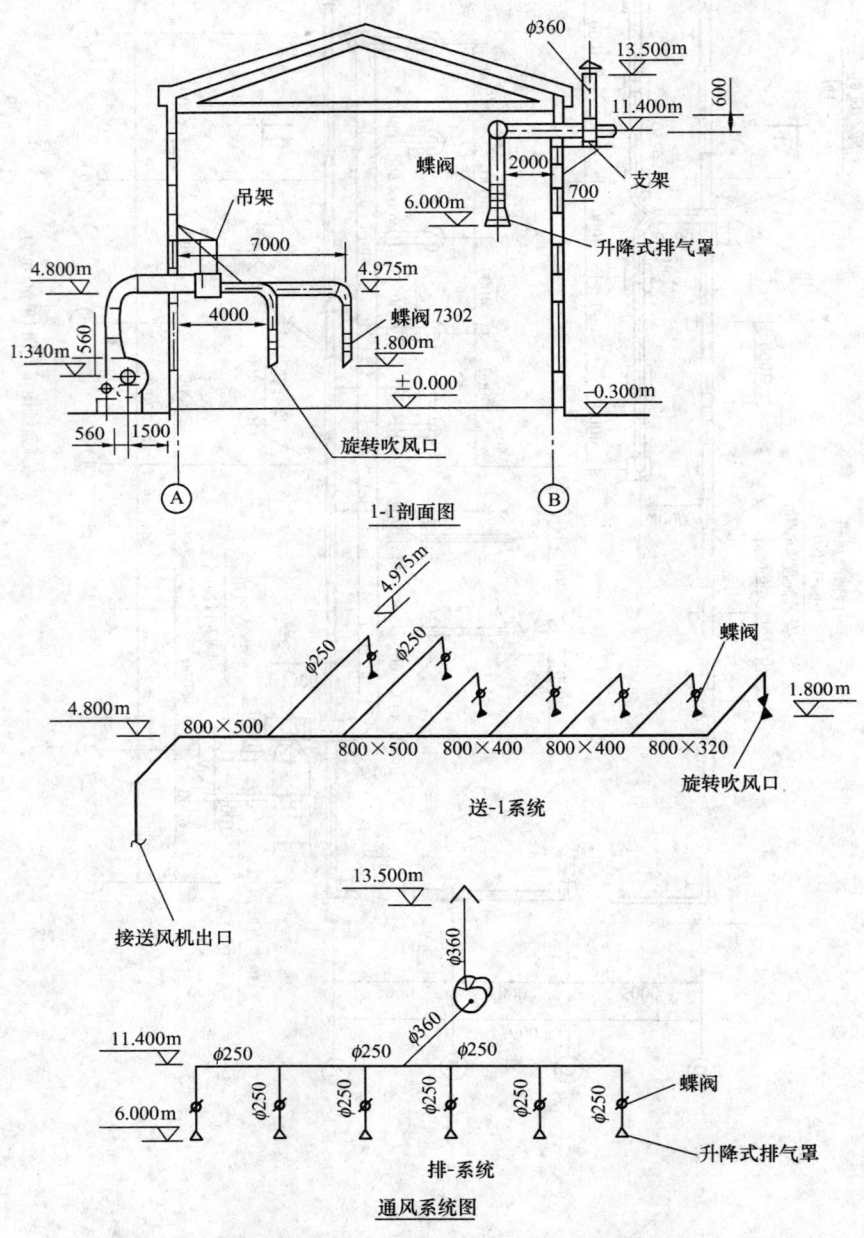

图 1-2-2  通风与空调工程施工图（二）  单位：mm

计算风管展开面积，主要是计算风管中心线长度。计算支管长度时，以支管与主管的中心线交点为界。矩形主管在三通处变径时，可参考标准三通（如矩形整体三通，图1-2-3）构造尺寸计算。

部件工程量，根据施工图标注的部件名称型号，查国标图或《全国统一安装工程预算定额四川省估价表》SGD 5—95得国标通风部件的标准重量（kg/个），该部件的重量（kg/个）乘以施工图中该部件的个数，就等于该部件的总重量。用该部件的总重量则可套相应的部件制作安装定额。

工程量计算表与汇总见表1-2-1。

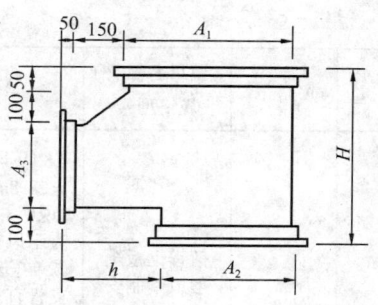

图1-2-3 矩形整体三通构造尺寸图（单位：mm）

**工程量计算表**　　　　　　　　　　　表1-2-1

| 序号 | 部位 | 项目名称及规格型号 | 计算式 | 单位 | 数量 |
|---|---|---|---|---|---|
| 一 | 送风系统 | | | | |
| 1 | | 镀锌钢板矩形风管制安 800×500 | $2\times(0.8+0.5)\times[(4.8+0.25-1.34-0.56)+(1.5+0.12\times 2+0.9+0.56+0.4)+(6+6-1+1.5+0.125+0.1)]m^2 = 50.32m^2$ [说明] 0.8m表示风管宽度；0.5m表示风管高度；(0.8+0.5)×2m表示风管横截面周长。4.8m如图1-1剖面图所示，表示风机出口立管弯头处与室内地面±0.00之间的高度。这其中包括了风机转轴中心线到室内地面±0.00之间的高度1.34m和风机出口与风管800×500相接的一段天圆地方接头长度0.56m。因此，需将1.34m和0.56m从4.8m总高度中除去。0.25m表示风管高度的一半，即风机出口立管长表示从风机出口天圆地方接口处到水平风管800×500中心线之间的长度。1.5m表示风机转轴中心线距墙外表面之间的距离；0.12m表示外墙宽度的一半；0.9m如通风系统图平面图所示，在Ⓐ轴与⑦轴交角处标示，表示风管干管外表面距墙内表面之间的距离。0.56m如1-1剖面图所示风机中轴线与风管外表面之间的距离；0.4m表示风管干管宽度的一半；(1.5+0.12×2+0.9+0.56+0.4)m表示风管干管穿墙水平段总长，即从风管立管外表面到室内水平干管中心线之间的长度。6m如通风系统图平面图所示，表示②、③轴之间的距离和③、④轴之间的距离；1m表示轴到沿②轴敷设的风管干管中心线之间的距离；1.5m如通风系统图平面图所示，在④轴与⑬轴交角处标示，表示④轴到支管中心线之间的距离；0.125m表示支管直径0.25m的一半；1.0m表示从支管外表面到主风管变径处之间的长度。综上所述，(6+6-1+1.5+0.125+0.1)m表示沿Ⓐ轴敷设的风管干管从轴②东侧干管中心线到风管变径处之间的总长度 | m² | 50.635 |

续表

| 序号 | 部位 | 项目名称及规格型号 | 计　算　式 | 单位 | 数量 |
|---|---|---|---|---|---|
| 2 |  | 镀锌钢板矩形风管制安 800×400 | $2\times(0.8+0.4)\times[4+4+4-0.125-0.1+0.125+0.1]m^2$ $=28.8m^2$<br>[说明] 0.8m表示风管宽度；0.4m表示风管高度；$2\times(0.8+0.4)m$表示风管横截面周长。4m如通风系统图平面图所示，在⑬轴与④、⑤、⑥轴交汇处标明，表示两支管中心线之间的距离。0.125m表示支管直径的一半，0.1m如图1-2-3矩形整体三通构造尺寸图所示，表示支管外表面到干管与三通法兰接头处之间的距离。而式$(4+4+4-0.125-0.1+0.125+0.1)m$表示沿Ⓐ轴敷设的风管干管在④轴东边三通管的东接头到⑥轴东边三通管的东接头之间的长度。计算得到干管总长为12m，总工程量为$28.8m^2$ | $m^2$ | 28.8 |
| 3 |  | 镀锌钢板矩形风管制安 800×320 | $2\times(0.8+0.32)\times(4-0.125-0.1+0.125+0.1)m^2=8.96m^2$<br>[说明] 0.8m表示风管宽度；0.32m表示风管高度；$2\times(0.8+0.32)m$表示风管横截面的周长。4m表示如通风系统图平面图所示在轴⑥与轴⑦之间的两支管中心线之间的距离；0.125m表示支管直径的一半；0.1m表示如图1-2-3矩形整体三通构造尺寸图所示，支管外表面与三通管接头法兰处之间的距离。而风管总长度式$(4-0.125-0.1+0.125+0.1)m$表示沿Ⓐ轴敷设的风管干管在⑥轴右侧三通管的右接头到⑦轴右侧（三通管的右接头之间的长度）×风管干管右端面之间的长度 | $m^2$ | 8.96 |
| 4 | 风机出口天圆地方 | 镀锌钢板矩形风管制安 1500×1500 | $2\times(1.5+1.5)\times(1.35-0.3)m^2=6.3m^2$<br>[说明] 1.5m表示风管的宽度和高度；$2\times(1.5+1.5)m$表示风管横截面周长。1.35m如通风系统图平面图轴Ⓐ与轴②处所示，表示从风机接头处到水平风管中心线之间的长度。0.3m表示从水平风管中心线到风机与天圆地方接口处之间的长度。而$(1.35-0.3)m$表示在电机与风机之间天圆地方两接口之间的长度 | $m^2$ | 6.3 |
| 5 |  | 镀锌钢板圆形风管制安　φ250 | $\pi\times0.25\times[(7-1.3)\times2+(4-1.3)\times5m^2$ $+(4.975-1.8-0.15-1.01)\times7m^2]=30.62m^2$<br>[说明] 0.25m表示圆形风管的直径，而$\pi\times0.25m$表示圆形风管的周长。7m如通风系统图平面图所示，表示竖直支管中心线到内墙表面之间的距离；1.3m表示水平干管中心线到内墙表面之间的距离，因为风管干管的宽度的一半为0.4m，从水平风管干管外表面到内墙表皮之间的距离为0.9m，如通风系统图平面图轴Ⓐ与轴⑦交角处所示，故$1.3m=(0.4+0.9)m$。$(7-1.3)m$表示水平风管干管中心线到竖直风管支管中心线之间的长度，表示较长支管水平段长度。2表示较长支管共有两根。4m表示较短的送风管支管竖直中心线到南墙内表皮之间的距离，如通用系统图平面图轴Ⓐ与轴⑤交叉处所标示。1.3m表示水平风管干管中心线到墙内表皮之间的距离；$(4-1.3)m$表示较短支管水平段长度，即水平风管干管中心线到竖直风管支管中心线之间的长度。5表示较短风管支管共有5根。4.975m如1-1剖面图所示，表示水平风管支管中心线到室内地面之间的距离；1.8m如1-1剖面图所示，表示竖直风管支管下剖旋转吹风口到室内地面之间的距离；$(4.975-1.8)m$表示风管竖直支管的总长度，其中安装在竖直支管上的蝶阀7302的长度为0.15m，安装在竖直管底部的旋转吹风口的长度是1.01m，故除去蝶阀和旋转吹风口后竖直支管的总长度为$(4.975-1.8-0.15-1.01)m$。如通风系统图平面图所示，竖直风管支管共有7个，故7根竖直风管支管的总长度应为$(4.975-1.8-0.15-1.01)\times7m$ | $m^2$ | 30.62 |

续表

| 序号 | 部位 | 项目名称及规格型号 | 计　算　式 | 单位 | 数量 |
|---|---|---|---|---|---|
| 6 |  | 离心风机安装 4-72-11No.8 | [说明] 离心风机安装如通风系统平面图所示，安装在轴Ⓐ与轴②交叉处的室外位置，风机轴心距墙外表皮1.5m处。风机所接电机采用卧式安装，吸风口位于风机左方，新鲜空气经过单层百叶风口，过滤器后进入离心风机中加压，加压后的新风向上后经穿墙进入室内，均匀分配给各风管支管经旋转吹风口进入室内，用以补充室内新鲜空气，置换出不新鲜的室内空气 | 台 | 1 |
| 7 |  | 单层百叶风口制安单个重9.04kg，4个 | $9.04 \times 4kg = 36.16kg$<br>[说明] 常用的活动百叶风口有单层百叶风口和双层百叶风口，通常侧装用作侧送风口或回风口。双层百叶风口有两层可调节角度的活动百叶，短叶片用于调节送风气流的扩散角，也可用于改变气流的方向；而调节长叶片可以使送风气流贴附顶棚或下倾一定角度。单层百叶风口只有一层可调节角度的活动百叶，用以调节气流的进风方向进而调节离心风机的风压和流量。本工程单层百叶风口用于新风入口的位置，起到调节风量的作用 | kg | 36.16 |
| 8 |  | 过滤器安装，LWP | [说明] 过滤器一般安装在新风入口处，起到过滤空气中杂物，净化空气的作用。过滤器常用透气性较好的纤维棉制成，根据空气净化的标准选择过滤器的过滤能力 | 台 | 1 |
| 9 |  | 钢制蝶阀制安 T302-7，8号，φ250 单重 4.22kg，7个 | $4.22 \times 7kg = 29.54kg$<br>[说明] 钢制蝶阀是用以调节风口风速和风量的蝶形阀门，一般蝶片为圆形，直径与风管内径相同。当蝶片与风管垂直时，圆形蝶片与管径相切，这时阀门处于关闭状态，当蝶片直径与风管中心线平行时，这时阀门处于全开状态。因此通过调节蝶片与风管中心线之间的角度，可以调节风速和风量 | kg | 29.54 |
| 10 |  | 旋转吹风口制安 T209-1，1号，φ250 单重 10.09kg，7个 | $10.09 \times 7kg = 70.63kg$<br>[说明] 送风口以安装的位置分为侧送风口和顶送风口（向下送风），地面风口（向上送风）；按送出气流的流动状态分为扩散型风口，轴向型风口和孔板送风口。旋转吹风口也有顶送型旋流风口和地板送风旋流风口两种。本例中采用顶送型旋流风口。风口中有起旋器，空气通过风口后成为旋转气流，并贴附于顶棚流动。具有诱导室内空气能力大，温度和风速衰减快的特点。适宜在送风温差大、层高低的空间中应用。旋流式风口的起旋器位置可以上下调节，当起旋器下移时，可使气流变为吹出型 | kg | 70.63 |
| 11 |  | 风管检查孔Ⅳ号 T604，10号单个重6.55kg，4个 | $4 \times 6.55kg = 26.2kg$<br>[说明] 风管检查孔一般设于水平干管的顶部，在本例中检查孔的尺寸为460×400，约6m距离设置1个，一般设于两支管的中间位置 | kg | 26.2 |

续表

| 序号 | 部位 | 项目名称及规格型号 | 计算式 | 单位 | 数量 |
|---|---|---|---|---|---|
| 二 | | 排风系统 | | | |
| 1 | | 镀锌钢板圆形风管制安，$\phi 360$ | $\pi \times 0.36 \times [(13.5-11.4-0.6)+(0.7+0.24+2)]m^2 = 5.46m^2$<br>[说明] 0.36m 表示圆形风管的直径，$\pi \times 0.36$ 表示圆形风管截面周长。13.5m 如 1-1 剖面图右上角所示，表示竖直排风管口距室内地面的高度。11.4m 如 1-1 剖面图右上角所示，表示水平排风管中心线距室内地面的高度。0.6m 如 1-1 剖面图右上角所示，表示水平排风管中心线距离心风机出口之间的高度。如图所示，$(13.5-11.4-0.6)m$ 表示风机出口至 $\phi 360$ 排风管出口之间的竖直排风管的长度。0.7m 表示竖直排风管中心线距北外墙外表皮之间的距离。如 1-1 剖面图右上角所示。0.24m 表示外墙的宽度，也表示在墙洞中的一段水平风管的长度。2m 如 1-1 剖面图右上角所示，表示室内竖直排风管中心线与北外墙内表皮之间的距离。而 $(0.7+0.24+2)m$ 表示从室内竖直排风管中心线到室外竖直排风管中心线之间的一段水平排风管的长度 | $m^2$ | 5.46 |
| 2 | 垂直支管 | 镀锌钢板圆形风管制安，$\phi 250$ | $\pi \times 0.25 \times [4 \times 5 + (11.4-6-0.15) \times 6]m^2 = 40.42m^2$<br>[说明] 0.25m 表示垂直支管圆形排风管的直径，$\pi \times 0.25$ 则表示垂直支管横截面的周长。如通风系统图可知 $\phi 250mm$ 的圆形垂直排风支管共有 6 根。又由通风系统图平面图可知，各垂直排风支管轴线间距为 4m，即连接各垂直风管的水平排风管的长度为 4m，共五段。所以水平排风管的总长度为 $4 \times 5 = 20m$。垂直排风管的长度为 $(11.4-6-0.15)m$，如 1-1 剖面图所示。其中，11.4m 表示水平排风管中心线距室内地面之间的高度；6m 表示垂直风管支管升降式排气罩的最底端与室内地面之间的高度；0.15m 表示安装在竖直风管下端的蝶阀的高度 | $m^2$ | 40.42 |
| 3 | | 风帽制安 $\phi 360$，T699.6 号 | | kg | 7.66 |
| 4 | | 离心风机安装 +72-11No.4 | | 台 | 1 |
| 5 | | 钢制蝶阀制安 $\phi 250$ 单重 4.22kg，6 个 | $4.22 \times 6kg = 25.32kg$ | kg | 25.32 |
| 6 | | 升降式排气罩制安单重 72.23kg T412,1 号,6 个 | $72.23 \times 6kg = 433.38kg$ | kg | 433.38 |
| 7 | | 轴流风机安装 4-72-11No.5 | | 台 | 4 |

3. 套预算单价，编制工程计价表

根据施工图及其计算的工程量，按《全国统一安装工程预算定额四川省估价表》SGD 5—95、《四川省建设工程费用定额》SGD 7—95 和 1995 年《重庆市建筑安装材料预算价格》进行编制。

按系统计取费用时，先计算子目系数（超高增加费）后计算综合系数（脚手架搭拆费、系统调整费），最后进行工、料、机的调整。工程计价见表1-2-2。

工 程 计 价 表   表1-2-2

| 序号 | 定额编号 | 工程项目名称规格 | 工程量单位 | 工程量数量 | 单价(元)人工费 | 单价(元)材料费 | 单价(元)机械费 | 总价(元)人工费 | 总价(元)材料费 | 总价(元)机械费 | 损耗(%) | 主材数量 | 主材单价(元) | 主材总价(元) |
|---|---|---|---|---|---|---|---|---|---|---|---|---|---|---|
|  |  | 一送风系统 |  |  |  |  |  |  |  |  |  |  |  |  |
| 1 | 5I0011 | 镀锌钢板矩形风管制安 800×500 | 10m² | 5.06 | 75.45 | 47.27 | 11.28 | 381.78 | 239.19 | 57.08 |  |  |  |  |
|  |  | 未计价材料：镀锌钢板，δ=1mm | m² |  |  |  |  |  |  |  | 11.38 | ×5.06 | 32.66 |  |
|  |  | 角钢 L60 | kg |  |  |  |  |  |  |  |  | 35.04×5.06 | 2.91 | 515.95 |
| 2 | 5I0011 | 镀锌钢板矩形风管制安 800×400 | 10m² | 2.88 | 75.45 | 47.27 | 11.28 | 217.30 | 136.14 | 32.49 |  |  |  |  |
|  |  | 未计价材料：镀锌钢板，δ=1mm | m² |  |  |  |  |  |  |  | 11.38 | ×2.88 | 32.66 | 1070.41 |
|  |  | 角钢 L60 | kg |  |  |  |  |  |  |  |  | 35.04×2.88 | 2.91 | 293.66 |
| 3 | 5I0011 | 镀锌钢板矩形风管制安 800×320 | 10m² | 0.90 | 75.45 | 47.27 | 11.28 | 67.91 | 42.54 | 10.15 |  |  |  |  |
|  |  | 未计价材料：镀锌钢板，δ=1mm | m² |  |  |  |  |  |  |  | 11.38 | ×0.9 | 32.66 | 334.50 |
|  |  | 角钢 L60 | kg |  |  |  |  |  |  |  |  | 35.04×0.9 | 2.91 | 91.77 |
| 4 | 5I0012 | 镀锌钢板矩形风管制作安装 1500×1500 | 10m² | 0.63 | 20.54 | 111.60 | 4.90 | 12.94 | 70.31 | 3.09 |  |  |  |  |
|  |  | 未计价材料：镀锌钢板，δ=1.2mm | m² |  |  |  |  |  |  |  | 11.38 | ×0.63 | 38.22 | 274.01 |
|  |  | 角钢 L60 | kg |  |  |  |  |  |  |  |  | 45.14×0.63 | 2.91 | 82.76 |
| 5 | 5I0002 | 镀锌钢板圆风管制安 φ250 | 10m² | 3.06 | 128.47 | 57.69 | 24.33 | 393.12 | 176.53 | 74.45 |  |  |  |  |
|  |  | 未计价材料：镀锌钢板 δ=0.75mm | m² |  |  |  |  |  |  |  | 11.38 | ×3.06 | 25.01 | 870.92 |
|  |  | 角钢 L60 | kg |  |  |  |  |  |  |  |  | 31.6×3.06 | 2.91 | 281.39 |
| 6 | 5A0784 | 离心式通风机安装 4-72-11N0.8 | 台 | 1 | 91.64 | 19.51 | 2.48 | 91.64 | 19.51 | 2.48 |  |  |  |  |
| 7 | 5I0087 | 单层百叶风口制作，单个重9.04kg | 100kg | 0.36 | 477.47 | 509.53 | 21.50 | 171.89 | 183.43 | 7.74 |  |  |  |  |
| 8 | 5I0088 | 单层百叶风口安装，单个重9.04kg | 个 | 4 | 3.03 | 0.36 | 0.01 | 12.12 | 1.44 | 0.04 |  |  |  |  |
| 9 | 5I0297 | 过滤器安装 LWP | 台 | 1 |  | 0.98 |  |  | 0.98 |  |  |  |  |  |

续表

| 序号 | 定额编号 | 工程项目名称规格 | 工程量单位 | 工程量数量 | 单价(元)人工费 | 单价(元)材料费 | 单价(元)机械费 | 总价(元)人工费 | 总价(元)材料费 | 总价(元)机械费 | 损耗(%) | 主材数量 | 主材单价(元) | 主材总价(元) |
|---|---|---|---|---|---|---|---|---|---|---|---|---|---|---|
| 10 | 5I0051 | 圆形钢制蝶阀制作单重4.22kg | 100kg | 0.30 | 477.60 | 519.83 | 537.62 | 143.28 | 155.95 | 161.29 | | | | |
| 11 | 5I0052 | 圆形钢制蝶阀安装单重4.22kg | 个 | 7 | 5.27 | 0.64 | 0.31 | 36.89 | 4.48 | 2.17 | | | | |
| 12 | 5I0111 | 旋转吹风口制作,单重10.09kg | 100kg | 0.71 | 207.88 | 498.15 | 173.23 | 147.59 | 353.69 | 122.99 | | | | |
| 13 | 5I0112 | 旋转吹风口安装,单重10.09kg | 个 | 7 | 6.58 | 1.82 | 0.36 | 46.06 | 12.74 | 2.52 | | | | |
| 14 | 5I0035 | 风管检查孔 | 100kg | 0.26 | 318.20 | 290.11 | 160.25 | 82.73 | 75.43 | 41.67 | | | | |
| | | 合计 | | | | | | 1776.23 | 1471.38 | 518.16 | | | | 5696.02 |
| | | 二排风系统 | | | | | | | | | | | | |
| 15 | 5I0002 | 镀锌钢板圆形风管制安(垂直支管)φ250 | 10m² | 0.40 | 128.47 | 57.69 | 24.33 | 51.39 | 23.08 | 9.73 | | | | |
| | | 未计价材料:镀锌钢板δ=0.75mm | m² | | | | | | | | | 11.38×0.4 | 25.01 | 113.85 |
| | | 角钢 L60 | kg | | | | | | | | | 31.5×0.4 | 2.91 | 36.67 |
| 16 | 5I0003 | 镀锌钢板圆风管制安 φ360 | 10m² | 0.55 | 96.58 | 62.04 | 12.35 | 53.12 | 34.12 | 6.79 | | | | |
| | | 未计价材料:镀锌钢板δ=1mm | m² | | | | | | | | | 11.38×0.55 | 32.66 | 204.42 |
| | | 角钢 L60 | kg | | | | | | | | | 32.71×0.55 | 2.91 | 52.35 |
| 17 | 5I0185 | 风帽制作单重8kg | 100kg | 0.08 | 83.70 | 394.83 | 8.24 | 6.70 | 31.59 | 0.66 | | | | |
| 18 | 5I0186 | 风帽安装单重8kg | 个 | 1 | 7.38 | 26.18 | 0.01 | 7.38 | 26.18 | 0.01 | | | | |
| 19 | 5I0051 | 钢制蝶阀制作,φ250,单重4.22kg | 100kg | 0.25 | 477.60 | 519.83 | 537.62 | 119.40 | 129.96 | 134.41 | | | | |
| 20 | 5I0052 | 钢制蝶阀安装,φ250,单重4.22kg | 个 | 6 | 5.27 | 0.64 | 0.31 | 31.62 | 3.84 | 1.86 | | | | |
| 21 | 5I0227 | 升降式排气罩制作,单重72.23kg | 100kg | 4.33 | 76.07 | 361.40 | 44.14 | 329.38 | 1564.86 | 191.13 | | | | |
| 22 | 5I0228 | 升降式排气罩安装,单重72.23kg | 个 | 6 | 64.21 | 22.06 | 7.09 | 385.26 | 132.36 | 42.54 | | | | |
| 23 | 5A0782 | 离心风机安装4-72-11N0.4 | 台 | 1 | 10.46 | 10.29 | 1.86 | 10.46 | 10.29 | 1.86 | | | | |
| 24 | 5A0806 | 轴流风机安装4-72-11N0.5 | 台 | 4 | 18.45 | 1.70 | 1.24 | 73.80 | 6.80 | 4.96 | | | | |
| | | 合计 | | | | | | 1068.51 | 1963.08 | 393.95 | | | | 407.29 |

根据《全国统一安装工程预算定额四川省估价表》SGD 5—95 说明,该工程排风系统的超高增加费按其人工费的15%计取,故超高增加费为 1068.51×15% = 160.28 元。超高增加费为人工降效补偿,故属人工工资

续表

| 序号 | 定额编号 | 工程项目名称规格 | 工程量 | | 单价（元） | | | 总价（元） | | | 损耗(%) | 主材 | | |
|---|---|---|---|---|---|---|---|---|---|---|---|---|---|---|
| | | | 单位 | 数量 | 人工费 | 材料费 | 机械费 | 人工费 | 材料费 | 机械费 | | 数量 | 单价（元） | 总价（元） |
| | | 合计 | | | | | | 3005.02 | 3434.46 | 912.11 | | | | 6103.31 |

根据《全国统一安装工程预算定额四川省估价表》SGD 5—95 说明，该通风工程脚手架搭拆费按人工费的 5%计取，其中工资占 25%。则脚手架搭拆费为 3005.02×5%元 = 150.25 元，其中工资为 150.25×25%元 = 37.56 元，其余 150.25 元 – 37.56 元 = 112.69 元列入材料费内。

根据《全国统一安装工程预算定额四川省估价表》SGD 5—95 说明，通风系统调整费按人工费的 13%计取，其中人工工资占 25%，仪器、仪表折旧与材料消耗共占 75%，故系统调整费为 3005.02×13%元 = 390.65 元，其中人工工资为 390.65×25%元 = 97.66 元，材料为 390.65×75%元 = 292.99 元

| | | 合计 | | | | | | 3140.24 | 3840.14 | 912.11 | | | | 6103.31 |

根据《全国统一安装工程预算定额四川省估价表》SGD 5—95 总说明，六类工资区的工资单价调整系数为 1.127，故调整后的人工工资为 3140.24×1.127 = 3539.05 元

| | | 合计 | | | | | | 3539.05 | 3840.14 | 912.11 | | | | 6103.31 |

4. 计算各项费用，确定工程造价

各项费用和工程造价见表 1-2-3。

**以定额人工费为取费基础的费用计算表**  表 1-2-3

| 序号 | 费用名称 | 计算式 | 价值（元） | 备注 |
|---|---|---|---|---|
| 一 | 直接费 | | 18108.85 | |
| （一） | 直接工程费 | | 17577.99 | |
| 1 | 定额直接费 | | 14394.61 | |
| | 其中定额人工费 | | 3539.05 | |
| 2 | 其他直接费、临时设施费、现场管理费 | 定额人工费×89.95% | 3183.38 | 四川省估价表总说明规定费率 |
| （二） | 其他直接工程费 | | 530.86 | |
| 1 | 材料价差调整 | | | |
| (1) | 计价材料综合调整价差 | | | |
| (2) | 未计价材料价差 | | | |
| 2 | 施工图预算包干费 | 定额人工费×15% | 530.86 | SGD 7—95 文规定费率 15% |
| 二 | 间接费 | 定额人工费×88.46% | 3130.64 | |
| （一） | 企业管理费 | 定额人工费×50.62% | 1791.47 | SGD 7—95 文规定费率 |
| （二） | 财务费用 | 定额人工费×8.34% | 295.16 | 取费证核定费率 |
| （三） | 劳动保险费 | 定额人工费×29.5% | 1044.02 | 取费证核定费率 |
| （四） | 远地施工增加费 | （　）% | | 承包合同确定费率 |
| （五） | 施工队伍迁移费 | 定额人工费×（　）% | | 承包合同确定费率 |
| 三 | 计划利润 | 定额人工费×85% | 3008.19 | 取费证核定费率 |
| 四 | 按规定允许按实计算的费用 | | | |
| 五 | 定额管理费 | （一+二+三+四）×1.8‰ | 43.65 | SGD 7—95 规定 1.8‰ |
| 六 | 税　金 | （一+二+三+四+五）×3.5% | 850.20 | SGD 7—95 规定费率 |
| 七 | 工程造价 | 一+二+三+四+五+六 | 25141.53 | |

5. 工料分析

按《全国统一安装工程预算定额》对工料进行分析。在此仅列出主要工料表(表1-2-4)。

主要工料表　　　　　　　　　　表1-2-4

| | 序号 | 名　称 | 型号及规格 | 单位 | 数量 | 备　注 |
|---|---|---|---|---|---|---|
| 一 | 1 | 镀锌钢板 | $\delta=0.75$mm | m² | 45.63 | |
| | 2 | 镀锌钢板 | $\delta=1.00$mm | m² | 100.26 | |
| | 3 | 镀锌钢板 | $\delta=1.20$mm | m² | 7.17 | |
| | 4 | 角　钢 | < L60 | kg | 366.86 | |
| | 5 | 角　钢 | > L60 | kg | 0.77 | |
| | 6 | 扁　钢 | < −59 | kg | 62.54 | |
| | 7 | 圆　钢 | $\phi(5.5\sim9)$ | kg | 4.24 | |
| | 8 | 圆　钢 | $\phi(10\sim14)$ | kg | 6.81 | |
| | 9 | 圆　钢 | $\phi(15\sim24)$ | kg | 4.39 | |
| | 10 | 圆　钢 | $\phi32$以上 | kg | 6.4 | |
| | 11 | 电焊条 | $\phi3.2$ | kg | 4.82 | |
| | 12 | 精制六角带帽螺栓 | M2~5×4~20 | 10套 | 8.05 | |
| | 13 | 精制六角带帽螺栓 | M6×75 | 10套 | 30.09 | |
| | 14 | 精制六角带帽螺栓 | M8×75 | 10套 | 24.89 | |
| | 15 | 膨胀螺栓 | $\phi12$ | 套 | 7.18 | |
| | 16 | 离心式通风机 | 4-72-11No.8 | 台 | 1 | |
| | 17 | 离心式通风机 | 4-72-11No.8 | 台 | 1 | |
| | 18 | 轴流式通风机 | $50K_4$-11No.5 | 台 | 4 | |
| | 19 | 铸铁垫板 | | kg | 9.10 | |
| | 20 | 混凝土 | C15 | kg | 0.07 | |
| | 21 | 普通钢板 | 0.7mm~0.9mm | kg | 36.76 | |
| | 22 | 普通钢板 | 0~3号 $\delta(1\sim1.5)$mm | kg | 189.57 | |
| | 23 | 普通钢板 | $\delta(2\sim2.5)$mm | kg | 126.08 | |
| | 24 | 普通钢板 | $\delta(2.6\sim3.2)$mm | kg | 3.22 | |
| | 25 | 低效过滤器 | | 台 | 1 | |
| | 26 | 垫　圈 | $\phi(2\sim8)$ | 10个 | 3.29 | |
| 二 | | 综合工日 | | 工日 | 150 | |

## 二、工程量清单计价编制说明
### （一）通风空调工程工程量清单

```
招  标  人：_____×××_____（单位签字盖章）
法定代表人：_____×××_____（签字盖章）
中 介 机 构
法定代表人：_____×××_____（签字盖章）
造价工程师
及注册证号：_____×××_____（签字盖执业专用章）
编 制 时 间：___××年××月××日___
```

### 填 表 须 知

1 工程量清单及其计价格式中所有要求签字、盖章的地方，必须由规定的单位和人员签字、盖章。

2 工程量清单及其计价格式中的任何内容不得随意删除或涂改。

3 工程量清单计价格式中列明的所有需要填报的单价和合价，投标人均应填报，未填报的单价和合价，视为此项费用已包含在工程量清单的其他单价和合价中。

4 金额（价格）均应以_____币表示。

### 总 说 明

工程名称：通风空调工程　　　　　　　　　　　　　　第 页 共 页

1. 工程概况

2. 招标范围

3. 工程质量要求

4. 工程量清单编制依据

421

定额预（结）算表（直接费部分）与清单项目之间关系分析对照表  表1-2-5

工程名称：高层建筑（21层）空调工程  第 页共 页

| 序号 | 项目编码 | 项 目 名 称 | 清单主项在预（结）算表中的序号 | 清单综合的工程内容在预（结）算表中的序号 |
|---|---|---|---|---|
| 1 | 030902001001 | 碳素钢镀锌钢板矩形风管，500×400，$\delta=0.75$mm，风管玻璃棉毡保温，$\delta=60$mm，油毡纸防潮层，玻璃布保护层 | 1 | 17+18+19 |
| 2 | 030902001002 | 碳素钢镀锌钢板矩形风管，1200×400，$\delta=1$mm，风管玻璃棉毡保温$\delta=60$mm，油毡纸防潮层，玻璃布保护层 | 2 | 17+18+19 |
| 3 | 030902001003 | 碳素钢镀锌钢板矩形风管，1000×400，$\delta=1$mm，风管玻璃棉毡保温，$\delta=60$mm，油毡纸防潮层，玻璃布保护层 | 2 | 17+18+19 |
| 4 | 030902001004 | 碳素钢镀锌钢板矩形风管，630×200，$\delta=0.75$mm，风管玻璃棉毡保温，$\delta=60$mm，油毡纸防潮层，玻璃布保护层 | 1 | 17+18+19 |
| 5 | 030902001005 | 碳素钢镀锌钢板矩形风管，800×400，$\delta=1$mm，风管玻璃棉毡保温，$\delta=60$mm，油毡纸防潮层，玻璃布保护层 | 2 | 17+18+19 |
| 6 | 030902001006 | 碳素钢镀锌钢板矩形风管，400×400，$\delta=0.75$mm，风管玻璃棉毡保温，$\delta=60$mm，油毡纸防潮层，玻璃布保护层 | 1 | 17+18+19 |
| 7 | 030902001007 | 碳素钢镀锌钢板矩形风管，900×735，$\delta=1$mm，风管玻璃棉毡保温，$\delta=60$mm，油毡纸防潮层，玻璃布保护层 | 2 | 17+18+19 |
| 8 | 030902001008 | 碳素钢镀锌钢板矩形风管，735×1750，$\delta=1.2$mm，风管玻璃棉毡保温，$\delta=60$mm，油毡纸防潮层，玻璃布保护层 | 3 | 17+18+19 |
| 9 | 030902001009 | 碳素钢镀锌钢板矩形风管，2100×400，$\delta=1.2$mm，风管玻璃棉毡保温，$\delta=60$mm，油毡纸防潮层，玻璃布保护层 | 3 | 17+18+19 |
| 10 | 030902001010 | 碳素钢镀锌钢板矩形风管，361×361，$\delta=0.75$mm，风管玻璃棉毡保温，$\delta=60$mm，油毡纸防潮层，玻璃布保护层 | 1 | 17+18+19 |
| 11 | 030901004001 | 变风量空调器，BFP12-L，制冷量60.48kW | 11 | 4 |
| 12 | 030903021001 | 静压箱制作安装，镀锌钢板，尺寸为2.0×0.9×1.5，$\delta=1.5$mm | 12+13 | 无 |
| 13 | 030903021002 | 静压箱制作安装，镀锌钢板，尺寸为2.1×1.7×0.91，$\delta=1.5$mm | 12+13 | 无 |
| 14 | 030903001001 | 碳钢密闭式对开多叶调节阀，400×400，13.1kg/个 | 5+6 | 无 |
| 15 | 030903001002 | 碳钢密闭式对开多叶调节阀，900×750，27.4kg/个 | 5+6 | 无 |
| 16 | 030903001003 | 碳钢密闭式对开多叶调节阀，2100×400，65.4kg/个 | 7+8 | 无 |
| 17 | 030903011001 | 活动百叶铝风口，带调节板，3.6kg/个 | 14+15 | 无 |
| 18 | 030903011002 | 单层百叶铝风口，900×735，6.6kg/个 | 14+16 | 无 |
| 19 | 030903007001 | 网式新风口制作安装，800×400，2.44kg/个 | 9+10 | 无 |

## 措施项目清单

表 1-2-6

工程名称：高层建筑（21层）空调工程　　　　　　　　　　　　　第 页 共 页

| 序 号 | 项 目 名 称 | 备 注 |
|---|---|---|
| 1 | 环境保护 | |
| 2 | 文明施工 | |
| 3 | 安全施工 | |
| 4 | 临时设施 | |
| 5 | 夜间施工增加费 | |
| 6 | 赶工措施费 | |
| 7 | 二次搬运 | |
| 8 | 混凝土、钢筋混凝土模板及支架 | |
| 9 | 脚手架 | |
| 10 | 垂直运输机械 | |
| 11 | 大型机械设备进出场及安拆 | |
| 12 | 施工排水、降水 | |
| 13 | 其他 | |
| 14 | 措施项目费合计 | $1+2+\cdots+14+15$ |

## 零星工作项目表

表 1-2-7

工程名称：高层建筑（21层）空调工程　　　　　　　　　　　　　第 页 共 页

| 序 号 | 名 称 | 计量单位 | 数 量 |
|---|---|---|---|
| 1 | 人工费 | | |
| | | 元 | 1.00 |
| 2 | 材料费 | | |
| | | 元 | 1.00 |
| 3 | 机械费 | | |
| | | 元 | 1.00 |

## 定额预（结）算表（直接费部分）与清单项目之间关系分析对照表

表 1-2-8

工程名称：某车间通风工程　　　　　　　　　　　　　第 页 共 页

| 序号 | 项目编码 | 项 目 名 称 | 清单主项在预（结）算表中的序号 | 清单综合的工程内容在预（结）算表中的序号 |
|---|---|---|---|---|
| 1 | 030902001001 | 镀锌钢板矩形风管，$800 \times 500$，$\delta = 1mm$，咬口连接 | 1 | 14 |
| 2 | 030902001002 | 镀锌钢板矩形风管，$800 \times 400$，$\delta = 1mm$，咬口连接 | 2 | 无 |
| 3 | 030902001003 | 镀锌钢板矩形风管，$800 \times 320$，$\delta = 1mm$，咬口连接 | 3 | 无 |
| 4 | 030902001004 | 镀锌钢板矩形风管，$1500 \times 1500$，$\delta = 1.2mm$，咬口连接 | 4 | 无 |

续表

| 序号 | 项目编码 | 项目名称 | 清单主项在预（结）算表中的序号 | 清单综合的工程内容在预（结）算表中的序号 |
|---|---|---|---|---|
| 5 | 030902001005 | 镀锌钢板圆形风管，$\phi 250$，$\delta = 0.75mm$，咬口连接 | 5 + 15 | 无 |
| 6 | 030902001006 | 镀锌钢板圆形风管，$\phi 360$，$\delta = 1mm$，咬口连接 | 16 | 无 |
| 7 | 030901002001 | 离心式通风机，4-72-11 No.8 | 6 | 无 |
| 8 | 030901010001 | 过滤器安装，LWP | 9 | 无 |
| 9 | 030901002002 | 离心风机安装，4-72-11 No.4 | 23 | 无 |
| 10 | 030901002003 | 轴流风机安装，4-72-11 No.5 | 24 | 无 |
| 11 | 030903012001 | 风帽制作安装，单重8kg/个 | 17 + 18 | 无 |
| 12 | 030903004001 | 钢制蝶阀，$\phi 250$，4.22kg/个 | 10 + 11 | 无 |
| 13 | 030903004002 | 钢制蝶阀，T302-7，8号，$\phi 250$，4.22kg/个 | 19 + 20 | 无 |
| 14 | 030903017001 | 升降式排气罩，T412，1号，72.23kg/个 | 21 + 22 | 无 |
| 15 | 030903007001 | 单层百叶风口，9.04kg/个 | 7 + 8 | 无 |
| 16 | 030903007002 | 旋转吹风口，T209-1，1号，$\phi 250$，10.09kg/个 | 12 + 13 | 无 |

措施项目清单　　　　　　　　　　　　　表1-2-9

工程名称：某车间通风工程　　　　　　　　第　页共　页

| 序号 | 项目名称 | 备注 |
|---|---|---|
| 1 | 环境保护 | |
| 2 | 文明施工 | |
| 3 | 安全施工 | |
| 4 | 临时设施 | |
| 5 | 夜间施工增加费 | |
| 6 | 赶工措施费 | |
| 7 | 二次搬运 | |
| 8 | 混凝土、钢筋混凝土模板及支架 | |
| 9 | 脚手架 | |
| 10 | 垂直运输机械 | |
| 11 | 大型机械设备进出场及安拆 | |
| 12 | 施工排水、降水 | |
| 13 | 其他 | |
| 14 | 措施项目费合计 | 1 + 2 + … + 14 + 15 |

零星工作项目表　　　　　　　　　　　　　　　　　　　　　　表1-2-10

工程名称：某车间通风工程　　　　　　　　　　　　　　　　　第　页　共　页

| 序号 | 名称 | 计量单位 | 数量 |
|---|---|---|---|
| 1 | 人工费 | 元 | 1.00 |
| 2 | 材料费 | 元 | 1.00 |
| 3 | 机械费 | 元 | 1.00 |

## （二）通风空调工程工程量清单报价表

投　标　人：＿＿＿×××＿＿＿＿（单位签字盖章）

法定代表人：＿＿＿×××＿＿＿＿（签字盖章）

造价工程师
及注册证号：＿＿＿×××＿＿＿＿（签字盖执业专用章）

编制时间：＿＿××年××月××日＿＿

### 投　标　总　价

建设单位：＿＿＿×××＿＿＿＿

工程名称：＿＿通风空调工程＿＿

投标总价（小写）：＿＿×××＿＿

　　　　（大写）：＿＿×××＿＿

投　标　人：＿＿×××＿＿（单位签字盖章）

法定代表人：＿＿×××＿＿（签字盖章）

编制时间：＿＿××年××月××日＿＿

### 总　说　明

工程名称：通风空调工程　　　　　　　　　　　　　　　　　　第　页　共　页

1. 工程概况

2. 招标范围

3. 工程质量要求

4. 工程量清单编制依据

5. 工程量清单计费列表

注：本例管理费及利润以定额人工费为取费基数，其中管理费费率为62%，利润率为51%

## 工程项目总价表

表1-2-11

工程名称：通风空调工程　　　　　　　　　　　　　　　　　　　　　　第1页 共3页

| 序号 | 单项工程名称 | 金额（元） |
|---|---|---|
| 1 | 高层建筑（21层）空调工程 | |
| 2 | 某车间通风工程 | |
| | 合计 | |

## 单位工程费汇总表

表1-2-12

工程名称：高层建筑（21层）空调　　　　　　　　　　　　　　　　　　第 页 共 页

| 序号 | 项目名称 | 金额（元） |
|---|---|---|
| 1 | 分部分项工程量清单计价合计 | |
| 2 | 措施项目清单计价合计 | |
| 3 | 其他项目清单计价合计 | |
| 4 | 规费 | |
| 5 | 税金 | |
| | 合计 | |

## 分部分项工程量清单计价表

表1-2-13

工程名称：高层建筑（21层）空调工程　　　　　　　　　　　　　　　　第 页 共 页

| 序号 | 项目编码 | 项目名称 | 计量单位 | 工程数量 | 综合单价 | 合价 |
|---|---|---|---|---|---|---|
| 1 | 030902001001 | 碳素钢镀锌钢板矩形风管，500×400，$\delta=0.75$mm，风管玻璃棉毡保温，$\delta=60$mm，油毡纸防潮层，玻璃布保护层 | $m^2$ | 20.7 | 4812.95 | 99628.113 |
| 2 | 030902001002 | 碳素钢镀锌钢板矩形风管，1200×400，$\delta=1$mm，风管玻璃棉毡保温，$\delta=60$mm，油毡纸防潮层，玻璃布保护层 | $m^2$ | 43.01 | 4553.84 | 195860.72 |
| 3 | 030902001003 | 碳素钢镀锌钢板矩形风管，1000×400，$\delta=1$mm，风管玻璃棉毡保温，$\delta=60$mm，油毡纸防潮层，玻璃布保护层 | $m^2$ | 54.04 | 4597.13 | 248428.93 |
| 4 | 030902001004 | 碳素钢镀锌钢板矩形风管，630×200，$\delta=0.75$mm，风管玻璃棉毡保温，$\delta=60$mm，油毡纸防潮层，玻璃布保护层 | $m^2$ | 18.35 | 4851.53 | 8902.60 |
| 5 | 030902001005 | 碳素钢镀锌钢板矩形风管，800×400，$\delta=1$mm，风管玻璃棉毡保温，$\delta=60$mm，油毡纸防潮层，玻璃布保护层 | $m^2$ | 22.32 | 4465.44 | 99668.55 |
| 6 | 030902001006 | 碳素钢镀锌钢板矩形风管，400×400，$\delta=0.75$mm，风管玻璃棉毡保温，$\delta=60$mm，油毡纸防潮层，玻璃布保护层 | $m^2$ | 12.61 | 4874.16 | 61463.20 |
| 7 | 030902001007 | 碳素钢镀锌钢板矩形风管，900×735，$\delta=1$mm，风管玻璃棉毡保温，$\delta=60$mm，油毡纸防潮层，玻璃布保护层 | $m^2$ | 8.68 | 4478.86 | 38876.51 |
| 8 | 030902001008 | 碳素钢镀锌钢板矩形风管，735×1750，$\delta=1.2$mm，风管玻璃棉毡保温，$\delta=60$mm，油毡纸防潮层，玻璃布保护层 | $m^2$ | 6.46 | 4500.56 | 29073.59 |
| 9 | 030902001009 | 碳素钢镀锌钢板矩形风管，2100×400，$\delta=1.2$mm，风管玻璃棉毡保温，$\delta=60$mm，油毡纸防潮层，玻璃布保护层 | $m^2$ | 7.74 | 4398.63 | 34045.42 |
| 10 | 030902001010 | 碳素钢镀锌钢板矩形风管，361×361，$\delta=0.75$mm，风管玻璃棉毡保温，$\delta=60$mm，油毡纸防潮层，玻璃布保护层 | $m^2$ | 2.57 | 4947.91 | 12716.14 |
| 11 | 030901004001 | 变风量空调器，BFP12-L，制冷量60.48kW | 台 | 2 | 1209.16 | 2418.31 |

续表

| 序号 | 项目编码 | 项目名称 | 计量单位 | 工程数量 | 综合单价 | 合价 |
|---|---|---|---|---|---|---|
| 12 | 030903021001 | 静压箱制作安装，镀锌钢板，尺寸为 2.0×0.9×1.5，$\delta=1.5mm$ | m² | 12.3 | 129.98 | 1598.70 |
| 13 | 030903021002 | 静压箱制作安装，镀锌钢板，尺寸为 2.1×1.7×0.91，$\delta=1.5mm$ | m² | 14.06 | 130.18 | 1830.35 |
| 14 | 030903001001 | 碳钢密闭式对开多叶调节阀，400×400，13.1kg/个 | 个 | 8 | 286 | 2288.00 |
| 15 | 030903001002 | 碳钢密闭式对开多叶调节阀，900×750，27.4kg/个 | 个 | 2 | 566.75 | 1133.51 |
| 16 | 030903001003 | 碳钢密闭式对开多叶调节阀，2100×400，65.4kg/个 | 个 | 1 | 962.6 | 962.6 |
| 17 | 030903011001 | 活动百叶铝风口，带调节板，3.6kg/个 | 个 | 9 | 252.75 | 2274.78 |
| 18 | 030903011002 | 单层百叶铝风口，900×735，6.6kg/个 | 个 | 2 | 429.57 | 859.13 |
| 19 | 030903007001 | 网式新风口制作安装，800×400，2.44kg/个 | 个 | 1 | 35.09 | 35.09 |

### 措施项目清单计价表

表 1-2-14

工程名称：高层建筑（21层）空调工程　　　　第　页　共　页

| 序号 | 项目名称 | 备注 |
|---|---|---|
| 1 | 环境保护 | |
| 2 | 文明施工 | 227.87 |
| 3 | 安全施工 | 683.61 |
| 4 | 临时设施 | 1367.22 |
| 5 | 夜间施工增加费 | |
| 6 | 赶工措施费 | |
| 7 | 二次搬运 | |
| 8 | 混凝土、钢筋混凝土模板及支架 | |
| 9 | 脚手架 | |
| 10 | 垂直运输机械 | |
| 11 | 大型机械设备进出场及安拆 | |
| 12 | 施工排水、降水 | |
| 13 | 其他 | |
| 14 | 措施项目费合计 | 2278.71 |

### 其他项目清单计价表

表 1-2-15

工程名称：高层建筑（21层）空调工程　　　　第　页　共　页

| 序号 | 项目名称 | 金额（元） |
|---|---|---|
| 1 | 招标人部分 | |
| | 不可预见费 | |
| | 工程分包和材料购置费 | |
| | 其他 | |
| 2 | 投标人部分 | |
| | 总承包服务费 | |
| | 零星工作项目费 | |
| | 其他 | |
| | 合计 | 0.00 |

## 零星工作项目表

表 1-2-16

工程名称：高层建筑（21层）空调工程　　　　　　　　　　第 页 共 页

| 序 号 | 名　　称 | 计量单位 | 数　量 | 金额（元） | |
|---|---|---|---|---|---|
| | | | | 综合单价 | 合　价 |
| 1 | 人工 | | | | |
| | | 元 | | | |
| 2 | 材料费 | | | | |
| | | 元 | | | |
| 3 | 机械费 | | | | |
| | | 元 | | | |
| | 合计 | | | | 0.00 |

## 分部分项工程量清单综合单价分析表

表 1-2-17

工程名称：高层建筑（21层）空调工程　　　　　　　　　　第 页 共 页

| 序号 | 项目编码 | 项目名称 | 定额编号 | 工程内容 | 单位 | 数量 | 其中：（元） | | | | | 综合单价（元） | 合价（元） |
|---|---|---|---|---|---|---|---|---|---|---|---|---|---|
| | | | | | | | 人工费 | 材料费 | 机械费 | 管理费 | 利润 | | |
| 1 | 030902001001 | 碳钢矩形风管（500×400） | | | m² | 20.7 | | | | | | 4812.95 | 99628.113 |
| | | | 5I0010 | 镀锌板矩形风管 | 10m² | 2.07 | 101.45 | 69.22 | 19.89 | 62.90 | 51.74 | | 305.2×2.07 |
| | | | | 镀锌钢板 δ=0.75mm | m² | 23.56 | — | 25.01 | — | — | — | | 25.01×23.56 |
| | | | | 角钢 L60 | kg | 73.82 | — | 2.92 | — | — | — | | 2.92×73.82 |
| | | | 5M0376 | 玻璃棉毡保温 δ=60mm | m³ | 1.41 | 23.12 | 32.18 | | 14.33 | 11.79 | | 81.42×1.41 |
| | | | | 玻璃棉毡 | m³ | 219.96 | — | 444.60 | — | — | — | | 444.60×219.96 |
| | | | 5M0482 | 油毡纸防潮层 | 10m² | 2.62 | 5.9 | 37.34 | — | 3.66 | 3.01 | | 49.91×2.62 |
| | | | 5M0476 | 玻璃布保护层 | 10m² | 2.62 | 5.78 | 45.62 | — | 3.58 | 2.95 | | 57.93×2.62 |
| 2 | 030902001002 | 碳钢矩形风管（1200×400） | | | m² | 43.01 | | | | | | 4553.84 | 195860.72 |
| | | | 5I0011 | 镀锌板矩形风管 | 10m² | 4.3 | 75.45 | 47.27 | 11.28 | 46.78 | 38.48 | | 219.26×4.3 |
| | | | | 镀锌钢板 δ=1mm | m² | 48.93 | — | 32.66 | — | — | — | | 32.66×48.93 |
| | | | | 角钢 L60 | kg | 150.67 | — | 2.92 | — | — | — | | 2.92×150.67 |
| | | | 5M0376 | 玻璃棉毡保温 δ=6mm | m³ | 2.77 | 23.12 | 32.18 | | 14.33 | 11.79 | | 81.42×2.77 |
| | | | | 玻璃棉毡 | m³ | 432.12 | — | 444.6 | — | — | — | | 444.6×482.12 |
| | | | 5M0482 | 油毡纸防潮层 | 10m² | 4.95 | 5.9 | 37.34 | — | 3.66 | 3.01 | | 49.91×4.95 |
| | | | 5M0476 | 玻璃布保护层 | 10m² | 4.95 | 5.78 | 45.62 | — | 3.58 | 2.95 | | 57.93×4.95 |

续表

| 序号 | 项目编码 | 项目名称 | 定额编号 | 工程内容 | 单位 | 数量 | 人工费 | 材料费 | 机械费 | 管理费 | 利润 | 综合单价（元） | 合价（元） |
|---|---|---|---|---|---|---|---|---|---|---|---|---|---|
| | | | | | | | 其中：（元） | | | | | | |
| 3 | 030902001003 | 碳钢矩形风管（1000×400） | | | m² | 54.04 | | | | | | 4597.13 | 248428.93 |
| | | | 5I0011 | 镀锌板矩形风管 | 10m² | 5.40 | 75.45 | 47.27 | 11.28 | 46.77 | 38.48 | | 219.25×5.40 |
| | | | | 镀锌钢板 δ=1mm | m² | 56.9 | — | 32.66 | — | — | — | | 32.66×56.9 |
| | | | | 角钢 L60 | kg | 175.2 | | 2.92 | | | | | 2.92×175.2 |
| | | | 5M0376 | 玻璃棉毡保温 δ=60mm | m³ | 3.52 | 23.12 | 32.18 | — | 14.33 | 11.79 | | 81.42×3.52 |
| | | | | 玻璃棉毡 | m³ | 549.12 | — | 444.60 | — | — | — | | 444.60×549.12 |
| | | | 5M0482 | 油毡纸防潮层 | 10m² | 4.17 | 5.9 | 37.34 | | 3.66 | 3.01 | | 49.91×4.17 |
| | | | 5M0476 | 玻璃布保护层 | 10m² | 4.17 | 5.78 | 45.62 | | 3.58 | 2.95 | | 57.93×4.17 |
| 4 | 030902001004 | 碳钢矩形风管（630×200） | | | m² | 18.35 | | | | | | 4851.53 | 89025.60 |
| | | | 5I0010 | 镀锌板矩形风管 | 10m² | 1.84 | 101.45 | 69.22 | 19.89 | 62.90 | 51.74 | | 305.2×1.84 |
| | | | | 镀锌钢板 δ=0.75mm | m² | 20.94 | — | 25.01 | — | — | — | | 25.01×20.94 |
| | | | | 角钢 L60 | kg | 65.61 | — | 2.92 | | | | | 2.92×65.61 |
| | | | 5M0376 | 玻璃棉毡保温 δ=60mm | m³ | 1.26 | 23.12 | 32.18 | — | 14.33 | 11.79 | | 81.42×1.26 |
| | | | | 玻璃棉毡 | m³ | 196.56 | — | 444.60 | — | — | — | | 444.60×196.56 |
| | | | 5M0482 | 油毡纸防潮层 | 10m² | 2.37 | 5.9 | 37.34 | | 3.66 | 3.01 | | 49.91×2.37 |
| | | | 5M0476 | 玻璃布保护层 | 10m² | 2.37 | 3.78 | 45.62 | | 3.58 | 2.95 | | 57.93×2.37 |
| 5 | 030902001005 | 碳钢矩形风管（800×400） | | | m² | 22.32 | | | | | | 4465.44 | 99668.55 |
| | | | 5I0011 | 镀锌板矩形风管 | 10m² | 2.14 | 75.45 | 47.27 | 11.28 | 46.78 | 38.48 | | 219.26×2.14 |
| | | | | 镀锌钢板 δ=1mm | m² | 24.35 | — | 32.66 | — | — | — | | 32.66×24.35 |
| | | | | 角钢 L60 | kg | 74.99 | | 2.92 | | | | | 2.92×74.99 |
| | | | 5M0376 | 玻璃棉毡保温 δ=60mm | m³ | 1.41 | 23.12 | 32.18 | — | 14.33 | 11.79 | | 81.42×1.41 |
| | | | | 玻璃棉毡 | m³ | 219.96 | — | 444.60 | — | — | — | | 444.60×219.96 |
| | | | 5M0482 | 油毡纸防潮层 | 10m² | 2.56 | 5.9 | 37.34 | | 3.66 | 3.01 | | 49.91×2.56 |
| | | | 5M0476 | 玻璃布保护层 | 10m² | 2.56 | 5.78 | 45.62 | | 3.58 | 2.95 | | 57.93×2.56 |
| 6 | 030902001006 | 碳钢矩形风管（400×400） | | | m² | 12.61 | | | | | | 4874.16 | 61463.20 |

续表

| 序号 | 项目编码 | 项目名称 | 定额编号 | 工程内容 | 单位 | 数量 | 人工费 | 材料费 | 机械费 | 管理费 | 利润 | 综合单价(元) | 合价(元) |
|---|---|---|---|---|---|---|---|---|---|---|---|---|---|
|  |  |  | 5I0010 | 镀锌板矩形风管 | 10m² | 1.26 | 101.45 | 69.22 | 19.89 | 62.90 | 51.74 |  | 305.2×1.26 |
|  |  |  |  | 镀锌钢板 δ=0.75mm | m² | 14.34 | — | 25.01 | — | — | — |  | 25.01×14.34 |
|  |  |  |  | 角钢 L60 | kg | 44.93 | — | 2.92 | — | — | — |  | 2.92×44.93 |
|  |  |  | 5M0376 | 玻璃棉毡保温 δ=60mm | m³ | 0.87 | 23.12 | 32.18 | — | 14.33 | 11.79 |  | 81.42×0.87 |
|  |  |  |  | 玻璃棉毡 | m³ | 135.72 | — | 444.60 | — | — | — |  | 444.60×135.72 |
|  |  |  | 5M0482 | 油毡纸防潮层 | 10m² | 1.64 | 5.9 | 37.34 | — | 3.66 | 3.01 |  | 49.91×1.64 |
|  |  |  | 5M0376 | 玻璃布保护层 | 10m² | 1.64 | 5.78 | 45.62 | — | 3.58 | 2.95 |  | 57.93×1.64 |
| 7 | 030902001007 | 碳钢矩形风管（900×735） |  |  | m² | 8.68 |  |  |  |  |  | 4478.86 | 38876.51 |
|  |  |  | 5I0011 | 镀锌板矩形风管 | 10m² | 0.87 | 75.45 | 47.27 | 11.28 | 46.78 | 38.48 |  | 219.26×0.87 |
|  |  |  |  | 镀锌钢板 δ=1mm | m² | 9.90 | — | 32.66 | — | — | — |  | 32.66×9.90 |
|  |  |  |  | 角钢 L60 | kg | 30.48 | — | 2.92 | — | — | — |  | 2.92×30.48 |
|  |  |  | 5M0376 | 玻璃棉毡保温 δ=60mm | m³ | 0.55 | 23.12 | 32.18 | — | 14.33 | 11.79 |  | 81.42×0.55 |
|  |  |  |  | 玻璃棉毡 | m³ | 85.8 | — | 444.60 | — | — | — |  | 444.60×85.8 |
|  |  |  | 5M0482 | 油毡纸防潮层 | 10m² | 0.76 | 5.9 | 37.34 | — | 3.66 | 3.01 |  | 49.91×0.76 |
|  |  |  | 5M0476 | 玻璃布保护层 | 10m² | 0.76 | 5.78 | 45.62 | — | 3.58 | 2.95 |  | 57.93×0.76 |
| 8 | 030902001008 | 碳钢矩形风管（735×1750） |  |  | m² | 6.46 |  |  |  |  |  | 4500.56 | 29073.59 |
|  |  |  | 5I0012 | 镀锌板矩形风管 | 10m² | 0.65 | 88.66 | 46.79 | 8.25 | 54.97 | 45.22 |  | 243.89×0.65 |
|  |  |  |  | 镀锌钢板 δ=1.2mm | m² | 7.40 | — | 38.22 | — | — | — |  | 38.22×7.40 |
|  |  |  |  | 角钢 L60 | kg | 29.34 | — | 2.92 | — | — | — |  | 2.92×29.34 |
|  |  |  | 5M0376 | 玻璃棉毡保温 δ=60mm | m³ | 0.41 | 23.12 | 32.18 | — | 144.33 | 11.79 |  | 81.42×0.41 |
|  |  |  |  | 玻璃棉毡 | m³ | 63.96 | — | 444.60 | — | — | — |  | 444.60×63.96 |
|  |  |  | 5M0482 | 油毡纸防潮层 | 10m² | 0.71 | 5.9 | 37.34 | — | 3.66 | 3.01 |  | 49.91×0.71 |

续表

| 序号 | 项目编码 | 项目名称 | 定额编号 | 工程内容 | 单位 | 数量 | 其中：(元) 人工费 | 材料费 | 机械费 | 管理费 | 利润 | 综合单价(元) | 合价(元) |
|---|---|---|---|---|---|---|---|---|---|---|---|---|---|
| | | | 5M0476 | 玻璃布保护层 | 10m² | 0.71 | 5.78 | 45.62 | — | 3.58 | 2.95 | | 57.93×0.71 |
| 9 | 030902001009 | 碳钢矩形风管（2100×400） | | | m² | 7.74 | | | | | | 4398.63 | 34045.42 |
| | | | 5I0012 | 镀锌板矩形风管 | 10m² | 0.77 | 88.66 | 46.79 | 8.25 | 54.97 | 45.22 | | 243.89×0.77 |
| | | | | 镀锌钢板 δ=1.2mm | m² | 8.76 | — | 38.22 | — | | | | 38.22×8.76 |
| | | | | 角钢 L60 | kg | 34.76 | — | 2.92 | — | | | | 2.92×34.76 |
| | | | 5M0376 | 玻璃棉毡保温 δ=60mm | m³ | 0.48 | 23.12 | 32.18 | — | 14.33 | 11.79 | | 81.42×0.48 |
| | | | | 玻璃棉毡 | m³ | 74.88 | — | 444.60 | | | | | 444.60×74.88 |
| | | | 5N0482 | 油毡纸防潮层 | 10m² | 0.84 | 5.9 | 37.34 | — | 3.66 | 3.01 | | 49.91×0.84 |
| | | | 5M0476 | 玻璃布保护层 | 10m² | 0.84 | 5.78 | 45.62 | — | 3.58 | 2.95 | | 57.93×0.84 |
| 10 | 020902001010 | 碳钢矩形风管（361×361） | | | m² | 2.57 | | | | | | 4947.91 | 12716.14 |
| | | | 5I0010 | 镀锌板矩形风管 | 10m² | 0.26 | 101.45 | 69.22 | 19.89 | 62.90 | 51.74 | | 305.2×0.26 |
| | | | | 镀锌钢板 δ=0.75mm | m² | 2.96 | — | 25.01 | | | | | 25.01×2.96 |
| | | | | 角钢 L60 | kg | 9.27 | — | 2.92 | — | | | | 2.92×9.27 |
| | | | 5M0376 | 玻璃棉毡保温 δ=60mm | m³ | 0.18 | 23.12 | 32.18 | — | 14.33 | 11.79 | | 81.42×0.18 |
| | | | | 玻璃棉毡 | m³ | 28.08 | — | 444.60 | | | | | 444.60×28.08 |
| | | | 5M0482 | 油毡纸防潮层 | 10m² | 0.34 | 5.9 | 37.34 | — | 3.66 | 3.01 | | 49.91×0.34 |
| | | | 5M0476 | 玻璃布保护层 | 10m² | 0.34 | 5.78 | 45.62 | — | 3.58 | 2.95 | | 57.93×0.34 |
| 11 | 030901004001 | 变风量空调器 | | | 台 | 2 | | | | | | 1209.16 | 2418.31 |
| | | | 5I0277 | 变风量空调器 | 台 | 2 | 480.94 | 3.24 | 17.06 | 298.18 | 245.28 | | 1044.7×2 |
| | | | 5I0034 | 帆布短管 | m² | 2.373 | 32.37 | 65.52 | 2.13 | 20.07 | 16.51 | | 136.6×2.373 |
| | | | | 角钢 L60 | kg | 31.71 | — | 2.92 | — | — | — | | 2.92×31.71 |
| 12 | 030903021001 | 静压箱（2.0×0.9×1.5） | | | m² | 12.3 | | | | | | 129.98 | 1598.70 |

续表

| 序号 | 项目编码 | 项目名称 | 定额编号 | 工程内容 | 单位 | 数量 | 人工费 | 材料费 | 机械费 | 管理费 | 利润 | 综合单价（元） | 合价（元） |
|---|---|---|---|---|---|---|---|---|---|---|---|---|---|
|  |  |  | 5I0290 | 静压箱制作 | 100kg | 1.45 | 93.84 | 63.11 | 19.07 | 58.18 | 47.86 |  | 282.06×1.45 |
|  |  |  |  | 镀锌钢板 δ=1.5mm | m² | 17.73 | — | 47.79 | — | — | — |  | 47.79×17.73 |
|  |  |  |  | 角钢 L60 | kg | 25.88 | — | 2.92 | — | — | — |  | 2.92×25.88 |
|  |  |  | 5I0291 | 静压箱安装 | 100kg | 1.45 | 62.58 | 49.72 | 1.00 | 38.80 | 31.92 |  | 184.02×1.45 |
| 13 | 030903021001 | 静压箱(2.1×1.7×0.91) |  |  | m² | 14.06 |  |  |  |  |  | 130.18 | 1830.35 |
|  |  |  | 5I0290 | 静压箱制作 | 100kg | 1.66 | 93.84 | 63.11 | 19.07 | 58.18 | 47.86 |  | 282.06×1.66 |
|  |  |  |  | 镀锌钢板 δ=1.5mm | m² | 20.30 | — | 47.79 | — | — | — |  | 47.79×20.30 |
|  |  |  |  | 角钢 L60 | kg | 29.63 | — | 2.92 | — | — | — |  | 2.92×29.63 |
|  |  |  | 5I0291 | 静压箱安装 | 100kg | 1.66 | 62.58 | 49.72 | 1.00 | 38.80 | 31.91 |  | 184.02×1.66 |
| 14 | 030903001001 | 碳钢对开多叶调节阀(13.1kg/个) |  |  | 个 | 8 |  |  |  |  |  | 286 | 2288.00 |
|  |  |  | 5I0073 | 碳钢调节阀制作 | 100kg | 1.05 | 254.50 | 1136.00 | 274.98 | 157.79 | 129.80 |  | 1953.07×1.05 |
|  |  |  | 5I0074 | 碳钢调节阀安装 | 个 | 8 | 10.99 | 5.63 | 0.63 | 6.81 | 5.60 |  | 29.66×8 |
| 15 | 030903001002 | 碳钢对开多叶调节阀(27.4kg/个) |  |  | 个 | 2 |  |  |  |  |  | 566.75 | 1133.51 |
|  |  |  | 5I0073 | 碳钢调节阀制作 | 100kg | 0.55 | 254.50 | 1136.00 | 274.98 | 157.79 | 129.80 |  | 1953.07×0.55 |
|  |  |  | 5I0074 | 碳钢调节阀安装 | 个 | 2 | 10.99 | 5.63 | 0.63 | 6.81 | 5.60 |  | 29.66×2 |
| 16 | 030903001003 | 碳钢对开多叶调节阀(65.4kg/个) |  |  | 个 | 1 |  |  |  |  |  | 962.6 | 962.6 |
|  |  |  | 5I0075 | 碳钢调节阀制作 | 100kg | 0.65 | 173.00 | 798.00 | 217.59 | 107.26 | 88.23 |  | 1384.08×0.65 |
|  |  |  | 5I0076 | 碳钢调节阀安装 | 个 | 1 | 23.01 | 12.31 | 1.62 | 14.27 | 11.74 |  | 62.95×1 |
| 17 | 030903311001 | 活动百叶铝风口(3.6kg/个) |  |  | 个 | 9 |  |  |  |  |  | 252.75 | 2274.78 |
|  |  |  | 5I0350 | 铝风口制作 | 100kg | 0.32 | 2184.12 | 1276.7 | 350.38 | 1354.15 | 1113.90 |  | 4924.87×0.32 |

续表

| 序号 | 项目编码 | 项目名称 | 定额编号 | 工程内容 | 单位 | 数量 | 人工费 | 材料费 | 机械费 | 管理费 | 利润 | 综合单价(元) | 合价(元) |
|---|---|---|---|---|---|---|---|---|---|---|---|---|---|
|  |  |  |  | 铝合金 | m² | 27.42 | — | 14.93 | — | — | — |  | 14.93×27.42 |
|  |  |  | 5I0351 | 铝风口安装 | 个 | 9 | 13.51 | 3.33 | 0.05 | 8.38 | 6.89 |  | 32.16×9 |
| 18 | 030903011002 | 单层百叶铝风口(6.6kg/个) |  |  | 个 | 2 |  |  |  |  |  | 429.57 | 859.13 |
|  |  |  | 5I0350 | 铝风口制作 | 100kg | 0.13 | 2184.12 | 1276.7 | 350.38 | 1354.15 | 1113.90 |  | 4924.87×0.13 |
|  |  |  |  | 铝合金 | m² | 11.14 | — | 14.93 | — | — | — |  | 14.93×11.14 |
|  |  |  | 5I0353 | 铝风口安装 | 个 | 2 | 11.72 | 0.66 | 0.66 | 7.27 | 5.98 |  | 26.29×2 |
| 19 | 030903007001 | 网式新风口(2.44kg/个) |  |  | 个 | 1 |  |  |  |  |  | 35.09 | 35.09 |
|  |  |  | 5I0137 | 网式风口制作 | 100kg | 0.02 | 164.40 | 906.24 | 57.08 | 101.93 | 83.84 |  | 1313.49×0.02 |
|  |  |  | 5I0138 | 网式风口安装 | 个 | 1 | 3.15 | 2.05 | 0.06 | 1.95 | 1.61 |  | 8.82×1 |

**措施项目费分析表**　　　　　　　　　　　　　　表1-2-18

工程名称：高层建筑（21层）空调工程　　　　　　　　第　页　共　页

| 序号 | 措施项目名称 | 单位 | 数量 | 人工费 | 材料费 | 机械使用费 | 管理费 | 利润 | 小计 |
|---|---|---|---|---|---|---|---|---|---|
| 1 | 环境保护费 |  |  |  |  |  |  |  |  |
| 2 | 文明施工费 |  |  |  |  |  |  |  |  |
| 3 | 安全施工费 |  |  |  |  |  |  |  |  |
| 4 | 临时设施费 |  |  |  |  |  |  |  |  |
| 5 | 夜间施工增加费 |  |  |  |  |  |  |  |  |
| 6 | 赶工措施费 |  |  |  |  |  |  |  |  |
| 7 | 二次搬运费 |  |  |  |  |  |  |  |  |
| 8 | 混凝土、钢筋混凝土模板及支架 |  |  |  |  |  |  |  |  |
| 9 | 脚手架搭拆费 |  |  |  |  |  |  |  |  |
| 10 | 垂直运输机械使用费 |  |  |  |  |  |  |  |  |
| 11 | 大型机械设备进出场及安拆 |  |  |  |  |  |  |  |  |
| 12 | 施工排水、降水 |  |  |  |  |  |  |  |  |
| 13 | 其他 |  |  |  |  |  |  |  |  |
|  | 措施项目费合计 |  |  |  |  |  |  |  |  |

**主要材料价格表**  表 1-2-19

工程名称：高层建筑（21层）空调工程　　　　　　　　　　第 页 共 页

| 序 号 | 材料编码 | 材料名称 | 规格、型号等特殊要求 | 单 位 | 单价（元） |
|---|---|---|---|---|---|
| | | | | | |
| | | | | | |
| | | | | | |
| | | | | | |
| | | | | | |
| | | | | | |
| | | | | | |

**单位工程费汇总表**  表 1-2-20

工程名称：某车间通风工程　　　　　　　　　　第 页 共 页

| 序 号 | 项 目 名 称 | 金 额（元） |
|---|---|---|
| 1 | 分部分项工程量清单计价合计 | |
| 2 | 措施项目清单计价合计 | |
| 3 | 其他项目清单计价合计 | |
| 4 | 规费 | |
| 5 | 税金 | |
| | 合 计 | |

## 分部分项工程量清单计价表

表 1-2-21

工程名称：某车间通风工程

| 序号 | 项目编码 | 项目名称 | 计量单位 | 工程数量 | 金额（元） 综合单价 | 金额（元） 合价 |
|---|---|---|---|---|---|---|
| 1 | 030902001001 | 镀锌钢板矩形风管，800×500，$\delta=1mm$，咬口连接 | m² | 50.32 | 75.09 | 3778.53 |
| 2 | 030902001002 | 镀锌钢板矩形风管，800×400，$\delta=1mm$，咬口连接 | m² | 28.8 | 69.29 | 1995.41 |
| 3 | 030902001003 | 镀锌钢板矩形风管，800×320，$\delta=1mm$，咬口连接 | m² | 8.96 | 69.59 | 623.55 |
| 4 | 030902001004 | 镀锌钢板矩形风管，1500×1500，$\delta=1.2mm$，咬口连接 | m² | 6.3 | 72.66 | 457.76 |
| 5 | 030902001005 | 镀锌钢板圆形风管，$\phi250$，$\delta=0.75mm$，咬口连接 | m² | 71.04 | 73.18 | 5198.60 |
| 6 | 030902001006 | 镀锌钢板圆形风管，$\phi360$，$\delta=1mm$，咬口连接 | m² | 5.46 | 75.25 | 410.86 |
| 7 | 030901002001 | 离心式通风机，4-72-11 N0.8 | 台 | 1 | 217.19 | 217.19 |
| 8 | 030901010001 | 过滤器安装，LWP | 台 | 1 | 2.09 | 2.09 |
| 9 | 030901002002 | 离心风机安装，4-72-11 N0.4 | 台 | 1 | 34.43 | 34.43 |
| 10 | 030901002003 | 轴流风机安装，4-72-11 N0.5 | 台 | 4 | 42.24 | 168.96 |
| 11 | 030903012001 | 风帽制作安装，单重8kg/个 | 个 | 1 | 88.42 | 88.42 |
| 12 | 030903004001 | 钢制蝶阀，$\phi250$，4.22kg/个 | 个 | 7 | 101.10 | 707.68 |
| 13 | 030903004002 | 钢制蝶阀，T302-7，8号，$\phi250$，4.22kg/个 | 个 | 6 | 98.63 | 591.77 |
| 14 | 030903017001 | 升降式排气罩，T412，1号，72.23kg/个 | 个 | 6 | 575.52 | 3453.10 |
| 15 | 030903007001 | 单层百叶风口，9.04kg/个 | 个 | 4 | 146.15 | 584.61 |
| 16 | 030903007002 | 旋转吹风口，T209-1，1号，$\phi250$，10.09kg/个 | 个 | 7 | 127.62 | 893.32 |

## 措施项目清单计价表

表 1-2-22

工程名称：某车间通风工程

| 序号 | 项目名称 | 备注 |
|---|---|---|
| 1 | 环境保护 | |
| 2 | 文明施工 | 227.87 |
| 3 | 安全施工 | 683.61 |
| 4 | 临时设施 | 1367.22 |
| 5 | 夜间施工增加费 | |
| 6 | 赶工措施费 | |
| 7 | 二次搬运 | |
| 8 | 混凝土、钢筋混凝土模板及支架 | |
| 9 | 脚手架 | |
| 10 | 垂直运输机械 | |
| 11 | 大型机械设备进出场及安拆 | |
| 12 | 施工排水、降水 | |
| 13 | 其他 | |
| 14 | 措施项目费合计 | 2278.71 |

## 其他项目清单计价表

表 1-2-23

工程名称：某车间通风工程　　　　　　　　　　　　　　　第 页 共 页

| 序号 | 项目名称 | 金额（元） |
|---|---|---|
| 1 | 招标人部分 | |
| | 不可预见费 | |
| | 工程分包和材料购置费 | |
| | 其他 | |
| 2 | 投标人部分 | |
| | 总承包服务费 | |
| | 零星工作项目费 | |
| | 其他 | |
| | 合计 | 0.00 |

## 零星工作项目表

表 1-2-24

工程名称：某车间通风工程　　　　　　　　　　　　　　　第 页 共 页

| 序号 | 名称 | 计量单位 | 数量 | 金额（元） | |
|---|---|---|---|---|---|
| | | | | 综合单价 | 合价 |
| 1 | 人工 | 元 | | | |
| 2 | 材料费 | 元 | | | |
| 3 | 机械费 | 元 | | | |
| | 合计 | | | | 0.00 |

## 分部分项工程量清单综合单价分析表

表 1-2-25

工程名称：某车间通风工程　　　　　　　　　　　　　　　第 页 共 页

| 序号 | 项目编码 | 项目名称 | 定额编号 | 工程内容 | 单位 | 数量 | 其中：（元） | | | | | 综合单价（元） | 合价（元） |
|---|---|---|---|---|---|---|---|---|---|---|---|---|---|
| | | | | | | | 人工费 | 材料费 | 机械费 | 管理费 | 利润 | | |
| 1 | 030902001001 | 镀锌板矩形风管（800×500） | | | m² | 50.62 | | | | | | 75.09 | 3799.55 |
| | | | 5I0011 | 镀锌板矩形风管 | 10m² | 5.06 | 75.45 | 47.27 | 11.28 | 46.78 | 38.48 | | 219.26×5.06 |
| | | | | 镀锌钢板 δ=1mm | m² | 57.24 | — | 32.66 | | | | | 32.66×57.24 |
| | | | | 角钢 L60 | kg | 176.25 | | 2.91 | | | | | 2.91×176.25 |
| | | | 5I0035 | 风管检查孔 | 100kg | 0.26 | 318.20 | 290.11 | 160.25 | 197.28 | 162.28 | | 1128.12×0.26 |
| 2 | 030902001002 | 镀锌板矩形风管（800×400） | | | m² | 28.2 | | | | | | 69.29 | 1995.41 |
| | | | 5I0011 | 镀锌板矩形风管 | 10m² | 2.88 | 75.45 | 47.27 | 11.28 | 46.78 | 38.48 | | 219.26×2.88 |
| | | | | 镀锌钢板 δ=1mm | m² | 32.77 | — | 32.66 | — | | | | 32.66×32.77 |

续表

| 序号 | 项目编码 | 项目名称 | 定额编号 | 工程内容 | 单位 | 数量 | 人工费 | 材料费 | 机械费 | 管理费 | 利润 | 综合单价(元) | 合价(元) |
|---|---|---|---|---|---|---|---|---|---|---|---|---|---|
| | | | | 角钢 L60 | kg | 100.92 | — | 2.91 | — | — | — | | 2.91×100.92 |
| 3 | 030902001003 | 镀锌板矩形风管(800×320) | | | m² | 8.96 | | | | | | 69.59 | 623.55 |
| | | | 5I0011 | 镀锌板矩形风管 | 10m² | 0.90 | 75.45 | 47.27 | 11.28 | 46.78 | 38.48 | | 219.26×0.90 |
| | | | | 镀锌钢板 δ=1mm | m² | 10.24 | — | 32.66 | — | — | — | | 32.66×10.24 |
| | | | | 角钢 L60 | kg | 31.54 | — | 2.91 | — | — | — | | 2.91×31.54 |
| 4 | 030902001004 | 镀锌板矩形风管(φ500×1500) | | | m² | 6.3 | | | | | | 72.66 | 457.76 |
| | | | 5I0012 | 镀锌板矩形风管 | 10m² | 0.63 | 20.54 | 111.60 | 4.9 | 12.73 | 10.48 | | 160.25×0.63 |
| | | | | 镀锌钢板 δ=1.2mm | m² | 7.17 | — | 38.22 | — | — | — | | 38.22×7.17 |
| | | | | 角钢 L60 | kg | 28.44 | — | 2.91 | — | — | — | | 2.91×28.44 |
| 5 | 030902001005 | 镀锌板圆形风管(φ250) | | | m² | 71.04 | | | | | | 73.18 | 5198.60 |
| | | | 5I0002 | 镀锌板圆形风管 | 10m² | 7.10 | 128.47 | 57.69 | 24.33 | 79.65 | 65.48 | | 355.62×7.10 |
| | | | | 镀锌钢板 δ=0.75mm | m² | 80.80 | — | 25.01 | — | — | — | | 25.01×80.80 |
| | | | | 角钢 L60 | kg | 224.36 | — | 2.91 | — | — | — | | 2.91×224.36 |
| 6 | 030902001006 | 镀锌板圆形风管(φ360) | | | m² | 5.46 | | | | | | 75.25 | 410.86 |
| | | | 5I0003 | 镀锌板圆形风管 | 10m² | 0.55 | 96.58 | 62.04 | 12.35 | 59.88 | 49.26 | | 280.11×0.55 |
| | | | | 镀锌钢板 δ=1mm | m² | 6.26 | — | 32.66 | — | — | — | | 32.66×6.26 |
| | | | | 角钢 L60 | kg | 17.79 | — | 2.91 | — | — | — | | 2.91×17.79 |
| 7 | 030901002001 | 离心式通风机(4-72-1 NO.8) | | | 台 | 1 | | | | | | 217.19 | 217.19 |
| | | | 5A0784 | 离心式通风机安装 | 台 | 1 | 91.64 | 19.51 | 2.48 | 56.82 | 46.74 | | 217.19×1 |
| 8 | 030901002002 | 过滤器安装 | | | 台 | 1 | | | | | | 2.09 | 2.09 |

续表

| 序号 | 项目编码 | 项目名称 | 定额编号 | 工程内容 | 单位 | 数量 | 其中:(元) 人工费 | 材料费 | 机械费 | 管理费 | 利润 | 综合单价(元) | 合价(元) |
|---|---|---|---|---|---|---|---|---|---|---|---|---|---|
| | | | 5I0297 | 过滤器安装LWP | 台 | 1 | 0.98 | — | — | 0.61 | 0.50 | | 2.09×1 |
| 9 | 030901002002 | 离心风机安装(4-72-11-N0.4) | | | 台 | 1 | | | | | | 34.43 | 34.43 |
| | | | 5A0782 | 离心风机安装 | 台 | 1 | 10.46 | 10.29 | 1.86 | 6.49 | 5.33 | | 34.43×1 |
| 10 | 030901002003 | 轴流风机安装(4-72-11 N0.5) | | | 台 | 4 | | | | | | 42.24 | 168.96 |
| | | | 5A0806 | 轴流风机安装 | 台 | 4 | 18.45 | 1.7 | 1.24 | 11.44 | 9.41 | | 42.24×4 |
| 11 | 030903012001 | 风帽制作安装(8kg/个) | | | 个 | 1 | | | | | | 88.42 | 88.42 |
| | | | 5I0185 | 风帽制作 | 100kg | 0.08 | 83.70 | 394.83 | 8.24 | 51.89 | 42.69 | | 581.35×0.08 |
| | | | 5I0186 | 风帽安装 | 个 | 1 | 7.38 | 26.18 | 0.01 | 4.58 | 3.76 | | 41.91×1 |
| 12 | 030903004001 | 钢制圆形蝶阀(4.22kg/个) | | | 个 | 7 | | | | | | 101.10 | 707.68 |
| | | | 5I0051 | 钢制圆形蝶阀制作 | 100kg | 0.3 | 477.60 | 519.83 | 537.62 | 296.11 | 243.58 | | 2074.74×0.3 |
| | | | 5I0052 | 钢制圆形蝶阀安装 | 个 | 7 | 5.27 | 0.64 | 0.31 | 3.27 | 2.69 | | 12.18×7 |
| 13 | 030903004002 | 钢制蝶阀(4.22kg/个) | | | 个 | 6 | | | | | | 98.63 | 591.77 |
| | | | 5I0051 | 钢制蝶阀制作 | 100kg | 0.25 | 477.60 | 519.83 | 537.62 | 296.11 | 243.58 | | 2074.74×0.25 |
| | | | 5I0052 | 钢制蝶安装 | 个 | 6 | 5.27 | 0.64 | 0.31 | 3.27 | 2.69 | | 12.18×6 |
| 14 | 030903017001 | 升降式排气罩 | | | 个 | 6 | | | | | | 575.52 | 3453.10 |
| | | | 5I0227 | 升降式排气罩制作 | 100kg | 4.33 | 76.07 | 361.40 | 44.14 | 47.16 | 38.80 | | 567.57×4.33 |
| | | | 5I0228 | 升降式排气罩安装 | 个 | 6 | 64.21 | 22.06 | 7.09 | 39.81 | 32.75 | | 165.92×6 |
| 15 | 030903007001 | 单层百叶风口 | | | 个 | 4 | | | | | | 146.15 | 584.61 |

续表

| 序号 | 项目编码 | 项目名称 | 定额编号 | 工程内容 | 单位 | 数量 | 其中:(元) | | | | | 综合单价(元) | 合价(元) |
|---|---|---|---|---|---|---|---|---|---|---|---|---|---|
| | | | | | | | 人工费 | 材料费 | 机械费 | 管理费 | 利润 | | |
| | | | 5I0087 | 单层百叶风口制作 | 100kg | 0.36 | 477.47 | 509.53 | 21.50 | 296.03 | 243.51 | | 1548.04×0.36 |
| | | | 5I0088 | 单层百叶风口安装 | 个 | 4 | 3.03 | 0.36 | 0.01 | 1.88 | 1.55 | | 6.83×4 |
| 16 | 030903007002 | 旋转吹风口 | | | 个 | 7 | | | | | | 127.62 | 893.32 |
| | | | 5I0111 | 旋转吹风口制作 | 100kg | 0.7 | 207.88 | 498.15 | 173.23 | 128.89 | 106.02 | | 1114.17×0.7 |
| | | | 5I0112 | 旋转吹风口安装 | 个 | 7 | 6.58 | 1.82 | 0.36 | 4.08 | 3.36 | | 16.2×7 |

**措施项目费分析表**　　　　　　　　　　　　　　　　　　　表1-2-26

工程名称:某车间通风工程　　　　　　　　　　　　　　　　　　　第　页　共　页

| 序号 | 措施项目名称 | 单位 | 数量 | 金　额/元 | | | | | |
|---|---|---|---|---|---|---|---|---|---|
| | | | | 人工费 | 材料费 | 机械使用费 | 管理费 | 利润 | 小计 |
| 1 | 环境保护费 | | | | | | | | |
| 2 | 文明施工费 | | | | | | | | |
| 3 | 安全施工费 | | | | | | | | |
| 4 | 临时设施费 | | | | | | | | |
| 5 | 夜间施工增加费 | | | | | | | | |
| 6 | 赶工措施费 | | | | | | | | |
| 7 | 二次搬运费 | | | | | | | | |
| 8 | 混凝土、钢筋混凝土模板及支架 | | | | | | | | |
| 9 | 脚手架搭拆费 | | | | | | | | |
| 10 | 垂直运输机械使用费 | | | | | | | | |
| 11 | 大型机械设备进出场及安拆 | | | | | | | | |
| 12 | 施工排水、降水 | | | | | | | | |
| 13 | 其他 | | | | | | | | |
| | 措施项目费合计 | | | | | | | | |

**主要材料价格表**　　　　　　　　　　　　　　　　　　　　表1-2-27

工程名称:某车间通风工程　　　　　　　　　　　　　　　　　　　第　页　共　页

| 序号 | 材料编码 | 材料名称 | 规格、型号等特殊要求 | 单位 | 单价/元 |
|---|---|---|---|---|---|
| | | | | | |
| | | | | | |
| | | | | | |
| | | | | | |
| | | | | | |

# 例2 电气安装工程定额预算与工程量清单计价对照

## 一、预算定额计价编制说明

某小型变配电工程系统布置,如图 2-1-1。在本题中未单独绘制高、低侧系统图,二次回路原理接线及展开接线图等。对于工程量计算的变配电设备、母线敷设、接地网在建筑物中的位置、尺寸均以图 2-1-1 平(剖)图位置和工程实际为准。具体安装详图采用原电力工业出版社(现为中国电力出版社)《电气安装工程施工图册》。变配电设备、材料规格型号,如表2-1-1。

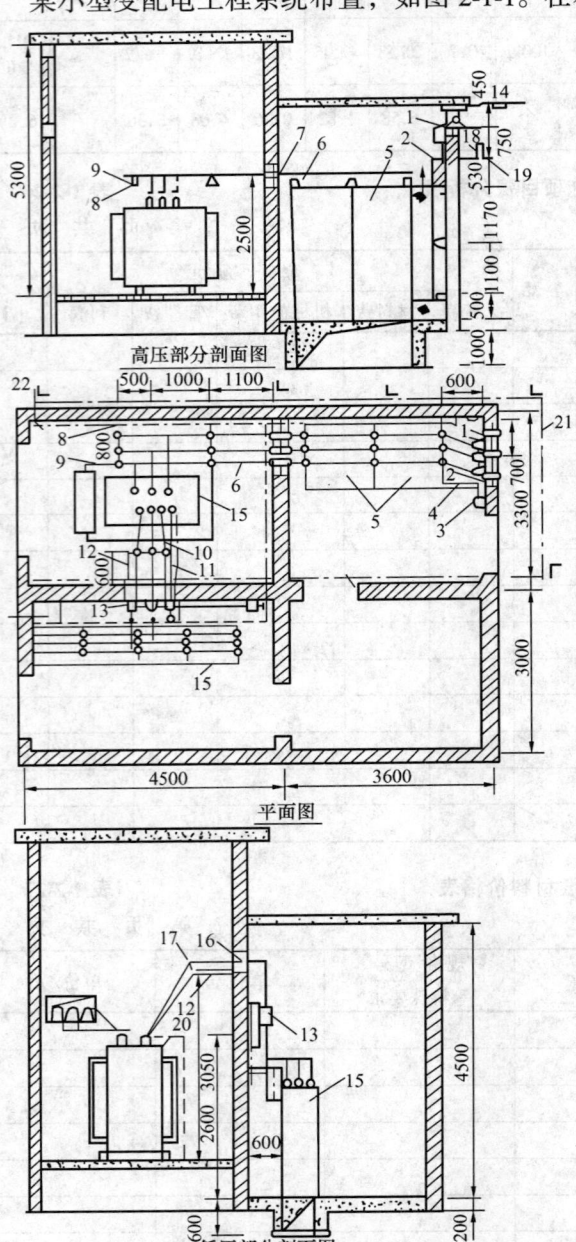

图 2-1-1 变电所系统布置图(单位:mm)
1—穿墙套管;2—隔离开关;3—隔离开关操作机构;4—保护网;5—高压开关柜;6—高压母线;7—穿墙套管;8—高压母线支架;9—支持绝缘子;10—低压中性母线;11—低压母线;12—低压母线支架;13—自动开关;14—架空引入线架及零件;15—低压配电屏;16—低压母线穿墙板;17—电车绝缘子;18—阀型避雷器;19—避雷器支架;20—电力变压器;21—接地线;22—接地极

电源由附近 10kV 架空线路（距变电所建筑位置 0.16km）架空引入，经隔离开关接入高压侧，经进线计量柜控制后送至高压馈线 LMY-3（50×5）并分接到高压出线柜。通过铝母线 LMY-3（50×5）接至 560kV·A 变压器高压侧，再经 560kV·A 变压器降压后，由低压母线经（DW10-1000 电动机操作）自动开关控制后，接至低压进线屏。经进线屏控制后送至低压馈线 LMY-3（60×6）分接至 1 台馈电屏（共有 5 条出线回路）和 2 台电容器屏。室外接地装置的接地极有 5 处，并与接地母线相连。接地极采用 L50mm×50mm×5mm 角钢，长度为 2500mm。接地电阻 $R \leqslant 4\Omega$，具体做法见 D521 图。室内接地线图中已标出，与接地极相连有 3 处。

设 备 材 料 明 细 表　　　　　　　　　　　表 2-1-1

| 序号 | 名称 | 型号及规格 | 单位 | 数量 | 备注 |
|---|---|---|---|---|---|
| 1 | 穿墙套管 | CWB-10/400 | 个 | 3 | M3-1G |
| 2 | 隔离开关 | GN$_2$-1/400 | 台 | 1 | M3-22G |
| 3 | 隔离开关操作机构 | 同上 | — | — | 同上 |
| 4 | 保护网 | 2800×600（mm） | m$^2$ | 1.68 | |
| 5 | 高压开关柜 | GG-1A | 台 | 2 | 建设单位供货 |
| 6 | 高压母线 | LMY-50×5 | m | 42.4 | |
| 7 | 穿墙套管 | CWB-10/400 | 个 | 3 | D201-30 |
| 8 | 高压母线支架 | −65mm×5mm，$l=1100×3$（mm）<br>L50mm×50mm×5mm，$l=975×2$（mm） | kg | 15.8 | M3-13G |
| 9 | 支持绝缘子 | ZA-10Y | 个 | 15 | |
| 10 | 低压中性母线 | −40mm×4mm | m | 11.62 | |
| 11 | 低压母线 | LMY-60×6<br>LMY-60×6 | m | 25.6 | |
| 12 | 低压母线支架 | L40mm×4mm | kg | 26.9 | M3-(8,9,10) G |
| 13 | 自动开关 | DW10-1000 电动机操作 | 个 | 1 | M3-10G |
| 14 | 架空引入线架及零件 | L50×50×5 $l=2480$（mm）<br>蝶式绝缘子 E-10；悬式绝缘子 XP-6 | 套 | 1 | M3-1G 电力部门安装 |
| 15 | 低压配电屏 | BSL-15（型）（2 台）<br>PFGB-1（型）（2 台） | 台 | 4 | 建设单位供货 |
| 16 | 低压母线穿墙板 | 900mm×500mm | 块 | 1 | M3-8G |
| 17 | 电车绝缘子 | WX-01（型） | 个 | 12 | |
| 18 | 阀型避雷器 | FS3-10 | 个 | 3 | M3-1G 电力部门安装 |
| 19 | 避雷器支架 | L50mm×50mm×5mm，$l=2600$mm | kg | 9.8 | M3-1G 电力部门安装 |
| 20 | 电力变压器 | SL7-500/10 | 台 | 1 | 建设单位供货 |
| 21 | 接地线 | −40mm×4mm | m | 60 | |
| 22 | 接地极 | L50mm×50mm×5mm，$l=2500$mm | 根 | 5 | |

本工程施工图预算的工程量计算如表 2-1-2，编制说明如表 2-1-3，费用计算如表 2-1-4，工程计价如表 2-1-5。本工程造价未包括 10kV 架空引入线路部分的费用。

工 程 量 计 算 表

表 2-1-2

| 序号 | 项 目 | 图号及部位 | 计 算 式 | 单位 | 工 程 量 |
|---|---|---|---|---|---|
| 一 | 变配电所安装工程 | | | | |
| (一) | 铝母线安装 | 《电气安装施工图册》中图 9-8 | | | |
| 1 | 铝母线:LMY-50×5 | 高压侧 | $3 \times (0.75 + 0.53 + 1.17 + 1.1 + 3.6 + 1.1 + 1 + 0.5 + 0.9 + 0.67 + 1.3 + 0.5 + 1)$ $= 3 \times 14.12 = 42.4 \text{m}$(其中:7.2m 为设备自带)<br>注:(1)变压器本体高度 1.83m,变压器至母线支架垂直高差为 2.5−1.83 = 0.67m;<br>(2)高压开关柜自带铝母线为 $2 \times 1.2 \times 3 = 7.2\text{m}$,自计安装费自带;<br>(3)根据工程量计算规则应预留长度:<br>  a. 带形母线终端预留长度 1.3m,为 1 处。<br>  b. 带形母线与分支线连接预留长度 0.5m,为 1 处。<br>  c. 带形母线与设备连接预留长度 0.5m,为 2 处。 | m | $35.2 + 7.2 = 42.4$ |
| 2 | 铝母线:LMY-60×6 | 低压侧 | $3 \times (1.22 + 2.4 + 2.1 + 3.6 + 1.3 + 0.5 + 0.5) = 3 \times 11.62 = 34.9$(其中:10.8m 为设备自带)<br>注:(1)变压器至母线支架垂直高差为 3.05−1.83 = 1.22m;<br>(2)低压配电屏自带铝母线为 $4 \times 0.9 \times 3 = 10.8\text{m}$,自计安装费,不另计材料价格;<br>(3)终端预留长度 1.3m,1 处;与设备连接预留长度 0.5m,2 处。 | m | $24.1 + 10.8 = 34.9$ |
| 3 | 镀锌扁钢−40×4 | 低压中性母线 | $L = 1.22 + 2.4 + 2.1 + 3.6 + 1.3 + 0.5 + 0.5 \approx 11.62$ | m | 11.62 |
| (二) | 铝母线支架制作安装 | 《电气安装施工图册》中图 M3-13G | 理论重量(kg)×长度(m)×根数 = 重量(kg) | | |
| 1 | 高压铝母线支架 | | | | |
| (1) | 扁钢−65mm×5mm, $l = 110$mm | 垂直位置安装 | $2.55 \times 1.1 \times 3 \approx 8.42$ | kg | 8.42 |
| (2) | 角钢L 50mm×5mm, $l = 975$mm | 水平位置安装 | $3.77 \times 0.975 \times 2 = 7.35$ | kg | 7.35 |
| 2 | 低压铝母线支架 | 图 M3-(8,9,10)G | | | |
| (1) | 角钢L 40mm×5mm, $l = 2600$mm | 穿端水平支架安装 | $2.976 \times 2.6 \times 1 \approx 7.74$ | kg | 7.74 |
| (2) | 角钢L 40mm×5mm, $l = 1140$mm | 垂直位置安装 | $2.976 \times 1.14 \times 1 = 3.39$ | kg | 3.39 |
| (3) | 角钢L 40mm×5mm, $l = 900$mm | 水平位置安装 | $2.976 \times 0.9 \times 2 = 5.36$ | kg | 5.36 |

续表

| 序号 | 项目 | 图号及部位 | 计算式 | 单位 | 工程量 |
|---|---|---|---|---|---|
| (4) | 角钢 L 40mm×5mm, l =800mm | 端至屏横支架安装 | $2.976×0.8×2=4.76$ | kg | 4.76 |
| (5) | 角钢 L 50mm×5mm, l =1500mm | 屏坚支架安装 | $3.77×1.5×1≈5.66$ | kg | 5.66 |
| | 铝母线支架制作安装合计 | | | kg | 42.68 |
| (三) | 支持绝缘子安装 | | | | |
| 1 | 支持绝缘子：AZ-10Y | 高压侧 | $15+9=24$(注：9个是高压开关柜自带，自计安装费，不另计材料价格) | 个 | $15+9=24$ |
| 2 | 支持绝缘子：WX-01(型) | 低压侧 | $12+15=27$(注：15个是低压配电屏自带，自计安装费，不另计材料价格) | 个 | $12+15=27$ |
| (四) | 穿墙板制作安装： | 《电气安装工程施工图册》 | | | |
| 1 | 高压穿墙套管及穿墙板安装 | 图 M3-1G② | | 个 | 6 |
| (1) | 高压穿墙套管：CWB-10/400 | 高压进户和变压器室 | | 块 | 2 |
| (2) | 高压穿墙板（钢板）制作安装 | 高压进户和变压器室 | | 块 | 1 |
| 2 | 低压穿墙板（石棉水泥）板制作安装 | 图 M3-8G，低压配电室 | | | |
| (五) | 隔离开关和自动开关安装 | 《电气安装工程施工图册》 | | | |
| 1 | 隔离开关安装：CN$_2$-10/400 | 图 M3-22G，高压配电室 | | 台 | 1 |
| 2 | 隔离开关安装：CN$_2$-10/400 | 图 M3-10G，低压配电室 | | 台 | 1 |
| | 自动空气开关安装 DW$_0$-1000 | 图 M3-10G 自动空气开关支架，低压配电室 | | | |
| 3 | 角钢支架制作安装 L 63mm×6mm, $l_1$=1050mm, $l_2$=470mm | | $5.721×(1.05+0.47)×2≈17.4$ | kg | 17.4 |
| (六) | 高低压变配电设备安装 | | | | |
| 1 | 高压油断路器柜 GG-1A | 高压配电室 | | 台 | 1 |
| 2 | 高压电压互感器柜 GG-1A | 高压配电室 | | 台 | 1 |
| 3 | 低压电源屏 BSL-15 | 低压配电室 | | 台 | 1 |
| 4 | 低压控制屏 BSL-15 | 低压配电室 | | 台 | 1 |
| 5 | 电容自动补偿屏 PFCB-1 | 低压配电室 | | 台 | 2 |

续表

| 序号 | 项 目 | 图号及部位 | 计 算 式 | 单位 | 工程量 |
|---|---|---|---|---|---|
| 6 | 电力变压器 SL₇-500/10 | 变压器室 | | 台 | 1 |
| (七) | 设备基础型钢制作安装 | 《电气安装工程施工图册》 | | | |
| 1 | 高压柜基础型钢 | 图 M3-17 | | | |
| | 槽钢 [11 号 | 高压 | $L = (200+400+1200+1200+400+200+1200) \times 2$ | m/kg | 9.6/96 |
| 2 | 低压屏基础型钢 | 图 M3-17 | | | |
| | 槽钢 [11 号 | 低压配电屏 | $L = (100+350+4\times900+350+100+600) \times 2$ | m/kg | 10.2/102 |
| | 设备基础槽钢 [11 号合计 | 高低压设备基础 | 9.6/96 + 10.2/102 = 19.8/198 | m/kg | 19.8/198 |
| (八) | 接地 | | | | |
| 1 | 角钢 L 50mm×5mm, l=2500mm | 接地极制作安装 | 3.77×2.5=9.425kg  3.5元×9.425=32.99元 | 根 | 5 |
| 2 | 扁钢-40mm×4mm | 室内接地母线 | 1.26×10=12.6kg  3.5元×12.6=44.10元 | m | 40 |
| 3 | 扁钢-40mm×4mm | 室外接地母线 | 1.26×10=12.6kg  3.5元×12.6=44.10元 | m | 20 |
| 4 | 接地跨接线 | | | 处 | 20 |
| (九) | 电气调整 | | | | |
| 1 | 三相电力变压器系统调试 | | | 系统 | 1 |
| 2 | 交流供电配电设备系统调试 10kV | | | 系统 | 5 |
| 3 | 交流供电配电设备系统调试 1kV | | | 系统 | 1 |
| 4 | 母线系统调试 10kV | | | 段 | 1 |
| 5 | 母线系统调试 1kV | | | 段 | 1 |
| 6 | 线路单侧电源自动重合闸装置调试 | | | 套 | 1 |
| 7 | 电容自动补偿调试 | | | 组 | 1 |
| 8 | 接地装置调试 | | | 系统 | 1 |

编 制 说 明　　　　　　　　　　　　　　　　表 2-1-3

| 编制依据 | 施工图号 | 图 2-1-1 某变电所工程安装平面图、剖面图 |
|---|---|---|
| | 合　同 | |
| | 使用定额 | 四川省建设委员会颁布《全国统一安装工程预算定额四川省估价表》（SGD 5—95，及费用定额 SGD 7—95》 |
| | 材料价格 | 材料单价采用重庆市建委颁布《95 年建筑安装预算价格》，不足部分材料单价参考市场价计算 |
| | 其　他 | 工程量计算依据，按《电气安装工程施工图册》为安装详图进行计算 |

说明：1. 本工程量中未包括高压进户和避雷器装置安装。
　　　2. 本工程电气调整计算，因无高低压系统图，故参照工程概况说明，进行计算。
　　　3. 本工程型钢采用镀锌钢材，价格不分型号规格均按 3500 元/t 计算，如与实际有出入时，应按实调整。设备由建设单位提供，施工单位收取材料设备费用的 0.45% 保管费。
　　　4. 本工程按市内距施工单位 15km 内计算。执行六类工资区，一类工程，一级施工企业费用标准。
　　　5. 本工程是作为教学示例，不是工程实例，如有出入，应以造价管理部门解释为准。
　　　6. 本工程预算未包括项目，发生时按规定在竣工结算时计算。

**以定额人工费为取费基础的费用计算表（元）**　　　　　　　　　　表 2-1-4

| 1 | | 直接费：21909.29 |
|---|---|---|
| 1.1 | | 直接工程费：15422.34 |
| 1.1.1 | | 定额直接费：11103.49 |
| | | 人工费：4806.73 |
| | | 计价材料费：3393 |
| | | 机械费：2903.61 |
| 1.1.2 | | 其他直接费、临时设施费、现场管理费：$4806.73 \times 89.85\% = 4318.85$ |
| 1.2 | | 其他直接工程费 6486.95 |
| 1.2.1 | | 材料价差调整： |
| 1.2.1.1 | | 计价材料综合调整价差： |
| 1.2.1.2 | | 未计价材料：5765.94 |
| 1.2.2 | | 施工图预算包干费：$4806.73 \times 15\% = 721.01$ |
| 2 | | 间接费：4497.18 |
| 2.1 | | 企业管理费：$4806.73 \times 50.62\% = 2433.17$ |
| 2.2 | | 财务费用：$4806.73 \times 8.34\% = 400.88$ |
| 2.3 | | 劳动保险费：$4806.73 \times 34.6\% = 1663.13$ |
| 2.4 | | 远地施工增加费：／ |
| 2.5 | | 施工队伍迁移费：／ |
| 3 | | 计划利润：$4806.73 \times 85\% = 4085.72$ |
| 4 | | 按规定允许按实计算的费用： |
| | | 设备保管费 $122328 \times 0.45\% = 550.48$ |
| | | $31046.15 \times 1.3‰ = 40.36$（未含劳动定额测定费） |
| | | 统筹费用、教育费附加、交通建设费附加：$31083.03 \times 3.5\% = 1087.91$ |

表 2-1-5

## 工 程 计 价 表

| 序号 | 定额编号 | 工程项目名称规格 | 工程量单位 | 工程量数量 | 单价(元)价值 | 单价其中人工费 | 单价其中机械费 | 总价(元)总值 | 总价其中人工费 | 总价其中机械费 | 损耗/% | 主(设备)材数量 | 主(设备)材单价(元) | 主(设备)材总价(元) |
|---|---|---|---|---|---|---|---|---|---|---|---|---|---|---|
| 1 | 5B0002 | 变压器安装：SL₇-500/10 | 台 | 1 | 447.76 | 168.76 | 101.64 | 447.76 | 168.76 | 101.64 | | 1 | (40418) | (40418.00) |
| 2 | 5B0070 | 变压器干燥：SL₇-500/10 | 台 | 1 | 439.37 | 181.79 | 14.48 | 439.37 | 181.79 | 14.48 | | | | |
| 3 | 5B0105 | 变压器油过滤 | t | 0.3 | 330.88 | 61.00 | 101.83 | 99.26 | 18.30 | 30.55 | | 设备自带 | | |
| 4 | 5B0230 | 高压油断路器柜安装：GG-1A型 | 台 | 1 | 187.11 | 111.32 | 58.25 | 187.11 | 111.32 | 58.25 | | 1 | (10192.00) | (10192.00) |
| 5 | 5B0231 | 高压电压互感器柜安装：GG-1A型 | 台 | 1 | 147.52 | 89.29 | 42.84 | 147.52 | 89.29 | 42.84 | | 1 | (14155.00) | (14155.00) |
| 6 | 5B0342 | 低压电源屏安装：BSL-15型 | 台 | 1 | 135.83 | 65.81 | 38.10 | 135.83 | 65.81 | 38.10 | | 1 | (8983.00) | (8983.00) |
| 7 | 5B0340 | 低压控制屏安装：BSL-15型 | 台 | 1 | 147.78 | 62.74 | 38.10 | 147.78 | 62.74 | 38.10 | | 1 | (11380.00) | (11380.00) |
| 8 | 5B0342 | 电容自动补偿屏安装：PFGB-1 | 台 | 2 | 135.83 | 65.81 | 38.10 | 271.66 | 131.62 | 76.20 | | 2 | (18600) | (37200) |
| 9 | 5B0370 | 屏、柜基础槽钢制作：[11号 | 10m | 1.98 | 116.99 | 26.07 | 11.86 | 231.64 | 51.62 | 23.48 | 5 | 0.208 | 3500.00 | 728.00 |
| 10 | 5B0483 | 屏、柜基础槽钢制作：[11号 | t | 0.198 | 3286.40 | 1605.15 | 463.31 | 650.71 | 317.82 | 91.74 | | | | |
| 11 | 5B0126 | 10kV隔离开关安装：GN₂-10/400 | 组 | 1 | 98.16 | 37.76 | 11.86 | 98.16 | 37.76 | 11.86 | | | | |
| 12 | 5B0430 | 自动空气开关安装：DW₁₀-1000 | 个 | 1 | 57.08 | 38.50 | 4.74 | 57.08 | 38.50 | 4.74 | 1 | 1.01 | 2721.00 | 2748.21 |
| 13 | 5B0374 | 高压穿墙(树)板制作安装 | 块 | 2 | 142.40 | 24.72 | 8.81 | 284.80 | 49.44 | 17.62 | | | | |
| 14 | 5B0371 | 低压穿墙(石棉水泥)板制作安装 | 块 | 1 | 111.91 | 29.89 | 7.11 | 111.91 | 29.89 | 7.11 | | | | |
| 15 | 5B0253 | 高压穿墙套管安装：CWB-10/400 | 个 | 6 | 16.44 | 4.18 | 1.42 | 98.64 | 25.08 | 8.52 | 2 | 6.12 | 78.00 | 477.36 |
| 16 | 5B0244 | 户内高压支持绝缘子安装：ZA-10Y | 10个 | 2.4 | 105.59 | 28.17 | 7.11 | 253.42 | 67.61 | 17.06 | 2 | 15.3 | 13.64 | 208.69 |
| 17 | 5B0243 | 户内低压支持绝缘子安装：WX-01 | 10个 | 2.7 | 18.27 | 6.89 | / | 49.33 | 18.60 | / | 2 | 12.24 | 2.311 | 28.29 |
| 18 | 5B0274 | 铝母线安装：LMY-60×6 | 10m | 3.49 | 202.45 | 21.03 | 8.36 | 706.55 | 73.39 | 29.18 | 2.3 | 24.65 | 13.45 | 331.54 |

续表

| 序号 | 定额编号 | 工程项目名称 | 规格 | 工程量单位 | 工程量数量 | 单价价值 | 单价人工费 | 单价机械费 | 总价总值 | 总价人工费 | 总价机械费 | 损耗/% | 主(设备)材数量 | 主(设备)材单价(元) | 总价(元) |
|---|---|---|---|---|---|---|---|---|---|---|---|---|---|---|---|
| 19 | 5B0274 | 铝母线安装 | LMY-50×5 | 10m | 4.24 | 202.45 | 21.03 | 8.36 | 858.39 | 89.17 | 35.45 | 2.3 | 36.01 | 9.34 | 336.33 |
| 20 | 5B1151 | 镀锌扁钢 | -40mm×4mm | 10m | 1.16 | 40.29 | 18.82 | 5.22 | 16.74 | 21.83 | 6.06 | 5 | 12.18 | 4.41 | 53.71 |
| 21 | 5B0483 | 角钢支架制作 | | t | 0.06 | 3286.40 | 1605.15 | 463.31 | 197.18 | 96.31 | 27.80 | 5 | 0.63 | 3500.00 | 220.50 |
| 22 | 5B0484 | 角钢支架安装 | | t | 0.06 | 1678.90 | 1062.47 | 317.71 | 100.73 | 63.75 | 19.06 | | | | |
| 23 | 5B0487 | 保护网制作安装 | | m² | 1.68 | 79.22 | 31.00 | 14.42 | 133.09 | 52.08 | 24.23 | | 52.08 | 3.50 | 182.28 |
| 24 | 5B1145 | 接地极铜制作安装 | L50mm×5mm l=2.5m | 根 | 5 | 9.53 | 5.29 | 2.37 | 47.65 | 26.45 | 11.85 | | 5.25 | 32.99 | 173.20 |
| 25 | 5B1151 | 室内接地母线敷设 | -40mm×4mm | 10m | 4 | 40.29 | 18.82 | 16.25 | 161.16 | 75.28 | 65.00 | 5 | 42 | 4.41 | 185.22 |
| 26 | 5B1150 | 室外接地母线敷设 | -40mm×4mm | 10m | 2 | 43.32 | 38.75 | 1.90 | 86.64 | 77.50 | 3.80 | 5 | 21 | 4.41 | 92.61 |
| 27 | 5B1152 | 接地跨接线 | | 10处 | 2 | 66.46 | 16.98 | 9.48 | 132.92 | 33.96 | 18.96 | | | | |
| 28 | 5B1290 | 变压器系统调试 | 560kV·A | 系统 | 1 | 836.40 | 418.20 | 397.29 | 836.40 | 418.20 | 397.29 | | | | |
| 29 | 5B1351 | 电容器调试 | | 组 | 1 | 246.00 | 123.00 | 116.85 | 246.00 | 123.00 | 116.85 | | | | |
| 30 | 5B1305 | 高压供电设备系统调试 | | 系统 | 1 | 787.20 | 393.60 | 373.92 | 787.20 | 393.60 | 373.92 | | | | |
| 31 | 5B1304 | 低压供电设备系统调试 | | 系统 | 5 | 295.20 | 147.60 | 140.22 | 1476.00 | 738.00 | 701.10 | | | | |
| 32 | 5B1338 | 高压母线系统调试 | | 段 | 1 | 492.00 | 246.00 | 233.70 | 492.00 | 246.00 | 233.70 | | | | |
| 33 | 5B1337 | 低压母线系统调试 | | 段 | 1 | 147.60 | 73.80 | 70.11 | 147.60 | 73.80 | 70.11 | | | | |
| 34 | 5B1324 | 线路单侧电源自动重合闸装置调试 | | 套 | 1 | 147.60 | 73.80 | 70.11 | 147.60 | 73.80 | 70.11 | | | | |
| 35 | 5B1344 | 接地装置调试 | | 系统 | 1 | 246.00 | 123.00 | 116.85 | 246.00 | 123.00 | 116.85 | | | | |
| | | 小 计 | | | | | | | 10561.83 | 4265.07 | 2903.61 | | | | 5765.94 |
| | | 六类地区调增人工费 | | | 4265.07×12.7% | | | | 541.66 | 541.66 | | | | | (122328.00) |
| | | 合 计 | | | | | | | 11103.49 | 4806.73 | 2903.61 | | | | 5765.94 |
| | | | | | | | | | | | | | | | (122328.00) |

447

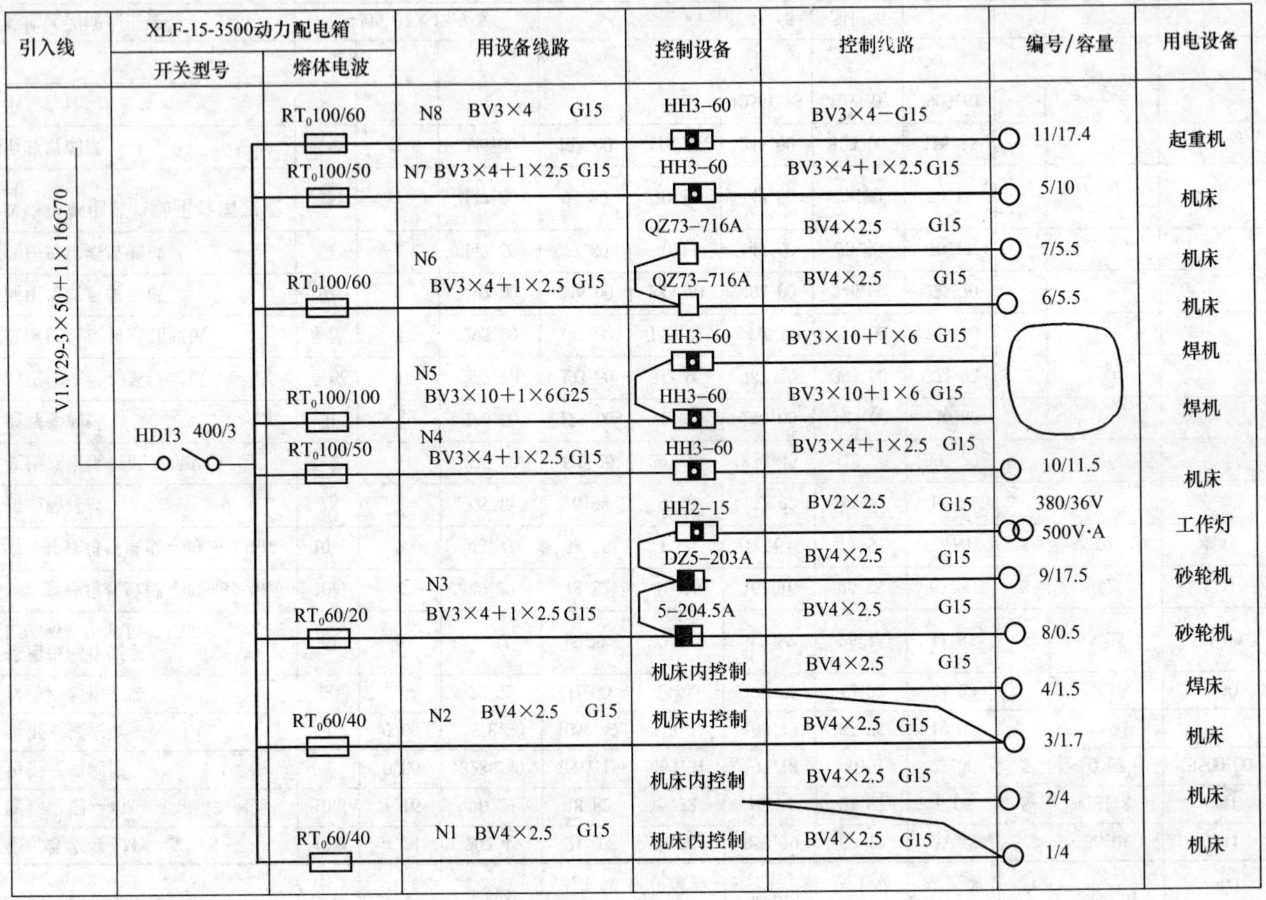

| 引入线 | 开关型号 | XLF-15-3500动力配电箱 | | | 用设备线路 | 控制设备 | 控制线路 | 编号/容量 | 用电设备 |
|---|---|---|---|---|---|---|---|---|---|
| | | 熔体电波 | | | | | | | |
| VLV29-3×50+1×16G70 | HD13 400/3 | RT₀100/60 | | N8 | BV3×4  G15 | HH3-60 | BV3×4 –G15 | 11/17.4 | 起重机 |
| | | RT₀100/50 | | N7 | BV3×4+1×2.5 G15 | HH3-60 | BV3×4+1×2.5 G15 | 5/10 | 机床 |
| | | RT₀100/60 | | N6 | | QZ73-716A | BV4×2.5  G15 | 7/5.5 | 机床 |
| | | | | | | QZ73-716A | BV4×2.5  G15 | 6/5.5 | 机床 |
| | | RT₀100/60 | | N5 | BV3×10+1×6G25 | HH3-60 | BV3×10+1×6 G15 | | 焊机 |
| | | | | | | HH3-60 | BV3×10+1×6 G15 | | 焊机 |
| | | RT₀100/50 | | N4 | BV3×4+1×2.5 G15 | HH3-60 | BV3×4+1×2.5 G15 | 10/11.5 | 机床 |
| | | RT₀60/20 | | N3 | BV3×4+1×2.5 G15 | HH2-15 | BV2×2.5  G15 | 380/36V | 工作灯 |
| | | | | | | DZ5-203A 5-204.5A | BV4×2.5  G15 | 500V·A | 砂轮机 |
| | | RT₀60/40 | | N2 | BV4×2.5  G15 | 机床内控制 | BV4×2.5  G15 | 9/17.5 | 砂轮机 |
| | | | | | | 机床内控制 | BV4×2.5  G15 | 8/0.5 | 焊机 |
| | | | | | | 机床内控制 | BV4×2.5  G15 | 4/1.5 | 机床 |
| | | RT₀60/40 | | N1 | BV4×2.5  G15 | 机床内控制 | BV4×2.5  G15 | 3/1.7 | 机床 |
| | | | | | | | BV4×2.5  G15 | 2/4 | 机床 |
| | | | | | | | BV4×2.5  G15 | 1/4 | 机床 |

图 2-1-2 电气系统接线图表

二、工程量清单计价编制说明

（一）电气安装工程工程工程量清单

招 标 人：_____×××_____（单位签字盖章）
法定代表人：_____×××_____（签字盖章）
中 介 机 构
法定代表人：_____×××_____（签字盖章）
造价工程师
及注册证号：_____×××_____（签字盖执业专用章）
编制时间：__××年××月××日__

## 填 表 须 知

1　工程量清单及其计价格式中所有要求签字、盖章的地方，必须由规定的单位和人员签字、盖章。

2　工程量清单及其计价格式中的任何内容不得随意删除或涂改。

3　工程量清单计价格式中列明的所有需要填报的单价和合价，投标人均应填报，未填报的单价和合价，视为此项费用已包含在工程量清单的其他单价和合价中。

4　金额（价格）均应以_____币表示。

## 总　说　明

工程名称：电气安装工程　　　　　　　　　　　　　　　　　第　页　共　页

1. 工程概况

2. 招标范围

3. 工程质量要求

4. 工程量清单编制依据

## 定额预（结）算表（直接费部分）与清单项目之间关系分析对照表　　表2-1-6

工程名称：电气安装工程　　　　　　　　　　　　　　　　　　　　　第　页　共　页

| 序号 | 项目编码 | 项　目　名　称 | 清单主项在预（结）算表中的序号 | 清单综合的工程内容在预（结）算表中的序号 |
|---|---|---|---|---|
| 1 | 030201001001 | 电力变压器安装，型号为 SL7-500/10 | 1 | 2＋3＋13＋15 |
| 2 | 030202001001 | 高压油断路器柜安装，GG-1A 型 | 4 | 9＋10＋13＋15 |
| 3 | 030202008001 | 高压电压互感器柜安装，GG-1A 型 | 5 | 15 |
| 4 | 030204005001 | 低压电源屏安装，BSL-15 型 | 6 | 9＋10＋14 |
| 5 | 030204001001 | 低压控制屏安装，BSL-15 型 | 7 | 无 |
| 6 | 030204005002 | 电容自动补偿屏安装，PFGB-1 型 | 8 | 无 |
| 7 | 030202006001 | 10kV 隔离开关安装，GN2-10/400 型 | 11 | 无 |
| 8 | 030209001001 | 接地装置，接地母线为 －40mm×4mm，接地极为 L50mm×5mm | 24 | 25＋26＋27＋23 |
| 9 | 030211001001 | 电力变压器系统调试，容量为 560kV·A | 28 | 无 |
| 10 | 030211007001 | 电容自动补偿调试 | 29 | 无 |
| 11 | 030211002001 | 交流供电配电设备系统调试，电压 10kV | 30 | 无 |
| 12 | 030211002001 | 交流供电配电设备系统调试，电压 1kV | 31 | 无 |
| 13 | 030211006001 | 母线系统调试，电压 10kV | 32 | 无 |
| 14 | 030211006002 | 母线系统调试，电压 1kV | 33 | 无 |
| 15 | 030211008001 | 接地装置调试 | 35 | 无 |
| 16 | 030211004001 | 自动投入装置，线路单侧电源自动重合闸装置调试 | 34 | 无 |
| 17 | 030204019001 | 控制开关，自动空气开关 DW10-1000，角钢支架 L63×6 | 12 | 21＋22 |
| 18 | 030203003001 | 带形铝母线安装，LWY-60×6，低压侧 | 18 | 17＋21＋22 |
| 19 | 030203003002 | 带形铝母线安装，LMY-50×5，高压侧 | 19 | 20＋16＋21＋22 |

## 措施项目清单　　表2-1-7

工程名称：电气安装工程　　　　　　　　　　　　　　　　　　　　　第　页　共　页

| 序　号 | 项　目　名　称 | 备　注 |
|---|---|---|
| 1 | 环境保护 | |
| 2 | 文明施工 | |
| 3 | 安全施工 | |
| 4 | 临时设施 | |
| 5 | 夜间施工增加费 | |
| 6 | 赶工措施费 | |
| 7 | 二次搬运 | |
| 8 | 混凝土、钢筋混凝土模板及支架 | |
| 9 | 脚手架 | |
| 10 | 垂直运输机械 | |
| 11 | 大型机械设备进出场及安拆 | |
| 12 | 施工排水、降水 | |
| 13 | 其他 | |
| 14 | 措施项目费合计 | 1＋2＋…＋14＋15 |

## 零星工作项目表　　表2-1-8

工程名称：电气安装工程　　　　　　　　　　　　　　　　　　　　　第　页　共　页

| 序　号 | 名　称 | 计量单位 | 数　量 |
|---|---|---|---|
| 1 | 人工 | 元 | 1.00 |
| 2 | 材料费 | 元 | 1.00 |
| 3 | 机械费 | 元 | 1.00 |

## （二）电气安装工程工程量清单报价表

投 标 人：＿＿＿＿×××＿＿＿＿（单位签字盖章）

法定代表人：＿＿＿＿×××＿＿＿＿（签字盖章）

造价工程师
及注册证号：＿＿＿＿×××＿＿＿＿（签字盖执业专用章）

编 制 时 间：＿＿××年××月××日＿＿

## 投 标 总 价

建设单位：＿＿＿×××＿＿＿

工程名称：＿＿电气安装工程＿＿

投标总价（小写）：＿＿×××＿＿

（大写）：＿＿×××＿＿

投 标 人：＿＿＿×××＿＿＿（单位签字盖章）

法定代表人：＿＿＿×××＿＿＿（签字盖章）

编 制 时 间：＿＿××年××月××日＿＿

## 总 说 明

工程名称：管道安装工程　　　　　　　　　　　　　第　页　共　页

1. 工程概况

2. 招标范围

3. 工程质量要求

4. 工程量清单编制依据

5. 工程量清单计费列表

注：本例电气工程以定额人工费为取费基数，其中管理费费率为62%，利润率为51%

## 单位工程费汇总表

表 2-1-9

工程名称：电气安装工程　　　　　　　　　　　　　　　第 页 共 页

| 序 号 | 项 目 名 称 | 金 额（元） |
|---|---|---|
| 1 | 分部分项工程量清单计价合计 | |
| 2 | 措施项目清单计价合计 | |
| 3 | 其他项目清单计价合计 | |
| 4 | 规费 | |
| 5 | 税金 | |
| | 合 计 | |

## 分部分项工程量清单计价表

表 2-1-10

工程名称：电气安装工程　　　　　　　　　　　　　　　第 页 共 页

| 序号 | 项目编码 | 项目名称 | 计量单位 | 工程数量 | 金额（元） | |
|---|---|---|---|---|---|---|
| | | | | | 综合单价 | 合价 |
| 1 | 030201001001 | 电力变压器安装型号为 SL7-500/10 | 台 | 1 | 42192.97 | 42192.97 |
| 2 | 030202001001 | 高压油断路器柜安装，GG-1A 型，基础槽钢 [11 号 | 台 | 1 | 11860.39 | 11860.39 |
| 3 | 030202008001 | 高压电压互感器柜安装，GG-1A 型 | 台 | 1 | 14604.86 | 14604.86 |
| 4 | 030204005001 | 低压电源屏安装，BSL-15 型，基础槽钢 [11 号 | 台 | 1 | 10237.29 | 10237.29 |
| 5 | 030204001001 | 低压控制屏安装，BSL-15 型 | 台 | 1 | 11598.68 | 11598.68 |
| 6 | 030204005002 | 电容自动补偿屏安装，PFGB-1 型 | 台 | 2 | 18810.19 | 18810.19 |
| 7 | 030202006001 | 10kV 隔离开关安装，GN2-10/400 型 | 组 | 1 | 140.83 | 140.83 |
| 8 | 030209001001 | 接地装置，接地母线为扁钢—40mm×4mm，接地极为 L50×5 | 项 | 1 | 1494.56 | 1494.56 |
| 9 | 030211001001 | 电力变压器系统调试，容量为 560kV·A | 系统 | 1 | 1308.96 | 1308.96 |
| 10 | 030211007001 | 电容自动补偿调试 | 组 | 21 | 384.99 | 384.99 |
| 11 | 030211002001 | 交流供电配电设备系统调试，电压 10kV | 系统 | 1 | 1231.97 | 1231.97 |
| 12 | 030211002002 | 交流供电配电设备系统调试，电压 1kV | 系统 | 5 | 461.99 | 2309.95 |
| 13 | 030211006001 | 母线系统调试，电压 10kV | 段 | 1 | 769.98 | 769.98 |
| 14 | 030211006002 | 母线系统调试，电压 1kV | 段 | 1 | 231 | 231 |
| 15 | 030211008001 | 接地装置调试 | 系统 | 1 | 384.99 | 384.99 |
| 16 | 030211004001 | 自动投入装置，线路单侧电源自动重合闸装置调试 | 套 | 1 | 231 | 231 |
| 17 | 030204019001 | 控制开关，自动空气开关 DW10-1000 | 个 | 1 | 3047.46 | 3047.46 |
| 18 | 030203003001 | 带形铝母线安装，LWY-60×6 | m | 34.9 | 40.31 | 1406.84 |
| 19 | 030203003002 | 带形铝母线安装，LWY-50×5 | m | 42.4 | 53.60 | 2272.61 |

## 措施项目清单计价表

表 2-1-11

工程名称：电气安装工程　　　　　　　　　　　　　　　第 页 共 页

| 序 号 | 项 目 名 称 | 备 注 |
|---|---|---|
| 1 | 环境保护 | |
| 2 | 文明施工 | 227.87 |
| 3 | 安全施工 | 683.61 |
| 4 | 临时设施 | 1367.22 |
| 5 | 夜间施工增加费 | |
| 6 | 赶工措施费 | |
| 7 | 二次搬运 | |
| 8 | 混凝土、钢筋混凝土模板及支架 | |
| 9 | 脚手架 | |
| 10 | 垂直运输机械 | |
| 11 | 大型机械设备进出场及安拆 | |
| 12 | 施工排水、降水 | |
| 13 | 其他 | |
| 14 | 措施项目费合计 | 2278.71 |

**其他项目清单计价表**　　　　　　　　　　　　　　表 2-1-12

工程名称：电气安装工程　　　　　　　　　　　　　　第　页　共　页

| 序　号 | 项　目　名　称 | 金　额（元） |
|---|---|---|
| 1 | 招标人部分 | |
| | 不可预见费 | |
| | 工程分包和材料购置费 | |
| | 其他 | |
| 2 | 投标人部分 | |
| | 总承包服务费 | |
| | 零星工作项目费 | |
| | 其他 | |
| | 合计 | 0.00 |

**零星工作项目表**　　　　　　　　　　　　　　　　表 2-1-13

工程名称：电气安装工程　　　　　　　　　　　　　　第　页　共　页

| 序　号 | 名　　称 | 计量单位 | 数　量 | 金额（元） | |
|---|---|---|---|---|---|
| | | | | 综合单价 | 合　价 |
| 1 | 人工 | | | | |
| | | 元 | | | |
| 2 | 材料费 | | | | |
| | | 元 | | | |
| 3 | 机械费 | | | | |
| | | 元 | | | |
| | 合计 | | | | 0.00 |

**分部分项工程量清单综合单价分析表**　　　　　　表 2-1-14

工程名称：电气安装工程　　　　　　　　　　　　　　第　页　共　页

| 序号 | 项目编码 | 项目名称 | 定额编号 | 工程内容 | 单位 | 数量 | 其中：（元） | | | | | 综合单价（元） | 合价（元） |
|---|---|---|---|---|---|---|---|---|---|---|---|---|---|
| | | | | | | | 人工费 | 材料费 | 机械费 | 管理费 | 利润 | | |
| 1 | 030201001001 | 电力变压器：SL7-500/10 | | | 台 | 1 | | | | | | 42192.97 | 42192.97 |
| | | | 5B0002 | 变压器安装 | 台 | 1 | 168.76 | 177.36 | 101.64 | 104.63 | 86.07 | | 638.46 ×1 |
| | | | | 变压器 | 台 | 1 | — | 40418 | — | | | | 40418 ×1 |
| | | | 5B0070 | 变压器干燥 | 台 | 1 | 181.79 | 243.1 | 14.48 | 112.71 | 92.71 | | 644.79 ×1 |
| | | | 5B0105 | 变压器油过滤 | t | 0.3 | 61.00 | 168.05 | 101.83 | 37.82 | 31.11 | | 399.81 ×0.3 |
| | | | 5B0374 | 高压穿墙板制安 | 块 | 1 | 24.72 | 108.87 | 8.81 | 15.33 | 12.61 | | 170.34 ×1 |

453

续表

| 序号 | 项目编码 | 项目名称 | 定额编号 | 工程内容 | 单位 | 数量 | 人工费 | 材料费 | 机械费 | 管理费 | 利润 | 综合单价(元) | 合价(元) |
|---|---|---|---|---|---|---|---|---|---|---|---|---|---|
| | | | 5B0253 | 高压穿墙套管安装 | 个 | 2 | 4.18 | 10.84 | 1.42 | 2.59 | 2.13 | | 21.16×2 |
| | | | | 高压穿墙套管 | 个 | 2.04 | — | 78 | — | — | — | | 78×2.04 |
| 2 | 030202001001 | 高压油断路器柜 | | | 台 | 1 | | | | | | 11860.39 | 11860.39 |
| | | | 5B0230 | 高压油断路器柜安装 | 台 | 1 | 111.32 | 17.54 | 58.25 | 69.02 | 56.77 | | 312.9×1 |
| | | | | 高压油断路器 | 台 | 1 | — | 10192.00 | — | — | — | | 10192×1 |
| | | | 5B0370 | 高压油断路器柜基础槽钢安装 | 10m | 0.96 | 26.07 | 79.06 | 11.86 | 16.16 | 13.30 | | 146.45×0.96 |
| | | | 5B0483 | 高压油断路器柜基础槽钢制作 | t | 0.096 | 1605.15 | 1217.94 | 463.31 | 995.19 | 818.63 | | 5100.22×0.096 |
| | | | | 槽钢[11号] | t | 0.101 | — | 3500 | — | — | — | | 3500×0.101 |
| | | | 5B0374 | 高压穿墙板制安 | 块 | 1 | 24.72 | 108.87 | 8.81 | 15.33 | 12.61 | | 170.34×1 |
| | | | 5B0253 | 高压穿墙套管安装 | 个 | 2 | 4.18 | 10.84 | 1.42 | 2.59 | 2.13 | | 21.16×2 |
| | | | | 高压穿墙套管 | 个 | 2.04 | — | 78 | — | — | — | | 78×2.04 |
| 3 | 030202008001 | 高压电压互感器柜 | | | 台 | 1 | | | | | | 14604.86 | 14604.86 |
| | | | 5B0231 | 高压电压互感器柜安装 | 台 | 1 | 89.29 | 15.39 | 42.84 | 55.36 | 45.54 | | 248.42×1 |
| | | | | 高压电压互感器柜 | 台 | 1 | — | 14155 | — | — | — | | 14155×1 |
| | | | 5B0253 | 高压穿墙套管安装 | 个 | 2 | 4.18 | 10.84 | 1.42 | 2.59 | 2.13 | | 21.16×2 |
| | | | | 高压穿墙套管 | 个 | 2.04 | — | 78 | — | — | — | | 78×2.04 |
| 4 | 030204005001 | 低压电源屏 | | | 台 | 1 | | | | | | 10237.29 | 10237.29 |
| | | | 5B0342 | 低压电源屏安装 | 台 | 1 | 65.81 | 31.92 | 38.10 | 40.80 | 33.56 | | 210.19×1 |
| | | | | 低压电源屏 | 台 | 1 | — | 8983.00 | — | — | — | | 8983.00×1 |
| | | | 5B0370 | 低压电源屏基础槽钢安装 | 10m | 1.02 | 26.07 | 79.06 | 11.86 | 16.16 | 13.30 | | 146.45×1.02 |

续表

| 序号 | 项目编码 | 项目名称 | 定额编号 | 工程内容 | 单位 | 数量 | 人工费 | 材料费 | 机械费 | 管理费 | 利润 | 综合单价(元) | 合价(元) |
|---|---|---|---|---|---|---|---|---|---|---|---|---|---|
| | | | | | | | 其中：(元) | | | | | | |
| | | | | 低压电源屏基础槽钢制作 | t | 1.02 | 1605.15 | 1217.94 | 463.31 | 995.19 | 818.63 | | 5100.22×1.02 |
| | | | | 槽钢[11号 | t | 0.107 | — | 3500.00 | — | — | — | | 3500×0.107 |
| 5 | 030204001001 | 低压控制屏 | | | 台 | 1 | | | | | | 11598.68 | 11598.68 |
| | | | 5B0340 | 低压控制屏安装 | 台 | 1 | 62.74 | 46.94 | 38.10 | 38.90 | 32.00 | | 218.68×1 |
| | | | | 低压控制屏 | 台 | 1 | | 11380.00 | | | | | 11380×1 |
| 6 | 030204005002 | 电容自动补偿屏 | | | 台 | 2 | | | | | | 18810.19 | 37620.38 |
| | | | 5B0342 | 电容自动补偿屏 | 台 | 2 | 65.81 | 31.92 | 38.10 | 40.80 | 33.56 | | 210.19×2 |
| | | | | 电容自动补偿屏 | 台 | 2 | — | 18600 | — | — | — | | 18600×2 |
| 7 | 030202006001 | 10kV隔离开关 | | | 组 | 1 | | | | | | 140.83 | 140.83 |
| | | | 5B0126 | 10kV隔离开关安装 | 组 | 1 | 37.76 | 48.54 | 11.86 | 23.41 | 19.26 | | 140.83×1 |
| 8 | 030209001001 | 接地装置 | | | 项 | 1 | | | | | | 1494.56 | 1494.56 |
| | | | 5B0487 | 保护网制安 | m² | 1.68 | 31.00 | 33.8 | 14.42 | 19.22 | 15.81 | | 114.25×1.68 |
| | | | | 角钢 | kg | 52.08 | — | 3.50 | — | — | — | | 3.50×52.08 |
| | | | 5B1145 | 角钢接地极制安 | 根 | 5 | 5.29 | 1.87 | 2.37 | 3.28 | 2.70 | | 15.51×5 |
| | | | | 角钢 | 根 | 5.25 | — | 32.99 | — | — | — | | 32.99×5.25 |
| | | | 5B1151 | 室内接地母线敷设 | 10m | 4 | 18.82 | 5.22 | 16.25 | 11.67 | 9.60 | | 61.56×4 |
| | | | | 扁钢-40mm×4mm | m | 42 | — | 4.41 | — | — | — | | 4.41×42 |
| | | | 5B1150 | 室外接地母线敷设 | 10m | 2 | 38.75 | 2.67 | 1.90 | 24.03 | 19.76 | | 87.11×2 |
| | | | | 扁钢-40mm×4mm | m | 21 | — | 4.41 | — | — | — | | 4.41×21 |
| | | | 5B1152 | 接地跨接线 | 10处 | 2 | 16.98 | 40 | 9.48 | 10.53 | 8.66 | | 85.65×2 |
| 9 | 030211001001 | 电力变压器系统调试 | | | 系统 | 1 | | | | | | 1308.96 | 1308.96 |
| | | | 5B1290 | 变压器系统调试 | 系统 | 1 | 418.20 | 20.91 | 397.29 | 259.28 | 213.28 | | 1308.96×1 |

续表

| 序号 | 项目编码 | 项目名称 | 定额编号 | 工程内容 | 单位 | 数量 | 其中：(元) | | | | | 综合单价(元) | 合价(元) |
|---|---|---|---|---|---|---|---|---|---|---|---|---|---|
| | | | | | | | 人工费 | 材料费 | 机械费 | 管理费 | 利润 | | |
| 10 | 030211007001 | 电容自动补偿调试 | | | 组 | 1 | | | | | | 384.99 | 384.99 |
| | | | 5B1351 | 电容器调试 | 组 | 1 | 123.00 | 6.15 | 116.85 | 76.26 | 62.73 | | 384.99×1 |
| 11 | 030211002001 | 交流供电配电设备系统调试（10kV） | | | 系统 | 1 | | | | | | 1231.97 | 1231.97 |
| | | | 5B1305 | 高压供电设备系统调试 | 系统 | 1 | 393.60 | 19.68 | 373.92 | 244.03 | 200.74 | | 1231.97×1 |
| 12 | 030211002002 | 交流供电配电设备系统调试（1kV） | | | 系统 | 5 | | | | | | 461.99 | 2309.95 |
| | | | 5B1304 | 低压供电设备系统调试 | 系统 | 5 | 147.60 | 7.38 | 140.22 | 91.51 | 75.28 | | 461.99×5 |
| 13 | 030211006001 | 母线系统调试（10kV） | | | 段 | 1 | | | | | | 769.98 | 769.98 |
| | | | 5B1338 | 高压母线系统调试 | 段 | 1 | 246.00 | 12.3 | 233.70 | 152.52 | 125.46 | | 769.98×1 |
| 14 | 030211006002 | 母线系统调试（1kV） | | | 段 | 1 | | | | | | 231 | 231 |
| | | | 5B1337 | 低压母线系统调试 | 段 | 1 | 73.80 | 3.69 | 70.11 | 45.76 | 37.64 | | 231×1 |
| 15 | 030211008001 | 接地装置调试 | | | 系统 | 1 | | | | | | 384.99 | 384.99 |
| | | | 5B1334 | 接地装置调试 | 系统 | 1 | 123.00 | 6.15 | 116.85 | 76.26 | 62.73 | | 384.99×1 |
| 16 | 030211004001 | 自动投入装置调试 | | | 套 | 1 | | | | | | 231 | 231 |
| | | | 5B1324 | 线路单侧电源自动重合闸装置调试 | 套 | 1 | 73.80 | 3.69 | 70.11 | 45.76 | 37.64 | | 231×1 |
| 17 | 030204019001 | 控制开关 | | | 个 | 1 | | | | | | 3047.46 | 3047.46 |
| | | | 5B0430 | 自动空气开关安装 | 个 | 1 | 38.50 | 13.84 | 4.74 | 23.87 | 19.64 | | 100.59×1 |
| | | | | 自动空气开关 | 个 | 1.01 | 2721.00 | — | — | — | | | 2721×1.01 |
| | | | 5B0483 | 角钢支架制作 | t | 0.017 | 1605.15 | 1217.94 | 463.31 | 995.19 | 818.63 | | 5100.22×0.017 |

续表

| 序号 | 项目编码 | 项目名称 | 定额编号 | 工程内容 | 单位 | 数量 | 人工费 | 材料费 | 机械费 | 管理费 | 利润 | 综合单价（元） | 合价（元） |
|---|---|---|---|---|---|---|---|---|---|---|---|---|---|
| | | | | 角钢 | t | 0.018 | — | 3500 | — | — | — | | 3500× 0.018 |
| | | | 5B0484 | 角钢支架安装 | t | 0.017 | 1062.47 | 298.72 | 317.71 | 658.73 | 541.86 | | 2879.49 ×0.017 |
| 18 | 030203003001 | 带形铝母线LMY-60×6 | | | m | 34.9 | | | | | | 40.31 | 1406.84 |
| | | | 5B0274 | 铝母线安装 | 10m | 3.49 | 21.03 | 173.06 | 8.36 | 13.04 | 10.73 | | 226.22 ×3.49 |
| | | | | 铝母线 | m | 24.65 | — | 13.45 | — | — | — | | 13.45× 24.65 |
| | | | 5B0243 | 户内低压支持绝缘子 | 10个 | 2.7 | 6.89 | 11.38 | | 4.27 | 3.51 | | 26.05× 2.7 |
| | | | | 支持绝缘子 | 个 | 12.24 | — | 2.31 | — | — | — | | 2.31× 12.24 |
| | | | 5B0483 | 角钢支架制作 | t | 0.016 | 1605.15 | 1217.94 | 463.31 | 995.19 | 818.63 | | 5100.22 ×0.016 |
| | | | | 角钢 | t | 0.017 | — | 3500 | — | — | — | | 3500× 0.017 |
| | | | 5B0484 | 角钢支架安装 | t | 0.016 | 1062.47 | 298.72 | 317.71 | 658.73 | 541.86 | | 2879.49× 0.016 |
| 19 | 030203003001 | 带形铝母线LMY-60×6 | | | m | 42.4 | | | | | | 53.60 | 2272.61 |
| | | | 5B0274 | 铝母线安装 | 10m | 4.24 | 21.03 | 173.06 | 8.36 | 13.04 | 10.73 | | 226.22× 4.24 |
| | | | | 铝母线 | m | 36.01 | — | 9.34 | — | — | — | | 9.34× 36.01 |
| | | | 5B1151 | 镀锌扁钢-40mm×4mm | 10m | 1.16 | 18.82 | 16.25 | 5.22 | 11.67 | 9.60 | | 61.56× 1.16 |
| | | | | 镀锌扁钢 | m | 12.18 | — | 4.41 | — | — | — | | 4.41× 12.18 |
| | | | 5B0244 | 户内高压支持绝缘子 | 10个 | 2.4 | 28.17 | 70.31 | 7.11 | 17.47 | 14.37 | | 137.43× 2.4 |
| | | | | 支持绝缘子 | 个 | 15.3 | — | 13.64 | — | — | — | | 13.64× 15.3 |
| | | | 5B0483 | 角钢支架制作 | t | 0.027 | 1605.15 | 1217.94 | 463.31 | 995.19 | 818.63 | | 5100.22 ×0.027 |
| | | | | 角钢 | t | 0.028 | — | 3500 | — | — | — | | 3500× 0.028 |
| | | | 5B0484 | 角钢支架安装 | t | 0.027 | 1062.47 | 298.72 | 317.71 | 658.73 | 541.86 | | 2879.49 ×0.027 |

## 措施项目费分析表

表 2-1-15

工程名称：电气安装工程　　　　　　　　　　　　　　　　　　　第 页 共 页

| 序号 | 措施项目名称 | 单位 | 数量 | 金　额（元） | | | | | |
|---|---|---|---|---|---|---|---|---|---|
| | | | | 人工费 | 材料费 | 机械使用费 | 管理费 | 利润 | 小计 |
| 1 | 环境保护费 | | | | | | | | |
| 2 | 文明施工费 | | | | | | | | |
| 3 | 安全施工费 | | | | | | | | |
| 4 | 临时设施费 | | | | | | | | |
| 5 | 夜间施工增加费 | | | | | | | | |
| 6 | 赶工措施费 | | | | | | | | |
| 7 | 二次搬运费 | | | | | | | | |
| 8 | 混凝土、钢筋混凝土模板及支架 | | | | | | | | |
| 9 | 脚手架搭拆费 | | | | | | | | |
| 10 | 垂直运输机械使用费 | | | | | | | | |
| 11 | 大型机械设备进出场及安拆 | | | | | | | | |
| 12 | 施工排水、降水 | | | | | | | | |
| 13 | 其他 | | | | | | | | |
| | 措施项目费合计 | | | | | | | | |

## 主要材料价格表

表 2-1-16

工程名称：电气安装工程　　　　　　　　　　　　　　　　　　　第 页 共 页

| 序 号 | 材料编码 | 材料名称 | 规格、型号等特殊要求 | 单 位 | 单价（元） |
|---|---|---|---|---|---|
| | | | | | |
| | | | | | |
| | | | | | |
| | | | | | |
| | | | | | |
| | | | | | |
| | | | | | |

# 例3 住宅电气照明工程定额预算及工程量清单计价对照

## 一、预算定额计价编制说明

某六层楼住宅照明工程的平面图,如图3-1-1。

**(一) 工程概况**

(1) 电源由室外架空引进,采用三相四线电源,电压220V。6层楼均同底层照明平面图一样。

(2) 配电箱距地1.5m为暗设,开关距地1.5m,插座距地1.3m均为暗设,建筑物底层高度为3.2m。

(3) 平面布置线路均采用塑料槽板明设,开关、插座穿管暗设,导线和槽板工程量只算到安装位置处即可,导线均采用BLV-2.5mm$^2$塑料铝芯线。暗设采用$\phi$25mm硬塑料管。

(4) 预算内应包括L50mm×5mm角钢接地极和进户线角钢横担各一组。

(5) 建设地点在市区内,为六类工资区,施工企业为国营二级企业(15km以内)。

**(二) 工程施工图预算的编制说明**

编制说明如表3-1-1,工程量计算如表3-1-2,费用计算如表3-1-3,工程计价如表3-1-4。

编 制 说 明　　　　　　　　表3-1-1

| 编制依据 | 施工图号 | 某六层电气照明工程底层(标准层)平面图 |
|---|---|---|
| | 合同 | |
| | 使用定额 | 套用《全国统一安装工程预算定额四川省估价表(一)》SGD 5—95,按《四川省建设工程费用定额》SGD 7—95取费 |
| | 材料价格 | 材料单价采用试题提供预算价,不足材料价格套用《95重庆市建筑安装材料预算价格》 |
| | 其他 | 附"计算书" |

说明: 1. 本工程位于市区,属六类地区、四类安装工程,由国营二级施工企业施工(15km以内);
　　　2. 本施工图预算未包括进户架空线架设;
　　　3. 角钢接地极制安按坚土考虑,遇有石方、矿渣、积水、碍障物等情况另行计算;
　　　4. 进户线横担据规范要求按距地2.7m计算;
　　　5. 未计价材料单价结算时按当时市场价调整,本预算未调整价差;
　　　6. 凡本预算未包括项目实际施工中若有发生,可根据技术核定单或经济签证另编补充预算;
　　　7. 本工程是作为教学示例,如有出入,应以造价管理部门解释为准;
　　　8. 本预算未包括部分,发生时按规定在结算时计取。

工 程 量 计 算 表　　　　　　　　表3-1-2

| 序号 | 项　　目 | 图号及部位 | 计　算　式 | 单位 | 工程量 |
|---|---|---|---|---|---|
| 1 | 普通软线吊灯 1×60W | 安装高度2m | $3/N_1 + 1/N_3 = 4 \times 6$<br>(1) 安装高度是指灯具距室内坪的垂直距离。垂直方向敷设的管(沿墙、柱引上或引下),其工程量与楼层高度及与箱、柜、盘、板、开关等设备安装高度有关。<br>[说明] $3/N_1$指支路$N_1$中有3个吊灯,$1/N_3$为在支路$N_3$中有1个吊灯。4指支路$N_1$与$N_3$中吊灯的总和(一层),4×6指本住宅六层中所有吊灯总和 | 10套 | 2.4 |

续表

| 序号 | 项目 | 图号及部位 | 计 算 式 | 单位 | 工程量 |
|---|---|---|---|---|---|
| 2 | 吊管式工厂灯 GC51.1×100W | 安装高度 2.5m | $2/N_1 = 2 \times 6$<br>[说明] $2/N_1$ 指支路 $N_1$ 中有 2 个吊管式工厂灯。$2 \times 6$ 指本住宅六层中所有吊管式工厂灯的总和 | 10 套 | 1.2 |
| 3 | 圆球罩吸顶灯 JXD$_{19}$-40W/1 | 安装高度 3.2m | $2/N_3 = 2 \times 6$<br>[说明] $2/N_3$ 指支路 $N_3$ 中有 2 个圆球罩吸顶灯。$2 \times 6$ 为本住宅六层中所有圆球罩吸顶灯的总和 | 10 套 | 1.2 |
| 4 | 半圆球罩吸顶灯 JXD$_3$-40W/1 | 安装高度 3.2m | $2/N_3 = 2 \times 6$<br>[说明] $2/N_3$ 为支路 $N_3$ 中有 2 个半圆球罩吸顶灯。$2 \times 6$ 为本住宅六层中所有半圆球罩吸顶灯的总和 | 10 套 | 1.2 |
| 5 | 荧光吊灯 YG57-2×10W | 安装高度 2.5m | $6/N_2 = 6 \times 6$<br>[说明] 荧光吊灯安装高度距地 2.5m。<br>[说明] $6/N_2$ 指支路 $N_2$ 中有 6 个荧光灯。$6 \times 6$ 为本工程中六层所有荧光灯的总和。<br>[说明] 第二项至第五项，工程量的计算均按图纸要求，以"套"计量。吊式灯具可分为线吊式、链吊式和管吊式三种。工程量计算及套定额时一定要区分清楚。<br>吸顶式安装可分为一般吸顶式和嵌入吸顶式。本工程所示圆球罩吸顶灯及半圆球罩吸顶灯均为一般吸顶式（D） | 10 套 | 3.6 |
| 6 | 吊扇 $\phi 1400$mm | 吊顶安装 | $1/N_1 + 2/N_2 = 3 \times 6$<br>[说明] 吊扇安装的工程量，应区别风扇种类，以"台"为计量单位计算。不论直径大小，工程量计算时均以"台"计算。<br>[说明] $1/N_1$ 指支路 $N_1$ 中有 1 台吊扇。<br>$2/N_2$ 指支路 $N_2$ 中有 2 台吊扇。<br>$3 \times 6$ 为本住宅六层中所有吊扇总和 | 台 | 18 |
| 7 | 单相双联二孔、三孔插座 86Z223-10 | 距地 1.3m | $5/N_1 + 3/N_2 + 2/N_3 = 10 \times 6$<br>[说明] $5/N_1$ 指支路 $N_1$ 中有单相双联二孔、三孔插座 5 套。<br>$3/N_2$ 指支路 $N_2$ 中有单相双联二孔、三孔插座 3 套。<br>$2/N_3$ 指支路 $N_3$ 中有单相双联二孔、三孔插座 2 套。<br>$10 \times 6$ 指本工程中六层所有插座总和 | 10 套 | 6 |
| 8 | 单联单控板式暗开关 86K11-10 | 距地安装 1.5m | $3/N_1 + 5/N_3 = 8 \times 6$<br>[说明] $3/N_1$ 指支路 $N_1$ 中有 3 套单联单挖板式暗开关。<br>$5/N_3$ 指支路 $N_3$ 中有 5 套单联单挖板式暗开关。<br>$8 \times 6$ 指本住宅六层中所有单联单挖板式暗开关的总和 | 10 套 | 4.8 |

续表

| 序号 | 项　目 | 图号及部位 | 计　算　式 | 单位 | 工程量 |
|---|---|---|---|---|---|
| 9 | 双联单控板式暗开关 86K21-10 | 距地安装 1.5m | $1/N_1 = 1 \times 6$<br>[说明] $1/N_1$ 指支路 $N_1$ 中有一套双联单挖板式暗开关。<br>$1 \times 6$ 中 1 是一层中有一套双联单挖板式暗开关,6 指六房中所有双联单挖暗开关的总和 | 10套 | 0.6 |
| 10 | 三联单控板式暗开关 86K31-10 | 距地安装 1.5m | $2/N_2 = 2 \times 6$<br>[说明] $2/N_2$ 为一层中支路 $N_2$ 有 2 层三联单挖板式暗开关,$2 \times 6$ 为总工程量。<br>7 – 10 项为开关的安装。包括拉线开关、板把开关、板式开关、密闭开关、一般按钮开关安装。并且分明装与暗装。均以"套"计量。<br>以上各项工程量计算时,要认真阅读本工程的照明平面图。它表征了建筑各层的照明、动力等电气设备的平面位置和线路走向,是安装电器和敷设支路管线的依据,也是概预算时确定电器和管线的工程量的依据 | 10套 | 1.2 |
| 11 | 暗装配电箱 XMR-15-112 | 距地安装 1.5m | [说明] 本工程电源由室外架空引入,穿管进入配电箱,再进入设备,又连开关箱,再建照明箱,共六层,因此配电箱工程量 = $1 \times 6$ 台 = 6 台 | 台 | 6 |
| 12 | 暗装插座、开关接线盒 86H50 $75 \times 75 \times 50$ | | $9/N_1 + 5/N_2 + 7/N_3 = 21 \times 6$<br>暗装插座、开关接线盒 86H50 $75 \times 75 \times 50$　126 个<br>[说明] 明配和暗配管线,均发生接线盒(分线盒)或接线箱安装,或开关盒、灯头盒及插座盒安装,它们均以"个"计量。<br>接线盒产生在管线分支处或管线转弯处。看图 3-1-1,$N_1$ 回路上有插座及接线盒 9 个,$N_2$ 回路上有 5 个,$N_3$ 回路上 7 个,共 $(9+5+7) \times 6$ 个 = 126 个,在本工程中,线路敷设长度不大,不另加接线盒。线管敷设超过下列长度时中间应加接线盒:<br>①管长超过 4.5m 且无弯时;<br>②管长超过 30m,中间只有一个弯时;<br>③管长超过 20m,中间有两个弯时;<br>④管长超过 12m,中间有 3 个弯时 | 10个 | 12.6 |
| 13 | 两端埋设式进户四线角钢横担,室外距地 2.7m | | | 根 | 15 |
| 14 | 镀锌扁钢 – 40mm × 4mm | 户外重复接地母线 | $(2.7+3+5) \times 1.039 \approx 11$<br>[说明] 本工程的工程概况中已说明,预算内应包括进户线角钢横担各一组。<br>2.7m 表示进户线横担距地为 2.7m,(3+5) 为进户线埋地及配电箱内预留长度总和,接地母线材料损耗率为 3.9%。<br>接地母线材料用镀锌圆钢、镀锌扁钢或钢绞线,以延长米计量其工程量计算公式:<br>接地母线长度 = 按图示尺寸计算的长度 × $(1+3.9\%)$ | 10m | 1.1 |

续表

| 序号 | 项 目 | 图号及部位 | 计 算 式 | 单位 | 工程量 |
|---|---|---|---|---|---|
| 15 | 镀锌角钢L 50×5 2.5m | 户外重复接地极 | [说明] L50×5,指镀锌角钢型号,2.5m是指镀锌角钢的长。 | 根 | 1 |
| 16 | 重复接地电阻测试 | | [说明]重复接地电阻测试是以"组"为计量单位;本工程中重复接地电阻测试的定额工程量 | 组 | 1 |
| 17 | 钢管暗配 DN32 | 户外进户线至底层照明干线竖管 | $(2.7-1.5+0.5)\text{m}\approx1.7\text{m}$ <br> $(1.4+3.2)\text{m}=4.6\text{m}$ } $(1.7+4.6)\text{m}=6.3\text{m}$ <br> [说明] 2.7-1.5+0.5中2.7是指进户线横担距地2.7m,1.5m是指配电箱距地1.5m,0.5m是指预留长度,因此,竖管长应为:2.7-1.5+0.5=1.7m。<br>(1.4+3.2)中1.4m是指由配电箱引至底层配管长,3.2m是指从一层底至一层顶竖管的配管长。因此,竖管长为(1.4+3.2)m=4.6m。<br>(1.7+4.6)是指竖管DN32由进户横担至一层顶配管总长,即为6.3m。<br>垂直方向敷设的管,其工程量计算与楼层高度及与箱、柜、盘、板、开关等设备安装高度有关,无论配管是明敷或暗敷 | 100m | 0.063 |
| 18 | 钢管暗配 DN25 | 照明干线竖管 | $(3.2+3.2)\text{m}=6.4\text{m}$<br>[说明]本钢管是照明干线的竖管暗敷,也就是用来把线由下引上穿线之用。<br>钢管暗配DN25为本工程二到三层、三到四层配电干线竖管长度,层高3.2m,两层共$(3.2+3.2)\text{m}=6.4\text{m}$ | 100m | 0.064 |
| 19 | 钢管暗配 DN20 | 照明干线竖管 | $(3.2+3.2)\text{m}=6.4\text{m}$<br>[说明]本钢管是照明干线的竖管暗敷,也就是用来把线由下引入上层,此钢管是穿线之用的。<br>第一个3.2m是指由四层底至五层配电箱的配管长,第二个3.2m是指由五层配电箱至六层配电箱的配管长 | 100m | 0.064 |
| 20 | 管内穿线 BLV-10mm² | 户外进户线至底层照明干线竖管穿线 | $(1.5+1.7+1.5)\times4\text{m}=18.8\text{m}$<br>$[(3.2+1.4+1.5)\times4+(3.2+1.5+3.2+1.5)\times3+(3.2+1.5+3.2+1.5)\times2]\text{m}=71.4\text{m}$<br>合计 18.8+71.4=90.2m<br>[说明](1)[1.5(进户线预留线长度)+1.7(一层室外照明干线竖管长度)+1.5(配电箱预留线长度)]×4(管内穿线为BLV-4×10mm²)=18.8m<br>(2)[3.2(一层配电箱到二层配电箱距离)+1.4(配管埋深及出地面长度)+1.5(配电箱预留线长度)]×4(管内穿线为BLV-4×10mm²)+3.2+1.5(二层到三层配电箱距离及箱内预留线长度)+3.2+1.5(三层配电箱到四层配电箱距离及配电箱预留线长度)]×3+3.2(四层配电箱到五层配电箱距离)+1.5(配电箱预留线长度)+3.2(五层配电箱到六层配电箱距离)+1.5(配电箱内预留线长度)]×2(管内穿线为BLV-2×10mm²)=71.4m<br>总长=①+②=90.2m | 100m | 0.902 |

续表

| 序号 | 项目 | 图号及部位 | 计算式 | 单位 | 工程量 |
|---|---|---|---|---|---|
| 21 | 硬塑料管暗配：$DN25$ | 配电箱至各回路竖管量<br><br>插座竖管量、开关（包括吊扇开关）竖管量 | 注：进户线和配电箱预留线长度各为1.5m。<br>$(3.2-1.5)$ m = 1.7m 1.7m×3 = 5.1m<br>$(3.2-1.3)$ m = 1.9m 1.9m×10 = 19m<br>$(3.2-1.5)$ m = 1.7m 1.7m×14 = 23.8m<br>合计 $(5.1+19+23.8)×6 = 287.4$<br>[说明]（1）$(3.2-1.5)$为配电箱至一个回路竖管量，每层有3个回路，因此$(3.2-1.5)×3$为配电箱至各回路竖管工程量。<br>（2）$(3.2-1.3)$为每个插座竖管工程量，上面已算出每层有单相双联二孔、三孔插座862223-10 10个，因此每层插座竖管工程量为$(3.2-1.3)×10$m = 19m<br>（3）$(3.2-1.5)$为每个开关（包括吊扇开关）竖管工程量，上面已算出单联单控板式暗开关86K11-10每层8套，双联单控板式暗开关86K21-10每层1套，三联单控板式暗开关86K31-10每层2套，吊扇开关每层3套。因此开关总数为8+1+2+3=14（套），每层开关竖管工程量为$(3.2-1.5)×14$m = 23.8m<br>（4）本工程为6层楼住宅，因此算出每层楼暗配硬塑料管工程量×6，即：<br>$(5.1+19+23.8)×6$m = 287.4m为本工程暗配硬塑料管 $DN25$ 工程量。（工程概况中已说明6层楼均同底层照明平面图一样） | 100m | 2.874 |
| 22 | 管内穿线 BLV-2.5mm² | 配电箱至各回路竖管穿线：<br><br>插座竖管穿线：<br>单联开关竖管穿线：<br>双联开关竖管穿线：<br>三联开关竖管穿线：<br>吊扇开关竖管穿线 | $(1.7+1.5)×3×3$m = 28.8m（注：配电箱内预留线1.5m）<br>$(3.2-1.3)×10×3$m = 57m<br>$(3.2-1.5)×8×2$m = 27.2m<br>$(3.2-1.5)×1×3$m = 5.1m<br>$(3.2-1.5)×2×4$m = 13.6m<br>$(3.2-1.5)×3×2$m = 10.2m<br>[说明]$(1.7+1.5)×3×3$m = 28.8m中，1.7m指塑料管穿线，1.5m是配电箱内预留线长，第一个3表示$N_1$、$N_2$、$N_3$个支路，第二个3表示各支路中有3根导线 | 100m | 8.514 |

续表

| 序号 | 项目 | 图号及部位 | 计算式 | 单位 | 工程量 |
|---|---|---|---|---|---|
| 22 | 管内穿线 BLV-2.5mm² | | $(3.2-1.3)\times10\times3m=57m$，表示插座的竖管穿线，$(3.2-1.3)$ 表示一个插座所需线长，10 表示 10 个插座（$N_1$ 5 个，$N_2$ 3 个、$N_3$ 2 个），3 表示各插座内有 3 根导线。<br>$(3.2-1.5)\times8\times3m=27.2m$，表示单联开关竖管穿线，$(3.2-1.5)$ 表示一个单联开关所需线长，8 表示 8 个单联开关（其中 $N_1$ 中有 3 个，$N_3$ 中有 5 个），3 表示有 3 根导线。<br>$(3.2-1.5)\times1\times3m=5.1m$，表示双联开关竖管穿线，$(3.2-1.5)$ 表示一个双联开关所需的配管长，1 个表示双联开关的数量（$N_1$ 支路中），3 表示有 3 根导线。<br>$(3.2-1.5)\times2\times4m=13.6m$，表示三联开关竖管穿线，$(3.2-1.5)$ 表示一个三联开关所配管长，2 表示有 2 个三联开关（$N_2$ 支路中），4 表示有 4 根导线，$(3.2-1.5)\times3\times2m=10.2m$，表示吊扇开关竖管穿线，$(3.2-1.5)$ 表示一个吊扇开关所需配管长，3 表示有 3 个吊扇（$N_1$ 支路中 1 个，$N_2$ 支路中 2 个），2 表示 2 根导线。<br>合计：$(28.8+57+27.2+5.1+13.6+10.2)\times6m=851.4m$，表示本工程所需管内穿线 $BLV-2.5mm^2$ 线总长 | 100m | 8.514 |
| 23 | 塑料槽板敷设（注：按配电箱出线回路计算） | $N_1$ 回路平面布置线路<br><br>$N_2$ 回路平面布置线路<br><br><br><br><br><br>$N_3$ 回路平面布置线路 | 2 线：$(1.8+1.6+1.8+1.6+3.9+1.6+2.5+2.3)m=17.1m$<br>3 线：$(0.5+1+3.5+0.5+1.5+4.1+0.4+1.7)m=13.2m$<br>4 线：$(2+1.5+0.4+1.1+1.7)m=6.7m$<br>6 线：$(4.2+0.8)m=5m$<br>2 线：$(3.8+3.5)m=7.3m$<br>3 线：$(0.4+0.9+9.3+1.4+0.3+0.4+3.5+3.1+1.8+3.3)m=24.4m$<br>4 线：$(1.5+3.8)m=5.3m$<br>5 线：3.5m<br>6 线：$(0.6+0.3+1.4+1.5)m=3.8m$<br>7 线：0.3m<br>2 线：$(1.1+1.8+1.3+2+1.5+2+1.5+0.5+0.5+0.7)m=12.9m$<br>3 线：$(0.3+0.3+0.2+1+0.9+2.2+1.8+0.5+3.3+0.3+1.8+1.2)m=13.8m$<br>4 线：$(0.8+1.4+0.6)m=2.8m$<br>合计：二线塑料槽板敷设<br>$(17.1+6.7+6.7+7.3+5.3+5.3+3.5+0.3+0.3+12.9+2.8+2.8)m=71m$<br>$71m\times6=426m$ | 100m | 4.26 |

续表

| 序号 | 项目 | 图号及部位 | 计算式 | 单位 | 工程量 |
|---|---|---|---|---|---|
| 23 | | | 三线塑料槽板敷设：<br>$13.2+5+5+24.4+3.8+3.5+3.8+0.3+13.8=72.8$<br>$72.8 \times 6m = 436.8m$<br>（1）[说明] 根据图 3-1-1 中，支路 $N_1$ 中线路布置图中表明的导线根数进行量取，然后再依据 1:100 的比例换算成实际的线长，其中未注明的表示 2 线。<br>（2）[说明] 根据图 3-1-1 中，支路 $N_2$ 线路布置图中表示的导线数分别为 3 线、4 线、5 线、6 线、7 线，未注明导线数的表示 2 线，进行量取，然后再依据 1:100 的比例进行换算，使其成为实际的线长。<br>（3）[说明] 依据图 3-1-1 中，支路 $N_3$ 线路布置图中表示的导线数分为 3 线、4 线，未注明导线数的表示为 2 线，进行量取，然后再依据 1:100 的比例进行换算，使其成为实际的线长。<br>（4）[说明] 根据 $N_1$、$N_2$、$N_3$ 线路中所计算的 2 线、3 线、4 线、5 线、6 线、7 线的工程量，都分隔线 2 线、3 线，其中 4 线分成（2 线+2 线），5 线分成（2 线+3 线），6 线分为（3 线+3 线），7 线分为（2 线+2 线+3 线）的形式，然后再合计起来即得二线、三线塑料板敷设的长度。<br>（5）[说明] 槽板配线，分为木槽板配线和塑料槽板配线，还分为两线式与三线式；按敷设在木、砖、混凝土等不同结构上和导线规格，以"线路延长米"计量。<br>槽板配线是先将槽板的底板用木螺钉固定于棚、墙壁上。将电线放入底板之槽内，然后将盖板盖在底板上并用木螺钉固定。具体要求如下：<br>1. 塑料槽板及木槽板适用于干燥房屋内明设，使用的额定电压不应大于 500V。<br>2. 塑料槽板安装时，槽板内外应光滑，无棱刺，刷有绝缘漆。<br>工程量计算时，槽板工程量以管材质、规格和敷设方式不同，按"m"计量，不扣除接线盒（箱）、灯头盒、开关盒所占长度。<br>计算要领：从配电箱起按各个回路进行计算，或按建筑物自然层划分计算，或按建筑平面形状特点及系统图的组成特点分片划块计算，然后汇总。千万不能"跳算"，防止混乱，影响工程量计算的正确性 | 100m | 4.368 |

续表

| 序号 | 项目 | 图号及部位 | 计算式 | 单位 | 工程量 |
|---|---|---|---|---|---|
| 24 | 压接铝接线端子 φ10 | 配电箱进线 | $6 \times 2 = 12$<br>[说明] 2（指室外架空线路和进户横担连接，即接户线，上有一个压接铝接线子；和进户线上的一个压接铝接线子，共2个）。<br>2个×6（工程有6层）=12个 | 10个 | 1.2 |

**以定额人工费为取费基础的费用计算表（元）**　　　　　表 3-1-3

| 1 | 直接费：22262.02 |
|---|---|
| 1.1 | 直接工程费：8200.45 |
| 1.1.1 | 定额直接费：6110.97 |
|  | 人工费：3543.90 |
|  | 计价材料费：2201.87 |
|  | 机械费：365.20 |
| 1.1.2 | 其他直接费、临时设施费、现场管理费：3543.90×58.96%＝2089.48 |
| 1.2 | 其他直接工程费：14061.57 |
| 1.2.1 | 材料价差调整： |
| 1.2.1.1 | 计价材料综合调整价差： |
| 1.2.1.2 | 未计价材料：13529.98 |
| 1.2.2 | 施工图预算包干费：3543.90×15%＝531.59 |
| 2 | 间接费：2517.23 |
| 2.1 | 企业管理费：3543.90×34.28%＝1214.85 |
| 2.2 | 财务费用：3543.90×7.25%＝256.93 |
| 2.3 | 劳动保险费：3543.90×29.5%＝1045.45 |
| 2.4 | 远地施工增加费： |
| 2.5 | 施工队伍迁移费： |
| 3 | 计划利润：3543.90×68%＝2409.85 |
| 4 | 按规定允许按实计算的费用： |
| 5 | 设备保管费：2646.60×0.45%＝11.91 |
| 6 | 材料保管费：13529.98×2.1%＝284.13 |
| 7 | 定额管理费：27485.14×1.3‰＝35.73（未含劳动定额测定费） |
| 8 | 税金（营业税、城市维护建设税、教育费附加、交通建设费附加）：27520.87×3.5%＝963.23 |
| 9 | 工程造价：28484.10 |
|  | 含设备费工程造价：31130.70 |

表 3-1-4  工程计价表

| 序号 | 定额编号 | 工程项目名称规格 | 工程量单位 | 工程量数量 | 单价 价值 | 单价 其中 人工费 | 单价 其中 机械费 | 总价 总值 | 总价 其中 人工费 | 总价 其中 机械费 | 主(设备)材 损耗/% | 主(设备)材 数量 | 主(设备)材 单价(元) | 主(设备)材 总价(元) |
|---|---|---|---|---|---|---|---|---|---|---|---|---|---|---|
| 1 | 5B0415 | 照明配电箱安装：XMR-15-112 | 台 | 6 | 103.33 | 43.67 | 38.10 | 619.98 | 262.02 | 228.60 | | 6 | (441.10) | (2646.60) |
| 2 | 5B0895 | 普通软线吊灯安装：1×60W | 10套 | 2.4 | 47.45 | 15.98 | — | 113.88 | 38.35 | — | 1 | 24.24 | 11.25 | 272.70 |
| 3 | 5B0924 | 吊管式工厂灯安装：GC51 1×100W | 10套 | 1.2 | 60.47 | 25.76 | 0.66 | 72.56 | 30.91 | 0.79 | 1 | 12.12 | 155.10 | 1879.81 |
| 4 | 5B0886 | 圆球罩吸顶灯安装：JXD₁₉-1×40W | 10套 | 1.2 | 88.81 | 26.57 | — | 106.57 | 31.88 | — | 1 | 12.12 | 34.45 | 417.53 |
| 5 | 5B0886 | 半圆球罩吸顶灯安装：JXD₃-1×40W | 10套 | 1.2 | 88.81 | 26.57 | — | 106.57 | 31.88 | — | 1 | 12.12 | 15.30 | 185.44 |
| 6 | 5B0916 | 荧光吊灯安装：YG₅₇-2×40W | 10套 | 3.6 | 134.49 | 33.58 | — | 484.16 | 120.89 | — | 2 | 36.36 | 95.30 | 3465.11 |
| 7 | 5B0963 | 单相插座：86Z223-10 | 10套 | 6 | 32.01 | 15.32 | — | 192.06 | 91.92 | — | 2 | 61.2 | 4.47 | 273.56 |
| 8 | 5B0952 | 单联暗开关安装：86K11-10 | 10套 | 4.8 | 18.35 | 10.46 | — | 88.08 | 50.21 | — | 2 | 48.96 | 2.67 | 130.72 |
| 9 | 5B0952 | 双联暗开关安装：86K21-10 | 10套 | 0.6 | 18.35 | 10.46 | — | 11.01 | 6.28 | — | 2 | 6.12 | 4.12 | 25.21 |
| 10 | 5B0952 | 三联暗开关安装：86K31-10 | 10套 | 1.2 | 18.35 | 10.46 | — | 22.02 | 12.55 | — | 2 | 12.24 | 5.57 | 68.18 |
| 11 | 5B0882 | 暗装插座、开关接线盒 86H50 | 10个 | 12.6 | 13.79 | 5.90 | — | 173.75 | 74.34 | — | 2 | 128.52 | 1.74 | 223.62 |
| 12 | 5B0993 | 吊扇安装 φ1400 | 台 | 18 | 10.73 | 5.29 | — | 193.14 | 95.22 | — | | 18 | 185.43 | 3337.74 |
| 13 | 5B0681 | 钢管暗配 DN 32 | 100m | 0.063 | 232.98 | 110.83 | 31.79 | 14.68 | 6.98 | 2.00 | 3 | 6.49 | 10.29 | 66.78 |
| 14 | 5B0681 | 钢管暗配 DN 25 | 100m | 0.064 | 232.98 | 110.83 | 31.79 | 14.81 | 7.09 | 2.03 | 3 | 6.59 | 7.96 | 52.46 |
| 15 | 5B0680 | 钢管暗配 DN 20 | 100m | 0.064 | 151.68 | 85.36 | 16.60 | 9.71 | 5.46 | 1.06 | 3 | 6.59 | 5.36 | 35.32 |
| 16 | 5B0716 | 硬塑料管暗配 DN 25 | 100m | 2.874 | 138.22 | 96.92 | 27.67 | 397.24 | 278.55 | 79.52 | 6.42 | 305.85 | 2.76 | 844.15 |

续表

| 序号 | 定额编号 | 工程项目 名称 规格 | 工程量 单位 | 工程量 数量 | 单价(元) 价值 | 单价(元) 其中 人工费 | 单价(元) 其中 机械费 | 总价(元) 总值 | 总价(元) 其中 人工费 | 总价(元) 其中 机械费 | 损耗/% | 主(设备)材 数量 | 主(设备)材 单价(元) | 总价(元) |
|---|---|---|---|---|---|---|---|---|---|---|---|---|---|---|
| 17 | 5B0747 | 管内穿线 BLV-10mm² | 100m | 0.902 | 24.32 | 11.93 | — | 21.94 | 10.76 | — | 1.09 | 93.89 | 0.96 | 90.13 |
| 18 | 5B0743 | 管内穿线 BLV-2.5mm² | 100m | 8.514 | 20.40 | 12.18 | — | 250.31 | 103.70 | — | 16.48 | 991.71 | 0.27 | 267.76 |
| 19 | 5B0796 | 二线塑料槽板配线 BLV-2.5mm² | 100m | 4.26 | 268.79 | 183.39 | — | 1145.05 | 781.24 | — | 2.26 / 1.05 | 962.76 / 447.3 | 0.27 / 0.55 | 505.96 |
| 20 | 5B0798 | 三线塑料槽板配线 BLV-2.5mm² | 100m | 4.368 | 315.41 | 215.13 | — | 1377.71 | 939.69 | — | 335.94 / 105 | 1467.39 / 458.64 | 0.27 / 0.89 | 804.38 |
| 21 | 5B0478 | 压接铝接线端子 φ10 | 10个 | 1.2 | 34.53 | 2.46 | — | 41.44 | 2.95 | — | | | | |
| 22 | 5B1243 | 两端埋设式四线进户角钢横担 | 根 | 1 | 99.36 | 4.55 | — | 99.36 | 64.55 | — | | | | |
| 23 | 5B1150 | 户外接地母线敷设 −40×4 | 10m | 1.1 | 43.32 | 38.75 | 1.90 | 47.65 | 42.63 | 2.09 | 5 | 11.55 | 4.41 | 50.94 |
| 24 | 5B1145 | 角钢接地极制安 L50×5 l=2.5m | 根 | 1 | 9.53 | 5.29 | 2.37 | 9.53 | 5.29 | 2.37 | 5 | 1.05 | 32.99 | 34.64 |
| 25 | 5B1343 | 重复接地电阻测试 | 组 | 1 | 98.40 | 49.20 | 46.74 | 98.40 | 49.20 | 46.74 | | | | |
| 26 | | 荧光灯管 40W | 支 | 72 | | | | | | | 1.5 | 73.08 | 6.31 | 461.13 |
| 27 | | 白炽灯泡 40W | 只 | 24 | | | | | | | 3 | 24.72 | 0.50 | 12.36 |
| 28 | | 白炽灯泡 60W | 只 | 24 | | | | | | | 3 | 24.72 | 0.61 | 15.08 |
| 29 | | 白炽灯泡 100W | 只 | 12 | | | | | | | 3 | 12.36 | 0.75 | 9.27 |
| | | 小 计 | | | | | | 5711.61 | 3144.54 | 365.20 | | | | |
| | | 六类工资区类别调整费 3144.54×12.7% | | | | | | 399.36 | 399.36 | | | | | |
| | | 小 计 | | | | | | 6110.97 | 3543.90 | 365.20 | | | | 13529.98 (2646.60) |

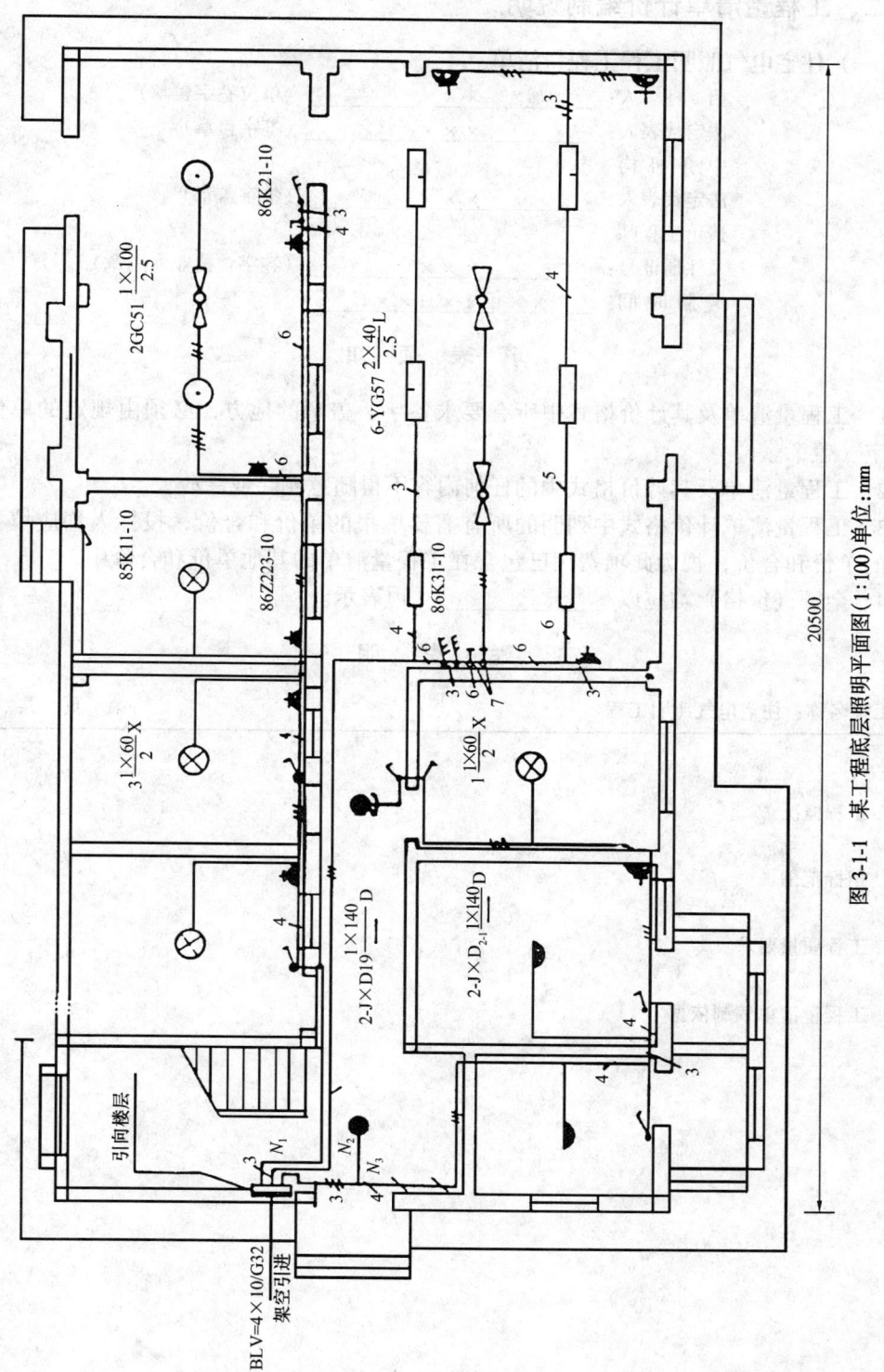

图 3-1-1 某工程底层照明平面图（1:100）单位：mm

## 二、工程量清单计价编制说明

### (一) 住宅电气照明工程工程量清单

招 标 人：_____×××_____（单位签字盖章）
法定代表人：_____×××_____（签字盖章）
中 介 机 构
法定代表人：_____×××_____（签字盖章）
造价工程师
及注册证号：_____×××_____（签字盖执业专用章）
编 制 时 间：__××年××月××日__

填 表 须 知

1 工程量清单及其计价格式中所有要求签字、盖章的地方，必须由规定的单位和人员签字、盖章。

2 工程量清单及其计价格式中的任何内容不得随意删除或涂改。

3 工程量清单计价格式中列明的所有需要填报的单价和合价，投标人均应填报，未填报的单价和合价，视为此项费用已包含在工程量清单的其他单价和合价中。

4 金额（价格）均应以_____币表示。

总 说 明

工程名称：住宅电气照明工程　　　　　　　　　　　　　第 页 共 页

1．工程概况

2．招标范围

3．工程质量要求

4．工程量清单编制依据

## 定额预(结)算表(直接费部分)与清单项目之间关系分析对照表  表 3-1-5

工程名称:住宅电气照明工程　　　　　　　　　　　　　　　　　　　　　　第 页 共 页

| 序号 | 项目编码 | 项 目 名 称 | 清单主项在预(结)算表中的序号 | 清单综合的工程内容在预(结)算表中的序号 |
|---|---|---|---|---|
| 1 | 030204018001 | 暗装配电箱,型号为 XMR-15-112 | 1 | 21 |
| 2 | 030213001001 | 普通软线吊灯,1×60W,安装高度 2m | 2 | 28 |
| 3 | 030213002001 | 吊管式工厂灯,GC51 1×100W,安装高度 2.5m | 3 | 29 |
| 4 | 030213001002 | 圆球罩吸顶灯,JXD19-1×40W,安装高度 3.2m | 4 | 27 |
| 5 | 030213001003 | 半圆球罩吸顶灯,JXD3-1×40W,安装高度 3.2m | 5 | 27 |
| 6 | 030213004001 | 荧光吊灯,YG57-2×40W,安装高度 2.5m | 6 | 26 |
| 7 | 030204031001 | 小电器,单相插座 86Z223-10 | 7 | 无 |
| 8 | 030204031002 | 小电器,单联暗开关安装,86K11-10 | 8 | 无 |
| 9 | 030204031003 | 小电器,双联暗开关安装,86K21-10 | 9 | 无 |
| 10 | 030204031004 | 小电器,三联暗开关安装,86K31-10 | 10 | 无 |
| 11 | 030204031005 | 小电器,吊扇安装,$\phi$1400mm | 12 | 无 |
| 12 | 030212001001 | 电气配管,钢管暗配 DN32 | 13 | 11 |
| 13 | 030212001002 | 电气配管,钢管暗配 DN25 | 14 | 11 |
| 14 | 030212001003 | 电气配管,钢管暗配 DN20 | 15 | 11 |
| 15 | 030212001004 | 电气配管,硬塑料管暗配 D5 | 16 | 11 |
| 16 | 030212003001 | 电气配线,管内穿线 BLV-10mm$^2$ | 17 | 无 |
| 17 | 030212003002 | 电气配线,管内穿线 BLV-2.5mm$^2$ | 18 | 无 |
| 18 | 030212002001 | 二线塑料槽板配线 BLV-2.5mm$^2$ | 19 | 无 |
| 19 | 030212002002 | 三线塑料槽板配线 BLV-2.5mm$^2$ | 20 | 无 |
| 20 | 030209001001 | 接地装置,角钢接地极 L50mm×5mm,户外镀锌扁钢接地母线 –40mm×4mm | 23+24 | 22 |
| 21 | 030211008001 | 重复接地电阻测试 | 25 | 无 |

## 措 施 项 目 清 单  表 3-1-6

工程名称:住宅电气照明工程　　　　　　　　　　　　　　　　　　　　　　第 页 共 页

| 序 号 | 项 目 名 称 | 备 注 |
|---|---|---|
| 1 | 环境保护 | |
| 2 | 文明施工 | |
| 3 | 安全施工 | |
| 4 | 临时设施 | |
| 5 | 夜间施工增加费 | |
| 6 | 赶工措施费 | |
| 7 | 二次搬运 | |
| 8 | 混凝土、钢筋混凝土模板及支架 | |
| 9 | 脚手架 | |
| 10 | 垂直运输机械 | |
| 11 | 大型机械设备进出场及安拆 | |
| 12 | 施工排水、降水 | |
| 13 | 其他 | |
| 14 | 措施项目费合计 | 1+2+…+14+15 |

**零星工作项目表**　　　　　　　　　　　　　　　　　　　　　　　表 3-1-7

工程名称：住宅电气照明工程　　　　　　　　　　　　　　　　　　第　页　共　页

| 序　号 | 名　　称 | 计量单位 | 数　　量 |
|---|---|---|---|
| 1 | 人工费 | | |
| | | 元 | 1.00 |
| 2 | 材料费 | | |
| | | 元 | 1.00 |
| 3 | 机械费 | | |
| | | 元 | 1.00 |

## (二) 住宅电气照明工程工程量清单报价表

　　　　投 标 人：_____×××_____（单位签字盖章）

　　　　法定代表人：_____×××_____（签字盖章）

　　　　造价工程师
　　　　及注册证号：_____×××_____（签字盖执业专用章）

　　　　编制时间：××年××月××日

### 投　标　总　价

　　　　建设单位：_____×××_____

　　　　工程名称：_____住宅电气照明工程_____

　　　　投标总价（小写）：_____×××_____

　　　　　　　　（大写）：_____×××_____

　　　　投　标　人：_____×××_____（单位签字盖章）

　　　　法定代表人：_____×××_____（签字盖章）

　　　　编制时间：××年××月××日

### 总　说　明

工程名称：住宅电气照明工程　　　　　　　　　　　　　　　　　　第　页　共　页

---

1. 工程概况

2. 招标范围

3. 工程质量要求

4. 工程量清单编制依据

5. 工程量清单计费列表

　　注：本例电气工程以定额人工费为取费基数，其中管理费费率为62%，利润率为51%

---

## 单位工程费汇总表

表 3-1-8

工程名称：住宅电气照明工程　　　　　　　　　　　　　　　　第　页　共　页

| 序号 | 项目名称 | 金额（元） |
|---|---|---|
| 1 | 分部分项工程量清单计价合计 | |
| 2 | 措施项目清单计价合计 | |
| 3 | 其他项目清单计价合计 | |
| 4 | 规费 | |
| 5 | 税金 | |
| | 合　计 | |

## 分部分项工程量清单计价表

表 3-1-9

工程名称：住宅电气照明工程　　　　　　　　　　　　　　　　第　页　共　页

| 序号 | 项目编码 | 项目名称 | 计量单位 | 工程数量 | 综合单价 | 合价 |
|---|---|---|---|---|---|---|
| 1 | 030204018001 | 暗装配电箱，型号为 XMR-15-112 | 台 | 6 | 601.24 | 3607.45 |
| 2 | 030213001001 | 普通软线吊灯，1×60W，安装高度 2m | 套 | 24 | 18.54 | 445.00 |
| 3 | 030213002001 | 吊管式工厂灯，GC511×100W，安装高度 2.5m | 套 | 12 | 166.38 | 1996.58 |
| 4 | 030213001002 | 圆球罩吸顶灯，JXD19-1×40W，安装高度 3.2m | 套 | 12 | 47.19 | 566.31 |
| 5 | 030213001003 | 半圆球罩吸顶灯，JXD3-1×40W，安装高度 3.2m | 套 | 12 | 27.85 | 334.21 |
| 6 | 030213004001 | 荧光吊灯，YG57-2×40W，安装高度 2.5m | 套 | 36 | 126.31 | 4547.03 |
| 7 | 030204031001 | 小电器，单相插座 86Z223-10 | 套 | 60 | 9.49 | 569.48 |
| 8 | 030204031002 | 小电器，单联暗开关安装，86K11-10 | 套 | 48 | 5.74 | 275.54 |
| 9 | 030204031003 | 小电器，双联暗开关安装，86K21-10 | 套 | 6 | 7.22 | 43.32 |
| 10 | 030204031004 | 小电器，三联暗开关安装，86K31-10 | 套 | 12 | 8.70 | 104.38 |
| 11 | 030204031005 | 小电器，吊扇安装，$\phi 1400$mm | 套 | 18 | 210.03 | 3780.54 |
| 12 | 030212001001 | 电气配管，钢管暗配 $DN32$ | m | 6.3 | 21.46 | 135.20 |
| 13 | 030212001002 | 电气配管，钢管暗配 $DN25$ | m | 6.4 | 15.36 | 98.31 |
| 14 | 030212001003 | 电气配管，钢管暗配 $DN20$ | m | 6.4 | 36.66 | 234.60 |
| 15 | 030212001004 | 电气配管，硬塑料管暗配 $DN25$ | m | 287.4 | 6.21 | 1785.40 |
| 16 | 030212003001 | 电气配线，管内穿线 BLV-10mm$^2$ | m | 90.2 | 1.38 | 124.23 |
| 17 | 030212003002 | 电气配线，管内穿线 BLV-2.5mm$^2$ | m | 851.4 | 0.66 | 558.60 |
| 18 | 030212002001 | 二线塑料槽板配线 BLV-2.5mm$^2$ | m | 852 | 2.97 | 2533.81 |
| 19 | 030212002002 | 三线塑料槽板配线 BLV-2.5mm$^2$ | m | 1310.4 | 2.48 | 3243.96 |
| 20 | 030209001001 | 接地装置，角钢接地极 L50mm×5mm，户外镀锌扁钢接地母线 −40mm×4mm | 项 | 1 | 301.41 | 301.41 |
| 21 | 030211008001 | 重复接地电阻测试 | 组 | 1 | 153.99 | 153.99 |

## 措施项目清单计价表

表 3-1-10

工程名称：住宅电气照明工程　　　　　　　　　　　　　　　　第　页　共　页

| 序号 | 项目名称 | 金额（元） |
|---|---|---|
| 1 | 环境保护 | |
| 2 | 文明施工 | 227.87 |
| 3 | 安全施工 | 683.61 |
| 4 | 临时设施 | 1367.22 |
| 5 | 夜间施工增加费 | |
| 6 | 赶工措施费 | |
| 7 | 二次搬运 | |
| 8 | 混凝土、钢筋混凝土模板及支架 | |
| 9 | 脚手架 | |
| 10 | 垂直运输机械 | |
| 11 | 大型机械设备进出场及安拆 | |
| 12 | 施工排水、降水 | |
| 13 | 其他 | |
| 14 | 措施项目费合计 | 2278.71 |

*473*

## 其他项目清单计价表

表 3-1-11

工程名称：住宅电气照明工程　　　　　　　　　　　　　　　　　第 页 共 页

| 序 号 | 项 目 名 称 | 金 额（元） |
|---|---|---|
| 1 | 招标人部分 | |
|  | 不可预见费 | |
|  | 工程分包和材料购置费 | |
|  | 其他 | |
| 2 | 投标人部分 | |
|  | 总承包服务费 | |
|  | 零星工作项目费 | |
|  | 其他 | |
|  | 合计 | 0.00 |

## 零星工作项目表

表 3-1-12

工程名称：住宅电气照明工程　　　　　　　　　　　　　　　　　第 页 共 页

| 序 号 | 名 称 | 计量单位 | 数 量 | 金额（元） | |
|---|---|---|---|---|---|
| | | | | 综合单价 | 合 价 |
| 1 | 人工费 | | | | |
| | | 元 | | | |
| 2 | 材料费 | | | | |
| | | 元 | | | |
| 3 | 机械费 | | | | |
| | | 元 | | | |
| | 合计 | | | | 0.00 |

## 分部分项工程量清单综合单价分析表

表 3-1-13

工程名称：住宅电气照明工程　　　　　　　　　　　　　　　　　第 页 共 页

| 序号 | 项目编码 | 项目名称 | 定额编号 | 工程内容 | 单位 | 数量 | 其中：（元） | | | | | 综合单价（元） | 合价（元） |
|---|---|---|---|---|---|---|---|---|---|---|---|---|---|
| | | | | | | | 人工费 | 材料费 | 机械费 | 管理费 | 利润 | | |
| 1 | 030204018001 | 暗装配电箱 | | | 台 | 6 | | | | | | 601.24 | 3607.45 |
| | | | 5B0415 | 照明配电箱安装 | 台 | 6 | 43.67 | 21.56 | 38.10 | 27.08 | 22.27 | | 152.68×6 |
| | | | | 配电箱 | 台 | 6 | — | 441.10 | — | | | | 441.10×6 |
| | | | 5B0478 | 压接铝接线端子 | 10个 | 1.2 | 2.46 | 32.07 | — | 1.53 | 1.25 | | 37.31×1.2 |
| 2 | 030213001001 | 普通软线吊灯 | | | 套 | 24 | | | | | | 18.54 | 445.00 |
| | | | 5B0895 | 普通软线吊灯安装 | 10套 | 2.4 | 15.98 | 31.47 | | 9.91 | 8.15 | | 65.51×2.4 |
| | | | | 成套灯具 | 套 | 24.24 | — | 11.25 | | | | | 11.25×24.24 |
| | | | | 白炽灯泡60W | 只 | 24.72 | — | 0.61 | | | | | 0.61×24.72 |

续表

| 序号 | 项目编码 | 项目名称 | 定额编号 | 工程内容 | 单位 | 数量 | 其中:(元) | | | | | 综合单价(元) | 合价(元) |
|---|---|---|---|---|---|---|---|---|---|---|---|---|---|
| | | | | | | | 人工费 | 材料费 | 机械费 | 管理费 | 利润 | | |
| 3 | 030213002001 | 吊管式工厂灯 | | | 套 | 12 | | | | | | 166.38 | 1996.58 |
| | | | 5B0924 | 吊管式工厂灯安装 | 10套 | 1.2 | 25.76 | 34.05 | 0.66 | 15.97 | 13.14 | | 89.58×1.2 |
| | | | | 成套灯具 | 套 | 12.12 | — | 155.10 | — | — | — | | 155.10×12.12 |
| | | | | 白炽灯泡100W | 只 | 12.36 | | 0.75 | | | | | 0.75×12.36 |
| 4 | 030213001002 | 圆球罩吸顶灯 | | | 套 | 12 | | | | | | 47.19 | 566.31 |
| | | | 5B0886 | 圆球罩吸顶灯安装 | 10套 | 1.2 | 26.57 | 62.24 | — | 16.47 | 13.55 | | 118.83×1.2 |
| | | | | 成套灯具 | 套 | 12.12 | — | 34.45 | — | — | — | | 34.45×12.12 |
| | | | | 白炽灯泡40W | 只 | 12.36 | | 0.50 | | | | | 0.50×12.36 |
| 5 | 030213001003 | 半圆罩吸顶灯 | | | 套 | 12 | | | | | | 27.85 | 334.21 |
| | | | 5B0886 | 半圆球罩吸顶灯安装 | 10套 | 1.2 | 26.57 | 62.24 | — | 16.47 | 13.55 | | 118.83×1.2 |
| | | | | 成套灯具 | 套 | 12.12 | — | 15.30 | — | — | — | | 15.30×12.12 |
| | | | | 白炽灯泡40W | 只 | 12.36 | | 0.50 | | | | | 0.50×12.36 |
| 6 | 030213004001 | 荧光吊灯 | | | 套 | 36 | | | | | | 126.31 | 4547.03 |
| | | | 5B0916 | 荧光吊灯安装 | 10套 | 3.6 | 33.58 | 100.91 | — | 20.82 | 17.13 | | 172.44×3.6 |
| | | | | 成套灯具 | 套 | 36.36 | — | 95.30 | — | — | — | | 95.30×36.36 |
| | | | | 荧光灯管40W | 支 | 73.08 | — | 6.31 | — | — | — | | 6.31×73.08 |
| 7 | 030204031001 | 单相插座86Z223-10 | | | 套 | 60 | | | | | | 9.49 | 569.48 |
| | | | 5B0963×1.5 | 单相插座安装 | 10套 | 6 | 15.32 | 16.69 | — | 9.50 | 7.81 | | 49.32×6 |
| | | | | 成套插座 | 套 | 61.2 | — | 4.47 | — | — | — | | 4.47×61.2 |
| 8 | 030204031002 | 单联暗开关887K11-10 | | | 套 | 48 | | | | | | 5.74 | 275.54 |
| | | | 5B0952 | 单联暗开关安装 | 10套 | 4.8 | 10.46 | 7.89 | — | 6.49 | 5.33 | | 30.17×4.8 |
| | | | | 单联开关 | 只 | 48.96 | — | 2.67 | — | — | — | | 2.67×48.96 |
| 9 | 030204031003 | 双联暗开关86K21-10 | | | 套 | 6 | | | | | | 7.22 | 43.32 |

续表

| 序号 | 项目编码 | 项目名称 | 定额编号 | 工程内容 | 单位 | 数量 | 人工费 | 材料费 | 机械费 | 管理费 | 利润 | 综合单价(元) | 合价(元) |
|---|---|---|---|---|---|---|---|---|---|---|---|---|---|
| | | | 5B0952 | 双联暗开关安装 | 10套 | 0.6 | 10.46 | 7.89 | — | 6.49 | 5.33 | | 30.17×0.6 |
| | | | | 双联开关 | 只 | 6.12 | — | 4.12 | — | — | — | | 4.12×6.12 |
| 10 | 030204031004 | 三联暗开关86K31-10 | | | 套 | 12 | | | | | | 8.70 | 104.38 |
| | | | 5B0952 | 三联暗开关安装 | 10套 | 1.2 | 10.46 | 7.89 | — | 6.49 | 5.33 | | 30.17×1.2 |
| | | | | 三联开关 | 只 | 12.24 | — | 5.57 | — | — | — | | 5.57×12.24 |
| 11 | 030204031005 | 吊扇 $\phi$1400mm | | | 套 | 18 | | | | | | 210.03 | 3780.54 |
| | | | 5B0993 | 吊扇安装 | 台 | 18 | 5.29 | 13.33 | — | 3.28 | 2.70 | | 24.6×18 |
| | | | | 吊扇 | 台 | 18 | — | 185.43 | — | — | — | | 185.43×18 |
| 12 | 030212001001 | 电气配管 | | | m | 6.3 | | | | | | 21.46 | 135.20 |
| | | | 5B0681 | 钢管暗配 DN32 | 100m | 0.063 | 110.83 | 90.36 | 31.79 | 68.71 | 56.52 | | 358.21×0.063 |
| | | | | 钢管 DN32 | m | 6.49 | — | 10.29 | — | — | — | | 10.29×6.49 |
| | | | 5B0882 | 接线盒86H50安装 | 10个 | 1.2 | 5.90 | 7.89 | — | 3.66 | 3.01 | | 20.46×1.2 |
| | | | | 接线盒 | 个 | 12.24 | — | 1.74 | — | — | — | | 1.74×12.24 |
| 13 | 030212001002 | 电气配管 | | | m | 6.4 | | | | | | 15.36 | 98.31 |
| | | | 5B0681 | 钢管暗配 DN25 | 100m | 0.064 | 110.83 | 90.36 | 31.79 | 68.71 | 56.52 | | 358.21×0.064 |
| | | | | 钢管 DN25 | m | 6.59 | — | 7.96 | — | — | — | | 7.96×6.59 |
| | | | 5B0882 | 接线盒86H50安装 | 10个 | 0.6 | 5.90 | 7.89 | — | 3.66 | 3.01 | | 20.46×0.6 |
| | | | | 接线盒 | 个 | 6.12 | — | 1.74 | — | — | — | | 1.74×6.12 |
| 14 | 030212001003 | 电气配管 | | | m | 6.4 | | | | | | 36.66 | 234.60 |
| | | | 5B068D | 钢管暗配 DN20 | 100m | 0.064 | 85.36 | 49.72 | 16.60 | 52.92 | 43.53 | | 248.13×0.064 |
| | | | | 钢管 DN20 | m | 6.59 | — | 5.36 | — | — | — | | 5.36×6.59 |
| | | | 5B0882 | 接线盒86H50安装 | 10个 | 4.8 | 5.90 | 7.89 | — | 3.66 | 3.01 | | 20.46×4.8 |
| | | | | 接线盒 | 个 | 48.96 | — | 1.74 | — | — | — | | 1.74×48.96 |
| 15 | 030212001004 | 电气配管 | | | m | 287.4 | | | | | | 6.21 | 1785.40 |
| | | | 5B0716 | 硬塑料管暗配 D25 | 100m | 2.874 | 96.92 | 13.63 | 27.67 | 60.09 | 49.43 | | 247.74×2.874 |
| | | | | 硬塑料管 D25 | m | 305.85 | — | 2.76 | — | — | — | | 2.76×305.85 |
| | | | 5B0882 | 接线盒86H50安装 | 10个 | 6 | 5.90 | 7.89 | — | 3.66 | 3.01 | | 20.45×6 |

续表

| 序号 | 项目编码 | 项目名称 | 定额编号 | 工程内容 | 单位 | 数量 | 人工费 | 材料费 | 机械费 | 管理费 | 利润 | 综合单价(元) | 合价(元) |
|---|---|---|---|---|---|---|---|---|---|---|---|---|---|
| | | | | 接线盒 | 个 | 61.2 | — | 1.74 | — | — | — | | 1.74×61.2 |
| 16 | 030212003001 | 电气配线 | | | m | 90.2 | | | | | | 1.38 | 124.23 |
| | | | 5B0747 | 管内穿线 BLV-10mm² | 100m | 0.902 | 11.93 | 12.39 | — | 7.40 | 6.08 | | 37.8×0.902 |
| | | | | 导线 BLV-10mm² | m | 93.89 | — | 0.96 | | | | | 0.96×93.89 |
| 17 | 030212003001 | 电气配线 | | | m | 851.4 | | | | | | 0.66 | 558.60 |
| | | | 5B0743 | 管内穿线 BLV-2.5mm² | 100m | 8.514 | 12.18 | 8.22 | — | 7.55 | 6.21 | | 34.16×8.514 |
| | | | | 导线 BLV-2.5mm² | m | 991.71 | — | 0.27 | | | | | 0.27×991.71 |
| 18 | 030212002001 | 二线塑料槽板配线 BLV-2.5mm² | | | m | 852 | | | | | | 2.97 | 2533.81 |
| | | | 5B0796 | 二线塑料槽板配线 BLV-2.5mm² | 100m | 4.26 | 183.39 | 85.4 | — | 113.70 | 93.53 | | 476.02×4.26 |
| | | | | 绝缘导线 BLV-2.5mm² | m | 962.76 | — | 0.27 | | | | | 0.27×962.76 |
| | | | | 塑料槽板 | m | 447.3 | | 0.55 | | | | | 0.55×447.3 |
| 19 | 030212002002 | 三线塑料槽板配线 BLV-2.5mm² | | | m | 1310.4 | | | | | | 2.48 | 3243.96 |
| | | | 5B0798 | 三线塑料槽板配线 BLV-2.5mm² | 100m | 4.368 | 215.13 | 100.28 | — | 133.38 | 109.72 | | 558.51×4.368 |
| | | | | 绝缘导线 BLV-2.5mm² | m | 1467.39 | — | 0.27 | | | | | 0.27×1467.39 |
| | | | | 塑料槽板 | m | 458.64 | | 6.89 | | | | | 0.89×458.64 |
| 20 | 030209001001 | 接地装置 | | | 项 | 1 | | | | | | 301.41 | 301.41 |
| | | | 5B1234 | 两端埋设式四线进户角钢槽担 | 根 | 1 | 4.55 | 94.81 | — | 2.82 | 2.32 | | 104.5×1 |
| | | | 5B1150 | 户外接地母线敷设 | 10m | 1.1 | 38.75 | 2.67 | 1.90 | 24.03 | 19.76 | | 87.11×1.1 |
| | | | | 镀锌扁钢-40×4 | 10m | 11.55 | | 4.41 | | | | | 4.41×11.55 |
| | | | 5B1145 | 角钢接地极制安 | 根 | 1 | 5.29 | 1.87 | 2.37 | 3.28 | 2.70 | | 15.51×1 |
| | | | | 角钢L50×5 | 根 | 1.05 | — | 32.99 | | | | | 32.99×1.05 |
| 21 | 030211008001 | 重复接地电阻测试 | | | 组 | 1 | | | | | | 153.99 | 153.99 |
| | | | 5B1343 | 重复接地电阻测试 | 组 | 1 | 49.20 | 2.46 | 46.74 | 30.50 | 25.09 | | 153.99×1 |

477

## 措施项目费分析表

表 3-1-14

工程名称：住宅电气照明工程　　　　　　　　　　　　　　　　　　　　　第　页　共　页

| 序号 | 措施项目名称 | 单位 | 数量 | 金额（元） | | | | | |
|---|---|---|---|---|---|---|---|---|---|
| | | | | 人工费 | 材料费 | 机械使用费 | 管理费 | 利润 | 小计 |
| 1 | 环境保护费 | | | | | | | | |
| 2 | 文明施工费 | | | | | | | | |
| 3 | 安全施工费 | | | | | | | | |
| 4 | 临时设施费 | | | | | | | | |
| 5 | 夜间施工增加费 | | | | | | | | |
| 6 | 赶工措施费 | | | | | | | | |
| 7 | 二次搬运费 | | | | | | | | |
| 8 | 混凝土、钢筋混凝土模板及支架 | | | | | | | | |
| 9 | 脚手架搭拆费 | | | | | | | | |
| 10 | 垂直运输机械使用费 | | | | | | | | |
| 11 | 大型机械设备进出场及安拆 | | | | | | | | |
| 12 | 施工排水、降水 | | | | | | | | |
| 13 | 其他 | | | | | | | | |
| | 措施项目费合计 | | | | | | | | |

## 主要材料价格表

表 3-1-15

工程名称：住宅电气照明工程　　　　　　　　　　　　　　　　　　　　　第　页　共　页

| 序 号 | 材料编码 | 材料名称 | 规格、型号等特殊要求 | 单 位 | 单价/元 |
|---|---|---|---|---|---|
| | | | | | |
| | | | | | |
| | | | | | |
| | | | | | |
| | | | | | |
| | | | | | |

# 例4 给水排水工程定额预算及工程量清单计价对照

某单位有两单元八层楼住宅一栋,现有平面图(图4-1-1),系统图(图4-1-2)及说明,要求编制该项目的室内给水排水工程施工图预算。

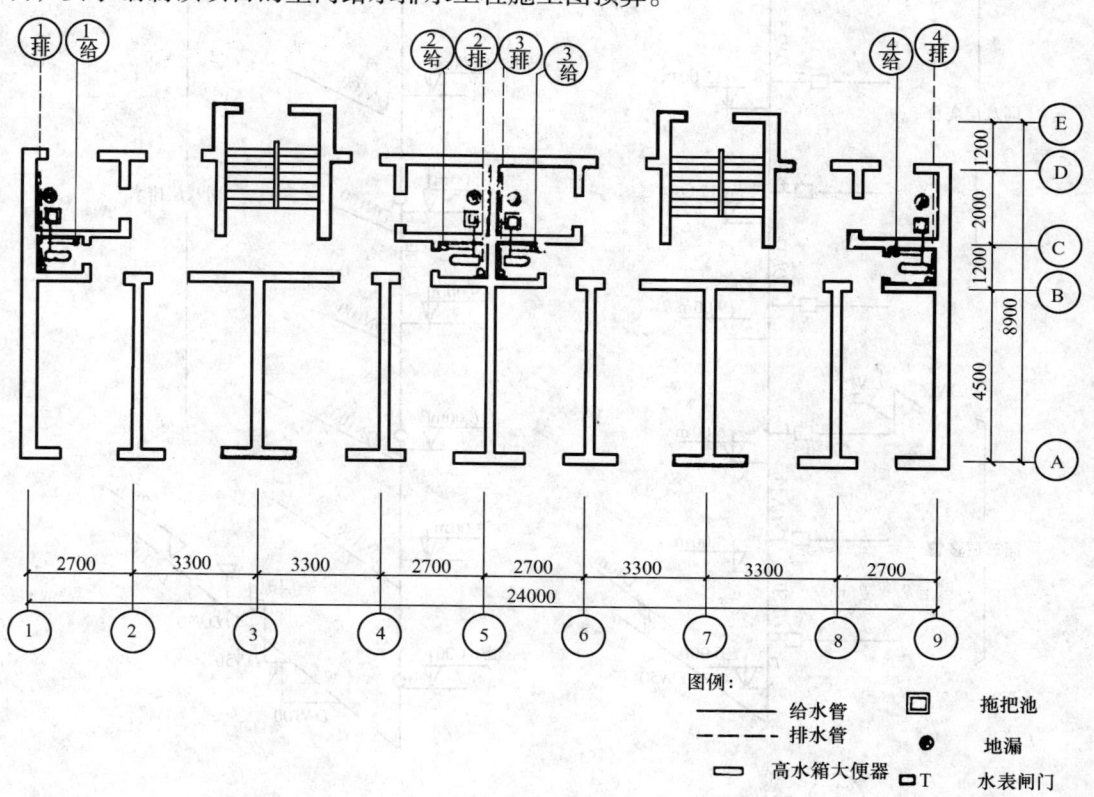

图 4-1-1 住宅一至八层平面图给水排水(单位:mm)

## 一、预算定额计价编制说明

根据图纸结合《全国统一安装工程预算定额湖北省单位估价表》有关工程量计算规则进行计算。也可用比例尺量尺计算管道工程量。

1. 室内给水管道

每个单元有两个独立系统,两个单元相同。图中给1、给2、给3、给4四个系统完全一样,只是方向不同,只要计算出一个系统,然后乘4即完成图中全部的工程量计算。但如果每个单元和层数的管道和卫生设备不同,就要分别进行计算。

[说明] 给水排水工程定额预算与工程量清单计价对照

本例中给出了某单位有两单元八层楼住宅一栋,并附有平面图一张(图4-1-1)和系

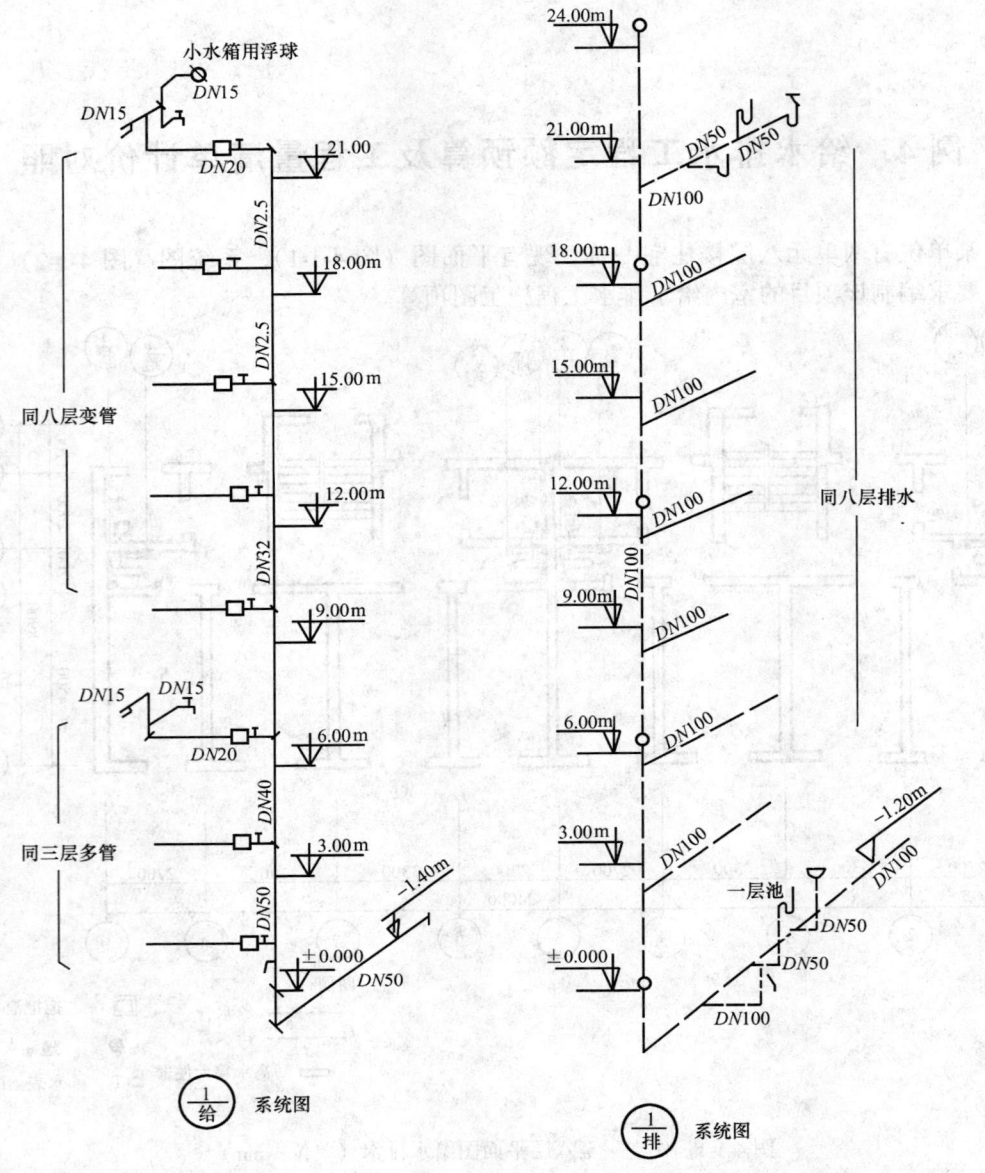

图 4-1-2

统（图 4-1-2）一张，还有相应的说明，要求是编制该项目的室内给水排水工程施工图预算，为了求出该项目的室内给水排水工程施工图预算价格，必须首先计算出该工程所用的工程量，有了工程量，即可根据全国统一安装工程预算定额规定的项目名称、规格及型号，计量单位，数量，并且进行汇总，制出工程量汇总表，就可便于套用定额，进而计算出总的工程造价。

由本例所给出的住宅一至八层给水排水平面图可以看出，有八条平行线的方框为楼梯，图中有两处，即为两个楼梯，也就是有两个单元，而两个单元又有两个独立系统，第一个单元的给1，排1为一个系统；给2，排2为另外一个系统；第二单元的给3，排3为一个系统,给4,排4为另外一个系统。有个系统的给水排水管道都是连接在卫生间处的。其中"—"代表给水管,"……"代表排水管,分别有4根。"回"代表拖把池,有个系统每层有一个。"〓"代表高水箱大便器,有个系统的平面图上显示也有一个。"▢T"代表水表闸门有个系统平面图上有一个。由图可看出给1,2,3,4,与排1,2,3,4中的系统中,给水系统完全一样,而排水系统也完全一样,只是每个系统的方向不同而已。因此只要计算出一个系统的工程量,再乘以4即可完成图中全部的工程量计算。需要注意的是,本例中每个单元和层数的管道和卫生设备恰好相同,如果每个单元和层数的管道和卫生设备不同,就必须要分别进行计算。下面首先计算室内给水管道的工程量。

给水管道中的工作量最多的是管道,而本例中的管道采用的是镀锌钢管,由于镀锌钢管耐腐性强,不易被空气氧化,不易生锈,所以镀锌钢管常用来作给水管道。而它的连接方式采用的是常见的螺纹连接。给水管道中另外的需要用到的材料有螺纹阀门,水表,水嘴,管道刷油,埋地管需刷二度沥青,而明管需刷两道银粉。总而言之,给水管道所需的材料有这些,而人工费用,机械费用,材料损耗费,还有一些细小连接零件的费用都可用上述主要材料的工作量计算出来。依据就是《全国统一安装工程预算定额》。它是完成规定计量单位分项工程计价所需的人工、材料、施工机械台班的消耗量标准,是统一全国安装工程预算工程量计算规则,项目划分,计量单位的依据;是编制安装工程地区单位估价表,施工图预算、招标工程标底、确定工程造价的依据,也是编制概算定额(指标),投资估算指标的基础;也可作为制定企业定额和投标报价的基础。给水管道的工程量包括有埋地部分,与外面的总的给水管道相连部分,也包括明装部分,即本单位八层楼住宅的立管部分。其中,埋地部分的管道规格是由该单元所住户数确定的用水量而确定的,各个住宅所用的管道规格可能不同。

(1) 镀锌钢管(螺纹连接)

①埋地部分

$DN50mm$:3.6m(室外至室内外墙)+0.8m(室外埋地深)+0.4m(过墙进入室内)+0.6m(室内外地面高差)= 5.4m×4 = 21.6m。

[说明] 本例中采用的规格为 $DN50mm$,由给1的系统图可看出,$DN50mm$ 的地面标高为 -1.40m,即它的埋设地点与室内一层地面的垂直高差为1.40m,而高差部分要安装 $DN50mm$ 的管道,其中,1.4m 分为两部分,一部分为室外管道埋在地下的高度0.8m,另一部分为室内外地面的高差0.6m,两部分之和,即为所需垂直方向的工程量。另外,给水管道立管需要与室外的给水管道相连,这也需要一部分工作量,首先包括有室外给水管道连接到住宅外墙的距离,这个距离由室外给水管道连接处距离住宅的外墙远近而定,具体长度每一个工程是不一样的,本例中室外给水管道连接处到住宅外墙的距离为3.6m。另外管道还需穿过墙才能与室内立管相连,本例中所取墙外管通穿过墙与立管相连所需长度为0.4m。因此水平向上底层 $DN50mm$ 的水平方向距离为 (3.6+0.4) m = 4m,与图中按一定比例尺所画距离符合。计算公式:埋地部分 $DN50mm$ 工作量(21.6m)= 室外至室内外墙距离(3.6m)+ 室外埋地深度(0.8m)+ 过墙进入室内所需距离(0.4m)+ 室内外地面高度差(0.6m)。

②明装部分(立管)

$DN50mm$:4m(底层至二层支管上方)×4 = 16m;

DN40mm：6m（二层至四层支管上方）×4＝24m；

DN32mm：6m（四层至六层支管上方）×4＝24m；

DN25mm：6m（六层至八层支管处）×4＝24m（支管）；

DN20mm：1.5m（每户进入水表前一段）＋1.2m（水表至卫生间墙面一段）＝2.7m×8层×4＝86.4m；

DN15mm：3m（可用比例尺量或计算到高水箱及水嘴一段）×8层×4＋2.5m（四楼以上各支管到小水箱）×8×4＝146m。

明装部分的工作量，即立管的长度，因为底层的水量包括用水量和传输水量，因此所需的镀锌钢管的规格要大一些，越往上，规格越小。管道的具体规格也是通过计算确定的。本例中所用的管道规格有 DN50mm，DN40mm，DN32mm，DN25mm，DN20mm，DN15mm。其中 DN50mm 部分有底层到二层的距离，加上用水设施距离二层地面的高度。每一层高度为 3m，用水设施支管距离二层地面的高度为 1m，总共每个单独系统需要 DN50mm 的镀锌钢管 4m 乘以 4 即为图中全部的 DN50mm 所需的工作量，因此有公式 DN50mm：4m（底层至二层支管上方）×4＝16m。同样，二层至四层支管上方所用的镀锌钢管的规格为 DN40mm，则每个系统 DN40mm 的工作量为二层至四层支管之间距离，由图中可量出为 6m，则乘以 4，即为 DN40mm 的图中全部工程量。有公式 DN40mm：6m（二层至四层支管上方）×4＝24m。四层至六层支管上方采用的镀锌钢管为 DN32mm。四层支管位于地面标高 10.00m 处，六层支管位于地面标高 16.00m 处。则每个系统 DN32mm 的工作量为 6m，乘以 4，即为 DN32mm 的图中全部工作量。有公式 DN32mm：6m（四层至六层支方上方）×4＝24m。六层至八层采用的镀锌钢管规格为 DN25mm，六层、八层支管处的地面标高分别为 16m、22m。则每个系数 DN25mm 的工作量为 6m，乘以 4，即为 DN25mm 的图中全部工程量，有公式 DN25mm：6m（六层至八层支管处）×4＝24m（支管），每层楼房上用户的用水不可能是从立管中接取，需要有一段支管引入到卫生间用水处。由于每户的用水属于支管，通过水量较小，采用的镀锌管规格也较小。本例采用的是 DN20mm 的镀锌钢管。每户的支管到立管的距离可量得为 2.7m。为了节约用水，确定每户居住人家的具体用水量，需要在支管中间安装水表，总的 2.7m 划分为 1.5m 和 1.2m。1.5m 为每户进入水表前一段支管的长度，1.2m 为每户的水表至卫生间墙的一般距离。卫生间墙面处是与立管相连的，所以 DN20mm 处的工程量已全部包括，计算完毕。每一层每一户的支管处工程量为 2.7m，乘以 8 即为每一个系统的 DN20mm 的镀锌钢管所需的工程量，再乘以 4 即为图中全部的 DN20mm 镀锌钢管的工程量。有公式 DN20mm：1.50m（每户进入水表前一段）＋1.2m（水表至卫生间墙面一段）＝2.7m×8（层）×4＝86.4m。在每户的支管端上方位置安装有大便器的高水箱，用来清洁大便器，还有污水池的水龙头的地面标高也高于支管处。这些高于支管处的垂直方向的钢管采用的规格是 DN15mm 镀锌钢管，因为其水量不大。另外高水箱以及水龙头或水嘴不可能都安装在支管的正上方，所以在水平方向上也各有一段 DN15mm 的镀锌钢管连接高水箱和污水池上方的水嘴。所以这部分的工作量包括高于支管上方垂直方向的工作量和水平方向上的镀锌管工作量，有给 1 的系统图可以量得每一层上支管上方所用镀锌钢管的工作量为 3m。乘以 8 即为每个系统的这部分工作量，再乘以 4 即为整个图的全部工作量。由给 1 的系统图还可以看出三层以上部分不仅包括高水箱及水嘴连接管道还包括与小水箱连接所用的管道，由于三层以上所需水压比较大,所以在水压比较低的情况下,难以保证三层以上的正常供水,所以如图所示,在三层以上的每一层的位置上都设置了一个小水箱。小水箱的位置在高水箱高度以上,小水箱与下面管件相连采用的也是 $DN15mm$ 规格的镀锌钢管。用比例尺可量得四楼以上每层附加的 $DN15mm$ 镀锌钢管的工程量为 2.5m,乘以 5 即为附加的每个系统的 $DN15mm$ 镀锌钢管工程量,再乘以 4 即为整个图的附加 $DN15mm$ 镀锌钢管工程量。八层的高水箱以下部分所用 $DN15mm$ 镀锌钢管和三层以上部分附加的 $DN15mm$ 镀锌钢管工作量之和即为 $DN15mm$ 镀锌钢管的总工程量。有公式 $DN15mm$:$3m × 8$ 层 $× 4 + 2.5m$(四楼以上各支管到小水箱)$× 5 × 4 = 146m$。

(2) 丝扣阀门安装

$DN50mm$:$1 × 4 = 4$ 个(每个立管 1 个)。

$DN20mm$:$1 × 8 × 4 = 32$ 个(每个水表前 1 个)。

$DN15mm$:$1 × 4 × 4 = 16$ 个(每个小水箱 1 个)。

[说明] 每个立管,水表前,小水箱前面部需要丝扣阀门来控制水流的供给以及为检修服务。丝扣阀门的规格也根据与之相连的管道规格确定。立管,水表,小水箱前分别采用的规格为 $DN50mm$,$DN20mm$,$DN15mm$。给水立管总共有 4 根,所以有公式丝扣阀门 $DN50mm$:$1 × 4$ 个 $= 4$ 个(每个立管 1 个)。总的水表个数如前有 $8 × 4 = 32$ 个,所以有公式 $DN20mm$:$1 × 8 × 4$ 个 $= 32$ 个(每个水表前 1 个),三楼以上的小水箱每个系统有 5 个,所以有公式 $DN15mm$:$1 × 5 × 4$ 个 $= 20$(个)(每个小水箱 1 个)。

(3) 水表安装

$DN20mm$ 水表:$1 × 8 × 4 = 32$ 个。

(4) 水嘴安装

$DN15mm$ 水嘴:$1 × 8 × 4 = 32$ 个。

每一层的污水池前有一水嘴,所以每个系统有 $1 × 8$ 个 $= 8$ 个水嘴,乘以 4 即为总的水嘴工程量。有公式水嘴安装 $DN15mm$ 水嘴:$1 × 8 × 4$ 个 $= 32$ 个。同样每一层有一个水表,有公式 $DN20mm$ 水表:$1 × 8 × 4 = 32$ 个。

(5) 管道刷油(可查表)

埋地管刷沥青二度,每度工程量为:

$DN50mm$ 管:$21.6m × 0.19m^2/m = 4.10m^2$

明管刷两道银粉,每道工程量为:

$DN50mm$ 管:$16m × 0.19m^2/m = 3.04m^2$;

$DN40mm$ 管:$24m × 0.15m^2/m = 3.6m^2$;

$DN32mm$ 管:$24m × 0.13m^2/m = 3.12m^2$;

$DN25mm$ 管:$24m × 0.11m^2/m = 2.64m^2$;

$DN20mm$ 管:$86.4m × 0.084m^2/m = 7.26m^2$;

$DN15mm$ 管:$176m × 0.08m^2/m = 14.08m^2$;

小计:$33.74m^2$。

[说明] 由于考虑到管道的防腐,对埋地管道刷二度沥青,明管刷两道银粉。它们的工程量都是根据国家规定的每米的工程量确定的,乘以所用管道的长度即为每种规格所需刷油的工程量。

2. 室内排水管道

由图2-1中看出每个单元有两个独立排水系统，在进行排水工程量计算时，可按系统进行，也可以按地上、地下两大部分分别计算。图4-1-1 排水系统相同，只计算一个系统乘以4即可。

(1) 铸铁排水管（按系统计算）

$DN$100mm 管：2m（各层大便器至立管距离）×8层×4+[24m（8层楼层高）+1.5m（出层顶部分）+1.2m（埋地部分）+1.3m（一层水池至大便器支管距离）+1.2m（一层地漏到水池支管距离）]×4+10m（室外部分）= 2m×8×4+（24m+1.5m+1.2m+1.3m+1.2m）×4+10m = 190.8m。

$DN$50mm 管：[1.3（二至八层水池至大便器支管距离）+1.2m（二至八层地漏至水池支管距离）]×7×4 =（1.3m+1.2m）×7×4 = 70m。

[说明] 排水系统有4个，和给水系统一样，每个系统都相同，只要计算出一个，乘以4即为图中全部的工程量。排水管由于水质要求不高，因此可采用铸铁管。和给水管道不同，每一层的规格都按最大污水量计算，排水立管的规格如排1系统图所示，都采用$DN$100mm 管。另外，各层大便器至立管的水平连接部分也采用较大的规格$DN$100mm。$DN$100mm 铸铁排水管还包括与室外部相连的水平部分和垂直部分。图中显示的 –1.20m 的地面标高即为铸铁管埋地部分的工程量，而排水管从屋外楼顶通到地面，还应加上超出屋面部分。本例中量取的高度为1.5m。而且由于一层水池，地漏连接管均在排水干管上，应按$DN$100计算：故为1.3m+1.2m。因此$DN$100mm 铸铁排水管的计算公式为$DN$100mm 管：2m（各层大便器至立管距离）×8层×4+[24m（8层楼层高）+1.5（出屋面部分）+1.2m（埋地深）+1.3m（一层水池到大便器支管距离）+1.2m（一层地漏到水池支管距离）]×4 = 180.8m+10m（室外部分），其中，乘以表示有4个系统，每个系统相同，乘以8，表示有8层，每一层的设施及设备安装位置都相同。我们知道，每一层中的污水都是通过水池排下去的，而地面上的污水则是通过地漏排入到水池支管，再由水泄支管排入到立管，最后排出居住区的。而每层的排污量相对于立管较少，因此采用较小的铸铁管规格即为$DN$50mm。它的工程量包括各层的水泄至立管的距离，本例中量取的为1.3，和各层地漏至水池支管的距离，本例中量取的为1.2m。这两部分之和即为每一层所需的铸铁排水管的工作量再乘以7，即为7层，每一系统所需的铸铁管的工程量，再乘以4即为图中全部铸铁排水管的工作量，因此有公式$DN$50mm 管：[13m（各层水泄至立管距离）+1.2m（各层地漏至水池支管距离）]×7×4 = 70m。

(2) 地漏安装

$DN$50mm 地漏：1×8×4 = 32个。

(3) 排水栓安装

$DN$50mm 排水栓：1×8×4 = 32个。

(4) 焊接钢管安装（用于地漏丝扣连接）

$DN$50mm 管：0.2m×32 = 6.4m（每个地漏用0.2m）。

[说明] 每层地面积水与污水的排放都是通过地漏排放出去的。由平面图知每层有1个，则每个系统有1×8个，再乘以4即为图中全部地漏的工程量。有公式$DN$50mm 地漏：1×8×4 = 32个。另外每一层都有1个排水栓来控制污水的排放，以及排水管道的检修，

表 4-1-1

## 给水排水施工图预算书

工程名称：　　　　　共　页第 1 页　　　　　年 月 日

| 序号 | 价目表编号 | 给水排水工程 工程项目 | 规格 | 单位 | 数量 | 单价（元） 工资 | 单价（元） 辅材费 | 单价（元） 主材费 | 单价（元） 机械使用费 | 合计（元） 工资 | 合计（元） 辅材费 | 合计（元） 主材费 | 合计（元） 机械使用费 |
|---|---|---|---|---|---|---|---|---|---|---|---|---|---|
| 1 | 8—76 | 镀锌钢管（螺纹连接） | DN50mm | 10m | 3.8 | 7.20 | 16.78 | 109.45 | 0.61 | 27.36 | 63.76 | 415.91 | 2.32 |
| 2 | 8—75 | 镀锌钢管（螺纹连接） | DN40mm | 10m | 2.4 | 7.20 | 11.94 | 87.08 | 0.22 | 17.28 | 28.66 | 208.99 | 0.53 |
| 3 | 8—74 | 镀锌钢管（螺纹连接） | DN32mm | 10m | 2.4 | 6.07 | 11.65 | 71.78 | 0.22 | 14.57 | 27.96 | 172.27 | 0.53 |
| 4 | 8—73 | 镀锌钢管（螺纹连接） | DN25mm | 10m | 2.4 | 6.07 | 11.61 | 56.14 | 0.22 | 14.57 | 27.86 | 134.74 | 0.53 |
| 5 | 8—72 | 镀锌钢管（螺纹连接） | DN20mm | 10m | 8.6 | 5.35 | 9.62 | 40.68 | — | 46.01 | 82.73 | 349.85 | — |
| 6 | 8—71 | 镀锌钢管（螺纹连接） | DN15mm | 10m | 17.6 | 5.35 | 10.48 | 33.31 | — | 94.16 | 184.45 | 586.26 | — |
| 7 | 8—235 | 螺纹截止阀安装 | DN50mm | 个 | 4 | 0.66 | 4.27 | 26.70 | — | 2.64 | 17.08 | 106.80 | — |
| 8 | 8—289 | 螺纹浮球阀安装 | DN15mm | 个 | 16 | 0.25 | 1.22 | 10.83 | — | 4.00 | 19.52 | 173.28 | — |
| 9 | 材价 | 铜浮球 | DN100mm | 个 | 16 | — | 5.77 | — | — | — | 92.32 | — | — |
| 10 | 8—338 | 室内用户水表安装（螺纹） | DN20mm | 个 | 32 | 0.52 | 6.71 | 28.60 | — | 16.64 | 214.72 | 915.20 | — |
| 11 | 8—372 | 水龙头 | DN15mm | 个 | 32 | 0.08 | 0.05 | 4.46 | — | 2.56 | 1.60 | 142.72 | — |
| 12 | 8—130 | 铸铁污水管（水泥口） | DN100mm | 10m | 19.1 | 9.47 | 124.66 | 152.16 | 0.70 | 180.88 | 2381.01 | 2906.26 | — |
| 13 | 8—128 | 铸铁污水管（水泥口） | DN50mm | 10m | 7.0 | 6.15 | 33.54 | 102.17 | — | 43.05 | 234.8 | 715.2 | — |
| 14 | 8—375 | 高水箱陶马桶 | | 10套 | 3.2 | 25.25 | 246.34 | 1126.25 | — | 80.80 | 788.29 | 3604.00 | — |
| 15 | 8—397 | 排水栓带存水弯 | ND50mm | 10套 | 3.2 | 4.94 | 120.46 | 66.50 | — | 15.81 | 385.47 | 212.80 | — |
| 16 | 8—95 | 焊接钢管（排水用） | DN50mm | 10m | 0.6 | 7.20 | 12.33 | 73.34 | 0.70 | 4.32 | 7.40 | 44.00 | 0.42 |
| 17 | 8—397 | 地漏子带存水弯 | DN50mm | 10套 | 3.2 | 4.94 | 120.46 | 69.90 | — | 15.81 | 385.47 | 222.72 | — |
| 18 | 材价 | 镀锌钢螺纹截止阀 | DN20mm | 个 | 32 | — | 11.30 | — | — | — | 361.60 | — | — |
| 19 | 土建 | 管道挖填土方 | | m | 20 | 5.00 | — | — | — | 100.00 | — | — | — |

续表

| 序号 | 工程名称 | 给水排水工程 | | | | 共 页第2页 | 单 价（元） | | | | 年 月 日 合 计（元） | | | |
|---|---|---|---|---|---|---|---|---|---|---|---|---|---|---|
| | 价目表编号 | 工程项目 | 规格 | 单位 | 数量 | 工资 | 辅材费 | 主材费 | 机械使用费 | 工资 | 辅材费 | 主材费 | 机械使用费 |
| 20 | 8-471 | 钢板水箱制作 | 16个×50kg/个 | 100kg | 8.20 | 7.45 | 24.70 | 273.00 | 8.17 | 61.09 | 202.54 | 2238.60 | 66.99 |
| 21 | 8-481 | 钢板水箱安装 | 1×0.5×0.5m | 个 | 16 | 9.02 | 5.30 | — | 3.72 | 144.32 | 84.80 | — | 59.52 |
| 22 | 8-152 8-155 | 水箱支座制作安装 | | t | 0.75 | 193.70 | 210.64 | 2583.00 | 147.69 | 145.28 | 157.98 | 1937.25 | 110.77 |
| | | 小　计 | | | | | | | | 1031.15 | 5750.02 | 15086.85 | 241.61 |
| ① | | 人工费调整 | 按Ⅱ类131.16% | | | | | | | 1352.46 | | | |
| ② | | 脚手架拆拆费 | 人工费×8%（工资占25%） | | | | | | | 27.05 | 81.15 | | |
| ③ | | 高层建筑增加费 | 人工费×17%（工资占11%） | | | | | | | 25.29 | 204.63 | | |
| ④ | | 基　价 | | | | | | 7682.21 | | 1404.80 | 6035.8 | | 241.61 |
| ⑤ | | 辅材调增 | 基价×40.14% | | | | | | | | 3083.64 | | |
| ⑥ | | 机械费调增 | 基价×2.088% | | | | | | | | | | 160.40 |
| ⑦ | | 定额直接费 | | | | | | 26013.10 | | 1404.80 | 9119.44 | 15086.85 | 402.01 |

续表

工程名称: 给水排水工程

共 页第 3 页  年 月 日

| 序号 | 价目表编号 | 工程项目 | 规格 | 单位 | 数量 | 单价(元) 工资 | 单价(元) 辅材费 | 单价(元) 主材费 | 单价(元) 机械使用费 | 合计(元) 工资 | 合计(元) 辅材费 | 合计(元) 主材费 | 合计(元) 机械使用费 |
|---|---|---|---|---|---|---|---|---|---|---|---|---|---|
| 23 | 13-42+43 | 镀锌钢管 | 刷银粉二度 | 10m² | 3.4 | 1.69 | 5.92 | — | — | 5.75 | 20.13 | — | — |
| 24 | 13-52+53 | 镀锌钢管 | 刷沥青二度 | 10m² | 0.4 | 1.69 | 10.59 | — | — | 0.68 | 4.24 | — | — |
| 25 | 13-130+131 | 铸铁管 | 刷沥青二度 | 10m² | 9.22 | 2.12 | 10.59 | — | — | 19.55 | 97.64 | — | — |
| 26 | 13-37+38 | 焊接管 | 刷红丹二度 | 10m² | 0.12 | 1.66 | 15.72 | — | — | 0.20 | 1.89 | — | — |
| 27 | 13-42+43 | 焊接管 | 刷银粉二度 | 10m² | 0.12 | 1.69 | 5.92 | — | — | 0.20 | 0.71 | — | — |
| 28 | 13-8 | 钢板除锈 | (人工,中锈) | 100kg | 8.20 | 1.49 | 1.63 | — | — | 12.22 | 13.37 | — | — |
| 29 | 13-8 | 角钢梁除锈 | (人工,中锈) | 100kg | 7.50 | 1.49 | 1.63 | — | — | 11.18 | 12.23 | — | — |
| 30 | 13-99+100 | 钢板水箱 | 刷红丹(二度) | 100kg | 15.70 | 1.38 | 12.00 | — | — | 21.67 | 188.40 | — | — |
| 31 | 13-108+109 | 钢板水箱 | 刷灰油 | 100kg | 15.70 | 1.32 | 7.37 | — | — | 20.72 | 115.71 | — | — |
| | | 小 计 | | | | | | | | 92.17 | 454.32 | — | — |
| | | ①人工调增 | 人工费×131.16% | | | | | | | 120.89 | | | |
| | | ②高层建筑增加费 | 人工费×17% (11%) | | | | | | | 2.26 | 18.29 | | |
| | | ③基价 | | | | | | 595.76 | | 123.15 | 472.61 | | |
| | | ④辅材调增 | 基价×121.04% | | | | | | | | 721.11 | | |
| | | ⑤机械调增 | 基价×0.51% | | | | | | | | 3.04 | | |
| | | ⑥定额直接费 | | | | | | 1319.91 | | 123.15 | 1196.76 | | |

487

续表

工程名称：给水排水工程　　　　　　　共　　页第3页　　　　　　　年　月　日

| 编号 | 价目表 工程项目 | 规格 | 单位 | 数量 | 单价（元） | | | | 合计（元） | | | |
|---|---|---|---|---|---|---|---|---|---|---|---|---|
| | | | | | 工资 | 辅材费 | 主材费 | 机械使用费 | 工资 | 辅材费 | 主材费 | 机械使用费 |
| | 1～3页定额直接费 取费：Ⅱ级国营 | | | | | | | | | | | |
| 一 | 直接费 | | | | | | | 27333.01 | (1527.95) | | | |
| | 1. 定额直接费 | | | | | | | | | 27333.01 | | |
| | 2. 其他直接费 | 人工费×25.3% | | | | | | | | 386.57 | | |
| | 3. 包干费 | 1×4% | | | | | | | | 1093.32 | | |
| | 4. 小计 | | | | | | | | | (28812.90) | | |
| 二 | 间接费 | | | | | | | | | | | |
| | 5. 施工管理费 | 人工费×102.3% | | | | | | | | 1563.09 | | |
| | 6. 大临费 | 人工费×17% | | | | | | | | 259.75 | | |
| | 7. 劳保费 | 人工费×21% | | | | | | | | 320.87 | | |
| | 8. 小计 | | | | | | | | | (2143.71) | | |
| 三 | 技术备费 | (4+8)×3% | | | | | | | | 928.70 | | |
| 四 | 法定利润 | (4+8)×2.5% | | | | | | | | 773.92 | | |
| 五 | 其他 | 材料差价及管理费（根据实购料发票） | | | | | | | | 略 | | |
| 六 | 税金 | (4+8+三、四)×3.48% | | | | | | | | 1136.54 | | |
| 七 | 合计 | | | | | | | | | 33795.77 | | |

则每个系统有 1×8＝8 个排水栓，再乘以 4 即为图中全部排水栓的工程量，有公式 $DN$50mm 排水栓：1×8×4＝32 个。由于地漏不能与水池支管直接相连，需用焊接钢管进行地漏的螺纹连接。每个地漏的螺纹连接按标准用 0.2m 焊接钢管。则整个住宅 32 个地漏所需焊接钢管安装的工程量为 0.2m×32＝6.4m。有公式 $DN$50mm 管：0.2m×32＝6.4m（每个地漏用 0.2m）。

（5）高水箱蹲式大便器

每户一套共 32 套。

（6）管道刷油

铸铁排水管的表面积，可根据管壁厚度按实际计算，一般习惯上是将焊接钢管表面积乘系数 1.2，即为铸铁管表面积（包括承口部分），现计算如下（以下数均为刷一遍面积）：

铸铁管刷沥青二遍：

$DN$100mm　171m×0.36m²/m×1.2＝74m²  
$DN$50mm　80m×0.19m²/m×1.2＝18.24m² $\Big\}$92.24m²。

焊接管刷红丹二度，银粉二度：

$DN$50mm　6.4m×0.19m²/m＝1.22m²。

[说明] 高水箱蹲式大便器也需单独计算，而一些小的连接管件的工程量已计入高水箱蹲式大便器，它的工程量为 32 套，每户有一套。排水管道同给水管道一样，也需要对其刷油进行保护。刷油的面积，按焊接钢管表面积乘系数 1.2 取为单位长度需刷油面积，再乘以各种规格的铸铁管长即为总刷油面积。其中铸铁管已经包括了水口部分，有公式铸铁管刷沥青 $DN$100mm：171m×0.36m²/m×1.2＝74m²，而焊接管刷红丹二度，银粉二度不需再乘以系数，直接有公式 $DN$50mm：6.4m×0.19m²/m＝1.22m²。

（7）地下管挖填土方应根据土建定额计价，查表知每米管道挖土工程量乘以管子延长米，或者按实际挖填方计算亦可。

## 二、编制施工图预算书

为了适应施工图预算编制的需要，满足施工图预算的要求，管道安装工程预算书的表格有以下几种：

（1）工程量汇总表。以计算书算出的工程量，按预算定额规定的项目名称、规格及型号、计量单位、数量，分工程性质进行汇总。它的作用便于套用定额。

（2）封面。即施工预算书的首页，一般在封面上应明确施工单位名称，建设单位名称，工程名称，编制单位、日期等。

（3）编制说明。主要写明预算编制的依据，工程范围，未纳入施工图预算的诸因素等。

（4）工程预算表。即施工图预算明细表，一般应写明单位工程和分项工程名称，以及满足《设备安装工程预算定额》所需的各个子项的详细内容。详见实例计算表。

（5）取费计算。具体计算举例和用定额标准有些过时。预算书见表 4-1-1。

（6）室内给水排水工程施工图预算说明：

1）图示尺寸，标高以米（m）计，其余均以毫米（mm）计。

2）给水管采用镀锌钢管接口；排水管采成用铸铁污水管，水泥接口。

3）卫生设备安装方法，详见国标 JSTL15B，安装必须满足设计要求，达到施工及验收规范要求。

4）一至三层给水利用城市干管网的压力，四至八层考虑到水压力不够，每户在厨房顶平下墙装一个水箱，容量为 $2.5m^3$ 左右。

5）镀锌钢管刷银粉二度，铸铁管沥青，水箱除锈后刷红丹二度，刷调合漆二度。

6）未尽事项均按现行有关规定执行。

### 三、工程量清单计价编制说明

#### （一）给水排水工程工程量清单

```
招  标  人：_____×××_____（单位签字盖章）
法定代表人：_____×××_____（签字盖章）
中 介 机 构
法定代表人：_____×××_____（签字盖章）
造价工程师
及注册证号：_____×××_____（签字盖执业专用章）
编 制 时 间：__××年××月××日__
```

填 表 须 知

1　工程量清单及其计价格式中所有要求签字、盖章的地方，必须由规定的单位和人员签字、盖章。

2　工程量清单及其计价格式中的任何内容不得随意删除或涂改。

3　工程量清单计价格式中列明的所有需要填报的单价和合价，投标人均应填报，未填报的单价和合价，视为此项费用已包含在工程量清单的其他单价和合价中。

4　金额（价格）均应以_____币表示。

总 说 明

工程名称：给水排水工程　　　　　　　　　　　　　　　第　页　共　页

```
1. 工程概况
2. 招标范围
3. 工程质量要求
4. 工程量清单编制依据
```

定额预（结）算表（直接费部分）与清单项目之间关系分析对照表　　表 4-1-2

工程名称：给水排水工程　　　　　　　　　　　　　　　第　页　共　页

| 序号 | 项目编码 | 项 目 名 称 | 清单主项在预（结）算表中的序号 | 清单综合的工程内容在预（结）算表中的序号 |
|---|---|---|---|---|
| 1 | 030801001001 | 镀锌钢管 DN50，室内给水工程，螺纹连接，埋地敷设，刷沥青二度 | 1 | 24 |
| 2 | 030801001002 | 镀锌钢管 DN50，室内给水工程，螺纹连接，刷银粉二度 | 1 | 23 |
| 3 | 030801001003 | 镀锌钢管 DN40，室内给水工程，螺纹连接，刷银粉二度 | 2 | 23 |
| 4 | 030801001004 | 镀锌钢管 DN32，室内给水工程，螺纹连接，刷银粉二度 | 3 | 23 |

续表

| 序号 | 项目编码 | 项目名称 | 清单主项在预（结）算表中的序号 | 清单综合的工程内容在预（结）算表中的序号 |
|---|---|---|---|---|
| 5 | 030801001005 | 镀锌钢管 $DN25$，室内给水工程，螺纹连接，刷银粉二度 | 4 | 23 |
| 6 | 030801001006 | 镀锌钢管 $DN20$，室内给水工程，螺纹连接，刷银粉二度 | 5 | 23 |
| 7 | 030801001007 | 镀锌钢管 $DN15$，室内给水工程，螺纹连接，刷银粉二度 | 6 | 23 |
| 8 | 030801003001 | 承插铸铁污水管 $DN100$，室内排水工程，水泥接口，刷沥青二度 | 12 | 25 |
| 9 | 030801003002 | 承插铸铁泥水管 $DN50$，室内排水工程，水泥接口，刷沥青二度 | 13 | 25 |
| 10 | 030801002001 | 焊接钢管 $DN50$，室内排水工程，螺纹连接，刷沥青银粉各二度 | 16 | 26 + 27 |
| 11 | 030801014001 | 钢板水箱，规格为 $1 \times 0.5 \times 0.5$（m），水箱除锈，刷红丹及调合漆各二度 | 21 + 20 | 22 + 28 + 29 + 30 + 31 |
| 12 | 030803010001 | 室内用户水表 $DN20$，丝扣连接 | 10 | 无 |
| 13 | 030804012001 | 蹲便器，带高水箱 | 14 | 无 |
| 14 | 030804015001 | 铁质排水栓 $DN50$，带存水弯 | 15 | 无 |
| 15 | 030804016001 | 水龙头，铁质，$DN15$ | 11 | 无 |
| 16 | 030804017001 | 地漏 $DN50$，带存水弯 | 17 | 无 |
| 17 | 030803001001 | 螺纹阀门，螺纹截止阀，$DN50$ | 7 | 无 |
| 18 | 030803001002 | 螺纹阀门，螺纹浮球阀，$DN15$ | 8 | 无 |
| 19 | 010101006001 | 管沟土方 | 19 | 无 |

**措施项目清单**　　　　　　　　　　　　　　　　　表 4-1-3

工程名称：给水排水工程　　　　　　　　　　　　第　页 共　页

| 序号 | 项目名称 | 备注 |
|---|---|---|
| 1 | 环境保护 | |
| 2 | 文明施工 | |
| 3 | 安全施工 | |
| 4 | 临时设施 | |
| 5 | 夜间施工增加费 | |
| 6 | 赶工措施费 | |
| 7 | 二次搬运 | |
| 8 | 混凝土、钢筋混凝土模板及支架 | |
| 9 | 脚手架 | |
| 10 | 垂直运输机械 | |
| 11 | 大型机械设备进出场及安拆 | |
| 12 | 施工排水、降水 | |
| 13 | 其他 | |
| 14 | 措施项目费合计 | 1 + 2 + … + 14 + 15 |

**零星工作项目表**　　　　　　　　　　　　　　　表 4-1-4

工程名称：给水排水工程　　　　　　　　　　　　第　页 共　页

| 序号 | 名称 | 计量单位 | 数量 |
|---|---|---|---|
| 1 | 人工 | | |
| | | 元 | 1.00 |
| 2 | 材料费 | | |
| | | 元 | 1.00 |
| 3 | 机械费 | | |
| | | 元 | 1.00 |

## （二）给水排水工程工程量清单报价表

投　标　人：_____×××_____（单位签字盖章）

法定代表人：_____×××_____（签字盖章）

造价工程师
及注册证号：_____×××_____（签字盖执业专用章）

编 制 时 间：__××年××月××日__

## 投 标 总 价

建设单位：_____×××_____

工程名称：____给水排水工程____

投标总价（小写）：_____×××_____

　　　　（大写）：_____×××_____

投　标　人：_____×××_____（单位签字盖章）

法定代表人：_____×××_____（签字盖章）

编 制 时 间：__××年××月××日__

## 总 说 明

工程名称：给水排水工程　　　　　　　　　　　　　　　　　　第　页　共　页

1. 工程概况

2. 招标范围

3. 工程质量要求

4. 工程量清单编制依据

5. 工程量清单计费列表

注：本例工程以定额人工费为取费基数，其中管理费费率为62%，利润率为51%

## 单位工程费汇总表

表 4-1-5

工程名称：给水排水工程　　　　　　　　　　　　　　　　　　　第　页　共　页

| 序号 | 项目名称 | 金额（元） |
|---|---|---|
| 1 | 分部分项工程量清单计价合计 | |
| 2 | 措施项目清单计价合计 | |
| 3 | 其他项目清单计价合计 | |
| 4 | 规费 | |
| 5 | 税金 | |
| | 合计 | |

## 分部分项工程量清单计价表

表 4-1-6

工程名称：给水排水工程　　　　　　　　　　　　　　　　　　　第　页　共　页

| 序号 | 项目编码 | 项目名称 | 计量单位 | 工程数量 | 金额（元） | |
|---|---|---|---|---|---|---|
| | | | | | 综合单价 | 合价 |
| 1 | 030801001001 | 镀锌钢管 DN50，室内给水工程螺纹连接，埋地敷设，刷沥青二度 | m | 21.6 | 14.66 | 316.66 |
| 2 | 030801001002 | 镀锌钢管 DN50，室内给水工程，螺纹连接，刷银粉二度 | m | 16 | 14.62 | 233.91 |
| 3 | 030801001003 | 镀锌钢管 DN40，室内给水工程，螺纹连接，刷银粉二度 | m | 24 | 11.78 | 282.62 |
| 4 | 030801001004 | 镀锌钢管 DN32，室内给水工程，螺纹连接，刷银粉二度 | m | 24 | 9.93 | 238.24 |
| 5 | 030801001005 | 镀锌钢管 DN25，室内给水工程，螺纹连接，刷银粉二度 | m | 24 | 8.31 | 199.42 |
| 6 | 030801001006 | 镀锌钢管 DN20，室内给水工程，螺纹连接，刷银粉二度 | m | 86.4 | 6.33 | 547.25 |
| 7 | 030801001007 | 镀锌钢管 DN15，室内给水工程，螺纹连接，刷银粉二度 | m | 176 | 2.60 | 458.28 |
| 8 | 030801003001 | 承插铸铁污水管 DN100，室内排水工程，水泥接口，刷沥青二度 | m | 190.8 | 27.90 | 5324.15 |
| 9 | 030801003002 | 承插铸铁污水管 DN50，室内排水工程，水泥接口，刷沥青二度 | m | 70 | 15.34 | 1073.45 |
| 10 | 030801002001 | 焊接钢管 DN50，室内排水工程，螺纹连接，刷沥青银粉各二度 | m | 6.4 | 10.85 | 69.47 |
| 11 | 030804014001 | 钢板水箱，规格为 $1\times0.5\times0.5$ (m)，水箱除锈，刷红丹及调合漆各二度 | 套 | 16 | 393.15 | 6290.37 |
| 12 | 030803010001 | 室内用户水表 DN20，螺纹连接 | 个 | 32 | 36.42 | 1165.44 |
| 13 | 030804012001 | 蹲便器，带高水箱 | 套 | 32 | 143.77 | 4600.62 |
| 14 | 030804015001 | 铁质排水栓 DN50，带存水弯 | 套 | 32 | 19.75 | 631.94 |
| 15 | 030804016001 | 水龙头，铁质，DN15 | 个 | 32 | 4.72 | 151.19 |
| 16 | 030804017001 | 地漏 DN50，带存水弯 | 个 | 32 | 20.16 | 645.05 |
| 17 | 030803001001 | 螺纹阀门，螺纹截止阀，DN50 | 个 | 4 | 32.65 | 130.59 |
| 18 | 030803001002 | 螺纹阀门，螺纹浮球阀，DN15 | 个 | 16 | 12.59 | 201.44 |
| 19 | 010101006001 | 管沟土方，管径为 DN50 | m | 20 | 10.65 | 213 |

## 措施项目清单计价表

表 4-1-7

工程名称：给水排水工程　　　　　　　　　　　　　　　　　　　第　页　共　页

| 序号 | 项目名称 | 金额（元） |
|---|---|---|
| 1 | 环境保护 | |
| 2 | 文明施工 | 227.87 |
| 3 | 安全施工 | 683.61 |
| 4 | 临时设施 | 1367.22 |
| 5 | 夜间施工增加费 | |
| 6 | 赶工措施费 | |
| 7 | 二次搬运 | |
| 8 | 混凝土、钢筋混凝土模板及支架 | |
| 9 | 脚手架 | |
| 10 | 垂直运输机械 | |
| 11 | 大型机械设备进出场及安拆 | |
| 12 | 施工排水、降水 | |
| 13 | 其他 | |
| 14 | 措施项目费合计 | 2278.71 |

## 其他项目清单计价表

表 4-1-8

工程名称：给水排水工程　　　　　　　　　　　　　　　第　页　共　页

| 序　号 | 项　目　名　称 | 金　额（元） |
|---|---|---|
| 1 | 招标人部分 | |
| | 不可预见费 | |
| | 工程分包和材料购置费 | |
| | 其他 | |
| 2 | 投标人部分 | |
| | 总承包服务费 | |
| | 零星工作项目费 | |
| | 其他 | |
| | 合计 | 0.00 |

## 零星工作项目表

表 4-1-9

工程名称：给水排水工程　　　　　　　　　　　　　　　第　页　共　页

| 序　号 | 名　称 | 计量单位 | 数　量 | 金额（元） | |
|---|---|---|---|---|---|
| | | | | 综合单价 | 合　价 |
| 1 | 人工费 | | | | |
| | | 元 | | | |
| 2 | 材料费 | | | | |
| | | 元 | | | |
| 3 | 机械费 | | | | |
| | | 元 | | | |
| | 合计 | | | | 0.00 |

## 分部分项工程量清单综合单价分析表

表 4-1-10

工程名称：给水排水工程　　　　　　　　　　　　　　　第　页　共　页

| 序号 | 项目编码 | 项目名称 | 定额编号 | 工程内容 | 单位 | 数量 | 其中：（元） | | | | | 综合单价（元） | 合价（元） |
|---|---|---|---|---|---|---|---|---|---|---|---|---|---|
| | | | | | | | 人工费 | 材料费 | 机械费 | 管理费 | 利润 | | |
| 1 | 030801001001 | 镀锌钢管 DN50（埋地） | | | m | 21.6 | | | | | | 14.66 | 316.66 |
| | | | 8-76 | 镀锌钢管（螺纹连接） | 10m | 2.16 | 7.2 | 16.78 | 0.61 | 4.46 | 3.67 | | 32.72×2.16 |
| | | | | 镀锌钢管 DN50 | m | 22.03 | — | 10.95 | — | — | — | | 10.95×22.03 |
| | | | 13-52 + 13-53 | 管道刷沥青二度 | 10m² | 0.5 | 1.69 | 5.92 | — | 1.05 | 0.86 | | 9.52×0.5 |
| 2 | 030801001002 | 镀锌钢管 DN50 | | | m | 16 | | | | | | 14.62 | 233.91 |
| | | | 8-76 | 镀锌钢管（螺纹连接） | 10m | 1.6 | 7.2 | 16.78 | 0.61 | 4.46 | 3.67 | | 32.72×1.6 |

续表

| 序号 | 项目编码 | 项目名称 | 定额编号 | 工程内容 | 单位 | 数量 | 人工费 | 材料费 | 机械费 | 管理费 | 利润 | 综合单价(元) | 合价(元) |
|---|---|---|---|---|---|---|---|---|---|---|---|---|---|
| | | | | 镀锌钢管 DN50 | m | 16.32 | — | 10.95 | — | | | | 10.95×16.32 |
| | | | 13-42+13-43 | 管道刷银粉二度 | 10m² | 0.30 | 1.69 | 5.92 | — | 1.05 | 0.86 | | 9.52×0.30 |
| 3 | 030801001003 | 镀锌钢管 DN40 | | | m | 24 | | | | | | 11.78 | 282.62 |
| | | | 8-75 | 镀锌钢管（螺纹连接） | 10m | 2.4 | 7.2 | 11.94 | 0.22 | 4.46 | 3.67 | | 27.49×2.4 |
| | | | | 镀锌钢管 DN40 | m | 24.48 | | 8.71 | | | | | 8.71×24.48 |
| | | | 13-42+13-43 | 管道刷银粉二度 | 10m² | 0.36 | 1.69 | 5.92 | — | 1.05 | 0.86 | | 9.52×0.36 |
| 4 | 030801001004 | 镀锌钢管 DN32 | | | m | 24 | | | | | | 9.93 | 238.24 |
| | | | 8-74 | 镀锌钢管（螺纹连接） | 10m | 2.4 | 6.07 | 11.65 | 0.22 | 3.76 | 3.10 | | 24.8×2.4 |
| | | | | 镀锌钢管 DN32 | m | 24.48 | — | 7.18 | | | | | 7.18×24.48 |
| | | | 13-42+13-43 | 管道刷银粉二度 | 10m² | 0.31 | 1.69 | 5.92 | — | 1.05 | 0.86 | | 9.52×0.31 |
| 5 | 030801001005 | 镀锌钢管 DN25 | | | m | 24 | | | | | | 8.31 | 199.42 |
| | | | 8-73 | 镀锌钢管（螺纹连接） | 10m | 2.4 | 6.07 | 11.61 | 0.22 | 3.76 | 3.10 | | 24.84×2.4 |
| | | | | 镀锌钢管 DN25 | m | 24.48 | — | 5.61 | — | — | | | 5.61×24.48 |
| | | | 13-42+13-43 | 管道刷银粉二度 | 10m² | 0.26 | 1.69 | 5.92 | — | 1.05 | 0.86 | | 9.52×0.26 |
| 6 | 030801005006 | 镀锌钢管 DN20 | | | m | 86.4 | | | | | | 6.33 | 547.25 |
| | | | 8-72 | 镀锌钢管（螺纹连接） | 10m | 8.64 | 5.35 | 9.62 | — | 3.32 | 2.73 | | 21.02×8.64 |
| | | | | 镀锌钢管 DN20 | m | 88.13 | — | 4.07 | — | — | | | 4.07×88.13 |
| | | | 13-42+13-43 | 管道刷银粉二度 | 10m² | 0.73 | 1.69 | 5.92 | — | 1.05 | 0.86 | | 9.52×0.73 |
| 7 | 030801001007 | 镀锌钢管 DN15 | | | m | 176 | | | | | | 2.60 | 458.28 |
| | | | 8-71 | 镀锌钢管（螺纹连接） | 10m | 17.6 | 5.35 | 10.48 | — | 3.32 | 2.73 | | 21.88×17.6 |
| | | | | 镀锌钢管 DN15 | m | 17.95 | — | 3.33 | — | — | | | 3.33×17.95 |
| | | | 13-42+13-43 | 管道刷银粉二度 | 10m² | 1.41 | 1.69 | 5.92 | — | 1.05 | 0.86 | | 9.52×1.41 |

续表

| 序号 | 项目编码 | 项目名称 | 定额编号 | 工程内容 | 单位 | 数量 | 人工费 | 材料费 | 机械费 | 管理费 | 利润 | 综合单价（元） | 合价（元） |
|---|---|---|---|---|---|---|---|---|---|---|---|---|---|
| 8 | 030801003001 | 承插铸铁污水管 DN100 | | | m | 190.8 | | | | | | 27.90 | 5324.15 |
| | | | 8-130 | 铸铁污水管（水泥口） | 10m | 19.08 | 9.47 | 124.66 | — | 5.87 | 4.83 | | 144.83×19.08 |
| | | | | 铸铁管 DN100 | m | 160.91 | — | 15.22 | — | | | | 15.22×160.91 |
| | | | 13-130 + 13-131 | 管道刷沥青二度 | 10m² | 7.4 | 2.12 | 10.59 | | 1.31 | 1.08 | | 15.1×7.4 |
| 9 | 030801003002 | 承插铸铁污水管 DN50 | | | m | 70 | | | | | | 15.34 | 1073.45 |
| | | | 8-128 | 铸铁污水管（水泥口） | 10m | 7 | 6.15 | 33.54 | | 3.81 | 3.14 | | 46.64×7 |
| | | | | 铸铁管 DN50 | m | 70.4 | — | 10.22 | | | | | 10.22×70.4 |
| | | | 13-130 + 13-131 | 管道刷沥青二度 | 10m² | 1.82 | 2.12 | 10.59 | | 1.31 | 1.08 | | 15.1×1.82 |
| 10 | 030801002001 | 焊接钢管 DN50 | | | m | 6.4 | | | | | | 10.85 | 69.47 |
| | | | 8-95 | 焊接钢管（螺纹连接） | 10m | 0.64 | 7.20 | 12.33 | 0.70 | 4.46 | 3.67 | | 28.36×0.64 |
| | | | | 焊接钢管 DN50 | m | 6.53 | — | 7.33 | | | | | 7.33×6.53 |
| | | | 13-37 + 13-38 | 管道刷红丹二度 | 10m² | 0.12 | 1.66 | 15.72 | | 1.03 | 0.85 | | 19.26×0.12 |
| | | | 13-42 + 13-43 | 管道刷银粉二度 | 10m² | 0.12 | 1.69 | 5.92 | | 1.05 | 0.86 | | 9.52×0.12 |
| 11 | 030804014001 | 钢板水箱 | | | 套 | 16 | | | | | | 393.15 | 6290.37 |
| | | | 8-471 | 钢板水箱制作 | 100kg | 8.20 | 7.45 | 24.70 | 8.17 | 4.62 | 3.80 | | 48.74×8.20 |
| | | | | 钢材 | kg | 861 | — | 2.73 | | | | | 2.73×861 |
| | | | 8-481 | 钢板水箱安装 | 个 | 16 | 9.02 | 5.30 | 3.72 | 5.59 | 4.6 | | 28.23×16 |
| | | | 8-152 + 8-155 | 水箱支架制安 | t | 0.75 | 193.70 | 210.64 | 147.69 | 120.09 | 98.79 | | 770.91×0.75 |
| | | | | 型钢 | t | 0.79 | — | 2583.00 | | | | | 2583.00×0.79 |
| | | | 13-8 | 钢板除锈 | 100kg | 8.20 | 1.49 | 1.63 | | 0.92 | 0.76 | | 4.8×8.20 |
| | | | 13-8 | 水箱支架除锈 | 100kg | 7.5 | 1.49 | 1.63 | | 0.92 | 0.76 | | 4.8×7.5 |

续表

| 序号 | 项目编码 | 项目名称 | 定额编号 | 工程内容 | 单位 | 数量 | 人工费 | 材料费 | 机械费 | 管理费 | 利润 | 综合单价(元) | 合价(元) |
|---|---|---|---|---|---|---|---|---|---|---|---|---|---|
| | | | 13-99 + 13-100 | 水箱刷红丹二度 | 100kg | 15.70 | 1.38 | 12.00 | — | 0.86 | 0.70 | | 14.94 × 15.70 |
| | | | 13-108 + 13-109 | 水箱刷银粉二度 | 100kg | 15.70 | 1.32 | 7.37 | — | 0.82 | 0.67 | | 10.18 × 15.70 |
| 12 | 030803010001 | 室内用户水表DN20 | | | 个 | 32 | | | | | | 36.42 | 1165.44 |
| | | | 8-338 | 水表安装（螺纹连接） | 个 | 32 | 0.52 | 6.71 | | | 0.32 | 0.27 | 7.82 × 32 |
| | | | | 螺纹水表DN20 | 个 | 32 | — | 28.60 | | | | | 28.60 × 32 |
| 13 | 030804012001 | 蹲便器 | | | 套 | 32 | | | | | | 143.77 | 4600.62 |
| | | | 8-375 | 高水箱蹲马桶安装 | 10套 | 3.2 | 25.25 | 246.34 | — | 15.66 | 12.88 | | 300.13 × 3.2 |
| | | | | 主材 | 套 | 32.32 | — | 112.63 | — | — | — | | 112.63 × 32.32 |
| 14 | 030804015001 | 排水栓DN50 | | | 套 | 32 | | | | | | 19.75 | 631.94 |
| | | | 8-397 | 排水栓安装（带存水弯） | 10套 | 3.2 | 4.94 | 120.46 | | | 3.06 | 2.52 | 130.98 × 3.2 |
| | | | | 排水栓 | 套 | 32 | — | 6.65 | | | | | 6.65 × 32 |
| 15 | 030804016001 | 水龙头DN15 | | | 个 | 32 | | | | | | 4.72 | 151.198 |
| | | | 8-372 | 水龙头DN15安装 | 个 | 32 | 0.08 | 0.05 | — | 0.05 | 0.04 | | 0.22 × 32 |
| | | | | 水龙头DN15 | 个 | 32.32 | — | 4.46 | | | | | 4.46 × 32.32 |
| 16 | 030804017001 | 地漏DN50 | | | 套 | 32 | | | | | | 20.16 | 645.05 |
| | | | 8-397 | 地漏（带存水弯） | 10套 | 3.2 | 4.94 | 120.46 | | | 3.06 | 2.52 | 130.98 × 3.2 |
| | | | | 地漏DN50 | 套 | 32.32 | — | 6.99 | | | | | 6.99 × 32.32 |
| 17 | 030803001001 | 螺纹阀门DN50（螺纹连接） | | | 个 | 4 | | | | | | 32.65 | 130.59 |
| | | | 8-235 | 螺纹截止阀安装 | 个 | 4 | 0.66 | 4.27 | | | 0.41 | 0.34 | 5.68 × 4 |
| | | | | 截止阀DN50 | 个 | 4.04 | — | 26.70 | | | | | 26.70 × 4.04 |
| 18 | 030803001002 | 螺纹阀门DN15 | | | 个 | 16 | | | | | | 12.59 | 201.44 |
| | | | 8-289 | 螺纹浮球阀安装 | 个 | 16 | 0.25 | 1.22 | | | 0.16 | 0.13 | 1.76 × 16 |
| | | | | 螺纹浮球阀 | 个 | 16 | — | 10.83 | | | | | 10.83 × 16 |
| 19 | 010101006001 | 管沟土方 | | | m | 20 | | | | | | 10.65 | 213 |
| | | | 土建 | 管沟挖填土方 | m | 20 | 5.00 | — | | | 3.1 | 2.55 | 10.65 × 20 |

## 措施项目费分析表

表 4-1-11

工程名称：给水排水工程　　　　　　　　　　　　　　　　　　　第　页　共　页

| 序号 | 措施项目名称 | 单位 | 数量 | 金额（元） | | | | | |
|---|---|---|---|---|---|---|---|---|---|
| | | | | 人工费 | 材料费 | 机械使用费 | 管理费 | 利润 | 小计 |
| 1 | 环境保护费 | | | | | | | | |
| 2 | 文明施工费 | | | | | | | | |
| 3 | 安全施工费 | | | | | | | | |
| 4 | 临时设施费 | | | | | | | | |
| 5 | 夜间施工增加费 | | | | | | | | |
| 6 | 赶工措施费 | | | | | | | | |
| 7 | 二次搬运费 | | | | | | | | |
| 8 | 混凝土、钢筋混凝土模板及支架 | | | | | | | | |
| 9 | 脚手架搭拆费 | | | | | | | | |
| 10 | 垂直运输机械使用费 | | | | | | | | |
| 11 | 大型机械设备进出场及安拆 | | | | | | | | |
| 12 | 施工排水、降水 | | | | | | | | |
| 13 | 其他 | | | | | | | | |
| | 措施项目费合计 | | | | | | | | |

## 主要材料价格表

表 4-1-12

工程名称：给水排水工程　　　　　　　　　　　　　　　　　　　第　页　共　页

| 序号 | 材料编码 | 材料名称 | 规格、型号等特殊要求 | 单位 | 单价（元） |
|---|---|---|---|---|---|
| | | | | | |
| | | | | | |
| | | | | | |
| | | | | | |
| | | | | | |
| | | | | | |

# 例5 采暖、给水排水、燃气安装工程定额预算及工程量清单计价对照

## 5-1 采 暖 工 程

北京市某区某住宅楼采暖工程。工程的平面图和立管图见图 5-1-1、图 5-1-2 和图 5-1-3。

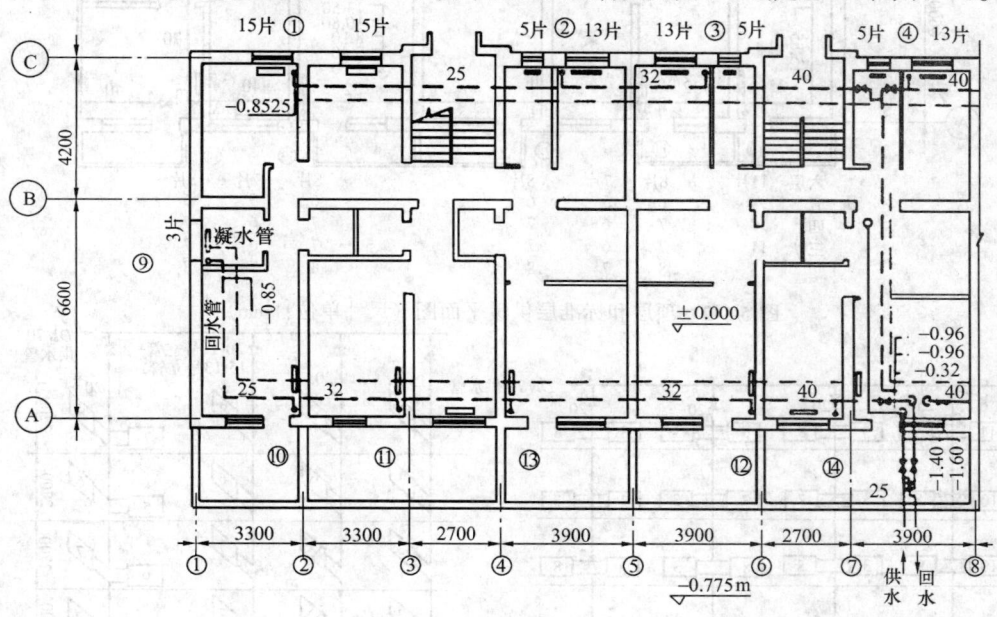

图 5-1-1 首层供暖平面图（尺寸单位：mm）

### 一、工程简介

6 层住宅，层高 2.7m。供水干管设在 6 层顶板下。回水干管设在地沟内。管材为焊接钢管，铸铁四柱 813 型散热器落地安装。地沟内管道和主立管用水泥珍珠岩瓦保温，保温厚度：当 $DN \leqslant 40$ 时为 40mm，$DN > 40$ 时为 50mm，外抹 10mm 厚石棉麻刀水泥保护壳。供水干管穿过楼梯间时用 30mm 厚的镀锌钢丝网石棉灰保温，外抹 10mm 厚石棉麻刀水泥保护壳。供水干管末端设 2 号（$DN$150）集气罐，其放风管引至厨房水池内，管口距池底 50mm。

### 二、工程量计算

1. 室内干管安装

（1）$DN$70 焊接钢管 47.1m。按国家标准 $DN$70 焊接钢管应写为 $DN$65 焊接钢管。但考虑到与现行定额相一致，所以仍沿用 $DN$70，在此特作说明。

① 供水干管 36.3m，其计算式如下：

$$(2.7 + 6.6 + 2.7 \times 6 + 6.6 + 4.2) \text{m} = 36.3\text{m}$$

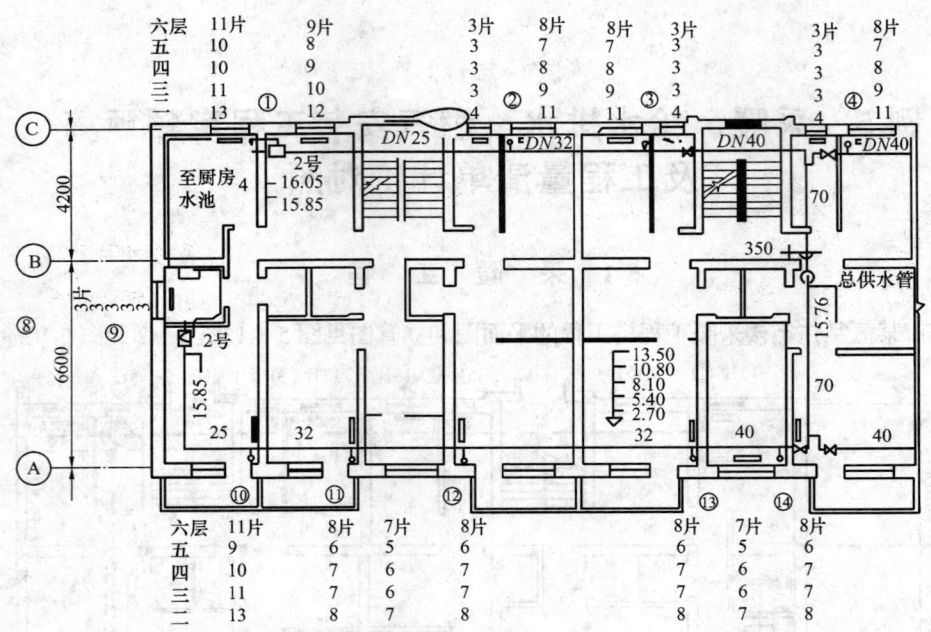

图 5-1-2 顶层和标准层供暖平面图（尺寸单位：mm）

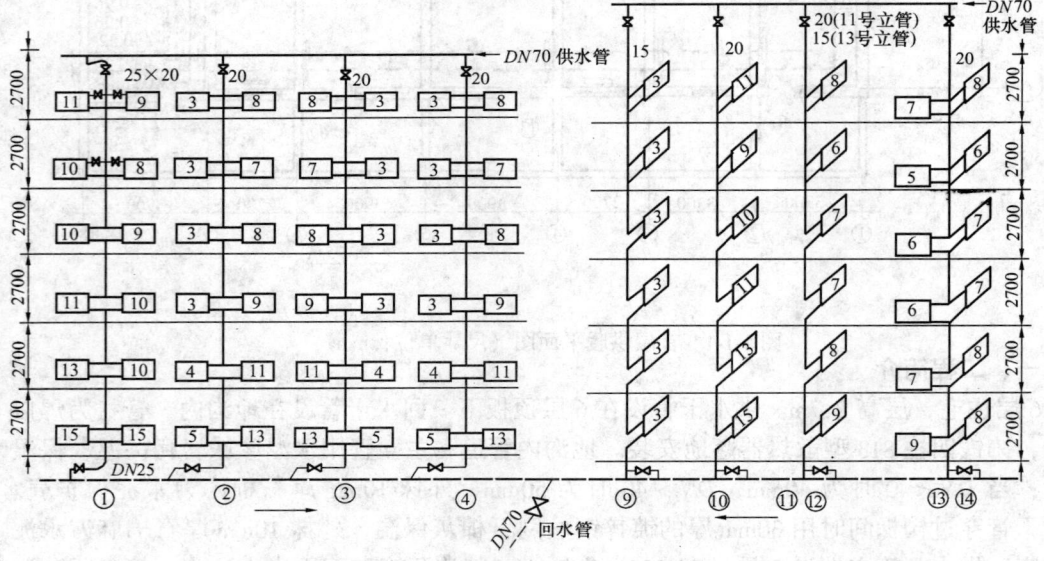

图 5-1-3 采暖立管图（尺寸单位：mm）

说明：室内供水干管工程量计算，房间的宽度 2.7m 和两个墙④、⑥之和 6.6m 及六层楼高度为 2.7×6，和管子延伸后的"4.2m"则供水干管工程量计算式为（2.7+6.6+2.7×6+6.6+4.2）m＝36.3m。

②回水干管 10.8m，其计算式如下：

$$(4.2+6.6) \text{ m} = 10.8\text{m}$$

500

说明：回水干管工程量计算在水平方向上Ⓐ轴经Ⓑ轴到Ⓒ轴，长度为 6.6m + 4.2m = 10.8m。

③其中应保温的管道长度为 36.3m，其计算式如下：

$$(2.7 + 6.6 + 2.7 \times 6 + 4.2 + 6.6) \text{m} = 36.3\text{m}$$

说明：保温管道长度同供水干管长度一致。采用 30mm 厚的镀锌钢丝网石棉灰保温。长度计算为（2.7 + 6.6 + 2.7×6 + 6.6 + 42）m = 36.3m。

(2) $DN$40 焊接钢管 42m，其计算式如下：

①供水干管：[（2.7 + 3.9）×2 + 3.9×2] m = 21m。

②回水干管：[（2.7 + 3.9）×2 + 3.9×2] m = 21m。

说明：$DN$40 焊接钢管工程量计算。分为供水干管和回水干管两部分计算。其中供水干管为：轴⑧到轴⑦再到轴⑥处长度为（2.7 + 3.9）m 和轴⑤到轴⑥处长度为 3.9m。则（2.7 + 3.9 + 3.9）×2 = 21m 即为供水干管上 $DN$40 焊接钢管长度，而回水干管长度计算同供水干管相同也为 21m。

(3) $DN$32 焊接钢管 34.2m，其计算式如下：

$$[(3.9 + 2.7 + 3.3 + 3.3) \times 2 + 3.9 \times 2] \text{m} = 34.2\text{m}$$

说明：$DN$32 焊接管工程量计算，从⑤轴经轴④经轴③到轴②最后到轴①长度为（3.9m + 2.7m + 3.3m + 3.3m）×2 + 3.9m×2 = 34.2m。

(4) $DN$25 焊接钢管 25.2m，其计算式如下：

$$[(6.6 \times 2) + (2.7 + 3.3) \times 2 \times 1] \text{m} = 25.2\text{m}$$

说明：$DN$25 焊接钢管工程量从轴Ⓐ到轴Ⓑ处和从轴②到轴④处长度之和为 [（6.6×2）+（2.7 + 3.3）×2×1] m = 25.2m。

2. 室内立管安装

本工程共 10 根立管，其中 $DN$25 的 1 根，$DN$20 的 7 根，$DN$15 的 2 根。

(1) $DN$25 立管，其计算式如下：

$$(2.7 \times 6 + 1.5) \text{m} = 17.7\text{m}$$

说明：$DN$25 立管工程量为六层楼高度为 2.7m×6 + 1.5m = 17.7m。

其中应保温的管道长度为 1.5m。

(2) $DN$20 立管，其计算式如下：

$$(17.7 \times 7) \text{m} = 123.9\text{m}$$

其中应保温的管道长度为 10.5m。

说明：$DN$20 立管工程量计算同 $DN$25 立管计算只不过要乘以 7 为 17.7×7m = 123.9m。

(3) $DN$15 立管，其计算式如下：

$$17.7 \times 2\text{m} = 35.4\text{m}$$

其中应保温的管道长度为 3m。

说明：$DN$15 立管工程量计算同 $DN$25 立管计算乘以 2 为 17.7×2m = 35.4m。

3．散热器支管安装

（1）按平面图，每层16组，6层共96组。

（2）按立管图，①、②、③、④、⑫和⑭号立管连接12组散热器，6根立管共72组。其余4根立管，每根立管连接6组散热器，4根立管共24组。

如平面图和立管图计算结果相同，说明正确无误。

4．散热器安装

铸铁四柱813散热器安装711片。

5．阀门安装

阀门安装工程量，如表5-1-1所示。

6．管道保温

管道保温、保护壳工程量，如表5-1-2所示。

7．DN150集气罐制作与安装共2个。

阀门安装工程量　　　　表5-1-1

| 安装部位＼数量(个)＼规格 | 螺纹闸阀 | | | | DN70法兰闸阀 |
|---|---|---|---|---|---|
| | DN15 | DN20 | DN25 | DN40 | |
| 系统进口 | | | 1 | | 2 |
| 供水干管 | | | | 4 | |
| 回水干管 | | | | 4 | |
| ①号立管 | | 4 | 2 | | |
| ⑨、⑬号立管 | 8 | | | | |
| 其余立管 | | 42 | | | |
| 合　计 | 8 | 46 | 3 | 8 | 2 |

管道保温、保护壳工程量　　　　表5-1-2

| 类别 | 管径(mm) | DN15 | DN20 | DN25 | DN32 | | DN40 | | DN70 | | 合计 |
|---|---|---|---|---|---|---|---|---|---|---|---|
| | 保温层厚度/mm | 40 | 40 | 40 | 30 | 40 | 40 | 30 | 30 | | |
| | 管道长度(m)及工程量 | 3 | 10.5 | 14.1 | 2.7 | 17.1 | 21 | 2.7 | 10.8+36.3=47.1 | | |
| 保温(m³) | 水泥珍珠岩 | 0.0077×3=0.0231 | 0.0084×10.5=0.0882 | 0.0092×14.1=0.1297 | | 0.0103×17.1=0.1761 | 0.0111×21=0.2331 | | 0.0197×47.1=0.9279 | | 1.66 |
| | 镀锌钢丝网石棉灰 | | | | 0.006×2.7=0.0162 | | | 0.0074×2.7=0.02 | | | 0.0362 |
| | 保护壳(m²) | 0.3181×3=0.9543 | 0.3354×10.5=3.5217 | 0.3566×14.1=5.0281 | 0.2937×2.7=0.793 | 0.3841×17.1=6.5681 | 0.4021×21=8.4441 | 0.3393×2.7=0.9161 | 0.5513×47.1=25.9662 | | 56.86 |

### 三、计算工程直接费

工程直接费由各分项工程的直接费和其他直接费两部分组成。前者指本工程各分项工程的数量与定额单价乘积之和；后者为脚手架使用费、中小型机械使用费、材料二次搬运费、高层建筑超高费、冬雨期施工增加费、生产工具使用费、材料检验试验费、点交及竣工清理费和系统调试费等费用之和。其他直接费按工程类别、建筑物檐高不同（即计取不同的费率），以定额人工费为基数计算其他直接费和其中的人工费。

### 四、计算现场管理费

北京市规定，计算工程造价时，直接费包括各分项工程直接费、其他直接费和现场管理费。

现场管理费由临时设施费和现场经费两部分组成。现场管理费以按定额计算的直接费（含其他直接费）中的人工费为基数计算，即按一定的费率来计取现场管理费。其临时设施费的费率为14.7%，现场经费的费率本例为16.8%，计算过程见表5-1-3。

### 五、计算工程造价

根据上级主管部门的有关规定计取各项费用，各项费用之和即为工程造价。本工程造价计算见表5-1-4。

采暖分部分项工程造价表　　　　表5-1-3

| 序号 | 定额编号 | 工程项目或名称 | | 单位 | 数量 | 直接费用（元） | | 其中工资（元） | |
|---|---|---|---|---|---|---|---|---|---|
| | | | | | | 单价 | 合价 | 单价 | 合价 |
| 1 | 1-3 | 焊接钢管干管安装 | DN25 | m | 25.2 | 25.49 | 642.35 | 9.2 | 231.84 |
| 2 | 1-4 | 焊接钢管干管安装 | DN32 | m | 34.2 | 30.4 | 1039.68 | 9.64 | 329.69 |
| 3 | 1-5 | 焊接钢管干管安装 | DN40 | m | 42 | 32.35 | 1358.7 | 9.29 | 390.18 |
| 4 | 1-7 | 焊接钢管干管安装 | DN70 | m | 47.1 | 44.7 | 2105.37 | 10.27 | 483.72 |
| 5 | 1-26 | 焊接钢管立管安装 | DN15 | m | 35.4 | 15.65 | 554.01 | 6.51 | 230.45 |
| 6 | 1-27 | 焊接钢管立管安装 | DN20 | m | 123.9 | 17.54 | 2173.21 | 6.62 | 820.22 |
| 7 | 1-28 | 焊接钢管立管安装 | DN25 | m | 17.7 | 21.87 | 387.1 | 7.59 | 134.34 |
| 8 | 1-39 | 楼房住宅散热器支管安装 | | 组 | 96 | 36.44 | 3498.24 | 12.7 | 1219.2 |
| 9 | 2-1 | 铸铁四柱813散热器安装 | | 片 | 711 | 24.71 | 17568.81 | 2.6 | 1848.6 |
| 10 | 2-44 | DN150集气罐制安 | | 个 | 2 | 134.06 | 268.12 | 44.05 | 88.1 |
| 11 | 7-2 | 螺纹闸阀安装 Z15T-1 | DN15 | 个 | 8 | 14.41 | 151.28 | 2.32 | 18.56 |
| 12 | 7-3 | 螺纹闸阀安装 Z15T-1 | DN20 | 个 | 46 | 18.1 | 832.6 | 2.32 | 106.72 |
| 13 | 7-4 | 螺纹闸阀安装 Z15T-1 | DN25 | 个 | 3 | 20.33 | 60.99 | 3.48 | 10.44 |
| 14 | 7-6 | 螺纹闸阀安装 Z15T-1 | DN40 | 个 | 8 | 33.17 | 265.36 | 5.81 | 46.48 |
| 15 | 7-34 | 焊接法兰闸阀安装 Z45T-1 | DN70 | 个 | 2 | 796.22 | 1592.44 | 17.18 | 34.36 |
| 16 | 10-2 | 管道水泥珍珠岩瓦保温 | | m³ | 1.66 | 331.08 | 549.59 | 45.05 | 74.78 |
| 17 | 10-10 | 管道镀锌钢丝网石棉灰保温 | | m³ | 0.04 | 882.66 | 35.31 | 75.47 | 3.02 |
| 18 | 10-31 | 管道石棉麻刀水泥保护壳10mm | | m² | 56.86 | 10.75 | 611.25 | 3.13 | 177.97 |
| | | 小　　计 | | | | | 33694.41 | | 6248.67 |
| | 11-1 | 其他直接费 | | | | | 2855.64 | | 993.54 |
| | | 合　　计 | | | | | 36550.05 | | 7242.21 |
| | 12-1 | 临时设施费（7242.21×14.7%） | | | | | 1064.61 | | |
| | 12-4 | 现场经费（7242.21×16.8%） | | | | | 1216.69 | | |
| | | 总　　计 | | | | | 38831.35 | | 7242.21 |

**采暖工程工程造价概算费用计算表**　　　　　表 5-1-4

| 序号 | 项目名称 | 计算公式 | 金额（元） |
|---|---|---|---|
| 1 | 直接费 | 含其他直接费、现场管理费 | 38831.35 |
| 2 | 其中：人工费 |  | 7242.21 |
| 3 | 其中：设备费 |  | 0 |
| 4 | 其中：暂估价 |  | 0 |
| 5 | 企业管理费 | (2)×相应工程类别费率<br>7242.21×94% | 6807.68 |
| 6 | 利润 | (2)×相应工程类别费率<br>7242.21×42% | 3041.73 |
| 7 | 税金 | [(1)+(5)+(6)]×3.4%<br>(38831.35+6807.68+3041.73)×3.4% | 1655.15 |
| 8 | 工程造价 | (1)+(5)+(6)+(7)<br>38831.35+6807.68+3041.73+1655.15 | 50335.91 |
| 9 | 建筑行业劳保统筹基金 | (8)×1%<br>50335.91×1% | 503.36 |
| 10 | 建材发展补充基金 | (8)×2%<br>50335.91×2% | 1006.72 |
| 11 | 工程总价 | (8)+(9)+(10)<br>50335.91+503.36+1006.72 | 51845.99 |

注：税金按国家有关规定计取。

## 5-2 给 水 排 水 工 程

某施工企业承包北京市城区某单位六层住宅的给水排水工程。工程的平面图和系统图见图 5-2-1 和图 5-2-2 所示。

### 一、工程简介

厨房内设 610mm×460mm 白瓷家具盆一个，$DN15$ 普通水嘴及落地污水池一个，$DN20$ 水表一组。卫生间内设北陶普釉低水箱坐式大便器一个，普通水嘴洗脸盆一个，1500mm×450mm 玻璃钢浴盆一个。给水管道采用镀锌钢管，过门厅处采用 20mm 厚聚氨酯泡沫塑料保温，外缠塑料布。排水管道采用排水铸铁管，水泥接口。

### 二、工程量计算

此例中给出了某施工企业承包北京市城区某单位六层住宅的给水排水工程。并附有系统的平面图一张（图 5-2-1）和给水排水煤气[①] 系统图一张（图 5-2-2）。其中给水排水煤气系统图包括给水系统图，排水系统图，煤气系统图，在此我们暂不研究煤气系统图，只考虑给水系统图和排水系统图。本系统图中未给出每户住宅具体的分支管路图，因此我们只考虑给水以及排水系统干管的计算。因为干管的管径较大，价格较昂贵，因此求出了干管的工程量，即可大致求出该工程项目的支出情况，判断其经济效益。

首先我们看图中所给的给水排水煤气平面图结合文中所给的工程简介：厨房内设

---

① 本书中燃气均采用煤气，因为实例故未改变其说法，其他处解释同此。

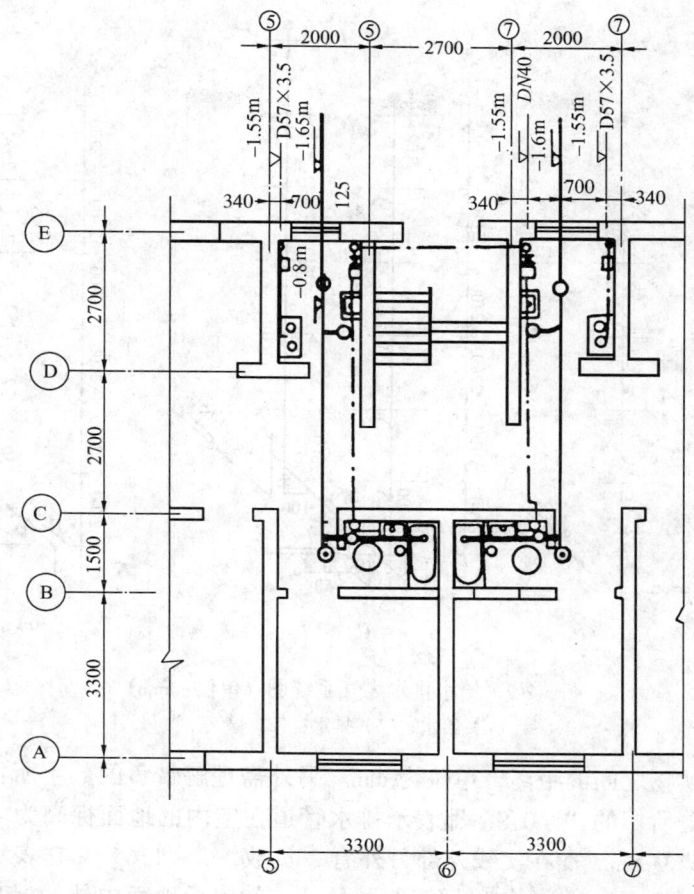

图 5-2-1 给水排水煤气平面图（单位：mm）

610mm×460mm 白瓷家具盆一个，DN15 普通水龙头及落地污水池一个，DN20 水表一组。卫生间内设北陶普釉低水箱坐式大便器一个，普通水龙头洗脸盆一个，1500mm×450mm 玻璃钢浴盆一个。给水管道采用镀锌钢管，过门厅处采用 20mm 厚聚氨酯泡沫塑料保温，外缠塑料布。排水管道采用排水铸铁管，水泥接口。首先要明白所给给水排水煤气平面图中各符号的意思，以及给水管道和排水管道的布置情况如何，走向是什么样的，几个的大的框架是房间，而八条相互平行离的很近的平行线是楼梯"▭"的尺寸在图中所给图标中是最大的，可以知道它是 1500mm×450mm 的玻璃钢浴盆。因此下面的一个小房间就是卫生间。而"○"和下面的附属部分就是北陶普釉低水箱坐式大便器。旁边的"▣"是普通水龙头洗脸盆。上面的房间中比较大的"▤"就是 610mm×460mm 的白瓷家具盆，"▪"就是 DN15 普通水龙头及污水池。污水池上边的小箭号就是 DN20 的水表组。知道了图中符号所代表的具体实物就可知道图中的给水管道和排水管道是如何布置的。一般排水管道不宜拐弯，应直接由上方通到下方，图中两条"———"线即为两条排水管道，因为两个排水管道完全一样，因此计算出一个之后就可直接计算出全部排水管道的工程量。而给水管道可看出只有一个系统，与外界管道的接口仅有一个，因此，下层平面管道需单独计算。图中的一条"——————"线即为给水管道的干管，另外两条为给水管道的支管。图

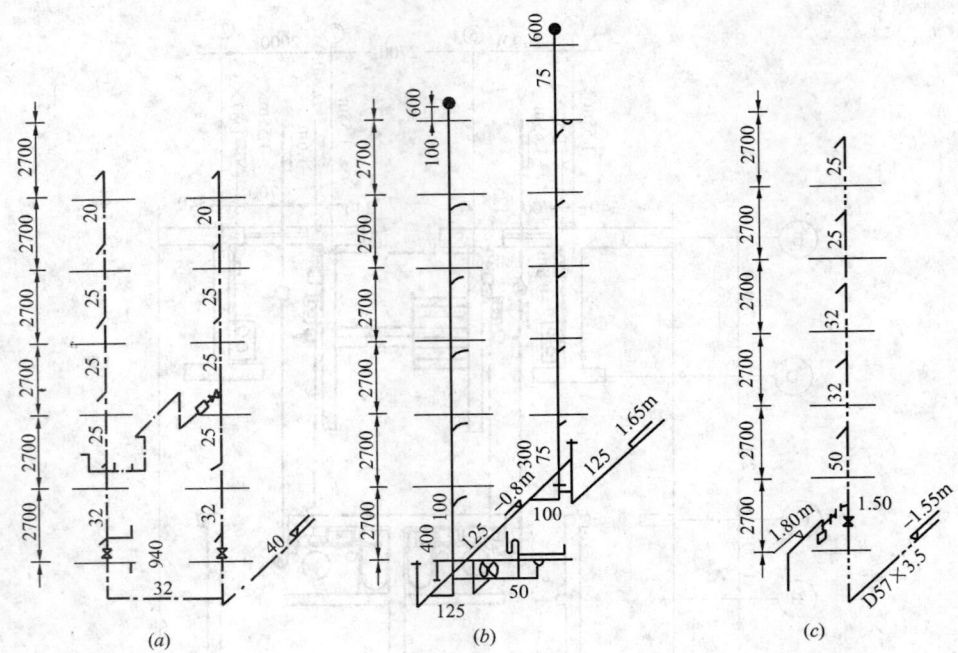

图 5-2-2 给水排水煤气系统图（单位：mm）
(a) 给水；(b) 排水；(c) 煤气

中的数字代表了实物之间的距离，单位为 mm。另外需理解带负的数字所代表的含义，在厨房内部实线部分所标的"-0.8"即表示排水管道在室内的地面标高为-0.8m，即室内排水管道的埋深为 0.8m。而在实线外部另外有一负数，"-1.65"，它表示的是排水管道在室外的地面标高为-1.65m，如果埋深相同的话，就表示地面内外的标高不同，存在高度差，因而造成两排水管道的地面标高的差异。同样从图中可看出，给水管道的地面标高和排水管道的地面标高相同。也就是说给水管道在室内的埋深也是 0.8m。给水管道一般采用的是镀锌钢管，而排水管道一般采用的是排水铸铁管。给水管道的规格以及排水管道的规格都是通过给水和排水水力计算而确定的。一般来说，给水管道下部管道的规格较大，越往上规格越小，而排水管道需要考虑到排水的通畅，一般上下层的规格不变，都用同一规格的排水管从上面通到下面。具体来说，看本书的系统图，根据用水量的大小，埋地部分的总干管采用的是 $DN40\text{mm}$ 的给水管，底层和一层采用的是 $DN32\text{mm}$ 的给水管，往上的给水量相对较小一些，给水管的规格就有所下降。三、四、五、六层采用的是相同规格的给水管道，都是 $DN25\text{mm}$ 的镀锌钢管。而六层的管道规格最小采用的是 $DN20\text{mm}$ 的镀锌钢管。由本图的平面图以及系统图可看出该图中未给出各层支管的管线图以及长度，因此这里就不予计算。图 5-2-1 给水排水煤气平面图中所给的两条虚线给水管道，由于是支管且未注明尺寸，也不予计算。这里我们只计算干管的工程量。

1. 室内镀锌钢管

(1) $DN40\text{mm}$ 镀锌钢管 1.55m。

(2) $DN32\text{mm}$ 镀锌钢管 15.1m，其计算如下：

$$[(2.7+0.24)+(0.8+2.7\times2)\times2]\text{m}=15.34\text{m}$$

(3) $DN25$mm 镀锌钢管 16.2m，其计算式如下：

$$2.7 \times 3 \times 2m = 16.2m$$

［说明］由给水平面图以及系统图可以看出，给水管道的总干管是由东面的厨房内引入的（通照地图，一般右边为东）。它的规格可结合平面图与系统图看出是 $DN40$mm。它的布置形式为从东面的厨房水表组附近埋地与外面的总给水管道相连，而且可以看出，它的地面标高为 -1.55m，即室内 $DN40$mm 干管的埋深为 1.55m。因此 $DN40$mm 镀锌钢管的工作量即为它埋地部分与外面总干管相连的长度 1.55m。$DN40$mm 的干管引入到东边厨房内部以后，由 $DN40$mm 的镀锌钢管引入一条东西走向的管道贯通东西两个单元，在东西厨房水表组附近分别引入两条立管，满足上层楼房用水的需要。由系统图可以看出 $DN32$mm 的给水镀锌钢管包括一层以下埋地部分的长度和贯通东西两个单元，连接两个给水系统的东西走向的给水干管，以及一层的两根立管。一层以下埋地部分的长度可由平面图中给水管道的地面标高看出。其中给水管道的地面标高为 -0.8m，也就是说它的埋地部分的长度为 0.8m，另外它的长度也可根据给水系统图中由一定的比例尺标尺量取而得到。用这两种方法可以确定它埋地部分的长度为 0.8m。东西走向布置的连接管道由上述两种方法也可知道，它的工程量为 (2.7+0.24)m（其中的 0.24m 为墙⑤墙⑦的一半，这些细节部分在工程量计算中必须注意）。一、二楼层的高度以及所需的给水立管的长度可以看出为 2.7m。综合起来，总的给水管道 $DN32$mm 镀锌钢管的工作量就是上述几部分之和。即其计算式为 $DN32$mm 镀锌钢管：［(2.7+0.24)+(0.8+2.7×2)×2］m = 15.34m。其中第一个"2"表示二层的长度相同，故乘以 2；第二个"2"表示东西两个单元系统的布置相同，故也乘以 2。三、四、五层给水立管的规格相同，都是 $DN25$mm 的镀锌钢管，其中一个单元系统每一层的工程量为 2.7m，三层相同，乘以 3 即为三、四、五层总的给水管道的工程量。再乘以 2 即是总的平面给水管道所需工作量。所以 $DN25$mm 镀锌钢管的计算式如下：2.7×3×2m = 16.2m。而六层管道采用的给水管道规格最小，由给水排水煤气系统图中的给水部分可看出，其规格为 $DN20$mm 镀锌钢管。每个单元系统的工程量为 2.7m，乘以 2 即为两个单元系统 $DN20$mm 镀锌钢管总的工程量。有公式可表示为：$DN20$mm 给水镀锌钢管；2.7×2m = 5.4m。

2. 排水铸铁管

(1) $DN125$mm 排水铸铁管 12.5m，其计算式如下：

$$(2.7+2.7+1.65-0.8) \times 2m = 12.5m$$

［说明］由给水排水平面图可以看出该住宅的排水系统相互隔离为两个单独的排水系统都包括立管部分和南北走向的汇聚于管部分。底层的南北走向的干管部分采用的是 $DN125$mm 的排水铸铁管，它从外面一直延伸到卫生间，由给水排水煤气平面图可以看出，它在底层水平方向的长度为 (2.7+2.7)m。而因为屋内排水管道的地面标高为 -0.8m，而屋外排水管道的地面标高为 -1.65m，所以屋内外存在着 (1.65-0.8)m = 0.85m 的高程差，而为了保持排水的通畅，在给水排水煤气系统图排水部分也可以看出，在垂直于地面方向也布置有 $DN125$mm 的排水铸铁管，$DN125$mm 排水铸铁管它的工程量即为上述两部分之和。其计算式为：$DN125$mm 排水铸铁管：(2.7+2.7+1.65-0.8)m = 6.25m。其中上述计算式是每个单独排水系统的底层排水管工程量。两个独立的排水系统在下层的排水管规格和用量完全一样。乘以 2 即可算出整个住宅 $DN125$mm 排水铸造铁管的工程量：(2.7+2.7+1.65-0.8)

×2m＝12.5m。

（2）$DN$100mm 排水铸铁管 33.8m，其计算式如下：

$$(16.2＋0.8)×2m＝34m$$

［说明］由图 5-2-2 可以看出，左边的单独排水系统采用的排水铸铁管的规格为 $DN$100mm。它的工程量也包括两部分，由图 5-2-1 和图 5-2-2 可知包括埋地部分和楼层以上明装部分，埋地部分的工程量即为地面到 $DN$125mm 排水铸铁管的垂直距离，由排水铸铁管的地面标高可看出，埋地部分的 $DN$100mm 排水铸铁管的工作量为 0.8m，而排水立管部分，每一层的工程量，可由给水排水煤气系统图读出为 2.7m，则立管部分总的工程量即为每层排水管道的工程量乘以楼层数。本例中的六层住宅的给水排水工程，乘以 6 即为立管部分总工程量。每个单独排水系统排水铸铁管的工程量即为埋地部分 0.8m 加上立管部分 2.7m×6＝16.2m。计算式中的 16.2m 即为立管部分总的排水铸铁管的工程量。于是有计算式 $DN$100mm 排水铸铁管：（16.2＋0.8）×2m＝34m。

（3）$DN$75mm 排水铸铁管 34m，其计算式如下：

［说明］因为本例中的两个排水系统分别为一个单独的排水系统，由于用水量的不同，厨房排水系统的规格采用比较小的 $DN$75mm 的排水铸铁管。它的规格和下边排水系统规格不一样，但其布置位置和布置长度也和下边排水系统完全一样。它也包括埋地部分和明装立管部分。埋地部分的长度也为 0.8m，明装立管部分也为每层楼的工程量 2.7m 乘以楼层数六层等于 16.2m。所以 $DN$75mm 排水铸铁管和 $DN$100mm 排水铸铁管有类似的计算式。（16.2＋0.8）×2m＝34m。其中乘以 2 表示两个系统中同为 $DN$75mm 的排水管道的两根立管之和。至此，两根 $DN$100mm 的立管部分和两根 $DN$75mm 的立管部分以及 $DN$125mm 排水管道部分都已计算完毕。

$$(16.2＋0.8)×2m＝34m$$

3．屋面透气管安装

（1）1m 以下 $DN$75mm 的两处。

（2）1m 以下 $DN$100mm 的两处。

由于 $DN$75mm 排水铸铁管有两根，所以分别需要在此两处安装屋面透气管，它的工作量在 1m 以下。同样，$DN$100mm 排水铸铁管也有两根立管，也需要在 $DN$100mm 排水铸铁管两根立管处安装 1m 以下的屋面透气管。它们的规格由排水铸铁管的规格而定。

4．一般住宅厨房间家具盆（带 $DN$20mm 水表、$DN$15mm 水龙头、地漏）安装 12 间（6×2＝12）。

5．一般住宅卫生间低水箱坐式大便器（带冷水浴盆、洗脸盆）安装 12 间（6×2＝12）。

6．J11T-1.6$DN$32mm 截止阀 2 个。

［说明］每一个系统每一层有一厨房，内设有一般住宅厨房间家具盆，$DN$20mm 水表，$DN$15mm 水龙头、地漏。乘以 6 即为六层住宅所需总的管件需要安装间数，再乘以 2 即为两个系统总的所需安装间数，因此计算式为一般住宅厨房间家具盆（带 $DN$20mm 水表，$DN$15mm 水龙头、地漏）安装 12（6×2）间。同样地和厨房布局间数一样，每一层都有一卫生间，内设有低水箱坐式大便器、水冷浴盆、洗脸盆。乘以 6 即为六层住宅所需总的管件需要安装间数，再乘以 2 即为两个系统总的所需安装间数。因此计算式为一般住宅卫生间低水箱坐式大便器（带冷水浴盆、洗脸盆）安装 12 间（6×2＝12）。图 5-2-2 中的排水

部分可看到每一个系统在底层都设有一截止阀,本例中采取的规格为 J11T-1.6 DN32mm,因为有两个系统,因此就有 2 个 J11T-1.6 DN32mm 的截止阀。

### 三、计算工程直接费

工程直接费计算方法与采暖工程相同,本例直接费计算见表 5-2-1。

### 四、现场管理费和工程造价计算

现场管理费和工程造价的计算方法与采暖工程相同。本例工程造价计算见表 5-2-2。

给水排水分部分项工程造价表  表 5-2-1

| 序号 | 定额编号 | 工程项目或名称 | | 单位 | 数量 | 直接费用(元) | | 其中工资(元) | |
|---|---|---|---|---|---|---|---|---|---|
| | | | | | | 单价 | 合价 | 单价 | 合价 |
| 1 | 3-3 | 镀锌钢管安装 | DN25 | m | 16.2 | 31.31 | 507.22 | 10.01 | 162.16 |
| 2 | 3-4 | 镀锌钢管安装 | DN32 | m | 15.34 | 37.8 | 579.85 | 10.31 | 158.16 |
| 3 | 3-5 | 镀锌钢管安装 | DN40 | m | 1.55 | 44.63 | 69.18 | 12.04 | 18.66 |
| 4 | 3-93 | 排水承插铸铁管安装(水泥接口) | DN75 | m | 34 | 60.38 | 2052.92 | 8.89 | 302.26 |
| 5 | 3-94 | 排水承插铸铁管安装(水泥接口) | DN100 | m | 34 | 80.12 | 2724.08 | 10.71 | 364.14 |
| 6 | 3-95 | 排水承插铸铁管安装(水泥接口) | DN125 | m | 12.5 | 91.88 | 1148.5 | 10.47 | 130.88 |
| 7 | 3-99 | 屋面透气管安装(1m以下) | DN75 | 处 | 2 | 40.16 | 80.32 | 12.14 | 24.28 |
| 8 | 3-100 | 屋面透气管安装(1m以下) | DN100 | 处 | 2 | 53.79 | 107.58 | 15.73 | 31.45 |
| 9 | 4-190 | 家具盆带20水表水龙头地漏 | | 间 | 12 | 553.21 | 6638.52 | 98.89 | 1186.68 |
| 10 | 4-181 | 坐式大便器带冷水浴盆脸盆 | | 间 | 12 | 1116.03 | 13392.36 | 93.97 | 1127.64 |
| 11 | 7-5 | 螺纹截止阀安装 J11T-1.6 | DN32 | 个 | 2 | 23.86 | 47.72 | 3.48 | 6.96 |
| | | 小 计 | | | | | 27348.25 | | 3513.27 |
| | 11-5 | 其他直接费 | | | | | 1025.53 | | 112 |
| | | 合 计 | | | | | 28373.78 | | 3625.27 |
| | 12-1 | 临时设施费(3625.27×14.7%) | | | | | 532.91 | | |
| | 12-4 | 现场经费(3625.27×16.8%) | | | | | 609.05 | | |
| | | 总 计 | | | | | 29515.74 | | 3625.27 |

给水排水工程概算费用计算表  表 5-2-2

| 序号 | 项 目 名 称 | 计 算 公 式 | 金 额(元) |
|---|---|---|---|
| 1 | 直接费 | 含其他直接费、现场管理费 | 29515.74 |
| 2 | 其中:人工费 | | 3625.27 |
| 3 | 其中:设备费 | | 0 |
| 4 | 其中:暂估价 | | 0 |
| 5 | 企业管理费 | (2)×相应工程类别费率<br>3625.27×94% | 3407.75 |
| 6 | 利润 | (2)×相应工程类别费率<br>3625.27×42% | 1522.61 |
| 7 | 税金 | [(1)+(5)+(6)]×3.4% | 1171.17 |
| 8 | 工程造价 | (1)+(5)+(6)+(7) | 35617.27 |
| 9 | 建筑行业劳保统筹基金 | (8)×1% | 356.17 |
| 10 | 建材发展补充基金 | (8)×2% | 712.35 |
| 11 | 工程总价 | (8)+(9)+(10) | 36685.79 |

## 5-3 燃气安装工程

北京市近郊区某单位 6 层住宅煤气工程。工程的平面图和系统图如图 5-2-1 和图 5-2-2 所示。

一、工程简介

每户厨房内设 JZZ2 型焦炉双眼烤箱灶一台,$2.5m^3/h$ 煤气表一台。采用地上引入进户,引入管用 $D57mm×3.5mm$ 无缝钢管,地上部分用石棉绳保温,其余管道用镀锌钢管。

二、工程量计算

本例给出了某郊区单位 6 层住宅煤气管道工程,并附有煤气管道平面图和系统图(5-2-1)和(5-2-2c),计算该工程总工程量时,只需计算出一个单元的工程量即可。因为 2 个单元的燃气管道布置都是相同的,乘以 2 即为总工程量。

该工程中所用到的燃气管道采用的是镀锌焊接钢管。使用的钢管规格为 $D50mm$、$DN32mm$、$DN25mm$ 和 $D57mm×3.5mm$ 无缝钢管用于地上石棉绳保温引入口两处。这些管道的规格也是通过燃气量的大小决定的,下部干管处煤气流量较大,采用的较大规格的镀锌钢管 $DN50mm$。三到四层流量也较大采用 $DN32mm$ 镀锌钢管,而最上面两层流量相对较小则选用 $DN25mm$ 的镀锌钢管。

1.$D57mm×3.5mm$ 无缝钢管地上石棉绳保温引入口两处。

2.室内立管(镀锌钢管)

(1)$DN50mm$ 镀锌钢管 7.8m,其计算式如下:

$$(2.7+2.7-1.5)×2m=7.8m$$

说明:镀锌钢管 $DN50mm$ 的工程量,$DN50mm$ 管有 3 部分组成,一部分为从室外引入到室内后埋地的立管由图 5-2-2c 中所标标高为 -1.55m,可知这部分长度为 1.55m,第二部分为从地面标高 0.00 处到一层的支管处标高为 1.5m 可知这部分长度为 1.50m,第三部分为从一层支管处到二层支管处为 2.7m,则 $DN50mm$ 镀锌钢管工程量为(2.7 + 1.55 + 1.50)× 2m = 11.5m。

(2)$DN32mm$ 镀锌钢管 10.8m,其计算式如下:

$$2.7×2×2m=10.8m$$

说明:$DN32mm$ 镀锌钢管工程量计算相对简单,从图 5-2-2c 中可以看出,从二层支管以上到四层支管以下皆为 $DN32mm$ 管,则 $DN32mm$ 镀锌钢管工程量计算为:2.7×2×2m=10.8m。

(3)$DN25mm$ 镀锌钢管 10.8m,其计算式同上。

说明:$DN25mm$ 镀锌钢管工程量计算相同于 $DN32mm$ 镀锌钢管工程量计算。

3.户用 JZZ2 型焦炉双眼烤箱灶(含 $2.5m^3/h$ 煤气表)安装 12 台。

4.铸铁旋塞阀 X13W-1 $DN50mm$ 安装 2 个。

三、计算工程直接费

直接费计算见表 5-3-1。

四、现场管理费和工程造价计算

与采暖工程相同。工程造价计算见表 5-3-2。

煤气分部分项工程造价表    表 5-3-1

| 序号 | 定额编号 | 工程项目或名称 | 单位 | 数量 | 直接费用(元) 单价 | 直接费用(元) 合价 | 其中工资(元) 单价 | 其中工资(元) 合价 |
|---|---|---|---|---|---|---|---|---|
| 1 | 9-4 | 地上引入口 $D57×3.5$ 石棉绳保温 | 处 | 2 | 635.9 | 1271.8 | 164.93 | 329.86 |
| 2 | 9-51 | 立管安装 $DN25$ | m | 10.8 | 27.01 | 291.71 | 7.73 | 83.48 |
| 3 | 9-52 | 立管安装 $DN32$ | m | 10.8 | 32.87 | 355 | 7.96 | 85.97 |

续表

| 序号 | 定额编号 | 工程项目或名称 | 单位 | 数量 | 直接费用（元） 单价 | 直接费用（元） 合价 | 其中工资（元） 单价 | 其中工资（元） 合价 |
|---|---|---|---|---|---|---|---|---|
| 4 | 9-54 | 立管安装 $DN50$ | m | 7.8 | 47.19 | 368.08 | 9.63 | 75.11 |
| 5 | 9-73 | 焦炉双眼烤箱灶安装 | 台 | 12 | 797.3 | 9567.6 | 60.3 | 723.6 |
| 6 | 7-7 | 铸铁旋塞阀安装 X13W-1 $DN50$ | 个 | 2 | 45.73 | 91.46 | 5.81 | 11.62 |
| 7 | 9-122 | 阀门研磨增加费 $DN50$ | 个 | 2 | 12.28 | 24.56 | 9.06 | 18.12 |
|  |  | 小计 |  |  |  | 11970.21 |  | 1327.76 |
|  | 11-9 | 其他直接费 |  |  |  | 338.58 |  | 26.56 |
|  |  | 合计 |  |  |  | 12308.79 |  | 1354.32 |
|  | 12-1 | 临时设施费（1354.32×14.7%） |  |  |  | 199.09 |  |  |
|  | 12-4 | 现场经费（1354.32×16.8%） |  |  |  | 227.53 |  |  |
|  |  | 总计 |  |  |  | 12735.41 |  | 1354.32 |

煤气工程概算费用计算表　　表 5-3-2

| 序号 | 项目名称 | 计算公式 | 金额（元） |
|---|---|---|---|
| 1 | 直接费 | 含其他直接费、现场管理费 | 12735.41 |
| 2 | 其中：人工费 |  | 1354.32 |
| 3 | 其中：设备费 |  | 0 |
| 4 | 其中：暂估价 |  | 0 |
| 5 | 企业管理费 | （2）×相应工程类别费率<br>1354.32×94% | 1273.06 |
| 6 | 利润 | （2）×相应工程类别费率<br>1354.32×42% | 568.81 |
| 7 | 税金 | ［（1）+（5）+（6）］×3.4%<br>(12735.41+1273.06+568.81)×3.4% | 495.63 |
| 8 | 工程造价 | （1）+（5）+（6）+（7）<br>12735.41+1273.06+568.81+495.63 | 15072.91 |
| 9 | 建筑行业劳保统筹基金 | （8）×1%<br>15072.91×1% | 150.73 |
| 10 | 建材发展补充基金 | （8）×2%<br>15072.91×2% | 301.46 |
| 11 | 工程总价 | （8）+（9）+（10）<br>15072.91+150.73+301.46 | 15525.1 |

五、工程量清单计价编制说明
(一) 采暖、给水排水、燃气安装工程工程量清单

　　　　　招　标　人：_____×××_____（单位签字盖章）
　　　　　法定代表人：_____×××_____（签字盖章）
　　　　　中 介 机 构
　　　　　法定代表人：_____×××_____（签字盖章）
　　　　　造价工程师
　　　　　及注册证号：_____×××_____（签字盖执业专用章）
　　　　　编制时间：___××年××月××日___

## 填　表　须　知

1　工程量清单及其计价格式中所有要求签字、盖章的地方，必须由规定的单位和人员签字、盖章。

2　工程量清单及其计价格式中的任何内容不得随意删除或涂改。

3　工程量清单计价格式中列明的所有需要填报的单价和合价，投标人均应填报，未填报的单价和合价，视为此项费用已包含在工程量清单的其他单价和合价中。

4　金额（价格）均应以_____币表示。

## 总　说　明

工程名称：采暖、给水排水、燃气安装工程　　　　　　　　　第　页　共　页

| |
|---|
| 1. 工程概况 |
| 2. 招标范围 |
| 3. 工程质量要求 |
| 4. 工程量清单编制依据 |

定额预(结)算表(直接费部分)与清单项目之间关系分析对照表　　表 5-3-3

工程名称：采暖工程

| 序号 | 项目编码 | 项 目 名 称 | 清单主项在预(结)算表中的序号 | 清单综合的工程内容在预(结)算表中的序号 |
|---|---|---|---|---|
| 1 | 030801002001 | 焊接钢管 DN70，室内采暖工程，水泥珍珠岩保温 δ=30mm，石棉麻刀水泥保护壳 δ=10mm | 4 | 16＋18 |
| 2 | 030801002002 | 焊接钢管 DN40，室内采暖工程 | 3 | 无 |
| 3 | 030801002003 | 焊接钢管 DN40，室内采暖工程，水泥珍珠岩保温 δ=40mm，石棉麻刀水泥保护壳 δ=10mm | 3 | 16＋18 |
| 4 | 030801002004 | 焊接钢管 DN40，室内采暖工程，镀锌钢丝网石棉灰保温 δ=30mm，石棉麻刀水泥保护壳 δ=10mm | 3 | 17＋18 |
| 5 | 030801002005 | 焊接钢管 DN32，室内采暖工程 | 2 | 无 |
| 6 | 030801002006 | 焊接钢管 DN32，室内采暖工程，水泥珍珠岩保温 δ=40mm，石棉麻刀水泥保护壳 δ=10mm | 2 | 16＋18 |
| 7 | 030801002007 | 焊接钢管 DN25，室内采暖工程 | 7＋1 | 无 |
| 8 | 030801002008 | 焊接钢管 DN25，室内采暖工程，水泥珍珠岩保温 δ=40mm，石棉麻刀水泥保护壳 δ=10mm | 7 | 16＋18 |
| 9 | 030801002009 | 焊接钢管 DN25，室内采暖工程，镀锌钢丝网石棉灰保温 δ=30mm，石棉麻刀水泥保护壳 δ=10mm | 1 | 17＋18 |
| 10 | 030801002010 | 焊接钢管 DN20，室内采暖工程 | 6 | 无 |
| 11 | 030801002011 | 焊接钢管 DN20，室内采暖工程，水泥珍珠岩保温 δ=40mm，石棉麻刀水泥保护壳 δ=10mm | 6 | 16＋18 |
| 12 | 030801002012 | 焊接钢管 DN15，室内采暖工程，水泥珍珠岩保温 δ=40mm，石棉麻刀水泥保护壳 δ=10mm | 5 | 16＋18 |
| 13 | 030801002013 | 焊接钢管 DN15，室内采暖工程 | 5 | 无 |
| 14 | 030805001001 | 铸铁散热器，四柱 813 型 | 9 | 无 |
| 15 | 030617004001 | 集气缸制作安装，DN150 | 10 | 无 |
| 16 | 030803001001 | 螺纹闸阀 DN15 安装，型号为 Z15T-1 | 11 | 无 |
| 17 | 030803001002 | 螺纹闸阀 DN20 安装，型号为 Z15T-1 | 12 | 无 |
| 18 | 030803001003 | 螺纹闸阀 DN25 安装，型号为 Z15T-1 | 13 | 无 |
| 19 | 030803001004 | 螺纹闸阀 DN40 安装，型号为 Z15T-1 | 14 | 无 |
| 20 | 030803003001 | 焊接法兰闸阀 DN70 安装，型号为 Z45T-1 | 15 | 无 |

## 措施项目清单

表 5-3-4

工程名称：采暖工程　　　　　　　　　　　　　　　　　　　　　　　　　第　页　共　页

| 序号 | 项目名称 | 备注 |
|---|---|---|
| 1 | 环境保护 | |
| 2 | 文明施工 | |
| 3 | 安全施工 | |
| 4 | 临时设施 | |
| 5 | 夜间施工增加费 | |
| 6 | 赶工措施费 | |
| 7 | 二次搬运 | |
| 8 | 混凝土、钢筋混凝土模板及支架 | |
| 9 | 脚手架 | |
| 10 | 垂直运输机械 | |
| 11 | 大型机械设备进出场及安拆 | |
| 12 | 施工排水、降水 | |
| 13 | 其他 | |
| 14 | 措施项目费合计 | 1＋2＋…＋14＋15 |

## 零星工作项目表

表 5-3-5

工程名称：采暖工程　　　　　　　　　　　　　　　　　　　　　　　　　第　页　共　页

| 序号 | 名称 | 计量单位 | 数量 |
|---|---|---|---|
| 1 | 人工费 | | |
| | | 元 | 1.00 |
| 2 | 材料费 | | |
| | | 元 | 1.00 |
| 3 | 机械费 | | |
| | | 元 | 1.00 |

## 定额预（结）算表（直接费部分）与清单项目之间关系分析对照表

表 5-3-6

工程名称：给水排水工程　　　　　　　　　　　　　　　　　　　　　　　第　页　共　页

| 序号 | 项目编码 | 项目名称 | 清单主项在预（结）算表中的序号 | 清单综合的工程内容在预（结）算表中的序号 |
|---|---|---|---|---|
| 1 | 030801001001 | 镀锌钢管 $DN25$，室内给水工程，螺纹连接 | 1 | 无 |
| 2 | 030801001002 | 镀锌钢管 $DN32$，室内给水工程，螺纹连接 | 2 | 无 |
| 3 | 030801001003 | 镀锌钢管 $DN40$，室内给水工程，螺纹连接 | 3 | 无 |
| 4 | 030801003001 | 承插铸铁管 $DN75$，室内排水工程，水泥接口 | 4 | 7 |
| 5 | 030801003002 | 承插铸铁管 $DN100$，室内排水工程，水泥接口 | 5 | 8 |
| 6 | 030801003003 | 承插铸铁管 $DN125$，室内排水工程，水泥接口 | 6 | 无 |
| 7 | 030804012001 | 低水箱坐便器，普通水龙头洗脸盆，1500mm×450mm 玻璃钢浴盘 | 10 | 无 |

续表

| 序号 | 项目编码 | 项目名称 | 清单主项在预（结）算表中的序号 | 清单综合的工程内容在预（结）算表中的序号 |
|---|---|---|---|---|
| 8 | 030803001001 | 螺纹阀门，螺纹截止阀 DN32，型号为 J11T-1.6 | 11 | 无 |
| 9 | 030804005001 | 白瓷家具盆，尺寸为 610mm×460mm，DN15 普通水龙头污水池，DN20 水表一组 | 9 | 无 |

措施项目清单    表 5-3-7

工程名称：给水排水工程    第 页 共 页

| 序号 | 项目名称 | 备注 |
|---|---|---|
| 1 | 环境保护 | |
| 2 | 文明施工 | |
| 3 | 安全施工 | |
| 4 | 临时设施 | |
| 5 | 夜间施工增加费 | |
| 6 | 赶工措施费 | |
| 7 | 二次搬运 | |
| 8 | 混凝土、钢筋混凝土模板及支架 | |
| 9 | 脚手架 | |
| 10 | 垂直运输机械 | |
| 11 | 大型机械设备进出场及安拆 | |
| 12 | 施工排水、降水 | |
| 13 | 其他 | |
| 14 | 措施项目费合计 | 1+2+…+14+15 |

零星工作项目表    表 5-3-8

工程名称：给水排水工程    第 页 共 页

| 序号 | 名称 | 计量单位 | 数量 |
|---|---|---|---|
| 1 | 人工费 | 元 | 1.00 |
| 2 | 材料费 | 元 | 1.00 |
| 3 | 机械费 | 元 | 1.00 |

定额预（结）算表（直接费部分）与清单项目之间关系分析对照表    表 5-3-9

工程名称：煤气安装工程    第 页 共 页

| 序号 | 项目编码 | 项目名称 | 清单主项在预（结）算表中的序号 | 清单综合的工程内容在预（结）算表中的序号 |
|---|---|---|---|---|
| 1 | 030801001001 | 镀锌钢管 DN25，室内燃气工程 | 2 | 无 |
| 2 | 030801001002 | 镀锌钢管 DN32，室内燃气工程 | 3 | 无 |
| 3 | 030801001003 | 镀锌钢管 DN50，室内燃气工程 | 4 | 无 |
| 4 | 030801002001 | 无缝钢管 DN57×3.5，石棉绳保温 | 1 | 无 |

续表

| 序号 | 项目编码 | 项 目 名 称 | 清单主项在预（结）算表中的序号 | 清单综合的工程内容在预（结）算表中的序号 |
|---|---|---|---|---|
| 5 | 030806005001 | 焦炉双眼烤箱灶，JZZ2型，含2.5m³/h煤气表 | 5 | 无 |
| 6 | 030803002001 | 铸铁旋塞阀 DN50 安装，型号为 X13W-1 | 6 | 7 |

措施项目清单　　　　　　　　　　　　　　　　　表 5-3-10

工程名称：煤气安装工程　　　　　　　　　　　　第　页　共　页

| 序 号 | 项 目 名 称 | 备 注 |
|---|---|---|
| 1 | 环境保护 | |
| 2 | 文明施工 | |
| 3 | 安全施工 | |
| 4 | 临时设施 | |
| 5 | 夜间施工增加费 | |
| 6 | 赶工措施费 | |
| 7 | 二次搬运 | |
| 8 | 混凝土、钢筋混凝土模板及支架 | |
| 9 | 脚手架 | |
| 10 | 垂直运输机械 | |
| 11 | 大型机械设备进出场及安拆 | |
| 12 | 施工排水、降水 | |
| 13 | 其他 | |
| 14 | 措施项目费合计 | 1+2+…+14+15 |

零星工作项目表　　　　　　　　　　　　　　　　表 5-3-11

工程名称：煤气安装工程　　　　　　　　　　　　第　页　共　页

| 序　号 | 名　　　称 | 计量单位 | 数　　量 |
|---|---|---|---|
| 1 | 人工费 | | |
| | | 元 | 1.00 |
| 2 | 材料费 | | |
| | | 元 | 1.00 |
| 3 | 机械费 | | |
| | | 元 | 1.00 |

## (二) 采暖、给水排水、燃气安装工程工程量清单报价表

投 标 人： ×××  （单位签字盖章）
法定代表人： ×××  （签字盖章）
造价工程师
及注册证号： ×××  （签字盖执业专用章）
编 制 时 间： ××年××月××日

### 投 标 总 价

建设单位： ×××
工程名称： 采暖、给水排水、燃气安装工程
投标总价（小写）： ×××
　　　　（大写）： ×××
投 标 人： ×××  （单位签字盖章）
法定代表人： ×××  （签字盖章）
编 制 时 间： ××年××月××日

### 总 说 明

工程名称：采暖、给水排水、燃气安装工程　　　　　　　　　　　第 页 共 页

1. 工程概况

2. 招标范围

3. 工程质量要求

4. 工程量清单编制依据

5. 工程量清单计费列表

注：本例给水排水、采暖、电气工程以定额人工费为取费基数，其中管理费费率为62%，利润率为51%

## 单项工程费汇总表

表 5-3-12

工程名称：采暖、给水排水、燃气安装工程　　　　　　　第　页　共　页

| 序号 | 单位工程名称 | 金额（元） |
|---|---|---|
| 1 | 采暖工程 | |
| 2 | 给水排水工程 | |
| 3 | 煤气工程 | |
| | 合　计 | |

## 单位工程费汇总表

表 5-3-13

工程名称：采暖工程　　　　　　　第　页　共　页

| 序号 | 项目名称 | 金额（元） |
|---|---|---|
| 1 | 分部分项工程量清单计价合计 | |
| 2 | 措施项目清单计价合计 | |
| 3 | 其他项目清单计价合计 | |
| 4 | 规费 | |
| 5 | 税金 | |
| | 合　计 | |

## 分部分项工程量清单计价表

表 5-3-14

工程名称：采暖工程　　　　　　　第　页　共　页

| 序号 | 项目编码 | 项目名称 | 计量单位 | 工程数量 | 综合单价 | 合价 |
|---|---|---|---|---|---|---|
| 1 | 030801002001 | 焊接钢管 DN70，室内采暖工程，水泥珍珠岩保温，$\delta=30mm$，石棉麻刀水泥保护壳 $\delta=10mm$ | m | 47.1 | 71.73 | 3378.56 |
| 2 | 030801002002 | 焊接钢管 DN40，室内采暖工程 | m | 18.3 | 42.85 | 784.16 |
| 3 | 030801002003 | 焊接钢管 DN40，室内采暖工程，水泥珍珠岩保温 $\delta=40mm$，石棉麻刀水泥保护壳 $\delta=10mm$ | m | 21 | 52.78 | 1108.32 |
| 4 | 030801002004 | 焊接钢管 DN40，室内采暖工程，镀锌钢丝网石棉灰保温 $\delta=30mm$，石棉麻刀水泥保护壳 $\delta=10mm$ | m | 2.7 | 54.89 | 148.20 |
| 5 | 030801002005 | 焊接钢管 DN32，室内采暖工程 | m | 17.1 | 41.3 | 706.23 |

续表

| 序号 | 项目编码 | 项 目 名 称 | 计量单位 | 工程数量 | 金额（元） | |
|---|---|---|---|---|---|---|
| | | | | | 综合单价 | 合价 |
| 6 | 030801002006 | 焊接钢管 DN32，室内采暖工程，水泥珍珠岩保温 δ=40mm，石棉麻刀水泥保护壳 δ=10mm | m | 17.1 | 50.81 | 868.87 |
| 7 | 030801002007 | 焊接钢管 DN25，室内采暖工程 | m | 26.1 | 35.13 | 916.92 |
| 8 | 030801002008 | 焊接钢管 DN25，室内采暖工程，水泥珍珠岩保温 δ=40mm，石棉麻刀水泥保护壳 δ=10mm | m | 14.1 | 39.07 | 550.88 |
| 9 | 030801002009 | 焊接钢管 DN25，室内采暖工程，镀锌钢丝网石棉灰保温 δ=30mm，石棉麻刀水泥保护壳 δ=10mm | m | 2.7 | 47.23 | 126.52 |
| 10 | 030801002010 | 焊接钢管 DN20，室内采暖工程 | m | 113.4 | 25.02 | 2837.27 |
| 11 | 030801002011 | 焊接钢管 DN20，室内采暖工程，水泥珍珠岩保温 δ=40mm，石棉麻刀水泥保护壳 δ=10mm | m | 10.5 | 33.08 | 347.39 |
| 12 | 030801002012 | 焊接钢管 DN15，室内采暖工程，水泥珍珠岩保温 δ=40mm，石棉麻刀水泥保护壳 δ=10mm | m | 3 | 30.08 | 90.25 |
| 13 | 030801002013 | 焊接钢管 DN15，室内采暖工程 | m | 32.4 | 23.01 | 745.52 |
| 14 | 030805001001 | 铸铁散热器，四柱 813 型 | 片 | 711 | 27.65 | 19659.15 |
| 15 | 030617004001 | 集气罐制作安装，DN150 | 个 | 2 | 183.84 | 367.68 |
| 16 | 030803001001 | 螺纹连接闸阀 DN15 安装，型号为 Z15T-1 | 个 | 8 | 17.03 | 136.24 |
| 17 | 030803001002 | 螺纹连接闸阀 DN20 安装，型号为 Z15T-1 | 个 | 46 | 20.72 | 953.12 |
| 18 | 030803001003 | 螺纹连接闸阀 DN25 安装，型号为 Z15T-1 | 个 | 3 | 24.26 | 72.78 |
| 19 | 030803001004 | 螺纹连接闸阀 DN40 安装，型号为 Z15T-1 | 个 | 8 | 39.73 | 317.84 |
| 20 | 030803003001 | 焊接法兰闸阀 DN70 安装，型号为 Z45T-1 | 个 | 2 | 815.63 | 1631.26 |

措施项目清单计价表    表 5-3-15

工程名称：采暖工程    第 页 共 页

| 序 号 | 项 目 名 称 | 金额（元） |
|---|---|---|
| 1 | 环境保护 | |
| 2 | 文明施工 | 227.87 |
| 3 | 安全施工 | 683.87 |
| 4 | 临时设施 | 1367.22 |
| 5 | 夜间施工增加费 | |
| 6 | 赶工措施费 | |
| 7 | 二次搬运 | |
| 8 | 混凝土、钢筋混凝土模板及支架 | |
| 9 | 脚手架 | |
| 10 | 垂直运输机械 | |
| 11 | 大型机械设备进出场及安拆 | |
| 12 | 施工排水、降水 | |
| 13 | 其他 | |
| 14 | 措施项目费合计 | 2278.71 |

## 其他项目清单计价表

表 5-3-16

工程名称：采暖工程　　　　　　　　　　　　　　　第　页　共　页

| 序　号 | 项　目　名　称 | 金　额（元） |
|---|---|---|
| 1 | 招标人部分 | |
| | 不可预见费 | |
| | 工程分包和材料购置费 | |
| | 其他 | |
| 2 | 投标人部分 | |
| | 总承包服务费 | |
| | 零星工作项目费 | |
| | 其他 | |
| | 合计 | 0.00 |

## 零星工作项目表

表 5-3-17

工程名称：采暖工程　　　　　　　　　　　　　　　第　页　共　页

| 序　号 | 名　称 | 计量单位 | 数　量 | 金额（元） | |
|---|---|---|---|---|---|
| | | | | 综合单价 | 合　价 |
| 1 | 人工费 | | | | |
| | | 元 | | | |
| 2 | 材料费 | | | | |
| | | 元 | | | |
| 3 | 机械费 | | | | |
| | | 元 | | | |
| | 合计 | | | | 0.00 |

## 分部分项工程量清单综合单价分析表

表 5-3-18

工程名称：采暖工程　　　　　　　　　　　　　　　第　页　共　页

| 序号 | 项目编码 | 项目名称 | 定额编号 | 工程内容 | 单位 | 数量 | 综合单价组成（元） | | | | 综合单价（元） | 合价（元） |
|---|---|---|---|---|---|---|---|---|---|---|---|---|
| | | | | | | | 直接费用 | 其中工资 | 管理费 | 利润 | | |
| 1 | 030801002001 | 焊接钢管 DN70 | | | m | 47.1 | | | | | 71.73 | 3378.56 |
| | | | 1-7 | 焊接钢管干管安装 | m | 47.1 | 44.7 | 10.27 | 6.37 | 5.24 | | 56.31×47.1 |
| | | | 10- | 水泥珍珠岩瓦保温 | m³ | 0.93 | 331.08 | 45.05 | 27.93 | 22.98 | | 381.99×0.93 |
| | | | 10-31 | 石棉麻刀水泥保护壳 | m² | 25.97 | 10.75 | 3.13 | 1.94 | 1.60 | | 14.29×25.97 |
| 2 | 030801002002 | 焊接钢管 DN40 | | | m | 18.3 | | | | | 42.85 | 784.16 |
| | | | 1-5 | 焊接钢管干管安装 | m | 18.3 | 32.35 | 9.29 | 5.76 | 4.74 | | 42.85×18.3 |
| 3 | 030801002003 | 焊接钢管 DN40 | | | m | 21 | | | | | 52.78 | 1108.32 |

续表

| 序号 | 项目编码 | 项目名称 | 定额编号 | 工程内容 | 单位 | 数量 | 综合单价组成（元） | | | | 综合单价（元） | 合价（元） |
|---|---|---|---|---|---|---|---|---|---|---|---|---|
| | | | | | | | 直接费用 | 其中工资 | 管理费 | 利润 | | |
| | | | 1-5 | 焊接钢管干管安装 | m | 21 | 32.35 | 9.29 | 5.76 | 4.74 | | 42.85×21 |
| | | | 10-2 | 水泥珍珠岩瓦保温 | m³ | 0.23 | 331.08 | 45.05 | 27.93 | 22.98 | | 381.99×0.23 |
| | | | 10-31 | 石棉麻刀水泥保护壳 | m² | 8.44 | 10.75 | 3.13 | 1.94 | 1.60 | | 14.29×8.44 |
| 4 | 030801002004 | 焊接钢管 DN40 | | | m | 2.7 | | | | | 54.89 | 148.20 |
| | | | 1-5 | 焊接钢管干管安装 | m | 2.7 | 32.35 | 9.29 | 5.76 | 4.74 | | 42.85×2.7 |
| | | | 10-10 | 镀锌钢丝网石棉灰保温 | m³ | 0.02 | 882.66 | 75.47 | 46.79 | 38.49 | | 967.94×0.02 |
| | | | 10-31 | 石棉麻刀水泥保护壳 | m² | 0.92 | 10.75 | 3.13 | 1.94 | 1.60 | | 14.29×0.92 |
| 5 | 030801002005 | 焊接钢管 DN32 | | | m | 17.1 | | | | | 41.3 | 706.23 |
| | | | 1-4 | 焊接钢管干管安装 | m | 17.1 | 30.4 | 9.64 | 5.98 | 4.92 | | 41.3×17.1 |
| 6 | 030801002006 | 焊接钢管 DN32 | | | m | 17.1 | | | | | 50.81 | 868.87 |
| | | | 1-4 | 焊接钢管干管安装 | m | 17.1 | 30.4 | 9.64 | 5.98 | 4.92 | | 41.3×17.1 |
| | | | 10-2 | 水泥珍珠岩瓦保温 | m³ | 0.18 | 331.08 | 45.05 | 27.93 | 22.98 | | 381.99×0.18 |
| | | | 10-31 | 石棉麻刀水泥保护壳 | m² | 6.57 | 10.75 | 3.13 | 1.94 | 1.60 | | 14.29×6.57 |
| 7 | 030801002007 | 焊接钢管 DN25 | | | m | 26.1 | | | | | 35.13 | 916.92 |
| | | | 1-28 | 焊接钢管立管安装 | m | 3.6 | 21.87 | 7.59 | 4.71 | 3.87 | | 30.45×3.6 |
| | | | 1-3 | 焊接钢管干管安装 | m | 22.5 | 25.49 | 9.2 | 5.70 | 4.69 | | 35.88×22.5 |
| 8 | 030801002008 | 焊接钢管 DN25 | | | m | 14.1 | | | | | 39.07 | 550.88 |
| | | | 1-28 | 焊接钢管立管安装 | m | 14.1 | 21.87 | 7.59 | 4.71 | 3.87 | | 30.45×14.1 |
| | | | 10-2 | 水泥珍珠岩瓦保温 | m³ | 0.13 | 331.08 | 45.05 | 27.93 | 22.98 | | 381.99×0.13 |
| | | | 10-31 | 石棉麻刀水泥保护壳 | m² | 5.03 | 10.75 | 3.13 | 1.94 | 1.60 | | 14.29×5.03 |
| 9 | 030801002009 | 焊接钢管 DN25 | | | m | 2.7 | | | | | 47.23 | 127.52 |
| | | | 1-3 | 焊接钢管干管安装 | m | 2.7 | 25.49 | 9.2 | 5.70 | 4.69 | | 35.88×2.7 |
| | | | 10-10 | 镀锌钢丝网石棉灰保温 | m³ | 0.02 | 882.66 | 75.47 | 46.79 | 38.49 | | 967.94×0.02 |
| | | | 10-31 | 石棉麻刀水泥保护壳 | m² | 0.79 | 10.75 | 3.13 | 1.94 | 1.60 | | 14.29×0.79 |

续表

| 序号 | 项目编码 | 项目名称 | 定额编号 | 工程内容 | 单位 | 数量 | 综合单价组成（元） | | | | 综合单价（元） | 合价（元） |
|---|---|---|---|---|---|---|---|---|---|---|---|---|
| | | | | | | | 直接费用 | 其中工资 | 管理费 | 利润 | | |
| 10 | 030801002010 | 焊接钢管 DN20 | | | m | 113.4 | | | | | 25.02 | 2837.27 |
| | | | 1-27 | 焊接钢管立管安装 | m | 113.4 | 17.54 | 6.62 | 4.10 | 3.38 | | 25.02×113.4 |
| 11 | 030801002011 | 焊接钢管 DN20 | | | m | 10.5 | | | | | 33.08 | 347.39 |
| | | | 1-27 | 焊接钢管立管安装 | m | 10.5 | 17.54 | 6.62 | 4.10 | 3.38 | | 25.02×10.5 |
| | | | 10-2 | 水泥珍珠岩瓦保温 | m³ | 0.09 | 331.08 | 45.05 | 27.93 | 22.98 | | 381.99×0.09 |
| | | | 10-31 | 石棉麻刀水泥保护壳 | m² | 3.52 | 10.75 | 3.13 | 1.94 | 1.60 | | 14.29×3.52 |
| 12 | 030801002012 | 焊接钢管 DN15 | | | m | 3 | | | | | 30.08 | 90.25 |
| | | | 1-26 | 焊接钢管 DN15 | m | 3 | 15.65 | 6.51 | 4.04 | 3.32 | | 23.01×3 |
| | | | 10-2 | 水泥珍珠岩瓦保温 | m³ | 0.02 | 331.08 | 45.04 | 27.93 | 22.98 | | 381.99×0.02 |
| | | | 10-31 | 石棉麻刀水泥保护壳 | m² | 0.95 | 10.75 | 3.13 | 1.94 | 1.60 | | 14.29×0.95 |
| 13 | 030801002013 | 焊接钢管 DN15 | | | m | 32.4 | | | | | 23.01 | 745.52 |
| | | | 1-26 | 焊接钢管 DN15 | m | 32.4 | 14.65 | 6.51 | 4.04 | 3.32 | | 23.01×32.4 |
| 14 | 030805001001 | 铸铁散热器（四柱813） | | | 片 | 711 | | | | | 27.65 | 19659.15 |
| | | | 2-1 | 铸铁散热器 | 片 | 711 | 24.71 | 2.6 | 1.61 | 1.33 | | 27.65×711 |
| 15 | 030617004001 | 集气罐制作安装 | | | 个 | 2 | | | | | 183.84 | 367.68 |
| | | | 2-44 | DN150集气罐制安 | 个 | 2 | 134.06 | 44.05 | 27.31 | 22.47 | | 183.84×2 |
| 16 | 030803001001 | 螺纹闸阀 DN15 | | | 个 | 8 | | | | | 17.03 | 136.24 |
| | | | 7-2 | 螺纹闸阀安装 | 个 | 8 | 14.41 | 2.32 | 1.44 | 1.18 | | 17.03×8 |
| 17 | 030803001002 | 螺纹闸阀 DN20 | | | 个 | 46 | | | | | 20.72 | 953.12 |
| | | | 7-3 | 螺纹闸阀安装 | 个 | 46 | 18.1 | 2.32 | 1.44 | 1.18 | | 20.72×46 |
| 18 | 030803001003 | 螺纹闸阀 DN25 | | | 个 | 3 | | | | | 24.26 | 72.78 |
| | | | 7-4 | 螺纹闸阀安装 | 个 | 3 | 20.33 | 3.48 | 2.16 | 1.77 | | 24.26×3 |
| 19 | 030803001004 | 螺纹闸阀 DN40 | | | 个 | 8 | | | | | 39.73 | 317.84 |
| | | | 7-6 | 螺纹闸阀安装 | 个 | 8 | 33.17 | 5.81 | 3.60 | 2.96 | | 39.73×8 |
| 20 | 030803003001 | 焊接法兰闸阀 DN70 | | | 个 | 2 | | | | | 815.63 | 1631.26 |
| | | | 7-34 | 焊接法兰闸阀安装 | 个 | 2 | 796.22 | 17.18 | 10.65 | 8.76 | | 815.63×2 |

## 措施项目费分析表

表 5-3-19

工程名称：采暖工程　　　　　　　　　　　　　　　　　　　　　　　　　　　　第　页　共　页

| 序号 | 措施项目名称 | 单位 | 数量 | 金额（元） | | | | | |
|---|---|---|---|---|---|---|---|---|---|
| | | | | 人工费 | 材料费 | 机械使用费 | 管理费 | 利润 | 小计 |
| 1 | 环境保护费 | | | | | | | | |
| 2 | 文明施工费 | | | | | | | | |
| 3 | 安全施工费 | | | | | | | | |
| 4 | 临时设施费 | | | | | | | | |
| 5 | 夜间施工增加费 | | | | | | | | |
| 6 | 赶工措施费 | | | | | | | | |
| 7 | 二次搬运费 | | | | | | | | |
| 8 | 混凝土、钢筋混凝土模板及支架 | | | | | | | | |
| 9 | 脚手架搭拆费 | | | | | | | | |
| 10 | 垂直运输机械使用费 | | | | | | | | |
| 11 | 大型机械设备进出场及安拆 | | | | | | | | |
| 12 | 施工排水、降水 | | | | | | | | |
| 13 | 其他 | | | | | | | | |
| | 措施项目费合计 | | | | | | | | |

## 主要材料价格表

表 5-3-20

工程名称：采暖工程　　　　　　　　　　　　　　　　　　　　　　　　　　　　第　页　共　页

| 序　号 | 材料编码 | 材料名称 | 规格、型号等特殊要求 | 单　位 | 单价（元） |
|---|---|---|---|---|---|
| | | | | | |
| | | | | | |
| | | | | | |
| | | | | | |
| | | | | | |
| | | | | | |

## 单位工程费汇总表

表 5-3-21

工程名称：给水排水工程　　　　　　　　　　　　　　　　　　　　　　　　　　第　页　共　页

| 序　号 | 项　目　名　称 | 金　额（元） |
|---|---|---|
| 1 | 分部分项工程量清单计价合计 | |
| 2 | 措施项目清单计价合计 | |
| 3 | 其他项目清单计价合计 | |
| 4 | 规费 | |
| 5 | 税金 | |
| | 合　　　计 | |

## 分部分项工程量清单计价表

表 5-3-22

工程名称：给水排水工程　　　　　　　　　　　　　　　　　　　　第　页　共　页

| 序号 | 项目编码 | 项目名称 | 计量单位 | 工程数量 | 金额（元） | |
|---|---|---|---|---|---|---|
| | | | | | 综合单价 | 合价 |
| 1 | 030801001001 | 镀锌钢管 DN25，室内给水工程，螺纹连接 | m | 16.2 | 42.63 | 690.61 |
| 2 | 030801001002 | 镀锌钢管 DN32，室内给水工程，螺纹连接 | m | 15.11 | 49.45 | 746.70 |
| 3 | 030801001003 | 镀锌钢管 DN40，室内给水工程，螺纹连接 | m | 1.55 | 58.23 | 90.26 |
| 4 | 030801003001 | 承插铸铁管 DN75，室内排水工程，水泥接口 | m | 34 | 73.59 | 2502.04 |
| 5 | 030801003002 | 承插铸铁管 DN700，室内排水工程，水泥接口 | m | 33.18 | 96.45 | 3260.16 |
| 6 | 030801003003 | 承插铸铁管 DN125，室内排水工程，水泥接口 | m | 12.5 | 103.71 | 1296.38 |
| 7 | 030804012001 | 低水箱坐便器，普通水龙头洗脸盆，1500mm×450mm玻璃钢浴盆 | 套 | 12 | 1222.21 | 14666.52 |
| 8 | 030803001001 | 螺纹阀门，螺纹截止阀 DN32，型号为 J11T-1.6 | 个 | 2 | 27.79 | 55.58 |
| 9 | 030804005001 | 白瓷家具盆，尺寸为 610mm×460mm，DN15 普通水龙头落地污水池，DN20 水表一组 | 组 | 12 | 664.95 | 7979.4 |

## 措施项目清单计价表

表 5-3-23

工程名称：给水排水工程　　　　　　　　　　　　　　　　　　　　第　页　共　页

| 序　号 | 项　目　名　称 | 金额（元） |
|---|---|---|
| 1 | 环境保护 | |
| 2 | 文明施工 | 227.87 |
| 3 | 安全施工 | 683.61 |
| 4 | 临时设施 | 1367.22 |
| 5 | 夜间施工增加费 | |
| 6 | 赶工措施费 | |
| 7 | 二次搬运 | |
| 8 | 混凝土、钢筋混凝土模板及支架 | |
| 9 | 脚手架 | |
| 10 | 垂直运输机械 | |
| 11 | 大型机械设备进出场及安拆 | |
| 12 | 施工排水、降水 | |
| 13 | 其他 | |
| 14 | 措施项目费合计 | 2278.71 |

## 其他项目清单计价表

表 5-3-24

工程名称：给水排水工程　　　　　　　　　　　　　　　　　　　　第　页　共　页

| 序　号 | 项　目　名　称 | 金　额（元） |
|---|---|---|
| 1 | 招标人部分 | |
| | 不可预见费 | |
| | 工程分包和材料购置费 | |
| | 其他 | |
| 2 | 投标人部分 | |
| | 总承包服务费 | |
| | 零星工作项目费 | |
| | 其他 | |
| | 合计 | 0.00 |

## 零星工作项目表

表 5-3-25

工程名称：给水排水工程　　　　　　　　　　　　　　　　　　　第　页　共　页

| 序号 | 名称 | 计量单位 | 数量 | 金额（元） | |
|---|---|---|---|---|---|
| | | | | 综合单价 | 合价 |
| 1 | 人工费 | | | | |
| | | 元 | | | |
| 2 | 材料费 | | | | |
| | | 元 | | | |
| 3 | 机械费 | | | | |
| | | 元 | | | |
| | 合计 | | | | 0.00 |

## 分部分项工程量清单综合单价分析表

表 5-3-26

工程名称：给水排水工程　　　　　　　　　　　　　　　　　　　第　页　共　页

| 序号 | 项目编码 | 项目名称 | 定额编号 | 工程内容 | 单位 | 数量 | 综合单价组成（元） | | | | 综合单价（元） | 合价（元） |
|---|---|---|---|---|---|---|---|---|---|---|---|---|
| | | | | | | | 直接费用 | 其中工资 | 管理费 | 利润 | | |
| 1 | 030801001001 | 镀锌钢管 DN25 | | | m | 16.2 | | | | | 42.63 | 690.61 |
| | | | 3-3 | 镀锌钢管安装 | m | 16.2 | 31.31 | 10.01 | 6.21 | 5.11 | | 42.63×16.2 |
| 2 | 030801001002 | 镀锌钢管 DN2 | | | m | 15.1 | | | | | 49.45 | 746.70 |
| | | | 3-4 | 镀锌钢管安装 | m | 15.1 | 37.8 | 10.31 | 6.39 | 5.26 | | 49.45×15.1 |
| 3 | 030801001003 | 镀锌钢管 DN40 | | | m | 1.55 | | | | | 58.23 | 90.26 |
| | | | 3-5 | 镀锌钢管安装 | m | 1.55 | 44.63 | 12.04 | 7.46 | 6.14 | | 58.23×1.55 |
| 4 | 030801003001 | 承插铸铁管 DN75 | | | m | 34 | | | | | 73.59 | 2502.04 |
| | | | 3-93 | 承插铸铁管安装 | m | 34 | 60.38 | 8.89 | 5.51 | 4.53 | | 70.42×34 |
| | | | 3-9 | 屋面透气管安装（DN75） | 处 | 2 | 40.16 | 12.14 | 7.53 | 6.19 | | 53.88×2 |
| 5 | 030801003002 | 承插铸铁管 DN100 | | | m | 33.8 | | | | | 86.45 | 3260.16 |
| | | | 3-94 | 承插铸铁管安装 | m | 33.8 | 80.12 | 10.71 | 6.64 | 5.46 | | 92.22×33.8 |
| | | | 3-100 | 屋面透气管安装（DN100） | 处 | 2 | 53.79 | 15.73 | 9.75 | 8.02 | | 71.56×2 |
| 6 | 030801003003 | 承插铸铁管 DN125 | | | m | 12.5 | | | | | 103.71 | 1296.38 |
| | | | 3-95 | 承插铸铁管安装 | m | 12.5 | 91.88 | 10.47 | 6.49 | 5.34 | | 103.71×12.5 |
| 7 | 030804012001 | 低水箱坐便器 | | | 套 | 12 | | | | | 1222.21 | 14666.52 |
| | | | 4-181 | 坐便器带冷水浴盆脸盆 | 间 | 12 | 1116.03 | 93.97 | 58.26 | 47.92 | | 1222.21×12 |

续表

| 序号 | 项目编码 | 项目名称 | 定额编号 | 工程内容 | 单位 | 数量 | 综合单价组成（元） | | | | 综合单价（元） | 合价（元） |
|---|---|---|---|---|---|---|---|---|---|---|---|---|
| | | | | | | | 直接费用 | 其中工资 | 管理费 | 利润 | | |
| 8 | 030803001001 | 螺纹阀门DN32 | | | 个 | 2 | | | | | 27.79 | 55.58 |
| | | | 7-5 | 螺纹截止阀（DN32） | 个 | 2 | 23.86 | 3.48 | 2.16 | 1.77 | | 27.79×2 |
| 9 | 030804005001 | 白瓷家具盆 | | | 组 | 12 | | | | | 664.95 | 7979.4 |
| | | | 4-190 | 家具盆带20水表水龙头地漏 | 间 | 12 | 553.21 | 98.89 | 61.31 | 50.43 | | 664.95×12 |

措施项目费分析表　　　　表 5-3-27

工程名称：给水排水工程　　　　　　　　　　　　　　第　页　共　页

| 序号 | 措施项目名称 | 单位 | 数量 | 金额（元） | | | | | |
|---|---|---|---|---|---|---|---|---|---|
| | | | | 人工费 | 材料费 | 机械使用费 | 管理费 | 利润 | 小计 |
| 1 | 环境保护费 | | | | | | | | |
| 2 | 文明施工费 | | | | | | | | |
| 3 | 安全施工费 | | | | | | | | |
| 4 | 临时设施费 | | | | | | | | |
| 5 | 夜间施工增加费 | | | | | | | | |
| 6 | 赶工措施费 | | | | | | | | |
| 7 | 二次搬运费 | | | | | | | | |
| 8 | 混凝土、钢筋混凝土模板及支架 | | | | | | | | |
| 9 | 脚手架搭拆费 | | | | | | | | |
| 10 | 垂直运输机械使用费 | | | | | | | | |
| 11 | 大型机械设备进出场及安拆 | | | | | | | | |
| 12 | 施工排水、降水 | | | | | | | | |
| 13 | 其他 | | | | | | | | |
| | 措施项目费合计 | | | | | | | | |

## 主要材料价格表

表 5-3-28

工程名称：给水排水工程　　　　　　　　　　　　　　　　　第　页　共　页

| 序　号 | 材料编码 | 材料名称 | 规格、型号等特殊要求 | 单　位 | 单价（元） |
|---|---|---|---|---|---|
|  |  |  |  |  |  |
|  |  |  |  |  |  |
|  |  |  |  |  |  |
|  |  |  |  |  |  |
|  |  |  |  |  |  |
|  |  |  |  |  |  |

## 单位工程费汇总表

表 5-3-29

工程名称：煤气安装工程　　　　　　　　　　　　　　　　　第　页　共　页

| 序　号 | 项　目　名　称 | 金　额（元） |
|---|---|---|
| 1 | 分部分项工程量清单计价合计 |  |
| 2 | 措施项目清单计价合计 |  |
| 3 | 其他项目清单计价合计 |  |
| 4 | 规费 |  |
| 5 | 税金 |  |
|  | 合　计 |  |

## 分部分项工程量清单计价表

表 5-3-30

工程名称：煤气安装工程　　　　　　　　　　　　　　　　　第　页　共　页

| 序号 | 项目编码 | 项　目　名　称 | 计量单位 | 工程数量 | 金额（元） | |
|---|---|---|---|---|---|---|
|  |  |  |  |  | 综合单价 | 合价 |
| 1 | 030801001001 | 镀锌钢管 $DN25$，室内燃气工程 | m | 10.8 | 35.74 | 385.99 |
| 2 | 030801001002 | 镀锌钢管 $DN32$，室内燃气工程 | m | 10.8 | 41.87 | 452.20 |
| 3 | 030801001003 | 镀锌钢管 $DN50$，室内燃气工程 | m | 7.8 | 58.07 | 452.95 |
| 4 | 030801002001 | 无缝钢管 $DN57\times3.5$，石棉绳保温 | m | 略 | 略 | 略 |
| 5 | 030806005001 | 焦炉双眼烤箱灶，JZZ2 型，含 $2.5m^3/h$ 煤气表 | 台 | 12 | 865.27 | 10383.24 |
| 6 | 030803002001 | 铸铁旋塞阀 $DN50$ 安装，型号为 X13W-1 | 个 | 2 | 74.81 | 149.62 |

## 措施项目清单计价表

表 5-3-31

工程名称：建筑安装工程　　　　　　　　　　　　　　　　　　　　　　　第 页 共 页

| 序 号 | 项 目 名 称 | 金额（元） |
|---|---|---|
| 1 | 环境保护 | |
| 2 | 文明施工 | 227.87 |
| 3 | 安全施工 | 683.61 |
| 4 | 临时设施 | 1367.22 |
| 5 | 夜间施工增加费 | |
| 6 | 赶工措施费 | |
| 7 | 二次搬运 | |
| 8 | 混凝土、钢筋混凝土模板及支架 | |
| 9 | 脚手架 | |
| 10 | 垂直运输机械 | |
| 11 | 大型机械设备进出场及安拆 | |
| 12 | 施工排水、降水 | |
| 13 | 其他 | |
| 14 | 措施项目费合计 | 2278.71 |

## 其他项目清单计价表

表 5-3-32

工程名称：煤气安装工程　　　　　　　　　　　　　　　　　　　　　　　第 页 共 页

| 序 号 | 项 目 名 称 | 金 额（元） |
|---|---|---|
| 1 | 招标人部分 | |
| | 不可预见费 | |
| | 工程分包和材料购置费 | |
| | 其他 | |
| 2 | 投标人部分 | |
| | 总承包服务费 | |
| | 零星工作项目费 | |
| | 其他 | |
| | 合计 | 0.00 |

## 零星工作项目表

表 5-3-33

工程名称：　　　　　　　　　　　　　　　　　　　　　　　　　　　　　第 页 共 页

| 序 号 | 名 称 | 计量单位 | 数 量 | 金额（元） | |
|---|---|---|---|---|---|
| | | | | 综合单价 | 合 价 |
| 1 | 人工费 | | | | |
| | | 元 | | | |
| 2 | 材料费 | | | | |
| | | 元 | | | |
| 3 | 机械费 | | | | |
| | | 元 | | | |
| | 合计 | | | | 0.00 |

## 分部分项工程量清单综合单价分析表

表 5-3-34

工程名称：煤气安装工程　　　　　　　　　　　　　　　　　　　　　第　页　共　页

| 序号 | 项目编码 | 项目名称 | 定额编号 | 工程内容 | 单位 | 数量 | 综合单价组成 | | | | 综合单价（元） | 合价（元） |
|---|---|---|---|---|---|---|---|---|---|---|---|---|
| | | | | | | | 直接费用 | 其中工资 | 管理费 | 利润 | | |
| 1 | 030801001001 | 镀锌钢管 $DN25$ | | | m | 10.8 | | | | | 35.74 | 385.99 |
| | | | 9-51 | 镀锌钢管立管安装 | m | 10.8 | 27.01 | 7.73 | 4.79 | 3.94 | | 35.74×10.8 |
| 2 | 030801001002 | 镀锌钢管 $DN32$ | | | m | 10.8 | | | | | 41.87 | 452.20 |
| | | | 9-52 | 镀锌钢管立管安装 | m | 10.8 | 32.87 | 7.96 | 4.94 | 4.06 | | 41.87×10.8 |
| 3 | 030801001003 | 镀锌钢管 $DN50$ | | | m | 7.8 | | | | | 58.07 | 452.95 |
| | | | 9-54 | 镀锌钢管立管安装 | m | 7.8 | 47.19 | 9.63 | 5.97 | 4.91 | | 58.07×7.8 |
| 5 | 030806005001 | 焦炉双眼烤箱灶 JZZ2型 | | | 台 | 12 | | | | | 865.27 | 10383.24 |
| | | | 9-73 | 焦炉双眼烤箱灶安装 | 台 | 12 | 797.13 | 60.3 | 37.39 | 30.75 | | 865.27×12 |
| 6 | 030803002001 | 铸铁旋塞阀 $DN50$ | | | 个 | 2 | | | | | 74.81 | 149.62 |
| | | | 7-7 | 铸铁旋塞阀安装 | 个 | 2 | 45.73 | 5.81 | 3.60 | 2.96 | | 52.29×2 |
| | | | 9-122 | 阀门研磨增加费 | 个 | 2 | 12.28 | 9.06 | 5.62 | 4.62 | | 22.52×2 |

## 措施项目费分析表

表 5-3-35

工程名称：煤气安装工程　　　　　　　　　　　　　　　　　　　　　第　页　共　页

| 序号 | 措施项目名称 | 单位 | 数量 | 金额（元） | | | | | |
|---|---|---|---|---|---|---|---|---|---|
| | | | | 人工费 | 材料费 | 机械使用费 | 管理费 | 利润 | 小计 |
| 1 | 环境保护费 | | | | | | | | |
| 2 | 文明施工费 | | | | | | | | |
| 3 | 安全施工费 | | | | | | | | |
| 4 | 临时设施费 | | | | | | | | |
| 5 | 夜间施工增加费 | | | | | | | | |
| 6 | 赶工措施费 | | | | | | | | |
| 7 | 二次搬运费 | | | | | | | | |
| 8 | 混凝土、钢筋混凝土模板及支架 | | | | | | | | |
| 9 | 脚手架搭拆费 | | | | | | | | |
| 10 | 垂直运输机械使用费 | | | | | | | | |
| 11 | 大型机械设备进出场及安拆 | | | | | | | | |
| 12 | 施工排水、降水 | | | | | | | | |
| 13 | 其他 | | | | | | | | |
| | 措施项目费合计 | | | | | | | | |

主要材料价格表  表 5-3-36

工程名称：煤气安装工程  第 页 共 页

| 序 号 | 材料编码 | 材料名称 | 规格、型号等特殊要求 | 单 位 | 单价（元） |
|---|---|---|---|---|---|
|  |  |  |  |  |  |
|  |  |  |  |  |  |
|  |  |  |  |  |  |
|  |  |  |  |  |  |
|  |  |  |  |  |  |
|  |  |  |  |  |  |
|  |  |  |  |  |  |

# 例6 某小学建筑安装工程定额预算及工程量清单计价对照

## 一、编制说明

工程名称：某小学校教学楼工程

**（一）一般土建工程**

1. 工程概况

（1）本教学楼为砖混结构，两层楼房，一层层高为3.9m，二层层高为3.72m，总高度为9.05m，建筑面积为701.71m²。

（2）毛石基础：毛石为MU20，水泥砂浆为M5；砖墙：红砖墙MU7.5，混合砂浆为M2.5；基础防潮层为防水砂浆厚20mm。

（3）地面与散水坡做法均为：素土夯实，碎砖三合土厚150mm，C10混凝土垫层厚80mm，1:2水泥砂浆面层厚20mm。楼地面为：1:3水泥砂浆找平、1:2水泥砂浆抹面厚20mm。

（4）屋面做法为：1:3水泥砂浆找平、冷底子油一道隔气层、沥青珍珠岩块保温层厚120、1:3水泥砂浆找平、三毡四油防水层加绿豆砂。

（5）内墙混合砂浆抹灰厚20mm，刷白两遍。外墙水泥砂浆抹面、刷803涂料、二层窗口上边局部贴玻璃"锦砖"，高为1.4m，宽超出窗口800mm（400mm×2）。

（6）油漆：外门窗刷棕色油漆两遍，内门窗刷淡黄色油漆两遍。

2. 施工方案

（1）土方工程：人工挖基槽，一二类土，放坡开挖，坡度为1:0.5。弃土运距为1km，人工装卸，汽车外运。地下水位在-10.8m。

（2）垂直运输机械采用龙门架，水平运输采用人力手推车。

（3）场外运输采用汽车运输，预制钢筋混凝土构件和金属结构构件运距为3km以内，门窗框扇运距为1km。

3. 编制依据

（1）施工图，见图6-1-1~图6-1-9。

（2）某省建设委员会1991年颁发的《建筑工程预算定额（土建工程部分）》。

（3）某省建设委员会1991年颁发的《建筑安装工程间接费及其他直接费定额》。

**（二）室内给水排水工程**

编制依据：

（1）施工图，见图6-1-10~图6-1-11。

（2）某省建设委员会1987年颁发的《建筑安装工程预算定额（给水排水工程部分）》。

（3）某省建设委员会1991年颁发的《建筑安装工程间接费及其他直接费定额》。

**（三）室内采暖工程**

编制依据：

（1）施工图，见图6-1-12~图6-1-14。

（2）某省建设委员会1987年颁发的《建筑安装工程预算定额（采暖工程部分）》。

（3）某省建设委员会1991年颁发的《建筑安装工程间接费及其他直接费定额》。

**（四）室内电照工程**

编制依据：
(1) 施工图，见图 6-1-15 ~ 图 6-1-16。
(2) 某省建设委员会 1987 年颁发的《建筑安装工程预算定额（电气照明工程部分）》。
(3) 某省建设委员会 1991 年颁发的《建筑安装工程间接费及其他直接费定额》。

## 二、单位工程预算书

### (一) 一般土建工程预算书

工程预算总括表　　　　　　　　　　　　　　表 6-1-1

年　月　日

| 建设单位 | ××教育局 | | 单位工程 | | 一般土建工程 |
|---|---|---|---|---|---|
| 工程总造价 | | | 建筑面积 | | 701.71m² |

| 编号 | 费用名称 | 金额 | 取费基础 | 取费率(%) | 计算式 | 备注 |
|---|---|---|---|---|---|---|
| (一) | 直接费 | 206581.64 | | | (1)+(2) | |
| (1) | 定额直接费 | 198064.85 | | | | |
| (2) | 其他直接费 | 8516.79 | | | ①+② | |
| ① | 雨期施工增加费等六项费用 | 6536.14 | (1) | 3.3 | (1)×0.033 | |
| ② | 预算包干费 | 1980.65 | (1) | 1.0 | (1)×0.01 | |
| (二) | 间接费 | 18798.93 | | | (3)+(4)+(5) | |
| (3) | 施工管理费 | 12394.90 | (一) | 6 | (一)×0.06 | |
| (4) | 临时设施费 | 2478.98 | (一) | 1.2 | (一)×0.012 | |
| (5) | 劳动保险基金 | 3925.05 | (一) | 1.9 | (一)×0.019 | |
| (三) | 计划利润 | 15776.64 | (一)+(二) | 7 | [(一)+(二)]×0.07 | |
| (四) | 其他费用 | 1784.00 | | | (6) | |
| (6) | 混凝土构件增值税 | 1784.00 | 出厂量 | 16元/m² | 49×16 | |
| (五) | 税金 | 7332.65 | | 3.31 | [(一)+(3)+(三)+(四)]×0.031 | |
| (六) | 单位工程费用 | 250273.86 | (一)~(五) | | (一)~(五)之和 | |
| | 经济指标 | 356.66元/m² | | | | |

工程预算表　　　　　　　　　　　　　　表 6-1-2

| 序号 | 定额编号 | 分部分项工程名称 | 单位 | 工程量 | 单价(元) | 合价(元) | 其中 | | | | | |
|---|---|---|---|---|---|---|---|---|---|---|---|---|
| | | | | | | | 人工费(元) | | 材料费(元) | | 机械费(元) | |
| | | | | | | | 单价 | 金额 | 单价 | 金额 | 单价 | 金额 |
| | | 建筑面积 | m² | 701.71 | | | | | | | | |
| | | 一、土方工程 | | | | | | | | | | |
| 1 | 1—37 | 平整场地 | 100m² | 5.68 | 44.82 | 254.58 | 44.82 | 254.58 | | | | |
| 2 | 1—13 | 人工挖基槽 | 100m³ | 5.06 | 330.95 | 1674.61 | 330.95 | 1674.61 | | | | |
| 3 | 1—23 | 人工挖基坑 | 100m³ | 0.06 | 356.96 | 21.42 | 356.96 | 21.42 | | | | |
| 4 | 1—36 | 原土打夯 | 100m² | 3.87 | 11.59 | 44.85 | 11.59 | 44.85 | | | | |
| 5 | 1—35 | 人工回填 | 100m³ | 3.54 | 155.54 | 550.61 | 155.54 | 550.61 | | | | |
| 6 | 1—111 | 土方外运 | 100m³ | 1.57 | 7169.66 | 11256.37 | 1477.49 | 2319.66 | | | 5692.17 | 8936.71 |
| | | 小　计 | | | | 13802.44 | | 4865.73 | | | | 8936.71 |
| | | 二、砖石工程 | | | | | | | | | | |
| 7 | 3—90 | 毛石基础 | 10m³ | 16.98 | 832.31 | 14132.62 | 88.45 | 1501.88 | 736.15 | 12499.83 | 7.71 | 130.92 |
| 8 | 3—1 | 砖基础 | 10m³ | 4.12 | 834.73 | 3439.09 | 91.91 | 378.67 | 738.10 | 3040.97 | 4.72 | 19.45 |

续表

| 序号 | 定额编号 | 分部分项工程名称 | 单位 | 工程量 | 单价(元) | 合价(元) | 其中 | | | | | |
|---|---|---|---|---|---|---|---|---|---|---|---|---|
| | | | | | | | 人工费(元) | | 材料费(元) | | 机械费(元) | |
| | | | | | | | 单价 | 金额 | 单价 | 金额 | 单价 | 金额 |
| 9 | 3—6 | M2.5混合砂浆1B内墙 | 10m³ | 10.33 | 894.16 | 9236.67 | 125.35 | 1294.87 | 750.50 | 7752.67 | 18.31 | 189.14 |
| 10 | 3—19 | M2.5混合砂浆2B外墙 | 10m³ | 26.30 | 906.75 | 23847.53 | 125.99 | 3313.54 | 762.46 | 20052.70 | 18.30 | 481.29 |
| 11 | 3—23 | 女儿墙 | 10m³ | 2.84 | 910.93 | 2587.04 | 131.64 | 373.86 | 760.43 | 2159.62 | 18.86 | 53.56 |
| 12 | 3—35 | 钢筋砖过梁 | 10m³ | 0.23 | 1408.88 | 324.04 | 188.49 | 43.35 | 1200.76 | 276.17 | 19.63 | 4.51 |
| 13 | 3—41 | 零星砌体 | 10m³ | 0.70 | 1012.60 | 708.82 | 166.99 | 116.89 | 770.15 | 539.11 | 24.34 | 17.04 |
| | | 小 计 | | | | 54275.81 | | 7023.06 | | 46044.90 | | 895.91 |
| | | 三、脚手架工程 | | | | | | | | | | |
| 14 | (4-2)+3(4-4) | 综合脚手架 | 100m² | 7.02 | 1231.52 | 8645.27 | 174.84 | 1227.38 | 979.10 | 6873.28 | 77.58 | 544.61 |
| 15 | 4—16 | 满堂脚手架 | 100m² | 7.02 | 266.18 | 1868.58 | 82.86 | 581.68 | 145.79 | 1023.45 | 37.53 | 263.46 |
| 16 | (4—16)+2(4—7) | 增加层面积 | 100m² | 0.12 | 501.68 | 60.20 | 160.06 | 19.21 | 274.07 | 32.89 | 67.55 | 8.11 |
| | | 小 计 | | | | 10574.05 | | 1828.27 | | 7929.62 | | 816.18 |
| | | 四、钢筋混凝土工程 | | | | | | | | | | |
| 17 | 5—44 | 现浇C20混凝土圈梁 | 10m³ | 0.25 | 4060.76 | 1015.19 | 470.51 | 117.63 | 3440.26 | 860.07 | 149.99 | 37.50 |
| 18 | 5—46 | 现浇C20混凝土过梁 | 10m³ | 0.71 | 4538.19 | 3222.11 | 622.44 | 441.93 | 3725.86 | 2645.36 | 189.89 | 134.82 |
| 19 | 5—27 | 现浇C20混凝土柱 | 10m³ | 0.02 | 5672.27 | 113.45 | 747.30 | 14.95 | 4589.63 | 91.79 | 335.34 | 6.71 |
| 20 | 5—70 | 现浇C20混凝土楼梯 | 10m² | 1.6 | 1004.47 | 1607.15 | 132.92 | 212.67 | 802.24 | 1283.58 | 69.31 | 110.90 |
| 21 | 5—72 | 现浇C20混凝土雨篷 | 10m³ | 1.13 | 653.93 | 738.94 | 88.80 | 100.34 | 514.71 | 581.62 | 50.42 | 56.97 |
| 22 | 5—6 | 现浇C15混凝土基础 | 10m³ | 0.07 | 1570.36 | 109.93 | 135.74 | 9.50 | 1324.45 | 92.71 | 110.17 | 7.71 |
| 23 | 5—99 | 预制单梁 | 10m³ | 0.03 | 3774.83 | 113.24 | 330.31 | 9.91 | 3265.23 | 97.96 | 179.29 | 5.38 |
| 24 | 5—103 | 预制过梁 | 10m³ | 0.73 | 2509.26 | 1831.76 | 188.49 | 137.60 | 2198.69 | 1605.04 | 122.08 | 89.12 |
| 25 | 5—115 | 预制实心板 | 10m³ | 0.58 | 2542.99 | 1474.93 | 241.94 | 140.33 | 2097.43 | 1216.51 | 203.62 | 118.10 |
| 26 | 5—117 | 预制空心板 | 10m³ | 4.39 | 2574.88 | 11303.72 | 281.39 | 1235.30 | 2138.64 | 9388.63 | 154.85 | 679.80 |
| | | 小 计 | | | | 21530.42 | | 2420.16 | | 17863.27 | | 1247.01 |
| | | 五、钢筋混凝土及金属结构构件运输安装工程 | | | | | | | | | | |
| 27 | 6—10 | 钢筋混凝土构件运输 | 10m³ | 5.72 | 339.64 | 1942.74 | 20.36 | 116.64 | 14.17 | 81.05 | 305.11 | 1745.23 |
| 28 | 6—50 | 楼梯栏杆运输 | t | 4.12 | 279.64 | 1152.12 | 15.06 | 62.05 | 58.90 | 242.67 | 205.68 | 847.40 |
| 29 | 6—50 | 金属爬梯运输 | t | 0.12 | 279.64 | 33.56 | 15.06 | 1.81 | 58.90 | 7.07 | 205.68 | 24.68 |
| 30 | 6—122 | 单梁安装 | 10m³ | 0.03 | 156.97 | 4.71 | 122.31 | 3.67 | 14.34 | 0.43 | 20.32 | 0.61 |
| 31 | 6—126 | 过梁安装 | 10m³ | 0.72 | 270.68 | 194.89 | 191.03 | 137.54 | 32.92 | 23.70 | 46.73 | 33.65 |
| 32 | 6—130 | 空心板安装 | 10m³ | 4.34 | 73.51 | 319.03 | 45.32 | 196.69 | 7.59 | 32.94 | 20.60 | 89.40 |
| 33 | 6—130 | 实心板安装 | 10m³ | 0.58 | 73.51 | 42.64 | 45.32 | 26.29 | 7.59 | 4.40 | 20.60 | 11.95 |
| 34 | 6—213 | 楼梯栏杆安装 | t | 4.12 | 143.50 | 59.22 | 77.06 | 317.49 | 27.11 | 111.70 | 39.33 | 162.04 |
| 35 | 6—211 | 爬梯安装 | t | 0.12 | 252.48 | 30.30 | 197.96 | 23.76 | 48.90 | 5.87 | 5.62 | 0.67 |
| 36 | 6—163 | 单梁坐浆灌缝 | 10m³ | 0.03 | 127.51 | 3.83 | 22.27 | 0.67 | 99.19 | 2.98 | 6.05 | 0.18 |
| 37 | 6—173 | 过梁坐浆灌缝 | 10m³ | 0.72 | 115.56 | 83.20 | 15.62 | 11.25 | 95.12 | 68.48 | 4.82 | 3.47 |
| 38 | 6—169 | 空心板坐浆灌缝 | 10m³ | 4.32 | 360.27 | 1556.37 | 109.16 | 471.57 | 242.71 | 1048.51 | 8.40 | 36.29 |

续表

| 序号 | 定额编号 | 分部分项工程名称 | 单位 | 工程量 | 单价(元) | 合价(元) | 其中 人工费(元) 单价 | 金额 | 材料费(元) 单价 | 金额 | 机械费(元) 单价 | 金额 |
|---|---|---|---|---|---|---|---|---|---|---|---|---|
| 39 | 6—168 | 实心板坐浆灌缝 | 10m³ | 0.57 | 454.30 | 258.95 | 105.70 | 60.25 | 330.85 | 188.57 | 17.75 | 10.12 |
|  |  | 小 计 |  |  |  | 5681.56 |  | 1429.50 |  | 1818.38 |  | 2965.69 |
|  |  | 六、木结构工程 |  |  |  |  |  |  |  |  |  |  |
| 40 | 7—2 | 单裁口五块料以上门框制作安装 | 100m² | 0.28 | 2477.55 | 693.71 | 167.35 | 46.86 | 2248.17 | 629.49 | 26.03 | 7.29 |
| 41 | 7—1 | 单裁口五块料以内门框制作安装 | 100m² | 0.53 | 2552.22 | 1352.68 | 166.43 | 88.21 | 2332.01 | 1235.97 | 53.78 | 28.50 |
| 42 | 7—6 | 单裁口五块料以上窗框制作安装 | 100m² | 3.10 | 2236.30 | 6932.53 | 163.81 | 507.81 | 2016.06 | 6249.79 | 56.43 | 174.93 |
| 43 | 7—5 | 单裁口五块料以内窗框制作安装 | 100m² | 0.61 | 2280.24 | 1390.95 | 157.17 | 95.87 | 2047.81 | 1249.16 | 75.26 | 45.91 |
| 44 | 7—22 | 半截玻璃平板门带亮子 | 100m² | 0.65 | 5191.20 | 337.28 | 331.23 | 215.30 | 4751.61 | 3088.55 | 108.06 | 70.43 |
| 45 | 7—24 | 单面木拼板门带亮子 | 100m² | 0.20 | 6120.61 | 1224.12 | 335.90 | 67.18 | 5649.85 | 1129.97 | 134.86 | 26.97 |
| 46 | 7—36 | 普通窗扇制作安装 | 100m² | 3.71 | 3183.12 | 11809.38 | 437.85 | 1624.42 | 2651.17 | 9835.80 | 94.00 | 349.11 |
| 47 | 7—101 | 抹灰间墙双面板条 | 100m² | 0.16 | 2243.12 | 358.90 | 89.65 | 14.34 | 2145.51 | 343.28 | 7.96 | 1.27 |
| 48 | 7—114 | 厕所木隔断 | 100m² | 0.23 | 4746.91 | 1091.79 | 527.42 | 121.31 | 4212.98 | 968.99 | 6.51 | 1.50 |
| 49 | 7—177 | 楼梯木扶手 | 10m | 1.16 | 557.21 | 646.36 | 48.64 | 56.42 | 445.74 | 517.06 | 62.83 | 72.88 |
| 50 | 7—228 | 门框场外运输 | 100m² | 0.81 | 77.89 | 63.09 | 10.25 | 8.30 | 18.10 | 14.66 | 49.54 | 40.13 |
| 51 | 7—228 | 门扇场外运输 | 100m² | 0.81 | 77.89 | 63.09 | 10.25 | 8.30 | 18.10 | 14.66 | 49.54 | 40.13 |
| 52 | 7—229 | 窗框场外运输 | 100m² | 3.71 | 66.42 | 246.42 | 8.41 | 31.20 | 17.48 | 64.85 | 40.53 | 150.37 |
| 53 | 7—229 | 窗扇场外运输 | 100m² | 3.71 | 66.42 | 246.42 | 8.41 | 31.20 | 17.48 | 64.85 | 40.53 | 150.37 |
| 54 | 7—265 | 门五金自由门双扇 | 樘 | 5 | 253.36 | 1266.80 |  |  | 253.36 | 1266.80 |  |  |
| 55 | 7—266 | 门五金自由门四扇 | 樘 | 2 | 509.14 | 1018.28 |  |  | 509.14 | 1018.28 |  |  |
| 56 | 7—259 | 门五金平开门单扇 | 樘 | 17 | 12.01 | 204.17 |  |  | 12.01 | 204.17 |  |  |
| 57 | 7—269 | 普通窗五金连三扇 | 樘 | 20 | 11.71 | 234.2 |  |  | 11.71 | 234.2 |  |  |
| 58 | 7—268 | 普通窗五金双开扇 | 樘 | 57 | 7.36 | 419.52 |  |  | 7.63 | 419.52 |  |  |
| 59 | 7—270 | 亮子五金单扇 | 樘 | 57 | 2.29 | 130.53 |  |  | 2.29 | 130.53 |  |  |
| 60 | 7—271 | 亮子五金双扇 | 樘 | 20 | 4.58 | 91.60 |  |  | 4.58 | 91.60 |  |  |
| 61 | 7—272 | 小气窗五金 | 樘 | 66 | 1.28 | 84.48 |  |  | 1.28 | 84.48 |  |  |
|  |  | 小 计 |  |  |  | 29906.30 |  | 2918.76 |  | 28856.70 |  | 1159.79 |
|  |  | 七、楼地面工程 |  |  |  |  |  |  |  |  |  |  |
| 62 | 8—4 | 碎砖三合土垫层 | 10m³ | 5.62 | 842.48 | 4734.74 | 97.28 | 546.71 | 739.32 | 4154.98 | 5.88 | 33.05 |
| 63 | 8—22 | 无筋混凝土垫层 | 10m³ | 3.00 | 1095.76 | 3287.28 | 93.89 | 281.67 | 986.90 | 2960.70 | 14.97 | 44.91 |
| 64 | 8—33 | 基础防潮层 | 100m² | 0.47 | 484.38 | 227.66 | 79.33 | 37.29 | 394.69 | 185.50 | 10.36 | 4.87 |
| 65 | 8—75 | 水泥砂浆抹光 | 100m² | 5.76 | 228.48 | 1316.04 | 90.50 | 521.28 | 133.60 | 769.54 | 4.38 | 25.23 |
| 66 | 8—65 | 水泥砂浆找平 | 100m² | 2.83 | 304.24 | 861.00 | 48.78 | 138.05 | 245.50 | 694.77 | 9.96 | 28.19 |
| 67 | 8—79 | 楼梯抹面 | 100m² | 0.15 | 1724.52 | 258.68 | 635.81 | 95.37 | 1058.03 | 158.70 | 30.68 | 4.60 |
| 68 | 8—80 | 砖台阶面层 | 100m² | 0.10 | 725.13 | 72.51 | 222.63 | 22.26 | 495.89 | 49.59 | 6.61 | 0.66 |
| 69 | 8—77 | 散水面层 | 100m² | 0.81 | 145.01 | 117.46 | 46.59 | 37.74 | 97.48 | 78.96 | 0.94 | 0.76 |
|  |  | 小 计 |  |  |  | 10875.37 |  | 1680.37 |  | 9052.74 |  | 142.27 |

续表

| 序号 | 定额编号 | 分部分项工程名称 | 单位 | 工程量 | 单价(元) | 合价(元) | 其中 | | | | | |
|---|---|---|---|---|---|---|---|---|---|---|---|---|
| | | | | | | | 人工费(元) | | 材料费(元) | | 机械费(元) | |
| | | | | | | | 单价 | 金额 | 单价 | 金额 | 单价 | 金额 |
| | | 八、屋面工程 | | | | | | | | | | |
| 70 | 9—8 | 沥青珍珠岩保温层 | 10m³ | 3.72 | 1786.19 | 6644.63 | 43.06 | 160.18 | 1738.79 | 6468.30 | 4.34 | 16.14 |
| 71 | 8—36 | 冷底子油一道 | 100m² | 3.34 | 89.19 | 297.89 | 11.45 | 38.24 | 73.16 | 244.35 | 4.58 | 15.30 |
| 72 | 9—30+31 | 三毡四油防水 | 100m² | 3.34 | 1325.26 | 4426.37 | 71.47 | 238.71 | 1236.21 | 4128.94 | 17.58 | 58.72 |
| 73 | 8—65 | 水泥砂浆找平 | 100m² | 3.10 | 304.24 | 943.14 | 48.78 | 151.22 | 245.50 | 761.05 | 9.96 | 30.69 |
| 74 | 8—64 | 水泥砂浆找平(填充) | 100m² | 3.34 | 369.94 | 1235.60 | 57.27 | 191.28 | 299.92 | 1001.73 | 12.75 | 42.59 |
| 75 | 9—3 | 炉渣混凝土找坡 | 10m³ | 5.18 | 839.36 | 4347.88 | 64.62 | 334.73 | 762.69 | 3950.73 | 12.05 | 62.42 |
| 76 | 9—40 | 落水管 | 100m² | 0.18 | 2342.74 | 421.69 | 165.37 | 29.77 | 2177.37 | 391.93 | | |
| 77 | 9—42 | 水斗 | 个 | 7 | 379.33 | 2655.31 | 19.44 | 136.08 | 859.89 | 6019.23 | | |
| 78 | 9—52 | 下水口 | 个 | 7 | 121.13 | 847.91 | 29.84 | 208.88 | 91.65 | 641.55 | | |
| 79 | 9—41 | 女儿墙泛水 | 100m² | 0.16 | 2143.38 | 342.94 | 72.89 | 11.66 | 2070.49 | 331.28 | | |
| | | 小计 | | | | 22163.36 | | 1500.75 | | 23939.09 | | 225.86 |
| | | 九、装饰工程 | | | | | | | | | | |
| 80 | 11—30 | 混合砂浆顶棚抹灰 | 100m² | 5.56 | 477.49 | 2654.84 | 138.85 | 772.01 | 326.29 | 1814.17 | 12.35 | 68.67 |
| 81 | 11—32 | 水泥砂浆外墙抹灰 | 100m² | 7.22 | 424.96 | 3068.21 | 137.87 | 995.42 | 275.13 | 1986.44 | 11.96 | 86.35 |
| 82 | 11—33 | 混合砂浆内墙抹灰 | 100m² | 13.65 | 376.61 | 5140.73 | 142.88 | 1950.31 | 221.38 | 3021.84 | 12.35 | 168.58 |
| 83 | 11—48 | 压顶抹灰 | 100m² | 0.35 | 950.26 | 332.59 | 573.94 | 200.88 | 361.18 | 126.41 | 15.14 | 5.30 |
| 84 | 11—51 | 雨篷抹灰 | 100m² | 0.09 | 1198.86 | 107.90 | 551.32 | 49.62 | 624.43 | 56.20 | 23.11 | 2.08 |
| 85 | 11—53 | 花池抹灰 | 100m² | 0.21 | 529.19 | 111.13 | 199.30 | 41.85 | 309.83 | 65.06 | 11.16 | 2.34 |
| 86 | 装饰23 | 锦砖 | 100m² | 0.46 | 1535.36 | 706.27 | 214.19 | 98.53 | 1308.91 | 602.10 | 12.26 | 5.64 |
| 87 | 11—217 | 外墙涂料 | 100m² | 6.76 | 149.34 | 1009.54 | 32.17 | 217.47 | 117.17 | 792.07 | | |
| 88 | 11—182 | 内墙刷白 | 100m² | 13.65 | 28.76 | 392.57 | 18.81 | 256.76 | 9.95 | 135.82 | | |
| 89 | 11—107 | 门窗油漆 | 100m² | 4.64 | 601.75 | 2792.12 | 119.06 | 552.44 | 482.69 | 2239.68 | | |
| 90 | 11—109 | 木扶手油漆 | 100m² | 0.12 | 82.27 | 9.87 | 31.96 | 3.84 | 50.31 | 6.04 | | |
| 91 | 11—110 | 木隔断 | 100m² | 0.26 | 344.14 | 89.48 | 78.48 | 20.40 | 265.66 | 69.07 | | |
| 92 | 11—135 | 爬梯、楼梯栏杆油漆 | t | 7.148 | 63.30 | 452.47 | 6.93 | 49.54 | 56.37 | 402.93 | | |
| 93 | 11—221 | 半截玻璃门安玻璃 | 100m² | 0.28 | 535.79 | 150.02 | 34.29 | 9.60 | 501.50 | 140.42 | | |
| 94 | 11—225 | 窗安玻璃 | 100m² | 3.71 | 777.89 | 2885.97 | 43.62 | 161.83 | 734.27 | 2724.14 | | |
| | | 合计 | | | | 19903.71 | | 5380.50 | | 14182.39 | | 338.96 |
| | | 十、金属结构工程 | | | | | | | | | | |
| 95 | 11—26 | 楼梯栏杆制作 | t | 4.12 | 2203.71 | 9079.29 | 155.33 | 639.96 | 1938.33 | 7985.92 | 110.05 | 453.41 |
| 96 | 12—61 | 爬梯制作 | t | 0.12 | 2271.17 | 272.54 | 157.38 | 18.89 | 1979.38 | 237.53 | 134.41 | 16.13 |
| | | 小计 | | | | 9351.83 | | 658.85 | | 8223.45 | | 469.54 |
| | | 合计 | | | | 198064.85 | | 29705.95 | | 157910.54 | | 17197.92 |

## 工程 量 计 算 表

表 6-1-3

单位工程名称：（一般土建工程）

| 序号 | 分部分项工程名称 | 部位、规格 | 单位 | 计　算　式 | 数量 |
|---|---|---|---|---|---|
|  | 建筑面积 |  | m² | $[(4.2+2.1+3.9+0.37\times2)\times3.6\times2+13.04\times(5.1+2\times0.37)+8.84\times(8.4\times2+6)]\times2m^2-2.1\times(5.1+0.25)m^2=356.47\times2m^2-11.24m^2=701.71m^2$<br>[说明] 4.2m 为①轴上Ⓔ～Ⓑ轴之间的墙长，2.1m 为①轴上Ⓓ～Ⓒ轴之间的墙长，3.9m 为①轴上Ⓒ～Ⓑ轴之间的墙长，0.37m×2 表示两边各加0.37m。3.6m 为①～②轴之间的墙长。[(4.2+2.1+3.9+0.37×2)×3.6×2] m² 为①～③轴，Ⓔ～Ⓑ轴之间的面积，13.04m 为Ⓔ～Ⓐ轴之间的墙长，(5.1+2×0.37) m² 为③～④轴之间的墙长，13.04×(5.1+2×0.37) m 为③～④轴之间，Ⓔ～Ⓐ轴之间的面积，(8.4×2+6) m 为④～⑦轴之间的墙长，(8.1+0.37×2) m = 8.84m 为Ⓓ～Ⓐ轴之间的墙长。8.84×(8.4×2+6) m² 为Ⓓ～Ⓐ轴之间，④～⑦轴之间的面积。一、二层相同，再减去二层平面上③～④轴之间，Ⓑ～Ⓐ轴之间的面积 2.1×(5.1+0.25) m²，计算建筑面积的范围应符合下列规定：<br>①单层建筑物不论其高度如何，均按一层计算建筑面积。其建筑面积按建筑物外墙勒脚以上结构的外围水平面积计算。单层建筑物内设有部分楼层者，首层建筑面积已包括在单层建筑物内，二层及二层以上应计算建筑面积。高低联跨的单层建筑物，需分别计算建筑面积时，应以结构外边线为界分别计算；外层建筑物建筑面积，按各层建筑面积之和计算，其首层建筑面积按外墙勒脚以上结构的外围水平面积计算，二层及二层以上按外墙结构的外围水平面积计算。同一建筑物如结构，层数不同时，应分别计算建筑面积；地下室、半地下室、地下车间、仓库、商店、车站，地下指挥部等及相应的出入口建筑面积，按其上口外墙（不包括采光井、防潮层及保护墙）外围水平面积计算。<br>②穿过建筑物的通道，建筑物内的门厅，大厅，不论其高度如何均按一层建筑面积计算。门厅、大厅内设有回廊时，按其自然层的水平投影面积计算建筑面积。<br>③有柱的雨篷、车棚、货棚、站台等，按柱外围水平面积计算建筑面积；独立柱的雨篷、单排柱的车棚、货棚、站台等，按其顶盖水平投影面积的一半计算建筑面积。<br>④室外楼梯，按自然层投影面积之和计算建筑面积，建筑物内变形缝、沉降缝等，凡缝宽在300mm 以内者，均依其缝宽按自然层计算建筑面积之内计算 | 701.71 |

续表

| 序号 | 分部分项工程名称 | 部位、规格 | 单位 | 计　算　式 | 数量 |
|---|---|---|---|---|---|
| 一 | 土方工程<br>场地平整 | 外墙周长 | m<br>m² | $(13.04+35.84\times2+8.84+4.2)$ m $=97.76$m<br>$[356.47+97.76\times2+(6-2)\times4]$ m² $=567.99$m²<br>[说明] $S_{平}=S+2L_{外}+16$　$S=356.47$m²<br>平整场地及辗压工程量，按下列规定计算：<br>①人工平整场地是指建筑物地挖，填土方厚度在±30cm以内及找平。挖、填土方厚度超过±30cm以外时，按场地土方平衡竖向布置图另行计算。<br>②平整场地工程量按建筑物外墙外边线每边各加2m，以m²计算。<br>③建筑场地原土碾压以m²计算，填土碾压按图示填土厚度以m³计算。<br>$L_{外}=(13.04+35.84\times2+8.84+4.2)$ m $=97.76$m<br>13.04m为Ⓔ~Ⓐ轴墙体长。$(3.6+3.6+5.1)$ m $=12.3$m；$(12.3+8.4+8.4+6)$ m $=35.1$m；$(35.1+0.37\times2)$ m $=35.84$m为①轴到⑦轴之间的墙体长。8.84m $=(8.1+0.37\times2)$ m为Ⓓ~Ⓐ轴之间的墙体长，4.2m为④轴上的外墙长。 | 567.99 |
| | 人工挖基槽 | | m³ | | |
| | | 外墙中心线长 | m | $[(13.04-0.49)+(35.84-0.49)\times2+(8.84-0.49)+4.2]$ m $=95.8$m | |
| | | 剖面1-1 | m³ | $(1.2+2\times0.15+0.5\times1.5)\times1.5\times(95.8+2.1-0.475)$ m³ $=328.81$m³ | 328.81 |
| | | 剖面2-2 | m³ | | |
| | | Ⓓ~Ⓔ②~③轴 | | $(1.0+2\times0.15+0.5\times1.5)\times1.5\times(4.2-0.475-0.5)\times2$ m³ $=19.83$m³ | 19.83 |
| | | Ⓑ~Ⓒ②~④轴 | | $(1.0+2\times0.15+0.5\times1.5)\times1.5\times(3.9-0.475-0.5)\times3$ m³ $=26.98$m³ | 26.98 |
| | | Ⓐ~Ⓒ⑤轴 | | $(1.0+2\times0.15+0.5\times1.5)\times1.5\times(6.0-0.475-0.5)$ m³ $=15.45$m³ | 15.45 |
| | | Ⓐ~Ⓓ⑥轴 | | $(1.0+2\times0.15+0.5\times1.5)\times1.5\times(6.0+2.1-0.475\times2)$ m³ $=21.99$m³ | 21.99 |
| | | ①~③\|Ⓒ、Ⓓ轴 | m³ | $(1.0+2\times0.15+0.5\times1.5)\times1.5\times(3.6\times2-0.475+0.12)\times2$ m³ $=42.10$m³ | 42.10 |
| | | Ⓒ\|④~⑥轴 | | $(1.0+2\times0.15+0.5\times1.5)\times1.5\times(8.4\times2-0.5+0.12)$ m³ $=50.49$m³ | 50.49 |

[说明] 挖掘沟槽、基坑土方工程量，按下列规定计算：
①沟槽、基坑划分：
凡图示沟槽底宽在3m以内，且沟槽长大于槽宽三倍以上的，为沟槽。
凡图示基坑底面积在20m²以内的为基坑。
凡图示沟槽底宽3m以外，坑底面积20m²以外，平整场地挖土方厚度在30cm以外，均按挖土方计算。
②计算挖沟槽、基坑，土方工程量需放坡时，放坡系数按表规定计算

续表

| 序号 | 分部分项工程名称 | 部位、规格 | 单位 | 计　算　式 | 数量 |
|---|---|---|---|---|---|
| 一 | 人工挖基槽 | | | ⓒ|④~⑥轴<br><br>**放坡系数表**<br><br>| 土类别 | 放坡起点（m） | 机械挖土 | | |<br>|---|---|---|---|---|<br>| | | 人工挖土 | 在坑内作业 | 在坑上作业 |<br>| 一、二类土 | 1.20 | 1:0.5 | 1:0.33 | 1:0.75 |<br>| 三类土 | 1.50 | 1:0.33 | 1:0.25 | 1:0.67 |<br>| 四类土 | 2.00 | 1:0.25 | 1:0.10 | 1:0.33 |<br><br>注：1. 沟槽、基坑中土类别不同时，分别按其放坡起点，放坡系数，依不同土厚度加权平均计算。<br>　　2. 计算放坡时，在交接处的重复工程量不予扣除，原槽、坑作基础垫层时，放坡自垫层上表面开始计算。<br>③挖沟槽、基坑需支挡土板时，其宽度按图示沟槽、基坑底宽，单面加10cm，双面加20cm计算，挡土板面积，按槽、坑垂直支撑面积计算，支挡土板后，不得再计算放坡。<br>④基础施工所需工作面，按表规定计算：<br><br>**基础施工所需工作面宽度计算表**<br><br>| 基础材料 | 每边各增加工作面宽度（mm） |<br>|---|---|<br>| 砖基础 | 200 |<br>| 浆砌毛石、条石基础 | 150 |<br>| 混凝土基础垫层支模板 | 300 |<br>| 混凝土基础支模板 | 300 |<br>| 基础垂直面做防水层 | 800（防水层面） |<br><br>⑤挖沟槽长度，外墙按图示中心线长度计算，内墙按图示基础底面之间净长线长度计算；内外突出部分（垛、附墙烟囱等）体积并入沟槽土方工程量内计算。<br>⑥人工挖土方深度超过1.5m时，按下表增加工日。<br><br>**人工挖土方超深增加工日表**　单位：100m³<br><br>| 深2m以内 | 深4m以内 | 深6m以内 |<br>|---|---|---|<br>| 5.55工日 | 17.60工日 | 26.16工日 | | |

续表

| 序号 | 分部分项工程名称 | 部位、规格 | 单位 | 计 算 式 | 数量 |
|---|---|---|---|---|---|
| 一 | 人工挖基槽 | | | ⑦挖管道沟槽按图示中心线长度计算，沟底宽度，设计有规定的，按设计规定尺寸计算。<br>⑧沟槽、基坑深度，按图示槽、坑底面至室外地坪深度计算；管道地沟按图示沟底至室外地坪深度计算。<br>⑨挖土包括土方（即平基），挖地槽，挖地坑，三者的概念区别见表如下：<br><br>**地槽、地坑、土方三者区别**<br><br>| 土方名称 | 概念（区别） |<br>|---|---|<br>| 挖地槽 | 槽长大于3倍槽宽，且槽宽不大于3m |<br>| 挖地坑 | 槽长不大于3倍槽宽度，且坑底面积不大于20m² |<br>| 挖土方（平基）槽宽 | 槽宽大于3m或坑底面积大于20m²或±30cm以上的场地平整（即竖向布置挖土） |<br><br>注：表中槽宽、坑度面积均不含工作面。<br>⑩挖地槽（沟）<br>地槽系指墙基下地槽，地沟系指管道沟。工程量按体积以m³计算，按挖土深度不同分别执行相应的地槽、地坑定额。<br>a. 放坡地槽计算公式<br>$$V = (a + 2c + kH) HL$$<br>式中 $a$——基础垫层宽度（m）；<br>　　$c$——预留工作面；<br>　　$k$——放坡系数；<br>　　$H$——挖土深度（m）；<br>　　$L$——槽底长度。<br>b. 支挡土板地槽计算公式：<br>$$V = (a + 2c + 2 \times 0.1) HL$$<br>式中　0.1——支挡土板预留宽度；<br>　　其余字母含义同放坡地槽计算公式。<br>c. 不放坡、不支挡土板地槽计算公式<br>$$V = (a + 2c) HL$$<br>d. 不留工作面，不放坡地槽计算公式<br>$$V = aHL$$<br>e. 从垫层上表面放坡地槽计算公式<br>$$V = [a_1 H_1 + (a_2 + 2c + kH_2) H_2] L$$<br>上列各式中工作面C按施工组织设计规定计算，若施工组织设计无规定时，可按预算定额中 | |

续表

| 序号 | 分部分项工程名称 | 部位、规格 | 单位 | 计　算　式 | 数量 |
|---|---|---|---|---|---|
| 一 | 人工挖基槽 | | | 工程量计算规则规定的工作面计算。<br>放坡系数 $k$，应根据施工组织设计规定计算，若施工组织设计无规定时，可按预算定额中工程量计算规则规定的放坡系数计算。<br>⑪槽深，即基础底面至自然地坪的垂直距离。<br>⑫自然地坪标高与室外设计地坪标高的区别。<br>设计地坪标高并不一定等于自然地坪标高，室外地坪是指工程竣工以后形成的地坪，而自然地坪标高是指工程竣工以后形成的地坪，而自然地坪标高是指工程开工前的原有地坪，两者是有区别的，在计算槽坑深度的时候要首先弄清楚两者是否合一，以免出差错。有的工程两者是一致的，有的则不然。<br>⑬槽底长度的计算公式为：<br>$$L_{槽} = L_{中} + L_{内} - \sum \left( n \times \frac{槽底宽 - 墙厚}{2} \right)$$<br>式中　$L_{中}$——外墙中心线长；<br>　　　$L_{内}$——内墙中心线净长；<br>　　　$n$——T形接个数。<br>外墙中心线为外墙外边线减去半墙厚，故外墙中心线为：$L_{中} = [(13.04 - 0.49) + (35.84 - 0.49) \times 2 + (8.84 - 0.49) + 4.2]$ m = 95.8m，1.5m = (1.95 - 0.45)m 为1-1剖面基槽深，查看基础平面图，由编制说明知，人工挖基槽，一二类土，放坡开挖，坡度系数为1:0.5，浆砌毛石、条石基础增加工作面宽150mm，故依据 a 项放坡地槽计算公式 $V = (a + 2c + kH)HL$ 得，剖面1-1的挖基槽体积为：<br>$(1.2 + 2 \times 0.15 + 0.5 \times 1.5) \times 1.5 \times (95.8 + 2.1 - 0.475) \times 1.2m^3 = 328.81m^3$ 为基础垫层宽度，槽底长度 $L$ 为 $(L_{中} + 2.1 - 0.475)$m<br>剖面2-2：Ⓓ~Ⓔ，②~③轴：<br>2-2剖面基础垫层宽度为1.00m，两边增加工作面宽150mm，Ⓓ~Ⓔ轴，②~③轴之间2-2剖面净长为 $(4.2 - 0.475 - 0.5) \times 2$m。其他解释对照上述计算规则说明——计算。 | |
| | | 合　计 | | | 505.65 |
| | 人工挖基坑 | 剖面3-3 | m³ | $(0.64 + 2 \times 0.3) \times (0.64 + 2 \times 0.3) \times (0.8 - 0.45) \times 2m^3 = 1.08m^3$<br>[说明] 基坑高为 $(0.8 - 0.45)$m，剖面3-3存在于柱基上，3-3剖面长为 $(0.64 + 2 \times 0.3)$m，宽为 $(2 \times 0.3 + 0.64)$m，0.64m 为基础垫层宽度，$2 \times 0.3$m 为两边增加的混凝土垫层厚 | 1.08 |

续表

| 序号 | 分部分项工程名称 | 部位、规格 | 单位 | 计算式 | 数量 |
|---|---|---|---|---|---|
| 一 | 台阶、花池挖土 | | $m^3$ | $0.26\times[(1.5+0.1)\times(2.0+0.1)+(5.1+0.24)\times(1.5+0.1)+(1.5+0.1)\times(2.0+0.1)+(2.76-0.37+0.1)\times(1.5+0.1)]m^3=5.00m^3$ [说明] $(1.5+0.1)\times(2.0+0.1)m^2$ 为③轴左边的小花池面积，$(5.1+0.24)\times(1.5+0.1)m^2$ 为③~④轴之间的台阶面积，$(1.5+0.1)\times(2.0+0.1)m^2$ 为④轴右边的小花池面积，$(2.76-0.37+0.1)\times(1.5+0.1)m^2$ 为①轴左边的台阶面积。 | 5.00 |
| | 原土打夯 | | $m^2$ | | |
| | | 一层地面 | | $\{356.47-0.49\times95.8+2.1-0.24\times[(4.2-0.24)\times2+(3.9-0.24)\times3+(6-0.24)+(8.84-0.49\times2)+(3.6\times2)\times2+16.8]\}m^2=296.34m^2$ | 296.34 |
| | | 散水坡 | | $[0.8\times97.76+(6-2)\times0.8]m^2=81.41m^2$ | 81.41 |
| | | 门台阶 | | $[(2.0+0.1)\times(1.5+0.1)+(5.1+0.24)\times(1.6-0.8)+(2.76-0.37+0.1)\times(1.6-0.8)]m^2=9.62m^2$ [说明] 356.47 为底层建筑面积，其具体计算方法为：$S_{底}=[(4.2+2.1+3.9+0.37\times2)\times3.6\times2+13.04\times(5.1+2\times0.37)+8.84\times(8.4\times2+6)]m^2=356.47m^2$。原土打夯是按照施工图纸要求，由人工完成。其工程量按被夯实的基底面积，以平方米（$m^2$）为单位计算，$L_{中}$ 为外墙中心线其长为 95.8，$95.8\times0.49m^2$ 外墙基础面积，$(4.2-0.24)\times2m$ 为Ⓔ~Ⓓ轴之间，②轴、③轴上的内墙净长。$(3.9-0.24)\times3m$ 为Ⓒ~Ⓑ轴上②轴、③轴上的内墙净长。$(6-0.24)m$ 为Ⓑ轴到Ⓐ轴之间⑤轴上的内墙净长，$(8.84-0.49\times2)m$ 为Ⓓ~Ⓐ轴之间⑥轴上的内墙净长。$3.6\times2m$ 为①~③轴之间Ⓒ轴上的内墙净长。$16.8m=(8.4+8.4)m$，为④~⑥轴之间Ⓒ轴上的内墙净长。$0.24\times[(4.2-0.24)\times2+(3.9-0.24)\times3+(6-0.24)+(8.84-0.49\times2)+(3.6\times2)+16.8]m^2$ 为内墙基础面积，原土打夯按室内净面积计算。故原土打夯面积为 $386.99m^2$，$L_{外}=(13.04+35.84\times2+8.84+4.2)m=97.76m$ 为散水坡周长，0.8m 为散水宽，还应加上每四边增加的 2m，共增加面积 $4\times0.8m^2=3.2m^2$。散水：为防止雨水对墙基的侵蚀，需在外墙四周将地面做成倾斜的坡面，以便将雨水散至远处，这一坡面即为散水。故计算式为：（$L_{外}$ - 台阶长）×散水宽 + 4×散水宽，代入数值，即: | 9.62 |
| | | 合　计 | | | 387.37 |
| | 人工回填 | 基　槽 | $m^3$ | $[(505.65+1.08)-(169.75+41.21+0.66)]m^3=295.11m^3$ | 295.11 |

续表

| 序号 | 分部分项工程名称 | 部位、规格 | 单位 | 计算　式 | 数量 |
|---|---|---|---|---|---|
| 一 | | 一层地面 | | $[0.45-(0.02+0.08+0.15)]\times 296.34m^3 = 59.27m^3$ [说明]$505.65m^3$ 为挖基槽体积，$1.08m^3$ 为挖基坑体积,墙基回填土体积＝地槽挖土体积－(墙基垫层体积＋混凝土基础体积＋砖基础体积－室外地坪以上砖基体积)。<br>回填土区分夯填、松填按图示回填体积并依下列规定,以 $m^3$ 计算:<br>①沟槽、基坑回填土,沟槽、坑回填体积以挖方体积减去设计室外地坪以下埋设砌筑物(包括:基础垫层,基础等)体积计算。<br>②管道沟槽回填:以挖方体积减去管径所占体积计算。管径在 500mm 以下的不扣除管道所占体积;<br>该例题中 $169.75m^3$ 为毛石基础体积,$41.21m^3$ 为砖基础体积,$[0.45-(0.02+0.08+0.15)]m$ 为回填厚度,$0.45m$ 为室内外高差,碎砖三合土厚150mm,C10混凝土垫层厚80mm。1:2水泥砂浆面层厚20mm,所以回填土厚度为$[0.45-(0.02+0.15)]m$,故人工回填土体积为:<br>$[0.45-(0.02+0.08+0.15)]\times 296.34m^3 = 59.27m^3$ | 59.27 |
| | 余土外运 | 合　计 | $m^3$ | $[(505.65+1.08+5.00)-354.38]m^3 = 157.35m^3$ [说明]$505.65m^3$ 为人工挖基槽体积,$1.08m^3$ 为人工挖基坑体积,$5.00m^3$ 为台阶、花池挖土体积,查看前边基数,$354.38m^3$ 为人工回填土体积。故余土外运总体积为$157.35m^3$。余土外运的工程量用挖土的工程量减去回填土的工程量所得,以立方米($m^3$)表示。若挖基槽的工程量减去回填土的工程量为正值,则为余土外运;若为负值,则为向外取土。余土外运的另一种表示方法为:<br>余土体积＝挖土体积－基槽回填土体积－房心回填土体积－0.9灰土体积,0.9 为压实系数,一般场地平整,其压实系数为 0.9 左右,土方的挖填,运土工程量均按自然密实体积(即按设计图纸计算的体积)计算,不能按虚松体积计算,$0.100m$ 是虚松厚度。灰土垫层是用消石灰、黏土(或粉质黏土,黏质粉土)的拌合料铺设而成,应铺设在不受地下水浸湿的基土上。<br>墙基防潮层 $S = \sum$(基础墙计算长×墙厚),另外需注意下列一些规定:<br>①基础与墙(柱)身使用同一种材料时,以设计室内地面为界(有地下室者,以地下室室内设计地面为界),以下为基础,以上为墙(柱)身 | 354.38<br>157.35 |

续表

| 序号 | 分部分项工程名称 | 部位、规格 | 单位 | 计　　算　　式 | 数量 |
|---|---|---|---|---|---|
| 一 | 余土外运 | | | ②基础与墙身使用不同材料时,位于设计室内地面 ±300mm 以内时,以不同材料为分界线,超过 ±300mm 时,以设计室内地面为分界线。<br>③砖、石围墙,以设计室外地坪为界线,以下为基础,以上为墙身。<br>④基础长度:外墙墙基按外墙中心线长度计算;内墙墙基按内墙基净长计算。基础大放脚 T 形接头处的重叠部分以及嵌入基础的钢筋,铁件、管道、基础防潮层及单个面积在 0.3m² 以内孔洞所占体积不予扣除,但靠墙供暖沟的挑檐亦不增加,附墙垛基础宽出部分体积应并入基础工程量内。<br>砖砌挖孔桩护壁工程量按石砌体积计算。<br>门斗基础砂垫层:按垫层图示尺寸的体积以 m³ 计算。垫层断面 = 垫层宽度×垫层厚度 | |
| 二 | 砖石工程<br>毛石基础 | | m³ | | |
| | | 剖面 1-1 | | $(1.2 \times 0.5 + 0.7 \times 0.8) \times (95.8 + 2.1 - 0.225) \text{m}^3$<br>$= 113.30 \text{m}^3$ | 113.30 |
| | | 剖面 2-2 | | $(1.0 \times 0.5 + 0.5 \times 0.8) \times [(4.2 - 0.225$<br>$- 0.25) \times 2 + (3.9 - 0.225 - 0.25) \times 3$<br>$+ 0.225 + (6.0 - 0.225 - 0.25) + (8.84$<br>$- 0.225 \times 2) + (3.6 \times 2 - 0.225 + 0.12)$<br>$\times 2 + (8.4 \times 2 - 0.25 + 0.12)] \text{m}^3 = 56.45 \text{m}^3$<br>[说明]毛石基础 = 外墙毛石基础 + 内墙毛石基础,外墙毛石基础 = 外墙毛石基础中心线长度×基础断面面积;内墙毛石基础 = 内墙毛石基础净长×基础断面面积,毛石基础工程量用其体积表示,单位为(m³),查看基础平面图,1-1 剖面断面面积 $(1.2 \times 0.5 + 0.7 \times 0.8) \text{m}$, $0.7 \text{m} = (0.105 \times 2 + 0.12 + 0.37) \text{m}$, $(95.8 + 2.1 - 0.225) \text{m}$ 为 1-1 剖面的净长, 2-2 剖面断面面积为:$(1.0 \times 0.5 + 0.5 \times 0.8) \text{m}^2$, $[(4.2 - 0.225 - 0.25) \times 2 + (3.9 - 0.225 - 0.25) \times 3 + 0.225 + (6.0 - 0.225 - 0.25) + (8.84 - 0.225 \times 2) + (3.6 \times 2 - 0.225 + 0.12) \times 2 + (8.4 \times 2 - 0.25 + 0.12)] \text{m}$ 为 2-2 剖面净长。 | 56.45 |
| | | 合　计 | m³ | | 169.75 |
| | 砖基础 | 剖面 1-1 | | $(0.49 \times 0.65) \times (95.8 + 2.1 - 0.12) \text{m}^3 = 31.14 \text{m}^3$ | 31.14 |
| | | 剖面 2-2 | | $(0.24 \times 0.65) \times [(4.2 - 0.12 \times 2) \times 2$<br>$+ (3.9 - 0.12 \times 2) \times 3 + 0.12 + (6.0 - 0.12 \times 2)$<br>$+ (8.84 - 0.12 \times 2) + (3.6 \times 2 - 0.12 - 0.12)$<br>$\times 2 + (8.4 \times 2 - 0.12) + 0.12 + 0.12] \text{m}^3 = 10.07 \text{m}^3$<br>[说明]水泥砂浆基础的工程量以体积表示,单位为 m³。砖基础与砖墙身的划分是以设计室内地坪为界,设计室内地坪以下为基础,以上为墙身。毛石基础与墙身的划分,内墙以设计室内地坪为界,外墙以设计室外地坪为界,分界线以上为墙身。砖石围墙以设计室外地坪为分界线 | 10.07 |

续表

| 序号 | 分部分项工程名称 | 部位、规格 | 单位 | 计 算 式 | 数量 |
|---|---|---|---|---|---|
| 二 | | | | 砖墙基础不分厚度和深度,均以图示尺寸按 $m^3$ 计算。外墙长度按中心线($L_中$),内墙长度按净长线($L_内$)计算。计算公式为:<br>基础工程量 = $L_中$ × 基础断面积<br>+ $L_内$ × 基础断面积<br>砖基础断面积 = 基础墙宽度 × 基础高度<br>+ 大放脚增加断面面积。<br>或:砖基础断面积 = 基础墙宽度 × (基础高度<br>+ 折加高度)($m^2$)<br>$$折加高度 = \frac{大放脚增加断面面积}{基础墙宽度}(m)$$<br>等高式、不等高式砖墙基础大放脚折加高度和增加断面面积。<br>**等高式砖基础大放脚折加高度计算表** | |

**大放脚层数**

| 墙厚 | 一 | 二 | 三 | 四 | 五 | 六 | 七 |
|---|---|---|---|---|---|---|---|
| | | | | 折加高度(m) | | | |
| $\frac{1}{2}$砖 | 0.137 | 0.411 | 0.822 | 1.369 | 2.054 | 2.876 | 3.835 |
| 1砖 | 0.066 | 0.197 | 0.394 | 0.656 | 0.984 | 1.378 | 1.838 |
| $1\frac{1}{2}$砖 | 0.043 | 0.129 | 0.259 | 0.432 | 0.647 | 0.906 | 1.208 |
| 2砖 | 0.032 | 0.096 | 0.193 | 0.321 | 0.482 | 0.675 | 0.900 |
| $2\frac{1}{2}$砖 | 0.026 | 0.077 | 0.154 | 0.256 | 0.384 | 0.538 | 0.717 |
| 3砖 | 0.021 | 0.064 | 0.128 | 0.213 | 0.319 | 0.447 | 0.596 |
| 大放脚增加断面积/$m^2$ | 0.01575 | 0.04725 | 0.0945 | 0.1575 | 0.2363 | 0.3308 | 0.441 |

注:本表是按双面放脚每层等高 12.6cm,砌出 6.25cm,灰缝均按 1.0cm 计算的

| 序号 | 分部分项工程名称 | 部位、规格 | 单位 | 计算式 | 数量 |
|---|---|---|---|---|---|
| 二 | | | | **不等高式砖基础大放脚折加高度计算表大放脚错台层数** | |

| 墙厚 | 一 | 二 | 三 | 四 | 五 | 六 | 七 | 八 | 九 |
|---|---|---|---|---|---|---|---|---|---|
| | 折加高度(m) | | | | | | | | |
| $\frac{1}{2}$砖 | 0.137 | 0.342 | 0.685 | 1.096 | 1.643 | 2.260 | 3.013 | 3.835 | 4.794 |
| 1砖 | 0.066 | 0.164 | 0.328 | 0.525 | 0.788 | 1.083 | 1.444 | 1.838 | 2.297 |
| $1\frac{1}{2}$砖 | 0.043 | 0.108 | 0.216 | 0.345 | 0.518 | 0.712 | 0.949 | 1.208 | 1.510 |
| 2砖 | 0.032 | 0.080 | 0.161 | 0.257 | 0.386 | 0.530 | 0.707 | 0.900 | 1.125 |
| $2\frac{1}{2}$砖 | 0.026 | 0.064 | 0.128 | 0.205 | 0.307 | 0.419 | 0.563 | 0.717 | 0.896 |
| 3砖 | 0.021 | 0.053 | 0.106 | 0.170 | 0.255 | 0.351 | 0.468 | 0.596 | 0.745 |
| 大放脚增加断面积/m² | 0.0158 | 0.0394 | 0.0788 | 0.1260 | 0.1890 | 0.2599 | 0.3464 | 0.4410 | 0.5513 |

注:本表高的一层按12.6cm,低的一层按6.3cm,间隔砌出6.25cm,而且以最下一层高度为12.6cm计算的。

计算基础工程量时,基础大放脚的T形接头处的重叠部分,嵌入基础的钢筋、铁件、管子、基础防潮层等所占的体积不予扣除,靠墙供暖沟的挑砖亦不增加,通过墙基的孔洞,其洞口面积每个在0.3m²以内者不予扣除,超过0.3m²以上的洞口应予扣除,其洞口上的混凝土过梁应列项目计算。

本例中1-1剖面砖基础断面面积为0.49m×0.65m,1-1剖面砖基础净长为(95.8+2.1-0.12)m。2-2剖面砖基础断面面积为0.24×0.65(m²),2-2剖面砖基础净长为[(4.2-0.12×2)×2+(3.9-0.12×2)×3+0.12+(6.0-0.12×2)+(8.84-0.12×2)+(3.6×2-0.12-0.12)×2+(8.4×2-0.12)+0.12+0.12]m=64.22m

续表

| 序号 | 分部分项工程名称 | 部位、规格 | 单位 | 计 算 式 | 数量 |
|---|---|---|---|---|---|
| 二 | M2.5 混合砂浆<br>2B 外墙 | 合 计 | m³ | | 41.21 |
| | | 毛面积 | m² | $7.8 \times 95.8 \text{m}^2 = 747.24 \text{m}^2$ | |
| | | 门、窗洞口面积 | m² | $(2.7 \times 2.1 \times 10 + 2.4 \times 2.1 \times 16 + 2.1 \times 2.1 \times 4$<br>$+ 1.21 \times 0.8 \times 3 + 1.5 \times 2.1 + 1.8 \times 2.1 \times 2$<br>$+ 4.62 \times 3.07 + 1.5 \times 2.7 \times 2)\text{m}^2 = 190.86\text{m}^2$ | |
| | | 毛体积 | m³ | $0.49 \times [(747.24 - 190.86) + 2.1 \times 3.72]\text{m}^3$<br>$= 276.45\text{m}^3$ | |
| | | 扣除圈过梁体积 | m³ | $10.12\text{m}^3$ | |
| | | 扣除供暖包槽体积 | m³ | $0.12 \times 1.2 \times 0.9 \times (16 + 19)\text{m}^3 = 4.54\text{m}^3$ | |
| | | 增加墙垛体积 | m³ | $0.37 \times 0.37 \times 8.6\text{m}^3 = 1.18\text{m}^3$ | |
| | | 墙体积 | m³ | $(276.45 - 10.12 - 4.54 + 1.18)\text{m}^3 = 262.97\text{m}^3$ | 262.97 |

[说明]砌筑工程量一般规则：

①计算墙体时，应扣除门窗洞口，过人洞，空圈，嵌入墙身的钢筋混凝土柱、梁(包括过梁、圈梁、挑梁)，砖平碹、平砌砖过梁和供暖包壁龛及内墙板头的体积，不扣除梁头。外墙板头檩头、垫木、木楞头、沿椽木、木砖、门窗走头，砖墙内的加固钢筋、木筋、铁件、钢管及每个面积在 0.3m² 以下的孔洞等所占的体积，突出墙面的窗台虎头砖、压顶线、山墙泛水、烟囱根、门窗套及三皮砖以内的腰线和挑檐等体积亦不增加。

②砖垛、三皮砖以上的腰线和挑檐等体积，并入墙身体积内计算。

③附墙烟囱(包括附墙通风道、垃圾道)按其外形体积计算，并入所依附的墙体积内，不扣除每一个孔洞横截面在 0.1m² 以下的体积，但孔洞内的抹灰工程量亦不增加。

④女儿墙高度，自外墙顶面至图示女儿墙顶面高度，分别不同墙厚并入外墙计算。

⑤砖平碹平砌砖过梁按图示尺寸以立方米计算。如设计无规定时，砖平碹按门窗洞口宽度两端共加 100mm，乘以高度(门窗洞口宽小于 1500mm 时，高度为 240mm，大于 1500mm 时，高度为 365mm)计算；平砌砖过梁按门窗洞口宽度两端共加 500mm，高度按 440mm 计算。

砌体厚度，按如下规定计算：

①标准砖以 240mm × 115mm × 53mm 为准，其砌体计算厚度，按下表计算。

**标准砖砌体计算厚度表**

| 砖数(厚度) | 1/4 | 1/2 | 3/4 | 1 | 1.5 | 2 | 2.5 | 3 |
|---|---|---|---|---|---|---|---|---|
| 计算厚度<br>(mm) | 53 | 115 | 180 | 240 | 365 | 490 | 615 | 740 |

续表

| 序号 | 分部分项工程名称 | 部位、规格 | 单位 | 计　算　式 | 数量 |
|---|---|---|---|---|---|
| 二 |  | 墙体积 | m³ | ②使用非标准砖时,其砌体厚度应按砖实际规格和设计厚度计算。<br>墙身高度按下列规定计算:<br>①外墙墙身高度:斜(坡)屋面无檐口顶棚者算至屋面板底;有屋架,且室内外均有顶棚者,算至屋架下弦底面另加200mm;无顶棚者算至屋架下弦底加300mm,出檐宽度超过600mm时,应按实砌高度计算;平屋面算至钢筋混凝土板底。<br>②内墙墙身高度:位于屋架下弦者,其高度算至屋架底;无屋架者算至顶棚底另加100mm;有钢筋混凝土楼板隔层者算至板底;有框架梁时算至梁底面。<br>③内、外山墙,墙身高度:按其平均高度计算,该例题中7.8m为外墙墙高,95.8m为外墙中心线长,95.8m=[(13.04-0.49)+(35.84-0.49)×2+(8.84-0.49)+4.2]m<br>一、二层上共有10个C-1窗,应该扣减C-1窗洞口面积为:2.7×2.1×10m²,扣减C-2窗洞口面积为:2.4×2.1×16m²,扣减C-3窗洞口面积为2.1×2.1×4m²,扣减C-4窗洞口面积为1.2×8×3m²,扣减C-7窗洞口面积1.5×2.1×4m²,扣减C-8窗洞口面积1.8×2.1×2m²,扣减M-2的洞口面积1.5×2.7×2m²,扣减M-1洞口面积4.62×3.07m²,墙厚(0.37+0.12)m=0.49m,外墙上M-2门存在于一层平面图①轴,④轴上,M-1存在于一层平面图Ⓐ轴上,2.1×3.72m²为一层上Ⓐ~Ⓑ轴之间③轴上的墙体净长2.1m,墙高3.72m,故外墙毛体积为:0.49×[(747.24-190.86)+2.1×3.72]m³=276.45m³,查看一层梁板布置图GL-1存在于M-1门上,GL-2存在于C-1窗上,GL-2的长度为C-1窗两边各加500mm,GL-2的体积为3.7×(0.37×0.3+0.1×0.06)×5m³=2.165m³,GL-1的体积为(0.38+5.1+0.24)×0.49×0.40m³=1.14m³,GLA,2-6体积1.42×0.24×0.12×16m³=0.654m³,GLA,12-6体积1.7×0.24×0.12×4m³=0.196m³,GLA,2-4体积为2×0.24×0.18×3m³=0.26m³,GLB,15.4-5体积为2×0.47×0.2×2m³=0.376m³,GLB,21.2-4的体积为2.82×0.24×0.24×4m³=0.65m³,GLB.21.4-5的体积为2×0.47×0.24×2m³=0.451m³,GLB24.4-6体积:3.12×0.47×0.24×8m³=2.815m³,总计8.331m³。QL0.37×0.18×(95.8-2.82×2-1.44-2.0-3.12×8-3.7×5-5.72)m³=2.55m³。减去内墙上的GL体积,故应该减去GLA12.2-6、GLA9.26、GLA15.2-4(1个)、GLA 21.2-4(2个),故总应该扣减的圈过梁体积为10.12m³ | |

续表

| 序号 | 分部分项工程名称 | 部位、规格 | 单位 | 计　算　式 | 数量 |
|---|---|---|---|---|---|
| 二 | 女儿墙 1.5B | | $m^3$ | $0.37 \times 95.8 \times 0.8 m^3 = 28.36 m^3$ | 28.36 |
| | | | | [说明]女儿墙墙厚 0.37m,高为 0.8m,女儿墙周长为外墙中心线长。 | |
| | M2.5 混合砂浆 1B 内墙 | | $m^2$ | | |
| | | 一　层 | | | |
| | | Ⓓ~Ⓔ\|②轴 | $m^3$ | $0.24 \times (3.9-0.12) \times (4.2-0.24) m^3 = 3.59 m^3$ | 3.59 |
| | | Ⓓ~Ⓔ\|③轴 | $m^3$ | $[0.24 \times (3.9-0.12)+0.12 \times 0.12] \times (4.2-0.24) m^3 - 0.1 \times (1.44-0.12) m^3 = 3.52 m^3$ | 3.52 |
| | | Ⓑ~Ⓒ\|②轴 | $m^3$ | $0.24 \times (3.9-0.12) \times (3.9-0.24) m^3 = 3.32 m^3$ | 3.32 |
| | | Ⓑ~Ⓒ\|③轴 | $m^3$ | $[0.24 \times (3.9-0.12)-0.06 \times 0.12] \times (3.9-0.24) m^3 - 0.095 m^3 - 1.5 \times 1.6 \times 0.24 m^3 = 2.62 m^3$ | 2.62 |
| | | Ⓑ~Ⓒ\|④ | $m^3$ | $[0.24 \times (3.9-0.18)+0.18 \times 0.12] \times (3.9-0.24) m^3 = 3.35 m^3$ | 3.35 |
| | | Ⓐ~Ⓒ\|⑤轴 | $m^3$ | $0.24 \times 3.9 \times (6-0.24) m^3 = 5.39 m^3$ | 5.39 |
| | | Ⓐ~Ⓒ\|⑥轴 | $m^3$ | $(0.24 \times 3.9-0.18 \times 0.12) \times (8.84-0.49 \times 2) m^3 - 0.095 m^3 - 2.7 \times 1.5 \times 0.24 m^3 = 6.12 m^3$ | 6.12 |
| | | Ⓒ、Ⓓ\|①~③轴 | $m^3$ | $[(0.24 \times 3.9-0.06 \times 0.12) \times (3.6 \times 2)-0.04 \times 2 - 0.24 \times 0.9 \times 2.4 \times 2] \times 2 m^3 = 11.14 m^3$ | 11.14 |
| | | Ⓒ\|④~⑥轴 | $m^3$ | $[0.24 \times (3.9-0.18)+0.12 \times 0.12] \times 8.4 \times 2 m^3 - 0.04 \times 4 m^3 - 0.049 \times 2 m^3 - 0.24 \times [0.9 \times 2.4 \times 4 + 1.2 \times 1.2 \times 2] m^3 = 12.22 m^3$ | 12.22 |
| | | 二　层 | | | |
| | | Ⓓ~Ⓔ\|②轴 | $m^3$ | $0.24 \times (3.9-0.12) \times (4.2-0.24) m^3 = 3.59 m^3$ | 3.59 |
| | | Ⓓ~Ⓔ\|③轴 | $m^3$ | $[0.24 \times (3.9-0.12)+0.12 \times 0.12] \times (4.2-0.24) m^3 = 3.65 m^3$ | 3.65 |
| | | Ⓑ~Ⓒ\|②轴 | $m^3$ | | 3.32 |
| | | Ⓑ~Ⓒ\|③轴 | $m^3$ | $[0.24 \times (3.9-0.12)-0.06 \times 0.12] \times (3.9-0.24) m^3 = 3.29 m^3$ | 3.29 |
| | | Ⓑ~Ⓒ\|④轴 | $m^3$ | $[0.24 \times (3.9-0.18)+0.18 \times 0.12] \times (3.9-0.24) m^3 = 3.35 m^3$ | 3.35 |
| | | Ⓐ~Ⓒ\|⑤轴 | $m^3$ | $0.24 \times 3.9 \times (6-0.24) m^3 = 5.39 m^3$ | 5.39 |
| | | Ⓐ~Ⓒ\|⑥轴 | $m^3$ | $(0.24 \times 3.9-0.18 \times 0.12) \times (8.84-0.49 \times 2) m^3 - 0.095 m^3 - 2.7 \times 1.5 \times 0.24 m^3 = 6.12 m^3$ | 6.12 |
| | | Ⓒ~Ⓓ\|①~③轴 | $m^3$ | $[(0.24 \times 3.9-0.06 \times 0.12) \times (3.6 \times 2)-0.04 \times 2 - 0.24 \times 0.9 \times 2.4 \times 2] \times 2 m^3 = 11.14 m^3$ | 11.14 |

续表

| 序号 | 分部分项工程名称 | 部位、规格 | 单位 | 计　算　式 | 数量 |
|---|---|---|---|---|---|
| 二 |  | ⓒ\|④~⑥轴 | m³ | $[0.24 \times (3.9 - 0.18) + 0.12 \times 0.12] \times 8.4 \times 2m^3$ $- 0.04 \times 4m^3 - 10.24 \times 0.9 \times 2.4 \times 4m^3 - 0.049 \times 2m^3 - 0.24 \times 1.2 \times 1.2 \times 2m^3 = 12.22m^3$ [说明]$V$ =（内墙净长线长×墙高 - 内门窗面积）×墙厚 - 嵌入内墙梁柱体积、内墙墙身高度，位于屋架下弦者，其高度算至屋架底；无屋架者算至顶棚底另加100mm；有钢筋混凝土楼板隔层者算至板底。有框架梁时算至梁底面。 $(4.2 - 0.24)m$为Ⓓ~Ⓔ\|②轴上的净长，$(3.9 - 0.12)m$为一层内墙净高。0.12m为梁厚，按规定有框架梁时算至梁底面，Ⓓ~Ⓔ\|③轴上，$0.1 \times (1.44 - 0.12)m^3$为TL入墙部分，按规定应该减去嵌入内墙梁柱体积，0.1m为TL厚，查看6-1-9楼梯平面图，Ⓑ~ⓒ\|②轴上$(3.9 - 0.12)m$为内墙净高，$(3.9 - 0.24)m$为其内墙净长，故混合砂浆内墙体积为：$0.24 \times (3.9 - 0.12) \times (3.9 - 0.24)m^3$。Ⓑ~ⓒ\|③轴上，0.095为C-5窗上的GLB的体积，$1.5 \times 1.6 \times 0.24m^3$为C-5窗洞口面积，Ⓑ~ⓒ\|④轴上$(3.9 - 0.18)m$为其墙净高，0.18m为YKBⅡ51.6B-4的板厚，查看屋面梁布置图，$(3.9 - 0.24)m$为该净长，Ⓐ~Ⓓ\|⑥轴上墙净高3.9m。$[8.1 + 0.37 \times 2 - (0.37 + 0.12) \times 2]m$为其间墙净长，减去M-2所占墙体体积，再减去M-2门上过梁体积$0.095m^3$，$0.18 \times 0.12m^3$为板入墙体积，也应扣除。ⓒ~Ⓓ\|①~③轴，Ⓓ~③轴间ⓒ轴，Ⓓ轴构造相同，墙体净高3.9m，YBⅢ21.6-4板厚0.06m，查看屋面梁板布置图，$0.06 \times 0.12m^2$为板入墙面积。$3.6 \times 2m$为①~③轴间墙体净长，$0.24 \times 0.9 \times 2.4 \times 2m^3$为应该扣减的M-3体积，$0.04 \times 2m^3$为两M-3上的过梁体积——GLA9.2-6。 ⓒ\|④~⑥轴，0.18m为YKBⅡ60.6B-3的板厚，$(3.9 - 0.18)m$为其间墙净高，$8.4 \times 2m$为④~⑥轴间墙净长，$0.04 \times 4m^3$为4个M-3上的GLA9.2-6的体积，$0.049 \times 2m^3$为两个C-6窗上的GL体积，$0.9 \times 2.4 \times 4m^2$为4个M-3上的洞口面积，$1.2 \times 1.2 \times 2m^2$为2个C-6窗的洞口面积。 二层上的混合砂浆内墙为： Ⓓ~Ⓔ\|②：$(4.2 - 0.24)m$为Ⓓ~Ⓔ轴间墙净长，0.12m为YKBⅡ36.6A-6的板厚，查看屋面梁板布置图$(3.9 - 0.12)m$为②轴上墙净高。 Ⓓ~Ⓔ\|③轴：$(4.2 - 0.24)m$为Ⓓ~Ⓔ轴间墙净长，0.12m为YKBⅡ36.6A-6的板厚。 Ⓑ~ⓒ\|②轴：$0.24 \times (3.9 - 0.12) \times (3.9 - 0.24)m^3$ $= 3.32m^3$ | 12.22 |

续表

| 序号 | 分部分项工程名称 | 部位、规格 | 单位 | 计　算　式 | 数量 |
|---|---|---|---|---|---|
| 二 | | Ⓒ｜④~⑥轴 | m³ | Ⓑ~Ⓒ｜③轴：0.12m 为 YKBⅡ36.6A－6 的板厚，(3.9－0.12)m 为③轴上墙净高，0.06×0.12m³ 为板入墙体积，(3.9－0.24)m 为Ⓑ~Ⓒ轴间墙体净长。<br>　Ⓐ~Ⓓ｜⑥轴：[8.1＋0.37×2－(0.37＋0.12)×2]m 为Ⓐ~Ⓓ间墙体净长，3.9m 为⑥轴上墙体净高，再减去 0.06×0.12m³，其为板入墙体积。0.095m³ 为 M－2 上的过梁体积，2.7×1.5m² 为 M－2 上的洞口面积，查看门窗细汇总表。<br>　Ⓒ~Ⓓ｜①~③轴：3.9m 为其净高，0.06×0.12m³ 为板入墙体积，3.6×2m 为①~③之间墙体净长，0.04×2m³ 为 M－3 上的过梁体积，0.9×2.4m² 为 M－3 上的洞口面积。 | 12.22 |
| | | 合　计 | m³ | | 103.34 |
| | 钢筋砖过梁 | | | | 2.28 |
| | 台阶、花池 | | m³ | [说明]砖砌锅台，炉灶，不分大小，均按图示外形尺寸以 m³ 计算，不扣除各种空洞的体积，砖砌台阶(不包括梯带)按水平投影面积以 m² 计算。厕所蹲台、水槽腿、灯箱、垃圾箱、台阶挡墙或梯带，花台、花池、地垄墙及支撑地楞的砖墩、房上烟囱、屋面架空隔热层砖墩及毛石墙的门窗立边，窗台虎头砖等实砌体积，以 m³ 计算，套用零星砌体定额项目。砖砌地沟不分墙基、墙身合并以 m³ 计算。石砌地沟按其中心线长度以延长米计算。砖烟囱：<br>①筒身、圆形、方形均按图示筒壁平均中心线周长乘以厚度并扣除筒身各种孔洞，钢筋混凝土圈梁、过梁等体积以 m³ 计算，其筒壁周长不同时可按下式分段计算：<br>$$V = \sum H \times C \times \pi D$$<br>式中　$V$——筒身体积；<br>　　　$H$——每段筒身垂直高度；<br>　　　$C$——每段筒壁厚度；<br>　　　$D$——每段筒壁中心线的平均直径。<br>②烟道、烟囱内衬按不同内衬材料并扣除孔洞后，以图示实体积计算。<br>③烟囱内壁表面隔热层，按筒身内壁并扣除各种孔洞后的面积以 m² 计算，填料按烟囱内衬与筒身之间的中心线平均周长乘以图示宽度和筒高，并扣除各种孔洞所占体积(但不扣除连接横砖及防沉带的体积)后以 m³ 计算。<br>④烟道砌砖，烟道与炉体的划分以第一道闸门为界，炉体内的烟道部分列入炉体工程量计算 | 7.02 |

续表

| 序号 | 分部分项工程名称 | 部位、规格 | 单位 | 计　算　式 | 数量 |
|---|---|---|---|---|---|
| 三 | 脚手架工程<br>综合脚手架<br>满堂脚手架<br>增加层面积 | <br><br><br>部分楼梯间 | $m^2$ | <br><br><br>$(1.71+1.44)\times(4.2-0.24)m^2=12.47m^2$<br>[说明]1.71m为Ⅱ-Ⅱ的楼梯水平投影长，1.44m为Ⅰ-Ⅰ剖面的水平投影长，查看楼梯平面图。脚手架工程量计算一般规则：<br>①建筑物外墙脚手架，凡设计室外地坪至檐口（或女儿墙上表面）的砌筑高度在15m以下的按单排脚手架计算；砌筑高度在15m以上的或砌筑高度虽不足15m，但外墙门窗及装饰面积超过外墙表面积60%以上时，均按双排脚手架计算，采用竹制脚手架时，按双排计算。<br>②建筑物内墙脚手架，凡设计室内地坪至顶板下表面（或山墙高度的1/2处）的砌筑高度在3.6m以下的，按里脚手架计算；砌筑高度超过3.6m以上时，按单排脚手架计算。<br>③石砌墙体，凡砌筑高度超过1.0m以上时，按外脚手架计算。<br>④计算内、外墙脚手架时，均不扣除门、窗洞口，空圈洞口等所占的面积。<br>⑤同一建筑物高度不同时，应按不同高度分别计算。<br>⑥现浇钢筋混凝土框架柱、梁按双排脚手架计算。<br>⑦围墙脚手架，凡室外自然地坪至围墙顶面的砌筑高度在3.6m以下的，按里脚手架计算；砌筑高度超过3.6m以上时，按单排脚手架计算。<br>⑧室内顶棚装饰面距设计室内地坪在3.6m以上时，应计算满堂脚手架，计算满堂脚手架后，墙面装饰工程则不再计算脚手架。<br>⑨滑升模板施工的钢筋混凝土烟囱、筒仓，不另计算脚手架。<br>⑩砌筑贮仓，按双排外脚手架计算。<br>⑪贮水（油）池，大型设备基础，凡距地坪高度超过1.2m以上的，均按双排脚手架计算。<br>⑫整体满堂钢筋混凝土基础，凡其宽度超过3m以上时，按其底板面积计算满堂脚手架。<br>砌筑脚手架工程量计算：<br>①外脚手架按外墙外边线长度，乘以外墙砌筑高度以$m^2$计算，突出墙外宽度在24cm以内墙垛，附墙烟囱等不计算脚手架；宽度超过24cm以外时按图示尺寸展开计算，并入外脚手架工程量之内 | 701.71<br>701.71<br>12.47 |

551

续表

| 序号 | 分部分项工程名称 | 部位、规格 | 单位 | 计　算　式 | 数量 |
|---|---|---|---|---|---|
| 三 | 增加层面积 | 部分楼梯间 | | ②里脚手架按墙面垂直投影面积计算。<br>③独立柱按图示柱结构外围周长另加3.6m，乘以砌筑高度以 m² 计算，套用相应外脚手架定额。<br>现浇钢筋混凝土框架脚手架工程量计算：<br>①现浇钢筋混凝土柱，按柱图示周长尺寸另加3.6m，乘以柱高以 m² 计算，套用相应外脚手架定额。<br>②现浇钢筋混凝土梁、墙，按设计室外地坪或楼板上表面至楼板底之间的高度，乘以梁、墙净长以 m² 计算，套用相应双排外脚手架定额。<br>装饰工程脚手架工程量计算：<br>①满堂脚手架，按室内净面积计算，其高度在3.6～5.2m之间时，计算基本层，超过5.2m时，每增加1.2m按增加一层计算，不足0.6m的不计，以算式表示如下：<br>$$满堂脚手架增加层 = \frac{室内净高度 - 5.2(m)}{1.2(m)}$$<br>②挡脚手架，按搭设长度和层数，以延长米计算，悬空脚手架，按搭设水平投影面积以 m² 计算。<br>③高度超过3.6m墙面装饰不能利用原砌筑脚手架时，可以计算装饰脚手架。装饰脚手架按双排脚手架乘以0.3计算。<br>其他脚手架工程量计算：<br>①水平防护架，按实际铺板的水平投影面积，以 m² 计算。<br>②垂直防护架，按自然地坪至最上一层横杆之间的搭设高度，乘以实际搭设长度，以 m² 计算。<br>③架空运输脚手架，按搭设长度以延长米计算。<br>④烟囱、水塔脚手架，区别不同搭设高度，以座计算。<br>⑤电梯井脚手架，按单孔以座计算。<br>⑦砌筑贮仓脚手架，不分单筒或贮仓组均按单筒外边线周长，乘以设计室外地坪至贮仓上口之间高度，以 m² 计算。<br>⑧大型设备基础脚手架，按其外形周长乘以地坪至外形顶面边线之间宽度，以 m² 计算。<br>⑨贮水(油)池脚手架，按外壁周长乘以室外地坪至池壁顶面之间高度，以 m² 计算。<br>⑩建筑物垂直封闭工程量按封闭面的垂直投影面积计算 | 12.47 |

续表

| 序号 | 分部分项工程名称 | 部位、规格 | 单位 | 计　　算　　式 | 数量 |
|---|---|---|---|---|---|
| 三 | 增加层面积 | 部分楼梯间 | | 安全网工程量计算：<br>①立挂式安全网按网架部分的实挂长度乘以实挂高度计算。<br>②挑出式安全网按挑出的水平投影面积计算，综合脚手架适用于一般工业与民用建筑工程，多层建筑物六层以内总高不超过20m；单层建筑物层高6m(6m以上至20m以内按每增1m计算)，总高不超过20m，均以建筑面积计算。凡超过20m的多层或高层建筑物，按其超过部分的建筑面积计算综合脚手架和高层建筑超过部分增加费。另一种说法是为了简化计算，凡能按"建筑面积计算规则"计算建筑面积的工程，执行综合脚手架定额，凡不能计算建筑面积的工程，执行单项脚手架定额。<br>满堂脚手架工程量，按室内净空水平投影面积计算，不扣除附墙垛和柱等所占面积，<br>故得出综合脚手架为701.71m²，<br>满堂脚手架为701.71m²。 | 12.47 |
| 四 | 混凝土及钢筋混凝土工程<br>　现浇钢筋混凝土<br>　钢筋混凝土圈梁 | 二层，C 20 | m³ | $0.37 \times 0.18 \times (95.8 - 2.82 \times 2 - 1.44 - 2.0 - 3.12 \times 8 - 3.7 \times 5 - 5.72) m^3 = 2.50 m^3$<br>[说明]圈梁工程量用体积表示，单位为m³，圈梁体积＝梁断面积×梁长度。<br>现浇混凝土及钢筋混凝土模板工程量，按以下规定计算：<br>①现浇混凝土及钢筋混凝土模板工程量，除另有规定者外，均应区别模板的不同材质，按混凝土与模板接触面的面积，以m²计算。<br>②现浇钢筋混凝土柱、梁、板、墙的支模高度(即室外地坪至板底或板面至板底之间的高度)以3.6m以内为准，超过3.6m以上部分，另按超过部分计算增加支撑工程量。<br>③现浇钢筋混凝土墙、板上单孔面积在0.3m²以内的孔洞，不予扣除，洞侧壁模板亦不增加，单孔面积在0.3m²以外时，应予扣除，洞侧壁模板面积并入墙，板模板工程量之内计算。<br>④现浇钢筋混凝土框架分别按梁、板、柱、墙有关规定计算，附墙柱，并入墙内工程量计算。<br>⑤杯形基础杯口高度大于杯口大边长度的，套高杯基础定额项目 | 2.50 |

续表

| 序号 | 分部分项工程名称 | 部位、规格 | 单位 | 计　算　式 | 数量 |
|---|---|---|---|---|---|
| 四 | 钢筋混凝土圈梁 | 二层,C 20 | $m^3$ | ⑥柱与梁、柱与墙、梁与梁等连接的重叠部分以及伸入墙内的梁头,板头部分,均不计算模板面积。<br>⑦构造柱外露面均应按图示外露部分计算模板面积。构造柱与墙接触面不计算模板面积。<br>⑧现浇钢筋混凝土悬挑板(雨篷、阳台)按图示外挑部分尺寸的水平投影面积计算。挑出墙外的牛腿梁及板边模板不另计算。<br>⑨现浇钢筋混凝土楼梯,以图示露明面尺寸的水平投影面积计算,不扣除小于 500mm 楼梯井所占面积。楼梯的踏步,踏步板平台梁等侧面模板,不另计算。<br>⑩混凝土台阶不包括梯带,按图示台阶尺寸的水平投影面积计算,台阶端头两侧不另计算模板面积。<br>⑪现浇混凝土小型池槽按构件外围体积计算池槽内、外侧及底部的模板不应另计算。<br>该题中 $0.37 \times 0.18 m^2$ 为圈梁断面面积。圈梁长为：<br>$(95.8 - 2.82 \times 2 - 1.44 - 2.0 - 3.12 \times 8 - 3.7 \times 5 - 5.72)m$<br>95.8m 为外墙中心线长,再减去外墙上的 GLB,21.2-4 的长 2.82(GLB,21.2-4 见预制构件汇总表,下同)m×2,减去 GLB,(GLB,21.2-4 见预制构件汇总表,下同)24.4-6 的长 3.12m×8,减去 GLB,21.4-5 的长 2m,减去④轴上台阶处的墙体长 1.44m。 | 2.50 |
| | 钢筋混凝土过梁 | 二层,C 20 | $m^3$ | $[0.47 \times 0.24 \times 2.82 \times 2 + 0.47 \times 0.18 \times 1.44 + 0.47 \times 0.2 \times 2 + 0.47 \times 0.24 \times 3.12 \times 8 + (0.47 \times 0.06 + 0.37 \times 0.24) \times 3.7 \times 5 + 0.49 \times 0.4 \times 5.72]m^3 = 7.05m^3$<br>[说明]过梁工程量用体积表示,单位为 $m^3$。过圈梁体积＝梁断面积×梁长度。$0.47 \times 0.24 \times 2.82 \times 2m^3$ 为 GLB,21.2-4 的过梁体积,$0.47 \times 0.18 \times 1.44m^3$ 为④轴上的过梁体积,$0.47 \times 0.2 \times 2m^3$ 为 GLB,15.4-5 的过梁体积。$0.47 \times 0.24 \times 3.12 \times 8m^3$ 为 GLB,24.4-6 的过梁体积,$(0.47 \times 0.06 + 0.37 \times 0.24) \times 3.7 \times 5m^3$ 为 GL-2 的体积。5.72m ＝$(5.1 + 0.24 + 0.38)m$,$0.49 \times 0.4 \times 5.72m^3$ 为 GL-1 的体积,查看一层梁板布置图,屋面梁板布置图 | 7.05 |

续表

| 序号 | 分部分项工程名称 | 部位、规格 | 单位 | 计　算　式 | 数量 |
|---|---|---|---|---|---|
| 四 | 钢筋混凝土柱 | $Z_1$、$Z_2$，C 20 | $m^3$ | $(0.24 \times 0.24) \times (1.5 + 2.4) m^3 = 0.22 m^3$<br>[说明]柱的工程量按如下规则计算:<br>　　按图示断面尺寸乘以柱高以 $m^3$ 计算。柱高按下列规定确定:<br>　　①有梁板的柱高,应自柱基上表面(或楼板上表面)至上一层楼板上表面之间的高度计算。<br>　　②无梁板的柱高,应自柱基上表面(或楼板上表面)至柱帽下表面之间的高度计算。<br>　　③框架柱的柱高应自柱基上表面至柱顶高度计算。<br>　　④构造柱按全高计算,与砖墙嵌接部分的体积并入柱身体积内计算。<br>　　⑤依附柱上的牛腿,并入柱身体积内计算。该式子中 $0.24 \times 0.24 m^2$ 为柱截面面积,查看楼梯平面图,柱高为 1.5m,2.4m,查看 6-1-8。 | 0.22 |
| | 钢筋混凝土楼梯 | C 20 | $m^2$ | $1.71 \times (4.2 - 0.12) \times 2 m^2 + 1.44 \times 1.44 m^2 = 16.03 m^2$<br>[说明]现浇钢筋混凝土楼梯,以图示露明面尺寸的水平投影面积计算,不扣除小于 500mm 楼梯井所占面积。楼梯的踏步、踏步板平台梁等侧面模板,不另计算。查看楼梯平面图。楼梯投影面积,$1.71 \times (4.2 - 0.12) \times 2 m^2$。1.71m 为楼梯投影宽,$(4.2 - 0.12) m$ 为楼梯投影长,$1.44 \times 1.44 m^2$ 为另一梯段投影面积。 | 16.03 |
| | 钢筋混凝土雨篷 | C 20 | $m^3$ | $[(1.5 - 0.37) \times (5.1 + 0.05 + 1.0) + (2.1 + 0.37) \times (1.0 - 0.37) + 0.24 \times (1.5 - 0.37 + 5.1 + 1.0 + 3.6 + 1.0 - 0.37)] m^3 = 11.26 m^3$<br>[说明]雨篷是建筑物入口处位于外门上部用以遮挡雨水,保护外门免受雨水侵害的水平构件。多采用现浇钢筋混凝土悬臂板,悬臂长度一般为 1.0 ~ 1.5m。也可采用其他结构形式,如扭壳等,其伸宽度可以更大。<br>　　雨篷工程量计算:伸出墙外的宽度在 1.5m 以内的雨篷,按伸出墙外的水平投影面积(包括牛腿和反边)以 $m^2$ 计算,执行雨篷定额;伸出墙外的宽度在 1.5m 以上的雨篷,按体积(包括牛腿和反边)以 $m^3$ 计算,执行有梁板定额,雨篷嵌入墙内部分(如雨篷梁),另行计算,执行相应的定额。<br>　　有的地区对伸出墙外宽度在 1.5m 以内的雨篷的工程量计算还作了如下的规定:伸出墙外宽厚在 1.5m 以内的雨篷,其平均厚度在 6cm 以内,且反边高度在 12 ~ 30cm 时,执行现浇雨篷定额;其厚度在 9cm 以上且无反边及挑梁者,执行平板定额;厚度在 9cm 以上,且反边在 30cm 以内(或有挑梁)者,执行有梁板定额;反边高度大于 30cm 者,执行现浇墙的相应定额 | 11.26 |

续表

| 序号 | 分部分项工程名称 | 部位、规格 | 单位 | 计　算　式 | 数量 |
|---|---|---|---|---|---|
| 四 | 钢筋混凝土雨篷 | C 20 | $m^3$ | 整体阳台和雨篷的工程量,分别按伸出墙外部分的水平投影面积计算,单位为 $m^2$ 。<br>　　查看图6-1-8,YPL-1伸出墙外宽(1.5-0.37)m,雨篷长为(5.1+0.05+1.0)m,查看1-1剖面,YBB-2宽为(2.1+0.37)m,长为(1.0-0.37)m,反挑檐的展开面积为:<br>　　$0.24 \times (1.5-0.37+5.1+1.0+3.6+1.0-0.37)$ $m^2 = 2.75 m^2$ | 11.26 |
| | 无筋混凝土柱基础 | C 15 | $m^3$ | $0.64 \times 0.64 \times 0.8 \times 2 m^3 = 0.66 m^3$<br>[说明]无筋混凝土柱基础深0.8m,查看基础平面图3-3剖面,无筋混凝土柱基础断面面积为 $0.64 \times 0.64 m^2$ ,故柱基础混凝土体积为 $0.64 \times 0.64 \times 0.8 \times 2 m^3$ 。另外需注意一些现浇混凝土工程量计算规定,梁:按图示断面尺寸乘以梁长以 $m^3$ 计算,梁长按下列规定确定:<br>　　(1)梁与柱连接时,梁长算至柱侧面。<br>　　(2)主梁与次梁连接时,次梁长算至主梁侧面。伸入墙内梁头,梁垫体积并入梁体积内计算。<br>　　板:按图示面积乘以板厚以 $m^3$ 计算,其中:<br>　　(1)有梁板包括主、次梁与板,按梁、板体积之和计算。<br>　　(2)无梁板按板和柱帽体积之和计算。<br>　　(3)平板按板实体体积计算。<br>　　(4)现浇挑檐天沟与板(包括屋面板、楼板)连接时,以外墙为分界线,与圈梁(包括其他梁)连接时,以梁外边线为分界线。外墙边线以外或梁外边线以外为挑檐天沟。<br>　　(5)各类板伸入墙内的板头并入板体积内计算。<br>　　墙:按图示中心线长度乘以墙高及厚度以 $m^3$ 计算,应扣除门窗洞口及 $0.3 m^3$ 以外孔洞的体积,墙垛及突出部分并入墙体积内计算。<br>　　整体楼梯包括休息平台,平台梁、斜梁及楼梯的连续梁,按水平投影面积计算,不扣除宽度小于500mm的楼梯井,伸入墙内部分不另增加,阳台、雨篷(悬挑板),按伸出外墙的水平投影面积计算,伸出外墙的牛腿不另计算。带反挑檐的雨篷按展开面积并入雨篷内计算。<br>　　栏杆按净长度以延长米计算。伸入墙内的长度已综合在定额内,栏板以 $m^3$ 计算,伸出墙内的栏板,合并计算。 | 0.66 |
| | 预制钢筋混凝土单梁 | GLA21.2-4,C 20 | $m^3$ | $0.24 \times 0.24 \times 2.82 \times 2 \times 1.015 m^3 = 0.33 \times 1.015 m^3$ $= 0.33 m^3$<br>[说明]查看图6-1-7,屋面梁板布置图,预制构件汇总表。 | 0.33 |
| | 过　梁 | $GL_4$,C 20 | $m^3$ | $0.49 \times 0.4 \times 5.72 \times 1.015 m^3 = 1.12 \times 1.015 m^3 =$ $1.14 m^3$ | 1.14 |
| | 过　梁 | $GL_2$ | $m^3$ | $(0.06 \times 0.1 + 0.37 \times 0.30) \times 3.7 \times 5 \times 1.015 m^3$ $= 2.16 \times 1.015 m^3 = 2.20 m^3$ | 2.20 |
| | | GLA9.2-1 | $m^3$ | $0.04 \times 16 \times 1.015 m^3 = 0.64 \times 1.015 m^3 = 0.65 m^3$ | 0.65 |

续表

| 序号 | 分部分项工程名称 | 部位、规格 | 单位 | 计　　算　　式 | 数量 |
|---|---|---|---|---|---|
| 四 | | GLB24.4-1 | m³ | $0.20 \times 8 \times 1.015\text{m}^3 = 1.6 \times 1.015\text{m}^3 = 1.62\text{m}^3$ | 1.62 |
| | | GLB21.4-5 | m³ | $0.263 \times 2 \times 1.015\text{m}^3 = 0.53 \times 1.015\text{m}^3 = 0.54\text{m}^3$ | 0.54 |
| | | GLB15.4-5 | m³ | $0.142 \times 4 \times 1.015\text{m}^3 = 0.57 \times 1.015\text{m}^3 = 0.58\text{m}^3$ | 0.58 |
| | | GLA24.2-4 | m³ | $0.121 \times 3 \times 1.015\text{m}^3 = 0.36 \times 1.015\text{m}^3 = 0.37\text{m}^3$ | 0.37 |
| | | GLA12.2-1 | m³ | $0.049 \times 4 \times 1.015\text{m}^3 = 0.20 \times 1.015\text{m}^3 = 0.20\text{m}^3$ | 0.20 |
| | | 合　　计 | m³ | | 7.3 |
| | 实心平板 | YBⅢ21.6.6-4 | m³ | $0.06 \times 0.59 \times 2.08 \times 78 \times 1.015\text{m}^3 = 5.74 \times 1.015\text{m}^3 = 5.83\text{m}^3$ | 5.83 |
| | 空心板 | YKBⅡ066A-3 | m³ | $0.15 \times 52 \times 1.015\text{m}^3 = 7.8 \times 1.015\text{m}^3 = 7.92\text{m}^3$ | 7.92 |
| | | YKBⅡ066B-4 | m³ | $0.292 \times 27 \times 1.015\text{m}^3 = 7.88 \times 1.015\text{m}^3 = 8.00\text{m}^3$ | 8.00 |
| | | YKBⅡ066B-3 | m³ | $0.344 \times 80 \times 1.015\text{m}^3 = 27.52 \times 1.015\text{m}^3 = 27.93\text{m}^3$ | 27.93 |

[说明]查看预制构件统计表已可得上式。

预制混凝土工程量，按以下规定计算：

①混凝土工程量均按图示尺寸实体体积以 m³ 计算，不扣除构件内钢筋、铁件及小于 300mm × 300mm 以内孔洞面积。

②预制桩按桩全长（包括桩尖）乘以桩断面（空心桩应扣除孔洞体积）以 m³ 计算。

③混凝土与钢杆件组合的构件，混凝土部分按构件实体积以 m³ 计算，钢构件部分按 t 计算，分别套相应的定额项目。

预制构件又称装配式构件，是指预先在预制构件加工厂制作好，再从加工厂将构件运输到工程现场，进行装配，最后进行接头灌浆，才能形成工程实体的构件。所以预制构要计算制作、运输、安装和接头灌浆四种工程量。

由于预制构件在制作成型后可能出现废品，在运输、堆放以及安装过程中可能产生构件的损坏，而造成构件的损耗。如某地对该损耗的规定见下表。对于这些损耗，有的地区已纳入相应的定额中，有的地区未纳入定额，未纳入定额的就要在计算工程量时加入工程量，即用构件的净量乘以大于 1 的构件工程量系数。

**预制构件制作、运输、安装各阶段损耗率**

| 构件类别 | 制作废品率/% | 运输堆放损耗率/% | 安装（打桩）损耗率/% |
|---|---|---|---|
| 各类预制构件 | 0.2 | 0.8 | 0.5 |
| 预制桩 | 0.1 | 0.4 | 1.5 |
| 预制水磨石、窗台板、隔断 | 0.4 | 1.6 | 1.0 |

注：1. 预制桩（不含过梁、围墙柱），梁不计表中损耗。
　　2. 现场预制件不计运输、堆放损耗

续表

| 序号 | 分部分项工程名称 | 部位、规格 | 单位 | 计算式 | 数量 |
|---|---|---|---|---|---|
| 四 | | YKBⅡ066B-3 | m³ | 预制构件制作、运输、安装工程量系数<br><br>| 构件类别 | 制作工程量 | 运输工程量 | 安装工程量 |<br>|---|---|---|---|<br>| 各类预制构件 | 1.015 | 1.013 | 1.005 |<br>| 预制桩 | 1.02 | 1.019 | 1.015 |<br>| 预制水磨石、窗台板、隔断 | 1.03 | 1.026 | 1.01 |<br><br>注：1. 预制梁、柱（不含过梁、围墙柱）不乘表中系数。<br>2. 本表系数是按构件在预制构件加工厂制作考虑的，设构件净体积为1，则各种工程量系数为：<br>制作工程量系数=1+制作废品率+运输堆放损耗率+安装（打桩）损耗率。<br>运输工程量系数=1+运输堆放损耗率+安装（打桩）损耗率。<br>安装（打桩）工程量系数=1+安装（打桩）损耗率。<br>3. 若为现场预制构件时，各种工程量系数为：<br>制作工程量系数=1+制作废品率+安装（打桩）损耗率。<br>安装（打桩）工程量系数=1+安装（打桩）损耗率。 | 27.93 |
| | | 合　　计 | | | 43.85 |
| 五 | 钢筋混凝土及金属结构构件运输安装工程 | | | | |
| | 钢筋混凝土构件场外运输 | | m³ | $(0.33+7.30+43.85+5.83) \div 1.015 \times 1.013 m^3 = 57.20 m^3$<br>［说明］0.33m³ 为预制 GLA21.2-4，7.3m³ 为预制的几种型号的过梁，43.85m³ 为预制的空心板制作工程量，具体的计算式子可以查看预制钢筋混凝土的算法。钢筋混凝土构件场外运输用钢筋混凝土按施工图计算的工程量乘以构件运输增加废品及损耗率。具体数据查看预制构件统计表 | 57.20 |

续表

| 序号 | 分部分项工程名称 | 部位、规格 | 单位 | 计　算　式 | 数量 |
|---|---|---|---|---|---|
| 五 | 楼梯栏杆场外运输 | | t | [说明]楼梯栏杆场外运输以重量为单位计算。 | 4.12 |
| | 金属爬梯运输 | | t | [说明]金属结构构件运输和安装工程量,应以施工图纸的图示尺寸,按照金属结构工程量计算规则,以吨(t)为单位计算。 | 0.12 |
| | 钢筋混凝土构件安装 | | | | |
| | 　单　　梁 | | $m^3$ | $0.33 \times 1.005 m^3 = 0.33 m^3$<br>[说明]查看上面数据单梁的预制钢筋混凝土体积为 $0.33 m^3$,$0.24 \times 0.24 \times 2.82 \times 2 \times 1.015 m^3 = 0.33 \times 1.05 m^3$ 查看预制构件制作、运输,安装工程量系数,安装工程量系数 = 1 + 安装损耗率 = 1.005。 | 0.33 |
| | 　过　　梁 | | $m^3$ | $7.3/1.015 \times 1.005 m^3 = 7.23 m^3$<br>[说明]$7.3 m^3$ 为预制过梁的钢筋混凝土体积。具体算法参照第四项里的数据,$5.08 m^3$ 为预制构件的制作工程量,$7.3/1.015$,1.015 为制作工程量系数,其数据为预制构件纯混凝土体积,乘以的 1.005 为安装工程量系数。 | 7.23 |
| | 　空心板 | | $m^3$ | $43.85/1.015 \times 1.005 m^3 = 43.42 m^3$ | 43.42 |
| | 　实心板 | | $m^3$ | $5.74 \times 1.005 m^3 = 5.77 m^3$<br>[说明]空心板的钢筋混凝土制作工程量 $43.85 m^3$,实心板的钢筋混凝土体积 $5.74 m^3$ 可以查看第四项混凝土及钢筋混凝土工程量的计算结果。1.015,1.005 为制作工程量系数。 | 5.77 |
| | 钢筋混凝土构件接头灌缝 | | | | |
| | 　实心板 | | $m^3$ | [说明]钢筋混凝土构件坐浆和灌缝工程量,按钢筋混凝土构件实体积计算。查看 6-1-7 屋面梁板布置图,预制构件汇总表可得出上述各种数据。 | 5.74 |
| | 　空心板 | | $m^3$ | | 43.20 |
| | 　过　　梁 | | $m^3$ | [说明]空心板堵头工和料已包括在定额项目内不另行计算,所以空心板接头灌缝 = 空心板构件净体积。 | 7.19 |
| | 金属结构件的拼装与安装 | | | | |
| | 　楼梯栏杆安装 | | t | | 4.12 |
| | 　爬梯安装 | | t | [说明]查看楼梯平面图,楼梯扶手选用龙 J501 页 12⑧,栏杆选用龙 J501 页 6⑲,查看相应数据即得。 | 0.12 |
| 六 | 木结构工程<br>　木门框制作安装 | | | | |
| | 　M1 | 单裁口,五块料以上 | $m^2$ | $4.62 \times 3.07 \times 2 m^2 = 28.37 m^3$<br>[说明]M-1 存在于一层平面图Ⓐ轴与Ⓑ轴上,共两个 M-1 门,查看门窗明细汇总表 M1 门面积为:$4.62 \times 3.07 m^2$;门宽 4.62m,高 3.07m | 28.37 |

续表

| 序号 | 分部分项工程名称 | 部位、规格 | 单位 | 计算式 | 数量 |
|---|---|---|---|---|---|
| 六 | M2、M3 | 单裁口,五块料以内 | m² | $1.5 \times 2.7 \times 4m^2 + 0.9 \times 2.4 \times 17m^2 = 16.2m^2 + 36.72m^2 = 52.92m^2$<br>[说明]一层平面图①轴上Ⓓ~Ⓒ轴之间有一个M-2,④轴,⑥轴上也均有1个M-2门,故一层平面图上有3个M-2门,二层平面图⑥轴上有1个M-2门,M-2门共有4个,查看门窗明细汇总表M-2门宽1.5m,高2.7m,查看一层、二层平面图,共有17个M-3门,M-3宽0.9,高2.4m。 | 52.92 |
|  | 木窗框制作安装<br>C1、C2、C3 | 单裁口,五块料以上 | m² | $(2.7 \times 2.1 \times 2 \times 10 + 2.4 \times 2.1 \times 2 \times 16 + 2.1 \times 2.1 \times 2 \times 4)m^2 = 309.96m^2$<br>[说明]查看门窗明细汇总表C-1窗宽2.7m,高2.1m,一层平面图④~⑦轴之间Ⓐ轴上共有五个C-1窗,二层平面图上C-1窗个数同一层平面图。C2,C3窗的式子同上。 | 309.96 |
|  | C4、C5、C6、C7、C8 | 单裁口,五块料以内 | m² | $(1.2 \times 0.8 \times 2 \times 3 + 1.5 \times 1.6 + 1.2 \times 1.2 \times 4 + 1.5 \times 2.1 \times 2 \times 5 + 1.8 \times 2.1 \times 2 \times 2)m^2 = 60.54m^2$<br>[说明]查看门窗明细汇总表与一、二层平面图即可得出上式。 | 60.54 |
|  | 木门扇制作安装<br>M1、M3带亮子 | 半截玻璃平板 | m² | $(28.37 + 36.72)m^2 = 65.09m^2$<br>[说明]查看上边数据M1门总面积为28.37m²,M3门总面积为36.72m²。<br>　　本例中的门窗M查看龙J101页16,C-1窗查看龙J201页4,C-2查看J210页4。C-3查看龙J201页4,C-4查看龙J201页9,C-5查看龙J201页21,具体可查看门窗明细汇总表,根据图集可一一查出木结构工程中的其他数据。 | 65.09 |
|  | M2带亮子 | 单面木拼板 | m² |  | 20.25 |
|  | 木窗扇制作安装 |  | m² |  | 370.5 |
|  | 普通窗壁<br>抹灰间壁 | 双面板条 | m²<br>m² | $(3.9 - 0.18) \times (5.1 - 0.24)m^2 - 0.9 \times 2.4m^2 = 19.92m^2$ | 19.92 |
|  | 厕所木隔断 |  | m² |  | 23.23 |
|  | 楼梯木扶手 |  | m | $(2.76 + 1.44 + 2.76 + 1.71 + 1.44) \times 1.15m = 11.63m$ | 11.63 |
|  | 门窗运输 | 木门框、扇<br>木窗框、扇 | m²<br>m² |  | 81.29<br>370.5 |
|  | 门窗五金 |  | 樘 |  |  |
|  | 自由门带亮子 | 双　扇<br>四　扇 | 樘<br>樘 |  | 5<br>2 |
|  | 平开门带亮子 | 单　扇 | 樘 |  | 17 |
|  | 普　通　窗 | 连三扇<br>双开扇 | 樘<br>樘 |  | 20<br>57 |
|  | 亮　子 | 单　扇<br>双　扇 | 樘<br>樘 |  | 57<br>20 |
|  | 小气窗 |  | 樘 |  | 66 |
| 七 | 楼地面工程<br>地面 | 一　层 |  |  |  |

续表

| 序号 | 分部分项工程名称 | 部位、规格 | 单位 | 计　　算　　式 | 数量 |
|---|---|---|---|---|---|
| 七 | | 净面积 | m² | $356.47m^2 - 0.49 \times (95.8 + 2.1)m^2 - 0.24 \times [(4.2 - 0.24) \times 2 + (3.9 - 0.24) \times 3 + (6.0 - 0.24) + (8.84 - 0.49 \times 2) + 3.6 \times 2 \times 2 + 8.4 \times 2]m^2 = 293.21m^2$<br>[说明]一层的毛面积为 356.47m²。95.8m 为外墙中心线,(95.8+2.1)m 为 H 剖面基础长度,0.49m 为 1-1 剖面断面积宽。$0.49 \times (95.8+2.1)m^2$ 为外墙上 1-1 剖面的基础占地面积,$(4.2-0.24) \times 2m$ 为①~⑤轴之间的②轴、③轴上的 2-2 剖面长,$(3.9-024) \times 3m$ 为©~®轴之间②、③、④轴上 2-2 剖面净长,$(6.0-0.24)m$ 为⑤轴上的 2-2 剖面净长,$(8.84-0.49 \times 2)m$ 为⑥轴上 2-2 剖面净长,$3.6 \times 2 \times 2m$ 为①~轴之间①轴、©轴上的 2-2 剖面净长,$8.4 \times 2m$ 为④~⑥轴之间©轴上 2-2 剖面净长,2-2 剖面净长×0.24 为 2-2 剖面基础所占面积。 | |
| | 1:3 水泥砂浆压光 | 20mm 厚 | m² | [说明]水泥砂浆压光面以 m² 计算,其数据等同于一层地面净面积。 | 293.21 |
| | C10 碎石混凝土垫层 | 80mm 厚 | m³ | $0.08 \times 293.21m^3 = 23.46m^3$<br>[说明]地面垫层按室内主墙间净空面积乘以设计厚度以 m³ 计算,应扣除凸出地面的构筑物、设备基础、室内铁道、地沟等所占体积,不扣除柱、垛、间壁墙、附墙烟囱及面积在 0.3m² 以内孔洞所占体积,该题中室内主墙间净空面积为 293.21,设计厚度为 0.08m。 | 23.46 |
| | 碎砖三合土 | 150mm 厚 | m³ | $0.15 \times 293.21m^3 = 43.98m^3$<br>[说明]查看编制说明,碎砖三合土厚 150mm,其工程量以 m³ 计算,按室内主墙间净空面积乘以设计厚度。 | 43.98 |
| | 防潮层 | | m² | $0.49 \times 95.8m^2 = 46.94m^2$<br>[说明]$S = \Sigma$(基础墙计算长×墙厚)。基础防潮层的工程量用面积表示,单位为 m²,1-1 剖面墙厚为 0.49m,基础墙计算长为外墙中心线长,其长度为 95.8m,具体算法看上述。 | 46.94 |
| | 楼　面 | 二　层<br>净面积 | m² | $293.21m^2 - 2.1 \times (5.1 - 0.24)m^2 = 283.00m^2$<br>[说明]二层净面积同一层净面积相比应该扣减③~④轴,®轴与Ⓐ轴之间的面积,即为 $2.1 \times (5.1-0.24)m^2$。 | 283.00 |
| | 1:2 水泥砂浆,面层 | 20mm 厚 | m² | [说明]1:2 水泥砂浆面层以 m² 计算,其数据等同于二层楼面净面积,其数据查看如上所述 | 283.00 |

续表

| 序号 | 分部分项工程名称 | 部位、规格 | 单位 | 计算式 | 数量 |
|---|---|---|---|---|---|
| 七 | 1:3水泥砂浆找平 | | $m^2$ | [说明]整体找平层按主墙间净空面积以 $m^2$ 计算。应扣除凸出地面构筑物、设备基础、室内管道、地沟等所占面积,不扣除柱垛、间壁墙、附墙烟囱及面积在 $0.3m^2$ 以内的孔洞所占面积,但门洞、空圈、供暖包槽、壁龛的开口部分亦不增加,所以找平层面积=地面主墙间净面积,即为 $283.00m^2$。 | 283.00 |
| | 楼梯抹面 | | $m^2$ | $(1.71-0.12)\times 4.2\times 2m^2+1.44\times 1.44m^2=15.43m^2$<br>[说明]楼梯面层(包括踏步、平台,以及小于500mm宽的楼梯井)按水平投影面积计算,查看楼梯平面图,$(1.71-0.12)m$ 为楼梯水平投影宽,$4.2m$ 为楼梯水平投影长,其一为双跑楼梯楼梯抹面为 $(1.71-0.12)\times 4.2\times 2m^2$,另一楼梯水平投影面积为 $1.44\times 1.44m^2$。 | 15.43 |
| | 台阶抹面 | 砖表面 | $m^2$ | [说明]台阶面层(包括踏步及最上一层踏步沿300mm)按水平投影面积计算,台阶抹灰工程量用台阶展开面积计算,查看楼梯平面图。 | 9.62 |
| | 散水抹面 | 混凝土面 | $m^2$ | [说明]$0.8\times 97.76m^2+4\times 0.8^2m^2=81.41m^2$,$0.8m$ 为散水宽,$97.76m$ 为外墙外边线长,散水坡 1:2 水泥砂浆抹面工程量应用散水坡的面积,以平方米($m^2$)计算。<br>散水:为防止雨水对墙基的侵蚀,需在外墙四周将地面做成倾斜的坡面,以便将雨水散至远处,这一坡面即为散水,$L_{外}\times$ 散水宽 $+4\times$ 散水宽。 | 81.41 |
| | 散水垫层 | C10混凝土80mm厚 | $m^3$ | $0.08\times 81.41m^3=6.51m^3$<br>[说明]散水坡垫层工程量用垫层体积以立方米($m^3$)计算,式中 $81.41m^2$ 为散水坡面积,查看编制说明 C10 混凝土厚 80mm,碎砖三合土厚 150mm。 | 6.51 |
| | | 碎砖三合土150mm厚 | $m^3$ | $0.15\times 81.41m^3=12.21m^3$ | 12.21 |
| | 花池面层 | | $m^2$ | $[(2.0+1.5)\times 2+(2.0-0.24)\times 2+(1.5-0.24)\times 2]\times 0.8\times 2m^2=20.86m^2$<br>[说明]花池面层按其面积计算。$(2.0+1.5)\times 2m$ 为③轴左边花池周长,$0.8m$ 为花池高,$(2.0-0.24)\times 2m+(1.5-0.24)\times 2m$ 为④轴右边花池周长。 | 20.86 |
| 八 | 屋面工程<br>1:3水泥砂浆找平 | 20mm厚(硬基) | $m^2$ | $(10.2\times 12.3)m^2+(8.1\times 22.8)m^2=310.14m^2$<br>[说明]屋面找平层以屋面的面积计算工程量,单位为 $m^2$。屋面砂浆找平层,伸缩缝和干铺炉渣等项目,均按楼地面工程相应定额项目执行。$10.2m=(4.2+2.1+3.9)m$ 为Ⓑ~Ⓔ轴的墙体净长。$12.3m=(3.6+3.6+5.1)m$ 为①~④轴的墙体净长。$8.1m$ 为Ⓐ~Ⓒ轴的墙体净长。$22.8m=(8.4+8.4+6)m$ 为④~⑦轴间的墙体净长 | 310.14 |

续表

| 序号 | 分部分项工程名称 | 部位、规格 | 单位 | 计　　算　　式 | 数量 |
|---|---|---|---|---|---|
| 八 | 冷底子油一道 | | $m^2$ | [说明]冷底子油一道工程量同水泥砂浆找平。 | 333.84 |
| | 沥青珍珠岩保温 | 120 | $m^3$ | $0.12 \times 310.14 m^3 = 37.22 m^3$ [说明]查看编制说明,沥青珍珠岩保温层厚120mm。 | 37.22 |
| | 1:3水泥砂浆找平 | (填充材) | $m^2$ | $310.14 m^2 + (10.2 + 12.3 \times 2 + 22.8 \times 2 + 8.1 + 6.3) \times 0.25 m^2 = 333.84 m^2$ [说明]10.2m=(4.2+2.1+3.9)m为Ⓑ~Ⓔ轴的墙体净长,12.3m=(3.6+3.6+5.1)m为①~④轴的墙体净长,存在于Ⓔ轴,Ⓑ轴上一部分,Ⓐ轴上一部分,22.8m=(8.4+8.4+6)m为④~⑦轴间Ⓐ轴,Ⓓ轴上的墙体净长,8.1m为Ⓐ~Ⓓ轴的墙体净长,0.25m为墙上的填充材料厚。 | 333.84 |
| | 三毡四油防水 | | $m^2$ | | 333.84 |
| | C7.5炉渣混凝土找坡 | | $m^3$ | $\dfrac{(0.1+0.1+\dfrac{10.2}{2}\times 3\%)}{2} \times 10.2 \times 12.3 m^3 + \dfrac{(0.1+0.1+\dfrac{8.1}{2}\times 3\%)}{2} \times 8.1 \times 22.8 m^3 = 51.83 m^3$ | 51.83 |
| | 落水管 | | $m^2$ | $0.32 \times 8 \times 7 m^2 = 17.92 m^2$ | 17.92 |
| | 水　斗 | | $m^2$ | $0.4 \times 7 m^2 = 2.8 m^2$ | 2.8 |
| | 下水口 | | $m^2$ | $0.45 \times 7 m^2 = 3.15 m^2$ [说明]落水管、水斗、下水口均为7个,查看屋顶平面图可以得出,从图集上可以知道每米落水管展开面积为0.32$m^2$,水斗面积为0.4$m^2$,下水口的展开面积为0.45$m^2$,镀锌薄钢板排水项目,应以图示尺寸,按展开面积计算,式中8为水落管长, | 3.15 |
| | 女儿墙泛水 | | $m^2$ | $0.17 \times (10.2 + 12.3 \times 2 + 22.8 \times 2 + 8.1 + 6.3) m^2 = 16.12 m^2$ [说明]天沟、泛水,按面积计算,其长度方向的咬口搭接不展开,按面积斜长计算,但宽度方向的咬口搭接镀锌薄钢板应展开计算,式中0.17为女儿墙泛水高,(10.2+12.3×2+22.8×2+8.1+6.3)m为泛水长。 | 16.12 |
| 九 | 装饰工程 顶棚混合砂浆抹灰 | | $m^2$ | | |
| | | 一　层 | $m^2$ | $293.21 m^2 - (4.2 - 0.24) \times (5.1 - 0.24) m^2 = 273.98 m^2$ | 273.98 |
| | | 二　层 | $m^2$ | [说明]顶棚抹灰面积,按主墙(墙厚不小于240cm)间的净空面积计算,不扣除间壁墙、墙垛、柱、附墙烟囱,检查口和管道等所占面积。带有钢筋混凝土梁的顶棚,其梁两侧抹灰面积,应并入相应顶棚抹灰工程量内计算。本项顶棚抹灰工程量计算与水泥砂浆各层地面抹面工程量相等,293.21$m^2$为一层地面抹面面积,应该扣减③~④轴之间与Ⓔ~Ⓓ轴之间的楼梯所占面积。二层顶棚混合砂浆抹灰工程量计算与水泥砂浆二层地面抹灰面积相同 | 281.98 |

续表

| 序号 | 分部分项工程名称 | 部位、规格 | 单位 | 计　算　式 | 数量 |
|---|---|---|---|---|---|
| 九 | 内墙混合砂浆抹灰 | 合　计 | m² | | 555.94 |
| | | 一　层 | | | |
| | | 办公室、厕所 | m² | $\{(3.9-0.12)\times[(4.2-0.24)+(3.6-0.24)]\times 2-(2.1\times 2.1)-(0.9\times 2.4)\}\times 2m^2 = 97.54m^2$<br>[说明] $(3.9-0.12)m$ 为一层墙体净高，$0.12m$ 为板厚，Ⓔ~Ⓓ轴间墙体净长为 $(4.2-0.24)m$，①~②轴之间墙体净长 $(3.6-0.24)m$，$(3.9-0.12)\times[(4.2-0.24)+(3.6-0.24)]\times 2m^2$ 为Ⓔ~Ⓓ轴之间与②~③轴之间的墙体毛抹灰面积，$2.1\times 2.1m^2$ 为应扣减的 C-3 窗洞口面积，$0.9\times 2.4m^2$ 为应扣减的 M-3 面积，Ⓔ~Ⓓ轴之间与①~②轴之间与②~③轴之间的墙体抹灰面积与Ⓔ~Ⓓ轴之间与②~③轴之间的墙体抹灰面积相同，故乘以2。 | 97.54 |
| | | 办公室 | m² | $\{(3.9-0.12)\times[(3.9-0.24)+(3.6-0.24)]\times 2-(2.1\times 2.1)-(0.9\times 2.4)\}\times 2m^2 - 1.5\times 1.6m^2$<br>$= 90.60m^2$<br>[说明] $(3.9-0.12)m$ 为墙体净高，$(3.9-0.24)m$ 为Ⓒ~Ⓑ轴之间①轴上的墙体净长，$(3.6-0.24)m$ 为①~②轴之间Ⓒ轴上的墙体净长，应该扣减2个 C-2 窗的洞口面积，$2.4\times 2.1m^2$，1个 C-5 窗的洞口面积，$1.5\times 1.6m^2$，2个 M-3 的洞口面积 $0.9\times 2.4m^2$。 | 90.60 |
| | | 教　室 | m² | $\{(3.9-0.18)\times[(6-0.24)+(8.4-0.24)]\times 2-2.7\times 2.1\times 2-1.2\times 1.2-0.9\times 2.4\times 2\}\times 2m^2 + (3.9-0.18)\times[(8.84-0.49\times 2)+(6.0-0.24)]\times 2m^2 - 2.4\times 2.1\times 2m^2 - 2.7\times 2.1m^2 - 1.5\times 2.7m^2$<br>$= 254.46m^2$<br>[说明]内墙面抹灰面积，按其抹灰长度乘以高度计算，应扣除门窗洞口（框外围面积）和空圈所占面积，不扣除踢脚板、挂镜线、$0.3m^2$ 以内孔洞，以及墙与构件交接处的面积。其洞口侧壁和顶面，也不增加面积，但墙垛侧壁抹灰面积，应并入内墙抹灰工程量内计算。<br>　　内墙面抹灰长度，均以图示主墙间净长尺寸计算。内墙面抹灰高度，分别按以下规定确定：无墙裙时，高度按室内地面或楼板至顶棚底面确定。有墙裙时，高度按墙裙顶点至顶棚底面确定；板条顶棚时，高度按室内地面或楼板至顶棚底面另加20cm计算。<br>　　该式中 $(93.9-0.18)m$ 为教室墙体净高，$0.18m$ 为 YKBⅡ60.68-3 的板厚。$[(6-0.24)+(8.4-0.24)]\times 2m$ 为Ⓐ~Ⓒ轴之间与④~⑤轴之间的墙体毛周长，$2.7\times 2.1m^2$ 为 C-1 窗的洞口面积，$1.2\times 1.2m^2$ 为 C-6 窗的洞口面积，$0.9\times 2.4\times 2m^2$ 为2个 M-3 的洞口面积。因Ⓒ~Ⓐ轴之间与⑤~⑥轴之间的墙体净抹灰面积同上，故应该乘以2，$(8.84-0.49\times 2)m$ 为Ⓓ~Ⓐ轴之间的墙体净长。$(6.0-0.24)m$ 为⑥~⑦轴之间的墙体净长，扣减⑥~⑦轴之间与Ⓓ~Ⓐ轴之间墙体上的2个 C-2 窗洞口面积 $(2.4\times 2.1\times 2)m^2$。1个 M-2 洞面积 $(1.5\times 2.7)m^2$，1个 C-1 窗洞口面积 $(2.7\times 2.1)m^2$ | 254.46 |

564

续表

| 序号 | 分部分项工程名称 | 部位、规格 | 单位 | 计　　算　　式 | 数量 |
|---|---|---|---|---|---|
| 九 | | 走　廊 | m² | $(3.9-0.06)\times[(3.6\times2+8.4\times2)+(2.1-0.24)]\times2m^2-1.5\times2.7\times2m^2-0.9\times2.4\times8m^2-2.4\times2.1\times4m^2-1.2\times1.2\times2m=150.18m^2$<br>[说明](3.9-0.06)m为走廊净高,0.06m为YBⅢ21.6-4的板厚3.6×2m为①~③轴间墙体净长,8.4×2m为④~⑥轴间墙体净长,(2.1-0.24)m为ⓒ~ⓓ轴之间墙体净长,因走廊墙体在ⓒ轴、ⓓ轴上,故乘以2,减去走廊墙体上8个M-3门0.9×2.4×8m,2个C-6门的洞口面积1.2×1.2×2m²,4个C-2洞口面积2.4×2.1×4m²。2个M-2的洞口面积1.5×2.7×2m²。 | 150.18 |
| | | 楼梯间 | m² | $[(7.8-0.18)\times(4.2+5.1-0.24+4.2)-1.5\times2.7-1.2\times0.8\times3]m^2=94.11m^2$<br>[说明](7.8-0.18)m为楼梯间净高,(4.2+4.2+5.1-0.24)m为楼梯间内墙净长,详看ⓔ、ⓓ之间与③轴、④轴之间的净空,应该扣减3个C-4窗的洞口尺寸1.2×0.8m²,1个M-2门的洞口面积1.5×2.7m²。 | 94.11 |
| | | 二　层<br>办公室 | m² | $97.54m^2+\{(3.9-0.12)\times[(3.9-0.24)+(3.6-0.24)]\times2-(2.1\times2.1)-(0.9\times2.4)\}\times2m^2=190.54m^2$<br>[说明]97.54m²为办公室、厕所抹灰面积,具体数据查看一层平面图。(3.9-0.12)m为二层办公室净高,0.12m为减去的板厚,(3.9-0.24)m为ⓒ~ⓑ轴之间墙体净长,(3.6-0.24)m为①~②轴之间的墙体净长,应该扣减1个C-2窗洞口面积2.4×2.1m²,1个M-3洞口面积0.9×2.4m²。②\|ⓒ<br>③\|ⓑ间内墙抹灰同上,故应该乘以2。 | 190.54 |
| | | 教　室 | m² | | 254.46 |
| | | 走　廊 | m² | [说明]从二层平面图可看出二层上的教室、走廊墙体抹灰面积同一层。 | 150.18 |
| | | 正　厅 | m² | $(3.9-0.18)\times[3.9\times2+(5.1-0.24)\times3]m^2-1.8\times2.1\times2m^2-0.9\times2.4\times2m^2=71.37m^2$<br>[说明](3.9-0.18)m为正厅净高,0.18m为YKBⅡ51.8-4的板厚,3.9m为ⓒ~ⓑ轴间墙体净长,(5.1-0.24)m为③~④轴间墙体净长,3.9×2m为③轴,④轴上净长(5.1-0.24)m为ⓑ轴上净长,应该扣减2个C-8窗洞口面积1.8×2.1×2m²,2个M-3面积0.9×2.4×2m² | 71.37 |

565

续表

| 序号 | 分部分项工程名称 | 部位、规格 | 单位 | 计 算 式 | 数量 |
|---|---|---|---|---|---|
| 九 | | 柱、单梁抹灰 | m² | $0.24 \times 4 \times (1.5 + 2.4)\text{m}^2 + 0.4 \times 2 \times (5.1 - 0.24)\text{m}^2 + 0.45 \times 2 \times (5.1 - 0.24)\text{m}^2 = 12.01\text{m}^2$<br>[说明]独立柱抹灰按结构断面周长乘以柱的高度以 m² 计算。柱面装饰按柱外围饰面尺寸乘以柱的高以平方米计算。柱断面周长为 $0.24 \times 4$m，柱高为 $(1.5 + 2.4)$m，其中 $z_1$ 高为 1.5m，$z_2$ 高为 2.4m。查看图 6-1-8，与 6-1-9，0.4m 为单梁 1 宽，$(5.1-0.24)$m 为 YPL-1 长，梁两侧抹灰，故抹灰面积为 $0.4 \times 2 \times (5.1-0.24)\text{m}^2$，另一 TL-3 的梁长为 $(5.1-0.24)$m，0.45m 为其梁宽，查看图 6-1-8 与 6-1-9。 | 12.01 |
| | | 合 计 | m² | | 1365.45 |
| | 外墙抹灰 | 毛面积 | m² | $8.6 \times (35.84 \times 2 + 13.04 + 8.84 + 2.1 + 4.2)\text{m}^2 = 858.80\text{m}^2$<br>[说明]查看图 6-1-4，外墙墙高 8.6m，13.04m 为Ⓔ～Ⓐ轴墙体净长，$(3.6 + 3.6 + 5.1)$m = 12.3m。$(12.3 + 8.4 + 8.4 + 6)$m = 35.1m，$(35.1 + 0.37 \times 2)$m = 35.84m 为①轴到⑦轴之间的墙体净长，8.84m = $(8.1 + 0.37 \times 2)$m 为Ⓓ～Ⓐ轴之间的墙体净长，4.2m 为④轴上的墙体净长，2.1m 为Ⓐ～Ⓑ轴上的墙体净长。<br>外墙抹灰面积，按外墙面的垂直投影面积以 m² 计算。应扣除门窗洞口，外墙裙和大于 0.3m² 孔洞所占面积，洞口侧壁面积不另增加。附墙垛、梁、柱侧面抹灰面积并入外墙面抹灰工程量内计算。栏板、栏杆、窗台线、门窗套、扶手、压顶、挑檐、遮阳板，突出墙外的腰线等，另按相应规定计算。 | 858.80 |
| | | 门窗洞口面积 | m² | $(2.7 \times 2.1 \times 10 + 2.4 \times 2.1 \times 16 + 2.1 \times 2.1 \times 4 + 1.2 \times 0.8 \times 3 + 1.5 \times 2.1 + 1.8 \times 2.1 \times 2 + 4.62 \times 3.07 + 1.5 \times 2.7 \times 2)\text{m}^2 = 190.85\text{m}^2$<br>[说明]外墙上的门窗洞口面积有 M-1 门 $3.07 \times 4.62\text{m}^2$，2 个 M-2 门，$1.5 \times 2.7 \times 2\text{m}^2$。M-2 门存在在①轴，④轴上，两个 C-8 窗存在在二层③～④轴之间 $1.8 \times 2.1 \times 2\text{m}^2$，1 个 C-7 窗存在在①轴上 $1.5 \times 2.1\text{m}^2$。3 个 C-4 窗 $1.2 \times 0.8\text{m}^2$，存在在③～④轴之间。一、二层上分别有 2 个 C-3，共有 4 个 C-3 窗洞口面积 $2.1 \times 2.1 \times 4\text{m}^2$，16 个 C-2 洞口面积 $2.4 \times 2.1 \times 16\text{m}^2$，10 个 C-1 洞口面积 $2.7 \times 2.1 \times 10\text{m}^2$。 | 190.85 |
| | | 增加门窗洞侧面积 | m² | $0.12 \times [(2.7 + 2.1) \times 2 \times 10 + (2.4 + 2.1) \times 2 \times 16 + (2.1 + 2.1) \times 2 \times 2 + (1.2 + 0.8) \times 2 \times 3 + (1.5 + 2.1) \times 2 + (1.8 + 2.1) \times 2 \times 2]\text{m}^2 = 34.99\text{m}^2$<br>[说明]门窗上下左右共有四面伸出部需抹灰，其周长即为门窗(长+宽)×2，0.12m 为其半墙厚，嵌入部分 | 34.99m² |

续表

| 序号 | 分部分项工程名称 | 部位、规格 | 单位 | 计 算 式 | 数量 |
|---|---|---|---|---|---|
| 九 | | 增加墙垛面积 | m² | $8.6\times(0.37\times3)\times2m^2=19.09m^2$<br>[说明]墙垛高8.6m,墙垛宽0.37m,共突出3面,故有3面抹灰,共有2个墙垛,存在于③轴、④轴上。 | 19.09 |
| | | 外墙抹灰 | m² | $(858.80-190.85+34.99+19.09)m^2=722.03$ | 722.03 |
| | 外墙贴玻璃锦砖 | | m² | [说明]外墙各种装饰抹灰均按图示尺寸以实抹面积计算。应扣除门窗洞口空圈的面积,其侧壁面积不另增加,其中墙面贴块料面层均按图示尺寸以实贴面积计算。查看正立面图。 | 45.63 |
| | 外墙涂料 | | m² | $(722.03-45.63)m^2=676.40m^2$ | 676.40 |
| | 压顶抹灰 | | m² | $0.37\times95.8m^2=35.45m^2$<br>[说明]压顶抹灰工程量用压顶的面积,以平方米(m²)计算。式中0.37m为压顶宽,95.8m为外墙中心线,也为压顶长。 | 35.45 |
| | 雨篷抹灰 | | m² | $(1.5-0.37)\times6.15m^2+(1.0-0.37)\times(2.1+0.37)m^2=8.51m^2$<br>[说明]雨篷抹灰按水平投影面积计算。定额已包括底面、上面、侧面和牛腿的全部抹灰面积,雨篷顶面带反沿或反梁者,其工程量乘系数1.20底面带悬臂梁者,其工程量乘以系数1.20,雨篷外边线按相应装饰或零星项目执行。查看图6-1-8与图6-1-9,雨篷1长为(5.1+1+0.05)m,雨篷宽为(1.5-0.37)m,雨篷2长为(2.1+0.37)m,宽为(1.0-0.37)m。 | 8.51 |
| | 刷 白 | 二 道<br>顶 棚 | m² | $(273.96+281.98)m^2=555.94m^2$ | 555.94 |
| | | 内 墙 | m² | [说明]查看顶棚混合砂浆抹灰一层面积为273.96m²,二层面积为281.98m²,刷白面积为555.94m²,内墙刷白面积为1360.63m²。 | 1365.45 |
| | 木门窗油漆 | | m² | $(81.29\times1.15+370.5)m^2=463.98m^2$<br>[说明]查看前边数据木窗扇制作安装为370.5m²。 | 463.98 |
| | 木隔断油漆 | | m² | $23.23\times1.1m^2=25.55m^2$<br>[说明]查看木结构工程中的厕所木隔断,其面积为23.23m²,其系数为1.1。 | 25.55 |
| | 木扶手油漆 | | m² | [说明]栏杆和扶手以延长米计算(不包括伸入墙内部分的长度),其长度可按全部水平投影长度乘以1.15系数计算,$(2.76+1.44+2.76+1.71+1.44)m\times1.15$。$(2.76+2.76+1.44+1.44)m$为全部水平投影长度,1.71m为平台处护栏长 | 11.63 |
| | 木门安玻璃 | 半截玻璃带亮子 | m² | | 28.37 |

续表

| 序号 | 分部分项工程名称 | 部位、规格 | 单位 | 计　算　式 | 数量 |
|---|---|---|---|---|---|
| 九 | 普通窗安玻璃 | | m² | [说明]查看木结构工程中的 M1 门,半截玻璃带亮子面积为 28.37。 | 370.5 |
| | 楼梯栏杆油漆 | | t | $4.12 \times 1.7t = 7.004t$ | 7.004 |
| | 爬梯油漆 | | t | $0.12 \times 1.2t = 0.144t$ | 0.144 |
| | | | | [说明]楼梯栏杆油漆的工程量以油漆的重量表示,单位为 t,1.7 为套用定额时乘以的系数,木扶手油漆长为 11.63m,11.63m 乘以木扶手运输重即可得出楼梯栏杆油漆的工程量,爬梯油漆同上,可以查看钢筋混凝土及金属结构构件运输安装工程中的数据。 | |
| 十 | 金属结构工程 | | | | |
| | 楼梯栏杆制作 | | t | | 4.12 |
| | 爬梯制作 | | t | [说明]可以查看钢筋混凝土及金属结构构件运输安装工程中的数据、金属结构制作工程量,按设计图纸的至材几何尺寸,以号(t)为单位分别计算型钢和钢板重量,均不扣除孔眼,切肢和切边重量,但应扣除直径大于 50cm 的孔洞重量 | 0.12 |

(一般土建工程)材料汇总表　　　　　表 6-1-4

| 序号 | 材料名称 | 规格 | 单位 | 数量 |
|---|---|---|---|---|
| 1 | 毛石 | MU20 | m³ | 188.65 |
| 2 | 红砖 | MU7.5 | 千块 | 233.64 |
| 3 | 水泥 | 32.5 级 | t | 99.477 |
| 4 | 砂 | 中、粗 | m³ | 55.25 |
| 5 | 砂 | 混 | m³ | 30.63 |
| 6 | 砂 | 净 | m³ | 266.62 |
| 7 | 碎石 | 40mm | m³ | 25.77 |
| 8 | 碎石 | 20mm | m³ | 37.34 |
| 9 | 碎石 | 15mm | m³ | 2.27 |
| 10 | 砾石 | 40mm | m³ | 0.58 |
| 11 | 砾石 | 20mm | m³ | 6.27 |
| 12 | 砾石 | 10mm | m³ | 44.45 |
| 13 | 生石灰 | | kg | 13849.06 |
| 14 | 石灰膏 | | m³ | 31.46 |

续表

| 序号 | 材料名称 | 规格 | 单位 | 数量 |
|---|---|---|---|---|
| 15 | 滑石粉 | | kg | 688.04 |
| 16 | 钢筋 | φ10以上 | t | 1.655 |
| 17 | 钢筋 | φ10以内 | t | 2.594 |
| 18 | 钢筋 | φ5以内 | t | 0.237 |
| 19 | 镀锌铁丝 | 8号 | kg | 728.17 |
| 20 | 镀锌铁丝 | 22号 | kg | 15.04 |
| 21 | 方钢 | 10mm | t | 0.016 |
| 22 | 圆钢 | | t | 3.588 |
| 23 | 角钢 | | t | 0.577 |
| 24 | 扁钢 | | t | 0.33 |
| 25 | 钢板 | 10mm | t | 0.001 |
| 26 | 钢板 | 7mm | t | 0.266 |
| 27 | 钢板 | 2mm~2.5mm | t | 1.050 |
| 28 | 镀锌薄钢板 | 26号 | m² | 35.69 |
| 29 | 铁件 | | kg | 51.43 |
| 30 | 木材 | 一等红松 | m³ | 11.576 |
| 31 | 木材 | 一等红松板 | m³ | 1.098 |
| 32 | 木材 | 一等中方白松 | m³ | 8.01 |
| 33 | 木材 | 二等中方白松 | m³ | 1.546 |
| 34 | 木材 | 二等白松 | m³ | 0.05 |
| 35 | 木材 | 二等方木 | m³ | 0.062 |
| 36 | 木材 | 一等小方硬木 | m³ | 0.399 |
| 37 | 木材 | 板条 | 捆 | 7.81 |
| 38 | 沥青珍珠岩块 | | m³ | 37.94 |
| 39 | 石油沥青 | 10号 | kg | 594.52 |
| 40 | 石油沥青 | 60号 | kg | 2378.08 |
| 41 | 石油沥青油毡 | 350g | kg | 1209.08 |
| 42 | 汽油 | | kg | 247.16 |
| 43 | 涂料 | 803 | kg | 417.43 |
| 44 | 调合漆 | | kg | 220.25 |
| 45 | 清油 | | kg | 60.01 |
| 46 | 溶剂油 | | kg | 66.94 |
| 47 | 防锈漆 | | kg | 67.17 |
| 48 | 羧甲基纤维素 | | kg | 0.11 |
| 49 | 纸筋 | | kg | 2.37 |
| 50 | 大白粉 | | kg | 4.50 |
| 51 | 防水粉 | | kg | 26.50 |
| 52 | 金钢砂 | | kg | 18.45 |
| 53 | 黑烟子 | | kg | 0.39 |
| 54 | 工业盐 | | kg | 5.05 |
| 55 | 麻丝面 | | kg | 22.06 |
| 56 | 胶 | 骨质 | kg | 0.67 |
| 57 | 胶 | 皮质 | kg | 19.21 |

续表

| 序号 | 材料名称 | 规格 | 单位 | 数量 |
|---|---|---|---|---|
| 58 | 腻子 | | kg | 279.40 |
| 59 | 玻璃 | 3mm | m² | 329.80 |
| 60 | 铁钉 | | kg | 82.93 |
| 61 | 玻璃钉 | | kg | 3.43 |
| 62 | 木螺钉 | 16mm | 100个 | 112.30 |
| 63 | 木螺钉 | 18mm | 100个 | 13.38 |
| 64 | 木螺钉 | 25mm | 100个 | 21.08 |
| 65 | 木螺钉 | 50mm | 100个 | 34.16 |
| 66 | 自由折页 | 200mm | 副 | 36.00 |
| 67 | 折页 | 150mm | 副 | 34.00 |
| 68 | 折页 | 100mm | 副 | 450 |
| 69 | 折页 | 79mm | 副 | 34.00 |
| 70 | 折页 | 76.2mm | 副 | 194.00 |
| 71 | 折页 | 37.5mm | 副 | 132.00 |
| 72 | L钢角 | 150mm | 个 | 140.00 |
| 73 | L钢角 | 100mm | 个 | 1288.00 |
| 74 | L钢角 | 75mm | 个 | 464.00 |
| 75 | T钢角 | 150mm | 个 | 70.00 |
| 76 | 翻窗铁轴 | | 副 | 36.00 |
| 77 | 管子拉手 | 400~500mm | 个 | 36.00 |
| 78 | 拉手 | 150mm | 个 | 34.00 |
| 79 | 拉手 | 100mm | 个 | 131.00 |
| 80 | 插销 | 150mm | 副 | 262.00 |
| 81 | 插销 | 100mm | 副 | 131.00 |
| 82 | 风钩 | 150mm | 个 | 251.00 |
| 83 | 风钩 | 100mm | 个 | 101.00 |
| 84 | 窗划 | 50mm | 副 | 66.00 |
| 85 | 电焊条 | | kg | 142.87 |
| 86 | 焊锡 | | kg | 0.65 |
| 87 | 铸铁落水 | φ100 | 个 | 7.07 |
| 88 | 脚手杆 | 木 | m³ | 5.58 |
| 89 | 跳板 | 一等(厚) | m³ | 2.05 |
| 90 | 钢管 | φ50 | t | 0.14 |
| 91 | 直角扣件 | | 个 | 42 |
| 92 | 对接扣件 | | 个 | 10 |
| 93 | 回转扣件 | | 个 | 5.00 |
| 94 | 底座 | | 个 | 1.0 |
| 95 | 钢套管架 | | t | 0.007 |
| 96 | 安全网 | | m² | 109.37 |
| 97 | 水 | | t | 445.93 |
| 98 | 107胶(现用108胶) | | kg | 6.48 |
| 99 | 玻璃锦砖 | | m² | 4.75 |
| 100 | 草绳 | | kg | 171.92 |

## 工程工料分析表（一般土建工程） 表 6-1-5

### 一、土方工程

| 定额编号 | 分部分项工程名称 | 单位 | 工程量 | 普通工 | | 其他工 | |
|---|---|---|---|---|---|---|---|
| | | | | 单位用量 | 合计用量 | 单位用量 | 合计用量 |
| 1-37 | 平整场地 | 100m² | 5.68 | 5.76 | 32.72 | 0.58 | 3.29 |
| 1-13 | 人工挖基槽 | 100m³ | 5.06 | 42.55 | 215.3 | 4.26 | 21.56 |
| 1-23 | 人工挖地坑 | 100m³ | 0.06 | 45.90 | 2.75 | 4.59 | 0.28 |
| 1-36 | 原土打夯 | 100m² | 3.87 | 1.49 | 5.77 | 0.15 | 0.58 |
| 1-35 | 人工回填 | 100m³ | 3.54 | 20.00 | 70.80 | 2.00 | 7.08 |
| 1-111 | 土方外运 | 100m³ | 1.57 | 189.98 | 298.27 | 19.00 | 29.83 |
| | 小 计 | | | | 625.61 | | 62.62 |

### 二、砖石工程

| 定额编号 | 分部分项工程名称 | 单位 | 工程量 | 技工(工日) | | 普工(工日) | | 帮助工(工日) | | 其他工(工日) | | 毛石(m³) | |
|---|---|---|---|---|---|---|---|---|---|---|---|---|---|
| | | | | 单位用量 | 合计用量 | 单位用量 | 合计用量 | 单位用量 | 合计用量 | 单位用量 | 合计用量 | 单位用量 | 合计用量 |
| 3-90 | 毛石基础 | 10m³ | 16.98 | 2.90 | 49.24 | 5.63 | 95.60 | 2.84 | 98.22 | 1.14 | 19.36 | 11.11 | 188.65 |
| 3-1 | 砖基础 | 10m³ | 4.12 | 3.53 | 14.54 | 5.38 | 22.17 | 2.91 | 11.99 | 1.18 | 4.86 | | |
| 3-6 | M2.5 混合砂浆 1B 内墙 | 10m³ | 10.33 | 5.83 | 60.22 | 7.16 | 73.96 | 3.13 | 32.33 | 1.61 | 16.63 | | |
| 3-19 | M2.5 混合砂浆 2B 外墙 | 10m³ | 26.3 | 5.73 | 150.7 | 7.21 | 189.62 | 3.26 | 85.74 | 1.62 | 42.61 | | |
| 3-23 | 女儿墙 | 10m³ | 2.84 | 6.52 | 18.52 | 7.19 | 20.42 | 3.22 | 9.14 | 1.69 | 4.8 | | |
| 3-35 | 钢筋砖过梁 | 10m³ | 0.23 | 6.27 | 1.43 | 7.18 | 1.65 | 10.84 | 2.49 | 2.42 | 0.56 | | |
| 3-41 | 零星砌体 | 10m³ | 0.70 | 9.25 | 6.48 | 9.25 | 6.48 | 2.97 | 2.08 | 2.15 | 1.51 | | |
| | 小 计 | | | | 301.13 | | 409.9 | | 191.99 | | 90.33 | | 188.65 |

| 定额编号 | 分部分项工程名称 | 单位 | 工程量 | 水泥 32.5 级(kg) | | 砂(净)(m³) | | 水(t) | | 普通砖(4 块) | |
|---|---|---|---|---|---|---|---|---|---|---|---|
| | | | | 单位用量 | 合计用量 | 单位用量 | 合计用量 | 单位用量 | 合计用量 | 单位用量 | 合计用量 |
| 3-90 | 毛石基础 | 10m³ | 16.98 | 798 | 13550.04 | 4.01 | 68.09 | 1.66 | 28.19 | | |
| 3-1 | 砖基础 | 10m³ | 4.12 | 489 | 2014.68 | 2.46 | 10.14 | 1.57 | 6.47 | 5.19 | 21.38 |
| 3-6 | M2.5 混合砂浆 1B 内墙 | 10m³ | 10.33 | 249 | 2572.17 | 2.38 | 24.59 | 2.46 | 25.41 | 5.284 | 54.58 |
| 3-19 | M2.5 混合砂浆 2B 外墙 | 10m³ | 26.3 | 274 | 7206.2 | 2.61 | 68.64 | 2.60 | 68.38 | 5.234 | 137.65 |
| 3-23 | 女儿墙 | 10m³ | 2.84 | 265 | 752.6 | 2.53 | 7.19 | 2.56 | 7.27 | 5.274 | 14.98 |
| 3-35 | 钢筋砖过梁 | 10m³ | 0.23 | 1126 | 258.98 | 3.44 | 0.79 | 2.24 | 0.52 | 5.339 | 1.23 |
| 3-41 | 零星砌体 | 10m³ | 0.70 | 3.74 | 2.62 | 2.15 | 1.51 | 1.930 | 1.35 | 5.460 | 3.82 |
| | 小 计 | | | | 26357.29 | | 180.95 | | 137.59 | | 233.64 |

| 定额编号 | 分部分项工程名称 | 单位 | 工程量 | 石灰膏(m³) | | 模板木材(m³) | | 铁钉(kg) | | 钢筋 φ10 以内(t) | |
|---|---|---|---|---|---|---|---|---|---|---|---|
| | | | | 单位用量 | 合计用量 | 单位用量 | 合计用量 | 单位用量 | 合计用量 | 单位用量 | 合计用量 |
| 3-90 | 毛石基础 | 10m³ | 16.98 | | | | | | | | |
| 3-1 | 砖基础 | 10m³ | 4.12 | | | | | | | | |
| 3-6 | M2.5 混合砂浆 1B 内墙 | 10m³ | 10.32 | 0.42 | 4.34 | | | | | | |
| 3-19 | M2.5 混合砂浆 2B 外墙 | 10m³ | 26.3 | 0.47 | 12.36 | | | | | | |
| 3-23 | 女儿墙 | 10m³ | 2.84 | 0.45 | 1.28 | | | | | | |
| 3-35 | 钢筋砖过梁 | 10m³ | 0.23 | 0.09 | 0.02 | 0.192 | 0.04 | 4.30 | 0.99 | 0.107 | 0.02 |
| 3-41 | 零星砌体 | 10m³ | 0.70 | 0.28 | 0.20 | | | | | | |
| | 小 计 | | | | 18.00 | | 0.04 | | 0.99 | | 0.02 |

续表

### 三、脚手架工程

| 定额编号 | 分部分项工程名称 | 单位 | 工程量 | 技工(工日) 单位用量 | 合计用量 | 帮助工(工日) 单位用量 | 合计用量 | 其他工(工日) 单位用量 | 合计用量 | 脚手杆(木)($m^3$) 单位用量 | 合计用量 | 一等厚板(跳)($m^3$) 单位用量 | 合计用量 |
|---|---|---|---|---|---|---|---|---|---|---|---|---|---|
| (4-2)+3(4-4) | 综合脚手架 | 100$m^2$ | 7.02 | 17.08 | 119.9 | 5.39 | 37.84 | 2.26 | 15.87 | 0.719 | 5.05 | 0.245 | 1.72 |
| 4-16 | 满堂脚手架 | 100$m^2$ | 7.02 | 7.14 | 50.12 | 3.51 | 24.64 | 1.07 | 7.51 | 0.072 | 0.51 | 0.046 | 0.32 |
| (4-16)+2(4-17) | 增加层面积 | 100$m^2$ | 0.12 | 15.08 | 1.81 | 5.49 | 0.66 | 2.07 | 0.25 | 0.142 | 0.02 | 0.046 | 0.01 |
| | 小计 | | | | 171.83 | | 63.14 | | 23.63 | | 5.58 | | 2.05 |

| 定额编号 | 分部分项工程名称 | 单位 | 工程量 | 二等白松($m^3$) 单位用量 | 合计用量 | 钢管 $\phi50$(t) 单位用量 | 合计用量 | 直角扣件(个) 单位用量 | 合计用量 | 对接扣件(个) 单位用量 | 合计用量 | 回转扣件(个) 单位用量 | 合计用量 |
|---|---|---|---|---|---|---|---|---|---|---|---|---|---|
| (4-2)+3(4-4) | 综合脚手架 | 100$m^2$ | 7.02 | 0.007 | 0.05 | 0.02 | 0.14 | 5.9 | 41.42 | 1.35 | 9.48 | 0.61 | 4.28 |
| 4-16 | 满堂脚手架 | 100$m^2$ | 7.02 | | | | | | | | | | |
| (4-16)+2(4-17) | 增加层面积 | 100$m^2$ | 0.12 | | | | | | | | | | |
| | 小计 | | | | 0.05 | | 0.14 | | 41.42 | | 9.48 | | 4.28 |

| 定额编号 | 分部分项工程名称 | 单位 | 工程量 | 底座(个) 单位用量 | 合计用量 | 钢套管架(t) 单位用量 | 合计用量 | 镀锌铁丝8号(kg) 单位用量 | 合计用量 | 铁钉(kg) 单位用量 | 合计用量 | 安全网($m^2$) 单位用量 | 合计用量 |
|---|---|---|---|---|---|---|---|---|---|---|---|---|---|
| (4-2)+3(4-4) | 综合脚手架 | 100$m^2$ | 7.02 | 0.08 | 0.56 | 0.001 | 0.007 | 67.43 | 473.36 | 0.61 | 4.28 | 15.58 | 109.37 |
| 4-16 | 满堂脚手架 | 100$m^2$ | 7.02 | | | | | 30.56 | 214.53 | | | | |
| (4-16)+2(4-17) | 增加层面积 | 100$m^2$ | 0.12 | | | | | 64.10 | 7.69 | | | | |
| | 小计 | | | | 0.56 | | 0.007 | | 695.58 | | 4.28 | | 109.37 |

### 四、钢筋混凝土工程

| 定额编号 | 分部分项工程名称 | 单位 | 工程量 | 技工(工日) 单位用量 | 合计用量 | 普工(工日) 单位用量 | 合计用量 | 辅工(工日) 单位用量 | 合计用量 | 其他工(工日) 单位用量 | 合计用量 |
|---|---|---|---|---|---|---|---|---|---|---|---|
| 5-44 | 现浇C20混凝土圈梁 | 10$m^3$ | 0.25 | 47.34 | 11.84 | 0.71 | 0.18 | 12.72 | 3.18 | 6.05 | 1.51 |
| 5-46 | 现浇C20混凝土过梁 | 10$m^3$ | 0.71 | 64.20 | 45.58 | 0.71 | 0.5 | 15.03 | 10.67 | 8.1 | 5.75 |
| 5-27 | 现浇C20混凝土柱 | 10$m^3$ | 0.02 | 75.18 | 1.5 | 3.95 | 0.08 | 16.96 | 0.34 | 9.61 | 0.19 |
| 5-70 | 现浇C20混凝土楼梯 | 10$m^3$ | 1.6 | 13.42 | 21.47 | 0.22 | 0.35 | 3.55 | 5.68 | 1.71 | 2.74 |
| 5-72 | 现浇C20混凝土雨篷 | 10$m^3$ | 1.13 | 9.01 | 10.18 | 0.27 | 0.31 | 2.14 | 2.42 | 1.14 | 1.29 |
| 5-6 | 现浇C15混凝土基础 | 10$m^3$ | 0.07 | 11.89 | 0.83 | 0.67 | 0.05 | 4.9 | 0.34 | 1.74 | 0.12 |
| 5-99 | 预制单梁 | 10$m^3$ | 0.03 | 28.67 | 0.86 | 2.49 | 0.07 | 11.31 | 0.34 | 4.25 | 0.13 |
| 5-103 | 预制过梁 | 10$m^3$ | 0.73 | 19.16 | 13.99 | 2.48 | 1.81 | 2.60 | 1.90 | 2.42 | 1.77 |
| 5-115 | 预制钢筋混凝土实心板 | 10$m^3$ | 0.58 | 23.17 | 13.44 | | | 7.94 | 4.61 | 3.10 | 1.8 |
| 5-117 | 预制钢筋混凝土空心板 | 10$m^3$ | 4.39 | 31.06 | 136.35 | | | 5.15 | 22.61 | 3.59 | 15.76 |
| | 小计 | | | | 256.04 | | 3.35 | | 52.09 | | 31.06 |

续表

| 定额编号 | 分部分项工程名称 | 单位 | 工程量 | 钢模板(kg) | | 零星卡具(kg) | | 铁钉(kg) | | 模板木材(m³) | |
|---|---|---|---|---|---|---|---|---|---|---|---|
| | | | | 单位用量 | 合计用量 | 单位用量 | 合计用量 | 单位用量 | 合计用量 | 单位用量 | 合计用量 |
| 5-44 | 现浇C20混凝土圈梁 | 10m³ | 0.25 | 44.56 | 11.14 | 3.16 | 0.79 | 2.4 | 0.60 | 0.164 | 0.04 |
| 5-46 | 现浇C20混凝土过梁 | 10m³ | 0.71 | 67.82 | 48.15 | 13.48 | 9.57 | 22.1 | 15.69 | 1.181 | 0.84 |
| 5-27 | 现浇C20混凝土柱 | 10m³ | 0.02 | 141.18 | 2.82 | 115.43 | 2.31 | 21.03 | 0.42 | 0.361 | 0.001 |
| 5-70 | 现浇C20混凝土楼梯 | 10m³ | 1.6 | | | | | 5.37 | 8.59 | 0.400 | 0.64 |
| 5-72 | 现浇C20混凝土雨篷 | 10m³ | 1.13 | | | | | 10.96 | 12.38 | 0.452 | 0.51 |
| 5-6 | 现浇C15混凝土基础 | 10m³ | 0.07 | 25.40 | 1.78 | 6.76 | 0.47 | 10.30 | 0.72 | 0.293 | 0.02 |
| 5-99 | 预制单梁 | 10m³ | 0.03 | 20.26 | 0.61 | 10.35 | 0.31 | 2.24 | 0.07 | 0.110 | 0.003 |
| 5-103 | 预制单梁 | 10m³ | 0.73 | | | | | 2.24 | 1.64 | 0.317 | 0.23 |
| 5-115 | 预制钢筋混凝土实心板 | 10m³ | 0.58 | | | | | 1.38 | 0.8 | 0.175 | 0.1 |
| 5-117 | 预制钢筋混凝土空心板 | 10m³ | 4.39 | 15.74 | 69.1 | | | | | | |
| 小 计 | | | | | 133.60 | | 13.45 | | 40.91 | | 2.39 |

| 定额编号 | 分部分项工程名称 | 单位 | 工程量 | 钢筋φ10以内(t) | | 钢筋φ10以上(t) | | 镀锌铁丝22号(kg) | | 电焊条(kg) | |
|---|---|---|---|---|---|---|---|---|---|---|---|
| | | | | 单位用量 | 合计用量 | 单位用量 | 合计用量 | 单位用量 | 合计用量 | 单位用量 | 合计用量 |
| 5-44 | 现浇C20混凝土圈梁 | 10m³ | 0.25 | 0.258 | 0.065 | 1.000 | 0.250 | 5.77 | 1.44 | 4.80 | 1.20 |
| 5-46 | 现浇C20混凝土过梁 | 10m³ | 0.71 | 0.340 | 0.241 | 0.678 | 0.481 | 4.86 | 3.45 | 3.25 | 2.31 |
| 5-27 | 现浇C20混凝土柱 | 10m³ | 0.02 | 0.123 | 0.002 | 1.136 | 0.023 | 5.88 | 0.12 | 5.45 | 0.11 |
| 5-70 | 现浇C20混凝土楼梯 | 10m³ | 1.6 | 0.064 | 0.100 | 0.128 | 0.205 | 1.60 | 2.56 | 0.61 | 0.98 |
| 5-72 | 现浇C20混凝土雨篷 | 10m³ | 1.13 | 0.064 | 0.072 | | | 0.39 | 0.44 | | |
| 5-6 | 现浇C15混凝土基础 | 10m³ | 0.07 | | | | | | | | |
| 5-99 | 预制单梁 | 10m³ | 0.03 | 0.306 | 0.009 | 0.771 | 0.023 | 6.00 | 0.18 | 4.24 | 0.13 |
| 5-103 | 预制过梁 | 10m³ | 0.73 | 0.357 | 0.182 | 0.109 | 0.080 | 4.62 | 3.37 | 0.52 | 0.38 |
| 5-115 | 预制钢筋混凝土实心板 | 10m³ | 0.58 | 0.267 | 0.155 | | | 1.46 | 0.85 | 1.32 | 0.77 |
| 5-117 | 预制钢筋混凝土空心板 | 10m³ | 4.39 | 0.268 | 1.177 | 0.135 | 0.593 | 0.60 | 2.63 | 0.65 | 2.85 |
| 小 计 | | | | | 2.084 | | 1.655 | | 15.04 | | 8.73 |

| 定额编号 | 分部分项工程名称 | 单位 | 工程量 | 水泥32.5级(kg) | | 砂(中、粗)(m³) | | 碎石20mm(m³) | | 草袋子(m²) | |
|---|---|---|---|---|---|---|---|---|---|---|---|
| | | | | 单位用量 | 合计用量 | 单位用量 | 合计用量 | 单位用量 | 合计用量 | 单位用量 | 合计用量 |
| 5-44 | 现浇C20混凝土圈梁 | 10m³ | 0.25 | 3350 | 837.50 | 5.08 | 1.27 | 8.12 | 2.03 | 7.50 | 1.88 |
| 5-46 | 现浇C20混凝土过梁 | 10m³ | 0.71 | 3350 | 2378.50 | 5.08 | 3.61 | 8.12 | 5.77 | 7.50 | 5.33 |
| 5-27 | 现浇C20混凝土柱 | 10m³ | 0.02 | 3350 | 67.00 | 5.08 | 0.10 | 8.12 | 0.16 | 2.00 | 0.04 |
| 5-70 | 现浇C20混凝土楼梯 | 10m³ | 1.6 | 802 | 1283.20 | 1.22 | 1.95 | 1.94 | 3.10 | 2.20 | 3.52 |
| 5-72 | 现浇C20混凝土雨篷 | 10m³ | 1.13 | 461 | 520.93 | 0.64 | 0.72 | 15 | 16.95 | 2.20 | 2.49 |
| 5-6 | 现浇C15混凝土基础 | 10m³ | 0.07 | 2649 | 185.43 | 5.58 | 0.39 | 40 | 2.8 | 1.10 | 0.08 |
| 5-99 | 预制单梁 | 10m³ | 0.03 | 2990 | 89.70 | 4.95 | 0.15 | 8.59 | 0.26 | 4.20 | 0.13 |
| 5-103 | 预制过梁 | 10m³ | 0.73 | 2990 | 2182.70 | 4.95 | 3.61 | 8.59 | 6.27 | 8.10 | 5.91 |
| 5-115 | 预制钢筋混凝土实心板 | 10m³ | 0.58 | 3339 | 1936.62 | 4.97 | 2.88 | | | 18.00 | 10.44 |
| 5-117 | 预制钢筋混凝土空心板 | 10m³ | 4.39 | 3339 | 14658.21 | 4.9 | 21.51 | | | 13.00 | 57.07 |
| 小 计 | | | | | 24139.79 | | 36.19 | | 37.34 | | 86.89 |

续表

| 定额编号 | 分部分项工程名称 | 单位 | 工程量 | 水(t) | | 钢支撑(kg) | | 二等大方(m²) | | 钢地模(m²) | |
|---|---|---|---|---|---|---|---|---|---|---|---|
| | | | | 单位用量 | 合计用量 | 单位用量 | 合计用量 | 单位用量 | 合计用量 | 单位用量 | 合计用量 |
| 5-44 | 现浇C20混凝土圈梁 | 10m³ | 0.25 | 13.100 | 3.275 | | | | | | |
| 5-46 | 现浇C20混凝土过梁 | 10m³ | 0.71 | 13.330 | 9.464 | | | | | | |
| 5-27 | 现浇C20混凝土柱 | 10m³ | 0.02 | 18.560 | 0.371 | 69.19 | 1.38 | 0.342 | 0.01 | | |
| 5-70 | 现浇C20混凝土楼梯 | 10m³ | 1.6 | 3.73 | 5.968 | | | | | | |
| 5-72 | 现浇C20混凝土雨篷 | 10m³ | 1.13 | 3.280 | 3.706 | | | | | | |
| 5-6 | 现浇C15混凝土基础 | 10m³ | 0.07 | 9.910 | 0.694 | | | | | | |
| 5-99 | 预制单梁 | 10m³ | 0.03 | 10.130 | 0.304 | 10.66 | 0.32 | | | 40.50 | 1.22 |
| 5-103 | 预制过梁 | 10m³ | 0.73 | 17.000 | 12.410 | | | | | | |
| 5-115 | 预制钢筋混凝土实心板 | 10m³ | 0.58 | 32.160 | 18.653 | | | | | | |
| 5-117 | 预制钢筋混凝土空心板 | 10m³ | 4.39 | 25.160 | 110.452 | | | | | | |
| | 小　计 | | | | 165.297 | | 1.7 | | 0.01 | | 1.22 |

| 定额编号 | 分部分项工程名称 | 单位 | 工程量 | 预埋铁件(kg) | | 二等中方(m³) | | 钢筋φ5以内(t) | |
|---|---|---|---|---|---|---|---|---|---|
| | | | | 单位用量 | 合计用量 | 单位用量 | 合计用量 | 单位用量 | 合计用量 |
| 5-44 | 现浇C20混凝土圈梁 | 10m³ | 0.25 | | | | | | |
| 5-46 | 现浇C20混凝土过梁 | 10m³ | 0.71 | | | | | | |
| 5-27 | 现浇C20混凝土柱 | 10m³ | 0.02 | | | | | | |
| 5-70 | 现浇C20混凝土楼梯 | 10m³ | 1.6 | | | | | | |
| 5-72 | 现浇C20混凝土雨篷 | 10m³ | 1.13 | | | | | | |
| 5-6 | 现浇C15混凝土基础 | 10m³ | 0.07 | | | | | | |
| 5-99 | 预制单梁 | 10m³ | 0.03 | 18.00 | 0.54 | 0.010 | 0.0003 | | |
| 5-103 | 预制过梁 | 10m³ | 0.73 | | | 0.014 | 0.01 | 0.021 | 0.015 |
| 5-115 | 预制钢筋混凝土实心板 | 10m³ | 0.58 | | | 0.029 | 0.02 | 0.080 | 0.046 |
| 5-117 | 预制钢筋混凝土空心板 | 10m³ | 4.39 | | | 0.020 | 0.09 | 0.040 | 0.176 |
| | 小　计 | | | | 0.54 | | 0.12 | | 0.237 |

| 定额编号 | 分部分项工程名称 | 单位 | 工程量 | 砾石40mm(m³) | | 砾石20mm(m³) | | 砾石10mm(m³) | |
|---|---|---|---|---|---|---|---|---|---|
| | | | | 单位用量 | 合计用量 | 单位用量 | 合计用量 | 单位用量 | 合计用量 |
| 5-44 | 现浇C20混凝土圈梁 | 10m³ | 0.25 | | | | | | |
| 5-46 | 现浇C20混凝土过梁 | 10m³ | 0.71 | | | | | | |
| 5-27 | 现浇C20混凝土柱 | 10m³ | 0.02 | | | | | | |
| 5-70 | 现浇C20混凝土楼梯 | 10m³ | 1.6 | | | | | | |
| 5-72 | 现浇C20混凝土雨篷 | 10m³ | 1.13 | | | | | | |
| 5-6 | 现浇C15混凝土基础 | 10m³ | 0.07 | 8.22 | 0.58 | | | | |
| 5-99 | 预制单梁 | 10m³ | 0.03 | | | | | | |
| 5-103 | 预制过梁 | 10m³ | 0.73 | | | 8.59 | 6.27 | | |
| 5-115 | 预制钢筋混凝土实心板 | 10m³ | 0.58 | | | | | 8.43 | 4.89 |
| 5-117 | 预制钢筋混凝土空心板 | 10m³ | 4.39 | | | | | 8.43 | 37.01 |
| | 小　计 | | | | 0.58 | | 6.27 | | 41.9 |

## 五、钢筋混凝土及金属结构构件运输安装工程

续表

| 定额编号 | 分部分项工程名称 | 单位 | 工程量 | 技工(工日) 单位用量 | 技工(工日) 合计用量 | 普工(工日) 单位用量 | 普工(工日) 合计用量 | 其他工(工日) 单位用量 | 其他工(工日) 合计用量 | 模板木材(m³) 单位用量 | 模板木材(m³) 合计用量 |
|---|---|---|---|---|---|---|---|---|---|---|---|
| 6-10 | 钢筋混凝土构件运输 | 10m³ | 5.72 | | | 2.30 | 13.16 | 0.58 | 3.32 | | |
| 6-50 | 楼梯栏杆运输 | t | 4.12 | | | 1.70 | 7.00 | 0.43 | 1.77 | | |
| 6-50 | 金属爬梯运输 | t | 0.12 | | | 1.70 | 0.20 | 0.43 | 0.05 | | |
| 6-122 | 单梁安装 | 10m³ | 0.03 | 2.02 | 0.06 | 16.62 | 0.50 | 0.68 | 0.02 | | |
| 6-126 | 过梁安装 | 10m³ | 0.72 | | | 26.34 | 18.96 | 0.68 | 0.49 | | |
| 6-130 | 空心板安装 | 10m³ | 4.34 | 2.41 | 10.46 | 5.83 | 25.30 | 0.58 | 2.52 | | |
| 6-130 | 实心板安装 | 10m³ | 0.58 | 2.41 | 1.40 | 5.83 | 3.38 | 0.58 | 0.34 | | |
| 6-213 | 楼梯栏杆安装 | t | 4.12 | 3.00 | 12.36 | 6.70 | 27.60 | 1.20 | 4.94 | | |
| 6-211 | 爬梯安装 | t | 0.12 | 5.00 | 0.60 | 20.00 | 2.40 | 3.00 | 0.36 | | |
| 6-163 | 单梁坐浆灌缝 | 10m³ | 0.03 | 2.49 | 0.07 | | | 0.66 | 0.02 | 0.060 | 0.002 |
| 6-173 | 过梁坐浆灌缝 | 10m³ | 0.72 | 1.73 | 1.25 | | | 0.48 | 0.35 | | |
| 6-169 | 空心板坐浆灌缝 | 10m³ | 4.32 | 11.80 | 50.98 | | | 3.44 | 14.86 | 0.020 | 0.09 |
| 6-168 | 实心板坐浆灌缝 | 10m³ | 0.57 | 11.32 | 6.45 | | | 3.63 | 2.07 | 0.150 | 0.09 |
| | 小　计 | | | | 83.63 | | 98.50 | | 31.11 | | 0.18 |

| 定额编号 | 分部分项工程名称 | 单位 | 工程量 | 镀锌铁丝8号(kg) 单位用量 | 镀锌铁丝8号(kg) 合计用量 | 钢筋φ10以内(t) 单位用量 | 钢筋φ10以内(t) 合计用量 | 水泥32.5级(kg) 单位用量 | 水泥32.5级(kg) 合计用量 | 碎石15mm(m³) 单位用量 | 碎石15mm(m³) 合计用量 |
|---|---|---|---|---|---|---|---|---|---|---|---|
| 6-10 | 钢筋混凝土构件运输 | 10m³ | 5.72 | | | | | | | | |
| 6-50 | 楼梯栏杆运输 | t | 4.12 | | | | | | | | |
| 6-50 | 金属爬梯运输 | t | 0.12 | | | | | | | | |
| 6-122 | 单梁安装 | 10m³ | 0.03 | | | | | | | | |
| 6-126 | 过梁安装 | 10m³ | 0.72 | | | | | | | | |
| 6-130 | 空心板安装 | 10m³ | 4.34 | | | | | | | | |
| 6-130 | 实心板安装 | 10m³ | 0.58 | | | | | | | | |
| 6-213 | 楼梯栏杆安装 | t | 4.12 | | | | | | | | |
| 6-211 | 爬梯安装 | t | 0.12 | | | | | | | | |
| 6-163 | 单梁坐浆灌缝 | 10m³ | 0.03 | | | | | 200 | 6.00 | 0.42 | 0.01 |
| 6-173 | 过梁坐浆灌缝 | 10m³ | 0.72 | | | | | 402 | 299.44 | | |
| 6-169 | 空心板坐浆灌缝 | 10m³ | 4.32 | 4.31 | 18.62 | 0.010 | 0.043 | 639 | 2760.48 | 0.44 | 1.90 |
| 6-168 | 实心板坐浆灌缝 | 10m³ | 0.57 | 24.50 | 13.97 | | | 664 | 378.48 | 0.64 | 0.36 |
| | 小　计 | | | | 32.59 | | 0.043 | | 3434.40 | | 2.27 |

| 定额编号 | 分部分项工程名称 | 单位 | 工程量 | 砾石10mm(m³) 单位用量 | 砾石10mm(m³) 合计用量 | 砂(净)(m³) 单位用量 | 砂(净)(m³) 合计用量 | 砂(中、粗)(m³) 单位用量 | 砂(中、粗)(m³) 合计用量 | 水(t) 单位用量 | 水(t) 合计用量 |
|---|---|---|---|---|---|---|---|---|---|---|---|
| 6-10 | 钢筋混凝土构件运输 | 10m³ | 5.72 | | | | | | | | |
| 6-50 | 楼梯栏杆运输 | t | 4.12 | | | | | | | | |
| 6-50 | 金属爬梯运输 | t | 0.12 | | | | | | | | |
| 6-122 | 单梁安装 | 10m³ | 0.03 | | | | | | | | |
| 6-126 | 过梁安装 | 10m³ | 0.72 | | | | | | | | |
| 6-130 | 空心板安装 | 10m³ | 4.34 | | | | | | | | |
| 6-130 | 实心板安装 | 10m³ | 0.58 | | | | | | | | |
| 6-213 | 楼梯栏杆安装 | t | 4.12 | | | | | | | | |
| 6-211 | 爬梯安装 | t | 0.12 | | | | | | | | |
| 6-163 | 单梁坐浆灌缝 | 10m³ | 0.03 | | | | | 0.28 | 0.01 | 0.680 | 0.020 |
| 6-173 | 过梁坐浆灌缝 | 10m³ | 0.72 | | | 0.63 | 0.45 | | | 0.590 | 0.425 |
| 6-169 | 空心板坐浆灌缝 | 10m³ | 4.32 | 0.59 | 2.55 | 0.30 | 1.30 | 0.64 | 2.76 | 3.290 | 14.213 |
| 6-168 | 实心板坐浆灌缝 | 10m³ | 0.57 | | | 0.56 | 0.32 | 0.42 | 0.24 | 4.010 | 2.286 |
| | 小　计 | | | | 2.55 | | 2.07 | | 3.01 | | 16.944 |

续表

| 定额编号 | 分部分项工程名称 | 单位 | 工程量 | 草袋子(m²) 单位用量 | 草袋子(m²) 合计用量 | 铁钉(kg) 单位用量 | 铁钉(kg) 合计用量 | 二等中方(m³) 单位用量 | 二等中方(m³) 合计用量 | 电焊条(kg) 单位用量 | 电焊条(kg) 合计用量 |
|---|---|---|---|---|---|---|---|---|---|---|---|
| 6-10 | 钢筋混凝土构件运输 | 10m³ | 5.72 | | | | | | | | |
| 6-50 | 楼梯栏杆运输 | t | 4.12 | | | | | 0.091 | 0.37 | | |
| 6-50 | 金属爬梯运输 | t | 0.12 | | | | | 0.091 | 0.01 | | |
| 6-122 | 单梁安装 | 10m³ | 0.03 | | | | | 0.025 | 0.001 | | |
| 6-126 | 过梁安装 | 10m³ | 0.72 | | | | | 0.058 | 0.04 | | |
| 6-130 | 空心板安装 | 10m³ | 4.34 | | | | | 0.013 | 0.06 | | |
| 6-130 | 实心板安装 | 10m³ | 0.58 | | | | | 0.013 | 0.01 | | |
| 6-213 | 楼梯栏杆安装 | t | 4.12 | | | | | | | 6.20 | 25.54 |
| 6-211 | 爬梯安装 | t | 0.12 | | | | | | | | |
| 6-163 | 单梁坐浆灌缝 | 10m³ | 0.03 | 0.27 | 0.01 | 1.60 | 0.05 | | | | |
| 6-173 | 过梁坐浆灌缝 | 10m³ | 0.72 | | | | | | | | |
| 6-169 | 空心板坐浆灌缝 | 10m³ | 4.32 | 2.24 | 9.68 | | | | | | |
| 6-168 | 实心板坐浆灌缝 | 10m³ | 0.57 | 6.25 | 3.56 | | | | | | |
| | 小　计 | | | | 13.25 | | 0.05 | | 0.49 | | 25.54 |

六、木结构工程

| 定额编号 | 分部分项工程名称 | 单位 | 工程量 | 技工(工日) 单位用量 | 技工(工日) 合计用量 | 普通工(工日) 单位用量 | 普通工(工日) 合计用量 | 辅助工(工日) 单位用量 | 辅助工(工日) 合计用量 | 其他工(工日) 单位用量 | 其他工(工日) 合计用量 |
|---|---|---|---|---|---|---|---|---|---|---|---|
| 7-2 | 单裁口五块料以上门框制作安装 | 100m² | 0.28 | 20.24 | 5.67 | 0.5 | 0.14 | 0.78 | 0.22 | 2.15 | 0.60 |
| 7-1 | 单裁口五块料以内门框制作安装 | 100m² | 0.53 | 18.90 | 10.02 | 1.06 | 0.56 | 1.44 | 0.76 | 2.14 | 1.13 |
| 7-6 | 单裁口五块料以上窗框制作安装 | 100m² | 3.10 | 19.15 | 59.37 | 0.71 | 2.2 | 1.20 | 3.72 | 2.1 | 6.51 |
| 7-5 | 单裁口五块料以内窗框制作安装 | 100m² | 0.61 | 17.47 | 10.66 | 1.12 | 0.68 | 1.62 | 0.99 | 2.02 | 1.23 |
| 7-22 | 半截玻璃平板门制作安装 | 100m² | 0.65 | 38.15 | 24.80 | 1.19 | 0.77 | 3.25 | 2.11 | 4.26 | 2.77 |
| 7-24 | 单面木拼板门制作安装 | 100m² | 0.20 | 38.65 | 7.73 | 1.26 | 0.25 | 3.28 | 0.66 | 4.32 | 0.86 |
| 7-36 | 普通窗扇制作安装 | 100m² | 3.71 | 52.33 | 194.14 | 0.81 | 3.01 | 3.16 | 11.72 | 5.63 | 20.89 |
| 7-101 | 抹灰间墙双面板条 | 100m² | 0.16 | 10.57 | 1.69 | 0.48 | 0.07 | 0.48 | 0.07 | 1.15 | 0.18 |
| 7-114 | 厕所木隔断 | 100m² | 0.23 | 66.92 | 15.39 | 0.73 | 0.17 | 0.17 | 0.04 | 6.78 | 1.56 |
| 7-177 | 楼梯木扶手 | 10m | 1.16 | 5.54 | 6.43 | 0.08 | 0.09 | 0.63 | 0.73 | 0.63 | 0.73 |
| | 小　计 | | | | 335.90 | | 7.94 | | 21.02 | | 36.46 |

| 定额编号 | 分部分项工程名称 | 单位 | 工程量 | 铁件(kg) 单位用量 | 铁件(kg) 合计用量 | 一等中方(m³) 单位用量 | 一等中方(m³) 合计用量 | 二等中方(m³) 单位用量 | 二等中方(m³) 合计用量 | 铁钉(kg) 单位用量 | 铁钉(kg) 合计用量 |
|---|---|---|---|---|---|---|---|---|---|---|---|
| 7-2 | 单裁口五块料以上门框制作安装 | 100m² | 0.28 | | | 2.123 | 0.594 | 0.014 | 0.004 | 5.90 | 1.65 |
| 7-1 | 单裁口五块料以内门框制作安装 | 100m² | 0.53 | | | 2.066 | 1.095 | 0.061 | 0.032 | 7.50 | 3.98 |
| 7-6 | 单裁口五块料以上窗框制作安装 | 100m² | 3.10 | | | 1.710 | 5.30 | 0.179 | 0.555 | 6.29 | 19.50 |
| 7-5 | 单裁口五块料以内窗框制作安装 | 100m² | 0.61 | | | 1.673 | 1.021 | 0.178 | 0.109 | 10.19 | 6.22 |
| 7-22 | 半截玻璃平板门制作安装 | 100m² | 0.65 | | | | | | | 2.04 | 1.33 |
| 7-24 | 单面木拼板门制作安装 | 100m² | 0.20 | | | | | | | 2.09 | 0.42 |
| 7-36 | 普通窗扇制作安装 | 100m² | 3.71 | | | | | | | | |
| 7-101 | 抹灰间墙双面板条 | 100m² | 0.16 | | | | | 0.141 | 0.023 | 16.38 | 2.62 |
| 7-114 | 厕所木隔断 | 100m² | 0.23 | 130.91 | 30.11 | | | | | 0.31 | 0.07 |
| 7-177 | 楼梯木扶手 | 10m | 1.16 | | | | | | | 0.31 | 0.36 |
| | 小　计 | | | | 30.11 | | 8.01 | | 0.723 | | 36.15 |

576

续表

| 定额编号 | 分部分项工程名称 | 单位 | 工程量 | 清油(kg) 单位用量 | 清油(kg) 合计用量 | 防腐油(kg) 单位用量 | 防腐油(kg) 合计用量 | 油漆溶剂(kg) 单位用量 | 油漆溶剂(kg) 合计用量 |
|---|---|---|---|---|---|---|---|---|---|
| 7-2 | 单裁口五块料以上门框制作安装 | 100m² | 0.28 | 2.31 | 0.65 | 5.27 | 1.48 | 1.54 | 0.43 |
| 7-1 | 单裁口五块料以内门框制作安装 | 100m² | 0.53 | 2.08 | 1.10 | 10.53 | 5.58 | 1.39 | 0.74 |
| 7-6 | 单裁口五块料以上窗框制作安装 | 100m² | 3.10 | 2.29 | 7.10 | 6.50 | 20.15 | 1.53 | 4.74 |
| 7-5 | 单裁口五块料以内窗框制作安装 | 100m² | 0.61 | 1.98 | 1.21 | 9.48 | 5.78 | 1.32 | 0.81 |
| 7-22 | 半截玻璃平板门制作安装 | 100m² | 0.65 | 6.62 | 4.30 | | | 4.43 | 2.88 |
| 7-24 | 单面木拼板门制作安装 | 100m² | 0.20 | 7.35 | 1.47 | | | 4.91 | 0.98 |
| 7-36 | 普通窗扇制作安装 | 100m² | 3.71 | 7.08 | 26.27 | | | 4.73 | 17.55 |
| 7-101 | 抹灰间墙双面板条 | 100m² | 0.16 | | | 4.04 | 0.65 | | |
| 7-114 | 厕所木隔断 | 100m² | 0.23 | | | 1.25 | 0.29 | | |
| 7-177 | 楼梯木扶手 | 10m | 1.16 | | | | | | |
| | 小 计 | | | | 42.10 | | 33.93 | | 28.13 |

| 定额编号 | 分部分项工程名称 | 单位 | 工程量 | 毛毡(m²) 单位用量 | 毛毡(m²) 合计用量 | 一等红松(m³) 单位用量 | 一等红松(m³) 合计用量 | 一等红松板(m³) 单位用量 | 一等红松板(m³) 合计用量 |
|---|---|---|---|---|---|---|---|---|---|
| 7-2 | 单裁口五块料以上门框制作安装 | 100m² | 0.28 | 15.62 | 4.37 | | | | |
| 7-1 | 单裁口五块料以内门框制作安装 | 100m² | 0.53 | 29.84 | 15.82 | | | | |
| 7-6 | 单裁口五块料以上窗框制作安装 | 100m² | 3.10 | 16.74 | 51.89 | | | | |
| 7-5 | 单裁口五块料以内窗框制作安装 | 100m² | 0.61 | 24.13 | 14.72 | | | | |
| 7-22 | 半截玻璃平板门制作安装 | 100m² | 0.65 | | | 3.471 | 2.256 | 0.598 | 0.389 |
| 7-24 | 单面木拼板门制作安装 | 100m² | 0.20 | | | 3.491 | 0.700 | 1.358 | 0.272 |
| 7-36 | 普通窗扇制作安装 | 100m² | 3.71 | | | 2.227 | 8.262 | | |
| 7-101 | 抹灰间墙双面板条 | 100m² | 0.16 | | | | | | |
| 7-114 | 厕所木隔断 | 100m² | 0.23 | | | 1.556 | 0.358 | 1.901 | 0.437 |
| 7-177 | 楼梯木扶手 | 10m | 1.16 | | | | | | |
| | 小 计 | | | | 86.80 | | 11.576 | | 1.098 |

| 定额编号 | 分部分项工程名称 | 单位 | 工程量 | 胶皮质(kg) 单位用量 | 胶皮质(kg) 合计用量 | 一等小方(硬)(m³) 单位用量 | 一等小方(硬)(m³) 合计用量 | 板条(捆) 单位用量 | 板条(捆) 合计用量 |
|---|---|---|---|---|---|---|---|---|---|
| 7-2 | 单裁口五块料以上门框制作安装 | 100m² | 0.28 | | | | | | |
| 7-1 | 单裁口五块料以内门框制作安装 | 100m² | 0.53 | | | | | | |
| 7-6 | 单裁口五块料以上窗框制作安装 | 100m² | 3.10 | | | | | | |
| 7-5 | 单裁口五块料以内窗框制作安装 | 100m² | 0.61 | | | | | | |
| 7-22 | 半截玻璃平板门制作安装 | 100m² | 0.65 | 4.22 | 2.74 | | | | |
| 7-24 | 单面木拼板门制作安装 | 100m² | 0.20 | 4.26 | 0.85 | | | | |
| 7-36 | 普通窗扇制作安装 | 100m² | 3.71 | 4.21 | 15.62 | | | | |
| 7-101 | 抹灰间墙双面板条 | 100m² | 0.16 | | | 1.681 | 0.269 | 48.84 | 7.81 |
| 7-144 | 厕所木隔断 | 100m² | 0.23 | | | | | | |
| 7-177 | 楼梯木扶手 | 10m | 1.16 | | | 0.112 | 0.130 | | |
| | 小 计 | | | | 19.21 | | 0.399 | | 7.81 |

续表

| 定额编号 | 分部分项工程名称 | 单位 | 工程量 | 折页 79mm(副) | | 自由折页 200mm(副) | | L钢角 150mm(个) | |
|---|---|---|---|---|---|---|---|---|---|
| | | | | 单位用量 | 合计用量 | 单位用量 | 合计用量 | 单位用量 | 合计用量 |
| 7-265 | 门五金自由门双扇 | 樘 | 5 | | | 4.00 | 20.00 | 8.00 | 40.00 |
| 7-266 | 门五金自由门四扇 | 樘 | 2 | | | 8.00 | 16.00 | 16.00 | 32.00 |
| 7-259 | 门五金平开门单扇 | 樘 | 17 | 2.00 | 34.00 | | | 4.00 | 68.00 |
| 7-269 | 普通窗五金三连扇 | 樘 | 20 | | | | | | |
| 7-268 | 普通窗五金双开扇 | 樘 | 57 | | | | | | |
| 7-270 | 亮子五金单扇 | 樘 | 57 | | | | | | |
| 7-271 | 亮子五金双扇 | 樘 | 20 | | | | | | |
| 7-272 | 小气窗五金 | 樘 | 66 | | | | | | |
| | 小 计 | | | | 34.00 | | 36.00 | | 140.00 |

| 定额编号 | 分部分项工程名称 | 单位 | 工程量 | L钢角 75mm(个) | | T钢角 150mm(个) | | 风钩 100mm(个) | |
|---|---|---|---|---|---|---|---|---|---|
| | | | | 单位用量 | 合计用量 | 单位用量 | 合计用量 | 单位用量 | 合计用量 |
| 7-265 | 门五金自由门双扇 | 樘 | 5 | 8.00 | 40.00 | 4.00 | 20.00 | 2.00 | 10.00 |
| 7-266 | 门五金自由门四扇 | 樘 | 2 | 46.00 | 92.00 | 8.00 | 16.00 | 4.00 | 8.00 |
| 7-259 | 门五金平开门单扇 | 樘 | 17 | 4.00 | 68.00 | 2.00 | 34.00 | 1.00 | 17.00 |
| 7-269 | 普通窗五金三连扇 | 樘 | 20 | | | | | | |
| 7-268 | 普通窗五金双开扇 | 樘 | 57 | | | | | | |
| 7-270 | 亮子五金单扇 | 樘 | 57 | | | | | | |
| 7-271 | 亮子五金双扇 | 樘 | 20 | | | | | | |
| 7-272 | 小气窗五金 | 樘 | 66 | 4.00 | 264.00 | | | 1.00 | 66.00 |
| | 小 计 | | | | 464.00 | | 70.00 | | 101.00 |

| 定额编号 | 分部分项工程名称 | 单位 | 工程量 | 管子拉手 400~500mm(个) | | 翻窗铁轴(副) | | 木螺钉 16mm(百个) | |
|---|---|---|---|---|---|---|---|---|---|
| | | | | 单位用量 | 合计用量 | 单位用量 | 合计用量 | 单位用量 | 合计用量 |
| 7-265 | 门五金自由门双扇 | 樘 | 5 | 4.00 | 20.00 | 4.00 | 20.00 | 0.40 | 2.00 |
| 7-266 | 门五金自由门四扇 | 樘 | 2 | 8.00 | 16.00 | 8.00 | 16.00 | 0.80 | 1.60 |
| 7-259 | 门五金平开门单扇 | 樘 | 17 | | | | | 0.32 | 5.44 |
| 7-269 | 普通窗五金三连扇 | 樘 | 20 | | | | | 0.92 | 18.40 |
| 7-268 | 普通窗五金双开扇 | 樘 | 57 | | | | | 0.56 | 31.92 |
| 7-270 | 亮子五金单扇 | 樘 | 57 | | | | | 0.26 | 14.82 |
| 7-271 | 亮子五金双扇 | 樘 | 20 | | | | | 0.52 | 10.40 |
| 7-272 | 小气窗五金 | 樘 | 66 | | | | | 0.42 | 27.72 |
| | 小 计 | | | | 36.00 | | 36.00 | | 112.30 |

| 定额编号 | 分部分项工程名称 | 单位 | 工程量 | 木螺钉 18mm(百个) | | 木螺钉 25mm(百个) | | 木螺钉 50mm(百个) | |
|---|---|---|---|---|---|---|---|---|---|
| | | | | 单位用量 | 合计用量 | 单位用量 | 合计用量 | 单位用量 | 合计用量 |
| 7-265 | 门五金自由门双扇 | 樘 | 5 | 0.92 | 4.60 | 0.24 | 1.20 | 0.40 | 2.00 |
| 7-266 | 门五金自由门四扇 | 樘 | 2 | 1.84 | 3.68 | 0.48 | 0.96 | 0.80 | 1.6 |
| 7-259 | 门五金平开门单扇 | 樘 | 17 | 0.30 | 5.10 | 0.20 | 3.40 | 0.16 | 2.72 |
| 7-269 | 普通窗五金三连扇 | 樘 | 20 | 0.08 | 1.60 | | | 0.48 | 9.60 |
| 7-268 | 普通窗五金双开扇 | 樘 | 57 | 0.04 | 2.28 | | | 0.32 | 18.24 |
| 7-270 | 亮子五金单扇 | 樘 | 57 | | | 0.12 | 6.84 | | |
| 7-271 | 亮子五金双扇 | 樘 | 20 | | | 0.24 | 4.80 | | |
| 7-272 | 小气窗五金 | 樘 | 66 | | | | | | |
| | 小 计 | | | | 13.38 | | 21.08 | | 34.16 |

续表

| 定额编号 | 分部分项工程名称 | 单位 | 工程量 | 折页150mm(副) | | 插销100mm(副) | | 拉手150mm(个) | |
|---|---|---|---|---|---|---|---|---|---|
| | | | | 单位用量 | 合计用量 | 单位用量 | 合计用量 | 单位用量 | 合计用量 |
| 7-265 | 门五金自由门双扇 | 樘 | 5 | | | | | | |
| 7-266 | 门五金自由门四扇 | 樘 | 2 | | | | | | |
| 7-259 | 门五金平开门单扇 | 樘 | 17 | 2.00 | 34.00 | 2.00 | 34.00 | 2.00 | 34.00 |
| 7-269 | 普通窗五金三连扇 | 樘 | 20 | | | | | | |
| 7-268 | 普通窗五金双开扇 | 樘 | 57 | | | | | | |
| 7-270 | 亮子五金单扇 | 樘 | 57 | | | 1.00 | 57.00 | | |
| 7-271 | 亮子五金双扇 | 樘 | 20 | | | 2.00 | 40.00 | | |
| 7-272 | 小气窗五金 | 樘 | 66 | | | | | | |
| | 小　计 | | | | 34.00 | | 131.00 | | 34.00 |

| 定额编号 | 分部分项工程名称 | 单位 | 工程量 | 折页100mm(副) | | 插销150mm(副) | | L钢角100mm(个) | | 拉手100mm(个) | |
|---|---|---|---|---|---|---|---|---|---|---|---|
| | | | | 单位用量 | 合计用量 | 单位用量 | 合计用量 | 单位用量 | 合计用量 | 单位用量 | 合计用量 |
| 7-265 | 门五金自由门双扇 | 樘 | 5 | | | | | | | | |
| 7-266 | 门五金自由门四扇 | 樘 | 2 | | | | | | | | |
| 7-259 | 门五金平开门单扇 | 樘 | 17 | 6.00 | 102.00 | 4.00 | 68.00 | 12.00 | 204.00 | 2.00 | 34.00 |
| 7-269 | 普通窗五金三连扇 | 樘 | 20 | 6.00 | 120.00 | 4.00 | 80.00 | 12.00 | 240.00 | 2.00 | 40.00 |
| 7-268 | 普通窗五金双开扇 | 樘 | 57 | 4.00 | 228.00 | 2.00 | 114.00 | 8.00 | 456.00 | 1.00 | 57.00 |
| 7-270 | 亮子五金单扇 | 樘 | 57 | | | | | 4.00 | 228.00 | | |
| 7-271 | 亮子五金双扇 | 樘 | 20 | | | | | 8.00 | 160.00 | | |
| 7-272 | 小气窗五金 | 樘 | 66 | | | | | | | | |
| | 小　计 | | | | 450 | | 262.00 | | 1288.0 | | 131.00 |

| 定额编号 | 分部分项工程名称 | 单位 | 工程量 | 风钩150mm(个) | | 折页76.2mm(副) | | 折页37.5mm(副) | | 窗划50mm(副) | |
|---|---|---|---|---|---|---|---|---|---|---|---|
| | | | | 单位用量 | 合计用量 | 单位用量 | 合计用量 | 单位用量 | 合计用量 | 单位用量 | 合计用量 |
| 7-265 | 门五金自由门双扇 | 樘 | 5 | | | | | | | | |
| 7-266 | 门五金自由门四扇 | 樘 | 2 | | | | | | | | |
| 7-259 | 门五金平开门单扇 | 樘 | 17 | | | | | | | | |
| 7-269 | 普通窗五金三连扇 | 樘 | 20 | 2.00 | 40.00 | | | | | | |
| 7-268 | 普通窗五金双开扇 | 樘 | 57 | 2.00 | 114.00 | | | | | | |
| 7-270 | 亮子五金单扇 | 樘 | 57 | 1.00 | 57.00 | 2.00 | 114.00 | | | | |
| 7-271 | 亮子五金双扇 | 樘 | 20 | 2.00 | 40.00 | 4.00 | 80.00 | | | | |
| 7-272 | 小气窗五金 | 樘 | 66 | | | | | 2.00 | 132.00 | 1.00 | 66.00 |
| | 小　计 | | | | 251.00 | | 194.00 | | 132.00 | | 66.00 |

| 定额编号 | 分部分项工程名称 | 单位 | 工程量 | 普工(工日) | | 其他工(工日) | | 二等中方(m³) | | 草绳(kg) | |
|---|---|---|---|---|---|---|---|---|---|---|---|
| | | | | 单位用量 | 合计用量 | 单位用量 | 合计用量 | 单位用量 | 合计用量 | 单位用量 | 合计用量 |
| 7-228 | 门框场外运输 | 100m² | 0.81 | 1.32 | 1.07 | 0.13 | 0.11 | 0.013 | 0.01 | 19.96 | 16.17 |
| 7-228 | 门扇场外运输 | 100m² | 0.81 | 1.32 | 1.07 | 0.13 | 0.11 | 0.013 | 0.01 | 19.96 | 16.17 |
| 7-229 | 窗框场外运输 | 100m² | 3.71 | 1.08 | 4.01 | 0.11 | 0.41 | 0.013 | 0.05 | 18.81 | 69.79 |
| 7-229 | 窗扇场外运输 | 100m² | 3.71 | 1.08 | 4.01 | 0.11 | 0.41 | 0.013 | 0.05 | 18.81 | 69.79 |
| | 小　计 | | | | 10.16 | | 1.04 | | 0.12 | | 171.92 |

续表

七、楼地面工程

| 定额编号 | 分部分项工程名称 | 单位 | 工程量 | 技工(工日) 单位用量 | 技工(工日) 合计用量 | 普通工(工日) 单位用量 | 普通工(工日) 合计用量 | 辅助工(工日) 单位用量 | 辅助工(工日) 合计用量 | 其他工(工日) 单位用量 | 其他工(工日) 合计用量 | 生石灰(kg) 单位用量 | 生石灰(kg) 合计用量 |
|---|---|---|---|---|---|---|---|---|---|---|---|---|---|
| 8-4 | 碎砖三合土垫层 | 10m³ | 5.62 | 10.38 | 58.34 | | | 2.13 | 11.97 | 1.25 | 7.03 | 1212.00 | 6811.44 |
| 8-22 | 无筋混凝土垫层 | 10m³ | 3.00 | 7.42 | 22.26 | | | 4.65 | 13.95 | 1.21 | 3.63 | | |
| 8-33 | 基础防潮层 | 100m² | 0.47 | 4.00 | 1.88 | 2.83 | 1.33 | 3.37 | 1.58 | 1.02 | 0.48 | | |
| 8-75 | 水泥砂浆抹光 | 100m² | 5.76 | 5.99 | 34.50 | 3.53 | 20.33 | 2.12 | 12.21 | 1.16 | 6.68 | | |
| 8-65 | 水泥砂浆找平 | 100m² | 2.83 | 1.36 | 3.85 | 2.84 | 8.04 | 2.09 | 5.91 | 0.61 | 1.73 | | |
| 8-79 | 楼梯抹面 | 100m² | 0.15 | 61.28 | 9.19 | 12.80 | 1.92 | 7.67 | 1.15 | 8.18 | 1.23 | | |
| 8-80 | 砖台阶抹面 | 100m² | 0.01 | 17.76 | 0.18 | 5.63 | 0.06 | 5.24 | 0.05 | 2.86 | 0.03 | | |
| 8-77 | 散水抹面 | 100m² | 0.81 | 2.00 | 1.62 | 1.24 | 1.00 | 2.75 | 2.23 | 0.60 | 0.49 | | |
| 8-64 | 水泥砂浆找平(填充) | 100m² | 3.10 | 1.66 | 5.15 | 3.68 | 11.41 | 2.02 | 6.26 | 0.74 | 2.29 | | |
| | 小 计 | | | | 136.97 | | 44.09 | | 55.31 | | 23.59 | | 6811.44 |

| 定额编号 | 分部分项工程名称 | 单位 | 工程量 | 砂(混)(m³) 单位用量 | 砂(混)(m³) 合计用量 | 碎砖(m³) 单位用量 | 碎砖(m³) 合计用量 | 水(t) 单位用量 | 水(t) 合计用量 | 碎石40mm(m³) 单位用量 | 碎石40mm(m³) 合计用量 | 水泥32.5级(kg) 单位用量 | 水泥32.5级(kg) 合计用量 |
|---|---|---|---|---|---|---|---|---|---|---|---|---|---|
| 8-4 | 碎砖三合土垫层 | 10m³ | 5.62 | 5.45 | 30.63 | 10.81 | 60.75 | 3.030 | 17.029 | | | | |
| 8-22 | 无筋混凝土垫层 | 10m³ | 3.00 | | | | | 6.820 | 20.460 | 8.59 | 25.77 | 2303 | 6909.00 |
| 8-33 | 基础防潮层 | 100m² | 0.47 | | | | | 0.660 | 0.310 | | | 1463 | 687.61 |
| 8-75 | 水泥砂浆抹光 | 100m² | 5.76 | | | | | 4.070 | 23.443 | | | 585 | 3369.60 |
| 8-65 | 水泥砂浆找平 | 100m² | 2.83 | | | | | 1.240 | 3.509 | | | 971 | 2747.93 |
| 8-79 | 楼梯抹面 | 100m² | 0.15 | | | | | 8.420 | 1.263 | | | 2758 | 413.70 |
| 8-80 | 砖台阶抹面 | 100m² | 0.01 | | | | | 7.010 | 0.070 | | | 2040 | 20.40 |
| 8-77 | 散水抹面 | 100m² | 0.81 | | | | | 3.950 | 3.200 | | | 401 | 324.81 |
| 8-64 | 水泥砂浆找平(填充) | 100m² | 3.10 | | | | | 0.760 | 2.356 | | | 1178 | 3651.80 |
| | 小 计 | | | | 30.63 | | 60.75 | | 71.640 | | 25.77 | | 18124.85 |

| 定额编号 | 分部分项工程名称 | 单位 | 工程量 | 砂(中、粗)(m³) 单位用量 | 砂(中、粗)(m³) 合计用量 | 砂(净)(m³) 单位用量 | 砂(净)(m³) 合计用量 | 防水粉(kg) 单位用量 | 防水粉(kg) 合计用量 | 纸筋(kg) 单位用量 | 纸筋(kg) 合计用量 | 石灰膏(m³) 单位用量 | 石灰膏(m³) 合计用量 |
|---|---|---|---|---|---|---|---|---|---|---|---|---|---|
| 8-4 | 碎砖三合土垫层 | 10m³ | 5.62 | | | | | | | | | | |
| 8-22 | 无筋混凝土垫层 | 10m³ | 3.00 | 5.35 | 16.05 | | | | | | | | |
| 8-33 | 基础防潮层 | 100m² | 0.47 | | | 1.93 | 0.91 | 56.38 | 26.50 | | | | |
| 8-75 | 水泥砂浆抹光 | 100m² | 5.76 | | | 0.71 | 4.09 | | | | | | |
| 8-65 | 水泥砂浆找平 | 100m² | 2.83 | | | 2.06 | 5.83 | | | | | | |
| 8-79 | 楼梯抹面 | 100m² | 0.15 | | | 6.10 | 0.92 | | | 11.00 | 1.65 | 0.98 | 0.15 |
| 8-80 | 砖台阶抹面 | 100m² | 0.01 | | | 3.18 | 0.03 | | | | | | |
| 8-77 | 散水抹面 | 100m² | 0.81 | | | 0.34 | 0.34 | | | | | | |
| 8-64 | 水泥砂浆找平(填充) | 100m² | 3.10 | | | 2.58 | 8.00 | | | | | | |
| | 小 计 | | | | 16.05 | | 20.06 | | 26.50 | | 1.65 | | 0.15 |

| 定额编号 | 分部分项工程名称 | 单位 | 工程量 | 大白粉(kg) 单位用量 | 大白粉(kg) 合计用量 | 羧甲基纤维素(kg) 单位用量 | 羧甲基纤维素(kg) 合计用量 | 金钢砂/g 单位用量 | 金钢砂/g 合计用量 | 黑烟子(kg) 单位用量 | 黑烟子(kg) 合计用量 |
|---|---|---|---|---|---|---|---|---|---|---|---|
| 8-4 | 碎砖三合土垫层 | 10m³ | 5.62 | | | | | | | | |
| 8-22 | 无筋混凝土垫层 | 10m³ | 3.00 | | | | | | | | |
| 8-33 | 基础防潮层 | 100m² | 0.47 | | | | | | | | |
| 8-75 | 水泥砂浆抹光 | 100m² | 5.76 | | | | | | | | |
| 8-65 | 水泥砂浆找平 | 100m² | 2.83 | | | | | | | | |
| 8-79 | 楼梯抹面 | 100m² | 0.15 | 30.00 | 4.50 | 0.71 | 0.11 | 123.00 | 18.45 | 2.60 | 0.39 |
| 8-80 | 砖台阶抹面 | 100m² | 0.01 | | | | | | | | |
| 8-77 | 散水抹面 | 100m² | 0.81 | | | | | | | | |
| 8-64 | 水泥砂浆找平(填充) | 100m² | 3.10 | | | | | | | | |
| | 小 计 | | | | 4.50 | | 0.11 | | 18.45 | | 0.39 |

续表

八、屋面工程

| 定额编号 | 分部分项工程名称 | 单位 | 工程量 | 技工(工日) | | 普工(工日) | | 辅助工(工日) | | 其他工(工日) | |
|---|---|---|---|---|---|---|---|---|---|---|---|
| | | | | 单位用量 | 合计用量 | 单位用量 | 合计用量 | 单位用量 | 合计用量 | 单位用量 | 合计用量 |
| 9-8 | 沥青珍珠岩保温层 | 10m³ | 3.72 | 0.99 | 3.68 | 3.55 | 13.21 | 1.00 | 3.72 | 0.55 | 2.05 |
| 8-36 | 冷底子油一道 | 100m² | 3.34 | 1.46 | 4.88 | | | 0.01 | 0.03 | 0.15 | 0.50 |
| 9-30+31 | 三毡四油防水 | 100m² | 3.34 | 8.00 | 26.72 | | | 1.19 | 3.97 | 0.92 | 3.07 |
| 9-3 | 炉渣混凝土找坡 | 10m³ | 5.18 | 5.99 | 31.03 | | | 2.32 | 12.02 | 0.83 | 4.30 |
| 9-40 | 落水管 | 100m² | 0.18 | 21.26 | 3.83 | | | | | 2.13 | 0.38 |
| 9-42 | 水斗 | 个 | 7 | 2.50 | 17.50 | | | | | 0.25 | 1.75 |
| 9-52 | 下水口 | 10个 | 0.7 | 3.16 | 2.21 | | | 0.63 | 0.44 | 0.38 | 0.27 |
| 9-41 | 女儿墙泛水 | 100m² | 0.16 | 9.37 | 1.50 | | | | | 0.94 | 0.15 |
| | 小计 | | | | 91.35 | | 13.21 | | 20.18 | | 12.47 |

| 定额编号 | 分部分项工程名称 | 单位 | 工程量 | 沥青珍珠岩块(m²) | | 汽油(kg) | | 煤(kg) | | 石油沥青(10号)(kg) | |
|---|---|---|---|---|---|---|---|---|---|---|---|
| | | | | 单位用量 | 合计用量 | 单位用量 | 合计用量 | 单位用量 | 合计用量 | 单位用量 | 合计用量 |
| 9-8 | 沥青珍珠岩保温层 | 10m³ | 3.72 | 10.20 | 37.94 | | | | | | |
| 8-36 | 冷底子油一道 | 100m² | 3.34 | | | 37.00 | 123.58 | 7.50 | 25.05 | 3.00 | 10.02 |
| 9-30+31 | 三毡四油防水 | 100m² | 3.34 | | | 37.00 | 123.58 | 172 | 574.48 | 175 | 584.50 |
| 9-3 | 炉渣混凝土找坡 | 10m³ | 5.18 | | | | | 16.36 | 84.74 | | |
| 9-40 | 落水管 | 100m² | 0.18 | | | | | | | | |
| 9-42 | 水斗 | 个 | 7 | | | | | | | | |
| 9-52 | 下水口 | 10个 | 0.7 | | | | | | | | |
| 9-41 | 女儿墙泛水 | 100m² | 0.16 | | | | | | | | |
| | 小计 | | | | 37.94 | | 247.16 | | 684.27 | | 594.52 |

| 定额编号 | 分部分项工程名称 | 单位 | 工程量 | 石油沥青(60号)(kg) | | 石油沥青油毡(m²) | | 滑石粉(kg) | |
|---|---|---|---|---|---|---|---|---|---|
| | | | | 单位用量 | 合计用量 | 单位用量 | 合计用量 | 单位用量 | 合计用量 |
| 9-8 | 沥青珍珠岩保温层 | 10m³ | 3.72 | | | | | | |
| 8-36 | 冷底子油一道 | 100m² | 3.34 | 12.00 | 40.08 | | | | |
| 9-30+31 | 三毡四油防水 | 100m² | 3.34 | 700 | 2338.00 | 362 | 1209.08 | 206 | 688.04 |
| 9-3 | 炉渣混凝土找坡 | 10m³ | 5.18 | | | | | | |
| 9-40 | 落水管 | 100m² | 0.18 | | | | | | |
| 9-42 | 水斗 | 个 | 7 | | | | | | |
| 9-52 | 下水口 | 10个 | 0.7 | | | | | | |
| 9-41 | 女儿墙泛水 | 100m² | 0.16 | | | | | | |
| | 小计 | | | | 2378.08 | | 1209.08 | | 688.04 |

| 定额编号 | 分部分项工程名称 | 单位 | 工程量 | 二等中方(m³) | | 绿豆砂(m³) | | 水泥32.5级(kg) | |
|---|---|---|---|---|---|---|---|---|---|
| | | | | 单位用量 | 合计用量 | 单位用量 | 合计用量 | 单位用量 | 合计用量 |
| 9-8 | 沥青珍珠岩保温层 | 10m³ | 3.72 | | | | | | |
| 8-36 | 冷底子油一道 | 100m² | 3.34 | | | | | | |
| 9-30+31 | 三毡四油防水 | 100m² | 3.34 | 0.022 | 0.07 | 0.55 | 1.84 | | |
| 9-3 | 炉渣混凝土找坡 | 10m³ | 5.18 | | | | | 1636 | 8474.48 |
| 9-40 | 落水管 | 100m² | 0.18 | | | | | | |
| 9-42 | 水斗 | 个 | 7 | | | | | | |
| 9-52 | 下水口 | 10个 | 0.7 | | | | | | |
| 9-41 | 女儿墙泛水 | 100m² | 0.16 | | | | | | |
| | 小计 | | | | 0.07 | | 1.84 | | 8474.48 |

续表

| 定额编号 | 分部分项工程名称 | 单位 | 工程量 | 生石灰(kg) | | 炉渣(m³) | | 水(t) | |
|---|---|---|---|---|---|---|---|---|---|
| | | | | 单位用量 | 合计用量 | 单位用量 | 合计用量 | 单位用量 | 合计用量 |
| 9-8 | 沥青珍珠岩保温层 | 10m³ | 3.72 | | | | | | |
| 8-36 | 冷底子油一道 | 100m² | 3.34 | | | | | | |
| 9-30+31 | 三毡四油防水 | 100m² | 3.34 | | | | | | |
| 9-3 | 炉渣混凝土找坡 | 10m³ | 5.18 | 1313.00 | 6801.34 | 16.67 | 86.35 | 3.030 | 15.70 |
| 9-40 | 落水管 | 100m² | 0.18 | | | | | | |
| 9-42 | 水斗 | 个 | 7 | | | | | | |
| 9-52 | 下水口 | 10个 | 0.7 | | | | | | |
| 9-41 | 女儿墙泛水 | 100m² | 0.16 | | | | | | |
| | 小 计 | | | | 6801.34 | | 86.35 | | 15.70 |

| 定额编号 | 分部分项工程名称 | 单位 | 工程量 | 镀锌钢板(m²) | | 铁件(kg) | | 铁钉(kg) | |
|---|---|---|---|---|---|---|---|---|---|
| | | | | 单位用量 | 合计用量 | 单位用量 | 合计用量 | 单位用量 | 合计用量 |
| 9-8 | 沥青珍珠岩保温层 | 10m³ | 3.72 | | | | | | |
| 8-36 | 冷底子油一道 | 100m² | 3.34 | | | | | | |
| 9-30+31 | 三毡四油防水 | 100m² | 3.34 | | | | | | |
| 9-3 | 炉渣混凝土找坡 | 10m³ | 5.18 | | | | | | |
| 9-40 | 落水管 | 100m² | 0.18 | 105.80 | 19.04 | 49.65 | 8.94 | 0.38 | 0.07 |
| 9-42 | 水斗 | 个 | 7 | | | | | | |
| 9-52 | 下水口 | 10个 | 0.7 | | | 16.92 | 11.84 | | |
| 9-41 | 女儿墙泛水 | 100m² | 0.16 | 104.04 | 16.65 | | | 2.99 | 0.48 |
| | 小 计 | | | | 35.69 | | 20.78 | | 0.55 |

| 定额编号 | 分部分项工程名称 | 单位 | 工程量 | 焊锡(kg) | | 薄钢板(2mm~2.5mm)(t) | | 中钢板7mm(t) | |
|---|---|---|---|---|---|---|---|---|---|
| | | | | 单位用量 | 合计用量 | 单位用量 | 合计用量 | 单位用量 | 合计用量 |
| 9-8 | 沥青珍珠岩保温层 | 10m³ | 3.72 | | | | | | |
| 8-36 | 冷底子油一道 | 100m² | 3.34 | | | | | | |
| 9-30+31 | 三毡四油防水 | 100m² | 3.34 | | | | | | |
| 9-3 | 炉渣混凝土找坡 | 10m³ | 5.18 | | | | | | |
| 9-40 | 落水管 | 100m² | 0.18 | 1.80 | 0.32 | | | | |
| 9-42 | 水斗 | 个 | 7 | | | 0.150 | 1.05 | 0.038 | 0.266 |
| 9-52 | 下水口 | 10个 | 0.7 | | | | | | |
| 9-41 | 女儿墙泛水 | 100m² | 0.16 | 2.08 | 0.33 | | | | |
| | 小 计 | | | | 0.65 | | 1.05 | | 0.266 |

| 定额编号 | 分部分项工程名称 | 单位 | 工程量 | 钢筋φ10以内(t) | | 电焊条(kg) | | 铸铁落水φ100(个) | |
|---|---|---|---|---|---|---|---|---|---|
| | | | | 单位用量 | 合计用量 | 单位用量 | 合计用量 | 单位用量 | 合计用量 |
| 9-8 | 沥青珍珠岩保温层 | 10m³ | 3.72 | | | | | | |
| 8-36 | 冷底子油一道 | 100m² | 3.34 | | | | | | |
| 9-30+31 | 三毡四油防水 | 100m² | 3.34 | | | | | | |
| 9-3 | 炉渣混凝土找坡 | 10m³ | 5.18 | | | | | | |
| 9-40 | 落水管 | 100m² | 0.18 | | | | | | |
| 9-42 | 水斗 | 个 | 7 | 0.07 | 0.49 | 3.00 | 21.00 | | |
| 9-52 | 下水口 | 10个 | 0.7 | | | | | 10.10 | 7.07 |
| 9-41 | 女儿墙泛水 | 100m² | 0.16 | | | | | | |
| | 小 计 | | | | 0.49 | | 21.00 | | 7.07 |

续表

九、装饰工程

| 定额编号 | 分部分项工程名称 | 单位 | 工程量 | 技工(工日) 单位用量 | 合计用量 | 普工(工日) 单位用量 | 合计用量 | 辅助工(工日) 单位用量 | 合计用量 | 其他工(工日) 单位用量 | 合计用量 |
|---|---|---|---|---|---|---|---|---|---|---|---|
| 11-30 | 混合砂浆顶棚抹灰 | 100m² | 5.56 | 11.93 | 66.33 | 3.52 | 19.57 | 2.40 | 13.34 | 1.79 | 9.95 |
| 11-33 | 混合砂浆内墙抹灰 | 100m² | 13.65 | 12.12 | 165.44 | 3.76 | 51.32 | 2.49 | 33.99 | 1.84 | 25.12 |
| 11-32 | 水泥砂浆外墙抹灰 | 100m² | 7.22 | 12.00 | 86.64 | 3.76 | 27.15 | 1.97 | 14.22 | 1.77 | 12.78 |
| 11-48 | 压顶抹灰 | 100m² | 0.35 | 59.00 | 20.65 | 12.64 | 4.42 | 2.16 | 0.76 | 7.38 | 2.58 |
| 11-51 | 雨篷抹灰 | 100m² | 0.09 | 54.87 | 4.94 | 13.10 | 1.18 | 2.92 | 0.26 | 7.09 | 0.64 |
| 11-53 | 花池抹灰 | 100m² | 0.21 | 19.94 | 4.19 | 3.85 | 0.81 | 1.84 | 0.39 | 2.56 | 0.54 |
| 装饰23 | 外墙陶瓷锦砖 | 100m² | 0.46 | 58.11 | 26.73 | | | | | 7.39 | 3.40 |
| 11-182 | 内墙刷白 | 100m² | 13.65 | 2.42 | 33.03 | | | | | 0.24 | 3.28 |
| 11-217 | 外墙涂料 | 100m² | 6.76 | 4.13 | 27.92 | | | | | 0.42 | 2.84 |
| 11-107 | 门窗油漆 | 100m² | 4.64 | 15.31 | 71.04 | | | | | 1.53 | 7.10 |
| 11-109 | 木扶手油漆 | 100m² | 0.12 | 4.11 | 0.49 | | | | | 0.41 | 0.05 |
| 11-110 | 木隔断油漆 | 100m² | 0.26 | 10.09 | 2.62 | | | | | 1.01 | 0.26 |
| 11-135 | 爬梯、楼梯栏杆油漆 | t | 7.148 | 0.89 | 6.36 | | | | | 0.09 | 0.64 |
| 11-221 | 半截玻璃门安玻璃 | 100m² | 0.28 | 4.23 | 1.18 | | | 0.18 | 0.05 | 0.44 | 0.12 |
| 11-225 | 窗安玻璃 | 100m² | 3.71 | 5.35 | 19.85 | | | 1.25 | 4.64 | 0.56 | 2.08 |
| | 小计 | | | | 537.41 | | 104.45 | | 67.65 | | 71.38 |

| 定额编号 | 分部分项工程名称 | 单位 | 工程量 | 水泥32.5级(kg) 单位用量 | 合计用量 | 砂(净)(m³) 单位用量 | 合计用量 | 石灰膏(m³) 单位用量 | 合计用量 | 水(t) 单位用量 | 合计用量 |
|---|---|---|---|---|---|---|---|---|---|---|---|
| 11-30 | 混合砂浆顶棚抹灰 | 100m² | 5.56 | 862 | 4792.72 | 1.98 | 11.01 | 0.76 | 4.23 | 1.670 | 9.285 |
| 11-33 | 混合砂浆内墙抹灰 | 100m² | 13.65 | 370 | 5050.50 | 2.34 | 31.94 | 0.65 | 8.87 | 1.570 | 21.431 |
| 11-32 | 水泥砂浆外墙抹灰 | 100m² | 7.22 | 1040 | 7508.89 | 2.46 | 17.76 | | | 0.92 | 6.642 |
| 11-48 | 压顶抹灰 | 100m² | 0.35 | 1427 | 499.45 | 3.05 | 1.07 | | | 1.120 | 0.392 |
| 11-51 | 雨篷抹灰 | 100m² | 0.09 | 2268 | 204.12 | 4.06 | 0.37 | 0.56 | 0.05 | 1.940 | 0.175 |
| 11-53 | 花池抹灰 | 100m² | 0.21 | 1315 | 276.15 | 2.03 | 0.43 | | | 0.880 | 0.185 |
| 装饰23 | 外墙陶瓷锦砖 | 100m² | 0.46 | 1335 | 614.10 | 2.08 | 0.96 | 0.35 | 0.16 | 1.410 | 0.649 |
| 11-182 | 内墙刷白 | 100m² | 13.65 | | | | | | | | |
| 11-217 | 外墙涂料 | 100m² | 6.76 | | | | | | | | |
| 11-107 | 门窗油漆 | 100m² | 4.64 | | | | | | | | |
| 11-109 | 木扶手油漆 | 100m² | 0.12 | | | | | | | | |
| 11-110 | 木隔断油漆 | 100m² | 0.26 | | | | | | | | |
| 11-135 | 爬梯、楼梯栏杆油漆 | t | 7.148 | | | | | | | | |
| 11-221 | 半截玻璃门安玻璃 | 100m² | 0.28 | | | | | | | | |
| 11-225 | 窗安玻璃 | 100m² | 3.71 | | | | | | | | |
| | 小计 | | | | 18945.84 | | 63.54 | | 13.31 | | 38.759 |

| 定额编号 | 分部分项工程名称 | 单位 | 工程量 | 纸筋(kg) 单位用量 | 合计用量 | 803涂料(kg) 单位用量 | 合计用量 | 生石灰(kg) 单位用量 | 合计用量 | 工业盐(kg) 单位用量 | 合计用量 |
|---|---|---|---|---|---|---|---|---|---|---|---|
| 11-30 | 混合砂浆顶棚抹灰 | 100m² | 5.56 | | | | | | | | |
| 11-33 | 混合砂浆内墙抹灰 | 100m² | 13.65 | | | | | | | | |
| 11-32 | 水泥砂浆外墙抹灰 | 100m² | 7.22 | | | | | | | | |
| 11-48 | 压顶抹灰 | 100m² | 0.35 | | | | | | | | |
| 11-51 | 雨篷抹灰 | 100m² | 0.09 | 8.00 | 0.72 | | | | | | |
| 11-53 | 花池抹灰 | 100m² | 0.21 | | | | | | | | |
| 装饰23 | 外墙陶瓷锦砖 | 100m² | 0.46 | | | | | | | | |
| 11-182 | 内墙刷白 | 100m² | 13.65 | | | | | 17.31 | 236.28 | 0.37 | 5.05 |
| 11-217 | 外墙涂料 | 100m² | 6.76 | | | 61.75 | 417.43 | | | | |
| 11-107 | 门窗油漆 | 100m² | 4.64 | | | | | | | | |
| 11-109 | 木扶手油漆 | 100m² | 0.12 | | | | | | | | |
| 11-110 | 木隔断油漆 | 100m² | 0.26 | | | | | | | | |
| 11-135 | 爬梯、楼梯栏杆油漆 | t | 7.148 | | | | | | | | |
| 11-221 | 半截玻璃门安玻璃 | 100m² | 0.28 | | | | | | | | |
| 11-225 | 窗安玻璃 | 100m² | 3.71 | | | | | | | | |
| | 小计 | | | | 0.72 | | 417.43 | | 236.28 | | 5.05 |

续表

| 定额编号 | 分部分项工程名称 | 单位 | 工程量 | 调合漆(kg) 单位用量 | 合计用量 | 清油(kg) 单位用量 | 合计用量 | 溶剂油(kg) 单位用量 | 合计用量 | 麻丝面(kg) 单位用量 | 合计用量 |
|---|---|---|---|---|---|---|---|---|---|---|---|
| 11-30 | 混合砂浆顶棚抹灰 | 100m² | 5.56 | | | | | | | | |
| 11-33 | 混合砂浆内墙抹灰 | 100m² | 13.65 | | | | | | | | |
| 11-32 | 水泥砂浆外墙抹灰 | 100m² | 7.22 | | | | | | | | |
| 11-48 | 压顶抹灰 | 100m² | 0.35 | | | | | | | | |
| 11-51 | 雨篷抹灰 | 100m² | 0.09 | | | | | | | | |
| 11-53 | 花池抹灰 | 100m² | 0.21 | | | | | | | | |
| 装饰23 | 外墙陶瓷锦砖 | 100m² | 0.46 | | | | | | | | |
| 11-182 | 内墙刷白 | 100m² | 13.65 | | | | | | | | |
| 11-217 | 外墙涂料 | 100m² | 6.76 | | | | | | | | |
| 11-107 | 门窗油漆 | 100m² | 4.64 | 46.00 | 213.14 | 2.30 | 10.67 | 7.30 | 33.87 | 4.60 | 21.34 |
| 11-109 | 木扶手油漆 | 100m | 0.12 | 4.78 | 0.57 | 0.24 | 0.03 | 0.77 | 0.09 | 0.48 | 0.06 |
| 11-110 | 木隔断油漆 | 100m² | 0.26 | 25.16 | 6.54 | 1.25 | 0.33 | 4.03 | 1.05 | 2.54 | 0.66 |
| 11-135 | 爬梯、楼梯栏杆油漆 | t | 7.148 | | | | | 0.24 | 1.72 | | |
| 11-221 | 半截玻璃门安玻璃 | 100m² | 0.28 | | | 1.24 | 0.35 | | | | |
| 11-225 | 窗安玻璃 | 100m² | 3.71 | | | 1.76 | 6.53 | | | | |
| | 小计 | | | | 220.25 | | 17.91 | | 36.73 | | 22.06 |

| 定额编号 | 分部分项工程名称 | 单位 | 工程量 | 胶(骨)(kg) 单位用量 | 合计用量 | 防锈漆(kg) 单位用量 | 合计用量 | 玻璃 3mm(m²) 单位用量 | 合计用量 | 玻璃钉(kg) 单位用量 | 合计用量 |
|---|---|---|---|---|---|---|---|---|---|---|---|
| 11-30 | 混合砂浆顶棚抹灰 | 100m² | 5.56 | | | | | | | | |
| 11-33 | 混合砂浆内墙抹灰 | 100m² | 13.61 | | | | | | | | |
| 11-32 | 水泥砂浆外墙抹灰 | 100m² | 7.22 | | | | | | | | |
| 11-48 | 压顶抹灰 | 100m² | 0.35 | | | | | | | | |
| 11-51 | 雨篷抹灰 | 100m² | 0.09 | | | | | | | | |
| 11-53 | 花池抹灰 | 100m² | 0.21 | | | | | | | | |
| 装饰23 | 外墙陶瓷锦砖 | 100m² | 0.46 | | | | | | | | |
| 11-182 | 内墙刷白 | 100m² | 13.65 | | | | | | | | |
| 11-217 | 外墙涂料 | 100m² | 6.76 | | | | | | | | |
| 11-107 | 门窗油漆 | 100m² | 4.64 | 0.14 | 0.65 | | | | | | |
| 11-109 | 木扶手油漆 | 100m | 0.12 | 0.01 | 0.001 | | | | | | |
| 11-110 | 木隔断油漆 | 100m² | 0.26 | 0.08 | 0.02 | | | | | | |
| 11-135 | 爬梯、楼梯栏杆油漆 | t | 7.148 | | | 4.65 | 33.24 | | | | |
| 11-221 | 半截玻璃门安玻璃 | 100m² | 0.28 | | | | | 59.56 | 16.68 | 0.62 | 0.17 |
| 11-225 | 窗安玻璃 | 100m² | 3.71 | | | | | 84.40 | 313.12 | 0.88 | 3.26 |
| | 小计 | | | | 0.67 | | 33.24 | | 329.80 | | 3.43 |

| 定额编号 | 分部分项工程名称 | 单位 | 工程量 | 腻子(kg) 单位用量 | 合计用量 | 玻璃锦砖(m²) 单位用量 | 合计用量 | 107胶(已禁用,改为108胶)(kg) 单位用量 | 合计用量 |
|---|---|---|---|---|---|---|---|---|---|
| 11-30 | 混合砂浆顶棚抹灰 | 100m² | 5.56 | | | | | | |
| 11-33 | 混合砂浆内墙抹灰 | 100m² | 13.65 | | | | | | |
| 11-32 | 水泥砂浆外墙抹灰 | 100m² | 7.22 | | | | | | |
| 11-48 | 压顶抹灰 | 100m² | 0.35 | | | | | | |
| 11-51 | 雨篷抹灰 | 100m² | 0.09 | | | | | | |
| 11-53 | 花池抹灰 | 100m² | 0.21 | | | | | | |
| 装饰23 | 外墙陶瓷锦砖 | 100m² | 0.46 | | | 10.33 | 4.75 | 14.09 | 6.48 |
| 11-182 | 内墙刷白 | 100m² | 13.65 | | | | | | |
| 11-217 | 外墙涂料 | 100m² | 6.76 | | | | | | |
| 11-107 | 门窗油漆 | 100m² | 4.64 | | | | | | |
| 11-109 | 木扶手油漆 | 100m | 0.12 | | | | | | |
| 11-110 | 木隔断油漆 | 100m² | 0.26 | | | | | | |
| 11-135 | 爬梯、楼梯栏杆油漆 | t | 7.148 | | | | | | |
| 11-221 | 半截玻璃门安玻璃 | 100m² | 0.28 | 28.36 | 7.94 | | | | |
| 11-225 | 窗安玻璃 | 100m² | 3.71 | 73.17 | 271.46 | | | | |
| | 小计 | | | | 279.40 | | 4.75 | | 6.48 |

十、金属结构工程

续表

| 定额编号 | 分部分项工程名称 | 单位 | 工程量 | 技工(工日) | | 辅助工(工日) | | 其他工(工日) | | 角钢(t) | | 圆钢(t) | |
|---|---|---|---|---|---|---|---|---|---|---|---|---|---|
| | | | | 单位用量 | 合计用量 | 单位用量 | 合计用量 | 单位用量 | 合计用量 | 单位用量 | 合计用量 | 单位用量 | 合计用量 |
| 12-26 | 楼梯栏杆制作 | t | 4.12 | 19.01 | 78.32 | 0.96 | 3.96 | 2.00 | 8.24 | 0.140 | 0.577 | 0.84 | 3.461 |
| 12-61 | 爬梯制作 | t | 0.12 | 19.28 | 2.31 | 0.96 | 0.12 | 2.02 | 0.24 | | | 1.060 | 0.127 |
| | 小计 | | | | 80.63 | | 4.08 | | 8.48 | | 0.577 | | 3.588 |

| 定额编号 | 分部分项工程名称 | 单位 | 工程量 | 扁钢(t) | | 方钢10mm(t) | | 电焊条(kg) | | 氧气(m³) | | 乙炔气(m³) | |
|---|---|---|---|---|---|---|---|---|---|---|---|---|---|
| | | | | 单位用量 | 合计用量 | 单位用量 | 合计用量 | 单位用量 | 合计用量 | 单位用量 | 合计用量 | 单位用量 | 合计用量 |
| 12-26 | 楼梯栏杆制作 | t | 4.12 | 0.080 | 0.33 | 0.004 | 0.016 | 21.00 | 86.52 | 0.70 | 2.88 | 0.19 | 0.78 |
| 12-61 | 爬梯制作 | t | 0.12 | | | | | 9.00 | 1.08 | 2.09 | 0.25 | 0.57 | 0.07 |
| | 小计 | | | | 0.33 | | 0.016 | | 87.60 | | 3.13 | | 0.85 |

| 定额编号 | 分部分项工程名称 | 单位 | 工程量 | 防锈漆(kg) | | 溶剂(kg) | | 二等中方(m³) | | 二等方木(m³) | | 钢板10mm(t) | |
|---|---|---|---|---|---|---|---|---|---|---|---|---|---|
| | | | | 单位用量 | 合计用量 | 单位用量 | 合计用量 | 单位用量 | 合计用量 | 单位用量 | 合计用量 | 单位用量 | 合计用量 |
| 12-26 | 楼梯栏杆制作 | t | 4.12 | 7.96 | 32.80 | 0.42 | 1.73 | 0.005 | 0.021 | 0.015 | 0.062 | | |
| 12-61 | 爬梯制作 | t | 0.12 | 9.40 | 1.13 | 2.91 | 0.35 | 0.015 | 0.002 | | | 0.004 | 0.001 |
| | 小计 | | | | 33.93 | | 2.08 | | 0.023 | | 0.062 | | 0.001 |

## (二)室内给水排水工程预算书

工程(预)算总括表  表6-1-6
年　月　日

| 建设单位 | | | 单位工程 | | 给水排水工程 |
|---|---|---|---|---|---|
| 工程总造价 | | | 建筑面积 | | |

| 编号 | 费用名称 | 金额 | 取费基础 | 取费率(%) | 计算式 | 备注 |
|---|---|---|---|---|---|---|
| (一) | 直接费 | 961.54 | | | (1)+(2) | |
| (1) | 定额直接费 | 938.13 | | | | |
| A | 其中定额人工费 | 67.85 | | | | |
| (2) | 其他直接费 | 23.41 | | | ①+② | |
| ① | 六项费用 | 17.30 | A | 25.5 | A×0.255 | |
| ② | 预算包干费 | 6.11 | A | 9 | A×0.09 | |
| (二) | 间接费 | 59.03 | | | (3)+(4)+(5) | |
| (3) | 施工管理费 | 48.85 | A | 72 | A×0.72 | |
| (4) | 临时设施费 | 4.07 | A | 6 | A×0.06 | |
| (5) | 劳动保险基金 | 6.11 | A | 9 | A×0.09 | |
| (三) | 计划利润 | 14.25 | A | 21 | A×0.21 | |
| (四) | 税金 | 32.69 | (一)+(3)+(三) | 3.19 | [(一)+(3)+(三)]×0.0319 | 按当地规定办 |
| (五) | 单位工程费用 | 1067.51 | | | (一)+(二)+(三)+(四) | |

工 程 预 算 表  表 6-1-7

单位工程名称：给水排水工程

| 序号 | 定额编号 | 分部分项工程名称 | 单位 | 工程量 | 单价（元） | 合价（元） | 其中 | | | | | |
|---|---|---|---|---|---|---|---|---|---|---|---|---|
| | | | | | | | 人工费（元） | | 材料费（元） | | 机械费（元） | |
| | | | | | | | 单位 | 金额 | 单位 | 金额 | 单位 | 金额 |
| 1 | 8-72 | 水煤气钢管丝接 DN20 | 10m | 0.4 | 38.99 | 15.60 | 6.52 | 2.61 | 32.47 | 12.99 | | |
| 2 | 8-74 | 水煤气钢管丝接 DN32 | 10m | 4.66 | 57.55 | 268.18 | 7.39 | 34.44 | 49.94 | 232.72 | | |
| 3 | 8-128 | 铸铁管安装 DN50 | 10m | 0.3 | 109.99 | 33.00 | 7.49 | 2.25 | 102.50 | 30.75 | | |
| 4 | 8-130 | 铸铁管安装 DN100 | 10m | 0.9 | 257.81 | 232.03 | 11.52 | 10.37 | 246.29 | 221.66 | | |
| 5 | 8-372 | 水龙头安装 DN15 | 10个 | 0.2 | 53.43 | 10.69 | 0.91 | 0.18 | 52.52 | 10.50 | | |
| 6 | 8-375 | 大便器安装 | 10组 | 0.4 | 758.22 | 303.29 | 30.74 | 12.30 | 727.48 | 290.99 | | |
| 7 | 8-397 | 排水栓安装 DN50 | 10组 | 0.2 | 133.11 | 26.62 | 6.01 | 1.20 | 127.10 | 25.42 | | |
| 8 | 8-403 | 扫除口安装 DN100 | 10个 | 0.1 | 226.39 | 22.64 | 3.09 | 0.31 | 223.30 | 22.33 | | |
| 9 | 8-400 | 地漏安装 DN50 | 10个 | 0.2 | 48.14 | 9.63 | 5.04 | 1.01 | 43.10 | 8.62 | | |
| 10 | 13-37 | 给水管刷樟丹一遍 | 10m² | 0.66 | 8.64 | 5.70 | 1.01 | 0.67 | 7.63 | 5.04 | | |
| 11 | 13-42/43 | 给水管刷银粉二遍 | 10m² | 0.66 | 3.71 | 2.45 | 2.05 | 1.35 | 6.66 | 4.40 | | |
| 12 | 13-37 | 排水管刷樟丹一遍 | 10m² | 0.38 | 8.64 | 3.28 | 1.01 | 0.38 | 7.63 | 2.90 | | |
| 13 | 13-52/53 | 排水管刷沥青二遍 | 10m² | 0.38 | 13.20 | 5.02 | 2.05 | 0.78 | 11.15 | 4.24 | | |
| | 合 计 | | | | | 938.13 | | 67.85 | | 872.56 | | |

工 程 量 计 算 书  表 6-1-8

单位工程名称：给水排水工程　　199 年 月 日

| 序号 | 分项工程 | 规格 | 工程量计算式 | 单位 | 数量 |
|---|---|---|---|---|---|
| 1 | 给水立管 | DN32 | (2.2-0.4+3.3) m = 5.1m | m | 5.1 |
| 2 | 给水水平管 | DN32 | (1.5+0.2+6+8.4×2+4.3+5.1+3.6+4) m = 41.5m | m | 41.5 |
| 3 | 给水支管 | DN20 | (2+2) m = 4m | m | 4.0 |
| 4 | 配水龙头 | DN15 | | 个 | 2 |
| 5 | 蹲式大便器 | 高水箱 | | 组 | 4 |
| 6 | 地漏 | DN50 | | 个 | 2 |
| 7 | 扫除口 | DN100 | | 个 | 1 |
| 8 | 排水立管 | DN100 | (2.3-1) m = 1.3m | m | 1.3 |
| 9 | 排水水平管 | DN100 | (4.2+3.5) m = 7.7m | m | 7.7 |
| | | DN50 | | m | 3.0 |
| 10 | 给水管刷油面积 | | (13.27×0.47+8.4×0.04) m² = 6.57m² | m² | 6.57 |
| 11 | 排水管刷油面积 | | (35.81×0.09+18.85×0.03) m² = 3.79m² | m² | 3.79 |
| 12 | 排水栓 | DN50 | | 组 | 2 |

（给水排水工程）材料汇总表　　表 6-1-9

| 序号 | 材料名称 | 规格 | 单位 | 数量 | 序号 | 材料名称 | 规格 | 单位 | 数量 |
|---|---|---|---|---|---|---|---|---|---|
| 1 | 镀锌钢管 | DN15 | m | 1.20 | 24 | 存水弯 | DN50 | 个 | 2 |
| 2 | 镀锌钢管 | DN20 | m | 4.08 | 25 | 弯头 | DN25 | 个 | 4 |
| 3 | 镀锌钢管 | DN32 | m | 47.53 | 26 | 胶皮碗 | | 个 | 4 |
| 4 | 焊接钢管 | DN25 | m | 10.00 | 27 | 排水栓 | | 套 | 2 |
| 5 | 焊接钢管 | DN50 | m | 0.20 | 28 | 地漏 | | 个 | 2 |
| 6 | 铸铁管 | DN50 | m | 2.64 | 29 | 扫除口 | | 个 | 1 |
| 7 | 铸铁管 | DN100 | m | 8.01 | 30 | 普通水龙头 | DN25 | 个 | 2 |
| 8 | 接头零件 | DN15 | 个 | 4 | 31 | 锯条 | | 根 | 3 |
| 9 | 接头零件 | DN20 | 个 | 5 | 32 | 机油 | | kg | 0.91 |
| 10 | 接头零件 | DN32 | 个 | 37 | 33 | 铅油 | | kg | 0.38 |
| 11 | 接头零件 | DN50 | 个 | 2 | 34 | 水泥 | | kg | 14.00 |
| 12 | 接头零件 | DN100 | 个 | 10 | 35 | 油麻 | | kg | 1.92 |
| 13 | 闸板门 | DN15 | 个 | 4 | 36 | 红砖 | | 千块 | 0.06 |
| 14 | 管子托钩 | DN20 | 个 | 1 | 37 | 橡胶板 | | kg | 0.16 |
| 15 | 管子托钩 | DN32 | 个 | 5 | 38 | 油灰 | | kg | 2.16 |
| 16 | 管卡子 | DN20 | 个 | 1 | 39 | 铅板 | | kg | 0.12 |
| 17 | 管卡子 | DN25 | 个 | 4 | 40 | 铜丝 | 16号 | kg | 0.3 |
| 18 | 管卡子 | DN32 | 个 | 10 | 41 | 木材 | | m³ | 0.003 |
| 19 | 立管卡 | DN50 | 副 | 1 | 42 | 醇酸漆 | | kg | 1.53 |
| 20 | 立管卡 | DN100 | 副 | 3 | 43 | 汽油 | | kg | 1.30 |
| 21 | 瓷大便器 | | 个 | 4 | 44 | 银粉 | | kg | 0.11 |
| 22 | 瓷高水箱 | | 套 | 4 | 45 | 酚醛清漆 | | kg | 2.77 |
| 23 | 存水弯 | DN100 | 个 | 4 | 46 | 沥青漆 | | kg | 2.03 |

工程工料分析表　　表 6-1-10

工程名称：给水排水工程

| 序号 | 定额编号 | 分部分项工程名称 | 单位 | 工程量 | 综合工日（工日）单位用量 | 合计用量 | 镀锌钢管（m）单位用量 | 合计用量 | 接头零件（个）单位用量 | 合计用量 | 锯条（根）单位用量 | 合计用量 | 机油（kg）单位用量 | 合计用量 |
|---|---|---|---|---|---|---|---|---|---|---|---|---|---|---|
| 1 | 8-72 | 镀锌钢管螺纹连接 DN20 | 10m | 0.4 | 1.94 | 0.78 | 10.20 | 4.08 | 11.52 | 4.6 | 0.57 | 0.23 | 0.16 | 0.06 |
| 2 | 8-74 | 镀锌钢管螺纹连接 DN32 | 10m | 4.66 | 2.20 | 10.25 | 10.20 | 47.53 | 8.03 | 37.42 | 0.55 | 2.56 | 0.17 | 0.79 |
| 3 | 8-123 | 铸铁管安装 DN50 | 10m | 0.30 | 2.23 | 0.67 | | | 6.57 | 1.97 | | | | |
| 4 | 8-130 | 铸铁管安装 DN100 | 10m | 0.90 | 3.43 | 3.09 | | | 10.55 | 9.50 | | | | |
| 5 | 8-372 | 水龙头安装 DN15 | 10个 | 0.2 | 0.27 | 0.05 | | | | | | | | |

| 序号 | 定额编号 | 分部分项工程名称 | 单位 | 工程量 | 铅油（kg）单位用量 | 合计用量 | 托钩（个）单位用量 | 合计用量 | 管卡子（个）单位用量 | 合计用量 | 铸铁管（m）单位用量 | 合计用量 | 水泥（kg）单位用量 | 合计用量 |
|---|---|---|---|---|---|---|---|---|---|---|---|---|---|---|
| 1 | 8-72 | 镀锌钢管螺纹连接 DN20 | 10m | 0.4 | 0.06 | 0.02 | 1.44 | 0.58 | 1.29 | 0.52 | | | | |
| 2 | 8-74 | 镀锌钢管螺纹连接 DN32 | 10m | 4.66 | 0.05 | 0.23 | 1.16 | 5.41 | 2.06 | 9.60 | | | | |
| 3 | 8-123 | 铸铁管安装 DN50 | 10m | 0.30 | | | | | | | 8.80 | 2.64 | 4.58 | 1.37 |
| 4 | 8-130 | 铸铁管安装 DN100 | 10m | 0.90 | | | | | | | 8.90 | 8.01 | 14.03 | 12.63 |
| 5 | 8-372 | 水龙头安装 DN15 | 10个 | 0.2 | | | | | | | | | | |

续表

| 序号 | 定额编号 | 分部分项工程名称 | 单位 | 工程量 | 油麻(kg) 单位用量 | 油麻(kg) 合计用量 | 立管卡(副) 单位用量 | 立管卡(副) 合计用量 | 透气帽(个) 单位用量 | 透气帽(个) 合计用量 | 普通水龙头(个) 单位用量 | 普通水龙头(个) 合计用量 |
|---|---|---|---|---|---|---|---|---|---|---|---|---|
| 1 | 8-72 | 镀锌钢管螺纹连接 DN20 | 10m | 0.4 | | | | | | | | |
| 2 | 8-74 | 镀锌钢管螺纹连接 DN32 | 10m | 4.66 | | | | | | | | |
| 3 | 8-123 | 铸铁管安装 DN50 | 10m | 0.30 | 0.60 | 0.18 | 2.50 | 0.75 | 0.08 | 0.02 | | |
| 4 | 8-130 | 铸铁管安装 DN100 | 10m | 0.90 | 1.93 | 1.74 | 3.00 | 2.70 | 0.20 | 0.18 | | |
| 5 | 8-372 | 水龙头安装 DN15 | 10个 | 0.2 | | | | | | | 10.10 | 2.02 |

| 序号 | 定额编号 | 分部分项工程名称 | 单位 | 工程量 | 综合工日(工日) 单位用量 | 综合工日(工日) 合计用量 | 排水栓(套) 单位用量 | 排水栓(套) 合计用量 | 存水弯(个) 单位用量 | 存水弯(个) 合计用量 | 橡胶板δ_r(kg) 单位用量 | 橡胶板δ_r(kg) 合计用量 | 油灰(kg) 单位用量 | 油灰(kg) 合计用量 |
|---|---|---|---|---|---|---|---|---|---|---|---|---|---|---|
| 6 | 8-397 | 排水栓安装 DN50 | 10组 | 0.2 | 1.79 | 0.36 | 10.00 | 2.00 | 10.00 | 2.00 | 0.40 | 0.08 | 0.80 | 0.16 |
| 7 | 8-400 | 地漏安装 DN50 | 10个 | 0.2 | 0.71 | 0.14 | | | | | | | | |
| 8 | 8-403 | 扫除口安装 DN100 | 10个 | 0.1 | 0.92 | 0.09 | | | | | | | | |
| 9 | 13-42 37 43 | 给水管刷油 | 10m² | 0.66 | 0.91 | 0.60 | | | | | | | | |
| 10 | 13-52 53 | 排水管刷油 | 10m² | 0.38 | 0.61 | 0.23 | | | | | | | | |

| 序号 | 定额编号 | 分部分项工程名称 | 单位 | 工程量 | 地漏(个) 单位用量 | 地漏(个) 合计用量 | 焊接钢管DN50(m) 单位用量 | 焊接钢管DN50(m) 合计用量 | 扫除口(个) 单位用量 | 扫除口(个) 合计用量 | 醇酸漆(kg) 单位用量 | 醇酸漆(kg) 合计用量 | 汽油(kg) 单位用量 | 汽油(kg) 合计用量 |
|---|---|---|---|---|---|---|---|---|---|---|---|---|---|---|
| 6 | 8-397 | 排水栓安装 DN50 | 10组 | 0.2 | | | | | | | | | | |
| 7 | 8-400 | 地漏安装 DN50 | 10个 | 0.2 | 10.00 | 2.00 | 1.00 | 0.20 | | | | | | |
| 8 | 8-403 | 扫除口安装 DN100 | 10个 | 0.1 | | | | | 10.00 | 1.00 | | | | |
| 9 | 13-42 37 43 | 给水管刷油 | 10m² | 0.66 | | | | | | | 1.47 | 0.97 | 1.76 | 1.16 |
| 10 | 13-52 53 | 排水管刷油 | 10m² | 0.38 | | | | | | | 1.47 | 0.56 | 0.37 | 0.14 |

| 序号 | 定额编号 | 分部分项工程名称 | 单位 | 工程量 | 银粉(kg) 单位用量 | 银粉(kg) 合计用量 | 酚醛清漆(kg) 单位用量 | 酚醛清漆(kg) 合计用量 | 沥青漆(kg) 单位用量 | 沥青漆(kg) 合计用量 | 动力苯(kg) 单位用量 | 动力苯(kg) 合计用量 |
|---|---|---|---|---|---|---|---|---|---|---|---|---|
| 6 | 8-397 | 排水栓安装 DN50 | 10组 | 0.2 | | | | | | | | |
| 7 | 8-400 | 地漏安装 DN50 | 10个 | 0.2 | | | | | | | | |
| 8 | 8-403 | 扫除口安装 DN100 | 10个 | 0.1 | | | | | | | | |
| 9 | 13-42 37 43 | 给水管刷油 | 10m² | 0.66 | 0.17 | 0.11 | 4.20 | 2.77 | | | | |
| 10 | 13-52 53 | 排水管刷油 | 10m² | 0.38 | | | | | 5.35 | 2.03 | 0.87 | 0.33 |

续表

| 序号 | 定额编号 | 分部分项工程名称 | 单位 | 工程量 | 综合工日(工日) | | 瓷大便器(个) | | 瓷高水箱(套) | | 焊接钢管 DN25(m) | | 存水弯(个) | |
|---|---|---|---|---|---|---|---|---|---|---|---|---|---|---|
| | | | | | 单位用量 | 合计用量 | 单位用量 | 合计用量 | 单位用量 | 合计用量 | 单位用量 | 合计用量 | 单位用量 | 合计用量 |
| 11 | 8-375 | 大便器安装(高水箱) | 10组 | 0.4 | 9.15 | 3.66 | 10.10 | 4.04 | 10.10 | 4.04 | 25.00 | 10.00 | 10.05 | 4.02 |

| 序号 | 定额编号 | 分部分项工程名称 | 单位 | 工程量 | 镀锌钢管 DN15(m) | | 弯头(个) | | 活接头(个) | | 胶皮碗 | | 管卡子(个) | |
|---|---|---|---|---|---|---|---|---|---|---|---|---|---|---|
| | | | | | 单位用量 | 合计用量 | 单位用量 | 合计用量 | 单位用量 | 合计用量 | 单位用量 | 合计用量 | 单位用量 | 合计用量 |
| 11 | 8-375 | 大便器安装(高水箱) | 10组 | 0.4 | 3.00 | 1.2 | 10.00 | 4.00 | 10.00 | 4.00 | 10.00 | 4.00 | 10.00 | 4.00 |

| 序号 | 定额编号 | 分部分项工程名称 | 单位 | 工程量 | 螺纹闸板门 DN15(个) | | 木螺钉(10个) | | 橡胶板(kg) | | 铅油(kg) | | 铅板(kg) | |
|---|---|---|---|---|---|---|---|---|---|---|---|---|---|---|
| | | | | | 单位用量 | 合计用量 | 单位用量 | 合计用量 | 单位用量 | 合计用量 | 单位用量 | 合计用量 | 单位用量 | 合计用量 |
| 11 | 8-375 | 大便器安装(高水箱) | 10组 | 0.4 | 10.10 | 4.04 | 4.00 | 1.60 | 0.20 | 0.08 | 0.32 | 0.13 | 0.30 | 0.12 |

| 序号 | 定额编号 | 分部分项工程名称 | 单位 | 工程量 | 机油(kg) | | 油灰(kg) | | 红砖(千块) | | 木材($m^3$) | | 木螺钉(10个) | |
|---|---|---|---|---|---|---|---|---|---|---|---|---|---|---|
| | | | | | 单位用量 | 合计用量 | 单位用量 | 合计用量 | 单位用量 | 合计用量 | 单位用量 | 合计用量 | 单位用量 | 合计用量 |
| 11 | 8-375 | 大便器安装(高水箱) | 10组 | 0.4 | 0.15 | 0.06 | 5.00 | 2.00 | 0.16 | 0.06 | 0.008 | 0.003 | 4.00 | 1.6 |

## (三) 室内采暖工程预算书

工程(预)算总括表　　　　　表 6-1-11

年　月　日

| 建设单位 | | | | 单位工程 | 采暖工程 |
|---|---|---|---|---|---|
| 工程总造价 | | | | 建筑面积($m^2$) | |
| 编号 | 费用名称 | 金额(元) | 取费基础 | 取费率(%) | 计算式 | 备注 |

| 编号 | 费用名称 | 金额(元) | 取费基础 | 取费率(%) | 计算式 | 备注 |
|---|---|---|---|---|---|---|
| (一) | 直接费 | 12301.10 | | | (1)+(2) | |
| (1) | 定额直接费 | 12127.76 | | | | |
| A | 其中定额人工费 | 502.43 | | | | |
| (2) | 其他直接费 | 173.34 | | | ①+② | |
| ① | 六项费用 | 128.12 | A | 25.5 | A×0.255 | |
| ② | 预算包干费 | 45.22 | A | 9 | A×0.09 | |
| (二) | 间接费 | 437.12 | | | (3)+(4)+(5) | |
| (3) | 施工管理费 | 361.75 | A | 72 | A×0.72 | |
| (4) | 临时设施费 | 30.15 | A | 6 | A×0.06 | |
| (5) | 劳动保险基金 | 45.22 | A | 9 | A×0.09 | |
| (三) | 计划利润 | 105.51 | A | 21 | A×0.21 | |
| (四) | 税金 | 407.31 | (一)+(3)+(三) | 3.19 | [(一)+(3)+(三)]×0.0319 | 按当地规定办 |
| (五) | 系统调整费 | 109.73 | A | 21.84 | A×0.2184 | |
| (六) | 单位工程费用 | 13360.77 | | | (一)+(二)+(三)+(四)+(五) | |

工程(预)算表  表 6-1-12
单位工程名称:采暖工程

| 序号 | 定额编号 | 分部分项工程名称 | 单位 | 工程量 | 单元(元) | 合价(元) | 人工费(元) 单位 | 人工费(元) 金额 | 材料费(元) 单位 | 材料费(元) 金额 | 机械费(元) 单位 | 机械费(元) 金额 |
|---|---|---|---|---|---|---|---|---|---|---|---|---|
| 1 | 8-82 | 钢管丝接 DN15 | 10m | 0.2 | 26.77 | 5.35 | 6.65 | 1.33 | 20.12 | 4.02 | | |
| 2 | 8-83 | 钢管丝接 DN20 | 10m | 13.7 | 32.19 | 441.00 | 6.79 | 93.02 | 25.40 | 347.98 | | |
| 3 | 8-84 | 钢管丝接 DN25 | 10m | 3.5 | 40.99 | 143.47 | 7.49 | 22.62 | 33.28 | 116.48 | | |
| 4 | 8-85 | 钢管丝接 DN32 | 10m | 6.1 | 46.16 | 281.58 | 7.49 | 45.69 | 38.45 | 234.55 | | |
| 5 | 8-94 | 钢管焊接 DN40 | 10m | 5.1 | 45.21 | 230.57 | 5.95 | 30.35 | 37.89 | 193.24 | | |
| 6 | 8-95 | 钢管焊接 DN50 | 10m | 2.7 | 55.29 | 149.28 | 6.08 | 16.42 | 47.84 | 129.17 | | |
| 7 | 8-152 | 支架制作 | t | 0.02 | 1087.50 | 21.75 | 99.42 | 1.99 | 870.36 | 17.41 | | |
| 8 | 8-155 | 支架安装 | t | 0.02 | 223.72 | 4.47 | 136.38 | 2.72 | 53.52 | 1.07 | | |
| 9 | 8-231 | 阀门安装 DN20 | 个 | 20 | 11.96 | 239.20 | 0.30 | 6.00 | 11.66 | 233.20 | | |
| 10 | 8-235 | 阀门安装 DN50 | 个 | 1 | 40.55 | 40.55 | 0.81 | 0.81 | 39.74 | 39.74 | | |
| 11 | 8-288 | 放气阀安装 DN10 | 个 | 1 | 2.08 | 2.08 | 0.10 | 0.10 | 1.98 | 1.98 | | |
| 12 | 6-2280 | 集气罐制作 | 个 | 1 | 23.67 | 23.67 | 2.25 | 2.25 | 20.05 | 20.05 | | |
| 13 | 6-2285 | 集气罐安装 | 个 | 1 | 1.01 | 1.01 | 0.91 | 0.91 | 0.10 | 0.10 | | |
| 14 | 8-436 | 散热器安装 | 10片 | 68.5 | 147.40 | 10096.90 | 2.89 | 197.97 | 144.51 | 9898.94 | | |
| 15 | 13-37 | 给水管刷樟丹一遍 | 10m² | 2.32 | 8.64 | 20.04 | 1.01 | 2.34 | 7.63 | 17.70 | | |
| 16 | 13-$\frac{42}{43}$ | 给水管刷银粉二遍 | 10m² | 2.32 | 8.71 | 20.21 | 2.05 | 4.76 | 6.66 | 15.45 | | |
| 17 | 13-446 | 管道保温 | m³ | 0.65 | 147.26 | 95.72 | 4.54 | 2.95 | 142.55 | 92.66 | | |
| 18 | 13-126 | 散热器刷樟丹一遍 | 10m² | 19.18 | 6.15 | 117.96 | 1.21 | 23.21 | 4.94 | 94.75 | | |
| 19 | 13-$\frac{128}{129}$ | 散热器刷银粉二遍 | 10m² | 19.18 | 10.06 | 192.95 | 2.45 | 46.99 | 7.64 | 146.54 | | |
| | 合计 | | | | | 12127.76 | | 502.43 | | 11605.03 | | |

工程量计算书  表 6-1-13
单位工程名称:采暖工程

| 序号 | 分项工程 | | 工程量计算式 | 单位 | 数量 |
|---|---|---|---|---|---|
| 1 | 供水立管 | DN50 | $(2.1+7.6)m=9.7m$ | m | 9.7 |
| | | DN20 | $(0.5+7.6-0.8\times2)\times10m=65.0m$ | m | 65.0 |
| 2 | 供水水平管 | DN50 | | m | 3.9 |
| | | DN40 | $(2.1+6+8.4\times2)m=24.9m$ | m | 24.9 |
| | | DN32 | $(2.1+5.1+3.6+3.4+3.7+2.1+4.6+3)m=27.6m$ | m | 27.6 |
| | | DN25 | $(3.6+5.1+4+0.5+4.5)m=17.7m$ | m | 17.7 |
| | | DN20 | $(4.2+4.5)m=8.7m$ | m | 8.7 |
| 3 | 供水支管 | DN32 | $0.9\times4m=3.6m$ | m | 3.6 |
| | | DN20 | $1.5\times36m=54.0m$ | m | 54.0 |
| | | DN15 | $0.5\times4m=2.0m$ | m | 2.0 |

续表

| 序号 | 分项工程 | | 工程量计算式 | 单位 | 数量 |
|---|---|---|---|---|---|
| 4 | 供水管刷油面积 | | $(18.85 \times 0.136 + 15.08 \times 0.249 + 13.27 \times 0.312 + 10.52 \times 0.177 + 8.4 \times 1.277 + 6.68 \times 0.02) m^2 = 23.18 m^2$ | $m^2$ | 23.18 |
| 5 | 回水水平管 | DN20 | $(3.4 + 5.8) m = 9.2 m$ | m | 9.2 |
| | | DN25 | $(8.4 + 8.4) m = 16.8 m$ | m | 16.8 |
| | | DN32 | $(2.1 + 5.1 + 3.6 + 3.6 + 2 + 3.9 + 2.1 + 4 + 3) m = 29.4 m$ | m | 29.4 |
| | | DN40 | $(3.8 + 5 + 4.2 + 8.4 + 4.2) m = 25.6 m$ | m | 25.6 |
| | | DN50 | $(4.2 + 6.2 + 1.5) m = 11.9 m$ | m | 11.9 |
| 6 | 回水立管 | DN50 | $(2.1 - 0.5) m = 1.6 m$ | m | 1.6 |
| 7 | 管道保温 | | $(0.53 \times 0.092 + 0.6 \times 0.168 + 0.68 \times 0.294 + 0.74 \times 0.256 + 0.85 \times 0.135) m^3 = 0.65 m^3$ | $m^3$ | 0.65 |
| 8 | 闸 阀 | DN50 | | 个 | 1 |
| 9 | 放气阀 | DN20 | | 个 | 20 |
| | | DN10 | | 个 | 1 |
| 10 | 集气罐 | | | 个 | 1 |
| 11 | 散热器 | | 366(一层) + 319(二层) = 685 | 片 | 685 |
| 12 | 支 架 | L40×4 | $(0.8598 \times 16 + 0.6903 \times 4) kg = 16.52 kg$ | kg | 16.51 |
| | | 钢筋 $\phi 10$ | $(0.1937 \times 2 + 0.155 \times 6 + 0.124 \times 7 + 0.09687 \times 5) kg = 2.67 kg$ | kg | 2.67 |

(采暖工程)材料汇总表    表 6-1-14

| 序号 | 材料名称 | 规格 | 单位 | 数量 | 序号 | 材料名称 | 规格 | 单位 | 数量 |
|---|---|---|---|---|---|---|---|---|---|
| 1 | 焊接钢管 | DN15 | m | 2.04 | 23 | 汽包对丝 | DN38 | 个 | 1270 |
| 2 | 焊接钢管 | DN20 | m | 139.74 | 24 | 汽包线堵 | DN38 | 个 | 103 |
| 3 | 焊接钢管 | DN25 | m | 35.70 | 25 | 汽包补芯 | DN38 | 个 | 103 |
| 4 | 焊接钢管 | DN32 | m | 62.22 | 26 | 汽包托钩 | | 个 | 191 |
| 5 | 焊接钢管 | DN40 | m | 52.02 | 27 | 石棉橡胶板 | 低压0.8-6 | kg | 75 |
| 6 | 焊接钢管 | DN50 | m | 27.54 | 28 | 锯 条 | | 根 | 14 |
| 7 | 接头零件 | $\phi 150 \times 4.5$ | m | 0.3 | 29 | 机 油 | | kg | 6.74 |
| 8 | 接头零件 | DN15 | 个 | 3 | 30 | 铅 油 | | kg | 2.05 |
| 9 | 接头零件 | DN20 | 个 | 222 | 31 | 焊 条 | | kg | 3.47 |
| 10 | 接头零件 | DN25 | 个 | 53 | 32 | 氧 气 | | $m^3$ | 7.80 |
| 11 | 接头零件 | DN32 | 个 | 66 | 33 | 电 石 | | kg | 22.34 |
| 12 | 托 钩 | DN20 | 个 | 19 | 34 | 丝扣阀门 | DN20 | 个 | 20 |
| 13 | 托 钩 | DN25 | 个 | 4 | 35 | 丝扣阀门 | DN50 | 个 | 1 |
| 14 | 托 钩 | DN32 | 个 | 6 | 36 | 活接头 | DN20 | 个 | 20 |
| 15 | 管卡子 | DN20 | 个 | 30 | 37 | 活接头 | DN50 | 个 | 1 |
| 16 | 管卡子 | DN25 | 个 | 7 | 38 | 焦 炭 | | kg | 2.76 |
| 17 | 管卡子 | DN32 | 个 | 12 | 39 | 木 柴 | | kg | 0.5 |
| 18 | 管 箍 | DN15 | 个 | 2 | 40 | 水 泥 | | kg | 2.02 |
| 19 | 管 箍 | DN25 | 个 | | 41 | 砂 子 | | $m^3$ | 0.005 |
| 20 | 普通钢板 | | kg | 2.7 | 42 | 螺 栓 | | kg | 0.1 |
| 21 | 型 钢 | | t | 0.02 | 43 | 螺 母 | M12 | kg | 0.08 |
| 22 | 散热器 | M-132 | 片 | 692 | 44 | 钢垫圈 | $\phi 12$ | kg | 0.02 |

工程工料分析表　表 6-1-15

工程名称：采暖工程

| 序号 | 定额编号 | 分部分项工程名称 | 单位 | 工程量 | 综合工日（工日） | | 焊接钢管(m) | | 接头零件(个) | | 锯条(根) | |
|---|---|---|---|---|---|---|---|---|---|---|---|---|
| | | | | | 单位用量 | 合计用量 | 单位用量 | 合计用量 | 单位用量 | 合计用量 | 单位用量 | 合计用量 |
| 1 | 8-82 | 钢管螺纹连接 DN15 | 10m | 0.2 | 1.98 | 0.40 | 10.20 | 2.04 | 16.96 | 3.39 | 0.43 | 0.09 |
| 2 | 8-83 | 钢管螺纹连接 DN20 | 10m | 13.7 | 2.02 | 27.67 | 10.20 | 139.74 | 16.19 | 221.80 | 0.61 | 8.36 |
| 3 | 8-84 | 钢管螺纹连接 DN25 | 10m | 3.5 | 2.23 | 7.81 | 10.20 | 35.70 | 15.14 | 52.99 | 0.52 | 1.82 |
| 4 | 8-85 | 钢管螺纹连接 DN32 | 10m | 6.1 | 2.23 | 13.60 | 10.20 | 61.22 | 10.88 | 66.37 | 0.61 | 3.72 |
| 5 | 8-94 | 钢管焊接 DN40 | 10m | 5.1 | 1.77 | 9.03 | 10.20 | 52.02 | | | | |
| 6 | 8-95 | 钢管焊接 DN50 | 10m | 2.7 | 1.81 | 4.89 | 10.20 | 27.54 | | | | |
| 7 | 8-231 | 阀门安装 DN20 | 个 | 20 | 0.09 | 1.80 | | | | | | |
| 8 | 8-235 | 阀门安装 DN50 | 个 | 1 | 0.24 | 0.24 | | | | | | |

| 序号 | 定额编号 | 分部分项工程名称 | 单位 | 工程量 | 机油(kg) | | 铅油(kg) | | 托钩(个) | | 管卡子(个) | |
|---|---|---|---|---|---|---|---|---|---|---|---|---|
| | | | | | 单位用量 | 合计用量 | 单位用量 | 合计用量 | 单位用量 | 合计用量 | 单位用量 | 合计用量 |
| 1 | 8-82 | 钢管螺纹连接 DN15 | 10m | 0.2 | 0.23 | 0.05 | 0.09 | 0.02 | 1.10 | 0.22 | 0.71 | 0.14 |
| 2 | 8-83 | 钢管螺纹连接 DN20 | 10m | 13.7 | 0.21 | 2.89 | 0.08 | 1.10 | 1.37 | 18.77 | 2.19 | 30.00 |
| 3 | 8-84 | 钢管螺纹连接 DN25 | 10m | 3.5 | 0.23 | 0.81 | 0.09 | 0.32 | 1.05 | 3.68 | 1.93 | 6.76 |
| 4 | 8-85 | 钢管螺纹连接 DN32 | 10m | 6.1 | 0.49 | 2.99 | 0.10 | 0.61 | 1.05 | 6.41 | 1.93 | 11.77 |
| 5 | 8-94 | 钢管焊接 DN40 | 10m | 5.1 | | | | | | | | |
| 6 | 8-95 | 钢管焊接 DN50 | 10m | 2.7 | | | | | | | | |
| 7 | 8-231 | 阀门安装 DN20 | 个 | 20 | | | | | | | | |
| 8 | 8-235 | 阀门安装 DN50 | 个 | 1 | | | | | | | | |

| 序号 | 定额编号 | 分部分项工程名称 | 单位 | 工程量 | 砂轮片(片) | | 普通钢板(kg) | | 焊条(kg) | | 氧气(m³) | |
|---|---|---|---|---|---|---|---|---|---|---|---|---|
| | | | | | 单位用量 | 合计用量 | 单位用量 | 合计用量 | 单位用量 | 合计用量 | 单位用量 | 合计用量 |
| 1 | 8-82 | 钢管螺纹连接 DN15 | 10m | 0.2 | | | | | | | | |
| 2 | 8-83 | 钢管螺纹连接 DN20 | 10m | 13.7 | | | | | | | | |
| 3 | 8-84 | 钢管螺纹连接 DN25 | 10m | 3.5 | 0.03 | 0.11 | | | | | | |
| 4 | 8-85 | 钢管螺纹连接 DN32 | 10m | 6.1 | 0.04 | 0.24 | | | | | | |
| 5 | 8-94 | 钢管焊接 DN40 | 10m | 5.1 | | | 0.09 | 0.46 | 0.27 | 1.38 | 0.81 | 4.13 |
| 6 | 8-95 | 钢管焊接 DN50 | 10m | 2.7 | | | 0.09 | 0.24 | 0.35 | 0.95 | 1.05 | 2.84 |
| 7 | 8-231 | 阀门安装 DN20 | 个 | 20 | | | | | | | | |
| 8 | 8-235 | 阀门安装 DN50 | 个 | 1 | | | | | | | | |

| 序号 | 定额编号 | 分部分项工程名称 | 单位 | 工程量 | 电石(kg) | | 阀门(个) | | 活接头(个) | | | |
|---|---|---|---|---|---|---|---|---|---|---|---|---|
| | | | | | 单位用量 | 合计用量 | 单位用量 | 合计用量 | 单位用量 | 合计用量 | 单位用量 | 合计用量 |
| 1 | 8-82 | 钢管螺纹连接 DN15 | 10m | 0.2 | | | | | | | | |
| 2 | 8-83 | 钢管螺纹连接 DN20 | 10m | 13.7 | | | | | | | | |
| 3 | 8-84 | 钢管螺纹连接 DN25 | 10m | 3.5 | | | | | | | | |
| 4 | 8-85 | 钢管螺纹连接 DN32 | 10m | 6.1 | | | | | | | | |
| 5 | 8-94 | 钢管焊接 DN40 | 10m | 5.1 | 2.46 | 12.55 | | | | | | |
| 6 | 8-95 | 钢管焊接 DN50 | 10m | 2.7 | 3.11 | 8.40 | | | | | | |
| 7 | 8-231 | 阀门安装 DN20 | 个 | 20 | | | 1.01 | 20.20 | 1.00 | 20.00 | | |
| 8 | 8-235 | 阀门安装 DN50 | 个 | 1 | | | 1.01 | 1.01 | 1.00 | 1.00 | | |

| 序号 | 定额编号 | 分部分项工程名称 | 单位 | 工程量 | 综合工日（工日） | | 无缝钢管 φ150(m) | | 熟铁管箍 DN15(个) | | 熟铁管箍 DN25(个) | |
|---|---|---|---|---|---|---|---|---|---|---|---|---|
| | | | | | 单位用量 | 合计用量 | 单位用量 | 合计用量 | 单位用量 | 合计用量 | 单位用量 | 合计用量 |
| 9 | 6-2280 | 集气罐制作安装 | 个 | 1 | 0.94 | 0.94 | 0.30 | 0.30 | 2.00 | 2.00 | 2.00 | 2.00 |
| 10 | 8-436 | 散热器安装 | 10片 | 68.5 | 0.86 | 58.91 | | | | | | |

续表

| 序号 | 定额编号 | 分部分项工程名称 | 单位 | 工程量 | 普通钢板(kg) | | 焊条(kg) | | 氧气(m³) | | 电石(kg) | | 散热器M-132(片) | |
|---|---|---|---|---|---|---|---|---|---|---|---|---|---|---|
| | | | | | 单位用量 | 合计用量 | 单位用量 | 合计用量 | 单位用量 | 合计用量 | 单位用量 | 合计用量 | 单位用量 | 合计用量 |
| 9 | 6-2280 | 集气罐制作安装 | 个 | 1 | 2.00 | 2.00 | 0.52 | 0.52 | 0.45 | 0.45 | 0.77 | 0.77 | | |
| 2 | 8-436 | 散热器安装 | 10片 | 68.5 | | | | | | | | | 10.10 | 691.85 |

| 序号 | 定额编号 | 分部分项工程名称 | 单位 | 工程量 | 汽包对丝DN38(个) | | 汽包线堵DN38(个) | | 汽包补芯DN38(个) | | 托钩(个) | | 石棉橡胶板 | |
|---|---|---|---|---|---|---|---|---|---|---|---|---|---|---|
| | | | | | 单位用量 | 合计用量 | 单位用量 | 合计用量 | 单位用量 | 合计用量 | 单位用量 | 合计用量 | 单位用量 | 合计用量 |
| 9 | 6-2280 | 集气罐制作安装 | 个 | 1 | | | | | | | | | | |
| 10 | 8-436 | 散热器安装 | 10片 | 68.5 | 18.54 | 1270.00 | 1.51 | 103.44 | 1.51 | 103.44 | 2.79 | 191.12 | 1.10 | 75.35 |

| 序号 | 定额编号 | 分部分项工程名称 | 单位 | 工程量 | 综合工日(工日) | | 螺栓(kg) | | 螺母M12 | | 钢垫圈φ12(kg) | |
|---|---|---|---|---|---|---|---|---|---|---|---|---|
| | | | | | 单位用量 | 合计用量 | 单位用量 | 合计用量 | 单位用量 | 合计用量 | 单位用量 | 合计用量 |
| 11 | 8-152 | 支架制作 | t | 0.02 | 29.59 | 0.59 | 5.00 | 0.10 | 2.00 | 0.04 | 1.00 | 0.02 |
| 12 | 8-155 | 支架安装 | t | 0.02 | 40.59 | 0.81 | | | 2.09 | 0.04 | | |

| 序号 | 定额编号 | 分部分项工程名称 | 单位 | 工程量 | 电焊条(kg) | | 氧气(m³) | | 电石(kg) | | 碳(kg) | |
|---|---|---|---|---|---|---|---|---|---|---|---|---|
| | | | | | 单位用量 | 合计用量 | 单位用量 | 合计用量 | 单位用量 | 合计用量 | 单位用量 | 合计用量 |
| 11 | 8-152 | 支架制作 | t | 0.02 | 20.76 | 0.42 | 17.99 | 0.36 | 29.58 | 0.59 | 137.89 | 2.76 |
| 12 | 8-155 | 支架安装 | t | 0.02 | 10.00 | 0.20 | 1.17 | 0.02 | 1.35 | 0.03 | | |

| 序号 | 定额编号 | 分部分项工程名称 | 单位 | 工程量 | 木柴(kg) | | 型钢(t) | | 水泥(kg) | | 砂子(m³) | |
|---|---|---|---|---|---|---|---|---|---|---|---|---|
| | | | | | 单位用量 | 合计用量 | 单位用量 | 合计用量 | 单位用量 | 合计用量 | 单位用量 | 合计用量 |
| 11 | 8-152 | 支架制作 | t | 0.02 | 25.00 | 0.5 | 1.05 | 0.02 | | | | |
| 12 | 8-155 | 支架安装 | t | 0.02 | | | | | 101.00 | 2.02 | 0.25 | 0.005 |

| 序号 | 定额编号 | 分部分项工程名称 | 单位 | 工程量 | 综合工日(工日) | | 醇酸漆(kg) | | 汽油(kg) | | 银粉(kg) | | 酚醛清漆(kg) | |
|---|---|---|---|---|---|---|---|---|---|---|---|---|---|---|
| | | | | | 单位用量 | 合计用量 | 单位用量 | 合计用量 | 单位用量 | 合计用量 | 单位用量 | 合计用量 | 单位用量 | 合计用量 |
| 13 | 13-42 37 43 | 管道刷油 | 10m² | 2.31 | 0.91 | 2.10 | 1.47 | 3.40 | 1.45 | 3.35 | 0.17 | 0.39 | 0.69 | 1.59 |
| 14 | 13-128 126 129 | 散热器刷油 | 10m² | 19.18 | 1.09 | 20.91 | 1.05 | 20.14 | 2.10 | 40.28 | 0.17 | 3.26 | 0.86 | 16.49 |
| 15 | 13-446 | 保温 | m³ | 0.65 | 1.35 | 0.88 | | | | | | | | |

| 序号 | 定额编号 | 分部分项工程名称 | 单位 | 工程量 | 水泥(kg) | | 石棉灰(kg) | | 石棉绒(kg) | | 麻刀(kg) | | 防水粉(kg) | |
|---|---|---|---|---|---|---|---|---|---|---|---|---|---|---|
| | | | | | 单位用量 | 合计用量 | 单位用量 | 合计用量 | 单位用量 | 合计用量 | 单位用量 | 合计用量 | 单位用量 | 合计用量 |
| 15 | 13-446 | 保温 | m³ | 0.65 | 36.04 | 23.43 | 84.69 | 55.05 | 55.86 | 36.31 | 3.60 | 2.34 | 5.41 | 3.52 |

## (四) 室内电照工程预算书

**工程取费汇总表**　　　　　　　　　　　　　表 6-1-16

单位工程名称：电照工程　　　　　月　　月　　日

| 建　设　单　位 | | 单 位 工 程 | 电 照 工 程 |
|---|---|---|---|
| 工程总造价 | | 建筑面积 | |

| 编号 | 费用名称 | 金额(元) | 取费基础 | 取费率(%) | 计 算 式 | 备 注 |
|---|---|---|---|---|---|---|
| (一) | 直接费 | 4022.17 | | | (1) + (2) | |
| (1) | 定额直接费 | 3851.36 | | | | |
| A | 其中定额人工费 | 170.81 | | | | |
| (2) | 其他直接费 | 58.93 | | | ① + ② | |
| ① | 六项费用 | 43.56 | A | 25.5 | A × 0.255 | |
| ② | 预算包干费 | 15.37 | A | 9 | A × 0.09 | |
| (二) | 间接费 | 148.60 | | | (3) + (4) + (5) | |
| (3) | 施工管理费 | 122.98 | A | 72 | A × 0.72 | |
| (4) | 临时设施费 | 10.25 | A | 6 | A × 0.06 | |
| (5) | 劳动保险基金 | 15.37 | A | 9 | A × 0.09 | |
| (三) | 计划利润 | 35.87 | A | 21 | A × 0.21 | |
| (四) | 税金 | 133.37 | (一)+(3)+(三) | 3.19 | [(一)+(3)+(三)] × 0.0319 | 按当地规定办 |
| (五) | 单位工程费用 | 4340.01 | | | (一)+(二)+(三)+(四) | |

**工程预算表**　　　　　　　　　　　　　表 6-1-17

单位工程名称：电照工程

| 序号 | 定额编号 | 分部分项工程名称 | 单位 | 工程量 | 单价 | 合价 | 其　中 | | | | | |
|---|---|---|---|---|---|---|---|---|---|---|---|---|
| | | | | | | | 人工费(元) | | 材料费(元) | | 机械费(元) | |
| | | | | | | | 单价 | 金额 | 单价 | 金额 | 单价 | 金额 |
| 1 | 2-442 | 配电箱安装 | 台 | 2 | 10.64 | 21.28 | 6.72 | 13.44 | 3.28 | 6.56 | | |
| 2 | 2-455 | 胶盖闸刀开关安装 | 个 | 3 | 2.08 | 6.24 | 0.57 | 1.71 | 1.51 | 4.53 | | |
| 3 | 2-459 | 熔断器安装 | 个 | 10 | 2.89 | 28.90 | 0.50 | 5.00 | 2.39 | 23.90 | | |
| 4 | 2-758 | 配管安装 φ15 | 100m | 3.66 | 104.83 | 383.68 | 14.88 | 54.46 | 89.95 | 329.22 | | |
| 5 | 2-759 | 配管安装 φ25 | 100m | 0.03 | 301.34 | 9.04 | 22.28 | 0.67 | 279.06 | 8.37 | | |
| 6 | 2-717 | 配管安装 φ32 | 100m | 0.03 | 260.26 | 7.81 | 28.29 | 0.85 | 223.95 | 6.72 | | |
| 7 | 2-773 | 管内穿线 2.5mm² | 100m | 0.44 | 47.34 | 20.83 | 3.33 | 1.47 | 44.01 | 19.36 | | |
| 8 | 2-774 | 管内穿线 4mm² | 100m | 7.48 | 55.74 | 416.94 | 2.28 | 17.05 | 53.46 | 399.88 | | |
| 9 | 2-776 | 管内穿线 6mm² | 100m | 0.14 | 78.89 | 11.04 | 2.55 | 0.36 | 76.34 | 10.68 | | |
| 10 | 2-777 | 管内穿线 16mm² | 100m | 0.23 | 212.52 | 48.88 | 3.26 | 0.75 | 209.26 | 48.13 | | |
| 11 | 2-943 | 接线盒安装 | 10个 | 5.1 | 24.18 | 123.32 | 1.51 | 7.70 | 22.67 | 115.62 | | |
| 12 | 2-944 | 开关盒安装 | 10个 | 3.4 | 17.94 | 61.00 | 1.61 | 5.47 | 16.33 | 55.52 | | |
| 13 | 2-948 | 吸顶灯安装 | 10套 | 0.5 | 168.67 | 84.34 | 7.26 | 3.63 | 161.41 | 80.70 | | |
| 14 | 2-957 | 白炽灯具安装 | 10套 | 1.3 | 29.22 | 37.99 | 3.16 | 4.11 | 26.06 | 33.88 | | |
| 15 | 2-965 | 荧光灯安装（单管） | 10套 | 2.0 | 460.86 | 921.72 | 8.06 | 16.12 | 452.80 | 905.60 | | |
| 16 | 2-966 | 荧光灯安装（双管） | 10套 | 1.6 | 591.10 | 945.76 | 12.94 | 20.70 | 578.16 | 925.06 | | |
| 17 | 2-961 | 普通壁灯安装 | 10套 | 0.3 | 586.60 | 175.98 | 6.79 | 2.04 | 579.81 | 173.94 | | |
| 18 | 2-1031 | 扳把开关安装 | 10套 | 3.4 | 56.30 | 191.42 | 2.79 | 9.49 | 53.51 | 181.93 | | |
| 19 | 2-1037 | 电铃开关安装 | 10套 | 0.1 | 18.39 | 1.84 | 2.79 | 0.28 | 15.60 | 1.56 | | |
| 20 | 2-1045 | 单相暗插座 | 10套 | 1.3 | 56.80 | 73.84 | 2.79 | 3.63 | 54.01 | 70.21 | | |
| 21 | 2-1063 | 电铃安装 | 套 | 2 | 12.67 | 25.34 | 0.94 | 1.88 | 11.73 | 23.46 | | |
| 22 | | 定型配电箱 7-3/1 | 个 | 1 | 109.08 | 109.08 | | | 109.08 | 109.08 | | |
| 23 | | 定型配电箱 7-4/1 | 个 | 1 | 145.09 | 145.09 | | | 145.09 | 145.09 | | |
| | | 合　计 | | | | 3851.36 | | 170.81 | | 3678.19 | | |

## 工程量计算书

表 6-1-18

单位工程名称：电照工程　　　　　　　　　　　　　　　　　　　年　月　日

| 序号 | 分项工程 | 规　格 | 工　程　量　计　算　式 | 单位 | 数量 |
|---|---|---|---|---|---|
| 1 | 配电箱 | $370 \times 700 \times 135$ | | 个 | 1 |
| 2 | 配电箱 | $500 \times 500 \times 135$ | | 个 | 1 |
| 3 | 胶盖闸刀开关 | $HK_1$-30/3 | | 个 | 3 |
| 4 | 熔断器 | 6A | | 个 | 7 |
| 5 | 熔断器 | 15A | | 个 | 2 |
| 6 | 熔断器 | 20A | | 个 | 1 |
| 7 | 配管 | $\phi 32$ | $(0.5+0.4+2.5)$ m $=3.4$m | m | 3.4 |
| 8 | 配管 | $\phi 25$ | $(3.9-1.4+0.7)$ m $=3.2$m | m | 3.2 |
| 9 | 配管 | $\phi 15$ | $(N_{1-1})$: $[1.6+4.2+5.1+3.6\times 2+4.2+(3.9-1.3)\times 7+(3.9-1)\times 2]$ m $=46.3$m | m | 46.3 |
| | | | $(N_{1-1})$: $[1.6+4.2+5.1+2.1+3.6\times 2+3.9\times 3+(3.9-1.3)\times 5+(3.9-1)\times 2]$ m $=45.9$m | m | 45.9 |
| | | | $(N_{1-3})$: $[1.6+2.1+8.4\times 2+4.2+3.9\times 3+(3.9-1.3)\times 7+(3.9-1)\times 3]$ m $=58.5$m | m | 58.5 |
| | | | $(N_{1-4})$: | m | 35 |
| | | | $(N_{2-1})$: $[1.6+4.2+5.1\times 2.1+3.6\times 2+2.5+(3.9-1.3)\times 7+2.9\times 2]$ m $=50.21$m | m | 50.21 |
| | | | $(N_{2-2})$: $(1.6+4.2+5.1+3.6\times 3+4.2+5.1+2.6\times 5+2.9)$ m $=46.9$m | m | 46.9 |
| | | | $(N_{2-3})$: $(1.6+2.1+8.4\times 2+4.2\times 2+2.1+3.9+2.6\times 7+2.9\times 3)$ m $=61.8$m | m | 61.8 |
| | | | $(1.6+4.2+5.1+2.4+3.9\times 2)$ m $=21.10$m | m | 21.1 |
| 10 | 管内穿线 | $2.5$mm$^2$ | $(21.1+0.9)\times 2$m $=44.00$m | m | 44 |
| 11 | 管内穿线 | $4$mm$^2$ | $(N_{1-1})$: $[(1.6+0.9+4.2+18.2+5.8)\times 2+(5.1+7.2+4.2)\times 3]$ m $=110.9$m | m | 110.9 |
| | | | $(N_{1-2})$: $[(1.6+0.9+4.2+5.1+2.1+13+5.8)\times 2+(7.2+3.9+3)\times 3]$ m $=107.7$m | m | 107.7 |
| | | | $(N_{1-3})$: $[(1.6+0.9+2.1+16.8+26.9)\times 2+(4.2+3.9+3)\times 3]$ m $=129.9$m | m | 129.9 |
| | | | $(N_{1-4})$: $(2.5+35)\times 2$m $=75$m | m | 75 |
| | | | $(N_{1-1})$: $(46.7+0.7)\times 2$m $=94.8$m | m | 94.8 |
| | | | $(N_{2-2})$: $[(22.4+15.9)\times 2+9.3\times 3]$ m $=104.5$m | m | 104.5 |
| | | | $(N_{2-3})$: $(61.8+0.7)\times 2$m $=125$m | m | 125 |
| 12 | 管内穿线 | $6$mm$^2$ | $(2.5+0.9)\times 4$m $=13.6$m | m | 13.6 |
| 13 | 管内穿线 | $16$mm$^2$ | $(3.4+0.9+1.5)\times 4$m $=23.2$m | m | 23.2 |
| 14 | 吸顶灯 | 60W | | 套 | 5 |
| 15 | 白炽灯 | 60W | | 套 | 13 |
| 16 | 荧光灯 | $1\times 40$W | | 套 | 20 |
| 17 | 荧光灯 | $2\times 40$W | | 套 | 16 |
| 18 | 普通壁灯 | 60W | | 套 | 3 |
| 19 | 电铃 | $D100$ | | 套 | 2 |
| 20 | 开关 | | | 套 | 1 |
| 21 | 单相暗插座 | 15A 以下 | | 套 | 13 |
| 22 | 扳把开关 | | | 套 | 34 |
| 23 | 接线盒 | | | 套 | 51 |
| 24 | 开关盒 | | | 套 | 34 |

## 材料汇总表　　　　表6-1-19

单位工程名称：电照工程

| 序号 | 材料名称 | 规格 | 单位 | 数量 | 序号 | 材料名称 | 规格 | 单位 | 数量 |
|---|---|---|---|---|---|---|---|---|---|
| 1 | 镀锌圆钢 | $\phi 5.5\sim\phi 9$ | kg | 0.54 | 23 | 绝缘导线 | $4mm^2$ | m | 817.19 |
| 2 | 螺栓 | $M8\times 80$ | 套 | 8 | 24 | 绝缘导线 | $6mm^2$ | m | 14.57 |
| 3 | 螺栓 | $M6\times 14$ | 套 | 32 | 25 | 绝缘导线 | $16mm^2$ | m | 24.94 |
| 4 | 电焊条 | $\phi 3.2$ | kg | 0.22 | 26 | 吸顶灯具 | 圆球式 | 套 | 5 |
| 5 | 塑料软管 |  | kg | 0.3 | 27 | 白炽灯具 | 60W | 套 | 13 |
| 6 | 保险丝 | 10A | 轴 | 1.0 | 28 | 荧光灯具 | $1\times 40W$ | 套 | 20 |
| 7 | 橡皮护套圈 | $\phi 6\sim\phi 32$ | 个 | 38 | 29 | 荧光灯具 | $2\times 40W$ | 套 | 16 |
| 8 | 橡胶石棉板 | $\delta 1.5$ | $m^2$ | 0.1 | 30 | 壁灯 | 60W | 套 | 3 |
| 9 | 钢管 | $\phi 32$ | m | 3.09 | 31 | 圆木台 |  | 块 | 120 |
| 10 | 管接头 | $3\times 40$ | 个 | 1 | 32 | 绝缘线 | $2.5mm^2$ | m | 30.21 |
| 11 | 塑料护口 |  | 个 | 1 | 33 | 丁字螺栓 | $M(6\sim 8)\times 60$ | 套 | 107 |
| 12 | 螺母 | $3\times 25$ | 个 | 1 | 34 | 木螺钉 | $M24\times 6$ | 10个 | 89.8 |
| 13 | 螺母 | $3\times 15$ | 个 | 149 | 35 | 瓜子灯链 |  | m | 109.08 |
| 14 | 镀锌铁丝 |  | kg | 1.80 | 36 | 吊盒 |  | 个 | 73 |
| 15 | 钢丝 | $\phi 1.6$ | kg | 0.75 | 37 | 绞型软线 | RVS-0.5 | m | 157.94 |
| 16 | 锯条 |  | 根 | 4 | 38 | 塑料胀管 | $\phi 6\sim\phi 8$ | 个 | 13 |
| 17 | 防锈漆 |  | kg | 0.01 | 39 | 接线盒 |  | 个 | 87 |
| 18 | 半硬塑料管 | $\phi 25$ | m | 3.18 | 40 | 塑料护口 | $15\sim 20$ | 个 | 149 |
| 19 | 半硬塑料管 | $\phi 15$ | m | 387.96 | 41 | 锁紧螺母 | $3\times 15$ | 个 | 149 |
| 20 | 套接管 |  | m | 3.52 | 42 | 电铃 |  | 个 | 2 |
| 21 | 胶粘剂 |  | kg | 0.18 | 43 | 空心木板 |  | 块 | 2 |
| 22 | 绝缘导线 | $2.5mm^2$ | m | 51.25 | 44 | 开关 |  | 只 | 35 |

## 工程工料分析表　　　　表6-1-20

工程名称：电照工程

| 序号 | 定额编号 | 分部分项工程名称 | 单位 | 工程量 | 综合工日（日工） | | 圆钢 $\phi 5.5\sim\phi 9$ (kg) | | 螺栓 $M8\times 80$ (10套) | | 电焊条 (kg) | | 塑料软管 (kg) | |
|---|---|---|---|---|---|---|---|---|---|---|---|---|---|---|
|  |  |  |  |  | 单位用量 | 合计用量 | 单位用量 | 合计用量 | 单位用量 | 合计用量 | 单位用量 | 合计用量 | 单位用量 | 合计用量 |
| 1 | 2-442 | 配电箱安装 | 台 | 2 | 2.00 | 4.00 | 0.27 | 0.54 | 0.41 | 0.82 | 0.10 | 0.20 | 0.15 | 0.30 |
| 2 | 2-455 | 胶盖闸刀开关 | 个 | 3 | 0.17 | 0.51 |  |  |  |  |  |  |  |  |
| 3 | 2-459 | 熔断器 | 个 | 10 | 0.15 | 1.50 |  |  |  |  |  |  |  |  |
| 4 | 2-759 | 配管安装 $\phi 25$ | 100m | 0.03 | 6.63 | 0.20 |  |  |  |  |  |  |  |  |
| 5 | 2-758 | 配管安装 $\phi 15$ | 100m | 3.66 | 4.43 | 16.21 |  |  |  |  |  |  |  |  |

| 序号 | 定额编号 | 分部分项工程名称 | 单位 | 工程量 | 螺栓 $M6\times 14$ (10套) | | 保险丝 10A（轴） | | 橡皮护套圈 $\phi 6$（个） | | 石棉板 $\delta 1.5$ ($m^2$) | | 半硬塑料管 (m) | |
|---|---|---|---|---|---|---|---|---|---|---|---|---|---|---|
|  |  |  |  |  | 单位用量 | 合计用量 | 单位用量 | 合计用量 | 单位用量 | 合计用量 | 单位用量 | 合计用量 | 单位用量 | 合计用量 |
| 1 | 2-442 | 配电箱安装 | 台 | 2 |  |  |  |  |  |  |  |  |  |  |
| 2 | 2-455 | 胶盖闸刀开关 | 个 | 3 | 0.41 | 1.23 | 0.10 | 0.30 | 6.00 | 18.00 |  |  |  |  |
| 3 | 2-459 | 熔断器 | 个 | 10 | 0.20 | 2.00 | 0.06 | 0.60 | 20.00 |  | 0.01 | 0.10 |  |  |
| 4 | 2-759 | 配管安装 $\phi 25$ | 100m | 0.03 |  |  |  |  |  |  |  | (106.00) | 3.18 |
| 5 | 2-758 | 配管安装 $\phi 15$ | 100m | 3.66 |  |  |  |  |  |  |  | (106.00) | 387.96 |

续表

| 序号 | 定额编号 | 分部分项工程名称 | 单位 | 工程量 | 套接管(m) | | 胶粘剂(kg) | | 镀锌铁丝18号~22号(kg) | | 镀锌铁丝13号~17号(kg) | | 锯条(根) | |
|---|---|---|---|---|---|---|---|---|---|---|---|---|---|---|
| | | | | | 单位用量 | 合计用量 | 单位用量 | 合计用量 | 单位用量 | 合计用量 | 单位用量 | 合计用量 | 单位用量 | 合计用量 |
| 1 | 2-442 | 配电箱安装 | 台 | 2 | | | | | | | | | | |
| 2 | 2-455 | 胶盖闸刀开关 | 个 | 3 | | | | | | | | | | |
| 3 | 2-459 | 熔断器 | 个 | 10 | | | | | | | | | | |
| 4 | 2-759 | 配管安装 φ25 | 100m | 0.03 | (1.24) | 0.04 | 0.06 | 0.002 | 0.24 | 0.007 | 0.25 | 0.01 | 1.00 | 0.03 |
| 5 | 2-758 | 配管安装 φ15 | 100m | 3.66 | (0.95) | 3.48 | 0.05 | 0.18 | 0.23 | 0.84 | 0.25 | 0.92 | 1.00 | 3.66 |

| 序号 | 定额编号 | 分部分项工程名称 | 单位 | 工程量 | 综合工日(工日) | | 绝缘导线(m) | | 钢丝 φ1.6(kg) | | 成套灯具(套) | | 圆木台(块) | |
|---|---|---|---|---|---|---|---|---|---|---|---|---|---|---|
| | | | | | 单位用量 | 合计用量 | 单位用量 | 合计用量 | 单位用量 | 合计用量 | 单位用量 | 合计用量 | 单位用量 | 合计用量 |
| 6 | 2-773 | 管内穿线 2.5mm² | 100m | 0.44 | 0.99 | 0.44 | (116.48) | 51.25 | 0.09 | 0.04 | | | | |
| 7 | 2-774 | 管内穿线 4mm² | 100m | 7.48 | 0.68 | 5.09 | (109.25) | 817.19 | 0.09 | 0.67 | | | | |
| 8 | 2-776 | 管内穿线 6mm² | 100m | 0.14 | 0.76 | 0.11 | (104.09) | 14.57 | 0.09 | 0.01 | | | | |
| 9 | 2-777 | 管内穿线 16mm² | 100m | 0.23 | 0.97 | 0.22 | (104.09) | 24.94 | 0.13 | 0.03 | | | | |
| 10 | 2-948 | 吸顶灯安装 | 10套 | 0.5 | 2.16 | 1.08 | | | | | (10.10) | 5.05 | 10.50 | 5.25 |
| 11 | 2-957 | 白炽灯安装 | 10套 | 1.3 | 0.94 | 1.22 | 3.05 | 3.97 | | | (10.10) | 13.13 | | |
| 12 | 2-961 | 壁灯安装 | 10套 | 0.3 | 2.02 | 0.61 | 3.05 | 0.92 | | | (10.10) | 3.03 | 10.50 | 3.15 |
| 13 | 2-943 | 接线盒安装 | 10个 | 5.1 | 0.45 | 2.30 | | | | | | | | |
| 14 | 2-944 | 开关盒安装 | 10个 | 3.4 | 0.48 | 1.63 | | | | | | | | |

| 序号 | 定额编号 | 分部分项工程名称 | 单位 | 工程量 | 塑料线2.5(m) | | 螺栓(套) | | 木螺钉(10个) | | 塑料圆台(块) | | 花线(m) | |
|---|---|---|---|---|---|---|---|---|---|---|---|---|---|---|
| | | | | | 单位用量 | 合计用量 | 单位用量 | 合计用量 | 单位用量 | 合计用量 | 单位用量 | 合计用量 | 单位用量 | 合计用量 |
| 6 | 2-773 | 管内穿线 2.5mm² | 100m | 0.44 | | | | | | | | | | |
| 7 | 2-774 | 管内穿线 4mm² | 100m | 7.48 | | | | | | | | | | |
| 8 | 2-776 | 管内穿线 6mm² | 100m | 0.14 | | | | | | | | | | |
| 9 | 2-777 | 管内穿线 16mm² | 100m | 0.23 | | | | | | | | | | |
| 10 | 2-948 | 吸顶灯安装 | 10套 | 0.5 | 3.05 | 1.53 | 20.40 | 10.20 | 5.20 | 2.60 | | | | |
| 11 | 2-957 | 白炽灯安装 | 10套 | 1.3 | | | 2.08 | 2.70 | | | 10.50 | 13.65 | 20.36 | 26.47 |
| 12 | 2-961 | 壁灯安装 | 10套 | 0.3 | | | | | 8.32 | 2.50 | | | | |
| 13 | 2-943 | 接线盒安装 | 10个 | 5.1 | | | | | | | | | | |
| 14 | 2-944 | 开关盒安装 | 10个 | 3.4 | | | | | | | | | | |

| 序号 | 定额编号 | 分部分项工程名称 | 单位 | 工程量 | 塑料胀管(个) | | 冲击钻头 φ6(个) | | 接线盒(个) | | 塑料护口(个) | | 螺母(个) | |
|---|---|---|---|---|---|---|---|---|---|---|---|---|---|---|
| | | | | | 单位用量 | 合计用量 | 单位用量 | 合计用量 | 单位用量 | 合计用量 | 单位用量 | 合计用量 | 单位用量 | 合计用量 |
| 11 | 2-957 | 白炽灯安装 | 10套 | 1.3 | | | | | | | | | | |
| 12 | 2-961 | 壁灯安装 | 10套 | 0.3 | 42.10 | 12.63 | 0.28 | 0.08 | | | | | | |
| 13 | 2-943 | 接线盒安装 | 10个 | 5.1 | | | | | 10.20 | 52.02 | 22.25 | 113.48 | 22.25 | 113.48 |
| 14 | 2-944 | 开关盒安装 | 10个 | 3.4 | | | | | 10.20 | 34.68 | 10.30 | 35.02 | 10.30 | 35.02 |

续表

| 序号 | 定额编号 | 分部分项工程名称 | 单位 | 工程量 | 综合工日(工日) | | 成套灯具(套) | | 花线(m) | | 圆木台(块) | | 瓜子灯链(m) | |
|---|---|---|---|---|---|---|---|---|---|---|---|---|---|---|
| | | | | | 单位用量 | 合计用量 | 单位用量 | 合计用量 | 单位用量 | 合计用量 | 单位用量 | 合计用量 | 单位用量 | 合计用量 |
| 15 | 2-965 | 荧光灯(单管) | 10套 | 2.0 | 2.40 | 4.80 | 10.10 | 20.20 | 15.27 | 30.54 | 21.00 | 42.00 | 30.30 | 60.60 |
| 16 | 2-966 | 荧光灯(双管) | 10套 | 1.6 | 3.85 | 6.16 | 10.10 | 16.16 | 15.27 | 24.43 | 21.00 | 33.60 | 30.30 | 48.48 |
| 17 | 2-1063 | 电铃安装 | 套 | 2 | 0.28 | 0.56 | | | | | | | | |
| 18 | 2-1045 | 暗插座 | 10套 | 1.3 | 0.83 | 1.08 | | | | | | | | |
| 19 | 2-1031 | 扳把开关 | 10套 | 3.4 | 0.83 | 2.82 | | | | | 10.50 | 35.70 | | |

| 序号 | 定额编号 | 分部分项工程名称 | 单位 | 工程量 | 吊盒(个) | | 绞型软线(m) | | 螺栓(套) | | 木螺钉(10个) | | 塑料绝缘线(m) | |
|---|---|---|---|---|---|---|---|---|---|---|---|---|---|---|
| | | | | | 单位用量 | 合计用量 | 单位用量 | 合计用量 | 单位用量 | 合计用量 | 单位用量 | 合计用量 | 单位用量 | 合计用量 |
| 15 | 2-965 | 荧光灯(单管) | 10套 | 2.0 | 20.40 | 40.80 | 30.54 | 61.08 | 20.40 | 40.80 | 14.56 | 29.12 | 3.05 | 6.10 |
| 16 | 2-966 | 荧光灯(双管) | 10套 | 1.6 | 20.40 | 32.64 | 60.54 | 96.86 | 20.40 | 32.64 | 24.96 | 39.94 | 3.05 | 4.88 |
| 17 | 2-1063 | 电铃安装 | 套 | 2 | | | | | | | 0.728 | 1.46 | | |
| 18 | 2-1045 | 暗插座 | 10套 | 1.3 | | | | | | | | | 3.05 | 3.97 |
| 19 | 2-1031 | 扳把开关 | 10套 | 3.4 | | | | | | | 4.16 | 14.14 | 3.05 | 10.37 |

| 序号 | 定额编号 | 分部分项工程名称 | 单位 | 工程量 | 电铃(个) | | 空心木板(块) | | 瓷管头φ10(个) | | 插座(套) | | 开关(只) | |
|---|---|---|---|---|---|---|---|---|---|---|---|---|---|---|
| | | | | | 单位用量 | 合计用量 | 单位用量 | 合计用量 | 单位用量 | 合计用量 | 单位用量 | 合计用量 | 单位用量 | 合计用量 |
| 15 | 2-965 | 荧光灯(单管) | 10套 | 2.0 | | | | | | | | | | |
| 16 | 2-966 | 荧光灯(双管) | 10套 | 1.6 | | | | | | | | | | |
| 17 | 2-1063 | 电铃安装 | 套 | 2 | 1.00 | 2.00 | 1.05 | 2.10 | 2.06 | 4.12 | | | | |
| 18 | 2-1045 | 暗插座 | 10套 | 1.3 | | | | | | | (10.20) | 13.26 | | |
| 19 | 2-1031 | 扳把开关 | 10套 | 3.4 | | | | | | | | | 10.20 | 34.68 |

| 序号 | 定额编号 | 分部分项工程名称 | 单位 | 工程量 | 综合工日(工日) | | 钢管(m) | | 管接头3×40(个) | | 塑料护口(个) | | 螺母3×25(个) | |
|---|---|---|---|---|---|---|---|---|---|---|---|---|---|---|
| | | | | | 单位用量 | 合计用量 | 单位用量 | 合计用量 | 单位用量 | 合计用量 | 单位用量 | 合计用量 | 单位用量 | 合计用量 |
| 20 | 2-717 | 配管安装φ32 | 100m | 0.03 | 8.42 | 0.25 | (103.00) | 3.09 | 16.48 | 0.47 | 15.45 | 0.46 | 15.45 | 0.46 |

| 序号 | 定额编号 | 分部分项工程名称 | 单位 | 工程量 | 圆钢φ5.5(kg) | | 镀锌铁丝(kg) | | 电焊条(kg) | | 锯条(根) | | 防锈漆(kg) | |
|---|---|---|---|---|---|---|---|---|---|---|---|---|---|---|
| | | | | | 单位用量 | 合计用量 | 单位用量 | 合计用量 | 单位用量 | 合计用量 | 单位用量 | 合计用量 | 单位用量 | 合计用量 |
| 20 | 2-717 | 配管安装φ32 | 100m | 0.03 | 0.90 | 0.027 | 0.66 | 0.02 | 0.69 | 0.02 | 2.00 | 0.06 | 0.38 | 0.01 |

| 序号 | 定额编号 | 分部分项工程名称 | 单位 | 工程量 | 汽油(kg) | | 沥青漆(kg) | | 碳(kg) | | 木柴(kg) | |
|---|---|---|---|---|---|---|---|---|---|---|---|---|
| | | | | | 单位用量 | 合计用量 | 单位用量 | 合计用量 | 单位用量 | 合计用量 | 单位用量 | 合计用量 |
| 20 | 2-717 | 配管安装φ32 | 100m | 0.03 | 0.35 | 0.01 | 0.53 | 0.02 | 5.00 | 0.15 | 1.00 | 0.03 |

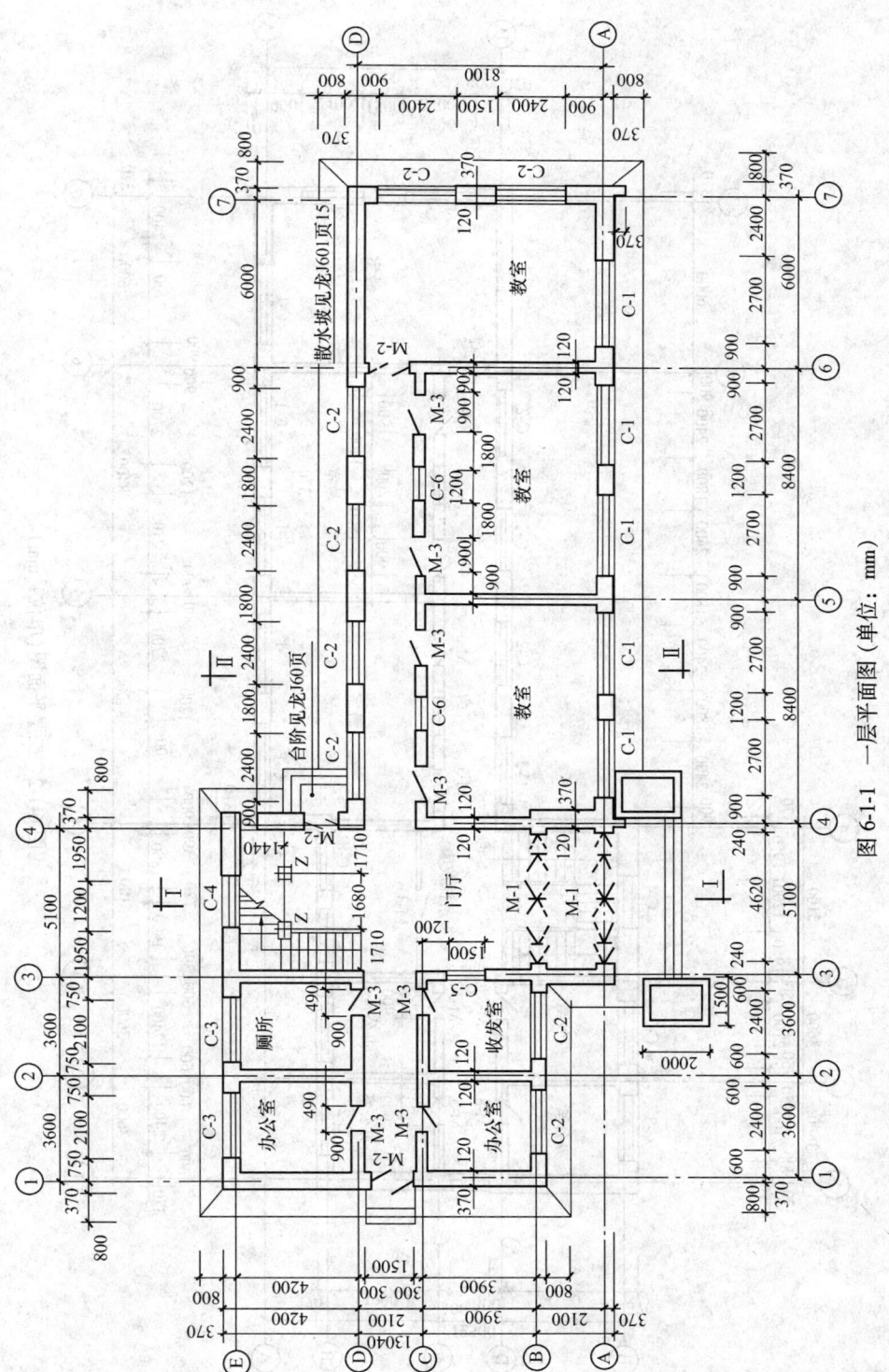

图 6-1-1 一层平面图（单位：mm）

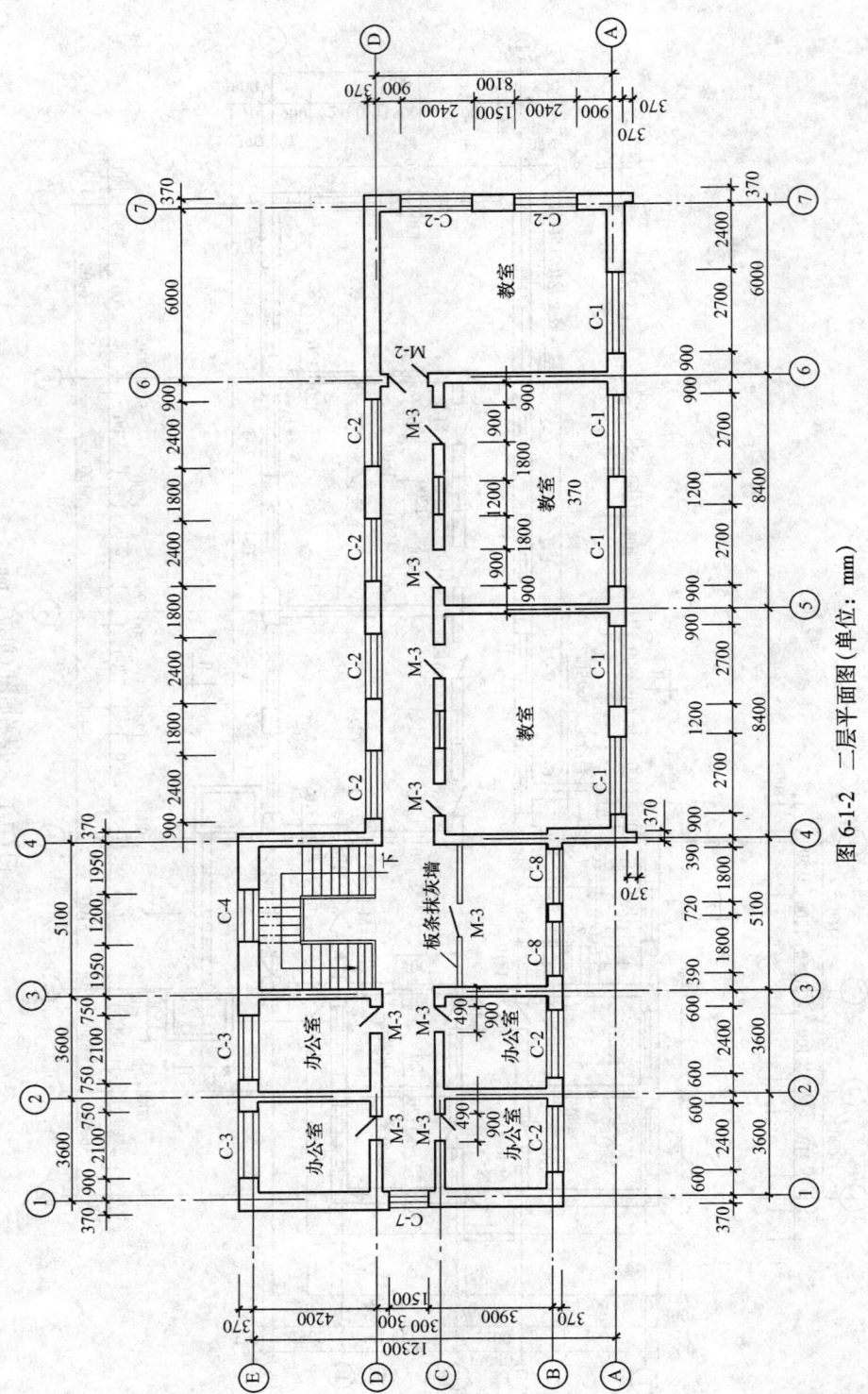

图 6-1-2 二层平面图（单位：mm）

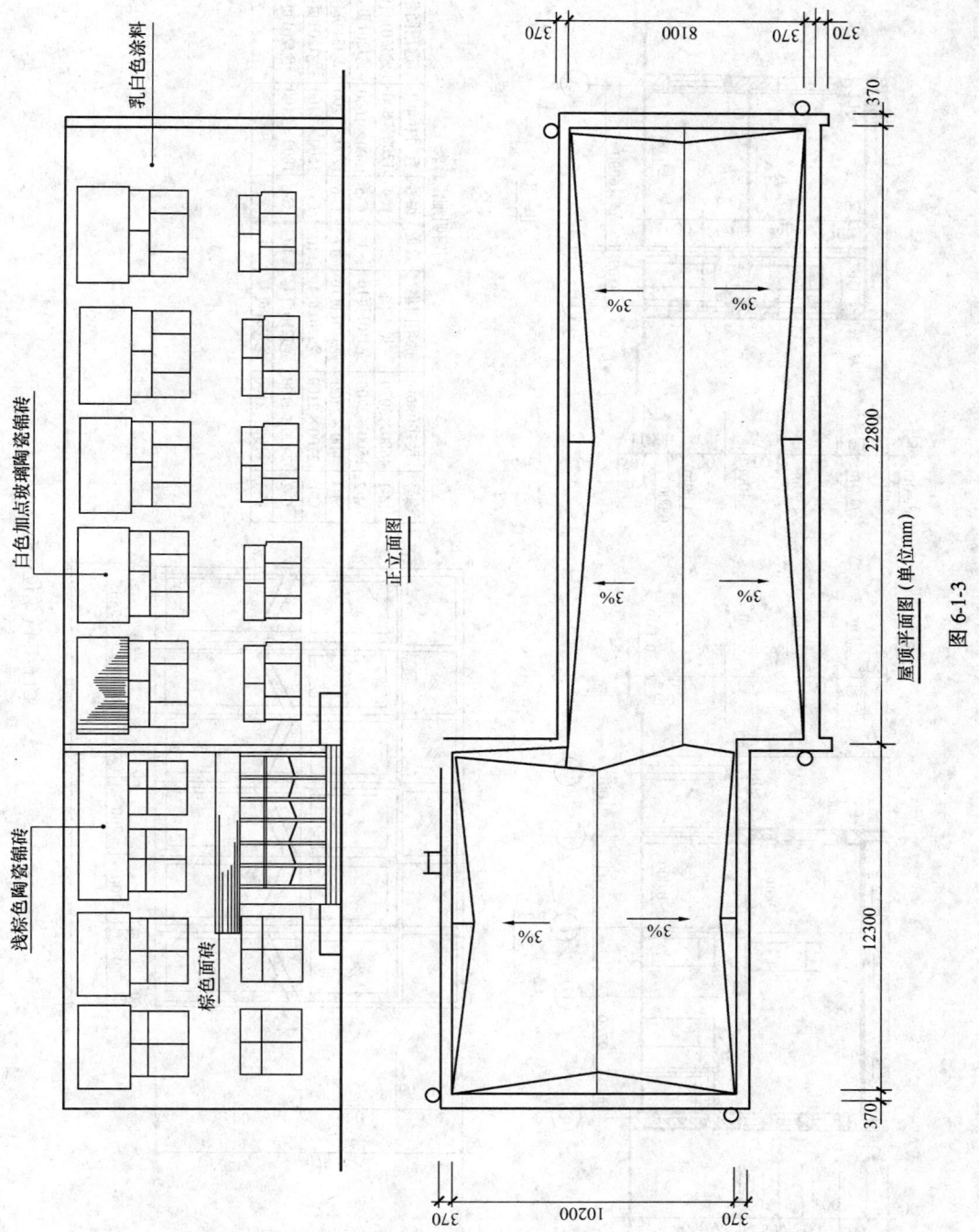

图 6-1-3

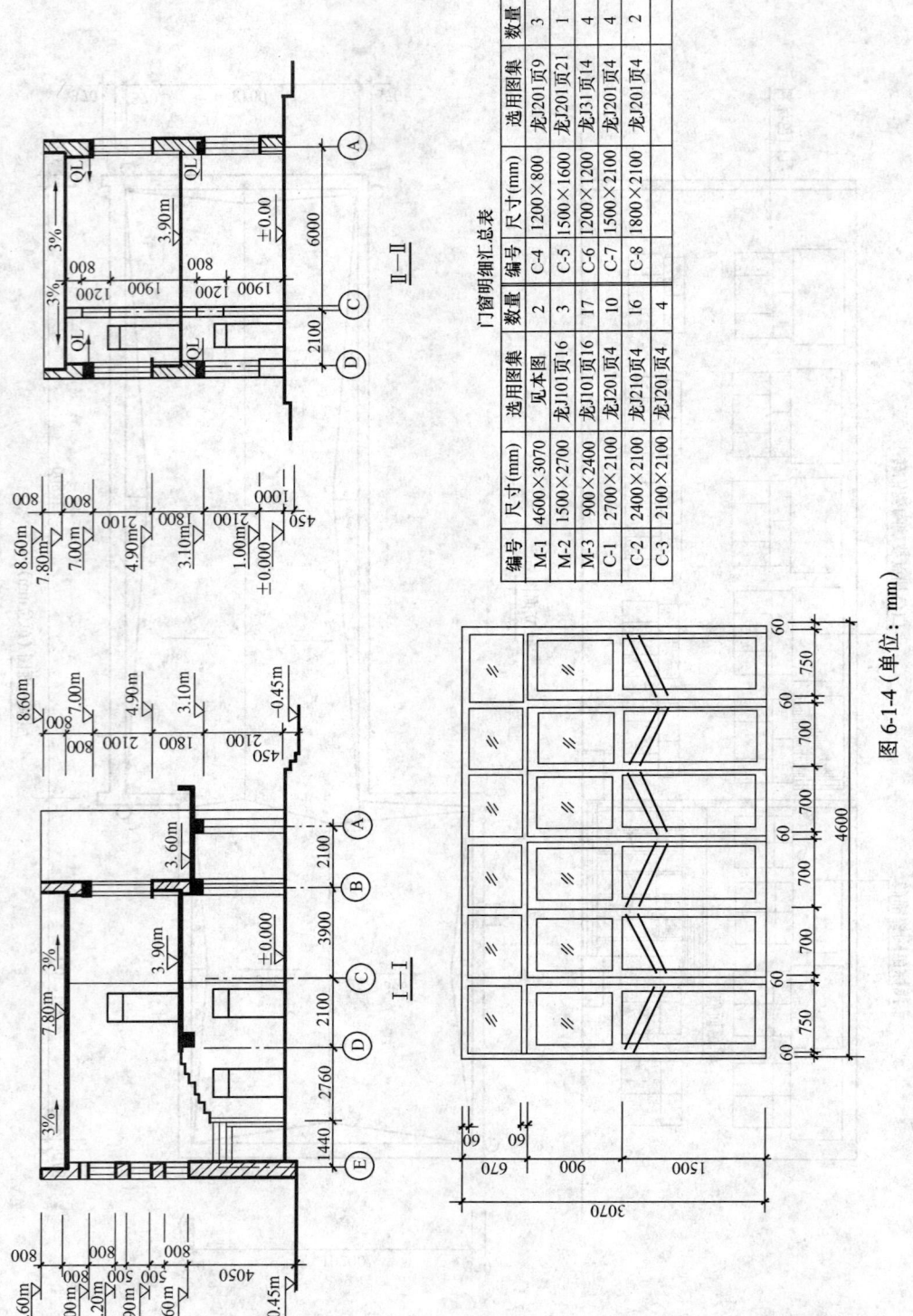

图 6-1-4（单位：mm）

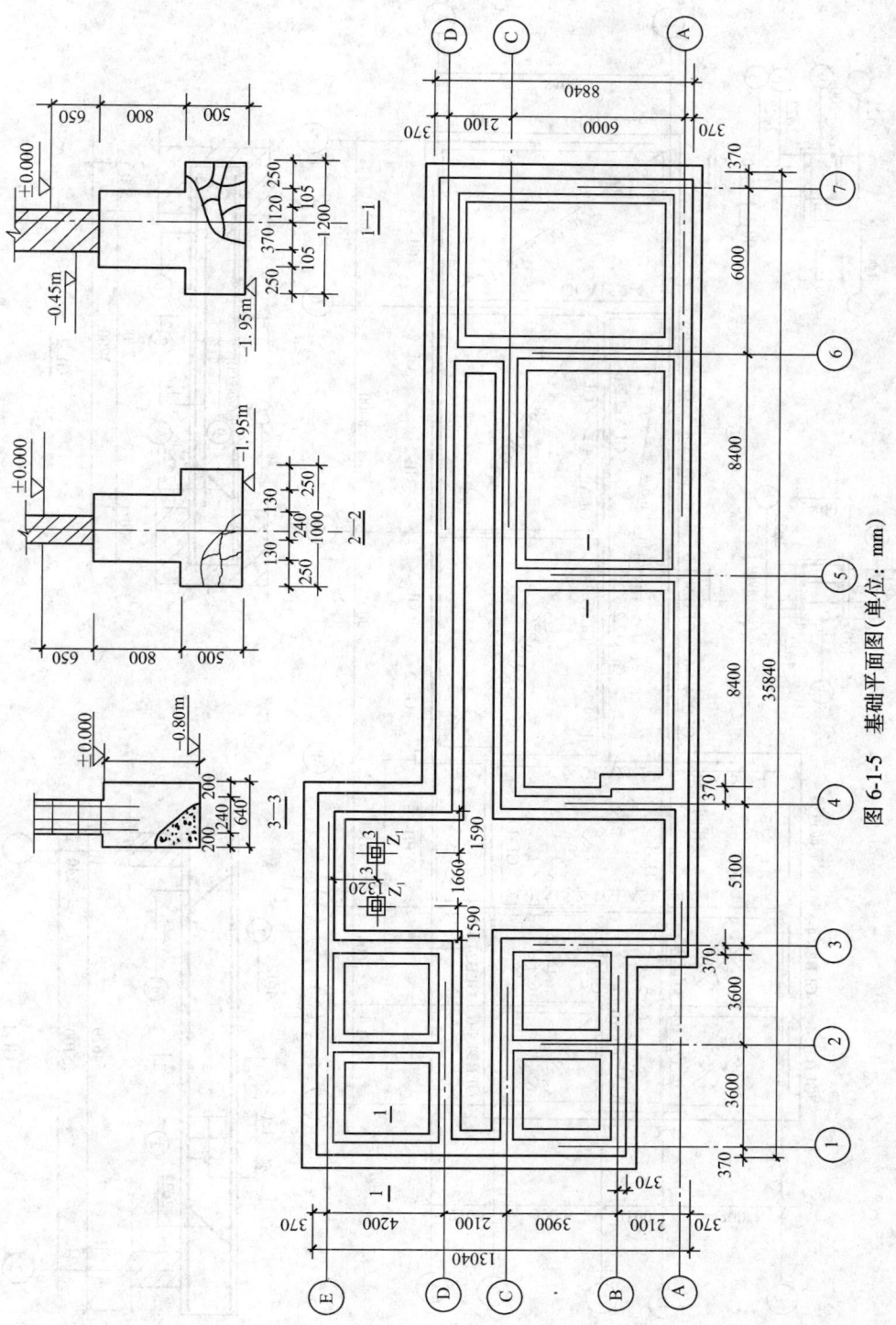

图 6-1-5 基础平面图（单位：mm）

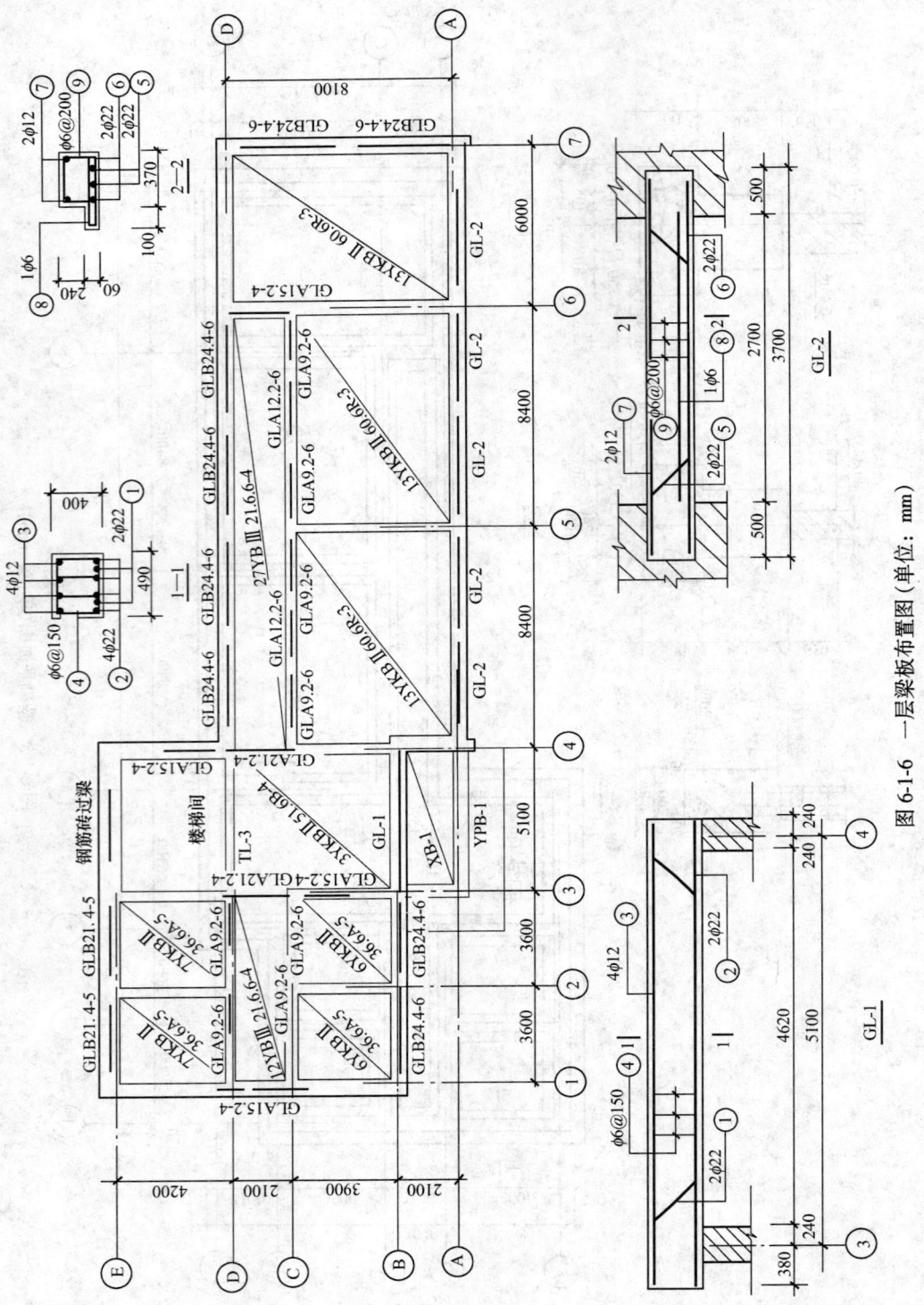

图 6-1-6 一层梁板布置图（单位：mm）

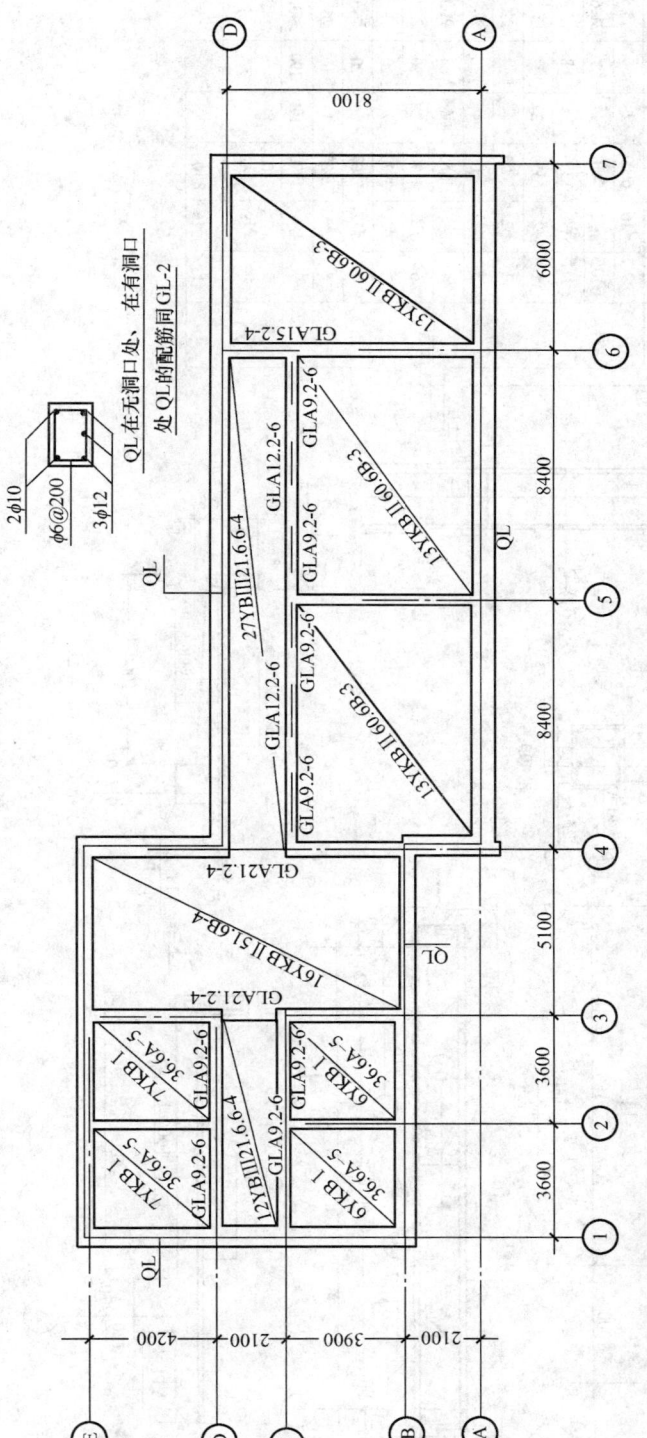

图6-1-7 屋面梁板布置图（单位：mm）

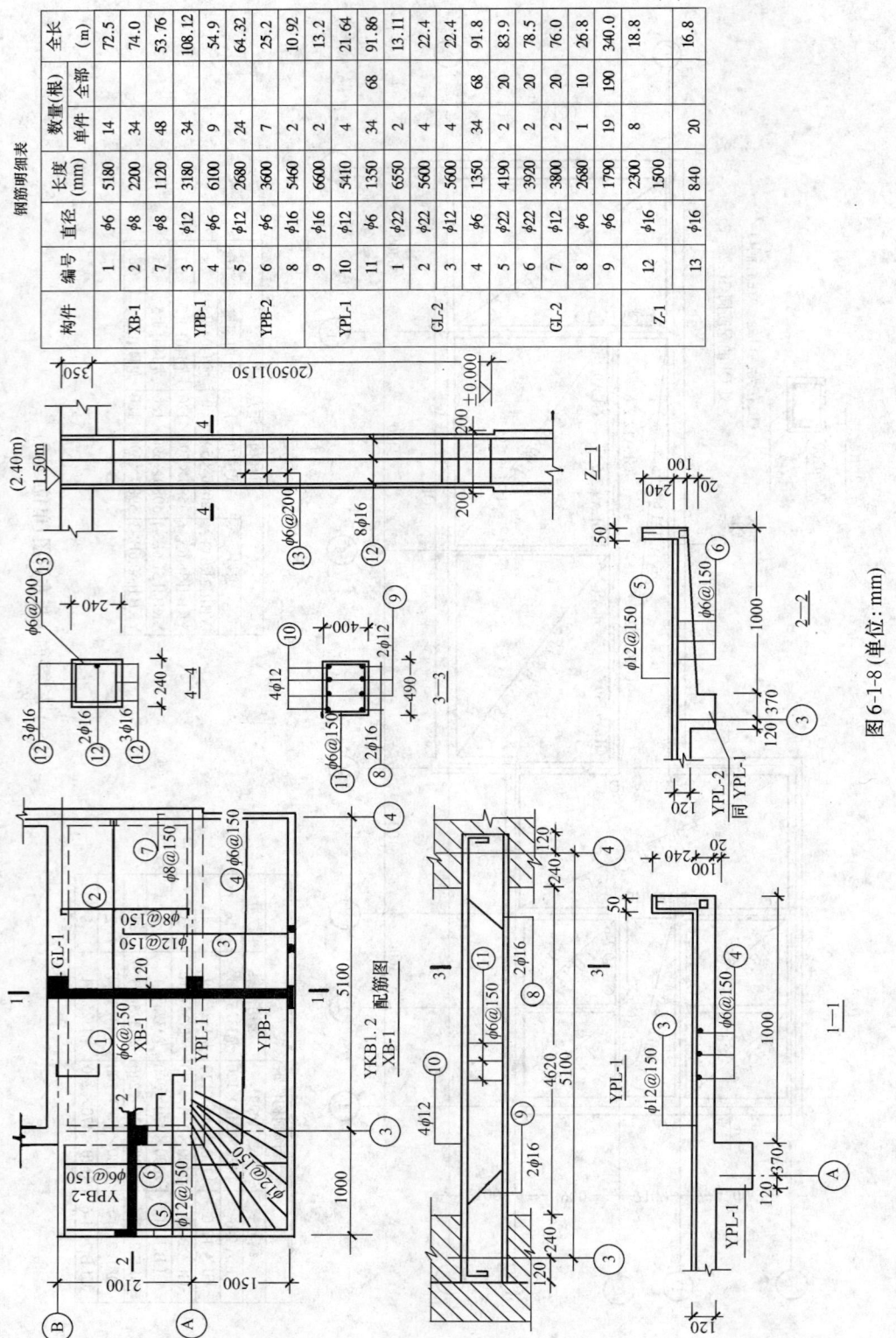

图 6-1-8 (单位: mm)

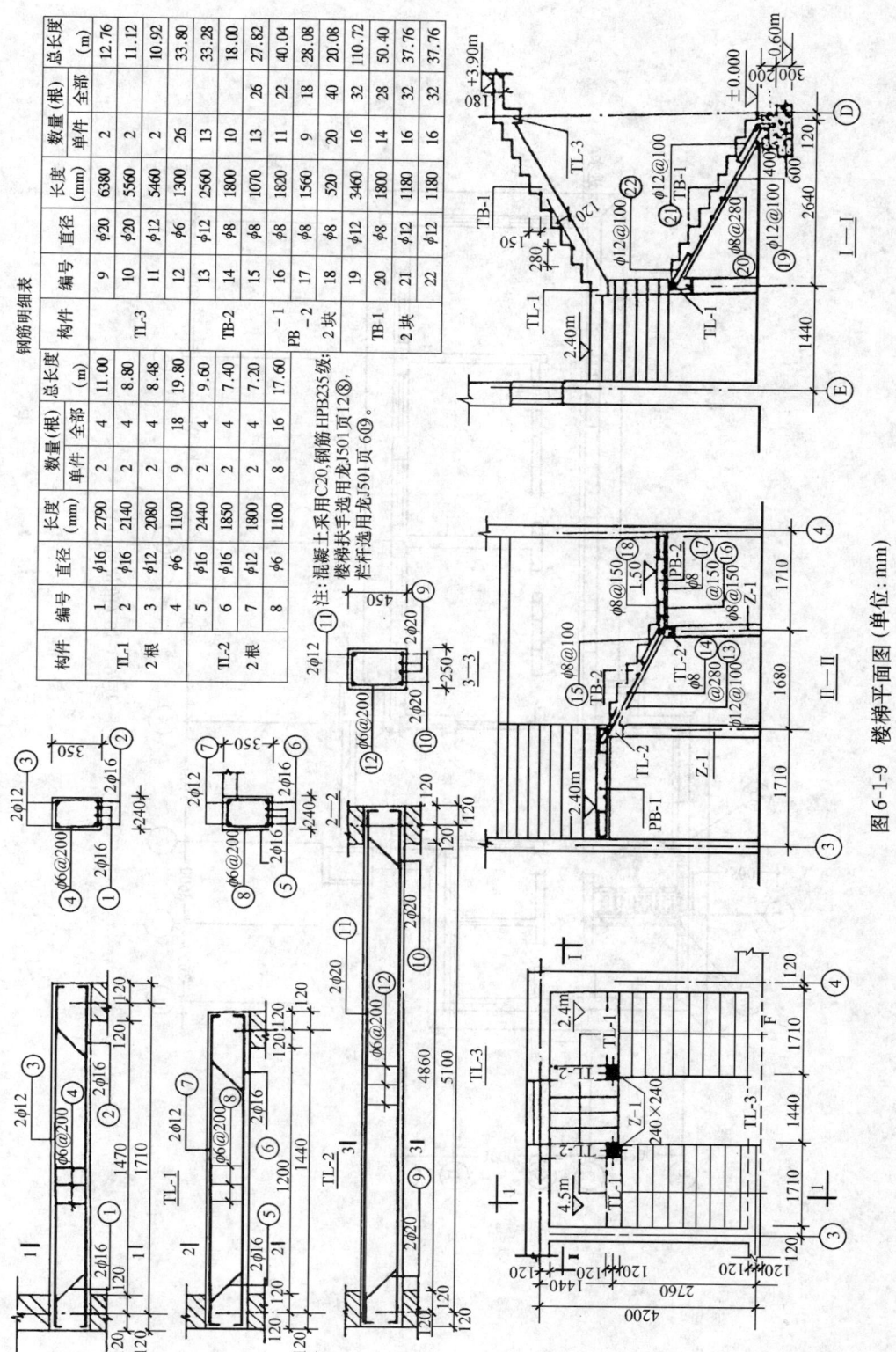

图 6-1-9 楼梯平面图（单位：mm）

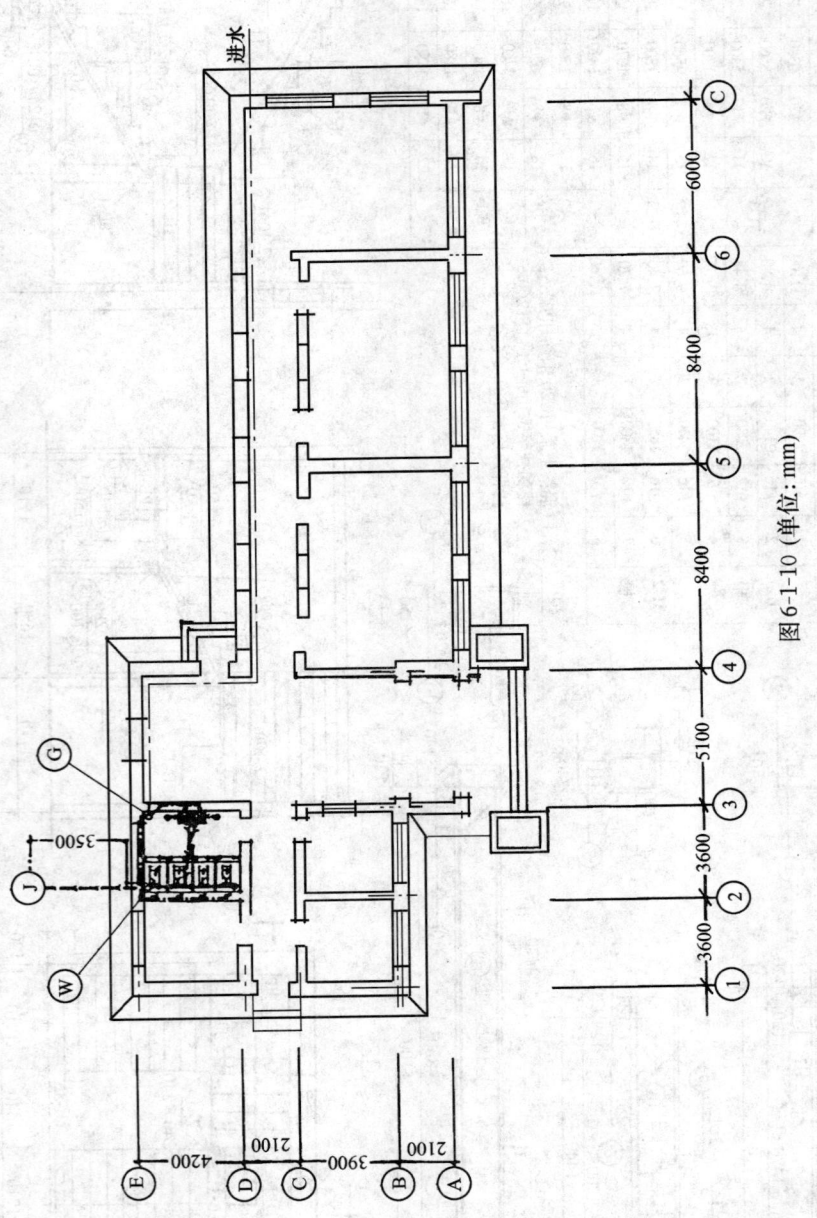

图 6-1-10（单位：mm）

| | 图例 | 名称 |
|---|---|---|
| 1. | | 给水管道 |
| 2. | | 排水管道 |
| 3. | | 水池水龙头 |
| 4. | | 大便器高位水箱及配管 |
| 5. | | 闸阀 |
| 6. | | 大便器排污件 |
| 7. | | 水池排污件 |
| 8. | | 地面扫除口 |
| 9. | | 地漏 |

说明：
1. 给水管道采用水煤气钢管。
2. 管道安装完毕后，涂樟丹一遍，银粉两遍。
3. 排水管道采用排水铸铁管，水泥接口。
4. 管道安装完毕后，涂樟丹一遍，沥青两遍。

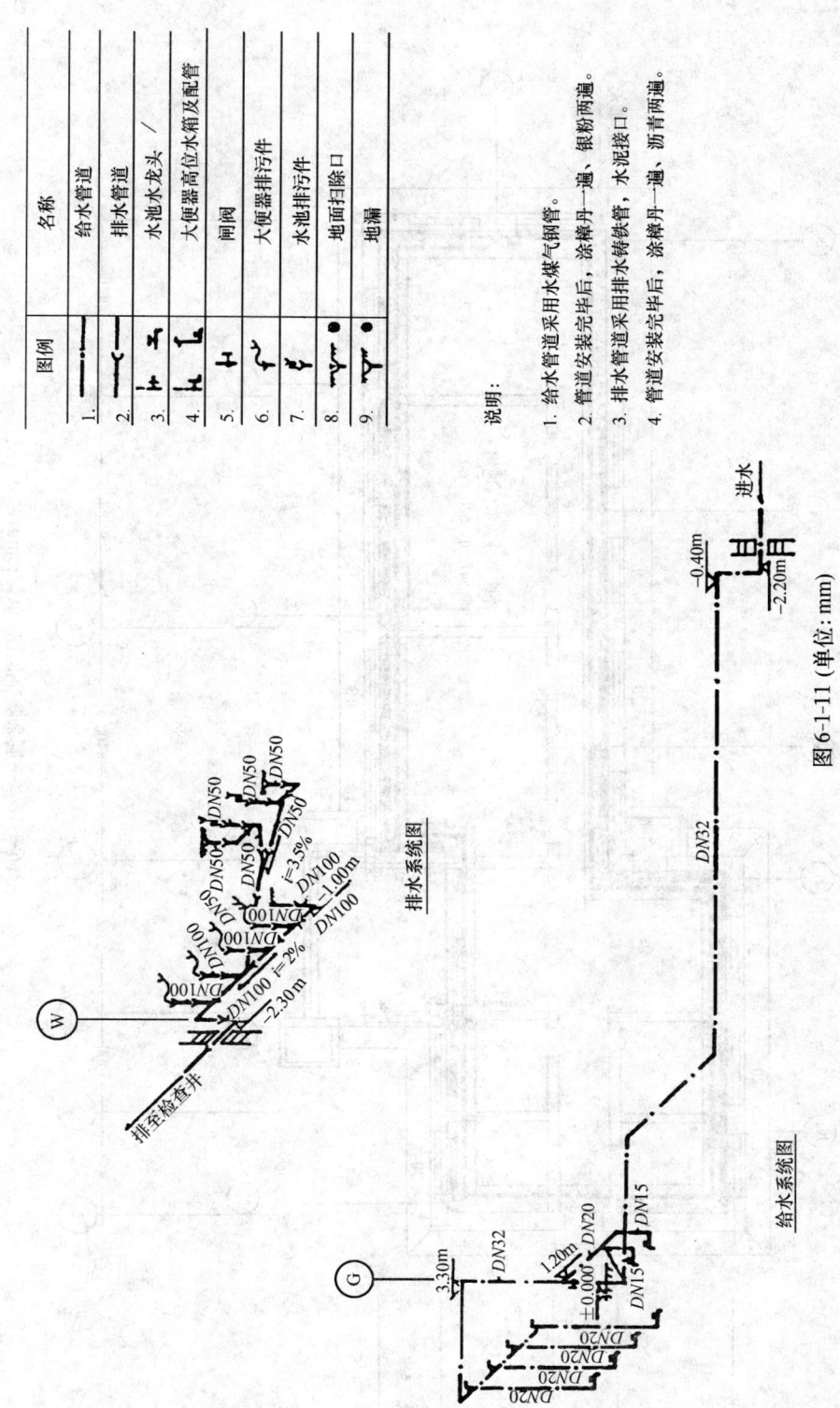

图 6-1-11（单位：mm）

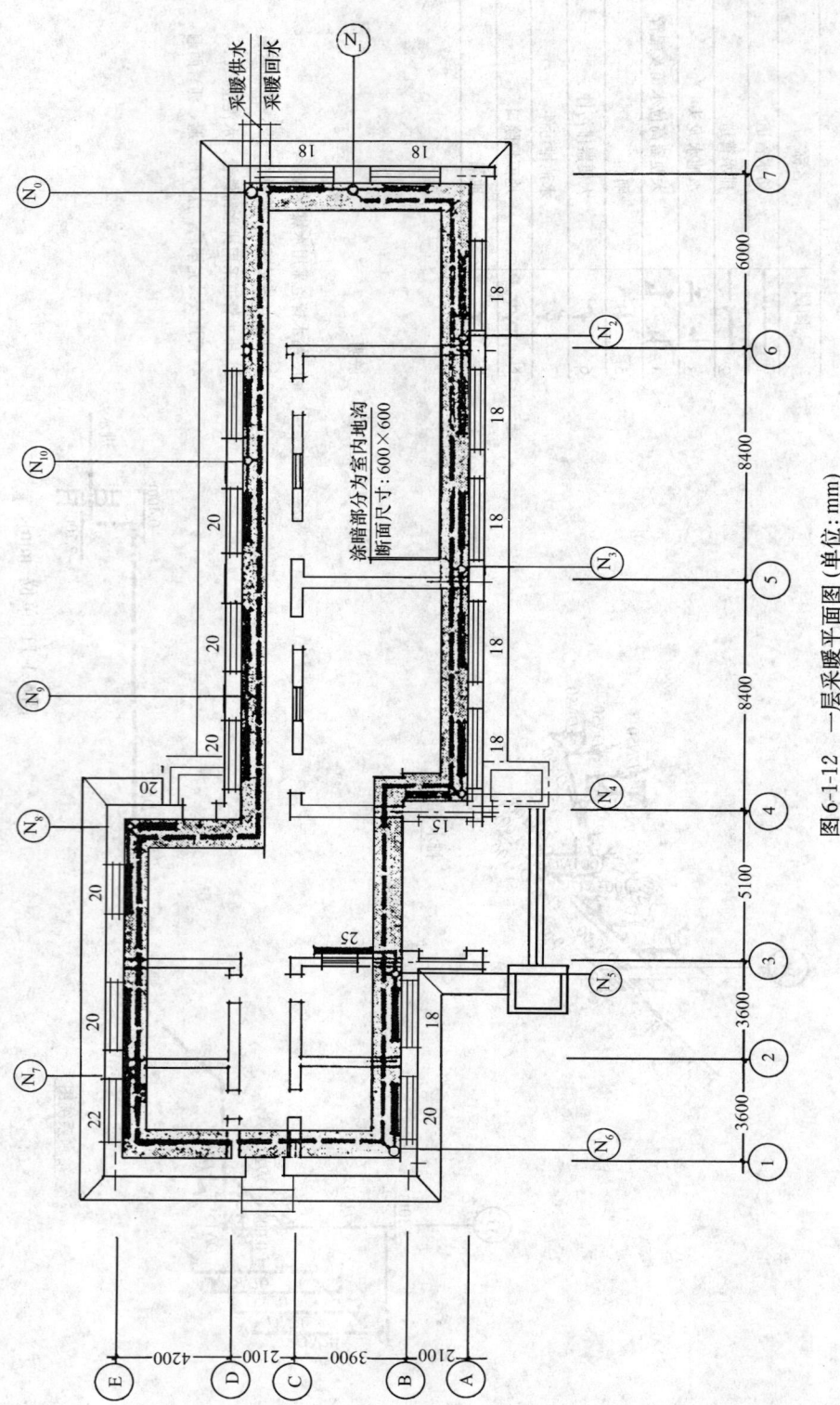

图 6-1-12 一层采暖平面图（单位：mm）

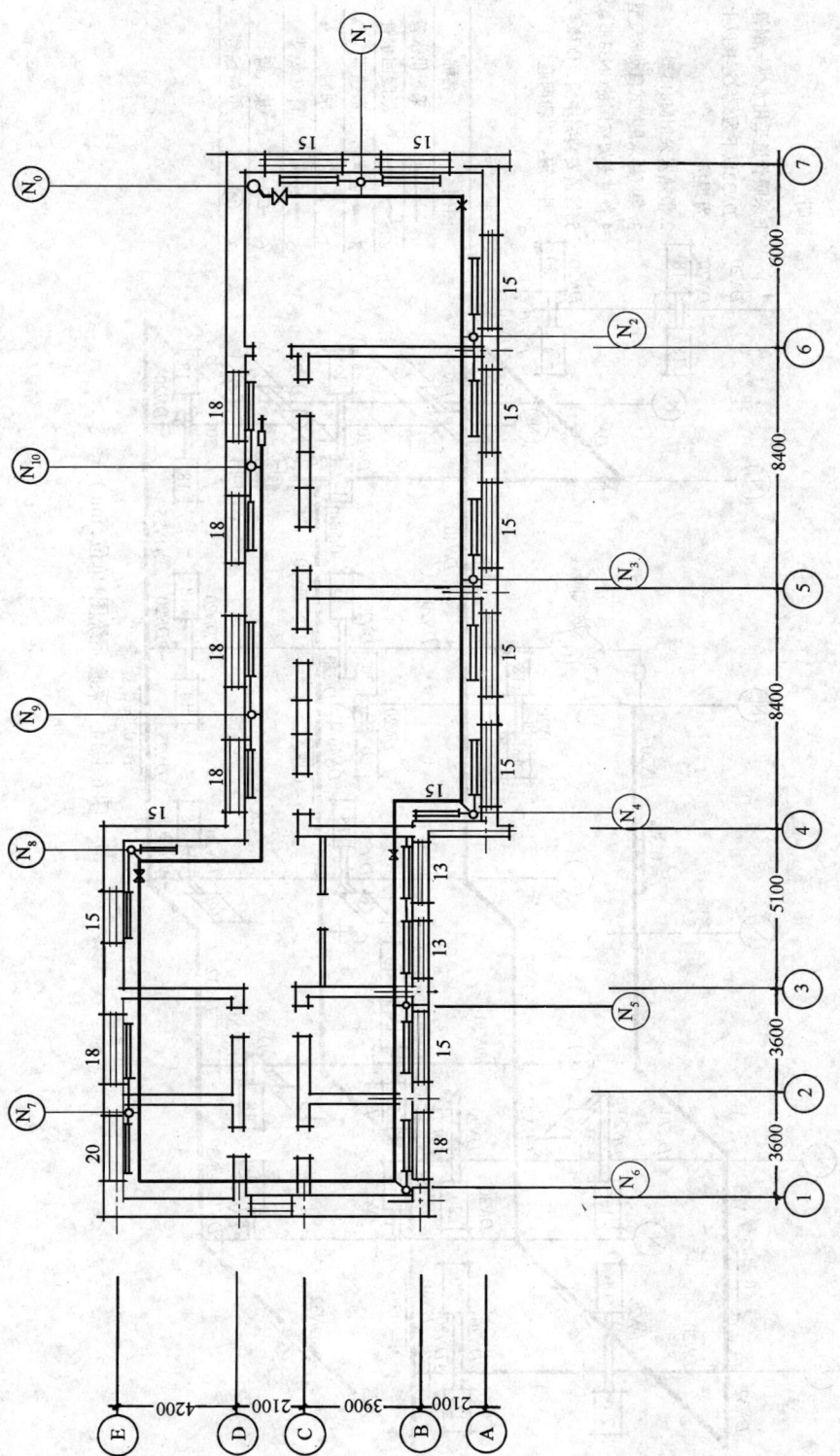

图 6-1-13 二层采暖平面图（单位：mm）

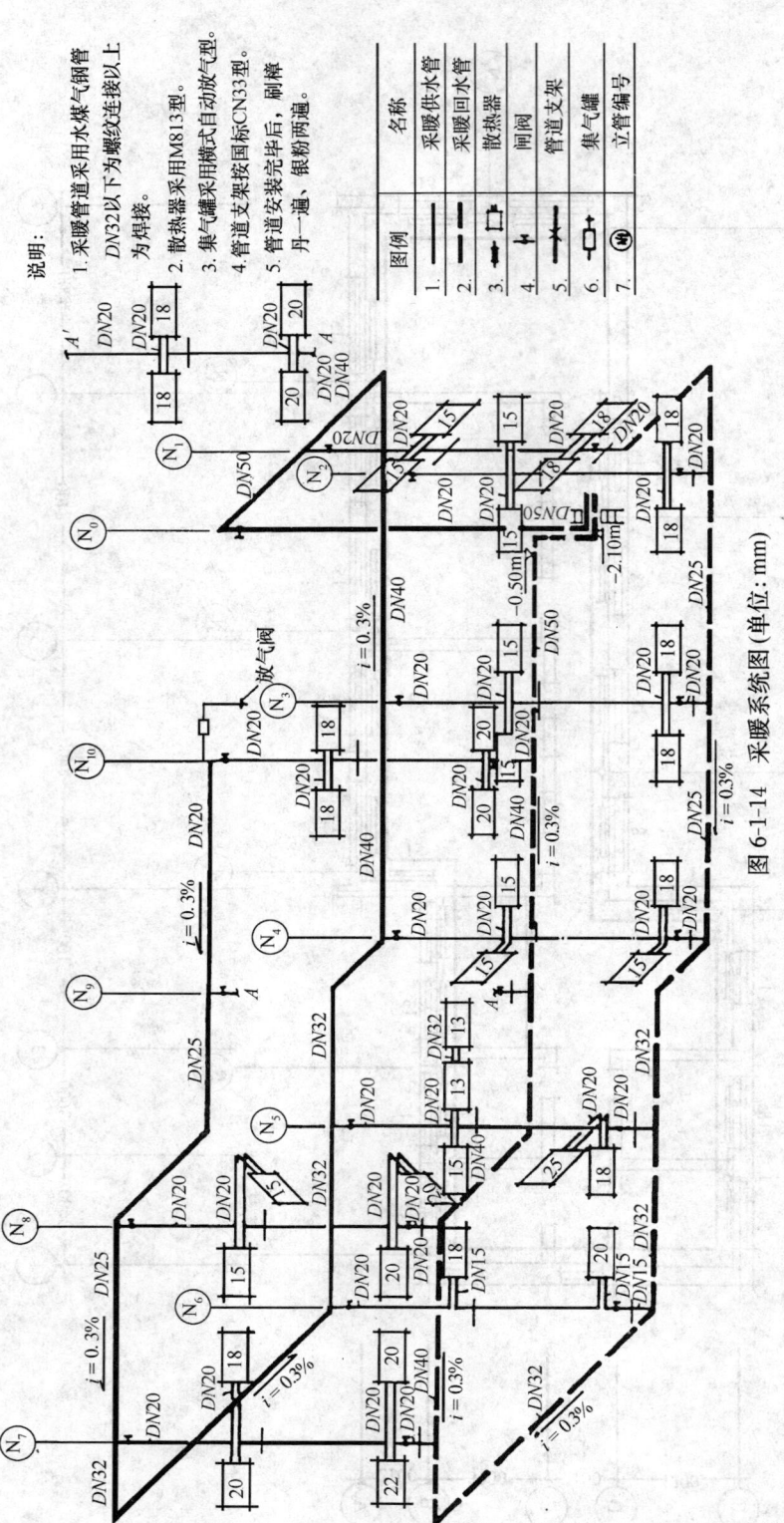

图 6-1-14 采暖系统图（单位：mm）

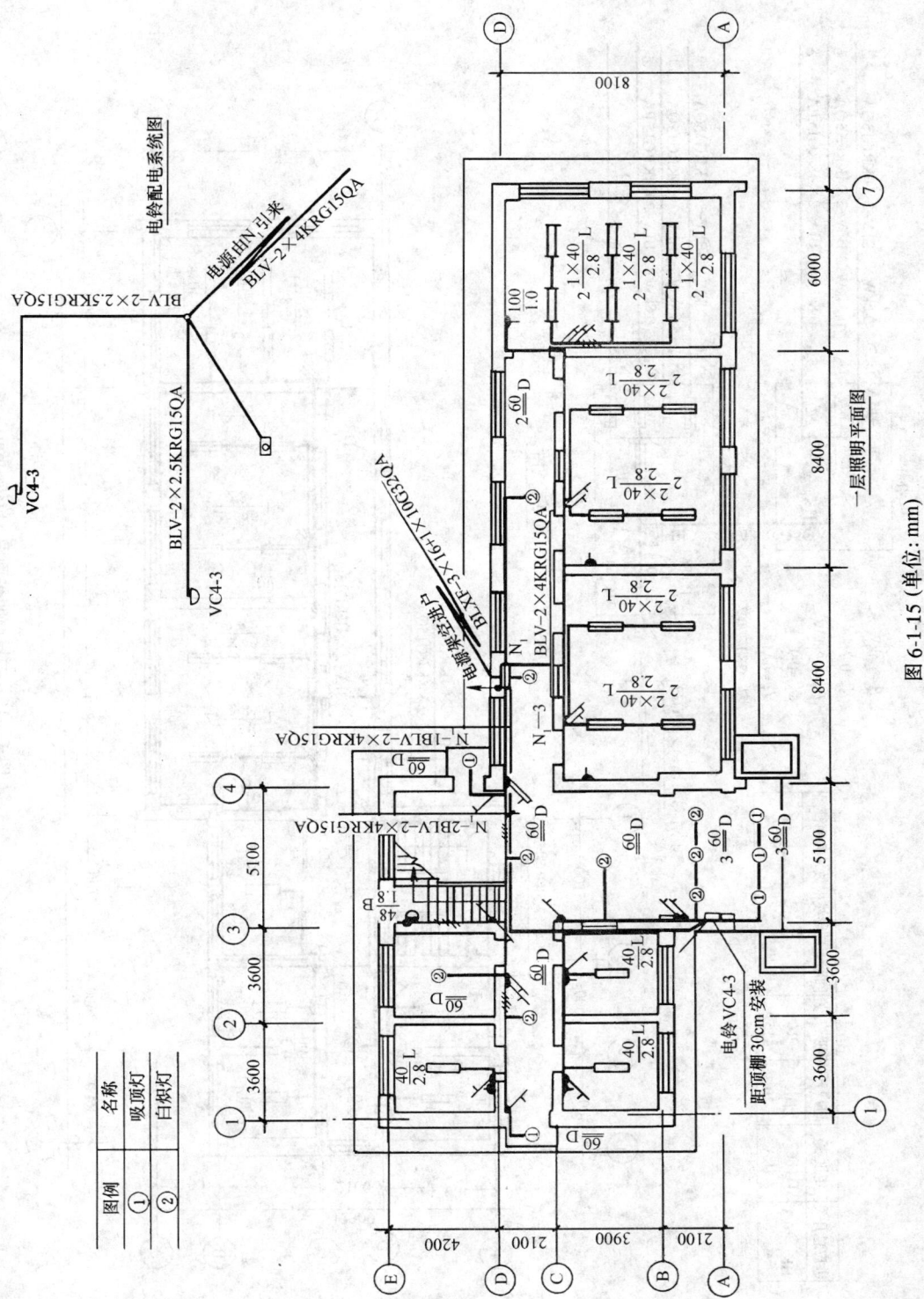

图 6-1-15 (单位: mm)

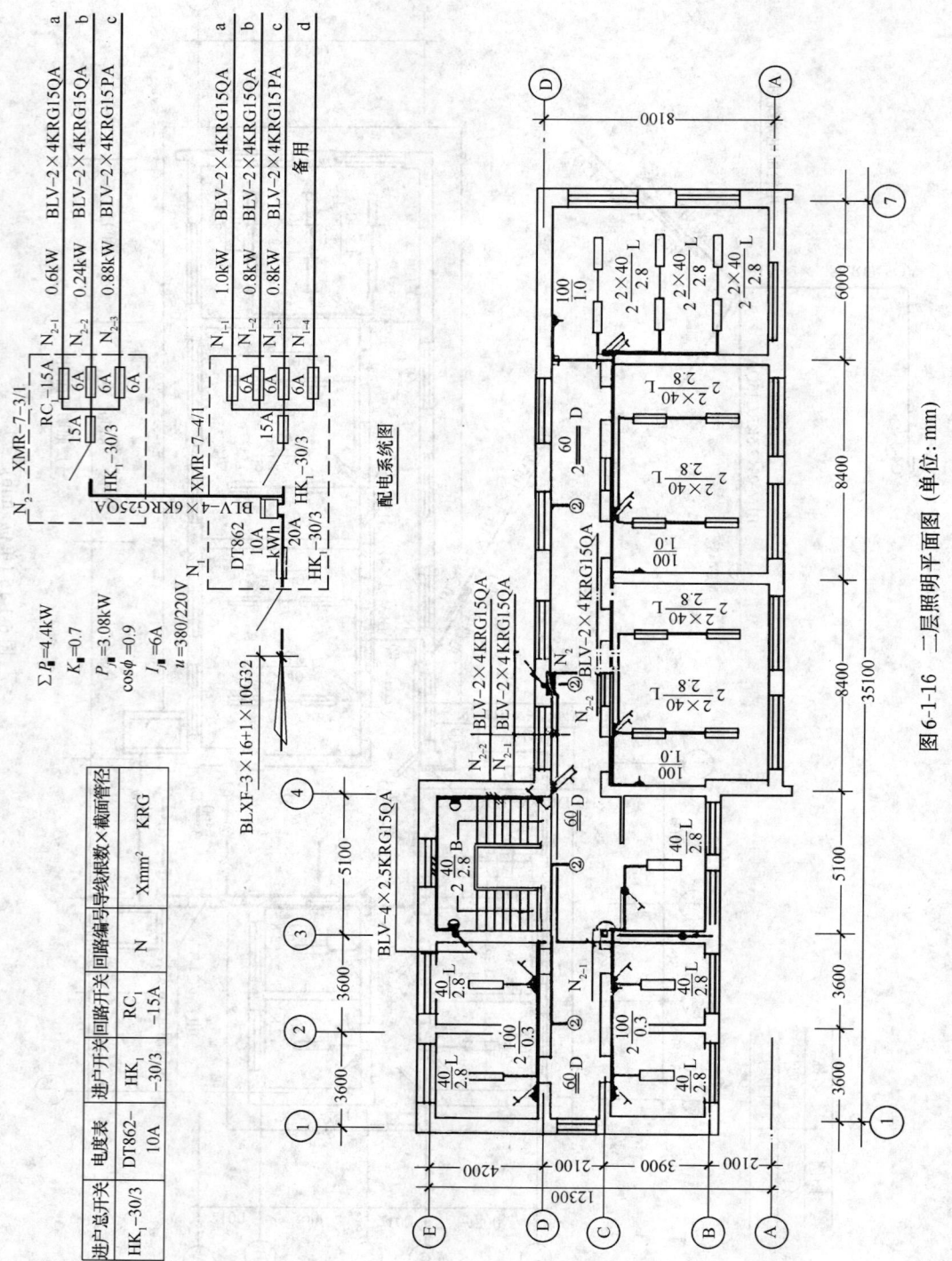

图 6-1-16 二层照明平面图 (单位: mm)

## 三、工程量清单计价编制说明

### （一）　建筑安装　工程工程量清单

招　标　人：＿＿＿＿×××＿＿＿＿（单位签字盖章）
法定代表人：＿＿＿＿×××＿＿＿＿（签字盖章）
中介机构
法定代表人：＿＿＿＿×××＿＿＿＿（签字盖章）
造价工程师
及注册证号：＿＿＿＿×××＿＿＿＿（签字盖执业专用章）
编制时间：＿＿＿＿××年××月××日＿＿＿＿

### 填　表　须　知

1　工程量清单及其计价格式中所有要求签字、盖章的地方，必须由规定的单位和人员签字、盖章。
2　工程量清单及其计价格式中的任何内容不得随意删除或涂改。
3　工程量清单计价格式中列明的所有需要填报的单价和合价，投标人均应填报，未填报的单价和合价，视为此项费用已包含在工程量清单的其他单价和合价中。
4　金额（价格）均应以＿＿＿＿＿币表示。

### 总　说　明

工程名称：建筑安装工程　　　　　　　　　　　　　　　　第　页共　页

1. 工程概况

2. 招标范围

3. 工程质量要求

4. 工程量清单编制依据

定额预（结）算表（直接费部分）与清单项目之间关系分析对照表　　表 6-1-21

工程名称：土建工程　　　　　　　　　　　　　　　　　　　　　　　　第　页共　页

| 序号 | 项目编码 | 项 目 名 称 | 清单主项在预(结)算表中的序号 | 清单综合的工程内容在预(结)算表中的序号 |
|---|---|---|---|---|
| 1 | 010101001001 | 人工平整场地，一、二类土 | 1 | 无 |
| 2 | 010101003001 | 人工挖基槽 1—1 剖面,基础底宽 1.2m,一、二类土,$H=1.5$m | 2 | 无 |
| 3 | 010101003002 | 人工挖基槽 2—2 剖面,基础底宽 1.0m,一、二类土,$H=1.5$m | 2 | 无 |
| 4 | 010101003003 | 人工挖基坑 3—3 剖面,基础底面积 0.41m$^2$,一、二类土,$H=0.35$m | 3 | 无 |
| 5 | 010103001001 | 基础回填土，人工夯填，一、二类土 | 5 | 无 |
| 6 | 010103001002 | 室内回填土，人工夯填，一、二类土 | 5 | 4 |
| 7 | 010101003004 | 余土外运，运距 1km，人工装卸，汽车外运 | 6 | 无 |
| 8 | 010305001001 | M5 水泥砂浆砌 MU20 毛石条形基础，$H=1.3$m，MU7.5 红砖 | 7 | 无 |
| 9 | 010301001001 | M2.5 混合砂浆砌条形砖基础，1—1 剖面，MU7.5 红砖 | 8 | 64 |
| 10 | 010301001002 | M2.5 混合砂浆砌条形砖基础，2—2 剖面，MU7.5 红砖 | 8 | 无 |
| 11 | 010302001001 | M2.5 混合砂浆砌 2B 外墙，一、二层，$H=3.9$m，MU7.5 红砖 | 10 + 12 | 无 |
| 12 | 010302001002 | M2.5 混合砂浆砌 1B 内墙，一、二层，$H=3.78$m，MU7.5 红砖 | 9 | 无 |
| 13 | 010302001003 | M2.5 混合砂浆砌 1.5B 女儿墙，$H=0.8$m，MU7.5 红砖 | 11 | 无 |
| 14 | 010302006001 | 零星砌体，砖砌台阶、花池 | 13 | 4 |
| 15 | 010403004001 | 现浇 C20 钢筋混凝土圈梁，截面尺寸为 0.37m×0.18m，一、二层 | 17 | 无 |
| 16 | 010403005001 | 现浇 C20 钢筋混凝土过梁，截面尺寸为 0.47m×0.24m，一、二层 | 18 | 无 |
| 17 | 010403005002 | 现浇 C20 钢筋混凝土过梁，截面尺寸为 0.47m×0.18m，一、二层 | 18 | 无 |
| 18 | 010403005003 | 现浇 C20 钢筋混凝土过梁，截面尺寸为 0.47m×0.2m，一、二层 | 18 | 无 |
| 19 | 010403005004 | 现浇 C20 钢筋混凝土过梁，截面尺寸为 0.47m×0.06m，一、二层 | 18 | 无 |
| 20 | 010403005005 | 现浇 C20 钢筋混凝土过梁，截面尺寸为 0.37m×0.24m，一、二层 | 18 | 无 |
| 21 | 010403005006 | 现浇 C20 钢筋混凝土过梁，截面尺寸为 0.49m×0.4m，一、二层 | 18 | 无 |
| 22 | 010402001001 | 现浇 C20 钢筋混凝土柱，截面尺寸为 0.24m×0.24m | 19 | 无 |
| 23 | 010406001001 | 现浇 C20 钢筋混凝土楼梯 | 20 | 无 |
| 24 | 010405008001 | 现浇 C20 钢筋混凝土雨篷 | 21 | 无 |
| 25 | 010401002001 | 现浇 C15 无筋混凝土独立基础 | 22 | |
| 26 | 010410001001 | 预制 C20 钢筋混凝土单梁，单件体积为 0.16m$^3$ | 30 | 23 + 27 + 36 |
| 27 | 010410003001 | 预制 C20 钢筋混凝土过梁 GL1，单件体积为 1.12m$^3$ | 31 | 24 + 27 + 37 |
| 28 | 010410003002 | 预制 C20 钢筋混凝土过梁 GL2，单件体积为 0.432m$^3$ | 31 | 24 + 27 + 37 |
| 29 | 010410003003 | 预制 C20 钢筋混凝土过梁 GLA9.2—1，单件体积为 0.04m$^3$ | 31 | 24 + 27 + 37 |
| 30 | 010410003004 | 预制 C20 钢筋混凝土过梁 GLB24.4—1，单件体积为 0.20m$^3$ | 31 | 24 + 27 + 37 |
| 31 | 010410003005 | 预制 C20 钢筋混凝土过梁 GLB21.4—5，单件体积为 0.263m$^3$ | 31 | 24 + 27 + 37 |
| 32 | 010410003006 | 预制 C20 钢筋混凝土过梁 GLB15.4—5，单件体积为 0.142m$^3$ | 31 | 24 + 27 + 37 |
| 33 | 010410003007 | 预制 C20 钢筋混凝土过梁 GLB24.2—4，单件体积为 0.121m$^3$ | 31 | 24 + 27 + 37 |
| 34 | 010410003008 | 预制 C20 钢筋混凝土过梁 GLA12.2—1，单件体积为 0.049m$^3$ | 31 | 24 + 27 + 37 |
| 35 | 010412001001 | 预制 C20 钢筋混凝土实心平板 YBIII21.6.6—4,单件体积为 0.074m$^3$ | 33 | 25 + 27 + 39 |

续表

| 序号 | 项目编码 | 项目名称 | 清单主项在预(结)算表中的序号 | 清单综合的工程内容在预(结)算表中的序号 |
|---|---|---|---|---|
| 36 | 010412002001 | 预制 C20 钢筋混凝土空心板 YKBⅡ066A—3，单件体积为 0.15m³ | 32 | 26 + 27 + 38 |
| 37 | 010412002002 | 预制 C20 钢筋混凝土空心板 YKBⅡ066B—4，单件体积为 0.292m³ | 32 | 26 + 27 + 38 |
| 38 | 010412002003 | 预制 C20 钢筋混凝土空心板 YKBⅡ066B—3，单件体积为 0.344m³ | 32 | 26 + 27 + 38 |
| 39 | 010606008001 | 爬梯制作安装，刷油漆 | 35 | 96 + 92 + 29 |
| 40 | 010702001001 | 屋面卷材防水，三毡四油防水层加绿豆砂，1:3 水泥砂浆找平 | 72 | 73 |
| 41 | 010702004001 | 屋面排水管 | 76 | 77 + 78 + 79 |
| 42 | 010803001001 | 屋面沥青珍珠岩保温，1:3 水泥砂浆找平，刷冷底子油一道 | 70 | 71 + 74 + 75 |
| 43 | 020101001001 | 20mm 厚 1:3 水泥砂浆地面，80mm 厚 C10 碎石混凝土垫层，150mm 厚碎砖三合土垫层 | 65 | 62 + 63 |
| 44 | 020101001002 | 20mm 厚 1:2 水泥砂浆楼面，1:3 水泥砂浆找平 | 65 | 66 |
| 45 | 020106003001 | 水泥砂浆楼梯面层 | 67 | 无 |
| 46 | 020108003001 | 水泥砂浆台阶面层 | 68 | 无 |
| 47 | 010407002001 | 混凝土散水，80mm 厚 C10 混凝土垫层，150mm 厚碎砖三合土垫层 | 69 | 4 + 62 + 63 |
| 48 | 020107002001 | 楼梯木扶手带栏杆，刷油漆 | 49 + 34 | 28 + 90 + 92 + 95 |
| 49 | 020201001001 | 外墙水泥砂浆抹面，刷 803 涂料 | 81 + 87 | 无 |
| 50 | 020201001002 | 内墙混合砂浆抹面，刷白两遍 | 82 + 88 | 无 |
| 51 | 020203001001 | 零星项目一般抹灰，压顶抹灰 | 83 | 无 |
| 52 | 020203001002 | 零星项目一般抹灰，雨篷抹灰 | 84 | 无 |
| 53 | 020203001003 | 零星项目一般抹灰，花池抹灰 | 85 | 无 |
| 54 | 020204003001 | 外墙贴玻璃陶瓷锦砖，水泥砂浆打底 | 81 + 86 | 无 |
| 55 | 020209001001 | 厕所木隔断，刷油漆 | 48 | 91 |
| 56 | 020301001001 | 顶棚抹混合砂浆 | 80 | 无 |
| 57 | 020404007001 | 半截玻璃平板门 M-1，带亮子，尺寸为 4600mm×3070mm，刷油漆 | 40 + 44 | 50 + 51 + 55 + 93 + 89 + 61 |
| 58 | 020404007002 | 半截玻璃平板门 M-1，带亮子，尺寸为 900mm×2400mm，刷油漆 | 41 + 44 | 50 + 51 + 56 + 93 + 89 + 61 |
| 59 | 020401002001 | 单面木拼板门 M-2，带亮子，尺寸为 1500mm×2700mm，刷油漆 | 41 + 45 | 50 + 51 + 54 + 89 + 61 |
| 60 | 020405001001 | 普通窗 C-1，带亮子，尺寸为 2700mm×2100mm，刷油漆两遍 | 42 + 46 | 52 + 53 + 61 + 94 + 89 |
| 61 | 020405001002 | 普通窗 C-2，带亮子，尺寸为 2400mm×1200mm，刷油漆两遍 | 42 + 46 | 52 + 53 + 61 + 94 + 89 |
| 62 | 020405001003 | 普通窗 C-3，带亮子，尺寸为 2100mm×2100mm，刷油漆两遍 | 42 + 46 | 52 + 53 + 61 + 94 + 89 |
| 63 | 020405001004 | 普通窗 C-4，带亮子，尺寸为 1200mm×800mm，刷油漆两遍 | 43 + 56 | 52 + 53 + 61 + 94 + 89 |
| 64 | 020405001005 | 普通窗 C-5，带亮子，尺寸为 1500mm×1600mm，刷油漆两遍 | 43 + 46 | 52 + 53 + 61 + 94 + 89 |
| 65 | 020405001006 | 普通窗 C-6，带亮子，尺寸为 1200mm×1200mm，刷油漆两遍 | 43 + 46 | 52 + 53 + 61 + 94 + 89 |
| 66 | 020405001007 | 普通窗 C-7，带亮子，尺寸为 1500mm×2100mm，刷油漆两遍 | 43 + 46 | 52 + 53 + 61 + 94 + 89 |
| 67 | 020405001008 | 普通窗 C-8，带亮子，尺寸为 1800mm×2100mm，刷油漆两遍 | 43 + 46 | 52 + 53 + 61 + 94 + 89 |

## 措施项目清单

表 6-1-22

工程名称：土建工程　　　　　　　　　　　　　　　　　　　　　　　第　页共　页

| 序号 | 项目名称 | 备注 |
|---|---|---|
| 1 | 环境保护 | |
| 2 | 文明施工 | |
| 3 | 安全施工 | |
| 4 | 临时设施 | |
| 5 | 夜间施工增加费 | |
| 6 | 赶工措施费 | |
| 7 | 二次搬运 | |
| 8 | 混凝土、钢筋混凝土模板及支架 | |
| 9 | 脚手架 | |
| 10 | 垂直运输机械 | |
| 11 | 大型机械设备进出场及安拆 | |
| 12 | 施工排水、降水 | |
| 13 | 其他 | |
| 14 | 措施项目费合计 | 1+2+…+14+15 |

## 零星工作项目表

表 6-1-23

工程名称：土建工程　　　　　　　　　　　　　　　　　　　　　　　第　页共　页

| 序号 | 名称 | 计量单位 | 数量 |
|---|---|---|---|
| 1 | 人工费 | | |
| | | 元 | 1.00 |
| 2 | 材料费 | | |
| | | 元 | 1.00 |
| 3 | 机械费 | | |
| | | 元 | 1.00 |

## 定额预（结）算表（直接费部分）与清单项目之间关系分析对照表

表 6-1-24

工程名称：给水排水工程　　　　　　　　　　　　　　　　　　　　　第　页共　页

| 序号 | 项目编码 | 项目名称 | 清单主项在预(结)算表中的序号 | 清单综合的工程内容在预(结)算表中的序号 |
|---|---|---|---|---|
| 1 | 030801002001 | 水煤气钢管 DN20,室内给水工程,丝接,刷樟丹一遍,银粉二遍 | 1 | 10+11 |
| 2 | 030801002002 | 水煤气钢管 DN32,室内给水工程,丝接,刷樟丹一遍,银粉二遍 | 2 | 10+11 |
| 3 | 030801003001 | 承插铸铁排水管 DN50,室内排水工程,水泥接口,刷樟丹一遍,沥青二遍 | 3 | 12+13 |
| 4 | 030801003002 | 承插铸铁排水管 DN100,室内排水工程,水泥接口,刷樟丹一遍,沥青二遍 | 4 | 12+13 |
| 5 | 030804016001 | 水龙头 DN15 | 5 | 无 |
| 6 | 030804012001 | 大便器带高水箱 | 6 | 无 |
| 7 | 030804015001 | 排水栓 DN50 | 7 | 无 |
| 8 | 030804018001 | 地面扫除口 DN100 | 8 | 无 |
| 9 | 030804017001 | 地漏 DN50 | 9 | 无 |

措 施 项 目 清 单

表 6-1-25

工程名称：给水排水工程　　　　　　　　　　　　　　　　　第 页共 页

| 序 号 | 项 目 名 称 | 备 注 |
|---|---|---|
| 1 | 环境保护 | |
| 2 | 文明施工 | |
| 3 | 安全施工 | |
| 4 | 临时设施 | |
| 5 | 夜间施工增加费 | |
| 6 | 赶工措施费 | |
| 7 | 二次搬运 | |
| 8 | 混凝土、钢筋混凝土模板及支架 | |
| 9 | 脚手架 | |
| 10 | 垂直运输机械 | |
| 11 | 大型机械设备进出场及安拆 | |
| 12 | 施工排水、降水 | |
| 13 | 其他 | |
| 14 | 措施项目费合计 | 1+2+…+14+15 |

零星工作项目表

表 6-1-26

工程名称：给水排水工程　　　　　　　　　　　　　　　　　第 页共 页

| 序 号 | 名 称 | 计 量 单 位 | 数 量 |
|---|---|---|---|
| 1 | 人工费 | | |
| | | 元 | 1.00 |
| 2 | 材料费 | | |
| | | 元 | 1.00 |
| 3 | 机械费 | | |
| | | 元 | 1.00 |

定额预（结）算表（直接费部分）与清单项目之间关系分析对照表

表 6-1-27

工程名称：室内采暖工程　　　　　　　　　　　　　　　　　第 页共 页

| 序号 | 项目编码 | 项 目 名 称 | 清单主项在预(结)算表中的序号 | 清单综合的工程内容在预(结)算表中的序号 |
|---|---|---|---|---|
| 1 | 030801002001 | 水煤气钢管 $DN15$，螺纹连接，室内采暖工程，刷樟丹一遍，银粉二遍 | 1 | 15+16 |
| 2 | 030801002002 | 水煤气钢管 $DN20$，螺纹连接，室内采暖工程，刷樟丹一遍，银粉二遍 | 2 | 15+16 |
| 3 | 030801002003 | 水煤气钢管 $DN25$，螺纹连接，室内采暖工程，刷樟丹一遍，银粉二遍 | 3 | 15+16 |
| 4 | 030801002004 | 水煤气钢管 $DN32$，螺纹连接，室内采暖工程，刷樟丹一遍，银粉二遍 | 4 | 15+16 |
| 5 | 030801002005 | 水煤气钢管 $DN40$，焊接，室内采暖工程，刷樟丹一遍，银粉二遍 | 5 | 15+16 |
| 6 | 030801002006 | 水煤气钢管 $DN50$，焊接，室内采暖工程，刷樟丹一遍，银粉二遍 | 6 | 15+16 |
| 7 | 030801002007 | 水煤气钢管 $DN20$，螺纹连接，室内采暖工程，管道保温 | 2 | 17 |

续表

| 序号 | 项目编码 | 项 目 名 称 | 清单主项在预(结)算表中的序号 | 清单综合的工程内容在预(结)算表中的序号 |
|---|---|---|---|---|
| 8 | 030801002008 | 水煤气钢管 DN25，螺纹连接，室内采暖工程，管道保温 | 3 | 17 |
| 9 | 030801002009 | 水煤气钢管 DN32，螺纹连接，室内采暖工程，管道保温 | 4 | 17 |
| 10 | 0308010020010 | 水煤气钢管 DN40，焊接，室内采暖工程，管道保温 | 5 | 17 |
| 11 | 0308010020011 | 水煤气钢管 DN50，焊接，室内采暖工程，管道保温 | 6 | 17 |
| 12 | 030802001001 | 管道支架制安 | 7+8 | 无 |
| 13 | 030805001001 | M813型散热器，刷樟丹一遍，银粉二遍 | 14 | 18+19 |
| 14 | 030617004001 | 集气罐制作安装 | 12+13 | 无 |
| 15 | 030803001001 | 阀门安装 DN20 | 9 | 无 |
| 16 | 030803001002 | 阀门安装 DN50 | 10 | 无 |
| 17 | 030803005001 | 放气阀安装 DN10 | 11 | 无 |

措施项目清单　　　　　　　　　　　　　　　表6-1-28

工程名称：室内采暖工程　　　　　　　　　　第　页共　页

| 序　号 | 项 目 名 称 | 备　　注 |
|---|---|---|
| 1 | 环境保护 | |
| 2 | 文明施工 | |
| 3 | 安全施工 | |
| 4 | 临时设施 | |
| 5 | 夜间施工增加费 | |
| 6 | 赶工措施费 | |
| 7 | 二次搬运 | |
| 8 | 混凝土、钢筋混凝土模板及支架 | |
| 9 | 脚手架 | |
| 10 | 垂直运输机械 | |
| 11 | 大型机械设备进出场及安拆 | |
| 12 | 施工排水、降水 | |
| 13 | 其他 | |
| 14 | 措施项目费合计 | 1+2+…+14+15 |

零星工作项目表　　　　　　　　　　　　　　表6-1-29

工程名称：室内采暖工程　　　　　　　　　　第　页共　页

| 序　　号 | 名　　称 | 计量单位 | 数　　量 |
|---|---|---|---|
| 1 | 人工费 | | |
| | | 元 | 1.00 |
| 2 | 材料费 | | |
| | | 元 | 1.00 |
| 3 | 机械费 | | |
| | | 元 | 1.00 |

## 定额预（结）算表（直接费部分）与清单项目之间关系分析对照表

表 6-1-30

工程名称：电气照明工程　　　　　　　　　　　　　　　　　　　　第　页共　页

| 序号 | 项目编码 | 项目名称 | 清单主项在预(结)算表中的序号 | 清单综合的工程内容在预(结)算表中的序号 |
|---|---|---|---|---|
| 1 | 030212001001 | 电气配管 RC15 | 4 | 11 + 12 |
| 2 | 030212001002 | 电气配管 RC25 | 5 | 无 |
| 3 | 030212001003 | 电气配管 RC32 | 6 | 无 |
| 4 | 030212003001 | 电气配线，管内穿线 2.5$mm^2$ | 7 | 无 |
| 5 | 030212003002 | 电气配线，管内穿线 4$mm^2$ | 8 | 无 |
| 6 | 030212003003 | 电气配线，管内穿线 6$mm^2$ | 9 | 无 |
| 7 | 030212003004 | 电气配线，管内穿线 16$mm^2$ | 10 | 无 |
| 8 | 030213001001 | 吸顶灯安装 | 13 | 无 |
| 9 | 030213001002 | 白炽灯安装 | 14 | 无 |
| 10 | 030213001003 | 普通壁灯安装 | 17 | 无 |
| 11 | 030213004001 | 荧光灯安装，单管 | 15 | 无 |
| 12 | 030213004002 | 荧光灯安装，双管 | 16 | 无 |
| 13 | 030204018001 | 配电箱安装，规格为 370×700×135 | 1 + 22 | 无 |
| 14 | 030204018002 | 配电箱安装，规格为 500×500×135 | 1 + 23 | 无 |
| 15 | 030204019001 | 控制开关，胶盖闸刀开关安装 | 2 | 无 |
| 16 | 030204020001 | 低压熔断器安装 | 3 | 无 |
| 17 | 030204031001 | 小电器，扳把开关安装 | 18 | 无 |
| 18 | 030204031002 | 小电器，电铃开关安装 | 19 | 无 |
| 19 | 030204031003 | 小电器，单相暗插座 | 20 | 无 |
| 20 | 030204031004 | 小电器，电铃安装 | 21 | 无 |

## 措施项目清单

表 6-1-31

工程名称：电气照明工程　　　　　　　　　　　　　　　　　　　　第　页共　页

| 序号 | 项目名称 | 备注 |
|---|---|---|
| 1 | 环境保护 | |
| 2 | 文明施工 | |
| 3 | 安全施工 | |
| 4 | 临时设施 | |
| 5 | 夜间施工增加费 | |
| 6 | 赶工措施费 | |
| 7 | 二次搬运 | |
| 8 | 混凝土、钢筋混凝土模板及支架 | |
| 9 | 脚手架 | |
| 10 | 垂直运输机械 | |
| 11 | 大型机械设备进出场及安拆 | |
| 12 | 施工排水、降水 | |
| 13 | 其他 | |
| 14 | 措施项目费合计 | 1 + 2 + … + 14 + 15 |

## 零星工作项目表

表 6-1-32

工程名称：电气照明工程　　　　　　　　　　　　　　　　　　　　第　页共　页

| 序号 | 名称 | 计量单位 | 数量 |
|---|---|---|---|
| 1 | 人工费 | | |
| | | 元 | 1.00 |
| 2 | 材料费 | | |
| | | 元 | 1.00 |
| 3 | 机械费 | | |
| | | 元 | 1.00 |

## （二） 建筑安装 工程工程量清单报价表

招 标 人：_____×××_____（单位签字盖章）
法定代表人：_____×××_____（签字盖章）
造价工程师
及注册证号：_____×××_____（签字盖执业专用章）
编制时间：_____××年××月××日_____

### 投 标 总 价

建 设 单 位：_____×××_____
工 程 名 称：_____建筑安装工程_____
投 标 总 价（小写）：_____×××_____
　　　　　　（大写）：_____×××_____
投 标 人：_____×××_____（单位签字签章）
法定代表人：_____×××_____（签字签章）
编制时间：_____××年××月××日_____

### 总 说 明

工程名称：建筑安装工程　　　　　　　　　　　　　　第　页共　页

1. 工程概况
2. 招标范围
3. 工程质量要求
4. 工程量清单编制依据
5. 工程量清单计费列表

注：本例土建工程管理费及利润以定额直接费为取费基数，其中管理费费率为34%，利润率为8%；给水排水、采暖、电气工程以定额人工费为取费基数，其中管理费费率为62%，利润率为51%。

## 单项工程费汇总表

表 6-1-33

工程名称：建筑安装工程　　　　　　　　　　　　　　　　　　　　　　　第　页共　页

| 序号 | 单位工程名称 | 金额（元） |
|---|---|---|
| 1 | 土建工程 | |
| 2 | 给水排水工程 | |
| 3 | 采暖工程 | |
| 4 | 电气照明工程 | |
| | 合　计 | |

## 单项工程费汇总表

表 6-1-34

工程名称：土建工程　　　　　　　　　　　　　　　　　　　　　　　　　第　页共　页

| 序号 | 项目名称 | 金额（元） |
|---|---|---|
| 1 | 分部分项工程量清单计价合计 | |
| 2 | 措施项目清单计价合计 | |
| 3 | 其他项目清单计价合计 | |
| 4 | 规费 | |
| 5 | 税金 | |
| | 合　计 | |

## 分部分项工程量清单计价表

表 6-1-35

工程名称：土建工程　　　　　　　　　　　　　　　　　　　　　　　　　第　页共　页

| 序号 | 项目编码 | 项目名称 | 计量单位 | 工程数量 | 综合单价 | 合价 |
|---|---|---|---|---|---|---|
| 1 | 010101001001 | 人工平整场地，一、二类土 | m² | 372.35 | 0.64 | 236.78 |
| 2 | 010101003001 | 人工挖基槽 1—1 剖面，基础底宽 1.2m，一、二类土，$H=1.5m$ | m³ | 175.37 | 8.82 | 1546.14 |
| 3 | 010101003002 | 人工挖基槽 2—2 剖面，基础底宽 1.0m，一、二类土，$H=1.5m$ | m³ | 86.27 | 9.64 | 831.81 |
| 4 | 010101003003 | 人工挖基坑 3—3 剖面，基础底面积 0.41m²，一、二类土，$H=0.35m$ | m³ | 0.29 | 17.48 | 5.07 |
| 5 | 010103001001 | 基础回填土，人工夯填，一、二类土 | m³ | 52.43 | 12.43 | 651.54 |
| 6 | 010103001002 | 室内回填土，人工夯填，一、二类土 | m³ | 59.27 | 3.02 | 179.03 |
| 7 | 010101003004 | 余土外运，运距 1km，人工装卸，汽车外运 | m³ | 157.98 | 101.82 | 16085.84 |
| 8 | 010305001001 | M5 水泥砂浆砌 MU20 毛石条形基础，$H=1.3m$，MU7.5 红砖 | m³ | 169.75 | 118.19 | 20068.32 |

续表

| 序号 | 项目编码 | 项目名称 | 计量单位 | 工程数量 | 金额（元） | |
|---|---|---|---|---|---|---|
| | | | | | 综合单价 | 合价 |
| 9 | 010301001001 | M2.5混合砂浆砌条形砖基础，1—1剖面，MU7.5红砖 | m³ | 31.14 | 128.76 | 4009.62 |
| 10 | 010301001002 | M2.5混合砂浆砌条形砖基础，2—2剖面，MU7.5红砖 | m³ | 10.07 | 118.89 | 1197.17 |
| 11 | 010302001001 | M2.5混合砂浆砌2B外墙，一、二层，$H=3.9m$，MU7.5红砖 | m³ | 262.9 | 130.52 | 34323.76 |
| 12 | 010302001002 | M2.5混合砂浆砌1B内墙，一、二层，$H=3.78m$，MU7.5红砖 | m³ | 103.34 | 126.97 | 13116.00 |
| 13 | 010302001003 | M2.5混合砂浆砌1.5B女儿墙，$H=0.8m$，MU7.5红砖 | m³ | 28.36 | 129.53 | 3673.60 |
| 14 | 010302006001 | 零星砌体，砖砌台阶、花池 | m³ | 7.02 | 136.76 | 960.09 |
| 15 | 010403004001 | 现浇C20钢筋混凝土圈梁，截面尺寸为0.37m×0.18m，一、二层 | m³ | 2.50 | 576.63 | 1441.57 |
| 16 | 010403005001 | 现浇C20钢筋混凝土梁，截面尺寸为0.47m×0.24m，一、二层 | m³ | 3.45 | 653.76 | 2255.48 |
| 17 | 010403005002 | 现浇C20钢筋混凝土过梁，截面尺寸为0.47m×0.18m，一、二层 | m³ | 0.12 | 644.42 | 77.33 |
| 18 | 010403005003 | 现浇C20钢筋混凝土过梁，截面尺寸为0.47m×0.2m，一、二层 | m³ | 0.19 | 644.42 | 122.44 |
| 19 | 010403005004 | 现浇C20钢筋混凝土过梁，截面尺寸为0.47m×0.06m，一、二层 | m³ | 0.52 | 644.42 | 335.10 |
| 20 | 010403005005 | 现浇C20钢筋混凝土过梁，截面尺寸为0.37m×0.24m，一、二层 | m³ | 1.64 | 644.42 | 1056.85 |
| 21 | 010403005006 | 现浇C20钢筋混凝土过梁，截面尺寸为0.49m×0.4m，一、二层 | m³ | 1.12 | 805.46 | 902.12 |
| 22 | 010402001001 | 现浇C20钢筋混凝土柱，截面尺寸为0.24m×0.24m | m³ | 0.22 | 805.46 | 177.2 |
| 23 | 010406001001 | 现浇C20钢筋混凝土楼梯 | m³ | 16.03 | 142.64 | 2286.44 |
| 24 | 010405008001 | 现浇C20钢筋混凝土雨篷 | m³ | 11.26 | 92.86 | 1049.30 |
| 25 | 010401002001 | 现浇C15无筋混凝土独立基础 | m³ | 0.66 | 222.99 | 147.17 |
| 26 | 010410001001 | 预制C20钢筋混凝土单梁，单件体积为0.16m³ | m³ | 0.33 | 626.11 | 206.62 |
| 27 | 010410003001 | 预制C20钢筋混凝土过梁GL1，单件体积为1.12m³ | m³ | 1.12 | 467.39 | 523.47 |
| 28 | 010410003002 | 预制C20钢筋混凝土过梁GL2，单件体积为0.432m³ | m³ | 2.16 | 465.86 | 1006.25 |
| 29 | 010410003003 | 预制C20钢筋混凝土过梁GLA9.2-1，单件体积为0.04m³ | m³ | 0.64 | 466.46 | 298.54 |
| 30 | 010410003004 | 预制C20钢筋混凝土过梁GLB24.4-1，单件体积为0.20m³ | m³ | 1.6 | 465.59 | 744.94 |
| 31 | 010410003005 | 预制C20钢筋混凝土过梁GLB21.4-5，单件体积为0.263m³ | m³ | 0.53 | 467.02 | 247.52 |
| 32 | 010410003006 | 预制C20钢筋混凝土过梁GLB15.4-5，单件体积为0.142m³ | m³ | 0.57 | 467.33 | 266.38 |
| 33 | 010410003007 | 预制C20钢筋混凝土过梁GLB24.2-4，单件体积为0.121m³ | m³ | 0.36 | 470.63 | 169.43 |
| 34 | 010410003008 | 预制C20钢筋混凝土过梁GLA12.2-1，单件体积为0.049m³ | m³ | 0.20 | 461.80 | 92.36 |
| 35 | 010412001001 | 预制C20钢筋混凝土实心平板YBⅢ21.6.6-4，单件体积为0.074m³ | m³ | 5.74 | 491.34 | 2820.31 |
| 36 | 010412002001 | 预制C20钢筋混凝土空心板YKBⅡ066A-3，单件体积为0.15m³ | m³ | 7.8 | 221.05 | 1724.17 |
| 37 | 010412002002 | 预制C20钢筋混凝土空心板YKBⅡ066B-4，单件体积为0.292m³ | m³ | 7.88 | 221.02 | 1741.61 |
| 38 | 010412002003 | 预制C20钢筋混凝土空心板YKBⅡ066B-3，单件体积为0.344m³ | m³ | 27.52 | 220.86 | 6078.10 |

续表

| 序号 | 项目编码 | 项目名称 | 计量单位 | 工程数量 | 金额（元） | |
|---|---|---|---|---|---|---|
| | | | | | 综合单价 | 合价 |
| 39 | 010606008001 | 爬梯制作安装，刷油漆 | t | 0.12 | 4085.53 | 490.26 |
| 40 | 010702001001 | 屋面卷材防水，三毡四油防水层加绿豆砂，1:3水泥砂浆找平 | m² | 328.84 | 22.90 | 7530.61 |
| 41 | 010702004001 | 屋面排水管 | m | 56 | 197.04 | 11033.97 |
| 42 | 010803001001 | 屋面沥青珍珠岩保温，1:3水泥砂浆找平，刷冷底子油一道 | m² | 310.14 | 57.34 | 17783.60 |
| 43 | 020101001001 | 20mm厚1:3水泥砂浆地面，80mm厚C10碎石混凝土垫层，150厚碎砖三合土垫层 | m² | 293.21 | 33.67 | 9870.97 |
| 44 | 020101001002 | 20mm厚1:2水泥砂浆楼面，1:3水泥砂浆找平 | m² | 283.00 | 7.56 | 2140.78 |
| 45 | 020106003001 | 水泥砂浆楼梯面层 | m² | 15.43 | 23.81 | 367.32 |
| 46 | 020108003001 | 水泥砂浆台阶面层 | m² | 9.62 | 10.7 | 102.97 |
| 47 | 010407002001 | 混凝土散水，80mm厚C10混凝土垫层，150mm厚碎砖三合土垫层 | m² | 81.41 | 32.56 | 2651.02 |
| 48 | 020107002001 | 楼梯木扶手带栏杆，刷油漆 | m | 11.63 | 1455.91 | 16932.28 |
| 49 | 020201001001 | 外墙水泥砂浆抹面，刷803涂料 | m² | 676.40 | 8.16 | 5512.92 |
| 50 | 020201001002 | 内墙混合砂浆抹面，刷白两遍 | m² | 1365.45 | 5.76 | 7857.35 |
| 51 | 020203001001 | 零星项目一般抹灰，压顶抹灰 | m² | 35.45 | 13.32 | 472.28 |
| 52 | 020203001002 | 零星项目一般抹灰，雨篷抹灰 | m² | 8.51 | 18.00 | 153.21 |
| 53 | 020203001003 | 零星项目一般抹灰，花池抹灰 | m² | 20.86 | 7.44 | 155.15 |
| 54 | 020204003001 | 外墙贴玻璃锦砖，水泥砂浆打底 | m² | 45.63 | 28.06 | 1280.48 |
| 55 | 020209001001 | 厕所木隔断，刷油漆 | m² | 23.23 | 72.21 | 1677.40 |
| 56 | 020301001001 | 顶棚抹混合砂浆 | m² | 555.94 | 6.78 | 3769.9 |
| 57 | 020404007001 | 半截玻璃平板门M-1，带亮子，尺寸为4600mm×3070mm，刷油漆 | 樘 | 2 | 2499.24 | 4998.49 |
| 58 | 020404007002 | 半截玻璃平板门M-3，带亮子，尺寸为900mm×2400mm，刷油漆 | 樘 | 17 | 298.15 | 5068.53 |
| 59 | 020401002001 | 单面木拼板门M-2，带亮子，尺寸为1500mm×2700mm，刷油漆 | 樘 | 4 | 882.44 | 3529.77 |
| 60 | 020405001001 | 普通窗C-1，带亮子，尺寸为2700mm×2100mm，刷油漆两遍 | 樘 | 10 | 1114.09 | 11140.95 |
| 61 | 020405001002 | 普通窗C-2，带亮子，尺寸为2400mm×2100mm，刷油漆两遍 | 樘 | 16 | 992.29 | 15876.58 |
| 62 | 020405001003 | 普通窗C-3，带亮子，尺寸为2100mm×2100mm，刷油漆两遍 | 樘 | 4 | 863.10 | 3452.38 |
| 63 | 020405001004 | 普通窗C-4，带亮子，尺寸为1200mm×800mm，刷油漆两遍 | 樘 | 3 | 199.93 | 599.79 |
| 64 | 020405001005 | 普通窗C-5，带亮子，尺寸为1500mm×1600mm，刷油漆两遍 | 樘 | 1 | 199.93 | 199.93 |
| 65 | 020405001006 | 普通窗C-6，带亮子，尺寸为1200mm×1200mm，刷油漆两遍 | 樘 | 4 | 150.40 | 601.61 |
| 66 | 020405001007 | 普通窗C-7，带亮子，尺寸为1500mm×2100mm，刷油漆两遍 | 樘 | 5 | 635.77 | 3178.87 |
| 67 | 020405001008 | 普通窗C-8，带亮子，尺寸为1800mm×2100mm，刷油漆两遍 | 樘 | 2 | 746.56 | 1493.11 |

## 措施项目清单计价表

表 6-1-36

工程名称：土建工程　　　　　　　　　　　　　　　　　　　　　　　第 页共 页

| 序号 | 项目名称 | 金额（元） |
|---|---|---|
| 1 | 环境保护 | |
| 2 | 文明施工 | 227.87 |
| 3 | 安全施工 | 683.61 |
| 4 | 临时设施 | 1367.22 |
| 5 | 夜间施工增加费 | |
| 6 | 赶工措施费 | |
| 7 | 二次搬运 | |
| 8 | 混凝土、钢筋混凝土模板及支架 | |
| 9 | 脚手架 | |
| 10 | 垂直运输机械 | |
| 11 | 大型机械设备进出场及安拆 | |
| 12 | 施工排水、降水 | |
| 13 | 其他 | |
| 14 | 措施项目费合计 | 2278.71 |

## 其他项目清单计价表

表 6-1-37

工程名称：土建工程　　　　　　　　　　　　　　　　　　　　　　　第 页共 页

| 序号 | 项目名称 | 金额（元） |
|---|---|---|
| 1 | 招标人部分 | |
|  | 不可预见费 | |
|  | 工程分包和材料购置费 | |
|  | 其他 | |
| 2 | 投标人部分 | |
|  | 总承包服务费 | |
|  | 零星工作项目费 | |
|  | 其他 | |
|  | 合计 | |

## 零星工作项目表

表 6-1-38

工程名称：土建工程　　　　　　　　　　　　　　　　　　　　　　　第 页共 页

| 序号 | 名称 | 计量单位 | 数量 | 金额（元） | |
|---|---|---|---|---|---|
|  |  |  |  | 综合单价 | 合价 |
| 1 | 人工费 |  |  |  |  |
|  |  | 元 |  |  |  |
| 2 | 材料费 |  |  |  |  |
|  |  | 元 |  |  |  |
| 3 | 机械费 |  |  |  |  |
|  |  | 元 |  |  |  |
|  | 合计 |  |  |  | 0.00 |

## 分部分项工程量清单综合单价分析表

表 6-1-39

工程名称：土建工程　　　　　　　　　　　　　　　　　　　　　第　页共　页

| 序号 | 项目编码 | 项目名称 | 定额编号 | 工程内容 | 单位 | 数量 | 人工费 | 材料费 | 机械费 | 管理费 | 利润 | 综合单价（元） | 合价（元） |
|---|---|---|---|---|---|---|---|---|---|---|---|---|---|
| 1 | 010101001001 | 人工平整场地 | | | m² | 372.35 | | | | | | 0.64 | 236.78 |
| | | | 1—37 | 平整场地 | 100m² | 3.72 | 44.82 | — | — | 15.24 | 3.59 | | 63.65×3.72 |
| 2 | 010101003001 | 人工挖基槽1—1剖面 | | | m³ | 175.37 | | | | | | 8.82 | 1546.14 |
| | | | 1—13 | 人工挖基槽 | 100m³ | 3.29 | 330.95 | — | — | 112.52 | 26.48 | | 469.95×3.29 |
| 3 | 010101003002 | 人工挖基槽2—2剖面 | | | m³ | 86.27 | | | | | | 9.64 | 831.81 |
| | | | 1—13 | 人工挖基槽 | 100m³ | 1.77 | 330.95 | — | — | 112.52 | 26.48 | | 469.95×1.77 |
| 4 | 010101003003 | 人工挖基坑3—3剖面 | | | m³ | 0.29 | | | | | | 17.48 | 5.07 |
| | | | 1—23 | 人工挖基坑 | 100m³ | 0.01 | 356.96 | — | — | 121.37 | 28.56 | | 506.89×0.01 |
| 5 | 010103001001 | 基础回填土 | | | m³ | 52.43 | | | | | | 12.43 | 651.54 |
| | | | 1—35 | 基础回填土 | 100m³ | 2.95 | 155.54 | — | — | 52.88 | 12.44 | | 220.86×2.95 |
| 6 | 010103001002 | 室内回填土 | | | m³ | 59.27 | | | | | | 3.02 | 179.03 |
| | | | 1—33 | 室内回填土 | 100m³ | 0.59 | 155.54 | — | — | 52.88 | 12.44 | | 220.86×0.59 |
| | | | 1—36 | 原土打夯 | 100m² | 2.96 | 11.59 | — | — | 3.94 | 0.93 | | 16.46×2.96 |
| 7 | 010101003004 | 余土外运 | | | m³ | 157.98 | | | | | | 101.82 | 16085.84 |
| | | | 1—111 | 土方外运 | 100m³ | 1.58 | 1477.49 | — | 5692.17 | 2437.68 | 573.57 | | 10180.91×1.58 |
| 8 | 010305001001 | M5水泥砂浆砌MU20毛石条形基础 | | | m³ | 169.75 | | | | | | 118.19 | 20068.32 |
| | | | 3—90 | 毛石基础 | 10m³ | 16.98 | 88.45 | 736.15 | 7.71 | 282.99 | 66.58 | | 1181.88×16.98 |
| 9 | 010301001001 | M2.5混合砂浆砌条形砖基础1—1剖面 | | | m³ | 31.14 | | | | | | 128.76 | 4009.62 |
| | | | 3—1 | 砖基础 | 10m³ | 3.11 | 91.91 | 738.10 | 4.72 | 283.81 | 66.78 | | 1185.32×3.11 |
| | | | 8—33 | 基础防潮层 | 100m² | 0.47 | 79.33 | 394.69 | 10.36 | 164.69 | 38.75 | | 687.82×0.47 |

续表

| 序号 | 项目编码 | 项目名称 | 定额编号 | 工程内容 | 单位 | 数量 | 综合单价组成（元） | | | | | 综合单价（元） | 合价（元） |
|---|---|---|---|---|---|---|---|---|---|---|---|---|---|
| | | | | | | | 人工费 | 材料费 | 机械费 | 管理费 | 利润 | | |
| 10 | 010301001002 | M2.5混合砂浆砌条形砖基础2—2剖面 | | | m³ | 10.07 | | | | | | 118.89 | 1197.17 |
| | | | 3—1 | 砖基础 | 10m³ | 1.01 | 91.91 | 738.10 | 4.72 | 283.81 | 66.78 | | 1185.32×1.01 |
| 11 | 010302001001 | M2.5混合砂浆砌2B外墙 | | | m³ | 262.97 | | | | | | 130.52 | 34323.76 |
| | | | 3—19 | M2.5混合砂浆砌2B外墙 | 10m³ | 26.30 | 125.99 | 762.46 | 18.30 | 308.30 | 72.54 | | 1287.59×26.30 |
| | | | 3—35 | 钢筋砖过梁 | 10m³ | 0.23 | 188.49 | 1200.76 | 19.63 | 479.02 | 112.71 | | 2000.61×0.23 |
| 12 | 010302001002 | M2.5混合砂浆砌1B内墙 | | | m³ | 103.34 | | | | | | 126.97 | 13116.00 |
| | | | 3—6 | M2.5混合砂浆1B内墙 | 10m³ | 10.33 | 125.35 | 750.50 | 18.31 | 304.01 | 71.53 | | 1269.7×10.33 |
| 13 | 010302001003 | M2.5混合砂浆砌1.5B女儿墙 | | | m³ | 28.36 | | | | | | 129.53 | 3673.60 |
| | | | 3—23 | 女儿墙 | 10m³ | 2.84 | 131.64 | 760.43 | 18.86 | 309.72 | 72.87 | | 1293.52×2.84 |
| 14 | 010302006001 | 零星砌体 | | | m³ | 7.02 | | | | | | 136.76 | 960.09 |
| | | | 3—41 | 零星砌体 | 10m³ | 0.702 | 166.99 | 770.15 | 24.34 | 326.90 | 76.92 | | 1365.3×0.702 |
| | | | 1—36 | 原土打夯 | 100m² | 0.1 | 11.59 | — | — | 3.94 | 0.93 | | 16.46×0.1 |
| 15 | 010403004001 | 现浇C20混凝土圈梁 | | | m³ | 2.50 | | | | | | 576.63 | 1441.57 |
| | | | 5—44 | 现浇C20混凝土圈梁 | 10m³ | 0.25 | 470.51 | 3440.26 | 149.99 | 1380.66 | 324.86 | | 5766.28×0.25 |
| 16 | 010403005001 | 现浇C20混凝土过梁470mm×240mm | | | m³ | 3.45 | | | | | | 653.76 | 2255.48 |
| | | | 5—46 | 现浇C20混凝土过梁 | 10m³ | 0.35 | 622.44 | 3725.86 | 189.89 | 1542.98 | 363.06 | | 6444.23×0.35 |
| 17 | 010403005002 | 现浇C20混凝土过梁470mm×180mm | | | m³ | 0.12 | | | | | | 644.42 | 77.33 |
| | | | 5—46 | 现浇C20混凝土过梁 | 10m³ | 0.012 | 622.44 | 3725.86 | 189.89 | 1542.98 | 363.06 | | 6444.23×0.012 |

续表

| 序号 | 项目编码 | 项目名称 | 定额编号 | 工程内容 | 单位 | 数量 | 综合单价组成（元） | | | | | 综合单价（元） | 合价（元） |
|---|---|---|---|---|---|---|---|---|---|---|---|---|---|
| | | | | | | | 人工费 | 材料费 | 机械费 | 管理费 | 利润 | | |
| 18 | 010403005003 | 现浇C20混凝土过梁470mm×200mm | | | m³ | 0.19 | | | | | | 644.42 | 122.44 |
| | | | 5—46 | 现浇C20混凝土过梁 | 10m³ | 0.019 | 622.44 | 3725.86 | 189.89 | 1542.98 | 363.06 | | 6444.23×0.019 |
| 19 | 010403005004 | 现浇C20混凝土过梁470mm×60mm | | | m³ | 0.52 | | | | | | 644.42 | 335.10 |
| | | | 5—46 | 现浇C20混凝土过梁 | 10m³ | 0.052 | 622.44 | 3725.86 | 189.89 | 1542.98 | 363.06 | | 6444.23×0.052 |
| 20 | 010403005005 | 现浇C20混凝土过梁370mm×240mm | | | m³ | 1.64 | | | | | | 644.42 | 1056.85 |
| | | | 5—46 | 现浇C20混凝土过梁 | 10m³ | 0.164 | 622.44 | 3725.86 | 189.89 | 1542.98 | 363.06 | | 6444.23×0.164 |
| 21 | 010403005006 | 现浇C20混凝土过梁490mm×400mm | | | m³ | 1.12 | | | | | | 805.46 | 902.12 |
| | | | 5—46 | 现浇C20混凝土过梁 | 10m³ | 0.12 | 622.44 | 3725.86 | 189.89 | 1542.98 | 363.06 | | 6444.23×0.12 |
| 22 | 010402001001 | 现浇C20混凝土柱 | | | m³ | 0.22 | | | | | | 805.46 | 177.2 |
| | | | 5—27 | 现浇C20混凝土柱 | 10m³ | 0.022 | 747.30 | 4589.63 | 335.34 | 1928.57 | 453.78 | | 8054.62×0.022 |
| 23 | 010406001001 | 现浇C20混凝土楼梯 | | | m³ | 16.03 | | | | | | 142.64 | 2286.44 |
| | | | 5—70 | 现浇C20混凝土楼梯 | 10m² | 1.603 | 132.92 | 802.24 | 69.31 | 341.52 | 80.36 | | 1426.35×1.603 |
| 24 | 010405008001 | 现浇C20混凝土雨篷 | | | m³ | 11.26 | | | | | | 92.86 | 1049.30 |
| | | | 5—72 | 现浇C20混凝土雨篷 | 10m³ | 1.13 | 88.80 | 514.71 | 50.42 | 222.34 | 52.31 | | 928.58×1.13 |
| 25 | 010401002001 | 现浇C15无筋混凝土独立基础 | | | m³ | 0.66 | | | | | | 222.99 | 147.17 |
| | | | 5—6 | 现浇C15混凝土基础 | 10m³ | 0.066 | 135.74 | 1324.45 | 110.17 | 533.92 | 125.63 | | 2229.91×0.066 |
| 26 | 010410001001 | 预制单梁 | | | m³ | 0.33 | | | | | | 626.11 | 206.62 |
| | | | 6—122 | 单梁安装 | 10m³ | 0.033 | 122.31 | 14.34 | 20.32 | 53.37 | 12.56 | | 222.9×0.033 |
| | | | 5—99 | 预制单梁 | 10m³ | 0.033 | 330.31 | 3265.23 | 179.29 | 1283.44 | 301.99 | | 5360.26×0.033 |

续表

| 序号 | 项目编码 | 项目名称 | 定额编号 | 工程内容 | 单位 | 数量 | 人工费 | 材料费 | 机械费 | 管理费 | 利润 | 综合单价(元) | 合价(元) |
|---|---|---|---|---|---|---|---|---|---|---|---|---|---|
| | | | 6—10 | 过梁运输 | 10m³ | 0.034 | 20.36 | 14.17 | 305.11 | 115.48 | 27.17 | | 482.29×0.034 |
| | | | 6—163 | 单梁坐浆灌缝 | 10m³ | 0.033 | 22.27 | 99.19 | 6.05 | 43.35 | 10.20 | | 181.06×0.033 |
| 27 | 010410003001 | 预制过梁 GL1 | | | m³ | 1.12 | | | | | | 467.39 | 523.47 |
| | | | 6—126 | 过梁安装 | 10m³ | 0.113 | 191.03 | 32.92 | 46.73 | 92.03 | 21.65 | | 384.36×0.113 |
| | | | 5—103 | 预制过梁 | 10m³ | 0.114 | 188.49 | 2198.69 | 122.08 | 853.15 | 200.74 | | 3563.15×0.114 |
| | | | 6—10 | 过梁运输 | 10m³ | 0.115 | 20.36 | 14.17 | 305.11 | 115.48 | 27.17 | | 482.29×0.115 |
| | | | 6—173 | 过梁坐浆灌缝 | 10m³ | 0.112 | 15.62 | 95.12 | 4.82 | 39.29 | 9.24 | | 164.09×0.112 |
| 28 | 010410003002 | 预制过梁 GL2 | | | m³ | 2.16 | | | | | | 465.86 | 1006.25 |
| | | | 6—126 | 过梁安装 | 10m³ | 0.217 | 191.03 | 32.92 | 46.73 | 92.03 | 21.65 | | 384.36×0.217 |
| | | | 5—103 | 预制过梁 | 10m³ | 0.219 | 188.49 | 2198.69 | 122.08 | 853.15 | 200.74 | | 3563.15×0.219 |
| | | | 6—10 | 过梁运输 | 10m³ | 0.222 | 20.36 | 14.17 | 305.11 | 115.48 | 27.17 | | 482.29×0.222 |
| | | | 6—173 | 过梁坐浆灌缝 | 10m³ | 0.216 | 15.62 | 95.12 | 4.82 | 39.29 | 9.24 | | 164.09×0.216 |
| 29 | 010410003003 | 预制过梁 GLA9.2-1 | | | m³ | 0.64 | | | | | | 466.46 | 298.54 |
| | | | 6—126 | 过梁安装 | 10m³ | 0.064 | 191.03 | 32.92 | 46.73 | 92.03 | 21.65 | | 384.36×0.064 |
| | | | 5—103 | 预制过梁 | 10m³ | 0.065 | 188.49 | 2198.69 | 122.08 | 853.15 | 200.74 | | 3563.15×0.065 |
| | | | 6—10 | 过梁运输 | 10m³ | 0.066 | 20.36 | 14.17 | 305.11 | 115.48 | 27.17 | | 482.29×0.066 |
| | | | 6—173 | 过梁坐浆灌缝 | 10m³ | 0.064 | 15.62 | 95.12 | 4.82 | 39.29 | 9.24 | | 164.09×0.064 |
| 30 | 010410003004 | 预制过梁 GLB24.4-1 | | | m³ | 1.6 | | | | | | 465.59 | 744.94 |
| | | | 6—126 | 过梁安装 | 10m³ | 0.161 | 191.03 | 32.92 | 46.73 | 92.03 | 21.65 | | 384.36×0.161 |
| | | | 5—103 | 预制过梁 | 10m³ | 0.162 | 188.49 | 2198.69 | 122.08 | 853.15 | 200.74 | | 3563.15×0.162 |
| | | | 6—10 | 过梁运输 | 10m³ | 0.165 | 20.36 | 14.17 | 305.11 | 115.48 | 27.17 | | 482.29×0.165 |
| | | | 6—173 | 过梁坐浆灌缝 | 10m³ | 0.16 | 15.62 | 95.12 | 4.82 | 39.29 | 9.24 | | 164.09×0.16 |
| 31 | 010410003005 | 预制过梁 GLB21.4-5 | | | m³ | 0.53 | | | | | | 467.02 | 247.52 |
| | | | 6—126 | 过梁安装 | 10m³ | 0.053 | 191.03 | 32.92 | 46.73 | 92.03 | 21.65 | | 384.36×0.053 |
| | | | 5—103 | 预制过梁 | 10m³ | 0.054 | 188.49 | 2198.69 | 122.08 | 853.15 | 200.74 | | 3563.15×0.054 |
| | | | 6—10 | 过梁运输 | 10m³ | 0.054 | 20.36 | 14.17 | 305.11 | 115.48 | 27.17 | | 482.29×0.054 |
| | | | 6—173 | 过梁坐浆灌缝 | 10m³ | 0.053 | 15.62 | 95.12 | 4.82 | 39.29 | 9.24 | | 164.09×0.053 |
| 32 | 010410003006 | 预制过梁 GLB15.4-5 | | | m³ | 0.57 | | | | | | 467.33 | 266.38 |
| | | | 6—126 | 过梁安装 | 10m³ | 0.057 | 191.03 | 32.92 | 46.73 | 92.03 | 21.65 | | 384.36×0.057 |

续表

| 序号 | 项目编码 | 项目名称 | 定额编号 | 工程内容 | 单位 | 数量 | 综合单价组成（元） ||||| 综合单价（元） | 合价（元） |
|---|---|---|---|---|---|---|---|---|---|---|---|---|---|
| | | | | | | | 人工费 | 材料费 | 机械费 | 管理费 | 利润 | | |
| | | | 5—103 | 预制过梁 | 10m³ | 0.058 | 188.49 | 2198.69 | 122.08 | 853.15 | 200.74 | | 3563.15×0.058 |
| | | | 6—10 | 过梁运输 | 10m³ | 0.059 | 20.36 | 14.17 | 305.11 | 115.48 | 27.17 | | 482.29×0.059 |
| | | | 6—173 | 过梁坐浆灌缝 | 10m³ | 0.057 | 15.62 | 95.12 | 4.82 | 39.29 | 9.24 | | 164.09×0.057 |
| 33 | 010410003007 | 预制过梁 GLB24.2-4 | | | m³ | 0.36 | | | | | | 470.63 | 169.43 |
| | | | 6—126 | 过梁安装 | 10m³ | 0.036 | 191.03 | 32.92 | 46.73 | 92.03 | 21.65 | | 384.36×0.036 |
| | | | 5—103 | 预制过梁 | 10m³ | 0.037 | 188.49 | 2198.69 | 122.08 | 853.15 | 200.74 | | 3563.15×0.037 |
| | | | 6—10 | 过梁运输 | 10m³ | 0.037 | 20.36 | 14.17 | 305.11 | 115.48 | 27.17 | | 482.29×0.037 |
| | | | 6—173 | 过梁坐浆灌缝 | 10m³ | 0.036 | 15.62 | 95.12 | 4.82 | 39.29 | 9.24 | | 164.09×0.036 |
| 34 | 010410003008 | 预制过梁 GLB12.2-1 | | | m³ | 0.20 | | | | | | 461.80 | 92.36 |
| | | | 6—126 | 过梁安装 | 10m³ | 0.02 | 191.03 | 32.92 | 46.73 | 92.03 | 21.65 | | 384.36×0.02 |
| | | | 5—103 | 预制过梁 | 10m³ | 0.02 | 188.49 | 2198.69 | 122.08 | 853.15 | 200.74 | | 3563.15×0.02 |
| | | | 6—10 | 过梁运输 | 10m³ | 0.021 | 20.36 | 14.17 | 305.11 | 115.48 | 27.17 | | 482.29×0.021 |
| | | | 6—173 | 过梁坐浆灌缝 | 10m³ | 0.02 | 15.62 | 95.12 | 4.82 | 39.29 | 9.24 | | 164.09×0.02 |
| 35 | 010412001001 | 预制实心平板 YBⅢ21.6.6-4 | | | m³ | 5.74 | | | | | | 491.34 | 2820.31 |
| | | | 6—130 | 实心板安装 | 10m³ | 0.577 | 45.32 | 7.59 | 20.60 | 24.99 | 5.88 | | 104.38×0.577 |
| | | | 5—115 | 预制实心板 | 10m³ | 0.583 | 241.94 | 2097.43 | 203.62 | 864.62 | 203.44 | | 3611.05×0.583 |
| | | | 6—10 | 实心板运输 | 10m³ | 0.59 | 20.36 | 14.17 | 305.11 | 115.48 | 27.17 | | 482.29×0.59 |
| | | | 6—168 | 实心板坐浆灌缝 | 10m³ | 0.574 | 105.7 | 330.85 | 17.75 | 154.46 | 36.34 | | 645.1×0.574 |
| 36 | 010412002001 | 预制空心板 YKBⅡ066A-3 | | | m³ | 7.8 | | | | | | 221.05 | 1724.17 |
| | | | 6—130 | 实心板安装 | 10m³ | 0.784 | 45.32 | 7.59 | 20.60 | 24.99 | 5.88 | | 104.38×0.784 |
| | | | 5—117 | 预制空心板 | 10m³ | 0.792 | 281.39 | 2138.64 | 154.85 | 875.46 | 205.99 | | 1081.45×0.792 |
| | | | 6—10 | 空心板运输 | 10m³ | 0.802 | 20.36 | 14.17 | 305.11 | 115.48 | 27.17 | | 482.29×0.802 |
| | | | 6—169 | 空心板坐浆灌缝 | 10m³ | 0.78 | 109.16 | 242.71 | 8.40 | 122.49 | 28.82 | | 511.58×0.78 |
| 37 | 010412002002 | 预制空心板 YKBⅡ066B-4 | | | m³ | 7.88 | | | | | | 221.02 | 1741.61 |
| | | | 6—130 | 空心板安装 | 10m³ | 0.792 | 45.32 | 7.59 | 20.60 | 24.99 | 5.88 | | 104.38×0.792 |

续表

| 序号 | 项目编码 | 项目名称 | 定额编号 | 工程内容 | 单位 | 数量 | 综合单价组成（元） | | | | | 综合单价（元） | 合价（元） |
|---|---|---|---|---|---|---|---|---|---|---|---|---|---|
| | | | | | | | 人工费 | 材料费 | 机械费 | 管理费 | 利润 | | |
| | | | 5—117 | 预制空心板 | 10m³ | 0.80 | 281.39 | 2138.64 | 154.85 | 875.46 | 205.99 | | 1081.45×0.80 |
| | | | 6—10 | 空心板运输 | 10m³ | 0.81 | 20.36 | 14.17 | 305.11 | 115.48 | 27.17 | | 482.29×0.81 |
| | | | 6—169 | 空心板坐浆灌缝 | 10m³ | 0.788 | 109.16 | 242.71 | 8.40 | 122.49 | 28.82 | | 511.58×0.788 |
| 38 | 010412002003 | 预制空心板 YKB Ⅱ 066B-3 | | | m³ | 27.52 | | | | | | 220.86 | 6078.10 |
| | | | 6—130 | 空心板安装 | 10m³ | 2.77 | 45.32 | 7.59 | 20.60 | 24.99 | 5.88 | | 104.38×2.77 |
| | | | 5—117 | 预制空心板 | 10m³ | 2.79 | 281.39 | 2138.64 | 154.85 | 875.46 | 205.99 | | 1081.45×2.79 |
| | | | 6—10 | 空心板运输 | 10m³ | 2.83 | 20.36 | 14.17 | 305.11 | 115.48 | 27.17 | | 482.29×2.83 |
| | | | 6—169 | 空心板坐浆灌缝 | 10m³ | 2.75 | 109.16 | 242.71 | 8.40 | 122.49 | 28.82 | | 511.58×2.75 |
| 39 | 010606008001 | 爬梯制作安装 | | | t | 0.12 | | | | | | 4085.53 | 490.26 |
| | | | 6—50 | 金属爬梯运输 | t | 0.12 | 15.06 | 58.90 | 205.68 | 95.08 | 22.37 | | 397.09×0.12 |
| | | | 6—211 | 爬梯安装 | t | 0.12 | 197.96 | 48.90 | 5.62 | 85.84 | 20.20 | | 358.52×0.12 |
| | | | 11—135 | 爬梯油漆 | t | 0.14 | 6.93 | 56.37 | — | 21.52 | 5.06 | | 89.88×0.14 |
| | | | 12—61 | 爬梯制作 | t | 0.12 | 157.38 | 1979.38 | 134.41 | 772.20 | 181.69 | | 3225.06×0.12 |
| 40 | 010702001001 | 屋面卷材防水 | | | m² | 328.84 | | | | | | 22.90 | 7530.61 |
| | | | 9—30+9—31 | 三毡四油防水 | 100m² | 3.29 | 71.47 | 1236.21 | 17.58 | 450.59 | 106.02 | | 1881.87×3.29 |
| | | | 8—65 | 水泥砂浆找平 | 100m² | 3.10 | 48.78 | 245.50 | 9.96 | 103.44 | 24.34 | | 432.02×3.10 |
| 41 | 010702004001 | 屋面排水管 | | | m | 56 | | | | | | 197.04 | 11033.97 |
| | | | 9—40 | 落水管 | 100m² | 0.18 | 165.37 | 2177.37 | — | 796.53 | 187.42 | | 3326.69×0.18 |
| | | | 9—42 | 水斗 | 个 | 7 | 19.44 | 859.89 | | 298.97 | 70.35 | | 1248.65×7 |
| | | | 9—52 | 下水口 | 个 | 7 | 29.84 | 91.65 | | 41.31 | 9.72 | | 172.52×7 |
| | | | 9—41 | 女儿墙泛水 | 100m² | 0.16 | 72.89 | 2070.49 | — | 728.75 | 171.47 | | 3043.6×0.16 |
| 42 | 010803001001 | 屋面沥青珍珠岩保温 | | | m² | 310.14 | | | | | | 57.34 | 17783.60 |
| | | | 9—8 | 沥青珍珠岩保温层 | 10m³ | 3.72 | 43.06 | 1738.79 | 4.34 | 607.3 | 142.90 | | 2536.39×3.72 |
| | | | 8—36 | 冷底子油一道 | 100m² | 3.34 | 11.45 | 73.16 | 4.58 | 30.32 | 7.14 | | 125.65×3.34 |

续表

| 序号 | 项目编码 | 项目名称 | 定额编号 | 工程内容 | 单位 | 数量 | 综合单价组成（元） | | | | | 综合单价（元） | 合价（元） |
|---|---|---|---|---|---|---|---|---|---|---|---|---|---|
| | | | | | | | 人工费 | 材料费 | 机械费 | 管理费 | 利润 | | |
| | | | 8—64 | 水泥砂浆找平(填充) | 100m² | 3.34 | 57.27 | 299.92 | 12.75 | 125.78 | 29.60 | | 525.32×3.34 |
| | | | 9—3 | 炉渣混凝土找坡 | 10m³ | 5.18 | 64.62 | 762.69 | 12.05 | 285.38 | 67.15 | | 1191.89×5.18 |
| 43 | 020101001001 | 20mm厚1:3水泥砂浆地面 | | | m² | 293.21 | | | | | | 33.67 | 9870.97 |
| | | | 8—75 | 水泥砂浆地面 | 100m² | 2.93 | 90.50 | 133.60 | 4.38 | 77.68 | 18.28 | | 324.44×2.93 |
| | | | 8—4 | 碎砖三合土垫层 | 10m³ | 4.40 | 97.28 | 739.32 | 5.88 | 286.44 | 67.40 | | 1196.32×4.40 |
| | | | 8—22 | 无筋混凝土垫层 | 10m³ | 2.35 | 93.89 | 986.90 | 14.97 | 372.56 | 87.66 | | 1555.98×2.35 |
| 44 | 020101001002 | 20mm厚1:3水泥砂浆楼面 | | | m² | 283.00 | | | | | | 7.56 | 2140.78 |
| | | | 8—75 | 水泥砂浆楼面 | 100m² | 2.83 | 90.50 | 133.60 | 4.38 | 77.68 | 18.28 | | 324.44×2.83 |
| | | | 8—65 | 水泥砂浆找平层 | 100m² | 2.83 | 48.78 | 245.50 | 9.96 | 103.44 | 24.34 | | 432.02×2.83 |
| 45 | 020106003001 | 水泥砂浆楼梯面层 | | | m² | 15.43 | | | | | | 23.81 | 367.32 |
| | | | 8—79 | 楼梯抹面 | 100m² | 0.15 | 635.81 | 1058.03 | 30.68 | 586.34 | 137.96 | | 2448.82×0.15 |
| 46 | 020108003001 | 水泥砂浆台阶面层 | | | m² | 9.62 | | | | | | 10.7 | 102.97 |
| | | | 8—80 | 砖台阶面层 | 100m² | 0.10 | 222.63 | 495.89 | 6.61 | 246.54 | 58.01 | | 1029.68×0.10 |
| 47 | 010407002001 | 混凝土散水 | | | m² | 81.41 | | | | | | 32.56 | 2651.02 |
| | | | 8—77 | 散水面层 | 100m² | 0.81 | 46.59 | 97.48 | 0.94 | 49.30 | 11.6 | | 205.91×0.81 |
| | | | 1—36 | 原土打夯 | 100m² | 0.81 | 11.59 | — | — | 3.94 | 0.93 | | 16.46×0.81 |
| | | | 8—4 | 碎砖三合土垫层 | 10m³ | 1.22 | 97.28 | 739.32 | 5.88 | 286.44 | 67.40 | | 1196.32×1.22 |
| | | | 8—22 | 无筋混凝土垫层 | 10m³ | 0.65 | 93.89 | 986.90 | 14.97 | 372.56 | 87.66 | | 1555.98×0.65 |
| 48 | 020107002001 | 楼梯木扶手带栏杆 | | | m | 11.63 | | | | | | 1455.91 | 16932.28 |
| | | | 7—177 | 楼梯木扶手 | 10m | 1.16 | 48.64 | 445.74 | 62.83 | 189.45 | 44.58 | | 791.24×1.16 |
| | | | 6—213 | 楼梯栏杆安装 | t | 4.12 | 77.06 | 27.11 | 39.33 | 48.79 | 11.48 | | 203.77×4.12 |

续表

| 序号 | 项目编码 | 项目名称 | 定额编号 | 工程内容 | 单位 | 数量 | 综合单价组成（元） | | | | | 综合单价（元） | 合价（元） |
|---|---|---|---|---|---|---|---|---|---|---|---|---|---|
| | | | | | | | 人工费 | 材料费 | 机械费 | 管理费 | 利润 | | |
| | | | 6—50 | 楼梯栏杆运输 | t | 4.12 | 15.06 | 58.90 | 205.68 | 95.26 | 22.41 | | 397.85×4.12 |
| | | | 11—109 | 木扶手油漆 | 100m² | 0.12 | 31.96 | 50.31 | — | 27.97 | 6.58 | | 116.82×0.12 |
| | | | 11—135 | 楼梯栏杆油漆 | t | 7 | 6.93 | 56.37 | — | 21.52 | 5.06 | | 89.88×7 |
| | | | 11—26 | 楼梯栏杆制作 | t | 4.12 | 155.33 | 1938.33 | 110.05 | 749.26 | 176.30 | | 3129.27×4.12 |
| 49 | 020201001001 | 外墙水泥砂浆抹面 | | | m² | 676.40 | | | | | | 8.16 | 5512.92 |
| | | | 11—32 | 水泥砂浆外墙抹灰 | 100m² | 6.76 | 137.87 | 275.13 | 11.96 | 144.49 | 34.00 | | 603.45×6.76 |
| | | | 11—217 | 外墙涂料 | 100m² | 6.76 | 32.17 | 117.17 | | 50.78 | 11.95 | | 212.07×6.76 |
| 50 | 020201001002 | 内墙混合砂浆抹面 | | | m² | 1365.45 | | | | | | 5.76 | 7857.35 |
| | | | 11—33 | 混合砂浆内墙抹灰 | 100m² | 13.65 | 142.88 | 221.38 | 12.35 | 128.05 | 30.13 | | 534.79×13.65 |
| | | | 11—182 | 内墙刷白 | 100m² | 13.65 | 18.81 | 9.95 | — | 9.78 | 2.3 | | 40.84×13.65 |
| 51 | 020203001001 | 零星项目一般抹灰 | | | m² | 35.45 | | | | | | 13.32 | 472.28 |
| | | | 11—48 | 压顶抹灰 | 100m² | 0.35 | 573.94 | 361.18 | 15.14 | 323.09 | 76.02 | | 1349.37×0.35 |
| 52 | 020203001002 | 零星项目一般抹灰 | | | m² | 8.51 | | | | | | 18.00 | 153.21 |
| | | | 11—51 | 雨篷抹灰 | 100m² | 0.09 | 551.32 | 624.43 | 23.11 | 407.61 | 95.91 | | 1702.38×0.09 |
| 53 | 020203001003 | 零星项目一般抹灰 | | | m² | 20.86 | | | | | | 7.44 | 155.15 |
| | | | 11—53 | 花池抹灰 | 100m² | 0.21 | 199.30 | 309.83 | 11.16 | 176.90 | 41.62 | | 738.81×0.21 |
| 54 | 020204003001 | 块料墙面 | | | m² | 45.63 | | | | | | 28.06 | 1280.48 |
| | | | 11—32 | 水泥砂浆外墙抹灰 | 100m² | 0.46 | 137.87 | 275.13 | 11.96 | 144.49 | 34.00 | | 603.45×0.46 |
| | | | 装饰23 | 玻璃锦砖 | 100m² | 0.46 | 214.19 | 1308.91 | 12.26 | 522.02 | 122.83 | | 2180.21×0.46 |
| 55 | 020209001001 | 厕所木隔断 | | | m² | 23.23 | | | | | | 72.21 | 1677.40 |

续表

| 序号 | 项目编码 | 项目名称 | 定额编号 | 工程内容 | 单位 | 数量 | 综合单价组成（元） | | | | | 综合单价（元） | 合价（元） |
|---|---|---|---|---|---|---|---|---|---|---|---|---|---|
| | | | | | | | 人工费 | 材料费 | 机械费 | 管理费 | 利润 | | |
| | | | 11—110 | 木隔断 | 100m² | 0.26 | 78.48 | 265.66 | — | 117.01 | 27.53 | | 488.68×0.26 |
| | | | 7—114 | 厕所木隔断 | 100m² | 0.23 | 527.42 | 4212.98 | 6.51 | 1613.95 | 379.75 | | 6740.61×0.23 |
| 56 | 020301001001 | 顶棚抹混合砂浆 | | | m² | 555.94 | | | | | | 6.78 | 3769.9 |
| | | | 11—30 | 混合砂浆顶棚抹灰 | 100m² | 5.56 | 138.85 | 326.29 | 12.35 | 162.35 | 38.20 | | 678.04×5.56 |
| 57 | 020404007001 | 半截玻璃平板门M—1 | | | 樘 | 2 | | | | | | 2499.24 | 4998.49 |
| | | | 7—2 | 门框制安（五块料以上） | 100m² | 0.28 | 167.35 | 2248.17 | 26.03 | 830.13 | 195.32 | | 3467×0.28 |
| | | | 7—22 | 半截玻璃平板门带亮子 | 100m² | 0.28 | 331.23 | 4751.61 | 108.06 | 1764.91 | 415.27 | | 7371.08×0.28 |
| | | | 7—228 | 门框场外运输 | 100m² | 0.28 | 10.25 | 18.10 | 49.54 | 26.48 | 6.23 | | 110.6×0.28 |
| | | | 7—228 | 门扇场外运输 | 100m² | 0.28 | 10.25 | 18.10 | 49.54 | 26.48 | 6.23 | | 110.6×0.28 |
| | | | 7—226 | 门五金（自由门四扇） | 樘 | 2 | — | 509.14 | — | 173.11 | 40.73 | | 722.98×2 |
| | | | 7—272 | 小气窗五金 | 樘 | 2 | — | 1.28 | — | 0.44 | 0.10 | | 1.82×2 |
| | | | 11—107 | 门油漆 | 100m² | 0.28 | 119.06 | 482.69 | — | 204.60 | 48.14 | | 854.49×0.28 |
| | | | 11—221 | 半截玻璃门安玻璃 | 100m² | 0.28 | 34.29 | 501.50 | — | 182.17 | 42.86 | | 760.8×0.28 |
| 58 | 020404007002 | 半截玻璃平板门M—3 | | | 樘 | 17 | | | | | | 298.15 | 5068.53 |
| | | | 7—1 | 门框制安（五块料以内） | 100m² | 0.37 | 166.43 | 2332.01 | 53.78 | 867.75 | 204.18 | | 3624.15×0.37 |
| | | | 7—22 | 半截玻璃平板门带亮子 | 100m² | 0.37 | 331.23 | 4751.61 | 108.06 | 1764.91 | 415.27 | | 7371.08×0.37 |
| | | | 7—228 | 门框场外运输 | 100m² | 0.37 | 10.25 | 18.10 | 49.54 | 26.48 | 6.23 | | 110.6×0.37 |
| | | | 7—228 | 门扇场外运输 | 100m² | 0.37 | 10.25 | 18.10 | 49.54 | 26.48 | 6.23 | | 110.6×0.37 |
| | | | 7—259 | 门五金（平开门单扇） | 樘 | 17 | — | 12.01 | — | 4.08 | 0.96 | | 17.05×17 |
| | | | 7—272 | 小气窗五金 | 樘 | 17 | — | 1.28 | — | 0.44 | 0.10 | | 1.82×17 |
| | | | 11—107 | 门油漆 | 100m² | 0.37 | 119.06 | 482.69 | — | 204.60 | 48.14 | | 854.49×0.37 |
| | | | 11—221 | 半截玻璃门安玻璃 | 100m² | 0.37 | 34.29 | 501.50 | — | 182.17 | 42.86 | | 760.82×0.37 |

续表

| 序号 | 项目编码 | 项目名称 | 定额编号 | 工程内容 | 单位 | 数量 | 综合单价组成（元） | | | | | 综合单价（元） | 合价（元） |
|---|---|---|---|---|---|---|---|---|---|---|---|---|---|
| | | | | | | | 人工费 | 材料费 | 机械费 | 管理费 | 利润 | | |
| 59 | 020401002001 | 单面木拼板门 M—2 | | | 樘 | 4 | | | | | | 882.44 | 3529.77 |
| | | | 7—1 | 门框制安（五块料以内） | 100²m | 0.16 | 166.43 | 2332.01 | 53.78 | 867.75 | 204.18 | | 3624.15×0.16 |
| | | | 7—2 | 单面木拼板门带亮子 | 100m² | 0.16 | 335.90 | 5649.85 | 134.86 | 1992.47 | 468.82 | | 8321.5×0.16 |
| | | | 7—228 | 门框场外运输 | 100m² | 0.16 | 10.25 | 18.10 | 49.54 | 26.48 | 6.23 | | 110.6×0.16 |
| | | | 7—228 | 门扇场外运输 | 100m² | 0.16 | 10.25 | 18.10 | 49.54 | 26.48 | 6.23 | | 110.6×0.16 |
| | | | 7—265 | 门五金（自由门双扇） | 樘 | 4 | — | 253.36 | — | 86.14 | 20.27 | | 359.77×4 |
| | | | 7—272 | 小气窗五金 | 樘 | 4 | | 1.28 | — | 0.44 | 0.10 | | 1.82×4 |
| | | | 11—107 | 门油漆 | 100m² | 0.16 | 119.06 | 482.69 | — | 204.60 | 48.14 | | 854.49×0.16 |
| 60 | 020405001001 | 普通窗 C—1 | | | 樘 | 10 | | | | | | 1114.09 | 11140.95 |
| | | | 7—6 | 窗框制安（五块料以上） | 100m² | 1.13 | 163.81 | 2016.06 | 56.43 | 760.34 | 178.9 | | 3175.54×1.13 |
| | | | 7—36 | 普通窗扇制作安装 | 100m² | 1.13 | 437.85 | 2651.17 | 94.00 | 1082.23 | 254.64 | | 4519.89×1.13 |
| | | | 7—229 | 窗框场外运输 | 100m² | 1.13 | 8.41 | 17.48 | 40.53 | 22.58 | 5.31 | | 94.31×1.13 |
| | | | 7—229 | 窗扇场外运输 | 100m² | 1.13 | 8.41 | 17.48 | 40.53 | 22.58 | 5.31 | | 94.31×1.13 |
| | | | 7—272 | 小气窗五金 | 樘 | 10 | — | 1.28 | — | 0.44 | 0.10 | | 1.82×10 |
| | | | 11—107 | 窗油漆 | 100m² | 1.13 | 119.06 | 482.69 | — | 204.60 | 48.14 | | 854.49×1.13 |
| | | | 11—225 | 窗安玻璃 | 100m² | 1.13 | 43.62 | 734.27 | — | 264.48 | 62.23 | | 1104.6×1.13 |
| 61 | 020405001002 | 普通窗 C—2 | | | 樘 | 16 | | | | | | 992.29 | 15876.58 |
| | | | 7—6 | 窗框制安（五块料以上） | 100m² | 1.61 | 163.81 | 2016.06 | 56.43 | 760.34 | 178.9 | | 3175.54×1.61 |
| | | | 7—36 | 普通窗扇制作安装 | 100m² | 1.61 | 437.85 | 2651.17 | 94.00 | 1082.23 | 254.64 | | 4519.89×1.61 |
| | | | 7—229 | 窗框场外运输 | 100m² | 1.61 | 8.41 | 17.48 | 40.53 | 22.58 | 5.31 | | 94.31×1.61 |
| | | | 7—229 | 窗扇场外运输 | 100m² | 1.61 | 8.41 | 17.48 | 40.53 | 22.58 | 5.31 | | 94.31×1.61 |

续表

| 序号 | 项目编码 | 项目名称 | 定额编号 | 工程内容 | 单位 | 数量 | 综合单价组成（元） | | | | | 综合单价（元） | 合价（元） |
|---|---|---|---|---|---|---|---|---|---|---|---|---|---|
| | | | | | | | 人工费 | 材料费 | 机械费 | 管理费 | 利润 | | |
| | | | 7—272 | 小气窗五金 | 樘 | 16 | — | 1.28 | — | 0.44 | 0.10 | | 1.82×16 |
| | | | 11—107 | 窗油漆 | 100m² | 1.61 | 119.06 | 482.69 | — | 204.60 | 48.14 | | 854.49×1.61 |
| | | | 11—225 | 窗安玻璃 | 100m² | 1.61 | 43.62 | 734.27 | — | 264.48 | 62.23 | | 1104.6×1.61 |
| 62 | 020405001003 | 普通窗 C—3 | | | 樘 | 4 | | | | | | 863.10 | 3452.38 |
| | | | 7—6 | 窗框制安（五块料以上） | 100m² | 0.35 | 163.81 | 2016.06 | 56.43 | 760.34 | 178.9 | | 3175.54×0.35 |
| | | | 7—36 | 普通窗扇制作安装 | 100m² | 0.35 | 437.85 | 2651.17 | 94.00 | 1082.23 | 254.64 | | 4519.89×0.35 |
| | | | 7—229 | 窗框场外运输 | 100m² | 0.35 | 8.41 | 17.48 | 40.53 | 22.58 | 5.31 | | 94.31×0.35 |
| | | | 7—229 | 窗扇场外运输 | 100m² | 0.35 | 8.41 | 17.48 | 40.53 | 22.58 | 5.31 | | 94.31×0.35 |
| | | | 7—272 | 小气窗五金 | 樘 | 4 | — | 1.28 | — | 0.44 | 0.10 | | 1.82×4 |
| | | | 11—107 | 窗油漆 | 100m² | 0.35 | 119.06 | 482.69 | — | 204.60 | 48.14 | | 854.49×0.35 |
| | | | 11—225 | 窗安玻璃 | 100m² | 0.35 | 43.62 | 734.27 | — | 264.48 | 62.23 | | 1104.6×0.35 |
| 63 | 020405001004 | 普通窗 C—4 | | | 樘 | 3 | | | | | | 199.93 | 599.79 |
| | | | 7—5 | 窗框制安（五块料以内） | 100m² | 0.06 | 157.17 | 2047.81 | 75.26 | 775.28 | 182.42 | | 3237.94×0.06 |
| | | | 7—36 | 普通窗扇制作安装 | 100m² | 0.06 | 437.85 | 2651.17 | 94.00 | 1082.23 | 254.64 | | 4519.89×0.06 |
| | | | 7—229 | 窗框场外运输 | 100m² | 0.06 | 8.41 | 17.48 | 40.53 | 22.58 | 5.31 | | 94.31×0.06 |
| | | | 7—229 | 窗扇场外运输 | 100m² | 0.06 | 8.41 | 17.48 | 40.53 | 22.58 | 5.31 | | 94.31×0.06 |
| | | | 7—272 | 小气窗五金 | 樘 | 3 | — | 1.28 | — | 0.44 | 0.10 | | 1.82×3 |
| | | | 11—107 | 窗油漆 | 100m² | 0.06 | 119.06 | 482.69 | — | 204.60 | 48.14 | | 854.49×0.06 |
| | | | 11—225 | 窗安玻璃 | 100m² | 0.06 | 43.62 | 734.27 | — | 264.48 | 62.23 | | 1104.6×0.06 |
| 64 | 020405001005 | 普通窗 C—5 | | | 樘 | 1 | | | | | | 199.93 | 199.93 |
| | | | 7—5 | 窗框制安（五块料以内） | 100m² | 0.02 | 157.17 | 2047.81 | 75.26 | 775.28 | 182.42 | | 3237.94×0.02 |
| | | | 7—36 | 普通窗扇制作安装 | 100m² | 0.02 | 437.85 | 2651.17 | 94.00 | 1082.23 | 254.64 | | 4519.89×0.02 |
| | | | 7—229 | 窗框场外运输 | 100m² | 0.02 | 8.41 | 17.48 | 40.53 | 22.58 | 5.31 | | 94.31×0.02 |

续表

| 序号 | 项目编码 | 项目名称 | 定额编号 | 工程内容 | 单位 | 数量 | 综合单价组成（元） | | | | | 综合单价（元） | 合价（元） |
|---|---|---|---|---|---|---|---|---|---|---|---|---|---|
| | | | | | | | 人工费 | 材料费 | 机械费 | 管理费 | 利润 | | |
| | | | 7—229 | 窗扇场外运输 | 100m² | 0.02 | 8.41 | 17.48 | 40.53 | 22.58 | 5.31 | | 94.31×0.02 |
| | | | 7—272 | 小气窗五金 | 樘 | 1 | — | 1.28 | — | 0.44 | 0.10 | | 1.82×1 |
| | | | 7—107 | 窗油漆 | 100m² | 0.02 | 119.06 | 482.69 | | 204.60 | 48.14 | | 854.49×0.02 |
| | | | 11—225 | 窗安玻璃 | 100m² | 0.02 | 43.62 | 734.27 | | 264.48 | 62.23 | | 1104.6×0.02 |
| 65 | 020405001006 | 普通窗C—6 | | | 樘 | 4 | | | | | | 150.40 | 601.61 |
| | | | 7—5 | 窗框制安（五块料以内） | 100m² | 0.06 | 157.17 | 2047.81 | 75.26 | 775.28 | 182.42 | | 3237.94×0.06 |
| | | | 7—36 | 普通窗扇制作安装 | 100m² | 0.06 | 437.85 | 2651.17 | 94.00 | 1082.23 | 254.64 | | 4519.89×0.06 |
| | | | 7—229 | 窗框场外运输 | 100m² | 0.06 | 8.41 | 17.48 | 40.53 | 22.58 | 5.31 | | 94.31×0.06 |
| | | | 7—229 | 窗扇场外运输 | 100m² | 0.06 | 8.41 | 17.48 | 40.53 | 22.58 | 5.31 | | 94.31×0.06 |
| | | | 7—272 | 小气窗五金 | 樘 | 4 | — | 1.28 | — | 0.44 | 0.10 | | 1.82×4 |
| | | | 11—107 | 窗油漆 | 100m² | 0.06 | 119.06 | 482.69 | | 204.60 | 48.14 | | 854.49×0.06 |
| | | | 11—225 | 窗安玻璃 | 100m² | 0.06 | 43.62 | 734.27 | | 264.48 | 62.23 | | 1104.6×0.06 |
| 66 | 020405001007 | 普通窗C—7 | | | 樘 | 5 | | | | | | 6356.77 | 3178.87 |
| | | | 7—5 | 窗框制安（五块料以内） | 100m² | 0.32 | 157.17 | 2047.81 | 75.26 | 775.28 | 182.42 | | 3237.94×0.32 |
| | | | 7—36 | 普通窗扇制作安装 | 100m² | 0.32 | 437.85 | 2651.17 | 94.00 | 1082.23 | 254.64 | | 4519.89×0.32 |
| | | | 7—229 | 窗框场外运输 | 100m² | 0.32 | 8.41 | 17.48 | 40.53 | 22.58 | 5.31 | | 94.31×0.32 |
| | | | 7—229 | 窗扇场外运输 | 100m² | 0.32 | 8.41 | 17.48 | 40.53 | 22.58 | 5.31 | | 94.31×0.32 |
| | | | 7—272 | 小气窗五金 | 樘 | 5 | — | 1.28 | — | 0.44 | 0.10 | | 1.82×5 |
| | | | 11—107 | 窗油漆 | 100m² | 0.32 | 119.06 | 482.69 | | 204.60 | 48.14 | | 854.49×0.32 |
| | | | 1—225 | 窗安玻璃 | 100m² | 0.32 | 43.62 | 734.27 | | 264.48 | 62.23 | | 1104.6×0.32 |

续表

| 序号 | 项目编码 | 项目名称 | 定额编号 | 工程内容 | 单位 | 数量 | 综合单价组成（元） | | | | | 综合单价（元） | 合价（元） |
|---|---|---|---|---|---|---|---|---|---|---|---|---|---|
| | | | | | | | 人工费 | 材料费 | 机械费 | 管理费 | 利润 | | |
| 67 | 020405001008 | 普通窗C—8 | | | 樘 | 2 | | | | | | 746.56 | 1493.11 |
| | | | 7—5 | 窗框制安（五块料以内） | 100m² | 0.15 | 157.17 | 2047.81 | 75.26 | 775.28 | 182.42 | | 3237.94×0.15 |
| | | | 7—36 | 普通窗扇制作安装 | 100m² | 0.15 | 437.85 | 2651.17 | 94.00 | 1082.23 | 254.64 | | 4519.89×0.15 |
| | | | 7—229 | 窗框场外运输 | 100m² | 0.15 | 8.41 | 17.48 | 40.53 | 22.58 | 5.31 | | 94.31×0.15 |
| | | | 7—229 | 窗扇场外运输 | 100m² | 0.15 | 8.41 | 17.48 | 40.53 | 22.58 | 5.31 | | 94.31×0.15 |
| | | | 7—272 | 小气窗五金 | 樘 | 4 | — | 1.28 | — | 0.44 | 0.10 | | 1.82×4 |
| | | | 11—107 | 窗油漆 | 100m² | 0.15 | 119.06 | 482.69 | | 204.60 | 48.14 | | 854.49×0.15 |
| | | | 11—225 | 窗安玻璃 | 100m² | 0.15 | 43.62 | 734.27 | — | 264.28 | 62.23 | | 1104.6×0.15 |

注：门窗普通五金应列入报价，本例因资料不全，暂不列入。

措施项目费分析表

表 6-1-40

工程名称：土建工程                                    第　页共　页

| 序号 | 措施项目名称 | 单位 | 数量 | 金额（元） | | | | |
|---|---|---|---|---|---|---|---|---|
| | | | | 人工费 | 材料费 | 机械使用费 | 管理费 | 利润 | 小计 |
| 1 | 环境保护费 | | | | | | | | |
| 2 | 文明施工费 | | | | | | | | |
| 3 | 安全施工费 | | | | | | | | |
| 4 | 临时设施费 | | | | | | | | |
| 5 | 夜间施工增加费 | | | | | | | | |
| 6 | 赶工措施费 | | | | | | | | |
| 7 | 二次搬运费 | | | | | | | | |
| 8 | 混凝土、钢筋混凝土模板及支架 | | | | | | | | |
| 9 | 脚手架搭拆费 | | | | | | | | |
| 10 | 垂直运输机械使用费 | | | | | | | | |
| 11 | 大型机械设备进出场及安拆 | | | | | | | | |
| 12 | 施工排水、降水 | | | | | | | | |
| 13 | 其他 | | | | | | | | |
| | 措施项目费合计 | | | | | | | | |

## 主要材料价格表

表 6-1-41

工程名称：土建工程　　　　　　　　　　　　　　　　　　　　　　第　页共　页

| 序号 | 材料编码 | 材料名称 | 规格、型号等特殊要求 | 单位 | 单价（元） |
|---|---|---|---|---|---|
|  |  |  |  |  |  |
|  |  |  |  |  |  |
|  |  |  |  |  |  |
|  |  |  |  |  |  |
|  |  |  |  |  |  |
|  |  |  |  |  |  |
|  |  |  |  |  |  |

## 单位工程费汇总表

表 6-1-42

工程名称：给水排水工程　　　　　　　　　　　　　　　　　　　　第　页共　页

| 序　号 | 项　目　名　称 | 金额（元） |
|---|---|---|
| 1 | 分部分项工程量清单计价合计 |  |
| 2 | 措施项目清单计价合计 |  |
| 3 | 其他项目清单计价合计 |  |
| 4 | 规费 |  |
| 5 | 税金 |  |
|  | 合　计 |  |

## 分部分项工程量清单计价表

表 6-1-43

工程名称：给水排水工程　　　　　　　　　　　　　　　　　　　　第　页共　页

| 序号 | 项目编码 | 项目名称 | 计量单位 | 工程数量 | 金额（元）综合单价 | 金额（元）合价 |
|---|---|---|---|---|---|---|
| 1 | 030801002001 | 水煤气钢管 $DN20$，室内给水工程，丝接，刷樟丹一遍，银粉二遍 | m | 4 | 4.79 | 19.17 |
| 2 | 030801002002 | 水煤气钢管 $DN32$，室内给水工程，丝接，刷樟丹一遍，银粉二遍 | m | 46.6 | 6.85 | 319.19 |
| 3 | 030801003001 | 承插铸铁排水管 $DN50$，室内排水工程，水泥接口，刷樟丹一遍，沥青二遍 | m | 3 | 12.26 | 36.78 |
| 4 | 030801003002 | 承插铸铁排水管 $DN100$，室内排水工程，水泥接口，刷樟丹一遍，沥青二遍 | m | 9 | 27.82 | 250.41 |
| 5 | 030804016001 | 水龙头 $DN15$ | 个 | 2 | 5.45 | 10.90 |
| 6 | 030804012001 | 大便器带高水箱 | 套 | 4 | 79.30 | 317.18 |
| 7 | 030804015001 | 排水栓 $DN50$ | 组 | 2 | 13.99 | 27.98 |
| 8 | 030804018001 | 地面扫除口 $DN100$ | 个 | 1 | 22.99 | 22.99 |
| 9 | 030804017001 | 地漏 $DN50$ | 个 | 2 | 5.38 | 10.77 |

## 措施项目清单计价表

表 6-1-44

工程名称：给水排水工程　　　　　　　　　　　　　　　　　　　　第　页共　页

| 序号 | 项目名称 | 金额（元） |
|---|---|---|
| 1 | 环境保护 | |
| 2 | 文明施工 | 227.87 |
| 3 | 安全施工 | 683.61 |
| 4 | 临时设施 | 1367.22 |
| 5 | 夜间施工增加费 | |
| 6 | 赶工措施费 | |
| 7 | 二次搬运 | |
| 8 | 混凝土、钢筋混凝土模板及支架 | |
| 9 | 脚手架 | |
| 10 | 垂直运输机械 | |
| 11 | 大型机械设备进出场及安拆 | |
| 12 | 施工排水、降水 | |
| 13 | 其他 | |
| 14 | 措施项目费合计 | 2278.71 |

## 其他项目清单计价表

表 6-1-45

工程名称：给水排水工程　　　　　　　　　　　　　　　　　　　　第　页共　页

| 序号 | 项目名称 | 金额（元） |
|---|---|---|
| 1 | 招标人部分 | |
| | 不可预见费 | |
| | 工程分包和材料购置费 | |
| | 其他 | |
| 2 | 投标人部分 | |
| | 总承包服务费 | |
| | 零星工作项目费 | |
| | 其他 | |
| | 合计 | 0.00 |

## 零星工作项目表

表 6-1-46

工程名称：给水排水工程　　　　　　　　　　　　　　　　第 页共 页

| 序号 | 名称 | 计量单位 | 数量 | 金额（元） | |
|---|---|---|---|---|---|
| | | | | 综合单价 | 合价 |
| 1 | 人工费 | | | | |
| | | 元 | | | |
| 2 | 材料费 | | | | |
| | | 元 | | | |
| 3 | 机械费 | | | | |
| | | 元 | | | |
| | 合计 | | | | 0.00 |

## 分部分项工程量清单综合单价分析表

表 6-1-47

工程名称：给水排水工程　　　　　　　　　　　　　　　　第 页共 页

| 序号 | 项目编码 | 项目名称 | 定额编号 | 工程内容 | 单位 | 数量 | 其中：（元） | | | | | 综合单价（元） | 合价（元） |
|---|---|---|---|---|---|---|---|---|---|---|---|---|---|
| | | | | | | | 人工费 | 材料费 | 机械费 | 管理费 | 利润 | | |
| 1 | 030801002001 | 水煤气钢管 DN20 | | | m | 4 | | | | | | 4.79 | 19.17 |
| | | | 8—72 | 水煤气钢管丝接 DN20 | 10m | 0.4 | 6.52 | 32.47 | — | 4.04 | 3.33 | | 46.36 ×0.4 |
| | | | 13—37 | 管道刷樟丹一遍 | 10m² | 0.03 | 1.01 | 7.63 | | 0.63 | 0.52 | | 9.79 ×0.03 |
| | | | 13—42+13—43 | 管道刷银粉二遍 | 10m² | 0.03 | 2.05 | 6.66 | | 1.27 | 1.05 | | 11.03 ×0.03 |
| 2 | 030801002002 | 水煤气钢管 DN32 | | | m | 46.6 | | | | | | 6.85 | 319.19 |
| | | | 8—74 | 水煤气钢管丝接 DN32 | 10m | 4.66 | 7.39 | 49.94 | — | 4.58 | 3.77 | | 65.68 ×4.66 |
| | | | 13—37 | 管道刷樟丹一遍 | 10m² | 0.63 | 1.01 | 7.63 | | 0.63 | 0.52 | | 9.79 ×0.63 |
| | | | 13—42+13—43 | 管道刷银粉二遍 | 10m² | 0.63 | 2.05 | 6.66 | | 1.27 | 1.05 | | 11.03 ×0.63 |
| 3 | 030801003001 | 承插铸铁排水管 DN50 | | | m | 3 | | | | | | 12.26 | 36.78 |
| | | | 8—128 | 铸铁管安装 DN50 | 10m | 0.3 | 7.49 | 102.50 | | 4.64 | 3.82 | | 118.45 ×0.3 |
| | | | 13—37 | 管道刷樟丹一遍 | 10m² | 0.06 | 1.01 | 7.63 | | 0.63 | 0.52 | | 9.79 ×0.06 |
| | | | 13—52+13—53 | 管道刷沥青二遍 | 10m² | 0.06 | 2.05 | 11.15 | | 1.27 | 1.05 | | 11.03 ×0.06 |
| 4 | 030801003002 | 承插铸铁排水管 DN100 | | | m | 9 | | | | | | 27.82 | 250.41 |
| | | | 8—130 | 铸铁管安装 DN100 | 10m | 0.9 | 11.52 | 246.29 | — | 7.14 | 5.88 | | 270.83 ×0.9 |
| | | | 13—37 | 管道刷樟丹一遍 | 10m² | 0.32 | 1.01 | 7.63 | | 0.63 | 0.52 | | 9.79 ×0.32 |

续表

| 序号 | 项目编码 | 项目名称 | 定额编号 | 工程内容 | 单位 | 数量 | 人工费 | 材料费 | 机械费 | 管理费 | 利润 | 综合单价（元） | 合价（元） |
|---|---|---|---|---|---|---|---|---|---|---|---|---|---|
| | | | 13—52+13—53 | 管道刷沥青二遍 | 10m² | 0.32 | 2.05 | 11.15 | — | 1.27 | 1.05 | | 11.03×0.32 |
| 5 | 030804016001 | 水龙头 DN15 | | | 个 | 2 | | | | | | 5.45 | 10.90 |
| | | | 8—372 | 水龙头安装 DN15 | 10个 | 0.2 | 0.91 | 52.52 | — | 0.56 | 0.46 | | 54.45×0.2 |
| 6 | 030804012001 | 大便器带高水箱 | | | 套 | 4 | | | | | | 79.30 | 317.18 |
| | | | 8—375 | 大便器安装 | 10组 | 0.4 | 30.74 | 727.48 | — | 19.06 | 15.68 | | 792.96×0.4 |
| 7 | 030804015001 | 排水栓 DN50 | | | 组 | 2 | | | | | | 13.99 | 27.98 |
| | | | 8—397 | 排水栓安装 DN50 | 10组 | 0.2 | 6.01 | 127.10 | — | 3.73 | 3.07 | | 139.91×0.2 |
| 8 | 030804018001 | 地面扫除口 DN100 | | | 个 | 1 | | | | | | 22.99 | 22.99 |
| | | | 8—403 | 扫除口安装 DN100 | 10个 | 0.1 | 3.09 | 223.30 | | 1.92 | 1.58 | | 229.89×0.1 |
| 9 | 030804017001 | 地漏 DN50 | | | 个 | 2 | | | | | | 5.38 | 10.77 |
| | | | 8—400 | 地漏安装 DN50 | 10个 | 0.2 | 5.04 | 43.10 | — | 3.12 | 2.57 | | 53.83×0.2 |

措施项目费分析表  表 6-1-48

工程名称：给水排水工程　　　　　　　　　　　　　　　　　　　第　页共　页

| 序号 | 措施项目名称 | 单位 | 数量 | 人工费 | 材料费 | 机械使用费 | 管理费 | 利润 | 小计 |
|---|---|---|---|---|---|---|---|---|---|
| 1 | 环境保护费 | | | | | | | | |
| 2 | 文明施工费 | | | | | | | | |
| 3 | 安全施工费 | | | | | | | | |
| 4 | 临时设施费 | | | | | | | | |
| 5 | 夜间施工增加费 | | | | | | | | |
| 6 | 赶工措施费 | | | | | | | | |
| 7 | 二次搬运费 | | | | | | | | |
| 8 | 混凝土、钢筋混凝土模板及支架 | | | | | | | | |
| 9 | 脚手架搭拆费 | | | | | | | | |
| 10 | 垂直运输机械使用费 | | | | | | | | |
| 11 | 大型机械设备进出场及安拆 | | | | | | | | |
| 12 | 施工排水、降水 | | | | | | | | |
| 13 | 其他 | | | | | | | | |
| | 措施项目费合计 | | | | | | | | |

主要材料价格表　　　　表 6-1-49

工程名称：给水排水工程　　　　第　页共　页

| 序号 | 材料编码 | 材料名称 | 规格、型号等特殊要求 | 单位 | 单价（元） |
|---|---|---|---|---|---|
|  |  |  |  |  |  |
|  |  |  |  |  |  |
|  |  |  |  |  |  |
|  |  |  |  |  |  |
|  |  |  |  |  |  |
|  |  |  |  |  |  |
|  |  |  |  |  |  |
|  |  |  |  |  |  |

单位工程费汇总表　　　　表 6-1-50

工程名称：采暖工程　　　　第　页共　页

| 序号 | 项目名称 | 金额（元） |
|---|---|---|
| 1 | 分部分项工程量清单计价合计 |  |
| 2 | 措施项目清单计价合计 |  |
| 3 | 其他项目清单计价合计 |  |
| 4 | 规费 |  |
| 5 | 税金 |  |
|  | 合　计 |  |

## 分部分项工程量清单计价表

表 6-1-51

工程名称：采暖工程　　　　　　　　　　　　　　　　　　　　　　　第　页 共　页

| 序号 | 项目编码 | 项目名称 | 计量单位 | 工程数量 | 金额（元） 综合单价 | 金额（元） 合价 |
|---|---|---|---|---|---|---|
| 1 | 030801002001 | 水煤气钢管 DN15，螺纹连接，室内采暖工程，刷樟丹一遍，银粉二遍 | m | 2 | 3.56 | 7.13 |
| 2 | 030801002002 | 水煤气钢管 DN20，螺纹连接，室内采暖工程，刷樟丹一遍，银粉二遍 | m | 127.7 | 4.16 | 531.29 |
| 3 | 030801002003 | 水煤气钢管 DN25，螺纹连接，室内采暖工程，刷樟丹一遍，银粉二遍 | m | 17.7 | 5.15 | 91.09 |
| 4 | 030801002004 | 水煤气钢管 DN32，螺纹连接，室内采暖工程，刷樟丹一遍，银粉二遍 | m | 31.2 | 5.71 | 178.26 |
| 5 | 030801002005 | 水煤气钢管 DN40，焊接，室内采暖工程，刷樟丹一遍，银粉二遍 | m | 24.9 | 5.37 | 133.81 |
| 6 | 030801002006 | 水煤气钢管 DN40，焊接，室内采暖工程，刷樟丹一遍，银粉二遍 | m | 13.6 | 6.48 | 88.09 |
| 7 | 030801002007 | 水煤气钢管 DN20，螺纹连接，室内采暖工程，管道保温 | m | 9.2 | 4.81 | 44.28 |
| 8 | 030801002008 | 水煤气钢管 DN25，螺纹连接，室内采暖工程，管道保温 | m | 16.8 | 5.83 | 97.93 |
| 9 | 030801002009 | 水煤气钢管 DN32，螺纹连接，室内采暖工程，管道保温 | m | 29.4 | 6.48 | 190.38 |
| 10 | 030801002010 | 水煤气钢管 DN40，焊接，室内采暖工程，管道保温 | m | 25.6 | 6.19 | 158.36 |
| 11 | 0308010002011 | 水煤气钢管 DN50，焊接，室内采暖工程，管道保温 | m | 13.5 | 7.32 | 98.81 |
| 12 | 030802001001 | 管道支架制安 | kg | 19.18 | 14.87 | 285.23 |
| 13 | 030805001001 | M813 型散热器，刷樟丹一遍，银粉二遍 | 片 | 685 | 15.64 | 10711.10 |
| 14 | 030617004001 | 集气罐制作安装 | 个 | 1 | 26.88 | 26.88 |
| 15 | 030803001001 | 阀门安装 DN20 | 个 | 20 | 12.3 | 246 |
| 16 | 030803001002 | 阀门安装 DN50 | 个 | 1 | 41.46 | 41.46 |
| 17 | 030803005001 | 放气阀安装 DN10 | 个 | 1 | 2.19 | 2.19 |

## 措施项目清单计价表

表 6-1-52

工程名称：采暖工程　　　　　　　　　　　　　　　　　　　　　　　第　页 共　页

| 序　号 | 项 目 名 称 | 金额（元） |
|---|---|---|
| 1 | 环境保护 | |
| 2 | 文明施工 | 227.87 |
| 3 | 安全施工 | 683.61 |
| 4 | 临时设施 | 1367.22 |
| 5 | 夜间施工增加费 | |
| 6 | 赶工措施费 | |
| 7 | 二次搬运 | |
| 8 | 混凝土、钢筋混凝土模板及支架 | |
| 9 | 脚手架 | |
| 10 | 垂直运输机械 | |
| 11 | 大型机械设备进出场及安拆 | |
| 12 | 施工排水、降水 | |
| 13 | 其他 | |
| 14 | 措施项目费合计 | 2278.71 |

## 其他项目清单计价表

表 6-1-53

工程名称：采暖工程　　　　　　　　　　　　　　　　　　　　　　　第　页共　页

| 序 号 | 项 目 名 称 | 金额（元） |
|---|---|---|
| 1 | 招标人部分 | |
| | 不可预见费 | |
| | 工程分包和材料购置费 | |
| | 其他 | |
| 2 | 投标人部分 | |
| | 总承包服务费 | |
| | 零星工作项目费 | |
| | 其他 | |
| | 合计 | |

## 零星工作项目表

表 6-1-54

工程名称：采暖工程　　　　　　　　　　　　　　　　　　　　　　　第　页共　页

| 序 号 | 名 称 | 计量单位 | 数 量 | 金额（元） | |
|---|---|---|---|---|---|
| | | | | 综合单价 | 合 价 |
| 1 | 人工费 | | | | |
| | | 元 | | | |
| 2 | 材料费 | | | | |
| | | 元 | | | |
| 3 | 机械费 | | | | |
| | | 元 | | | |
| | 合 计 | | | | 0.00 |

## 分部分项工程量清单综合单价分析表

表 6-1-55

工程名称：采暖工程　　　　　　　　　　　　　　　　　　　　　　　第　页共　页

| 序号 | 项目编码 | 项目名称 | 定额编号 | 工程内容 | 单位 | 数量 | 其中：（元） | | | | | 综合单价（元） | 合价（元） |
|---|---|---|---|---|---|---|---|---|---|---|---|---|---|
| | | | | | | | 人工费 | 材料费 | 机械费 | 管理费 | 利润 | | |
| 1 | 030801002001 | 水煤气钢管 $DN15$ | | | m | 2 | | | | | | 3.56 | 7.13 |
| | | | 8—82 | 钢管螺纹连接 $DN15$ | 10m | 0.2 | 6.65 | 20.12 | — | 4.12 | 3.39 | | 34.28 ×0.2 |
| | | | 13—37 | 管道刷樟丹一遍 | 10m² | 0.013 | 1.01 | 7.63 | — | 0.63 | 0.52 | | 9.79 ×0.013 |
| | | | 13—42 + 13—43 | 管道刷银粉二遍 | 10m² | 0.013 | 2.05 | 6.66 | — | 1.27 | 1.05 | | 11.03 ×0.013 |
| 2 | 030801002002 | 水煤气钢管 $DN20$ | | | m | 127.7 | | | | | | 4.16 | 531.29 |
| | | | 8—83 | 钢管螺纹连接 $DN20$ | 10m | 12.77 | 6.79 | 25.40 | — | 4.21 | 3.46 | | 39.86 ×12.77 |
| | | | 13—37 | 管道刷樟丹一遍 | 10m² | 1.07 | 1.01 | 7.63 | — | 0.63 | 0.52 | | 9.79 ×1.07 |
| | | | 13—42 + 13—43 | 管道刷银粉二遍 | 10m² | 1.07 | 2.05 | 6.66 | — | 1.27 | 1.05 | | 11.03 ×1.07 |

续表

| 序号 | 项目编码 | 项目名称 | 定额编号 | 工程内容 | 单位 | 数量 | 人工费 | 材料费 | 机械费 | 管理费 | 利润 | 综合单价(元) | 合价(元) |
|---|---|---|---|---|---|---|---|---|---|---|---|---|---|
| 3 | 030801002003 | 水煤气钢管 $DN25$ | | | m | 17.7 | | | | | | 5.15 | 91.09 |
| | | | 8—84 | 钢管螺纹连接 $DN25$ | 10m | 1.77 | 7.49 | 33.28 | — | 4.64 | 3.82 | | 49.23×1.77 |
| | | | 13—37 | 管道刷樟丹一遍 | 10m² | 0.19 | 1.01 | 7.63 | — | 0.63 | 0.52 | | 9.79×0.19 |
| | | | 13—42+13—43 | 管道刷银粉二遍 | 10m² | 0.19 | 2.05 | 6.66 | | 1.27 | 1.05 | | 11.03×0.19 |
| 4 | 030801002004 | 水煤气钢管 $DN32$ | | | m | 31.2 | | | | | | 5.71 | 178.26 |
| | | | 8—85 | 钢管螺纹连接 $DN32$ | 10m | 3.12 | 7.49 | 38.45 | — | 4.64 | 3.82 | | 54.4×3.12 |
| | | | 13—37 | 管道刷樟丹一遍 | 10m² | 0.41 | 1.01 | 7.63 | — | 0.63 | 0.52 | | 9.79×0.41 |
| | | | 13—42+13—43 | 管道刷银粉二遍 | 10m² | 0.41 | 2.05 | 6.66 | | 1.27 | 1.05 | | 11.03×0.41 |
| 5 | 030801002005 | 水煤气钢管 $DN40$ | | | m | 24.9 | | | | | | 5.37 | 133.81 |
| | | | 8—94 | 钢管焊接 $DN40$ | 10m | 2.49 | 5.95 | 37.89 | — | 3.69 | 3.03 | | 50.56×2.49 |
| | | | 13—37 | 管道刷樟丹一遍 | 10m² | 0.38 | 1.01 | 7.63 | — | 0.63 | 0.52 | | 9.79×0.38 |
| | | | 13—42 13—43 | 管道刷银粉二遍 | 10m² | 0.38 | 2.05 | 6.66 | | 1.27 | 1.05 | | 11.03×0.38 |
| 6 | 030801002006 | 水煤气钢管 $DN50$ | | | m | 13.6 | | | | | | 6.48 | 88.09 |
| | | | 8—95 | 钢管焊接 $DN50$ | 10m | 1.36 | 6.08 | 47.84 | — | 3.77 | 3.10 | | 60.79×1.36 |
| | | | 13—37 | 管道刷樟丹一遍 | 10m² | 0.26 | 1.01 | 7.63 | — | 0.63 | 0.52 | | 9.79×0.26 |
| | | | 13—42+13—43 | 管道刷银粉二遍 | 10m² | 0.26 | 2.05 | 6.66 | | 1.27 | 1.05 | | 11.03×0.26 |
| 7 | 030801002007 | 水煤气钢管 $DN20$ | | | m | 9.2 | | | | | | 4.81 | 44.28 |
| | | | 8—83 | 钢管螺纹连接 $DN20$ | 10m | 0.92 | 6.79 | 25.40 | | 4.21 | 3.46 | | 39.86×0.92 |
| | | | 13—446 | 管道保温 | m³ | 0.05 | 4.54 | 142.55 | — | 2.81 | 2.32 | | 152.22×0.05 |
| 8 | 030801002008 | 水煤气钢管 $DN25$ | | | m | 16.8 | | | | | | 5.83 | 97.93 |
| | | | 8—84 | 钢管螺纹连接 $DN25$ | 10m | 1.68 | 7.49 | 33.28 | | 4.64 | 3.82 | | 49.23×1.68 |
| | | | 13—446 | 管道保温 | m³ | 0.1 | 4.54 | 142.55 | — | 2.81 | 2.32 | | 152.22×0.1 |

647

续表

| 序号 | 项目编码 | 项目名称 | 定额编号 | 工程内容 | 单位 | 数量 | 人工费 | 材料费 | 机械费 | 管理费 | 利润 | 综合单价（元） | 合价（元） |
|---|---|---|---|---|---|---|---|---|---|---|---|---|---|
| 9 | 030801002009 | 水煤气钢管 $DN32$ | | | m | 29.4 | | | | | | 6.48 | 190.38 |
| | | | 8—85 | 钢管螺纹连接 $DN32$ | 10m | 2.94 | 7.49 | 38.45 | — | 4.64 | 3.82 | | 54.4×2.94 |
| | | | 13—446 | 管道保温 | m³ | 0.2 | 4.54 | 142.55 | — | 2.81 | 2.32 | | 152.22×0.2 |
| 10 | 030801002010 | 水煤气钢管 $DN40$ | | | m | 25.6 | | | | | | 6.19 | 158.36 |
| | | | 8—94 | 钢管焊接 $DN40$ | 10m | 2.56 | 5.95 | 37.89 | — | 3.69 | 3.03 | | 50.56×2.56 |
| | | | 13—446 | 管道保温 | m³ | 0.19 | 4.54 | 142.55 | — | 2.81 | 2.32 | | 152.22×0.19 |
| 11 | 030801002011 | 水煤气钢管 $DN50$ | | | m | 13.5 | | | | | | 7.32 | 98.81 |
| | | | 8—95 | 钢管焊接 $DN50$ | 10m | 1.35 | 6.08 | 47.84 | — | 3.77 | 3.10 | | 60.79×1.35 |
| | | | 13—446 | 管道保温 | m³ | 0.11 | 4.54 | 142.55 | — | 2.81 | 2.32 | | 152.22×0.11 |
| 12 | 030802001001 | 管道支架 | | | kg | 19.18 | | | | | | 14.87 | 285.23 |
| | | | 8—152 | 支架制作 | t | 0.02 | 99.42 | 870.36 | — | 61.64 | 50.70 | | 1082.12×0.02 |
| | | | 8—155 | 支架安装 | t | 0.02 | 136.38 | 53.52 | | 84.56 | 69.55 | | 344.01×0.02 |
| 13 | 03080500100 | M813型散热器 | | | 片 | 685 | | | | | | 15.64 | 10711.10 |
| | | | 8—436 | 散热器安装 | 10片 | 68.5 | 2.89 | 144.51 | | 1.79 | 1.47 | | 150.66×68.5 |
| | | | 13—126 | 散热器刷樟丹一遍 | 10m² | 19.18 | 1.21 | 4.94 | | 0.75 | 0.62 | | 7.52×19.18 |
| | | | 13—128 + 13—129 | 散热器银粉三遍 | 10m² | 19.18 | 2.45 | 7.64 | | 1.52 | 1.25 | | 12.86×19.18 |
| 14 | 030617004001 | 集气罐 | | | 个 | 1 | | | | | | 26.88 | 26.88 |
| | | | 6—2280 | 集气罐制作 | 个 | 1 | 2.25 | 20.05 | | 1.40 | 1.15 | | 24.85×1 |
| | | | 6—2285 | 集气罐安装 | 个 | 1 | 0.91 | 0.10 | | 0.56 | 0.46 | | 2.03×1 |
| 15 | 030803001001 | 阀门 $DN20$ | | | 个 | 20 | | | | | | 12.3 | 246 |
| | | | 8—231 | 阀门安装 $DN20$ | 个 | 20 | 0.3 | 11.66 | | 0.19 | 0.15 | | 12.3×20 |
| 16 | 030803001002 | 阀门 $DN30$ | | | 个 | 1 | | | | | | 41.46 | 41.46 |
| | | | 8—235 | 阀门安装 $DN50$ | 个 | 1 | 0.81 | 39.74 | | 0.5 | 0.41 | | 41.46×1 |
| 17 | 030803005001 | 放气阀 $DN10$ | | | 个 | 1 | | | | | | 2.19 | 2.19 |
| | | | 8—288 | 放气阀安装 $DN10$ | 个 | 1 | 0.10 | 1.98 | — | 0.06 | 0.05 | | 2.19×1 |

**措施项目费分析表**  表 6-1-56

工程名称：采暖工程   第 页共 页

| 序号 | 措施项目名称 | 单位 | 数量 | 金额（元） | | | | | |
|---|---|---|---|---|---|---|---|---|---|
| | | | | 人工费 | 材料费 | 机械使用费 | 管理费 | 利润 | 小计 |
| 1 | 环境保护费 | | | | | | | | |
| 2 | 文明施工费 | | | | | | | | |
| 3 | 安全施工费 | | | | | | | | |
| 4 | 临时设施费 | | | | | | | | |
| 5 | 夜间施工增加费 | | | | | | | | |
| 6 | 赶工措施费 | | | | | | | | |
| 7 | 二次搬运费 | | | | | | | | |
| 8 | 混凝土、钢筋混凝土模板及支架 | | | | | | | | |
| 9 | 脚手架搭拆费 | | | | | | | | |
| 10 | 垂直运输机械使用费 | | | | | | | | |
| 11 | 大型机械设备进出场及安拆 | | | | | | | | |
| 12 | 施工排水、降水 | | | | | | | | |
| 13 | 其他 | | | | | | | | |
| | 措施项目费合计 | | | | | | | | |

**主要材料价格表**  表 6-1-57

工程名称：采暖工程   第 页共 页

| 序号 | 材料编码 | 材料名称 | 规格、型号等特殊要求 | 单位 | 单价（元） |
|---|---|---|---|---|---|
| | | | | | |
| | | | | | |
| | | | | | |
| | | | | | |
| | | | | | |
| | | | | | |
| | | | | | |

**单位工程费汇总表**  表 6-1-58

工程名称：电气照明工程   第 页共 页

| 序 号 | 项 目 名 称 | 金额（元） |
|---|---|---|
| 1 | 分部分项工程量清单计价合计 | |
| 2 | 措施项目清单计价合计 | |
| 3 | 其他项目清单计价合计 | |
| 4 | 规费 | |
| 5 | 税金 | |
| | 合　　计 | |

## 分部分项工程量清单计价表

表 6-1-59

工程名称：电气照明工程　　　　　　　　　　　　　　　　　　　　　　　　　　　　　　　第　页 共　页

| 序号 | 项目编码 | 项目名称 | 计量单位 | 工程数量 | 综合单价 | 合价 |
|---|---|---|---|---|---|---|
| 1 | 030212001001 | 电气配管 RC15 | m | 365.71 | 1.76 | 644.10 |
| 2 | 030212001002 | 电气配管 RC25 | m | 3.2 | 3.27 | 10.45 |
| 3 | 030212001003 | 电气配管 RC32 | m | 3.4 | 2.84 | 9.66 |
| 4 | 030212003001 | 电气配线，管内穿线 2.5mm$^2$ | m | 44 | 0.51 | 22.48 |
| 5 | 030212003002 | 电气配线，管内穿线 4mm$^2$ | m | 747.8 | 0.58 | 436.04 |
| 6 | 030212003003 | 电气配线，管内穿线 6mm$^2$ | m | 13.6 | 0.82 | 11.12 |
| 7 | 030212003004 | 电气配线，管内穿线 16mm$^2$ | m | 23.2 | 2.16 | 50.16 |
| 8 | 030213001001 | 吸顶灯安装 | 套 | 5 | 17.69 | 88.44 |
| 9 | 030213001002 | 白炽灯安装 | 套 | 13 | 3.28 | 42.63 |
| 10 | 030213001003 | 普通壁灯安装 | 套 | 3 | 59.43 | 178.28 |
| 11 | 030213004001 | 荧光灯安装，单管 | 套 | 20 | 47.00 | 939.94 |
| 12 | 030213004002 | 荧光灯安装，双管 | 套 | 16 | 60.57 | 969.15 |
| 13 | 030204018001 | 配电箱安装，规格为 370×700×135 | 台 | 1 | 127.4 | 127.4 |
| 14 | 030204018002 | 配电箱安装，规格为 500×500×135 | 台 | 1 | 162.69 | 162.69 |
| 15 | 030204019001 | 控制开关，胶盖闸刀开关安装 | 个 | 3 | 2.72 | 8.16 |
| 16 | 030204020001 | 低压熔断器安装 | 个 | 10 | 3.46 | 34.6 |
| 17 | 030204031001 | 小电器，扳把开关安装 | 套 | 34 | 5.95 | 202.13 |
| 18 | 030204031002 | 小电器，电铃开关安装 | 套 | 1 | 2.15 | 2.15 |
| 19 | 030204031003 | 小电器，单相暗插座 | 套 | 13 | 6.00 | 77.94 |
| 20 | 030204031004 | 小电器，电铃安装 | 套 | 2 | 13.73 | 27.46 |

## 措施项目清单计价表

表 6-1-60

工程名称：电气照明工程　　　　　　　　　　　　　　　　　　　　　　　　　　　　　　　第　页 共　页

| 序号 | 项目名称 | 金额（元） |
|---|---|---|
| 1 | 环境保护 |  |
| 2 | 文明施工 | 227.87 |
| 3 | 安全施工 | 683.61 |
| 4 | 临时设施 | 1367.22 |
| 5 | 夜间施工增加费 |  |
| 6 | 赶工措施费 |  |
| 7 | 二次搬运 |  |
| 8 | 混凝土、钢筋混凝土模板及支架 |  |
| 9 | 脚手架 |  |
| 10 | 垂直运输机械 |  |
| 11 | 大型机械设备进出场及安拆 |  |
| 12 | 施工排水、降水 |  |
| 13 | 其他 |  |
| 14 | 措施项目费合计 | 2278.71 |

## 其他项目清单计价表

表 6-1-61

工程名称：电气照明工程　　　　　　　　　　　　　　　　　　　第　页共　页

| 序号 | 项目名称 | 金额（元） |
|---|---|---|
| 1 | 招标人部分 | |
| | 不可预见费 | |
| | 工程分包和材料购置费 | |
| | 其他 | |
| 2 | 投标人部分 | |
| | 总承包服务费 | |
| | 零星工作项目费 | |
| | 其他 | |
| | 合计 | 0.00 |

## 零星工作项目表

表 6-1-62

工程名称：电气照明工程　　　　　　　　　　　　　　　　　　　第　页共　页

| 序号 | 名称 | 计量单位 | 数量 | 金额（元） | |
|---|---|---|---|---|---|
| | | | | 综合单价 | 合价 |
| 1 | 人工费 | | | | |
| | | 元 | | | |
| 2 | 材料费 | | | | |
| | | 元 | | | |
| 3 | 机械费 | | | | |
| | | 元 | | | |
| | 合计 | | | | 0.00 |

## 分部分项工程量清单综合单价分析表

表 6-1-63

工程名称：电气照明工程　　　　　　　　　　　　　　　　　　　第　页共　页

| 序号 | 项目编码 | 项目名称 | 定额编号 | 工程内容 | 单位 | 数量 | 其中：（元） | | | | | 综合单价（元） | 合价（元） |
|---|---|---|---|---|---|---|---|---|---|---|---|---|---|
| | | | | | | | 人工费 | 材料费 | 机械费 | 管理费 | 利润 | | |
| 1 | 030212001001 | 电气配管 RC15 | | | m | 365.71 | | | | | | 1.76 | 644.10 |
| | | | 2—758 | 配管安装 RC15 | 100m | 3.657 | 14.88 | 89.95 | — | 9.23 | 7.59 | | 121.65×3.657 |
| | | | 2—943 | 接线盒安装 | 10个 | 5.1 | 1.51 | 22.67 | | 0.94 | 0.77 | | 25.89×5.1 |
| | | | 2—944 | 开关盒安装 | 10个 | 3.4 | 1.61 | 16.33 | | 1.00 | 0.82 | | 19.76×3.4 |
| 2 | 030212001002 | 电气配管 RC25 | | | m | 3.2 | | | | | | 3.27 | 10.45 |
| | | | 2—759 | 配管安装 RC25 | 100m | 0.032 | 22.28 | 279.06 | — | 13.81 | 11.36 | | 326.51×0.032 |
| 3 | 030212001003 | 电气配管 RC32 | | | m | 3.4 | | | | | | 2.84 | 9.66 |
| | | | 2—717 | 配管安装 RC32 | 100m | 0.034 | 28.29 | 223.95 | — | 17.54 | 14.43 | | 284.21×0.034 |

651

续表

| 序号 | 项目编码 | 项目名称 | 定额编号 | 工程内容 | 单位 | 数量 | 人工费 | 材料费 | 机械费 | 管理费 | 利润 | 综合单价(元) | 合价(元) |
|---|---|---|---|---|---|---|---|---|---|---|---|---|---|
| 4 | 030212003001 | 电气配线 | | | m | 44 | | | | | | 0.51 | 22.48 |
| | | | 2—773 | 管内穿线 2.5mm² | 100m | 0.44 | 3.33 | 44.01 | — | 2.04 | 1.70 | | 51.08×0.44 |
| 5 | 030212003002 | 电气配线 | | | m | 747.8 | | | | | | 0.58 | 436.04 |
| | | | 2—774 | 管内穿线 4mm² | 100m | 7.478 | 2.28 | 53.46 | — | 1.41 | 1.16 | | 58.31×7.478 |
| 6 | 030212003003 | 电气配线 | | | m | 13.6 | | | | | | 0.82 | 11.12 |
| | | | 2—776 | 管内穿线 6mm² | 100m | 0.136 | 2.55 | 76.34 | — | 1.58 | 1.30 | | 81.77×0.136 |
| 7 | 030212003004 | 电气配线 | | | m | 23.2 | | | | | | 2.16 | 50.16 |
| | | | 2—777 | 管内穿线 16mm² | 100m | 0.232 | 3.26 | 209.26 | — | 2.02 | 1.66 | | 216.2×0.232 |
| 8 | 030213001001 | 吸顶灯 | | | 套 | 5 | | | | | | 17.69 | 88.44 |
| | | | 2—948 | 吸顶灯安装 | 10套 | 0.5 | 7.26 | 161.41 | | 4.50 | 3.70 | | 176.87×0.5 |
| 9 | 030213001002 | 白炽灯 | | | 套 | 13 | | | | | | 3.28 | 42.63 |
| | | | 2—957 | 白炽灯具安装 | 10套 | 1.3 | 3.16 | 26.06 | — | 1.96 | 1.61 | | 32.79×1.3 |
| 10 | 030213001003 | 普通壁灯 | | | 套 | 3 | | | | | | 59.43 | 178.28 |
| | | | 2—961 | 普通壁灯安装 | 10套 | 0.3 | 6.79 | 579.81 | | 4.21 | 3.46 | | 594.27×0.3 |
| 11 | 030213004001 | 荧光灯（单管） | | | 套 | 20 | | | | | | 47.00 | 939.94 |
| | | | 2—965 | 荧光灯安装（单管） | 10套 | 2 | 8.06 | 452.80 | — | 5.00 | 4.11 | | 469.97×2 |
| 12 | 030213004002 | 荧光灯（双管） | | | 套 | 16 | | | | | | 60.57 | 969.15 |
| | | | 2—966 | 荧光灯安装（双管） | 10套 | 1.6 | 12.94 | 578.16 | — | 8.02 | 6.60 | | 605.72×1.6 |
| 13 | 030204018001 | 配电箱（370×700×135） | | | 台 | 1 | | | | | | 127.4 | 127.4 |
| | | | 2—442 | 配电箱安装 | 台 | 1 | 6.72 | 3.28 | | 4.17 | 3.43 | | 17.6×1 |
| | | | | 定型配电箱7—3/1 | 个 | 1 | — | 109.8 | | | | | 109.8×1 |
| 14 | 030204018002 | 配电箱（500×500×135） | | | 台 | 1 | | | | | | 162.69 | 162.69 |
| | | | 2—442 | 配电箱安装 | 台 | 1 | 6.72 | 3.28 | | 4.17 | 3.43 | | 17.6×1 |
| | | | | 定型配电箱7—4/1 | 个 | 1 | — | 145.09 | | | | | 145.09×1 |

续表

| 序号 | 项目编码 | 项目名称 | 定额编号 | 工程内容 | 单位 | 数量 | 其中：(元) | | | | | 综合单价(元) | 合价(元) |
|---|---|---|---|---|---|---|---|---|---|---|---|---|---|
| | | | | | | | 人工费 | 材料费 | 机械费 | 管理费 | 利润 | | |
| 15 | 030204019001 | 控制开关 | | | 个 | 3 | | | | | | 2.72 | 8.16 |
| | | | 2—455 | 胶盖闸刀开关安装 | 个 | 3 | 0.57 | 1.51 | — | 0.35 | 0.29 | | 2.72×3 |
| 16 | 030204020001 | 熔断器安装 | | | 个 | 10 | | | | | | 3.46 | 34.6 |
| | | | 2—459 | 熔断器安装 | 个 | 10 | 0.50 | 2.39 | — | 0.31 | 0.26 | | 3.46×10 |
| 17 | 030204031001 | 小电器 | | | 套 | 34 | | | | | | 5.95 | 202.13 |
| | | | 2—1031 | 扳把开关安装 | 10套 | 3.4 | 2.79 | 53.51 | — | 1.73 | 1.42 | | 59.45×3.4 |
| 18 | 030204031002 | 小电器 | | | 套 | 1 | | | | | | 2.15 | 2.15 |
| | | | 2—1037 | 电铃开关安装 | 10套 | 0.1 | 2.79 | 15.60 | — | 1.73 | 1.42 | | 21.54×0.1 |
| 19 | 030204031003 | 小电器 | | | 套 | 13 | | | | | | 6.00 | 77.94 |
| | | | 2—1045 | 单相暗插座 | 10套 | 1.3 | 2.79 | 54.01 | — | 1.73 | 1.42 | | 59.95×1.3 |
| 20 | 030204031004 | 小电器 | | | 套 | 2 | | | | | | 13.73 | 27.46 |
| | | | 2—1063 | 电铃安装 | 套 | 2 | 0.94 | 11.73 | — | 0.58 | 0.48 | | 13.73×2 |

措施项目费分析表　　　　　　表6-1-64

工程名称：电气照明工程　　　　　　　　　　　　　　　第　页共　页

| 序号 | 措施项目名称 | 单位 | 数量 | 金额（元） | | | | | |
|---|---|---|---|---|---|---|---|---|---|
| | | | | 人工费 | 材料费 | 机械使用费 | 管理费 | 利润 | 小计 |
| 1 | 环境保护费 | | | | | | | | |
| 2 | 文明施工费 | | | | | | | | |
| 3 | 安全施工费 | | | | | | | | |
| 4 | 临时设施费 | | | | | | | | |
| 5 | 夜间施工增加费 | | | | | | | | |
| 6 | 赶工措施费 | | | | | | | | |
| 7 | 二次搬运费 | | | | | | | | |
| 8 | 混凝土、钢筋混凝土模板及支架 | | | | | | | | |
| 9 | 脚手架搭拆费 | | | | | | | | |
| 10 | 垂直运输机械使用费 | | | | | | | | |
| 11 | 大型机械设备进出场及安拆 | | | | | | | | |
| 12 | 施工排水、降水 | | | | | | | | |
| 13 | 其他 | | | | | | | | |
| | 措施项目费合计 | | | | | | | | |

主要材料价格表　　　　　　　　　　　　　表 6-1-65

工程名称：电气照明工程　　　　　　　　　　第　页共　页

| 序号 | 材料编码 | 材料名称 | 规格、型号等特殊要求 | 单位 | 单价（元） |
|------|----------|----------|----------------------|------|------------|
|      |          |          |                      |      |            |
|      |          |          |                      |      |            |
|      |          |          |                      |      |            |
|      |          |          |                      |      |            |
|      |          |          |                      |      |            |
|      |          |          |                      |      |            |
|      |          |          |                      |      |            |
|      |          |          |                      |      |            |